Introduction to Analog and Digital Communications

Second Edition

Simon Haykin

McMaster University, Hamilton, Ontario, Canada

Michael Moher

Space-Time DSP, Ottawa, Ontario, Canada

WILEY

역자 소개

최형진 (성균관대학교 정보통신공학부 hjchoi@ece.skku.ac.kr)
공형윤 (울산대학교 전기전자정보시스템공학부 hkong@uou.ulsan.ac.kr)
김기두 (국민대학교 전자정보통신공학부 kdk@kookmin.ac.kr)
김대진 (전남대학교 전자컴퓨터공학부 djinkim@chonnam.ac.kr)
김철성 (전남대학교 전자컴퓨터공학부 chskim@chonnam.ac.kr)
이태홍 (영남대학교 전자정보공학부 taehong@yu.ac.kr)
장태규 (중앙대학교 전자전기공학부 tgchang@cau.ac.kr)

SECOND EDITION

Haykin의 통신이론

Introduction to Analog and Digital Communications

Simon Haykin · Michael Moher 지음

최형진 · 공형윤 · 김기두 · 김대진
김철성 · 이태홍 · 장태규 옮김

WILEY 한티미디어

Haykin의 통신이론 Second Edition

Introduction to Analog and Digital Communications

발 행 일 2007년 03월 05일 초판 1쇄
2022년 07월 20일 6쇄
저 자 Simon Haykin · Michael Moher
역 자 최형진 · 공형윤 · 김기두 · 김대진 · 김철성 · 이태홍 · 장태규
펴 낸 이 김준호
펴 낸 곳 한티미디어 | 서울시 마포구 동교로 23길 67 Y빌딩 3층
등 록 제15-571호 2006년 5월 15일
전 화 02) 332-7993~4 | 팩 스 02) 332-7995
ISBN 979-89-91182-29-5 (93560)
가 격 35,000원

마 케 팅 노호근 박재인 최상욱 김원국 김택성
편 집 김은수 유채원
관 리 김지영 문지희
인 쇄 소 우일미디어

이 책에 대한 의견이나 잘못된 내용에 대한 수정정보는 아래의 홈페이지나 이메일로 알려 주십시오.
독자님의 의견을 충분히 반영하도록 늘 노력하겠습니다.

홈페이지 www.hanteemedia.co.kr | **이메일** hantee@hanteemedia.co.kr

---

저자 서문

아날로그 및 디지털 통신 입문은 전기공학의 기본적인 대학 교과 과정이다. 이 과정은 보통 대학교 3학년 수준에서 권장되며, 일반적으로 미적분학, 전자공학, 신호 및 시스템, 확률 이론에 대한 배경 지식이 있다는 것을 가정한다.

이러한 입문 과정의 성격을 고려할 때, 관련 교재는 읽기 쉽고 정확하며 통찰력을 심어 줄 수 있는 예제와 문제, 그리고 컴퓨터 실험들을 많이 수록해야 한다. 이는 입문 수준의 통신 기초 학습을 촉진시켜 줄 것이며, 따라서 이 교재는 이러한 목적을 염두에 두고 저술되었다.

통신 이론의 수학적 특성만 강조하게 되면 독자들은 오히려 통신 시스템의 실질적인 측면에 대한 시야를 놓칠 수도 있다. 따라서 이 교재에서는 이러한 오류에 빠지지 않도록 시종일관 주의를 기울였다. 예를 들어 쉽게 이해할 수 있는 수준의 수학적 해석을 유지함과 더불어 필요한 곳에는 그 이론의 실제적인 타당성을 제시하여 놓았다.

이 교재의 구조적 관점

효과적인 학습을 위해, 이 교재는 다음과 같은 형태로 구성되었다.

- 먼저 이 교재 학습의 동기를 제공하고 학습을 진행한다.
- ‘시스템’ 관점에서 기본 개념을 강조하고, 체계적으로 이를 제시한다.
- 관련된 이론을 설명하기 위해 각 장의 필요한 곳에는 예제와 컴퓨터 실험들을 수록한다.

- 독자들이 개념을 명확히 이해할 수 있도록 기본적인 개념 설명과 더불어 뒷부분에 연습문제를 제공한다.
- 이 교재에서 학습한 이론의 응용을 위해서 심화 학습 문제를 각 장의 맨 마지막에 제시한다.

이 교재의 구성

1. **동기**: 아날로그와 디지털 통신에 대한 구체적인 학습 이전에, 독자들은 이 교재를 학습하게 되는 동기를 얻는 것이 필수적이다. 따라서 1장은 통신 시스템의 역사적 배경 및 주요 응용 분야에 대한 내용으로 시작한다.
2. **변조 이론**: 디지털 통신은 아날로그 통신 이후 주력 통신 방식으로 자리잡았다. 실제로 이 두 가지 형태의 통신은 서로 다른 방법으로 동작되지만, 변조 이론은 두 가지 모두를 위해 공통적이고도 기본적으로 알아 두어야 할 사항이다. 게다가 우선적으로 아날로그 통신의 기본적인 개념을 이해한 후 디지털 시스템을 학습하는 것이 변조 이론을 보다 쉽게 이해할 수 있는 척도이다. 또한 각변조보다는 진폭 변조가 전개하는 데 있어서 보다 더 간단하다. 변조 이론을 이해하기 위해 또 한 가지 알아 두어야 할 중요한 사항은 푸리에 이론을 사전에 학습하는 것이다. 이러한 관점에서 2장부터 7장까지는 다음과 같이 구성되었다.

   - 2장에서는 신호 및 시스템의 푸리에 이론을 사전에 학습한다.
   - 3장과 4장에서는 아날로그 통신에 대해 다루는데, 3장은 진폭 변조, 4장은 위상 변조에 대한 내용을 학습한다.
   - 5장에서는 펄스 변조와 관련하여 아날로그에서 디지털 통신으로 변환하는 데에 필요한 개념들을 다룬다.
   - 6장과 7장에서는 디지털 통신에 대해 다루는데, 6장은 기저대역 데이터 전송, 7장은 통과대역 데이터 전송에 대한 내용을 학습한다.

3. **확률 이론 및 신호 검출**: 푸리에 분석이 변조 이론의 기반이 되는 것처럼, 확률 이론은 신호 검출 및 잡음 환경에서 수신기 성능 평가의 기반이 된다. 그러나 확률 이론이 변조를 이해하는 데 필수적이지는 않기 때문에 확률 이론에 대한 학습은 랜덤 신호와 잡음에 대한 내용을 다루는 8장으로 미룬다. 그리고 아날로그와 디지털 통신에서 적용된 변조 이론과 이와 관련된 확률 이론의 개념 및 모델에 대해 8장까지 학습한 내용을 바탕으로 9장 이후에서는 다음과 같이 아날로그 및 디지털 통신에서의 수신기에 대해 자세히 다루도록 한다.

   - 9장에서는 아날로그 통신에서의 잡음에 대한 내용을 분석한다.

- 10장에서는 디지털 통신에서의 잡음에 대한 내용을 분석한다. 아날로그와 디지털 통신은 서로 다른 방식으로 작동하기 때문에, 이 두 개의 장에서는 잡음의 영향을 다루는 데 있어서 약간의 중요한 차이가 있다.

4. **잡음**: 아날로그와 디지털 통신에 대한 입문 학습은 11장에서 완료가 된다. 이 장에서는 통신 시스템에서의 변조의 역할과 잡음의 특징에 대해 다음 네 가지로 설명한다.

   - 첫째, 주요 잡음의 물리적 근원, 즉 열잡음과 산탄 잡음을 설명한다.
   - 둘째, 잡음 지수와 잡음 온도의 계산 방법에 대해 소개한다.
   - 셋째, 위성 통신 및 지상 무선 통신에서 전파가 신호의 세기에 어떠한 영향을 주는지에 대해 설명한다.
   - 마지막으로, 통신 시스템에서 기본적인 성능 지수가 되는 신호 대 잡음비를 추정하기 위해 신호의 세기와 잡음 값이 어떻게 결합되는지에 대해 알아본다.

5. **주제별 예제**: 통신 이론의 실제적인 적용을 위하여, 적절한 주제별 예제들을 제시한다. 이 예제들은 아날로그와 디지털 통신 두 가지 모두에서 추출된다.
6. **부록**: 보조적인 내용을 제공하기 위하여, 다음과 같은 8개의 부록을 이 교재의 마지막 부분에 수록한다.

   - 전력비와 데시벨
   - 푸리에 급수
   - 베셀 함수
   - Q 함수와 에러 함수와의 관계
   - 슈바르츠 부등식
   - 수표
   - 7~10장 문제의 컴퓨터 실험에 대한 MATLAB 소스 코드
   - 연습문제에 대한 해답

7. **각주**: 관심 있는 독자들이 더욱 자세한 고급 내용을 배우기 위해 선택된 참조들을 찾는 것을 도와 준다.
8. **보조 구성**: 기호에 대한 해설과 참고문헌 목록은 이 책의 마지막에 제공된다. 이 교재를 사용하는 교사에게 도움이 될 수 있도록 각 장의 마지막에 있는 모든 문제에 대한 자세한 해답을 출판사 John Wiley & Sons를 통하여 이용할 수 있도록 해 두었다.

이 교재를 활용하는 방법

이 교재는 아날로그와 디지털 통신의 입문 과정으로서 학생의 배경 지식이나 가르치고자

하는 교수의 관심 분야에 따라 다른 방법으로 이용될 수 있다. 전체적으로 다음과 같은 두 가지 모델을 고려할 수 있다.

코스 모델 A: 전체 2학기 과정

(A.1) 첫 번째 학기에는 2장에서 7장까지 구성되어 있는 변조 이론을 학습한다.

(A.2) 두 번째 학기에는 8장에서 11장까지 구성되어 있는 통신 시스템의 잡음에 대한 내용을 학습한다.

코스 모델 B: 아날로그 및 디지털 2학기 과정

(B.1) 아날로그 통신에 대한 첫 번째 학기는 푸리에 분석에 대한 2장의 내용으로 시작하고, 다음에 진폭 변조에 대한 3장과 위상 변조에 대한 4장, 그리고 잡음에 대한 8장의 내용을 학습하고, 마지막으로 아날로그 통신에서의 잡음에 대한 9장으로 마무리한다.

(B.2) 디지털 통신에 대한 두 번째 학기는 펄스 변조에 대한 5장의 내용으로 시작하고, 다음에 기저대역 데이터 송신에 대한 6장과 디지털 변조 기술에 대한 7장을 공부한다. 그리고 8장의 확률 이론과 관련된 부분을 학습하고 마지막으로 디지털 통신에서의 잡음에 대한 10장으로 마무리한다.

Simon Haykin
Ancaster, Ontario, Canada

Michael Moher
Ottawa, Ontario, Canada

감사의 글

필자는 아래의 분들께 깊은 감사를 드립니다.

- 이전에 McMaster 대학에 재직하였으며 이 책에 포함된 많은 컴퓨터 실험을 도와 주신 Lily Jiang
- 내용의 수정 및 개선에 도움을 주신 Wei Zhang

또한 이 교재의 기타 다양한 부분에 도움을 주신 Communications Ottawa Research Centre의 Dr. Stewart Crozier와 Dr. Paul Guinand께도 감사드립니다.

그리고 John Wiley & Sons의 수석 편집장이자 제품 담당 책임자인 Catherine Fields Shultz, Wiley의 전임자 Bill Zobrist, 수석 제작 편집장인 Lisa Wojcik께도 그들의 지도와 헌신에 감사드립니다.

마지막으로 원고와 교재 발행 준비에 도움을 주신 McMaster 대학의 Lola Brooks에게도 깊은 감사를 드립니다.

역자 서문

통신공학은 이동 통신, 유선 통신, 위성 통신, 광통신, 통신망, 인터넷 등의 장비 및 서비스 수요가 커지면서 기반 학문으로서의 중요성이 날로 높아 가고 있다. 따라서 이 통신 분야의 대학교 교육과정에서 학생들에게 강의 및 자습용으로 좋은 교재의 개발은 무엇보다 중요하다고 하겠다.

그 동안 좋은 관련 교재가 다수 개발되고 소개되었으며 모두 나름대로 장단점을 가지면서 분야별로 목표 대상에 맞게 사용되고 있다고 본다. 다만 대학생들에게 통신 강의의 입문서로 쓰일 교재로서 이론과 실제가 적절히 조화를 이루었고 또 이해하기 쉽게 잘 쓰여진 책은 여전히 찾기가 쉽지 않은 것이 현실이다. 이에 우리 역자들은 Simon Haykin과 Michael Moher가 공동으로 저술한 *Introduction to Analog & Digital Communications* 2판에 주목하게 되었고 검토 결과 이 책이 대학생들의 통신교육 입문서로 매우 적합한 교재라는 데 의견을 모은 후 번역하기로 결정하였다.

이 책의 특징을 요약해 보면 다음과 같다.

- 디지털 통신 시스템의 기본 개념에 대한 체계적이고도 쉬운 설명
- 이론의 전개와 동시에 현실적이고도 실무적인 설명의 병행
- 아날로그 및 디지털 통신의 기술 전반에 걸친 폭넓은 입문
- 알기 쉬운 도표, 그림 및 예제의 풍부한 제공

Simon Haykin은 다년간의 강의경험을 바탕으로 통신 분야에서 이미 많은 교재를 저술하신 분인데 그 중에서도 이 책은 최신 저서로서 그간의 경험과 자료를 최대한 살려 균형 있는 저작물을 만들려는 노력이 집중된 우수 저서라고 보겠다. 이 책을 공부함으로써 학

생들에게 일반적으로 어렵게 여겨지는 각종 통신 기술의 개념들이 쉽게 이해되고 수월한 공부가 되리라 기대해 본다.

영문 용어의 번역에 있어서는 국내 통일안이 없어 혼란을 겪었으나 가급적 국내에서 가장 빈도가 높게 쓰이는 번역 용어를 선택하여 교재 내에서 통일하여 사용함으로써 혼선을 최대한 방지하려고 노력하였다.

이 번역서가 나오기까지에는 많은 분들의 수고가 있었다. 무엇보다 이 번역작업에 참여하신 다섯 분의 교수님들께서 상당한 기간 동안 수고를 아끼지 않으셨으며, 또 각 대학 대학원생 조교들이 번역에 직간접적으로 많은 도움을 주었다. 이분들께 이 기회를 빌려 깊은 감사의 말씀을 드리고 싶다. 특히 이 번역서가 나올 수 있도록 섭외부터 편집 및 제작에 이르기까지 골고루 신경 써 주신 한티미디어 김준호 사장님을 위시한 직원 여러분에게도 심심한 감사의 말씀을 전하고 싶다.

2007년 2월

역자 대표 최형진

차례

5장 펄스 변조: 아날로그에서 디지털 통신으로의 변환 229

6장 기저대역 데이터 전송 277

1장
서론

"과학을 이해하려면 과학의 역사를 알아야 한다."
—콩트(Auguste Comte, 1798~1857)

1.1 역사적 배경

콩트의 명언을 마음에 새기고, 오늘날 우리의 일상생활에 다양한 방식으로 관여하고 있는 통신의 역사적인 중요성을 생각하며, 통신 시스템의 개론학 공부를 시작하고자 한다.[1] 이 절에서는 통신의 역사적 발전에서 다소 중요한 사건들을 세부항목별로 구분하여 다룬다.

전신기

전신기는 화가였던 모스(Samuel Morse)에 의해 완성되었다. 1844년, 워싱턴(Washington, D.C.)과 발티모어, 메릴랜드 간에 모스 전신기로 "하느님이 하신 일(What hath God wrought)"이라는 문장을 전송하면서, 실시간, 장거리 통신의 혁명적 수단이 등장하였다. 수동 코드키 조작에 아주 적합한 **전신기**(telegraph)는 디지털 통신의 선두주자로 간주할 수 있다. 특히 **모스 부호**(Morse code)는 네 가지 심벌들(점, 이음줄, 글자간격, 단어간격)의 조합으로 알파벳을 나타내는 **가변 길이 코드**(variable-length code)로서, 짧은 길이의

[1] 이 절의 역사적 배경은 Haykin의 책(2001)으로부터 인용되었다.

코드로는 자주 사용되는 글자를, 길이가 긴 코드로는 드물게 사용되는 글자를 나타낸다.

라디오

1864년에 맥스웰(James Clerk Maxwell)은 빛의 **전자기 이론**(electromagnetic theory)을 정립하고 전자파의 존재를 예측했다. 그의 이론을 요약하는 식들의 조합은 그의 이름을 따서 맥스웰 방정식이라 불린다. 전자파의 존재는 헤르츠(Heinrich Hertz)에 의해 1887년에 실험적으로 확인되었다. 1894년에 로지(Oliver Lodge)는 비교적 짧은 거리(150야드) 상에서 무선 통신을 보여 주었다. 그리고 1901년 12월 12일에 마르코니(Guglielmo Marconi)는 뉴펀들랜드(Newfoundland)의 Signal Hill에서 **무선 신호**(radio signal)를 받았다. 그 무선 신호는 대서양을 건너 1700마일 떨어진 잉글랜드의 콘월(Cornwall)에서 보낸 것이었다. 이에 의해 통신은 엄청난 영역으로 확장하여 나아가게 되었다. 1906년에는 독학으로 공부한 학자인 페센덴(Reginald Fessenden)에 의해 최초의 무선 방송을 실현하는 역사를 이룩하였다.

1918년에 암스트롱(Edwin H. Armstrong)은 **슈퍼헤테로다인**(superheterodyne) 무선 수신기를 발명하였는데, 지금 사용되는 거의 모든 무선 수신기가 이 유형이다. 1933년에 암스트롱은 또 다른 혁명적 개념을 보여 주었다. 그것은 암스트롱 자신이 **주파수 변조**(FM: frequency modulation)라고 불렀던 변조 방식이었다. FM 라디오에 대한 암스트롱의 논문은 1936년에 발표되었다.

전화

전화(telephone)는 청각장애인들의 교사였던 벨(Alexander G. Bell)에 의해 1875년에 발명되었다. 전화는 소리를 전기로 바꾸고 전기를 다시 소리로 바꾸는 방식에 의하여 음성의 실시간 전송을 실현하였다. 처음 버전의 전화는 취약하고 초보적이어서 단거리 상의 통화만 가능했다. 전화가 서비스되고 몇 년이 지나자, 전화의 자동화에 대한 관심이 증가했다. 특히 1897년에는 캔자스시티, 미주리의 장의사였던 스트라우저(A. B. Strowger)가 자동화된 **스텝바이스텝 스위치**(step-by-step switch)를 고안했고, 그 스위치는 스트라우저의 이름을 따르게 되었다. 몇 년 동안 고안된 모든 전기기계 스위치들 중에서 스트라우저 스위치는 가장 인기가 있었고 널리 사용되었다.

전자 회로

1904년에 플레밍(John Ambrose Fleming)은 **진공 튜브 2극 진공관**(vacuum-tube diode)을 발명했다. 이는 1906년에 포리스트(Lee de Forest)가 발명한 **진공 튜브 3극 진공관**(vacuum-tube triode)의 토대가 되었다. 3극관의 발견은 1913년의 대륙 간 전화 통신의 발전에 도움이 되었고, 무선 음성 통신의 새로운 시작을 가져왔다. 트랜지스터의 발명 및 완성 이전까지는 3극관이 전자 증폭기를 설계하기 위한 최고의 장치였다.

트랜지스터(transistor)는 1948에 벨 연구소의 브래튼(Walter H. Brattain), 바딘(John Bardeen), 쇼클리(William Shockley)에 의해 발명되었다. 최초의 실리콘 집적 회로(IC)는 1958년 노이스(Robert Noyce)에 의해 제작되었다. 이와 같은 고체소자 및 집적회로에서의 획기적인 기술 혁신은 **초고집적**(VLSI: very-large-scale integrated) 회로와 단일칩 **마이크로프로세서**(microprocessor)의 발전을 이끌었다. 이에 의해 신호 처리 및 전기 통신 산업은 이전과는 전혀 다른 양상으로의 고속 발전을 지속하게 되었다.

텔레비전

최초의 완전 전자 **텔레비전**(television) 시스템은 1928년에 판스워스(Philo T. Farnsworth)에 의해, 1929년에 즈보리킨(Vladimir K. Zworykin)에 의해 증명되었다. 1939년에 BBC(British Broadcasting Corporation)에 의해 상업적인 텔레비전 방송이 시작되었다.

디지털 통신

1928년에 나이퀴스트(Harry Nyquist)는 전신기에서의 신호 전송 이론에 대한 고전으로 간주되는 논문을 발표했다. 특히 나이퀴스트는 전신 신호를 잡음이 없는 분산(dispersive) 채널 상에서 송신한 경우, 이를 에러 없이 수신하기 위한 조건을 구하였다. 나이퀴스트의 초기 연구의 많은 부분은 이후에 분산 채널 상의 디지털 데이터 전송 분야에 적용되었다.

1937년에 리브스(Alex Reeves)는 음성 신호의 디지털 인코딩을 위한 **펄스 코드 변조**(PCM: pulse coded modulation)를 발명했다. PCM 기술은 제2차 세계대전 동안 음성신호의 암호화를 가능하게 하기 위해 발전되었다. 실제로 전체 규모가 24채널인 시스템은 전쟁 막바지에 미군에 의해 현장에서 사용되었다. 그러나 PCM의 상업적인 활용을 위해서는 트랜지스터의 발명 및 이에 뒤따르는 회로의 대규모 집적화의 발전이 선행되어야 했었다.

1948년, 트랜지스터가 발명됨에 따라 스위칭과 디지털 통신에 대한 전자 회로의 적용이 활성화되었는데, 이러한 활성화는 트랜지스터가 가져다 주는 신뢰도 향상, 수용성 증대, 비용 절감에 대한 동기 부여에 기인하였다. 저장된 프로그램 시스템에 의한 최초의 전화는 1958년 3월에 벨 연구소에서 실현되었고, 디지털 스위칭에 의한 최초의 상업적인 전화 서비스는 모리스(Morris), 일리노이에서 1960년 6월에 시작되었다. 또한 최초의 **T-1 전송 시스템**(T-1 carrier system)이 1962년에 벨 연구소에 의해 설치되었다.

1943년에 노스(D. O. North)는 백색 잡음이 부가된 특정 신호의 최적 검출을 위해 **정합 필터**(matched filter)를 고안했다. 이와 유사한 결과가 1946년에 블랙(J. H. Van Vleck)과 미들턴(D. Middleton)에 의해 얻어졌고, **정합 필터**라는 명칭이 만들어졌다.

디지털 통신의 이론적 기초는 1948년에 섀넌(Claude Shannon)에 의해 확립되었다. "A Mathematical Theory of Communication"라는 제목의 그의 논문은 즉각적이고 열성적인 환호를 받았는데, 아마도 이와 같은 호평에 힘을 얻어서인지, 섀넌은 1년 후 위버(Warren Weaver)와의 공동 저서에 그 논문을 다시 실을 때, 논문 제목을 "The Mathematical Theory of Communications"로 바꾸었다. 섀넌의 이러한 고전적 논문 발표(1948년) 이전에는, 채널 상의 정보 전송 비율을 증가시키면 에러 확률이 높아진다고 생각하였다. 그러나 전송 비율이 채널 수용성보다 낮다는 조건하에서는 이와 같은 생각이 사실이 아님을 섀넌이 입증했고, 당시의 통신 이론 커뮤니티는 놀라움에 휩싸였다.

컴퓨터 네트워크

1943~1946년에 ENIAC이라 불리는 최초의 전자 디지털 컴퓨터가 펜실베이니아 대학의 Moore School of Electrical Engineering에서 에커트(J. Presper Eckert, Jr.)와 모클리(John W. Mauchly)의 기술 지휘하에 만들어졌다. 노이만(John von Neumann)은 디지털 컴퓨터의 이론, 설계, 적용에 가장 먼저, 그리고 가장 근본적으로 기여를 하였는데, 이것은 1945년에 쓴 보고서의 초고로 거슬러 올라간다. 컴퓨터들과 단말기들은 1950년대 초반에 장거리에 걸친 상호 통신을 시작했다. 사용된 링크는 처음에 낮은 속도(300~1200 b/s)에서 작동하는 음성 수준의 전화 채널이었다. 다양한 요소들이 데이터 전송 비율의 극적인 증가에 기여했다. 그 중에서 1965년에 럭키(Robert Lucky)에 의해 개척된 **적응 등화**(adaptive equalization)의 개념, 1982년에 웅거벡(G. Ungerboeck)에 의해 개척된 효율적 변조(efficient modulation) 기술이 주목할 만하다. 컴퓨터 통신에서 널리 채택되고 있는 또 다른 개념은 **자동 재송신 요구**(ARQ: automatic repeat-request)이다. ARQ 방법은 원래 듀렌(H. C. A. van Duuren)에 의해 제2차 세계대전 중에 고안되었고, 1946년에 발표되었다. 이것은 장거리로의 텔렉스 전송을 위한 무선 전신의 성능을 향상시키기 위해 사용되었다.

1950년부터 1970년까지 **컴퓨터 네트워크**(computer network)에 관한 다양한 연구들이 수행되었다. 그러나 컴퓨터 통신에 관한 연구들 중에서 가장 영향력이 있고 중요한 것은 1971년에 처음으로 서비스된 ARPANET(Advanced Research Projects Agency Network)이다. ARPANET의 발전은 미국 국방부의 ARPA에 의해 지원받았다. **패킷 스위칭**(packet switching)에서의 선구적인 작업은 ARPANET에서 이루어졌고, 1985년에 ARPANET은 **인터넷**(Internet)으로 개명되었다. 1990년은 인터넷 발전에서의 전환점이 되었는데, 버너스 리(Tim Berners-Lee)가 인터넷에 하이퍼미디어 소프트웨어 인터페이스를 제안했고, 그는 그것을 **WWW**(World Wide Web)라 이름지었다. 1994년에 상업적으로 전성기에 이르며 겨우 약 2년 정도의 기간 내에 웹은 무존재에서 전 세계적으로 인기 있는 존재로 바뀌었다. 인터넷의 폭발적인 성장은 다음 이유들에 의해 설명될 수 있다.

- 웹이 인기 있는 존재로 퍼져 나가기 이전에, 인터넷의 창조를 위한 요소들은 이미 준비되어 있었다. 특히 VLSI 덕분에 PC는 전 세계적으로 가정에 편재하게 되었고, 외부 세계로의 상호 연결을 위한 모뎀 또한 점차적으로 갖추어지고 있었다.
- 약 20년 동안, 사용자 커뮤니티가 한정되어 있긴 했지만, 인터넷은 전자 우편과 파일 전송이라는 중대한 전환점에 도달하면서 급속히 성장했다.
- 문서 기술 및 전송을 위한 표준, 즉 HTML(hypertext markup language), HTTP(hypertext transfer protocol)가 이미 채택되어 있었다.

이와 같이 웹 창조를 위해 필요한 거의 모든 것이 이미 준비되어 있었다. 그렇지만 두 가지 중요한 요소인 간단한 사용자 인터페이스와 훌륭한 서비스 의식은 아직 준비되지 않았다.

위성 통신

1955년에 피어스(John R. Pierce)는 통신을 위한 위성의 사용을 제안했다. 그러나 이러한 제안은 이미 1945년에 클라크(Arthur C. Clark)의 논문을 통해 **지구 궤도를 도는**(Earth-orbiting) 위성을 두 기지국 간의 통신을 위한 중계기로 사용하자는 형태로 발표되었었다. 1957년에 옛 소련은 Sputnik I을 발사했는데, Sputnik I은 원격 측정 신호를 약 21일 동안 전송했다. 곧 이어 1958년에 미국이 발사한 Explorer I은 약 5개월 동안 원격 측정 신호를 전송했다. 통신 위성 기술에서 두드러진 실험 단계는 1962년 7월 10일에 케이프커내버럴(Cape Canaveral)에서의 Telstar I의 발사에 의해 이루어졌다. Telstar 위성은 벨 연구소에 의해 제작되었는데, 이는 피어스의 선구적인 작업으로부터 달성된 것이었다. 위성은 대서양을 건너 TV 프로그램 중계를 가능하게 했는데, 이는 오직 메이저(maser) 수신기와 대형 안테나의 사용을 통한 것이었다.

광통신

연기나 불을 이용하는 것과 같이 정보 전송을 위한 광 수단의 사용은 선사시대로 거슬러 올라간다. 그러나 1966년, Standard Telephone 연구소의 카오(K. C. Kao)와 호크햄(G. A. Hockham)이 피복 유리 섬유를 유전체 도파관으로 사용하는 것을 제안하고 나서야, 광통신에 있어서 중대한 돌파구가 생겼다. **레이저**(laser: light amplification by stimulated emission of radiation)는 1959년에 고안되어 1960년에 개발되었다. 카오와 호크햄은 다음 사항을 지적했다. (1) 광섬유에서의 감쇠는 유리의 불순물 때문에 생긴다. (2) 레일리 산란에 의해 결정되는 자체 손실은 매우 낮다. 실제로 카오와 호크햄은 20 dB/km의 손실이 달성 가능하다고 예측했다. 유리 섬유에서의 전력 손실이 약 1000 dB/km인 시점에서 이루어진 이 놀랄만한 예측은 이후에 실현되었다. 최근에는 0.1 dB/km 정도로 낮은 전송 손실이 달성되고 있다.

우리가 지금까지 보아 왔고 앞으로도 계속될 미세 전자 회로, 디지털 컴퓨터, 광파 시스템에서의 엄청난 진보는 전기 통신 환경에서의 극적인 변화를 수반한다. 이런 변화들의 대부분은 이미 일어났고, 더 많은 변화들이 시간을 거듭하면서 일어날 것이다.

1.2 응용

1.1절의 역사적 배경에서는 많은 통신 시스템의 응용에 관하여 언급하였는데, 그 응용 중 일부는 전신기에 의해 예시되듯이 이미 나타났다 사라진 것이고, 반면 다른 것들은 인터넷에 의해 예시되듯이 최근에 시작된 것들이다. 다음에서는 전화, 인터넷에 의해 예시된 라디오 통신, 네트워크를 중점적으로 다룬다. 이들은 아래 요약한 두 가지 기본 방법 중 한 가지 방법, 또는 두 가지 방법을 이용하여 통신하고자 하는 경우의 주된 수단이다.

- **방송**(broadcasting): 하나의 고출력 송신기와, 생산하는 데 상대적으로 저렴한 비용이 드는 다수의 수신기들을 사용한다. 이러한 형태의 통신 시스템에서는 정보를 담고 있는 신호가 오로지 한 방향, 즉 송신기에서 필드 상의 각 외부 수신기 방향으로만 흐른다.
- **점대점 통신**(point-to-point communication): 하나의 송신기와 하나의 수신기 간의 접속을 통해 통신 과정이 일어난다. 이 두 번째 형태의 통신 시스템에서는 일반적으로 정보를 담고 있는 신호의 양방향 흐름이 있는데, 이는 접속의 양측에서 각각 송신기와 수신기 모두를 사용해야 한다.

그림 1.1의 블록 다이어그램은 통신 시스템의 기본 구성을 보여 준다. 공간 상 한 위치에서 **전송기**(transmitter)는 **정보원**으로부터 생성된 **메시지 신호**(message signal)를 채널 전송에 적합한 형태로 변환시킨다. 그 다음, **채널**(channel)은 메시지 신호를 공간 상 다른 위치에 있는 수신기로 전달한다. 그러나 채널 상의 전송 과정에서 신호는 채널 불완전성으로 인해 **왜곡**(distort)된다. 게다가 잡음과 간섭 신호(다른 정보원으로부터 야기된)가 채널 출력단에서 더해짐으로써, 왜곡된 형태의 전송 신호가 수신단에서 얻어진다. **수신기**(receiver)는 수신된 신호를 조작하여 원래 메시지 신호를 **추정**(estimate)하여 **정**

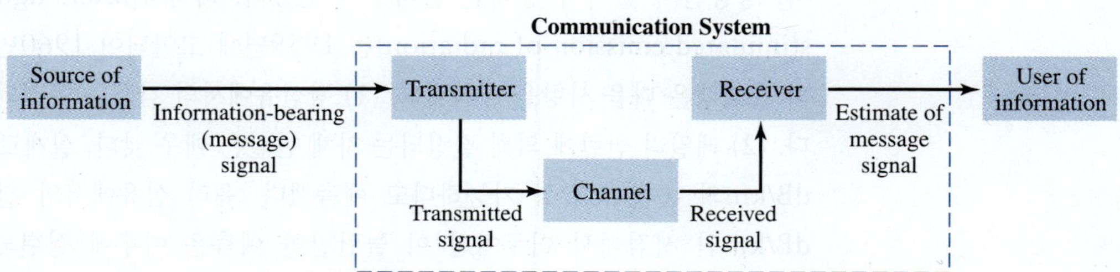

그림 1.1 통신 시스템의 요소들.

보 사용자에게 제공한다. 여기서 '추정값'이라고 말한 이유는, 채널 불완전, 잡음, 간섭 때문에 아무리 작더라도 전송단에서의 입력 신호에 비하여 수신기 출력에서는 불가피한 에러가 존재할 수밖에 없기 때문이다.

라디오

라디오는 본래 의미에 비추어 볼 때에, 사용되는 방법에 따라 점대점 통신뿐만 아니라 방송을 위한 수단을 모두 포함한다.

AM(amplitude modulation) **라디오**와 **FM**(frequency modulation) **라디오**는 두 가지 모두 우리에게 친숙하다. AM과 FM은 라디오 한 대에 통합되어 있고, 대부분의 집과 자동차에 설치되어 있는 것을 흔히 볼 수 있다. 라디오를 통해 우리는 인근 방송국으로부터 전송되는 지역적, 국가적, 국제적 사건, 시사해설, 음악, 일기예보들을 듣는다. 전통적으로 AM 라디오와 FM 라디오는 아날로그 전자 회로를 사용하여 만들어졌다. 그러나 디지털 전자의 계속되는 기술 발전과 비용 절감 덕분에, **디지털 라디오**(AM, FM)는 지금 이미 통상적으로 사용하고 있다.

라디오는 전기 신호로 음성을 전송한다. 마찬가지로, 전자장 및 통신 원리에 의해 작동하는 **TV** 역시 비주얼 이미지를 전기 신호로 전송한다. 음성 신호는 본질적으로 **시간축 상에서 1차원 함수**로 정의할 수 있어, 신호 처리에 직접적으로 적용할 수 있는 형태라 할 수 있다. 반면에 움직임이 있는 이미지는 **2차원의 시간축 상에서 정의되는 함수**로서, 신호 처리 관점에서 좀더 세밀한 주의를 필요로 한다. 특히 특정 순간에서의 각 이미지는 **화소**(picture element) 또는 **픽셀**(pixel)이라 불리는 수많은 조각들로 구성된 하나의 틀로 볼 수 있다. 이미지를 나타내기 위해 사용된 픽셀의 수가 많을수록, 이미지의 해상도는 더 좋아진다. 순차적으로 픽셀들을 **주사**(scanning)함으로써 이미지에 담긴 정보는 전기 신호로 변환된다. 이때 신호의 크기는 개개 픽셀의 밝은 정도에 비례한다. 전송되는 **비디오 신호**는 스캐너 출력단에서 얻어지는 바로 이 전기 신호이다. 비디오 신호를 만드는 것은 수신기에서도 알 수 있는 잘 정의된 **사상 과정**(mapping process)의 결과이기 때문에, 비디오 신호가 주어지면 수신기에서도 원래 이미지를 재현할 수 있는 것이다. TV도 디지털 라디오와 마찬가지로 디지털 전자 회로의 괄목할 만한 발전의 영향을 받았다. 이러한 발전과 더불어, 디지털 신호 처리 응용 기술의 진보와 소비자의 요구에 힘입어 **HDTV**(high-definition television)의 개발을 가져왔다. HDTV는 수신기 출력에서 재현된 이미지의 질을 현저히 향상시킨다.

이제 점대점 통신 관점에서 살펴보자. 라디오는 위성 통신과 무선 통신이라는 두 가지 매우 중요한 수단으로서 우리의 일상생활에 밀접하게 관련되어 있다. **지구 정지 궤도**(geostationary orbit) 상에 있는 위성을 이용하는 **위성 통신**(satellite communication)은 업링크(uplink)와 다운링크(downlink) 동작에 있어 **가시 경로**(line-of-sight) **무선 전파**(radio propagation)에 의해 이루어진다. 업링크는 지구국(Earth terminal)을 위성의

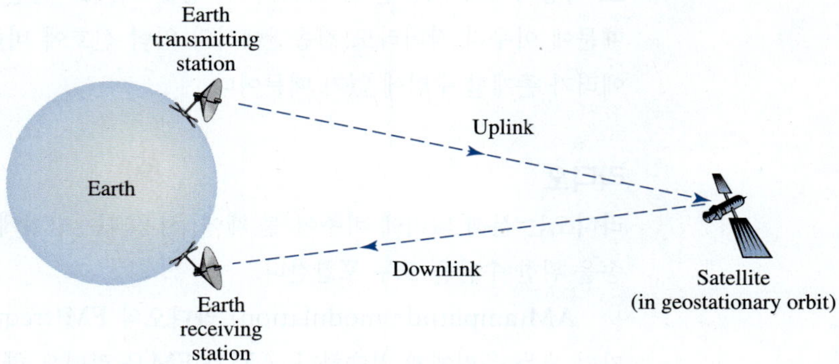

그림 1.2 위성 통신 시스템.

보드 상에 있는 중계기(transponder)로 연결한 것을 의미하고, 반면에 다운링크는 중계기로부터 다른 지구국으로 연결한 것을 의미한다. 그림 1.2에 나와 있는 것처럼 정보를 담고 있는 신호는 지구국에서 업링크를 통해 위성으로 전송되고, 위성의 중계기에서 증폭된 후, 또 다른 지구국으로 다운링크를 통해 재전송된다. 이렇게 함으로써 **지구 전역 서비스**(global coverage)라는 위성 통신 시스템 특유의 기능을 제공할 수 있다.

무선 통신(wireless communication) 역시 업링크와 다운링크로 구성된다는 점에서 위성 통신과 유사한 방법으로 작동한다고 볼 수 있다. **다운링크**는 **기지국**(base station)들로부터 그들의 이동 사용자로의 순방향 링크(forward-link) 라디오 전송을 의미한다. 업링크는 사용자로부터 기지국으로의 역방향 링크(reverse-link) 라디오 전송을 의미한다. 위성 통신과 달리, 무선 통신은 전파 경로에 위치하는 물체들(건물, 나무 등)로부터 반사된 신호들에 의한 **다중 경로**(multipath) **현상**이 두드러진다. 이 현상은 수신기 성능을 열화시키는데, 수신기 설계에 있어 해결해야 할 중요한 기술 사항이다. 무엇보다도 무선 통신은 **이동성**(mobility)이라는 고유 기능을 제공한다는 점에서 구별된다. 더욱이 셀룰러(cellular) 개념을 도입함으로써, 광범위한 영역에서 주파수 대역을 원하는 대로 **재사용**할 수 있다. 셀(cell) 내에서 통신 자원은 이동 사용자들 간에 공유될 수 있다.

통신 네트워크

컴퓨터(computer)는 원래 수치적인 계산을 스스로 수행하는 기계로 고안되었다. 그러나 논리적 기능을 수행하는 컴퓨터의 고유 기능을 고려할 때, 컴퓨터가 통신 네트워크 설계에 매우 적합하다는 것이 곧 인식되었다. 그림 1.3에 나타내었듯이 **통신 네트워크**(communication network)는 지능적인 프로세서들(예를 들어 마이크로프로세서)로 만들어진 많은 **라우터**(router)들의 연결로 구성된다. 이런 프로세서들의 주 목적은 네트워크 상에서 음성 또는 데이터에 경로를 설정하여 주는 것이므로, 그 명칭을 '라우터' 라 하

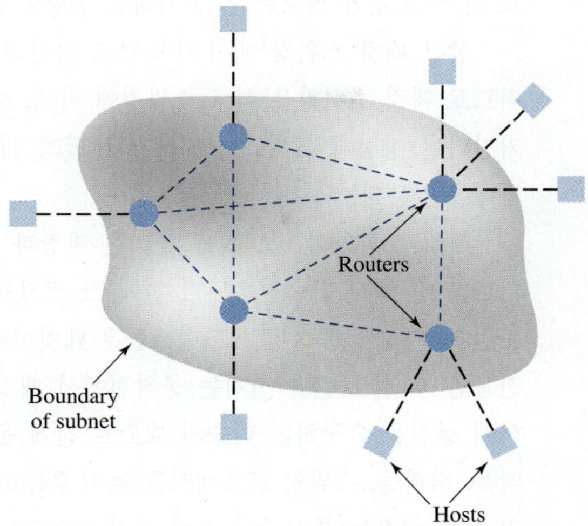

그림 1.3 통신 네트워크.

였다. 각 라우터는 한 개 또는 그 이상의 **호스트**(host)와 연결되어 있다. 호스트란 서로 통신할 수 있는 기능을 가지고 있는 장치를 의미한다. 네트워크의 목적은 호스트들 간에 음성, 비디오, 데이터를 전달 또는 교환할 수 있도록 도와 주는 것인데, 이는 **디지털 스위칭**(digital switching) 기능에 의하여 가능하게 되었다. 스위칭의 기본이 되는 두 가지 형태는 회로 스위칭(circuit switching)과 패킷 스위칭(packet switching)이다.

회로 스위칭은 **스테이션**(station)이라 불리는 둘 또는 그 이상의 단말 간에 메시지 전송을 위한 전용의 통신 경로들을 구성해 주는 것을 의미한다. 통신 경로, 즉 **회로**(circuit)는 근원지로부터 종착지까지 여러 링크들의 순차적 연결로 이루어진다. 예로 시분할 공유 시스템에서는 링크들이 타임 슬롯(time slot)들로 구성되어 다중 사용자에게 공유 채널을 제공한다. 여기서 주목할 점은, 회로가 일단 구성되면 전체 전송 시간 동안 끊이지 않은 채로 유지된다는 점이다. 회로 스위칭은 일반적으로 전체 네트워크의 구조에 대한 정보를 갖고 있는 중앙 제어 장치에 의해 통제된다. 회로 교환(circuit-switched) 방식의 연결 구성은, 통신을 원하는 두 사용자 간에 가능한 전화망 경로를 찾아, 그 경로를 두 사용자가 전용하도록 할당한다. 특히 통신 요청 신호는 항상 말단까지 전파된다. 그리고 통신이 시작되기 전에 상대편에서 인지되어야 한다. 그러고 나면 회로망은 사용자들에게 명확해진다. 다시 말해서, 통신하는 전 시간 동안 회로에 할당된 자원들이 두 사용자에 의해 '소유' 된다는 것을 의미한다. 이러한 상태는 회로 연결이 끊길 때까지 지속된다.

회로 스위칭은 음성 전송이 네트워크 통신의 대부분을 차지하는 전화망에 매우 적합하다. 그 이유는, 음성은 시간 흐름에 따른 전송, 즉 스트림 트래픽(stream traffic)을 일으키고, 음성 대화들은 회로의 설치를 위해 필요한 시간(약 0.1~0.5초)에 비해 상대적으로 긴 시간(평균 약 2분)을 차지하는 경향이 있기 때문이다.

한편 **패킷 스위칭**[2]에서 네트워크 자원의 공유는 **사용 요청**을 기반으로 발생한다. 그러므로 패킷 스위칭은 회로 스위칭에 비해, 보내야 할 트래픽이 있을 때 링크의 활용성이 커진다는 장점이 있다. 음성 신호와 달리 데이터는 간헐적으로 일어나는 **버스트**(burst) 형태를 갖는다.

패킷 스위칭의 네트워크 원리는 **저장과 전송**이다. 특히 **패킷 스위칭 망**에서 특정 크기보다 긴 메시지는 전송되기 전에 그 크기를 초과하지 않는 세그먼트(segment)들로 세분된다. 이렇게 형성된 세그먼트들은 **패킷**이라고 불린다. 네트워크의 다른 곳으로 패킷을 전송한 후에, 보낸 메시지는 종착점에서 패킷 단위로 재구성된다. 그래서 네트워크는 동시에 통신을 요구하는 다수의 호스트 간에 **동적으로 공유되는** 네트워크 자원(즉 채널 대역폭, 버퍼들, 스위칭 프로세서들)들의 풀(pool)로 간주될 수 있다. 이러한 네트워크 자원의 동적 공유는 통신중인 전체 기간 동안 한 쌍의 호스트에만 자원을 전용으로 할당하는 회로 스위칭 망과는 가장 크게 구별되는 사항이라 할 수 있다.

데이터 네트워크

호스트들이 컴퓨터와 터미널만으로 구성된 통신 네트워크는 일반적으로 **데이터 네트워크**(data network)라고 불린다. 이런 회로를 설계하는 작업은 네트워크를 **계층적 구조**(layered architecture) 관점으로 바라봄으로써 순차적으로 진행한다. 이것은 네스트된 계층(nested layer) 구조로 간주된다. 하나의 **계층**(layer)은 특정 기능을 담당하도록 설계된 컴퓨터 시스템 내부의 프로세스 혹은 장치를 의미한다. 계층의 설계자들은 당연히 층의 내부적인 세부 사항과 동작에 익숙해야 한다. 그러나 시스템 차원에서 볼 때에는, 하나의 계층은 입력과 출력, 그리고 입출력 간의 기능적인 상관 관계로 기술되는, 단순한 '블랙 박스'로 간주할 수 있다. 이러한 계층 구조에서 각 계층은 바로 하위의 계층을 상위 계층에서 사용하기 위한 기능적인 사양들을 가지고 있는 하나 또는 그 이상의 블랙 박스로 간주한다. 이런 방법으로 데이터 네트워크에서의 매우 복잡한 통신 문제를 다루기에 적합한 잘 정의된 상호 유기적인 기능들의 조합으로 단순화할 수 있다. 이러한 맥락에서 **OSI**(open systems interconnection) **기준 모델**[3]이 개발되었다. 여기서 'open'이라는 용어는 기준 모델과 그 관련된 표준을 따르는 경우에는 어떠한 두 시스템 간에 상호 연동이 가능하다는 것을 의미한다.

---

[2] 패킷 스위칭은 미국 국방부의 요구로 P. Baran에 의해 1964년에 발명되었다. 원래의 요구는 서로 다른 레벨에서의 중첩되는 연결 기능을 가진 분산 네트워크를 구성하는 것이었다. 이러한 네트워크는 집중된 공격으로 인해 많은 노드(node)들이 파괴되어도 견딜 수 있고, 생존한 노드들만으로도 명령과 통제 정보들을 전송하기 위한 연결망을 유지할 수 있다는 점에서 **강인하다** 할 수 있다. Baran(1990)을 참조하라.

[3] OSI 기준 모델은 1977년에 국제표준기구(ISO)의 소위원회에 의해 개발되었다. 최초 7계층 OSI 모델에 이르기까지의 원리와 그 계층 자체들에 대한 설명은 Tannenbaum(1996)을 참조하라.

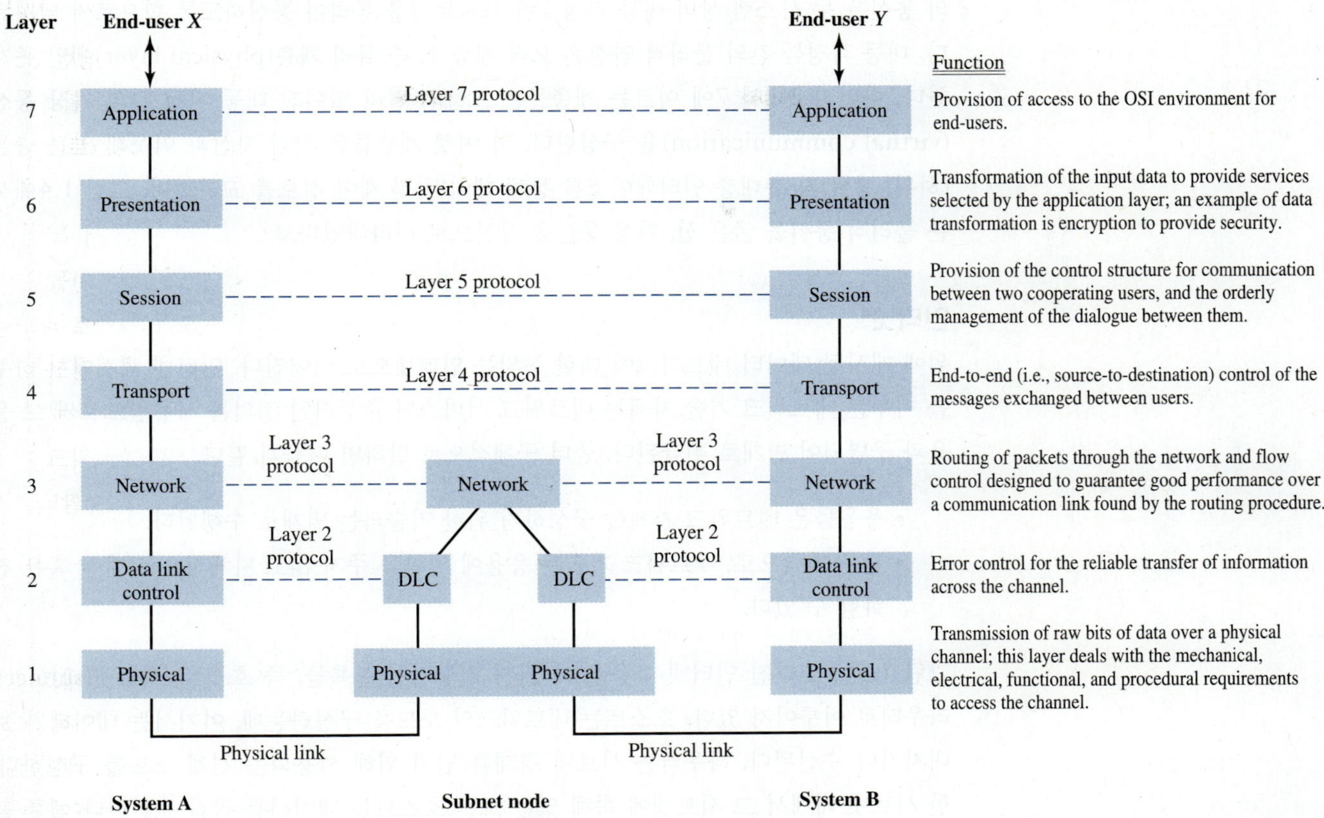

그림 1.4 OSI 모델. 그림 중간의 DLC는 'data link control'의 약자이다.

OSI 기준 모델에서 통신과 기능들의 상호 연결들은 잘 정의된 인터페이스를 통한 **계층**들의 나열로서 체계화된다. 각 계층은 그 하부 조직들을 바탕으로 구성된다. 특히 각 계층은 그 계층에 관련된 기본적인 기능들을 수행하고, 부가적인 기본 기능들의 수행은 바로 하위 계층에서 담당하도록 한다. 더욱이 각 계층은 바로 위 계층에 특정 서비스를 제공하고, 이러한 서비스를 구현하기 위한 상세 기능과 내용들이 밖으로 나타나지 않도록 하여 준다. 두 계층 사이에는 하위층이 상위층에 제공하는 서비스를 정의하는 **인터페이스**(interface)가 존재한다.

그림 1.4에 나와 있듯이, OSI 모델은 7개의 계층으로 이루어져 있다. 또한 이 그림은 모델의 각 계층들의 기능에 대한 설명을 나타내었다. 시스템 A 상의 k 층은 계층 k **프로토콜**(protocol)(k=1, 2, ..., 7)을 구성하는 일련의 정해진 규칙과 원칙에 따라 다른 시스템 B 상의 R 층과 통신한다.('프로토콜'이라는 용어는 인간들 간에 통용되는 사회 규범을 의미하는 용어를 빌려온 것이다.) 다른 시스템들 상에서 상응하는 계층들을 구성하는 개체들을 일컬어 **대등 과정**(peer process)이라 부른다. 다른 말로 하면, 시스템 A와 B 간

의 통신은 두 시스템 상의 대등 과정들이 프로토콜을 통하여 통신하도록 함으로써 달성된다. 대등 과정들 간의 물리적 연결은 오직 계층 1, 즉 **물리 계층**(physical layer)에만 존재한다. 나머지 2에서 7에 이르는 계층들은 그들의 멀리 떨어진 대등 과정 간의 **가상 통신**(virtual communication)을 구성한다. 이 여섯 계층들은 각각 자신과 이웃해 있는 층들(하위, 상위)과 층대층 인터페이스를 통해 데이터 및 제어 정보를 교환한다. 그림 1.4에서는 물리적 통신을 굵은 선, 가상 통신을 점선으로 나타내었다.

인터넷[4]

위에 제시된 데이터 네트워크에 대한 논의는 **인터넷**으로 이어진다. 인터넷 세계에서 하부를 이루는 네트워크 기술 자체는 네트워크 서비스의 추상적인 정의를 사용함으로써 그 응용과 구별되어 별개로 취급된다. 좀더 구체적으로 말하면 다음과 같다.

- 응용들은 네트워크 자체를 구성하기 위한 기술과는 별개로 수행된다.
- 같은 맥락으로, 네트워크 기술은 응용에 영향을 주지 않고 자체적으로 발전 혹은 진화할 수 있다.

그림 1.5에 그려진 인터넷 응용은 세 가지 기능적인 블록들, 즉 호스트, 서브넷(subnet), 라우터로 이루어져 있다. 호스트는 네트워크의 노드를 구성하는데, 여기서는 데이터가 보내지거나 수신된다. 라우터는 서브넷 경계를 넘기 위해 사용되는 경계 노드를 구성한다. 한 서브넷 내에서 그 서브넷에 속해 있는 모든 호스트는 데이터를 직접 교환한다(예를 들어 그림 1.5에서의 서브넷 1과 3). 일반적으로 말하면, 한 서브넷의 내부 동작은 두 가지 다른 방법으로 체계화된다(Tanenbaum, 1996).

1. **연결** 방식: 전화 시스템에서 설정된 물리적 회로와 유사한 **가상 회로**(virtual circuit)로 구성
2. **무연결** 방식: 전신과 유사한 **데이터그램**(datagram)이라 불리는 독립적인 패킷 전송

다른 데이터 네트워크와 마찬가지로 인터넷은 계층화된 프로토콜 세트(set)를 가진다. 특히 호스트와 라우터 간의 데이터 교환은 그림 1.6에 나와 있는 바와 같이, **인터넷 프로토콜**(IP)이라는 수단에 의해 달성된다. IP는 네트워크 계층(OSI 기준 모델의 계층 3)에 위치하는, 일반적으로 통용되는 프로토콜이다. 이것은 간단히 말해, 패킷의 형태로 노드 간에 데이터를 전송하는 내장된 능력을 가진 주소 체계를 정의한 것이다. 서브네트워

[4] 인터넷과 인터넷의 ARPANET으로부터의 역사적인 진화, 그리고 국제적인 표준에 대해서는 Abbate(2000)를 참고하라. 인터넷에 대한 읽기 쉬운 에세이에 대해서는 Special Issue, *IEEE Communications Magazine*(2002)을 참고하라. 여기에 기술된 기사들은 인터넷 발전에 선구적으로 기여한 사람들이 쓴 것이다.

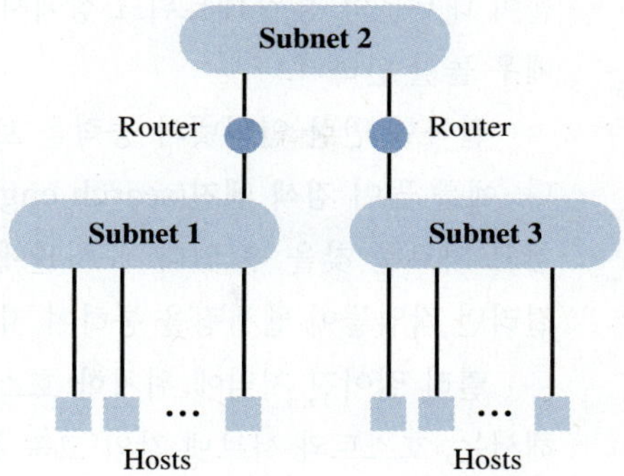

그림 1.5 서브넷들의 상호 연결된 네트워크.

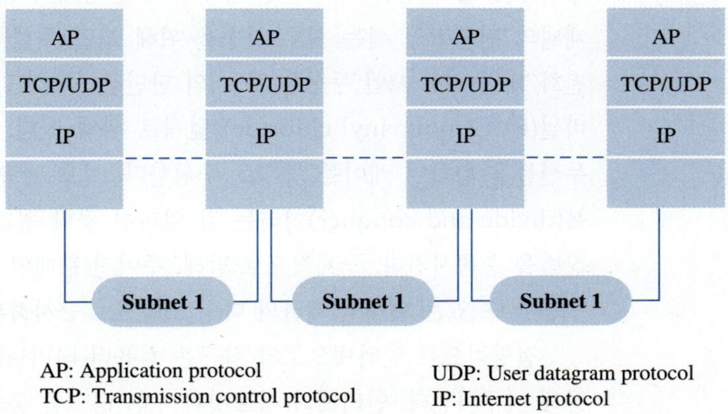

그림 1.6 인터넷의 네트워크 구조 예시.

크(subnetwork) 경계를 건너기 위해서, 라우터는 특정한 종단의 주소가 부여된 패킷들을 어느 경로로 보낼지에 대한 결정을 내린다. 이것은 라우팅 테이블 기반으로 실행되는데, 라우팅 테이블이란 다른 라우터들과의 관련 정보의 교환을 위한 고유 프로토콜을 사용하여 개발된 것이다. 계층화된 프로토콜 세트를 사용함으로써 얻어지는 최종 결과는 **최상 노력 서비스**(best effort service)를 제공하는 것이다. 다시 말해, 인터넷은 각 패킷 데이터 전달 기능을 제공하지만, 전달에 소모되는 시간에 대한, 심지어는 패킷들이 의도한 수신자에게 배달하는지의 여부에 대한 보장은 없다.

인터넷은 국제적으로 통용되는 시스템으로 발전되어 왔으며, 이에 따라 컴퓨터가 우리의 일상생활을 현격하게 변화시키고 있는 통신 매체의 중심을 차지하게 되었다. **전자우편 메시지**(e-mail message)를 단 수초 만에 북아메리카에 있는 호스트로부터 지구 반대편의 호주에 있는 다른 호스트로 보낼 수 있다. 더욱이 이러한 메시지를 구성하는 패킷들이 대부분의 경우 네트워크 상에서 전혀 다른 경로들을 통하여 전송된다는 사실 때문에 매우 놀랄 만하다.

괄목할 만한 인터넷의 능력을 보여 주는 다른 응용은 바로 **웹서핑**(surf the Web)이다. 예를 들어 **검색 엔진**(search engine)을 사용함으로써, 특정한 주제를 담고 있는 해당 참고 자료를 찾을 수 있다. 도서관에서 책이나 논문들을 찾아 헤매면서 몇 시간, 며칠이 걸리던 작업들이 웹서핑을 통하여 지금은 몇 초 안에 해결된다.

멀리 떨어진 지역에 위치한 호스트로부터 인터넷의 연산 능력을 충분히 활용하기 위해서는, 호스트와 서브넷 간의 고속 통신 링크를 제공하는 **광대역 모뎀**, 즉 변조기-복조기(modulator-demodulator)가 필요하다. 여기서 '고속'이라는 말은 약 메가비트/초 또는 더 높은 동작 속도를 의미한다. 이 요구를 충족시키는 장치는 이른 바 디지털 가입자 회선(DSL: digital subscriber line)이다. DSL을 매우 우수하게 만드는 것은 DSL이 임의의 주파수 응답 특성을 가진 선형 광대역 채널 상에서 동작할 수 있다는 사실 때문이다. 이런 채널의 전형적인 예는 신호 전송을 위해 꼬인 두선(twisted pair)으로 구성된 일반적인 전화 채널이다. **꼬인 두선**은 두 개의 단단한 구리 도체로 이루어져 있고, 그 각각은 염화비닐(PVC: polyvinyl chloride) 덮개로 싸여 있다. 일반적으로 서로 근접한 많은 꼬인 두선들을 합하여 케이블 형태로 구성한다. 신호 전송 관점에서 볼 때, DSL은 **분할과 정복**(divide and conquer)이라는 잘 알려진 공학 원리를 따름으로써 위에서 설명한 기술 장벽을 충족시킨다. 구체적으로 말해, 주어진 광대역 채널은 상대적으로 단순한 방식으로 수용할 수 있는 협대역 채널의 다수 조합으로 **근사화된다.**

전형적으로 인터넷으로의 접근은 컴퓨터 터미널(즉 서버들) 형태로 구성된 호스트를 통해 이루어진다. 인터넷의 서브넷과 무선 링크를 통해 통신하는 호스트로서 동작하는 **손에 들고 다니는**(hand-held) **장치**의 사용에 의해 인터넷의 접근성은 더욱더 확장된다. 통신을 위한 인터넷의 연산 능력에 무선 통신을 이용한 이동성을 추가함으로써, 엄청난 실용적 가치를 지닌 새로운 통신 매체를 확보하게 되었다.

전화와 인터넷의 통합

통신 산업에서 맞이하고 있는 중요한 기술 사항 중 하나는 **인터넷 프로토콜 상의 음성**(VoIP: Voice over Internet Protocol) 전송이다. 이것은 전화 서비스와 급속히 성장하는 인터넷 기반 응용을 통합한 것이다. 이러한 기술 목표가 더욱더 중요해지는 이유는, IP가 호스트와 라우터 간의 데이터 교환을 지원하기 위해 설계된 것이므로 고품질의 VoIP를 지원하기 어렵기 때문이다. **서비스의 품질**(QoS: Quality of Service)은 다음 두 변수들로 측정한다.

- **패킷 손실률**(packet loss ratio): 네트워크를 통해 전송된 전체 패킷 수 대비 전송 중 손실된 패킷의 수

- **연결 지연**(connection delay): 특정 호스트들 간의 연결에 있어, 네트워크를 통해 패킷이 전달되는 데 걸린 시간

VoIP에서 실행된 주관적인 시험의 결과는 전화 음성 수준의 서비스를 지원하기 위해 패킷 손실률이 1% 미만이어야 하고, 단방향 연결 지연은 심각한 음질의 열화 없이 160 ms 이하로 누적되어야 한다는 것을 보여 준다. 이런 공급들을 충족시키면서, 잘 설계되고 관리된 VoIP 네트워크는 효과적으로 사용되고 있다. 그러나 **초기 반향 조절**(initial-echo control)이라는 주제는 아직도 해결해야 할 과제이다.[5] 초기 반향이란 통화 초기에 사용자의 입으로부터 나오는 첫 단어 혹은 몇몇 단어에서 발생하는 반향을 말한다. 이러한 반향은 네트워크 상 어느 곳에선가 진행되는 신호의 일부가 반사되어 전달되어 온 쪽으로 되돌아가는 현상을 의미하는 임피던스(impedance) 부정합에 기인한다.

미래를 고려하여 볼 때, 인터넷 전화에 대해서는 아래와 같은 언급이 필요하다 하겠다.

1. VoIP는 **사설 교환기**(PBX: private branch exchange)와 기타 전화국 교환기를 대체할 것이다. PBX란 고유의 독립적인 제어 기능을 가지고 있는 원격 교환 단위이다.[6]
2. VoIP는 또한 현재 장거리 전화 영역에서 성공하고 있는 응용이다. 그러나 이것은 주로 현재 장거리 전송(long-haul) 네트워크의 수용 능력이 높기 때문이다. 만약 이와 같은 장거리 전송 네트워크에 대한 부하가 증가한다면, 연결 지연은 증가할 것이고, VoIP와 같은 실시간 서비스의 질은 떨어질 것이다. 따라서 만약 장거리 서비스 제공자들이 수용성을 증대시켜 네트워크 부하율을 낮게 유지하고, 반응 시간을 충분히 빠르게 하여 고품질을 확보하여 준다면, VoIP 전화는 주류가 될 것이고 널리 전파될 것이다.

데이터 저장

디지털 통신 원리의 중요한 응용들을 고려할 때, 방송과 점대점 통신 시스템의 관점에서 생각하는 것은 당연하다. 그럼에도 불구하고 동일한 원리들이 또한 **콤팩트 디스크**(CD)와 **디지털 다용도 디스크**(DVD) **플레이어**로 예시되는 오디오와 비디오 신호의 디지털 저장에 적용된다. DVD는 CD를 개선한 제품이다. DVD는 CD에 비해 저장 용량(수십 기가바이트 이상의 단위)이 수십 배 이상 높고, 데이터를 월등히 높은 비율로 전송할 수 있다.

아래와 같은 비교되는 이유 때문에 오디오와 비디오 신호의 저장을 위해서는 디지털 영역을 아날로그 영역보다 선호한다.

---

[5] 여기서 언급된 QoS 측정의 한계는 VoIP와 QoS를 다룬 *IEEE Communication Magazine*의 Special Issue에 제시된 James, Chen, Garrison(2004)에 의한 개요 기사로부터 가져온 것이다.

[6] PBX들은 McDonald(1990)에서 다루고 있다.

(i) 주파수 응답, 선형성, 잡음의 관점에서, 측정된 디지털 오디오/비디오의 품질은 설계자의 의도대로 조절할 수 있는 DAC(digital-to-analog) 변환 과정에 의해 결정된다.

(ii) 일단 오디오/비디오 신호가 디지털화되면, 대역폭을 줄이기 위해, 잘 개발되고 강력한 데이터 압축을 위한 인코딩 기법을 사용할 수 있다. 또한 저장 과정에서 발생할 수 있는 에러를 방지하기 위해 에러 제어 코딩을 사용할 수 있다.

(iii) 무엇보다도 오디오와 비디오 신호의 디지털 저장은 시간에 따라 질이 저하되지 않기 때문에 실질적으로 유용하다.

(iv) CD와 DVD를 만들기 위해 사용되는 집적 회로 제작에서의 지속적인 기술 발전은 이러한 저장 장치의 비용 절감 효과를 계속적으로 확보해 준다.

이러한 설계에 포함되어 있는 강력한 인코딩 기술의 도움으로, DVD는 수시간 분량의 고품질 오디오-비주얼 콘텐츠를 저장할 수 있고, 결과적으로 DVD는 양방향 멀티미디어 적용에 이상적이게 되었다.

1.3 주된 통신 자원 및 동작 요구 사항들

1.2절에서는 통신 시스템의 다양하고 많은 분야들에 관하여 다루었다. 어쨌든 각 통신 시스템들은 각자의 방법에 따라 다르지만, 공통적인 것은 다음의 두 가지 **주된 통신 자원**을 **효율적으로** 활용하도록 설계한다는 것이다.

- **전송 전력**(transmitted power): 전송된 신호의 평균 전력으로 결정된다.
- **채널 대역폭**(channel bandwidth): 채널의 통과대역의 폭으로 결정된다.

이 두 가지 중에서 어느 쪽이 심한 제한 요소인가에 따라, 통신 채널을 다음과 같이 분류할 수 있다.

(i) **전력제한**(power-limited) **채널**: 이 경우에는 전송 전력이 매우 귀한 자원이다. 이런 채널들의 예는 다음과 같다.

- **무선 채널**: 이 경우에는 배터리 수명을 연장하기 위하여 전송되는 전력을 낮게 유지하는 것이 매우 중요하다.
- **위성 채널**: 이 경우에는 위성 보드 상의 중계기에 제공할 수 있는 전력에 제한이 따른다. 그래서 위성에서 다운링크를 통하여 전송하는 전력을 낮게 유지할 필요가 있다.
- **먼 우주**(deep-space) **링크**: 이 경우에는 탐사선의 통신 보드 상에서의 가용할 수 있는 전력이 극도로 제약된다. 이 경우 마찬가지로, 탐사선으로부터 지구국으

로 보내는 정보를 담고 있는 신호의 평균 전력은 줄일 수 있는 만큼 줄일 필요가 있다.

(ii) 대역제한(band-limited) **채널**: 이 경우에는 채널 대역폭이 매우 귀한 통신 자원이다. 이 두 번째 범주의 통신 채널들의 예는 다음과 같다.

- **전화 채널**: 다수 사용자 환경인 전화 채널의 경우, 개별 사용자의 통화 품질이 유지되도록 하면서, 각 음성 신호를 전송하는 데 할당된 주파수 대역을 최소화하는 것이 필요하다.
- **텔레비전 채널**: 이 경우는 가용할 수 있는 채널 대역폭이 규제 기관에 의해 제한되어 있는 반면, 수신 품질은 높은 전송 전력을 사용함으로써 확보된다.

또 하나의 고려해야 할 중요한 사실은 통신 시스템의 수신기 입력에 불가피한 잡음이 존재한다는 것이다. 통상적인 개념에서, **잡음**(noise)이란 통신 시스템에서 수신된 신호의 품질을 열화시키는 원치 않는 신호를 의미한다. 잡음의 근원은 시스템의 내부 또는 외부이다. 내부 잡음의 예는 수신기의 전단(front-end) 증폭기에서 전자의 가열 작용에 의해 생성되는 **채널 잡음**이며, 이러한 형태의 잡음은 어디에나 존재한다. 외부 잡음의 예는 다른 사용자들과 관련된 전송 신호로 인한 간섭과 대기중의 잡음이다.

신호의 전송 전력과 비교하여, 잡음에 의한 열화 효과를 정량적으로 나타내기 위하여(즉 수신된 신호의 질을 평가하기 위하여), 차원이 없는 변수인 **신호 대 잡음비**(SNR: signal-to-noise ratio)를 사용한다. 특히 수신기 입력에서의 SNR은 수신된 신호(즉 채널 출력)의 평균 전력 대 수신기 입력에서 측정된 잡음의 평균 전력으로 정의한다. 통상적으로는 SNR을 **데시벨**(dB)로 나타낸다.[7] 데시벨은 전력비 값을 밑을 10으로 하는 로그를 취해 얻은 값의 10배로 정의된다. 예를 들어 10, 100, 1000의 신호 대 잡음비는 각각 10, 20, 30데시벨이다.

이러한 관점에서 볼 때, 성능 평가에 관해서는 오직 두 가지 **시스템 설계 변수**(신호 대 잡음비와 채널 대역폭)가 있다는 것이 명백하다. 좀더 구체적으로 언급하면

> 통신 시스템의 설계는 신호 대 잡음비와 채널 대역폭 간의 맞교환(tradeoff)을 다루는 문제로 귀결된다.

따라서 시스템 제약 조건을 고려하여, 다음의 두 가지 서로 다른 설계 전략 중 하나를 택함으로써 **시스템 성능**을 개선할 수 있다.

1. 채널 대역폭 상의 제약을 수용하기 위해서 신호 대 잡음비를 증가시킨다.
2. 신호 대 잡음비 상의 제약을 수용하기 위해서 채널대역폭을 증가시킨다.

[7] 데시벨은 부록 1에 기술하였다.

신호 대 잡음비를 키우는 것은 전송 전력을 올림으로써 간단히 달성할 수 있기 때문에, 이 두 가지 접근 방법 중에서 일반적으로 1번 전략이 2번 전략보다 실행하기에 더 간단하다는 것을 알 수 있다. 반면에 대역폭을 넓히는 것은, 전송된 신호의 대역폭을 증가시켜야 하기 때문에, 전송기와 수신기의 **복잡성**(complexity) 역시 커지게 된다.

1.4 통신 시스템의 기초 이론

통신 시스템 학문은 기술적인 측면뿐 아니라 이론적인 측면에서도 매우 의미가 크다. 이 절에서는 통신 시스템의 특정 분야를 이해하는 데 필수적인 네 가지 이론들을 조명하고자 한다.[8]

변조 이론

변조(modulation)는 디지털 환경이든 아날로그 통신이든 간에 정보를 담고 있는 신호를 채널을 통해 전송하는 데 있어 가장 기본이 되는 신호 처리 과정이다. 이러한 과정은 정보를 담고 있는 신호에 따라 **반송파**(carrier wave)의 일부 상수(parameter) 값을 바꾸어 줌으로써 달성된다. 반송파는 응용 대상에 따라 다음의 두 가지 기본 형태 중 하나를 선택한다.

- **정현 반송파**(sinusoidal carrier wave): 정현 반송파의 크기, 위상, 주파수가 정보를 담고 있는 메시지 신호를 이용하여 수정하고자 할 때 선택하는 상수이다.
- **주기적인 펄스열**(periodic sequence of pulse): 펄스열에서 펄스의 크기, 폭, 위치가 정보를 담고 있는 메시지 신호를 이용하여 수정하고자 할 때 선택하는 상수이다.

변조 과정을 수행하기 위해서 어떤 방식을 선택하든 간에, 변조 이론에서 언급되어야 할 주제들은 다음과 같다.

- 변조 신호의 시간 영역 표현
- 변조 신호의 주파수 영역 표현
- 정보를 담고 있는 원래 신호의 검출과 수신기에서의 잡음 영향 평가

푸리에 분석

푸리에 변환(Fourier transform)은 정보의 손실 없이 신호의 시간 영역 표현을 주파수 영역 표현으로 변환하는 **선형**(linear) 수학적 연산이다. 이것은 시간 영역의 원래 신호를

[8] 다른 이론 중의 하나인 정보 이론은 통신 시스템 학문의 기초이다. 이 이론은 고등수학을 포함하고 있는 심화된 주제로서 이 개론 교재에 적합하지 않아 포함시키지 않았다.

주파수 영역 표현으로부터 완벽하게 복원할 수 있다는 것을 의미한다. 그러나 신호가 푸리에 변환이 되기 위해서는 특정한 조건이 충족되어야 한다. 다행히 이런 조건들은 통신 시스템에서 다루는 신호들의 경우에는 모두 충족된다.

푸리에 분석은 다음의 주제들을 다루기 위한 수학적 기반을 제공한다.

- 전송 대역폭을 포함하는 변조된 신호의 주파수 영역 표현
- 통신 채널 또는 (주파수 선택) 필터에 의해 예시된 선형 시스템을 통한 신호의 전송
- 한 쌍의 신호들 간의 상관(correlation), 즉 유사성(similarity)

푸리에 변환을 효율적으로 계산해 주는 방법인 **고속 푸리에 변환**(fast Fourier transform)이라 불리는 알고리즘에 의해 이러한 주제들의 중요성이 더욱 커졌다.

검출 이론

더해지는 형태의 채널 잡음에 의해 교란된 수신 신호가 있다고 가정할 때, 수신기가 다루어야 하는 작업 중 하나는 어떻게 원래의 정보를 담고 있는 신호를 신뢰할 만한 방법으로 **검출**(detect)하는가이다. **신호 검출 문제**의 복잡성은 다음의 두 사항들에 의하여 가중된다.

- 잡음의 존재
- 채널 전송을 통해 수신단에서 얻어진 정현 반송파에 발생하는 알 수 없는 양의 위상 천이(phase-shift)

아날로그 통신에서 이런 주제들을 다루는 것은 디지털 통신에서 다루는 것과는 전적으로 다르다. 아날로그 통신에서 통상적인 접근 방법은 **출력단에서의 신호 대 잡음비**와 관련된 수치 계산에 초점을 둔다. 반면에 디지털 통신에서는 신호 검출 문제가 **가설 검증**(hypothesis testing) 문제로 간주될 수 있다. 이진(binary) 데이터 전송의 특정한 경우를 예로 들면, 이진 심벌 1이 전송된다고 가정할 때, 그 심벌이 정확히 검출될 확률은 얼마인가? 그리고 그 확률은 수신단 입력에서의 신호 대 잡음비의 변화에 의해 어떻게 영향을 받는가?

따라서 검출 이론을 다루는 데 있어서, 아날로그 통신에서는 다음 사항들을 다룬다.

- 특정한 변조 방식의 잡음 성능을 평가하기 위한 성능 지수(figure of merit)
- 전송된 신호 대 잡음비가 한계값 아래로 떨어질 때 발생하는 임계 현상
- 변조 방식 간의 성능 비교

반면에 디지털 통신에서는 다음 사항들을 고려한다.

- 수신기 출력에서 심벌 에러가 발생할 평균 확률
- 제어가 불가능한 요소들을 다루는 사항

- 디지털 변조 방식들의 비교

확률 이론과 랜덤 과정

통신 시스템 학문에서의 검출 이론의 역할에 관하여 앞에 기술된 간략한 논의에 근거하여, 다음의 사항들에 대한 이해로 발전시킬 필요가 있다.

- 수학적 관점에서 불규칙적으로 일어나는 현상들을 기술하기 위한 확률이론
- 불규칙 신호 및 잡음의 통계적 표현

결정되어 있는(deterministic) 신호와 달리, **불규칙 신호**는 그것이 발생하기 전에는 **불확실성**이 포함되어 있다. 그 불확실성 때문에 불규칙 신호는 제각기 다른 신호들의 **그룹** 혹은 **앙상블**(ensemble) 속에 포함되어 있다고 간주할 수 있다. 더구나 앙상블 내의 각 신호는 특정한 발생 확률을 가지고 있다. 이러한 신호들의 앙상블을 **랜덤 과정**(random process) 혹은 **통계적 과정**(stochastic process)이라 부른다. 랜덤 과정의 예는 다음과 같다.

- 라디오 또는 TV 수신기의 전단 증폭기에서 생성되는 전기적 잡음
- 남성 또는 여성 화자에 의해 생성되는 음성 신호
- TV 방송국의 안테나에 의해 전송되는 비디오 신호

확률 이론, 랜덤 신호, 그리고 잡음과 관련하여 다음 사항들을 다룬다.

- 확률 모델과 확률 이론의 기본 개념
- 시간 평균뿐만 아니라 앙상블의 관점에서 랜덤 과정을 확률적으로 기술하는 것
- 랜덤 신호의 수학적 해석과 처리

1.5 맺음말

이 장에서는 통신의 역사적 관점에서 통신 응용을 고찰하였고, 통신 시스템의 관계되는 이론들을 간략히 살펴보았다. 또한 이 분야의 학문은 의미가 매우 크고 흥미있다는 견해를 다음과 같이 뒷받침한다.

(i) 통신 시스템은 많고 다양한 응용들—라디오, TV, 무선 통신, 위성 통신, 우주 통신, 전화, 데이터 네트워크, 인터넷 등 그 외 다수—을 포함한다.

(ii) 디지털 통신은 통신의 주류로 발전되어 왔다. 디지털 통신 시스템의 발달 과정에서 우리가 목격한 대부분의 발전들은 다음에 요약한 바와 같이, 이를 가능하게 하여 준 몇몇 기술 및 이론들로부터 추적될 수 있다.

- 정보를 담은 신호의 처리 및 그들의 물리 매체를 통한 전송에 대한 깊은 이해를 가져다 줄 수 있는 추상적이고 수학적인 개념들
- 신호의 스펙트럼, 상관, 필터링의 효율적인 계산을 위한 디지털 신호 처리 알고리즘
- 마이크로프로세서 설계와 관련한 소프트웨어 및 새로운 아키텍처의 개발
- VLSI 칩 제작과 고체 물리의 괄목할 만한 발전

(iii) 통신 시스템 학문은 새로운 사회적 요구에 부응하면서 다른 분야들의 신기술 혁신을 활용함으로써 끊임없이 **동적으로 발전하는 분야**이다.

(iv) 마지막으로 중요한 것은, 통신 시스템은 집과 직장에서의 우리의 일상생활에 깊이 관여하고 있다는 사실과, 또한 너무나 당연하게 여기고 있는 통신 장치의 광범위하고 용이한 접근성이 없다면 우리의 삶은 매우 빈약해질 것이라는 사실이다.

이 책의 다음 10개 장에서는 아날로그와 디지털 통신 시스템 모두를 개론적으로 다룰 것이다. 이 책에서는 **거의 무한한** 범위를 가지고 있다고 할 수 있는 이 학문 분야에 대해서 보다 깊은 지식을 습득 하고자 하는 학생들에게 필요한 기초를 제공하고자 한다. 음성, 비디오, 데이터의 통합된 전송을 수용하기 위한 유선과 무선 통합 네트워크의 발전 추세를 고려할 때, 이러한 필요성이 더욱 가중된다 하겠다.

2장

신호와 시스템의 푸리에 설명

수학적 용어로, 신호는 보통 **시간의 함수**로 기술된다. 오실로스코프 상에 파형을 나타내어 그 신호를 보는 것이 바로 이러한 시간 함수이다. 그러나 1장에서 지적했듯이, 통신 시스템의 관점에서 관심 대상 신호의 **주파수 성분**들을 아는 것이 매우 중요하다. 신호의 주파수 영역 기술 대비 시간 영역 기술과 관련된 수학적 도구가 **푸리에 변환**이다. 사용 가능한 푸리에 변환에는 여러 가지 버전이 있다. 이 장에서는 주로 두 가지 특정 버전으로 논의를 제한하고자 한다.

- **연속 푸리에 변환**(continuous Fourier transform) 또는 짧게 푸리에 변환(FT). 이 경우는 시간과 주파수 영역 모두에서 연속적인 함수를 갖는다.
- **이산 푸리에 변환**(discrete Fourier transform) 또는 짧게 DFT. 이 경우는 시간과 주파수 영역 모두에서 이산 데이터를 갖는다.

이 장에서 제시하는 내용의 상당 부분은 푸리에 변환에 초점을 두는데, 그 이유는 이 장에서의 주된 목적이 시퀀스 시간 신호의 주파수 성분을 구하고, 신호가 **선형 시불변**(LTI: linear time-invariant) **시스템**을 통해 통과했을 때 이 주파수 성분에 어떤 일이 생기는가를 계산하는 것이기 때문이다. 이와 대조적으로, 이 장의 끝 부분에서 논의될 이산 푸리에 변환은, 디지털 컴퓨터에서 신호의 주파수 성분을 계산해야 할 때, 또는 디지털 통신에서와 같이 디지털 장치에 의해 신호가 처리될 때 신호에 무슨 일이 생기는지를 분석해야 할 때 비로소 그 필요성이 대두된다.

이 장에서 배울 내용은 다음과 같다.

▶ **레슨 1: 신호의 푸리에 변환은 신호의 스펙트럼 혹은 주파수 영역 표현을 구성하는 성분들의 복소수 크기를 나타낸다. 주파수 영역 표현이 주어졌을 때, 역 푸리에 변환은 신호를 유일하게 복원시켜 준다.**

▶ **레슨 2: 푸리에 변환은 여러 가지 중요한 속성들을 갖게 되는데, 이것은 단독으로 혹은 복합적으로 시간 영역에서**

정의된 신호와 주파수 영역 기술 간의 관계에 대한 매우 중요한 식견을 제공한다.

- **레슨 3: 신호는 시간 영역에서 유한하거나 또는 주파수 영역에서 유한하게 제한될 수는 있지만, 두 영역 모두에서 유한하게 제한될 수는 없다.**
- **레슨 4: 대역폭은 신호의 스펙트럼 성분과 선형 시불변 필터의 주파수 응답을 기술하는 데 있어 중요한 변수이다.**
- **레슨 5: 널리 사용되는 고속 푸리에 변환(fast Fourier transform) 알고리즘은 이산 푸리에 변환을 연산하기 위한 강력한 도구이다. 또한 이것은 푸리에 변환을 디지털 연산에 의해 구하는 수학적 도구이다.**

2.1 푸리에 변환[1]

정의

$g(t)$를 **시간** t의 어떤 함수로 표현된 **비주기적 결정**(deterministic) **신호**로 나타내자. 정의에 의해, 신호 $g(t)$의 **푸리에 변환**은 $j=\sqrt{-1}$이고 변수 f가 **주파수**를 의미하는 적분

$$G(f) = \int_{-\infty}^{\infty} g(t)\exp(-j2\pi ft)\,dt \tag{2.1}$$

에 의해 얻어진다. 지수 함수 $\exp(-j2\pi ft)$는 푸리에 변환을 정의하는 공식의 **커널**(kernel)이라 부른다. 푸리에 변환 $G(f)$를 가정할 때, 원래 신호 $g(t)$는 **역 푸리에 변환**(inverse Fourier transform)을 위한 공식을 사용하여 정확히 복원된다.

$$g(t) = \int_{-\infty}^{\infty} G(f)\exp(j2\pi ft)\,df \tag{2.2}$$

여기서 지수 함수 $\exp(-j2\pi ft)$가 역 푸리에 변환을 정의하는 공식의 **커널**이다. 식 (2.1)과 (2.2)의 이 두 커널은 서로 켤레 복소수이다.

또한 식 (2.1)과 (2.2)에서 시간 함수를 나타내기 위해 소문자를 사용했고, 상응하는 주파수 함수를 나타내기 위해 대문자를 사용했다. 함수 $g(t)$와 $G(f)$는 **푸리에 변환쌍**을 구성한다. 부록 2에서 주기 파형의 푸리에 급수로부터 시작하여 푸리에 변환과 그 역변환의 정의를 유도할 것이다.

식 (2.1)을 **해석식**이라 부른다. 시스템의 시간 영역 특성이 주어졌을 때, 이로부터 시

[1] 푸리에(Joseph Fourier)는 19세기 초반에 열의 흐름을 연구했다. 열 흐름을 이해하는 것은 그 당시 실용적이고 과학적인 중요한 문제였고, 열방정식이라 불리는 부분 미분 방정식(partial-differential equation)을 풀기 위해 필요했다. 푸리에의 부분 미분 방정식 해는 지금은 **푸리에 급수**(Fourier series)라 불리는 조화 관계를 갖는 사인 함수들의 가중치를 곱한 합이라는 가정에 기본을 둔 것이다. 푸리에의 열유도에 관한 처음 작업은 1807년 Academy of Sciences of Paris에 논문으로 제출되었고, 이것은 라그랑주(Lagrange), 라플라스(Laplace), 르장드르(Legendre)의 검토 후에 거절되었다. 푸리에는 완결성이 부족하다는 동시대 사람들의 비판에도 불구하고 그의 생각을 계속 발전시켰다. 마침내 1822년에, 그의 작업의 많은 부분을 포함하는 책, *Theorie analytique de la chaleur*를 출판했고, 이것은 지금 수학의 고전 중 하나로 간주된다.

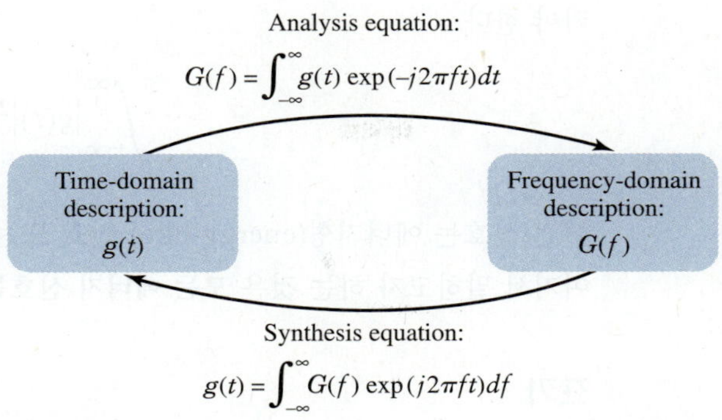

그림 2.1 푸리에 변환을 나타내는 합성식과 해석식의 상호 연관 관계의 도식적 표현.

스템의 주파수 영역 특성을 구할 수 있다. 시간 영역 특성을 주파수 영역으로 변환했을 경우, 기본적인 이득은 **시스템 응답 특성을 사인파들의 정상 상태**(steady-state) **응답들의 중첩으로 간주할 수 있다**는 것이다. 시간 영역 특성이 선형 미분 방정식에 의해 기술된 시스템에서는, 주파수 영역에서의 정현파 정상 상태 응답이 실제적인 관점에서뿐만 아니라, 이론적인 관점에서도 이해하기가 쉽다.

이와 반대로, 식 (2.2)를 **합성식**이라 부른다. 주파수 영역에서의 정상 상태 응답 특성이 중첩으로 주어졌을 경우, **어떠한 정보의 손실도 없이 시스템의 원래 시간 영역 행동을 복원할 수 있다.** 그림 2.1에서 나란히 표시한 해석식 및 합성식은 두 개의 상호 연관 영역(시간 영역과 주파수 영역)에서의 표현을 관찰하는 것을 가능하게 함으로써 신호와 시스템의 표현 폭을 넓혀 준다.

신호 $g(t)$의 푸리에 변환이 존재하기 위해서는 $g(t)$가 **디리클레**(Dirichlet)**의 조건**으로 알려진 다음 세 가지 조건을 충족시켜야 한다.

1. 함수 $g(t)$는 단일 값을 가지며, 한정된 시간 간격에서는 유한한 개수의 극대점과 극소점만을 갖는다.
2. 함수 $g(t)$는 한정된 시간 간격에서 유한한 수의 불연속점을 갖는다.
3. 함수 $g(t)$는 절대값이 적분 가능하다. 즉

$$\int_{-\infty}^{\infty} |g(t)|\, dt < \infty$$

$g(t)$가 물리적으로 실현 가능한 신호(예를 들어 음성 신호, 비디오 신호)를 정확히 표현하는 경우라면, 시간 함수 $g(t)$의 푸리에 변환 존재성에 대한 의문은 무시해도 좋다. 다시 말하자면, 물리적 실현성은 푸리에 변환이 존재하기 위한 충분 조건이 된다. 신호 $g(t)$의 물리적 실현성을 위해서는 $\int_{-\infty}^{\infty} |g(t)|^2\, dt$ 으로 정의된 신호의 에너지가 다음 조건을 만족시

켜야 한다.

$$\int_{-\infty}^{\infty} |g(t)|^2 \, dt < \infty$$

이런 신호는 에너지형(energy-like) 신호 또는 단순히 **에너지 신호**라고 부른다. 그러므로 여기서 말하고자 하는 것은 **모든 에너지 신호는 푸리에 변환이 가능하다**는 것이다.

표기

식 (2.1)과 (2.2)에서 제시된 푸리에 변환과 역 푸리에 변환을 위한 공식들은 두 변수로 표현되는데, 두 변수란 초(s)로 측정되는 **시간** t와 **헤르츠**(Hz)로 측정되는 주파수 f를 말한다. 주파수 f는 **각주파수**(angular frequency) ω와

$$\omega = 2\pi f$$

의 관계를 갖는데, ω는 **초당 라디안**(rad/s)으로 표현된다. 여기서 f 대신 ω를 사용함으로써 식 (2.1)과 (2.2)의 피적분 함수에서 지수를 표현하는 것을 간단히 할 수 있다. 그러나 ω보다 f를 선호하는 데에는 두 가지 이유가 있다. 첫째, 주파수를 사용하면 자연스럽게 식 (2.1)과 (2.2)의 수학적 **대칭성**을 얻을 수 있다. 둘째, 통신 신호, 즉 음성과 비디오 신호의 스펙트럼 성분은 일반적으로 헤르츠로 표현한다.

식 (2.1)과 (2.2)의 변환 관계를 다음과 같이 간략하게 적는다.

$$G(f) = \mathbf{F}[g(t)] \tag{2.3}$$

$$g(t) = \mathbf{F}^{-1}[G(f)] \tag{2.4}$$

여기서 $\mathbf{F}[\ ]$와 $\mathbf{F}^{-1}[\ ]$은 **선형 연산자**의 역할을 한다. **푸리에 변환쌍**에 대한 또 다른 간편한 표기는 $g(t)$와 $G(f)$로 나타내는

$$g(t) \rightleftharpoons G(f) \tag{2.5}$$

이다. 식 (2.3)~(2.5)에 나타낸 단축 표기는 문장 내에서 필요할 때 사용한다.

연속 스펙트럼

푸리에 변환 연산을 사용함으로써 한정된 에너지의 펄스 신호 $g(t)$는 주파수를 $-\infty \sim \infty$ 간격으로 갖는 지수 함수의 연속적인 합으로 표현된다. 주파수 f 성분의 크기는 $G(f)$에 비례하고, $G(f)$는 $g(t)$의 푸리에 변환이다. 특히 주파수 f인 지수 함수 $\exp(j2\pi ft)$는 $G(f)df$ 인수에 의해 가중되는데, 이것은 주파수 f를 중심으로 한 미세 구간 df에 $G(f)$가 기여한 양이다. 그래서 함수 $g(t)$는 다음 적분에서 나타내는 것처럼, 미분의 연속적인 합의 관점에서 표현될 수 있다.

$$g(t) = \int_{-\infty}^{\infty} G(f) \exp(j2\pi ft)\, df$$

이전에 언급된 것을 반복하자면, 푸리에 변환은 주어진 $g(t)$ 신호를 전체 주파수 $-\infty \sim \infty$ 간격을 차지하고 있는 복소 지수 성분으로 표현하기 위한 도구를 제공한다. 특히 신호의 푸리에 변환 $G(f)$는 신호의 주파수 영역 표현을 정의하는데, 이는 신호의 다양한 주파수 성분들의 복소 크기를 나타내기 때문이다. 등가적으로 우리는 매**시간** t에서 주어진 함수 $g(t)$를 사용함으로써, 시간 영역 표현을 정의할 수 있다. 그래서 신호는 어떤 표현 방식이든지 고유하게 정의된다.

일반적으로 푸리에 변환 $G(f)$는 주파수 f의 복소 함수이므로, 다음의 형태로 표현할 수 있다.

$$G(f) = |G(f)| \exp[j\theta(f)] \tag{2.6}$$

$|G(f)|$는 $g(t)$의 **연속 진폭 스펙트럼**이라 부르고 $\theta(f)$는 $g(t)$의 **연속 위상 스펙트럼**이라 부른다. 여기서 스펙트럼은 $G(f)$의 진폭과 위상 두 가지 모두 고유하게 모든 주파수에서 정의되었기 때문에, **연속 스펙트럼**이라고 부른다.

특별히 $g(t)$가 실수 함수인 경우에 다음 관계식이 성립한다.

$$G(-f) = G^*(f)$$

여기서 *는 복소 켤레를 의미한다. 그러므로 만약 $g(t)$가 시간 t의 **실수 함수**이면

$$|G(-f)| = |G(f)|$$

이고,

$$\theta(-f) = -\theta(f)$$

이다. 따라서 실수 신호의 스펙트럼은 다음의 성질을 갖는다.

1. 신호의 진폭 스펙트럼은 주파수의 우함수이다. 즉 진폭 스펙트럼은 원점 $f=0$에 대하여 **대칭**이다.
2. 신호의 위상 스펙트럼은 주파수의 기함수이다. 즉 위상 스펙트럼은 원점 $f=0$에 대하여 **비대칭**이다.

이 두 성질은 실수 신호의 스펙트럼이 **켤레 대칭**을 갖는 데서 기인하는 것이다.

예제 2.1 구형 펄스

그림 2.2(a)에 나타내었듯이, 시간 T와 진폭 A의 상자 함수, 다른 말로 **구형 펄스**를 고려

하자. 이 펄스를 수학적으로 단순한 형태로 나타내기 위해 다음 표기를 정의한다.

$$\text{rect}(t) = \begin{cases} 1, & -\frac{1}{2} \le t \le \frac{1}{2} \\ 0, & t < -\frac{1}{2} \text{ or } t > \frac{1}{2} \end{cases} \tag{2.7}$$

이것은 $t=0$에 중심을 둔 단위 진폭과 단위 시간 구간의 **구형 함수**를 의미한다. 이 '표준' 함수를 이용하면, 그림 2.2(a)의 구형 펄스를 다음과 같이 단순하게 표현할 수 있다.

$$g(t) = A\,\text{rect}\left(\frac{t}{T}\right)$$

구형 펄스 $g(t)$의 푸리에 변환은 다음 식에 의해 얻어진다.

$$\begin{aligned} G(f) &= \int_{-T/2}^{T/2} A \exp(-j2\pi f t)\, dt \\ &= AT\left(\frac{\sin(\pi f T)}{\pi f T}\right) \end{aligned} \tag{2.8}$$

앞에 나온, 그리고 뒤이어 나올 결과들의 표기를 단순화하기 위해, 다음 식에 의해 정의된 표준 함수, 즉 **싱크 함수**(sinc function)를 소개한다.

$$\text{sinc}(\lambda) = \frac{\sin(\pi\lambda)}{\pi\lambda} \tag{2.9}$$

여기서 λ는 독립 변수이다. 싱크 함수는 통신 이론에서 중요한 역할을 한다. 그림 2.3에서 보여 주듯이, 이 함수는 $\lambda=0$에서 최대값 1을 갖고, λ가 무한대로 접근함에 따라 +와

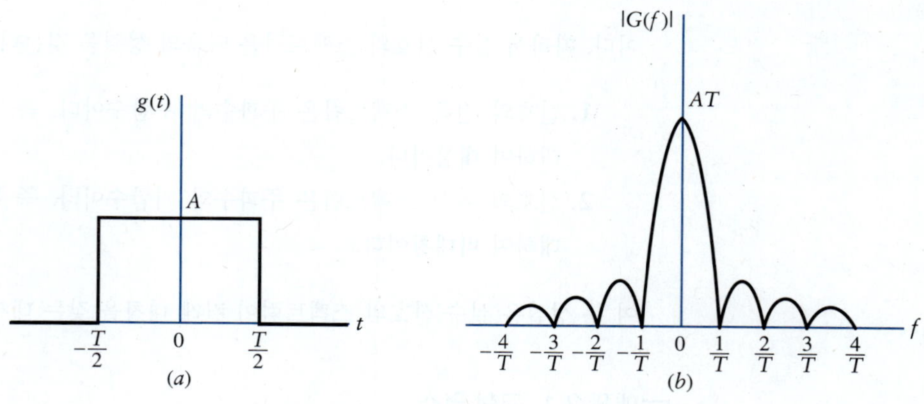

그림 2.2 (a) 구형 펄스. (b) 진폭 스펙트럼.

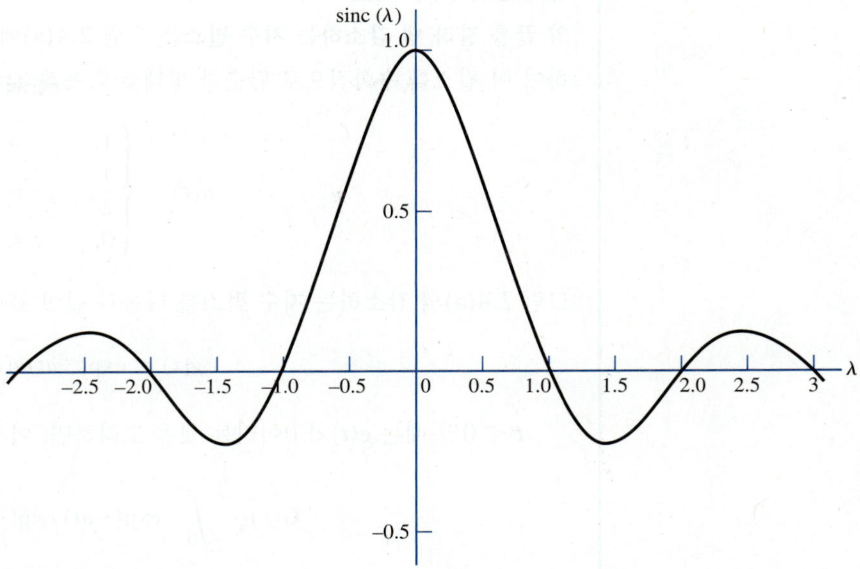

그림 2.3 싱크 함수.

− 방향으로 진동하면서 0에 가까워진다. 이 함수는 $\lambda = \pm 1, \pm 2, \ldots$일 때 0을 갖는다.

싱크 함수를 이용하여, 식 (2.8)을 다음과 같이 다시 적을 수 있다.

$$A \operatorname{rect}\left(\frac{t}{T}\right) \rightleftharpoons AT \operatorname{sinc}(fT) \tag{2.10}$$

진폭 스펙트럼 $|G(f)|$는 그림 2.2(b)에 나타내었다. 스펙트럼이 최초로 0을 갖는 것은 $f = \pm 1/T$에서이다. 펄스 구간 T가 감소함에 따라, 최초로 0을 갖는 주파수 위치는 커지게 된다. 반대로 말하자면, 펄스 구간 T가 증가할수록, 최초로 0을 갖는 주파수 위치는 원점을 향해 움직인다.

이 예는 신호의 시간 영역과 주파수 영역 표현 간의 관계가 **역**이라는 것을 보여 준다. 즉 시간축에서 좁은 펄스는 넓은 범위의 주파수 영역에서 표현되며, 그 역 또한 사실이다. 시간과 주파수 간의 역관계에 대해서는 2.3절에서 더 언급할 것이다.

이 예에서 푸리에 변환 $G(f)$는 주파수 f의 대칭인 실수 함수이다. 이것은 그림 2.2(a)에서 보여 주는 구형 펄스 $g(t)$가 시간 t의 대칭 함수라는 사실로부터 얻어지는 직접적인 결과이다.

예제 2.2 지수 펄스

양 끝을 잘라 낸 감소하는 지수 펄스를 그림 2.4(a)에 나타내었다. 단위 계단 함수를 사용하여 이 펄스를 수학적으로 단순한 형태로 다음과 같이 정의한다.

$$u(t) = \begin{cases} 1, & t > 0 \\ \dfrac{1}{2}, & t = 0 \\ 0, & t < 0 \end{cases} \tag{2.11}$$

그림 2.4(a)의 감소하는 지수 펄스를 다음과 같이 표현할 수 있다.

$$g(t) = \exp(-at)u(t)$$

$t < 0$일 때는 $g(t)$가 0이라는 것을 고려하면, 이 펄스의 푸리에 변환은 다음과 같다.

$$\begin{aligned} G(f) &= \int_0^\infty \exp(-at)\exp(-j2\pi ft)\,dt \\ &= \int_0^\infty \exp[-t(a + j2\pi f)]\,dt \\ &= \frac{1}{a + j2\pi f} \end{aligned}$$

그러므로 그림 2.4(a)의 감소하는 지수 펄스의 푸리에 변환은 다음과 같다.

$$\exp(-at)u(t) \rightleftharpoons \frac{1}{a + j2\pi f} \tag{2.12}$$

양 끝을 잘라 낸 증가하는 지수 펄스는 그림 2.4(b)에 나타내었는데, 이것은 다음에 의해 정의된다.

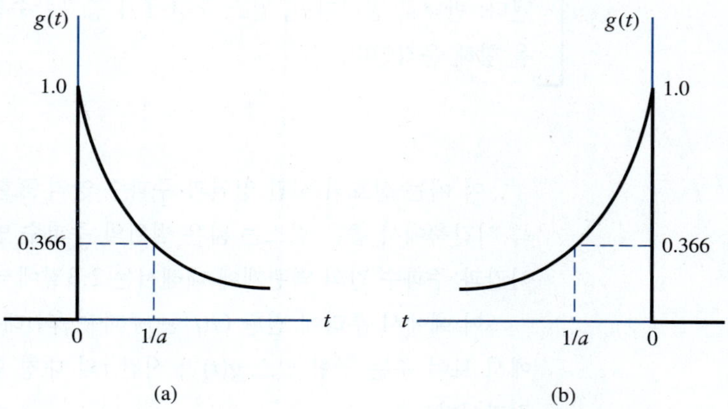

그림 2.4 (a) 감소하는 지수 펄스. (b) 증가하는 지수 펄스.

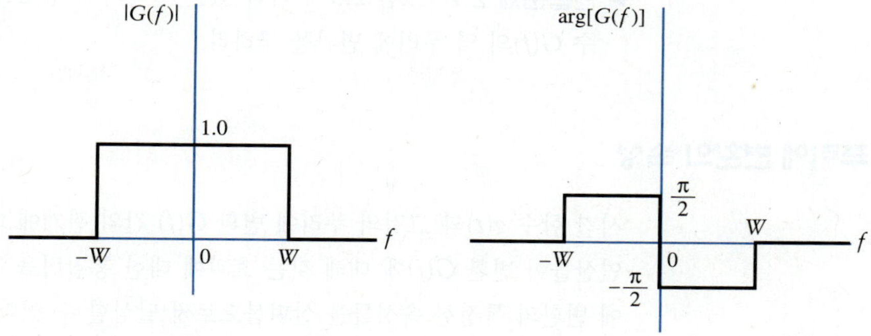

그림 2.5 문제 2.2의 주파수 함수 $G(f)$.

$$g(t) = \exp(at)u(-t)$$

$t < 0$일 때 $u(-t)$가 1이고, $t=0$일 때 1/2, $t > 0$일 때 0이라는 것을 주목하라. $t > 0$일 때 $g(t)$가 0임을 이용하면 이 펄스의 푸리에 변환은 다음과 같다.

$$G(f) = \int_{-\infty}^{0} \exp(at)\exp(-j2\pi ft)\,dt$$

t를 $-t$로 바꾸면 다음과 같이 나타낼 수 있다.

$$\begin{aligned} G(f) &= \int_{0}^{\infty} \exp[-t(a - j2\pi f)]\,dt \\ &= \frac{1}{a - j2\pi f} \end{aligned}$$

그림 2.4(b)의 증가하는 지수 펄스에서 푸리에 변환쌍은 다음과 같다.

$$\exp(-at)u(-t) \rightleftharpoons \frac{1}{a - j2\pi f} \tag{2.13}$$

그림 2.4의 감소하는 지수 펄스와 증가하는 지수 펄스는 둘 다 시간 t의 비대칭 함수이다. 이들의 푸리에 변환은 식 (2.12)와 (2.13)에 나와 있는 것처럼 복소 함수이다. 더구나 푸리에 변환쌍으로부터, 양 끝을 잘라 낸 감소 및 증가하는 지수 펄스들이 같은 진폭 스펙트럼을 갖는다는 것을 알 수 있다. 그러나 한쪽의 스펙트럼 위상은 나머지 한쪽의 스펙트럼 위상과 부호가 반대이다.

▶ **연습문제 2.1** 감소하는 사인파 $g(t)=\exp(-t)\sin(2\pi f_c t)u(t)$의 푸리에 변환을 계산하라. $u(t)$는 계단 함수이다. ◀

▶ 연습문제 2.2 그림 2.5에 나와 있는 진폭과 위상 스펙트럼에 의해 정의된 주파수 함수 $G(f)$의 역 푸리에 변환을 구하라. ◀

2.2 푸리에 변환의 속성

시간 함수 $g(t)$와 그것의 푸리에 변환 $G(f)$ 간의 관계에 대한, 또한 함수 $g(t)$ 상의 다양한 연산들이 변환 $G(f)$에 대해 갖는 효과에 대한 통찰력을 갖는 것은 유용하다. 이것은 푸리에 변환의 특정한 속성들을 살펴봄으로써 달성할 수 있다. 이 절에서는 14개의 속성을 제시하고, 그것들을 하나씩 증명하고자 한다. 이 속성들은 이 책 끝의 부록 8, 표 A8.1에 요약되어 있다.

특성 1. 선형성(중첩). $g_1(t) \rightleftharpoons G_1(f)$, $g_2(t) \rightleftharpoons G_2(f)$**라고 하자. 그러면** c_1**과** c_2**가 모두 상수일 때 다음을 얻는다.**

$$c_1 g_1(t) + c_2 g_2(t) \rightleftharpoons c_1 G_1(f) + c_2 G_2(f) \tag{2.14}$$

이 성질은 $G(f)$와 $g(t)$를 정의하는 적분의 선형성(linearity)으로 증명할 수 있다.

성질 1을 통해 함수 $g(t)$의 푸리에 변환 $G(f)$를 얻을 수 있다. $g(t)$는 다음 예제에 나타난 대로 푸리에 변환 $G_1(f)$와 $G_2(f)$로 알려진 다른 두 함수, $g_1(t)$와 $g_2(t)$의 선형 조합이다.

예제 2.3 지수 펄스들의 조합

다음과 같이 정의된 **양측 지수 펄스**를 생각하자[그림 2.6(a)를 보라].

$$\begin{aligned} g(t) &= \begin{cases} \exp(-at), & t > 0 \\ 1, & t = 0 \\ \exp(at), & t < 0 \end{cases} \\ &= \exp(-a|t|) \end{aligned} \tag{2.15}$$

이 펄스는 양 끝을 잘라 낸 감소하는 지수 펄스와 양 끝을 잘라 낸 증가하는 지수 펄스의 중첩으로 볼 수 있다. 그러므로 선형 성질과 식 (2.12)와 (2.13)의 푸리에 변환쌍을 사용하여, 그림 2.6(a)의 양측 지수 펄스의 푸리에 변환을 얻을 수 있다.

$$\begin{aligned} G(f) &= \frac{1}{a + j2\pi f} + \frac{1}{a - j2\pi f} \\ &= \frac{2a}{a^2 + (2\pi f)^2} \end{aligned}$$

이에 의해 다음과 같이 그림 2.6(a)의 양측 지수 펄스에서의 푸리에 변환쌍이 얻어진다.

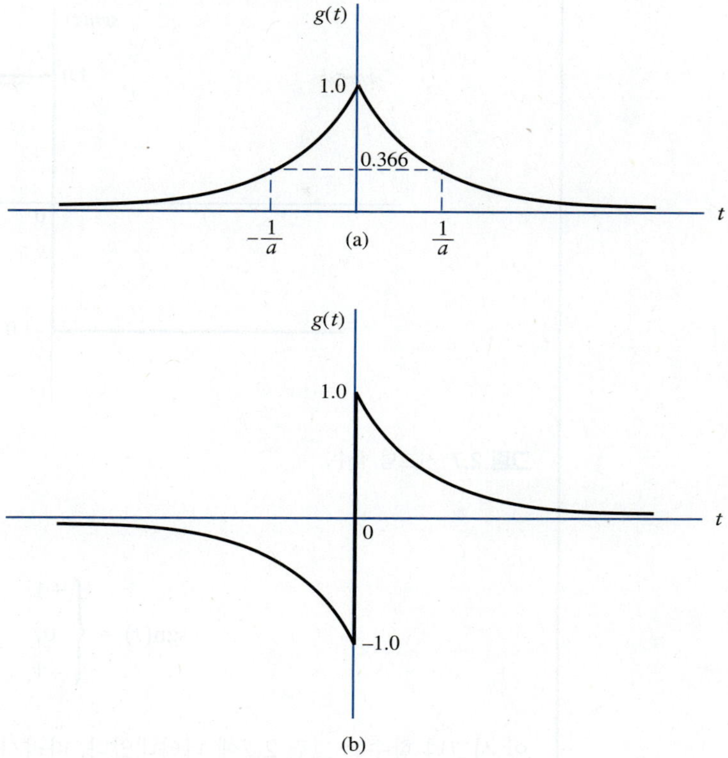

그림 2.6 (a) 양측 지수 펄스(대칭). (b) 다른 양측 지수 펄스(원점 대칭).

$$\exp(-a|t|) \rightleftharpoons \frac{2a}{a^2 + (2\pi f)^2} \tag{2.16}$$

그림 2.6(a)에서처럼 시간 영역에서의 대칭으로 인해 스펙트럼이 실수이고 대칭이다. 이것은 이런 푸리에 변환쌍의 일반적 성질이다.

또 다른 흥미있는 조합은, 그림 2.6(b)에 나타냈듯이, 양 끝을 잘라 낸 감소하는 지수 펄스와 양 끝을 잘라 낸 증가하는 지수 펄스 간의 차이이다. 여기서 다음을 얻는다.

$$g(t) = \begin{cases} \exp(-at), & t > 0 \\ 0, & t = 0 \\ -\exp(at), & t < 0 \end{cases} \tag{2.17}$$

다음에 나타낸 것처럼, 양의 시간에서는 $+1$이고 음의 시간에서는 -1인 **시그넘 함수**를 이용함으로써, 이 복합 신호를 위한 간략화된 표기를 얻을 수 있다.

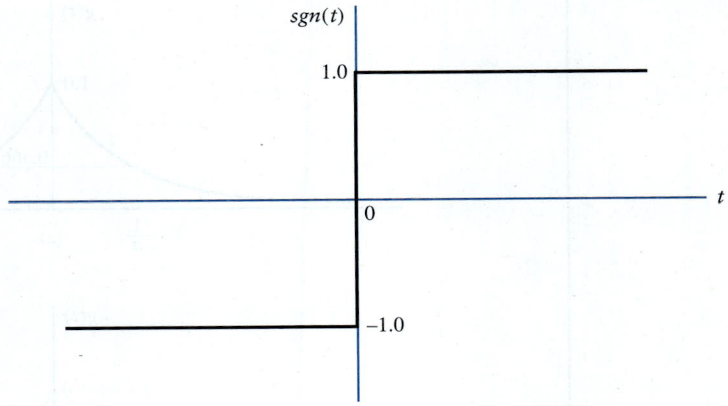

그림 2.7 시그넘 함수.

$$\operatorname{sgn}(t) = \begin{cases} +1, & t > 0 \\ 0, & t = 0 \\ -1, & t < 0 \end{cases} \tag{2.18}$$

이 시그넘 함수는 그림 2.7에 나타내었다. 따라서 식 (2.17)에서 정의된 복합 신호 $g(t)$를 다음처럼 단순하게 다시 표현할 수 있다.

$$g(t) = \exp(-a|t|)\operatorname{sgn}(t)$$

푸리에 변환의 선형 성질을 적용함으로써, 식 (2.12)와 (2.13)에 비추어, 신호 $g(t)$의 푸리에 변환이 다음에 의해 얻어진다는 것을 알 수 있다.

$$\begin{aligned} \mathbf{F}[\exp(-a|t|)\operatorname{sgn}(t)] &= \frac{1}{a + j2\pi f} - \frac{1}{a - j2\pi f} \\ &= \frac{-j4\pi f}{a^2 + (2\pi f)^2} \end{aligned}$$

이에 의해 다음과 같은 푸리에 변환쌍을 얻는다.

$$\exp(-a|t|)\operatorname{sgn}(t) \rightleftharpoons \frac{-j4\pi f}{a^2 + (2\pi f)^2} \tag{2.19}$$

식 (2.16)의 푸리에 변환쌍과 대조적으로, 식 (2.19)의 푸리에 변환은 원점 대칭이고 허수이다. 이것은 **원점 대칭**인 시간 함수에 적용하는 푸리에 변환의 일반적인 성질로, 그림 2.6(b)에서처럼 조건 $g(-t) = -g(t)$를 만족시킨다. 이러한 시간 함수의 푸리에 변환은 원점 대칭인 허수 함수가 된다.

특성 2. 확장. $g(t) \rightleftharpoons G(f)$**라고 하자. 확장**(dilation) **성질 또는 유사성 성질은 다음으로 나타낼 수 있다.**

$$g(at) \rightleftharpoons \frac{1}{|a|}G\left(\frac{f}{a}\right) \tag{2.20}$$

여기서 확장 지수 a는 실수이다.

이 성질을 증명하기 위해 다음을 참조한다.

$$\mathbf{F}[g(at)] = \int_{-\infty}^{\infty} g(at)\exp(-j2\pi ft)\,dt$$

$\tau=at$이라 하자. 확장 지수 a가 양인지 음인지에 따라 두 가지 경우로 나누어진다. $a > 0$일 때에는 다음을 얻는다.

$$\begin{aligned}\mathbf{F}[g(at)] &= \frac{1}{a}\int_{-\infty}^{\infty} g(\tau)\exp\left[-j2\pi\left(\frac{f}{a}\right)\tau\right]d\tau \\ &= \frac{1}{a}G\left(\frac{f}{a}\right)\end{aligned}$$

한편 $a < 0$이라면, 적분의 한계값들이 서로 바뀐다. 그래서 곱하는 값이 $-(1/a)$이 되고, 이것을 등가적으로 표현하면 곱하는 값이 $1/|a|$가 되는 것이다. 이에 의해 식 (2.20)의 증명이 완성되었다.

식 (2.20)의 시간과 주파수 함수에서 사용된 확장 지수들 a와 $1/a$은 역의 관계가 있음을 주목하라. 예를 들어 $0 < a < 1$일 때 함수 $g(at)$는 $g(t)$가 시간축 상에서 배율 a만큼 **압축**되었음을 나타내며, 반면에 함수 $G(f/a)$는 같은 배율 a만큼 확장되었음을 나타낸다. 그래서 확장 규칙은 시간 영역에서 함수 $g(t)$가 압축되는 경우는 주파수 영역에서 푸리에 변환 $G(f)$는 동일한 배율만큼 확장되는 것을 의미하며, 또한 그 역으로 $g(t)$가 확장되는 경우는 $G(f)$가 압축되는 것을 의미한다.

$a=-1$인 특별한 경우에, 식 (2.20)의 확장 규칙은 **반전**(reflection) **성질**로 얻어지는데, 이것은 $g(t) \rightleftharpoons G(f)$일 때

$$g(-t) \rightleftharpoons G(-f) \tag{2.21}$$

임을 의미한다. 그림 2.4를 참고하여, 그림의 (b) 부분에 보이는 증가하는 지수 펄스는 (a) 부분에 보이는 감소하는 지수 펄스를 세로축을 중심으로 **반전**하여 얻어지는 관계임을 알 수 있다. 반전 규칙을 감소하는 지수 펄스에 관한 식 (2.12)에 적용하면, 증가하는 지수 펄스의 푸리에 변환은 식 (2.13)과 정확히 같은 $1/(a-j2\pi f)$이 됨을 쉽게 알 수 있다.

특성 3. 켤레 규칙. $g(t) \rightleftharpoons G(f)$**라고 하자. 복소 시간 함수** $g(t)$**에 대해서 다음의 켤레 관계식이 성립한다.**

$$g^*(t) \rightleftharpoons G^*(-f) \tag{2.22}$$

***는 복소 켤레 연산자이다.**

이 성질을 증명하기 위해, 다음과 같은 역 푸리에 변환을 이용한다.

$$g(t) = \int_{-\infty}^{\infty} G(f) \exp(j2\pi ft)\, df$$

양변에 복소 켤레를 취하면

$$g^*(t) = \int_{-\infty}^{\infty} G^*(f) \exp(-j2\pi ft)\, df$$

이 된다. 다음에 f를 $-f$로 변수 치환하면 다음과 같다.

$$\begin{aligned} g^*(t) &= -\int_{\infty}^{-\infty} G^*(-f) \exp(j2\pi ft)\, df \\ &= \int_{-\infty}^{\infty} G^*(-f) \exp(j2\pi ft)\, df \end{aligned}$$

이로부터 $g^*(t)$는 $G^*(-f)$의 역 푸리에 변환임을 알 수 있다.

식 (2.22)의 켤레 규칙과 다른 형태의 등가 규칙으로서, $g(t) \rightleftharpoons G(f)$인 경우

$$g^*(-t) \rightleftharpoons G^*(f) \tag{2.23}$$

으로 기술할 수 있다. 이 결과는 식 (2.21)에 나타난 반전 규칙을 식 (2.22)에 적용함으로써 바로 얻어진다.

특성 4. 쌍관 관계. $g(t) \rightleftharpoons G(f)$**라면**

$$G(t) \rightleftharpoons g(-f) \tag{2.24}$$

이다.

이 성질은 식 (2.21)의 역 푸리에 변환을 정의한 관계식으로부터 우선 t를 $-t$로 바꾸어 다음과 같이 나타냄으로써 구할 수 있다.

$$g(-t) = \int_{-\infty}^{\infty} G(f) \exp(-j2\pi ft)\, df$$

마지막으로 t와 f를 교환(방정식의 좌변에서 t를 f로 교체하고, 우변에서 f를 t로 교체한다)함으로써 다음을 얻게 된다.

$$g(-f) = \int_{-\infty}^{\infty} G(t) \exp(-j2\pi ft)\, dt$$

이것은 시간 영역에서 주파수 영역으로 갈 때 식 (2.24)의 확장된 형태이다.

예제 2.4 싱크 펄스

다음과 같이 나타난 싱크 함수 형태의 신호 $g(t)$를 고려하자.

$$g(t) = A\,\text{sinc}(2Wt)$$

이 함수의 푸리에 변환을 계산하기 위해, 쌍관 관계(duality)와 확장(dilation) 성질을 식 (2.10)의 푸리에 변환쌍에 적용한다. 그 다음, 구형파 함수가 시간의 우함수임을 이용하여 그림 2.8에 나타내었듯이 다음 결과를 얻는다.

$$A\,\text{sinc}(2Wt) \rightleftharpoons \frac{A}{2W}\,\text{rect}\left(\frac{f}{2W}\right) \tag{2.25}$$

이를 통해, $|f| > W$일 때 싱크 펄스의 푸리에 변환이 0임을 알 수 있다. 반면에 싱크 펄스 자체는 시간 t가 무한에 접근함에 따라 싱크 펄스도 0으로 접근한다는 의미에서 단지 점근적으로 제한된다. 바로 이 점근적인 제한 특성이 싱크 함수가 에너지 신호이며 푸리에 변환이 가능하게 되는 이유이다.

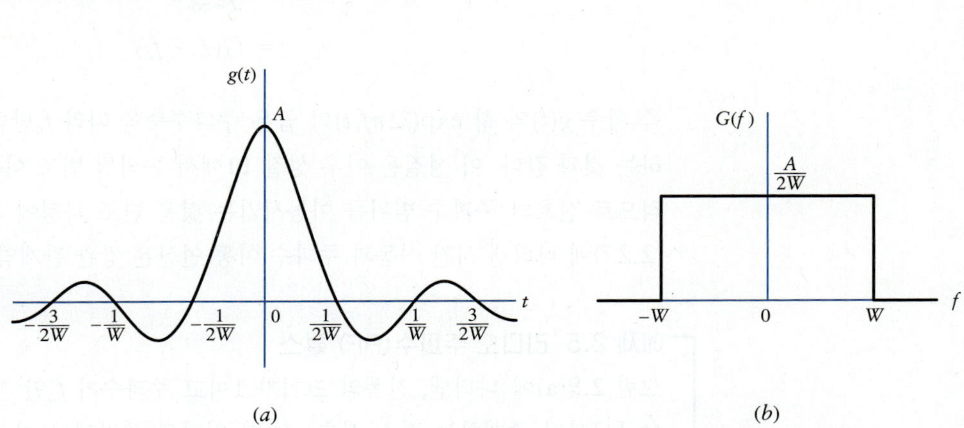

그림 2.8 (a) 싱크 펄스 $g(t)$, (b) 푸리에 변환 $G(f)$.

특성 5. 시간 이동. $g(t) \rightleftharpoons G(f)$**이면**

$$g(t - t_0) \rightleftharpoons G(f)\exp(-j2\pi f t_0) \tag{2.26}$$

이다. 여기서 t_0는 실수인 시간 이동 상수이다.

이 성질을 증명하기 위해 $g(t-t_0)$의 푸리에 변환을 취하면, $\tau=(t-t_0)$ 또는 등가적으로 $t=\tau+t_0$이다. 이에 의해 다음을 얻게 된다.

$$\begin{aligned} \mathbf{F}[g(t - t_0)] &= \exp(-j2\pi f t_0)\int_{-\infty}^{\infty} g(\tau)\exp(-j2\pi\tau)\,d\tau \\ &= \exp(-j2\pi f t_0)G(f) \end{aligned}$$

시간 이동 성질은, 함수 $g(t)$가 t_0 크기만큼 시간축을 따라 이동할 때, 그 결과는 푸리에 변환 $G(f)$와 $\exp(-j2\pi f t_0)$ 항의 곱임을 나타낸다. 이것은 $G(f)$의 진폭은 시간 이동에 의해 영향을 받지 않지만, 그것의 위상은 주파수 f에 따라 선형적으로 변화하는 항인 $-j2\pi f t_0$에 의해 변한다는 것을 의미한다.

특성 6. 주파수 이동. $g(t) \rightleftharpoons G(f)$**이면**

$$\exp(j2\pi f_c t)g(t) \rightleftharpoons G(f - f_c) \tag{2.27}$$

이다. 여기서 f_c는 실수인 주파수 상수이다.

이 성질은 다음 사실로부터 얻어진다.

$$\begin{aligned} \mathbf{F}[\exp(j2\pi f_c t)g(t)] &= \int_{-\infty}^{\infty} g(t)\exp[-j2\pi t(f - f_c)]\,dt \\ &= G(f - f_c) \end{aligned}$$

즉 함수 $g(t)$와 항 $\exp(j2\pi f_c t)$의 곱은 주파수축을 따라 f_c만큼 푸리에 변환 $G(f)$를 이동하는 것과 같다. 이 성질은 이후 성질 11에서 논의될 **변조 이론**의 특별한 경우이다. 기본적으로 신호의 주파수 범위를 이동시키는 것은 변조 과정에 의해 달성된다. 식 (2.26)과 (2.27)에 나타낸 시간 이동과 주파수 이동 연산은 쌍관 관계임을 주목하라.

예제 2.5 라디오 주파수(RF) 펄스

그림 2.9(a)에 나타낸, 진폭의 크기가 1이고 주파수가 f_c인 사인파가 시간 $t=-T/2$에서 $t=T/2$까지 존재하는 펄스 신호 $g(t)$가 있다고 생각해 보자. 주파수 f_c가 라디오 주파수 대역에 있는 경우 이 신호를 **RF 펄스**라 부르기도 한다. 그림 2.9(a)의 신호 $g(t)$는 수학

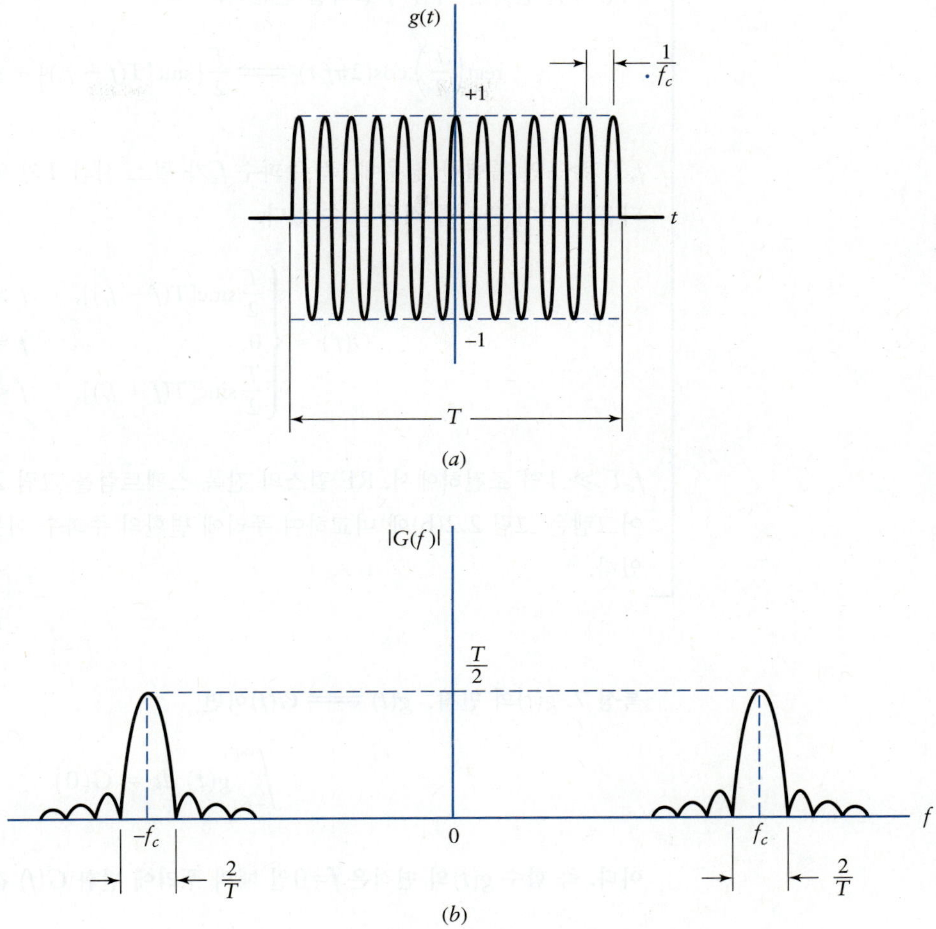

그림 2.9 (a) 단위 진폭과 시간 T를 갖는 RF 펄스. (b) 진폭 스펙트럼.

적으로 다음과 같이 표현할 수 있다.

$$g(t) = \text{rect}\left(\frac{t}{T}\right)\cos(2\pi f_c t) \tag{2.28}$$

RF 신호의 푸리에 변환을 구하기 위해 **오일러(Euler)의 공식**을 사용하여 다음과 같이 나타낸다.

$$\cos(2\pi f_c t) = \frac{1}{2}[\exp(j2\pi f_c t) + \exp(-j2\pi f_c t)]$$

식 (2.10)의 푸리에 변환쌍에 주파수 이동 성질을 적용한 다음, 푸리에 변환의 선형성을 이용하면 원하는 다음의 결과를 얻는다.

$$\mathrm{rect}\left(\frac{t}{T}\right)\cos(2\pi f_c t) \rightleftharpoons \frac{T}{2}\{\mathrm{sinc}[T(f-f_c)] + \mathrm{sinc}[T(f+f_c)]\} \tag{2.29}$$

$f_cT \gg 1$인 특별한 경우에, 즉 주파수 f_c가 펄스 시간 T의 역에 비교하여 훨씬 클 때에는 다음과 같이 근사를 적용할 수 있다.

$$G(f) \approx \begin{cases} \frac{T}{2}\mathrm{sinc}[T(f-f_c)], & f > 0 \\ 0, & f = 0 \\ \frac{T}{2}\mathrm{sinc}[T(f+f_c)], & f < 0 \end{cases} \tag{2.30}$$

$f_cT \gg 1$인 조건하에서, RF 펄스의 진폭 스펙트럼을 그림 2.9(b)에 나타내었다. 이 다이어그램은 그림 2.2(b)에 비교하여 푸리에 변환의 주파수 이동 성질을 명확하게 보여 주고 있다.

특성 7. $g(t)$의 면적. $g(t) \rightleftharpoons G(f)$**이면**

$$\int_{-\infty}^{\infty} g(t)\,dt = G(0) \tag{2.31}$$

이다. 즉 함수 $g(t)$의 면적은 $f=0$일 때의 푸리에 변환 $G(f)$ 값과 같다.

이 결과는 함수 $g(t)$의 푸리에 변환을 정의하는 식 (2.1)에 $f=0$을 단순히 삽입함으로써 얻어진다.

► 연습문제 2.3 실수값을 갖는 $g(t)$와 복소값을 갖는 푸리에 변환 $G(f)$를 고려할 때, 식 (2.31)의 규칙이 이 신호에 의해 어떻게 충족되는지를 설명하라. ◄

특성 8. $G(f)$의 면적. $g(t) \rightleftharpoons G(f)$**일 때**

$$g(0) = \int_{-\infty}^{\infty} G(f)\,df \tag{2.32}$$

이다. 즉 $t=0$일 때의 함수 $g(t)$의 값은 그것의 푸리에 변환 $G(f)$의 면적과 같다.

이 결과는 함수 $G(f)$의 푸리에 변환을 정의하는 식 (2.2)에 $t=0$을 단순히 삽입함으로써 얻어진다.

▶ **연습문제 2.4** 문제 2.3에 이어서, 식 (2.32)의 규칙이 이 신호에 의해 어떻게 충족되는지를 설명하라. ◀

특성 9. 시간 영역에서의 미분. $g(t) \rightleftharpoons G(f)$**이라 하고 시간** t**에 관한** $g(t)$**의 1차 미분에 대한 푸리에 변환이 존재한다면**

$$\frac{d}{dt}g(t) \rightleftharpoons j2\pi fG(f) \tag{2.33}$$

이다. 즉 시간 함수 $g(t)$**를 미분하는 것은 주파수 영역에서는 푸리에 변환** $G(F)$**와 순수 허수 항** $j2\pi f$ **를 곱하는 효과가 있다.**

이 결과는 간단히 두 과정에 의해 얻어진다. 첫째, $G(f)$의 역 푸리에 변환을 정의하는 식 (2.2)의 적분 항의 양변에 1차 미분을 취한다. 둘째, 적분과 미분의 연산 순서를 바꾼다.

식 (2.33)의 결과를 시간 함수 $g(t)$의 고차 미분에 대해 다음과 같이 일반화할 수 있다.

$$\frac{d^n}{dt^n}g(t) \rightleftharpoons (j2\pi f)^n G(f) \tag{2.34}$$

이 식은 식 (2.33)을 하나의 특수한 경우로 포함한다. 식 (2.34)에서는 $g(t)$의 고차 미분의 푸리에 변환이 존재한다고 가정하였다.

예제 2.6 단위 가우시안 펄스

일반적으로 펄스 신호 $g(t)$와 그것의 푸리에 변환 $G(f)$는 수학적으로 다른 형태를 가지고 있다. 이러한 사실은 예제 2.1부터 2.5에서 학습한 푸리에 변환쌍에 의해 예시되었다. 이 예제에서는 이러한 사실과 다른 예외를 살펴보고자 한다. 특히 **그 신호와 이의 푸리에 변환이 동일한 수학적 형태를 갖는 특수한 형태의 펄스 신호**를 이끌어 내기 위해 푸리에 변환의 미분 성질을 이용한다.

$g(t)$는 시간 t의 함수로 표현된 펄스 신호를 나타내고, $G(f)$는 그것의 푸리에 변환을 나타낸다고 하자. 식 (2.1)의 푸리에 변환 공식을 주파수 f에 대해 미분하면, 다음의 식을 얻는다.

$$-j2\pi tg(t) \rightleftharpoons \frac{d}{df}G(f)$$

또는 등가적으로

$$2\pi t g(t) \rightleftharpoons j\frac{d}{df}G(f) \tag{2.35}$$

식 (2.33)과 (2.35)의 좌변에 다음 조건을 적용한다고 가정하자.

$$\frac{d}{dt}g(t) = -2\pi t g(t) \tag{2.36}$$

그러면 이 두 방정식의 우변이 다음 조건(공통 곱셈 인자 j를 상쇄시킨 후에)을 만족시켜야 한다.

$$\frac{d}{df}G(f) = -2\pi f G(f) \tag{2.37}$$

식 (2.36)과 (2.37)은 펄스 신호 $g(t)$와 그 푸리에 변환 $G(f)$가 정확히 동일한 수학적 형태를 갖는다는 것을 보여 준다. 다시 말해, 펄스 신호 $g(t)$가 미분 방정식 (2.36)을 만족시킨다고 가정할 때, $G(f)=g(f)$이다. 여기서 $g(f)$는 t를 f로 바꿈으로써 $g(t)$로부터 얻어진다. 식 (2.36)을 $g(t)$에 대해 풀면 다음을 얻는다.

$$g(t) = \exp(-\pi t^2) \tag{2.38}$$

식 (2.38)에 의해 정의된 펄스는 **가우시안 펄스**(Gaussian pulse)라고 불린다. 이 이름은 확률 이론에서의 가우시안 확률 밀도 함수와 유사하다는 이유로 붙여진 것이다(8장 참조). 그림 2.10에서 이것을 보여 준다. 식 (2.31)을 적용함으로써 가우시안 펄스 면적이 다음에 보이는 것처럼 1.0임을 알 수 있다.

$$\int_{-\infty}^{\infty} \exp(-\pi t^2)\, dt = 1 \tag{2.39}$$

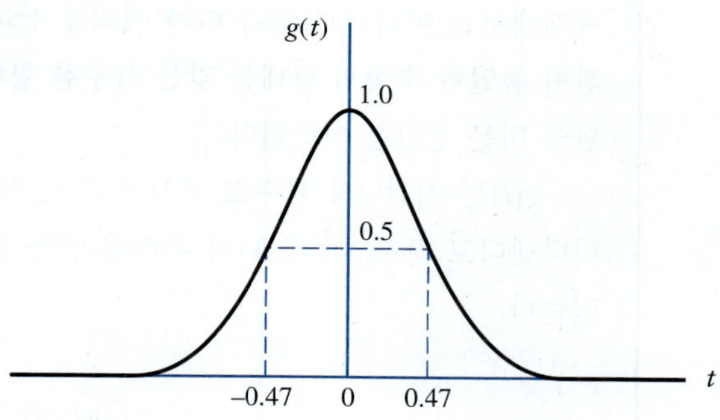

그림 2.10 가우시안 펄스.

식 (2.38)과 (2.39)에서처럼, 중앙에서의 값과 펄스 곡선의 면적이 모두 1.0일 때, 가우시안 펄스를 **단위 펄스**(unit pulse)라고 말한다. 그러므로 다음에 나타낸 것처럼 단위 가우시안 펄스는 그것 자체의 푸리에 변환과 같다고 결론지을 수 있다.

$$\exp(-\pi t^2) \rightleftharpoons \exp(-\pi f^2) \tag{2.40}$$

특성 10. 시간 영역 적분. $g(t) \rightleftharpoons G(f)$**라 하고** $G(0)=0$**이라 가정하면 다음 결과를 얻는다.**

$$\int_{-\infty}^{t} g(\tau)\, d\tau \rightleftharpoons \frac{1}{j2\pi f} G(f) \tag{2.41}$$

즉 $G(0)=0$**이라고 가정할 때, 시간 함수** $g(t)$**를 적분하는 것은 주파수 영역에서는** $g(t)$**의 푸리에 변환** $G(f)$**를** $j2\pi f$**로 나누어 주는 효과가 있다.**

이 성질은 $g(t)$를

$$g(t) = \frac{d}{dt}\left[\int_{-\infty}^{t} g(\tau)\, d\tau\right]$$

으로 나타내고, 푸리에 변환의 시간 영역 성질을 적용하는 것에 의해

$$G(f) = (j2\pi f)\left\{\mathbf{F}\left[\int_{-\infty}^{t} g(\tau)\, d\tau\right]\right\}$$

을 얻음으로써 증명된다. 이 식으로부터 식 (2.41)은 바로 얻어진다.

식 (2.41)을 다중 적분으로 일반화하는 것은 쉽게 얻어지지만, 그 표현은 오히려 복잡해진다.

식 (2.41)에서는 $G(0)$, 즉 $g(t)$ 영역이 0이라고 가정한다. $G(0) \neq 0$를 포함하는 보다 일반적인 경우는 2.4절에서 다룬다.

예제 2.7 삼각 펄스

그림 2.11(a)에 나타낸 **이중 펄스**(doublet pulse) $g_1(t)$를 고려하여 보자. 시간축에서 이 펄스를 적분함으로써, 그림 2.11(b)에 보이는 **삼각 펄스**(triangular pulse) $g_2(t)$를 얻는다. 이중 펄스 $g_1(t)$는 두 개의 구형파 펄스로 이루어져 있다는 것을 주목하자. 즉 하나는 $-T \le t \le 0$ 구간에서 정의된 진폭 A를 가진 펄스, 또 다른 하나는 $0 \le t \le T$ 구간에서 정의된 진폭 $-A$를 가진 펄스이다. 식 (2.10)에 푸리에 변환의 시간 이동 성질을 적용함으로써, 이 두 개의 구형파 펄스의 푸리에 변환들은 각기 $AT\ \mathrm{sinc}(fT)\exp(j\pi fT)$, $-AT$

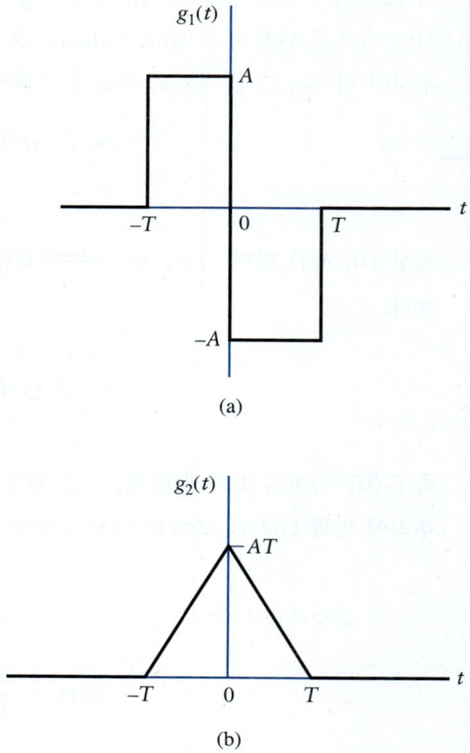

그림 2.11 (a) 이중 펄스 $g_1(t)$. (b) 시간축 t에 대하여 $g_1(t)$ 적분에 의해 얻어진 삼각 펄스 $g_2(t)$.

$\text{sinc}(fT)\exp(-j\pi fT)$와 같다는 것을 알 수 있다. 푸리에 변환의 선형 성질을 이용하면, 그림 2.11(a)의 이중 펄스 $g_1(t)$의 푸리에 변환 $G_1(f)$가 다음과 같이 얻어짐을 알 수 있다.

$$\begin{aligned} G_1(f) &= AT\,\text{sinc}(fT)[\exp(j\pi fT) - \exp(-j\pi fT)] \\ &= 2jAT\,\text{sinc}(fT)\sin(\pi fT) \end{aligned} \tag{2.42}$$

식 (2.42)로부터 $G_1(0)$이 0이라는 것 역시 알 수 있다. 따라서 식 (2.41)과 (2.42)를 사용함으로써, 그림 2.11(b)에 나타난 삼각 펄스 $g_2(t)$의 푸리에 변환 $G_2(f)$는 다음에 의해 얻어진다.

$$\begin{aligned} G_2(f) &= \frac{1}{j2\pi f}G_1(f) \\ &= AT\frac{\sin(\pi fT)}{\pi f}\,\text{sinc}(fT) \\ &= AT^2\,\text{sinc}^2(fT) \end{aligned} \tag{2.43}$$

그림 2.11(a)의 이중 펄스는 실수이고 원점 대칭이며 그것의 푸리에 변환 역시 홀수이며

완전히 허수라는 것을 주목하자. 반면 그림 2.11(b)의 삼각 함수는 실수이고 대칭이며 그것의 푸리에 변환 역시 대칭이며 완전히 실수라는 것 역시 주목하자.

예제 2.8 시간 함수의 실수부와 허수부

지금까지, 다양한 신호들의 푸리에 표현을 다루었다. 신호에 따라서, 순수 실수 신호, 순수 허수 신호, 또는 실수부와 허수부의 복소값을 갖는 신호들이다. 이 시점에서는 예제를 통해 복소수 신호와 그들의 스펙트럼과 관련된 일반화된 공식들을 구하고자 한다.

복소값 함수 $g(t)$를 실수부와 허수부로 나누어 다음과 같이 표현할 수 있다.

$$g(t) = \mathbf{Re}[g(t)] + j\mathbf{Im}[g(t)] \tag{2.44}$$

여기서 **Re**는 '실수부'를, **Im**은 '허수부'를 나타낸다. $g(t)$의 복소수 켤레는 다음과 같이 정의된다.

$$g^*(t) = \mathbf{Re}[g(t)] - j\mathbf{Im}[g(t)] \tag{2.45}$$

식 (2.44)와 (2.45)의 합은

$$\mathbf{Re}[g(t)] = \frac{1}{2}[g(t) + g^*(t)] \tag{2.46}$$

이고, 이들의 차는

$$\mathbf{Im}[g(t)] = \frac{1}{2}[g(t) - g^*(t)] \tag{2.47}$$

이다. 그러므로 식 (2.22)의 켤레 규칙을 적용하면, 다음의 두 푸리에 변환쌍을 얻을 수 있다.

$$\left.\begin{aligned} \mathbf{Re}[g(t)] &\rightleftharpoons \frac{1}{2}[G(f) + G^*(-f)] \\ \mathbf{Im}[g(t) &\rightleftharpoons \frac{1}{2}[G(f) - G^*(-f)] \end{aligned}\right\} \tag{2.48}$$

식 (2.48)의 두 번째 줄로부터, 실수 시간 함수 $g(t)$의 경우, $G(f)=G^*(-f)$를 얻는다는 것은 명백해진다. 푸리에 변환 $G(f)$는 2.2절에서 언급했던 결과대로 켤레 대칭을 나타낸다.

특성 11. 변조 이론. $g_1(t) \rightleftharpoons G_1(f)$**이고** $g_2(t) \rightleftharpoons G_2(f)$**라고 하면**

$$g_1(t)g_2(t) \rightleftharpoons \int_{-\infty}^{\infty} G_1(\lambda)G_2(f-\lambda)\,d\lambda \tag{2.49}$$

이다. 이 성질을 증명하기 위해, $g_1(t)$와 $g_2(t)$의 곱의 푸리에 변환을 $G_{12}(f)$라 하고, 다음과 같이 나타낸다.

$$g_1(t)g_2(t) \rightleftharpoons G_{12}(f)$$

여기서 $G_{12}(f)$는 다음과 같다.

$$G_{12}(f) = \int_{-\infty}^{\infty} g_1(t)g_2(t)\exp(-j2\pi ft)\,dt$$

$g_2(t)$에는 다음과 같은 역 푸리에 변환을 대입한다.

$$g_2(t) = \int_{-\infty}^{\infty} G_2(f')\exp(j2\pi f't)\,df'$$

$G_{12}(f)$를 구하기 위한 적분식은 다음과 같다.

$$G_{12}(f) = \int_{-\infty}^{\infty}\int_{-\infty}^{\infty} g_1(t)G_2(f')\exp[-j2\pi(f-f')t]\,df'dt$$

$\lambda = f - f'$라고 정의하자. 변수 f'을 제거하고 적분의 순서를 맞바꾸면(용어들을 재정리한 후에) 다음을 얻는다.

$$G_{12}(f) = \int_{-\infty}^{\infty} G_2(f-\lambda)\left[\int_{-\infty}^{\infty} g_1(t)\exp(-j2\pi\lambda t)\,dt\right]d\lambda$$

f가 고정되어 있다고 가정한다. 내부 적분([ ]의 안쪽)은 바로 $G_1(\lambda)$이고, 다음과 같이 의도했던 결과를 얻을 수 있다.

$$G_{12}(f) = \int_{-\infty}^{\infty} G_1(\lambda)G_2(f-\lambda)\,d\lambda$$

이 적분은 주파수 영역에서 표현된 **컨벌루션 적분**(convolution integral)이라 부른다. 그리고 함수 $G_{12}(f)$는 $G_1(f)$와 $G_2(f)$의 **컨벌루션**이라 부른다. **시간 영역에서 두 신호의 곱에 대한 푸리에 변환은 주파수 영역에서의 개별적인 푸리에 변환의 컨벌루션이라 결론지을 수 있다.** 이 성질은 또한 **변조 이론**으로 알려져 있다. 다음 장에서 이 성질의 실제적인 의미를 더 다룰 것이다.

컨벌루션으로는 다음의 단순한 표기가 자주 사용된다.

$$G_{12}(f) = G_1(f) \star G_2(f)$$

따라서 식 (2.49)는 다음의 표기 형식을 이용하여 다시 공식화할 수 있다.

$$g_1(t)g_2(t) \rightleftharpoons G_1(f) \star G_2(f) \tag{2.50}$$

여기서 ★는 컨벌루션을 의미한다. 컨벌루션은 식 (2.50)으로부터 바로 얻어지듯이, 다음과 같이 **교환성**이 있음을 주목할 필요가 있다.

$$G_1(f) \star G_2(f) = G_2(f) \star G_1(f)$$

특성 12. 컨벌루션 이론. $g_1(t) \rightleftharpoons G_1(f)$**이고** $G_2(t) \rightleftharpoons G_2(f)$**라고 하자. 그러면**

$$\int_{-\infty}^{\infty} g_1(\tau)g_2(t-\tau)\,d\tau \rightleftharpoons G_1(f)G_2(f) \tag{2.51}$$

이다.

식 (2.51)은 성질 4(쌍관 관계)와 성질 11(변조)을 결합함으로써 바로 얻어진다. 그래서 **시간 영역에서 두 신호의 컨벌루션은 주파수 영역에서 그들 각각의 푸리에 변환의 곱으로 변환된다**고 말할 수 있다. 이러한 성질은 **컨벌루션 이론**이라 한다. 이를 사용하면 시간 영역에서 컨벌루션 연산 대신, 주파수 영역에서 일반적으로 훨씬 다루기 쉬운 연산인 두 푸리에 변환의 곱으로 대체할 수 있다. 다른 장에서 필터링에 대한 주제를 다룰 때, 컨벌루션에 대해 더 언급하고자 한다.

컨벌루션을 위한 단순한 표기법을 사용하여, 식 (2.51)을 단순한 형태로 다음과 같이 표현할 수 있다.

$$g_1(t) \star g_2(t) \rightleftharpoons G_1(f)G_2(f) \tag{2.52}$$

식 (2.49)와 (2.51)에 나타난 성질 11과 12는 각각 서로의 쌍대(dual) 관계이다.

▶ 연습문제 2.5 변조와 컨벌루션 이론이 실제로 서로 쌍대 관계임을 보여 주는 세부 과정들을 제시하라. ◀

특성 13. 상관 이론. $g_1(t) \rightleftharpoons G_1(f)$**이고** $G_2(t) \rightleftharpoons G_2(f)$**라고 하자. 그리고** $g_1(t)$**와** $g_2(t)$**가 복소값을 갖는다고 하면**

$$\int_{-\infty}^{\infty} g_1(t)g_2^*(t-\tau)\,dt \rightleftharpoons G_1(f)G_2^*(f) \tag{2.53}$$

이다. 여기서 $G_2^*(f)$**는** $G_2(f)$**의 복소수 켤레이고,** τ**는** $G_1(f)G_2^*(f)$**의 역 푸리에 변환을 정의할 때 사용한 시간 변수이다.**

식 (2.53)을 증명하는 것은 시간 변수 t와 τ를 바꾸어 컨벌루션 적분을 재구성함으로써 시작한다.

$$\int_{-\infty}^{\infty} g_1(t)g_2(\tau - t)\, dt \rightleftharpoons G_1(f)G_2(f) \tag{2.54}$$

성질 13의 설명에서 이미 나타냈듯이, 곱하기 항 $G_1(f)G_2(f)$는 τ를 시간 변수로 갖는다. 즉 $\exp(j2\pi f\tau)$는 그것의 커널이다. 식 (2.54)의 공식으로부터 식 (2.53)은 반전(reflection) 규칙(쌍관 관계 성질의 특수한 경우)과 켤레 규칙을 조합함으로써 바로 얻어진다.

식 (2.53)의 좌변 적분은 한 쌍의 복소 신호 간에 존재하는 **유사도**(similarity) 측정을 정의한다. 이 측정은 **상관**(correlation)이라 부르고, 이에 대해서는 이후의 장에서 더 다룰 것이다.

▶ 연습문제 2.6 식 (2.51)에서부터 식 (2.53)을 이끌어 내는 세부 과정을 보이라. ◀

▶ 연습문제 2.7 컨벌루션 과정의 다음 성질들을 증명하라.

(a) 교환 속성: $g_1(t)\star g_2(t)=g_2(t)\star g_1(t)$

(b) 결합 속성: $g_1(t)\star[g_2(t)\star g_3(t)]=[g_1(t)\star g_2(t)]\star g_3(t)$

(c) 분배 속성: $g_1(t)\star[g_2(t)+g_3(t)]=g_1(t)\star g_2(t)+g_1(t)\star g_3(t)$ ◀

특성 14. 레일리의 에너지 이론. $g(t) \rightleftharpoons G(f)$**라 하면**

$$\int_{-\infty}^{\infty} |g(t)|^2\, dt = \int_{-\infty}^{\infty} |G(f)|^2\, df \tag{2.55}$$

이다. 식 (2.55)를 증명하기 위해 식 (2.53)에서 $g_1(t)=g_2(t)=g(t)$라고 하자. 이 경우에 상관 이론은 다음 수식으로 표현된다.

$$\int_{-\infty}^{\infty} g(t)g^*(t-\tau)\, dt \rightleftharpoons G(f)G^*(f) = |G(f)|^2$$

확장된 형태로는 다음과 같이 표현할 수 있다.

$$\int_{-\infty}^{\infty} g(t)g^*(t-\tau)\, dt = \int_{-\infty}^{\infty} |G(f)|^2 \exp(j2\pi f\tau)\, df \tag{2.56}$$

끝으로 식 (2.56)에서 $\tau=0$으로 놓고, $g(t)g^*(t)=|g(t)|^2$을 사용하면, 의도했던 결과를 바로 얻을 수 있다.

레일리의 에너지 이론(Rayleigh's energy theorem)으로 알려진 식 (2.55)는 푸리에 변환이 가능한 신호의 전체 에너지는 이 신호의 진폭 제곱으로 이루어진 스펙트럼 곡선의 전체 면적과 같다는 것을 나타낸다. 신호 에너지는 다음 예에서 보여 주는 바와 같이 레일리 에너지 이론을 이용함으로써 쉽게 구할 수 있다.

예제 2.9 싱크 펄스(계속)

싱크 펄스 $A\ \text{sinc}(2Wt)$를 다시 생각해 보자. 이 펄스의 에너지는 다음과 같다.

$$E = A^2 \int_{-\infty}^{\infty} \text{sinc}^2(2Wt)\, dt$$

이 식의 우변 적분 항은 계산하기에 어려운 형태이다. 그러나 예제 2.4로부터, 싱크 펄스 $A\ \text{sinc}(2Wt)$의 푸리에 변환이 $(a/2W)\ \text{rect}(f/2W)$와 같음을 주목하면, 즉 레일리의 에너지 이론을 이 문제에 적용함으로써 결과를 직접적으로 얻을 수 있다.

$$\begin{aligned} E &= \left(\frac{A}{2W}\right)^2 \int_{-\infty}^{\infty} \text{rect}^2\left(\frac{f}{2W}\right) df \\ &= \left(\frac{A}{2W}\right)^2 \int_{-W}^{W} df \\ &= \frac{A^2}{2W} \end{aligned} \tag{2.57}$$

이 예는 레일리 에너지 이론의 유용성을 보여 주는 것이다.

▶ **연습문제 2.8** 펄스 함수 $\text{sinc}(t)$와 관련하여 다음 수식이 성립함을 보이라.

$$\int_{-\infty}^{\infty} \text{sinc}^2(t)\, dt = 1$$ ◀

2.3 시간과 주파수 간의 역관계

2.2절에서 논의된 푸리에 변환의 성질은 신호의 시간 영역과 주파수 영역 표현이 서로 **역**(inverse)의 관계를 갖는다는 것을 보여 준다. 특히 다음의 두 가지 중요한 사실을 제시한다.

1. 신호에 대한 시간 영역의 기술이 바뀌면, 신호의 주파수 영역 기술이 그 **역**의 방향으로 변하고, 그 역 또한 사실이다. 이러한 역관련성은 양 영역에서 임의로 신호를 설정하는 것을 불가능하게 한다. 다시 말해, **우리가 임의의 시간 함수를 설정하든지, 혹은 스펙트럼을 설정할 수는 있지만, 두 가지 모두를 동시에 설정할 수는 없다.**

2. 만약 신호가 주파수 영역에서 엄격히 제한된다면, 비록 그 크기는 점점 작아지지만, 신호를 시간 영역에서 기술하는 경우 시간축 상에서 무한대로 퍼져 나갈 것이다. 푸리에 변환이 유한한 주파수의 대역 밖에서 정확히 0이라면, **주파수축에서 신호가 엄격히 제한되어 있다** 혹은 **엄격히 대역제한되어 있다**고 말한다. 싱크 펄스는 그림 2.8에 보이듯, 엄격히 대역제한 신호의 예이다. 이 그림은 또한 싱크 펄스가 **시간축에서는 오직 점근적으로 제한되어 있음**을 보여 준다. 역으로 말하면, **시간축에서 신호가 엄격히 제한**되면, 즉 신호가 제한된 시간 구간 외에서는 정확히 0이라면, 진폭 스펙트럼은 주파수축 상에서 점점 작아진다 하더라도, 무한대 범위까지 존재한다. 이러한 현상은 구형파 펄스(그림 2.2)와 삼각 펄스[그림 2.11(b)]에 의해 잘 예시된다. 따라서 신호는 **시간 영역과 주파수 영역 모두에서 엄격히 제한될 수 없다**고 말할 수 있다.

대역폭

신호의 **대역폭**(bandwidth)은 **양의 주파수축에 대하여 의미 있는 스펙트럼 성분들이 존재하는 주파수 범위**에 대한 값을 제공한다. 신호가 엄격히 대역제한되어 있을 경우, 대역폭은 잘 정의된다. 예를 들어 그림 2.8(a)에 나타난 싱크 펄스는 대역폭이 W이다. 그러나 대부분의 경우가 그러하듯이, 신호가 엄격히 대역제한되지 않으면, 일반적으로 신호의 대역폭을 정의하는 데 어려움에 직면한다. 이 어려움은 신호의 스펙트럼 성분과 관련된 '의미 있는' 이라는 말의 뜻이 수학적으로 부정확하기 때문에 발생한다. 결과적으로 어디에서나 공통적으로 받아들여지는 단일 대역폭의 정의는 없다.

그럼에도 불구하고 자주 사용되는 대역폭의 정의가 있다. 이 절에서는 그러한 세 가지 정의를 살펴보고자 한다. 각 정의는 신호가 저역통과인지 또는 대역통과인지에 따라 결정된다. 주요 스펙트럼 성분들이 원점 $f=0$ 주변에 존재하는 경우, 그 신호는 **저역통과**(low-pass)로 불린다. 주요 스펙트럼 성분들이 주파수 $\pm f_c$ 주변에 놓인다면 그 신호는 **대역통과**(band-pass)이다.

신호의 스펙트럼이 잘 정의된 **널**(null, 즉 스펙트럼 값이 0이 되는 주파수)에 의해 제한된 **메인로브**(main lobe)를 가진 대칭일 때, 메인로브를 신호의 대역폭을 정의하기 위한 기본값으로 사용할 수 있다. 이러한 근거는 메인 스펙트럼 로브는 신호 에너지의 주요 부분을 포함하고 있기 때문이다. 만약 신호가 저역통과이면 대역폭은 전체 메인 스펙트럼 로브의 절반으로 정의한다. 그 이유는 이 로브의 오직 절반만 양의 주파수 영역에 위치하기 때문이다. 예를 들어 구간이 T초인 구형파 펄스는 그림 2.2(b)에 나타난 대로 원점을 중심으로 $(2/T)$헤르츠 폭의 메인 스펙트럼 로브를 갖는다. 따라서 이 구형파 펄스의 대역폭은 $(1/T)$헤르츠라고 정의할 수 있다. 반면에 만약 신호가 큰 $\pm f_c$ 주파수 값을 중심으로 메인 스펙트럼 로브를 갖는 대역통과라면, 대역폭은 양의 주파수축에 놓여 있는 메인로브 전체의 폭으로 정의한다. 이 대역폭의 정의는 **영점간**(null-to-null) **대역폭**이라 부른다.

예를 들어 주파수가 f_c이고 구간이 T초인 RF 펄스는 그림 2.9(b)에서와 같이 $\pm f_c$ 중심으로 대역폭이(2/T) 헤르츠인 메인 스펙트럼 로브를 갖는다. 따라서 이러한 RF 펄스의 곡간 대역폭은 (2/T) 헤르츠로 정의할 수 있다. 이상의 정의에 따라 저역통과 신호를 충분히 큰 주파수로 스펙트럼 성분을 이동시키는 것은 신호의 대역폭을 두 배로 만드는 효과를 가져온다고 할 수 있다. 이러한 주파수 천이는 변조 과정을 통하여 얻어질 수 있다. 이것은 3장에서 자세히 다룬다.

자주 사용하는 또 다른 대역폭의 정의는 **3 dB 대역폭**이다. 구체적으로 말해서, 신호가 저역통과라면, 3 dB 대역폭은 진폭 스펙트럼이 최고값을 갖는 영 주파수와 진폭 스펙트럼이 최고값의 $1/\sqrt{2}$로 떨어지는 양의 주파수 간의 간격으로 정의된다. 예를 들어 그림 2.4에 나타난 대로 감소하는 지수 펄스와 증가하는 지수 펄스는 ($a/2\pi$)헤르츠의 3 dB 대역폭을 갖는다. 한편 만약 신호가 $\pm f_c$에 중심을 둔 대역통과라면, 3 dB 대역폭은 신호의 진폭 스펙트럼이 f_c에서의 최고값에 비교하여 $1/\sqrt{2}$로 떨어지는 양의 주파수축에서의 두 주파수들 간의 간격으로 정의된다. 3 dB 대역폭은 진폭 스펙트럼의 플롯(plot)으로부터 직접 읽을 수 있다는 이점을 가지고 있다. 그러나 만약 진폭 스펙트럼이 서서히 감소하는 끝 부분을 갖는다면 이러한 3 dB 대역폭은 적절하지 않다는 단점을 가지고 있다.

신호의 대역폭에 관한 또 다른 측정 방법은 **평균 제곱근**(rms: root mean-square) **대역폭**이다. 이것은 적합하게 선택된 중심점을 기준으로 신호의 진폭 제곱 스펙트럼을 적당한 방법으로 정규화한 값의 제곱근 형태로 표현된다. 신호가 저역통과라고 가정하면 2차 모멘트(second moment)는 주파수축 원점에 대해 취한다. 진폭 제곱 스펙트럼을 정규화하기 위해서는 음이 아닌 함수 $|G(f)|^2 \Big/ \int_{-\infty}^{\infty} |G(f)|^2\, df$ 를 사용한다. 여기서 정규화를 위해 전체 주파수축 상에서 이 비율의 적분 값이 1.0이 되도록 한다는 개념을 적용한다. 이에 의해 푸리에 변환 $G(f)$를 가진 저역통과 신호 $g(t)$의 평균 제곱근 대역폭을 다음과 같이 정의할 수 있다.

$$W_{\text{rms}} = \left(\frac{\int_{-\infty}^{\infty} f^2 |G(f)|^2\, df}{\int_{-\infty}^{\infty} |G(f)|^2\, df} \right)^{1/2} \tag{2.58}$$

평균 제곱근 대역폭 W_{rms}가 갖는 장점은 이것이 측정으로 구하기는 어렵지만, 대역폭의 다른 두 정의들보다 수학적 계산을 적용하기에 보다 쉽다는 것이다.

시간-대역폭 곱

시간 스케일(time-scale)이 다른 어떠한 그룹의 펄스 신호들이라도, 신호의 구간과 그 대역폭의 곱은 항상 상수가 된다.

$$(\text{duration}) \times (\text{bandwidth}) = \text{constant}$$

이 곱은 **시간-대역폭 곱**(time-bandwidth product) 또는 **대역폭-구간 곱**(bandwidth-duration product)이라 불린다. 시간-대역폭 곱이 상수를 갖는다는 것은 신호의 시간 영역과 주파수 영역 표현 간에 존재하는 역의 관계에 대한 또 다른 증명이다. 특히 만약 펄스 구간이 감소되면 시간 스케일을 a배만큼 압축함으로써, 신호의 대역폭은 성질 2(확장)에 근거하여 같은 a배만큼 확대되고, 그래서 신호의 시간-대역폭 곱은 일정하게 유지가 된다. 예를 들어 구간이 T초인 구형파 펄스는 $(1/T)$헤르츠의 대역폭(메인로브의 양의 주파수 부분을 기준으로 정의된)을 갖고 펄스의 시간-대역폭 곱은 1이 된다. 여기서 주목해야 할 중요한 점은 신호의 대역폭을 위해 어떠한 정의를 사용하든지 간에, 시간-대역폭 곱은 특정 집단의 펄스 신호들에 대해서 상수로 유지된다는 것이다. 어떤 대역폭정의를 사용하는가에 따라서 달라지는 것은 오로지 상수 값이다.

보다 구체적으로 알아보기 위해 식 (2.58)에서 정의한 평균 제곱근 대역폭을 생각해 보자. 신호 $g(t)$의 **평균 제곱근 구간**의 정의는 다음과 같다.

$$T_{\text{rms}} = \left(\frac{\int_{-\infty}^{\infty} t^2 |g(t)|^2 \, dt}{\int_{-\infty}^{\infty} |g(t)|^2 \, dt} \right)^{1/2} \tag{2.59}$$

여기서 신호 $g(t)$는 원점을 중심으로 존재한다고 가정하였다. 식 (2.58)과 (2.59)의 평균 제곱근 대역폭 정의를 사용하면 시간-대역폭 곱은 다음 형태를 갖는다.

$$T_{\text{rms}} W_{\text{rms}} \geq \frac{1}{4\pi} \tag{2.60}$$

여기서 상수는 $(1/4\pi)$이다. 가우시안 펄스의 경우에는 이 곱이 $(1/4\pi)$과 같다. 이 계산에 대한 자세한 내용은 문제 2.51을 참고하라.

2.4 디랙 델타 함수

2.2절과 2.3절에서 나타난 대로, 엄격히 말해서 푸리에 변환의 이론은 디리클레 조건을 충족시키는 시간 함수들에서만 적용할 수 있다. 이러한 함수들은 다음의 조건을 만족시키는 에너지 신호들을 포함한다.

$$\int_{-\infty}^{\infty} |g(t)|^2 \, dt < \infty$$

그러나 이 이론을 다음 두 가지 면에서 확장시켜야 한다.

1. 푸리에 급수가 푸리에 변환의 특수한 예로 다루어질 수 있도록, 푸리에 급수와 푸리에 변환을 단일 프레임워크로 통합하는 것.(푸리에 급수의 복습은 부록 2에 나타내었다.)
2. 다음 수식의 조건을 만족시키는 전력 신호까지 포함함으로써 푸리에 변환의 응용 범위를 확대시키는 것.

$$\lim_{T\to\infty} \frac{1}{2T}\int_{-T}^{T} |g(t)|^2\, dt < \infty$$

이러한 두 가지 목적은 **디랙 델타 함수**(Dirac delta function) 또는 **단위 임펄스**(unit impulse)를 '적절히 사용' 함으로써 달성될 수 있다.

$\delta(t)$로 표시하는 디랙 델타 함수는 $t=0$인 곳을 제외한 모든 곳에서 크기가 0을 갖도록 정의된다. 시간 $t=0$인 곳에서 크기는 무한히 크고, 그 델타 함수의 넓이는 1.0이 되는 함수이다. 구체적으로 $\delta(t)$는 다음 쌍의 관계식을 만족시킨다.

$$\delta(t) = 0, \qquad t \neq 0 \tag{2.61}$$

과

$$\int_{-\infty}^{\infty} \delta(t)\, dt = 1 \tag{2.62}$$

이 쌍의 관계식이 의미하는 바는 델타 함수 $\delta(t)$가 시간 t에 관하여 우함수이어야 한다는 것이다.

그러나 델타 함수가 의미를 갖기 위해서는, 함수가 시간에 대하여 적분의 피적분 항으로 나타나야 하며, 엄격히 말해 피적분 항의 다른 항들이 시간에 대하여 시퀀스 함수이어야 한다. $g(t)$가 그러한 함수라 하고, $g(t)$에 시간 지연된 델타 함수 $\delta(t-t_0)$가 곱해진 경우를 고려해 보자. 식 (2.61)과 (2.62)의 정의식 관점에서 보면, 시간 t에 대해서 곱한 항 $g(t)\delta(t-t_0)$의 적분은 다음과 같이 표현할 수 있다.

$$\int_{-\infty}^{\infty} g(t)\delta(t - t_0)\, dt = g(t_0) \tag{2.63}$$

이 식의 좌변에 나타난 연산은 $-\infty < t < \infty$인 범위에서 정의되어 있는 $g(t)$ 함수로부터 $t=t_0$인 순간에 $g(t_0)$ 값을 집어 내는 것을 의미한다. 따라서 식 (2.63)은 델타 함수의 **시프팅**(sifting) **성질**이라고 불린다. 이 성질은 때때로 델타 함수의 정의에 사용된다. 실제로 식 (2.61)과 (2.62)를 단일 관계식으로 일반화하는 셈이 된다.

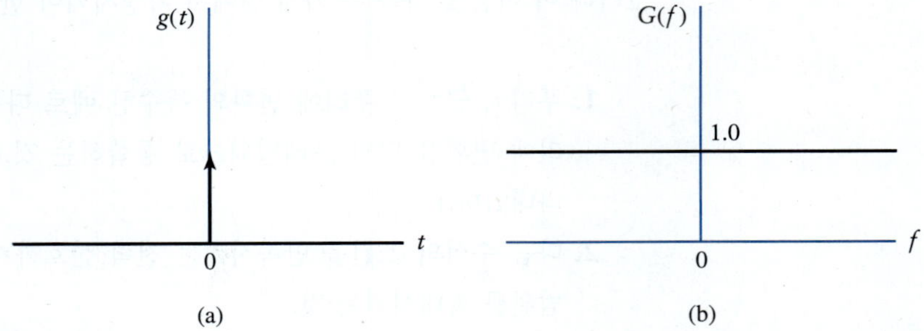

그림 2.12 (a) 디랙 델타 함수 $\delta(t)$. (b) $\delta(t)$의 스펙트럼.

델타 함수 $\delta(t)$가 시간 t의 우함수라는 것을 고려하면, 식 (2.63)을 컨벌루션 적분과 비슷한 형태임을 강조하는 방법으로

$$\int_{-\infty}^{\infty} g(\tau)\delta(t - \tau)\, d\tau = g(t) \tag{2.64}$$

와 같이 나타낼 수 있고 이를 컨벌루션의 단순 표기를 사용하여 다음과 같이 나타낼 수 있다.

$$g(t) \star \delta(t) = g(t)$$

말하자면, 임의의 시간 함수 $g(t)$와 델타 함수 $\delta(t)$를 컨벌루션시키면 아무 변화 없이 그 함수 $g(t)$ 자체가 된다. 이 설명을 델타 함수의 **복제**(replication) **성질**이라고 부른다.

정의에 의해, 델타 함수의 푸리에 변환은 다음과 같이 얻어진다.

$$\mathrm{F}[\delta(t)] = \int_{-\infty}^{\infty} \delta(t) \exp(-j2\pi ft)\, dt$$

따라서 델타 함수의 시프팅 성질을 사용하고, $\exp(-j2\pi ft)$가 $t=0$에서 1이라는 것을 이용하면, 다음 식을 얻는다.

$$\mathrm{F}[\delta(t)] = 1$$

이에 의해 디랙 델타 함수의 푸리에 변환쌍을 다음과 같이 얻는다.

$$\delta(t) \rightleftharpoons 1 \tag{2.65}$$

이러한 관계는 그림 2.12에 나와 있는 것처럼 델타 함수 $\delta(t)$의 스펙트럼이 전체 주파수 구간에서 동일하다는 것을 의미한다.

식 (2.65)의 푸리에 변환쌍이 극한의 의미에서만 존재한다는 것을 깨닫는 것은 중요하다. 즉 식 (2.61)과 (2.62)의 두 가지 성질 또는 등가적으로 식 (2.63)의 시프팅 성질을 만족시키는 함수는 일반적인 개념에서는 없다는 것이다. 하지만 곡선 면적이 1.0인 값을 유지하면서 $t=0$에서 점차적으로 높아지면서 가늘어지는 정점을 갖는 함수들, 즉 높이가 무한대가 되는 $t=0$인 점을 제외한 곳에서는 값이 0이 되는 함수들을 생각할 수 있다. 즉 델타 함수는 **펄스의 폭이 0으로 접근함에 따라 얻어지는, 단위 면적을 갖는 펄스의 극한 형태**로 간주될 수 있다. 어떤 모양의 펄스인지는 관계없다.

엄격한 의미에서 디랙 델타 함수는 **일반 함수**(generalized function) 또는 **분포**(distribution)로 알려진 함수의 특수한 예에 속한다. 실제로 경우에 따라서는 델타 함수를 사용하는 데 있어 세심한 주의를 필요로 한다. 그럼에도 불구하고 디랙 델타 함수의 한 가지 좋은 점은 여기에 기술한 개념에 따라 함수를 직관적으로 다룸으로써 종종 정확한 답을 제공한다는 것이다.

예제 2.10 가우시안 펄스의 극한 형태로서의 델타 함수

다음에 의해 정의된 단위 면적을 갖는 가우시안 펄스를 고려하자.

$$g(t) = \frac{1}{\tau}\exp\left(-\frac{\pi t^2}{\tau^2}\right) \tag{2.66}$$

여기서 τ는 변수이다. 가우시안 함수 $g(t)$는 두 가지 유용한 성질을 가지고 있다: (1) 그것들의 미분들은 모두 시퀀스 함수이고, (2) 그것은 t의 어떠한 승수보다도 빨리 감소한다. 델타 함수 $\delta(t)$는 $\tau \rightarrow 0$으로 보내는 극한값을 취함으로써 얻을 수 있다. 가우시안 펄스는 구간은 엄청나게 좁아지고, 크기는 엄청나게 커진다. 그러나 그 넓이는 1.0의 고정된 값을 유지한다. 그림 2.13(a)에 변수 τ 값을 감소하면서 얻어지는 그러한 펄스들의 예들을 나타내었다.

이 예제에서 정의한 가우시안 펄스 $g(t)$는 시간축에서 τ만큼 스케일링되고, 크기는 $1/\tau$로 스케일링되었다는 사실을 제외하고는, 예제 2.6에서 이끌어 낸 단위 가우시안 펄스 $\exp(-\pi t^2)$와 같다. 따라서 푸리에 변환의 선형성과 확장 성질을 식 (2.40)의 푸리에 변환쌍에 적용함으로써, 식 (2.66)에서 정의한 가우시안 펄스 $g(t)$의 푸리에 변환 또한 다음에 보이는 것처럼 가우시안이라는 것을 알 수 있다.

$$G(f) = \exp(-\pi\tau^2 f^2)$$

그림 2.13(b)는 변수 τ를 변화시킬 때, 가우시안 펄스 $g(t)$의 스펙트럼 상에서 나타나는 영향을 보여 준다. $\tau=0$으로 놓음으로써, 예상대로 델타 함수의 푸리에 변환이 1임을 확인할 수 있다.

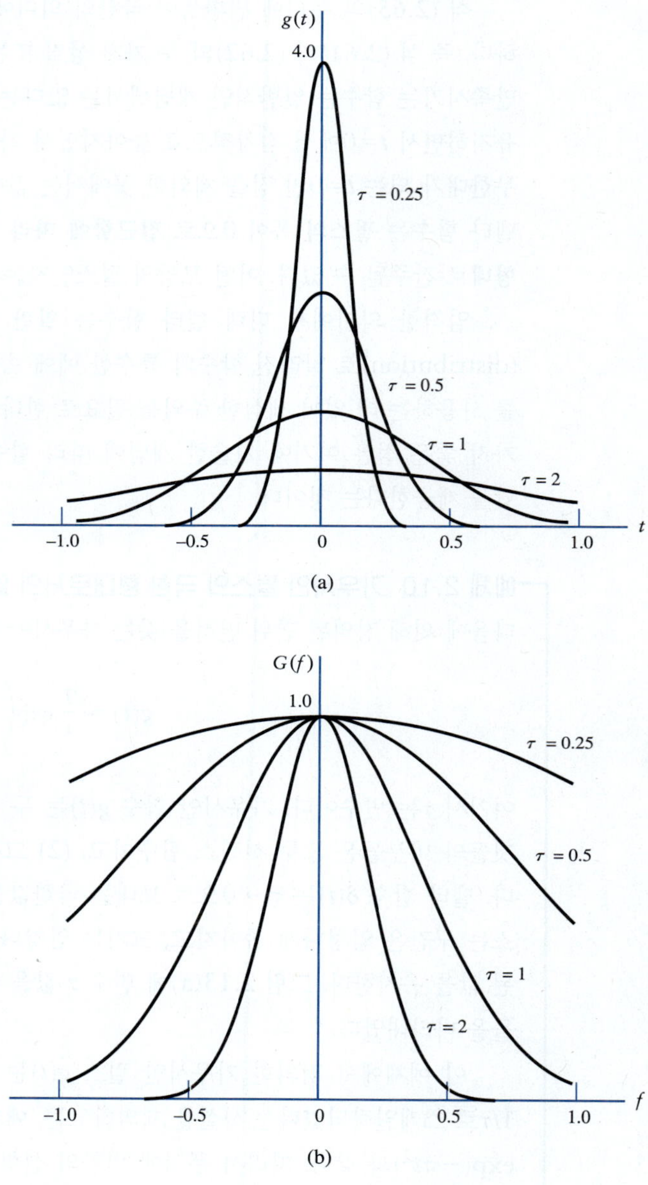

그림 2.13 (a) 변화하는 구간의 가우시안 펄스. (b) 상응하는 스펙트럼.

델타 함수의 응용

1. 직류 신호

식 (2.65)의 푸리에 변환쌍에 쌍관 관계 성질을 적용함으로써, 그리고 델타 함수가 우함수라는 것을 고려하면 다음을 얻는다.

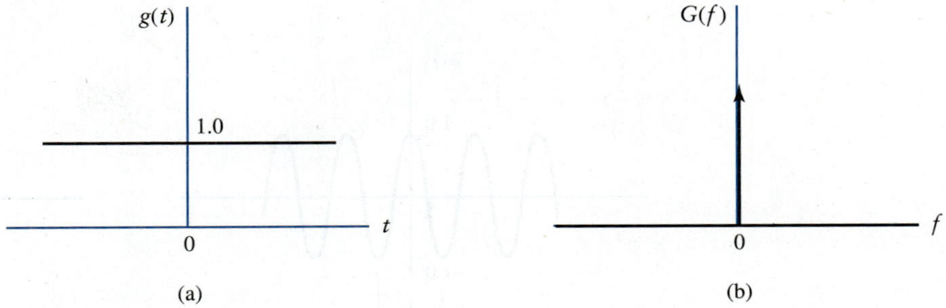

그림 2.14 (a) 직류 신호. (b) 스펙트럼.

$$1 \rightleftharpoons \delta(f) \tag{2.67}$$

그림 2.14에 나타내었듯이, 식 (2.67)은 **직류 신호**가 주파수축으로 변환되면 주파수 0에만 나타나는 델타 함수 $\delta(f)$로 얻어진다는 것을 설명한다. 물론 이 결과는 직관적으로 볼 때에도 타당하다.

푸리에 변환의 정의를 사용하면, 식 (2.67)로부터 다음의 유용한 관계식을 바로 얻을 수 있다.

$$\int_{-\infty}^{\infty} \exp(-j2\pi ft)\, dt = \delta(f)$$

델타 함수 $\delta(f)$가 실수라는 것을 고려하면 주파수축에서이지만 또 다른 델타 함수의 정의인 다음의 식으로 간략히 나타낼 수 있다.

$$\int_{-\infty}^{\infty} \cos(2\pi ft)\, dt = \delta(f) \tag{2.68}$$

2. 복소 지수 함수

주파수 이동 성질을 식 (2.67)에 적용함으로써, 주파수 f_c를 갖는 복소 지수 함수에 대한 푸리에 변환쌍을 다음과 같이 얻는다.

$$\exp(j2\pi f_c t) \rightleftharpoons \delta(f - f_c) \tag{2.69}$$

식 (2.69)는 복소 지수 함수 $\exp(j2\pi f_c t)$를 주파수 영역으로 변환하면, $f=f_c$에서 나타나는 델타함수 $\delta(f-f_c)$가 얻어진다는 것을 의미한다.

3. 사인 함수

코사인 함수 $\cos(2\pi f_c t)$의 푸리에 변환을 계산하는 다음 문제를 고려해 보자. 우선 **오일**

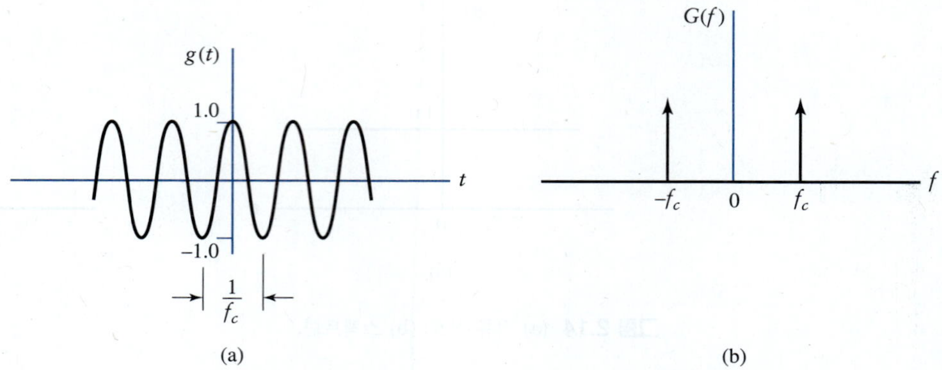

그림 2.15 (a) 코사인 함수. (b) 스펙트럼.

러의 공식을 사용하여 다음과 같이 표현한다.

$$\cos(2\pi f_c t) = \frac{1}{2}[\exp(j2\pi f_c t) + \exp(-j2\pi f_c t)] \tag{2.70}$$

식 (2.69)를 사용하여, 코사인 함수 $\cos(2\pi f_c t)$가 다음의 푸리에 변환쌍에 의해 표현된다는 것을 알 수 있다.

$$\cos(2\pi f_c t) \rightleftharpoons \frac{1}{2}[\delta(f - f_c) + \delta(f + f_c)] \tag{2.71}$$

다시 말해서, 코사인 함수 $\cos(2\pi f_c t)$의 스펙트럼은 $f = \pm f_c$에 분포하는 한 쌍의 델타 함수로 구성되는데, 이들 각각은 그림 2.15에 나타내었듯이 1/2로 가중치가 곱해진다.

그림 2.16에 나타낸 것처럼, 이와 유사하게 사인 함수 $\sin(2\pi f_c t)$가 다음 푸리에 변

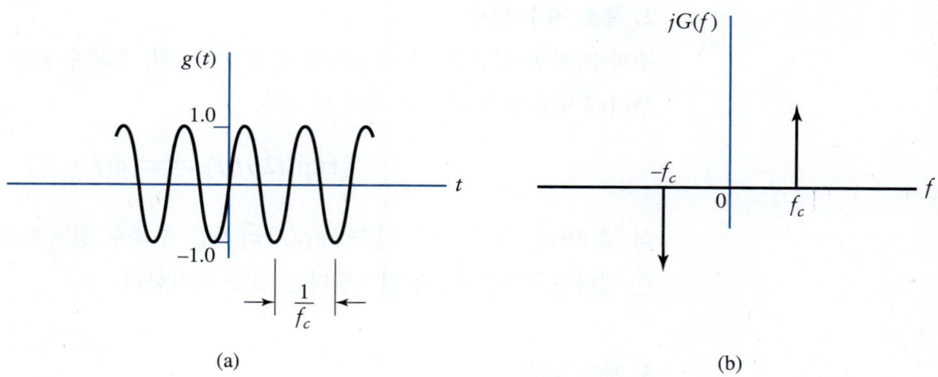

그림 2.16 (a) 사인 함수. (b)스펙트럼.

환쌍으로 표현됨을 알 수 있다.

$$\sin(2\pi f_c t) \rightleftharpoons \frac{1}{2j}[\delta(f - f_c) - \delta(f + f_c)] \tag{2.72}$$

▶ **연습문제 2.9** 사인파 신호의 제곱에 대한 변환을 구하라.

(i) $g(t) = \cos^2(2\pi f_c t)$

(ii) $g(t) = \sin^2(2\pi f_c t)$ ◀

4. 시그넘 함수

시그넘 함수(signum function) sgn(t)는 그림 2.17(a)에 실선으로 나타낸 것처럼, 양의 시간에서는+1이고, 음의 시간에서는 −1이다. 이전에 식 (2.18)에서 정의되었던 시그넘 함수를 편의상 여기에 다시 나타내었다.

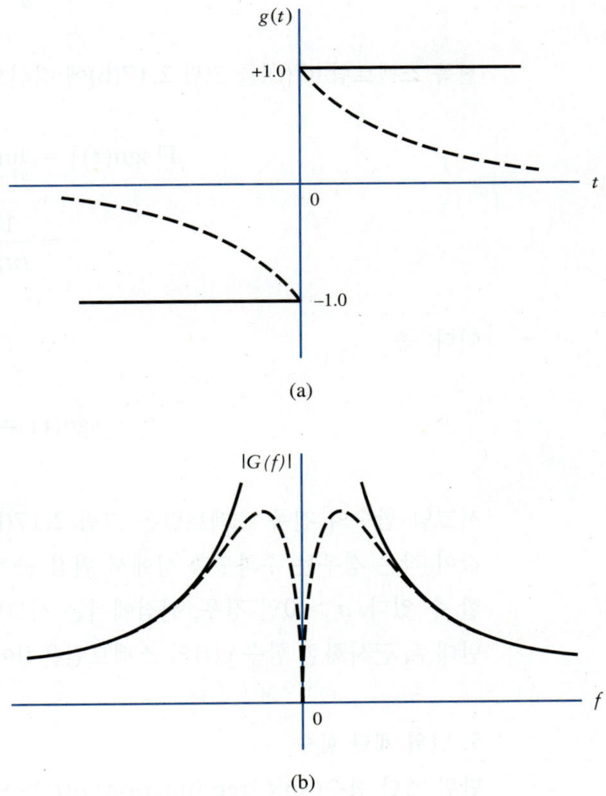

그림 2.17 (a) 시그넘 함수(실선), 이중 지수 펄스(점선). (b) 시그넘 함수의 진폭 스펙트럼(실선), 이중 지수 펄스의 시퀀스 스펙트럼(점선).

$$\mathrm{sgn}(t) = \begin{cases} +1, & t > 0 \\ 0, & t = 0 \\ -1, & t < 0 \end{cases}$$

시그넘 함수는 디리클레 조건을 충족시키지 못한다. 그래서 엄격히 말하면 이 함수는 푸리에 변환을 갖지 않는다. 그러나 변수 a를 0으로 보내며, 원점 대칭 이중 지수 펄스의 극한을 취하는 방법으로 시그넘 함수의 푸리에 변환을 정의할 수 있다.

$$g(t) = \begin{cases} \exp(-at), & t > 0 \\ 0, & t = 0 \\ -\exp(at), & t < 0 \end{cases} \tag{2.73}$$

그림 2.17(a)에서 점선으로 나타난 신호 $g(t)$는 디리클레 조건을 만족시킨다. 이의 푸리에 변환은 예제 2.3에서 유도하였고, 그 결과는 다음 식이다[식 (2.19) 참조].

$$G(f) = \frac{-j4\pi f}{a^2 + (2\pi f)^2}$$

진폭 스펙트럼 $|G(f)|$를 그림 2.17(b)에 점선으로 나타내었다. a가 0에 접근할 때의 극한은

$$\begin{aligned} \mathbf{F}[\mathrm{sgn}(t)] &= \lim_{a\to 0} \frac{-4j\pi f}{a^2 + (2\pi f)^2} \\ &= \frac{1}{j\pi f} \end{aligned}$$

이다. 즉

$$\mathrm{sgn}(t) \rightleftharpoons \frac{1}{j\pi f} \tag{2.74}$$

시그넘 함수의 진폭 스펙트럼은 그림 2.17(b)의 시퀀스 곡선으로 나타내었다. 여기서 a 값이 작은 경우는 주파수축 상에서 원점 근처를 제외하면 근사가 잘 일치하는 것을 확인할 수 있다. $a > 0$인 경우, 원점에서는 시그넘 함수의 스펙트럼이 무한대로 가는 것과는 반대로, 근사화한 함수 $g(t)$의 스펙트럼은 0이다.

5. 단위 계단 함수

단위 계단 함수(unit step function) $u(t)$는 양의 시간에서는 +1이고, 음의 시간에서는 0이다. 이전에 식 (2.11)에서 정의되었는데, 편의상 여기에 다시 쓴다.

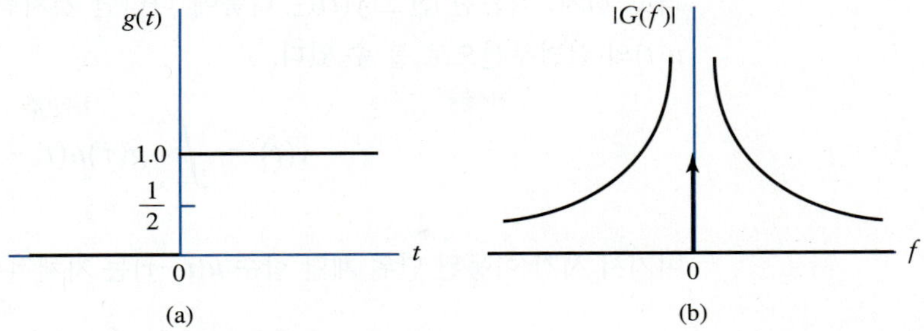

그림 2.18 (a) 단위 계단 함수. (b) 진폭 스펙트럼.

$$u(t) = \begin{cases} 1, & t > 0 \\ \dfrac{1}{2}, & t = 0 \\ 0, & t < 0 \end{cases}$$

단위 계단 함수의 파형을 그림 2.18(a)에 나타내었다. 이 정의식과 시그넘 함수의 정의식, 혹은 그림 2.17(a)와 2.18(a)의 파형으로부터, 단위 계단 함수와 시그넘 함수가 다음과 같이 관련되어 있다는 것을 알 수 있다.

$$u(t) = \frac{1}{2}[\text{sgn}((t) + 1)] \tag{2.75}$$

따라서 푸리에 변환의 선형 성질과 식 (2.67)과 (2.75)의 푸리에 변환쌍을 이용하면, 단위 계단 함수가 다음 푸리에 변환쌍에 의해 다음과 같이 표현된다는 것을 알 수 있다.

$$u(t) \rightleftharpoons \frac{1}{j2\pi f} + \frac{1}{2}\delta(f) \tag{2.76}$$

이것은 단위 계단 함수의 스펙트럼이 그림 2.18(b)에 나타낸 것처럼 주파수 0에 나타나고 가중치가 1/2로 곱해진 델타 함수를 포함한다는 것을 의미한다.

6. 시간 영역에서의 적분(재논의)

식 (2.41)의 관계는 $G(0)$은 0이라는 가정하에 신호 $g(t)$의 푸리에 변환에 대한 적분의 효과를 나타낸다. 여기서는 이런 가정 없이 보다 일반적인 경우를 생각한다.

$$y(t) = \int_{-\infty}^{t} g(\tau)\, d\tau \tag{2.77}$$

라고 하자. 적분한 신호 $y(t)$는 다음에 나타난 것처럼, 원래 신호 $g(t)$와 단위 계단 함수 $u(t)$의 컨벌루션으로 볼 수 있다.

$$y(t) = \int_{-\infty}^{\infty} g(\tau)u(t-\tau)\, d\tau$$

여기서 시간 이동된 단위 계단 함수 $u(t-\tau)$는 자체적으로 다음과 같이 정의한다.

$$u(t-\tau) = \begin{cases} 1, & \tau < t \\ \frac{1}{2}, & \tau = t \\ 0, & \tau > t \end{cases}$$

시간 영역에서의 컨벌루션이 성질 12에 따라 주파수 영역에서의 곱셈으로 대응된다는 것을 고려하고, 단위 계단 함수 $u(t)$에 대한 식 (2.76)의 푸리에 변환쌍을 이용하면, $y(t)$의 푸리에 변환이 다음과 같음을 알 수 있다.

$$Y(f) = G(f)\left[\frac{1}{j2\pi f} + \frac{1}{2}\delta(f)\right] \tag{2.78}$$

여기서 $G(f)$는 $g(t)$의 푸리에 변환이다. 주파수 영역에서의 델타 함수의 시프팅 성질 이론에 따르면 다음과 같다.

$$G(f)\delta(f) = G(0)\delta(f)$$

따라서 식 (2.78)을 다음의 등가 형태로 다시 쓸 수 있다.

$$Y(f) = \frac{1}{j2\pi f}G(f) + \frac{1}{2}G(0)\delta(f)$$

일반적으로 $g(t)$ 신호를 적분하는 것의 효과는 다음 푸리에 변환쌍으로 기술할 수 있다.

$$\int_{-\infty}^{t} g(\tau)\, d\tau \rightleftharpoons \frac{1}{j2\pi f}G(f) + \frac{1}{2}G(0)\delta(f) \tag{2.79}$$

이것이 바로 얻고자 했던 결과이고, 식 (2.41)을 이 결과의 하나의 특수한 예[즉 $G(0)=0$]로 볼 수 있다.

▶ **연습문제 2.10** 다음 함수를 고려해 보자.

$$g(t) = \delta\left(t + \frac{1}{2}\right) - \delta\left(t - \frac{1}{2}\right)$$

이것은 $t=\pm1/2$에 위치한 두 델타 함수 간의 차이이다. 시간 t에 관한 g(t)를 t축 상에서 적분하면 단위 구형파 함수 rect(t)가 얻어진다. 식 (2.79)를 사용하여 식 (2.10)의 특별한 형태인 다음을 구하라.

$$\text{rect}(t) \rightleftharpoons \text{sinc}(f)$$

◀

2.5 주기 신호의 푸리에 변환

푸리에 급수를 사용함으로써 주기 신호를 복소 지수 함수들의 합으로 나타낼 수 있다는 것은 잘 알려져 있는 사실이다.(부록 2에서 푸리에 급수를 복습한다.) 식 (2.69)와 (2.71)과 (2.72)에 나타내었듯이, 마찬가지로 극한의 의미에서 복소 지수 함수의 푸리에 변환을 정의할 수 있다. 그래서 이 변환에 델타 함수를 포함시킴으로써 주기적인 신호를 푸리에 변환을 이용하여 나타내는 것이 타당성이 있다 하겠다.

주기 신호 $g_{T_0}(t)$를 고려해 보자. 여기서 아래첨자 T_0는 신호의 **주기**(period)를 표시한다. $g_{T_0}(t)$는 **복소 지수 푸리에 급수**(부록 2 참조)로 다음과 같이 표현될 수 있다는 것을 알 수 있다.

$$g_{T_0}(t) = \sum_{n=-\infty}^{\infty} c_n \exp(j2\pi n f_0 t) \tag{2.80}$$

여기서 c_n은 다음에 의해 정의되는 **복소 푸리에 계수**(complex Fourier coefficient)이다.

$$c_n = \frac{1}{T_0}\int_{-T_0/2}^{T_0/2} g_{T_0}(t) \exp(-j2\pi n f_0 t)\, dt \tag{2.81}$$

f_0는 **기본 주파수**(fundamental frequency)로서 다음과 같이 주기 T_0의 역수이다.

$$f_0 = \frac{1}{T_0} \tag{2.82}$$

$g(t)$는 한 주기 동안에는 $g_{T_0}(t)$와 같고 그 외 다른 곳에서는 0인, 다음과 같은 펄스 형태의 함수라 하자.

$$g(t) = \begin{cases} g_{T_0}(t), & -\dfrac{T_0}{2} \le t \le \dfrac{T_0}{2} \\ 0, & \text{elsewhere} \end{cases} \tag{2.83}$$

주기적인 신호 $g_{T_0}(t)$는 함수 $g(t)$를 이용해서 다음과 같이 무한한 중첩으로 나타낼 수 있다.

$$g_{T_0}(t) = \sum_{m=-\infty}^{\infty} g(t - mT_0) \tag{2.84}$$

이 기술에 근거하여 $g(t)$를 하나의 **생성 함수**(generating function)로 간주할 수 있다. 이는 $g(t)$를 이용하여 주기 신호 $g_{T_0}(t)$를 생성할 수 있기 때문이다. 제한된 에너지를 갖는 펄스 형태이기 때문에 함수 $g(t)$는 푸리에 변환이 가능해진다. 따라서 식 (2.82)와 (2.83)에 비추어 보아, 복소 푸리에 계수 c_n은 다음과 같은 공식으로 다시 표현될 수 있다.

$$\begin{aligned} c_n &= f_0 \int_{-\infty}^{\infty} g(t) \exp(-j2\pi n f_0 t)\, dt \\ &= f_0 G(nf_0) \end{aligned} \tag{2.85}$$

여기서 $G(nf_0)$는 주파수 $f=nf_0$에서 계산된 $g(t)$의 푸리에 변환 값이다. 이에 의해 신호 $g_{T_0}(t)$를 합성해 주는 식 (2.80)의 공식은 다음과 같이 다시 기술될 수 있다.

$$g_{T_0}(t) = f_0 \sum_{n=-\infty}^{\infty} G(nf_0) \exp(j2\pi n f_0 t) \tag{2.86}$$

그러므로 식 (2.84)와 (2.86)에서 $g_{T_0}(t)$를 소거함으로써, **푸아송의 합 공식**(Poisson's sum formula)의 한 형태인 다음 식을 얻을 수 있다.

$$\sum_{m=-\infty}^{\infty} g(t - mT_0) = f_0 \sum_{n=-\infty}^{\infty} G(nf_0) \exp(j2\pi n f_0 t) \tag{2.87}$$

마지막으로 복소 지수 함수의 푸리에 변환을 정의하는 식 (2.69)를 대입하여, 식 (2.87)에서 기본 주파수 $F_0=(1/T_0)$인 주기 신호 $g_{T_0}(t)$에 대한 다음과 같은 푸리에 변환 쌍을 이끌어 낼 수 있다.

$$\sum_{m=-\infty}^{\infty} g(t - mT_0) \rightleftharpoons f_0 \sum_{n=-\infty}^{\infty} G(nf_0)\delta(f - nf_0) \tag{2.88}$$

식 (2.88)은 주기 신호의 푸리에 변환이 원점을 포함한 기본 주파수 f_0의 정수 주파수 상에 나타나며 각 주파수 위치마다 $G(nf_0)$의 가중치로 곱해진 델타 함수로 이루어짐을 설명한다. 실제로 이 관계는 주기 신호 $g_{T_0}(t)$의 주파수 성분을 표시해 주는 방법이다.

주기 신호 $g_{T_0}(t)$의 한 주기를 구성하는 펄스 형태 함수 $g(t)$는 $G(f)$로 정의된 **시퀀스인 스펙트럼**을 갖는다는 것을 주목할 필요가 있다. 반면에 주기적인 신호 $g_{T_0}(t)$는 **이산**(discrete) **스펙트럼**을 가지고 있다. 즉 식 (2.88)의 변환 관계로부터 다음과 같이 결론지을 수 있다.

시간 영역에서의 주기성은 펄스 형태 신호의 스펙트럼을 기본 주파수의 정수 배로 정의되는 불연속, 즉 이산 형태로 바꾸어 주는 효과를 갖고, 그 역도 성립한다.

예제 2.11 이상적 샘플링 함수

이상적 샘플링 함수(ideal sampling function) 또는 **디랙 콤**(Dirac comb)은 그림 2.19(a)에 나타내었듯이, 균일한 간격으로 놓인 델타 함수들의 무한한 시퀀스로 이루어져 있으며 이 파형을 다음과 같이 나타낸다.

$$\delta_{T_0}(t) = \sum_{m=-\infty}^{\infty} \delta(t - mT_0) \tag{2.89}$$

이상 샘플링 함수 $g_{T_0}(t)$의 생성함수 $g(t)$가 단순히 델타 함수 $\delta(t)$가 됨을 알 수 있다. 따라서 $G(f)=1$이므로 다음을 얻는다.

$$G(nf_0) = 1 \qquad \text{for all } n$$

따라서 식 (2.88)을 사용하면 새로운 결과로서 다음을 얻는다.

$$\sum_{m=-\infty}^{\infty} \delta(t - mT_0) \rightleftharpoons f_0 \sum_{n=-\infty}^{\infty} \delta(f - nf_0) \tag{2.90}$$

식 (2.90)은, T_0초씩 떨어진 델타 함수의 주기열의 푸리에 변환은 그림 2.19(b)에도 나타낸 것처럼, 주파수 상에서 가중치 $f_0=(1/T_0)$로 곱해지고 f_0 Hz 간격으로 반복되는 또

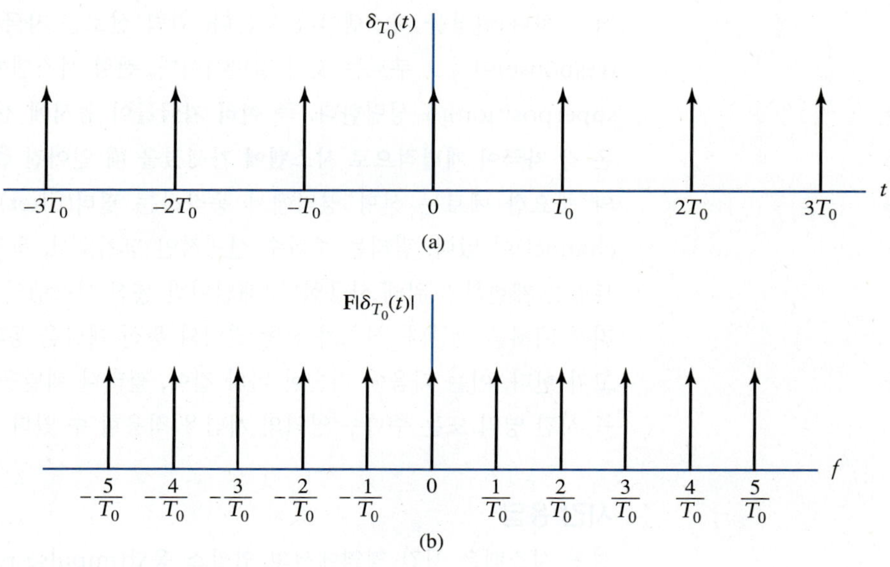

그림 2.19 (a) 디랙 콤. (b) 스펙트럼.

다른 델타 함수의 조합으로 구성됨을 말한다. $T_0=1$인 특별한 경우에 주기적인 델타 함수열은 가우시안 펄스처럼 그 자체가 그것의 푸리에 변환과 같다.

역 푸리에 변환을 식 (2.90)의 우변에 적용하면 다음의 관계를 얻는다.

$$\sum_{m=-\infty}^{\infty} \delta(t - mT_0) = f_0 \sum_{n=-\infty}^{\infty} \exp(j2\pi n f_0 t) \qquad (2.91)$$

반면에 푸리에 변환을 식 (2.90)의 좌변에 적용하면 **쌍대** 관계식을 얻는다.

$$T_0 \sum_{m=-\infty}^{\infty} \exp(j2\pi m f T_0) = \sum_{n=-\infty}^{\infty} \delta(f - nf_0) \qquad (2.92)$$

여기서 $T_0=1/f_0$의 형태로 다시 쓰인 식 (2.82)의 관계를 사용했다. 식 (2.91)에서는 델타함수가 시간영역에서 나타나고, 식 (2.92)에서는 델타 함수가 주파수 영역에서 나타난다는 의미에서 식 (2.91)과 (2.92)는 서로 **쌍대** 관계를 갖는다.

▶ **연습문제 2.11** 오일러 공식 $\cos x=\frac{1}{2}[(\exp(jx)+\exp(-jx)]$을 이용하여 코사인 함수를 기반으로 식 (2.91)과 (2.92)를 다시 공식화하라. ◀

2.6 선형 시스템을 통한 신호의 전송: 컨벌루션 재논의

이전 절에서 제시한 푸리에 변환 이론과 함께, 이 절에서는 **선형**(linear) 시스템의 특수한 부류를 대상으로 학습하고자 한다. 입력 신호가 주어졌을 때, 출력 신호를 생산하는 물리적 장치나 현상을 **시스템**이라 부른다. 입력 신호는 **자극**(excitation), 출력 신호는 **응답**(response)이라고 부르는 것이 일반적이다. **선형** 시스템에서는 **중첩의 원리**(principle of superposition)가 성립한다. 즉 **여러 자극들이 동시에 선형 시스템에 가해진 경우, 출력은 각 자극이 개별적으로 시스템에 가해졌을 때 얻어진 출력들의 합과 같다.** 선형 시스템의 중요한 예로는 선형 영역에서 동작하는 **필터**(filter)와 **통신 채널**(communication channel)이 있다. 필터는 주파수 선택적인 장치로서, 특정 주파수의 대역에 신호의 스펙트럼을 제한하기 위해 사용한다. 채널이란 통신 시스템의 전송기와 수신기를 연결하는 물리적 매체를 말한다. 신호가 선형 필터와 통신 채널을 통과할 때 나타나는 영향을 알아보고자 한다. 이는 다음에 기술한 바와 같이, 필터나 채널을 기술하는 방식에 따라 두 가지, 즉 시간 영역 또는 주파수 영역의 개념을 적용할 수 있다.

시간 응답

선형 시스템은 시간 영역에서의 **임펄스 응답**(impulse response)으로 그 시스템을 표현한다. 임펄스 응답은 **초기 조건이 0인 상태에서 선형 시스템에 입력으로 단위 임펄스인**

델타 함수 $\delta(t)$를 가한 경우 얻어지는 출력을 지칭한다. 시스템이 **시불변**(time invariant)인 경우는 시스템 입력에 시간 이동된 단위 임펄스를 가하는 경우 시스템 출력에도 정확히 같은 크기만큼 시간 이동된 임펄스 응답이 나타난다는 것을 의미한다. 다시 말해, 선형 시불변 시스템의 임펄스 응답의 모양은 단위 임펄스를 언제 입력으로 가하였는가에 관계없이 같다는 것이다. 그러므로 시간 $t=0$에서 단위 임펄스 또는 델타 함수를 가하였다고 가정하여, 선형 시불변 시스템의 임펄스 응답 $h(t)$를 나타낼 수 있다. 그림 2.20(a)에서와 같이, 이 시스템이 임의의 입력 $x(t)$를 받도록 하자. 시스템의 응답 $y(t)$를 결정하기 위해, 그림 2.20(b)에 나와 있는 것처럼, 우선 좁은 구형파 펄스로 구성되고 각 구간이 $\Delta\tau$인 계단 함수에 의해 $x(t)$를 근사화한다. $\Delta\tau$ 값이 작아지면 근사값은 당연히 나아진다. $\Delta\tau$가 0에 접근함에 따라, 각 펄스는 무한대에서 펄스 시간폭 $\Delta\tau$와 펄스의 크기가 가중치로 곱해진 델타 함수에 접근한다. 그림 2.20(b)에서 어둡게 보이는 $t=\tau$에 발생한 전형적인 펄스를 생각해 보자. 이 펄스는 면적이 $x(\tau)\Delta\tau$이다. 정의에 의해, $t=0$에서 가한 델타 함수 $\delta(t)$에 대한 시스템의 응답은 $h(t)$이다. 그러므로 $t=\tau$에서 발생하고 항 $x(\tau)\Delta\tau$로 곱해진 델타 함수에 대한 시스템의 응답은 $x(\tau)h(t-\tau)\Delta\tau$이다. 시간 t에서 응답 $y(t)$를 구하기 위해 중첩의 원리를 적용한다. 그래서 여러 입력 펄스로 인한 응답을 더해 주고, $\Delta\tau$를 0으로 접근시킴으로써 극한에서 다음을 얻을 수 있다.

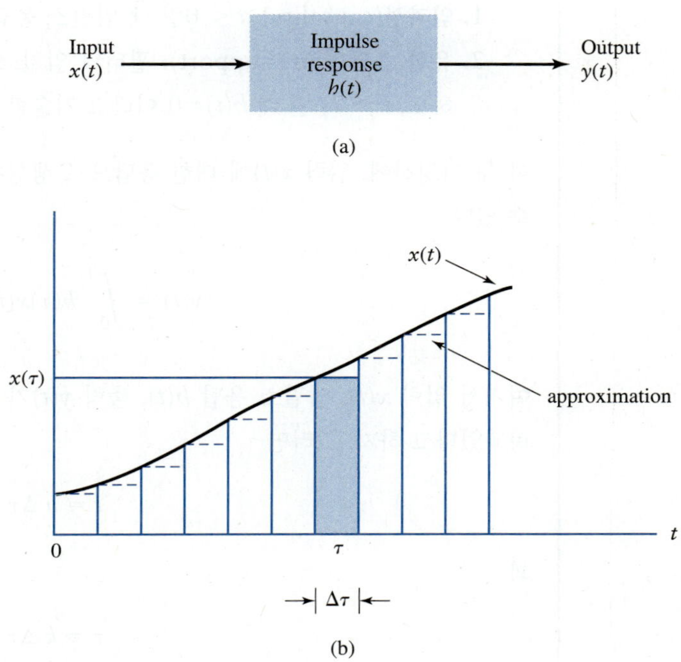

그림 2.20 (a) 입력이 $x(t)$이고 출력이 $y(t)$인 선형 시스템. (b) 입력 $x(t)$의 계단 근사값.

$$y(t) = \int_{-\infty}^{\infty} x(\tau)h(t-\tau)\, d\tau \tag{2.93}$$

이 관계를 **컨벌루션 적분**이라 부른다.

식 (2.93)에 세 가지 다른 시간 스케일이 포함된다. 즉 **자극 시간 τ, 응답 시간 t, 시스템 기억 시간** $(t-\tau)$이다. 이 관계는 선형 시불변 시스템의 시간 영역 분석의 기본이다. 즉 **선형 시불변 시스템의 현재 출력 값은 시스템의 임펄스 응답으로 가중치가 곱해진 과거로부터의 입력 신호를 적분한 것이다.** 그래서 임펄스 응답은 시스템의 기억 함수로서의 역할을 한다.

식 (2.93)에서는 자극 $x(t)$를 임펄스 응답 $h(t)$로 컨벌루션을 취하여 출력 $y(t)$를 구한다. 컨벌루션은 교환 법칙이 성립하므로, $h(t)$를 $x(t)$로 컨벌루션을 취하는 다음과 같은 식으로 표현할 수 있다.

$$y(t) = \int_{-\infty}^{\infty} h(\tau)x(t-\tau)\, d\tau \tag{2.94}$$

예제 2.12 탭지연선 필터

임펄스 응답이 $h(t)$인 선형 시불변 필터를 고려해 보자. 여기서 다음의 두 가지 가정을 하자.

1. **인과성**(causality): $t < 0$일 때 임펄스 응답 $h(t)$가 0임을 의미한다.
2. **유한 응답**(finite support): 필터의 임펄스 응답이 어떤 한정된 기간 T_f임을 의미하고, $t \geq T_f$ 일 때 $h(t)=0$ 이라고 기술할 수 있다.

이 두 가정하에, 입력 $x(t)$에 대한 응답으로 생성된 필터 출력 $y(t)$를 다음과 같이 표현할 수 있다.

$$y(t) = \int_{0}^{T_f} h(\tau)x(t-\tau)\, d\tau \tag{2.95}$$

여기서 입력 $x(t)$, 임펄스 응답 $h(t)$, 출력 $y(t)$가 초당 샘플 비율($1/\Delta\tau$)로 **균일하게 샘플링**되었다고 하자. 그러면

$$t = n\,\Delta\tau$$

과

$$\tau = k\,\Delta\tau$$

이고 여기서 k와 n은 정수이고, $\Delta\tau$는 **샘플링 기간**이다. 모든 k와 τ에 대해서 $k\Delta\tau \leq \tau \leq$

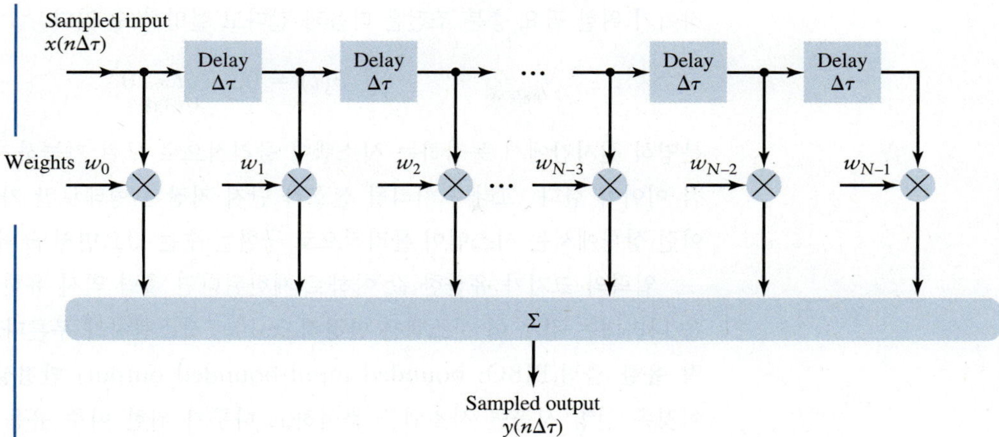

그림 2.21 탭지연선 필터.

$(k+1)\Delta\tau$일 때, 곱해진 항 $h(\tau)x(t-\tau)$가 기본적으로 상수가 되도록 하기 위해 $\Delta\tau$가 충분히 작다고 가정하면, 식 (2.95)는 **컨벌루션 합**에 의한 다음의 근사식으로 나타낼 수 있다.

$$y(n\,\Delta\tau) = \sum_{k=0}^{N-1} h(k\,\Delta\tau)x(n\,\Delta\tau - k\,\Delta\tau)\,\Delta\tau$$

여기서 $N\Delta\tau = T_f$이다. **가중치**를 다음과 같이 정의한다.

$$w_k = h(k\,\Delta\tau)\,\Delta\tau, \qquad k = 0, 1, \ldots, N-1 \tag{2.96}$$

그러면 $y(n\Delta\tau)$에 대한 식은 다음과 같이 다시 표현할 수 있다.

$$y(n\,\Delta\tau) = \sum_{k=0}^{N-1} w_k x(n\,\Delta\tau - k\,\Delta\tau) \tag{2.97}$$

식 (2.97)은 그림 2.21에 나타난 구조를 사용하여 구현할 수 있는데, 이는 **지연 요소들**(각각 $\Delta\tau$초의 지연을 생성), **지연선 탭**과 연결된 **곱셈기** 조합, 곱셈기에 공급되는 **가중치들**, 그리고 곱셈기 출력을 더하는 하나의 **덧셈기**로 구성되어 있다. 이 구조는 **탭지연선 필터**(tapped-delay-line filter) 또는 **횡단**(transversal) **필터**로 알려져 있다. 그림 2.21에서 지연의 기본 구간 또는 탭 간격은 입력 시퀀스 $\{x(n\Delta\tau)\}$의 샘플링 주기와 같다.

인과성과 안정성

만약 자극이 적용되기 전에 반응하지 않는다면 그 시스템은 **인과적**(causal)이라고 말한다. 선형 시불변 시스템이 인과적이려면, 예제 2.12에 나타낸 것처럼, 임펄스 응답 $h(t)$가 음의 시간 영역에서는 나타나지 말아야, 즉 0이어야 한다. 즉 선형 시불변 시스템이 인과적이기 위한 필요 충분 조건은 다음과 같다고 설명할 수 있다.

$$h(t) = 0, \qquad t < 0 \tag{2.98}$$

분명히 **실시간**에서 동작하는 시스템이 물리적으로 구현 가능하기 위해서는 반드시 인과적 이어야 한다. 그러나 처리될 신호가 단지 **저장된** 형태로만 가능한 많은 응용이 있다. 이런 상황에서는 시스템이 물리적으로 구현될 수는 있으면서도 비인과적일 수 있다.

입력의 크기가 유한한 값 이하로 제한된다면 출력 역시 유한한 값 이하로 제한된 값을 나타내는 경우 이 시스템은 **안정적**(stable) 시스템이라 부른다. 이러한 특성을 **유한 입력 유한 출력**(BIBO: bounded input-bounded output) **안정성 조건**이라고 부르는데, 이것은 선형 시불변 시스템을 분석하고 다루기 위한 아주 유용한 조건이다. 입력 신호 $x(t)$가 다음에 보이는 것처럼 **제한**되어 있다고 가정하자.

$$|x(t)| < M \qquad \text{for all } t$$

여기서 M은 양의 유한한 실수값이다. 식 (2.94)의 양변에 절대값을 취함으로써 다음을 얻는다.

$$|y(t)| = \left| \int_{-\infty}^{\infty} h(\tau)x(t-\tau)\,d\tau \right| \tag{2.99}$$

다음으로 적분의 절대값은 피적분 함수 절대값을 적분한 값보다 작거나 같다는 다음 식을 고려하자.

$$\begin{aligned} \left| \int_{-\infty}^{\infty} h(\tau)x(t-\tau)\,d\tau \right| &\le \int_{-\infty}^{\infty} |h(\tau)x(t-\tau)|\,d\tau \\ &= M \int_{-\infty}^{\infty} |h(\tau)|\,d\tau \end{aligned}$$

따라서 이 부등식을 식 (2.99)에 삽입함으로써 다음의 중요한 결과를 얻는다.

$$|y(t)| \le M \int_{-\infty}^{\infty} |h(\tau)|\,d\tau$$

이는 선형 시불변 시스템이 안정적이 되기 위해서는 임펄스 응답 $h(t)$가 절대적으로 적분 가능해야 한다는 뜻이다. 즉 **선형 시불변 시스템의 BIBO 안정성을 위한 필요 충분 조건**은 다음과 같이 제시된다.

$$\int_{-\infty}^{\infty} |h(t)|\,dt < \infty \tag{2.100}$$

여기서 $h(t)$는 시스템의 임펄스 응답이다.

주파수 응답

입력으로 진폭이 1이고 주파수가 f인 다음의 복소 지수 함수가 가해진 임펄스 응답 $h(t)$의 선형 시불변 시스템을 고려하자.

$$x(t) = \exp(j2\pi ft) \tag{2.101}$$

식 (2.94)와 (2.101)을 사용하면, 시스템의 출력은 다음과 같이 얻어진다.

$$\begin{aligned} y(t) &= \int_{-\infty}^{\infty} h(\tau) \exp[j2\pi f(t-\tau)]\, d\tau \\ &= \exp(j2\pi ft) \int_{-\infty}^{\infty} h(\tau) \exp(-j2\pi f\tau)\, d\tau \end{aligned} \tag{2.102}$$

시스템의 **전달 함수**(transfer function) 혹은 **주파수 응답**(frequency response)을 다음에 나와 있는 것처럼 시스템의 임펄스 응답의 푸리에 변환이라 정의하자.

$$H(f) = \int_{-\infty}^{\infty} h(t) \exp(-j2\pi ft)\, dt \tag{2.103}$$

전달 함수와 주파수 응답이라는 용어는 서로 혼용할 수 있다. 식 (2.102)의 마지막 줄의 적분은 t 대신 τ가 사용되는 것만 제외하면, 식 (2.103)과 같다. 따라서 식 (2.102)를 다음의 형태로 다시 적을 수 있다.

$$y(t) = H(f) \exp(j2\pi ft) \tag{2.104}$$

식 (2.104)가 의미하는 것은 주파수 f인 복소 지수 함수를 입력으로 받은 선형 시불변 시스템의 출력은 상수로 $H(f)$가 곱해진 동일한 복소 지수 함수라는 것이다.

식 (2.103)은 전달 함수 $H(f)$에 대한 정의 중 하나이다. 전달 함수의 또 다른 정의는 식 (2.104)를 (2.101)로 나눔으로써 다음과 같이 얻을 수 있다.

$$H(f) = \left. \frac{y(t)}{x(t)} \right|_{x(t) = \exp(j2\pi ft)} \tag{2.105}$$

다음 임의의 신호 $x(t)$가 시스템에 가해졌다고 생각하자. 신호 $x(t)$는 다음과 같이 역 푸리에 변환을 이용하여 표현될 수 있다.

$$x(t) = \int_{-\infty}^{\infty} X(f) \exp(j2\pi ft)\, df \tag{2.106}$$

등가적으로 $x(t)$를 다음의 극한 형태로 나타낼 수 있다.

$$x(t) = \lim_{\substack{\Delta f \to 0 \\ f = k\,\Delta f}} \sum_{k=-\infty}^{\infty} X(f) \exp(j2\pi ft)\, \Delta f \tag{2.107}$$

즉 입력 신호 $x(t)$는 증분 형태의 복소 지수 함수들의 중첩으로 간주될 수 있다. 시스템이 선형이므로, 복소 지수 함수 중첩에 대한 출력은 다음과 같이 구해진다.

$$\begin{aligned} y(t) &= \lim_{\substack{\Delta f \to 0 \\ f = k\,\Delta f}} \sum_{k=-\infty}^{\infty} H(f)X(f) \exp(j2\pi ft)\, \Delta f \\ &= \int_{-\infty}^{\infty} H(f)X(f) \exp(j2\pi ft)\, df \end{aligned} \tag{2.108}$$

따라서 출력 신호 $y(t)$의 푸리에 변환은 다음처럼 얻어진다.

$$Y(f) = H(f)X(f) \tag{2.109}$$

식 (2.109)에 따라, 선형 시불변 시스템을 주파수 영역에서 간략히 기술하는 방법은 **출력에 대한 푸리에 변환은 시스템의 주파수 응답과 입력의 푸리에 변환을 곱한 것과 같다**는 것을 이용하는 것이다.

물론 다음의 두 가지 사실을 이용함으로써 식 (2.109)의 결과를 바로 이끌어 낼 수도 있다.

1. 식 (2.93)에 따라, 임의의 입력 $x(t)$에 대한 임펄스 응답 $h(t)$의 선형 시불변 시스템의 응답 $y(t)$는 $x(t)$를 $h(t)$로 컨벌루션을 취하여 얻을 수 있다.
2. 한 쌍의 시간 함수의 컨벌루션은 푸리에 변환을 취하면 주파수 영역에서는 그들의 푸리에 변환의 곱으로 표현된다.

식 (2.109)를 이와 같이 다른 방법으로 유도하는 것은, 복소 지수 함수들의 중첩으로 시간 함수를 표현하는 푸리에 변환의 개념이 왜 선형 시불변 시스템의 동작을 분석하는 데 유용한 것인지에 대한 이해를 돕기 위함이다.

주파수 응답 $H(f)$는 선형 시불변 시스템의 고유 특성이다. 일반적으로 이것은 복소수로서 다음 형태로 표현할 수 있다.

$$H(f) = |H(f)| \exp[j\beta(f)] \tag{2.110}$$

여기서 $|H(f)|$는 **진폭 응답**(amplitude response) 또는 **크기 응답**(magnitude response)라 불리고, $\beta(f)$는 **위상** 또는 **위상 응답**(phase response)이라고 불린다. 특수한 경우로서 실수 값을 갖는 임펄스 응답 $h(t)$를 갖는 선형 시스템의 경우에는, 주파수 응답 $H(f)$가 켤레 대칭을 보여 주고, 이것은 다음을 의미한다.

$$|H(f)| = |H(-f)|$$

$$\beta(f) = -\beta(-f)$$

즉 실수 임펄스 응답 $h(t)$를 갖는 선형 시스템의 진폭 응답 $|H(f)|$는 좌우 대칭이고, 위상 $\beta(f)$는 원점 대칭이다.

응용에 따라서는 $H(f)$ 자체보다는, 극좌표 형식으로 표현된 $H(f)$의 로그를 취하여 사용하는 것을 선호한다. 자연 로그를 정의하면

$$\ln H(f) = \alpha(f) + j\beta(f) \tag{2.111}$$

이고,

$$\alpha(f) = \ln|H(f)| \tag{2.112}$$

이다. 함수 $\alpha(f)$는 시스템의 **이득**(gain)을 정의하는 한 가지 방법이며, 단위는 **네퍼**(neper)이다. 위상 $\beta(f)$의 단위는 라디안(radian)이다. 식 (2.111)은 이득 $\alpha(f)$와 위상 $\beta(f)$가 각각 주파수 응답 $H(f)$에 대한 자연 로그의 실수와 허수 부분임을 의미한다. 다음 정의에 의해 이득은 **데시벨**(dB) 단위로 표현할 수 있다.

$$\alpha'(f) = 20 \log_{10}|H(f)| \tag{2.113}$$

두 이득 함수 $\alpha(f)$와 $\alpha'(f)$의 관계는 다음과 같다.

$$\alpha'(f) = 8.69\alpha(f) \tag{2.114}$$

즉 1네퍼는 8.69 dB이다.

2.3절에 논의한 바에 따르면, 시스템의 **대역폭**은 진폭 응답의 크기 유지에 의해 정해짐을 알 수 있다. 저역통과 시스템의 대역폭은 진폭 응답 $|H(f)|$가 주파수 0에서 갖는 값의 $1/\sqrt{2}$배일 때의 주파수, 또는 등가적으로 그림 2.22(a)에 예시된 것처럼 이득 $\alpha'(f)$가 주파수 0에서의 값보다 아래로 3 dB만큼 떨어질 때의 주파수로 정의된다. 유사하게 대역통과 시스템의 대역폭은 그림 2.22(b)에 나타내었듯, 진폭 응답 $|H(f)|$가 대역 중앙 주파수에서 갖는 값의 $1/\sqrt{2}$배 이내로 유지되는 주파수의 범위로서 정의된다.

페일리-위너 조건

함수 $\alpha(f)$가 인과성 필터의 이득이 되기 위한 필요 충분 조건은 다음 적분의 수렴이다.

$$\int_{-\infty}^{\infty} \left(\frac{|\alpha(f)|}{1 + f^2} \right) df < \infty \tag{2.115}$$

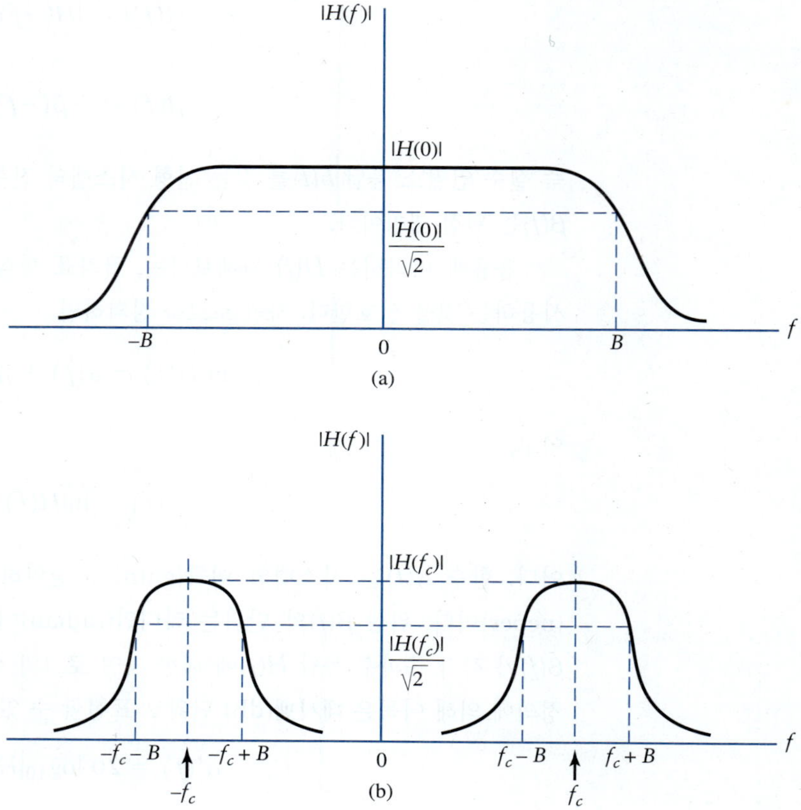

그림 2.22 시스템 대역폭 정의의 예시. (a) 저역통과 시스템. (b) 대역통과 시스템.

이 조건은 **페일리-위너 조건**(Paley-Wiener criterion)으로 알려져 있으며, 이득 $\alpha(f)$가 식 (2.115)의 조건을 만족시킨다고 가정할 때, 이 이득과 적합한 위상 $\beta(f)$를 결합시켜서 음의 시간에서 0인 인과성 임펄스 응답을 가진 필터를 얻을 수 있다는 것을 의미한다. 다른 말로 하면, 페일리-위너 조건은 인과성을 갖기 위한 주파수 영역에서의 조건이다. 구현할 수 있는 이득 특성을 가진 시스템은 유한한 개소의 주파수에서는 무한한 감소[즉 $\alpha(f) = -\infty$]를 가질 수 있다. 그러나 시퀀스 구간의 주파수 대역 상에서 무한한 감소가 있을 수는 없다. 이런 경우는 페일리-위너 조건을 위배하게 된다.

▶ **연습문제 2.12** 예제를 인용하여, 다음 두 주제를 토론하라.

(a) 선형 시불변 시스템이 인과적이면서 불안정한 것이 가능한가?

(b) 이런 시스템이 인과적이지 않으면서 안정한 것은 가능한가? ◀

▶ **연습문제 2.13** 선형 시스템의 임펄스 응답이 다음 가우시안 함수에 의해 정의된다.

$$h(t) = \exp\left(-\frac{t^2}{2\tau^2}\right)$$

여기서 τ는 펄스 구간을 정의하는 조절 가능한 변수이다. 시스템의 주파수 응답을 구하라. ◀

▶ **연습문제 2.14** 탭지연선 필터는 N 가중치로 구성된다. 여기서 N은 홀수이다. 이것은 중앙 탭을 기준으로 대칭이다. 즉 가중치는 다음 조건을 충족시킨다.

$$w_n = w_{N-1-n}, \qquad 0 \le n \le N-1$$

(a) 필터의 진폭 응답을 구하라.
(b) 이 필터가 선형 위상 응답을 가짐을 보이라. 이 성질의 의미는 무엇인가?
(c) 필터에 의해 생성된 시간 지연은 얼마인가? ◀

2.7 이상적인 저역통과 필터

이전에 언급했듯이, **필터**는 주파수의 특정 대역에 신호의 스펙트럼을 제한하는 데 사용되는 주파수 선택적인 시스템이다. 필터의 주파수 응답은 **통과대역**(passband)과 **억제대역**(stopband)으로 특징지어진다. 통과대역내의 주파수 성분들은 왜곡이 거의 없이 통과시키는 반면에, 억제대역 내의 주파수 성분들은 억제된다. 그 필터들은 각기 저주파수 성분, 고주파수 성분, 중간 주파수 성분, 또는 중간 주파수 성분을 제외한 모든 주파수 성분들 중 통과시키는 주파수 성분이 이 넷 중 어느 유형인가에 따라 각기 **저역통과**(low-pass), **고역통과**(high-pass), **대역통과**(band-pass), 또는 **대역억제**(band-stop) 유형으로 구분할 수 있다. 이미 그림 2.22에서 저역통과 필터 시스템과 대역통과 필터 시스템의 예들을 다루었다.

필터들은 각기 다양한 형태로 통신 시스템을 구성하는 데 있어 중요한 기능 블록 역할을 한다. 이 책에서는 고역통과, 저역통과, 대역통과 필터들을 다루고자 한다.

이 절에서는 **이상 저역통과 필터**(ideal low-pass filter)의 시간 응답을 다루는데, 이것은 그림 2.23에 나타내었듯이, 통과대역 내의 모든 주파수를 왜곡이 전혀 없이 통과시키고 억제대역 내의 모든 주파수를 완전히 제거한다. 이 그림에 따르면, 이상 저역통과 필터의 주파수 응답은 다음 두 가지 필요 조건들을 충족시킨다.

1. **필터의 진폭 응답은 통과대역 $-B \le f \le B$ 내에서 일정한 값이다.**(그림 2.23에서 일정한 값인 상수는 표현의 편의를 위해 1.0이다.)
2. **위상 응답은 필터의 통과대역 내의 주파수에 따라 선형적으로 변한다.**(통과대역 바깥에서 위상응답은 임의의 값을 가정한다.)

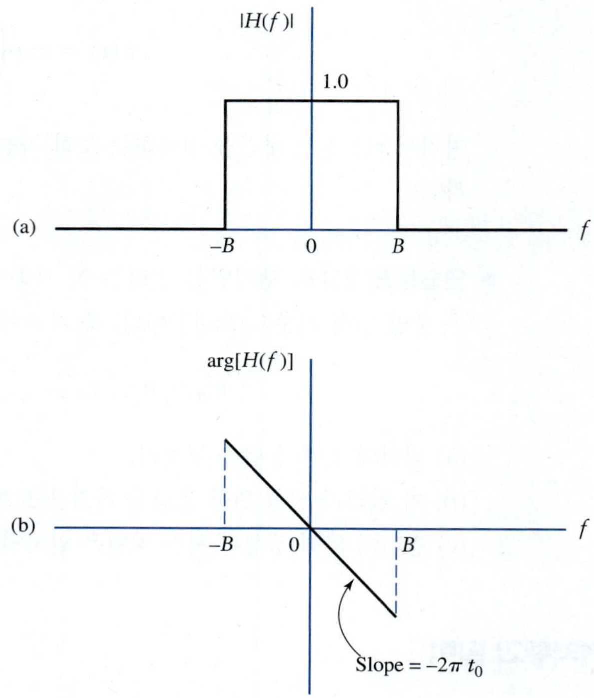

그림 2.23 이상 저역통과 필터의 주파수 응답. (a) 진폭 응답. (b) 위상 응답. 대역 $-B \le f \le B$의 외부, 위상 응답은 임의의 형태를 가정한다(그림에서는 나타나지 않음).

수학적 관점에서, 이상 저역통과 필터의 전달 함수는 다음에 의해 정의된다.

$$H(f) = \begin{cases} \exp(-j2\pi f t_0), & -B \le f \le B \\ 0, & |f| > B \end{cases} \tag{2.116}$$

상수 B는 필터의 **대역폭**을 정의한다. 물론 이상적인 저역통과 필터는 페일리-위너 조건을 만족시키지 못하기 때문에 비인과적이다. 이것은 임펄스 응답 $h(t)$를 살펴봄으로써 확인할 수 있다. 식 (2.116)의 전달 함수의 역 푸리에 변환을 구함으로써 다음을 얻는다.

$$h(t) = \int_{-B}^{B} \exp[j2\pi f(t - t_0)]\, df \tag{2.117}$$

여기서 적분의 구간은 $H(f)$가 존재하는 주파수 구간으로 제한하였다. 식 (2.117)의 적분은 쉽게 구할 수 있고 다음과 같이 된다.

$$h(t) = \frac{\sin[2\pi B(t - t_0)]}{\pi(t - t_0)}$$

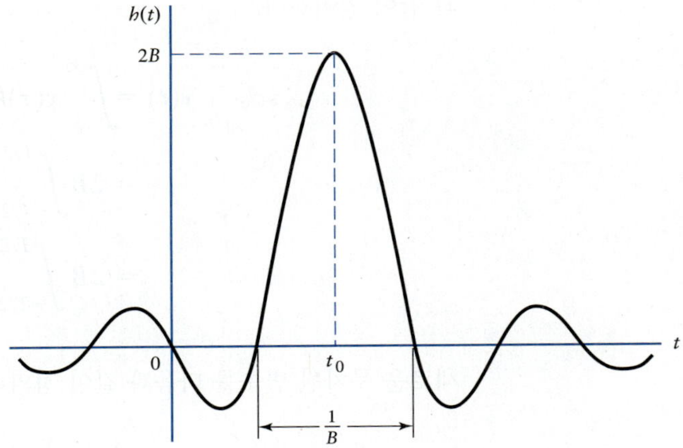

그림 2.24 이상적인 저역통과 필터의 임펄스 응답.

$$= 2B \operatorname{sinc}[2B(t - t_0)] \tag{2.118}$$

그림 2.24에서 $t_0=1/B$이라 하면, 임펄스 응답은 시간 t_0에서 중심으로 존재하며, 최대 크기는 $2B$이다. 임펄스 응답의 메인로브의 구간은 $1/B$이고, 메인로브의 시작인 0으로부터 정점값까지의 시간 간격은 $1/2B$이다. 그림 2.24에서, 임의의 유한한 t_0에 대해서 단위 임펄스가 입력으로 가해지는 시점인 $t=0$ 이전에 응답이 나타나는 것을 볼 수 있다. 이로부터 이상 저역통과 필터가 비인과적임을 확인할 수 있다. 그렇지만 t_0를 매우 크게 함으로써 다음 조건을 만족시킬 수 있다.

$$|\operatorname{sinc}[2B(t - t_0)]| \ll 1, \qquad \text{for } t < 0$$

이렇게 함으로써 이상 저역통과 필터에 근접하는 인과성 필터를 만들 수 있으며, 지연 시간 t_0를 증가시킴으로써, 근사의 성능을 향상시킬 수 있다.

이상 저역통과 필터의 펄스 응답

대역폭이 B인 이상 저역통과 필터에 적용한, 크기가 1.0이고 구간이 T인 구형 펄스 $x(t)$를 고려해 보자. 구하고자 하는 것은 필터의 응답 $y(t)$이다.

필터의 임펄스 응답 $h(t)$는 식 (2.118)에 의해 정의된다. 지연 시간 t_0는 필터 응답 $y(t)$의 모양에는 아무런 영향을 주지 않는다. $t_0=0$으로 설정하여 식 (2.118)의 임펄스 응답을 다음과 같이 간략화해도 일반성을 잃지 않고, 설명을 단순화할 수 있다.

$$h(t) = 2B \operatorname{sinc}(2Bt) \tag{2.119}$$

$-(T/2) \le t \le (T/2)$인 동안 입력 $x(t)=1$로 하면, 필터 응답은 컨벌루션 적분으로 다음

과 같이 얻어진다.

$$
\begin{aligned}
y(t) &= \int_{-\infty}^{\infty} x(\tau)h(t-\tau)\,d\tau \\
&= 2B\int_{-T/2}^{T/2} \operatorname{sinc}[2B(t-\tau)]\,d\tau \\
&= 2B\int_{-T/2}^{T/2} \left(\frac{\sin[2\pi B(t-\tau)]}{2\pi B(t-\tau)}\right) d\tau
\end{aligned} \tag{2.120}
$$

새로운 무차원 변수를 다음과 같이 정의하자.

$$\lambda = 2\pi B(t-\tau)$$

그리고 적분 변수를 τ 에서 λ로 바꾸면, 식 (2.120)을 다음과 같이 다시 표현할 수 있다.

$$
\begin{aligned}
y(t) &= \frac{1}{\pi}\int_{2\pi B(t-T/2)}^{2\pi B(t+T/2)} \left(\frac{\sin\lambda}{\lambda}\right) d\lambda \\
&= \frac{1}{\pi}\left[\int_{0}^{2\pi B(t+T/2)} \left(\frac{\sin\lambda}{\lambda}\right) d\lambda - \int_{0}^{2\pi B(t-T/2)} \left(\frac{\sin\lambda}{\lambda}\right) d\lambda\right] \\
&= \frac{1}{\pi}\{\operatorname{Si}[2\pi B(t+T/2)] - \operatorname{Si}[2\pi B(t-T/2)]\}
\end{aligned} \tag{2.121}
$$

식 (2.121)에서 **사인 적분**(sine integral)이라 불리는 다음의 새로운 표현을 도입하였다.

$$\operatorname{Si}(u) = \int_0^u \frac{\sin x}{x}\,dx \tag{2.122}$$

불행히도 사인 적분 Si(u)는 기본 함수들의 국한된 형태로 계산될 수가 없다. 그러나 급수 형태에서는 적분이 가능하여, 그림 2.25의 그래프로 나타내었다. 이 그림으로부터 다음의 세 가지 사실을 알 수 있다.

1. 사인 적분 Si(u)는 원점 $u=0$을 중심으로 원점 대칭이며 진동하는 함수이다.
2. π의 정수 배 점들에서 최대값들과 최소값들을 갖는다.
3. u가 큰 양의 값일 때 극한값 ($\pi/2$)에 접근한다.

그림 2.25에서는 사인 적분 Si(u)가 $1/2\pi$의 주파수로 진동함을 알 수 있다. 따라서 필터 응답 $y(t)$ 또한 그림 2.26에 나타낸 것처럼, 저역통과 필터의 차단(cutoff) 주파수(즉 대역폭) B와 같은 주파수로 진동한다. Si(u)의 최대값은 $u_{max}=\pi$일 때 얻어지고 그 값은 다음과 같다.

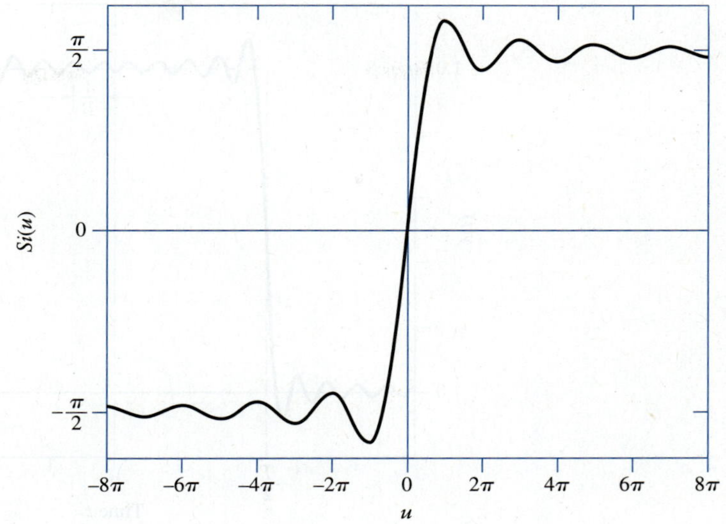

그림 2.25 사인 적분 Si(u).

$$1.8519 = (1.179) \times \left(\frac{\pi}{2}\right)$$

필터 응답 $y(t)$는 다음 값에서 최대값들과 최소값들을 갖는다.

$$t_{\max} = \pm\frac{T}{2} \pm \frac{1}{2B}$$

이는 다음으로부터 확인할 수 있다.

$$\begin{aligned} y(t_{\max}) &= \frac{1}{\pi}[\mathrm{Si}(\pi) - \mathrm{Si}(\pi - 2\pi BT)] \\ &= \frac{1}{\pi}[\mathrm{Si}(\pi) + \mathrm{Si}(2\pi BT - \pi)] \end{aligned}$$

여기서 두 번째 줄에서는 사인 적분의 원점 대칭 성질을 사용하였다. 수식을 다음과 같이 표시하면

$$\mathrm{Si}(2\pi BT - \pi) = \frac{\pi}{2}(1 \pm \Delta)$$

Δ는$+\pi/2$를 중심으로 하여 Si($2\pi BT-\pi$) 값이 이탈한 절대값의 크기를 비율로 나타낸 것이다. 따라서

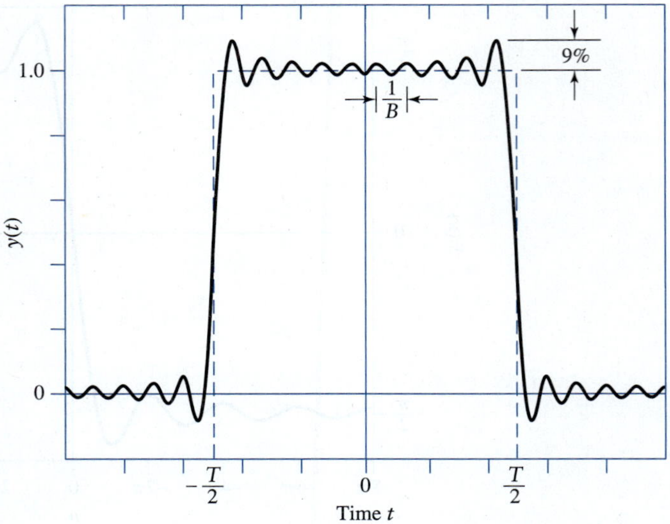

그림 2.26 구형 펄스에서의 이상 저역통과 필터.

$$\mathrm{Si}(\pi) = (1.179)(\pi/2)$$

임을 알 수 있고, $y(t_{max})$를 다시 정의하면 다음과 같다.

$$\begin{aligned} y(t_{\max}) &= \frac{1}{2}(1.179 + 1 \pm \Delta) \\ &\approx 1.09 \pm \frac{1}{2}\Delta \end{aligned} \tag{2.123}$$

시간-대역폭 곱 $BT \gg 1$이면, 이탈 비율 Δ의 값은 매우 작으며, 이 경우 식 (2.123)으로부터 두 가지 중요한 사실을 알 수 있다.

1. 필터 응답에서 벗어난 오버슈트(overshoot) 백분율은 약 9%이다.
2. 오버슈트는 실질적으로 필터 대역폭 B와는 무관하다.

이러한 현상을 **기브스 현상**(Gibbs phenomenon)이라 부른다. $BT \gg 1$라는 가정하에, 그림 2.26은 필터 응답의 진동하는 모양과 9% 오버슈트를 보여 준다.

그림 2.27은 펄스 시간 T가 1초라는 가정하에, 네 개의 시간-대역폭 곱, 즉 $BT=5$, 10, 20, 100에 대한 필터 응답을 나타낸다. 이상의 시간-대역폭 곱의 값들에 대하여 진동 주파수와 오버슈트 백분율을 표 2.1에 나타내었으며, 이를 통해 위의 사실 1, 2가 확인되었다.

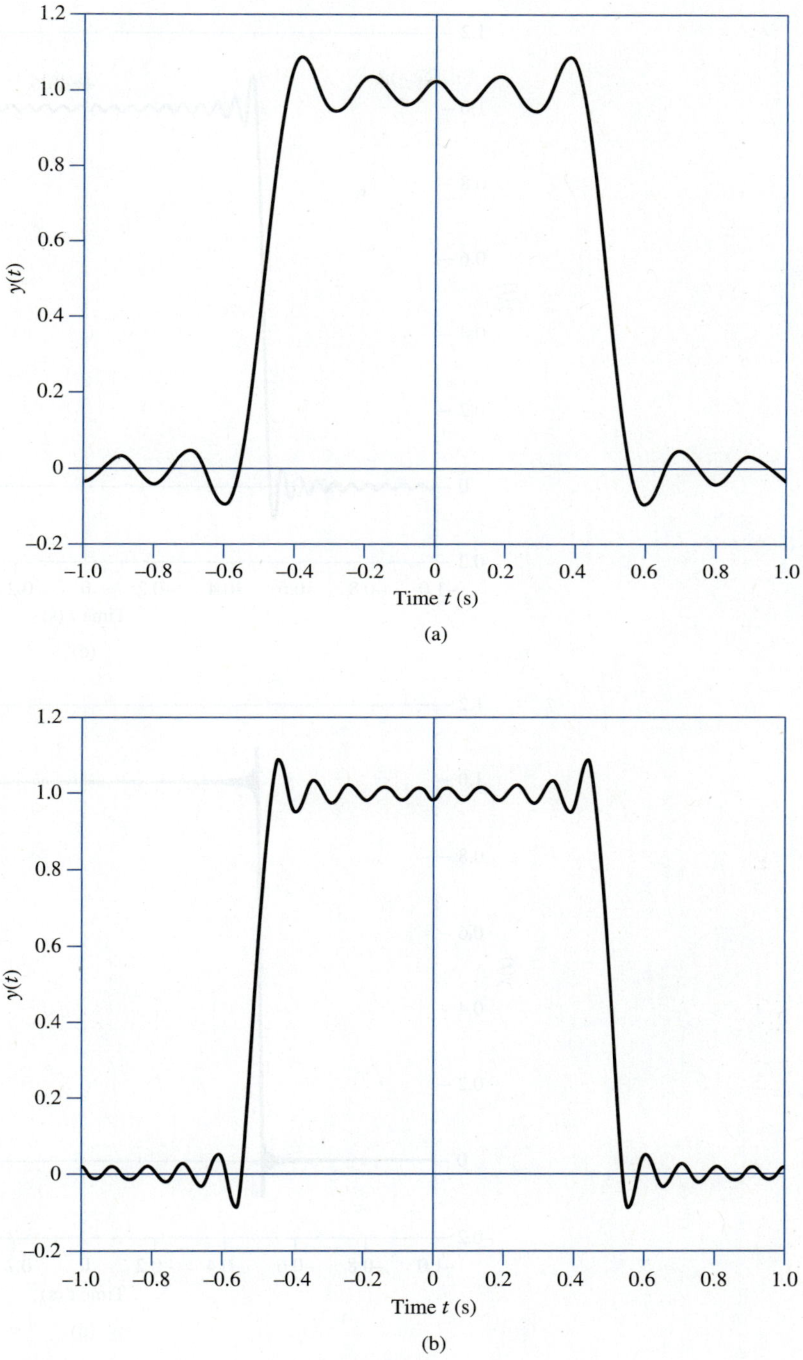

그림 2.27 펄스 구간 $T=1$초이고 시간-대역폭(BT) 곱을 변화시킬 때 나타나는 이상 저역통과 필터의 응답. (a) $BT=5$. (b) $BT=10$. (c) $BT=20$. (d) $BT=100$.

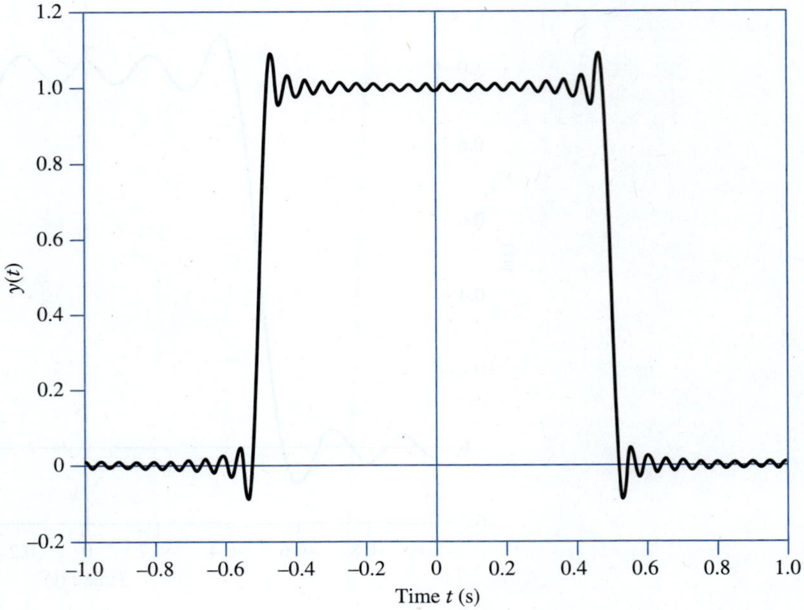

1.2
1.0
0.8
0.6
0.4
0.2
0
–0.2
$y(t)$
–1.0 –0.8 –0.6 –0.4 –0.2 0 0.2 0.4 0.6 0.8 1.0
Time t (s)

(c)

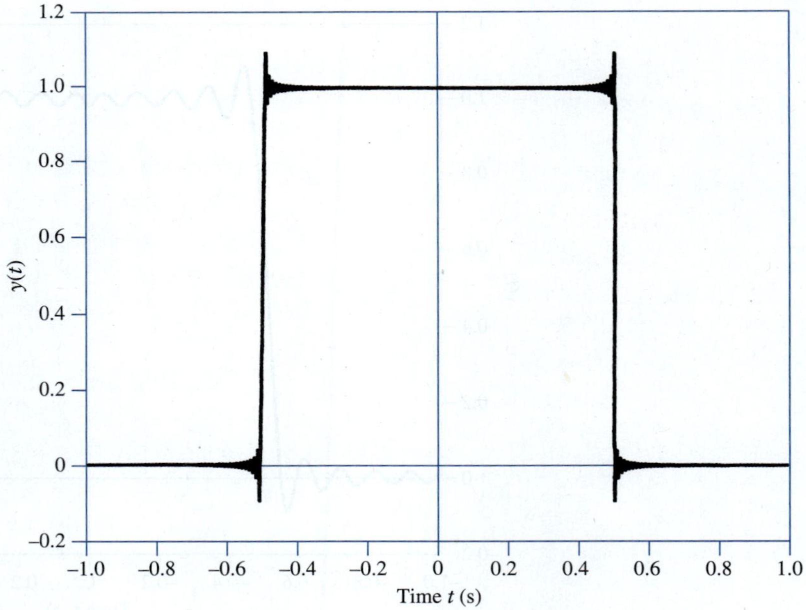

1.2
1.0
0.8
0.6
0.4
0.2
0
–0.2
$y(t)$
–1.0 –0.8 –0.6 –0.4 –0.2 0 0.2 0.4 0.6 0.8 1.0
Time t (s)

(d)

그림 2.27 계속.

표 2.1 시간-대역폭 곱의 변화에 따른 진동 주파수와 오버슈트 백분율

BT	Oscillation Frequency	Percentage Overshoot
5	5 Hz	9.11
10	10 Hz	8.98
20	20 Hz	8.99
100	100 Hz	9.63

그림 2.28은 저역통과 필터의 대역폭 B는 1 Hz로 고정시키고, 네 개의 서로 다른 주파수들, 즉 f_0=0.1, 0.25, 0.5, 1 Hz를 갖는 구형파 입력들에 대한 필터 응답을 보여준다. 그림 2.28에서 다음 사실을 알 수 있다.

- 시간-대역폭 곱 BT=5에 상응하는 f_0=0.1 Hz인 경우, 필터는 입력 구형 펄스를 약간 왜곡시킨다. 그러나 필터 출력단에 나타나는 파형은 입력의 모양을 여전히 보여 주고 있다. 입력과 달리, 필터 출력은 필터 대역폭에 반비례하는 0이 아닌 상승과 하강 시간을 갖고 있다. 또한 출력은 앞단과 뒷단 양 가장자리에서 진동하는 현상을 보여 준다.
- 입력 구형파의 기본 주파수 f_0가 증가하면, 저역통과 필터는 입력의 높은 주파수 성분을 더욱더 잘라 낸다. 그래서 BT가 2.0에 해당하도록 주파수 f_0가 0.25 Hz일 때는, 오직 기본 주파수와 첫째 하모닉 성분만 필터를 통과한다. 출력의 상승 및 하강 시간은 입력펄스 기간 T와 비교할 때, 꽤 큰 값이다. BT가 1.0에 해당하도록 주파수 f_0가 0.5 Hz일 때는 오직 입력 구형파 외부의 기본 주파수 성분만이 필터 출력에 나타나서 출력은 사인파가 된다.
- 입력 구형파의 기본 주파수가 시간-대역폭 곱 BT=0.5에 해당하는 높은 값 f_0=1 Hz까지 증가할 때, 직류 성분은 출력의 대부분을 차지하게 되고, 입력 구형파 모양은 필터에 의해 완벽하게 파괴된다.

이러한 결과들로부터 다음과 같은 중요한 결론을 끌어 낼 수 있다. 즉 **이상적인 저역통과 필터를 사용할 때는 필터의 시간-대역폭 곱 $BT \geq 1$을 만족시켜야 한다. 그래야만 출력단에서 입력 파형의 모양이 인지될 수 있기 때문이다.** 1보다 큰 BT의 값은 필터 펄스 응답의 하강 시간뿐만 아니라 상승 시간도 줄여 주는 경향이 있다.

이상 저역통과 필터의 근사

필터는 임펄스 응답 $h(t)$, 또는 등가적으로 전달 함수 $H(f)$를 정함으로써 그 특성을 규정할 수 있다. 그러나 필터의 응용은 일반적으로 스펙트럼, 즉 주파수 성분에 근거하여 신호들을 구분하는 역할을 포함한다. 이것은 필터의 설계가 주파수 영역에서 일반적으로 수행되었다는 것을 의미한다. 필터의 설계와 관련된 두 가지 기본 과정은 다음과 같다.

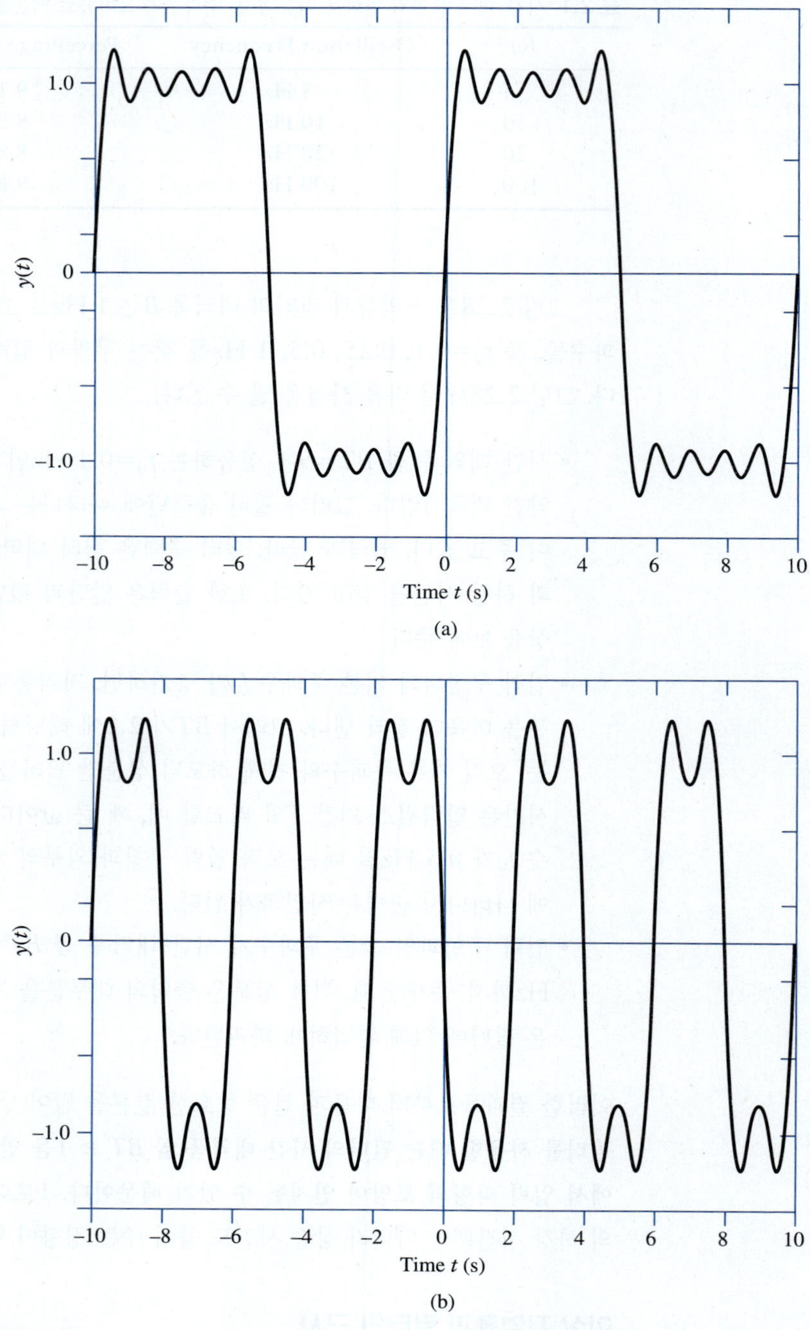

그림 2.28 변화하는 주파수 f_0를 갖는 구형파 입력에 대한 이상 저역통과 필터의 응답. (a) $f_0=0.1$ Hz. (b) $f_0=0.25$ Hz. (c) $F_0=0.5$ Hz. (d) $f_0=1$ Hz.

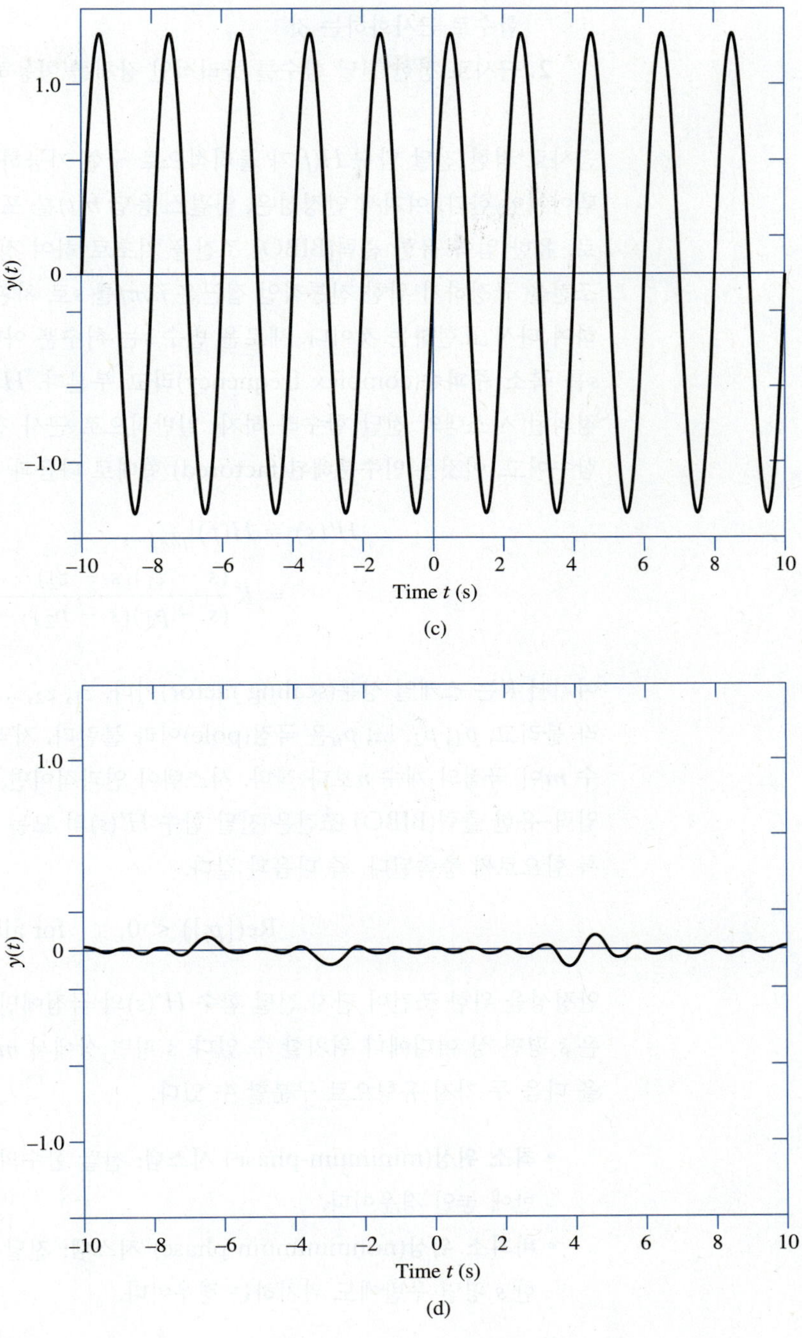
y(t)
1.0
0
−1.0
−10
−8
−6
−4
−2
0
2
4
6
8
10
Time t (s)
(c)
y(t)
1.0
0
−1.0
−10
−8
−6
−4
−2
0
2
4
6
8
10
Time t (s)
(d)

그림 2.28 계속.

1. 주어진 주파수 응답(진폭 응답, 위상 응답, 또는 두 가지 모두)을 실현 가능한 전달 함수로 **근사**화하는 것
2. 근사로 정한 전달 함수를 물리적인 장치를 이용하여 **구현**하는 것

근사로 정한 전달 함수 $H(f)$가 물리적으로 구현 가능하려면, 그것은 **안정된**(stable) 시스템이어야 한다. 여기서 안정성은, 임펄스 응답 $h(t)$를 포함하는 식 (2.100)에서 정의된 대로, 유한 입력-유한 출력(BIBO) 조건을 기초로 하여 정의된다. 전달 함수 측면에서 안정 조건을 규정하기 위한 전통적인 접근은 $j2\pi f$를 s로 치환하고, 전달 함수를 변수 s를 이용하여 다시 표현하는 것이다. 새로운 변수 s는 허수뿐 아니라 실수를 가질 수 있다. 따라서 s를 **복소 주파수**(complex frequency)라고 부른다. $H'(s)$를 여기서 나타내는 방법으로 정의된 시스템의 전달 함수라 하자. 일반적으로 근사 전달 함수 $H'(s)$는 유리(rational) 함수이고, 이것은 **인수분해된**(factored) 형태로 다음과 같이 표현된다.

$$
\begin{aligned}
H'(s) &= H(f)|_{j2\pi f=s} \\
&= K\frac{(s-z_1)(s-z_2)\cdots(s-z_m)}{(s-p_1)(s-p_2)\cdots(s-p_n)}
\end{aligned}
$$

여기서 K는 스케일 성분(scaling factor)이다. $z_1, z_2, \ldots, z_m$은 전달 함수의 **영점**(zero)이라 불리고, $p_1, p_2, \ldots, p_n$은 **극점**(pole)이라 불린다. 저역통과 전달 함수에서는 영점의 개수 m이 극점의 개수 n보다 작다. 시스템이 인과적이면, 그 시스템의 안정성을 위한 유한 입력-유한 출력(BIBO) 조건은 전달 함수 $H'(s)$의 모든 극점을 s 평면의 좌반에 위치하도록 함으로써 충족된다. 즉 다음과 같다.

$$\text{Re}([p_i]) < 0, \qquad \text{for all } i$$

안정성을 위한 조건이 단지 전달 함수 $H'(s)$의 극점에만 관계된다는 것을 주목하라. 영점은 s 평면 상 어디에나 위치할 수 있다. s 평면 상에서 m개의 **영점**의 위치에 따라, 시스템을 다음 두 가지 유형으로 구분할 수 있다.

- **최소 위상**(minimum-phase) **시스템:** 전달 함수의 모든 극점과 영점이 s 평면의 좌반에 놓인 경우이다.
- **비최소 위상**(nonminimum-phase) **시스템:** 전달 함수의 영점들이 허수축을 포함한 s 평면 우반에도 위치하는 경우이다.

최소 위상 시스템은 위상 응답(phase response)이 이득 응답(gain response)과 유일하게 관련되어 있다는 특성을 갖는다는 점에서 구분되는 선형 시불변 시스템들을 의미한다.

그림 2.23의 이상적인 크기 응답에 근사화하는 것이 주된 요구 사항인 저역통과 필터를 설계하는 경우, 많이 쓰이는 필터로 **버터워스**(Butterworth) **필터**와 **체비셰프**

(Chebyshev) **필터**가 있다. 이 두 필터들은 모든 영점들이 $s=\infty$에 위치한다. 버터워스 필터에서는 전달 함수 $H'(s)$의 극점들이 원점을 중심으로 하고, 반지름이 $2\pi B$인 원주 상에 놓인다. 여기서 B는 필터의 3 dB 대역폭이다. 반면에 체비셰프 필터에서는 극점들이 타원주 상에 놓인다. 물론 두 경우 모두 극점들은 s 평면의 좌반에 위치한다.

다음으로 필터를 물리적으로 구현하는 주제와 관련해서는 아날로그와 디지털의 두 가지 선택이 있다.

- **아날로그 필터:** 이것은 (a) 인덕터(inductor)와 커패시터(capacitor), 또는 (b) 커패시터, 저항(resistor), OP 앰프(operational amplifier)를 사용하여 구현한다. 아날로그 필터의 이점은 구현이 단순하다는 것이다.
- **디지털 필터:** 이 경우는 신호가 시간축 상에서 샘플링되고, 그들의 진폭 또한 양자화(quantize)된다. 이 필터들은 디지털 하드웨어로 구현한다. 디지털 필터의 중요한 특징 중 하나는 **프로그램이 가능**하다는 것이며, 이로 인하여 설계에 있어서 매우 높은 유연성을 제공한다. 실제 효과면에서 보면, 유연성을 위해 구현 복잡성의 증가를 허용한 셈이다.

2.8 상관과 스펙트럼 밀도: 에너지 신호

이 절에서는 계속적으로 에너지 신호들을 대상으로 **에너지** 관점에서 신호와 시스템의 특성을 분석하고자 한다.[신호와 시스템의 특성 분석은 2.9절에서 완성되며, 거기서는 전력 신호(power signal) 관점에서 다루었다.] 특히 관심 대상 신호의 진폭 제곱의 스펙트럼으로 정의되는 **스펙트럼 밀도**(spectral density)라고 부르는 새로운 변수에 대한 개념을 소개할 것이다. 2.2절의 성질 13에서 처음 소개된 것으로, 스펙트럼 밀도가 상관의 푸리에 변환이라는 것을 확인하게 될 것이다.

자기상관 함수

일반성을 위해서 복소값을 갖는 에너지 신호 $x(t)$를 고려하자. 2.2절의 상관 이론(성질 13)에서 표현된 내용을 따라, 시간 지연을 τ로 나타낸 경우 에너지 신호 $x(t)$의 **자기상관 함수**(autocorrelation function)를 다음과 같이 정의한다.

$$R_x(\tau) = \int_{-\infty}^{\infty} x(t)x^*(t-\tau)\,d\tau \tag{2.124}$$

이 공식에 따라, 자기상관 함수 $R_x(\tau)$를 사용하여 신호 $x(t)$와 그것의 지연된 신호 $x(t-\tau)$ 간의 유사성(similarity)을 측정한다. 따라서 그림 2.29에 나와 있는 구성에 의해 측정할 수 있다. 시간 지연 τ는 **스캐닝** 혹은 **탐색 변수**(searching variable)의 역할을 한

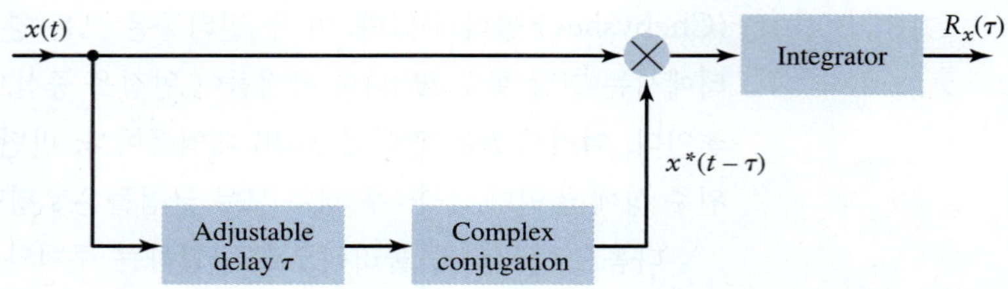

그림 2.29 지연 τ에 대한 에너지 신호 $x(t)$의 자기상관 함수 $R_x(\tau)$의 측정.

다. 만약 $x(t)$가 복소값을 가지면 $R_x(\tau)$도 복소값을 갖는다는 것을 주목하자.

식 (2.124)로부터, $\tau=0$일 때의 자기상관 함수 $R_x(\tau)$의 값은 신호 $x(t)$의 에너지 값이라는 것을 바로 알 수 있다. 즉

$$R_x(0) = \int_{-\infty}^{\infty} |x(t)|^2 \, dt$$

에너지 스펙트럼 밀도

2.2절의 성질 14에서 다룬 레일리 에너지 이론은 펄스 신호의 에너지를 구하는 도구를 제공하는 것뿐만 아니라, 진폭 제곱 스펙트럼이 주파수축에서의 신호 에너지의 분포라는 점을 강조하여 준다는 점에서 중요하다. 이러한 관점에서, 에너지 신호 $x(t)$의 **에너지 스펙트럼 밀도**(energy spectral density) 또는 **에너지 밀도 스펙트럼**(energy density spectrum)을 다음과 같이 정의한다.

$$\psi_x(f) = |X(f)|^2 \tag{2.125}$$

여기서 $|X(f)|$는 $x(t)$의 진폭 스펙트럼이다. 신호 $x(t)$ 자체가 복소수라 하더라도, 에너지 스펙트럼 밀도 $\psi_x(f)$는 모든 주파수 f에서 음이 아닌 실수값을 갖는다.

에너지 신호에 대한 위너-킷친 관계식

식 (2.53)에 제시된 상관 이론을 참고하여, $g_1(t)=g_2(t)=x(t)$라고 하자. 여기서 $x(t)$는 에너지 신호이고 그래서 푸리에 변환이 가능하다. 이 조건하에서 식 (2.53)의 왼편은 신호 $x(t)$의 자기상관 함수 $R_x(\tau)$를 정의한다. 따라서 주파수 영역에서 $G_1(f)=G_2(f)=X(f)$를 갖는데, 이 경우에 식 (2.53)의 오른편은 에너지 스펙트럼 밀도 $\psi_x(f)$를 정의한다. 이러한 기반에서 **주어진 에너지 신호 $x(t)$의 자기상관 함수 $R_x(\tau)$와 에너지 스펙트럼 밀도 $\psi_x(f)$는 푸리에 변환쌍을 형성한다**고 설명할 수 있다.

$$\psi_x(f) = \int_{-\infty}^{\infty} R_x(\tau) \exp(-j2\pi f\tau) \, d\tau \tag{2.126}$$

$$R_x(\tau) = \int_{-\infty}^{\infty} \psi_x(f) \exp(j2\pi f\tau)\, df \tag{2.127}$$

그러나 식 (2.126)의 푸리에 변환은 조절 가능한 지연 τ에 관하여 수행된다는 것을 주목하자. 식 (2.126)과 (2.127)의 쌍은 **에너지 신호의 위너-킷친 관계식**(Wiener-Khitchine relation)을 구성한다.

식 (2.126)과 (2.127)로부터, 다음 두 성질을 이끌어 낼 수 있다.

1. 식 (2.126)에서 $f=0$으로 놓으면 다음 값을 얻는다.

$$\int_{-\infty}^{\infty} R_x(\tau)\, d\tau = \psi_x(0)$$

이것은 **복소값을 갖는 에너지 신호로부터 얻은 복소값을 갖는 자기상관 함수 곡선의 전체 면적이 주파수 0인 위치에서의 실수값을 갖는 에너지 스펙트럼 $\psi_x(0)$과 같다**는 것을 의미한다.

2. 식 (2.127)에서 $\tau=0$라고 놓으면 다음 값을 얻는다.

$$\int_{-\infty}^{\infty} \psi_x(f)\, df = R_x(0)$$

이것은 **에너지 신호로부터 얻은 실수값을 갖는 에너지 스펙트럼 밀도 곡선의 전체 면적이 신호의 전체 에너지와 같다**는 것을 의미한다. 이 두 번째 결과는 레일리 에너지 이론을 설명하는 또 다른 방법이다.

예제 2.13 싱크 펄스의 자기상관 함수

예제 2.4로부터, 싱크 펄스

$$x(t) = A\,\mathrm{sinc}(2Wt)$$

의 푸리에 변환은 다음에 의해 얻어진다.

$$X(f) = \frac{A}{2W}\,\mathrm{rect}\left(\frac{f}{2W}\right)$$

구형파 함수 $\mathrm{rect}(f/2W)$는 제곱에 의해서 영향을 받지 않으므로, $x(t)$의 에너지 스펙트럼 밀도는 다음과 같다.

$$\psi_x(f) = \left(\frac{A}{2W}\right)^2 \mathrm{rect}\left(\frac{f}{2W}\right)$$

$\psi_x(f)$의 역 푸리에 변환을 취하면, 싱크 펄스 $A\ \mathrm{sinc}(2Wt)$의 자기상관 함수는 다음에 의해 얻어짐을 알 수 있다.

$$R_x(\tau) = \frac{A^2}{2W}\mathrm{sinc}(2W\tau) \tag{2.128}$$

이것은 지연 τ의 함수로 그려지며, 싱크 펄스 그 자체와 유사한 모양을 갖는다.

이 예제는 에너지 신호의 자기상관 함수를 결정하기 위해서는 자기상관 함수의 공식을 직접 사용하는 것보다, 때에 따라서는 에너지 스펙트럼 밀도로부터 간접적인 방법을 사용하는 것이 쉽다는 것을 알려 준다.

에너지 스펙트럼 밀도에서 필터링의 효과

에너지 신호 $x(t)$가 전달 함수 $H(f)$를 갖는 선형 시불변 시스템을 통과하여, 그림 2.20(a)에 보이듯 출력 신호가 $y(t)$라고 가정하자. 식 (2.109)에 따라, 출력 $y(t)$의 푸리에 변환은 입력 $x(t)$의 푸리에 변환과 다음의 관계로 표현된다.

$$Y(f) = H(f)X(f)$$

이 식의 양변에 절대값 제곱을 취하면, 다음을 바로 얻는다.

$$\psi_y(f) = |H(f)|^2\psi_x(f) \tag{2.129}$$

여기서 $\psi_x(f)=|X(f)|^2$이고 $\psi_y(f)=|Y(f)|^2$이다. 식 (2.129)는 **에너지 신호가 선형 시불변 필터를 통과하는 경우, 출력의 에너지 스펙트럼 밀도는 입력의 에너지 스펙트럼 밀도에다 필터의 응답의 절대값을 곱한 것과 같다**는 것을 의미한다. 이는 주파수 영역에서 푸리에 변환이 가능한 신호의 에너지 분산을 설명하여 주는 변수로서의 스펙트럼 밀도의 중요성을 강조한다.

더욱이 위너-킷친 식 (2.126), (2.127)과 식 (2.129)의 관계를 기반으로, 에너지 신호의 자기상관 함수에 대한 선형 시불변 필터링의 효과를 구하는 **간접적인 방법**을 다음과 같이 기술할 수 있다.

1. $x(t)$와 $h(t)$의 푸리에 변환 $X(f)$와 $H(f)$를 구한다.

2. 식 (2.129)를 사용하여 출력 $y(t)$의 에너지 스펙트럼 밀도 $\psi_y(f)$를 구한다.

3. 2번에서 얻은 $\psi_y(f)$에 역 푸리에 변환을 이용하여 $R_y(\tau)$를 구한다.

예제 2.14 저역통과 필터를 통과한 구형 펄스의 에너지

크기가 1.0이고 구간이 1.0초인 구형 펄스가, 그림 2.30(a)에 나타난 것처럼 대역폭 B를

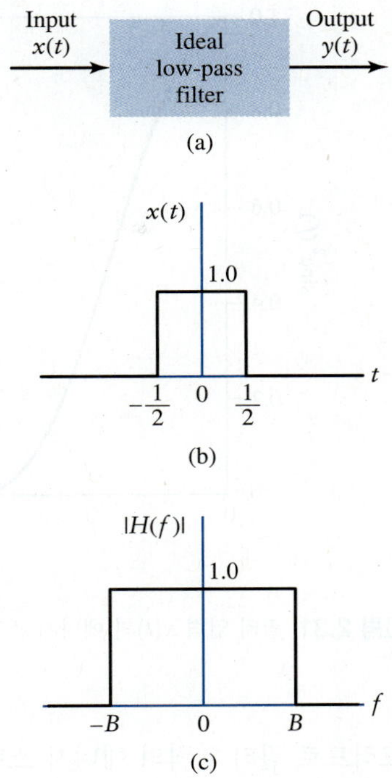

그림 2.30 (a) 이상 저역통과 필터링. (b) 필터 입력. (c) 필터의 크기 응답.

갖는 이상 저역통과 필터를 통과한다고 하자. 이 그림의 (b)는 구형 펄스 파형을 나타낸다. 필터의 크기 응답은 다음과 같이 정의된다[그림 2.30(c)참조].

$$|H(f)| = \begin{cases} 1, & -B \le f \le B \\ 0, & \text{otherwise} \end{cases}$$

필터 입력을 나타내는 구형파는 단위 에너지를 갖는다. 여기서 대역폭 B가 변화할 때 필터 출력 에너지에 나타나는 영향을 알아보고자 한다.

다음의 푸리에 변환쌍으로부터 시작한다.

$$\text{rect}(t) \rightleftharpoons \text{sinc}(f)$$

이것은 식 (2.10)에 주어진 푸리에 변환쌍을 정규화한 형태이다. 따라서 다음의 필터 입력

$$x(t) = \text{rect}(t)$$

에 대한 푸리에 변환은 다음과 같다.

$$X(f) = \text{sinc}(f)$$

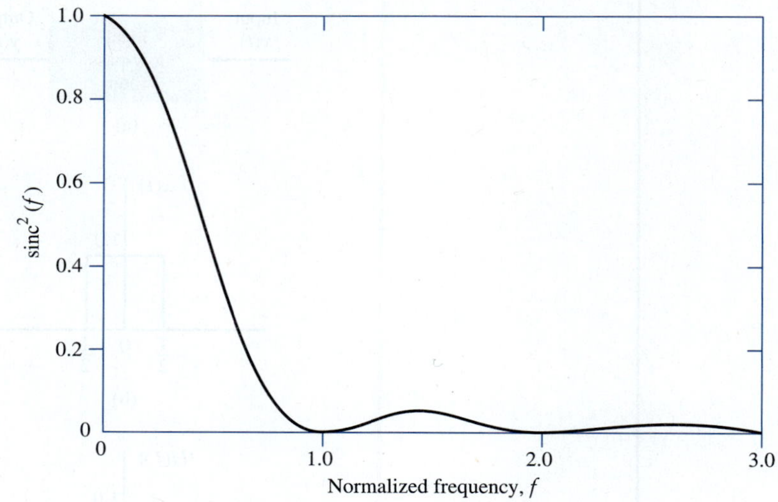

그림 2.31 필터 입력 $x(t)$의 에너지 스펙트럼 밀도. 오직 양의 주파수들을 위한 값들만 그림에 나타내었다.

그러므로 필터 입력의 에너지 스펙트럼 밀도는 다음과 같다.

$$\begin{aligned}\psi_x(f) &= |X(f)|^2 \\ &= \text{sinc}^2(f)\end{aligned} \tag{2.130}$$

이 정규화된 에너지 스펙트럼 밀도는 그림 2.31에 나와 있다.

필터 출력 $y(t)$의 에너지 스펙트럼 밀도 $\psi_y(f)$를 구하기 위해 식 (2.129)를 사용하여 다음을 얻는다.

$$\begin{aligned}\psi_y(f) &= |H(f)|^2\psi_x(f) \\ &= \begin{cases}\psi_x(f), & -B \le f \le B \\ 0, & \text{otherwise}\end{cases}\end{aligned} \tag{2.131}$$

그러므로 필터 출력의 에너지는 다음과 같다.

$$\begin{aligned}E_y &= \int_{-\infty}^{\infty} \psi_y(f)\, df \\ &= \int_{-B}^{B} \psi_x(f)\, df \\ &= 2\int_0^B \psi_x(f)\, df \\ &= 2\int_0^B \text{sinc}^2(f)\, df\end{aligned} \tag{2.132}$$

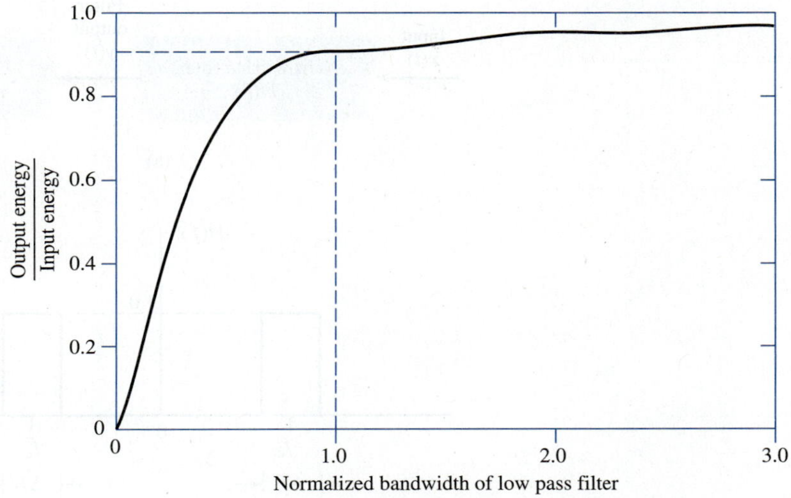

그림 2.32 정규화된 대역폭에 대한 입력 에너지 대 출력 에너지의 비율.

필터 입력이 단위 에너지를 가지므로 식 (2.132)에 주어진 결과는, 임의의 크기와 임의의 구간을 갖는 구형 펄스를 대역폭 B를 갖는 이상 저역통과 필터로 처리한 일반적인 경우에 대해 얻어지는 **필터 입력의 에너지에 대한 필터 출력의 에너지의 비율**로 볼 수 있다. 따라서 일반적으로 다음과 같이 기술할 수 있다.

$$\rho = \frac{\text{Energy of filter output}}{\text{Energy of filter input}} = 2\int_0^B \text{sinc}^2(f)\, df \qquad (2.133)$$

그림 2.30(b)에서, 필터 입력에 적용된 구형 펄스는 구간이 1.0이다. 그래서 식 (2.133)에서 변수 f는 **정규화된 주파수**를 나타낸다. 식 (2.133)을 그림 2.32에 그렸다. 이 그림은 구형 펄스의 전체 에너지 중 90% 이상이 이 펄스의 메인 스펙트럼 로브 내부에 놓여 있음을 보여 준다.

에너지 스펙트럼 밀도의 해석

식 (2.129)는 선형 시불변 시스템의 출력 에너지 스펙트럼 밀도를 입력 에너지 스펙트럼 밀도에 연관시키는 것뿐만 아니라, 에너지 스펙트럼 밀도 그 자체의 물리적 개념의 기초를 제공한다는 점에서 중요하다. 구체적으로 그림 2.33(a)에 나와 있는 구성을 살펴보자. 여기서 에너지 신호 $x(t)$는 협대역(narrow-band) 필터를 통해 통과하고 **에너지 미터**

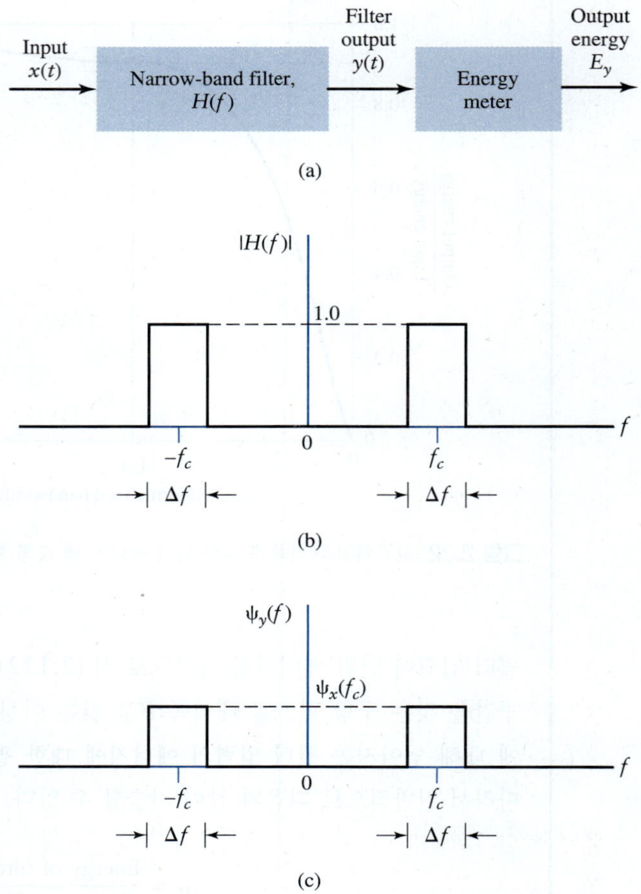

그림 2.33 (a) 에너지 스펙트럼 밀도 측정을 위한 시스템의 블록 다이어그램. (b) 필터의 이상적인 크기 응답. (c) 필터 출력의 에너지 스펙트럼 밀도.

(energy meter)가 뒤에 이어진다. 그림 2.33(b)는 필터의 이상적인 크기 응답을 보여 준다. 즉 필터는 대역통과 필터이고 그것의 크기 응답은 다음에 의해 정의된다.

$$|H(f)| = \begin{cases} 1, & f_c - \dfrac{\Delta f}{2} \le |f| \le f_c + \dfrac{\Delta f}{2} \\ 0, & \text{otherwise} \end{cases} \tag{2.134}$$

필터 대역(filter bandwidth) Δf가 충분히 작아서 입력 신호 $x(t)$의 크기 응답이 대역통과 필터의 통과대역에 걸친 주파수 범위에서 기본적으로 평평하다고 가정하자. 따라서 근사화된 공식으로 필터 출력의 크기 스펙트럼을 다음과 같이 표현할 수 있다.

$$|Y(f)| = |H(f)||X(f)| \approx \begin{cases} |X(f_c)|, & f_c - \frac{\Delta f}{2} \le |f| \le f_c + \frac{\Delta f}{2} \\ 0, & \text{otherwise} \end{cases} \tag{2.135}$$

유사하게 필터 출력 $y(t)$의 에너지 스펙트럼 밀도 $\psi_y(f)$는 다음과 같이, 필터 입력 $x(t)$의 에너지 스펙트럼 밀도 $\psi_x(f)$에 근사적으로 같다.

$$\psi_y(f) \approx \begin{cases} \psi_x(f_c), & f_c - \frac{\Delta f}{2} \le |f| \le f_c + \frac{\Delta f}{2} \\ 0, & \text{otherwise} \end{cases} \tag{2.136}$$

이 관계는 그림 2.33(c)에서 나타내었는데, 이것은 $x(t)$ 신호의 주파수 성분 중 오직 이상 대역통과 필터의 협대역 내에 있는 성분만이 필터의 출력단에 도달한다는 것을 보여 준다. 레일리의 에너지 이론으로부터, 필터 출력 $y(t)$의 에너지는 다음에 의해 얻어진다.

$$E_y = \int_{-\infty}^{\infty} \psi_y(f)\, df = 2\int_{0}^{\infty} \psi_y(f)\, df$$

식 (2.136)에 비추어, 다음처럼 E_y를 근사화할 수 있다.

$$E_y \approx 2\psi_x(f_c)\, \Delta f \tag{2.137}$$

곱셈 인수 2는 양의 주파수 성분뿐만 아니라 음의 주파수 성분도 고려하기 위함이다. 식 (2.137)을 다음의 형태로 다시 표현하면

$$\psi_x(f_c) \approx \frac{E_y}{2\Delta f} \tag{2.138}$$

식 (2.138)은 주파수 f_c 위치에서 필터 입력의 에너지 스펙트럼 밀도는 필터의 출력단에서의 에너지를 $2\Delta f$로 나눈 것과 같다는 것을 의미하며, 여기서 Δf는 중심 주파수 f_c에서의 필터 대역이다. 주파수 f에서 에너지 신호의 에너지 스펙트럼 밀도는 **단위 대역폭당 에너지로 설명할 수 있는데, 이것은 주파수 f 주위에서 갖는 신호의 주파수 성분들에 의해 형성된 것이다.**

그림 2.33(a)의 블록 다이어그램의 구성은 에너지 신호의 에너지 스펙트럼 밀도를 측정하는 기본을 제공한다. 특히 관심 있는 주파수 대역을 스캔하기 위한 **가변적인** 대역통과 필터를 사용하고, 설정된 각 필터 대역의 중앙 주파수에서 필터 출력 에너지를 구함

으로써, 주파수축에 대한 에너지 스펙트럼 밀도의 그림을 얻을 수 있다. 그러나 식 (2.138)에 의한 공식이 성립하기 위해서는, 즉 그림 2.33(a)의 구성도가 동작하기 위해서는 대역폭 Δf가 f_c를 바꾸어도 항상 같게 유지되어야 한다.

에너지 신호의 상호상관 함수

자기상관 함수는 신호와 그 자체의 시간지연된 것과의 유사도를 측정하게 한다. 비슷한 방법으로, **상호상관 함수**(cross-correlation function)는 한 신호와 시간 지연된 두 번째 신호와의 유사도를 측정하게 한다. 있다. $x(t)$와 $y(t)$를 한 쌍의 복소값을 갖는 에너지 신호라 가정하자. 이 신호 쌍에 대한 상호상관 함수는 다음과 같이 정의된다.

$$R_{xy}(\tau) = \int_{-\infty}^{\infty} x(t) y^*(t - \tau)\, dt \tag{2.139}$$

두 신호 $x(t)$와 $y(t)$가 다소 유사하다면, 상호상관 함수 $R_{xy}(\tau)$는 τ의 어떤 영역 상에서 유한한 값을 갖게 되며, 이로써 두 신호 간의 일치성 혹은 유사도의 정량적인 측정을 가능하게 한다. $R_{xy}(0)$ 값이 0이면, 즉 다음 식과 같다면, 에너지 신호 (t)와 $y(t)$는 전 시간 구간에서 **직교**(orthogonal)한다고 말한다.

$$\int_{-\infty}^{\infty} x(t) y^*(t)\, dt = 0 \tag{2.140}$$

지연 변수 τ 값에 대하여 식 (2.139)는 상호상관 함수의 한 가지 가능한 정의이다. 에너지 신호 $x(t)$와 $y(t)$에 대한 두 번째 상호상관 함수를 다음과 같이 정의할 수 있다.

$$R_{yx}(\tau) = \int_{-\infty}^{\infty} y(t) x^*(t - \tau)\, dt \tag{2.141}$$

위에 주어진 $R_{xy}(\tau)$와 $R_{yx}(\tau)$에 대한 상호상관 함수 정의로부터 다음의 기본 관계식을 얻을 수 있다.

$$R_{xy}(\tau) = R^*_{yx}(-\tau) \tag{2.142}$$

식 (2.142)는 컨벌루션과 달리, 상관은 일반적으로 교환 성질이 성립하지 않는다는 것을 나타낸다. 즉 $R_{xy}(\tau) \neq R_{yx}(\tau)$이다.

주파수 영역에서 에너지 신호의 상호상관의 양태를 나타내기 위하여 **상호 스펙트럼 밀도**(cross-spectral density) 개념을 도입한다. 구체적으로 복소값을 갖는 에너지 신호 $x(t)$와 $y(t)$가 주어졌을 때, 그들의 $\psi_{xy}(f)$와 $\psi_{yx}(f)$로 표시되는 상호 스펙트럼 밀도는 다음에 나와 있는 것처럼 해당되는 각 상호상관 관계 함수 $R_{xy}(\tau)$와 $R_{yx}(\tau)$의 푸리에 변환으로서 정의한다.

$$\psi_{xy}(f) = \int_{-\infty}^{\infty} R_{xy}(\tau) \exp(-j2\pi f\tau)\, d\tau \tag{2.143}$$

$$\psi_{yx}(f) = \int_{-\infty}^{\infty} R_{yx}(\tau) \exp(-j2\pi f\tau)\, d\tau \tag{2.144}$$

상관 이론(2.2절의 성질 13)에 따라 다음을 얻는다.

$$\psi_{xy}(f) = X(f)Y^*(f) \tag{2.145}$$

$$\psi_{yx}(f) = Y(f)X^*(f) \tag{2.146}$$

이 한 쌍의 관계로부터, 상호 스펙트럼 밀도의 다음 두 가지 성질을 바로 알 수 있다.

1. 에너지 스펙트럼 밀도와 달리, 상호 스펙트럼 밀도는 일반적으로 복소값을 갖는다.

2. $\psi_{xy}(f)=\psi^*_{yx}(f)$이기 때문에, 일반적으로 $\psi_{xy}(f) \neq \psi_{yx}(f)$이다.

► **연습문제 2.15** 두 상관함수 $R_{xy}(\tau)$와 $R_{yx}(\tau)$ 사이의 관계식 (2.142)를 유도하라. ◄

► **연습문제 2.16** 감소하는 지수 펄스를 고려하자.

$$g(t) = \begin{cases} \exp(-at), & t > 0 \\ 1, & t = 0 \\ 0, & t < 0 \end{cases}$$

펄스 $g(t)$의 에너지 스펙트럼 밀도를 구하라. ◄

► **연습문제 2.17** 다음의 이중 지수 펄스를 대상으로 문제 2.16을 반복하라.

$$g(t) = \begin{cases} \exp(-at), & t > 0 \\ 1, & t = 0 \\ \exp(at), & t < 0 \end{cases}$$ ◄

2.9 전력 스펙트럼 밀도

이 절에서 스펙트럼 밀도의 중요한 의미를 전력 신호의 부류까지 포함하도록 확대하고자 한다. 신호 $x(t)$의 **평균 전력**(average power)은 다음과 같이 정의된다.

$$P = \lim_{T\to\infty} \frac{1}{2T} \int_{-T}^{T} |x(t)|^2\, dt \tag{2.147}$$

이 신호 $x(t)$는 다음의 조건을 만족시킬 때 **전력 신호**(power signal)라 부른다.

$$P < \infty$$

전력 신호의 예는 주기 신호와 잡음이다. 이 절에서는 주기 신호를 다룬다.(잡음은 8장에서 다룬다.)

주파수 영역에서 전력의 분포를 알기 위해서는 신호 $x(t)$의 푸리에 변환을 알아야 한다. 그러나 이는 전력 신호가 무한한 에너지를 갖고 있기 때문에 푸리에 변환이 가능하지 않다는 문제점을 가지고 있다. 이 문제를 극복하기 위해 신호 $x(t)$의 **양 끝을 잘라 낸**(truncated) 신호를 다룬다. 구체적으로 다음을 정의하자.

$$\begin{aligned} x_T(t) &= x(t)\,\mathrm{rect}\left(\frac{t}{2T}\right) \\ &= \begin{cases} x(t), & -T \le t \le T \\ 0, & \text{otherwise} \end{cases} \end{aligned} \tag{2.148}$$

구간 T가 유한한 잘라 낸 신호 $x_T(t)$는 유한한 에너지를 갖는다. 따라서 $x_T(t)$는 푸리에 변환이 가능하다. $x_T(t)$를 $x_T(t)$의 푸리에 변환이라 하자. 즉,

$$x_T(t) \rightleftharpoons X_T(f)$$

잘라 낸 신호 $x_T(t)$를 사용하여, 평균 전력 P에 식 (2.147)을 다음처럼 다시 표현할 수 있다.

$$P = \lim_{T\to\infty} \frac{1}{2T}\int_{-\infty}^{\infty} |x_T(t)|^2\,dt \tag{2.149}$$

$x_T(t)$가 유한한 에너지를 가지고 있으므로, 푸리에 변환 $x_T(f)$를 이용하여 $x_T(t)$의 에너지를 표현하기 위해 다음과 같이 레일리 에너지 이론을 사용할 수 있다.

$$\int_{-\infty}^{\infty} |x_T(t)|^2\,dt = \int_{-\infty}^{\infty} |X_T(f)|^2\,df$$

여기서 $|x_T(f)|$는 $x_T(t)$의 진폭 스펙트럼이다. 따라서 식 (2.149)를 다음의 등가 형태로 다시 표현할 수 있다.

$$P = \lim_{T\to\infty} \frac{1}{2T}\int_{-\infty}^{\infty} |X_T(f)|^2\,df \tag{2.150}$$

구간 T가 증가함에 따라 $x_T(t)$의 에너지는 증가한다. 따라서 에너지 스펙트럼 밀도 $|XT(f)|^2$은 T와 함께 증가한다. 실제로 T가 무한대로 접근함에 따라 $|XT(f)|^2$도 같이 무한대로 접근할 것이다. 그러나 평균 전력 P가 유한하려면 $|XT(f)|^2$이 T와 같은 비율로 무

한대로 접근해야 한다. 이 조건은 T가 무한대로 접근함에 따라 식 (2.150)의 우변의 적분이 **수렴**하도록 만든다. 이 수렴성은 **식 (2.150)에서 적분 연산과 극한 연산의 순서를 교환**할 수 있게 해 준다. 이 식을 다음과 같이 다시 적을 수 있다.

$$P = \int_{-\infty}^{\infty} \left(\lim_{T\to\infty} \frac{1}{2T} |X_T(f)|^2 \right) df \tag{2.151}$$

식 (2.151)에서 피적분 항을 다음처럼 표현하자.

$$S_x(f) = \lim_{T\to\infty} \frac{1}{2T} |X_T(f)|^2 \tag{2.152}$$

주파수 의존 함수 $S_x(f)$는 신호 $x(t)$의 **전력 스펙트럼 밀도**(power spectral density) 또는 **전력 스펙트럼**(power spectrum)이라 부르고, 또한 ($|X_T(f)|^2/2_T$)는 신호의 **피리오도그램**(periodogram)이라 부른다.

식 (2.152)로부터, 전력 스펙트럼 밀도는 모든 주파수 범위에서 음이 아닌 실수값을 갖는다는 것을 바로 알 수 있다. 식 (2.152)로부터 다음을 바로 알 수 있다.

$$P = \int_{-\infty}^{\infty} S_x(f)\, df \tag{2.153}$$

식 (2.153)은 **전력 신호의 전력 스펙트럼 밀도 곡선의 전체 면적은 그 신호의 평균 전력과 같다**는 것을 말해 준다. 전력 신호의 전력 스펙트럼 밀도는 에너지 신호의 에너지 스펙트럼 밀도와 유사한 역할을 한다.

► **연습문제 2.18** 함축적인 의미에서 식 (2.153)은 **주기 신호** $x(t)$에 대해서 다음의 식으로 기술한 **Parseval의 전력 이론**을 내포하고 있다.

$$\frac{1}{T}\int_{-T/2}^{T/2} |x(t)|^2\, dt = \sum_{n=-\infty}^{\infty} |X(nf_0)|^2$$

여기서 T는 신호의 주기이고, f_0은 기본 주파수이며, $X(nf_0)$는 주파수 nf_0에서 계산된 $x(t)$의 푸리에 변환이다. 이 이론을 증명하라. ◄

예제 2.15 변조파

다음의 **변조된 파형**을 고려하자.

$$x(t) = g(t)\cos(2\pi f_c t) \tag{2.154}$$

여기서 $g(t)$는 B헤르츠로 대역제한된 전력 신호이다. 주파수 f_c인 사인 '반송파(carrier)'

의 진폭이 신호 $g(t)$에 따라 선형적으로 변한다는 개념에서 $x(t)$를 '변조파(modulated wave)' 라고 부른다.(이 변조의 주제는 3장에서 상세하게 다룬다.) 주파수 f_c가 대역폭 B 보다 훨씬 크다는 조건하에 $g(t)$를 이용하여 $x(t)$의 전력 스펙트럼 밀도를 구하고자 한다.

$g_T(t)$는 식 (2.148)에서 정의한 것과 같은 방법으로, $g(t)$의 양 끝을 잘라 낸 신호를 나타낸다. $x(t)$의 양 끝을 잘라 낸 신호는 다음과 같다.

$$x_T(t) = g_T(t)\cos(2\pi f_c t) \tag{2.155}$$

다음 식

$$\cos(2\pi f_c t) = \frac{1}{2}[\exp(j2\pi f_c t) + \exp(-j2\pi f_c t)] \tag{2.156}$$

을 이용하면 푸리에 변환의 주파수 이동 성질(성질 6)로부터 다음이 얻어진다.

$$X_T(f) = \frac{1}{2}[G_T(f - f_c) + G_T(f + f_c)] \tag{2.157}$$

여기서 $G_T(f)$는 $g_T(t)$의 푸리에 변환이다.

$f_c > B$라는 조건하에, $G_T(f-f_c)$와 $G_T(f+f_c)$가 겹치지 않는 스펙트럼을 표현한다는 것을 알 수 있으므로 그들의 곱은 0이다. 따라서 식 (2.157)을 이용하여 $X_T(f)$의 크기 제곱을 구하면 다음을 얻는다.

$$|X_T(f)|^2 = \frac{1}{4}[|G_T(f - f_c)|^2 + |G_T(f + f_c)|^2] \tag{2.158}$$

마지막으로 전력 신호 $g(t)$의 전력 스펙트럼 밀도를 위한 식 (2.152)의 정의를 식 (2.158)에 적용함으로써 다음의 원하는 결과를 얻는다.

$$S_x(f) = \frac{1}{4}[S_g(f - f_c) + S_g(f + f_c)] \tag{2.159}$$

스케일 1/4을 제외하고 **변조파 $x(t)$의 전력 스펙트럼 밀도는 f_c만큼 오른쪽으로 옮겨진 전력 스펙트럼 밀도 $S_g(f)$와 같은 f_c만큼 왼쪽으로 옮겨진 $S_g(f)$의 합과 같다.**

2.10 푸리에 변환의 수치적 연산

이 장에서 제시되는 내용은 결정(deterministic) 신호와 선형 시불변 시스템의 표현을 위한 이론적인 도구로서의 푸리에 변환의 중요성을 확실하게 보여 준다. 푸리에 변환의 중요성은 다음 사실, 즉 푸리에 변환의 수치적인 연산을 매우 효율적인 방법으로 수행하여 주는 고속 푸리에 변환이라 불리는 알고리즘 그룹들이 존재한다는 사실에 의해서 더욱더 가중된다.

고속 푸리에 변환(fast Fourier transform) 알고리즘은 **이산 푸리에 변환**으로부터 유도되었다. 이산 푸리에 변환이라는 이름이 내포하듯이, 시간과 주파수 모두가 이산 형태로 표현된다. 이산 푸리에 변환은 푸리에 변환의 **근사**(approximation)로 이해될 수 있다. 원래 신호의 정보를 올바로 표현하기 위해서는 이산 푸리에 변환의 정의와 관련된 샘플링 연산을 수행하는 데 있어 세심한 주의를 기울여야 한다. 샘플링의 상세한 내용은 5장에서 다룰 것이다. 이 절에서는 대역제한 신호가 주어졌을 경우, 샘플링 속도는 신호의 최고 주파수 성분의 두 배보다 커야 한다는 사실만 언급한다. 더욱이 만약 샘플링이 T_s초 간격으로 균일하다면, 신호의 스펙트럼 또한 주기적이고 매 $f_s=(1/T_s)$ Hz를 반복하는 주기성을 갖는다. 주파수 구간 f_s 사이에 존재하는 주파수 샘플의 수를 N이라 하자. 즉 푸리에 변환의 수치적 계산과 관계된 **주파수 해상도**(frequency resolution)는 다음에 의해 정의된다.

$$\Delta f = \frac{f_s}{N} = \frac{1}{NT_s} = \frac{1}{T} \tag{2.160}$$

여기서 $T=NT_s$는 신호의 전체 구간이다.

유한 데이터 시퀀스(finite data sequence) $\{g_0, g_1, \ldots, g_{N-1}\}$을 고려하자. 이 시퀀스를 간략히 g_n이라고 표시하자. 여기서 아래첨자는 **시간 인덱스** $n=0, 1, \ldots, N-1$이다. 이러한 시퀀스는 아날로그 신호 $g(t)$를 시간 $t=0, T_s, \ldots, (N-1)T_s$에서 샘플링한 결과를 나타낸다. 여기서 T_s는 샘플링 구간이다. 데이터 시퀀스의 순서는 샘플 시간을 정의한다. 이는 $g_0, g_1, \ldots, g_{N-1}$은 시간 $t=0, T_s, \ldots, (N-1)T_s$에서 취해진 $g(t)$의 샘플들을 각각 나타내기 때문이다. 따라서 다음으로 표시할 수 있다.

$$g_n = g(nT_s) \tag{2.161}$$

시퀀스 g_n의 **이산 푸리에 변환**(DFT: discrete Fourier transform)을 다음과 같이 정의할 수 있다.

$$G_k = \sum_{n=0}^{N-1} g_n \exp\left(-\frac{j2\pi}{N}kn\right), \qquad k = 0, 1, \ldots, N-1 \tag{2.162}$$

시퀀스 $\{G_0, G_1, \ldots, G_{N-1}\}$은 **변환 시퀀스**(transform sequence)라 부른다. 간략하게 이 새로운 시퀀스를 G_k라 표시하고, 여기서 아래첨자는 **주파수 인덱스** $k=0, 1, \ldots, N-1$을 나타낸다. 이에 상응하여 G_k의 **역이산 푸리에 변환**(IDFT: inverse discrete Fourier transform)을 다음과 같이 정의한다.

$$g_n = \frac{1}{N}\sum_{k=0}^{N-1} G_k \exp\left(\frac{j2\pi}{N}kn\right), \qquad n = 0, 1, \ldots, N-1 \qquad (2.163)$$

DFT와 IDFT는 변환쌍을 이룬다. 구체적으로 데이터 시퀀스 g_n이 주어지면, DFT를 사용하여 변환 시퀀스 G_k를 구할 수 있다. 또한 변환 시퀀스 G_k가 주어지면 IDFT를 사용하여 원래 데이터 시퀀스 g_n을 복구할 수 있다. DFT의 구별되는 특징 중 하나는 식 (2.162)와 (2.163)에서 정의된 유한한 합이므로 수렴성 문제가 해당되지 않는다는 것이다.

DFT(그리고 그 계산을 위한 알고리즘)에 대해 언급할 때, '샘플(sample)'과 '포인트(point)'라는 단어는 시퀀스 값을 지칭하기 위해 혼용할 수 있는 용어이다. 길이가 N인 시퀀스를 지칭하기 위해서는 일반적으로 **N-포인트 시퀀스**라 부르고, 길이가 N인 데이터 시퀀스의 DFT를 지칭할 때는 **N-포인트 DFT**라고 통용한다.

DFT와 IDFT의 해석

식 (2.162)에 나타낸 DFT 과정은, 그림 2.34(a)에 나와 있는 것처럼, N개의 **복소수 헤테로다이닝**(heterodyning)과 N개의 **평균**(averaging) 연산의 집합으로 보여 줄 수 있다. 여기에 나타낸 그림에서, 헤테로다이닝은 데이터 시퀀스 g_n에 복소 지수를 곱하는 과정을 의미한다. 헤테로다이닝은 데이터 시퀀스의 샘플들이 **복소 지수 시퀀스**에 곱해지기 때문에 복잡하다고 말한다. 주파수 인덱스 $k=0, 1, \ldots, N-1$에 이르는, 전체 N개의 복소수 시퀀스들이 있다. 이들의 주기는 각 복소 지수 시퀀스가 전체 간격 0에서 $N-1$까지 정확히 정수 주기를 갖도록 주기가 설정되었다. 유일한 예외는 $k=0$에 해당하는 주파수 0에서의 응답이다.

식 (2.163)에 나타난 IDFT 과정을 이해하기 위해서는 그림 2.34(b)에 나와 있는 구도를 사용한다. 여기서 각각 다음의 **복소 지수 시퀀스**를 만들어 주는 N개의 **복소수 신호 생성기**(complex signal generator)를 가지고 있다.

$$\begin{aligned}\exp\left(\frac{j2\pi}{N}kn\right) &= \cos\left(\frac{2\pi}{N}kn\right) + j\sin\left(\frac{2\pi}{N}kn\right)\\ &= \left\{\cos\left(\frac{2\pi}{N}kn\right), \sin\left(\frac{2\pi}{N}kn\right)\right\}, \qquad k = 0, 1, \ldots, N-1 \qquad (2.164)\end{aligned}$$

그래서 실제로 각각의 복소수 신호 생성기는 기본 주파수의 k배인 코사인과 사인 시퀀스를 만들어 주는 한 쌍의 생성기로 구성된다. 각 복소수 신호 생성기의 출력은 복소 푸리에 계수 G_k의 가중치와 곱해진다. 가중치가 적용된 복소수 생성기 출력들을 더함으로써 각 시간 인덱스 n에서의 출력을 만들어 준다.

식 (2.162)와 (2.163)에 기술한 바와 같이, DFT와 IDFT가 수학적인 구성상에서는 유사하지만, 그들의 해석은 그림 2.34(a)와 2.34(b)에 나와 있는 것처럼 완전히 다르다

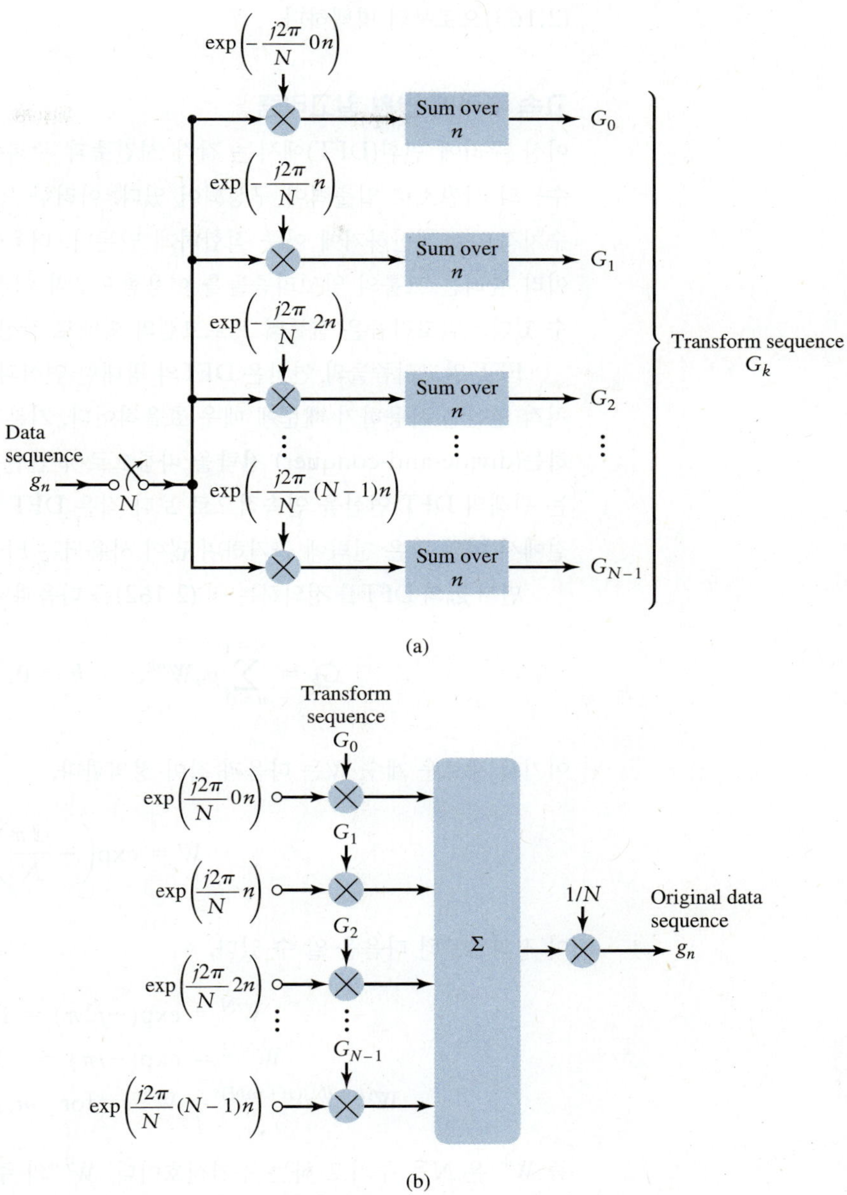

그림 2.34 (a) 데이터 시퀀스 g_n의 해석기로서의 DFT. (b) g_n의 합성기로서의 IDFT.

는 것을 주목할 필요가 있다.

또한 그림 2.34(a)와 2.34(b)에 나타낸 것처럼, 조화 관계를 갖는 주기 신호들을 더한다는 것은 시퀀스 G_k와 g_n이 모두 주기적이어야 한다는 것을 의미한다. 더욱이 그림 2.34(a)와 2.34(b)에서 나타내는 과정들은 모두 선형 연산이므로, 이는 곧 DFT와 IDFT가 모두 선형 연산이라는 것을 의미한다. 이 중요한 성질은 또한 정의식 (2.162)와

(2.163)으로부터 명백하다.

고속 푸리에 변환 알고리즘

이산 푸리에 변환(DFT)에서는 각각 시간축과 주파수축에서 등간격으로 정의되어 있는 수들의 시퀀스로 입출력이 구성되어 있다. 이러한 특성은 DFT를 디지털 컴퓨터 상에서 수치적으로 계산하기에 아주 적합하게 만든다. 더욱이 **고속 푸리에 변환**(FFT) **알고리즘**이라 불리는 그룹의 알고리즘들을 이용함으로써 이러한 연산을 매우 효율적으로 구현할 수 있다.[2] 알고리즘은 컴퓨터 프로그램의 형태로 작성할 수 있는 일련의 연산 과정이다.

FFT 알고리즘들의 연산은 DFT의 방대한 연산과 비교할 때 엄청나게 줄어든 수의 수치적 연산을 사용하기 때문에 매우 효율적이다. 기본적으로 FFT 알고리즘은 **나누고 조합하는**(divide-and-conquer) **전략**을 따름으로써 연산 효율을 달성한 것이다. 이 전략에서는 원래의 DFT 연산을 연속적으로 보다 작은 DFT 연산 형태로 계속 나누어 나간다. 이 절에서 이와 같은 전략에 근거하며 많이 사용되는 FFT 알고리즘의 한 유형을 기술한다.

먼저 g_n의 DFT를 정의하는 식 (2.162)를 다음과 같이 단순화된 형태로 다시 표현한다.

$$G_k = \sum_{n=0}^{N-1} g_n W^{nk}, \qquad k = 0, 1, \ldots, N-1 \tag{2.165}$$

여기서 새로운 계수 W는 다음과 같이 정의한다.

$$W = \exp\left(-\frac{j2\pi}{N}\right) \tag{2.166}$$

이 정의로부터 다음을 알 수 있다.

$$\begin{aligned} W^N &= \exp(-j2\pi) = 1 \\ W^{N/2} &= \exp(-j\pi) = -1 \\ W^{(k+lN)(n+mN)} &= W^{kn}, \quad \text{for} \quad m, l = 0, \pm1, \pm2, \ldots \end{aligned}$$

즉 W^{kn}은 N을 주기로 하는 주기신호이다. W^{kn}의 **주기성**(periodicity)은 FFT 알고리즘을 개발하는 데에 있어 가장 중요한 특성이다.

데이터 시퀀스의 수 N이 다음과 같이 **2의 정수승**이라고 하자.

$$N = 2^L$$

여기서 L은 정수이다. 대문자 N이 짝수이기 때문에 $N/2$도 정수이다. 그리고 데이터 시

---

[2] FFT 알고리즘의 역사는 길다. 이것의 현대식 발견(또는 보다 정확한 재발견)은 1965년 Cooley와 Tukey의 공헌에 힘입었다. 자세한 내용은 Cooley(1992)의 논문을 참조하라.

퀀스를 점들의 전반과 후반 두 그룹으로 나눈다. 그래서 식 (2.165)를 다음의 등가 형식으로 다시 쓴다.

$$\begin{aligned} G_k &= \sum_{n=0}^{(N/2)-1} g_n W^{nk} + \sum_{n=N/2}^{N-1} g_n W^{nk} \\ &= \sum_{n=0}^{(N/2)-1} g_n W^{nk} + \sum_{n=0}^{(N/2)-1} g_{n+N/2} W^{k(n+N/2)} \\ &= \sum_{n=0}^{(N/2)-1} (g_n + g_{n+N/2} W^{kN/2}) W^{kn}, \qquad k = 0, 1, \ldots, N-1 \end{aligned} \tag{2.167}$$

식 (2.167)의 두 번째 줄에서, 두 번째 합하는 항목의 인덱스를 바꾸어서 양쪽 모두의 합하는 인덱스의 범위가 같도록 하였다. $W^{N/2}=-1$이므로 다음을 얻는다.

$$W^{kN/2} = (-1)^k$$

식 (2.167)을 계산하기 위해, k 값이 짝수일 때와 홀수일 때 두 경우를 고려한다. k가 짝수인 경우에, $k=2l$로 나타내자. 여기서 $l=0, 1, \ldots, (N/2)$이다. 이에 의해 다음을 정의할 수 있다.

$$x_n = g_n + g_{n+N/2} \tag{2.168}$$

짝수 k에 대해서 식 (2.167)을 다음의 새로운 형태로 쓸 수 있다.

$$G_{2l} = \sum_{n=0}^{(N/2)-1} x_n (W^2)^{ln}, \qquad l = 0, 1, \ldots, \frac{N}{2} - 1 \tag{2.169}$$

식 (2.166)의 주어진 W의 정의로부터, 다음을 바로 알 수 있다.

$$\begin{aligned} W^2 &= \exp\left(-\frac{j4\pi}{N}\right) \\ &= \exp\left(-\frac{j2\pi}{N/2}\right) \end{aligned}$$

따라서 식 (169)의 우변의 합은 시퀀스 x_n의 $(N/2)$-포인트 DFT라는 것을 알 수 있다.

다음으로 홀수 k에 대해 고려해 보자. 여기서

$$k = 2l + 1, \qquad l = 0, 1, \ldots, \frac{N}{2} - 1$$

이라고 하자. 그리고 홀수 k에 대해서 $W^{kN/2}=-1$이라는 것을 고려하면, 다음을 정의할 수 있다.

$$y_n = g_n - g_{n+N/2} \tag{2.170}$$

이에 의해 홀수 k에 대해 식 (2.167)을 다음과 같이 짝수 k 경우와 상응하는 형태로 표현할수 있다.

$$\begin{aligned} G_{2l+1} &= \sum_{n=0}^{(N/2)-1} y_n W^{(2l+1)n} \\ &= \sum_{n=0}^{(N/2)-1} [y_n W^n](W^2)^{ln}, \qquad l = 0, 1, \ldots, \frac{N}{2} - 1 \end{aligned} \tag{2.171}$$

식 (2.171)의 우변의 합은 변형된 시퀀스 $y_n W^n$의 $(N/2)$-포인트 DFT라는 것을 알 수 있다. y_n에 곱하는 계수 W^n은 **트위들 항**(twiddle factor)이라 부른다.

식 (2.169)와 (2.171)은 변환 시퀀스 G_k의 짝수와 홀수 샘플들이 각각 시컨스 x_n과 $y_n W^n$의 $(N/2)$-포인트로부터 얻어질 수 있음을 보여 준다. 시퀀스 x_n과 y_n은 원래 시퀀스 g_n과 각각 식 (2.168)과 (2.170)을 통해 연관되어 있다. 따라서 N-포인트 DFT를 계산하는 문제는 두 개의 $(N/2)$-포인트 DFT를 계산하는 문제로 축소된다. 이러한 과정은 두 번 반복되어, $(N/2)$-포인트를 다시 두 개의 $(N/4)$-포인트 DFT들로 나눈다. 이러한 분해(또는 좀더 정확히 말해서, 나누고 조합하는 과정) 과정은 N개의 단일 포인트 DFT에 이를 때까지($L = \log_2 N$ 단계까지) 같은 방법으로 계속된다.

그림 2.35는 식 (2.169)와 (2.171)의 공식을 8-포인트 데이터 시퀀스(즉 $N=8$)에 적용하는 과정의 연산을 보여 주고 있다. 그림의 왼쪽 부분을 만드는 데 있어서, 신호 흐름(signal-flow) 그래프의 표기를 사용하였다. **신호 흐름 그래프**는 **노드**(node)들과 **브랜치**(branch)들의 상호 연결로 구성된다. 브랜치를 따른 신호의 전달 **방향**은 화살표로 나타내었다. 브랜치는 연결되어 있는 노드에 있는 변수를 브랜치 **전달 계수**(transmittance)로 곱한다. 노드는 들어오는 브랜치의 모든 값들을 더한다. 그림 2.35의 브랜치 전달 계수는 다음과 같은 통상적인 표현을 따른다. 브랜치에 나타난 계수가 없을 때, 그 브랜치의 전달 계수는 1.0으로 가정한다. 다른 브랜치 들은 브랜치의 전달 계수를 −1 또는 W의 정수승으로 화살표와 나란히 표시한다.

그림 2.35(a)에서, 하나의 8-포인트 DFT의 계산은 두 개의 4-포인트 DFT의 계산으로 축소된다. 8-포인트 DFT는 간략화된 4-포인트 DFT로부터 구해진다. 이것은 그림 2.35(b)에 나타냈는데, 여기서 또한 하나의 4-포인트 DFT는 두 개의 2-포인트 DFT로 축소된다. 마지막으로 2-포인트 DFT는 그림 2.35(c)에 나타내었다.

그림 2.35에 그려진 개념들을 결합시킴으로써, 8-포인트 DFT의 계산을 위한 완전한 신호 흐름도를 그림 2.36에 나타내었다. 그림 2.36의 FFT 알고리즘에서 두 개의 입력과 두 개의 출력을 갖는 **나비**(butterfly)라고 불리는 반복적인 구조를 볼 수 있다. 3단계(stage) 알고리즘에 대한 나비 구조의 예를 그림 2.36에 굵은 선으로 표시하였다.

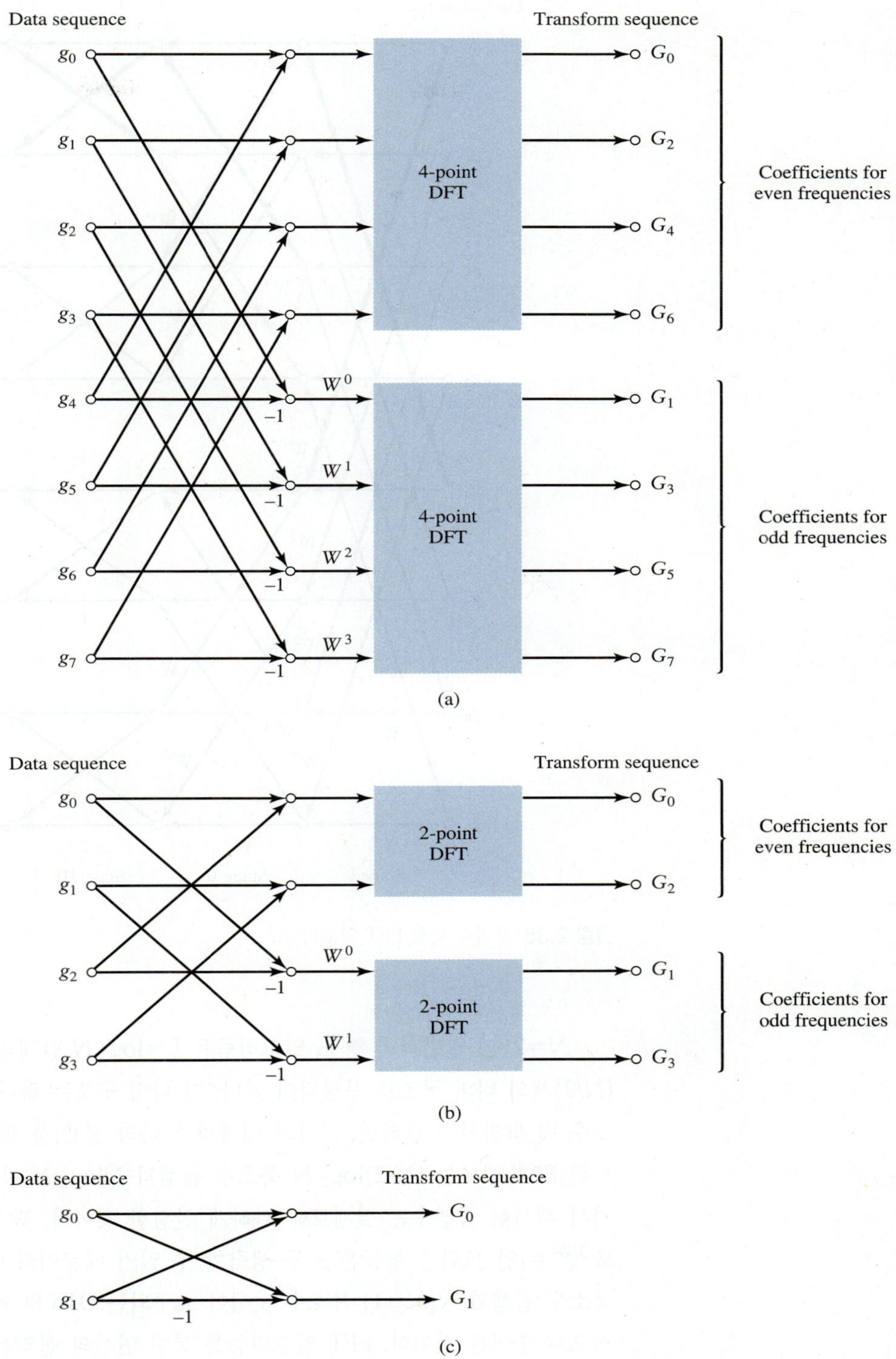

그림 2.35 (a) 8-포인트 DFT를 2개의 4-포인트 DFT로 분해. (b) 4-포인트 DFT를 두 개의 2-포인트 DFT로 분해. (c) 단순 2-포인트 DFT.

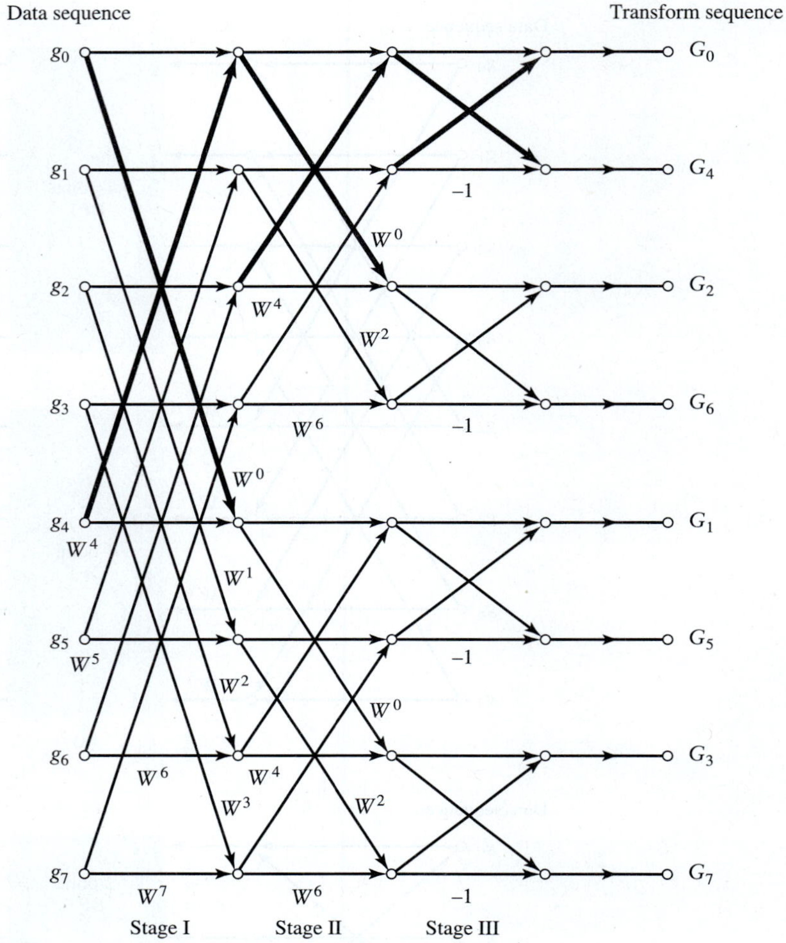

그림 2.36 주파수 분할 FFT 알고리즘.

$N=2^L$의 일반적인 경우, 알고리즘은 $L=\log_2 N$ 단계의 연산이 필요하다. 각 단계는 $(N/2)$개의 나비 구조로 구성되어 있다. 각 나비 구조는 하나의 복소수 곱셈과 두 개의 복소수 덧셈(정확히 말하면, 하나의 덧셈과 하나의 뺄셈)을 필요로 한다. 따라서 여기에 제시된 FFT 구조는 $(N/2)\log_2 N$ 복소수 곱셈과 $N\log_2 N$ 복소수 덧셈을 필요로 한다.(여기서 제시한 곱셈수는 실제보다 과하게 산정한 것이다. $W^0=1$, $W^{N/2}=-1$, $W^{N/4}=-j$, $W^{3N/4}=j$인 트위들 항들은 모두 생략할 수 있기 때문이다.) 이러한 연산의 복잡성은 N^2 복소수 곱셈과 $N(N-1)$ 복소수 덧셈이 요구되는 DFT의 **직접적** 연산과 비교할 때 대폭적으로 줄어든 것이다. FFT 알고리즘을 통한 연산의 절약은 데이터 길이 N이 커질수록 훨씬 더 가중된다.

그림 2.36에서 보여 주는 신호 흐름도를 관찰함으로써, FFT 알고리즘의 두 가지 다

른 중요한 특징들을 기술할 수 있다.

1. 각 단계의 연산에서, 연산 결과로 나온 N개의 복소수들의 새로운 세트는 이전 세트를 저장하고 있는 동일한 메모리 위치에 저장할 수 있다. 이러한 종류의 연산을 **제자리 연산**(in-place computation)이라 부른다.
2. 변환 시퀀스 G_k의 샘플들은 **비트 역순**(bit-reversed order)으로 저장된다. 이 용어의 의미를 보여 주기 위해, $N=8$인 경우에 대하여 작성한 표 2.2를 고려하자. 표의 왼쪽에 주파수 인덱스 k(자연수 순서대로 적혀 있다)의 여덟 가지 가능한 값을 나타내었고, 그들의 3비트 이진 표현을 보여 주었다. 표의 오른쪽에는 각기 해당하는 비트역 순 이진 표현과 인덱스들을 나타내었다. 표 2.2의 가장 오른쪽 열의 비트역 순 인덱스들은 그림 2.36의 FFT 알고리즘 출력단에서의 인덱스들과 같은 순서인 것을 알 수 있다.

표 2.2 비트 역순 예시

Frequency Index, k	*Binary Representation*	*Bit-Reversed Binary Representation*	*Bit-Reversed Index*
0	000	000	0
1	001	100	4
2	010	010	2
3	011	110	6
4	100	001	1
5	101	101	5
6	110	011	3
7	111	111	7

그림 2.36에 표시한 FFT 알고리즘은 변환(주파수) 시퀀스 G_k가 순차적으로 작은 시퀀스들로 나누어진다는 의미에서 **주파수 분할**(decimation-in-frequency) **알고리즘**이라 부른다. **시간 분할**(decimation-in-time) **알고리즘**이라 불리는 또 달리 많이 사용되는 FFT 알고리즘에서는 데이터 시퀀스 g_n이 순차적으로 작은 시퀀스들로 나누어진다. 두 알고리즘은 동일한 연산 복잡성을 갖는다. 이들은 다음의 두 가지 관점에서 서로 다르다. 첫째, 주파수 분할을 위해서는 입력이 자연수 순서이고, 반면에 출력은 비트 역순이다. 시간 분할에서는 이와 반대이다. 둘째, 시간 분할을 위한 나비 구조는 주파수 분할의 나비 구조와 약간 다르다. 독자들은 그림 2.36에 나타낸 알고리즘을 얻도록 하여 준 나누고 조합하는 전략을 사용하여 시간 분할 알고리즘의 세부 내용들을 유도해 보라. 문제 2.50을 보라.

IDFT의 연산

변환 시퀀스 G_k의 IDFT는 식 (2.163)에 정의하였다. 이 식을 복소수 계수 W를 이용하

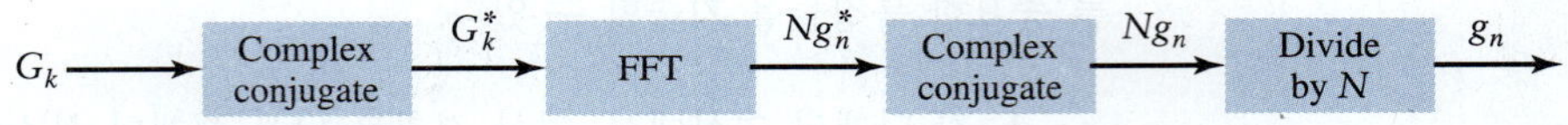

그림 2.37 IDFT 연산을 위한 FFT 알고리즘의 사용.

여 다음과 같이 다시 표현하였다.

$$g_n = \frac{1}{N}\sum_{k=0}^{N-1} G_k W^{-kn}, \qquad n = 0, 1, \ldots, N-1 \tag{2.172}$$

식 (2.172)의 복소수 켤레를 취하고 N을 곱해서 식 (2.166)의 정의로부터 $W^* = W^{-1}$이라는 것을 고려하면 다음을 얻는다.

$$Ng_n^* = \sum_{k=0}^{N-1} G_k^* W^{kn}, \qquad 0, 1, \ldots, N-1 \tag{2.173}$$

식 (2.173)의 우변은 복소수 켤레 시퀀스 G_k^*의 N-포인트 DFT임을 알 수 있다. 따라서 식 (2.173)은 N-포인트 DFT를 기초로 그림 2.37에 나와 있는 방법을 사용하여 원하는 시퀀스 g_n을 계산할 수 있음을 보여 준다. 이로부터 IDFT와 DFT 양쪽의 계산 과정에 동일한 FFT 알고리즘을 사용할 수 있음을 알 수 있다.

2.11 예제: 전화에서의 꼬인 두선

집과 전화 교환국을 연결하는 근본적인 전송매체는 **꼬인 두선**(twisted pair)이다. 이는 보통 폴리에틸렌으로 피복된 한 쌍의 고체 구리선이다. 구리줄이 0.4 mm의 직경을 갖는다면, 이 전선의 크기는 미국전선표준 #26, 또는 간단히 26 AWG(American Wire Gauge)라고 불린다. 꼬인 두선은 **전송선**(transmission line)의 예이다.

하나의 전송선은 두 개의 도체들로 이루어져 있는데, 이들 각각은 고유의 내재된 저항과 인덕턴스를 갖는다. 두 도체들은 종종 근접해 있으므로, 두 와이어들을 절연하기 위한 재료를 통한 내재된 전도성뿐만 아니라, 그들 둘 사이에 커패시티브(capacitive) 효과가 있다. 이렇게 구성된 전송선은 그림 2.38에 나와 있는 것처럼 **럼프트 회로**(lumped circuit)로 표시한다. 그림 2.38에서 임피던스들은 이산 소자들로 나타냈지만, 전송선의 길이를 따라 분포되어 있다고 보는 것이 더 타당하다.

그림 2.38의 회로 소자값들에 따라, 전송선에 의해 전송된 신호에 왜곡이 가해질 것이라는 것은 당연하다. 더욱이 전체 임피던스가 선의 길이를 따라 증가하므로, 전송선의 주파수 응답에 의한 왜곡 역시 증가할 것이다.

그림 2.39에 길이 2~8 km인 꼬인 두선의 전형적인 응답 특성을 나타내었다. 이 그

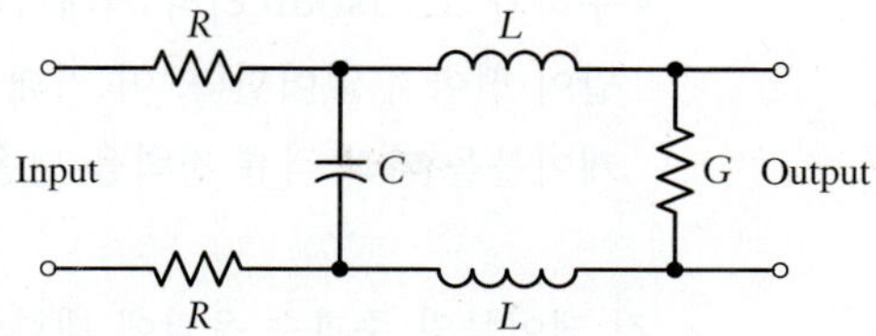

그림 2.38 전송선의 럼프트 회로 모델.

림과 관련하여 다음에 열거한 사실들을 정리할 수 있다.

- 각 전화마다 전용의 꼬인 두선 한 쌍이 전화국으로부터 집까지 직접 연결된다. 결과적으로 전송선의 길이는 길다.
- 그림 2.39의 결과는 연속적인 케이블을 가정하고 있다. 실제로는 여러 이음매를 이용하여, 서로 다른 게이지 케이블들이 연결되어 있을 수 있다. 전송 매체에서의 이런 불연속은 케이블의 주파수 응답에 보다 많은 악영향을 끼친다.
- 2 km 케이블에서는 주파수 응답이 전화 통신을 위한 300~3100 Hz의 음성대역 상에서 상당히 평평하다는 것을 알 수 있다. 그러나 8 km 케이블의 경우에는 주파수 응답이 1 kHz를 넘는 부분부터 떨어지기 시작한다.

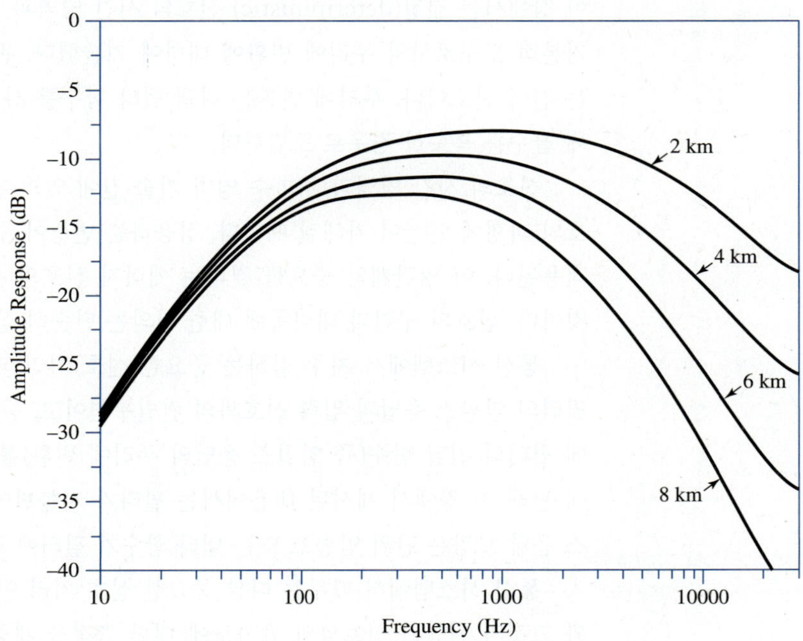

그림 2.39 (600 Ω+2 μF) 소스와 부하 임피던스를 가진 서로 다른 길이의 26 AWG 꼬인 두선 전송선의 전형적인 주파수 응답.

- 부하와 소스(source)의 커패시티브 연결 때문에 주파수가 0인 곳에서는 주파수 응답이 떨어져 없어진다. 이 커패시티브 연결은 원격 전화기에 전력을 공급하기 위해 케이블을 따라 직류 전력을 전송할 수 있게 함으로써 실용적으로 사용되었다.

긴 케이블의 주파수 응답에 대한 분석을 통해 리액티브(reactive) 부하를 더함으로써 케이블의 주파수 응답이 향상될 수 있다는 것을 알 수 있다. 이런 이유로 규칙적인 구간(일반적으로 거의 2 km마다 66 mH)마다 럼프트 인덕터(lumped inductor)를 포함하는 **부하 삽입선**(loaded line)에 대해 종종 들어 볼 수 있다. 이러한 부하 삽입은 부가적인 전력이 필요 하지 않고, 음성 신호에 상응하는 주파수 범위에서 회로의 주파수 응답을 향상시킨다. 그러나 부하 삽입선의 단점은 높은 주파수에서는 성능이 저하된다는 것이다. 꼬인 두 선의 고주파 부분의 특성에 의존하는 디지털 가입자 회선(DSL: digital subscriber line, 7장에서 다룬다) 같은 서비스들은 부하 삽입된 전화선 상에서는 잘 동작하지 않는다.

이 책의 뒷부분의 대부분의 내용은 잡음이 부가되는 것을 제외하고는, 매체 자체는 전송에 영향을 끼치지 않는다고 가정한다. 실제로는 바로 전에 기술한 예제와 같이 매체가 여러 가지 형태로 신호에 악영향을 끼칠 수 있다.

2.12 요약과 토의

이 장에서는 결정(deterministic) 신호의 시간 영역과 주파수 영역 기술을 관련지어 주는 기본적 도구로서의 푸리에 변환에 대하여 기술했다. 관심 대상인 신호는 에너지 신호 또는 전력 신호이다. 푸리에 변환은 디랙 델타 함수를 사용함으로써 지수 함수 형태의 푸리에 급수를 특수한 경우로 포함한다.

신호의 시간 영역과 주파수 영역 기술 간에 역의 관계가 존재한다. 시간 영역에서 신호의 파형에 연산이 가해질 때마다, 상응하는 변형이 주파수 영역에서 신호의 스펙트럼에 적용된다. 이 역관계의 중요한 결과는 에너지 신호의 시간-대역폭 곱이 일정한 상수라는 것이다. 신호의 구간과 대역폭에 대한 정의는 단순히 상수 값에만 영향을 준다.

통신 시스템에서 자주 접하는 중요한 신호 처리 과정은 선형 필터링이다. 이 연산은 필터의 임펄스 응답과 입력 신호와의 컨벌루션이고, 등가적으로 입력 신호의 푸리에 변환에 필터의 전달 함수(즉 임펄스 응답의 푸리에 변환)를 곱하는 것이다. 그러나 선형 필터에 관해 이 장에서 제시된 내용에서는 필터가 **시불변**이라고 가정하였다. 즉 필터의 임펄스 응답 모양은 단위 임펄스 또는 델타 함수가 필터에 적용되는 시점과는 관계없이 같다.

통신 시스템에서 다루는 다른 중요한 신호 처리 연산은 상관이다. 이 연산은 한 신호와 그것의 지연된 신호와의 유사도에 대한 측정을 제공하는데, 이 경우를 자기상관 함수라고 부른다. 그러나 유사도의 측정이 한 쌍의 다른 신호들에 대해서 이루어질 때, 이를 상호상관 함수라고 부른다. 자기상관 함수의 푸리에 변환은 상호 스펙트럼 밀도이다. 상호상관 함수의 푸리에 변환은 상호 스펙트럼 밀도이다. 본 장에서 다룬 상관과 스펙트럼 밀도는 펄스 유형 신호와 주기 신호 각각에 의해 예시된 에너지 신호와 전력 신호에 국한된다. 잡음에 관련된 부분은 8장에서 다룬다.

이 장의 마지막 부분에서는 이산 푸리에 변환과 그것의 수치적인 연산을 다루었다. 기본적으로 이산 푸리에 변환은 입력 신호와 출력 스펙트럼을 균등하게 샘플링함으로써 표준 푸리에 변환으로부터 얻어진다. 고속 푸리에 변환 알고리즘은 디지털 컴퓨터 상에서 이산 푸리에 변환의 효율적인 구현을 위한 실질적인 방법을 제공하여 준다. 이로 인하여 고속 푸리에 변환 알고리즘은 스펙트럼 분석과 선형 필터링을 위한 강력한 연산 도구가 되었다.

ADDITIONAL PROBLEMS

2.19 **(a)** Find the Fourier transform of the half-cosine pulse shown in Fig. 2.40(*a*).

(b) Apply the time-shifting property to the result obtained in part (a) to evaluate the spectrum of the half-sine pulse shown in Fig. 2.40(*b*).

(c) What is the spectrum of a half-sine pulse having a duration equal to aT?

(d) What is the spectrum of the negative half-sine pulse shown in Fig. 2.40(*c*)?

(e) Find the spectrum of the single sine pulse shown in Fig. 2.40(*d*).

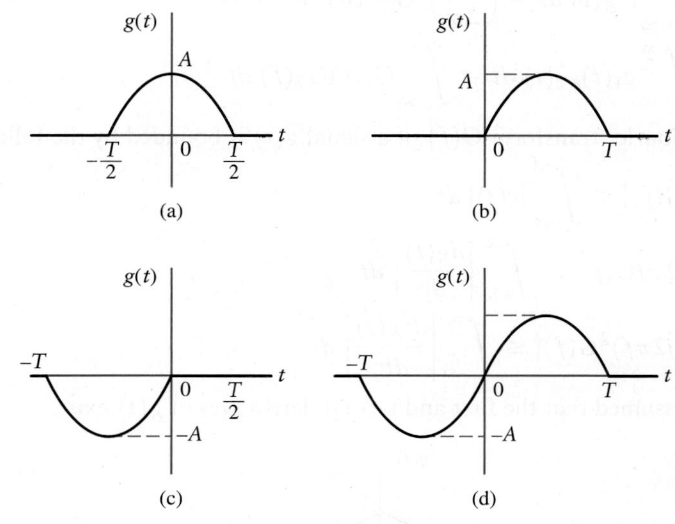

FIGURE 2.40 Problem 2.19

2.20 Any function $g(t)$ can be split umambiguously into an *even part* and an *odd part*, as shown by

$$g(t) = g_e(t) + g_o(t)$$

The even part is defined by

$$g_e(t) = \frac{1}{2}[g(t) + g(-t)]$$

and the odd part is defined by

$$g_o(t) = \frac{1}{2}[g(t) - g(-t)]$$

(a) Evaluate the even and odd parts of a rectangular pulse defined by

$$g(t) = A\ \mathrm{rect}\left(\frac{t}{T} - \frac{1}{2}\right)$$

(b) What are the Fourier transforms of these two parts of the pulse?

2.21 The following expression may be viewed as an approximate representation of a pulse with finite rise time:

$$g(t) = \frac{1}{\tau}\int_{t-T}^{t+T} \exp\left(-\frac{\pi u^2}{\tau^2}\right) du$$

where it is assumed that $T \gg \tau$. Determine the Fourier transform of $g(t)$. What happens to this transform when we allow τ to become zero?

2.22 The Fourier transform of a signal $g(t)$ is denoted by $G(f)$. Prove the following properties of the Fourier transform:

(a) If a real signal $g(t)$ is an even function of time t, the Fourier transform $G(f)$ is purely real. If the real signal $g(t)$ is an odd function of time t, the Fourier transform $G(f)$ is purely imaginary.

(b) $t^n g(t) \rightleftharpoons \left(\frac{j}{2\pi}\right)^n G^{(n)}(f)$, where $G^{(n)}(f)$ is the nth derivative of $G(f)$ with respect to f.

(c) $\displaystyle\int_{-\infty}^{\infty} t^n g(t)\, dt = \left(\frac{j}{2\pi}\right)^n G^{(n)}(0)$

(d) $\displaystyle\int_{-\infty}^{\infty} g_1(t) g_2^*(t)\, dt = \int_{-\infty}^{\infty} G_1(f) G_2^*(f)\, df$

2.23 The Fourier transform $G(f)$ of a signal $g(t)$ is bounded by the following three inequalities:

(a) $\displaystyle |G(f)| \le \int_{-\infty}^{\infty} |g(t)|\, dt$

(b) $\displaystyle |j2\pi f G(f)| \le \int_{-\infty}^{\infty} \left|\frac{dg(t)}{dt}\right| dt$

(c) $\displaystyle |(j2\pi f)^2 G(f)| \le \int_{-\infty}^{\infty} \left|\frac{d^2 g(t)}{dt^2}\right| dt$

It is assumed that the first and second derivatives of $g(t)$ exist.

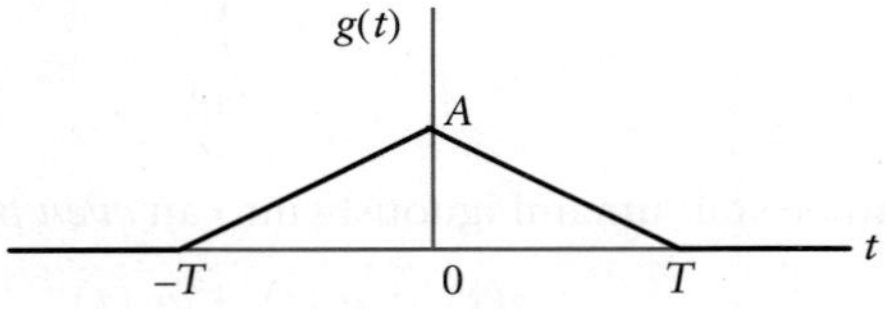

FIGURE 2.41
Problem 2.23

Construct these three bounds for the triangular pulse shown in Fig. 2.41 and compare your results with the actual amplitude spectrum of the pulse.

2.24 Consider the convolution of two signals $g_1(t)$ and $g_2(t)$. Show that

(a) $\frac{d}{dt}[g_1(t) \star g_2(t)] = \left[\frac{d}{dt}g_1(t)\right] \star g_2(t)$

(b) $\int_{-\infty}^{t} [g_1(\tau) \star g_2(\tau)]\, d\tau = \left[\int_{-\infty}^{t} g_1(\tau)\, d\tau\right] \star g_2(t)$

2.25 A signal $x(t)$ of finite energy is applied to a square-law device whose output $y(t)$ is defined by

$$y(t) = x^2(t)$$

The spectrum of $x(t)$ is limited to the frequency interval $-W \le f \le W$. Hence, show that the spectrum of $y(t)$ is limited to $-2W \le f \le 2W$. *Hint:* Express $y(t)$ as $x(t)$ multiplied by itself.

2.26 Evaluate the Fourier transform of the delta function by considering it as the limiting form of (a) rectangular pulse of unit area, and (b) sinc pulse of unit area.

2.27 The Fourier transform $G(f)$ of a signal $g(t)$ is defined by

$$G(f) = \begin{cases} 1, & f > 0 \\ \frac{1}{2}, & f = 0 \\ 0, & f < 0 \end{cases}$$

Determine the signal $g(t)$.

2.28 Consider a pulselike function $g(t)$ that consists of a small number of straight-line segments. Suppose that this function is differentiated with respect to time t twice so as to generate a sequence of weighted delta functions, as shown by

$$\frac{d^2g(t)}{dt^2} = \sum_i k_i \delta(t - t_i)$$

where the k_i are related to the slopes of the straight-line segments.

(a) Given the values of the k_i and t_i, show that the Fourier transform of $g(t)$ is given by

$$G(f) = -\frac{1}{4\pi^2 f^2} \sum_i k_i \exp(-j2\pi f t_i)$$

(b) Using this procedure, show that the Fourier transform of the trapezoidal pulse shown in Fig. 2.42 is given by

$$G(f) = \frac{A}{\pi^2 f^2 (t_b - t_a)} \sin[\pi f(t_b - t_a)] \sin[\pi f(t_b + t_a)]$$

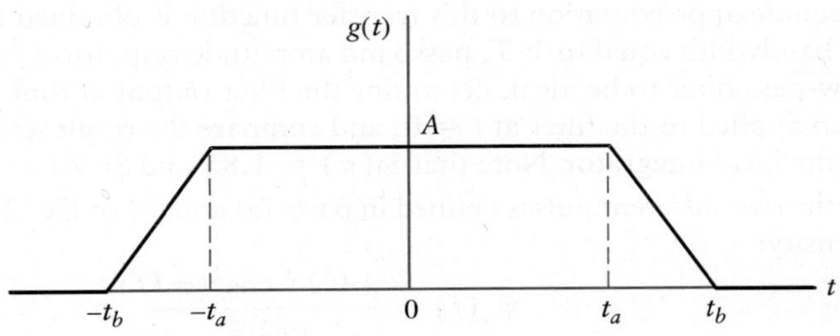

FIGURE 2.42 Problem 2.28

2.29 A rectangular pulse of amplitude A and duration $2t_a$ may be viewed as the limiting case of the trapezoidal pulse shown in Fig. 2.42 as t_b approaches t_a.

(a) Starting with the result given in part (b) of Problem 2.28, show that as t_b approaches t_a, this result approaches a sinc function.

(b) Reconcile the result derived in part (a) with the Fourier-transform pair of Eq. (2.10).

2.30 Let $x(t)$ and $y(t)$ be the input and output signals of a linear time-invariant filter. Using Rayleigh's energy theorem, show that if the filter is stable and the input signal $x(t)$ has finite energy, then the output signal $y(t)$ also has finite energy. That is, if

$$\int_{-\infty}^{\infty} |x(t)|^2 \, dt < \infty$$

then

$$\int_{-\infty}^{\infty} |y(t)|^2 \, dt < \infty$$

2.31 **(a)** Determine the overall amplitude response of the cascade connection shown in Fig. 2.43 consisting of N identical stages, each with a time constant RC equal to τ_0.

(b) Show that as N approaches infinity, the amplitude response of the cascade connection approaches the Gaussian function $\exp\left(-\frac{1}{2}f^2T^2\right)$, where for each value of N, the time constant τ_0 is selected so that the condition

$$\tau_0^2 = \frac{T^2}{4\pi^2 N}$$

is satisfied.

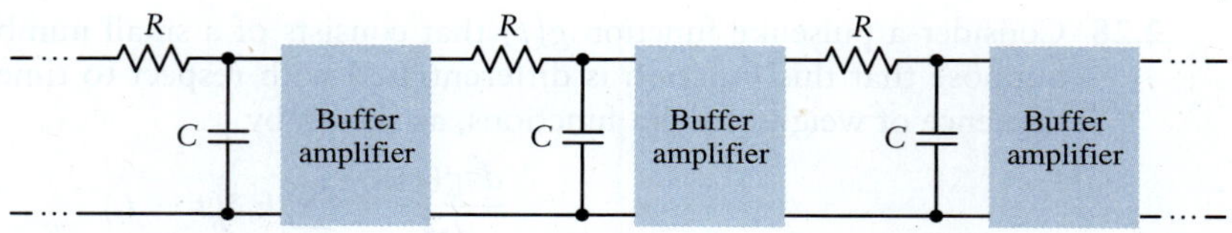

FIGURE 2.43 Problem 2.31

2.32 Suppose that, for a given signal $x(t)$, the integrated value of the signal over an interval T is required, as shown by

$$y(t) = \int_{t-T}^{t} x(\tau) \, d\tau$$

(a) Show that $y(t)$ can be obtained by transmitting the signal $x(t)$ through a filter with its transfer function given by

$$H(f) = T \operatorname{sinc}(fT) \exp(-j\pi f T)$$

(b) An adequate approximation to this transfer function is obtained by using a low-pass filter with a bandwidth equal to $1/T$, passband amplitude response T, and delay $T/2$. Assuming this low-pass filter to be ideal, determine the filter output at time $t = T$ due to a unit step function applied to the filter at $t = 0$, and compare the result with the corresponding output of the ideal integrator. Note that $\mathrm{Si}(\pi) = 1.85$ and $\mathrm{Si}(\infty) = \pi/2$.

2.33 Show that the two different pulses defined in parts (*a*) and (*b*) of Fig. 2.44 have the same energy spectral density:

$$\Psi_g(f) = \frac{4A^2T^2 \cos^2(\pi T f)}{\pi^2(4T^2f^2 - 1)^2}$$

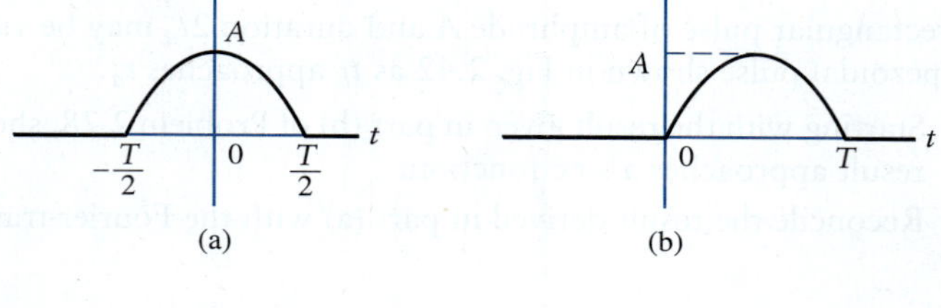

FIGURE 2.44 Problem 2.33

2.34 Determine and sketch the autocorrelation functions of the following exponential pulses:
(a) $g(t) = \exp(-at)u(t)$
(b) $g(t) = \exp(-a|t|)$
(c) $g(t) = \exp(-at)u(t) - \exp(at)u(-t)$
where $u(t)$ is the unit step function, and $u(-t)$ is its time-reversed version.

2.35 Determine and sketch the autocorrelation function of a Gaussian pulse defined by

$$g(t) = \frac{1}{t_0}\exp\left(-\frac{\pi t^2}{t_0^2}\right)$$

2.36 The Fourier transform of a signal is defined by sinc(f). Show that the autocorrelation function of this signal is triangular in form.

2.37 Specify two different pulse signals that have exactly the same autocorrelation function.

2.38 Consider a sinusoidal signal $g(t)$ defined by

$$g(t) = A_0 + A_1 \cos(2\pi f_1 t + \theta_1) + A_2 \cos(2\pi f_2 t + \theta_2)$$

(a) Determine the autocorrelation function $R_g(\tau)$ of this signal.
(b) What is the value of $R_g(0)$?
(c) Has any information about $g(t)$ been lost in obtaining the autocorrelation function? Explain.

2.39 Determine the autocorrelation function of the triplet pulse shown in Fig. 2.45.

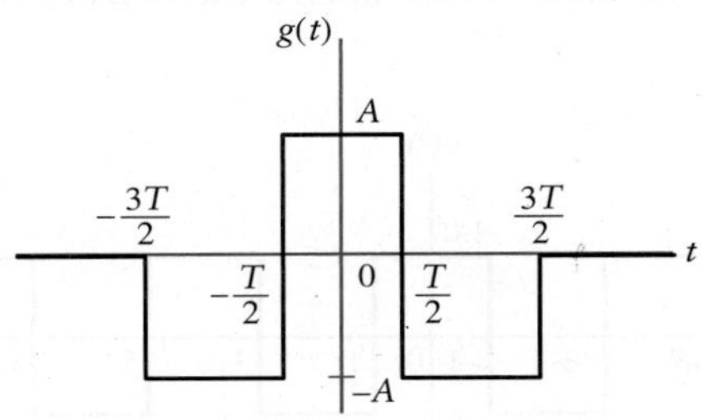

FIGURE 2.45 Problem 2.39

2.40 Let $G(f)$ denote the Fourier transform of a real-valued energy signal $g(t)$, and $R_g(\tau)$ denote its autocorrelation function. Show that

$$\int_{-\infty}^{\infty}\left[\frac{dR_g(\tau)}{d\tau}\right]d\tau = 4\pi^2\int_{-\infty}^{\infty} f^2|G(f)|^4\, df$$

2.41 Determine the cross-correlation function $R_{12}(\tau)$ of the rectangular pulse $g_1(t)$ and triplet pulse $g_2(t)$ shown in Fig. 2.46, and sketch it. What is $R_{21}(\tau)$? Are these two signals orthogonal to each other? Why?

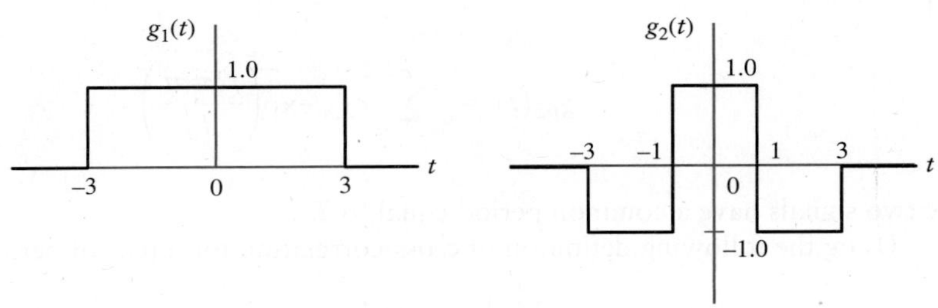

FIGURE 2.46 Problem 2.41

2.42 Consider two energy signals $g_1(t)$ and $g_2(t)$. These two signals are delayed by amounts equal to t_1 and t_2 seconds, respectively. Show that the time delays are additive in convolving the pair of delayed signals, whereas they are subtractive in cross-correlating them.

2.43 (a) An energy signal $x(t)$, its Fourier transform $X(f)$, autocorrelation function $R_x(\tau)$, and energy spectral density $\Psi_x(f)$ are all related, directly or indirectly. Construct a flow-graph that portrays all the possible direct relationships between them.

(b) If you are given the frequency-domain description $X(f)$, the autocorrelation function $R_x(\tau)$ can be calculated from $X(f)$. Outline two ways in which this calculation can be performed.

2.44 Find the autocorrelation function of a power signal $g(t)$ whose power spectral density is depicted in Fig. 2.47. What is the value of this autocorrelation function at the origin?

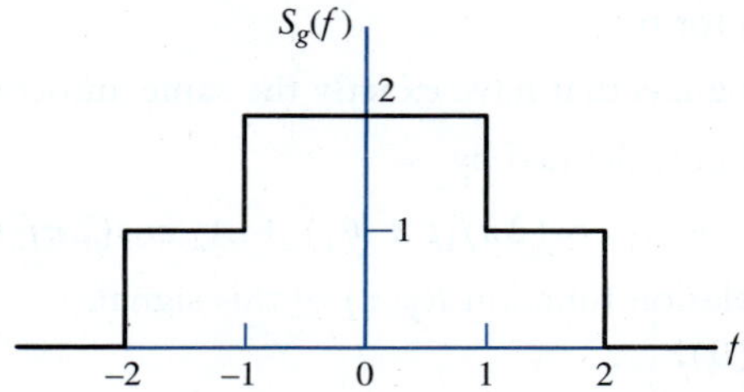

FIGURE 2.47 Problem 2.44

2.45 Consider the square wave $g(t)$ shown in Fig. 2.48. Find the power spectral density, average power, and autocorrelation function of this square wave. Does the wave have dc power? Explain your answer.

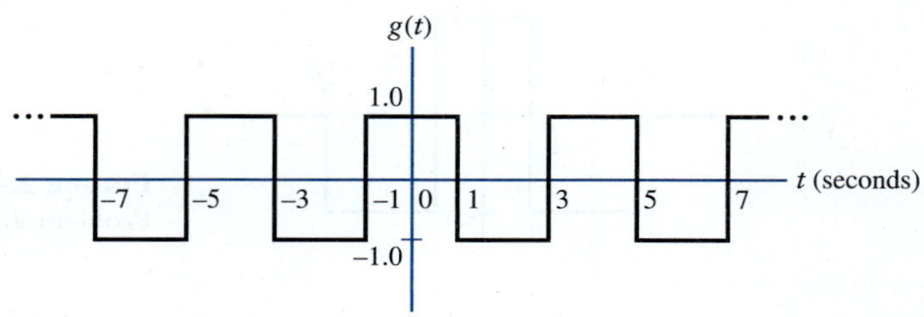

FIGURE 2.48 Problem 2.45

2.46 Consider two periodic signals $g_{p1}(t)$ and $g_{p2}(t)$ that have the following complex Fourier series representations:

$$g_{p1}(t) = \sum_{n=-\infty}^{\infty} c_{1,n} \exp\left(\frac{j2\pi nt}{T_0}\right)$$

and

$$g_{p2}(t) = \sum_{n=-\infty}^{\infty} c_{2,n} \exp\left(\frac{j2\pi nt}{T_0}\right)$$

The two signals have a common period equal to T_0.

Using the following definition of cross-correlation for a pair of periodic signals,

$$R_{12}(\tau) = \frac{1}{T_0}\int_{-T_0/2}^{T_0/2} g_{p1}(t) g_{p2}^*(t-\tau)\, dt$$

show that the prescribed pair of periodic signals satisfies the Fourier-transform pair

$$R_{12}(\tau) \rightleftharpoons \sum_{n=-\infty}^{\infty} c_{1,n}c_{2,n}^{*}\,\delta\left(f - \frac{n}{T_0}\right)$$

2.47 A periodic signal $g_p(t)$ of period T_0 is represented by the complex Fourier series

$$g_p(t) = \sum_{n=-\infty}^{\infty} c_n \exp(j2\pi nt/T_0)$$

where the c_n are the complex Fourier coefficients. The autocorrelation function of $g_p(t)$ is defined by

$$R_{g_p}(\tau) = \frac{1}{T_0}\int_{-T_0/2}^{T_0/2} g_p(t)g_p^{*}(t-\tau)\,dt$$

(a) Consider the sinusoidal wave

$$g_p(t) = A\cos(2\pi f_c t + \theta)$$

Determine the autocorrelation function $R_{g_p}(\tau)$ and plot its waveform.

(b) Show that $R_{g_p}(0) = A^2/2$.

2.48 Repeat parts (a) and (b) of Problem 2.47 for the square wave:

$$g_p(t) = \begin{cases} A, & -\dfrac{T_0}{4} \le t \le \dfrac{T_0}{4} \\ 0, & \text{for the remainder of period } T_0 \end{cases}$$

2.49 Determine the power spectral density of (a) the sinusoidal wave of Problem 2.47, and (b) the square wave of Problem 2.48.

2.50 Following a procedure similar to that described in Section 2.10 that led to the flow graph of Fig. 2.36 for the 8-point FFT algorithm based on decimation-in-frequency, do the following:

(a) Develop the corresponding flow graph for the 8-point FFT algorithm based on decimation-in-time.

(b) Compare the flow graph obtained in part (a) with that described in Fig. 2.36, stressing the similarities and differences between these two basic methods for deriving the FFT algorithm.

ADVANCED PROBLEMS

2.51 (a) The *root mean-square (rms) bandwidth* of a low-pass signal $g(t)$ of finite energy is defined by

$$W_{\text{rms}} = \left[\frac{\displaystyle\int_{-\infty}^{\infty} f^2|G(f)|^2\,df}{\displaystyle\int_{-\infty}^{\infty} |G(f)|^2\,df}\right]^{1/2}$$

where $|G(f)|^2$ is the energy spectral density of the signal. Correspondingly, *the root mean-square (rms) duration* of the signal is defined by

$$T_{\text{rms}} = \left[\frac{\int_{-\infty}^{\infty} t^2 |g(t)|^2 \, dt}{\int_{-\infty}^{\infty} |g(t)|^2 \, dt} \right]^{1/2}$$

Using these definitions, show that

$$T_{\text{rms}} W_{\text{rms}} \geq \frac{1}{4\pi}$$

Assume that $|g(t)| \to 0$ faster than $1/\sqrt{|t|}$ as $|t| \to \infty$.

(b) Consider a Gaussian pulse defined by

$$g(t) = \exp(-\pi t^2)$$

Show that, for this signal, the equality

$$T_{\text{rms}} W_{\text{rms}} = \frac{1}{4\pi}$$

can be reached.

Hint: Use Schwarz's inequality (see *Appendix 5*).

$$\left\{ \int_{-\infty}^{\infty} [g_1^*(t) g_2(t) + g_1(t) g_2^*(t)] \, dt \right\}^2 \leq 4 \int_{-\infty}^{\infty} |g_1(t)|^2 \int_{-\infty}^{\infty} |g_2(t)|^2 \, dt$$

in which we set

$$g_1(t) = t g(t)$$

and

$$g_2(t) = \frac{dg(t)}{dt}$$

2.52 The *Hilbert transform* of a Fourier transformable signal $g(t)$ is defined by

$$\hat{g}(t) = \frac{1}{\pi} \int_{-\infty}^{\infty} \frac{g(\tau)}{t - \tau} \, d\tau$$

Correspondingly, the *inverse Hilbert transform* is defined by

$$g(t) = -\frac{1}{\pi} \int_{-\infty}^{\infty} \frac{\hat{g}(\tau)}{t - \tau} \, d\tau$$

Using these two formulas, derive the following set of Hilbert-transform pairs:

$g(t)$	$\hat{g}(t)$
$\dfrac{\sin t}{t}$	$\dfrac{1 - \cos t}{t}$
$\text{rect}(t)$	$-\dfrac{1}{\pi} \ln\left\|\left(t - \dfrac{1}{2}\right) \Big/ \left(t + \dfrac{1}{2}\right)\right\|$
$\delta(t)$	$\dfrac{1}{\pi t}$
$\dfrac{1}{1 + t^2}$	$\dfrac{t}{1 + t^2}$

2.53 Evaluate the inverse Fourier transform $g(t)$ of the one-sided frequency function

$$G(f) = \begin{cases} \exp(-f), & f > 0 \\ \dfrac{1}{2}, & f = 0 \\ 0, & f < 0 \end{cases}$$

Hence, show that $g(t)$ is complex, and that its real and imaginary parts constitute a Hilbert-transform pair.

2.54 A Hilbert transformer may be viewed as a device whose transfer function exhibits the following characteristics:

(a) The amplitude response is unity for all positive and negative frequencies.

(b) The phase response is $+90°$ for negative frequencies and $-90°$ for positive frequencies. Starting with the definition of the Hilbert transform given in Problem 2.52, demonstrate the frequency-domain description embodied in parts (a) and (b).

(c) Is the Hilbert transformer physically realizable? Justify your answer.

3장
진폭 변조

변조(modulation)는 **정보 함축 신호**(information-bearing signal)**에 따라 반송파**(carrier)**의 어떤 특성들을 변화시키는 과정**으로 정의된다. 반송파는 송신기로부터 수신기까지 대역통과채널을 통하여 변조된 신호가 쉽게 전달되도록 하는 특성이 요구된다. 일반적으로 이용되는 반송파는 **정현파**(sinusoidal wave)이며, 그 발생원(source)은 물리적으로 정보 함축 신호의 발생원에 대해서 독립적이다. 정보 함축 신호가 아날로그 형태(kind)일 때, **연속파 변조**(continuous-wave modulation)라고 하며, 이 용어는 시간의 함수로서 변조된 파형(modulated wave)의 **연속성**(continuity)을 강조한다.

통신의 배경에서, 변조에 대한 주요 동기는 규정된 통과대역의 통신 채널(예를 들면 무선 채널)에 대해 정보 함축 신호의 송신을 쉽게 하는 것이다. 이것은 연속파 변조에서 정현 반송파의 진폭이나 각도(angle)를 변화시킴으로써 가능하다. 이를 기초로 하여, 연속파 변조를 폭넓게 정의된 두 가지의 계열로 분류할 수 있다: 진폭 변조와 각변조. 이러한 변조의 두 계열은 각자 완전히 다른 스펙트럼 특성과 그에 따른 실질적인 이득들을 제공함으로써 자신들을 구분한다. 그 분류는 정보 함축 신호에 따라, 한편으로 정현 반송파의 진폭, 혹은 다른 한편으로 정현 반송파의 위상이나 주파수(그에 따른 각도)가 변화하는지에 따라 이루어진다. 진폭 변조의 계열은 이 장에서 다루고, 각변조는 다음 장에서 다룬다.

1장에서 통신 시스템의 설계에 연관된 주요한 쟁점으로서 시스템 복잡성과 두 가지 기본적인 통신 자원—송신 전력과 채널 대역폭—을 확인하였다. 이러한 쟁점을 유의하면서, 이 장에서는 **진폭 변조 계열을 구성하는 네 가지 선형 변조 방법**을 다룰 것이다.

- 진폭 변조(AM)
- 양측파대-억압 반송파(DSB-SC)

- 단측파대(SSB)
- 잔류측파대(VSB)

변조의 이러한 네 가지 유형은 그들의 스펙트럼 특성의 장점에 의해 서로 다르다. 이 장에서 배울 내용은 다음과 같다.

▶ **레슨 1: 푸리에 분석은 선형 변조 방법의 스펙트럼 특성에 대한 수학적 통찰력뿐만 아니라 물리적 통찰력을 발전시키는 데 강력한 도구를 제공한다.**

▶ **레슨 2: 아날로그 통신의 구현은 송신 전력과 채널 대역폭 증가의 대가를 치르고, 진폭 변조의 사용으로 현저하게 단순화된다.**

▶ **레슨 3: 송신 전력과 채널 대역폭의 활용은 시스템 복잡성 증가의 대가를 치르고 진폭 변조된 파형의 스펙트럼 성분의 잘 정의된 수정을 통해 개선된다.**

간단하게 설명하면

> 통신 시스템의 설계에서 무료 식사는 없다: 얻어지는 모든 이득에 대해 비용을 지불해야 한다.

3.1 진폭 변조

이론

다음과 같이 정의되는 **정현 반송파**(sinusoidal carrier wave)를 생각하자.

$$c(t) = A_c \cos(2\pi f_c t) \tag{3.1}$$

여기서 A_c는 **반송파 진폭**(carrier amplitude)이고 f_c는 **반송파 주파수**(carrier frequency)이다. **정보 함축 신호** 혹은 **메시지 신호**(message signal)는 $m(t)$로 표현되며, 이 두 용어 '정보 함축 신호'와 '메시지 신호'는 이 책에서 같은 의미로 쓰인다. 얻어진 결과에 영향을 주지 않고 설명을 간단히 하기 위해서 식 (3.1)에서는 반송파의 위상을 0으로 한다. **진폭 변조**(AM: amplitude modulation)[1]는 **반송파 $c(t)$의 진폭이 어떤 평균값의 근처에서 메시지 신호 $m(t)$에 선형적으로 변화하는 과정이다.** 따라서 진폭 변조(AM) 된 파형은 다음과 같이 시간의 함수로 표현된다.

$$s(t) = A_c[1 + k_a m(t)] \cos(2\pi f_c t) \tag{3.2}$$

여기서 k_a는 변조된 신호 $s(t)$의 발생에 관여하는 변조기의 진폭 감도(amplitude sensitivity) 상수이다. 일반적으로 반송파 진폭 A_c와 메시지 신호 $m(t)$는 V(volt) 단위로

[1] 이 책 전체에서 '진폭 변조' 혹은 약어로 AM은 반송파와 양측파대가 존재하는 변조의 특별한 형태를 뜻한다.

측정되고 k_a는 V^{-1}로 측정된다. 만약 메시지 신호 $m(t)$가 꺼지면, 정현 반송파는 그대로 남겨진다는 것을 주목하자.

그림 3.1(a)는 메시지 신호 $m(t)$를 보여 주고 있으며 그림 3.1(b)와 3.1(c)는 진폭 감도 k_a와 반송파 진폭 $A_c=1$ V에 대한 진폭 변조 된 파형 $s(t)$를 보여 주고 있다.

진폭 변조에서, 메시지 신호 $m(t)$에 관한 정보는 오직 변조된 파형 $s(t)$의 진폭으로 정의되는 **포락선**(envelope)에 있다. 즉 $A_c[1+k_a m(t)]$이다. 이 표현으로부터, $s(t)$의 포락선은 다음의 두 조건이 충족되면 메시지 신호 $m(t)$와 같은 모양이 됨을 알 수 있다.

1. $k_a m(t)$의 진폭은 항상 1보다 작다. 즉

$$|k_a m(t)| < 1, \qquad \text{for all } t \tag{3.3}$$

이다. 이 조건은 그림 3.1(b)에 나타나 있다. $1+k_a m(t)$가 항상 양이고, 포락선이 양함수이므로, 식 (3.2)의 AM파 $s(t)$의 **포락선**을 $A_c[1+k_a m(t)]$로 나타낼 수 있다. 변조기의 진폭 감도 k_a가 임의의 t에 대해서 $|k_a m(t)| > 1$이 되도록 충분히 크면 반송파는 **과변조**(overmodulated)되어서 $1+k_a m(t)$가 0을 지날 때마다 반송파의 위상이 반전된다. 그러면 변조된 파형은 그림 3.1(c)처럼 **포락선 왜곡**(envelope distortion)을 나타낸다. 그러므로 과변조를 피함으로써 모든 시간 값에 대해서 AM파의 포락선과 변조파 간의 일대일 관계를 유지할 수 있다. $k_a m(t)$의 최대 절대값에 100을 곱한 것을 **백분율 변조**(percentage modulation)라고 한다.

2. 반송파 주파수 f_c는 메시지 신호 $m(t)$의 가장 높은 주파수 성분 W보다 훨씬 크다. 즉,

$$f_c \gg W \tag{3.4}$$

이다. 여기서 W를 **메시지 대역폭**(message bandwidth)이라고 한다. 식 (3.4)의 조건이 충족되지 않으면 포락선 검출을 제대로 할 수 없다.

식 (3.3)과 (3.4)의 조건이 충족된다면, AM파의 복조는 **그 출력이 입력 신호처럼 변하는 AM파의 포락선을 추적하는 장치**로 정의되는 **포락선 검출기**(envelope detector)를 사용함으로써 달성된다. 포락선 검출의 과정은 이 절의 뒤에서 다루어진다.

다음 토의의 쟁점은 AM의 주파수 영역 서술이다. $m(t) \rightleftharpoons M(f)$이라고 하자. 여기서 푸리에 변환 $M(f)$는 **메시지 스펙트럼**(message spectrum)이라 한다. 식 (3.2)로부터 AM파 $s(t)$의 푸리에 변환은 다음과 같이 주어짐을 알 수 있다.

$$S(f) = \frac{A_c}{2}[\delta(f - f_c) + \delta(f + f_c)] + \frac{k_a A_c}{2}[M(f - f_c) + M(f + f_c)] \tag{3.5}$$

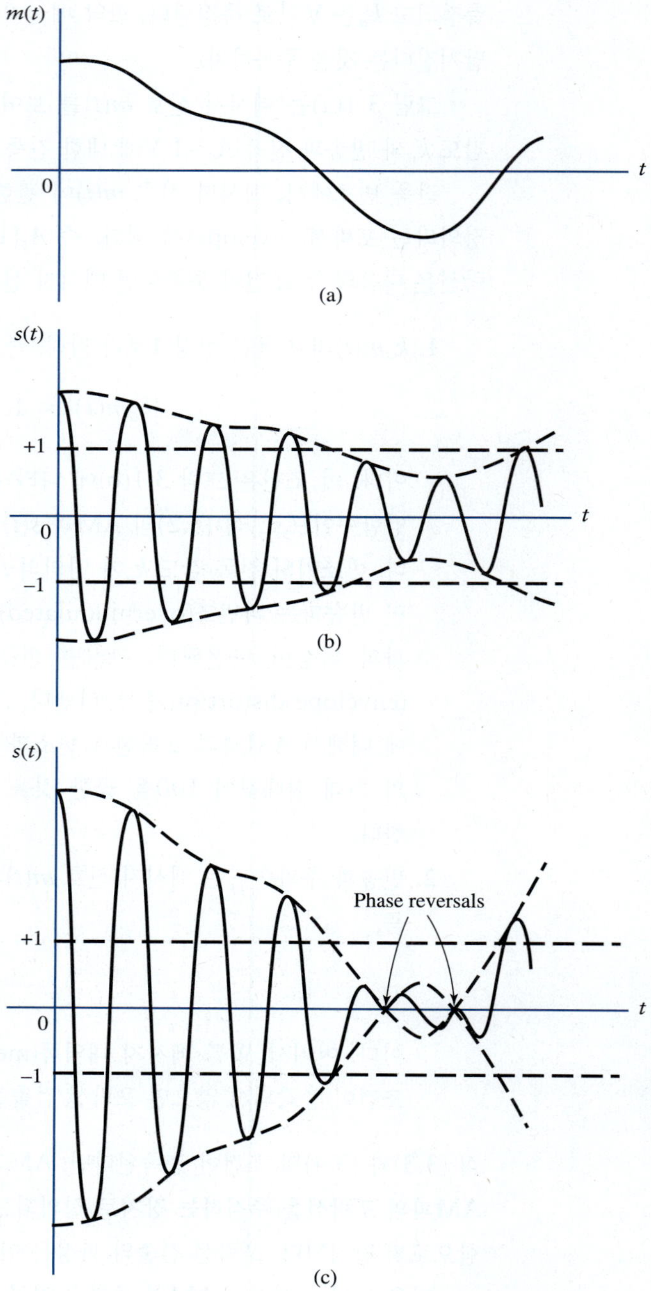

그림 3.1 AM 변조의 예. (a) 메시지 신호 $m(t)$. (b) 모든 t에 대해 $k_a m(t) < 1$에 대한 AM파. (c) 어떤 t에 대해 $|k_a m(t)| > 1$에 대한 AM파.

여기서 다음과 같은 관계를 사용한다.

$$\cos(2\pi f_c t) = \frac{1}{2}[\exp(j2\pi f_c t) + \exp(-j2\pi f_c t)]$$
$$\exp(j2\pi f_c t) \rightleftharpoons \delta(f - f_c)$$

그리고

$$m(t)\exp(j2\pi f_c t) \rightleftharpoons M(f - f_c)$$

2장에서 소개된 용어에 따라, 식 (3.5)에서 $\delta(f)$는 주파수 영역에서 디랙 델타 함수를 나타낸다.

메시지 신호 $m(t)$가 그림 3.2(a)와 같이 구간 $-W \leq f \leq W$에서 대역제한 되었다고 하자. 이 그림의 스펙트럼 모양은 단지 설명을 위한 것이다. 식 (3.5)로부터 $f_c > W$인 경우에 AM파의 스펙트럼 $S(f)$는 그림 3.2(b)에 나타난 것과 같다. 이 스펙트럼은 $\pm f_c$에서 생기는 $A_c/2$가 곱해진 두 개의 델타 함수와 $\pm f_c$만큼 주파수 천이 되고 $k_a A_c/2$로 진폭이 스케일링된 기저대역 스펙트럼으로 이루어진다. 그림 3.2(b)의 스펙트럼으로부터 세 가지 중요한 관찰 결과를 알 수 있다.

1. 변조 과정의 결과로서 반송파 주파수가 조건 $f_c > W$를 만족시키면 $-W$부터 0까지의 음의 주파수에 대한 메시지 신호 $m(t)$의 스펙트럼이 완벽하게 양의 주파수(즉 측정 가능)에서 관찰된다. 여기에 2장에서 강조된 '음'의 주파수 개념의 중요성이 있다.
2. 양의 주파수에 대해서, 반송파 주파수 f_c의 위에 놓인 AM파의 스펙트럼 부분을 **상측파대**(upper sideband)라고 하고 f_c의 아래의 대칭 부분을 **하측파대**(lower sideband)라고 한다. 조건 $f_c > W$는 측파대들이 겹치지 않을 것을 보장한다. 게다가 그림 3.2(b)의 스펙트럼에 완전히 나타낸 상측파대, 하측파대, 그리고 반송파와 함께, 변조된 파형은 각주 1대로 AM으로 적용한다.
3. 양의 주파수에 대해서 AM파의 가장 높은 주파수 성분은 $f_c + W$이고, 가장 낮은 주파수 성분은 $f_c - W$이다. 이 두 주파수의 차이를 AM파의 **전송 대역폭**(transmission bandwidth) B_T라고 하는데 이것은 메시지 대역폭 W의 2배와 같다. 즉

$$B_T = 2W \tag{3.6}$$

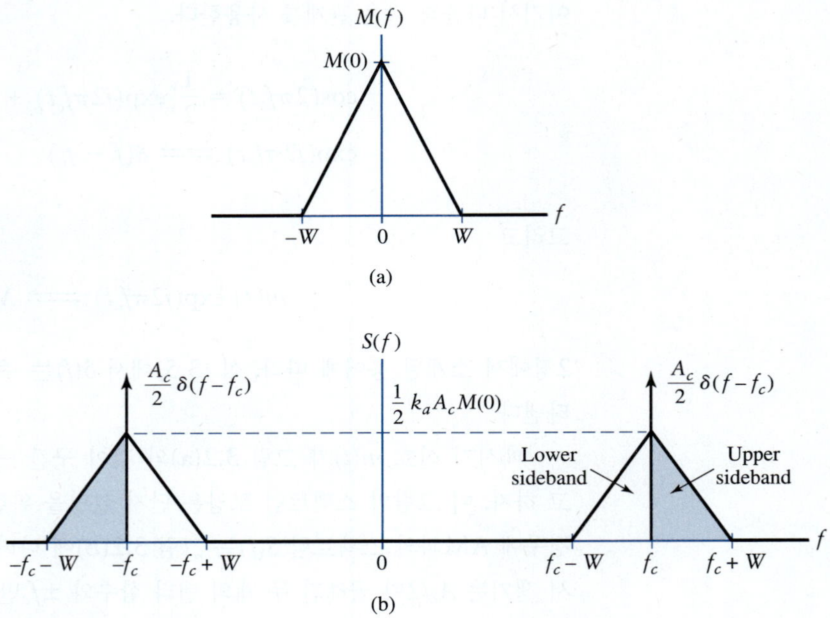

그림 3.2 (a) 메시지 신호 $m(t)$의 스펙트럼. (b) AM파 $s(t)$의 스펙트럼.

예제 3.1 단음조 변조

단음조(single tone) 혹은 단일 주파수 성분으로 구성된 변조 신호 $m(t)$를 고려하자. 즉

$$m(t) = A_m \cos(2\pi f_m t)$$

여기서 A_m은 정현 변조파의 진폭이며, f_m은 정현 변조파의 주파수이다[그림 3.3(a) 참조]. 정현 반송파는 진폭 A_c와 주파수 f_c를 갖는다[그림 3.3(b) 참조]. 따라서 대응되는 AM파는 다음과 같다.

$$s(t) = A_c[1 + \mu \cos(2\pi f_m t)] \cos(2\pi f_c t) \tag{3.7}$$

여기서

$$\mu = k_a A_m$$

무차원 상수 μ는 **변조 지수**, 혹은 백분율 수치로 표현될 때 **백분율 변조**라고 한다. 과변조에 의한 포락선 왜곡을 피하기 위해, 변조 지수 μ는 앞에서 설명한 대로 1 이하로 유지되어야 한다.

그림 3.3(c)는 1보다 작은 μ에 대한 $s(t)$의 개략도를 보여 준다. A_{max}와 A_{min}은 각각 변조된 파형의 최대값과 최소값을 의미한다고 하자. 따라서 식 (3.7)로부터 다음을 얻는다.

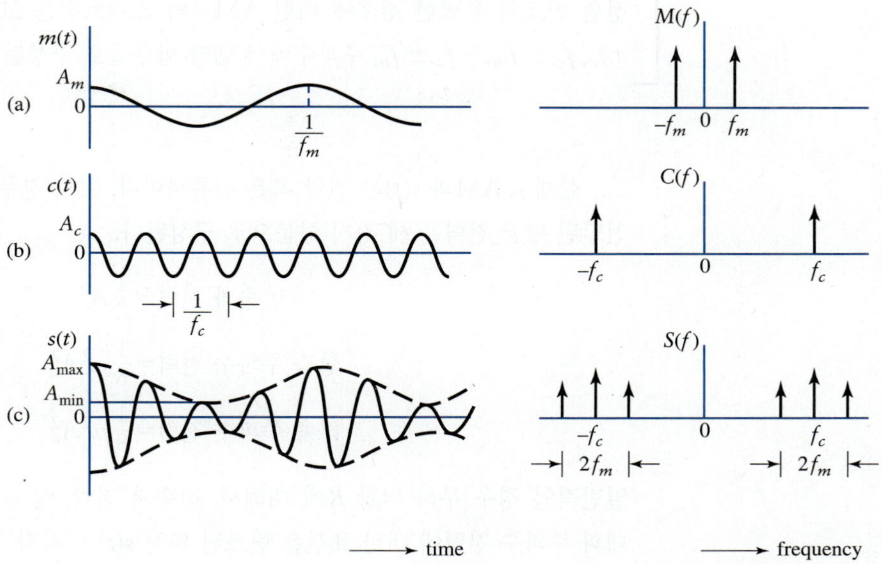

그림 3.3 단음조 신호에 생성된 진폭 변조의 시간 영역(좌측)과 주파수 영역(우측)의 특성에 관한 예. (a) 변조파. (b) 반송파. (c) AM파.

$$\frac{A_{\max}}{A_{\min}} = \frac{A_c(1 + \mu)}{A_c(1 - \mu)}$$

이 식을 다시 쓰면, 다음과 같이 변조 지수를 표현할 수 있다.

$$\mu = \frac{A_{\max} - A_{\min}}{A_{\max} + A_{\min}}$$

식 (3.7)에서 두 코사인 함수의 곱을, 한 항은 주파수 f_c+f_m을 가지고 다른 항은 주파수 f_c-f_m을 갖는 두 정현파의 합으로 표현하면, 다음과 같은 식을 얻는다.

$$s(t) = A_c \cos(2\pi f_c t) + \frac{1}{2}\mu A_c \cos[2\pi(f_c + f_m)t] + \frac{1}{2}\mu A_c \cos[2\pi(f_c - f_m)t]$$

따라서 $s(t)$의 푸리에 변환은 다음과 같다.

$$\begin{aligned} S(f) = {} & \frac{1}{2}A_c[\delta(f - f_c) + \delta(f + f_c)] \\ & + \frac{1}{4}\mu A_c[\delta(f - f_c - f_m) + \delta(f + f_c + f_m)] \\ & + \frac{1}{4}\mu A_c[\delta(f - f_c + f_m) + \delta(f + f_c - f_m)] \end{aligned}$$

정현 변조의 특별한 경우에 대한 AM파의 스펙트럼은 그림 3.3(c)에 나와 있는 것처럼 $\pm f_c$, $f_c \pm f_m$, $-f_c \pm f_m$ 주파수에서 델타 함수들로 구성된다.

실제로 AM파 $s(t)$는 전압 혹은 전류파이다. 어느 경우라도 $s(t)$에 의해 1옴의 저항에 전달된 평균 전력은 세 가지 성분으로 구성된다.

$$\text{반송파 전력} = \frac{1}{2}A_c^2$$

$$\text{상측 주파수 전력} = \frac{1}{8}\mu^2 A_c^2$$

$$\text{하측 주파수 전력} = \frac{1}{8}\mu^2 A_c^2$$

일반적인 경우 부하 저항 R에 대해서, 반송파 전력, 상측대파 주파수 전력, 그리고 하측대파 주파수 전력에 대한 표현은 변조된 파형 $s(t)$가 각각 전압인지 혹은 전류인지에 따라 단지 $1/R$ 혹은 R로 크기가 조정된다. 어떤 경우에도, 변조된 파형에서 총 측파대 전력과 총 전력과의 비는 단지 변조 지수 μ에 의존하는 $\mu^2/(2+\mu^2)$과 같다. 만약 $\mu=1$—즉 100% 변조가 사용된 경우—이면 AM파의 두 측면 주파수의 전력은 변조된 파형에서 총 전력의 1/3이다.

그림 3.4는 백분율 변조에 대비하여 양측파대 주파수와 반송파에서 총 전력의 백분율을 보여 준다. 백분율 변조가 20%보다 작을 때 AM파에서 한 측면 주파수의 전력은 총 전력의 1%보다 작다는 것에 주목하자.

컴퓨터 실험: AM

AM 실험에 대해서, 다음의 파라미터를 기초로 정현파 변조를 공부할 것이다.

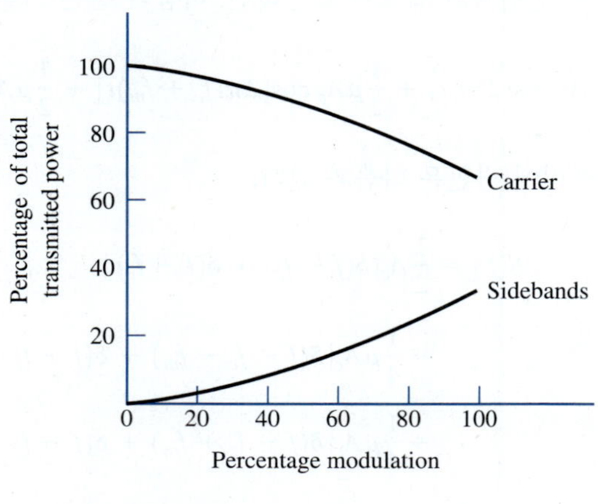

그림 3.4 진폭 변조에서 백분율 변조에 따른 반송파 전력과 총 측파대 전력의 변화.

반송파 진폭 $A_c=1$
반송파 주파수 $f_c=0.4$ Hz
변조 주파수 $f_m=0.05$ Hz

우리는 변조된 파형의 전체 주기의 10배(200초의 구간에 해당)를 표시하고 분석하고자 한다. 디지털 컴퓨터로 실험을 수행하기 위해 변조된 파형은 $f_s=10$ Hz 율로 표본화되고, 총 $200\times f_s=2000$ Hz의 데이터 표본점을 얻는다. 변조된 파형이 차지하는 주파수 대역은 -5 Hz $\leq f \leq$ 5 Hz이다. 반송파 주파수와 한 측면 주파수 간의 간격은 변조 주파수 $f_m=0.05$ Hz와 같으므로, 주파수 해상도 $f_r=0.005$ Hz를 갖고자 한다. 이 주파수 해상도를 달성하기 위해 다음 조건을 만족시키는 주파수 표본이 요구된다.

$$M \geq \frac{f_s}{f_r} = \frac{10}{0.005} = 2000$$

따라서 $M=2000$을 선택한다. 변조된 파형의 푸리에 변환을 근사화하기 위해, 2000-point FFT 알고리즘을 사용한다. FFT 알고리즘에 대해서는 2장에서 설명하였다.

전체 AM 실험에서 단지 하나의 변수 파라미터는 변조 지수 μ이며, 3가지 다른 상황에 관하여 조사한다.

$\mu=0.5$, 부족 변조에 해당
$\mu=1.0$, 100% 변조에 해당
$\mu=2.0$, 과변조에 해당

조사의 결과는 그림 3.5부터 그림 3.7까지에서 볼 수 있으며, 자세한 사항은 다음과 같다.

1. 변조 지수 $\mu=0.5$

그림 3.5(a)는 $\mu=0.5$에 해당하는 AM파의 10주기를 보여 준다. 변조된 파형의 포락선이 정현 변조 파형을 충실히 따르고 있음을 볼 수 있다. 이것은 복조를 위해 포락선 검출기를 이용할 수 있다는 것을 의미한다.

그림 3.5(b)는 변조된 파형의 진폭 스펙트럼을 보여 준다. 그림 3.5(c)는 반송파 주파수 근처의 변조된 파형의 세밀한 구조를 확대한 모양이다. 두 그림은 진폭 변조의 이론에 따른 두 측대파 주파수와 반송파 간의 정확한 관계를 명확하게 보여 준다. 그 관계는 다음과 같다.

- 하측파대 주파수, 반송파, 그리고 상측파대 주파수는 $(f_c-f_m)=\pm0.35$ Hz, $f_c=\pm0.4$ Hz, 그리고 $(f_c+f_m)=\pm0.45$ Hz에 위치한다.
- 양측파대 주파수의 진폭은 반송파 진폭의 $(\mu/2)=0.25$배이다.

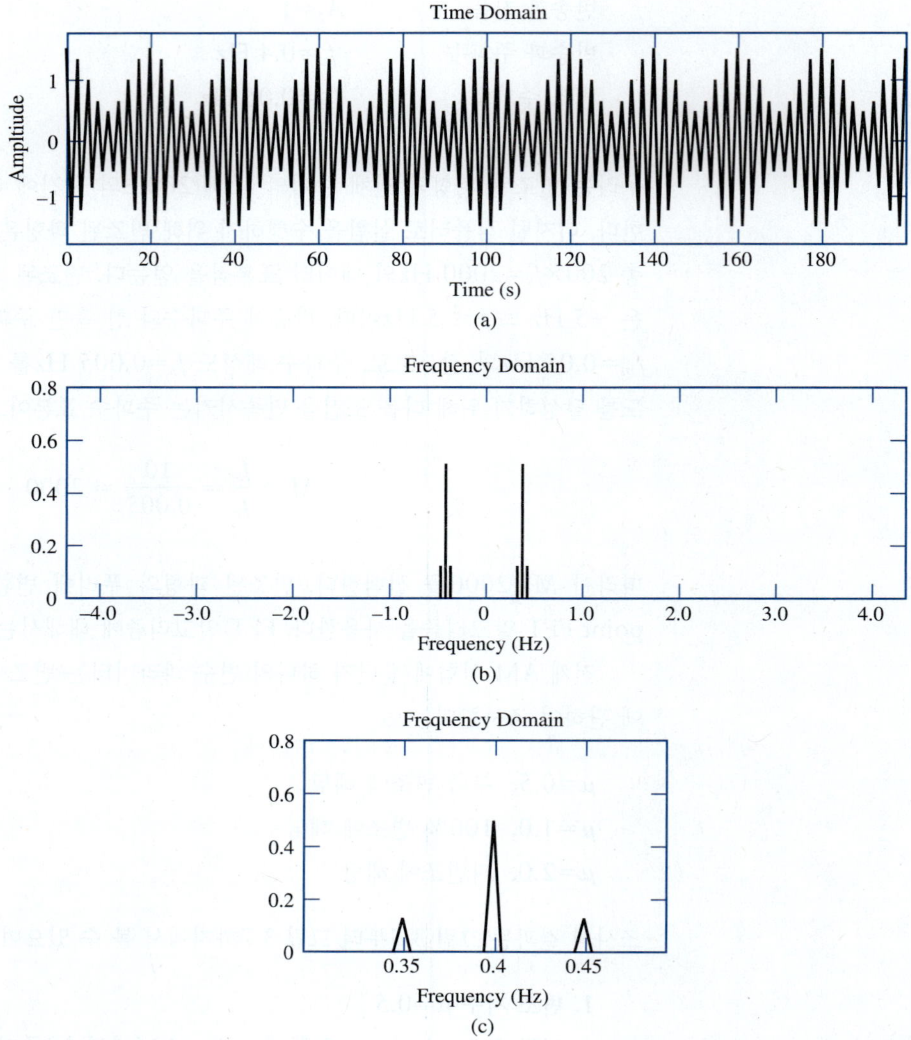

그림 3.5 50% 변조의 진폭 변조: (a) AM파, (b) AM파의 진폭 스펙트럼, (c) 반송파 주파수 부근의 확대된 스펙트럼.

2. 변조 지수 $\mu=1.0$

그림 3.6(a)는 그림 3.5(a)와 같이 $\mu=1.0$을 제외한 동일 파라미터의 변조된 파형의 10주기를 보여 준다. 이 그림은 변조된 파형이 과변조의 경계에 있음을 보여 준다.

변조된 파형의 진폭 스펙트럼은 그림 3.6(b)에 나와 있으며, 이 그림의 확대 그림은 그림 3.6(c)에 나와 있다. 여기서 다시 한 번 변조된 파형 진폭 스펙트럼의

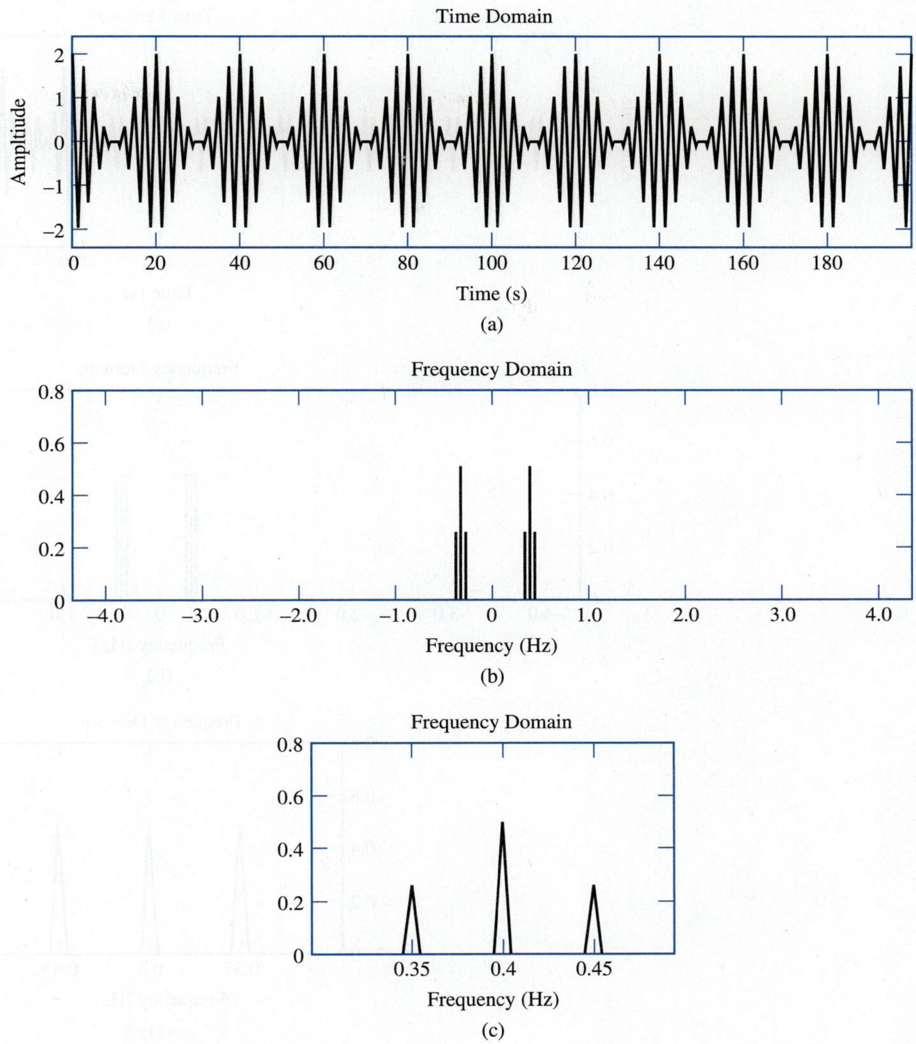

그림 3.6 100% 변조의 진폭 변조: (a) AM파, (b) AM파의 진폭 스펙트럼, (c) 반송파 주파수 부근의 확대된 스펙트럼.

기본 구조는 진폭 변조 이론에 완전하게 따름을 보여 준다.

3. 변조 지수 $\mu=2.0$

그림 3.7(a)는 변조 지수 $\mu=2.0$을 사용하여 과변조의 영향을 시범으로 보여 준다. 여기에서 과변조된 파형의 포락선과 정현 변조파 사이의 명확한 관계를 볼 수 없다. 예상한 대로, 이 결과는 $\mu=2.0$에 대해 포락선 검출기가 적절하게 동작하지 않을 것임을 의미한다.

그럼에도 불구하고 그림 3.7(b)와 3.7(c)에 나와 있는 과변조된 파형의 스펙트

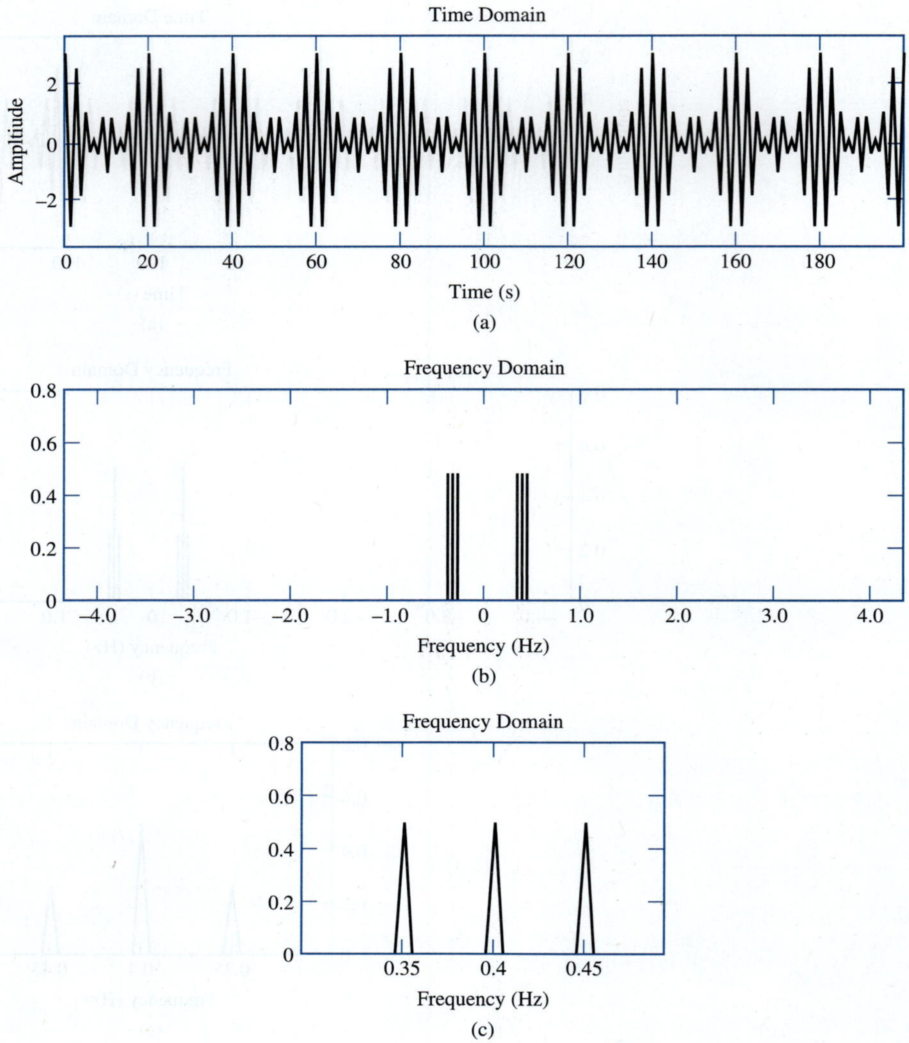

그림 3.7 200% 변조의 진폭 변조: (a) AM파, (b) AM파의 진폭 스펙트럼, (c) 반송파 주파수 부근의 확대된 스펙트럼.

럼 내용은 진폭 변조 이론이 예측한 것을 정확히 따른다.

▶ **연습문제 3.1** 100% 변조에 대해서 AM파의 포락선이 임의의 시간 t에서 0이 될 수 있는가? 답에 대한 근거를 제시하라. ◀

▶ **연습문제 3.2** 정현 변조파를 이용한 AM의 특수한 경우에서 백분율 변조가 20%이다. (a) 반송파와 (b) 각 측대파 주파수의 평균 전력을 구하라.` ◀

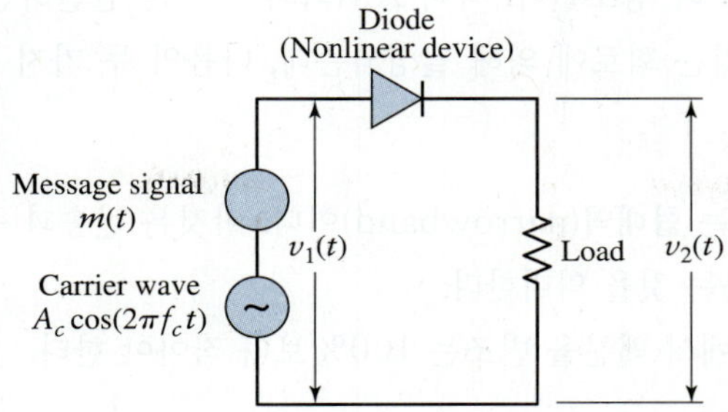

그림 3.8 다이오드를 사용한 비선형 회로.

▶ **연습문제 3.3** AM에서, 양의 주파수에 대해 하측파대가 음의 주파수에 대해 그것의 **영상**(image)과 겹칠 때 **스펙트럼 중첩**(spectral overlap)이라고 한다. 스펙트럼 중첩을 피하고자 한다면 변조된 파형은 어떤 조건을 충족해야 하는가? 메시지 신호 $m(t)$는 대역폭 W의 저역통과 형태라고 가정한다. ◀

▶ **연습문제 3.4** AM파를 발생시키기 위한 **제곱 법칙 변조기**(square-law modulator)는 비선형 소자(예를 들면 다이오드)에 의존한다. 그림 3.8은 이러한 변조기의 가장 간단한 형태를 그리고 있다. 이 그림에서 다이오드-부하 저항 조합의 입출력 특성은 고차항을 무시하면 다음과 같은 **제곱 법칙**(square law)으로 표현된다.

$$v_2(t) = a_1 v_1(t) + a_2 v_1^2(t)$$

여기서

$$v_1(t) = A_c \cos(2\pi f_c t) + m(t)$$

은 입력 신호, $v_2(t)$는 부하 저항을 통해 얻어진 출력 신호, 그리고 a_1과 a_2는 상수이다.

(a) 출력 신호 $v_2(t)$의 스펙트럼 성분을 결정하라.

(b) $v_2(t)$로부터 원하는 AM파를 추출하기 위해 대역통과 필터(그림 3.8에는 포함 안 됨)가 필요하다. 메시지 신호는 대역이 $-W \le f \le W$로 제한된다고 가정하고, 요구되는 필터의 차단 주파수를 결정하라.

(c) $v_2(t)$에서 원하지 않는 변조의 산물에 의한 **스펙트럼 왜곡**을 피하기 위해, $W < f_c > 3W$이라는 조건이 충족되어야 한다. 이 조건을 입증하라. ◀

포락선 검출

문제 3.4에서 다루었던 제곱 법칙 변조기는 AM 송신기를 제작하는 데 포함된 구현의 단순성에 대한 증거이다. AM의 구현상의 단순성은 변조의 반대 과정인 AM파의 복조를 고려할 때보다 더 강조된다. 특히 AM파의 복조는 간단하면서도 매우 효율적인 **포락선 검출기**[2]라 불리는 회로에 의해 달성되는데, 다음의 두 가지 실제적인 조건이 충족되어야 한다.

1. AM파는 **협대역**(narrowband)이다. 이것은 반송파 주파수가 메시지 대역폭에 비해 크다는 것을 의미한다.
2. AM파에서 백분율 변조는 100%보다 작아야 한다.

연속형(series type)의 포락선 검출기를 그림 3.9(a)에서 보여 주고 있는데, 다이오드와 저항–커패시터(RC) 필터로 구성된다. 이 포락선 검출기의 동작은 다음과 같다. 입력 신호의 양의 반주기에서 다이오드는 순방향 바이어스 되고 커패시터 C는 입력 신호의 첨두값까지 빠르게 충전된다. 입력 신호가 이 값 이하로 떨어질 때, 다이오드는 역방향 바이어스 되면서 커패시터 C는 부하 저항 R_l을 통하여 천천히 방전된다. 이 방전 과정은 다음 양의 반주기까지 계속된다. 입력 신호가 커패시터 양단의 전압보다 클 때, 다이오드는 다시 도통되고, 이 과정은 반복된다. 여기서 우리는 순방향 바이어스 영역에서 전류 흐름에 대한 저항 r_f를 갖고, 역방향 바이어스 영역에서 무한대의 저항을 갖는 이상적인 다이오드로 가정한다. 또한 포락선 검출기에 적용된 AM파는 내부 임피던스 R_s의 전압원으로 가정한다. 충전 시상수 $(r_f+R_s)C$는 반송파 주기 $1/f_c$와 비교하여 작아야 한다. 즉

$$(r_f + R_s)C \ll \frac{1}{f_c}$$

커패시터 C는 빠르게 충전되고 그에 따라 다이오드가 도통될 때 가해진 전압의 양의 최대값까지 따라가기 위해서이다. 다른 한편으로 방전 시상수 R_lC는 반송파의 양의 최대값들 사이에서 부하 저항 R_l을 통하여 천천히 방전되도록 충분히 커야 하지만, 커패시터 전압이 변조파의 최대 변화율에서 방전되지 않도록 그렇게 크지는 않아야 한다. 즉

$$\frac{1}{f_c} \ll R_lC \ll \frac{1}{W}$$

여기서 W는 메시지의 대역폭이다. 다음에 시범을 보이는 것처럼, 커패시터 전압 혹은 검출기 출력은 AM파의 포락선과 거의 같은 결과를 얻는다.

[2] 서문에서 우리는 이 책에서 취하는 접근법은 시스템적 관점으로부터 비롯되었다는 것을 강조했다. 포락선 검출기를 자세히 기술하면서 이러한 접근에 명확히 예외를 둔다. 이렇게 하는 이유는 포락선 검출기가 단순성의 이점 때문에 거의 모든 상용 AM 수신기에 사용되고 있기 때문이다. 실제로 꾸준히 증가하는 디지털 통신의 우위에도 불구하고, 진폭 변조가 하나의 형태나 다른 형태로 계속 활용될 수 있는 것은 AM 송신기와 수신기 구성의 단순성이 매우 경제적이기 때문이다.

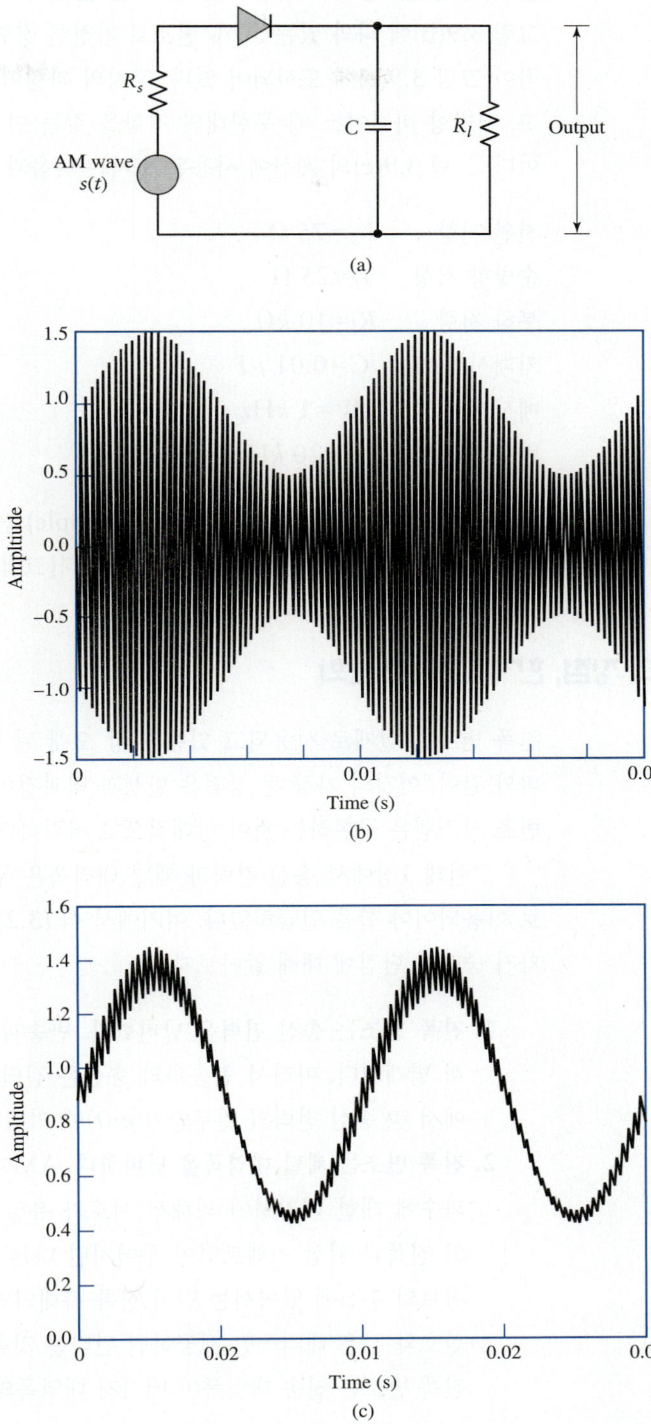

그림 3.9 포락선 검출기. (a) 회로도. (b) AM파 입력. (c) 포락선 검출기 출력.

컴퓨터 실험: 정현 AM에 대한 포락선 검출

그림 3.9(b)에 나와 있는 50% 변조로 가정한 정현 AM파를 고려하자. 포락선 검출기 출력이 그림 3.9(c)에 도시되어 있다. 후자의 파형이 순방향 바이어스 때 상수 저항 r_f를 갖고, 역방향 바이어스 때 무한대의 저항을 갖는 이상적인 다이오드로 가정하여 계산된 것이다. 그림 3.9(c)의 계산에 사용된 수치는 다음과 같다.

전원 저항	$R_s=75\ \Omega$
순방향 저항	$r_f=25\ \Omega$
부하 저항	$R_l=10\ k\Omega$
커패시턴스	$C=0.01\ \mu F$
메시지 대역폭	$W=1\ k\text{Hz}$
반송파 주파수	$f_c=20\ k\text{Hz}$

포락선 검출기 출력은 높은 주파수 리플(ripple)을 포함하고 있는 것을 주목하자. 이 리플은 저역통과 필터를 사용하여 제거할 수 있다[그림 3.9(a)에는 표시되어 있지 않음].

3.2 진폭 변조의 장점, 한계, 그리고 변화

진폭 변조는 실제로 사용되고 있는 가장 오래 된 변조 방식이다. 3.1절에서 이미 언급한 바와 같이, 이것의 가장 큰 장점은 발생과 역과정이 쉽다는 것이다. 최종적인 결과는 진폭 변조 시스템은 구현하는 것이 상대적으로 저렴하다는 것이다.

그런데 1장에서 송신 전력과 채널 대역폭은 두 가지 중요한 통신 자원이고 효율적으로 이용되어야 함을 언급하였다. 여기에서 식 (3.2)로 정의되는 진폭 변조가 갖고 있는 두 가지 중요한 단점에 대해 알아보자.

1. **진폭 변조는 송신 전력을 낭비한다.** 반송파 $c(t)$는 정보 함축 신호 $m(t)$와는 완전히 별개이다. 따라서 반송파의 송신은 전력의 낭비를 나타낸다. 이것은 진폭 변조에서 총 송신 전력의 일부만이 $m(t)$에 의해서 실제로 영향을 받는다는 것이다.
2. **진폭 변조는 채널 대역폭을 낭비한다.** AM파의 상측파대 및 하측파대는 반송파 주파수에 대한 대칭성에 의해서 서로가 유일한 관계를 가진다. 따라서 한쪽 측파대의 진폭과 위상 스펙트럼이 주어지면 다른 쪽을 유일하게 결정할 수 있다. 이것은 정보의 송신에 있어서는 단지 한쪽 측대역만 필요하고 따라서 통신 채널은 메시지 신호와 같은 대역폭만 제공하면 된다는 것을 의미한다. 이러한 점에 비추어 볼 때, 진폭 변조는 전송 대역폭이 메시지 대역폭의 두 배이므로 대역폭을 낭비한다.

이러한 단점을 극복하기 위해서는 진폭 변조 과정의 증가된 시스템 복잡성을 유발하는 어떤 변화가 있어야 한다. 실제로 통신 자원의 이용을 증가시키는 것은 시스템 복잡성과 절충 관계가 있다. 진폭 변조의 세 가지 변화를 분류하면서 논의를 시작해 보자.

1. **양측파대-억압 반송파**(DSB-SC: double sideband-suppressed carrier) **변조.** 여기서 송신파는 단지 상측파대와 하측파대로만 구성된다. 송신 전력은 반송파의 억압을 통해 절약되지만, 채널 대역폭 요구 사항은 이전과 같다(예로 메시지 대역폭의 두 배).
2. **단측파대**(SSB: single sideband) **변조.** 여기서 변조된 파형은 단지 상측파대 혹은 하측파대뿐이다. 따라서 SSB 변조의 필수적인 기능은 주파수 영역에서 변조 신호의 스펙트럼을 새 위치로 이동(천이)시키는 것이다. 단측파대 변조는 특히 음성 신호의 송신에 적합한데, 이는 음성 신호의 영 주파수와 수백 헤르츠 사이에 존재하는 **에너지 간격**(energy gap) 때문이다. SSB는 최소 송신 전력과 최소 채널 대역폭을 요구한다는 점에서 연속파 변조의 최적의 형태이다. 이에 대한 주요한 단점은 증가된 복잡성과 제한된 적용성이다.
3. **잔류측파대**(VSB: vestigial sideband) **변조.** 여기서 하나의 측파대가 거의 완전히 통과되고 다른 측파대의 **흔적**(trace 혹은 vestige)은 잔류시킨다. 따라서 요구되는 대역폭은 잔류 측파대의 폭과 같은 양에 의하여 메시지 대역폭을 다소 초과한다. 이런 형태의 변조는 극히 낮은 주파수에서 주요한 성분을 함유하는 텔레비전 신호 같은 광대역 신호의 송신에 적합하다. 상용 텔레비전 방송에서 조절 가능한 반송파가 변조된 파형과 함께 송신되는데, 이것은 수신기에서 포락선 검출기로 들어오는 변조된 신호를 복조하는 것을 가능하게 하고 따라서 수신기 설계를 간단하게 한다.

3.3절에서 DSB-SC 변조를 다루고 이어지는 절에서 순서대로 SSB 변조 그리고 VSB 변조를 다룬다.

3.3 양측파대-억압 반송파 변조

이론

기본적으로 **양측파대-억압 반송파 변조**는 다음 식에서 보여 주는 것과 같이 메시지 신호 $m(t)$와 반송파 $c(t)$의 곱으로 구성된다.

$$\begin{aligned} s(t) &= c(t)m(t) \\ &= A_c \cos(2\pi f_c t)m(t) \end{aligned} \tag{3.8}$$

따라서 DSB-SC 변조 된 파형을 생성하기 위해 사용된 장치는 **곱 변조기**(product modulator)로 적용된다. 식 (3.8)로부터 진폭 변조와 달리 DSB-SC 변조는 메시지 신호 $m(t)$가 차단될 때마다 0으로 감소된다는 점에 유의하라.

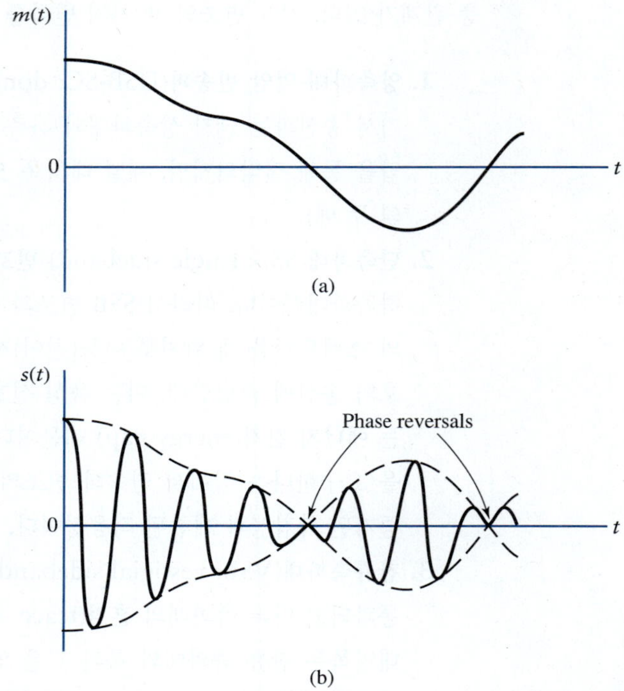

그림 3.10 (a) 메시지 신호 $m(t)$. (b) DSB-SC 변조 된 파형 $s(t)$.

그러나 그림 3.10(a)에 그려진 메시지 신호 $m(t)$에 대해 그림 3.10(b)에 표현된 것처럼 변조된 신호 $s(t)$는 메시지 신호 $m(t)$가 0을 지날 때마다 **위상 반전**(phase reversal)이 일어난다는 것이 가장 주목할 점이다. DSB-SC 변조 된 신호의 포락선은 메시지 신호와는 다르며, 이것은 DSB-SC 변조에 대해 포락선 검출기를 사용한 간단한 복조는 가능한 선택이 아니라는 것을 의미한다.

식 (3.8)에서 $s(t)$의 푸리에 변환이 다음과 같이 얻어진다.

$$S(f) = \frac{1}{2}A_c[M(f - f_c) + M(f + f_c)] \tag{3.9}$$

여기서 $m(t) \rightleftharpoons M(f)$이다. 그림 3.11(a)처럼 메시지 신호 $m(t)$가 구간 $-W \leq f \leq W$로 제한된 경우 DSB-SC파 $s(t)$의 스펙트럼 $S(f)$는 그림 3.11(b)와 같다. 척도 인수(scale factor)의 변화를 제외하고, 변조 과정은 단순히 메시지 신호를 f_c만큼 오른쪽으로 그리고 $-f_c$만큼 왼쪽으로 **천이**(translate)시키는 것이다. 물론 DSB-SC 변조의 필요한 전송 대역폭은 진폭 변조와 같은 $2W$이다.

간단하게 대역폭 점유에 관한 한, DSB-SC는 AM에 대해 이점을 제공하지 않는다. 유일한 이점은 송신 전력을 줄이는 점이다. 이것은 가용한 송신 전력이 제한적일 때 충분

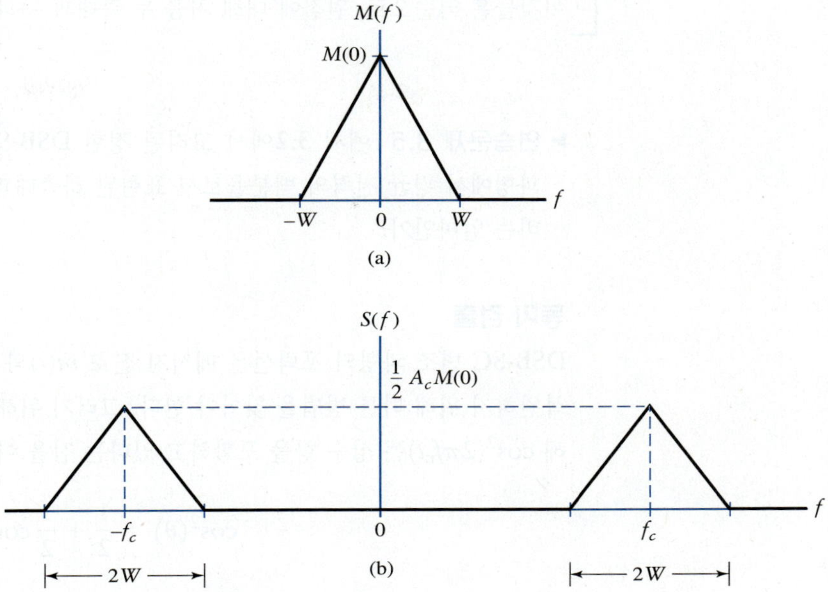

그림 3.11 (a) 메시지 신호 $m(t)$의 스펙트럼. (b) DSB-SC 변조 된 파형 $s(t)$의 스펙트럼.

히 중요하다.

예제 3.2 정현 DSB-SC 스펙트럼

진폭 A_m과 주파수 f_m의 정현 변조파를 사용하고, 진폭 A_c와 주파수 f_c의 반송파에서 동작하는 DSB-SC 변조를 고려한다. 메시지 신호의 스펙트럼은 다음과 같다.

$$M(f) = \frac{1}{2}A_m\delta(f - f_m) + \frac{1}{2}A_m\delta(f + f_m)$$

식 (3.9)를 이용하면, 천이된 스펙트럼 $\frac{1}{2}A_cM(f-f_c)$는 양의 주파수에 대해 두 측대파 주파수를 정의한다.

$$\frac{1}{4}A_cA_m\delta(f - (f_c + f_m)); \qquad \frac{1}{4}A_cA_m\delta(f - (f_c - f_m))$$

식 (3.9)의 천이된 다른 스펙트럼—다시 말해서 $\frac{1}{2}A_c\ M(f+f_c)$—은 음의 주파수에 대해 남아 있는 두 측대파 주파수를 정의한다.

$$\frac{1}{4}A_cA_m\delta(f + (f_c - f_m)); \qquad \frac{1}{4}A_cA_m\delta(f + (f_c + f_m))$$

이것들은 역순으로, 원점에 대해 처음 두 측대파 주파수의 **영상**(image)이다.

▶ **연습문제 3.5** 예제 3.2에서 고려된 정현 DSB-SC 변조에 대해서, DSB-SC 변조 된 파형에서 평균 전력의 백분율로서 표현된 하측대파 혹은 상측대파 주파수의 평균 전력비는 얼마인가? ◀

동기 검출

DSB-SC 변조 파형의 포락선은 메시지 신호 $m(t)$와 다르므로, 우리는 $s(t)$로부터 $m(t)$를 복원하기 위해 다른 방법을 찾아야 한다. 그러기 위해서 다음과 같은 삼각 함수 등식에 의해 $\cos^2(2\pi f_c t)$는 상수 항을 포함하고 있다는 점을 이용한다.

$$\cos^2(\theta) = \frac{1}{2} + \frac{1}{2}\cos(2\theta)$$

$\theta=2\pi f_c t$에 대해 다시 쓴 이 관계에 비추어, 식 (3.8)로부터 메시지 신호 $m(t)$는 $s(t)$를 국부적으로 발생된 정현파와 곱한 후 저역통과 필터를 거침으로써 유일하게 복구될 수 있다. 국부 발진기의 신호는 $s(t)$를 발생시키기 위해, 곱 변조기에서 사용된 반송파 $c(t)$의 주파수와 위상 모두에 정확히 동기가 맞아 있다고 가정한다. 이 복조 방법은 **동기 검출**(coherent detection) 또는 **동기 복조**(synchronous demodulation)로 알려져 있다.

반송파 $c(t)$와 주파수가 같고 위상차가 ϕ인 국부 발진기 신호를 이용한 보다 일반적인 복조 과정의 특수한 경우로서 위상 동기 검파를 유도하는 것이 유익하다. 국부 발진기 신호를 $A_c' \cos(2\pi f_c t+\phi)$라 하고 DSB-SC파 $s(t)$에 대한 식 (3.8)을 사용하면 그림 3.12에서 곱 변조기의 출력은 다음과 같다.

$$\begin{aligned} v(t) &= A_c' \cos(2\pi f_c t + \phi)s(t) \\ &= A_c A_c' \cos(2\pi f_c t)\cos(2\pi f_c t + \phi)m(t) \\ &= \frac{1}{2}A_c A_c' \cos(4\pi f_c t + \phi)m(t) + \frac{1}{2}A_c A'_c \cos(\phi)m(t) \end{aligned} \tag{3.10}$$

여기에 다음과 같은 삼각 함수 등식이 사용되었다.

$$\cos(\theta_1)\cos(\theta_2) = \frac{1}{2}\cos(\theta_1 + \theta_2) + \frac{1}{2}\cos(\theta_1 - \theta_2)$$

여기서 바로 적용하기 위해서 $\theta_1=2\pi f_c t$이고 $\theta_2=2\pi f_c t+\phi$라고 둔다.

식 (3.10)에서 첫 번째 항은 반송파 주파수 $2f_c$인 DSB-SC 변조 된 신호를 나타내고, 두 번째 항은 메시지 신호 $m(t)$에 비례한다. 이것은 그림 3.13에 있는 스펙트럼 $V(f)$에

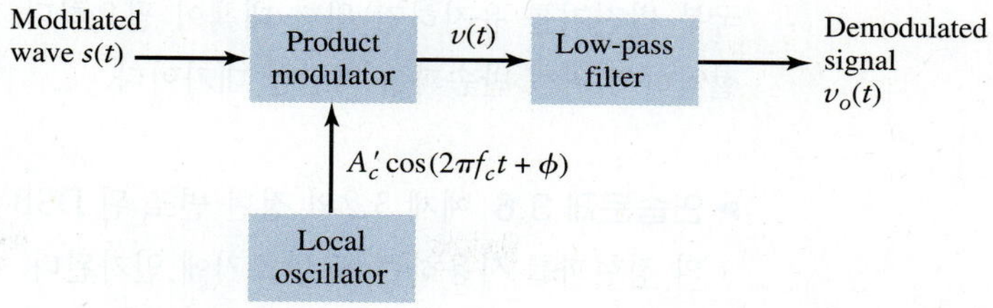

그림 3.12 송신기의 정현 반송파 발진기에 대해 ϕ만큼의 위상 차이가 있는 국부 발진기를 가정한 동기 검출기의 블록 다이어그램.

의해서 아주 잘 나타나 있다. 여기서 메시지 신호 $m(t)$는 구간 $-W \le f \le W$로 제한되었다고 가정한다. 따라서 그림 3.13의 저역통과 필터의 차단 주파수가 W보다 크고 $2f_c - W$보다 작으면 식 (3.10)의 첫 번째 항은 제거된다. 이것은 $f_c > W$를 선택하면 충족된다. 그러면 필터 출력에서 다음과 같은 신호를 얻는다.

$$v_o(t) = \frac{1}{2} A_c A_c' \cos(\phi) m(t) \tag{3.11}$$

위상 에러 ϕ가 상수이면 복조된 신호 $v_o(t)$는 $m(t)$에 비례한다. 이 복조된 신호의 진폭은 $\phi=0$에서 최대이고 $\phi=\pm\pi/2$에서 최소(0)가 된다. 복조된 신호가 $\phi=\pm\pi/2$에서 0이 되는 것은 위상 동기 검출기의 **직교 위상 영효과**(quadrature null effect)를 나타낸다. 따라서 국부 발진기에서 위상 에러 ϕ는 검출기 출력 $\cos\phi$와 같은 성분으로 감소하도록 한다. 위상 에러 ϕ가 일정하면 검출기 출력은 원래의 메시지 신호 $m(t)$의 무왜곡된 형태가 된다. 그런데 실제에서는 통신 채널의 임의의 변화 때문에 위상 에러 ϕ가 시간에 따라 임의로 변화한다. 그 결과 검출기 출력에서 곱해지는 성분인 $\cos\phi$도 시간에 따라 임의로 변화하는데 이것은 바람직하지 않다. 그러므로 송신기의 DSB-SC 변조 된 신호를 발생시키는 데 사용된 반송파의 **주파수 및 위상에 대한 완벽한 동기**를 맞추기 위해 시스템에서

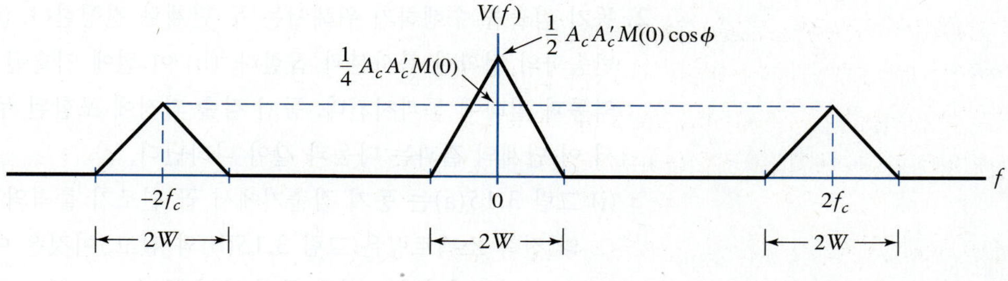

그림 3.13 그림 3.12의 동기 검출기에서 검출기 입력으로 DSB-SC 변조 된 파형을 입력한 곱 변조기 출력의 스펙트럼 예.

국부 발진기를 유지하기 위한 대책이 필요하다. 이로 인한 시스템 복잡성은 송신 전력을 절약하기 위해 반송파를 억압한 대가이다.

▶ **연습문제 3.6** 예제 3.2의 정현 변조 된 DSB-SC 파형이 국부적으로 발생된 단위 진폭의 정현파를 사용하는 곱 변조기에 인가된다. 여기서 정현파는 변조기에서 사용된 반송파와 동기화된다.

(a) $\nu(t)$로 표현된 곱 변조기의 출력을 결정하라.

(b) 양의 주파수에서 DSB-SC 변조된 파형에 의해 생성되고, 음의 주파수에서 DSB-SC 변조 된 파형에 의해 생성된 나머지 두 정현파 항의 $\nu(t)$에서 두 정현파 항을 확인하라. ◀

▶ **연습문제 3.7** DSB-SC의 복조를 위한 동기 검출기는 변조기가 스펙트럼 겹침을 겪으면 만족할 만큼 동작하지 못한다. 이러한 실패에 대한 이유를 설명하라. ◀

컴퓨터 실험: DSB−SC

DSB-SC 변조의 실험적인 공부를 위해 3.1절에서 기술한 설정에서 AM 대신 DSB-SC로 바꾸고 나머지는 같다고 하자. 실험의 결과는 다음과 같은 두 관점에서 기술한다.

1. 그림 3.14(a)는 주파수 0.05 Hz의 정현 변조파에 의해 생성된 DSB-SC 변조 된 파형의 10주기를 도시하고 있다. 예상한 대로, 변조 된 파형의 포락선은 정현 변조파에 대한 명확한 관계를 가지고 있지 않다. 따라서 복조를 위해 동기 검출을 사용해야 하는데, 이것은 관점 2에서 논의된다.

그림 3.14(b)는 변조된 파형의 진폭 스펙트럼을 보여 준다. 그림 3.14(c)에서는 주파수 0.4 Hz의 반송파 주파수 부근에서 스펙트럼의 확대판을 보여 준다. 이 두 그림은 반송파가 실제로 억압되었다는 것과, 상측대파와 하측대파의 주파수들이 존재해야 될 장소—즉 각각 ±0.45 Hz와 ±0.35 Hz—에 정확히 위치해 있음을 보여 준다.

2. 동기 검출을 수행하기 위해서는 두 단계로 진행한다. (i) DSB-SC 변조 된 파형을 반송파의 정확한 복사본과 곱한다. (ii) 이 절에 기술된 동기 검출처럼, 그 곱을 저역통과 필터에 통과시킨다. 동기 검출 과정에 포함된 두 동작 단계에 의해, 실험에서 이 단계의 결과는 다음과 같이 나타난다.

(i) 그림 3.15(a)는 동기 검출기에서 곱 변조기 출력의 파형을 보여 준다. 이 파형의 진폭 스펙트럼은 그림 3.15(b)와 같고, 이것은 이 파형이 다음과 같은 성분으로 이루어진다는 것을 즉시 보여 준다.

- 정현 변조파를 나타내는 주파수 0.05 Hz의 정현파 성분

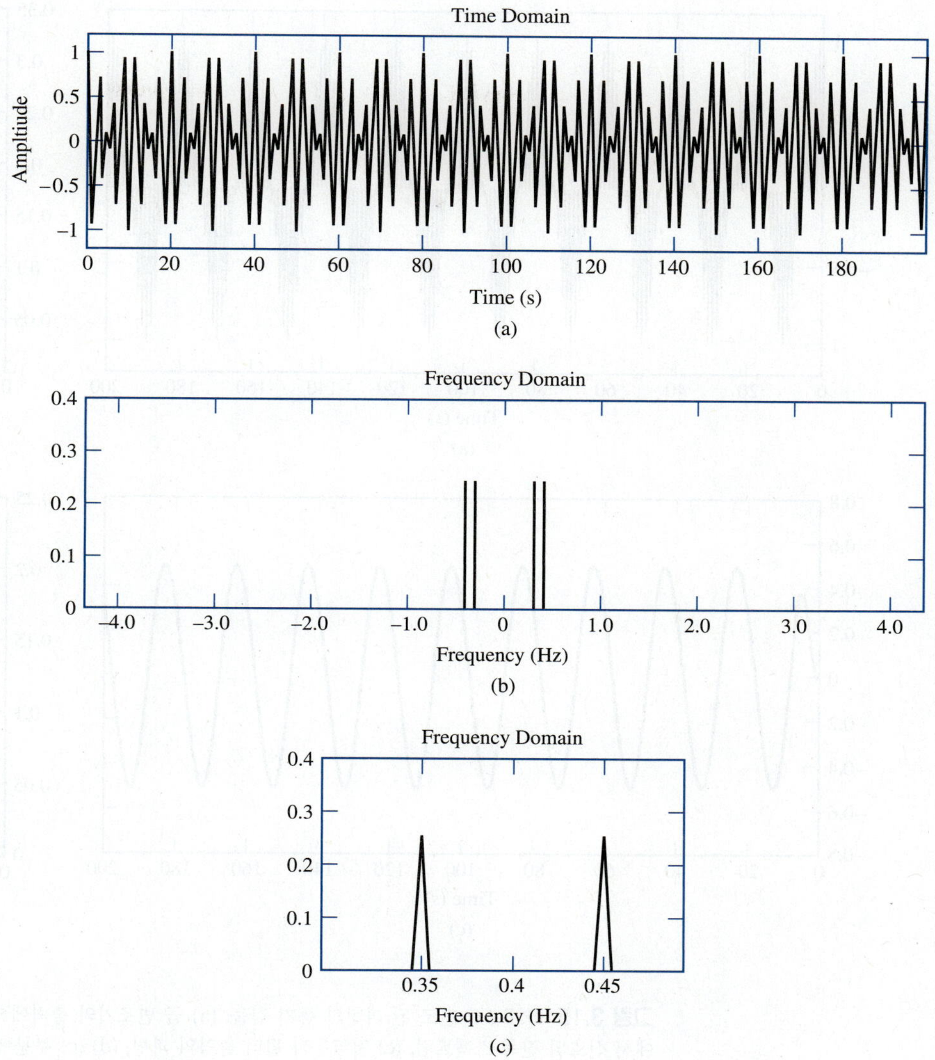

그림 3.14 DSB-SC 변조: (a) DSB-SC 변조 된 파형, (b) 변조된 파형의 진폭 스펙트럼, (c)반송파 주파수 부근의 확대된 스펙트럼.

- 0.8 Hz의 두 배 반송파 주파수를 가진 새 DSB-SC 변조 된 파형. 실제, 변조된 파형의 두 측대파 주파수는 정확히 정해진 위치 0.75 Hz와 0.85 Hz에 위치한다.

(ii) 그림 3.15(c)는 동기 검출기의 전체 출력의 파형을 보여 준다. 이것은 곱 변조기의 출력을 저역통과 필터에 통과시킨 후의 결과이다. 검출 과정에서 초기에 겪는 과도기 영향을 제외하면, 그 파형은 요구되는 주파수 0.05 Hz의 정현 변조파라고 인식된다. 이 결과는 그림 3.15(d)의 진폭 스펙트럼에서 더 잘 확인

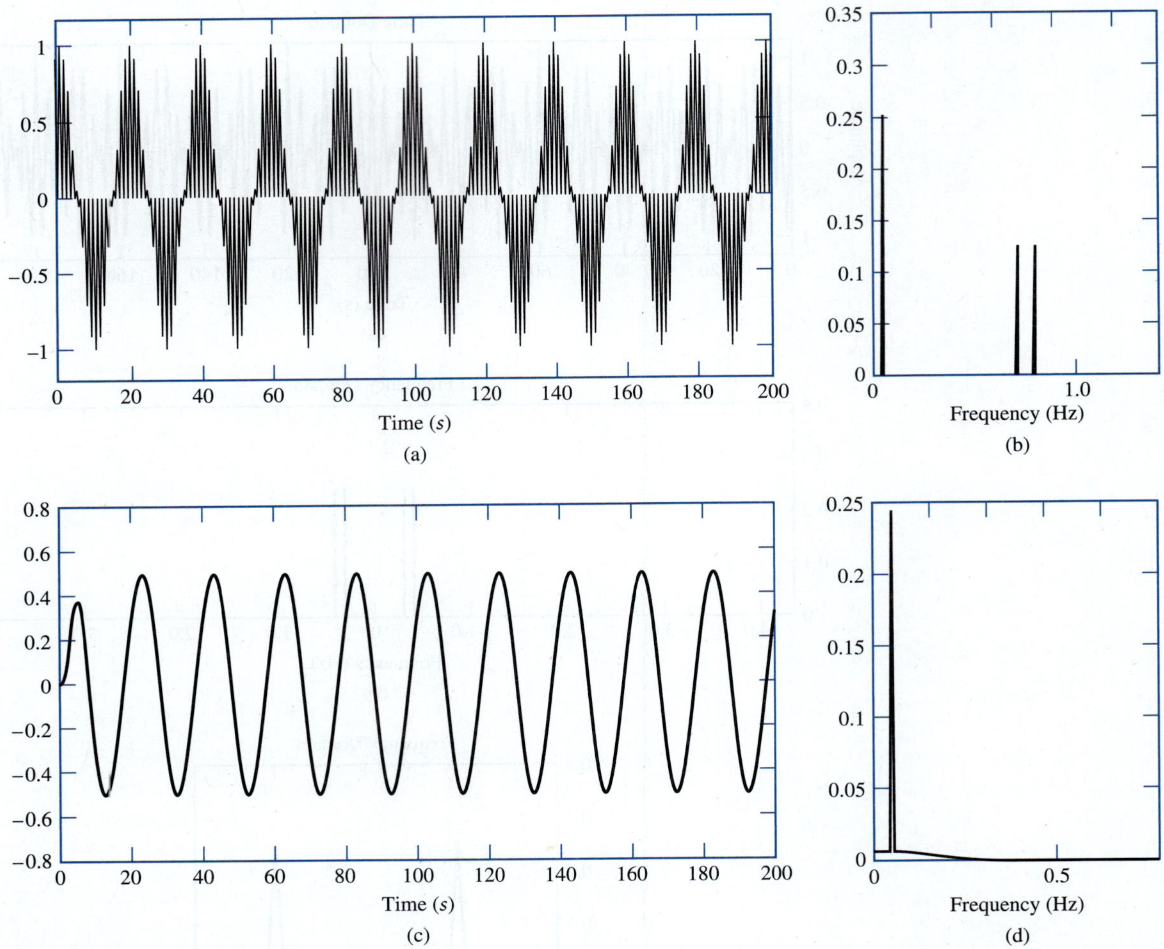

그림 3.15 DSB-SC 변조 된 파형의 동기 검출: (a) 곱 변조기의 출력에서 생성된 신호의 파형, (b) (a) 부분에서 신호의 진폭 스펙트럼, (c) 저역통과 필터 출력의 파형, (d) (c) 부분에서 신호의 진폭 스펙트럼.

된다. 0.05 Hz의 선 주파수 성분이 위치한 받침(pedestal)은 방금 언급한 과도기 영향 때문이다.

3.4 코스타스 수신기

DSB-SC 변조 된 파형의 동기 검출은 수신기에서 국부적으로 발생시키는 반송파가 송신기에서 반송파를 발생시키는 발진기에 **주파수와 위상 모두에 동기화**되는 것을 요구한다. 이것은 오히려 반송파가 송신된 DSB-SC 신호에서 억압되었으므로 보다 더 요구되는 필요 조건이다. 이러한 필요 조건을 만족시키는 한 가지 방법은 그림 3.16의 **코스타스 수신

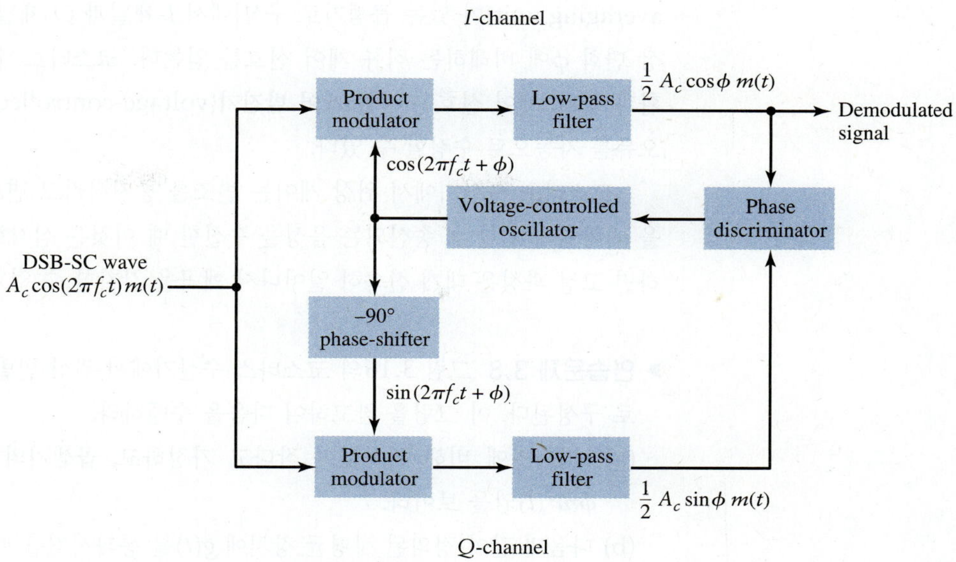

그림 3.16 DSB-SC 변조 된 파형 복조를 위한 코스타스 수신기.

기(Costas receiver)를 사용하는 것이다. 이 수신기는 같은 입력 신호, 즉 들어오는 DSB-SC파 $A_c \cos(2\pi f_c t)m(t)$와 서로 직교 위상인 독립적인 국부 발진기로 공급되는 두 개의 동기 검출기로 구성된다. 국부 발진기의 주파수는 **미리** 알고 있다고 가정한 반송파 주파수와 같도록 조정된다. 이 가정은 시스템 설계자가 송신기와 수신기 모두의 상세 사양에 접근할 수 있으므로 타당하다. 위쪽 경로의 수신기는 **동위상 동기 검출기**(in-phase coherent detector) 또는 ***I*-채널**(*I*-channel)이라 하고, 아래쪽 경로의 수신기는 **직교 위상 동기 검출기**(quadrature-phase coherent detector) 또는 ***Q*-채널**(*Q*-channel)이라 한다. 이 두 개의 검출기는 국부 발진기가 반송파와 동기를 유지할 수 있도록 함께 결합되어 **부궤환**(negative feedback) 시스템을 이룬다.

이 수신기의 동작을 이해하기 위해서 국부 발진기 신호는 들어오는 DSB-SC파를 발생시키는 데 사용한 반송파 $A_c \cos(2\pi f_c t)$와 같은 위상이라고 하자. 이 조건하에서 *I*-채널 출력은 원하는 복조된 신호 $m(t)$를 포함하는 반면 *Q*-채널 출력은 *Q*-채널의 직교 위상 영효과로 인해 0임을 알 수 있다. 또 국부 발진기 위상이 그것의 정확한 값에서 작은 각 ϕ라디안만큼 벗어났다고 하자. 3.3절의 동기 검출에 대한 논의로부터, *I*-채널 출력은 $\cos\phi$에 비례하고 작은 ϕ 값에 대해서 $\cos\phi \approx 1$이다. 따라서 ϕ가 작은 값을 갖는 한 *I*-채널의 출력은 변하지 않는다. 그러나 *Q*-채널 출력에서는 어떤 신호가 생긴다. 이 신호는 작은 ϕ 값에 대해서 $\sin\phi \approx \phi$에 비례한다. *Q*-채널의 국부 발진기의 위상 변화의 한 방향에 대해서는 *I*-채널의 출력과 같은 극성이고 국부 발진기의 위상 변화의 반대 방향에 대해서는 반대 극성이다. 따라서 **위상 변별기**[phase discriminator, 시평균 장치(timeaveraging unit)가 있는 곱셈기로 구성]에서 I-채널과 Q-채널의 출력을 결합함으로써 위상 변화 ϕ에 비례하는 직류 제어 신호를 얻는다. 코스타스 수신기에서 이루어지는 부궤환과 함께, 제어 신호는 **전압 제어 발진기**(voltage-controlled oscillator)에서 국부 위상 오류를 자동으로 수정할 수 있다.

코스타스 수신기에서 위상 제어는 변조를 중지시키고 변조의 재현과 함께 위상 고정을 재확립해야 한다. 송신되는 음성을 수신할 때 이것은 심각한 문제가 되지 않는다. 왜냐하면 고정 과정은 대개 신속히 일어나서 왜곡을 감지할 수 없기 때문이다.

▶ **연습문제 3.8** 그림 3.16의 코스타스 수신기에서 위상 변별기는 곱셈기와 시평균 장치로 구성된다. 이 그림을 참고하여 다음을 수행하라.

(a) 1라디안에 비해 위상값이 작다고 가정하고, 곱셈기의 출력 $g(t)$는 근사적으로 $\frac{1}{4}\phi m^2(t)$임을 보이라.

(b) 다음과 같이 정의된 시평균 장치에 $g(t)$를 통과시켰을 때

$$\frac{1}{2T}\int_{-T}^{T} g(t)dt$$

평균을 구하는 구간 $2T$는 $g(t)$ 대역폭의 역수와 비교하여 충분히 길다. 위상 변별기의 출력이 $m^2(t)$의 직류 성분으로 곱해진 위상 오차 ϕ에 비례함을 보이라. 따라서 이 신호(그림 3.16에서 전압 제어 발진기에 인가된 제어 신호로 활동하는)의 진폭은 항상 위상 오차 ϕ의 그것처럼 같은 대수학적 부호를 가질 것이다. ◀

3.5 직교 위상 반송파 다중화

동기 검출기의 직교 위상 영효과는 **직교 위상 반송파 다중화**(quadrature-carrier multiplexing) 또는 **직교 위상 진폭 변조**(QAM: quadrature-amplitude modulation)를 구성할 때 잘 이용된다. 이 기법은 두 개의 DSB-SC 변조 된 파형(물리적으로 **독립적인** 두 메시지 신호의 응용에서 유래함)이 같은 채널 대역폭을 차지하도록 하면서 수신기의 출력에서 두 메시지 신호의 분리를 가능하게 한다. 따라서 직교 위상 반송파 다중화기는 **대역폭 보존 시스템**(bandwidth-conservation system)이다.

그림 3.17에 직교 위상 반송파 다중화의 블록 다이어그램이 나타나 있다. 그림 3.17(a)에 있는 시스템의 송신기 부분에는 같은 주파수나 위상이 −90도 다른 두 개의 반송파에 의해 공급되는 두 개의 분리된 곱 변조기가 사용된다. 송신 신호 $s(t)$는 다음과 같이 두 개의 곱 변조기 출력의 합으로 구성된다.

$$s(t) = A_c m_1(t)\cos(2\pi f_c t) + A_c m_2(t)\sin(2\pi f_c t) \tag{3.12}$$

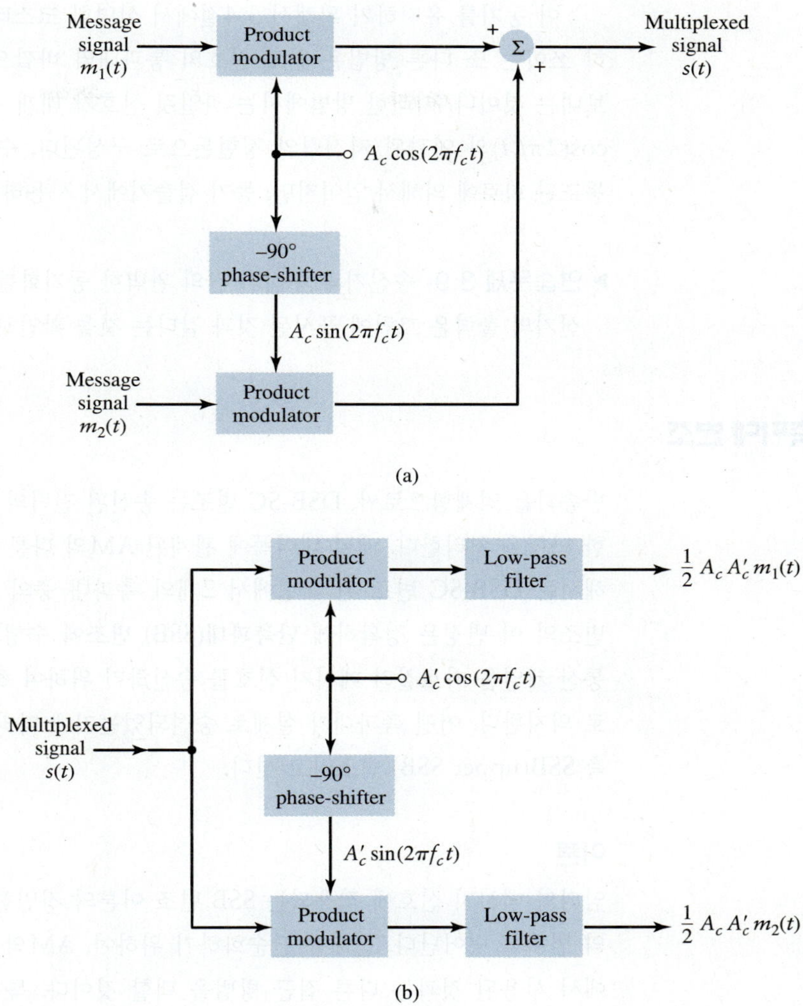

그림 3.17 직교 위상 반송파 다중화 시스템: (a) 송신기, (b) 수신기.

여기서 $m_1(t)$와 $m_2(t)$는 곱 변조기에 가해진 두 개의 다른 메시지 신호를 나타낸다. 따라서 $s(t)$는 반송파 주파수 f_c에 중심을 두고 채널 대역폭 $2W$를 차지한다. 이때 W는 $m_1(t)$ 또는 $m_2(t)$의 메시지 대역폭이다. 식 (3.12)에 의하면 $A_c m_1(t)$는 다중화된 대역통과 신호 $s(t)$의 동위상 성분으로, $-A_c m_2(t)$는 직교 위상 성분으로 볼 수 있다.

시스템의 수신기 부분은 그림 3.17(b)와 같다. 다중화된 신호 $s(t)$는 같은 주파수의 위상차가 −90도인 두 개의 국부 반송파로 공급되는 두 개의 분리된 동기 검출기에 동시에 가해진다. 위의 검출기 출력은 $\frac{1}{2}A_c A_c' m_1(t)$이고 아래쪽 검출기의 출력은 $\frac{1}{2}A_c A_c' m_2(t)$이다. 시스템이 만족스럽게 동작하려면 시스템의 송신기와 수신기 부분에서 사용되는 국부 발진기 간의 정확한 위상과 주파수 관계를 유지하는 것이 중요하다.

이 동기를 유지하기 위해서 3.4절에서 설명한 코스타스 수신기를 사용할 수 있다. 흔히 쓰이는 또 다른 방법은 변조 신호의 통과대역 바깥으로 **파일럿 신호**(pilot signal)를 보내는 것이다. 이러한 방법에서는 파일럿 신호가 대개 주파수와 위상이 반송파 $c(t)=A_c \cos(2\pi f_c t)$와 연관된 저전력의 정현톤으로 구성된다. 수신기에서 파일럿 신호가 알맞게 동조된 회로에 의해서 얻어지면, 동기 검출기에서 사용하기 위한 정확한 주파수로 바뀐다.

▶ 연습문제 3.9 송신기와 수신기 간의 완벽한 동기화를 가정하고, 그림 3.17(b)에서 수신기의 출력은 그림에 표시된 것과 같다는 것을 확인하라. ◀

3.6 단측파대 변조

반송파를 억제함으로써, DSB-SC 변조는 송신된 전력의 소모에 관계된 AM의 주요한 제한 사항을 처리한다. 채널 대역폭에 관계된 AM의 다른 주요한 제한 사항을 처리하기 위해서는 DSB-SC 변조 된 파형에서 2개의 측파대 중의 하나를 억제해야 한다. DSB-SC 변조의 이 변경은 정확하게 **단측파대**(SSB) **변조**에 수행되는 것이다. 사실상 SSB 변조는 통신 채널을 가로질러 메시지 신호를 송신하기 위하여 하측파대 또는 상측파대에 단독으로 의지한다. 어떤 측파대가 실제로 송신되었는지에 따라, **하측 SSB**(lower SSB) 또는 **상측 SSB**(upper SSB) 변조라고 한다.

이론

임의의 메시지 신호에 적용되는 SSB 변조 이론의 정밀한 유도가 다소 요구되지만, 이 책의 범위를 벗어난다. 문제를 단순화하기 위하여, AM의 3.1절과 DSB-SC를 다룬 3.3절에서 사용된 것과는 다른 접근 방법을 택할 것이다. 특히, 먼저 **정현 변조파**(sinusoidal modulating wave)의 간단한 경우를 고려하여 SSB 변조에 대한 연구를 시작한 후 단계적으로 임의의 변조 신호로 그 결과를 일반화할 것이다.

그러면 진행하기 위해, 정현 변조파를 사용하는 DSB-SC 변조기를 고려하자.

$$m(t) = A_m \cos(2\pi f_m t)$$

반송파 $c(t)=A_c \cos(2\pi f_c t)$에 대해, 결과로서 생긴 DSB-SC 변조 된 파형은 다음과 같이 정의된다.

$$\begin{aligned} S_{\text{DSB}}(t) &= c(t)m(t) \\ &= A_c A_m \cos(2\pi f_c t)\cos(2\pi f_m t) \\ &= \frac{1}{2}A_c A_m \cos[2\pi(f_c + f_m)t] + \frac{1}{2}A_c A_m \cos[2\pi(f_c - f_m)t] \end{aligned} \tag{3.13}$$

이 식은 두 **측대파 주파수**(side-frequency)—f_c+f_m에서 하나, f_c-f_m에서 다른 하나—를 갖는 특징이 있다. f_c+f_m에서 상측대파 주파수를 보유하는 정현 SSB 변조 된 파형을 발생시키고자 한다고 가정하자. 식 (3.13)에서 두 번째 항을 억압하면, 다음과 같이 상측 SSB 변조 된 파형을 표현할 수 있다.

$$S_{\text{USSB}}(t) = \frac{1}{2}A_cA_m\cos[2\pi(f_c + f_m)t] \tag{3.14}$$

식 (3.14)에서 정현 항은 두 각(angle)—즉 $2\pi f_ct$와 $2\pi f_mt$—의 합을 포함한다. 따라서 잘 알려진 삼각 함수 등식을 이용하여 식 (3.14)에서 정현 항을 전개하면, 다음과 같은 식을 얻는다.

$$S_{\text{USSB}}(t) = \frac{1}{2}A_cA_m\cos(2\pi f_ct)\cos(2\pi f_mt) - \frac{1}{2}A_cA_m\sin(2\pi f_ct)\sin(2\pi f_mt) \tag{3.15}$$

또 한편으로 만약 식 (3.13)의 DSB-SC 변조 된 파형에서 f_c-f_m의 하측대파 주파수를 보유한다면, 다음과 같은 식으로 정의된 하측 SSB 변조 된 파형을 갖게 된다.

$$S_{\text{LSSB}}(t) = \frac{1}{2}A_cA_m\cos(2\pi f_ct)\cos(2\pi f_mt) + \frac{1}{2}A_cA_m\sin(2\pi f_ct)\sin(2\pi f_mt) \tag{3.16}$$

식 (3.15)와 식 (3.16)을 살펴보면, 그것들은 서로 오직 한 항목에서 다르다. 식 (3.15)에서 음의 부호는 식 (3.16)에서 양의 부호와 바뀌어 있다. 따라서 이 두 식을 결합할 수 있고, 그에 따라 다음과 같이 정현 SSB 변조 된 파형을 정의한다.

$$S_{\text{SSB}}(t) = \frac{1}{2}A_cA_m\cos(2\pi f_ct)\cos(2\pi f_mt) \mp \frac{1}{2}A_cA_m\sin(2\pi f_ct)\sin(2\pi f_mt) \tag{3.17}$$

여기서 양의 부호는 하측 SSB에 적용되고, 음의 부호는 상측 SSB에 적용된다.

목표인 식 (3.17)의 일반화를 위해 두 단계로 진행한다. 첫 단계에서 메시지 신호는 주기적이라 하자. 그리고 두 번째 단계에서 그것은 비주기적이라 하자. 그렇다면 다음과 같이 푸리에 급수로 정의된 **주기적인 메시지 신호**(periodic message signal)를 고려하자.

$$m(t) = \sum_n a_n\cos(2\pi f_nt) \tag{3.18}$$

이것은 고조파 항으로 관련된 정현파의 조합으로 이루어진다. 반송파 $c(t)$는 $m(t)$의 모든 정현 성분에 공통이라는 것을 인지한다면, 식 (3.17)로부터 SSB 변조 된 파형에 대해 상응하는 식으로서 다음과 같이 표현되는 식을 즉시 추측할 수 있다.

$$S_{\text{SSB}}(t) = \frac{1}{2}A_c \cos(2\pi f_c t) \sum_n a_n \cos(2\pi f_n t) \mp \frac{1}{2}A_c \sin(2\pi f_c t) \sum_n a_n \sin(2\pi f_n t) \tag{3.19}$$

다음으로 푸리에 급수로 정의된 다른 주기적인 신호를 고려하자.

$$\hat{m}(t) = \sum_n a_n \sin(2\pi f_n t) \tag{3.20}$$

이 식은 정현 항 $\cos(2\pi f_c t)$가 여현 항 $\sin(2\pi f_c t)$로 바뀐 것을 제외하면 식 (3.18)과 유사하다. 식 (3.19)와 식 (3.20)의 정의에 비추어, 식 (3.17)의 SSB 변조 된 파형을 다음과 같이 재 정의할 수 있다.

$$S_{\text{SSB}}(t) = \frac{A_c}{2} m(t) \cos(2\pi f_c t) \mp \frac{A_c}{2} \hat{m}(t) \sin(2\pi f_c t) \tag{3.21}$$

식 (3.20)을 식 (3.18)과 비교하면, 주기적인 신호 $\hat{m}(t)$는 식 (3.18)의 정현 항을 단지 $-90°$만큼 위상을 천이시킴으로써 주기적인 변조 신호 $m(t)$로부터 도출할 수 있다.

기술적이고 실제적인 용어 모두에서, 이 관찰 결과는 두 가지 이유에서 중요하다.

1. 푸리에 해석에서 **적절한 조건 아래 주기적인 신호의 푸리에 급수 표현은 비주기적 신호의 푸리에 변환으로 수렴한다**(부록 2 참조).
2. **신호 $\hat{m}(t)$는 신호 $m(t)$의 힐베르트 변환이다.** 기본적으로 **힐베르트 변환기**(Hilbert transformer)는 그것의 전달 함수가 다음과 같이 정의된 시스템이다.

$$H(f) = -j\,\text{sgn}(f) \tag{3.22}$$

여기서 $\text{sgn}(f)$은 시그넘 함수이다(시그넘 함수의 정의는 2.4절 참조). 힐베르트 변환기는 그것의 주파수 응답이 다음과 같이 두 부분으로 특성화된 **광대역 위상 천이기**(wide-band phase-shifter)이다(문제 2.52 참조).

- 진폭 응답은 양의 주파수와 음의 주파수 모두에 대해 단위 크기이다.
- 위상 응답은 음의 주파수에 대해 $+90°$이고, 양의 주파수에 대해 $-90°$이다.

항목 1과 2 아래 기술되고 해석적으로 갖추어진 방법으로, 메시지 신호가 주기적이든 비주기적이든지 상관없이 메시지 신호에 의해 생성된 단 측파대 변조 된 파형에 대한 공식으로서 마침내 식 (3.21)을 일반화할 수 있다. 특히 $\hat{m}(t)$로 표현된 메시지 신호의 힐베르트 변환을 가지며 푸리에 변환 가능한 메시지 신호 $m(t)$로 주어질 때, $m(t)$에 의해 생성된 SSB 변조 된 파형은 다음과 같이 정의된다.

$$s(t) = \frac{A_c}{2} m(t) \cos(2\pi f_c t) \mp \frac{A_c}{2} \hat{m}(t) \sin(2\pi f_c t) \tag{3.23}$$

여기서 $A_c \cos(2\pi f_c t)$는 반송파, $A_c \sin(2\pi f_c t)$는 정현 반송파의 $-90°$ 위상 천이된 변형, 양의 부호와 음의 부호는 각각 하측 SSB와 상측 SSB에 적용된다. 식 (3.23)에서, 이 식은 가장 일반적인 형태에서 SSB 변조에 관련된 것으로 이해되어 $s(t)$에 대해 아래첨자로서 SSB를 생략했다.

▶ **연습문제 3.10** 식 (3.22)와 (3.23)을 사용하여, 양의 주파수에 대해 SSB 변조 된 파형의 두 종류의 스펙트럼이 다음과 같음을 보이라.

(a) 상측 SSB에 대해

$$S(f) = \begin{cases} \dfrac{A_c}{2}M(f - f_c), & \text{for} \quad f \geq f_c \\ 0, & \text{for } 0 < f \leq f_c \end{cases} \tag{3.24}$$

(b) 하측 SSB에 대해

$$S(f) = \begin{cases} 0, & \text{for} \quad f > f_c \\ \dfrac{A_c}{2}M(f - f_c), & \text{for } 0 < f \leq f_c \end{cases} \tag{3.25}$$

▶ **연습문제 3.11** 만약 메시지 신호 $m(t)$가 저역통과 신호라면, 힐베르트 변환 $\hat{m}(t)$ 역시 $m(t)$처럼 정확히 같은 대역폭을 가진 저역통과 신호임을 보이라. ◀

문제 3.10의 (a) 부분과 (b) 부분에서 정의된 두 스펙트럼 식은 직관적으로 만족스럽다. 특히 그림 3.18의 (b)와 (c)에 각각 도시된 두 그림과 모두 완전히 일치된다. 그림 3.18(b)는 상측파대를 포함하는 SSB 변조 된 파형을 표현하고 있는 반면, 그림 3.18(c)는 하측파대를 포함하는 SSB 변조의 다른 종류를 표현한다. 실제적인 관점에서, SSB 변조의 한 종류를 다른 종류와 구별하는 유일한 문제는 그 종류의 대역폭 점유이다.

SSB 변조기

이 절에서 다루고 있는 이론에 비추어, 이어서 기술되는 바와 같이 SSB 변조 된 파형을 발생시키기 위한 두 방법이 개발 가능하다.

주파수 변별법

SSB 발생을 위한 하나의 직접적 방법은 **주파수 변별법**(frequency discrimination method)이라 불리는 방법이며, 그림 3.19에 그려져 있다. 이 변별기는 문제 3.10에 표현된 식 (3.24)와 (3.25)에 따라 직접 수행한다. 그림 3.19의 SSB 변조기는 두 부분으로 이루어진다—곱 변조기를 따르는 대역통과 필터. 곱 변조기는 상측파대와 하측파대를 가진 DSB-SC 변조된 파형을 생성한다. 대역통과 필터는 상측 SSB 혹은 하측 SSB 변조가

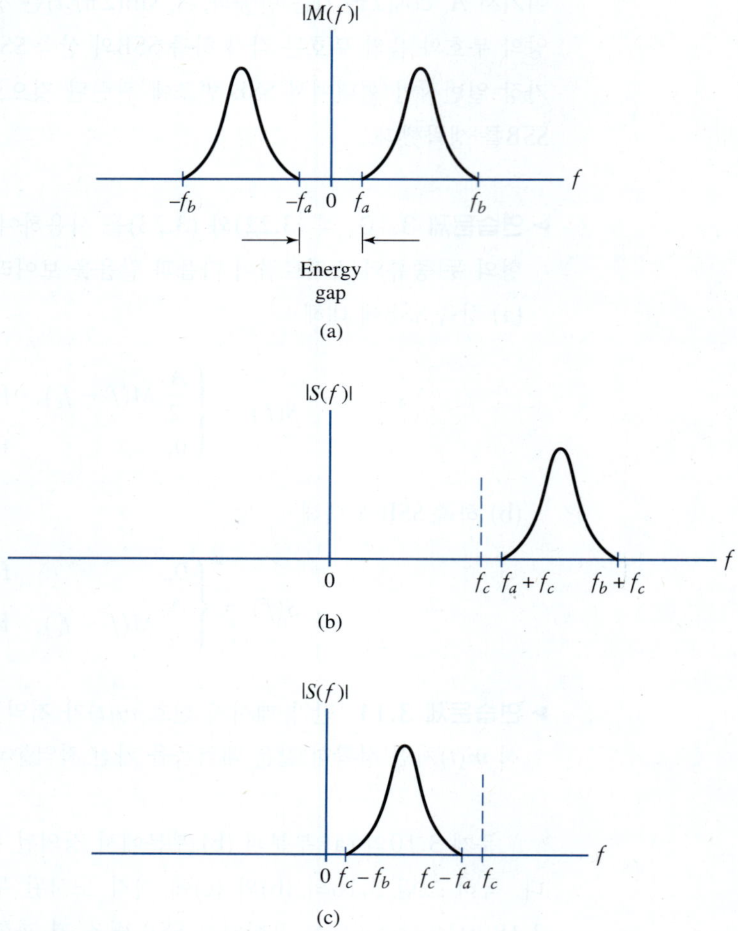

그림 3.18 (a) 원점 부근에 위치한 에너지 간격을 가진 메시지 신호 $m(t)$의 스펙트럼. (b) 상측파대와 (c) 하측파대를 이용한 SSB 변조 된 파형의 대응하는 스펙트럼. (b)와 (c)에서 스펙트럼은 양의 주파수에 대해서만 도시되어 있다.

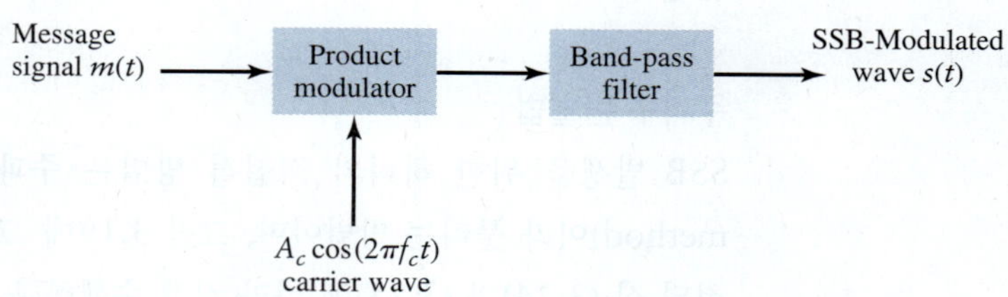

그림 3.19 SSB 변조 된 파형의 발생을 위한 주파수 변별 기법.

요구되는지에 따라 두 측파대의 하나가 통과되도록 설계된다. 실제적으로 실행될 수 있는 대역통과 필터의 설계를 위해, 대역통과 필터의 전이 대역을 수용할 수 있도록 충분히 넓은 두 측파대 간의 특정한 분리가 있어야만 한다. 이 분리는 $2f_a$와 같고, 여기서 f_a는 그림 3.18에 예시된 것처럼 메시지 신호의 가장 낮은 주파수 성분이다. 이 요구 사항은 $f_a \approx$ 100 Hz에 대한 음성 신호의 SSB 응용성을 제한하지만, 스펙트럼 내용이 거의 영 주파수에 퍼져 있는 영상 신호들과 컴퓨터 데이터에 대해 그 응용성을 제거한다.

위상 변별법

SSB 발생을 위한 두 번째 방법은 **위상 변별법**(phase discrimination method)이라 불리는 방법이며, 그림 3.20에 그려져 있다. 이것의 구현은 식 (3.23)에 정의된 SSB파의 시간 영역 서술을 따른다. 이 두 번째 변조기는 두 개의 병렬 경로로 구성되는데, 하나는 **동위상 경로**(in-phase path)라 부르고 다른 하나는 **직교 위상 경로**(quadrature path)라고 부른다. 각 경로는 곱 변조기를 포함한다. 두 곱 변조기에 가해진 정현 반송파는 **위상 직교**(phase-quadrature) 상태이고, 이것은 단순히 그림 3.20에 나와 있는 −90° 위상 천이기를 사용하여 얻어진다. 그런데 그림 3.20에서 특별히 주의해야 할 하나의 기능 블록으로 **광대역 위상 천이기**(wide-band phase-shifter)가 있는데, 이것은 입력되는 메시지 신호에 답하여 힐베르트 변환 $\hat{m}(t)$를 생성하도록 설계되어 있다. 광대역 위상 천이기를 포함하고 있는 직교 위상 경로의 역할은 상측 SSB 또는 하측 SSB가 요구되는지에 따라 두 측파대 중의 한 측파대의 전력을 제거하기 위해 단지 동위상 경로를 간섭하는 것이다.

그림 3.19와 3.20의 두 변조기는 그들의 구조에서 명확히 다르다. 설계 문제의 관점

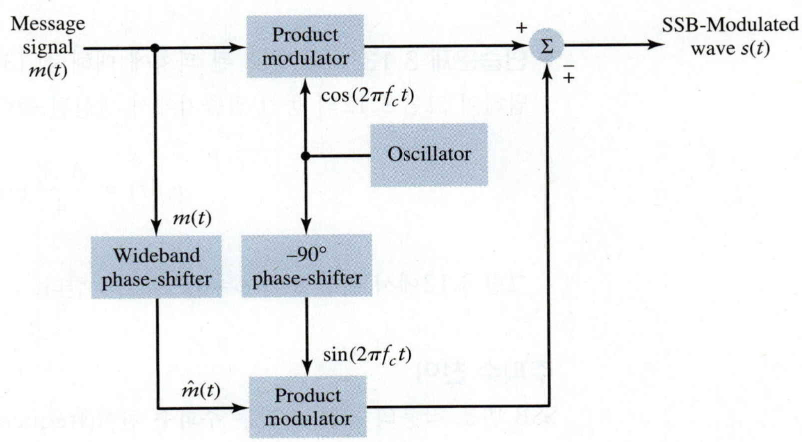

그림 3.20 SSB 변조 된 파형의 발생을 위한 위상 변별 방법. 주: 합 접합점에서 + 부호는 하측파대 송신에 해당하고, − 부호는 상측파대 송신에 해당한다.

에서, 그림 3.19의 주파수 변별기의 대역통과 필터는 특별한 관심을 요구하는 기능 블록으로서 두드러진다. 이에 반해서 그림 3.20의 위상 변별기에서 특별한 관심을 요구하는 것은 광대역 위상 천이기이다.

SSB의 동기 검출

DSB-SC 복조는 송신된 신호에서 반송파의 억압 때문에 복잡하다. 수신된 신호에서 반송파의 부재를 메우기 위해, 수신기에서 **동기 검출**(coherent detection)의 사용이 요구되는데, 이것은 수신기의 국부 발진기가 송신기에서 반송파를 발생시키는 발진기와의 동기화를 요구한다. 동기화 요구는 위상과 주파수 모두에서 일치해야 한다. 비록 반송파가 억압되어 있지만, 반송파 위상과 주파수에 대한 정보는 변조된 파형의 측대파에 묻혀 있으며, 이것은 수신기에서 이용된다. 그런데 SSB의 복조는 상측 혹은 하측파대의 추가적인 억압 때문에 보다 더 복잡하다. 그러나 실제 두 측대파는 반송파에 대하여 서로 **영상**(image) 관계라는 중요한 특성을 공유한다. 여기서 다시, 동기 검출은 SSB 복조의 구원자가 된다.

그림 3.12의 동기 검출기는 DSB-SC와 SSB 모두의 복조에 잘 적용된다. 이러한 두 응용 간의 단 하나의 차이는 변조된 파형 $s(t)$가 어떻게 정의되는가이다.

▶ **연습문제 3.12** 그림 3.12(완벽한 동기를 가정)에서 원하지 않는 SSB파를 제거하기 위한 저역통과 필터에 대해, 다음 조건은 반드시 충족되어야 한다.

$$f_c > W, \quad f_c = \text{반송파 주파수}, \ W = \text{메시지 대역폭}$$

이 조건을 증명하라. ◀

▶ **연습문제 3.13** SSB 변조 된 파형에 대해 식 (3.23)에서 출발하여, 이 변조된 파형에 답하여 그림 3.12의 동기 검출기에서 생성된 출력이 다음과 같이 정의됨을 보이라.

$$v_o(t) = \frac{A_c A_c'}{4} m(t)$$

그림 3.12에서 위상 오차 $\phi=0$으로 가정한다. ◀

주파수 천이

SSB 변조 작용의 기본 원리는 **주파수 천이**(frequency translation) 형태이며, 이 때문에 SSB 변조 방식을 **주파수 변환**(frequency changing), **혼합**(mixing), 혹은 **헤테로다이닝**(heterodyning)이라고 부른다.

단측파대 변조의 개념은 처리되지 않은 메시지 신호의 관계에서 지금까지 표현되었

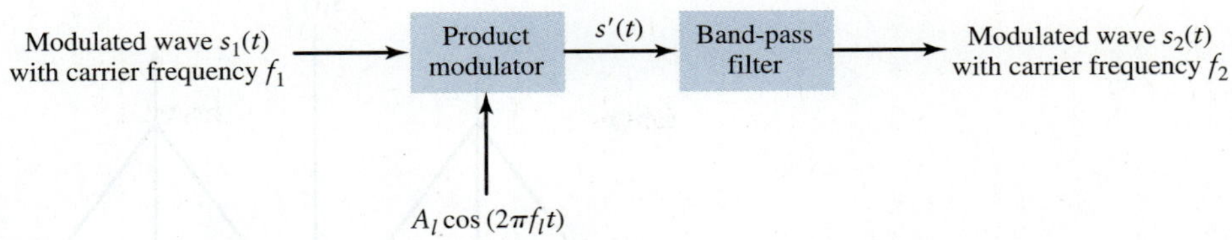

그림 3.21 혼합기의 블록 다이어그램.

다. 이 개념은 다음과 같은 주파수 천이를 겪음으로써 일반화될 수 있다. 스펙트럼이 반송파 주파수 f_1을 중심으로 위치한 변조된 파형 $s_1(t)$가 있다고 하자. 그리고 이 신호를 반송파 주파수 f_1에서 새로운 f_2로 상향 천이를 하고자 하는 요구가 있다. 이러한 요구 사항은 **혼합기**(mixer)를 사용해서 이룰 수 있다. 그림 3.21에 나와 있는 것과 같이 혼합기는 곱 변조기와 대역통과 필터로 구성된다. 이것은 통상적인 SSB 변조기이지만 중요한 차이가 있다—대역통과 필터는 설계하는 것이 간단하다.

특히 혼합기의 작동을 설명하기 위해서 그림 3.22(a)에서 가리키는 스펙트럼 상황을 고려하자. 여기서 혼합기 입력 $s_1(t)$는 반송파 주파수가 f_1이고 대역폭이 $2W$인 파형이다. 그림 3.22(b)는 그림 3.21의 곱 변조기 출력에서 생성된 결과 신호 $s'(t)$의 스펙트럼 $S'(f)$를 보여 주고 있다.

신호 $s'(t)$는 변조된 두 성분의 합으로 관찰된다. 하나는 그림 3.22(b)에 있는 푸른색 스펙트럼에 의해서 표현된다. 그리고 또 다른 성분은 이 그림의 흰색 스펙트럼에 의해서 표현된다. 들어오는 반송파 신호의 주파수 f_1이 위쪽으로 천이되는지 아래쪽으로 천이되는지에 따라서 두 개의 다른 상황으로 정의될 수 있다.

(i) **업 컨버전**(up conversion). 이 경우에 천이되는 반송파 주파수 f_2는 들어오는 반송파 주파수 f_1보다 더 크고 필요한 국부 발진기 주파수 f_l은 다음과 같이 정의된다.

$$f_2 = f_1 + f_l$$

f_l에 대해 풀면, 다음과 같은 식을 얻는다.

$$f_l = f_2 - f_1$$

그림 3.22(b)에서 스펙트럼의 흰 부분은 업 컨버전 된 신호 $s_2(t)$로 정의하고 이 스펙트럼의 푸른색 부분은 $s_2(t)$와 관련된 **영상 신호**(image signal)로 정의하는데, 이 신호는 그림 3.21의 대역통과 필터에서 제거된다. 이러한 경우 혼합기는 **주파수 업 컨버터**(frequency-up converter)라 한다.

(ii) **다운 컨버전**(down conversion). 이 경우 천이된 반송파 주파수 f_2는 들어오는

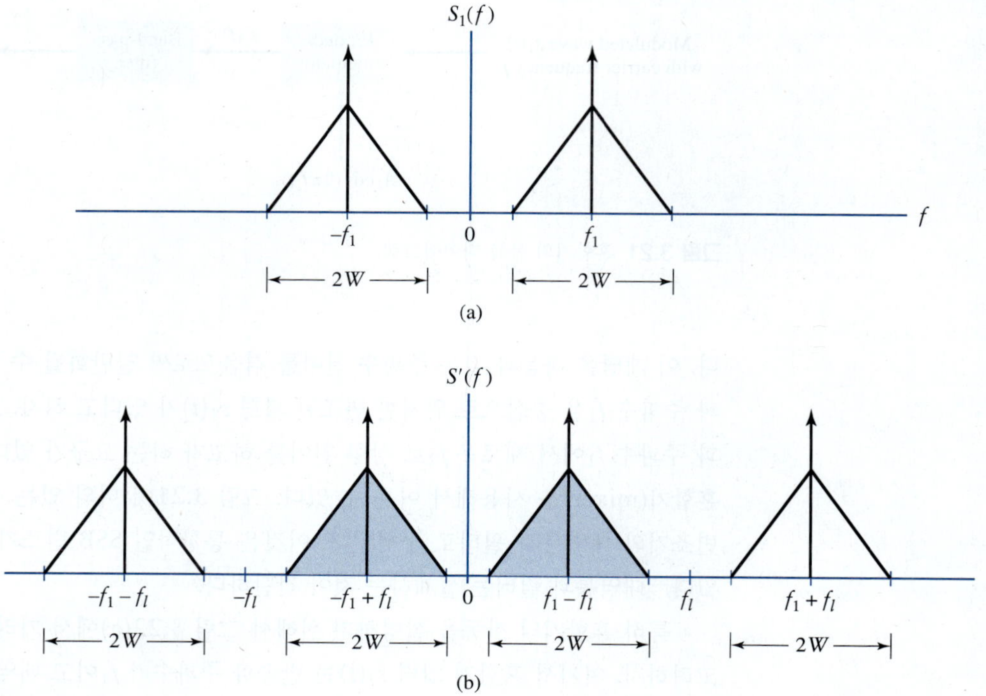

그림 3.22 (a) 혼합기 입력에서 변조 신호 $s_1(t)$의 스펙트럼. (b) 혼합기에서 생성된 곱 변조기의 출력에서 결과 신호 $s'(t)$의 스펙트럼.

반송파 주파수 f_1보다 더 작고, 그 관계는 다음과 같다.

$$f_2 = f_1 - f_l$$

필요한 국부 발진기 주파수 f_l은 다음과 같이 정의된다.

$$f_l = f_1 - f_2$$

이 시점에서 이 그림은 업 컨버전에 속한 것과 반대이다. 특히 그림 3.22(b)에서 스펙트럼의 푸른색 부분은 다운 컨버전 된 신호 $s_2(t)$로 정의되고 흰색 부분은 관련된 영상 신호를 정의한다. 이 혼합기는 **주파수 다운 컨버터**(frequency-down converter)라고 부른다. 이런 경우 천이된 반송파 주파수 f_2는 단측파대의 겹침을 피하기 위해 W보다 커야 한다(즉 변조된 신호대역의 반이다).

그림 3.21의 혼합기에서 대역통과 필터의 목적은 원하는 변조된 신호 $s_2(t)$를 통과시키고 관련된 이미지 신호를 제거하는 것이다. 이 목적은 천이된 반송파 주파수 f_2로 필터의 중간대역 주파수를 조절하는 것과 입력되는 변조 신호 $s_1(t)$의 주파수와 같은 주파수

로 배정하는 것이다. 주파수 컨버전이 업이거나 다운이거나 상관없이 필터의 전이대역은 f_1-f_l+W부터 f_1+f_l-W까지의 간격(gap)을 점유하는 것이 허용된다. 이것은 전이대역의 허용 가능한 폭이 $2(f_l-W)$이고, 이 값은 사실상 W보다 큰 국부 발진기 주파수 f_l을 요구한다는 것이다. 게다가 다운 컨버전에서 주파수 겹침을 피하기 위해 f_1-f_l-W는 0보다 커야 됨을 요구한다. 즉 $f_l > f_1-W$.

혼합(mixing)이 **선형**(linear) 과정이라는 것을 기억하는 것은 중요하다. 따라서 입력되는 변조된 파의 측파대와 원래 반송파와의 관계는 혼합기의 출력에서 완벽하게 보존된다.

3.7 잔류측파대 변조

동기

단측파대 변조는 영 주파수 부근에 중심이 있는 에너지 간격을 가진 정보 함축 신호(예를 들어 음성 신호)에 대해 성공적으로 동작한다. 그러나 **광대역 신호**의 효율적인 스펙트럼 송신에 대해, 다음과 같은 두 가지 이유에 대해 변조의 새 방법을 살펴보아야 한다.

1. 일반적으로 광대역 신호(텔레비전 비디오 신호와 컴퓨터 데이터로 예시됨)의 스펙트럼은 주요한 저주파수 성분을 포함하는데, 이것은 SSB 변조를 사용하는 것이 불가능하게 한다.
2. 광대역 데이터의 스펙트럼 특성은 DSB-SC의 사용에 적합하다. 그런데 DSB-SC는 메시지 대역폭의 2배의 전송 대역폭을 요구하고, 이것은 대역폭 보존 요구 사항을 위반한다.

이러한 두 가지 실제적인 제한을 극복하기 위해, 그것의 스펙트럼 특성에서 SSB와 DSB-SC 사이의 어딘가에 있을 변조의 **절충된** 방법이 필요하다. **잔류측파대**—이 절에서 고려할 변조 기법—가 절충된 기법이다.

잔류측파대(VSB) 변조는 두 가지 실제적인 관점에서 자체적으로 SSB 변조와 구별된다.

1. 한 측파대를 완전히 제거하는 대신에, 그 측파대의 흔적(trace) 혹은 **잔류물**(vestige)을 송신한다. 따라서 그 이름이 '잔류측파대'이다.
2. 다른 한쪽 측파대를 모두 송신하는 대신에, 이 두 번째 대역의 **거의** 전체를 송신한다.

따라서 VSB 변조 된 신호의 전송 대역폭은 다음과 같이 정의된다.

$$B_T = f_\nu + W$$

여기서 f_ν는 **잔류 대역폭**(vestige bandwidth) 그리고 W는 **메시지 대역폭**이다. 전형적으

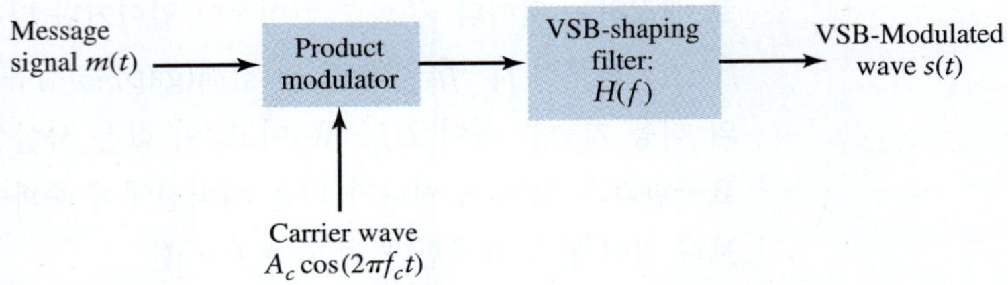

그림 3.23 주파수 변별을 이용한 VSB 변조기.

로 f_v는 W의 25%이고, 이것은 SSB 대역폭 W와 DSB-SC 대역폭 $2W$ 사이에 놓여 있는 VSB 대역폭 B_T를 의미한다.

측파대 성형 필터

VSB 변조를 생성하기 위해서, 그림 3.23에 나와 있는 바와 같이 곱 변조기와 대역통과 필터로 구성된 변조기를 사용할 수 있다. VSB 변조를 위해, 대역통과 필터는 **측파대 성형 필터**(sideband shaping filter)를 나타낸다. VSB의 잔류물이 DSB-SC 변조 된 파형의 하측파대에 위치한다고 가정하면, 변조기 출력에서 VSB 스펙트럼은 그림 3.24(a)에 나와 있는 방법으로 성형된다. 스펙트럼 성형은 $H(f)$로 표현된 필터의 전달 함수로 정의된다. $H(f)$로 수행된 측파대 성형이 반드시 만족시켜야 하는 유일한 필요 조건은 송신된 잔류물이 다른 측파대에서 손실되는 스펙트럼 부분을 **보상**하는 것이다. 이 필요 조건은 VSB 변조 된 파형의 동기 검출이 진폭 척도를 제외하고 메시지 신호의 복사본을 복구하는 것을 보장한다.

VSB 복조 과정에서 이 필요 조건을 부여함으로써, 측파대 성형 필터는 다음 조건을 스스로 만족시켜야 한다.

$$H(f + f_c) + H(f - f_c) = 1, \qquad \text{for } -W \le f \le W \tag{3.26}$$

여기서 f_c는 반송파 주파수이다. $H(f+f_c)$ 항은 f_c만큼 왼쪽으로 천이된 대역통과 전달 함수 $H(f)$의 양의 주파수 부분이고, $H(f-f_c)$는 f_c만큼 오른쪽으로 천이된 $H(f)$의 음의 주파수 부분이다. 임의의 푸리에 변환 가능한 메시지 신호를 다루는 식 (3.26)의 증명은 이후 VSB의 동기 검출에서 전개된다.

식 (3.26)에 따르는 측파대 성형 필터의 두 가지 성질은 다음과 같다.

1. 측파대 성형 필터의 전달 함수는 반송파 주파수 f_c에 대해 기수 대칭성을 갖는다. 이 성질을 설명하기 위해, 먼저 다음과 같은 주파수 천이 된 두 함수 간의 차이로 $H(f)$를 표현한다.

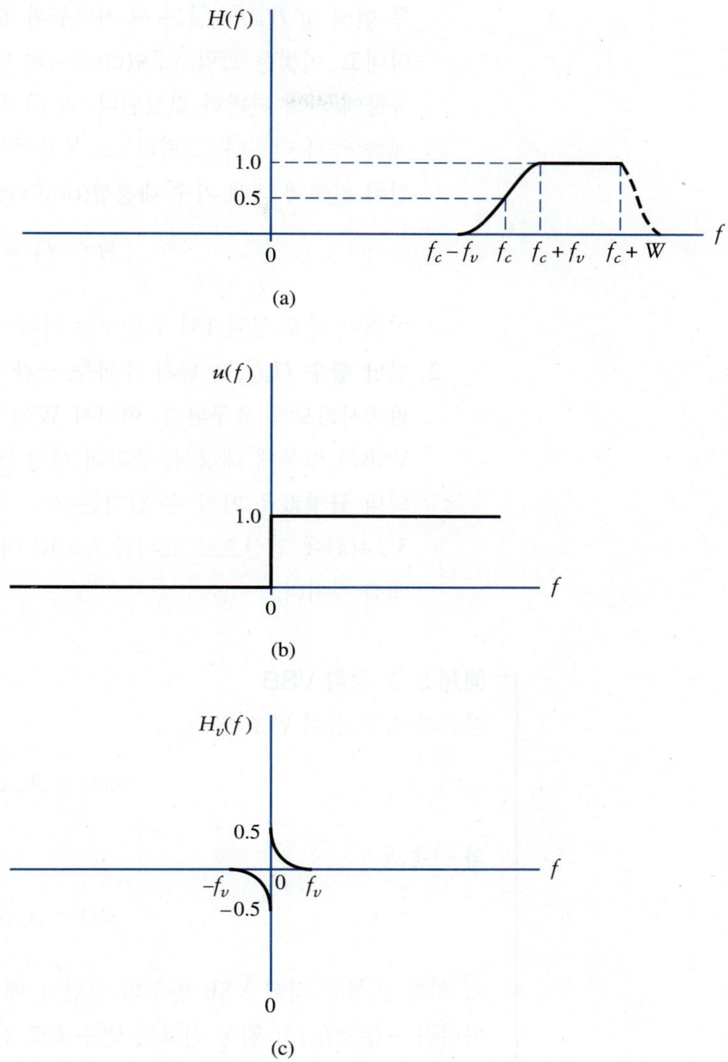

그림 3.24 (a) 측파대 성형 필터의 진폭 응답. 단지 양의 주파수 부분만 나와 있다. 진폭 응답의 점선 부분은 임의적이다. (b) 주파수 영역에서 정의된 단위 계단 함수. (c) 저역통과 전달 함수 $H_v(f)$.

$$H(f) = u(f - f_c) - H_v(f - f_c), \qquad \text{for } f_c - f_v < |f| < f_c + W \tag{3.27}$$

첫 번째 항 $u(f-f_c)$는 **단위 계단 주파수 함수**(unit-step frequency function) $u(f)$의 주파수 천이 된 변형을 나타내고, 이것은 그림 3.24(b)에서 보여 준다. 즉

$$u(f) = \begin{cases} 1, & \text{for } f > 0 \\ 0, & \text{for } f < 0 \end{cases} \tag{3.28}$$

두 번째 항 $H_\nu(f-f_\nu)$는 새 **저역통과 전달 함수** $H_\nu(f)$의 주파수 천이 된 변형을 나타내고, 이것은 그림 3.24(c)에 나와 있는 것과 같이 완전히 변조된 파형 $s(t)$의 잔류물에 의해 완벽히 결정된다. 식 (3.27)에서 정의된 관계는 그림 3.24의 세 가지 예를 즉시 따른다. 그림의 (c) 부분에서 유의할 점은 $H_\nu(f)$는 다음에 주어진 것과 같이 원점에 대해 **기수 대칭성**(odd symmetry)을 만족시킨다는 것이다.

$$H_\nu(-f) = -H_\nu(f) \tag{3.29}$$

이것이 바로 성질 1이 기술하는 의미이다.

2. **전달 함수 $H_\nu(f)$는 단지 주파수 구간 $-W \le f \le W$에 대해 식 (3.26)의 조건을 만족시키도록 요구된다. 여기서 W는 메시지 대역폭이다.** 그림 3.24(a)에 그려진 VSB의 경우에 대해서, 측파대 성형 필터의 전달 함수는 $|f| > f_c+W$에 대해 임의의 규정값을 가질 수 있다는 것이 이 두 번째 성질의 실제적인 의미이다. 그림 3.24(a)에 점선으로 표시된 f_c+W 너머에 놓여 있는 스펙트럼 부분이 이 이유에 대한 것이다.

예제 3.3 정현 VSB

다음과 같은 정현 변조파

$$m(t) = A_m \cos(2\pi f_m t)$$

와 반송파

$$c(t) = A_c \cos(2\pi f_c t)$$

에 의해 생성된 정현 VSB 변조의 간단한 예를 고려하자. f_c+f_m의 상측대파 주파수뿐만 아니라 $-(f_c+f_m)$의 영상 신호는 인수 k로 감쇠한다고 하자. 식 (3.26)의 조건을 만족시키기 위해 f_c-f_m의 하측대파 주파수와 그것의 영상 주파수 $-(f_c-f_m)$은 인수 $(1-k)$로 감쇠해야 한다. 따라서 VSB 스펙트럼은 다음과 같다.

$$\begin{aligned} S(f) = &\frac{1}{4}kA_cA_m[\delta(f-(f_c+f_m)) + \delta(f+(f_c+f_m))] \\ &+\frac{1}{4}(1-k)A_cA_m[\delta(f-(f_c-f_m)) + \delta(f+(f_c-f_m))] \end{aligned}$$

이에 대응해서 정현 VSB 변조 된 파형은 다음과 같이 정의된다.

$$\begin{aligned} s(t) = &\frac{1}{4}kA_cA_m[\exp(j2\pi(f_c+f_m)t) + \exp(-j2\pi(f_c+f_m)t)] \\ &+\frac{1}{4}(1-k)A_cA_m[\exp(j2\pi(f_c-f_m)t) + \exp(-j2\pi(f_c-f_m)t)] \end{aligned}$$

$$= \frac{1}{2}kA_cA_m\cos(2\pi(f_c + f_m)t) + \frac{1}{2}(1 - k)A_cA_m\cos(2\pi(f_c - f_m)t) \quad (3.30)$$

정현 항 $\cos(2\pi(f_c+f_m)t)$와 $\cos(2\pi(f_c-f_m)t)$를 전개하기 위해 잘 알려진 삼각 함수 등식을 이용하면, 식 (3.30)을 두 정현 DSB-SC 변조 된 파형의 선형 조합으로 재공식화할 수 있다.

$$s(t) = \frac{1}{2}A_cA_m\cos(2\pi f_ct)\cos(2\pi f_mt) + \frac{1}{2}A_cA_m(1 - 2k)\sin((2\pi f_ct)\sin(2\pi f_mt)) \quad (3.31)$$

여기서 우측의 첫 번째 항은 $s(t)$의 동위상 성분이고, 두 번째 항은 직교 위상 성분이다.

식 (3.31)에서 감쇠 인수 k가 구간 (0, 1)에서 어떻게 정의되는지에 따라 정리하면, 다음과 같이 3.3절, 3.6절, 그리고 3.7절에서 공부한 선형 변조 된 파형의 다른 정현 형태 모두를 확인할 수 있다.

1. $k=\frac{1}{2}$, $s(t)$는 DSB-SC로 바뀜
2. $k=0$, $s(t)$는 하측 SSB로 바뀜
   $k=1$, $s(t)$는 상측 SSB로 바뀜
3. $0< k < \frac{1}{2}$, 상측 측면 주파수의 감쇠된 변형이 $s(t)$의 잔류물을 정의함
   $\frac{1}{2}< k <1$, 하측 측면 주파수의 감쇠된 변형이 $s(t)$의 잔류물을 정의함

VSB의 동기 검출

진폭 척도를 제외하고 VSB 변조 된 파형 $s(t)$에서 메시지 신호 $m(t)$의 정확한 복원을 위해, 그림 3.12에서 보여 준 **동기 검출기**(coherent detector)를 사용할 수 있다. 앞서 공부한 DSB-SC 및 SSB 복조와 같이, VSB 복조는 국부적으로 발생시킨 정현파와 $s(t)$를 곱하는 것과 곱의 결과 신호 $v(t)$의 저역통과 필터링으로 구성된다. 그림 3.12의 동기 검출기에서 국부 정현파는 VSB 변조 된 파형을 발생시키는 변조기의 반송파와 **완벽한 동시성**(perfect synchronism) 상태에 있다고 가정한다. 그런 다음 그림 3.12에서 국부 정현파의 위상 ϕ를 0으로 설정하면, 곱신호

$$v(t) = A_c's(t)\cos(2\pi f_ct)$$

의 푸리에 변환은 다음과 같이 표현된다.

$$V(f) = \frac{1}{2}A_c'[S(f - f_c) + S(f + f_c)] \tag{3.32}$$

여기서

$$s(t) \rightleftharpoons S(f)$$

이다. 그 다음에 VSB 변조된 파형 $s(t)$의 푸리에 변환을 다음과 같이 표현한다.

$$S(f) = \frac{1}{2}A_c[M(f - f_c) + M(f + f_c)]H(f) \tag{3.33}$$

이것은 VSB 변조기를 보여 준 그림 3.23을 따른다. 즉 $M(f)$는 메시지 스펙트럼이고 $H(f)$는 측파대 성형 필터의 전달 함수이다. VSB 스펙트럼을 f_c만큼 오른쪽으로 이동시키면 다음과 같은 식을 얻는다.

$$S(f - f_c) = \frac{1}{2}A_c[M(f - 2f_c) + M(f)]H(f - f_c) \tag{3.34}$$

그리고 f_c만큼 왼쪽으로 이동시키면 다음과 같은 식을 얻는다.

$$S(f + f_c) = \frac{1}{2}A_c[M(f) + M(f + 2f_c)]H(f + f_c) \tag{3.35}$$

그러므로 식 (3.34)와 (3.35)를 식 (3.32)에 대입하고 항들을 결합하면, 다음과 같은 식을 얻는다.

$$\begin{aligned} V(f) = {} & \frac{1}{4}A_cA_c'M(f)[H(f - f_c) + H(f + f_c)] \\ & + \frac{1}{4}A_cA_c'[M(f - 2f_c)H(f - f_c) + M(f + 2f_c)H(f + f_c)] \end{aligned}$$

식 (3.26)에서 $H(f)$에 부과한 조건에 비추어, 다음과 같이 줄여 쓴다.

$$\begin{aligned} V(f) = {} & \frac{1}{4}A_cA_c'M(f) \\ & + \frac{1}{4}A_cA_c'[M(f - 2f_c)H(f - f_c) + M(f + 2f_c)H(f + f_c)] \end{aligned} \tag{3.36}$$

식 (3.36)의 우측에서 첫 번째 항은 메시지 스펙트럼 $M(f)$의 크기가 조정된 형태이다. 식 (3.36)의 두 번째 항은 $2f_c$ 주파수의 반송파에 변조된 새 VSB파를 나타내는 고주파수 성분의 푸리에 변환이다. 그림 3.12의 동기 검출기에서 저역통과 필터는 메시지 대역폭보다 단지 약간 큰 차단 주파수를 가지므로, $v(t)$의 고주파 성분은 저역통과 필터에 의해 제거된다. 결과로 생긴 복조 신호는 요구되는 메시지 신호 $m(t)$의 크기가 변한 형태이다.

▶ **연습문제 3.14** 식 (3.36)에서 고주파 성분은 $2f_c$ 주파수의 반송파에 변조된 VSB파를 나타낸다는 것을 확인하라. ◀

예제 3.4 정현 VSB의 동기 검출

예제 3.3의 식 (3.31)을 상기하면 정현 VSB 변조 된 신호는 다음과 같이 정의된다.

$$s(t) = \frac{1}{2}A_cA_m\cos(2\pi f_m t)\cos(2\pi f_c t) + \frac{1}{2}A_cA_m(1-2k)\sin(2\pi f_c t)\sin(2\pi f_m t)$$

$s(t)$를 완벽한 동기 검출에 일치하는 $A'_c\cos(2\pi f_c t)$와 곱하면 다음과 같은 곱신호를 얻는다.

$$\begin{aligned}\nu(t) &= A'_c s(t)\cos(2\pi f_c t)\\ &= \frac{1}{2}A_cA'_cA_m\cos(2\pi f_m t)\cos^2(2\pi f_c t)\\ &\quad+\frac{1}{2}A_cA'_cA_m(1-2k)\sin(2\pi f_m t)\sin(2\pi f_c t)\cos(2\pi f_c t)\end{aligned}$$

다음과 같은 삼각 함수 등식을 사용하면

$$\cos^2(2\pi f_c t) = \frac{1}{2}[1+\cos(4\pi f_c t)]$$

그리고

$$\sin(2\pi f_c t)\cos(2\pi f_c t) = \frac{1}{2}\sin(4\pi f_c t)$$

다음과 같이 $\nu(t)$를 재정의할 수 있다.

$$\nu(t) = \frac{1}{4}A_cA'_cA_m\cos(2\pi f_m t) + \frac{1}{4}A_cA'_cA_m[\cos(2\pi f_m t)\cos(4\pi f_c t) + (1-2k)\sin(2\pi f_m t)\sin(4\pi f_c t)] \qquad (3.37)$$

식 (3.37)의 우측 식에서 첫 번째 항은 메시지 신호 $A_m\cos(2\pi f_m t)$의 크기가 바뀐 형태이다. 그 식의 두 번째 항은 $2f_c$ 주파수의 반송파에 변조된 새 정현 VSB파이고, 이것은 $\nu(t)$의 고주파 성분을 나타낸다. 이 두 번째 항은 그림 3.12의 검출기에서 저역통과 필터에 의해 제거된다. 이것은 필터의 차단 주파수가 메시지 주파수 f_m보다 단지 약간 크다는 조건을 따른다.

예제 3.5 VSB+반송파의 포락선 검출

VSB의 동기 검출은 송신기에 대한 수신기의 동시성을 요구하고, 이것은 시스템 복잡성을 증가시킨다. 복조 과정을 단순화하기 위해 송신 전에 (인수 k_a로 크기가 변화된) VSB 신호에 일부러 반송파를 더할 수 있고, 그러고 나서 수신기에서 포락선 검출을 사용한다[3]. 정현 변조를 가정하면, 'VSB+반송파' 신호는 다음과 같이 정의된다[예제 3.3의 식 (3.31) 참조].

$$
\begin{aligned}
s_{\mathrm{VSB+C}}(t) &= A_c\cos(2\pi f_c t) + k_a s(t), \qquad k_a = \text{amplitude sensitivity factor} \\
&= A_c\cos(2\pi f_c t) + \frac{k_a}{2}A_c A_m\cos(2\pi f_m t)\cos(2\pi f_c t) \\
&\quad + \frac{k_a}{2}A_c A_m(1-2k)\sin(2\pi f_m t)\sin(2\pi f_c t) \\
&= A_c\left[1 + \frac{k_a}{2}A_m\cos(2\pi f_m t)\right]\cos(2\pi f_c t) \\
&\quad + \frac{k_a}{2}A_c A_m(1-2k)\sin(2\pi f_m t)\sin(2\pi f_c t)
\end{aligned}
$$

따라서 $s_{\mathrm{VSB+C}}(t)$의 포락선은 다음과 같다.

$$
\begin{aligned}
a(t) &= \left\{A_c^2\left[1 + \frac{k_a}{2}A_m\cos(2\pi f_m t)\right]^2 + A_c^2\left[\frac{k_a}{2}A_m(1-2k)\sin(2\pi f_m t)\right]^2\right\}^{1/2} \\
&= A_c\left[1 + \frac{k_a}{2}A_m\cos(2\pi f_m t)\right]\left\{1 + \left[\frac{\frac{k_a}{2}A_m(1-2k)\sin(2\pi f_m t)}{1 + \frac{k_a}{2}A_m\cos(2\pi f_m t)}\right]^2\right\}^{1/2}
\end{aligned}
\tag{3.38}
$$

식 (3.38)은 포락선 $a(t)$에 대해 수행된 포락선 검출에서 **왜곡**(distortion)이 정현 VSB 신호의 직교 위상 성분에 의해 포함되었음을 보여 준다. 이 왜곡은 두 방식의 조합을 이용하여 줄일 수 있다.

- 백분율 변조를 줄이는 효과를 가진 진폭 감도 인수 k_a를 줄인다.
- 인수 $(1-2k)$를 줄이는 효과를 가진 잔류측파대의 폭을 줄인다.

이런 방법들은 모두 식 (3.38)의 꺾쇠 괄호 안에서 볼 수 있는 것에 비추어 직관적으로 만족할 만하다.

[3] VSB 변조 된 파형의 검출에 대해 사용되는 다른 방식(procedure)은 송신기에서 변조된 파형에 **파일럿**(pilot)을 더하는 것이다. 파일럿은 변조된 파형의 발생에 사용된 반송파의 주파수 천이 된 형태이지만, 변조된 파형이 점유하고 있는 주파수 대역 바깥에 놓여 있다. 수신기에서, 파일럿은 대역통과 필터에 의해 추출되고, 원래 반송파의 복사본을 생성하기 위해 (위쪽 혹은 아래쪽으로) 천이된다. 수신기에 이용 가능한 반송파의 복사본으로, 동기 검출은 원래 메시지 신호를 복원하기 위해 사용될 수 있다.

유사한 방식이 SSB 변조 된 파형의 동기 검출에 대해 사용될 수 있다.

3.8 변조된 파형과 대역통과 필터의 기저대역 표현

이 장에 제시된 다른 변조 방법으로부터, 반송파로서 정현파를 사용하는 변조된 파형은 **반송파 주파수에 중심을 둔 대역통과 신호**이다. 이런 사실의 장점에 의해, 반송파는 변조된 파형의 구조에 자신의 형태를 남긴다. 명확한 의미에서, 송신된 신호에서 별개의 성분으로 반송파가 포함될 때 그렇게 된다. 반송파가 억압되어 있을 때, 사용된 변조의 유형(type)에 따라, 하나의 형태 혹은 다른 형태에서 반송파 부근의 송신된 스펙트럼의 측파대를 위치시킴으로써 **함축적인** 의미에서 수신기에 그 존재를 알린다.

일반적으로 반송파 주파수는 메시지 대역폭과 비교하여 크다. 이것은 디지털 컴퓨터에서 변조된 파형의 처리를 어려운 문제로 만든다. 그런데 이 장에서 기술한 변조 이론으로부터 메시지 신호의 정보 내용은 변조된 파형의 측파대에 완벽하게 남아 있다. 따라서 컴퓨터로 변조된 파형을 처리하고자 할 때, **효율적인** 절차는 변조된 파형 자체에서 직접 처리하는 것 보다는 변조된 파형의 **기저대역** 형태에서 처리하는 것이다. 용어 '기저대역(baseband)' 은 **정보의 원천에 의해 전달된 원래 신호를 나타내는 주파수의 대역**을 지정할 때 쓴다.

변조된 파형의 기저대역 표현

다음과 같이 정의되는 **일반적인 선형 변조 된 파형**을 고려하자.

$$s(t) = s_I(t)\cos(2\pi f_c t) - s_Q(t)\sin(2\pi f_c t) \tag{3.39}$$

$$c(t) = \cos(2\pi f_c t)$$

는 주파수 f_c의 반송파이고

$$\hat{c}(t) = \sin(2\pi f_c t)$$

는 **직교 위상** 형태(version)라고 하자. 문제를 단순하게 하기 위하여, 일반성의 손실 없이 반송파의 진폭을 단위 크기로 정한다. 지금부터 변조된 파형을 다음과 같이 간단한 형태로 표현한다.

$$s(t) = s_I(t)c(t) - s_Q(t)\hat{c}(t) \tag{3.40}$$

$s_I(t)$ 항은 변조된 파형 $s(t)$의 **동위상 성분**이라 불리는데, 소위 반송파 $c(t)$와 곱해지기 때문이다. 마찬가지로 $s_Q(t)$는 $s(t)$의 **직교 위상 성분**이라 불리는데, 소위 직교 위상 반송파 $\hat{c}(t)$와 곱해지기 때문이다. 반송파 $c(t)$와 $\hat{c}(t)$는 서로 **직교**한다.

식 (3.39) 혹은 식 (3.40)은 그 자체로 **선형 변조 된 파형의 정규 표현**으로 간주된다. 가장 중요한 이 표현은 표 3.1에 나와 있는 바와 같이 이 장에서 논의한 진폭 변조 구성의 모든 일원들을 포함한다.

이 표에서 메시지 신호 $m(t)$의 정보 내용과 변조 방법이 구현되는 방식은 AM과 DSB-SC에서 동위상 성분 $s_I(t)$로, 혹은 SSB와 VSB 모두에서 동위상 성분 $s_I(t)$와 직교 위상 성분 $s_Q(t)$의 조합으로 완전히 서술된다. 게다가 서로에 대하여 $s_I(t)$와 $s_Q(t)$의 직교성은 변조된 파형 $s(t)$의 **복소 포락선**(complex envelope)이라 불리는 새 신호를 소개한다. 복소 포락선은 다음과 같이 정의된다.

$$\tilde{s}(t) = s_I(t) + js_Q(t) \tag{3.41}$$

이 정의는 복소수를 다루는 방식에 의해 유발되었다. 어떤 사건(event)에서 식 (3.41)로부터 얻는 중요한 점은 복소 포락선 $\tilde{s}(t)$는 $s_I(t)$와 $s_Q(t)$ 모두의 정보 내용을 설명한다는 것이다. 그런데 복소 포락선은 가공의 신호이고, 그 사용은 대역 통과 신호의 신호 처리 연산을 단지 단순화하기 위한 것이고, 이것은 정현 반송파에 근거한 변조된 파형을 예시하고자 한 것임을 유의하자.

식 (3.41)에 해당되는 방법에서, **복소 반송파**(complex carrier wave)를 정의할 수 있다.

$$\begin{aligned}\tilde{c}(t) &= c(t) + j\hat{c}(t) \\ &= \cos(2\pi f_c t) + j\sin(2\pi f_c t) \\ &= \exp(j2\pi f_c t)\end{aligned} \tag{3.42}$$

따라서 변조된 파형 $s(t)$는 다음과 같이 정의된다.

$$\begin{aligned}s(t) &= \mathbf{Re}[\tilde{s}(t)\tilde{c}(t)] \\ &= \mathbf{Re}[\tilde{s}(t)\exp(j2\pi f_c t)]\end{aligned} \tag{3.43}$$

여기서 **Re**[·]는 꺾쇠 괄호 안에 둘러싸인 복소량의 실수부를 취한다.

지금부터 실수값을 가진 변조된 파형 $s(t)$에 대해 복소 포락선 $\tilde{s}(t)$의 실제적인 이점을 볼 수 있다.

1. $s(t)$의 최고 주파수 성분은 $f_c + W$만큼 클 것 같다. 여기서 f_c는 반송파 주파수, W는 메시지 대역폭이다.
2. 한편으로 $\tilde{s}(t)$의 최고 주파수 성분은 메시지 대역폭 W에 의해 제한되므로 상당히 작다.

변조된 파형 $s(t)$의 표현으로서 식 (3.43)을 사용함에 있어 전혀 잃을 것이 없다.

임의의 변조된 파형 $s(t)$가 주어졌을 때, 그림 3.25(a)에서 보여 준 기법을 사용하여 동위상 성분 $s_I(t)$와 직교 위상 성분 $s_Q(t)$를 이끌어 낼 수 있다. 역으로, 동위상 성분 $s_I(t)$와 직교 위상 성분 $s_Q(t)$의 쌍이 주어졌을 때, 그림 3.25(b)에서 보여 준 상보 기법

표 3.1 단위 크기 반송파 진폭을 가정했을 때, 식 (3.39)의 특별한 경우로서, 선형 변조의 서로 다른 형태

Type of modulation	*In-phase component* $s_I(t)$	*Quadrature component* $s_Q(t)$	*Comments*
AM	$1 + k_a m(t)$	0	k_a = amplitude sensitivity $m(t)$ = message signal
DSB-SC	$m(t)$	0	
SSB:			
(a) Upper sideband transmitted	$\frac{1}{2}m(t)$	$\frac{1}{2}\hat{m}(t)$	$\hat{m}(t)$ = Hilbert transform of $m(t)$ (see part (i) of footnote 4)[4]
(b) Lower sideband transmitted	$\frac{1}{2}m(t)$	$-\frac{1}{2}\hat{m}(t)$	
VSB:			
(a) Vestige of lower sideband transmitted	$\frac{1}{2}m(t)$	$\frac{1}{2}m'(t)$	$m'(t)$ = response of filter with transfer function $H_Q(f)$ due to message signal $m(t)$. The $H_Q(f)$ is defined by the formula (see part (ii) of footnote 4)
(b) Vestige of upper sideband transmitted	$\frac{1}{2}m(t)$	$-\frac{1}{2}m'(t)$	$H_Q(f) = -j[H(f + f_c) - H(f - f_c)]$ where $H(f)$ is the transfer function of the VSB sideband shaping filter.

[4] 표 3.1에 대한 두 가지의 추가적인 설명은 순서대로 다음과 같다.

(i) SSB 변조에서, **힐베르트 변환**

$$\hat{m}(t) = \frac{1}{\pi}\int_{-\infty}^{\infty}\frac{m(\tau)}{t - \tau}d\tau$$

는 변조된 파형 $s(t)$의 직교 위상 성분을 정의한다. 즉

$$s_Q(t) = \hat{m}(t)$$

주파수 영역에서, 힐베르트 변환은 다음과 같이 정의된다.

$$\hat{M}(f) = -j\,\mathrm{sgn}(f)M(f)$$

여기서 시그넘 함수는 다음과 같다.

$$\mathrm{sgn}(f) = \begin{cases} 1, & \text{for } f > 0 \\ 0, & \text{for } f = 0 \\ -1, & \text{for } f < 0 \end{cases}$$

(ii) VSB 변조에서, 직교 위상 성분 $s_Q(t)=m'(t)$는 전달 함수가 $H_Q(t)$로 표현된 선형 시불변 필터를 통해 메시지 신호 $m(t)$를 통과시킴으로써 얻어진다. $H_Q(t)$는 다음과 같이 정의된다.

$$H_Q(f) = -j[H(f + f_c) - H(f - f_c)]$$

여기서 $H(f)$는 VSB 측파대 성형 필터의 전달 함수이다. 잔류측파대 f_ν가 0으로 접근함에 따라 극한에서 다음을 얻는다.

$$\lim_{f_\nu \to 0} H_Q(f) = -j\,\mathrm{sgn}(f)$$

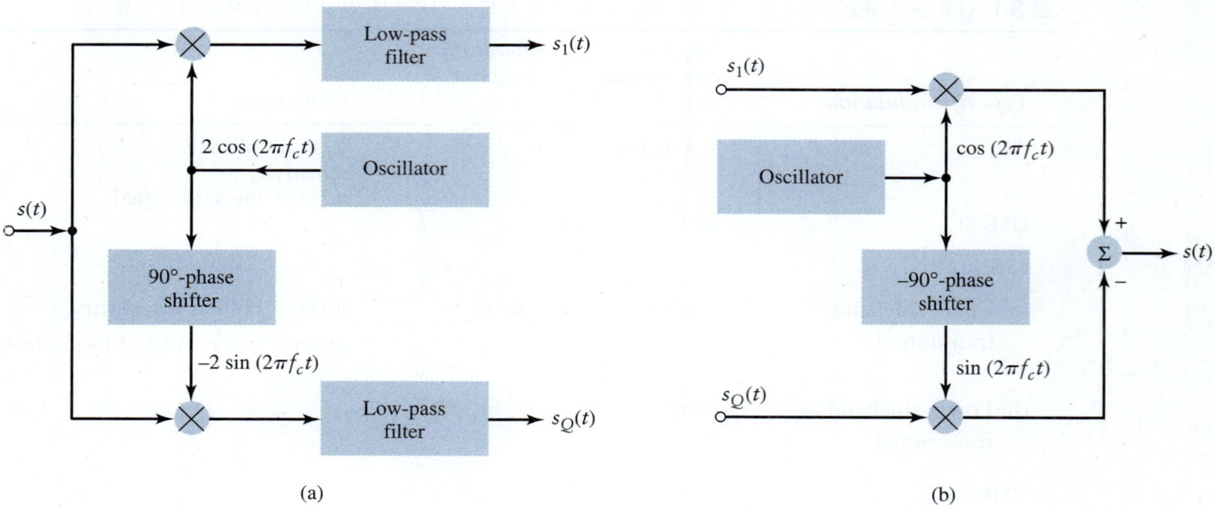

그림 3.25 (a) 선형 변조 된(예를 들어 대역통과) 신호의 동위상과 직교 위상 성분을 도출하기 위한 기법. (b) 변조된 신호의 동위상과 직교 위상 성분으로부터 변조된 신호를 재구성하기 위한 기법.

(complementary scheme)을 사용하여 변조된 파형 $s(t)$를 발생시킬 수 있다. 명백한 이유로 이 두 기법은 **분석기**(analyzer) 혹은 변조된 파형의 **합성기**(synthesizer)라고 부른다.

▶ **연습문제 3.15** 그림 3.25(b)에 그려진 합성기의 유도는 직접 식 (3.39)를 따른다. 그러나 그림 3.25(a)에 그려진 분석기의 유도는 보다 자세한 고려 사항을 요구한다. $f_c > W$과 다음과 같은 삼각 함수 등식이 주어졌을 때

$$\cos^2(2\pi f_c t) = \frac{1}{2}[1 + \cos(4\pi f_c t)],$$

$$\sin^2(2\pi f_c t) = \frac{1}{2}[1 - \cos(4\pi f_c t)],$$

$$\sin(2\pi f_c t)\cos(2\pi f_c t) = \frac{1}{2}\sin(4\pi f_c t)$$

그림 3.25(a)의 분석기는 출력으로 $s_I(t)$와 $s_Q(t)$를 산출함을 보이라. ◀

대역통과 필터의 기저대역 표현

이 절에서 개발된 대역통과 신호의 기저대역 표현(변조된 파형에 의해 예시된)은 대역통과 통신 채널을 포함한 대역통과 필터에 대한 대응되는 표현을 개발하려는 욕구를 자극한다.

필터의 입력–출력 반응(behavior)이 전달 함수 $H(f)$로 정의되는 선형 대역통과 필터를 고려하자. 전달 함수는 중간대역 주파수 f_c의 $\pm B$ 안의 주파수로 제한되고, 사실상 $2B$

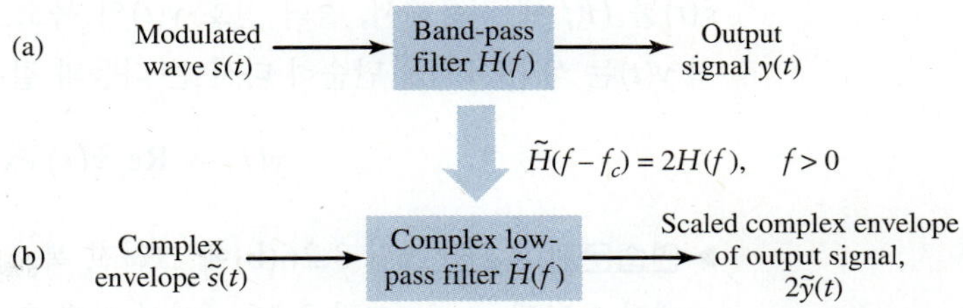

그림 3.26 대역통과 필터를 복소 저역통과 필터로 변환하는 그림: (a) 실수값의 대역통과 구성, (b) 이에 상응하는 복소값의 저역통과 구성.

는 필터의 대역폭을 정의한다. 그림 3.26(a)에 나와 있는 것처럼 출력 $y(t)$를 생성하는 이 필터에 변조된 파형 $s(t)$가 주어진다고 가정하자. 변조된 파형의 송신 대역폭은 $2W$이고 반송파 주파수 f_c의 중심에 위치한다고 가정한다. 바꾸어 말하면, 변조된 파형의 스펙트럼과 대역통과 필터의 주파수 응답을 $B \le W$에 맞춰 정렬한다.[$B > W$인 경우를 무시하는 이유는 이러한 상황에서 변조된 파형 $s(t)$는 완전히 영향을 받지 않고 필터를 통과하므로 실제적인 중요성이 없기 때문이다.] 명백히 곱 $H(f)S(f)$의 푸리에 역변환을 구하여 출력 신호 $y(t)$를 결정할 수 있다. 그런데 분석으로부터 반송파 주파수 f_c를 제거하는 **대역통과-저역통과(기저대역) 변환**[5]을 사용하는 것이 간단한 과정이다. 명확하게 이 변환은 다음과 같이 정의된다.

$$\tilde{H}(f - f_c) = 2H(f), \qquad \text{for } f > 0 \tag{3.44}$$

새 주파수 함수 $\tilde{H}(f)$는 **복소 저역통과 필터**의 전달 함수이고, 이것은 식 (3.44)에서 정의된 변환에서 유래한다. 이 식에서 크기 인수 2는 출력 $y(t)$를 구할 때 변환이 정확한 결과를 산출한다는 것을 확신시키기 위해 필요하다.

식 (3.44)에 따라, 다음과 같은 과정에 따라 $\tilde{H}(f)$를 결정할 수 있다.

1. 양의 주파수와 음의 주파수 양쪽에 대해 정의된 대역통과 필터의 전달 함수 $H(f)$가 주어지면, 양의 주파수에 해당하는 $H(f)$의 부분을 유지한다. 이 부분을 $H_+(f)$라 하자.
2. $H_+(f)$를 f_c와 같은 양만큼 주파수 축을 따라 왼쪽으로 이동하고, 인수 2만큼 크기를 조정한다. 이렇게 해서 얻은 결과는 요구하는 $\tilde{H}(f)$를 정의한다.

$\tilde{H}(f)$에 의해 특징지어진 복소 저역통과 필터가 결정되면, **복소 신호 처리**의 다음 단계로 진행할 수 있다. 명확하게 이 필터에 변조된 파형 $s(t)$의 복소 포락선 $\tilde{s}(t)$를 입력시킨다. $\tilde{s}(t)$는 식 (3.41)에 일치하는 $s(t)$에서 유도된다. 그림 3.26(b)에서 보여 준 바와 같이

[5] 식 (3.44)에 정의된 변환에 관한 식의 유도는 Haykin(2000), p.731을 참조하라.

$\tilde{s}(t)$를 $\tilde{H}(f)$에 적용해서, 출력 신호 $y(t)$의 복소 포락선 $\tilde{y}(t)$를 결정한다. 마침내 실제 출력 $y(t)$는 식 (3.43)을 단순히 다시 쓴 다음과 같은 공식으로부터 결정된다.

$$y(t) = \mathrm{Re}[\tilde{y}(t)\exp(j2\pi f_c t)] \tag{3.45}$$

▶ **연습문제 3.16** 그림 3.26(b)에 그려진 복소 저역통과 필터에서 출발하여, 식 (3.45)에서 유도된 $y(t)$는 그림 3.26(a)에서 실제 출력 $y(t)$와 동일함을 보이라. ◀

3.9 예제

이 절에서는 이 장의 앞에서 기술된 연속파 변조 이론에서 구축된 세 가지 주제에 대한 실례를 기술한다. 수식 혹은 상세 설계보다 아날로그 통신 시스템의 동작 측면을 강조하여 설명한다.

슈퍼헤테로다인 수신기

방송(broadcasting) 시스템에서 수신기는 진폭 변조 혹은 주파수 변조에 상관없이 입력되는 변조된 신호에 대해 복조하는 작업뿐만 아니라, 다음과 같은 시스템 기능을 수행해야 한다.

- 원하는 신호(즉 원하는 전파 혹은 TV 방송국)를 선택하기 위한 **반송파 주파수 동조**(carrier-frequency tuning)
- 다른 변조 신호들로부터 원하는 신호를 분리하는 데 필요한 **필터링**(filtering)
- 송신 도중 생기는 신호 전력 손실을 보상하기 위한 **증폭**(amplification)

슈퍼헤테로다인 수신기(superheterodyne receiver) 또는 **슈퍼헤트**(superhet)는 위의 세 가지 기능을 모두 수행하는, 특히 처음 두 기능은 실용적인 방법으로 수행하는 수신기의 특별한 형태이다. 또한 동조할 수 있는 높은 Q 필터를 써야 하는 어려움을 극복할 수 있다. 실제로 현재 만들어진 모든 라디오 또는 TV 수신기는 슈퍼헤테로다인 형태이다.

기본적으로 수신기는 무선 주파수(RF)단, 혼합기(mixer)와 국부 발진기(local oscillator), 중간 주파수(IF)단, 복조기, 전력 증폭기로 구성된다. 상용 AM과 FM(FM 이론은 4장에서 설명함) 라디오 수신기의 전형적인 주파수 파라미터들이 표 3.2에 나타나 있다. 그림 3.27은 복조할 때 포락선 검출기를 사용하는 진폭 변조에 대한 슈퍼헤테로다인 수신기의 블록 다이어그램이다.

진폭 변조 된 파는 수신 안테나에서 받아들여져 입력파의 반송파 주파수에 동조되는 RF단에서 증폭된다. 혼합기와 국부 발진기(주파수 조정 가능한)의 조합으로 **헤테로다이닝**(heterodyning) 기능에 의해 입력 신호는 미리 결정되어 고정된 **중간 주파수**(intermediate frequency)로 변환된다. 중간주파수는 보통 입력되는 반송파 주파수보다 낮다. 이러한 주

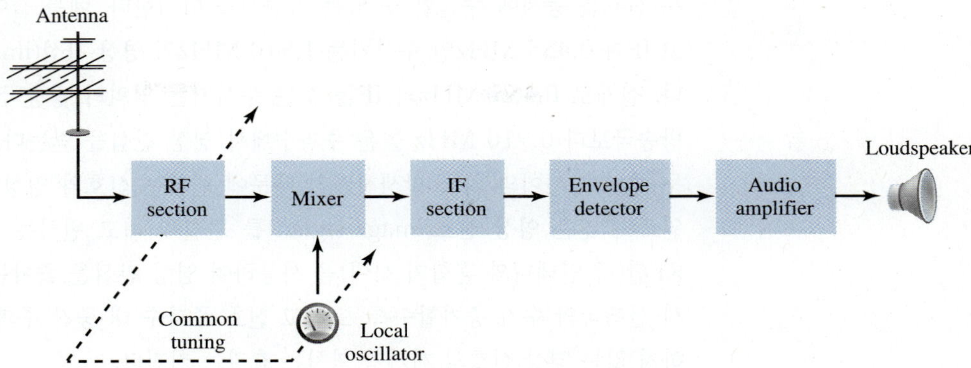

그림 3.27 슈퍼헤테로다인 형태 AM 수신기의 기본적인 요소.

표 3.2 AM과 FM 라디오 수신기의 전형적인 주파수 파라미터

	AM Radio	*FM Radio*
RF carrier range	0.535–1.605 MHz	88–108 MHz
Mid-band frequency of IF section	0.455 MHz	10.7 MHz
IF bandwidth	10 kHz	200 kHz

파수 천이는 반송파와 측파대의 관계를 왜곡시키지 않고 수행된다. 헤테로다이닝의 결과 다음과 같이 정의되는 중간 주파수 반송파가 만들어진다.

$$f_{IF} = f_{RF} - f_{LO} \tag{3.46}$$

여기서 f_{LO}는 국부 발진기의 주파수이고, f_{RF}는 입력 RF 신호의 반송파 주파수이다. f_{IF}는 원래의 수신 주파수도 아니고 기저대역 주파수도 아니기 때문에 중간 주파수라 한다. 혼합기-국부 발진기 조합은 종종 **첫째 검출기**(first detector)라고 하며, 이때 복조기는 **둘째 검출기**(second detector)라 한다.

IF단은 한 개 이상의 동조된 증폭기로 구성되며, 이 동조된 증폭기는 수신기가 다루고자하는 신호의 특정 형태에 필요한 대역폭을 갖는다. 이 부분은 수신단에서의 증폭과 선택도의 대부분을 제공한다. IF단의 출력은 복조기에 들어가며 복조기는 기저대역의 신호를 복원한다. 만약 동기 검출을 하면, 동기 신호원이 수신단에서 필요하다. 복원된 메시지 신호의 전력 증폭이 수신단에서 마지막으로 수행된다.

슈퍼헤테로다인 수신기에서 혼합기는 입력 신호 주파수가 국부 발진기 주파수와 중간 주파수만큼 크거나 작을 때 중간 주파수 출력을 발생시킨다. 즉 두 가지 입력 주파수 $|f_{LO} \pm f_{IF}|$가 혼합기 출력에서 f_{IF}가 된다. 이는 중간 주파수의 두 배만큼 차이가 있는

두 신호를 동시에 수신할 수 있는 가능성을 야기한다. 예를 들어 1 MHz에 동조되어 있고 IF가 0.455 MHz인 수신기는 1.910 MHz의 **영상 간섭**(image interference)을 받는다. 실제로 0.455 MHz의 IF를 갖는 수신기는 임의의 방송국에 동조되었을 때 원하는 방송국보다 0.910 MHz 높은 주파수에서 영상 간섭을 받는다. 혼합기의 기능은 가해진 두 주파수 사이의 차를 발생시키기 때문에 원하는 신호와 영상 신호를 구별하지 못한다. 원하지 않는 **영상 신호**(image signal)를 판별해 내고 원하는 신호를 얻기 위해 고감도 RF단(즉 안테나와 혼합기 사이)을 사용하여 영상 간섭을 줄이는 방법밖에 없다. RF단에서 선택국의 수가 증가할수록, 그리고 신호 주파수 대 중간 주파수의 비가 증가할수록 원하지 않는 영상 신호의 제거가 끼치는 효과는 커진다.

텔레비전 신호

3.7절에서 논의한 잔류측파대 변조는 상용 텔레비전에서 중요한 역할을 한다. TV 시스템을 특징짓는 영상 신호를 송신하는 데 사용하는 변조 형태의 세부적인 사항들은 두 가지 요소의 영향을 받는다.

1. 영상 신호는 대역폭이 넓고, 저주파 영역에 중요한 성분이 있어서 VSB 변조 방식에 알맞다.
2. 수신단의 복조 회로는 간단하고 저렴해야 하므로 포락선 검출기를 써야 한다. 따라서 VSB 신호에 반송파를 실어야 한다.

1의 관점에서 보면 대역을 효율적으로 사용하는 것이 강조되어야 하지만, 상업 TV 방송에서 송신 신호는 VSB 변조 된 것은 아니다. 그 이유는 송신단의 전력이 높기 때문에 측파대의 정밀한 필터링 제어가 어렵기 때문이다. 대신에 **VSB 필터**(VSB filter)를 신호 전력이 낮은 수신단에 장치한다. 그러면 전체 성능은 전력과 대역폭에 약간의 손실이 있으나, 거의 전형적인 잔류측파대 변조 방식과 같다. 이 관계를 그림 3.28에 나타내었다. 그림 3.28(a)는 이상적인 TV 전송 신호의 스펙트럼 특성이다. 상측파대, 하측파대의 25%, 그리고 영상 반송파가 송신된다. 수신단에서 필요한 VSB 필터 특성은 그림 3.28(b)와 같다.

북미에서 TV 방송으로 쓰이는 채널의 대역은 그림 3.28(b)에서 보듯이 6 MHz이다. 이 채널의 대역은 영상 신호의 VSB 변조에 필요한 대역만이 아니라, 음성 신호를 위한 대역도 제공해 준다. 그림 3.28에서 영상 신호의 반송파 주파수는 55.25 MHz이고, 음성 신호의 반송파 주파수는 59.75 MHz이다. 그러나 TV 신호의 정보는 영상 반송파 1.25 MHz 이하부터 4.5 MHz 이상에 걸쳐 **기저대역 스펙트럼**(baseband spectrum)에 분포한다.

2번 관점에서 보면 VSB 변조에 반송파가 더해진 것에 적용한 포락선 검출은 재생된 검출 출력에 영상 신호의 **파형 왜곡**(waveform distortion)을 만들어 낸다. 예제 3.5에서 토의한 대로, 파형 왜곡은 VSB 변조 신호의 직교 위상 성분에 의해 생긴 것이다. 예제에서 지적한 대로, 파형 왜곡의 한계는 백분율 변조를 줄이고, 잔류측파대의 폭을 최소화함

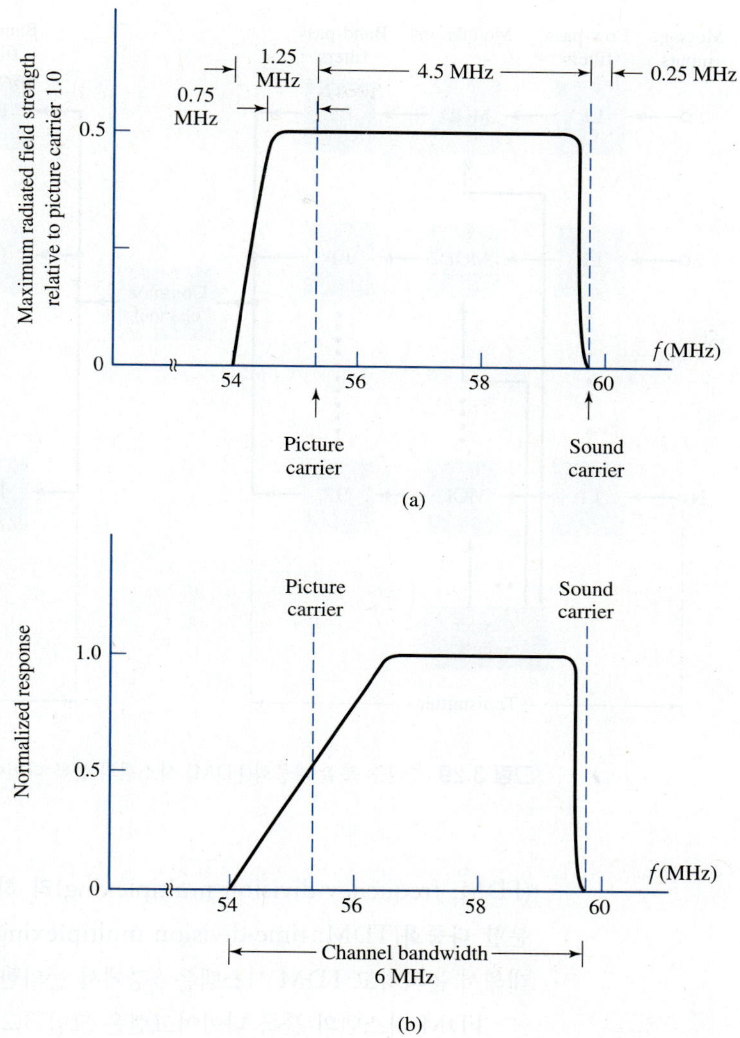

그림 3.28 (a) TV 전송 신호의 이상적인 스펙트럼 특성. (b) 수신단에서 VSB 필터의 주파수 응답.

으로써 줄일 수 있다.

주파수 분할 다중화

또 다른 중요한 신호 처리는 **다중화**(multiplexing)이다. 즉 다수의 독립 신호들은 공통 채널에서 송신하기 알맞은 합성 신호로 결합될 수 있다. 전화 채널에 송신되는 음성 신호의 주파수를 예로 들면 300~3100 Hz인데, 이러한 신호들을 같은 채널에 동시에 송신하려면, 이 신호들이 서로 간섭을 일으키지 않도록 분리해야 한다. 이 분리는 시간축 상이나 주파수축 상에서 이루어진다. 주파수축 상에서 분리하는 기술을 **주파수 분할 다중화**

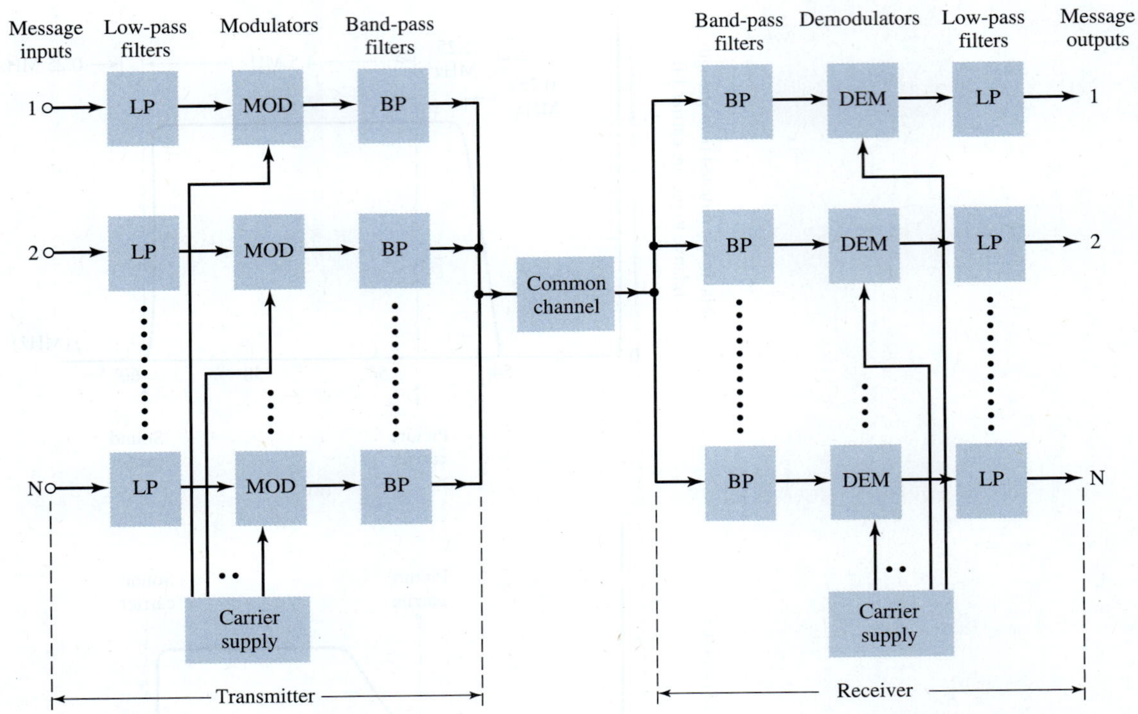

그림 3.29 주파수 분할 다중화(FDM) 시스템의 블록 다이어그램.

(FDM: frequency-division multiplexing)라 하며, 시간축 상에서 분리하는 기술을 **시분할 다중화**(TDM: time-division multiplexing)라 한다. 이 절에서는 FDM 시스템에 대해서 논의하고 TDM 시스템은 5장에서 논의한다.

FDM 시스템의 블록 다이어그램은 그림 3.29와 같다. 입력 메시지 신호는 저역통과 형태로 가정되지만 영 주파수에서 반드시 '0'이 아닌 값을 가질 필요는 없다. 그림 3.29에서 저역통과 필터는 채널을 공유할 때 다른 신호에 영향을 줄 수 있는 고주파 성분을 제거한다. 이 필터는 원래 신호가 초기에 확실히 대역제한된 신호라면 생략할 수 있다. 필터 출력 신호는 주파수 상에서 서로 겹쳐지지 않도록 변조된다. 이 주파수 천이에 필요한 반송파는 반송파 발생기에서 얻어진다. 변조를 위해 이 장에서 언급하였던 방법을 쓸 수 있지만 주파수 분할 다중화에서 많이 사용되는 방법은 음성 신호의 경우, 원래의 대역폭만큼 필요하게 되는 SSB 변조 방식이다. 실제 각 음성 신호에 할당된 대역은 4 kHz이다. 변조기 다음에 있는 대역통과 필터는 변조 신호의 대역을 제한한다. 대역통과 필터의 출력은 병렬로 공통 채널의 입력으로 들어간다. 수신단에서는 대역통과 필터가 병렬로 연결되어 주파수 관점에서 신호들을 분리해 낸다. 마지막으로 이 메시지 신호는 각각의 복조기에 의해 복원된다. 그림 3.29의 FDM 시스템은 한 방향으로 동작한다. 따라서 전화 채널과 같은 양방향 송신을 하기 위해서는 송신 측의 다중화 장치를 역순으로 수신 측에 똑같이 두면 된다.

예제 3.6 60개 채널 FDM 시스템에서의 변조 단계

실제적인 FDM 시스템의 구현은 그림 3.30과 같은 여러 단계의 변복조 과정을 포함한다. 처음 다중화 단계에서는 12개의 독립된 음성 신호를 가지고 **기본 그룹**(basic group)의 입력으로 하여 n번째 입력은 $f_c = 60 + 4n$ kHz($n = 1, 2, \ldots, 12$)로 변조된다. 하측파대는 대역통과 필터에 의해 선택되어 12개가 그룹을 형성한다. 따라서 기본 그룹은 60~108 kHz 대역을 차지한다. FDM 계층 구조의 다음 단계에서는 5개의 기본 그룹을 묶어 **슈퍼그룹**(supergroup)을 만든다. 이 과정은 n번째 그룹을 $f_c = 372 + 48n$ kHz($n = 1, 2, \ldots, 5$)로 변조하여 이루어진다. 여기서 다시 하측파대는 필터링 작용을 거쳐 312~552 kHz 대역을 갖는 슈퍼그룹을 만든다. 이렇게 해서 슈퍼그룹은 60개의 독립된 신호를 수용한다. 이런 방식으로 슈퍼그룹을 만드는 이유는 요구되는 필터 특성을 매우 제한된 주파수 대역에서만 이용할 수 있기 때문이다. 이와 같은 방식으로 슈퍼그룹은 마스터그룹을 형성하고, **마스터그룹**(mastergroup)은 다시 **매우 큰 그룹**(very large group)을 만든다.

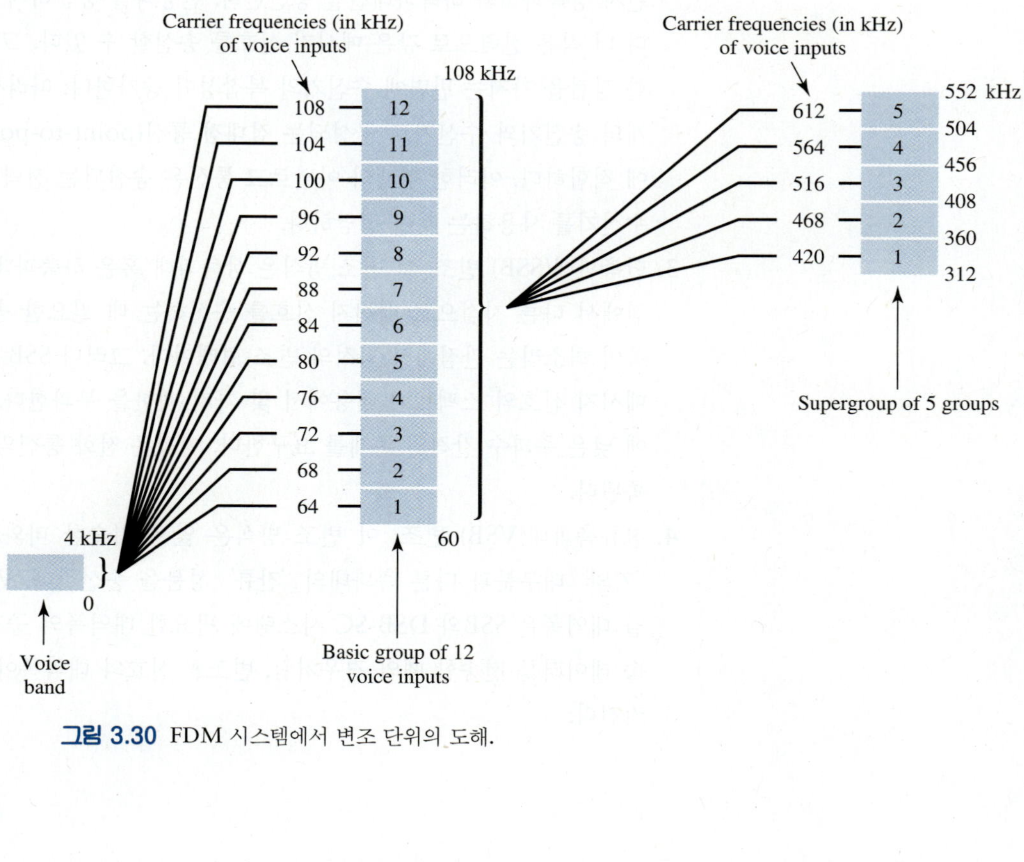

그림 3.30 FDM 시스템에서 변조 단위의 도해.

3.10 요약과 토의

이 장에서는 진폭 변조의 구성을 공부하였다. 이 변조 방식에서 반송파는 메시지 신호와 일치하여 진폭이 변화하는 정현파이다. 이 아날로그 변조 구성의 형식은 다음과 같은 변조된 파형 예제에 의해 전형화된다.

$$s(t) = A_c m(t) \cos(2\pi f_c t) \tag{3.47}$$

여기서 $m(t)$는 메시지 신호 그리고 $A_c \cos(2\pi f_c t)$는 반송파이다. 진폭 변조 구성은 변조된 파형의 스펙트럼에 따라 4가지 유형의 연속파 변조로 분류된다. 진폭 변조의 4가지 유형과 실질적인 장점을 여기에 요약하였다.

1. 진폭 변조(AM): 이 변조방식은 반송파에 상측파대와 하측파대가 모두 실려 송신된다. AM파의 발생은 예를 들어 제곱 법칙 변조기 같은 비선형 장치(예를 들어 다이오드)에 의해 달성된다. 마찬가지로 AM파의 복조는 포락선 검출기를 사용함으로써 수신단에서 쉽게 복조할 수 있다. 간단한 발생과 간단한 복조라는 두 가지 이유 때문에 진폭 변조는 한 개의 성능 좋은 송신기와 값싼 많은 수신기로 구성되는 상용 AM 라디오 **방송**에서 많이 사용된다.
2. 양측파대-억압 반송파(DSB-SC) 변조—식 (3.37)에 의해 정의됨: 이 변조 방식은 단지 상측파대와 하측파대만을 송신한다. 반송파를 송신하지 않으므로 표준 AM보다 더 작은 전력으로 같은 메시지 신호를 송신할 수 있다. 그러나 DSB-SC는 이러한 장점을 가지는 반면에 수신기의 복잡성이 증가한다. 따라서 DSB-SC 변조는 한 개의 송신기와 수신기로 구성되는 **점대점 통신**(point-to-point communication)에 적합하다. 이러한 형태의 아날로그 통신은 송신되는 전력이 우수하므로 복잡한 수신기를 사용하는 것이 정당하다.
3. 단측파대(SSB) 변조: 이 변조 방식은 상측파대 혹은 하측파대만을 송신한다. 한 지점에서 다른 지점으로 메시지 신호를 송신하는 데 필요한 송신 전력과 채널 대역폭이 최소라는 관점에서 최적의 변조 형태이다. 그러나 SSB 송신기의 구현은 입력 메시지 신호의 스펙트럼 내용에서 몇 가지 제한을 부과한다. 특히 영 주파수 부근에 낮은 주파수 간격의 존재를 요구한다. 이것은 전화 통신의 음성 신호에 의해 충족된다.
4. 잔류측파대(VSB) 변조: 이 변조 방식은 앞서 기술한 바와 같이, 한쪽 측파대의 '거의' 대부분과 다른 측파대의 '잔류' 성분을 송신한다. VSB 변조에 필요한 채널 대역폭은 SSB와 DSB-SC 시스템에 필요한 대역폭의 중간이다. TV 신호나 고속 데이터를 전송할 때의 경우처럼, 변조될 신호의 대역폭이 클 때 대역폭 효율이 커진다.

비록 아날로그 통신의 직접적인 관련에 의해 진폭 변조 구성이 발전되었지만, 변조 이론의 많은 측면들은 디지털 통신에도 똑같이 적용 가능하다. 예를 들어 만약 변조된 파형 $s(t)$에 대해 식 (3.47)에서 메시지 신호가 각각 이진 '0'과 '1'을 나타내는 -1 혹은 $+1$의 레벨로 제한된다면, 7장에서 좀더 다루게 되는 이진 위상 천이 키잉(BPSK)으로 알려진 디지털 변조의 기본 형태를 갖는다.

ADDITIONAL PROBLEMS

3.17 Throughout the chapter we focused on

$$c(t) = A_c \cos(2\pi f_c t)$$

as the sinusoidal carrier wave. Suppose we choose

$$c(t) = A_c \sin(2\pi f_c t)$$

as the sinusoidal carrier wave. To be consistent, suppose we also define

$$m(t) = A_c \sin(2\pi f_m t)$$

(a) Evaluate the spectrum of the new definition of AM:

$$s(t) = A_c[1 + k_a m(t)] \sin(2\pi f_c t)$$

where k_a is the amplitude sensitivity.

(b) Compare the result derived in part (a) with that studied in Example 3.1.

(c) What difference does the formulation in this problem make to the formulation of modulation theory illustrated in Example 3.1?

3.18. Consider the message signal

$$m(t) = 20 \cos(2\pi t) \text{ volts}$$

and the carrier wave

$$c(t) = 50 \cos(100\pi t) \text{ volts}$$

(a) Sketch (to scale) the resulting AM wave for 75 percent modulation.

(b) Find the power developed across a load of 100 ohms due to this AM wave.

3.19. Using the message signal

$$m(t) = \frac{t}{1 + t^2}$$

determine and sketch the modulated wave for amplitude modulation whose percentage modulation equals the following values:

(a) 50 percent

(b) 100 percent

(c) 125 percent

3.20 Suppose a nonlinear device is available for which the output current i_o and input voltage v_i are related by

$$i_o = a_1 v_i + a_3 v_i^3$$

where a_1 and a_3 are constants. Explain how such a device could be used to provide amplitude modulation. Could such a device also be used for demodulation? Justify your answer.

3.21 Consider the DSB-SC modulated wave obtained by using the sinusoidal modulating wave

$$m(t) = A_m \cos(2\pi f_m t)$$

and the carrier wave

$$c(t) = A_c \cos(2\pi f_c t - \phi)$$

The phase angle ϕ, denoting the phase difference between $c(t)$ and $m(t)$ at time $t = 0$, is variable. Sketch this modulated wave for the following values of ϕ:

(a) $\phi = 0$
(b) $\phi = 45°$
(c) $\phi = 90°$
(d) $\phi = 135°$

Comment on your results.

3.22 Given the nonlinear device described in Problem 3.20, explain how it could be used to provide a product modulator.

3.23 Consider a message signal $m(t)$ with the spectrum shown in Fig. 3.31. The message bandwidth $W = 1$ kHz. This signal is applied to a product modulator, together with a carrier wave $A_c \cos(2\pi f_c t)$, producing the DSB-SC modulated wave $s(t)$. This modulated wave is next applied to a coherent detector. Assuming perfect synchronism between the carrier waves in the modulator and detector, determine the spectrum of the detector output when: (a) the carrier frequency $f_c = 1.25$ kHz and (b) the carrier frequency $f_c = 0.75$ kHz. What is the lowest carrier frequency for which each component of the modulated wave $s(t)$ is uniquely determined by $m(t)$?

3.24 Consider a composite wave obtained by adding a noncoherent carrier $A_c \cos(2\pi f_c t + \phi)$ to a DSB-SC wave $\cos(2\pi f_c t)m(t)$. This composite wave is applied to an ideal envelope detector. Find the resulting detector output for

(a) $\phi = 0$
(b) $\phi \neq 0$ and $|m(t)| \ll A_c/2$

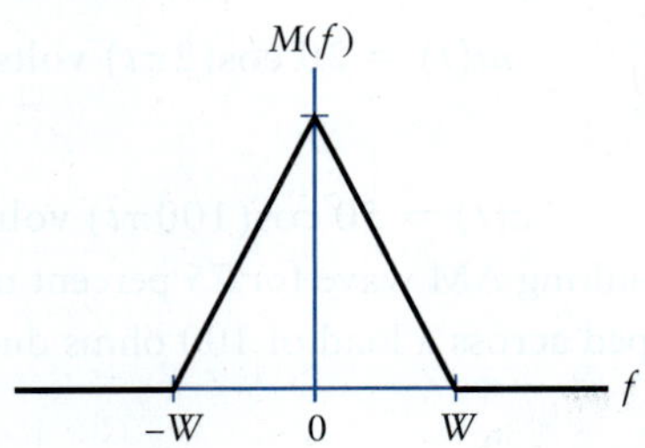

FIGURE 3.31 Problem 3.23

3.25 A DSB-SC wave is demodulated by applying it to a coherent detector.

(a) Evaluate the effect of a frequency error Δf in the local carrier frequency of the detector, measured with respect to the carrier frequency of the incoming DSB-SC wave.

(b) For the case of a sinusoidal modulating wave, show that because of this frequency error, the demodulated wave exhibits beats at the error frequency. Illustrate your answer with a sketch of this demodulated wave. (A *beat* refers to a signal whose frequency is the difference between the frequencies of two input signals.)

3.26 Consider a pulse of amplitude A and duration T. This pulse is applied to a SSB modulator, producing the modulated wave $s(t)$. Determine the envelope of $s(t)$, and show that this envelope exhibits peaks at the beginning and end of the pulse.

3.27 (a) Consider a message signal $m(t)$ containing frequency components at 100, 200, and 400 Hz. This signal is applied to a SSB modulator together with a carrier at 100 kHz, with only the upper sideband retained. In the coherent detector used to recover $m(t)$, the local oscillator supplies a sinusoidal wave of frequency 100.02 kHz. Determine the frequency components of the detector output.

(b) Repeat your analysis, assuming that only the lower sideband is transmitted.

3.28 Throughout this chapter, we have expressed the sinusoidal carrier wave in the form

$$c(t) = A_c \cos(2\pi f_c t)$$

where A_c is the carrier amplitude and f_c is the carrier frequency. In Chapter 7 dealing with digital band-pass modulation techniques, we find it more convenient to express the carrier in the form

$$c(t) = \sqrt{\frac{2}{T_b}} \cos(2\pi f_c t)$$

where T_b is the duration allotted to the transmission of symbol 1 or symbol 0. Determine the value of carrier amplitude A_c for the energy in $c(t)$ per symbol to equal unity.

Advanced Problems

3.29 For a p-n junction diode, the current i through the diode and the voltage v across it are related by

$$i = I_0 \left[\exp\left(-\frac{v}{V_T} \right) - 1 \right]$$

where I_0 is the reverse saturation current and V_T is the thermal voltage defined by

$$V_T = \frac{kT}{e}$$

where k is Boltzmann's constant in joules per degree Kelvin, T is the absolute temperature in degrees Kelvin, and e is the charge of an electron. At room temperature, $V_T = 0.026$ volt.

(a) Expand i as a power series in v, retaining terms up to v^3.

(b) Let

$$v = 0.01 \cos(2\pi f_m t) + 0.01 \cos(2\pi f_c t) \text{ volts}$$

where $f_m = 1$ kHz and $f_c = 100$ kHz. Determine the spectrum of the resulting diode current i.

(c) Specify the bandpass filter required to extract from the diode current an AM wave with carrier frequency f_c.

(d) What is the percentage modulation of this AM wave?

3.30 Consider the quadrature-carrier multiplex system of Fig. 3.17. The multiplexed signal $s(t)$ produced at the transmitter output in part (*a*) of this figure is applied to a communication channel of transfer function $H(f)$. The output of this channel is, in turn, applied to the receiver input in part (*b*) of Fig. 3.17. Prove that the condition

$$H(f_c + f) = H^*(f_c - f), \qquad \text{for } 0 \le f \le W$$

is necessary for recovery of the message signals $m_1(t)$ and $m_2(t)$ at the receiver outputs; f_c is the carrier frequency, W is the message bandwidth. The asterisk in $H^*(f_c - f)$ denotes complex conjugation.

Hint: Evaluate the spectra of the two receiver outputs.

3.31 (a) Let $s_u(t)$ denote the SSB wave obtained by transmitting only the upper sideband, and $\hat{s}_u(t)$ its Hilbert transform. Show that

$$m(t) = \frac{2}{A_c}[s_u(t)\cos(2\pi f_c t) + \hat{s}_u(t)\sin(2\pi f_c t)]$$

and

$$\hat{m}(t) = \frac{2}{A_c}[\hat{s}_u(t)\cos(2\pi f_c t) - s_u(t)\sin(2\pi f_c t)]$$

where $m(t)$ is the message signal, $\hat{m}(t)$ is its Hilbert transform, f_c the carrier frequency, and A_c is the carrier amplitude.

(b) Show that the corresponding equations in terms of the SSB wave $s_l(t)$ obtained by transmitting only the lower sideband are

$$m(t) = \frac{2}{A_c}[s_l(t)\cos(2\pi f_c t) + \hat{s}_l(t)\sin(2\pi f_c t)]$$

and

$$\hat{m}(t) = \frac{2}{A_c}[s_l(t)\cos(2\pi f_c t) - \hat{s}_l(t)\sin(2\pi f_c t)]$$

(c) Using the results of (a) and (b), set up the block diagrams of a receiver for demodulating an SSB wave.

Note: The Hilbert transform is defined in Problem 2.52; see also footnote 4 of this chapter.

3.32 In this problem, we continue the discussion on VSB modulation for the case when a vestige of the lower sideband is transmitted; Fig. 3.24 depicts the frequency response $H(f)$ of the sideband shaping filter used to generate such a modulated wave. In particular, we wish to examine the complex representation of this filter, denoted by $\widetilde{H}(f)$.

Let $H_I(f)$ and $H_Q(f)$ denote the in-phase and quadrature components of $\widetilde{H}(f)$, respectively. Show that over the interval $-W \le f \le W$, we have

(a) $H_I(f)$ represents an all-pass filter; that is, the frequency response of the filter is constant as shown by

$$H(f) = 1, \qquad \text{for } -W \le f \le W$$

where W is the message bandwidth.

(b) $H_Q(f)$ represents a low-pass filter with an odd-symmetric frequency response, described by the following three relations

1. $H_Q(-f) = -H_Q(f), \qquad -W \le f \le W$
2. $H_Q(0) = 0$
3. $H_Q(f) = 1 \qquad \text{for } f_v \le f \le W$

where f_v is the width of the vestigial sideband.

4장

각변조

이전 장에서는 반송 주파수를 고정시키면서 정보 함축 신호에 따라 정현 반송파의 진폭을 서서히 변화시키는 효과를 살펴보았다. 정현 반송파를 변조시키는 또 다른 방법이 있는데, 이름하여 **각변조**(angle modulation)라 한다. 여기서는 반송파의 각이 정보 함축 신호에 따라 변한다. 이 두 번째 부류의 변조 기술에서는 반송파의 크기가 일정하게 유지된다.

각변조의 중요한 특징은 진폭 변조보다 잡음과 간섭에 대하여 신호를 더 잘 구별해 낼 수 있다는 점이다. 그러나 9장에서 다루겠지만, 이와 같은 성능 향상은 전송 대역폭 증가의 대가로 얻어진다. 즉 각변조는 향상된 잡음 특성을 위해 채널 대역폭과 맞바꾸는 실질적인 방법을 제공하고 있다. 이와 같은 교환은 진폭 변조에서는 가능하지 않다. 또한 각변조에서의 잡음에 대한 성능 향상은 송신기와 수신기 양쪽에서 시스템 복잡성이 증가한다는 대가를 치르고서 이루어진다.

이번 장에서 각변조에 대하여 배울 내용은 다음과 같다.

▶ **레슨 1: 각변조는 비선형 과정인데, 이 사실이 복잡한 성질을 증언하고 있다. 아날로그 통신과 관련하여, 각변조의 이와 같은 독특한 특성이 다음의 2가지를 내포하고 있다.**

- **분석 측면에서 보면, 각변조의 스펙트럼 분석이 복잡하다.**
- **실질적인 측면에서 보면, 각변조를 구현하는 것이 요구된다.**

위의 두 문장은 진폭 변조를 참조의 틀로서 사용하여 만들어졌다.

▶ **레슨 2: 진폭 변조 파형(또는 그 변형 방식)의 전송 대역폭의 범위는 제한되어 있는 반면, 각변조 파형의 전송 대역폭은 적어도 이론적으로는 무한한 범위를 가지는 것으로 가정할 수 있다.**

▶ **레슨 3: 정현파의 진폭이 일정하게 유지된다고 가정할 때, 첨가되는 잡음이 진폭 변조보다는 각변조의 성능에 작은 영향을 미친다는 것을 직관적으로 예상할 수 있다.**

4.1 기본 정의

$\theta_i(t)$를 시간 t에서 변조된 정현 반송파의 **각**(angle)이라 하자. 이는 정보 함축 신호 또는 메시지 신호의 함수라고 가정할 수 있다. 결과적으로 만들어진 **각변조된 파형**(angle-modulated wave)은 다음과 같이 표현된다.

$$s(t) = A_c \cos[\theta_i(t)] \tag{4.1}$$

여기서 A_c는 반송파 진폭이다. $\theta_i(t)$가 2π만큼 변할 때마다 완전한 1회 진동이 일어난다. $\theta_i(t)$가 시간에 대해 단조 증가 한다면, 작은 시간 구간인 t에서 $t+\Delta t$ 동안의 평균 주파수는 Hz 단위로 다음과 같이 주어진다.

$$f_{\Delta t}(t) = \frac{\theta_t(t + \Delta t) - \theta_i(t)}{2\pi\Delta t}$$

시간 구간 Δt가 0에 근접하게 하면, 각변조 신호 $s(t)$의 **순시 주파수**(instantaneous frequency)에 대한 정의를 유도할 수 있고 그 식은 다음과 같다.

$$\begin{aligned} f_i(t) &= \lim_{\Delta t \to 0} f_{\Delta t}(t) \\ &= \lim_{\Delta t \to 0}\left[\frac{\theta_t(t + \Delta t) - \theta_i(t)}{2\pi\Delta t}\right] \\ &= \frac{1}{2\pi}\frac{d\theta_i(t)}{dt} \end{aligned} \tag{4.2}$$

여기서 마지막 식의 유도에는 각 $\theta_i(t)$의 t에 대한 미분의 정의를 사용했다.

그러므로 식 (4.1)에 의하면 각변조 신호 $s(t)$는 길이 A_c와 각 $\theta_i(t)$를 갖는 회전 페이저(rotating phasor)으로 해석할 수 있다. 이와 같은 페이저의 회전 각속도는 $d\theta_i(t)/dt$인데, 단위는 rad/sec이다. 변조되지 않는 간단한 반송파의 경우, 각 $\theta_i(t)$는

$$\theta_i(t) = 2\pi f_c t + \phi_c, \qquad \text{for } m(t) = 0$$

그리고 이에 대응하는 페이저는 등각속도인 $2\pi f_c$ rad/sec로 회전한다. 상수 ϕ_c는 $t=0$에서 변조되지 않은 반송파의 각이다.

각 $\theta_i(t)$가 메시지 신호와 연관하여 변할 수 있는 방법은 무한히 많을 수 있다. 그러나 여기서는 가장 많이 쓰이는 두 가지 방법인 위상 변조와 주파수 변조에 대해서만 알아보는데 그 정의는 다음과 같다.

1. **위상 변조**(PM: phase modulation)**는 순시 각 $\theta_i(t)$가 메시지 신호 $m(t)$에 대해 선형적으로 변하는 각변조 형태이다.**

$$\theta_i(t) = 2\pi f_c t + k_p m(t) \tag{4.3}$$

여기서 항 $2\pi f_c t$는 **변조되지 않은 반송파의 각**인데 상수 ϕ_c는 쉽게 표현하기 위해 0로 놓았다. 상수 k_p는 변조기의 **위상 감도 인자**(phase sensitivity factor)를 나타내는데, $m(t)$가 전압 파형이라면 그 단위는 rad/V가 된다. 위상 변조 된 파형 $s(t)$는 시간축에서 다음과 같이 표현된다.

$$s(t) = A_c \cos[2\pi f_c t + k_p m(t)] \tag{4.4}$$

2. **주파수 변조**(FM: frequency modulation)**는 순시 주파수 $f_i(t)$가 메시지 신호 $m(t)$에 대해 선형으로 변하는 각변조 형태이다.**

$$f_i(t) = f_c + k_f m(t) \tag{4.5}$$

상수 항 f_c는 **변조되지 않은 반송파의 주파수**를 나타낸다. 상수 k_f는 변조기의 **주파수 감도 계수**(frequency sensitivity factor)인데, $m(t)$가 전압 파형이라면 그 단위는 Hz/V가 된다. 식 (4.5)를 시간 t에 대해 적분하고 2π를 곱하면 다음 식과 같이 된다.

$$\begin{aligned} \theta_i(t) &= 2\pi \int_0^t f_i(\tau)\, d\tau \\ &= 2\pi f_c t + 2\pi k_f \int_0^t m(\tau)\, d\tau \end{aligned} \tag{4.6}$$

여기서 두 번째 항은 메시지 신호 $m(t)$에 의한 순시 위상 $\theta_i(t)$의 증가나 감소를 설명하고 있다. 따라서 주파수 변조 된 파형은 다음과 같다.

$$s(t) = A_c \cos\left[2\pi f_c t + 2\pi k_f \int_0^t m(\tau)\, d\tau\right] \tag{4.7}$$

표 4.1은 각변조 신호를 발생시키는 데 사용되는 기본적인 정의를 요약해 놓고 있다. 이 정의들은 아날로그든 디지털이든 모든 종류의 메시지 신호에 적용된다.

4.2 각변조파의 특성

각변조파는 표 4.1의 기본 정의로부터 유도되는 몇 가지 중요한 특성에 의해 특징지어진다. 정현파 변조의 예로서 그림 4.1에 도시되어 있는 바와 같이, 확실히 이러한 특성들이

표 4.1 각변조에서의 기본적인 정의 요약

	Phase modulation	*Frequency modulation*	*Comments*
Instantaneous phase $\theta_i(t)$	$2\pi f_c t + k_p m(t)$	$2\pi f_c t + 2\pi k_f \int_0^t m(\tau)\, d\tau$	A_c: carrier amplitude f_c: carrier frequency $m(t)$: message signal k_p: phase-sensitivity factor k_f: frequency-sensitivity factor
Instantaneous frequency $f_i(t)$	$f_c + \frac{k_p}{2\pi}\frac{d}{dt}m(t)$	$f_c + k_f m(t)$	
Modulated wave $s(t)$	$A_c \cos[2\pi f_c t + k_p m(t)]$	$A_c \cos\left[2\pi f_c t + 2\pi k_f \int_0^t m(\tau)\, d\tau\right]$	

각변조된 파형을 독립적인 군이 되게 하고, 진폭 변조 된 파형의 군과는 구별되게 한다. 그림 4.1(a)와 (b)는 각각 정현 반송파와 변조 파형을 나타내고, 그림 4.1(c), (d), (e)는 각각 대응하는 진폭 변조(AM), 위상 변조(PM), 주파수 변조(FM) 파형을 나타내고 있다.

특성 1. 전송 전력의 불변성. 식 (4.4)와 식 (4.7)로부터 PM과 FM 파형의 진폭은, 감도 k_p와 k_f에 관계없이, 모든 시간 t 동안 반송파 진폭 A_c의 크기로 일정한 값을 유지한다는 것을 쉽게 알 수 있다. 이 특성은 그림 4.1(d)의 PM 파형과 그림 4.1(e)의 FM 파형에서 잘 설명하고 있다. 결론적으로 각변조의 평균 전송 전력은 일정하고 다음 식과 같이 주어진다.

$$P_{\text{av}} = \frac{1}{2}A_c^2 \tag{4.8}$$

여기서 부하 저항은 1 Ω으로 가정하였다.

특성 2. 변조 과정의 비선형성. 각변조의 또 하나의 특이한 성질은 비선형성이다. 왜냐하면 PM 파형과 FM 파형 둘 다 중첩의 원리를 위배하기 때문이다. 예를 들어 메시지 신호 $m(t)$가 2개의 다른 성분 $m_1(t)$와 $m_2(t)$의 합으로 이루어졌다고 가정하자.

$$m(t) = m_1(t) + m_2(t)$$

$s(t)$, $s_1(t)$, $s_2(t)$가 각각 식 (4.4)에 따라 $m(t)$, $m_1(t)$, $m_2(t)$로 만들어진 PM 파형을 나타낸다고 하자. 이 식을 비추어 보면, PM 파형들을 다음과 같이 표현할 수 있다.

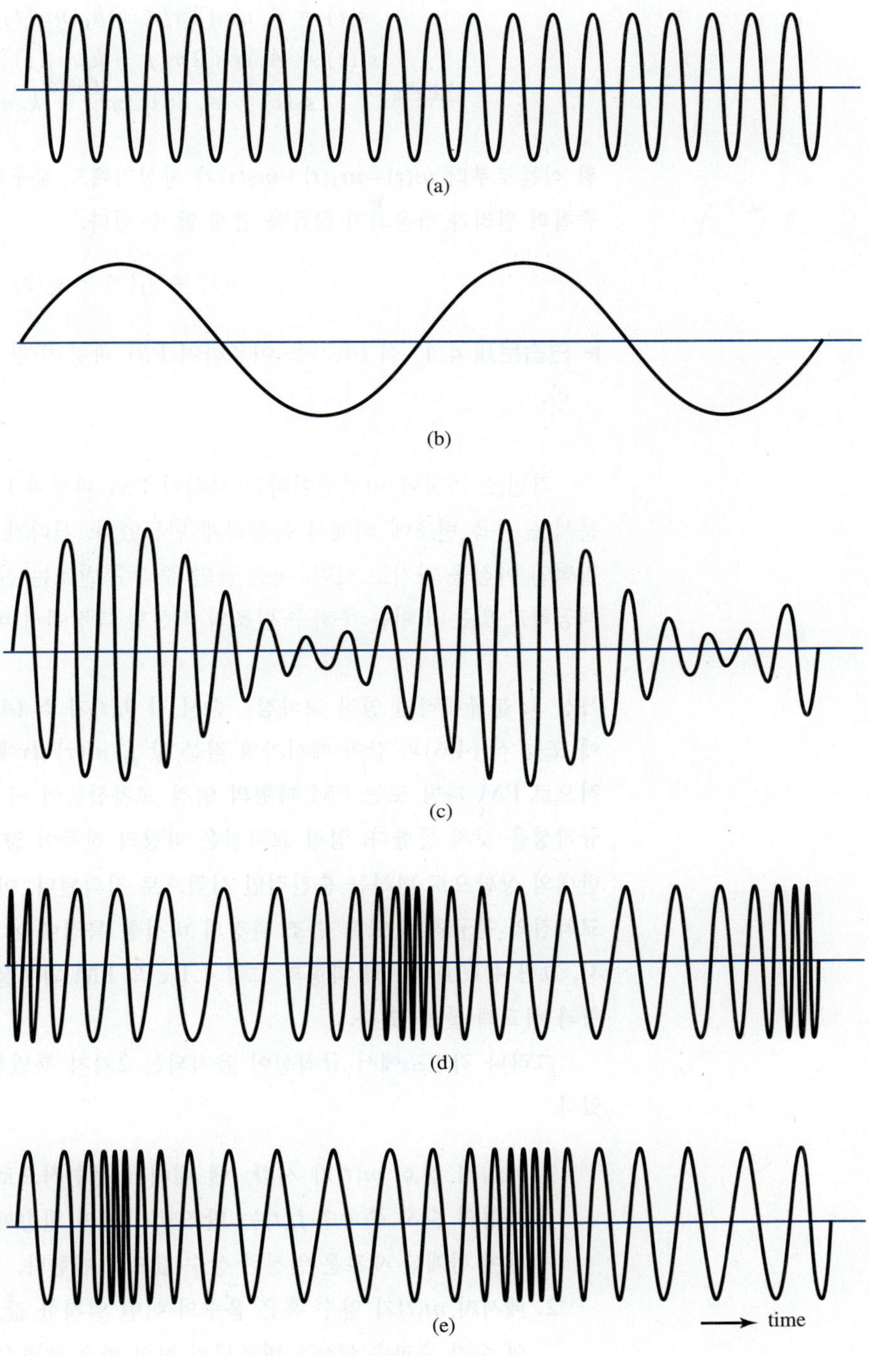

그림 4.1 단일 정현파에 의해 발생된 AM, PM, FM의 도시. (a) 반송파. (b) 정현파 변조 신호. (c) 진폭 변조 된 신호. (d) 위상 변조된 신호. (f) 주파수 변조 된 신호.

$$s(t) = A_c \cos[2\pi f_c t + k_p(m_1(t) + m_2(t))]$$
$$s_1(t) = A_c \cos[2\pi f_c t + k_p m_1(t)]$$
$$s_2(t) = A_c \cos[2\pi f_c t + k_p m_2(t)]$$

위 식들로부터 $m(t)=m_1(t)+m_2(t)$가 사실임에도 불구하고, 다음 식과 같이 되기 때문에 중첩의 원리가 적용되지 않음을 쉽게 알 수 있다.

$$s(t) \neq s_1(t) + s_2(t)$$

► **연습문제 4.1** 식 (4.7)을 이용하여 FM 파형 또한 중첩의 원리를 어기는 것을 보이라. ◄

각변조 과정이 비선형이라는 사실이 PM 파형과 FM 파형의 스펙트럼 분석과 잡음 분석을 진폭 변조에 비해서 복잡하게 만들었다. 게다가 각변조 과정은 그 자체적으로 실질적인 이점을 가지고 있다. 예를 들면 주파수 변조는 진폭 변조에 비해 좋은 잡음 특성을 제공하고 있는데 이는 주파수 변조의 비선형 특징에서 비롯된다.

특성 3. 불규칙적인 영점 교차점. **순시 각 $\theta_i(t)$가 식 (4.3)에서와 같이 메시지 신호 $m(t)$에 또는 식 (4.6)과 같이 메시지의 적분 값 $\int_0^t m(\tau)\, d\tau$에 종속적인 결과로 말미암아, 일반적으로 PM 파형 또는 FM 파형의 영점 교차점들이 시간축에서 봤을 때 더 이상 완벽한 규칙성을 갖지 못한다. 영점 교차점은 파형의 진폭이 양의 부호에서 음의 부호로 혹은 그 반대의 상황으로 변하는 순간적인 시점으로 정의된다. 어느 정도, 각변조 파형에서의 영점 교차점의 불규칙성 또한 변조 과정의 비선형 특징에 기인한다. 이 특성을 도해하기 위해서, 그림 4.1(d)의 PM 파형과 그림 4.1(e)의 FM 파형을 대응하는 그림 4.1(c)의 AM 파형과 비교해 볼 수 있다.**

그러나 각변조에서 규칙성이 유지되는 2가지 특별한 경우를 다음과 같이 나열할 수 있다.

1. **메시지 신호 $m(t)$가 시간 t에 대해서 선형적으로 증가하거나 감소할 경우에 PM 파형의 순시 주파수 $f_i(t)$는 변조되기 전의 반송파 주파수 f_c로부터 $m(t)$의 기울기 값에 관계된 새로운 일정한 상수 값으로 변한다.**
2. **메시지 $m(t)$가 양수 혹은 음수의 어떤 일정한 값으로 유지되면, 이 경우 FM 파형의 순간 주파수 $f_i(t)$는 변조되기 전의 반송 주파수 f_c로부터 $m(t)$의 상수 값에 의존하는 새로운 일정한 상수 값으로 변화한다.**

좌우간 각변조에서 메시지 신호 $m(t)$의 정보 내용이 변조된 파형의 영점 교차점들에 존재한다는 것을 주시하는 것이 중요하다. 이는 반송 주파수 f_c가 메시지 신호 $m(t)$의 최고 주

파수 값과 비교해 충분히 크다는 조건하에서 성립한다.

특성 4. 메시지 파형 시각화의 어려움. **AM에서는, 정현파 변조에 대해 그림 4.1(c)에서 보여 주는 바와 같이, 백분율 변조 지수가 100% 이하인 경우에 메시지 파형을 변조된 파형의 포락선으로 그대로 볼 수 있다. 각변조에서는 그렇지 아니하며, PM과 FM에 대해 그 대응하는 파형이 그림 4.1(d)와 4.1(e)에 나타나 있다. 일반적으로 각변조 파형에서 메시지 파형을 시각화하는 데 어려운 것 또한 각변조된 파형의 비선형 특징에 의한 것이다.**

특성 5. 잡음 성능 향상을 위해 전송 대역폭을 증가시키는 거래. **진폭 변조 대비 각변조의 중요한 장점은 향상된 잡음 성능의 구현이다. 이 장점은 정현 반송파의 각으로 변조한 메시지 신호의 전송이 반송파의 진폭을 변조해서 전송하는 것보다 첨가되는 잡음에 덜 민감하다는 사실로부터 나온 것이다. 그러나 잡음 성능의 향상은 각변조가 요구하는 전송 대역폭을 대응해서 증가시킨다는 희생을 기반으로 얻어진다. 바꿔 말하면, 각변조를 사용하면 잡음 성능 향상을 위해서 전송 대역폭을 증가시키는 거래를 할 수 있다. 이러한 거래는 진폭 변조파에서는 가능하지 않은데, 그 이유는 진폭 변조 된 파형의 전송 대역폭이, 적용되는 변조 유형에 따라, 메시지 대역폭인 W와 그 두 배인 $2W$ 사이의 어떤 값으로 고정되어 있기 때문이다. 각변조의 잡음 효과에 대해서는 9장에서 다룬다.**

예제 4.1 영점 교차점

$t=0$에서 시작하여 시간 t에 대해서 선형적으로 증가하는 변조 파형 $m(t)$는 다음과 같다.

$$m(t) = \begin{cases} at, & t \geq 0 \\ 0, & t < 0 \end{cases}$$

여기서 그림 4.2(a)에 나와 있는 것과 같이 a는 기울기 변수이다. 이하 아래에서는, 다음과 같은 변수에 대하여 $m(t)$에 의해 생성된 PM과 FM 파형의 영점 교차점에 대해서 공부한다.

$$f_c = \frac{1}{4}\text{Hz}$$
$$a = 1 \text{ volt/s}$$

1. **위상 변조:** 위상 감도 인자 $k_p=\frac{\pi}{2}$ rad/V이다. 주어진 $m(t)$를 식 (4.4)에 대입하면 PM 파형은 다음 식과 같다.

$$s(t) = \begin{cases} A_c \cos(2\pi f_c t + k_p at), & t \geq 0 \\ A_c \cos(2\pi f_c t), & t < 0 \end{cases}$$

이를 $A_c=1$ V로 놓고 그림 4.2(b)에 그렸다.

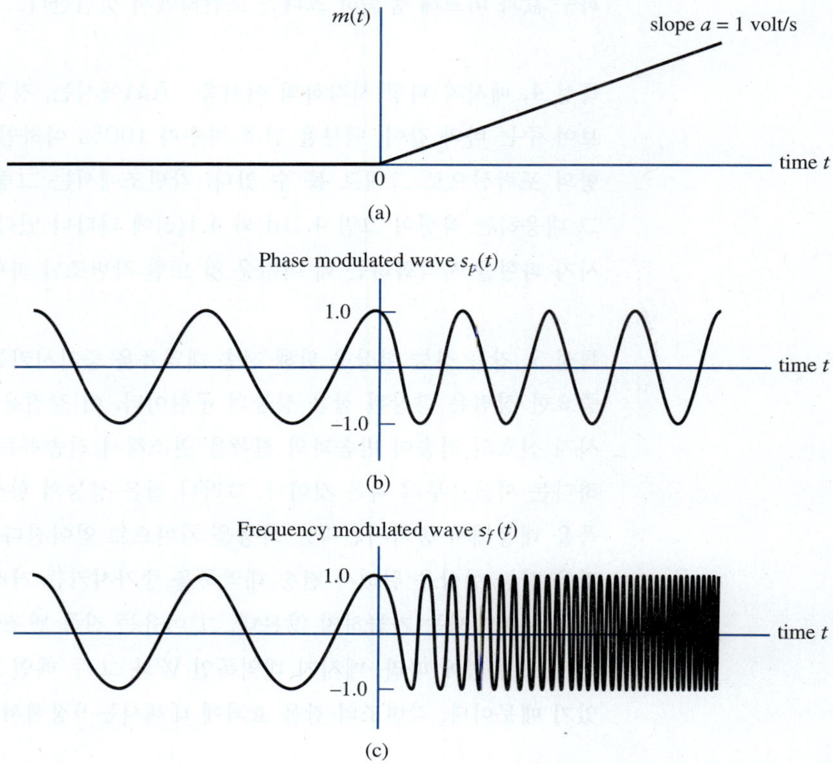

그림 4.2 시간 $t=0$에서 시작하여 그림은 다음을 나타낸다. (a) 선형적으로 증가하는 메시지 신호 $m(t)$, (b) 위상 변조 파형, (c) 주파수 변조 파형.

t_n을 PM 파형이 영점 교차점을 지나는 순간 시점이라고 하자. 이는 PM 파형의 각이 $\frac{\pi}{2}$의 홀수 배가 될 때마다 발생한다. 그러므로 t_n에 대한 **선형** 방정식으로 다음 수식을 만들 수 있다.

$$2\pi f_c t_n + k_p a t_n = \frac{\pi}{2} + n\pi, \qquad n = 0, 1, 2, \ldots$$

위 방정식을 t_n에 대하여 풀면, 다음의 선형 공식을 얻는다.

$$t_n = \frac{\frac{1}{2} + n}{2f_c + \frac{k_p}{\pi}a}$$

이 선형 공식에 주어진 f_c, a, k_p 값을 대입하면 다음의 식이 구해진다.

$$t_n = \frac{1}{2} + n, \qquad n = 0, 1, 2, \ldots$$

여기서 t_n의 단위는 초이다.

2. **주파수 변조:** 주파수 감도 계수 k_f=1 Hz/V이다. 식 (4.7)을 적용하여 FM 파형을 구하면

$$s(t) = \begin{cases} A_c \cos(2\pi f_c t + \pi k_f a t^2), & t \geq 0 \\ A_c \cos(2\pi f_c t), & t < 0 \end{cases}$$

이는 그림 4.2(c)에 그려져 있다.

영점 교차점의 정의를 적용하면 t_n에 대한 **2차** 방정식으로 다음 식을 만들 수 있다.

$$2\pi f_c t_n + \pi k_f a t_n^2 = \frac{\pi}{2} + n\pi, \qquad n = 0, 1, 2, \ldots$$

이 방정식의 다음과 같은 양의 근은 t_n에 대한 공식을 정의한다.

$$t_n = \frac{1}{ak_f}\left(-f_c + \sqrt{f_c^2 + ak_f\left(\frac{1}{2} + n\right)}\right), \qquad n = 0, 1, 2, \ldots$$

2차 공식에 주어진 변수 f_c, a, k_f 값을 대입하면 단위가 초인 t_n에 대한 다음 식이 구해진다.

$$t_n = \frac{1}{4}\left(-1 + \sqrt{9 + 16n}\right), \qquad n = 0, 1, 2, \ldots$$

PM 파형과 FM 파형에서 유도된 영점 교차점 결과 값을 비교하여, 일단 선형으로 변조되는 파형이 정현 반송파에 적용되기 시작하면, 다음과 같은 관측을 할 수 있다.

1. PM 파형에서 영점 교차점의 규칙성이 유지되는데, 순시 주파수가 변조 전의 값 f_c=1/4 Hz에서 새로운 상수 값 $f_c + k_p(a/2\pi)$=1/2 Hz로 변한다.
2. FM 파형에서 영점 교차점은 비정규적인 형태를 띠는데, 순시 주파수가 시간 t에 대해서 선형적으로 증가한다.

그림 4.2의 각변조된 파형들은 대응하는 그림 4.1의 파형들과 대조되어야 한다. 그림 4.1에 도시된 정현 변조의 경우에서는 PM과 FM 간의 차이를 구별하는 것이 어려운 데 반하여, 그림 4.2의 경우는 그렇지 않다. 다시 말해 변조되는 파형에 따라 PM과 FM이 완전히 다른 파형이 나타날 수 있다.

4.3 PM과 FM 파형의 관계

식 (4.4)와 식 (4.7)의 정의를 고찰하면, FM 파형은 변조하는 파형을 $m(t)$ 대신에 $\int_0^t m(\tau)\, d\tau$를 사용하여 생성된 PM 파형으로 볼 수 있다는 것을 알 수 있다. 이것은 시간 t

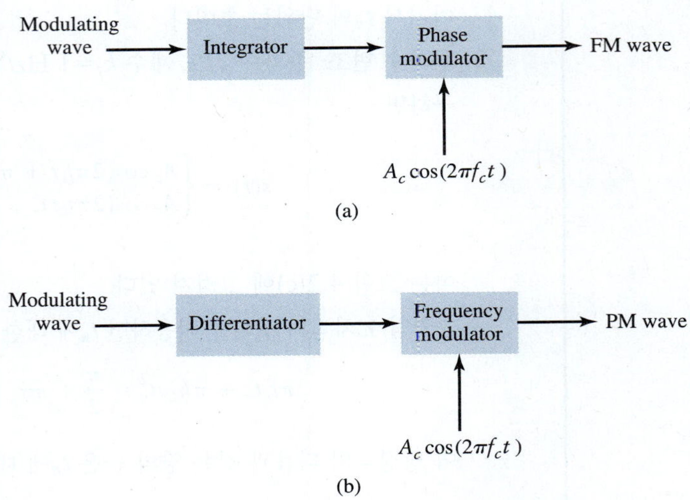

그림 4.3 주파수 변조와 위상 변조의 관계에 대한 그림. (a) 위상 변조기를 이용한 FM 파형 생성 도식. (b) 주파수 변조기를 이용한 PM 파형 생성 도식.

에 대하여 메시지 신호 $m(t)$를 먼저 적분하여 FM 파형을 생성하고 그 결과 신호를 위상 변조기의 입력으로 사용한다는 것을 의미하는데, 이는 그림 4.3(a)에 나타나 있다.

반대로, PM 파형은 변조하는 파형 $dm(t)/dt$에 의하여 생성된 FM 파형으로 볼 수 있다. 그러므로 PM 파형은 먼저 시간 t에 대하여 $m(t)$를 미분하고 그 결과 신호를 주파수 변조기 입력으로 사용함으로써 만들어 낼 수 있는데, 이는 그림 4.3(b)에 나타나 있다.

그래서 주파수 변조와 위상 변조는 유일무이하게 서로 연관되어 있다. 이런 관계는 주파수 변조의 특징으로부터 위상 변조의 특징을 유추할 수 있으며 그 역도 성립함을 의미한다. 이러한 이유로 이 장에서는 주파수 변조에 대한 토의에 중점을 두고 이야기할 것이다.

▶ **연습문제 4.2** 그림 4.3(a)에 나와 있는 구조는 FM 파형의 간접적인 생성 방법을 보여 준다. 위상 변조기는 식 (4.4)에 정의되어 있다. 만약 결론적인 FM 파형이 식 (4.7)에서 정의된 것과 정확히 같은 형태가 된다면, 위상 변조의 위상 감도 인자 k_p는 식 (4.7)의 주파수 감도 계수 k_f와 다음과 같은 관계에 있다. ◀

$$k_p = 2\pi k_f T$$

여기서 T는 그림 4.3(a)의 적분 간격이다. 이 표현식의 차원을 증명하라.

4.4 협대역 주파수 변조

4.2절에서 FM 파형은 변조하는 신호의 비선형 함수라는 사실을 역설했다. 이 비선형 특

성은 FM 파형의 스펙트럼 해석을 상응하는 AM 파형의 해석보다 더 어렵게 만든다.

그러면 FM 파형의 스펙트럼 해석을 어떻게 할 것인가? 아래 방법의 절차를 밟아서 이 중요한 문제에 대한 경험적인 답을 얻을 수 있도록 해 보자.

- 먼저 간단한 경우에 해당하는 협대역 FM 파형을 발생시키는 단일톤 변조에 대해 알아본다.
- 그 다음 역시 단일톤 변조이지만 좀더 일반적인 경우를 알아보는데, 이번에는 FM 파형이 광대역인 경우로 고찰해 본다.

물론 더 정교한 경우인 다중톤 FM 파형을 고찰할 수 있다. 그러나 우리의 당면한 목적은 FM 파형의 전송 대역폭과 메시지 대역폭 간의 경험적인 관계를 설정하는 것이기 때문에 여기서는 생략하기로 한다. 뒤에 알게 되겠지만, 위에서 설명한 두 단계 스펙트럼 분석법은 문제에 대한 유용한 해결책을 제안할 수 있는 통찰력을 충분히 제공한다.

그러면 다음 식과 같은 정현파 형태의 변조하는 파형을 고려해 보자.

$$m(t) = A_m \cos(2\pi f_m t) \tag{4.9}$$

결과적인 FM 파형의 순시 주파수는 다음과 같다.

$$\begin{aligned} f_i(t) &= f_c + k_f A_m \cos(2\pi f_m t) \\ &= f_c + \Delta f \cos(2\pi f_m t) \end{aligned} \tag{4.10}$$

여기서

$$\Delta f = k_f A_m \tag{4.11}$$

Δf는 **주파수 편차**(frequency deviation)라 하는데, FM 파형의 순시 주파수가 반송파 주파수 f_c로부터 이탈할 수 있는 최대한의 주파수 크기를 가리킨다. 정현파 주파수 변조의 가장 근본적인 특징은 주파수 편차 Δf가 변조하는 신호의 진폭에 비례하고, 변조하는 주파수와는 독립적이라는 점이다.

식 (4.6)의 첫 번째 줄에 식 (4.10)을 사용하면, FM 파형의 각 $\theta_i(t)$는 다음과 같이 얻을 수 있다.

$$\theta_i(t) = 2\pi f_c t + \frac{\Delta f}{f_m}\sin(2\pi f_m t) \tag{4.12}$$

주파수 편차 Δf와 변조하는 주파수 f_m과의 비를 FM 파형의 **변조 지수**(modulation index)라 한다. 이 새로운 변수를 β로 쓰면 다음과 같다.

$$\beta = \frac{\Delta f}{f_m} \tag{4.13}$$

그리고

$$\theta_i(t) = 2\pi f_c t + \beta \sin(2\pi f_m t) \tag{4.14}$$

식 (4.14)로부터 물리적인 의미에서 변수 β는 FM 파형의 위상 편차를 나타냄을 알 수 있다. 즉 변조되지 않은 반송파인 각 $2\pi f_c t$로부터 $\theta_i(t)$가 최대로 이탈할 수 있는 각을 나타낸다. 그러므로 β의 단위는 라디안이다.

FM 파형 자체는 다음과 같이 정의된다.

$$s(t) = A_c \cos[2\pi f_c t + \beta \sin(2\pi f_m t)] \tag{4.15}$$

식 (4.15)의 FM 파형 $s(t)$가 협대역이 되기 위해서는 변조 지수 β가 1라디안에 비해 작아야 한다. 더 나아가 삼각 함수 항등식

$$\cos(A + B) = \cos A \cos B - \sin A \sin B$$

을 사용하여 식 (4.15)를 다음과 같이 전개할 수 있다.

$$s(t) = A_c \cos(2\pi f_c t) \cos[\beta \sin(2\pi f_m t)] - A_c \sin(2\pi f_c t) \sin[\beta \sin(2\pi f_m t)] \tag{4.16}$$

그러면 변조 지수 β가 1라디안보다 작다는 조건하에서, 모든 시간 t에 대해 다음의 두 근사식을 사용할 수 있다.

$$\cos[\beta \sin(2\pi f_m t)] \approx 1$$
$$\sin[\beta \sin(2\pi f_m t)] \approx \beta \sin(2\pi f_m t)$$

따라서 식 (4.16)을 간단히 하면 다음 식과 같다.

$$s(t) \approx A_c \cos(2\pi f_c t) - \beta A_c \sin(2\pi f_c t) \sin(2\pi f_m t) \tag{4.17}$$

식 (4.17)은 정현파 변조 신호 $A_m \cos(2\pi f_m t)$에 의해 생성되는 협대역 FM 파형의 **근사식**이다. 이 근사식으로부터 그림 4.4의 블록 다이어그램에서 보여 주는 바와 같은 변조기를 추론할 수 있다. 이 변조기는 반송파 $A_c \cos(2\pi f_c t)$를 2개의 경로로 분리하고 있다. 하나의 경로는 직접 연결되어 있고, 다른 하나는 $-90°$ 위상 천이 회로망과 곱셈 변조기, 양측파대-억압 반송파(DSB-SC) 변조 파형을 발생시키는 결합기로 구성되어 있다. 이 두 신호의 차이가 협대역 FM 파형을 발생시키는데, 나중에 논의하겠지만 약간의 **진폭 왜곡**(amplitude distortion)을 가지고 있다.

이상적으로는 FM 파형이 일정한 포락선을 가지고 있고, 주파수가 f_m인 정현파 형태의 변조하는 신호의 경우에는 각 $\theta_i(t)$도 또한 같은 주파수를 갖는 정현파이다. 그러나 그림 4.4의 협대역 변조기에 의해 발생된 변조된 파형은 아래의 두 가지 원천적인 면에서 이상적인 조건과는 다르다.

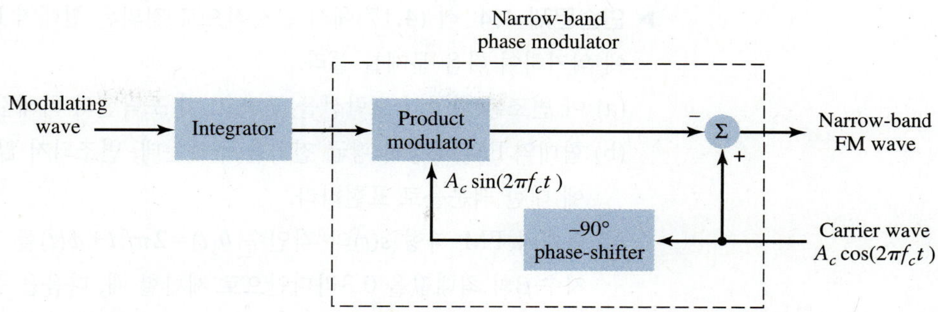

그림 4.4 협대역 FM 파형을 발생시키기 위한 간접 방식(indirect method)의 블록 다이어그램.

1. 포락선은 시간에 따라 변하는 **잉여**(residual) 진폭 변조를 포함하고 있다.
2. 각 $\theta_i(t)$는 변조 주파수 f_m의 3차 이상의 고조파 형태의 **고조파 왜곡**(harmonic distortion)을 포함하고 있다.

► **연습문제 4.3** 3.8절에서 논의된 대역통과 신호의 **데카르트식 표현**(Cartesian representation)은 진폭 변조 군에 의해 예시를 한 것과 같이 선형 변조 기법을 설명하는 데 적합하다. 반면에 **극형식**(polar representation)

$$s(t) = a(t)\cos[2\pi f_c t + \phi(t)]$$

은 각변조 군으로 예시한 바와 같이 비선형 변조 기법을 설명하는 데 적합하다. 이 새로운 표현에서 $a(t)$는 $s(t)$의 포락선을 나타내고 $\phi(t)$는 위상이다.

다음과 같은 식 (3.39)의 표현식에서 시작해 보자.

$$s(t) = s_I(t)\cos(2\pi f_c t) - s_Q(t)\sin(2\pi f_c t)$$

여기서 $s_I(t)$는 동위상 성분이고 $s_Q(t)$는 직교 위상 성분인데, 그러면 다음과 같은 관계가 성립한다.

$$a(t) = [s_I^2(t) + s_Q^2(t)]^{\frac{1}{2}}$$

그리고

$$\phi(t) = \tan^{-1}\left[\frac{s_Q(t)}{s_I(t)}\right]$$

$a(t)$, $\phi(t)$의 항으로 $s(t)$를 극형식으로 표현한 것이 $s_I(t)$, $s_Q(t)$의 항으로 표현된 데카르트식 표현과 정확하게 같다는 것을 보이라. ◄

▶ **연습문제 4.4** 식 (4.17)에서 근사적으로 정의된 협대역 FM 파형을 가지고 문제 4.3에 의거하여 다음 문제를 풀라.

(a) 이 변조된 파형의 포락선을 구하고, 이 포락선의 최대값과 최소값의 비를 계산하라.

(b) 협대역 FM 파형의 평균 전력을 구하는데, 변조되지 않은 반송파 파형의 평균 전력에 대한 백분율로 표현하라.

(c) 협대역 FM 파형 $s(t)$의 각인수 $\theta(t)=2\pi f_c t+\phi(t)$를 멱급수 형태로 펼치고, 변조 지수 β의 최대값을 0.3라디안으로 제한할 때, 다음을 증명하라.

$$\theta(t) \approx 2\pi f_c t + \beta \sin(2\pi f_m t) - \frac{\beta^3}{3} \sin^3(2\pi f_m t)$$

$\beta=0.3$라디안일 때, 고조파 왜곡 값은 얼마인가?

힌트: 작은 값 x에 대해, 멱급수의 근사값은 다음과 같다.

$$\tan^{-1}(x) \approx x - \frac{1}{3}x^3$$

이 근사값에서 x^5 이상의 고차 항은 무시했는데, x가 1과 비교해서 작을 때는 무시해도 된다. ◀

문제 4.4에서 주목할 중요한 점은 변조 지수 β를 0.3라디안 이하로 제한하면, 잉여 진폭 변조와 고조파 왜곡에 의한 영향이 거의 무시될 만큼 작아진다는 것이다. 따라서 $\beta \le 0.3$라디안이면, 식 (4.17)을 이용하여 더 전개시킬 수 있다. 특히 변조된 파형을 다음과 같이 3개의 주파수 성분으로 전개할 수 있다.

$$s(t) \approx A_c \cos(2\pi f_c t) + \frac{1}{2}\beta A_c\{\cos[2\pi(f_c + f_m)t] - \cos[2\pi(f_c - f_m)t]\} \quad (4.18)$$

이 식은 AM 파형에 의해 정의된 것과 다소 비슷한데, 3장의 예제 3.1에서 구한 것을 편의상 다음과 같이 다시 적는다.

$$s_{\text{AM}}(t) = A_c \cos(2\pi f_c t) + \frac{1}{2}\mu A_c\{\cos[2\pi(f_c + f_m)t] + \cos[2\pi(f_c - f_m)t]\} \quad (4.19)$$

여기서 μ는 AM 신호의 변조 지수이다. 식 (4.18)과 식 (4.19)를 비교하고 각각의 상수 β와 μ를 제쳐 놓고 보면, 정현 변조의 경우 AM 파형과 협대역 FM 파형의 기본적인 차이는 협대역 FM에서 하측파대 주파수 성분의 대수 부호가 음(−)이라는 것을 알 수 있다. 그렇지만 협대역 FM 파형은 AM 파형과 똑같은 전송 대역, 즉 정현파 변조인 경우 $2f_m$을 본질적으로 필요로 한다.

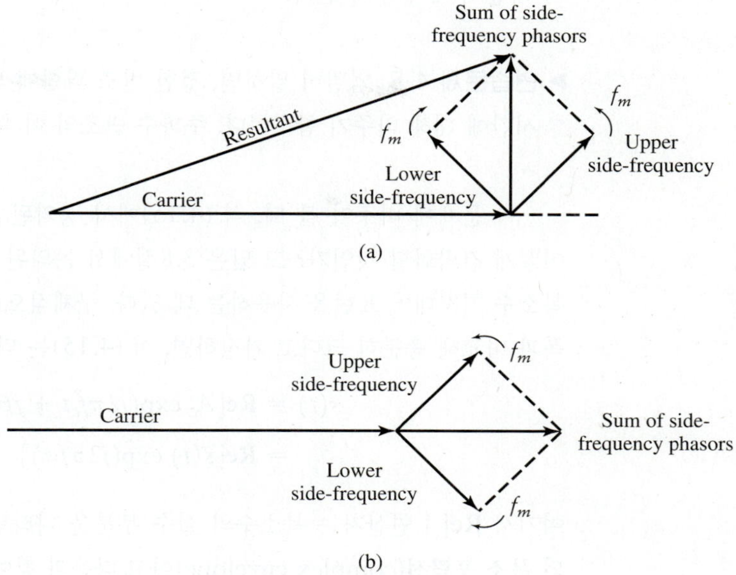

그림 4.5 정현파 변조 시 협대역 FM과 AM 파형의 페이저 비교. (a) 협대역 FM 파형. (b) AM 파형.

페이저 해석

협대역 FM 파형은 그림 4.5(a)와 같이 반송파 페이저를 기준으로 해서 페이저 도형으로 표시할 수 있다. 양측 주파수 페이저의 벡터 합은 기준 반송파에 항상 수직임을 알 수 있다. 이 기하학의 효과는 협대역 FM 파형을 표현하는 결과적인 페이저를 만들어 내는 것인데, 그것은 반송파 페이저와 위상은 다르지만 진폭은 거의 같다.

FM 파형의 페이저 다이어그램은 대응하는 AM 파형을 나타내는 그림 4.5(b)의 다이어그램과 대조해 보아야 한다. 후자의 경우, AM 파형을 나타내는 결과적인 페이저는 기준 반송파 페이저와 위상은 항상 같지만 다른 진폭을 가지고 있다.

식 (4.18)의 협대역 FM과 식 (4.19)의 AM 파형이 둘 다 세 개의 정현파 항으로 구성되어 있음에도 불구하고, 그림 4.5의 두 그림은 이 두 가지의 변조된 파형 사이에 중요한 차이가 있다는 것을 분명하게 보여 주고 있다. 이 차이는 두 변조된 파형이 만들어지는 방식에 의한 것이다.

4.5 광대역 주파수 변조

다음에는 임의의 변조 지수 β 값에 대해 식 (4.15)의 정확한 공식에 의해 정의된 단일톤 FM 파형의 스펙트럼을 구해 보자. 일반적으로 정현파 변조 파형에 의해 만들어진 FM 파형은 반송파 주파수 f_c가 변조 주파수 f_m의 적분 배수(integral multiple)일 때만 시간에 대한 주기 함수가 된다.

▶ **연습문제 4.5** 엄밀히 말하면, 정현 변조 파형에 의해 발생된 식 (4.15)의 FM 파형은 시간에 대해 비주기 함수이다. 주파수 변조의 이 특성을 증명하라. ◀

이 문제에 비추어 볼 때, 식 (4.15)에서 정의된 광대역 FM 파형의 스펙트럼 분석을 어떻게 간략화할 것인가? 그 답은 3.8절에서 논의된 바 있는 변조된(즉 통과대역) 신호의 복소수 기저대역 표현을 사용하는 데 있다. 구체적으로 반송 주파수 f_c가 FM 파형의 대역폭과 비교해 충분히 크다고 가정하면, 식 (4.15)는 다음과 같은 형태로 다시 쓸 수 있다.

$$\begin{aligned} s(t) &= \mathbf{Re}[A_c \exp(j2\pi f_c t + j\beta \sin(2\pi f_m t))] \\ &= \mathbf{Re}[\tilde{s}(t) \exp(j2\pi f_c t)] \end{aligned} \tag{4.20}$$

여기서 **Re**[ ] 연산자는 복소수의 실수 부분을 나타낸다. 새로운 항 $\tilde{s}(t)$는 FM 파형 $s(t)$의 **복소 포락선**(complex envelope)이고 다음과 같이 정의된다.

$$\tilde{s}(t) = A_c \exp[j\beta \sin(2\pi f_m t)] \tag{4.21}$$

식 (4.21)에서 주의해야 할 중요한 점은 원래의 FM 파형 $s(t)$와는 달리 복소 포락선 $\tilde{s}(t)$는 변조 주파수 f_m과 같은 기본 주파수를 갖는 시간에 대한 주기 함수 라는 것이다. 구체적으로 식 (4.21)의 t를 임의의 자연수 k 값에 대하여 $t+k/f_m$로 대체하면 다음 식과 같다.

$$\begin{aligned} \tilde{s}(t) &= A_c \exp[j\beta \sin(2\pi f_m(t + k/f_m))] \\ &= A_c \exp[j\beta \sin(2\pi f_m t + 2k\pi)] \\ &= A_c \exp[j\beta \sin(2\pi f_m t)] \end{aligned}$$

위 식은 f_m이 $\tilde{s}(t)$의 기본 주파수라는 것을 보여 주고 있다. 따라서 $\tilde{s}(t)$를 다음과 같이 복소 푸리에 급수의 형태로 전개할 수 있다.

$$\tilde{s}(t) = \sum_{n=-\infty}^{\infty} c_n \exp(j2\pi n f_m t) \tag{4.22}$$

여기서 복소 푸리에 계수 c_n은 아래와 같다.

$$\begin{aligned} c_n &= f_m \int_{-1/(2f_m)}^{1/(2f_m)} \tilde{s}(t) \exp(-j2\pi n f_m t)\, dt \\ &= f_m A_c \int_{-1/(2f_m)}^{1/(2f_m)} \exp[j\beta \sin(2\pi f_m t) - j2\pi n f_m t]\, dt \end{aligned} \tag{4.23}$$

아래와 같은 새로운 변수를 정의하자.

$$x = 2\pi f_m t \tag{4.24}$$

그러면 식 (4.23)의 복소 푸리에 계수 c_n을 다음과 같은 새로운 형태로 다시 쓸 수 있다.

$$c_n = \frac{A_c}{2\pi} \int_{-\pi}^{\pi} \exp[j(\beta \sin x - nx)]\, dx \tag{4.25}$$

반송파의 진폭 A_c를 제외하면, 식 (4.25)의 우변의 적분은 독립 변수 β를 지닌 ***n*차 1종 베셀 함수**(*n*th order Bessel function of the first kind)의 식이 된다. 이 함수는 주로 다음과 같이 쓰여지는 심벌 $J_n(\beta)$로 표시된다.

$$J_n(\beta) = \frac{1}{2\pi} \int_{-\pi}^{\pi} \exp[j(\beta \sin x - nx)]\, dx \tag{4.26}$$

따라서 식 (4.25)를 간결한 형태로 다시 쓰면

$$c_n = A_c J_n(\beta) \tag{4.27}$$

식 (4.22)에 식 (4.27)을 대입하면, FM 파형의 복소 포락선에 대해 다음과 같이 베셀 함수 $J_n(\beta)$에 대한 항으로 확장시킬 수 있다.

$$\tilde{s}(t) = A_c \sum_{n=-\infty}^{\infty} J_n(\beta) \exp(j2\pi n f_m t) \tag{4.28}$$

다음으로 식 (4.28)을 식 (4.20)에 대입하면 다음 수식을 얻는다.

$$s(t) = \mathbf{Re}\left[A_c \sum_{n=-\infty}^{\infty} J_n(\beta) \exp[j2\pi(f_c + nf_m)t] \right] \tag{4.29}$$

반송파 진폭 A_c는 상수이므로 실수 연산자 **Re**[.]의 밖으로 나올 수 있다. 또한 서로가 선형 연산자이기 때문에 합과 실수 연산자의 순서를 바꿀 수 있다. 따라서 식 (4.29)를 간략화한 형태로 다시 쓰면 다음과 같다.

$$s(t) = A_c \sum_{n=-\infty}^{\infty} J_n(\beta) \cos[2\pi(f_c + nf_m)t] \tag{4.30}$$

식 (4.30)은 임의의 변조 지수 β 값에 대한 단일톤 FM 신호 $s(t)$를 푸리에 급수로 전개하기에 바람직한 형태이다.

$s(t)$의 이산적인 스펙트럼은 식 (4.30)의 양변에 푸리에 변환을 취함으로써 얻을 수 있다.

$$S(f) = \frac{A_c}{2} \sum_{n=-\infty}^{\infty} J_n(\beta)[\delta(f - f_c - nf_m) + \delta(f + f_c + nf_m)] \tag{4.31}$$

여기서 $s(t) \rightleftharpoons S(f)$이고, 임의의 f_i에 대하여 $\cos(2\pi f_i t) \rightleftharpoons \frac{1}{2}[\delta(f-f_i)+\delta(f+f_i)]$이다. 식 (4.31)은 $s(t)$의 스펙트럼이 $n=0, +1, +2, \ldots$에 대하여 $f=f_c \pm nf_m$에 위치하는 무한한 개수의 델타 함수로 구성되어 있다는 것을 보여 준다.

임의의 변조 지수 β에 대한 단일톤 FM의 특성

그림 4.6은 다른 양의 정수 값 n에 대한 변조 지수 β에 따른 베셀 함수 $J_n(\beta)$를 도시한 것이다. 아래와 같은 특성을 이용하여 베셀 함수 $J_n(\beta)$의 움직임을 더 자세히 이해할 수 있을 것이다(자세한 것은 부록 3 참조).

1. 양과 음의 정수 n에 대해서

$$J_n(\beta) = J_{-n}(\beta), \qquad \text{for } n \text{ even} \tag{4.32}$$

$$J_n(\beta) = -J_{-n}(\beta), \qquad \text{for } n \text{ odd} \tag{4.33}$$

2. 변조 지수 β가 작을 경우에

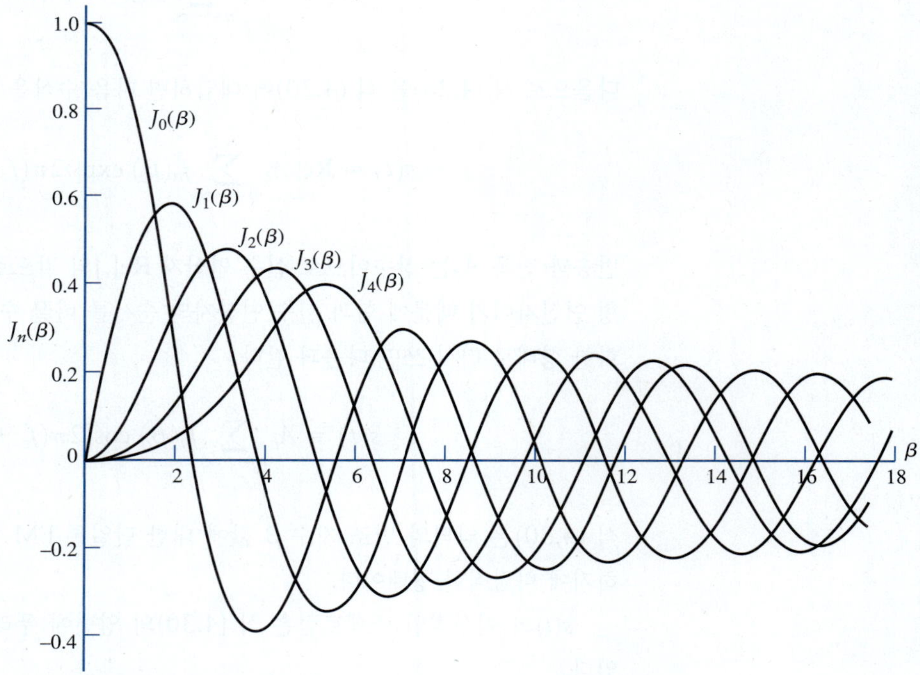

그림 4.6 차수 n의 변화에 따른 1종 베셀 함수 $J_n(\beta)$의 도시.

$$\left.\begin{aligned} J_0(\beta) &\approx 1, \\ J_1(\beta) &\approx \frac{\beta}{2}, \\ J_n(\beta) &\approx 0, \qquad n > 2 \end{aligned}\right\} \tag{4.34}$$

3. 임의의 β에 대해 다음 등식이 성립한다.

$$\sum_{n=-\infty}^{\infty} J_n^2(\beta) = 1 \tag{4.35}$$

그러면 식 (4.31)~(4.35)와 그림 4.6을 사용하여 다음과 같은 사실을 관찰할 수 있다.

1. FM 파형의 스펙트럼은 반송파 성분과 그 양측에 주파수 대칭적으로 f_m, $2f_m$, $3f_m$ 등만큼 떨어져서 위치한 무한 개의 측파대 주파수를 가지고 있다. 이 점에서 AM에서 나타나는 그림과는 다르다. AM인 경우는 정현 변조 파형이 단지 한 쌍의 측파대 주파수를 발생시킨다.
2. β 값이 1보다 작은 특별한 경우, 베셀 지수 $J_0(\beta)$와 $J_1(\beta)$만이 의미 있는 값을 가지게 되며, 그래서 FM 파형은 사실상 반송파와 $f_c \pm f_m$의 주파수를 가지는 한 쌍의 측파대로 구성된다. 이 상황은 4.4절에서 고찰되었던 협대역 FM의 특별한 경우에 해당된다.
3. 반송파 성분의 진폭은 $J_0(\beta)$ 값에 따라 β 값과 더불어 변화한다. 즉 AM 파형과 다르게 FM 파형의 반송파 성분 진폭은 변조 지수 β 값에 의존한다. 이러한 특성에 대한 물리적인 해석은 FM 파형의 포락선이 일정해서, 1 Ω 저항 양단에 부과되는 신호의 평균 전력 또한 식 (4.8)과 같이 일정하며, 그 식은 편의상 여기에 다시 쓴다.

$$P_{\mathrm{av}} = \frac{1}{2} A_c^2$$

FM 파형을 발생시키기 위해 반송파를 변조할 때, 측면 주파수의 전력은 원래의 반송파 전력을 소비하는 형태로 나타난다. 그래서 반송파 성분의 진폭은 β에 종속되어 있다. FM 파형의 평균 전력은 또한 다음 식과 같이 식 (4.30)으로부터 구할 수 있다는 것을 주의하라.

$$P = \frac{1}{2} A_c^2 \sum_{n=-\infty}^{\infty} J_n^2(\beta) \tag{4.36}$$

식 (4.35)를 식 (4.36)에 대입하면 평균 전력 P_{av}는 식 (4.8)로 간단히 줄일 수 있다.

예제 4.2 정현 변조 파형의 진폭과 주파수의 변화에 따른 FM 스펙트럼

이 예제는 정현 변조 파형의 진폭과 주파수의 변화가 FM 파형의 스펙트럼에 어떤 영향을 미치는가를 알아보는 것이다. 변조 파형의 주파수가 고정되고 진폭이 변화하여 주파수 편차 Δf가 대응해서 변하게 하는 경우를 먼저 고찰해 보자. 따라서 변조 주파수 f_m을 고정시키면, 결과적인 FM 파형의 진폭 스펙트럼이 $\beta=1, 2, 5$에 대해 그림 4.7과 같이 나

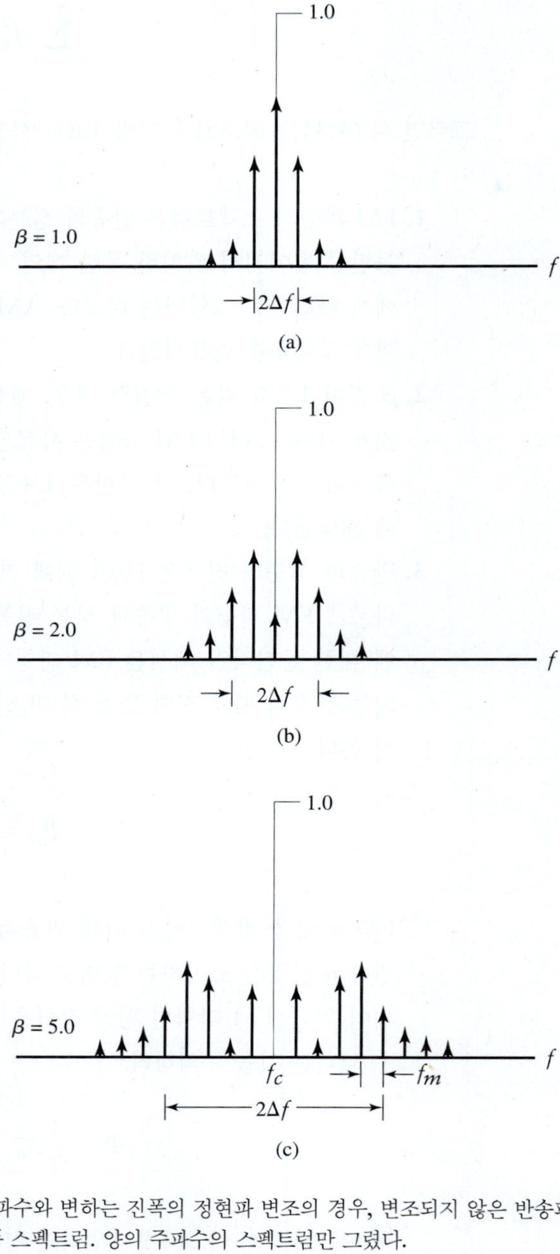

그림 4.7 고정된 주파수와 변하는 진폭의 정현파 변조의 경우, 변조되지 않은 반송파 진폭에 대해 정규화된 FM 파형의 이산 진폭 스펙트럼. 양의 주파수의 스펙트럼만 그렸다.

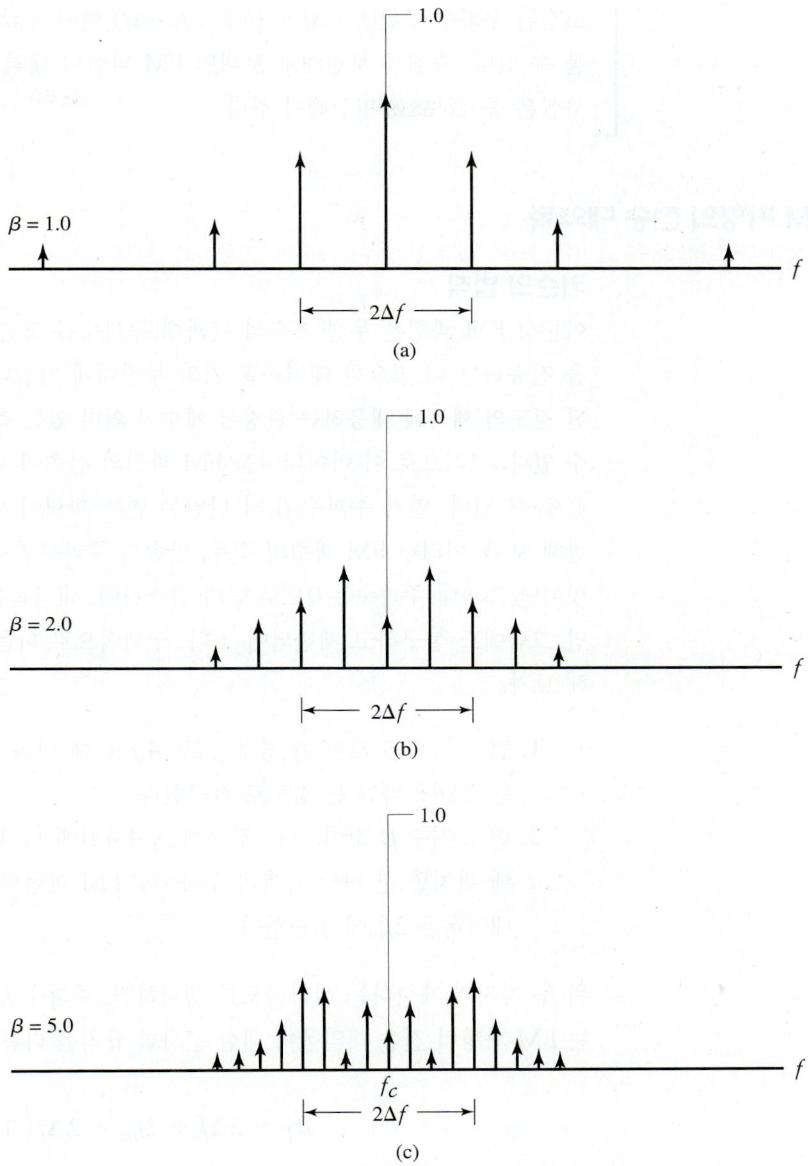

그림 4.8 가변 주파수와 고정된 진폭의 정현파 변조의 경우, 변조되지 않은 반송파 진폭에 대해 정규화된 FM 파형의 이산 진폭 스펙트럼. 양의 주파수의 스펙트럼만 그렸다.

타남을 알게 된다. 이 다이어그램은 변조되지 않은 반송파 진폭에 대해 정규화된 스펙트럼이다.

다음으로 변조하는 신호의 진폭이 고정되어 있는 경우, 즉 주파수 편차 Δf는 일정하게 유지되고, 변조 주파수 f_m이 변하는 경우를 살펴보자. 그림 4.8은 $\beta=1$, 2, 그리고 5인 경우의 결과적인 FM 파형의 진폭 스펙트럼을 보여 준다. Δf가 고정되고 β가 증가할 때,

고정된 주파수 구간($f_c - \Delta f < |f| < f_c + \Delta f$) 안에 수많은 스펙트럼 선의 개수가 증가함을 볼 수 있다. 즉 β를 무한대로 보내면 FM 파형의 대역폭은 극한값 $2\Delta f$에 접근하는데, 이 사실은 중요하므로 명심해야 한다.

4.6 FM 파형의 전송 대역폭

카슨의 법칙

이론상 FM 파형은 무한 개수의 측파대 주파수를 포함하고 있어, 그와 같이 변조된 파형을 전송하는 데 필요한 대역폭은 거의 무한대에 가깝다. 그러나 실제로 FM 파형은 **규정된 정도의 왜곡에 대응하는 한정된 개수의 의미 있는 측파대 주파수로 효과적으로 제한할 수 있다.** 그러므로 이 아이디어를 FM 파형의 전송에 필요한 유효 대역폭을 정하는 데 사용할 수 있다. 먼저 주파수 f_m의 단일톤 변조 파형이 만들어 내는 FM 파형의 경우를 고찰해 보자. 이러한 FM 파형의 경우, 반송파 주파수 f_c로부터 주파수 편차 Δf보다 더 많이 벗어난 측파대 주파수는 0으로 빨리 감소하여, 대역폭은 항상 전체 주파수 변동보다 크지만 그럼에도 불구하고 제한되어 있다. 구체적으로 다음 두 가지의 한정적인 경우를 확인해 보자.

1. 변조 지수 β 값이 큰 경우, 그림 4.8(c)에 나타난 것처럼 대역폭은 전체 주파수 변동 $2\Delta f$에 약간 큰 정도로 접근한다.
2. 변조 지수 β 값이 작은 경우에는, 4.4절에 나타난 것처럼 반송파 주파수와 $f_c \pm f_m$에 위치한 한 쌍의 측파대 주파수로 FM 파형의 스펙트럼은 효과적으로 제한되어, 대역폭은 $2f_m$에 접근한다.

위 두 가지의 제한하는 시나리오를 생각하면, 주파수 f_m의 단일톤 변조 신호가 만들어 내는 FM 파형의 전송 대역폭에 대한 근사화 규칙을 다음과 같이 정의할 수 있다.

$$B_T \approx 2\Delta f + 2f_m = 2\Delta f\left(1 + \frac{1}{\beta}\right) \tag{4.37}$$

위의 간략화한 실험적인 관계식이 **카슨의 법칙**(Carson's rule)으로 알려져 있다.

FM 전송 대역폭을 구하기 위한 만능 곡선

카슨의 법칙은 사용하기는 간단한데, 유감스럽게도 광대역 주파수 변조를 사용하는 통신 시스템의 대역폭 요구 사항에 대해 항상 좋은 측정을 제공하지는 못하고 있다. FM 대역폭을 보다 정확히 평가하기 위해서는, 진폭의 정의를 어떤 정해진 값보다 더 큰 의미 있는

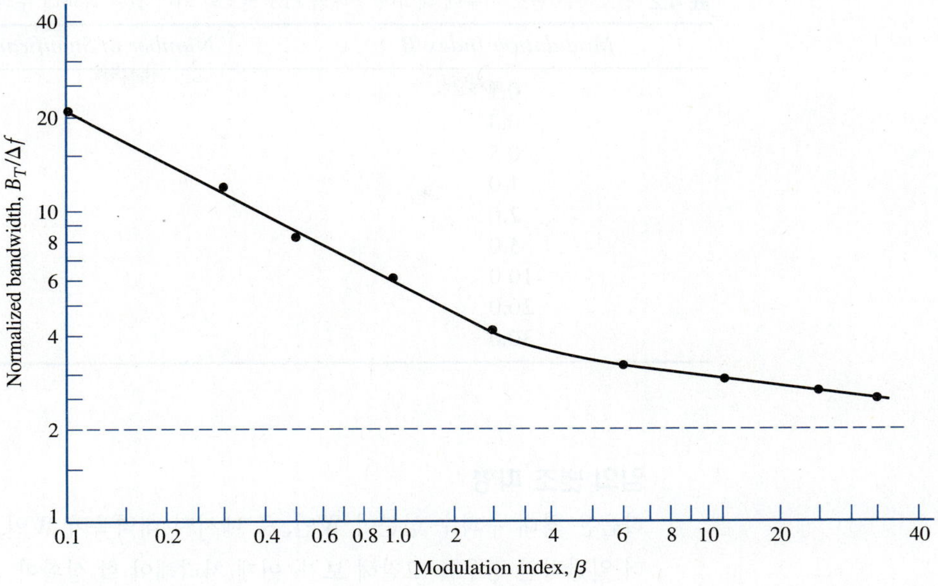

그림 4.9 FM 파형의 1% 대역폭을 결정하는 만능 곡선.

측파대 주파수를 최대 개수까지 포함하는 것에 기반을 둔 것으로 사용할 수 있다. 정해진 값을 선택하는 보편적인 방법은 변조되지 않은 반송파 진폭의 1% 값을 사용하는 것이다. **그러므로 FM 파형의 전송 대역폭을 두 주파수 밖에 있는 어떤 측파대 주파수도 반송파 진폭의 1%보다 크지 않은 이 두 주파수 간격으로 정의할 수 있는데, 반송파 진폭은 변조가 제거된 상태에서 구한다.** 즉 전송 대역폭을 $2n_{\max}f_m$으로 정의하는데, 여기서 f_m은 변조 주파수이고 $n_{\max}$는 $|J_n(\beta)| > 0.01$의 요구 조건을 만족시키는 정수 n의 최대값이다. $n_{\max}$의 값은 변조 지수 β 값과 더불어 변하는데, 베셀 함수 $J_n(\beta)$ 값을 가지고 만든 표에서 쉽게 결정할 수 있다. 표 4.2는, 1% 값을 기반으로 계산하여, 서로 다른 β 값에 의미 있는 측파대 주파수의 전체 개수(상하 측파대 주파수 성분을 모두 포함해서)를 보여 주고 있다. 이와 같은 과정을 통해서 계산된 전송 대역폭 B_T는 만능 곡선의 형태로 나타낼 수 있는데, 만능 곡선은 주파수 편차 Δf에 대하여 대역폭을 정규화하고 β를 변수로 하여 도시한 것이다. 이 곡선은 그림 4.9에 나타나 있는데, 표 4.2를 사용하여 구한 점들을 최적으로 맞추어서 그린 것이다. 그림 4.9에서 주의할 점은 변조 지수 β의 값이 증가하면 의미 있는 측파대 주파수가 차지하는 대역폭은 반송파 주파수가 실제 왔다 갔다 하는 값으로 감소한다는 것이다. 이것은 변조 지수 β가 작은 경우가 큰 경우보다 전송 대역폭의 측면에서 상대적으로 좀더 낭비라는 것을 의미한다.

표 4.2 변호하는 변조 지수에 대하여 광대역 FM 신호의 의미 있는 측파대 주파수의 개수

Modulation Index β	*Number of Significant Side-Frequencies* $2n_{max}$
0.1	2
0.3	4
0.5	4
1.0	6
2.0	8
5.0	16
10.0	28
20.0	50
30.0	70

임의 변조 파형

다음은 최대 주파수 성분이 W인, 즉 메시지 대역폭이 W인, 임의의 변조 파형 $m(t)$의 좀더 일반적인 경우를 고찰해 보자. 이제 처리해야 할 상황이 좀더 어려워졌다. 이를 해결하는 한 가지 방법은 전송 대역폭을 **최악의 경우**에 해당하는 값으로 구하는 것이다. 구체적으로 임의의 변조 파형으로부터 발생된 FM 파형을 전송하는 데 필요한 대역폭은 최악인 경우의 톤변조 분석에 기반을 두고 있다. 먼저 소위 **편이율**(deviation ratio)이라고 부르는 D를 결정하는데, 편이율 D는 주파수 편차 Δf와 최고 변조 주파수 W의 비율로 정의된다. 여기서 Δf는 변조 파형 $m(t)$의 최대 진폭에 상응하는 값이다. 이러한 상황은 가능한 한 최고로 극한의 경우를 나타낸다. D는 다음과 같이 쓸 수 있다.

$$D = \frac{\Delta f}{W} \tag{4.38}$$

편이율 D는 변조 지수 β가 정현파 변조의 경우에 담당하는 것과 같이 비정현파 변조에 대해 똑같은 역할을 한다. D를 β로 대체하고 f_m을 W로 대체하여 식 (4.37)을 다음과 같이 일반화할 수 있다.

$$B_T = 2(\Delta f + W) \tag{4.39}$$

여기서부터 우리는 식 (4.39)를 임의의 FM 신호의 전송 대역폭을 구하기 위한 **일반화한 카슨 법칙**이라고 부른다. 같은 방법으로 FM 신호의 전송 대역폭에 대한 값을 얻기 위해 그림 4.9의 만능 곡선을 일반화할 수 있다. 실제적인 관점에서 보면, 일반화된 카슨의 법칙은 FM 시스템의 대역폭 요구 사항을 다소 낮게 결정한다. 반면에 그림 4.9의 만능 곡선을 사용하면 약간 높게 결정된다. 따라서 이러한 두 가지의 대략적인 방법에 의해 제공되는 경계값들 사이에서 선택되는 전송 대역폭은 대부분 실질적인 목적에 잘 들어맞는다.

예제 4.3 상용 FM 방송

북미에서는 주파수 편차 Δf의 최대값을 라디오에 의한 상용 FM 방송의 경우 75 kHz로 고정하고 있다. FM 전송에 있어 관심 있는 전형적인 '최대' 오디오 주파수인 15 kHz를 변조 주파수 W로 하면, 식 (4.38)을 사용하여 아래와 같이 상응하는 편이율을 구할 수 있다.

$$D = \frac{75}{15} = 5$$

식 (4.39)의 일반화된 카슨의 법칙에서 Δf=75 kHz와 D=5를 사용하여, FM 신호의 전송 대역폭의 근사값을 다음과 같이 얻는다.

$$B_T = 2(75 + 15) = 180 \text{ kHz}$$

한편 그림 4.9의 만능 곡선을 사용하면 FM 신호의 전송 대역폭은 아래와 같다.

$$B_T = 3.2\ \Delta f = 3.2 \times 75 = 240 \text{ kHz}$$

이 예제에서는 카슨의 법칙은 그림 4.9의 만능 곡선에 의한 결과에 비해 25% 작은 전송 대역폭을 요구함을 알 수 있다.

4.7 FM 파형의 발생

식 (4.5)에 의해, FM 파형의 순시 주파수 $f_i(t)$는 메시지 신호 $m(t)$에 따라서 선형적으로 변한다. 그러므로 **주파수 변조기**(frequency modulator)를 설계하기 위해서는 선형적인 방법으로 순시 주파수가 입력 신호의 진폭의 변화에 민감한 출력 신호를 만들어 내는 장치가 필요하다.

주파수 변조 된 파형을 발생시키는 두 가지 기본적인 방법이 있는데, 하나는 직접 방식이고 다른 하나는 간접 방식이다.

직접 방식

직접 방식(direct method)은 정현 발진기를 사용하는데, 이 정현 발진기는 발진기의 탱크 회로 안에 있는 리액턴스 소자(예를 들면 커패시터 소자) 중 하나가 메시지 신호에 의해 직접적으로 조절된다. 따라서 개념적인 면에서 보면, 직접 방식은 구현하기가 간단하다. 게다가 직접 방식은 큰 주파수 편차를 만들어 줄 수 있다. 그러나 직접 방식의 심각한 한계는 반송파 주파수의 값이 흔들리는 경향이 있다는 점인데, 이것은 상용 라디오 응용 분야에서는 대개 수용하기 어렵다. 이러한 한계를 극복하기 위해서는 FM 발생기의 주파

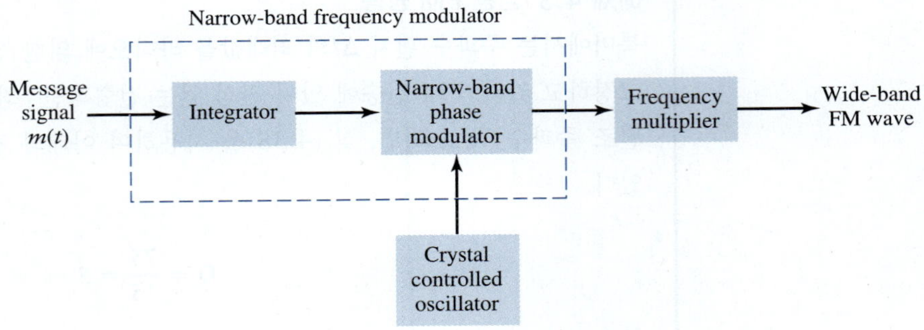

그림 4.10 광대역 FM 파형을 만드는 간접 방식의 블록 다이어그램.

수 안정화가 요구된다. 주파수 안정화는 발진기 주위에서의 **궤환**(feedback)을 사용함으로써 실현할 수 있는데, 문제 4.15에서 그러한 과정을 보여 주고 있다. 비록 발진기 그 자체는 구현하기 쉬울 수도 있지만, 주파수 안정화기를 사용하는 것은 주파수 변조기를 디자인하는 데 시스템 복잡성을 증가시킨다.

간접 방식: 암스트롱 변조기

반면에 **간접 방식**(indirect method)에서는, 메시지 신호는 먼저 **협대역 FM** 파형을 만들기 위해서 사용되고 다음으로 **주파수 곱연산**이 연결되는데 이는 주파수 편차를 원하는 수준으로 증가시키는 데 사용된다. 이 두 번째 방식에서 반송 주파수 안정성 문제는 협대역 FM이 발생할 때 고도로 안정된 발진기(예를 들어 수정 발진기)를 사용함으로써 경감된다. 이 변조 기구를 발명자의 이름을 따서 **암스트롱 광대역 주파수 변조기**(Armstrong wide-band frequency modulator)라 한다.

간접 FM 시스템의 단순화된 블록 다이어그램을 그림 4.10에 나타내었다. 메시지 신호 $m(t)$는 먼저 적분이 되고, 그 다음에 수정 제어 발진기의 위상 변조에 사용된다. 수정 제어를 사용하면 **주파수 안정성**(frequency stability)을 얻는다. 위상 변조기에 내재된 왜곡을 최소화하기 위해 최대 위상 편차나 변조 지수 β를 의도적으로 작게 유지하여, 그 결과 협대역 FM 파형을 만들어 낸다. 협대역 위상 변조기를 구현하는 데 그림 4.4에 나타난 배치를 사용한다. 주파수 곱셈기를 사용하여 협대역 FM 파형의 주파수를 배가시켜 원하는 광대역 FM 파형을 만들어 낸다.

주파수 곱셈기(frequency multiplier)는 그림 4.11에 나와 있는 바와 같이 **무기억**(memoryless) 비선형 장치와 대역통과 필터로 구성되어 있다. 비선형 장치의 무기억성이 의미하는 것은 에너지를 저장하는 소자가 없다는 것이다. 이러한 장치의 입출력 관계는 아래와 같은 일반적인 형태로 표현할 수 있다.

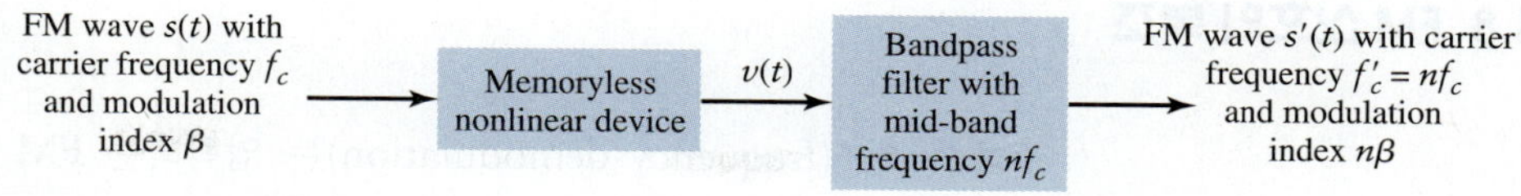

그림 4.11 주파수 곱셈기의 블록 다이어그램.

$$v(t) = a_1 s(t) + a_1 s^2(t) + \cdots + a_n s^n(t) \tag{4.40}$$

여기서 $a_1, a_2, \ldots, a_n$은 장치의 동작점에 의해서 결정되는 계수이고, n은 **비선형의 최고 차수**(highest order of nonlinearity)이다. 다른 말로는 무기억 비선형 장치가 n차 멱법칙 소자라는 뜻이다.

입력 $s(t)$는 다음과 같이 정의된 FM 파형이다.

$$s(t) = A_c \cos\left[2\pi f_c t + 2\pi k_f \int_0^t m(\tau)\, d\tau\right] \tag{4.41}$$

여기서 순시 주파수는 다음과 같다.

$$f_i(t) = f_c + k_f m(t) \tag{4.42}$$

다음의 두 가지를 가정하자. (1) 그림 4.11에서 대역통과 필터의 중간대역 주파수는 nf_c와 같게 맞추어져 있다. 여기서 f_c는 입력 FM 파형 $s(t)$의 반송파 주파수이다. (2) 대역통과 필터는 $s(t)$의 전송 대역폭의 n배와 같은 대역폭을 갖도록 설계되어 있다. FM 시스템에서 비선형성의 영향을 다루는 문제 4.24에서는, 식 4.40의 입출력 관계의 2차 항과 3차 항 같은 비선형 항의 스펙트럼의 영향을 묘사한다. 지금은 비선형 장치의 출력 $v(t)$를 대역통과 필터링 한 다음 아래 식과 같이 정의된 새로운 FM 파형을 얻을 수 있다고 말할 수 있다.

$$s'(t) = A_c \cos\left[2\pi f_c' t + 2\pi k_f' \int_0^t m(\tau)\, d\tau\right] \tag{4.43}$$

여기서 순시 주파수는 다음과 같다.

$$f_i'(t) = nf_c + nk_f m(t) \tag{4.44}$$

따라서 식 (4.44)와 식 (4.42)를 비교해 보면, 그림 4.11의 비선형 서브시스템은 $f_c' = nf_c$이고 $k_f' = nk_f$인 주파수 곱셈기로 작동함을 알 수 있다. 주파수 곱셈률 n은 식 (4.40)의 입출력 관계에서 최고 거듭제곱 n에 의해 결정되는데, 무기억 비선형 소자의 특성을 나타낸다.

4.8 FM 신호의 복조

주파수 복조(frequency demodulation)는 입력되는 FM 파형으로부터 원래의 메시지 신호를 복구하는 과정이다. 다시 말하면, 주파수 복조는 주파수 변조의 **역과정**(inverse)이다. 주파수 변조기는 입력 메시지 신호의 진폭에 따라 순시 주파수가 선형적으로 변하는 출력 신호를 만들어 내는 장치이다. 그래서 주파수 복조를 위해서는 출력 진폭이 입력 FM 파형의 순시 주파수의 변화에 선형적인 형태로 민감한 장치가 또한 필요하다.

여기에서는 주파수 복조를 위한 두 가지 장치에 대하여 설명한다. 하나는 경사 검파(slope detection)와 포락선 검파(envelope detection)로 구성된 주파수 변별기(frequency discriminator)라 불리는 장치이다. 다른 하나는 다소 간접 방식으로 주파수 복조를 수행하는 위상 동기 루프(phase-locked loop)이다.

주파수 변별기

FM 신호는 식 (4.41)에 나타나 있는데 편의상 여기에 다시 쓴다.

$$s(t) = A_c \cos\left(2\pi f_c t + 2\pi k_f \int_0^t m(\tau)\, d\tau\right)$$

역점을 두어 다루어야 할 문제는 변조된 신호 $s(t)$로부터 메시지 신호 $m(t)$를 어떻게 복원할 것인가이다. 이러한 복원을 위해서 시간에 대해 식 (4.44)에 미분을 취함으로써 수신기에 관한 공식을 유도할 수 있다.

$$\frac{ds(t)}{dt} = -2\pi A_c[f_c + k_f m(t)] \sin\left(2\pi f_c t + 2\pi k_f \int_0^t m(\tau)\, d\tau\right) \qquad (4.45)$$

식 (4.45)를 면밀히 살펴보면, 미분값은 곱하는 항 $[f_c + k_f m(t)]$의 크기를 가지고 진폭 변조를 한 대역통과 신호라는 것을 알 수 있다. 결과적으로, 만약 f_c가 반송파가 과변조되지 않을 만큼 충분히 크다면, 3장에서 AM 신호를 복원하는 데 쓰였던 것과 유사한 방법으로 포락선 검출기를 사용해서 메시지 신호 $m(t)$를 복원할 수 있다. 이러한 아이디어는 주파수 변별기를 사용할 동기를 제공하는데, 주파수 변별기는 기본적으로 미분기와 포락선 검출기로 구성되어 있는 복조기이다.

그러나 방금 설명한 것처럼 변별기, 특히 미분기를 구현하는 데 실제적인 문제점이 있다. 2장에서 미분은 주파수 영역에서 선형 전달 함수와 같다는 것을 보여 주었다. 즉

$$\frac{d}{dt} \rightleftharpoons j2\pi f \qquad (4.46)$$

여기서 통상적으로 $\rightleftharpoons$는 푸리에 변환의 관계를 말한다. 실제적인 면에서 모든 주파수

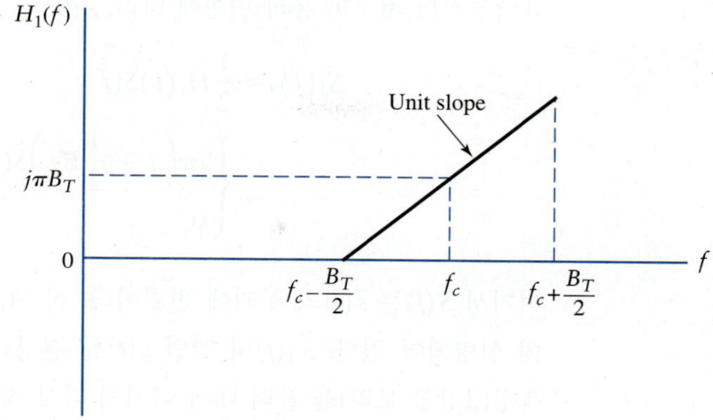

그림 4.12 이상적인 경사 회로의 주파수 응답.

대역에서 식 (4.46)의 오른쪽 항과 같은 전달 함수를 가지는 회로를 구성하는 것은 어렵다. 그 대신, 대역통과 신호 대역폭, 특히 $f_c-(B_T/2) \le |f| \le f_c+(B_T/2)$에서 이 전달 함수를 근사화하는 회로를 만든다. 여기서 B_T는 들어오는 FM 신호 $s(t)$의 전송 대역폭이다. 이러한 요구 사항을 만족시키는 전형적인 전달함수 특성은 다음과 같이 정의된다.

$$H_1(f) = \begin{cases} j2\pi[f - (f_c - B_T/2)], & f_c - (B_T/2) \le |f| \le f_c + (B_T/2) \\ 0, & \text{otherwise} \end{cases} \tag{4.47}$$

소위 **경사 회로**(slope circuit)라고 불리는 전달 함수 특성은 양의 주파수에 대해 그림 4.12에 나타나 있다. 실제적인 경사 회로는 경사도가 1이 아닌 이득값을 가질 것이다. 그러나 문제를 단순화하기 위해서 1의 이득을 가진다고 가정해도 문제를 푸는 데 일반성을 유지한다. 만약 대역폭이 B_T이고 중심 주파수가 f_c인 대역통과 필터가 선행된다면, 회로가 전송 대역폭 밖에서 영 응답을 가지도록 요구되지는 않는다.

변별기에 의해 수행되는 신호 처리를 **복소 기저대역으로 표현**하는 것이 제일 간단하다. 특히 3장에서 전개한 이러한 표현 이론을 따르면, FM 신호 $s(t)$의 복소 포락선은

$$\tilde{s}(t) = A_c \exp\left(j2\pi k_f \int_0^t m(\tau)\, d\tau \right) \tag{4.48}$$

위 식이 적용되려면 반송파 주파수 f_c는 B_T와 비교해서 커야 한다는 조건이 요구된다. 따라서 식 (4.48)에 대응하는 복소 기저대역 필터(즉 경사 회로)는 다음과 같이 표현한다.

$$\tilde{H}_1(f) = \begin{cases} j2\pi[f + (B_T/2)], & -B_T/2 \le f \le B_T/2 \\ 0, & \text{otherwise} \end{cases} \tag{4.49}$$

$\tilde{s}_1(t)$는 $\tilde{s}(t)$에 의한 경사 회로 응답의 복소 포락선을 가리킨다. 그러면 3장에서 설명한

대역통과의 저주파 통과 변환에 따라, $\tilde{s}_1(t)$의 푸리에 변환은 다음과 같이 표현할 수 있다.

$$\begin{aligned}\tilde{S}_1(f) &= \frac{1}{2}\tilde{H}_1(f)\tilde{S}(f) \\ &= \begin{cases} j\pi\left(f + \frac{1}{2}B_T\right)\tilde{S}(f), & -\frac{1}{2}B_T \le f \le \frac{1}{2}B_T \\ 0, & \text{elsewhere} \end{cases}\end{aligned} \tag{4.50}$$

여기서 $\tilde{S}(f)$는 $\tilde{s}(t)$의 푸리에 변환이다. 식 (4.50)의 첫 줄에서 1/2을 곱하는 이유는 3장에 설명되어 있다. $\tilde{S}_1(f)$의 역인 $\tilde{s}(t)$를 결정하기 위해서, 푸리에 변환의 두 가지 적절한 특성(2장을 보라)을 불러 내서 여기에 다시 정리하면 다음과 같다.

1. 푸리에 변환 $\tilde{S}(f)$와 $j2\pi f$의 곱은 식 (2.33)의 특성 9에 따라 역 푸리에 변환 $\tilde{s}(t)$를 미분한 것과 같다.

$$\frac{d}{dt}\tilde{s}(t) \rightleftharpoons j2\pi f\tilde{S}(f)$$

2. $\tilde{S}_1(f)$의 0이 아닌 부분에 식 (2.14)의 선형 특성을 적용하면

$$\tilde{s}_1(t) = \frac{1}{2}\frac{d}{dt}\tilde{s}(t) + \frac{1}{2}j\pi B_T\tilde{s}(t) \tag{4.51}$$

식 (4.48)을 식 (4.51)에 대입하면 다음 식을 얻을 수 있다.

$$\tilde{s}_1(t) = \frac{1}{2}j\pi A_c B_T\left[1 + \left(\frac{2k_f}{B_T}\right)m(t)\right]\exp\left(j2\pi k_f\int_0^t m(\tau)\,d\tau\right) \tag{4.52}$$

마지막으로 FM 파형 $s(t)$에 기인한 경사 회로의 실제 응답은 다음과 같다.[1]

$$\begin{aligned}s_1(t) &= \mathbf{Re}[\tilde{s}_1(t)\exp(j2\pi f_c t)] \\ &= \frac{1}{2}\pi A_c B_T\left[1 + \left(\frac{2k_f}{B_T}\right)m(t)\right]\cos\left(2\pi f_c t + 2\pi k_f\int_0^t m(\tau)\,d\tau + \frac{\pi}{2}\right)\end{aligned} \tag{4.53}$$

다음으로 고찰해야 할 기능적인 부분은 $s_1(t)$를 입력으로 하는 포락선 검출기이다. 식 (4.53)으로부터 $s_1(t)$는 **혼성 변조 파형**(hybrid modulated wave)이라는 것을 알 수 있는데, 이는 메시지 신호 $m(t)$의 진폭 변조와 주파수 변조 두 가지를 다 나타낸다. 진폭 변조의 범위를 유지하기 위해서는 다음 식의 조건을 만족시켜야 하고

[1] 식 (4.53)의 첫 번째 줄의 식은 3장의 식 (3.43)의 반복인데, 이는 변조 신호 $s(t)$와 이것의 복소 표현 $\tilde{s}(t)$ 간의 관계를 나타낸다.

$$\left(\frac{2k_f}{B_T}\right)|m(t)|_{\max} < 1, \qquad \text{for all } t$$

그러면 포락선 검출기는 직류 바이어스를 제외하고 메시지 신호 $m(t)$를 복원한다. 특히 이상적인 조건하에서는 포락선 검출기의 출력이 다음과 같이 주어진다.

$$v_1(t) = \frac{1}{2}\pi A_c B_T\left[1 + \left(\frac{2k_f}{B_T}\right)m(t)\right] \tag{4.54}$$

$v_1(t)$의 직류 바이어스는 식 (4.54)의 상수 항, 즉 $\pi A_c B_T/2$으로 정의된다.

직류 바이어스를 제거하기 위해서 포락선 검출기 뒤에 두 번째 경사 회로를 사용할 수도 있다. 이 시점에서 우리는 음의 경사를 가지도록 경사 회로를 설계하자. 식 (4.54)로부터 추론하면 두 번째에 배치된 음의 경사 회로의 출력은 다음과 같이 주어진다.

$$v_2(t) = \frac{1}{2}\pi A_c B_T\left[1 - \left(\frac{2k_f}{B_T}\right)m(t)\right] \tag{4.55}$$

따라서 식 (4.54)에서 식 (4.55)를 빼면 전체 출력에 직류 **바이어스가 없게 되고** 다음 식과 같이 나타난다.

$$\begin{aligned} v(t) &= v_1(t) - v_2(t) \\ &= cm(t) \end{aligned} \tag{4.56}$$

여기서 c는 상수이다.

식 (4.54)와 식 (4.56)을 비추어 볼 때, 이상적인 주파수 변별기를 그림 4.13과 같은 블록 다이어그램으로 구성할 수 있으며, 그 구성 요소는 다음과 같다.

- 그림의 위쪽 경로는 식 (4.54)와 관계된 그림이다.
- 아래쪽 경로는 식 (4.55)와 관계된 그림이다.

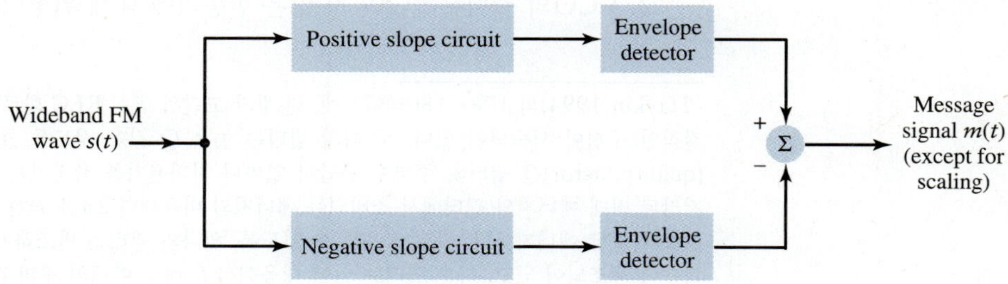

그림 4.13 평형 주파수 변별기의 블록 다이어그램.

- 합하는 교차점은 식 (4.56)을 설명한다.

이러한 특수한 검출 시스템을 **평형 주파수 변별기**(balanced frequency discriminator)라 한다. '평형' 이란 용어는 식 (4.54)와 식 (4.55)에서 서술한 방법으로 시스템의 두 경사 회로가 서로 연관되어 있다는 사실에 근거한다.

실질적인 관점에서 보면, 그림 4.13의 평형 주파수 변별기[2]를 구현하는 데 있어서 과제는 식 (4.54)와 식 (4.55)의 설계 요구 사항을 충족시키도록 두 개의 경사 회로를 어떻게 만드느냐 하는 것이다.

위상 동기 루프

위상 동기 루프(phase-locked loop)는 그 동작이 주파수 변조와 밀접하게 연관되어 있는 궤환 시스템이다. 이는 반송파 동기와 간접 주파수 복조에 자주 사용된다. 후자인 주파수 복조가 여기서 관심 있는 주제이다.

기본적으로 위상 동기 루프는 3개의 중요한 요소로 구성되어 있다.

- **전압 제어 발진기**(VCO: voltage-controlled oscillator). 이는 자기 자신의 제어 신호로 주파수 변조를 수행한다.
- **곱셈기**(multiplier). 이는 전압 제어 발진기의 출력으로 입력되는 FM 파형을 곱한다.
- 저역통과 필터(low-pass filter)의 한 종류인 **루프 필터**(loop filter). 이는 곱셈기의 출력 신호에 포함된 고주파 성분을 제거해서 시스템의 전체 주파수 응답을 구체화하는 기능을 수행한다.

그림 4.14와 같이 세 가지 요소는 서로 연결되어 **폐루프 궤환 시스템**(closed-loop feedback system)의 형태를 만든다.

주파수 복조기로서 위상 동기 루프가 동작하는 것을 설명하기 위해서, 제어 신호(즉 입력)가 0일 때 다음 두 조건을 만족시키도록 VCO가 조정되어 있다고 가정하자.

1. VCO의 주파수는 입력되는 FM 파형 $s(t)$의 변조되지 않은 반송 주파수 f_c에 정확하게 맞추어져 있다.
2. VCO의 출력은 변조되지 않은 반송파에 대해 위상이 90도 천이되어 있다.

[2] Haykin(1994)의 178~180페이지에, 한 쌍의 고단위 공진 RLC 회로를 이용한 평형 주파수 변별기의 실질적인 구현이 서술되어 있다. 두 개의 필터는 높은 Q 값을 갖도록 설계되어 있다. 공진 여파기의 **Q 값**(quality factor)은 필터의 주파수 응답이 얼마나 가파른가를 측정하는 수단이다. 이는 공식적으로 필터에 저장된 최대 에너지와 필터에서 소비되는 에너지의 비율에다 2π를 곱한 것으로 정의되는데, 측정 단위는 둘다 사이클당 에너지이다. 바로 적용할 수 있도록, 하나의 필터는 변조하지 않은 반송 주파수 f_c 바로 위의 주파수에 동조되어 있고, 다른 필터는 이에 대응해서 f_c 바로 아래의 주파수에 동조되어 있다. Q 값을 높게 함으로써, f_c를 중심으로 전체 주파수 응답의 요구 대역과 관계하는 선형성은 두 개의 동조 주파수 간격에 의하여 결정된다.

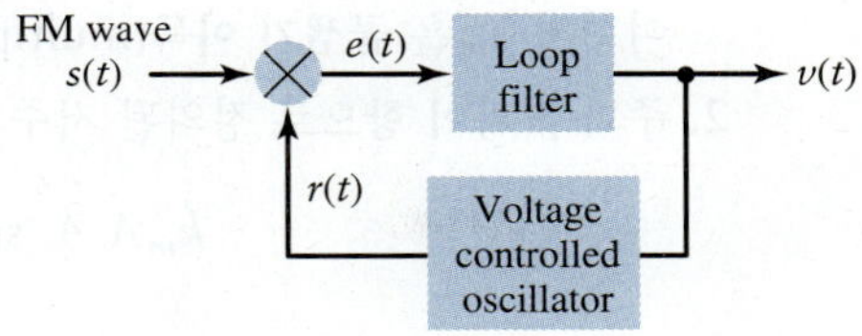

그림 4.14 위상 동기 루프의 블록 다이어그램.

이때 입력되는 FM 파형이 아래와 같이 정의된다고 가정하자.

$$s(t) = A_c \sin[2\pi f_c t + \phi_1(t)] \tag{4.57}$$

여기서 A_c는 반송파 진폭이다. 정의에 의해, 각 $\phi_1(t)$는 메시지 신호 $m(t)$와 적분 관계를 가진다.

$$\phi_1(t) = 2\pi k_f \int_0^t m(\tau)\, d\tau \tag{4.58}$$

여기서 k_f는 $s(t)$ 생성을 책임지는 주파수 변조기의 주파수 감도 계수이다. 앞 쪽 두 가지 요점 (1), (2)와 관련하여, VCO에 의해 발생된 FM 파형을 다음과 같이 정의하자.

$$r(t) = A_v \cos[2\pi f_c t + \phi_2(t)] \tag{4.59}$$

여기서 A_v는 진폭이다. 각 $\phi_2(t)$는 VCO의 제어 신호 $v(t)$와 다음과 같은 적분식의 관계를 갖는다.

$$\phi_2(t) = 2\pi k_v \int_0^t v(\tau)\, d\tau \tag{4.60}$$

여기서 k_v는 VCO의 주파수 감도 계수이다.

VCO 주위에서 작동하는 궤환 루프의 기능은 $\phi_2(t)$가 $\phi_1(t)$와 같도록 $\phi_2(t)$의 각을 조정하는 것이다. 그래서 주파수 복조를 위한 발판을 마련한다. 이 기능과 그것이 어떻게 발생하는지 더 깊이 탐구하기 위해서, 우리는 위상 동기 루프를 위한 모델을 개발할 필요가 있는데, 이는 다음부터 설명이 될 것이다.

여기에서 우리는 먼저 지역적으로 생성된 FM 파형 $r(t)$와 입력되는 FM 파형 $s(t)$의 곱은 두 가지 성분을 생성한다는 것을 주목하자(크기 지수 1/2은 제외하고).

1. 2배 주파수 항으로 정의된 고주파 성분, 즉

$$k_m A_c A_v \sin[4\pi f_c t + \phi_1(t) + \phi_2(t)]$$

여기서 k_m은 **곱셈기 이득**(multiplier gain)이다.

2. **주파수 차이 항**으로 정의된 저주파 성분, 즉

$$k_m A_c A_v \sin[\phi_1(t) - \phi_2(t)]$$

▶ **연습문제 4.6** 잘 알려진 한 각의 사인 값과 다른 각의 코사인 값의 곱을 포함하는 삼각 함수 공식을 이용해서, 위 요점 1과 2에 설명된 결과들을 증명하라. ◀

루프 필터는 곱셈기의 출력에서의 고주파 성분을 억제하도록 설계되어 있으므로, 이제부터는 2배의 주파수 항을 버릴 수 있다. 그렇게 함으로써 루프 필터에 인가되는 신호를 다음과 같이 간략화할 수 있다.

$$e(t) = k_m A_c A_v \sin[\phi_e(t)] \tag{4.61}$$

여기서 $\phi_e(t)$는 아래와 같이 정의되는 **위상 에러**(phase error)이다.

$$\begin{aligned}\phi_e(t) &= \phi_1(t) - \phi_2(t) \\ &= \phi_1(t) - 2\pi k_v \int_0^t v(\tau)\,d\tau\end{aligned} \tag{4.62}$$

위상 에러 $\phi_e(t)$가 0일 때, 위상 동기 루프(PLL)가 **위상 고정**(phase-lock) 되었다고 말한다. 위상 에러 $\phi_e(t)$가 1라디안과 비교해서 매우 작을 때 **근사 위상 고정**(near-phase-lock) 되었다고 하는데, 이 조건하에서는 아래와 같이 근사화를 할 수 있다.

$$\sin[\phi_e(t)] \approx \phi_e(t)$$

이 근사화는 0.5라디안보다 작은 $\phi_e(t)$에 대해서 4% 이내의 정확도를 가진다. 이에 맞추어, 식 (4.61)의 에러 신호를 아래와 같이 근사화할 수 있다.

$$\begin{aligned}e(t) &\approx k_m A_c A_v \phi_e(t) \\ &= \frac{K_0}{k_v}\phi_e(t)\end{aligned} \tag{4.63}$$

여기서 새로운 파라미터 K_0는 아래와 같은데 위상 동기 루프의 **루프 이득 파라미터**(loop-gain parameter)라고 한다.

$$K_0 = k_m k_v A_c A_v \tag{4.64}$$

에러 신호 $e(t)$는 루프 필터에 인가되어 전체적인 출력 $v(t)$를 만들어 낸다. $h(t)$가 루프 필터의 임펄스 응답이라고 하자. 그러면 $v(t)$와 $e(t)$의 관계식을 컨벌루션 적분식으로 나타낼 수 있다.

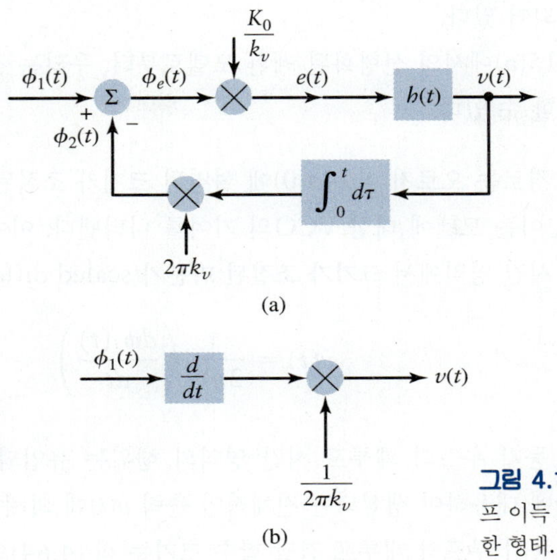

그림 4.15 (a) 위상 고정 루프의 선형화된 모델. (b) 루프 이득 K_0가 1보다 크다고 가정 했을 때, 모델의 간략화한 형태.

$$v(t) = \int_{-\infty}^{\infty} e(\tau)h(t - \tau)\, d\tau \tag{4.65}$$

식 (4.62), (4.63), (4.65), (4.60)은 그 순서대로 위상 동기 루프(PLL)의 **선형화된 궤환 모델**을 구성한다. 그 모델은 그림 4.15(a)에 나타나 있는데, 입력으로는 유입되는 FM 파형 $s(t)$의 각 $\phi_1(t)$가 되고, PLL의 전체적인 출력으로는 루프 필터의 출력 $v(t)$가 된다.

선형 궤환 이론으로부터, 우리는 아래의 중요한 정리를 생각해 낼 수 있다.[3]

> 선형 궤환 시스템의 개루프 전달 함수가 모든 주파수들에 대하여 1보다는 큰 크기를 가질 때, 시스템의 폐루프 전달 함수는 실질적으로 궤환 경로의 전달 함수의 역의 값으로 구해진다.

다른 방법으로 기술하면, 궤환 시스템의 폐루프 전달 함수는 본질적으로 앞쪽(forward)

[3] 고전적인 예제인 **부호 반전 궤환 증폭기**(negative feedback amplifier)를 고찰해 보자. 이 증폭기는 두 개의 항으로 구성되어 있는데, 하나는 순환 경로에 있는 이득이 μ인 증폭기이고 다른 하나는 궤환 경로에 있는 이득이 β인 회로망이다. 증폭기의 **폐루프 이득**(closed-loop gain)은 다음과 같이 정의된다.

$$A = \frac{\mu}{1 + \mu\beta}$$

분모의 곱의 항 $\mu\beta$는 궤환 증폭기의 **개루프 이득**(open-loop gain)이다. $\mu\beta$가 1과 비교하여 클 경우 A에 대한 공식은 실질적으로 다음에 보이는 것과 같이 β의 역의 값으로 구해진다.

$$A \approx \frac{1}{\beta}$$

경로와 독립되어 있다.

그림 4.15(a)에서의 선형화된 궤환 모델로부터, 우리는 직면한 문제와 관련된 3가지 요점을 관찰할 수 있다.

1. 궤환 경로는 오로지 식 (4.60)에 설명된 크기가 조절된 적분기에 의해서만 정의되는데, 이는 모델에 대한 VCO의 기여를 나타낸다. 이에 대응하여, 이 궤환 경로의 역은 시간 영역에서 **크기가 조절된 미분기**(scaled differentiator)로 기술된다.

$$v(t) = \frac{1}{2\pi k_v}\left(\frac{d\phi_2(t)}{dt}\right) \tag{4.66}$$

2. 위상 동기 루프의 폐루프 시간 영역의 행위는 유입되는 FM 파형 $s(t)$에서의 각 $\phi_1(t)$에 대응하여 생성되는 전체적인 출력 $v(t)$에 의해 기술된다.
3. 위상 동기 루프의 개루프 전달 함수 크기는 식 (4.64)의 루프 이득 파라미터 K_0에 의해서 조절된다.

루프 이득 파라미터 K_0가 1과 비교해서 크다고 가정해 보자. 그림 4.15(a)의 모델에 선형 궤환 정리를 적용하는 것은 우리에게 위상 동기 루프의 폐루프 전달 함수(즉 폐루프 시간 영역 행위)가 궤환 경로의 전달 함수(즉 시간 영역 행위)의 역에 의해 실질적으로 결정된다는 것을 가르쳐 준다. 그러므로 앞 쪽에 서술된 궤환 정리와 식 (4.66)을 비추어 볼 때, 전체적인 출력 $v(t)$를 아래와 같은 근사 공식으로 입력 각 $\phi_1(t)$와 관계지을 수 있다.

$$v(t) \approx \frac{1}{2\pi k_v}\left(\frac{d\phi_1(t)}{dt}\right) \tag{4.67}$$

K_0가 큰 값을 갖도록 한다면, 위상 에러 $\phi_e(t)$가 0에 근접하도록 만드는 효과가 있다. 이러한 조건하에서, 식 (4.62)의 첫 줄에 따라서 $\phi_1(t) \approx \phi_2(t)$가 된다. 이와 같이 근사적으로 두 개가 같다는 조건은 $\phi_2(t)$를 식 (4.67)의 $\phi_1(t)$로 대체 가능하다는 것에 대한 이론적 근거를 제공한다.

식 (4.67)에서 기술된 근사 관계식을 비추어 볼 때, 이제 그림 4.15(a)의 선형화된 궤환 모델을 그림의 (b) 부분에 나타난 형태로 간략화 할 수 있다. 따라서 식 (4.58)을 식 (4.67)에 대입하면, 다음과 같은 식을 얻는다.

$$\begin{aligned} v(t) &\approx \frac{1}{2\pi k_v}\cdot\frac{d}{dt}\left(2\pi k_f\int_0^t m(\tau)\,d\tau\right) \\ &= \frac{k_f}{k_v}m(t) \end{aligned} \tag{4.68}$$

식 (4.68)은 시스템이 위상 고정 모드나 근사 위상 고정 모드에서 동작하고 루프 이득 파라미터 K_0가 1과 비교하여 클 때, **유입되는 FM 파형 $s(t)$의 주파수 복조가 이루어지는 것을 설명하고 있다.** 즉 크기 조절 항(k_f/k_v)을 제외하고, 원래 메시지 신호 $m(t)$는 $s(t)$로부터 복원된다.

주파수 복조기로서 작동할 때 위상 동기 루프의 중요한 특징 가운데 하나는 입력되는 FM 파형 $s(t)$의 대역폭을 전달 함수가 $H(f)$인 루프 필터의 대역폭보다 훨씬 넓게 할 수 있다는 것이다. 여기서, $H(f)$는 루프 필터의 임펄스 응답 $h(t)$의 푸리에 변환이다. **루프 필터의 전달 함수 $H(f)$는 기저대역**(즉 메시지 신호가 차지하는 원래의 주파수 대역)**으로 제한될 수 있고 따라서 제한되어야 한다.** 그래서 VCO의 제어 신호 $v(t)$는 기저대역 메시지 신호 $m(t)$의 대역폭을 가지고 있다. 반면에 VCO 출력 $r(t)$는 광대역으로 변조된 파형인데, 그것의 순시 주파수는 $m(t)$에 기인하여 들어오는 FM 파형 $s(t)$의 순시 주파수에서의 변화를 **추적**한다. 여기에서는 단지, 광대역 FM 파형의 대역폭은 FM 발생을 책임지는 메시지 신호의 대역폭보다는 훨씬 더 크다는 사실을 다시 기술하고 있는 것이다.

위상 동기 루프의 **복잡성**은 루프 필터의 전달 함수 $H(f)$에 의해 결정된다. 위상 동기 루프의 가장 간단한 형태는 $H(f)=1$로 놓을 때, 즉 루프 필터가 없을 때 구해진다. 이러한 경우의 위상 동기 루프를 **1차 위상 동기 루프**(first-order PLL)라고 한다. 고차 루프에서는 전달 함수 $H(f)$를 좀더 복잡한 주파수 종속 형태로 가정한다.

1차 위상 동기 루프의 주요 제한점은 루프 이득 파라미터 K_0가 루프 대역폭을 조절할 뿐만 아니라 루프의 속박(hold-in) 주파수 범위도 조절한다는 것이다. **속박 주파수 범위**(hold-in frequency range)는 루프가 입력 FM 신호 파형에 대해 위상이 고정된 상태를 유지하는 주파수의 범위를 의미한다. 이러한 이유로 간단함에도 불구하고 1차 위상 동기 루프는 좀처럼 실제로 사용되지 않는다. 오히려 1차 루프 필터를 사용하여 잘 구현될 수 있는 2차 위상 동기 루프를 사용하도록 추천한다. 문제 4.25를 보라.

▶ **연습문제 4.7** 그림 4.15(a)의 선형 모델을 사용하여, 그 모델이 다음의 적분-미분 방정식에 의해 근사적으로 지배된다는 것을 보이라.

$$\frac{d\phi_e(t)}{dt} + 2\pi K_0 \int_{-\infty}^{\infty} \phi_e(\tau) h(t-\tau)\, d\tau \approx \frac{d\phi_1(t)}{dt}$$

그리고 주파수 영역에서 아래의 두 근사 결과식을 유도하라.

(a) $\Phi_e(f) \approx \dfrac{1}{1+L(f)} \Phi_1(f)$

(b) $V(f) \approx \dfrac{jf}{k_v} \dfrac{L(f)}{1+L(f)} \Phi_1(f)$

여기서

$$L(f) = K_0 \frac{H(f)}{jf}$$

는 개루프 전달 함수이다. 마지막으로 메시지 대역 안의 모든 주파수에 대하여 $L(f)$가 1보다 클 때, (b) 부분 공식의 시간 영역 변형은 식 (4.68)에서의 근사 형태를 간략화한다는 것을 보이라. ◀

4.9 예제: FM 스테레오 다중화

스테레오 다중화(stereo multiplexing)는 동일 반송파를 통해 두 개의 분리된 신호를 전송하고자 설계된 주파수 분할 다중화(FDM)의 한 형태이다. 프로그램의 두 개의 다른 요소(예를 들면 오케스트라의 두 개의 다른 구역, 성악가와 반주자)를 보내는 FM 라디오 방송에 광범위하게 사용되며, 수신단에서 청취자에게 **공간적인** 차원을 인지하게 한다.

FM 스테레오 전송의 표준 규격은 아래 두 가지 요소에 의해 영향을 받는다.

1. 전송은 할당된 FM 방송 채널 내에서 동작되어야 한다.
2. 단음(monophonic) 라디오 수신기와 호환성이 있어야 한다.

첫째 요구 사항은 주파수 편차를 포함한 허용 가능한 주파수 파라미터를 설정한다. 두 번째 요구 사항은 전송 신호를 구성하는 방법을 제한한다.

그림 4.16(a)는 FM 스테레오 송신기에 사용되는 다중화 시스템의 블록 다이어그램이다. $m_l(t)$와 $m_r(t)$는 시스템의 송신단에서 왼쪽과 오른쪽 마이크로폰에 의해 추출된 신호를 나타낸다. 이 신호들은 **합 신호** $m_l(t)+m_r(t)$와 **차 신호** $m_l(t)-m_r(t)$를 발생시키는 간단한 **행렬화기**(matrixer)에 인가된다. 합 신호는 기저대역 형태로 아무 신호 처리를 하지 않아서 단음 수신에 활용된다. 차 신호와 38 kHz 부반송파(주파수 체배기를 사용하여 19 kHz 수정 발진기에서 만들어진)는 곱변조기에 인가되어, DSB-SC 변조된 파형을 만들어낸다. 합신호와 이런 DSB-SC 변조 된 파형에 덧붙여 다중화된 신호 $m(t)$는 또한 스테레오 수신기에서 차 신호의 동기 검파에 대한 기준을 제공하기 위해 19 kHz의 파일럿을 포함한다. 따라서 그림 4.16(a)에서와 같이 다중화된 신호는 다음과 같다.

$$m(t) = [m_l(t) + m_r(t)] + [m_l - m_r(t)]\cos(4\pi f_c t) + K\cos(2\pi f_c t) \tag{4.69}$$

여기서 f_c=19 kHz이고, K는 파일럿 톤의 진폭이다. 다중화된 신호 $m(t)$는 전송 신호를 만들어 내기 위해 주반송파로 주파수 변조하는데, 이 주파수 변조가 그림 4.16(a)에는 나타나지 않고 있다. 파일럿은 첨두 주파수 편차의 8~10% 이내의 크기로 할당되어 있는데, 식 (4.69)의 K는 이런 요구 조건을 만족시키도록 선택되어야 한다.

스테레오 수신기에서 모든 다중화된 신호는 수신 FM 파형을 주파수 복조 하여 복구

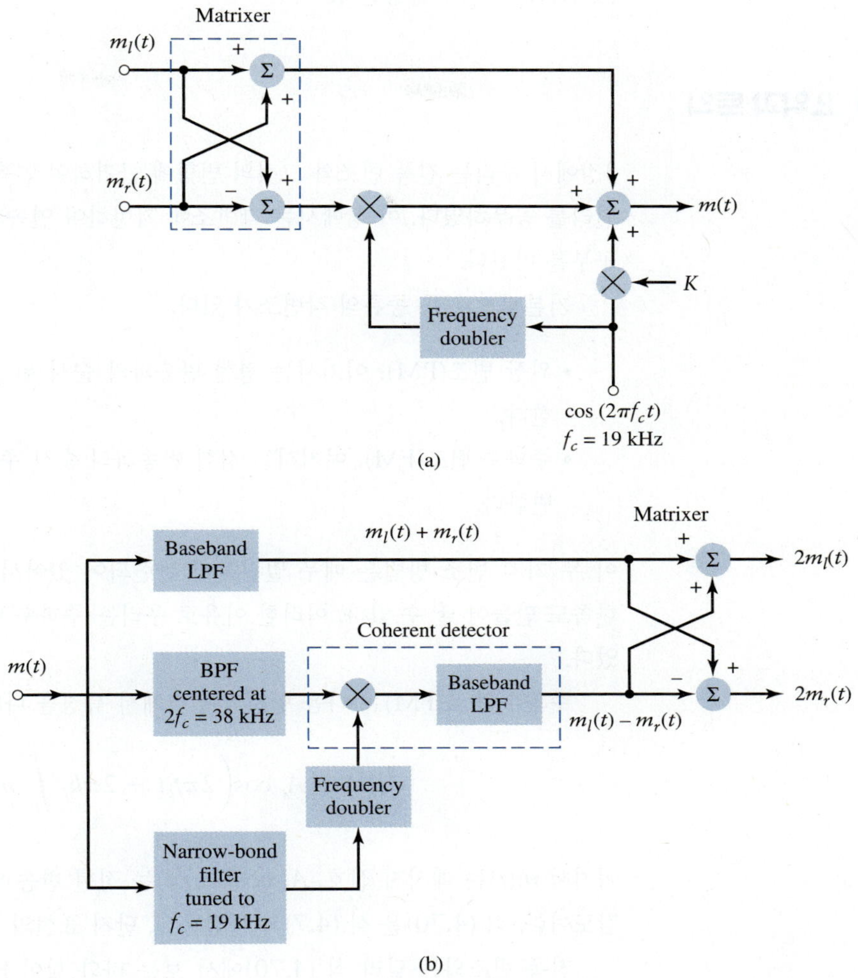

그림 4.16 (a) FM 스테레오의 송신기에서의 다중화기. (b) FM 스테레오의 수신기에서의 역다중화기.

된다. 그러면 $m(t)$는 그림 4.16(b)와 같은 **역다중화 시스템**(demultiplexing system)에 인가된다. 역다중화 신호 $m(t)$의 각각의 성분들은 세 개의 적당한 필터를 사용하여 분리된다. 복구된 파일럿(19 kHz에 동조된 협대역 필터를 사용하여)은 원하는 38 kHz의 부반송파를 만들기 위해 주파를 배가한다. 이러한 부반송파를 사용할 수 있다는 것은 DSB-SC 변조 된 파형의 **동기 검파**(coherent detection)를 가능하게 하는데, 그림 4.16(b)의 점선 네모 상자 안에 나타나 있다. 그래서 차 신호 $m_l(t)-m_r(t)$가 복구된다. 그림 4.16(b)의 상단 경로에 있는 기저대역 저역통과 필터는 합신호 $m_l(t)+m_r(t)$가 통과하도록 설계된다. 최종적으로는 간단한 **행렬화기**가, 크기 조정 값 2만 제외하고, 원래의 왼쪽 신호 $m_l(t)$와 오른쪽 신호 $m_r(t)$를 재구성하고, 각각 좌우 스피커에 인가된다. 그래서 FM

스테레오 수신이 완성된다.

4.10 요약과 토의

3장에서 우리는 진폭 변조와 그것의 변형에 근거하여 연속파 변조 첫 번째 군의 근원적인 원리를 공부하였다. 이 장에서는 각변조에 기반하여 연속파 변조의 근원적인 원리에 대한 공부를 마쳤다.

기본적으로 두 종류의 각변조가 있다.

- 위상 변조(PM). 여기서는 정현 반송파의 순시 위상이 메시지 신호에 비례하여 변한다.
- 주파수 변조(FM). 여기서는 정현 반송파의 순시 주파수가 메시지 신호에 비례하여 변한다.

이 두 가지 변조 방법은 매우 밀접하게 관련되어 있어서, 만약 한쪽이 주어진다면 다른 한쪽도 만들어 낼 수 있다. 이러한 이유로 우리는 주파수 변조에 대한 논의에 초점을 맞추었다.

주파수 변조(FM)는 다음 방정식에 의해서 특징을 나타낸다.

$$s(t) = A_c \cos\left(2\pi f_c t + 2\pi k_f \int_0^t m(\tau)\, d\tau\right) \tag{4.70}$$

여기서 $m(t)$는 메시지 신호, $A_c \cos(2\pi f_c t)$는 정현 반송파, 그리고 k_f는 변조기의 주파수 감도이다. 식 (4.70)은 식 (4.7)과 똑같은데, 단지 표현의 편의상 다시 쓴 것이다.

진폭 변조와는 달리 식 (4.70)에서 보는 바와 같이 FM은 비선형 변조 과정임을 알 수 있다. 따라서 FM의 스펙트럼 분석은 AM의 분석보다 훨씬 어렵다. 그럼에도 불구하고 단일톤 FM에 대한 연구에 의해 우리는 FM의 스펙트럼 특성에 관한 많은 식견을 발전시켜 올 수 있었다. 특히 우리는 FM의 전송 대역폭 B_T의 근사값을 구하기 위해 일반적인 카슨 법칙으로 알려진 경험적인 법칙을 유도했다. 이 법칙에 따르면 B_T는 한 가지 파라미터로 조절되는데, 정현 FM인 경우에는 변조 지수 β, 비정현 FM인 경우에는 편이율 D의 영향을 받는다.

FM에서 반송파의 진폭, 즉 송신된 평균 전력은 일정하게 유지된다. 여기에 잡음과 간섭의 영향을 이겨 내는 데 AM보다 좋다는 FM의 중요한 장점이 있다. 이 문제는 8장에서 확률과 랜덤 과정에 대해 정통해진 후 9장에서 배우게 된다. 이 장점은 변조 지수(편이율)가 증가함에 따라 좀더 뚜렷해지는데, 변조 지수의 증가는 대응해서 전송 대역폭을 증가시키는 효과가 있다. 그러므로 주파수 변조는 잡음 성능을 향상시키기 위해 채널 대역폭을 늘리는 거래를 하는 실질적인 방법을 제공하는데, 진폭 변조에서는 가능하지 않다.

마지막 설명을 할 순서인데, 진폭 변조와 똑같이, 각변조의 기술 개발은 아날로그 통신에 대한 직접적인 관련 때문에 동기부여를 받았다. 그러나 이와 같은 변조 이론의 많은 양상들은 디지털 통신에도 똑같이 적용할 수 있다. 예를 들어 만약 식 (4.70)의 메시지 신호가 이진 0과 1 심벌을 표현하기 위해 각각 −1과 +1 레벨을 사용하도록 제한된다면, 7장에서 논의되는 이진 주파수 천이 키잉(BFSK)으로 알려진 디지털 변조의 기본 형태가 된다.

ADDITIONAL PROBLEMS

4.8 Sketch the PM and FM waves produced by the sawtooth wave shown in Fig. 4.17 as the source of modulation.

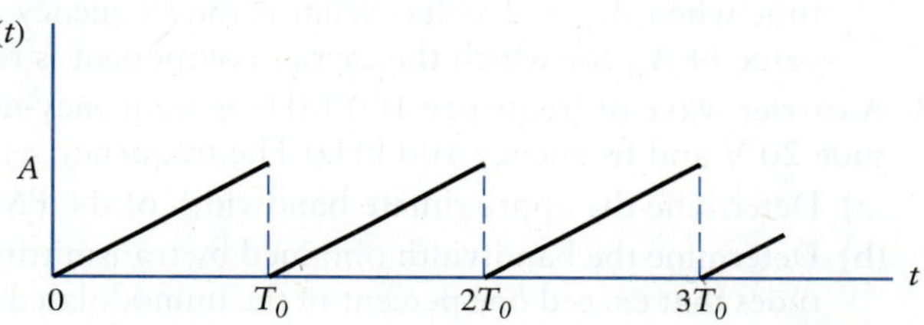

FIGURE 4.17 Problem 4.8

4.9 In a *frequency-modulated radar* the instantaneous frequency of the transmitted carrier is varied as in Fig. 4.18. Such a signal is generated by frequency modulation with a periodic triangular modulating wave. The instantaneous frequency of the received echo signal is shown dashed in Fig. 4.18 where τ is the round-trip delay time. The transmitted and received echo signals are applied to a mixer, and the difference frequency component is retained. Assuming that $f_0\tau \ll 1$ for all τ, determine the number of beat cycles at the mixer output, averaged over one second, in terms of the peak deviation Δf of the carrier frequency, the delay τ, and the repetition frequency f_0 of the transmitted signal. (The *beat* refers to a signal whose frequency is the difference between the frequencies of the two input signals.)

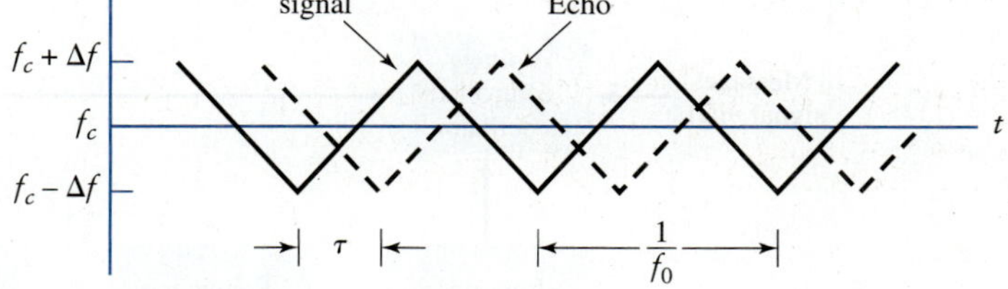

FIGURE 4.18 Problem 4.9

4.10 Consider an interval Δt of an FM wave $s(t) = A_c \cos[\theta(t)]$ such that $\theta(t)$ satisfies the condition

$$\theta(t + \Delta t) - \theta(t) = \pi$$

Hence, show that if Δt is sufficiently small, the instantaneous frequency of the FM wave inside this interval is approximately given by

$$f_i \approx \frac{1}{2\Delta t}$$

4.11 The sinusoidal modulating wave

$$m(t) = A_m \cos(2\pi f_m t)$$

is applied to a phase modulator with phase sensitivity k_p. The unmodulated carrier wave has frequency f_c and amplitude A_c. Determine the spectrum of the resulting phase-modulated wave, assuming that the maximum phase deviation $\beta = k_p A_m$ does not exceed 0.3 radian.

4.12 A carrier wave is frequency-modulated using a sinusoidal signal of frequency f_m and amplitude A_m.

(a) Determine the values of the modulation index β for which the carrier component of the FM wave is reduced to zero. For this calculation you may use the values of $J_0(\beta)$ given in Appendix 3.

(b) In a certain experiment conducted with $f_m = 1$ kHz and increasing A_m (starting from zero volt), it is found that the carrier component of the FM wave is reduced to zero for the first time when $A_m = 2$ volts. What is the frequency sensitivity of the modulator? What is the value of A_m for which the carrier component is reduced to zero for the second time?

4.13 A carrier wave of frequency 100 MHz is frequency-modulated by a sinusoidal wave of amplitude 20 V and frequency 100 kHz. The frequency sensitivity of the modulator is 25 kHz/V.

(a) Determine the approximate bandwidth of the FM wave, using Carson's rule.

(b) Determine the bandwidth obtained by transmitting only those side-frequencies with amplitudes that exceed one percent of the unmodulated carrier amplitude. Use the universal curve of Fig. 4.9 for this calculation.

(c) Repeat your calculations, assuming that the amplitude of the modulating wave is doubled.

(d) Repeat your calculations, assuming that the modulation frequency is doubled.

4.14 Consider a wide-band PM wave produced by the sinusoidal modulating wave $A_m \cos(2\pi f_m t)$, using a modulator with a phase sensitivity equal to k_p radians per volt.

(a) Show that if the maximum phase deviation of the PM wave is large compared with one radian, the bandwidth of the PM wave varies linearly with the modulation frequency f_m.

(b) Compare this characteristic of a wide-band PM wave with that of a wide-band FM wave.

4.15 Figure 4.19 shows the block diagram of a closed-loop feedback system for the carrier-frequency stabilization of a wide-band frequency modulator. The voltage-controlled oscillator shown in the figure constitutes the frequency modulator. Using the ideas of mixing (i.e., frequency translation) (described in Chapter 3) and frequency discrimination (described in this chapter), discuss how the feedback system of Fig. 4.19 is capable of exploiting the frequency accuracy of the crystal oscillator to stabilize the voltage-controlled oscillator.

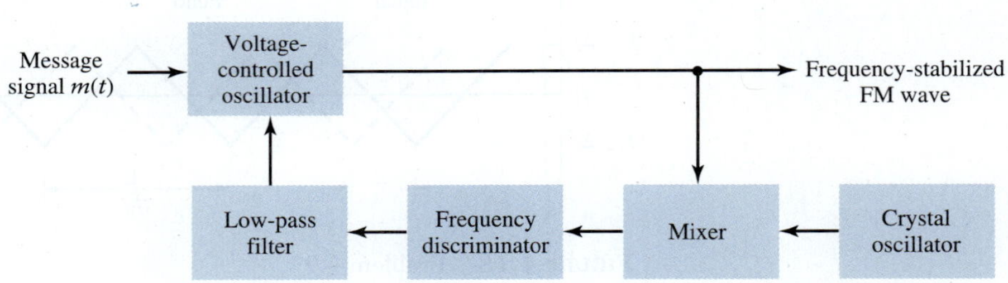

FIGURE 4.19 Problem 4.15

4.16 Consider the frequency demodulation scheme shown in Fig. 4.20 in which the incoming FM wave $s(t)$ is passed through a delay line that produces a phase shift of $-\pi/2$ radians at the carrier frequency f_c. The delay-line output is subtracted from $s(t)$, and the resulting composite wave is then envelope-detected. This demodulator finds application in demodulating FM waves at microwave frequencies. Assuming that

$$s(t) = A_c \cos[2\pi f_c t + \beta \sin(2\pi f_c t)]$$

analyze the operation of this demodulator when the modulation index β is less than unity and the delay T produced by the delay line is sufficiently small to justify making the approximations:

$$\cos(2\pi f_m T) \approx 1$$

and

$$\sin(2\pi f_m T) \approx 2\pi f_m T$$

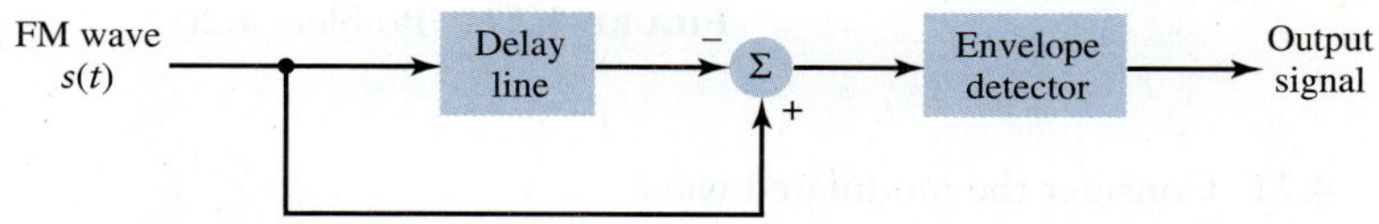

FIGURE 4.20 Problem 4.16

4.17 Consider the following pair of modulating signals:

1. $m_1(t) = \begin{cases} a_1 t + a_0, & t \geq 0 \\ 0, & t = 0 \end{cases}$

2. $m_2(t) = \begin{cases} b_2 t^2 + b_1 t + b_0, & t \geq 0 \\ 0, & t = 0 \end{cases}$

where the as and the bs are constant parameters.

Signal 1 is applied to a frequency modulator, while signal 2 is applied to a phase modulator. Determine the conditions for which the outputs of these two angle modulators are exactly the same.

4.18 In this problem, we work on the specifications of a superheterodyne FM receiver listed in Table 3.2. In particular, given those specifications, do the following work:

(a) Determine the range of frequencies provided by the local oscillator of the receiver in order to accommodate the RF carrier range 88-108 MHz.

(b) Determine the corresponding range of image frequencies.

ADVANCED PROBLEMS

4.19 The instantaneous frequency of a sinusoidal wave is equal to $f_c + \Delta f$ for $|t| < T/2$ and f_c for $|t| > T/2$. Determine the spectrum of this frequency-modulated wave. *Hint*: Divide up the time interval of interest into three nonoverlapping regions:

(i) $-\infty < t < -T/2$

(ii) $-T/2 \leq t \leq T/2$

(iii) $T/2 < t < \infty$

4.20 Figure 4.21 shows the block diagram of a *real-time spectrum analyzer* working on the principle of frequency modulation. The given signal $g(t)$ and a frequency-modulated signal $s(t)$ are applied to a multiplier and the output $g(t)s(t)$ is fed into a filter of impulse $h(t)$. The $s(t)$ and $h(t)$ are linear FM signals whose instantaneous frequencies vary at opposite rates, as shown by

$$s(t) = \cos(2\pi f_c t + \pi k t^2)$$

and

$$h(t) = \cos(2\pi f_c t - \pi k t^2)$$

where k is a constant. Show that the envelope of the filter output is proportional to the amplitude spectrum of the input signal $g(t)$ with the product term kt playing the role of frequency f. *Hint*: Use the complex notations described in Section 3.8 for band-pass transmission.

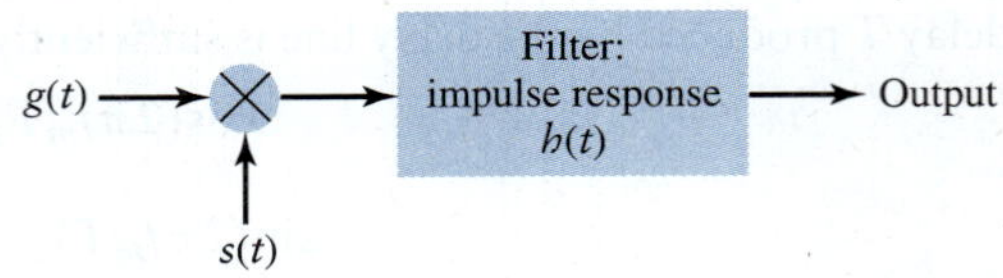

FIGURE 4.21 Problem 4.20

4.21 Consider the modulated wave

$$s_1(t) = a(t)\cos\left[2\pi f_c t + 2\pi k_f \int_0^t m(\tau)\, d\tau\right]$$

where $a(t)$ is a slowly varying envelope function, f_c is the carrier frequency, k_f is the frequency sensitivity, and $m(t)$ is a message signal. The modulated wave $s(t)$ is processed by a *band-pass limiter*, which consists of a hard limiter followed by a band-pass filter. The function of the band-pass limiter is to remove amplitude fluctuations due to $a(t)$. Specify the parameters of the band-pass filter component so as to produce the FM wave

$$s_2(t) = A\cos\left[2\pi f_c t + 2\pi k_f \int_0^t m(\tau)\, d\tau\right]$$

where A is a constant amplitude.

4.22 The analysis of distortion produced in an FM wave applied to a linear communication channel is of important practical interest. In this problem, we explore this analysis for the special case of a wide-band FM wave produced by a sinusoidal modulating wave. Let $H(f)$ denote the transfer function of the channel. Starting with Eq. (4.15), do the following:

(a) Derive an expression for the modulated signal produced at the channel output.

(b) Using the expression derived in part (a), discuss the distortion produced by the channel.

4.23 In Section 4.1, we pointed out that the instantaneous angle $\theta_i(t)$ in angle-modulated waves can be varied in accordance with a message signal $m(t)$ in an infinite number of ways. The treatment of angle modulation presented in this chapter focused on phase modulation and frequency modulation as two important candidates. The purpose of this problem is to explore other methods of producing angle-modulated waves.

(a) Do this exploration by considering derivatives and integrals of the message signal $m(t)$ as possible functions response for the modulation process.

(b) Would there be any practical benefits in these new methods of angle modulation? Elaborate on your answer.

4.24 In this problem, we explore how the use of FM can overcome nonlinear distortion. Consider a memoryless channel characterized by the nonlinear input–output relationship:

$$v_o(t) = a_1 v_i(t) + a_2 v_i^2(t) + a_3 v_i^3(t)$$

where $v_i(t)$ is the input and $v_o(t)$ is the output; a_1, a_2, and a_3 are fixed coefficients. The input is defined by the frequency-modulated signal

$$v_i(t) = A_c \cos\left(2\pi f_c t + 2\pi k_f \int_0^t m(\tau)\, d\tau\right)$$

The message bandwidth is denoted by W, and the frequency deviation of the FM signal is Δf.

(a) Evaluate the output $v_o(t)$.

(b) Using the generalized Carson rule, show that if the carrier frequency satisfies the condition

$$f_c > 3\,\Delta f + 2W$$

then the effect of nonlinear distortion can be removed by band-pass filtering.

(c) Specify the mid-band frequency and bandwidth of the filter in part (b).

4.25 Consider a *second-order phase-locked loop* using a loop filter with the transfer function

$$H(f) = 1 + \frac{a}{jf}$$

where a is a filter parameter.

(a) Using this loop filter in the following formula (see part *a* of Drill Problem 4.7)

$$\Phi_e(f) = \frac{1}{1 + L(f)}\Phi_1(f)$$

show that the resulting Fourier transform of phase error $\Phi_e(t)$ is expressed as

$$\Phi_e(f) = \left(\frac{(jf/f_n)^2}{1 + 2\zeta(jf/f_n) + (jf/f_n)^2}\right)\Phi_1(f)$$

where f_n is the *natural frequency* of the loop, and

$$\zeta = \sqrt{K_0/4a}$$

is its *damping factor*.

(b) Hence, justify the statement that by appropriately choosing the parameters f_n and ζ, it is possible for this phase-locked loop to overcome the limitations of the first-order version of the loop.

5장

펄스 변조: 아날로그에서 디지털 통신으로의 변환

연속파 변조에서 사인 반송파의 몇몇 변수들은 메시지 신호에 따라 연속적으로 변화된다는 것에 대하여 3, 4장에서 공부하였다. 이 장에서는 연속파 변조와 대조되는 개념의 변조 방법인 펄스 변조에 대하여 알아볼 것이다. **펄스 변조**(pulse modulation)에서 **펄스열**(pulse train)의 변수들은 메시지 신호에 따라 변화한다. 펄스 변조는 변조 방법에 따라 **아날로그 펄스 변조**와 **디지털 펄스 변조**로 나눌 수 있다. 아날로그 펄스 변조에서 반송파로 사용되는 주기 펄스열은 각 펄스의 고유한 특징들(증폭, 주기, 또는 위치 등)이 메시지 신호의 **샘플** 값에 따라 연속적으로 변화한다. 그러므로 아날로그 펄스 변조에서 정보는 기본적으로 아날로그 형태로 전송되지만 전송은 이산 시간 영역에서 이루어진다. 반대로 디지털 펄스 변조에서 메시지 신호는 **시간과 크기 둘 다 이산 형태**로 표현되기 때문에 **코딩된 펄스열**과 같은 디지털 형태로 전송이 가능해진다. 즉 디지털 펄스 변조는 연속 파형에는 사용할 수가 없다.

정보를 포함하는 아날로그 신호를 전송하기 위해 코딩된 펄스를 사용하는 것은 디지털 통신 응용에서 기본적인 과정이다. 그러므로 이 장에서는 아날로그 신호에서부터 디지털 통신에 이르기까지 관련된 통신 시스템의 이론들의 변화에 대해서 다룰 것이다.

이 장에서는 모든 펄스 변조 시스템의 기본이 되는 샘플링 과정에 대해 알아볼 것이다. 먼저 아날로그 펄스 변조의 가장 간단한 형태인 펄스 진폭 변조에 관하여 공부하고, 그 다음으로 양자화에 관하여 공부할 것이다. 아날로그 펄스 변조와 디지털 펄스 변조는 양자화를 사용해서 구별한다. 특히 가장 널리 사용되는 3가지 방식(펄스 코드 변조, 델타 변조, 그리고 차동 펄스 코드 변조)의 디지털 펄스 변조에 대해 공부해 볼 것이다.

이 장에서 다루는 펄스 변조에 관한 내용들은 아래 두 가지에 관하여 말하고자 한다.

▶ **레슨 1: 완전한 제한대역의 메시지 신호가 주어졌을 때, 샘플링 이론은 메시지 신호가 담고 있는 정보를 보존하기 위한 신호의 조건을 제공한다.**

► **레슨 2: 아날로그 펄스 변조 시스템은 메시지 신호의 연속적인 크기를 지속적으로 나타내기 위해 샘플링 과정을 필요로 한다. 이와 반대로 디지털 펄스 변조 시스템은 샘플링 과정뿐만 아니라 비가역적인 양자화 과정도 필요로 한다. 양자화는 메시지 신호의 이산 시간 및 이산 값을 나타낸다. 위와 같은 방법을 사용함으로써 디지털 펄스 변조는 디지털 신호 처리 기술이 가지고 있는 모든 성능을 활용할 수 있도록 한다.**

5.1 샘플링 처리

지금까지 이 교재에서 소개한 신호 및 시스템 자료들은 연속 시간 및 주파수 영역에서 다루어졌다. 또한 2장에서는 여러 부분에서 주기 신호 표현을 다루었다. 특히 주기가 T_0인 주기 신호의 푸리에 변환은 기본 주파수($f_0 = 1/T_0$)의 정수 배에서 나타나는 무한 열의 델타 함수를 구성한다. 그러므로 우리는 **시간 영역에서 주기 신호를 만드는 것은 주파수 영역 신호의 스펙트럼을 샘플링하는 것과 같은 효과를 가진다**고 할 수 있을 것이다. 우리는 여기서 더 나아가 푸리에 변환의 쌍대적 특성으로부터 **시간 영역의 신호를 샘플링하는 것은 주파수 영역에서 주기 신호의 스펙트럼을 만드는 것과 같은 효과를 가진다**고 할 수 있다. 후자는 이 절에서 다룰 주제이다.

샘플링 과정(sampling process)은 보통 시간 영역에서 표현된다(절대적이지는 않음). 그러므로 샘플링 과정은 디지털 신호 처리와 디지털 통신을 위한 기본 과정이다. 샘플링 과정을 이용해서 아날로그 신호에 상응하는 시간 영역을 균일한 간격을 가지는 샘플들의 열로 변환할 수 있다. 샘플링 과정이 실질적인 효용을 가지기 위해서는 샘플링 율(rate)을 적절하게 선택하여 샘플링된 열들로부터 원래의 아날로그 신호를 다시 복구할 수 있어야 한다. 이것이 샘플링 이론의 핵심이라고 할 수 있다.

순시 샘플링과 주파수 영역의 중요성

유한한 에너지의 모든 시간 t에서 정의되는 임의의 신호 $g(t)$를 가정하자. 그림 5.1(a)는 신호 $g(t)$의 일부분이다. 우리가 신호 $g(t)$를 일정한 비율로 T_s초마다 한 번씩 샘플링한다고 가정하자. 그 결과 무한한 열의 T_s초 간격의 샘플들과 $\{g(nT_s)\}$로 나타낼 수 있다(여기서 n은 모든 정수 값). 여기서 우리는 T_s를 **샘플링 주기**(sampling period) 또는 **샘플링 간격**(sampling interval)이라 부르고, **샘플링 비율**(sampling rate)과 역수 관계($f_s = 1/T_s$)를 가진다고 할 수 있다. 이상적인 형태의 샘플링을 **순시 샘플링**(instantaneous sampling)이라고 부른다.

$g_\delta(t)$를 다음과 같이 주기적 신호를 개별적으로 샘플링하여 구해진 디랙 델타 함수로 구성된 T_s 간격의 샘플링 시퀀스 $\{g(nT_s)\}$라고 하면

$$g_\delta(t) = \sum_{n=-\infty}^{\infty} g(nT_s)\delta(t - nT_s) \tag{5.1}$$

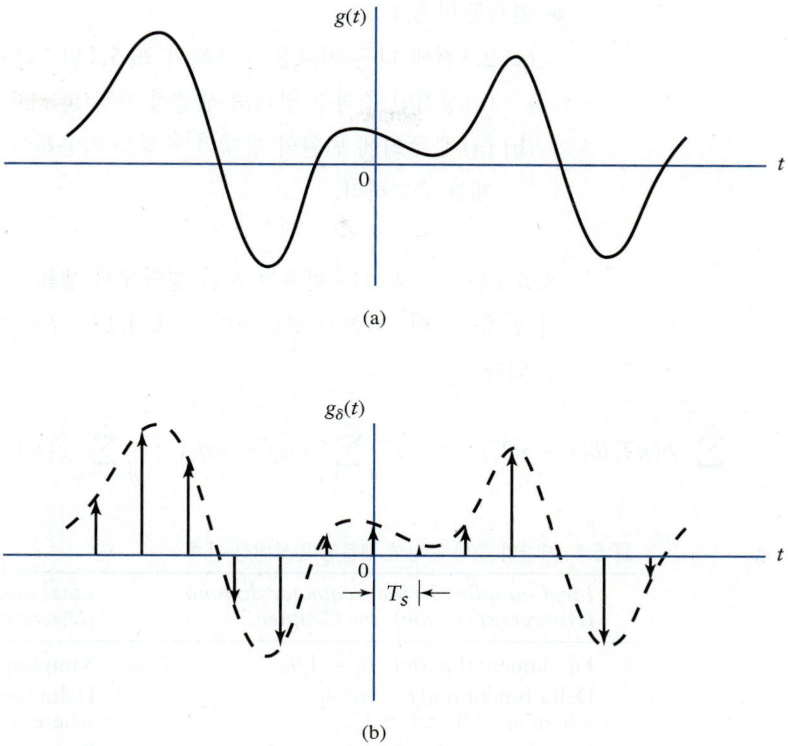

그림 5.1 샘플링 과정의 설명. (a) 아날로그 파형 $g(t)$. (b) $g(t)$의 순시 샘플링 표현.

$g_\delta(t)$를 **순시 샘플링(이상 샘플링) 신호**라고 하자. $\delta(t-nT_s)$는 시간 $t=nT_s$에서 델타 함수를 나타낸다. 2.4절의 델타 함수 정의로부터, 이상적인 함수는 단위 구역을 가진다는 것을 상기하라. 그러므로 우리는 델타 함수 $\delta(t-nT_s)$를 하나의 '집합'으로 지정하고 $g(nT_s)$를 곱해 준 것이 식 (5.1)과 같음을 알 수 있다. 따라서 델타 함수는 사각 펄스의 간격 Δt와 크기 $g(nT_s)/\Delta t$에 따라 근사값에 더욱 가까워진다(Δt가 작을수록, 근사값에 더욱 가까워진다).

순시적으로 샘플링된 신호 $g_\delta(t)$는 주기 신호의 푸리에 변환 형태와 수학적 형태가 비슷한 값을 가진다. 이 값은 식 (5.1)과 식 (2.88)의 우변으로부터 주어진 주기 신호의 푸리에 변환 값 $g_\delta(t)$를 비교함으로써 쉽게 확인할 수 있다. 이러한 동일성은 샘플링된 신호 $g_\delta(t)$의 푸리에 변환 형태를 푸리에 변환의 쌍대적 특성을 이용함으로써 확인할 수 있다. 자세한 내용은 식 (2.24)에 구체적으로 나타내었다. 그뿐만 아니라 이러한 특성을 식 (2.88)과 관련 식 (2.87)을 푸리에 변환에 적용함으로써 표 5.1을 만들 수 있다. 표 5.1은 시간 영역에서의 샘플링과 그에 상응하는 주파수 영역의 샘플링 사이의 쌍대성 관계를 나타낸다.

▶ **연습문제 5.1**

(a) 2.5절에 나온 자료를 이용해서 표 5.1의 좌측 항목들의 수학적인 관계를 증명하라 (이상적인 주파수 영역의 샘플링 가정).

(b) (a)에 푸리에 변환의 쌍대적 특성을 적용하여 표 5.1의 우측 항목들의 수학적인 관계를 증명하라. ◀

표 5.1을 공식화하는 이유는 시간 영역에서 샘플링 이론의 수학적인 기본 원리를 나타내기 위해서이다. 최종적으로 우리는 표 5.1의 우측 항목들의 관계를 아래와 같이 정리할 수 있다.

$$\sum_{n=-\infty}^{\infty} g(nT_s)\delta(t - nT_s) \rightleftharpoons f_s \sum_{m=-\infty}^{\infty} G(f - mf_s) = \sum_{n=-\infty}^{\infty} g(nT_s)\exp(-j2\pi nT_s f) = G_\delta(f) \qquad (5.2)$$

표 5.1 시간과 주파수 영역 샘플링의 쌍대성 관계

Ideal sampling in the frequency domain (Discrete spectrum); see Chapter 2	*Ideal sampling in the time domain (Discrete-time function); see this chapter*
Fundamental period $T_0 = 1/f_0$	Sampling rate $f_s = 1/T_s$
Delta function $\delta(f - mf_0)$, where $m = 0, \pm 1, \pm 2, \ldots$	Delta function $\delta(t - nT_s)$ where $n = 0, \pm 1, \pm 2, \ldots$
Periodicity in the time-domain	Periodicity in the frequency domain
Time-limited function	Band-limited spectrum
$T_0 \sum_{m=-\infty}^{\infty} g(t - mT_0) = \sum_{n=-\infty}^{\infty} G(nf_0)e^{j2\pi nf_0 t}$	$\sum_{n=-\infty}^{\infty} g(nT_s)\delta(t - nT_s)$
$\Updownarrow$	$\Updownarrow$
$\sum_{n=-\infty}^{\infty} G(nf_0)\delta(f - nf_0)$	$\sum_{n=-\infty}^{\infty} g(nT_s)e^{-j2\pi nT_s f} = f_s \sum_{m=-\infty}^{\infty} G(f - mf_s)$

여기서 $G(f)$는 신호 $g(t)$의 푸리에 변환 형태이고, $f_s = 1/T_s$는 샘플링 속도이다. 즉 식 (5.2)는 **유한한 연속 시간 신호를 균일하게 샘플링하면 주기 스펙트럼을 얻으며 여기서 반복 주기는 샘플링 속도와 같다**는 것을 의미한다.

샘플링 이론

식 (5.2)의 관계를 임의의 유한한 에너지를 가진 연속 신호 $g(t)$에 적용하여 보자. 그러나 신호 $g(t)$는 **완전하게 제한대역**(strictly band-limited)이라고 가정하자(W헤르츠보다 큰 주파수는 없다고 가정). 그림 5.2(a)에 나타낸 것과 같이 신호 $g(t)$의 푸리에 변환 값 $G(f)$는 $|f| \geq W$일 경우 $G(f)=0$이다. 그림 5.2에서 보여 주는 스펙트럼들은 단순히 설명을 위한 것일 뿐이다. 또한 샘플링 간격을 $T_s = 1/2W$로 하고 최대 샘플링 간격이라고 가정하자. 그림 5.2(b)의 스펙트럼 $G_\delta(f)$는 샘플링된 신호 $g_\delta(t)$를 나타내고 있다. $T_s = 1/2W$를

식 (5.2)에 대입하고 $G_\delta(f)$를 이용하여 $g_\delta(t)$의 푸리에 변환 값을 나타내면 다음과 같다.

$$G_\delta(f) = \sum_{n=-\infty}^{\infty} g\left(\frac{n}{2W}\right) \exp\left(-\frac{j\pi nf}{W}\right) \tag{5.3}$$

식 (5.3)은 연속 시간 신호 $g(t)$를 특정한 샘플링 비율 $(1/T_s)=f_s=2W$에서 균일한 샘플링을 하여 얻어진 $\{g(n/2W)\}_{n=-\infty}^{\infty}$의 푸리에 변환 형태 $G_\delta(f)$를 정의하였다. $T_s=1/2W$의 샘플링 간격을 이용하여 구해진 공식 식 (5.3)은 $\{g(nT_s)\}_{n=-\infty}^{\infty}$ 열의 **이산 시간 푸리에 변환**(discrete-time Fourier transform)[1]이라고 부른다.

▶ **연습문제 5.2** 샘플링 간격이 T_s일 때 식 (5.3)에 주어진 이산 시간 푸리에 변환 $G_\delta(f)$ 공식으로 푸리에 변환 $G(f)$를 유도하라. ◀

식 (5.2)에서 $m=0$이라는 조건을 제외한다면 식 (5.2)는 다음과 같이 나타낼 수 있다.

$$G_\delta(f) = f_s G(f) + f_s \sum_{\substack{m=-\infty \\ m\neq 0}}^{\infty} G(f - mf_s)$$

위 식에서 제한대역 신호가 아래 두 조건을 만족시킬 때 위 식의 가중 합은 0에 가까워진다.

1. $G(f)=0$ for $|f| \geq W$
2. $f_s=2W$

그리고 $G(f)$에 관한 식을 정리하면 다음 식을 얻는다.

$$G(f) = \frac{1}{2W} G_\delta(f), \qquad -W < f < W \tag{5.4}$$

[1] 푸리에 변환 식 (5.3)에서 시간 t는 암묵적으로 이산 시간이다. 더 나아가서 주파수 f를 $f=k\times 2W$로 놓고 이산화하면 이산 푸리에 변환 값을 얻을 수 있다. 그 값은 시간과 주파수 영역에서 주기적이다.

$$G_k = \sum_{n=0}^{N-1} g_n \exp(-j2\pi nk), \qquad k = 0, 1, \ldots, N-1$$

여기서

$$g_n = g\left(\frac{n}{2W}\right) = g(nT_s)$$

그리고

$$G_k = G_\delta(2kW) = G_\delta\left(\frac{k}{T_s}\right)$$

변수 N은 시간과 주파수 영역에서의 각각의 샘플링 수이다. 이산 푸리에 변환은 2장에서 소개하였다.

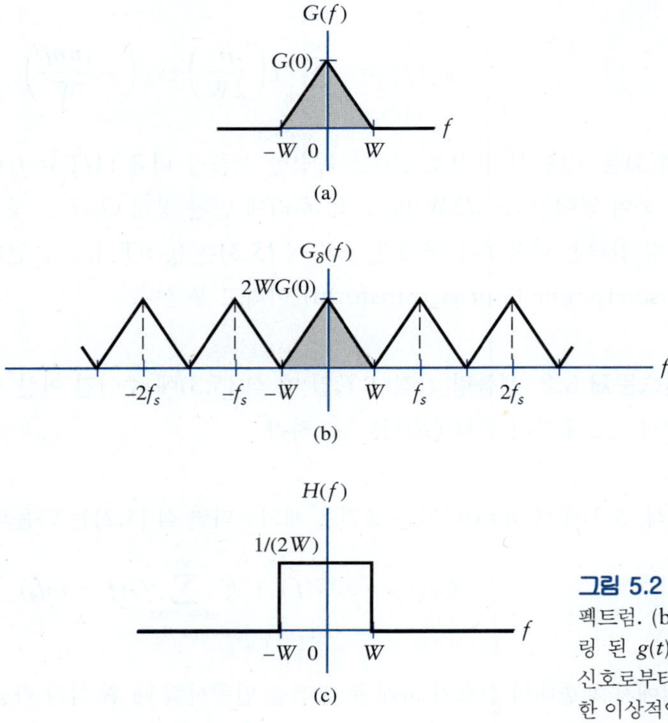

그림 5.2 (a) 엄격히 대역제한된 신호 $g(t)$의 스펙트럼. (b) 샘플링 주기 $T_s = 1/2W$의 순시 샘플링 된 $g(t)$ 신호의 스펙트럼. (c) 주기 샘플링 된 신호로부터 원래 신호의 스펙트럼을 복원하기 위한 이상적인 저역통과 필터의 스펙트럼.

식 (5.3)과 식 (5.4)에서 $G_\delta(f)$를 제거하면 다음 식을 얻을 수 있다.

$$G(f) = \frac{1}{2W}\sum_{n=-\infty}^{\infty} g\left(\frac{n}{2W}\right)\exp\left(-\frac{j\pi nf}{W}\right), \qquad -W < f < W \tag{5.5}$$

만약 신호 $g(t)$의 샘플 값 $g(n/2W)$가 모든 시간 영역에서 정의될 때, 신호 $g(t)$의 푸리에 변환 값 $G(f)$는 식 (5.3)의 이산 시간 푸리에 변환 값에 의해 계수 $1/2W$를 제외하고는 제한대역 $-W \le f \le W$의 스펙트럼 $G_\delta(f)$에 대하여 고유한 값을 가진다. $g(t)$는 $G(f)$와 역변환 관계를 가지기 때문에 신호 $g(t)$는 $-\infty < n < \infty$구간에서의 샘플 값 $g(n/2W)$에 의해 자신의 고유한 값을 가진다. 즉 시퀀스 $\{g(n/2W)\}$는 $g(t)$가 가지는 모든 정보를 포함하고 있다.

다음으로 시퀀스의 샘플 값 $\{g(n/2W)\}$로부터 신호 $g(t)$를 재구성할 경우의 문제점들에 대해서 알아보자. 식 (5.5)를 $g(t)$로 정의되는 역 푸리에 변환으로 $G(f)$를 변환하면, 다음과 같은 식을 얻을 수 있다.

$$g(t) = \int_{-\infty}^{\infty} G(f)\exp(j2\pi ft)\, df$$

$$= \int_{-W}^{W} \frac{1}{2W} \sum_{n=-\infty}^{\infty} g\left(\frac{n}{2W}\right) \exp\left(-\frac{j\pi nf}{W}\right) \exp(j2\pi ft)\, df$$

여기서는 합과 적분이 모두 선형 연산이므로 교환 법칙이 성립한다. 우리는 원하는 신호 $g(t)$를 다음과 같은 형태로 나타낼 수 있다.

$$g(t) = \sum_{n=-\infty}^{\infty} g\left(\frac{n}{2W}\right) \frac{1}{2W} \int_{-W}^{W} \exp\left[j2\pi f\left(t - \frac{n}{2W}\right)\right] df \tag{5.6}$$

▶ **연습문제 5.3** 다음 식을 증명하라.

$$\frac{1}{2W} \int_{-W}^{W} \exp\left[j2\pi f\left(t - \frac{n}{2W}\right)\right] df = \frac{\sin(2\pi Wt - n\pi)}{(2\pi Wt - n\pi)} = \text{sinc}(2Wt - n)$$ ◀

문제 5.3은 식 (5.6)의 공식을 이용해서 다음과 같이 간단히 쓸 수 있다.

$$g(t) = \sum_{n=-\infty}^{\infty} g\left(\frac{n}{2W}\right) \text{sinc}(2Wt - n), \qquad -\infty < t < \infty \tag{5.7}$$

식 (5.7)은 원래의 신호 $g(t)$를 샘플 값 $\{g(n/2W)\}$의 시퀀스로부터 재조합하기 위해 sinc 함수 $\text{sinc}(2Wt)$가 **대입 함수**(interpolation function)로 사용되는 공식이다. 각각의 샘플링된 샘플 값들에는 지연 함수가 곱해 진다. 그리고 $g(t)$를 구하기 위해서는 $n=-\infty$에서부터 $n=\infty$까지의 결과 값을 모두 더해야 한다.

▶ **연습문제 5.4** 이 문제는 비 물리적인 실현 방법일지라도, 식 (5.7)을 만족시키는 선형 필터를 알아보기 위함이다. 식 (5.7)은 신호 $g(t)$가 제한대역 범위($-W \le f \le W$) 내의 신호라고 전제한다. 이 점을 명심하고 그림 5.2(c)에 나타난 그림처럼 주파수 응답 $H(f)$를 가지는 이상적인 저역통과 필터를 고려해 보자. 이 필터의 임펄스 응답은 다음과 같이 정의된다[식 (2.25) 참조].

$$h(t) = \text{sinc}(2Wt), \qquad -\infty < t < \infty$$

식 5.1에서 정의한 순시적으로 샘플링된 신호 $g_\delta(t)$에 이상적인 저역통과 필터를 적용하였다고 가정하자. 이런 전제 조건을 바탕으로 식 (5.7)의 대입 공식에 의해 정의된 필터의 출력 결과를 찾기 위해서 컨벌루션 적분을 사용하여 나타낸다. ◀

문제 5.4에서, 우리는 신호 $g(t)$와 동일한 제한대역과 주파수 응답을 가지는 식 (5.7)에 따라 이상적인 저 대역으로 구성된 순시 샘플링 신호 $g_\delta(t)$로부터 원래의 복구하는 것을 목적으로 하는 필터를 일반적으로 **합성 필터**(synthesis filter) 또는 **재조합 필터**

(reconstruction filter)라고 부른다. 이런 재조합 필터는 비인과적이므로 물리적으로는 실현이 불가능하다. 이 절 이후에는 재조합 필터의 물리적인 실현 가능성을 확인할 것이다.

식 (5.5)의 이산 시간 푸리에 변환은 균일한 크기로 샘플링된 값 $g(n/2W)$는 구간 $(-\infty < n < \infty)$의 메시지 스펙트럼을 나타낸다. 식 (5.7)의 대입 공식은 동일한 샘플 값을 가지는 것을 조건으로 하는 메시지 신호 $g(t)$를 나타낸다. 이 두 공식을 근거로 하여, 동등한 두 부분에서 유한한 에너지의 완전하게 제한대역인 신호에 대하여 **샘플링 이론**(sampling theorem)을 말할 수 있다.

1. **분석**. W Hz보다는 작은 주파수 성분만을 가지는 유한한 에너지의 제한대역 신호를 초당 $1/2W$ 시간 간격에서 신호의 순시적인 값을 정의함으로써 나타낼 수 있다.
2. **합성**. W Hz보다는 작은 주파수 성분만을 가지는 유한한 에너지의 제한대역 신호를 초당 $2W$ 비율로 샘플링되었다는 사실을 바탕으로 완벽하게 원래의 신호를 복원할 수 있다.

W헤르츠의 대역 신호를 초당 $2W$로 샘플링하는 샘플링 율을 **나이퀴스트 율**(Nyquist rate)이라고 부른다. 또한 $1/2W$를 **나이퀴스트 간격**(Nyquist interval)이라고 부른다. 샘플링 이론의 분석 부분은 트랜스미터에 적용된다. 이와 반대로 이론의 합성 부분은 리시버에 적용된다. 나이퀴스트 율은 최소한의 허용 가능 샘플링 비율이다.

▶ 연습문제 5.5 다음 신호의 나이퀴스트 율과 나이퀴스트 간격을 찾으라.

(a) $g(t) = \text{sinc}(200t)$

(b) $g(t) = \text{sinc}^2(200t)$

(c) $g(t) = \text{sinc}(200t) + \text{sinc}^2(200t)$ ◀

▶ 연습문제 5.6 균일하게 샘플링된 정현파

$$g(t) = \cos(\pi t)$$

에서 다음 샘플링 간격의 샘플링된 파형의 푸리에 변환 값을 찾으라.

(a) $T_s = 0.25$ s

(b) $T_s = 1$ s

(c) $T_s = 1.5$ s ◀

▶ 연습문제 5.7 다음과 같이 정의되는 연속 시간 신호에서 무한 시퀀스 $\{g(nT_s)\}_{n=-\infty}^{\infty}$를 만들기 위해 균일하게 샘플링된 신호 $g(t)$가 있다.

$$g(t) = \frac{\sin(\pi t)}{\pi t}$$

시퀀스 $\{g(nT_s)\}$로부터 완전하게 신호를 재구성하기 위한 샘플링 간격 T_s를 찾으라. ◀

에일리어싱 현상

앞에서 설명한 샘플링 이론은 신호 $g(t)$는 완전하게 제한된 신호라는 가정을 전제로 유도되었다. 그러나 실질적으로는 물리적인 정보를 포함하는 어떤 신호도 언제나 어느 정도의 언더샘플링에 직면하기 때문에 대역을 제한할 수 없다. 결과적으로 **에일리어싱 현상**(aliasing)은 샘플링 과정에서 반드시 발생한다. 그림 5.3에 묘사된 바와 같이 에일리어싱 현상은 스펙트럼에서 샘플링된 신호의 고주파 성분이 마치 저주파 영역 스펙트럼처럼 보이는 현상이다. 그림 5.3(b)에 나타난 연속된 곡선은 그림 5.3(a)에 나와 있는 '언더샘플링된' 메시지 신호 스펙트럼의 에일리어싱 스펙트럼을 나타낸다.

실질적으로 에일리어싱의 영향을 줄이기 위해 우리는 두 가지의 **수정 방법**을 사용한다.

1. 샘플링 전, 신호에 의해 전달되는 정보 중에서 필수적이지 않은 고주파 성분을 저역 통과 **안티 에일리어싱 필터**(anti-alias filter)를 사용해서 감소시킨다.
2. 필터링된 신호는 나이퀴스트 율보다 조금 더 높은 비율로 샘플링한다.

나이퀴스트 율보다 높은 샘플링 율로 샘플링하는 것은 샘플링된 신호로부터 원래의 신호를 복원하기 위한 **합성 필터**를 쉽게 설계할 수 있도록 한다. 그림 5.4(a)의 스펙트럼과 같이 안티 에일리어싱 필터를 통과한 메시지 신호를 고려하여 보자. 나이퀴스트 율보다 높은 샘플링 율을 가지는 순시 샘플링 신호의 스펙트럼이 그림 5.4(b)에 나타나 있다. 그림 5.4(b)에서 묘사하는 바와 같이, 아래 과정에 따라 균일하게 샘플링된 신호로부터

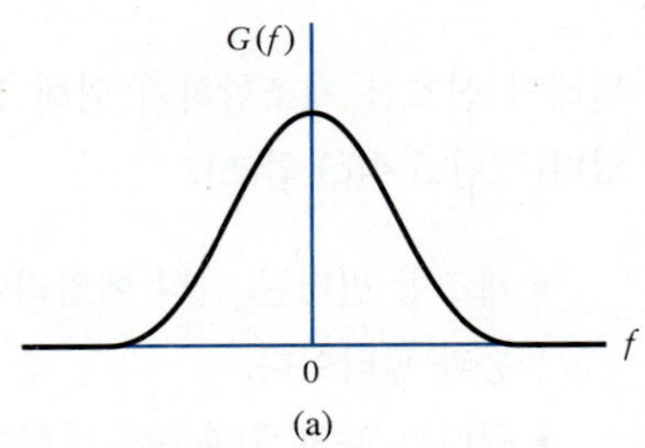

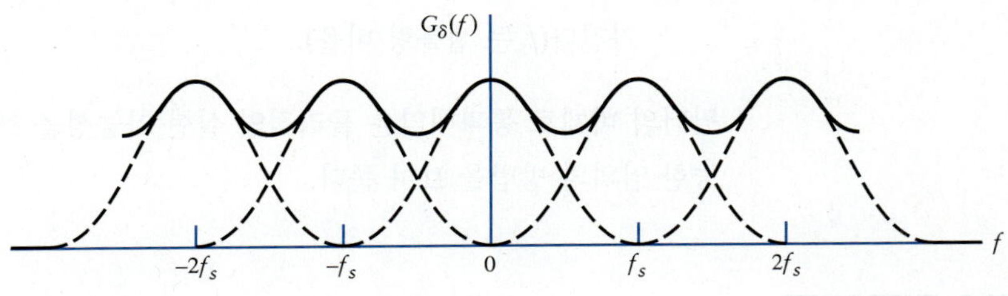

그림 5.3 (a) 신호의 스펙트럼. (b) 낮은 율로 샘플링된 신호의 스펙트럼. 에일리어싱 현상이 나타나 있다.

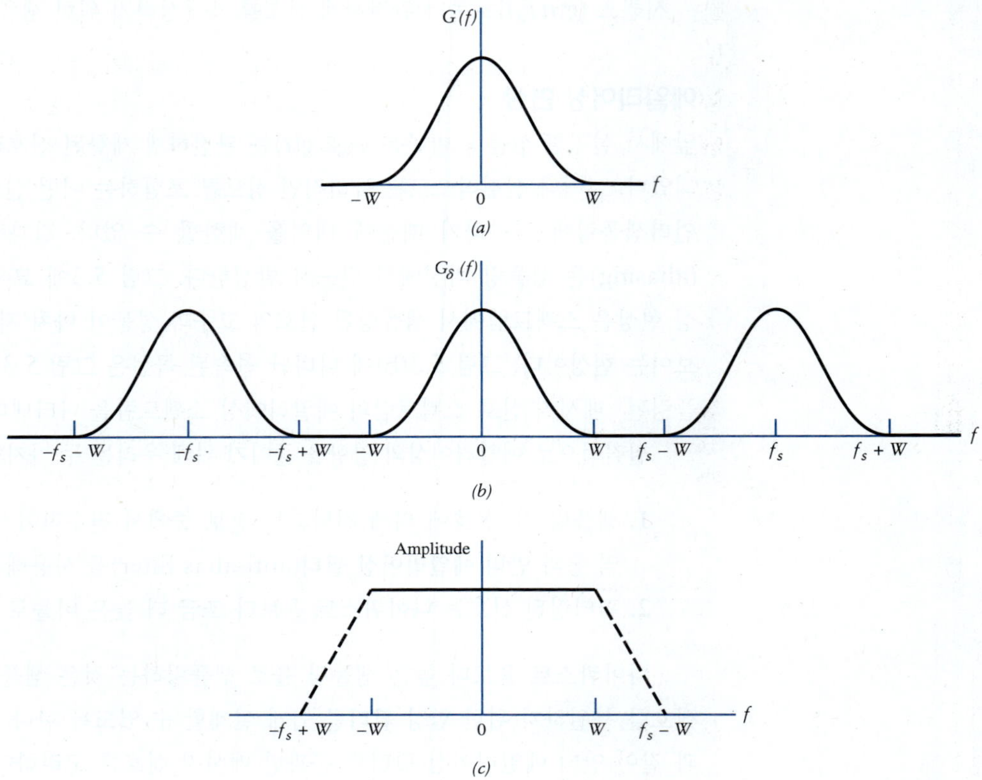

그림 5.4 (a) 정보 함축 신호의 안티 에일리어싱 필터로 필터링된 스펙트럼. (b) 높은 율로 샘플링된 신호의 스펙트럼. (c) 재조합 필터의 이상적인 진폭 특성.

원래의 신호를 재조합하기 위해 **물리적으로 실현 가능한 재조합 필터**를 쉽게 설계할 수 있다[그림 5.4(c) 참조].

- 재조합 필터는 안티 에일리어싱 필터에 의해 결정되는 $-W$부터 W에 이르는 저역 통과 필터이다.
- 필터는 양의 주파수에 대하여 W부터 $f_s - W$까지 이르는 범위의 비제로 통과대역을 가진다(f_s는 샘플링 비율).

필터의 비제로 통과대역은 물리적인 실현 가능성을 보장한다. 그것은 실질적으로 실현 가능한 임의의 방법을 보여 준다.

5.2 펄스 진폭 변조

지금까지 우리는 샘플링 과정에 대해서 알아보았다. 그것으로부터 가장 단순하고 기본적인 아날로그 펄스 변조 방법인 펄스 진폭 변조를 정의할 수 있다. **펄스 진폭 변조(PAM)에서 일반적인 시간을 가지는 펄스의 진폭은 연속적인 메시지 신호의 샘플링 값에 따라 달라진다.** 펄스의 형태는 사각파 또는 다른 적절한 형태일 것이다. 여기서 정의된 펄스 진폭 변조는 **자연적인 샘플링**(natural sampling)과 다소 유사하다. 여기서 메시지 신호는 사각 펄스의 주기적인 행렬에 곱해진다. 그러나 펄스 진폭 변조 방식은 첨두 부분이 수평을 유지하는 데 반해서 자연 샘플링에서는 변조된 사각 펄스의 첨두 부분이 메시지 신호에 따라 변화된다.(자연적인 샘플링에 대해서는 문제 5.26을 참조하라.)

펄스 진폭 변조 신호의 파형은 그림 5.5에 나타나 있다. 이 그림에서 진행 곡선은 메시지 신호 $m(t)$를 나타내고, 펄스 진폭 변조 신호 $s(t)$에 상응하는 진폭 변조 된 사각 펄스의 시퀀스는 연속적인 곡선을 보인다. 펄스 진폭 변조 신호의 생성은 다음의 두 가지 절차를 따른다.

1. T_s초마다 메시지 신호 $m(t)$를 **순시적으로 샘플링**한다. 여기서 샘플링 율은 샘플링 이론에 따라 선택된 $f_s = 1/T_s$이다.
2. 각 샘플의 구간을 **늘림**으로써, 유한한 T 값을 점유한다.

디지털 회로 기술에서는 이러한 두 가지 과정을 합쳐서 '샘플과 유지'라고 부른다. 각 샘플링 간격을 의도적으로 늘리는 이유 중 중요한 한 가지는 지나친 채널 진폭 사용을 피하기 위해서이다. 그러므로 대역폭은 펄스 간격에 반비례한다. 그러나 아래 분석에서 나타나듯이 우리는 샘플 간격 T를 얼마나 크게 만들지에 관심을 두는 것에 익숙해져야 할 것이다.

샘플과 유지 필터: 분석

그림 5.5에 나타난 바와 같이 평탄 펄스의 시퀀스를 $s(t)$라고 하자. 그러면 펄스 진폭 변조 신호를 다음과 같이 나타낼 수 있다.

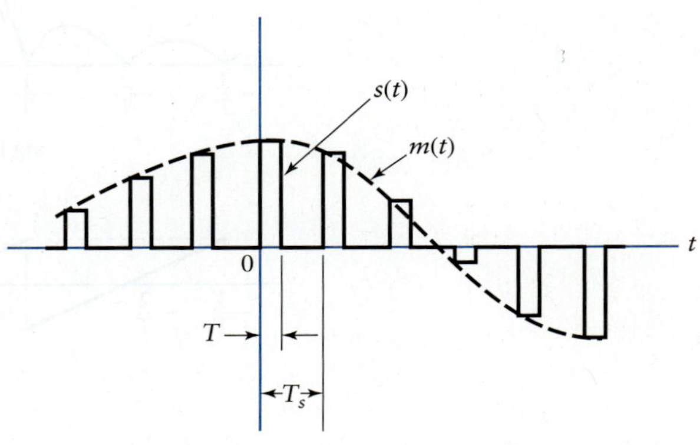

그림 5.5 메시지 신호의 평탄 펄스 샘플링.

$$s(t) = \sum_{n=-\infty}^{\infty} m(nT_s)h(t - nT_s) \tag{5.8}$$

여기서 T_s는 샘플링 간격, $m(nT_s)$는 시간 $t=nT_s$에서 $m(t)$의 샘플값 이다. $h(t)$는 아래 식 (5.9)에서 정의되는 것과 같이 단위 크기의 기준 사각 펄스 및 간격 T이다[그림 5.6(a) 참조].

$$h(t) = \text{rect}\left(\frac{t - \frac{T}{2}}{T}\right) = \begin{cases} 1, & 0 < t < T \\ \frac{1}{2}, & t = 0, t = T \\ 0, & \text{otherwise} \end{cases} \tag{5.9}$$

정의에 의해 순시 샘플링 $m(t)$는 다음과 같이 주어진다[식 (5.1) 참조].

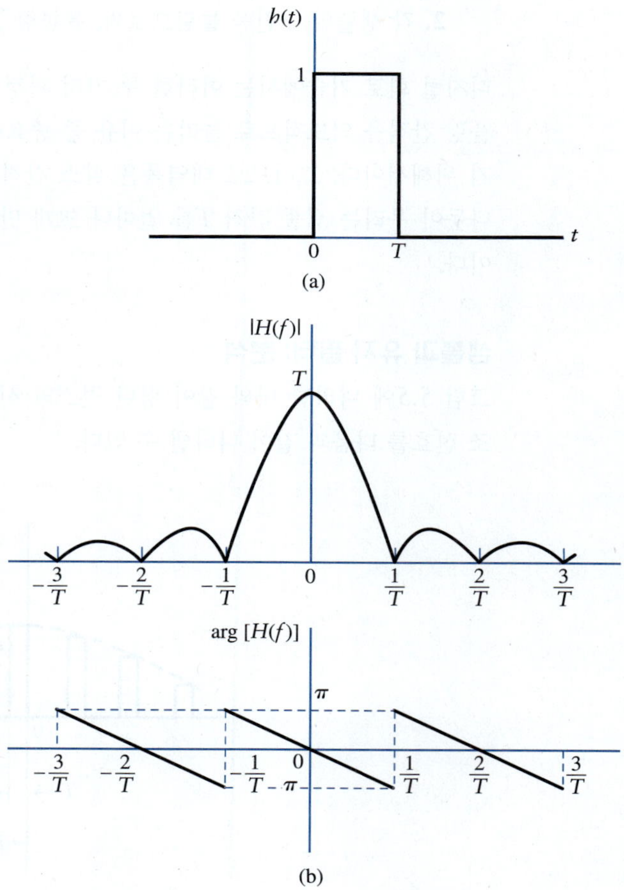

그림 5.6 (a) 사각 펄스 $h(t)$. (b) 스펙트럼 $H(f)$. 진폭과 위상을 각각 보여 준다.

$$m_\delta(t) = \sum_{n=-\infty}^{\infty} m(nT_s)\delta(t - nT_s) \tag{5.10}$$

여기서 $\delta(t-nT_s)$는 시간 천이 델타 함수이다. $m_\delta(t)$를 펄스 진폭 변조 신호 $s(t)$와 같은 형태로 변형하기 위해 펄스 $h(t)$로 $m_\delta(t)$를 컨벌루션 한다. 그리고 다음과 같이 정리할 수 있다.

$$\begin{aligned} m_\delta(t) \star h(t) &= \int_{-\infty}^{\infty} m_\delta(\tau)h(t-\tau)\,d\tau \\ &= \int_{-\infty}^{\infty} \sum_{n=-\infty}^{\infty} m(nT_s)\delta(\tau - nT_s)h(t-\tau)\,d\tau \\ &= \sum_{n=-\infty}^{\infty} m(nT_s) \int_{-\infty}^{\infty} \delta(\tau - nT_s)h(t-\tau)\,d\tau \end{aligned} \tag{5.11}$$

여기서 우리는 마지막 줄의 시그마와 적분 자리를 서로 교환한다. 그리고 델타 함수의 천이 특성을 이용한다.

$$\int_{-\infty}^{\infty} \delta(\tau - nT_s)h(t-\tau)\,d\tau = h(t - nT_s)$$

식 (5.11)을 다음과 같이 정리할 수 있다.

$$m_\delta(t) \star h(t) = \sum_{n=-\infty}^{\infty} m(nT_s)h(t - nT_s) \tag{5.12}$$

식 (5.8)과 (5.12)의 가중 합은 동일하다. 그러므로 식 (5.13)에서 보여 주는 것과 같이 신호 **$s(t)$는 $m_\delta(t)$의 컨벌루션, 순시 샘플링 $m(t)$, 그리고 펄스 $h(t)$와 수학적으로 등가이다.**

$$s(t) = m_\delta(t) \star h(t) \tag{5.13}$$

식 (5.13)의 양변에 푸리에 변환를 취한 두 시간 함수들의 컨벌루션은 각각의 푸리에 변환의 곱으로 변환되어 식 (5.14)를 얻을 수 있다.

$$S(f) = M_\delta(f)H(f) \tag{5.14}$$

여기서 $S(f)=\mathbf{F}[s(t)]$, $M_\delta(f)=\mathbf{F}[m_\delta(t)]$, 그리고 $H(f)=\mathbf{F}[h(t)]$이다. 식 (5.2)로부터 원래의 메시지 스펙트럼 $m(t)$와 푸리에 변환 $M_\delta(f)$ 사이의 다음과 같은 관계를 얻을 수 있다.

$$M_\delta(f) = f_s \sum_{k=-\infty}^{\infty} M(f - kf_s) \tag{5.15}$$

여기서 $f_s=1/T_s$는 샘플링 비율이다. 그러므로 식 (5.15)를 식 (5.14)에 대입하면 다음과 같다.

$$S(f) = f_s \sum_{k=-\infty}^{\infty} M(f - kf_s)H(f) \tag{5.16}$$

▶ **연습문제 5.8** 다음과 같이 주어지는 사각 펄스 $h(t)$의 푸리에 변환 형태를 식 (5.9)로부터 시작해서 증명하라.

$$H(f) = T\,\text{sinc}(fT)\exp(-j\pi fT) \tag{5.17}$$

펄스 간격 T가 0에 가까워짐에 따라서 $H(f)/T$는 어떻게 변하는가? ◀

식 (5.16)에 주어진 펄스 진폭 변조 신호 $s(t)$의 푸리에 변환 $S(f)$를 가지고 어떻게 원래의 신호 $m(t)$를 복원할 수 있을까? 복원의 첫 번째 단계로 $s(t)$를 주파수 응답이 그림 5.2(c)에 정의된 저역통과 필터에 통과시킨다. 여기서 메시지 신호 $m(t)$의 대역은 W로 제한되어 있고, 샘플링 간격 f_s는 나이퀴스트 비율 $2W$보다 크다고 가정한다. 그러면 식 (5.16)으로부터 우리는 필터의 출력 결과가 $M(f)H(f)$와 같다는 것을 발견할 수 있다. 이 출력은 메시지 신호 $m(t)$를 또 다른 저역통과 필터의 전달 함수 $H(f)$를 통과한 것과 같다. 원래의 신호를 복원하기 위한 다음 단계에는 **등가화**(equalization)가 필요하다. 이것에 관한 내용은 다음 절에서 다루겠다.

개구 효과와 등가화

그림 5.6(b)는 주파수 f에 대비한 크기와 위상의 푸리에 변환 $H(f)$를 보여 준다. 이 그림으로부터 우리는 플랫-톱 샘플을 사용하여 펄스 진폭 변조 신호를 발생시키면 $T/2$만큼의 **지연**(delay)과 **진폭 왜곡**(amplitude distortion)이 발생한다. 이 효과는 텔레비전의 주사 개구부의 한정된 사이즈 때문에 발생하는 주파수 전송 왜곡과 아주 유사하다. 이러한 이유로 정보를 포함하고 있는 아날로그 신호를 전송하기 위한 펄스 진폭 변조를 사용함으로써 발생하는 왜곡을 **개구 효과**(aperture effect)라고 부른다.

이 왜곡은 그림 5.7에서 보여 주는 바와 같이 저역통과 재조합 필터의 연계로 **등화기**(equalizer)와 연결함으로써 교정될 수 있다. 등화기는 개구 효과를 보상하기 위한 방법으로 주파수를 증가시키는 것과 같이 재조합 필터의 대역 손실을 줄이는 효과를 가지고 있다. 이상적인 등가기의 진폭 응답은 다음과 같이 주어진다.

$$\frac{1}{|H(f)|} = \frac{1}{T\,\text{sinc}(fT)} = \frac{\pi f}{\sin(\pi fT)}$$

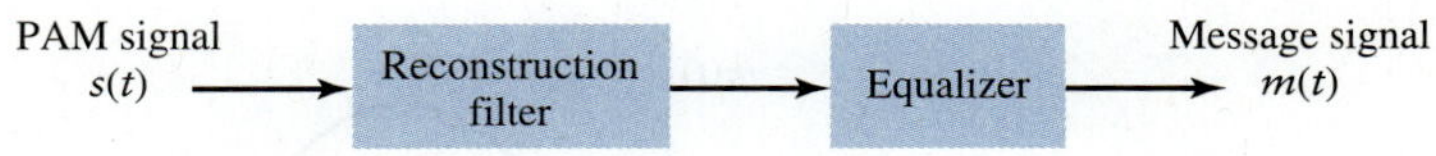

그림 5.7 PAM 신호 $s(t)$로부터 메시지 신호 $m(t)$를 복원하기.

실질적으로 필요로 하는 등가화의 양은 보통 작다. 사실 듀티 사이클(T/T_s) ≤ 0.1 동안 진폭 왜곡은 0.5% 이하이다. 그러한 경우 등가화의 대부분이 생략 가능하다.

펄스 진폭 변조 신호 전송은 상대적으로 짧은 펄스 전송 기간 때문에 채널의 위상과 진폭의 응답에 비중을 둔다. 그뿐만 아니라, 펄스 진폭 변조 시스템은 메시지 신호의 직접 전송보다 결코 자븜 성능에서 나을 수가 없다. 이에 따라서 우리는 장거리 펄스 진폭 변조 전송을 위해서 시간 분할 다중화 과정만이 사용된다는 것을 알 수 있다. 시간 분할 다중화에 대해서는 이 장 뒷부분에서 다루겠다.

5.3 펄스 위치 변조

펄스 진폭 변조에서는 펄스 크기가 변수이었다. 하지만 펄스 구간은 변조에 이용 가능한 또 다른 논리적 변수가 될 수 있다. **펄스 구간 변조에서, 메시지 신호의 샘플들은 각각의 펄스를 다양한 구간으로 바꾸기 위해서 사용된다.** 이런 변조 방법을 **펄스폭 변조**(pulse-width modulation)라고 한다. 변조 신호는 앞쪽 언저리, 뒤쪽, 또는 양쪽의 발생 시간을 바꿀 수 있다. 그림 5.8(c)에서 각 펄스의 뒷전(trailing edge)은 메시지 신호에 따라 그림 5.8(a)의 정현파처럼 변화한다. 주기적인 펄스 반송파는 그림 5.8(b)에 나타내었다.

정보를 포함하지 않는 동안에도 상당한 전력을 소비한다는 관점에서 펄스 구간 변조는 전력 낭비이다. 만약 필수적인 시간 변천만을 남기기 위해서 펄스 구간 변조에서 사용하지 않는 전력을 제거한다면 더욱 효율적인 펄스 변조 방법인 **펄스 위치 변조**(PPM: pulse-position modulation)를 얻을 수 있을 것이다. **펄스 위치 변조**의 경우, 그림 5.8(d)의 정현파 변조의 경우처럼 **변조되지 않은 시간에서 발생한 펄스의 위치는 메시지 신호에 따라 변화한다.**

T_s를 샘플 기간이라고 하자. 메시지 신호 $m(t)$의 n번째 샘플링 값 $m(nT_s)$를 사용하여 펄스 위치 변조 신호를 얻을 수 있다.

$$s(t) = \sum_{n=-\infty}^{\infty} g(t - nT_s - k_p m(nT_s)) \tag{5.18}$$

여기서 k_p는 펄스 위치 변조기의 감도 계수이고 $g(t)$는 기준 펄스이다. 분명히 펄스 위치

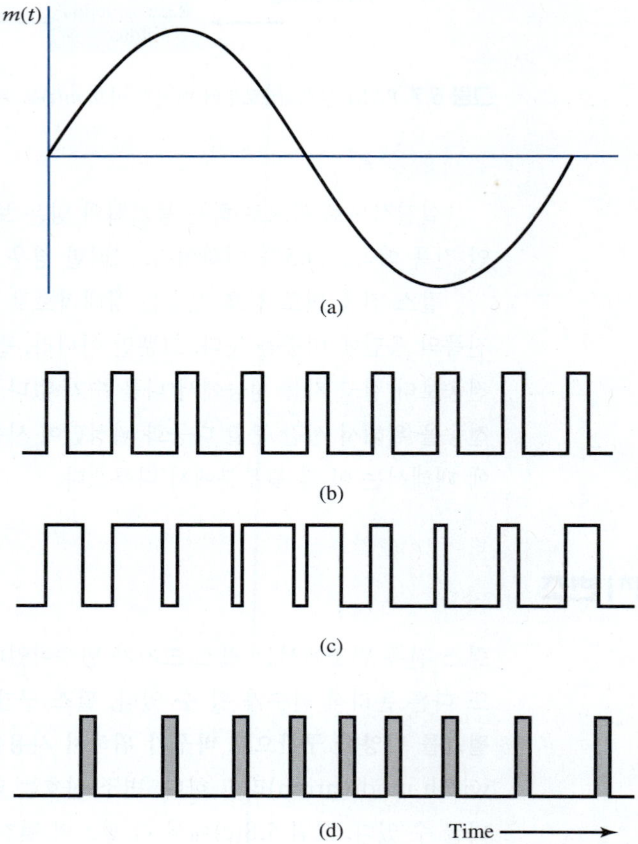

그림 5.8 사인 변조파의 경우 두 종류의 펄스-시간 변조에 대한 설명. (a) 변조파. (b) 펄스 반송파. (c) PDM파. (d) PPM파.

변조는 서로 다른 신호들로 구성되어 있지만 **서로 중복되지 않아야 한다.** 이러한 조건을 만족시켜 주기 위한 충분 조건은 다음과 같다.

$$g(t) = 0, \qquad |t| > (T_s/2) - k_p|m(t)|_{\max} \tag{5.19}$$

즉 다음과 같은 조건을 필요로 한다.

$$k_p|m(t)|_{\max} < (T_s/2) \tag{5.20}$$

$k_p|m(t)|_{\max}$가 샘플링 간격의 1/2에 가까워질수록 펄스 위치 변조 신호 $s(t)$의 각각의 펄스가 서로 간섭하지 않도록 기준 신호 $g(t)$가 더욱 좁아지고, 펄스 위치 변조 신호가 차지하고 있는 대역폭이 보다 더 넓어지게 된다. 식 (5.19)를 만족시킨다고 가정하면, 펄스 위치 변조 신호 $s(t)$에 인접한 펄스들 사이에 간섭이 없다면 샘플 신호 $m(nT_s)$는 완벽히 복

원될 것이다. 게다가 만약에 메시지 신호 $m(t)$가 대역폭이 제한되었다면 샘플링 이론에 따라서 원래의 신호 $m(t)$는 펄스 위치 변조 신호로부터 손상 없이 복원될 것이다.[2]

5.4 아날로그에서 디지털로의 변환

정보를 가지는 아날로그 신호(예를 들면 음성과 영상 신호)를 통신 채널을 통해 전송하기 위해 지금까지 공부했던 변조 기술을 살펴볼 것이다. 지금까지 공부한 기술에는 연속파 변조와 아날로그 펄스 변조가 있다. 이 두 변조 기술은 실제로는 다르지만, 비슷한 특성과 조건을 가지고 있다.

우선 펄스 진폭 변조를 3장에서 공부한 진폭 변조의 한 부분으로 생각해 보자. 그러면 펄스 변조의 한 부분으로 4장에서 공부한 주파수 변조에는 무엇이 있을까? 주파수 변조에서 변조된 파형의 영점 교차는 메시지 신호의 시간에 따라 변화한다. 그리고 펄스 위치 변조에서도 전송 펄스의 위치는 메시지 신호의 시간에 따라 변화한다. 그 결과, 거시적 관점에서 펄스 위치 변조를 주파수 변조의 한 부분으로 봐도 무방하다.

통신 채널을 통해 아날로그 신호를 전송할 때, 변조 기술의 두 그룹인 아날로그 펄스 변조와 연속파 변조 그룹을 위의 유추로부터 직관적으로 결론을 내리면 동일한 전송 과정을 갖는다. 이때 전송 과정에서 요구되는 전송 대역폭과 수신단 측의 잡음의 영향을 항상 고려해야 한다. 두 기술을 기능상 특징으로 구별해 보면, 아날로그 펄스 변조 기술이 이산 시간 인데 반해 연속파 변조 기술은 연속 시간으로 되어 있다.

연속파 변조에서 아날로그 펄스 변조로 바꾸는 과정을 **이산 시간 신호 처리 과정**이라고 한다. 그럼 왜 **진폭의 이산화**는 포함되지 않을까? 진폭의 이산화는 **디지털 펄스 변조** 과정에 포함되는 것이기 때문이다. 이것은 통신 채널을 통해 아날로그 신호를 전송하기 위한 새로운 변조 기술이다. 디지털 펄스 변조 기술은 아래와 같은 장점들을 가지고 있다.

1. **수행성**. 아날로그 통신 시스템에서 연속파 변조나 아날로그 펄스 변조 기술 중 하나를 사용하였을 때, 신호 왜곡과 채널 잡음(전송 경로에 따라 생기는)의 영향이 **누적**된다. 그 결과 변조 과정에서 신호의 손상은 점차적으로 커지게 되고 결국은 일련의 과정에서 어느 정도까지의 레벨을 수행하는 통신 시스템의 성능은 극도로 나빠진다. 한편, 메시지 신호와 잡음은 같은 곳에서 확대되기 때문에 전송 경로 상에서 다른 곳에 위치한 증폭기 안에 있는 리피터는 도움이 되지 않는다. 이와 반대로 짧은 전송 경로에서 디지털 펄스변조는 신호의 질을 떨어뜨리는 채널 잡음과 신호 왜곡의 영향을 **재생 리피터**(regenerative repeater)로 제거할 수 있다.
2. **강인성**. 아날로그 통신 시스템과 다르게 디지털 통신 시스템은 채널 잡음과 신호

[2] PPM 신호의 발생과 검파에 관해서는 Haykin(1994), pp. 365~369에서 논의되고 있다.

왜곡의 영향에 견디도록 디자인할 수 있고, 채널 잡음과 신호 왜곡은 일정한 제한 안에 놓인다.

3. **신뢰성**. 디지털 통신 시스템은 시스템 말단에 전달된 메시지 신호로부터 임의의 사용자에게 전달된 메시지 신호를 대략적으로 계산하는 강력한 방법인 에러 제어 코딩을 이용하여 매우 신뢰성 있게 만들 수 있다.(에러 제어 코딩에 대해서는 10장을 참조하라.)
4. **보안성**. 위와 같은 특징으로, 디지털 통신 시스템은 전송 과정에서 강력한 암호화 알고리즘을 이용한 디지털 처리로 매우 보안성 있게 만들 수 있다.
5. **효율성**. 디지털 통신 시스템은 대역폭과 SNR이 거래 관계에 있으므로 아날로그 통신 시스템보다 더욱 효율적이다.
6. **시스템 통합**. 디지털 통신의 사용은 아날로그 통신에서 불가능했던 디지털 컴퓨터 데이터와 디지털화된 아날로그 신호들(예를 들면 음성과 영상 신호들)의 통합을 가능하게 한다.

위에서 열거한 장점들 때문에 통신 채널을 통해 음성과 영상 신호를 전송하는 방법으로 디지털 펄스 변조 기술을 사용하게 되었다.

그러나 디지털 펄스 변조를 사용함으로써 시스템의 복잡성이 증가하였고 비용 부담이 커지는 문제가 있었다. 그럼에도 불구하고 프로세서의 유연성, 하드웨어, 소프트웨어 형태의 디지털 신호 처리기의 계산 능력의 향상, VLSI 실리콘 칩의 지속적인 발전으로 비용 효율이 좋게 디자인할 수 있다.

지금까지 통신을 하기 위해 선택된 방법으로 디지털 펄스 변조에 대해 알아보았다. 이후에는 3가지 종류의 변조에 대해 설명할 것이다. 즉 펄스 코드 변조, 델타 변조, 차동 펄스 코드 변조. 펄스 코드 변조의 내용은 5.5절과 5.6절에, 다음으로 5.7절과 5.8절에서 설명할 것이다. 펄스 코드 변조는 보통 델타 변조와 차동 펄스 코드 변조를 비교하는 데 기준이 된다.

5.5 양자화 과정

음성과 같은 연속 신호는 연속적인 진폭의 범위를 갖기 때문에 연속 신호의 샘플 역시 연속적인 진폭 범위를 갖는다. 즉 신호의 유한한 진폭 범위를 무한 개의 진폭 레벨로 나눌 수 있다. 그러나 실제로 정확한 진폭의 샘플을 전송하는 것은 필수적이지 않다. 왜냐하면 최종 수신단인 인간의 감각기관(귀 또는 눈)은 단지 유한한 세기의 차이만을 알아 낼 수 있기 때문이다. 이것은 본래의 연속 신호는 사용 가능한 범위에서 최소 에러 원칙에 의해 선택된 이산 진폭으로 구성된 신호에 의해 **근사**화될 수 있다는 것을 의미한다. 유한한 다수의 이산 진폭 레벨은 디지털 펄스 변조의 기본적인 조건이다. 충분히 가까운 공간에서

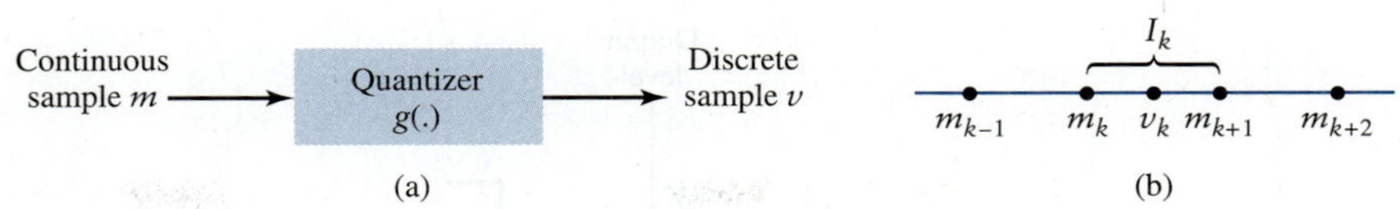

그림 5.9 무기억적 양자화기의 표현.

이산 진폭 레벨을 할당한다면, 실제의 목적을 위해 본래의 연속 신호는 이산 진폭 레벨이 구별되지 않는 대략적인 신호로 만들 수 있다. 양자화는 비가역적인 것에 유념해야 한다.

진폭 **양자화**(quantization)는 **이산 진폭 $v(nT_s)$가 시간 $t=nT_s$에서 기저대역 신호 $m(t)$를 샘플 진폭 $m(nT_s)$로 변환하는 과정**이라고 정의된다. 양자화 과정은 **무기억적**이고 **순시적**이다. 이것은 시간 $t=nT_s$에서 전송할 때 메시지 신호의 이전 또는 이후의 샘플에 의해서 영향을 받지 않는다는 것을 의미한다. 비록 최적은 아니지만 이러한 양자화의 형태는 단순하기 때문에 일반적으로 사용된다.

무기억적 양자화기를 다룰 때, 시간을 제거하여 표기를 간략화한다. 즉 그림 5.9(a)에 나타낸 것과 같이 샘플 $m(nT_s)$에서 위치는 심벌 m을 사용한다. 그림 5.9(b)에 나타낸 것과 같이 진폭의 거리 간격이 아래와 같다면, 신호 진폭 m은 k에 의해 세분화된다.

$$I_k: \{m_k < m \le m_{k+1}\}, \qquad k = 1, 2, \ldots, L \tag{5.21}$$

L은 양자화 과정을 수행하는 **양자화기**(quantizer)에서 사용되어진 진폭 레벨의 총수이다. 진폭 $m_k(k=1, 2, ..., L)$는 **결정 수준**(decision level) 또는 **결정 구간**(decision threshold)이라고 한다. 양자화기 출력에서 k는 간격이 I_k인 모든 진폭을 나타내는 v_k로 변환된다. 진폭 $v_k(k=1, 2, ..., L)$는 **표현 수준**(representation level) 또는 **재생 수준**(reconstruction level)으로 불린다. 그리고 두 개의 인접한 표현 수준 사이의 공간은 **양자**(quantum) 또는 **스텝 사이즈**(step-size)라고 부른다. 그 결과 입력 신호 샘플 m의 간격이 I_k라면, 양자화 출력 v는 v_k와 같다.

$$v = g(m) \tag{5.22}$$

매핑은 **양자화기의 특성**이다. 이 특성은 계단 함수에 의해 표현된다.

양자화기는 **균일** 또는 **불균일** 형태로 나눌 수 있다. 균일 양자화기에서 표현 수준은 일정한 간격으로 되어 있다. 이것과 다른 양자화기는 불균일하다. 이 절에서 고려되는 양자화기는 균일한 것들이다. 불균일 양자화기는 5.6절에서 설명할 것이다. 또 양자화기 특성에 의해 **미드트레드**(midtread) 또는 **미드라이즈**(midrise) 형태로 나눌 수 있다. 그림 5.10(a)에서 시작점이 계단과 같은 그래프의 가로선 중간에 있기 때문에 미드트레드로 불리고, 이 그림은 균일 양자화기 입력-출력 특성을 보여 준다. 그림 5.10(b)는 이에 상응하는 미드라이즈 형태의 균일 양자화기의 입력-출력 특성을 보여 주는데, 여기서는 시작

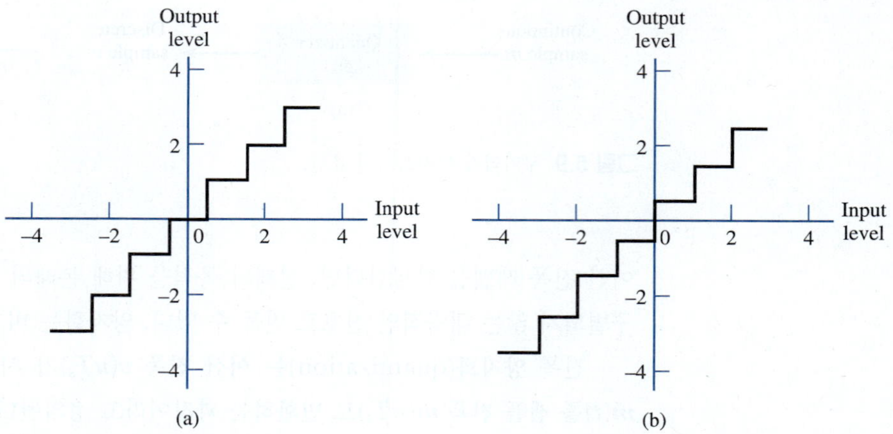

그림 5.10 두 가지 형태의 양자화기: (a) 미드트레드, (b) 미드라이즈.

점이 계단과 같은 그래프의 세로선 중간에 있다. 그림 5.10에 나타낸 것과 같이, 시작점에 대해 **대칭적**인 균일 양자화기의 미드트레드와 미드라이즈 형태에 유념해야 한다.

5.6 펄스 코드 변조

샘플링과 양자화 과정을 바탕으로, 디지털 펄스 변조에서 가장 기본적인 형태인 펄스 코드 변조에 대해 알아보자. **펄스 코드 변조(PCM)에서 메시지 신호는 시간과 진폭을 이산 신호로 나타내기 때문에 코딩된 펄스의 열로 나타낼 수 있다.**

펄스 진폭 변조 시스템의 송신단에서 수행되는 기본적인 동작은 그림 5.11(a)에 나타낸 것과 같이 **샘플링, 양자화, 인코딩**(encoding)이다. 샘플링 전 단계인 저역통과 필터는 단지 메시지 신호의 에일리어싱을 막기 위해 포함되었다. 양자화와 인코딩은 보통 **아날로그/디지털 변환기**(analog-to-digital converter) 회로에서 수행된다.

수신단에서의 기본적인 동작은 그림 5.11(c)에 나타낸 것과 같이 손상된 신호의 **재생, 디코딩**(decoding), 양자화된 샘플 열의 **재구성**(reconstruction)이다. 그림 5.11(b)에 나타낸 것과 같이 재생은 필수적으로 전송 경로의 중간에서 발생한다. 시간 분할 다중화(이 장 뒷부분에서 논의됨)를 사용할 때, 전체 시스템이 잘 동작하기 위해서 송신단과 수신단의 동기화는 필수적이다. 다음으로는 PCM 시스템에 기본이 되는 샘플링, 양자화, 인코딩의 동작을 설명할 것이다.

송신단에서의 동작

(i) **샘플링**

입력 메시지(기저대역) 신호는 순간적인 샘플링 처리로 가장 가깝게 근사화한 아주

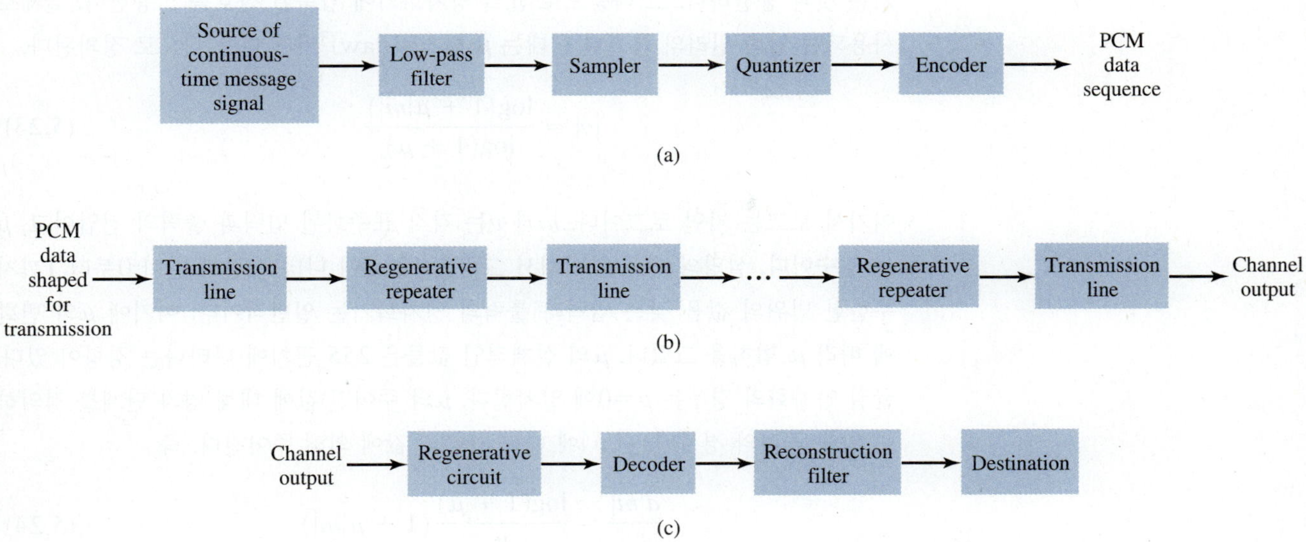

그림 5.11 PCM 시스템의 기본 요소들: (a) 송신기, (b) 송수신기 간 연결을 위한 송신 경로, (c) 수신기.

좁은 사각 펄스열로 샘플링되어 있다. 수신단에서 메시지 신호를 완벽하게 재구성하기 위해서, 샘플링 비율은 샘플링 이론에 따라서 메시지 신호의 가장 높은 주파수 성분인 W의 2배보다 커야만 한다. 실제로 안티 에일리어싱(저역통과) 필터는 그림 5.11(a)에 나타낸 것과 같이 샘플링 전 W보다 높은 주파수를 제외하기 위해서 샘플러 앞에 사용된다. 따라서 샘플링을 하면 초당 이산의 제한된 수로 메시지 신호(유한의 지속 기간)의 연속적인 변화가 줄어든다.

(ii) 불균일 양자화

샘플링된 메시지 신호는 다음 단계에서 양자화되고 시간과 진폭이 이산인 신호는 새로운 표시 방법을 갖는다. 양자화 과정은 5.5절에서 설명한 것과 동일한 법칙을 따른다. 그러나 어떤 경우에는 표시 레벨 사이를 다양하게 구분하는 것이 더 바람직하다. 예를 들면 고음의 최고점으로부터 저음의 약한 부분의 음성 신호에 의해서 결정되는 전압의 범위는 1000에서 1까지로 되어 있다. 입출력 진폭 특성을 원음으로부터 분리하면, 스텝 진폭이 커지는 특징을 가지고 있는 **불균일 양자화기**를 사용함으로써 양자화기의 마지막 큰 스텝은 상대적으로 드물게 일어나는 큰 진폭 범위로 음성 신호의 이탈을 막을 수 있는 확률이 높아진다. 즉 보호가 필요한 약한 절은 큰 절의 손실로 보완된다. 이러한 방법으로 균일 양자화기가 사용되었다고 가정하면, 동일한 정밀도는 그 경우보다 더 작은 스텝이 필요한 결과를 가진 입력 신호의 진폭 범위에서 가장 큰 부분을 통해 이루어진다.

불균일 양자화기의 사용은 **압축기**(compressor)를 통해서 메시지 신호를 통과시키는 것과 동일하다. 그 다음으로 균일 양자화기에 압축된 신호를 적용한다. 실제로 사용되는 압축 원리의 특별한 형태는 **μ 법칙**(μ-law)[3]이며 다음 식으로 정의된다.

$$|v| = \frac{\log(1 + \mu|m|)}{\log(1 + \mu)} \tag{5.23}$$

여기서 로그는 자연 로그이다. m과 v는 각각 표준화된 입력과 출력의 전압이고, μ는 양수이다. 설명의 편의를 위해서 그림 5.12(a)에 나타낸 것과 같이 0부터 1까지 무한한 범위의 값을 갖는 입력과 출력의 양자화기는 **일반적**이다. 여기에 μ의 변화에 따라 μ 법칙을 그렸다. μ의 실제적인 값들은 255 근처에 나타나는 경향이 있다. 균일 양자화의 경우는 $\mu=0$에 일치한다. μ의 주어진 값에 대해 양자 단계를 정의하는 압축 곡선의 경사면은 $|v|$에 따라 $|m|$의 값에 의해 주어진다. 즉

$$\frac{d|m|}{d|v|} = \frac{\log(1 + \mu)}{\mu}(1 + \mu|m|) \tag{5.24}$$

그 결과 μ 법칙이 정확하게 선형도 아니고 로그도 아니라는 것을 알 수 있다. 그러나 $\mu|m| \ll 1$에 일치하는 낮은 입력 레벨에서 μ 법칙은 근사적으로 선형이다. 그리고 $\mu|m| \ll 1$에 일치하는 높은 입력 레벨에서는 근사적으로 로그이다.

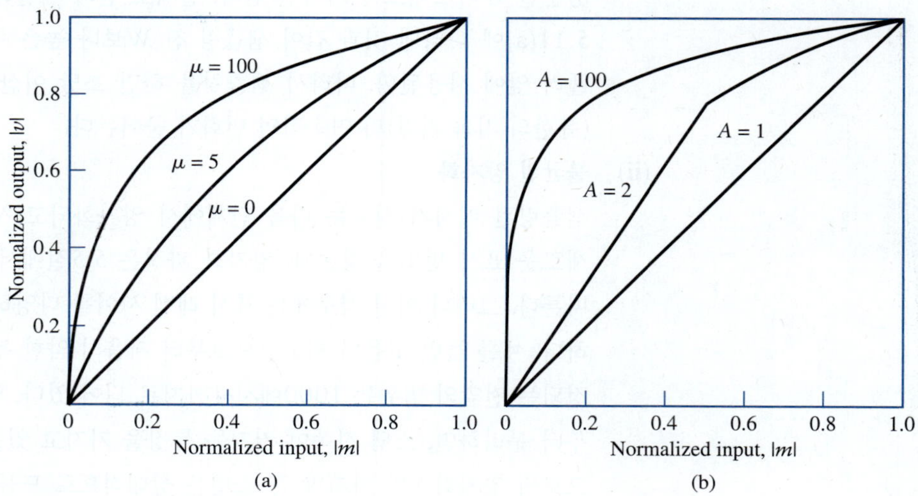

그림 5.12 압축 법칙. (a) μ 법칙. (b) A 법칙.

---

[3] 신호 압축을 위한 μ 법칙은 Smith(1957)에 잘 설명되어 있다. 이 법칙은 미국, 캐나다 및 일본에서 사용되고 있다. A 법칙은 Cattermole(1969), pp. 133~140에 잘 설명되어 있으며 유럽에서 사용되고 있다. μ 법칙과 A 법칙에 관해서는 Kaneko(1970)의 논문을 참조하라.

실제로 사용되는 또 다른 압축 원리는 ***A*** 법칙(*A*-law)이고 다음 식에 의해서 정의된다.

$$|v| = \begin{cases} \dfrac{A|m|}{1+\log A}, & 0 \le |m| \le \dfrac{1}{A} \\ \dfrac{1+\log(A|m|)}{1+\log A}, & \dfrac{1}{A} \le |m| \le 1 \end{cases} \tag{5.25}$$

위의 식은 그림 5.12(b)에 나타나 있다. 실제로 사용하는 A의 전형적인 값들은 100 근처에 나타나는 경향이 있다. 균일 양자화의 경우, $A=1$이다. 아래의 두 번째 압축 곡선의 각각의 경사면은 다음의 식에서 알 수 있듯이 $|v|$에 따른 $|m|$의 값에 의해 주어진다. 다음의 식을 보면

$$\frac{d|m|}{d|v|} = \begin{cases} \dfrac{1+\log A}{A}, & 0 \le |m| \le \dfrac{1}{A} \\ (1+\log A)|m|, & \dfrac{1}{A} \le |m| \le 1 \end{cases} \tag{5.26}$$

식 (5.26)의 첫 번째 줄에서, $A/(1+\log A)$의 인수에 의해 축소된 작은 신호들에 큰 영향을 받는 중앙의 선형 부분을 통해 양자 단계를 추측한다. 이것은 균일 양자화와 비교하여 일반적으로 약 25 dB 차이가 난다.

▶ **연습문제 5.9** 식 (5.23)과 (5.25)를 이용하여 식 (5.24)와 (5.26)의 경사면 특성을 구하라. ◀

(iii) 인코딩

샘플링과 양자화의 과정을 결합함으로써 연속 메시지(기저대역) 신호의 세부 사항은 이산적인 값으로 정의할 수 있다. 그러나 그것은 유선 또는 무선 경로의 전송에 가장 적합한 형태는 아니다. 잡음, 간섭과 다른 채널에서의 감쇠에 더 강한 전송 신호를 만들기 위한 목적과 샘플링, 양자화의 장점을 향상시키기 위해서, 이산적인 샘플 값을 신호에 더 적합한 형태로 변환하기 위해서 **인코딩 과정**(encoding process)이 사용된다. 이산적인 사건의 특별한 배치로서 이산 값을 나타내기 위한 방식을 **코드**라고 한다. 코드 안의 이산적인 사건의 하나는 **코드 성분**(code element) 또는 **심벌**(symbol)이라 한다. 예를 들면 펄스의 존재 또는 부재는 심벌이다. 이산적인 집합에서 단일 값을 나타내기 위해 부호를 사용하여 심벌을 특별하게 배치한 것을 **코드 워드**(code word) 또는 **코드 특성**(code character)이라고 한다.

이진수 코드(binary code)에서 각각의 심벌은 음의 펄스 또는 양의 펄스와 같은

2개의 분명한 값 중 하나이다. 이진수 코드의 2개의 심벌은 일반적으로 0과 1로 나타낸다. 실제로, 이진수 코드는 다음의 두 가지 이유 때문에 다른 코드(예를 들면 삼진수 코드) 대신 선택되었다.

1. 이진수 심벌은 상대적으로 높은 레벨의 잡음에 견디기 때문에 이진수 코드를 사용함으로써 전송 매질에서 잡음의 영향에 대해 최대 장점을 얻을 수 있다.
2. 이진수 코드는 만들기가 쉽다.

이진수 코드에서 각각의 코드 워드는 ***R*비트**(bit)로 구성되어 있다고 가정하자.bit는 binary digit의 두문자어이다. R은 각 **샘플당 비트**의 수를 나타낸다. 따라서 코드를 사용하면, 2^R로 합계를 나타낼 수 있다. 예를 들면 256레벨 중 하나로 양자화된 샘플은 8비트 코드 워드로 표현된다.

표현 레벨과 코드 워드를 1 대 1로 대응되게 만들 수 있는 다양한 방법들이 있다. 편리한 방법은 이진수로 표현된 레벨의 서수를 사용하여 표현하는 것이다. 이진수 시스템에서 샘플 당 4비트(예를 들면 $R=4$)인 경우를 표 5.2에 설명했듯이, 각각의 수는 2의 거듭제곱인 위치 값을 가진다.

전송 경로에 따른 재생

펄스 진폭 변조 시스템의 가장 중요한 특징은 채널 상에서 펄스 진폭 변조 신호를 전송함

표 5.2 $R=4$에 대한 이진수 시스템

Ordinal Number of Representation Level	*Level Number Expressed as Sum of Powers of 2*	*Binary Number*
0		0000
1	2^0	0001
2	2^1	0010
3	$2^1 + 2^0$	0011
4	2^2	0100
5	$2^2 + 2^0$	0101
6	$2^2 + 2^1$	0110
7	$2^2 + 2^1 + 2^0$	0111
8	2^3	1000
9	$2^3 + 2^0$	1001
10	$2^3 + 2^1$	1010
11	$2^3 + 2^1 + 2^0$	1011
12	$2^3 + 2^2$	1100
13	$2^3 + 2^2 + 2^0$	1101
14	$2^3 + 2^2 + 2^1$	1110
15	$2^3 + 2^2 + 2^1 + 2^0$	1111

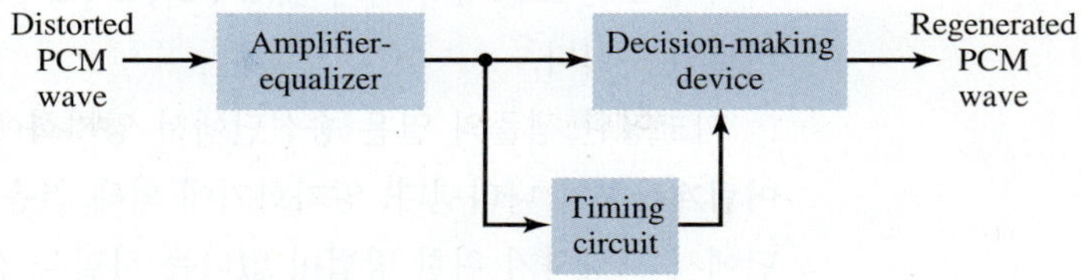

그림 5.13 재생 리피터의 블록 다이어그램.

으로써 왜곡과 잡음의 영향을 **제어**할 수 있다는 것이다. 이것은 전송 경로를 따라 가까운 곳에 **재생 리피터**를 연결함으로써 펄스 진폭 변조 신호를 복원하는 일에 사용된다. 그림 5.13에 나타낸 것과 같이 3개의 기본적인 기능은 재생 펄스 진폭 변조에 의해 수행된다. **등가화**(equalization), **타이밍**(timing)과 **결정점**(decision making). 등가기는 채널 전송 특성에 의해 만들어지는 진폭과 위상 왜곡의 영향을 보상하기위해 수신된 펄스의 모양을 만든다. 타이밍 회로는 수신된 펄스로부터 주기적인 펄스열을 만든다. 이것은 SNR이 가장 큰 순간적인 시간에 등화된 펄스의 새로운 샘플링을 위한 것이다. 추출한 샘플은 결정점 장비에서 미리 결정된 **임계값**과 비교한다. 각 비트 간격 안에 하나의 결정이 임계값을 넘는지 또는 넘지 않는지를 기초로 하여 수신된 심벌이 1인지 0인지를 결정한다. 만약 임계값을 초과한다면, 심벌 1을 발생시키는 깨끗한 새로운 펄스가 다음 리피터에 전송된다. 그렇지 않다면 심벌 0을 나타내는 다른 깨끗한 새 펄스가 전송된다. 이 방법에서 리피터 날개로 인한 왜곡과 잡음의 축적은 제거되어진다. 외란은 너무 커서 결정점 처리 과정에서 에러를 발생시킨다. 이론상으로 지연을 제외하고 재생산된 신호는 처음에 전송된 정보를 가진 신호와 정확히 같다. 그러나 실제로 재생된 신호는 두 가지 주요한 이유로 처음 신호와 다르다.

1. 항상 존재하는 채널 잡음과 간섭은 리피터가 가끔 잘못된 결정을 하는 것을 야기한다. 그것 때문에 재생산된 신호에서 **비트 에러**가 발생한다.
2. 만약 수신된 펄스 사이의 시간 간격이 할당된 값으로부터 벗어나면, 재생산된 펄스 위치에서 **지터**(jitter)가 발생하고 그것 때문에 왜곡이 된다.

수신단에서의 동작

(i) 디코딩과 확장

수신단에서의 첫 번째 동작은 마지막에 수신된 펄스 하나를 **재생**(예를 들면 새로운 모양을 만들고 깨끗하게 함)시키는 것이다. 이 깨끗한 펄스는 코드 워드로 재그룹화되고 양자화된 PAM 신호로 디코딩(예를 들면 다시 매핑)된다. **디코딩** 과정은 코드 워드를 사용하여 모든 펄스의 선형 합을 펄스 진폭으로 생성하는 것을 포함한다. 각각의 펄스는 코드에서 위치 값($2^0, 2^1, 2^2, 2^3, \ldots, 2R^{-1}$)으로 중요하고, R은 샘플당 비트의 수이다.

디코딩된 샘플의 열은 송신단에서 양자화에 의해 만들어진 압축된 샘플의 열을 **어림계산**하여 나타낸다. 양자화기에 의해 전송된 신호에서 나타나는 근사값을 수신단에서 보상하기 위한 방법이 없다는 사실을 강조하기 위해 여기에 '어림계산' 이라는 용어를 사용하였다. 또한 잡음의 다른 원인인 비트 에러와 전송 경로를 따라서 만들어진 지터를 포함한다. 디코딩된 샘플의 열을 정확하게 관련 있는 레벨에 저장하기 위해서 특성을 보완하는 수신단의 서브시스템으로 송신단에서 사용된 압축기를 사용해야만 한다. 그와 같은 서브시스템은 **확장기**(expander)라고 부른다. 이론상 압축기와 확장기의 원리는 정확하게 **반대**이다. 그러므로 두 개의 장비가 직접 연결되어 있고 양자화의 영향을 제외하면, 확장기의 출력은 압축기의 입력과 같을 것이다. 압축기와 확장기의 결합은 **압신기**(compander)로서 언급된다.

(ii) **재구성**

수신기의 마지막 동작은 메시지 신호를 복구하는 것이다. 이 동작은 메시지의 대역폭과 같은 **저역통과 재생 필터**의 절단 주파수를 확장기의 출력에 통과시킴으로써 이루어진다. 이것은 메시지 신호의 복구가 정확하게 재구성된다기보다 어림계산으로 표현된다는 것이다.

펄스 코드 변조에서 '변조' 라는 용어는 잘못된 명칭이다. 실제 펄스 코드 변조는 소스에서 생성된 아날로그 신호를 디지털 형태로 변환하는 것으로 **소스 인코딩 방법**이다. 그렇게 만들어진 디지털 데이터의 전송은 6장의 주제로 다루어질 것이다.

5.7 델타 변조

5.6절의 논의로부터, 펄스 코드 변조 시스템의 디자인은 실제에서 비용이 많이 드는 동작을 포함하고 있다. 시스템 디자인을 간단하게 하기 위해서 우리는 이 절에서 다룰 델타 변조라고 알려진 또 다른 디지털 펄스 변조 기술을 사용할 것이다.

기본 고려 사항

델타 변조(DM: delta modulation)에서 입력되는 메시지 신호는 신호의 인접 샘플 간의 **상관 관계**를 의도적으로 높이기 위해서(예를 들면 나이퀴스트 율보다 훨씬 더 높은 비율로) 높은 상관 관계는 인코딩된 신호를 구성하고 샘플 양자화 방법을 사용하기 위해 필요하다.

샘플 양자화의 기본적인 형태에서 델타 변조는 메시지 신호를 과도하게 샘플링한 것을 위해 **계단 근사**(staircase approximation)를 이용한다. 펄스 코드 변조와는 다르게 입력 신호와 계단 근사의 차이는 양과 음의 **차**에 상응한 오직 두 레벨로 양자된다. 一즉 $\pm\Delta$, 그 결과 근사가 어떤 샘플링 시기에 입력 신호 아래로 떨어지면 그것은 Δ에 의해 증가된다. 한편, 근사가 신호 위에 있다면 그것은 Δ에 의해 감소된다. 따라서 제공되는 입력 신호는 샘플에서 샘플로 너무 빨리 변하지 않는다. 계단 근사는 입력 신호의 $\pm\Delta$ 이내로 유지된다.

$m(t)$로 입력 신호를 나타냈고 $m_q(t)$로 계단 근사를 나타냈다. 델타 변조의 기본적인 3가지 원리는 이산 시간 관계를 나타내는 아래의 식으로 공식화된다.

$$e(nT_s) = m(nT_s) - m_q(nT_s - T_s) \tag{5.27}$$

$$e_q(nT_s) = \Delta \text{sgn}[e(nT_s)] \tag{5.28}$$

$$m_q(nT_s) = m_q(nT_s - T_s) + e_q(nT_s) \tag{5.29}$$

T_s는 샘플링 구간이다. $e(nT_s)$는 입력 신호의 현재 샘플 값 $m(nT_s)$와 마지막 근사값 $m(nT_s)-m_q(nT_s-T_s)$ 사이의 차이를 나타낸 **에러 신호**이다. 그리고 $e_q(nT_s)$는 $e(nT_s)$를 양자화한 것이다. 그리고 sgn[.]은 값을 +1 또는 −1이라 가정한 시그넘 함수이다. 양자화기 출력 $e_q(nT_s)$는 마지막으로 원하는 델타 변조 데이터를 만들기 위해 인코딩된다.

그림 5.14(a)에는 식 (5.27)부터 식 (5.29)까지에 따른 입력 신호 $m(t)$의 변화를 근

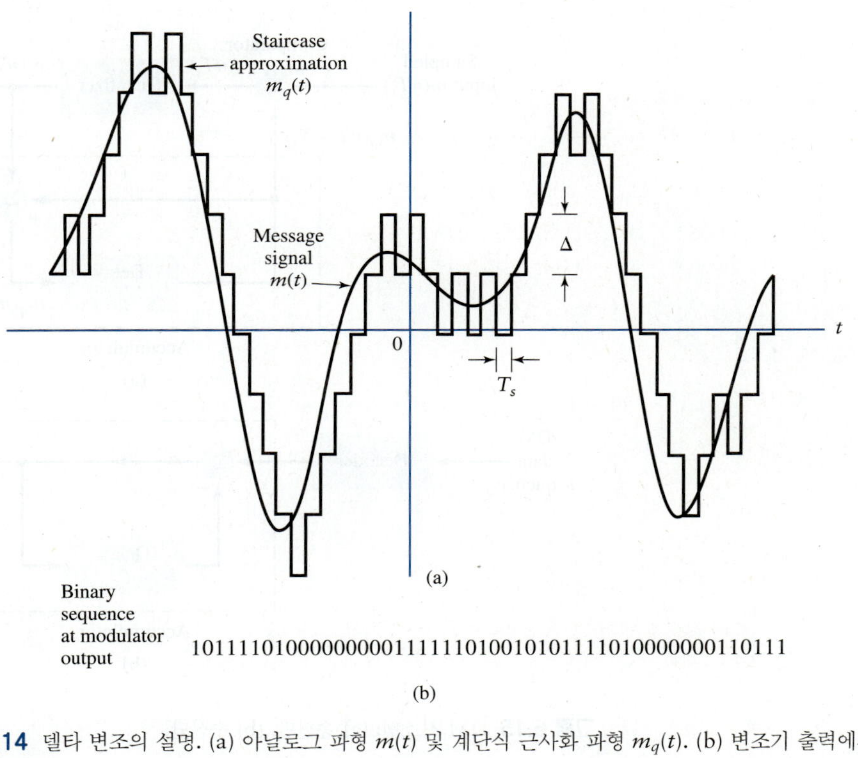

그림 5.14 델타 변조의 설명. (a) 아날로그 파형 $m(t)$ 및 계단식 근사화 파형 $m_q(t)$. (b) 변조기 출력에서의 이진 시퀀스.

사적으로 계단화하는 방법을 나타내었다. 그리고 그림 5.19(b)는 델타 변조기 출력에서 이진수 열에 대응하는 것을 나타내었다. 델타 변조 시스템에서 정보 전송률은 간단하게 샘플링 비율 $f_s=1/T_s$와 같다.

시스템의 세부 사항

델타 변조의 가장 큰 장점은 **간소화**이다. 간소화는 그림 5.15(a)에 나타낸 것과 같이 함께 연결된 **비교기**(comparator), **양자화기**, **누산기**(accumulator)로 구성된 송신기에서 입력 메시지 신호의 샘플링된 것을 적용함으로써 수행될 것이다. 송신단의 세부 사항은 식 (5.27)부터 (5.29)까지에 나타내었다. 비교기는 2개의 입력 사이의 차이를 계산한다. 입력-출력 특성과 함께 **하드 리미터**(hard limiter)로 구성된 양자화기는 시그넘 함수의 크기 변형이다. 누산기는 메시지 신호에서 근사값을 만들기 위해 양자화기 출력으로 동작한다.

식 (5.29)는 **1차의 차동 방정식**이다. 차수는 양자화 에러 $e_q(nT_s)$와 동일한 수로 현재 샘플 $m_q(nT_s)$가 과거 샘플 $m_q(nT_s-T_s)$과는 다르다는 사실을 알려 준다. 시간 0에서 누산기 과정이 시작된다고 가정하면, $m_q(nT_s)$의 해답은 다음의 결과와 같이 근사적으로 나타난다.

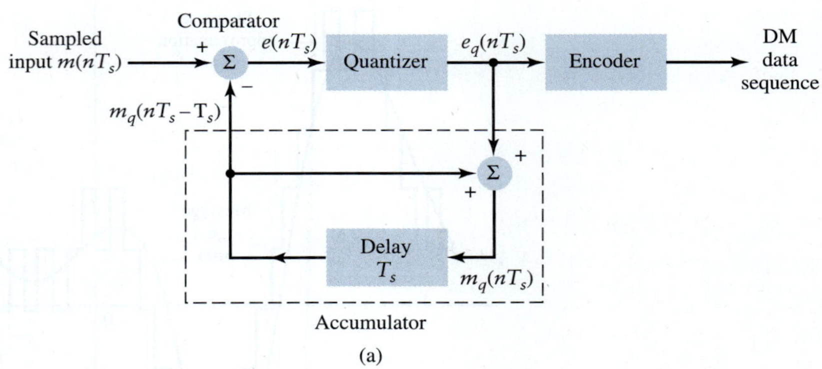

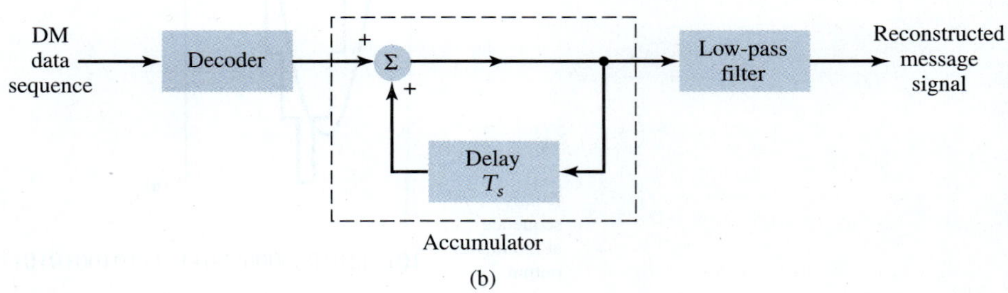

그림 5.15 DM 시스템: (a) 송신단, (b) 수신단.

$$\begin{aligned} m_q(nT_s) &= m_q(nT_s - T_s) + e_q(nT_s) \\ &= m_q(nT_s - 2T_s) + e_q(nT_s - T_s) + e_q(nT_s) \\ &\vdots \\ &= \sum_{i=1}^{n} e_q(iT_s) \end{aligned} \tag{5.30}$$

여기서 $e_q(nT_s)$는 식 (5.27)과 식 (5.28)에서 메시지 샘플 $m(nT_s)$와 관련이 있다.

그 결과 샘플링 순간 nT_s에서 누산기는 에러 신호 $e(nT_s)$의 대수 진폭에 따라 양수와 음수 방향으로의 Δ 증분 값에 의해 근사를 증가시킨다. 입력 신호 $m(nT_s)$가 가장 최근의 근사 값 $m_q(nT_s)$보다 크다면 양의 증가분 $+\Delta$가 근사로 적용된다. 반대로 만약 입력 신호가 작다면 음의 증가분 $-\Delta$가 근사로 적용된다. 이 방법으로 누산기는 정해진 시간에 입력 샘플($+\Delta$ 혹은 $-\Delta$ 진폭을 가짐)의 한 스텝을 **추적**할 수 있는 가장 좋은 장치이다.

그림 5.15(b)에 나타낸 것과 같이 수신단에서 계단 근사 $m_q(t)$는 디코더 출력에서 생산된 양과 음의 펄스열이 송신단에서 사용되는 것과 유사한 방식의 누산기를 지나면서 재구성된다. 높은 주파수 계단 파형 $m_q(t)$에서 나타나는 대역 밖의 양자화 잡음은 $m_q(t)$가 그림 5.15(b)와 같은 필터를 지나면서 제거된다. 이 필터는 원래 메시지 대역폭과 동일한 대역폭을 가진 저역통과 필터이다.

양자화 에러

델타 변조는 두 종류의 양자화 에러를 가지고 있다. (1) 경사 과부하 왜곡과 (2) 과립 모양의 잡음. 우선 경사 과부하 왜곡이 야기하는 문제에 대해 논의하고 다음으로 과립 모양의 잡음을 논의하겠다.

식 (5.29)는 진폭이 Δ인 양과 음의 증가분의 누산기를 나타내는 식으로 **적분의 디지털 등가**이다. 또한 양자화 에러를 $q(nT_s)$로 표기하며 다음과 같이 나타낸다.

$$m_q(nT_s) = m(nT_s) + q(nT_s) \tag{5.31}$$

식 (5.27)을 보면 양자화기의 입력이 다음과 같다는 것을 알 수 있다.

$$e(nT_s) = m(nT_s) - m(nT_s - T_s) - q(nT_s - T_s) \tag{5.32}$$

따라서 양자화기 입력은 지연된 양자화 에러 $q(nT_s - T_s)$를 제외하고 입력 신호의 유도를 위해 디지털 근사 또는 동일하게 디지털 적분의 역과정으로 보이는 입력 신호와 식의 마지막 부분에서 차이가 있다. 만약 지금 원래의 메시지 신호 $m(t)$의 가장 가파른 경사면을 고려한다면 양자화된 샘플 열 $\{m_q(nT_s)\}$는 다음의 식 (5.33)을 만족시키는 $m(t)$의 최대 경사면 지역에서 입력 샘플 열 $\{m(nT_s)\}$만큼 빠르게 증가한다.

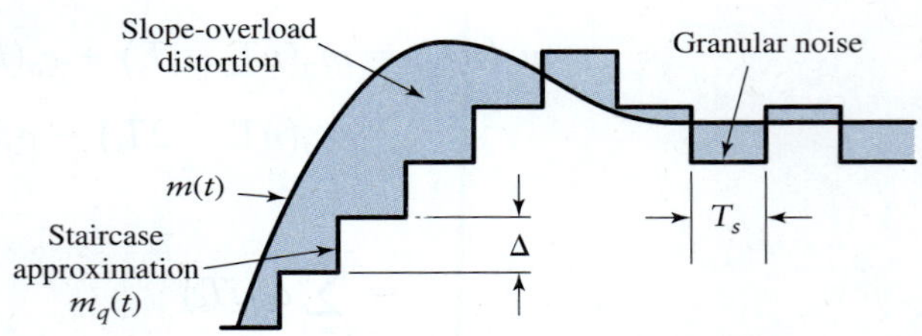

그림 5.16 델타 변조에서 양자화 에러, 경사 과부하 왜곡, 과립 모양의 잡음을 묘사.

$$\frac{\Delta}{T_s} \geq \max\left|\frac{dm(t)}{dt}\right| \tag{5.33}$$

위와는 다른 방법으로, 그림 5.16에 나타낸 것과 같이 $m_q(t)$가 $m(t)$를 지난 후에 떨어지는 결과를 보면 계단 근사 $m_q(t)$가 원래 메시지 신호 $m(t)$의 가파른 부분을 나타내기에는 스텝 진폭 Δ가 매우 작다는 것을 알 수 있다. 이 상태를 **경사 과부하**(slope overload)라고 한다. 이와 관련해서 양자화 에러의 결과는 **경사 과부하 왜곡**(잡음)이라고 한다. 계단 근사 $m_q(t)$의 최대 경사면이 스텝 진폭 Δ로 고정되었다는 것을 유념하자. $m_q(t)$의 증가와 감소는 그림 5.16의 앞부분에 나타낸 것과 같이 직선을 따라 나타나는 경향이 있다. 이러한 이유 때문에 스텝 진폭 Δ의 고정 값을 사용하는 델타 변조기는 종종 **선형 델타 변조기**라고 한다.

경사 과부하 왜곡과는 다르게 **과립 모양의 잡음**(granular noise)은 스텝 진폭 Δ가 원래 메시지 신호 $m(t)$의 부분적인 경사면 특성과 비교하여 스텝사이즈가 매우 클 때 발생한다. 그림 5.16의 뒷부분에 나타낸 것과 같이 두 번째 상태는 계단 근사 $m_q(t)$가 상대적으로 $m(t)$의 평평한 부분을 가지게 한다. 델타 변조에서 과립 모양의 잡음은 펄스 코드 변조에서 양자화 잡음의 아날로그처럼 보일 수도 있다.

▶ **연습문제 5.10** DM 시스템이 할 수 있는 것은 경사 과부하 왜곡과 과립 모양의 잡음 사이의 절충안을 제공하는 것이다. 이것을 증명하라. ◀

이러한 논의로부터 작은 스텝 진폭은 상대적으로 낮은 레벨 신호를 정확하게 표현하기 위해 필요하지만, 넓은 동적인 영역을 수용하기 위해서는 큰 스텝 진폭이 필요하다는 것을 알 수 있다. 그러므로 델타 변조기에서 양자화 에러의 평균 전력[4]을 최소화하는 최적의 스텝 진폭을 선택한다면 델타 변조 시스템을 **적응성 있게** 만들 필요가 있다. 역으로 이

[4] 통계적 용어로, 랜덤 과정의 평균 전력(양자화 오차에서 볼 수 있듯이)은 그 과정의 제곱 평균의 값과 같다. 이 이슈는 8장에 논의되어 있다.

런 요구 사항은 스텝 진폭이 입력 메시지 신호에 따라 변화해야만 한다는 것을 의미한다.

델타-시그마 변조

이미 언급했듯이 델타 변조의 기본적인 형태인 양자화기 입력은 입력 메시지 신호의 값에 근사화되어 보일 수도 있다. 이러한 동작은 복조된 신호에서 축적된 에러에 의한 잡음과 같은 전송 방해로 인해 델타 변조의 단점을 이끌어 낸다. 이런 단점은 델타 변조 전 단계에서 메시지 신호를 **적분**함으로써 극복될 수 있다. 또 적분의 사용은 아래와 같은 좋은 효과를 가진다.

- 입력 신호의 저주파수는 이미 강조되어 있다.
- 양자화기 입력에서 에러 신호의 평균 전력을 감소함으로써 전체 시스템 성능을 향상시키는 델타 변조기 입력의 인접 샘플들 사이의 관계는 증강된다.
- 수신단의 디자인은 간소화된다.

입력에서 적분이 가능한 델타 변조 시스템은 **델타-시그마 변조**(delta-sigma modulation)라고 불린다. 그러나 정확하게 말하면, 적분이 델타 변조 전에 수행되기 때문에 **시그마-델타 변조**라고 해야 한다. 그럼에도 불구하고 이전 용어가 문헌에서 일반적으로 사용된다.

그림 5.17(a)는 델타-시그마 변조 시스템의 블록 다이어그램을 나타낸다. 이 다이어그램은 펄스 변조기가 하드 리미터 다음 단계에 곱셈기로 구성된다는 것을 의미하고 메시지 신호 $m(t)$는 연속 시간 형태로 정의된다. 마지막 성분은 역시 1비트 인코딩된 신호를 생산하기 위해서 외부 펄스 발생기(클록)에 의해 동작한다. 송신단 입력에서 적분의 사용은 수신단에서 역신호 강조(즉 차이)를 명확하게 한다. 그러나 기본적인 DM 수신단에서 적분을 하여 소거하기 때문에 이런 차이는 필요 없게 된다. 따라서 그림 5.17(a)에 나와 있듯이 델타-시그마 변조 시스템의 수신단은 간단하게 저역통과 필터로 구성한다.

게다가 적분은 기본적으로 선형 동작을 한다. 따라서 그림 5.17(b)에 나타낸 것과 같이 압축기 뒤에 위치한 단일 적분기에서 그림 5.17(a)의 2개의 적분기 1과 2를 결합함으로써 송신단의 디자인을 단순화할 수 있다. 델타-시그마 변조의 마지막 단계는 그림 5.17(a)보다 단순할 뿐만 아니라 1비트 펄스 코드 변조가 '스무딩' 된 것과 같이 델타-시그마 변조의 흥미로운 해석을 보여 준다. 이 문장에서 스무딩은 압축기 출력이 양자화하기 이전에 적분되고 1비트 펄스 코드 변조는 양자화기가 단지 두 가지 표현 레벨을 가진 하드 리미터로 구성됨을 설명한다.

5.8 차동 펄스 코드 변조

디지털 펄스 변조 신호의 다른 형태인 음성 또는 영상 신호가 나이퀴스트 율보다 더 높은

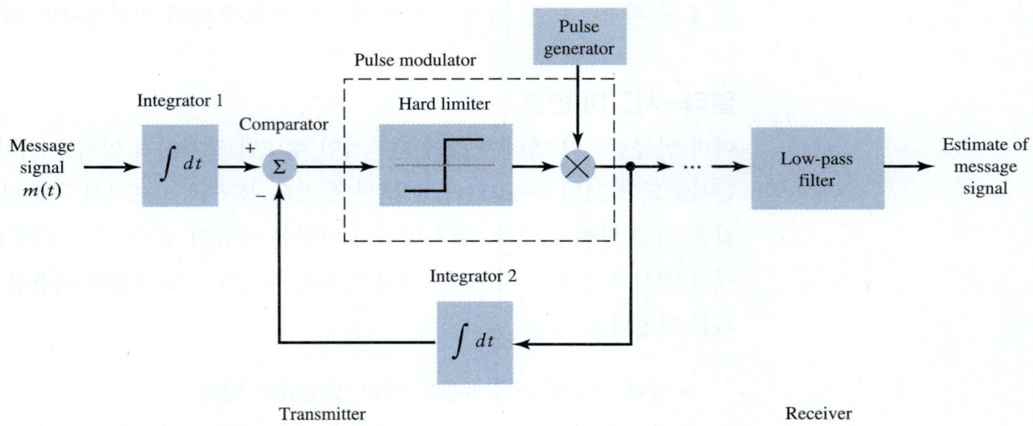

(a)

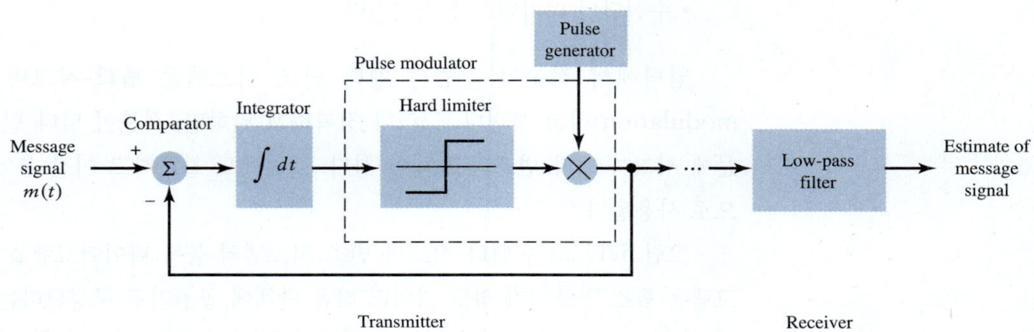

(b)

그림 5.17 델타-시그마 변조 시스템에서 등가의 두 가지 시스템: (b)의 시스템은 (a)의 시스템을 단순화한 것이다.

주파수로 샘플링된 신호는 인접한 샘플들 사이에 상관 관계가 높다는 것을 알 수 있다. 상관 관계가 높다는 말은 일반적으로 하나의 샘플에서 다음 샘플까지가 급격히 변하지 않고 인근 샘플들과의 차가 신호의 평균 전력보다 더 작은 전력을 갖는 것이다. 높은 상관 관계의 샘플들이 표준 펄스 코드 변조 시스템으로 인코딩될 때, 인코딩된 신호의 결과는 **여분의 정보**가 포함된다. 여분이란 인코딩 과정의 결과로 꼭 필요한 것은 아니지만 정보를 전송하기 위해 만들어지는 심벌이다. 인코딩 이전에 여분을 없앰으로써 펄스 코드 변조와 비교하여 더 **효율적으로** 인코딩 신호를 얻는다.

이제 여분의 신호에 대해 충분히 알아봤으면 여분을 **추리**하거나 적어도 가장 확률적인 판단을 한다. 특수하게 한 주기 안에 있는 신호의 지난 패턴을 안다면 미래 값에 대한 몇몇의 예상을 하는 것은 가능하다. 이러한 과정은 보통 **전처리**(prediction)라고 불린다.

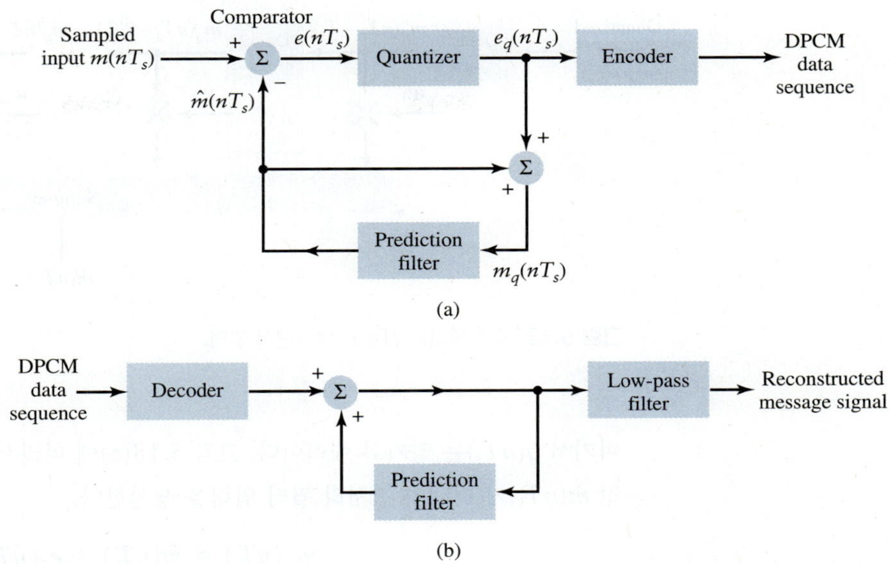

그림 5.18 DPCM 시스템: (a) 송신기, (b) 수신기.

메시지 신호 $m(t)$가 T_s초 간격으로 상관 관계 샘플 열을 만들기 위하여 $f_s=1/T_s$으로 샘플링됐다면 이 열은 $\{m(nT_s)\}$라고 나타낸다. $m(t)$ 신호의 미래 값의 예상은 **미분 양자화** 기술을 위한 동기를 제공하는 것이 가능하다. 미분 양자화 기술은 그림 5.18(a)에 나와 있다. 이 기술은 입력 신호를 양자화하기 위하여 다음과 같이 정의된다.

$$e(nT_s) = m(nT_s) - \hat{m}(nT_s) \tag{5.34}$$

입력 샘플 $m(nT_s)$와 그것의 예상 값 $\hat{m}(nT_s)$의 차라고 정의된다. 이 예상되는 값은 **전처리 필터**를 사용함으로써 생성된다. 전처리 필터의 입력은 $m(nT_s)$의 양자화 형태의 구성으로 볼 수 있을 것이다. 미분 신호 $e(nT_s)$는 **전처리 에러**라 한다. 그것은 정확하게 들어오는 메시지 신호를 예상하기 위한 전처리 필터의 에러 양이다. 전처리 필터의 도구로 간단하고 효과적인 접근은 기본 지연 구성이 샘플링 주기와 같은 **탭지연선 필터**(tapped-delay-line filter)와 **이산 시간 필터**를 사용하는 것이다. 필터의 블록 다이어그램은 그림 5.19에 나와 있듯이 예상 $\hat{m}(nT_s)$는 양자화된 $m(nT_s)$의 **예상 순서** p만큼 지난 샘플 값의 선형 합으로 설계되었다.

그림 5.18(a)의 양자화기 출력을 인코딩함에 따라, **차동 펄스 코드 변조**라고 알려진 펄스 코드 변조의 다른 형태를 얻는다. 인코딩된 신호는 전송을 위해 사용된다.

양자화기의 출력은 다음과 같이 표현된다.

$$e_q(nT_s) = e(nT_s) + q(nT_s) \tag{5.35}$$

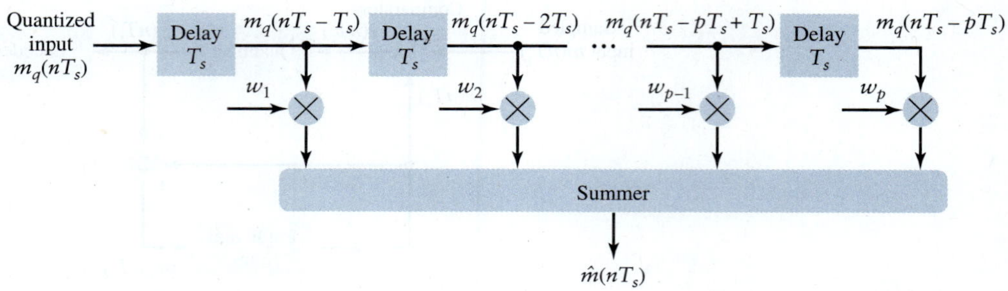

그림 5.19 예측 필터로 사용된 탭지연선 필터.

여기서 $q(nT_s)$는 양자화 에러이다. 그림 5.18(a)에 따라서 양자화기 출력 $e_q(nT_s)$는 예상값 $\hat{m}(nT_s)$가 더해져 전처리 필터 입력을 생성한다.

$$m_q(nT_s) = \hat{m}(nT_s) + e_q(nT_s) \tag{5.36}$$

식 (5.35)대신에 식 (5.36)을 써서 다음 식을 얻는다.

$$m_q(nT_s) = \hat{m}(nT_s) + e(nT_s) + q(nT_s) \tag{5.37}$$

그러나 식 (5.34)에서 $\hat{m}(nT_s)+e(nT_s)$은 샘플링된 메시지 신호 $m(nT_s)$와 같다. 그래서 식 (5.37)을 다음과 같이 다시 쓴다.

$$m_q(nT_s) = m(nT_s) + q(nT_s) \tag{5.38}$$

위의 표현은 메시지 샘플 $m(nT_s)$의 양자화 형태이다. 전처리 필터의 특성을 제외하면 필터에서 양자화된 신호 $m_q(nT_s)$와 샘플링된 메시지 신호 $m(nT_s)$는 양자화 에러 $q(nT_s)$에 의해서 다르다. 따라서 예상이 좋다면 전처리 에러 $e(nT_s)$의 평균 전력은 $m(nTs)$의 평균 전력보다 작아질 것이다. 그래서 $m(nT_s)$가 곧바로 펄스 코드 변조로 양자화되었다면 레벨의 주어진 수를 가진 양자화기는 가능한 작은 평균 전력을 가지는 에러를 생성하도록 조절 가능하다.

메시지 신호의 양자화 형태를 복구하기 위한 수신단은 그림 5.18(b)에서 보여 준다. 양자화된 에러 신호를 복구하기 위하여 디코더로 되어 있다. 그림 5.18(a)는 송신기에 있는 같은 전처리 필터를 사용함으로써 원래 신호의 양자화 형태는 디코더로 복구된다. 채널 잡음이 없다고 한다면, 수신기 입력에서 인코딩된 신호가 수신기 출력에서 인코딩된 신호와 동일하다. 따라서 수신기 출력에 대응하는 $m_q(nT_s)$와 같다. 이것은 본래의 입력 $m(nT_s)$과 다르다. 양자화 에러 $q(nT_s)$에 의해 초래하는 전처리 에러 $e(nT_s)$가 양자화의 결과에서 발생된다. 마지막으로, 본래의 메시지 신호 $m(t)$의 예상은 저역통과 복구 필터를 통한 배열 $m_q(nT_s)$에 의해 나타난다.

앞서 말한 해석에서 잡음이 없는 환경에서 송신기와 수신기의 예상 필터는 $\{m_q(nT_s)\}$ 샘플들의 같은 배열에서 동작하는 것을 알 수 있다. 그림 5.18(a)의 핵심은 궤환 경로가 송신기에서 양자화기에 더해지는 것이다.

차동 펄스 코드 변조는 특별한 경우에 델타 변조를 포함한다. 특별히 그림 5.18의 차동 펄스 코드 변조 시스템과 그림 5.15의 델타 변조 시스템을 비교하여 보면 두 가지 중요한 차이점 외에 기본적으로는 비슷하다는 것을 알 수 있다.

- 델타 변조 시스템에서는 1비트(두 레벨) 양자화기를 사용한다.
- 차동 펄스 코드 변조에서는 단일 지연 요소(즉 영 예상 주문)에 의해서 전처리 필터에 반환된다.

바꾸어 말하면 델타 변조는 차동 펄스 코드 변조의 1비트 버전이다. 그러나 펄스 코드 변조와 델타 변조 송신기 둘 다 **궤환**의 사용을 포함한다는 점에서 차동 펄스 코드 변조 시스템과 다르다.

잡음이 고려되는 한 우리는 마지막으로 두 가지 사실을 이끌어 낼 수 있다.

1. 차동 펄스 코드 변조와 델타 변조는 입력 신호가 급격히 변화한다 하더라도 경사 과부하 왜곡을 지배하기 위하여 변화를 추적하는 전처리 필터가 있다.
2. 펄스 코드 변조, 차동 펄스 코드 변조는 양자화 잡음에 영향을 받는다.

► 연습문제 5.11 차동 펄스 코드 변조 시스템에서 두 가지 조건을 만족시키는 잡음의 소스를 만들라. ◄

5.9 선코드

펄스 코드 변조, 델타 변조와 미분 펄스 코드 변조는 아날로그 신호가 디지털 형태로 변환되는 소스 인코딩 동안 다른 전략으로 표현된다. 그러나 공통되는 특징은 1과 0의 이진 배열이 생산된다는 것, **선코드**(line code)는 이진 배열의 전기적 표현이 필요하다는 것이다. 여기에 요약되어 있듯이 이런 표현을 위해서 사용되는 몇몇 선코드가 있다.

1. **온-오프 신호화**에서는 그림 5.20(a)와 같이 심벌 1은 심벌 주기 동안 상수 크기의 펄스가 전송되는 표현이고 심벌 0은 펄스 없이 전송됨을 나타낸다.
2. **NRZ 신호화**에서는 그림 5.20(b)와 같이 심벌 1과 0이 양과 음의 같은 펄스 크기에 의해서 표현된다.
3. **RZ 신호화**에서는 그림 5.20(c)와 같이 심벌 1이 심벌의 반주기 동안 양수 사각파에 의해서 표현되고 심벌 0은 펄스 없이 전송될 때 나타난다.
4. **BRZ 신호화**는 그림 5.20(d)를 표시하기 위하여 세 가지 크기의 레벨을 사용한

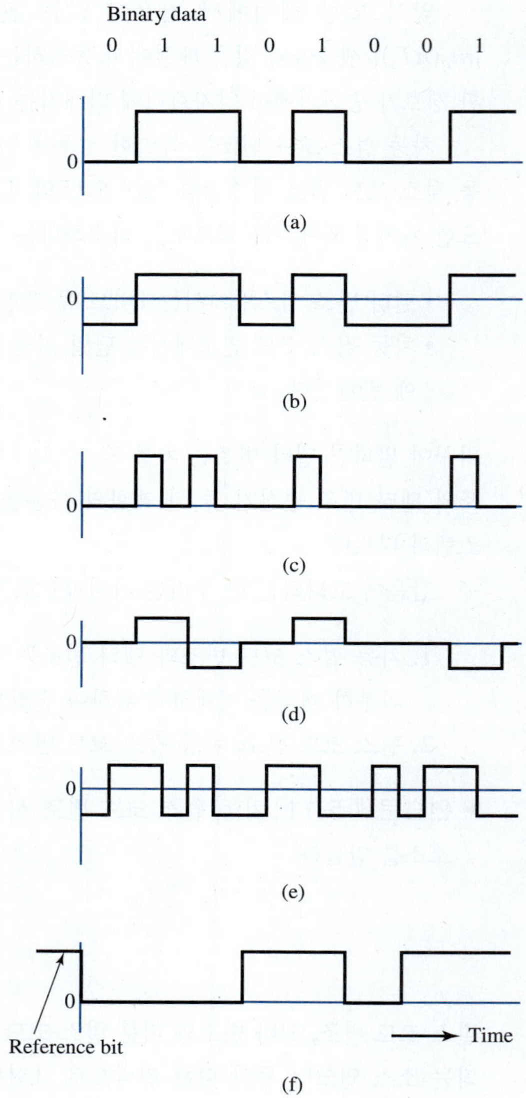

그림 5.20 선코드. (a) 온-오프 신호화. (b) NRZ 신호화. (c) RZ 신호화. (d) BRZ 신호화. (e) 맨체스터 코드. (f) 미분 인코딩.

다. 특별히 같은 크기의 양과 음의 펄스들은 심벌 1을 위하여 번갈아 사용되고 펄스가 없는 것은 항상 심벌 0을 위하여 사용된다. BRZ 신호화의 유용한 특징은 심벌 1과 0이 같은 확률로 발생하는 경우 전송 신호의 전력 스펙트럼에 직류 성분과 비교적 무의미한 저주파 성분이 없다는 것이다.

5. **맨체스터 코드**(split-phase)는 그림 5.20(e)와 같이 표현되어 있다. 이 신호화의 방법에서 심벌 1은 반주기 동안 크기가 같은 음의 펄스에서 양의 펄스로 표현된

다. 두 펄스는 같은 크기로 반주기와 같다. 심벌 0은 두 펄스의 양극의 역상이다. 맨체스터 코드는 직류 성분과 신호 특성에 영향이 없는 비교적 무의미한 저주파 성분을 줄인다.

6. **미분 인코딩**에서 그림 5.20(*f*)와 같이 정보는 신호 변화의 기간 동안 인코딩된다. 예를 들어 그림에 나와 있듯이 이진 펄스 코드 변조 신호에서 변화는 0을 지정하기 위하여 사용되고 반대로 변화가 없는 것은 심벌 1을 표현하기 위하여 사용된다. 미분 인코딩 신호는 그것의 해석에 영향이 없이 반대일 것이다. 본래의 이진 정보는 변화의 유무와 상관없이 인접한 심벌들의 양극을 비교하는 것으로부터 복구된다. 요점은 그림 5.20(f)에 나타나 있듯이 미분 인코딩이 **기준 비트**의 사용을 요구한다는 것이다.

그림 5.20의 (a)부터 (f)까지의 파형은 이진 데이터 스트림 01101001을 그린 것이다. 여기서 전기적 표현을 간단히 하기 위하여 구형 펄스 파형이 사용되었다. 펄스 코드 변조 데이터의 전송을 위하여 다른 펄스 파형을 사용하는 경우의 효과는 6장에서 다루게 된다.

5.10 예제

시간 분할 다중 접속

나이퀴스트 율과 같거나 그보다 높은 주파수로 샘플링하는 샘플링 이론을 사용하면 주어진 $m(t)$의 샘플 열을 제한된 대역폭 내의 메시지 신호인 $m(t)$로 전송할 수 있다. 샘플링 과정의 중요한 특징은 **시간의 보존**이다. 즉 메시지 샘플의 전송은 기본주기 샘플링 구간의 한 부분을 위해 통신 채널을 구분짓는다. 그리고 이러한 방법으로 인접한 샘플들 사이에 시간 간격을 두고 기본 공유 시간에 다른 독립적인 메시지 소스를 사용하기 위하여 명확하게 구분된다. 이로써 **TDM 시스템**을 얻게 되는데, TDM 시스템에서는 그들 사이에 상호 영향이 없는 다수의 메시지 신호들에 통신 채널의 공동 이용이 가능하다.

TDM의 원리는 그림 5.21의 블록 다이어그램에서 설명된다. 각각의 입력 메시지 신호는 첫째 충분한 신호 표현을 위하여 필요 없는 주파수 성분을 없애기 위하여 저역통과 안티 에일리어싱 필터를 통하여 대역폭이 제한된다. 저역통과 필터의 출력들은 보통 전기 스위칭 회로로 사용되는 **정류기**(commutator)로 응용된다. 정류기의 기능은 두 가지 이다: (1) $2W$보다 조금 높은 샘플링 주파수 f_s에서 각각의 N 입력 메시지의 좁은 샘플을 취한다. 여기서 W는 안티 에일리어싱 필터의 차단 주파수이다. 그리고 (2) N 샘플들을 샘플링 구간 T_s 안에 연속적으로 상호 배치하기 위한 것이다. 실제로 후자의 기능은 시간 분할 다중 접속 방식의 핵심이다.

통신 과정을 따르면, 다중화된 신호는 다중화된 신호를 일반 채널을 통하여 전송하기 위하여 적당한 형식으로 변형하는 **펄스 변조기**를 사용한다. TDM의 사용은 대역폭 확장

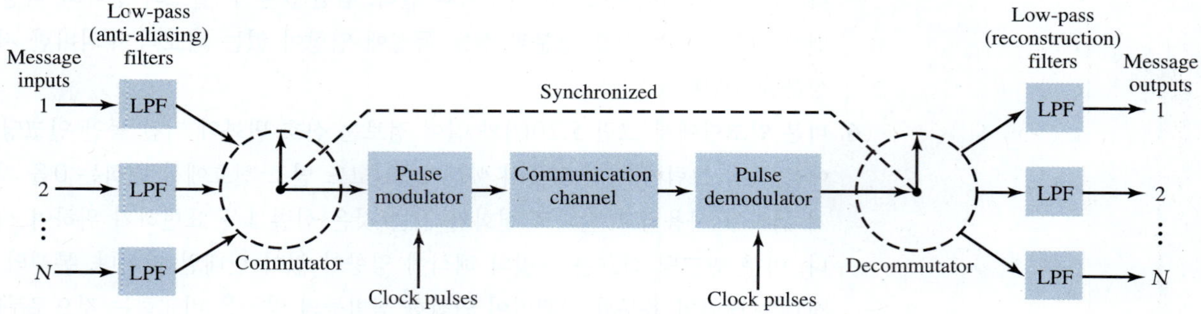

그림 5.21 TDM 시스템의 블록 다이어그램.

요소 N으로 소개하는 것이 정확하다. 방법의 이유는 샘플 간격과 같은 시간 슬롯에서 N 독립 메시지 요소로부터 이끌어 낸 N 샘플들을 증명해야 하기 때문이다. 시스템의 수신이 끝날 때, 수신된 신호는 펄스 변조의 역과정인 **펄스 복조기**를 거친다. 펄스 복조 출력에서 생성된 좁은 샘플들은 송신기에서 정류기와 **동기가 맞는 교환기**에 의해 저역통과 복구 필터에 사용되기 위하여 분배된다. 동기화는 시스템의 동작을 만족스럽게 하기 위하여 필요하다. 동기화 방법은 다중화된 배열의 샘플들을 송신하기 위하여 사용되는 펄스 복조의 방법에 따라 구현된다.

TDM 시스템은 공통의 채널에서 분포되어 아주 민감하다. 그것은 채널의 상수가 아닌 크기 응답, 그리고 비선형 위상 응답 둘 다 주파수를 고려하여 측정되었다. 따라서 채널의 두 가지 크기와 위상 응답의 **등가화**는 시스템의 만족스러운 동작을 안전하게 하기 위하여 필요하다. 효과적인 채널 구분을 위해 동등하게 구분한다.(채널 등가화는 6장에서 논의함.) 하지만 3장에서 다룬 FDM은 TDM에 근사하게 혼선의 요소와 같이 채널에서 비선형적인 요소를 제거한다. 다른 메시지 신호들이 채널에 동시에 적용되지 않기 때문이다.

동기화

펄스 코드 변조를 사용한 응용에서, 예를 들어 다른 메시지 소스를 시간 분할에 의하여 다중화 할 때, 송신기에서 수신기까지의 경로를 통하여 각각의 요소가 다른 모든 소스들로부터 구분을 유지한다. 이 특성을 근거로 TDM 시스템에서 메시지 소스가 누락되거나 추가된 것을 쉽게 비교 할 수 있다. 독립적인 메시지 소스가 늘어남에 따라서 시간 간격은 상호간 샘플링 주파수의 시간 간격이 같도록 수용되어야 하기에 각각의 소스가 늘어남에 따라 시간 간격은 줄어들게 된다. 즉 인코딩된 한 샘플의 구간은 감소된다. 펄스는 구간이 감소됨에 따라 생성하고 전송하는 데 점점 더 어려워진다. 게다가 만약 펄스가 너무 짧으면 평범한 시스템의 동작에 영향을 끼쳐 전송 수단으로 어려워진다. 그러므로 채널의 독립적인 시간 슬롯의 수를 제한하는 것은 필수적이다.

어떠한 상황에서도 TDM에서 펄스 코드 변조 시스템이 잘 동작하기 위하여 수신단에서 타이밍 작동기는 전송에서 잃어버리는 시간과 재생을 반복하는 것을 제외하고 전송단과 대응되는 동기가 필요하다. 보통 방법으로 전송단에서 거리 표준 클록으로서 동기를 유지하기 위한 수신단에서 두 클록으로부터 메시지 신호가 전송되기 위한 요구 시간으로 같은 양만큼 지연되는 것을 제외하는 로컬 클록을 요구한다. 이 지연은 두 클록 사이에 다른 위상을 발생시킨다. 송수신 클록들의 동기화를 위한 가능한 방법은 **프레임**(frame)의 마지막에 코드 요소나 펄스를 추가하는 방법이다.(코드 워드의 구성은 연속한 각각의 독립적인 메시지 소스에서 증명된다.) 그리고 전송에서 이 펄스는 유일하다. 이러한 경우 수신단은 프레임 율의 반에서 0과 1의 교환 패턴을 찾기 위한 회로를 포함한다. 그리고 그것에 의하여 송신단과 수신단의 동기화가 성립된다.

송신 경로가 막혔을 때, 송신 클록과 수신 클록은 오랫동안 같은 시간을 가리킬 수 없을 것이다. 동기화 과정을 수행하는 것을 따라서, 우리는 동기화 과정을 검파하기 위하여 과정을 순서에 따라 구성해야만 한다. 과정은 동기화 펄스가 검파될 때까지 코드 요소들 하나하나를 관찰하는 구성이다. 즉 동기화 펄스의 검파를 만족시키기 위해 충분히 긴 코드 요소를 관찰한 후에 수신단 클록은 하나의 코드 요소와 다음 코드 요소가 관찰될 때까지 돌아간다. 이러한 **조사 과정**은 동기화 펄스가 검파될 때까지 계속된다. 명확히 말해, 동기화를 위해 요구되는 시간은 적절한 송신이 다시 성립되는 중요한 일에 관련된다.

예제 5.1 T1 시스템

이 예제에서 우리는 **T1 시스템**이라고 알려진 펄스 코드 변조 시스템의 중요한 특징을 설명한다. T1 시스템은 24 음성 채널을 대략 2 km 구간의 공간에서 반복하는 재생식의 두 개의 선을 통하여 보낸다. T1 송신 시스템은 전화 통신을 위한 북미 디지털 스위칭 체계[5]의 기초이다.

음성 신호(남성 또는 여성)는 300~3100 Hz 주파수로 필수적으로 제한되어 있다. 그 밖의 주파수는 음성 인식과 이해를 위해 더 이상 기여하지 않는다. 주파수의 이 범위에 응답하는 대신 전화 회로는 만족스러운 서비스를 제공한다. 따라서 샘플링을 위하여 통례적으로 약 3.1 kHz의 절단 주파수를 가지고 저역 통과 필터를 통하여 음성 신호를 보낸다. 그러므로 W=3.1 kHz를 가지고 나이퀴스트 율의 보통 값은 6.2 kHz이다. 필터를 통과한 음성 신호는 보통 약간 높게 샘플링 되는데(즉 8 kHz) 이것은 전화 시스템의 **표준** 샘플링 율이다.

송신 신호의 압축에 의한 수신 신호의 신장을 위하여, T1 시스템은 식 (5.23)의 대수 μ 법칙(μ=255)에 근접하기 위하여 **구분적으로 선형** 특성(15 선형 구분의 구성)을 사용한다. 이 근사화는 식 (5.23)으로 계산된 비교 곡선의 끝 점과 같이 구성되었다. 그리고

[5] 북미에서 사용되고 있는 디지털 스위칭 체계에 관해서는 Haykin(2001), pp. 214~217을 참조하라.

균일하게 수직선에 투영되었다.

모두 255 표현 레벨이 송신 신호의 압축에 의한 수신 신호 신장법의 15요소를 가지고 조합되었다. 이 표현 레벨을 수용하기 위하여 각각의 24 음성 채널은 8비트로 이루어진 이진 코드를 사용한다. 첫째 비트는 입력 음성 샘플이 음수이냐 양수이냐를 지적한다. 비트가 양수이면 1, 음수이면 0이다. 다음 세 개의 비트들은 입력 음성 샘플의 크기를 나타내는 특별한 구분이다. 그리고 마지막 네 개의 비트들은 구분 안의 레벨 응답을 확인한다.

8 kHz 샘플링 율을 가지고, T1의 각각의 프레임은 125 μs 기간을 차지하는 신호와 곱해진다. 특별히 20-8-8비트 워드의 구성, 동기화를 위하여 프레임의 마지막에 단일 비트를 더한다. 여기서 각각의 구성은 모두 $(24\times8)+1=193$비트이다. 따라서 0.647 μs 동안 송신율은 결과적으로 1.544 Mb/s이다.

임펄스 라디오

일반적인 디지털 송신 시스템은 전송 신호의 대역폭을 최소화하고자 한다. 따라서 필터링은 차지하는 대역폭을 줄이기 위하여 자주 사각형 펄스에 적용된다. 그러나 방법은 근본 원리를 따르지 않고 최근에 **임펄스 라디오**(impulse radio)가 관심을 끌게 되었다. 이 기술을 가지고, 정보는 좁은 펄스들의 평균에 따라 보내지고, 시간 내에 넓게 나누어진다. 펄스 넓이가 아주 좁기 때문에, 최종 신호의 스펙트럼은 아주 넓다. 따라서 이 기술은 **초광대역 라디오 전송**[ultra-wideband(UWB) radio transmission]이다. 이것은 이 절의 마지막 예제의 주제이다.

특별히 펄스의 한 형식을 임펄스 라디오를 위해 사용하는 것은 **가우시안 모노사이클**(Gaussian monocycle)이다. 이 펄스 모양은 2장에서 논의된 스케일 가우시안 펄스로 유도되었다. 가우시안 모노사이클의 파형은 다음과 같다.

$$v(t) = A\left(\frac{t}{\tau}\right)\exp\left\{-\pi\left(\frac{t}{\tau}\right)^2\right\} \tag{5.39}$$

여기서 A는 스케일 요소의 크기이고 τ는 펄스의 시간 상수이다. 이 신호는 그림 5.22에 나타나 있다. 음의 로브에 따른 양의 로브의 구성은 대략 τ의 넓이의 펄스를 가지고 있다. 임펄스 라디오의 적용을 위하여 펄스 넓이 τ는 0.20~1.50 nsec 사이의 넓이를 갖는다.

이런 펄스들의 배열의 스펙트럼은 푸리에 변환 형식을 따른다. 각각의 펄스와 그 스펙트럼은 그림 5.23에서 나타난다. 그림 5.23의 주파수 영역은 시간 상수인 타우의 기간 동안 표준화되어 있다. $\tau=10$ nsec일 때, 주파수 영역의 범위는 0~4 GHz이다.

임펄스 웨이브와 같은 디지털 변조 방법이 있다. 한 가지 방법은 그림 5.24(펄스 위치 변조법은 5.3절에서 고려되었다)에 나타나 있는 펄스 위치 변조법이다. 이 방법을 가

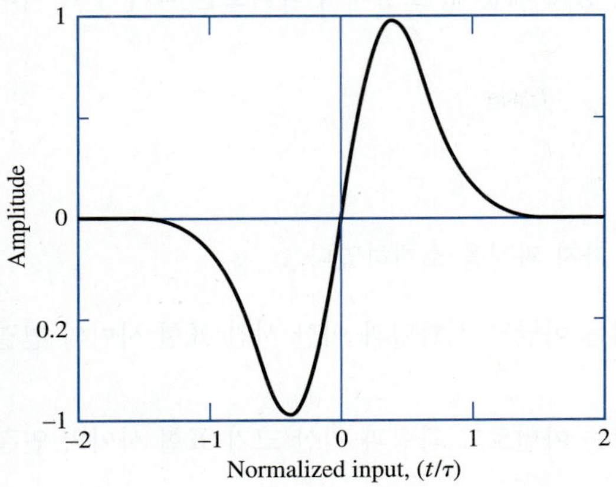

그림 5.22 임펄스 라디오에 사용되는 가우시안 모노사이클의 시간 영역 그림.

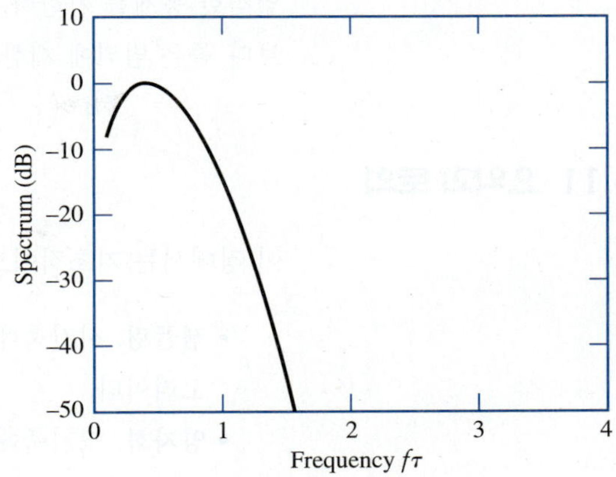

그림 5.23 가우시안 모노사이클의 스펙트럼.

지고, 성공적인 펄스들 사이에 명목상의 시간 분배 T_p가 있다. 이진신호 0을 전송하기 위하여 시간 $t=-T_c$에서 펄스가 조금 일찍 전송된다. 이진신호 1을 전송하기 위하여 펄스는 시간 $t=+T_c$에서 조금 늦게 전송된다. 수신단에서는 **빠르거나 느린 타이밍**에 검파하여 데이터를 적절히 복조한다. 25~1000 nsec의 범위의 펄스들 사이의 형식상 분배 결과 데이터 율의 범위는 40 Mb/s~1 Mb/s이다.

변조된 신호의 초광대역 특징에는 장단점이 있다. 신호 전력이 넓은 대역폭을 차지하기 때문에 많은 양의 전력이 어떠한 특정한 좁은 대역폭 채널에서 떨어지는 것이 적다. 이것은 좋은 점이다. 하지만 모든 좁은 대역폭 채널에서 전력이 떨어지는 것은 나쁘다. 특히 초광대역 라디오 서비스가 차지하는 같은 라디오 스펙트럼에 나쁜 영향을 끼치는 것이 문제가 된다. 비록 초광대역 라디오가 다양한 방법으로 전송된다 하더라도 전력 스펙트럼에

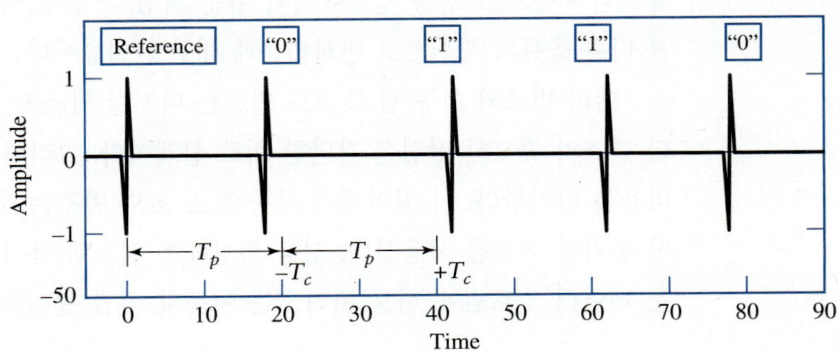

그림 5.24 임펄스 라디오의 펄스 위치 변조.

엄격한 통제를 가한다. 송신 전력에 대한 통제 때문에, 초광대역 라디오는 특히 수백 미터보다 좁은 범위에 제한되어 있다.[6]

5.11 요약과 토의

이 장에서는 기초적이고 기본이 되는 두 가지 과정을 소개하였다.

- **샘플링.** 시간축에서의 샘플링 처리는 아날로그 파형과 이산 시간 표현 사이의 연결고리이다.
- **양자화.** 크기축에서의 양자화 처리는 아날로그 파형과 이산 크기 표현 사이의 연결고리이다.

샘플링 처리는 W Hz보다 높은 주파수가 없는 엄격하게 대역폭이 제한된 신호에서 초당 $2W$의 샘플들을 크거나 같게 추출하는 **샘플링 이론**에서 성립된다. 양자화 처리는 최후의 수취인으로서 어떠한 사람들의 감각이라도 유한한 차이를 찾을 수 있는 사실을 이용한다.

샘플링 처리는 아날로그 펄스 변조와 디지털 펄스 변조 사이에 분류될지도 모르는 모든 펄스 변조 시스템의 작업을 위한 기초이다. 그것들 사이에 구별되는 특징은 아날로그 펄스 변조 시스템은 메시지 신호의 연속 진폭 표현이 유지됨에 반하여 디지털 펄스 변조 시스템은 메시지 신호의 표현이 시간과 진폭 모두에서 이산을 제공하는 양자화를 쓴다는 것이다.

아날로그 펄스 변조 결과는 진폭, 주파수, 위상과 같은 전송 펄스의 변화 요소로 구성된다. 이 경우에 각각 펄스 진폭 변조, 주파수 변조, 펄스 위상 변조라고 부른다.

디지털 펄스 변조 시스템은 샘플링과 양자화의 사용을 통하여 가능하게 된 코딩된 펄스들의 연속으로서 아날로그 메시지 신호를 보낸다. 펄스 코드 변조는 음성과 영상 아날로그 신호의 전송을 위한 인코딩 우선 방법으로 만들어진 특정 시스템 장점이 부여되는 디지털 변조의 한 형태이다. 펄스 코드 변조의 장점은 잡음과 간섭에 대한 강인함, 인코딩 펄스의 아날로그 전송 경로에서의 쉬운 재생(즉 음성, 영상, 데이터), 그리고 메시지 신호를 다른 종류의 형식으로 변화하는데 대한 균일함이다.

델타 변조와 차동 펄스 코드 변조는 디지털 펄스 변조의 다른 유용한 두 형태이다. 델타 변조의 중요한 장점은 간단한 회로 설계이다. 그러나 이 장점은 데이터 전송률 증가의 비용을 야기한다. 이 차이에서 차동 펄스 코드 변조는 시스템 성능 향상을 위하여 복잡성이 증가된 회로를 사용한다. 성능 향상에는 시스템 복잡성 증가의 비용이 따라온다. 그것은 데이터 스트림에 바로 따라오는 여분의 심벌 형태를 제거하기 위한 예상의 생각으로

[6] 초광대역 라디오에 관해서는 Win and Scholtz(1998)과 Cassioli, Win and Molisch(2002)에 자세히 나와 있다.

손쉬워진다. 그리고 그것에 의해 펄스 코드 변조와 비교하여 감소된 채널 대역폭의 사용이 허락된다.

더욱이 델타 변조와 미분 차동 코드 변조 과정에서의 장점은 입력 데이터에서 적합한 계산에 사용되는 통계학의 변수 사용이 만들 수 있다. 특별하게 델타 변조에서 잡음 성능을 증가시키는 데 사용된다. 차동 펄스 코드 변조에서는 대역폭 요구의 감소에 사용된다.

펄스 정보가 사용되는 데 있어서 신호 표현의 결과에 따라 **손실이 많은** 변조 기술을 아는 것이 중요하다. 예를 들면 펄스 진폭 변조에서 관례적인 연습은 샘플링 전에 안티 에일리어싱 필터링을 위한 것이다. 정보는 아주 높은 고주파 성분들이 없어도 된다는 가정에 의해 필터로 제거될 때 손실된다. 펄스 변조의 손실이 많은 성질은 양자화 잡음에 의해 손실되는 펄스 코드 변조에서 가장 뚜렷하게 나타난다. 양자화 잡음은 인코딩 펄스의 전환 열이 연속 샘플에 정확하게 맞는 무한히 필요한 영역을 가질 수 없기에 발생한다. 그럼에도 불구하고 펄스 변조 처리에 의해 발생된 정보 손실은 마지막 사용자에 의해 분리되기 위해 충분히 작게 만들 수 있는 **설계자의 제어에 따른다.**

마지막으로 펄스 코드 변조, 델타 변조와 차동 펄스 코드 변조는 **소스 인코딩 전략**이다. 그것들의 목적은 아날로그 신호를 디지털 신호로 바꾸는 것이다. 인코딩 데이터의 실제 전송에서는 통신 채널을 통과하기 위해 펄스 진폭 변조가 전형적으로 사용된다.(진폭 변조 응용에 대한 자세한 내용은 다음 장에서 소개된다.)

이 장에서 다룬 세 가지 예제는 다음과 같다.

- 시분할 다중 접속은 샘플링 처리의 가장 중요한 특징에 의해 다수의 독립적인 메시지 소스를 동시에 사용하는 통신 채널의 활용이 가능하게 한다. 즉 시간의 보존을 말한다.
- T1 시스템은 한 쌍의 유선으로 대략 2 km의 간격을 두게 하여 재생 리피터에 24 음성 채널의 펄스 코드 변조 전송을 조절한다.
- 임펄스 라디오는 정보가 매우 좁은 펄스를 사용하는 기저대역 무선 채널을 통하여 보내지는 것을 의미한다.

ADDITIONAL PROBLEMS

5.12 (a) Plot the spectrum of a PAM wave produced by the modulating signal

$$m(t) = A_m \cos(2\pi f_m t)$$

assuming the modulation frequency $f_m = 0.2$ Hz, sampling period $T_s = 1$s, and pulse duration

$$T = 0.45\text{s}$$

(b) Using an ideal reconstruction filter, plot the spectrum of the filter output. Compare this result with the output that would be obtained if there were no aperture effect.

5.13 In this problem, we evaluate the equalization needed for the aperture effect in a PAM system. The operating frequency $f = f_s/2$, which corresponds to the highest frequency component of the message signal for a sampling rate equal to the Nyquist rate. Plot $1/\text{sinc}(0.5T/T_s)$ versus T/T_s, and hence find the equalization needed when $T/T_s = 0.25$.

5.14 A PAM *telemetry* system involves the multiplexing of four input signals: $s_i(t)$, $i = 1, 2, 3, 4$. Two of the signals $s_1(t)$ and $s_2(t)$ have bandwidths of 80 Hz each, whereas the remaining two signals $s_3(t)$ and $s_4(t)$ have bandwidths of 1 kHz each. The signals $s_3(t)$ and $s_4(t)$ are each sampled at the rate of 2400 samples per second. This sampling rate is divided by 2^R (i.e., an integer power of 2) in order to derive the sampling rate for $s_1(t)$ and $s_2(t)$.

(a) Find the maximum value of R.

(b) Using the value of R found in part (a), design a multiplexing system that first multiplexes $s_1(t)$ and $s_2(t)$ into a new sequence, $s_5(t)$, and then multiplexes $s_3(t)$, $s_4(t)$, and $s_5(t)$.

5.15 (a) A sinusoidal signal with an amplitude of 3.25 volts is applied to a uniform quantizer of the midtread type whose output takes on the values 0, ±1, ±2, ±3 volts. Sketch the waveform of the resulting quantizer output for one complete cycle of the input.

(b) Repeat this evaluation for the case when the quantizer is of the midrise type whose output takes on the values ±0.5, ±1.5, ±2.5, ±3.5 volts.

5.16 Consider the following sequences of 1s and 0s:

(a) An alternating sequence of 1s and 0s.

(b) A long sequence of 1s followed by a long sequence of 0s.

(c) A long sequence of 1s followed by a single 0 and then a long sequence of 1s.

Sketch the waveform for each of these sequences using the following methods of representing symbols 1 and 0:

(a) On–off signaling.

(b) Bipolar return-to-zero signaling.

5.17 The sinusoidal wave

$$m(t) = 6\sin(2\pi t) \text{ volts}$$

is transmitted using a 4-bit binary PCM system. The quantizer is of the midrise type, with a step size of 1 volt. Sketch the resulting PCM wave for one complete cycle of the input. Assume a sampling rate of four samples per second, with samples taken at $t = \pm 1/8, \pm 3/8, \pm 5/8, \ldots,$ seconds.

5.18 Consider a compact disc that uses pulse-code modulation to record audio signals whose bandwidth $W = 15$ kHz. Specifications of the modulator include the following:

Quantization:	uniform with 512 levels
Encoding:	binary

Determine (a) the Nyquist rate, and (b) the minimum permissible bit rate.

5.19 This problem addresses the digitization of a television signal using pulse-code modulation. The signal bandwidth is 4.5 MHz. Specifications of the modulator include the following:

Sampling:	15% in excess of the Nyquist rate
Quantization:	uniform with 1024 levels
Encoding:	binary

Determine (a) the Nyquist rate, and (b) the minimum permissible bit rate.

5.20 Figure 5.25 shows a PCM signal in which the amplitude levels of +1 volt and −1 volt are used to represent binary symbols 1 and 0, respectively. The code word used consists of three bits. Find the sampled version of an analog signal from which this PCM signal is derived.

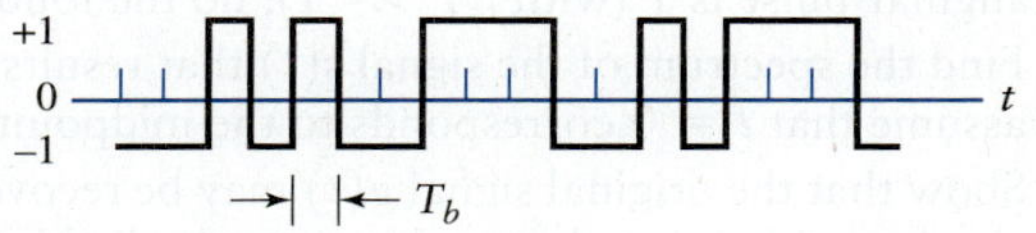

FIGURE 5.25 Problem 5.20

5.21 Consider a sinusoidal wave of frequency f_m and amplitude A_m, applied to a delta modulator of step size Δ. Show that slope-overload distortion will occur if

$$A_m > \frac{\Delta}{2\pi f_m T_s}$$

where T_s is the sampling period. What is the maximum power that may be transmitted without slope-overload distortion?

5.22 Consider a delta modulation (DM) system used to transmit a voice signal, which is uniformly sampled at the rate of 64 kHz. Assume the following specifications:

$$\text{Voice signal bandwidth} = 3.1 \text{ kHz}$$
$$\text{Maximum signal amplitude} = 10 \text{ volts}$$

(a) To avoid slope overload distortion, what is the minimum permissible value of the step size Δ used in the system?

(b) Determine the average power of granular noise.

(c) Determine the minimum-channel bandwidth needed to transmit the DM encoded data.

5.23 Repeat Problem 5.22, this time using a sinusoidal wave of frequency = 3.1 kHz and peak amplitude = 10 volts.

5.24 In the DPCM system depicted in Fig. 5.26, show that in the absence of channel noise, the transmitting and receiving prediction filters operate on slightly different input signals.

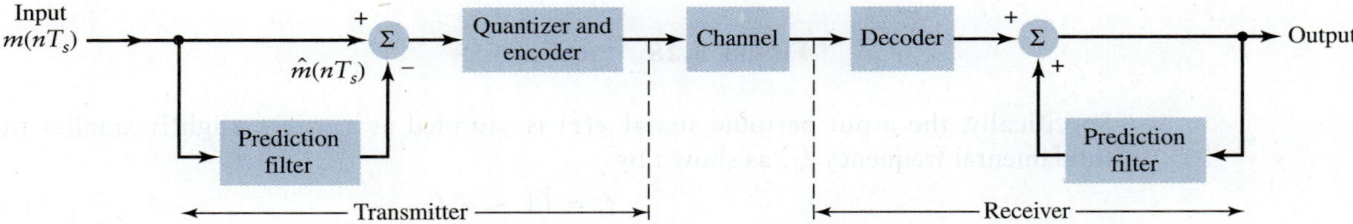

FIGURE 5.26 Problem 5.24

ADVANCED PROBLEMS

5.25 (a) Given any physical signal, it is not possible to sample the signal without impairment due to the aliasing phenomenon.

(b) The best that a designer can do is to manage the aliasing problem in such a way that the impairment is not discernible by a human user.

Justify the validity of these two statements.

5.26 In *natural sampling*, an analog signal $g(t)$ is multiplied by a periodic train of rectangular pulses $c(t)$. Given that the pulse-repetition frequency of this periodic train is f_s and the duration of each rectangular pulse is T (with $f_s T \gg 1$), do the following:

(a) Find the spectrum of the signal $s(t)$ that results from the use of natural sampling; you may assume that $t = 0$ corresponds to the midpoint of a rectangular pulse in $c(t)$.

(b) Show that the original signal $g(t)$ may be recovered exactly from its naturally sampled version, provided that the conditions embodied in the sampling theorem are satisfied.

5.27 Figure 5.27 shows the block diagram of a *bipolar chopper*. The chopper has two parallel paths, one direct and the other inverting. The commutator at the output switches back and forth between these two paths at a frequency denoted by f_s. The chopper produces an output signal $y(t)$ in response to the input signal $x(t)$.

(a) Determine $y(t)$ in terms of $x(t)$.

(b) Given that $X(f)$ is the Fourier transform of $x(t)$, determine the Fourier transform of $y(t)$.

Use graphical displays to illustrate your answers.

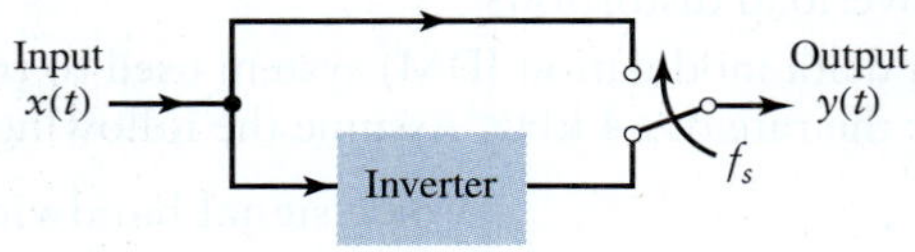

FIGURE 5.27 Problem 5.27

5.28 Figure 5.28 shows a subsystem consisting of an instantaneous sampler followed by a synthesis filter, which is used in a *sampling oscilloscope*. The subsystem is designed to exploit the aliasing phenomenon for the expanded display of arbitrary periodic signals. Assume that the input periodic signal $x(t)$ has been prefiltered (not shown in Fig. 5.28) to suppress all frequency components higher than the mth harmonic.

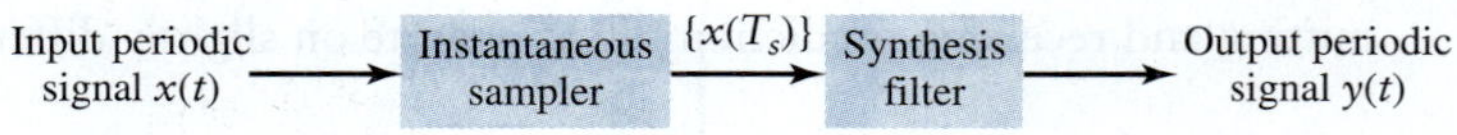

FIGURE 5.28 Problem 5.28

Specifically, the input periodic signal $x(t)$ is sampled at a rate f_s slightly smaller than its fundamental frequency f_0, as shown by

$$f_s = (1 - a)f_0$$

where the factor a lies in the interval $0 < a < 1$. In so doing, aliasing is purposely introduced into the composition of the sample sequence $\{x(nT_s)\}$, where $n = 0, \pm 1, \pm 2, \ldots$, and $T_s = 1/f_s$. The sequence $\{x(nT_s)\}$ is next processed by the low-pass synthesis filter of cutoff frequency $B = f_s/2$, thereby producing the output periodic signal $y(t)$.

Use graphical plots to illustrate the relationships between $x(t)$ and $y(t)$ and their respective spectra $X(f)$ and $Y(f)$, and include the following:

(a) Show that the output signal is an *expanded* version of the input signal, as shown by

$$y(t) = x(at)$$

(b) To prevent spectral overlap, the expansion factor a must satisfy the condition

$$a < \frac{1}{2m + 1}$$

(c) The spectrum $Y(f)$ contains a *compressed* image of the spectrum $X(f)$.

5.29 In a television set, the video signal is produced by capturing 60 still frames of a scene per second; hence, the sampling period of the video signal is $T_s = 1/60$ second. This means that a given point on the television screen is actually dark most of the time; the point is lit periodically every $1/60$ second. The light emitted by the television set makes for an interesting experiment on the aliasing phenomenon experienced in uniform sampling of the complex sinusoid $\exp(j2\pi ft)$.

Suppose that the television screen is masked off, except for a narrow horizontal strip, and we sit with our back to the television. To see what is happening on the television, we use a mirror that rotates counterclockwise about the horizontal axis. Demonstrate the following two possible results:

(a) The horizontal strip will appear still if the rotation speed of the mirror matches the sampling rate of the video signal.

(b) Otherwise, the horizontal strip on the television screen will appear in the mirror as though it is rotating backwards.

(*Note:* The experiment described in Problem 5.29 shows how a television set can be used to demonstrate the way in which a device called the *stroboscope* works.)

5.30 In Section 5.2, we discussed the interpolation of a sample sequence based on the sample-and-hold filter. In the control literature, this interpolation filter is referred to as the *zero-order hold*. A more complex interpolation filter called the *first-order hold* may be preferred to the zero-order hold. As the name implies, the first-order hold performs interpolation between data points by a first-order polynomial—namely, a straight line.

Figure 5.29 depicts the impulse response $h(t)$ of a first-order hold filter to a pulse of unit amplitude and duration T.

(a) Show that the frequency response of the first-order hold filter is given by

$$H(f) = T\left(\frac{1 - \exp(-j2\pi fT)}{j2\pi fT}\right)^2(1 + j2\pi fT)$$

(b) Plot the magnitude and phase responses of the first-order hold filter, and compare them to the sample-and-hold filter.

(c) Determine the transfer function of the equalizer that needs to be cascaded with the first-order hold filter for perfect reconstruction of the message signal. Compare your result with the equalization needed for the sample-and-hold filter for a duty cycle $(T/T_s) \leq 0.1$. Comment on your results.

(d) Plot the response of the first-order hold filter to the sinusoidal input $\cos(50t)$, assuming $f_s = 100$ Hz and $T = 0.01$. Compare your result with that produced by the sample-and-hold filter. Here again, comment on what the comparison teaches us.

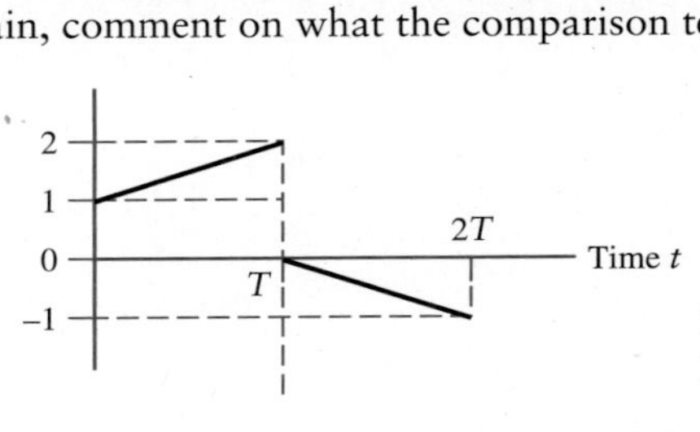

FIGURE 5.29
Problem 5.30

5.31 In this problem, we address derivation of the Gaussian monocycle $v(t)$ of Eq. (5.39) and its spectrum plotted in Fig. 5.23.

To be specific, consider the unit Gaussian pulse

$$g(t) = \exp(-\pi t^2)$$

which is its own Fourier transform, as shown by

$$G(f) = \exp(-\pi f^2)$$

(For details of this Fourier-transform pair, see Example 2.6).

Differentiating $g(t)$ with respect to time t, we get the corresponding Gaussian monocycle

$$g'(t) = -2\pi t \exp(-\pi t^2)$$

where the prime signifies differentiation.

(a) Applying the linearity and dilation properties of the Fourier transform to $g'(t)$, derive the $v(t)$ of Eq. (5.39). What is the value of parameter A of the pulse in Fig. 5.22?

(b) Building on the results of part (a) and making use of the differentiation property of the Fourier transform, derive the formula used to plot the spectrum of $v(t)$ shown in Fig. 5.23.

The properties of the Fourier transform referred to in parts (a) and (b) are discussed in Chapter 2.

6 장

기저대역 데이터 전송

물리적인 통신 채널에서의 디지털 데이터 전송은 필연적으로 다음의 두 가지 요인에 의해 제한을 받는다.

1. **심벌 간 간섭**(intersymbol interference): 이것은 채널의 주파수 응답에서의 결함 때문에 발생한다.
2. **채널 잡음**(channel noise): 이것은 예측하기 어려운 랜덤한 물리적 현상에 기인하여 채널 출력에서 발생하는 원치 않는 전기적 신호이다.

이 장에서는 심벌 간 간섭에 초점을 맞추고, 디지털 통신 수신기에서의 잡음에 관한 논의는 교재의 뒷부분으로 미룬다.

이름에서 알 수 있듯이, 심벌 간 간섭은 한 심벌과 인접한 심벌이 채널을 통과한 후에 시간 응답에서 나타난다. 이로 인해 수신기 출력에서 복원된 데이터 시퀀스와 송신기 입력에 인가된 원래의 데이터 시퀀스 사이에 차이가 난다. 따라서 이러한 문제점을 해결하는 조치가 취해지지 않으면, 심벌 간 간섭으로 인해 데이터 전송률이 채널의 물리적 용량 아래로 제한될 수 있다.

실제적 관심 대상인 심벌 간 간섭을 해결하는 한 가지 방안으로 **기저대역 펄스 성형**(baseband pulse shaping)에 대해 공부한다. 이 방법은 대역제한된 펄스에 성형을 가해 심벌 간 간섭 문제를 완화한다. 펄스 성형을 설명하기 위해서는 채널에 대한 이해가 선행되어야 한다.

이 장에서 배울 내용은 다음과 같다.

- **레슨 1: 심벌 간 간섭 문제를 이해하고, 이를 해결하는 방법이 디지털 통신 시스템의 설계에 중요하다.**
- **레슨 2: 상승 코사인 스펙트럼은 심벌 간 간섭 문제를 완화하기 위해 설계된 기저대역 펄스 성형을 위해 강력한 수학적 툴을 제공한다.**
- **레슨 3: 눈 패턴(eye pattern)은 오실로스코프를 통해 심벌 간 간섭 정도를 시각적으로 판별할 수 있는 지표이다.**

6.1 디지털 데이터의 기저대역 전송

1장에서 '기저대역'은 정보원으로부터 전달된 원래의 신호를 나타내는 주파수 대역이라고 정의하였다. 정보원은, 예를 들어 0과 1의 심벌로 구성된 이진 데이터를 생성하는 컴퓨터가 될 수 있다. 디지털 통신 시스템의 임무는 데이터 스트림을 정보원에서 목적지까지 신뢰할 수 있는 방법으로 채널을 통해 전송하는 것이다. 이 작업을 완수하기 위해, 이산적인 방법으로 가공되지 않은 데이터에 따라 전송 펄스의 진폭, 위상, 또는 주파수를 바꿔 주는 변조 방법을 사용해야 할 필요가 있다. 이 장에서는 **이산 펄스 진폭 변조**의 사용을 강조하며, 이것은 진폭을 이산 레벨로 양자화하는 펄스 진폭 변조(5장에서 배운)의 한 형태이다. 이것을 강조하는 세 가지 이유가 있다.

1. 이산 펄스 진폭 변조는 해석하기가 간단하다.
2. 이것은 전력과 대역폭 사용 관점에서 가장 효과적인 이산 펄스 변조 형태이다.
3. 이산 펄스 진폭 변조를 다루기 위해 개발된 분석 기법은 위상과 주파수를 사용하는 다른 이산 펄스 변조 기법에 적용될 수 있다.

이산 펄스 진폭 변조(PAM)에서, 전송되는 펄스의 진폭은 입력되는 디지털 데이터 스트림에 따라 이산적인 방법으로 바뀐다. 그림 6.1(a)는 **기저대역 PAM 시스템**의 기능별 블록 구성도이다. 입력되는 이진 데이터 스트림은 $\{b_k\}$로 표시된다. $t=kT_b$일 때, 정보원은 이진 심벌 1 또는 0을 나타내는 b_k를 내보낸다. 여기서 T_b는 한 **비트 주기**(bit duration)이고, $k=0, \pm1, \pm2, \ldots$이다. 이진 데이터 스트림 $\{b_k\}$는 **라인 인코더**(line encoder)에 인

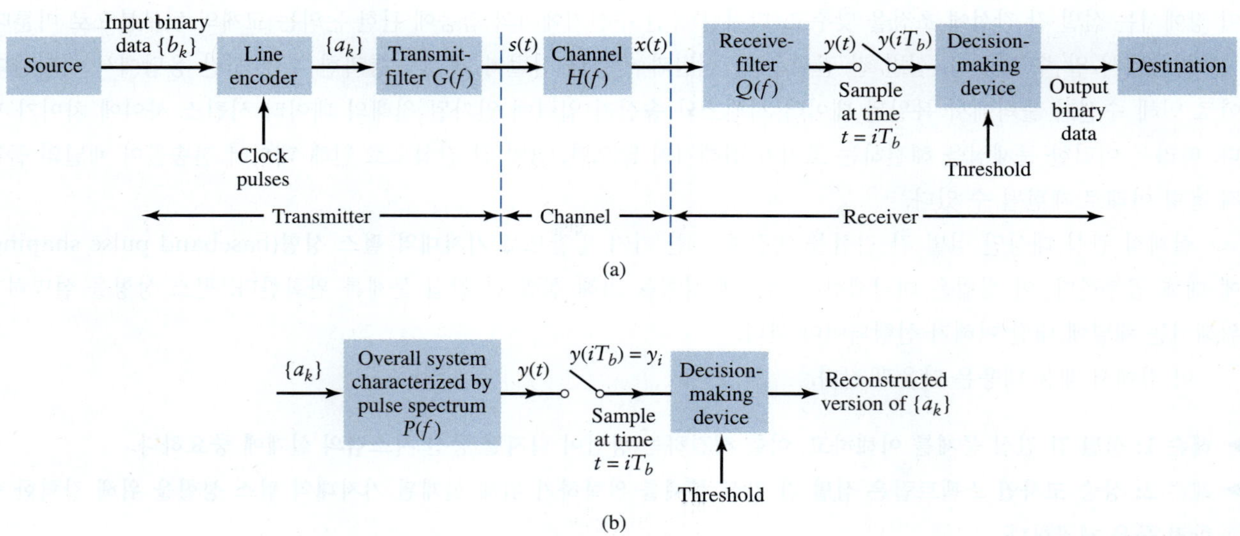

그림 6.1 기저대역 이진 데이터 전송. (a) 신호원에서 수신 최종단까지의 기능별 블록 다이어그램. (b) 간략화된 시스템 구성도.

가되며, 이것은 $\{a_k\}$로 표기되는 레벨 인코딩 된 신호를 만들어 낸다.(라인 코드에 대한 설명은 5장에서 기술하였다.) 예를 들어 레벨 인코딩 된 신호 $\{a_k\}$를 고정된 진폭과 짧은 주기를 갖는 양(positive)과 음(negative)의 펄스로 정의할 수 있다(두 펄스의 폭은 반대의 극성을 갖는 단위 임펄스로 보일 만큼 충분히 짧아야 한다). 구체적으로 a_k는 다음과 같이 정의된다.

$$a_k = \begin{cases} +1 & \text{if the input } b_k \text{ is symbol 1} \\ -1 & \text{if the input } b_k \text{ is symbol 0} \end{cases} \tag{6.1}$$

레벨 인코딩 된 신호 $\{a_k\}$는 **전달**(transmit) **필터**로 인가되며, 전달 필터의 기본 형태는 시간과 주파수 영역에서 각각 $g(t)$와 $G(f)$로 표기된다. 요컨대 레벨 인코딩 된 신호 $\{a_k\}$가 변조 신호 역할을 하여, 식 (6.2)로 정의되는 이산 PAM 신호를 생성시킨다.

$$s(t) = \sum_{k=-\infty}^{\infty} a_k g(t - kT_b) \tag{6.2}$$

PAM 신호 $s(t)$는 **선형 통신 채널**을 통과하며, 채널의 특성은 시간과 주파수 영역에서 각각 임펄스 응답 $h(t)$와 전달 함수 $H(f)$로 표현된다. 부가적인 채널 잡음을 고려하지 않을 경우, 채널 출력은 시간 영역에서 식 (6.3)으로 나타낼 수 있다.

$$x(t) = s(t) \star h(t) \tag{6.3}$$

여기서 기호 ★는 컨벌루션을 의미한다.

채널 출력 $x(t)$는 **수신**(receive) **필터**로 들어가며, 수신 필터는 시간과 주파수 영역에서 각각 임펄스 응답 $q(t)$와 전달 함수 $Q(f)$로 표현된다. 따라서 수신 필터의 출력은 $x(t)$와 $q(t)$의 컨벌루션으로 정의되며, 식 (6.4)와 같이 쓸 수 있다.

$$y(t) = x(t) \star q(t) \tag{6.4}$$

이어서 필터 출력 $y(t)$는 송신기에서의 **클록 펄스에 동기를 맞춰 샘플링된다.** 동기는 일반적으로 수신 필터 출력으로부터 **클록**이나 **타이밍 신호**를 추출해서 맞추게 된다. 마지막으로 이렇게 얻은 샘플의 시퀀스는 **판정 디바이스**(decision-making device)에 의해 원래의 이진 데이터 스트림을 재구성하는 데 사용된다. 구체적으로 각 샘플의 진폭은 **임계값**과 비교된다. 만약 임계값을 넘으면 심벌 1로 결정하고, 임계값을 넘지 않으면 심벌 0으로 결정한다. 만약 샘플의 진폭이 정확히 임계값과 같다면, 어느 심벌로 결정해도 전체 성능에 큰 영향을 미치지 않는다. 심벌 0과 1이 발생할 확률이 동일할 경우, 임계값을 영(zero)으로 하는 것이 합리적이다.

그림 6.1(a)에 나와 있는 모델은 본질적으로 기저대역에서의 데이터 전송 시스템(예를 들어 동축 케이블로의 데이터 전송)을 나타낼 뿐만 아니라, 대역통과 채널(예를 들어

전화 채널)에서 데이터를 전송하는 데 사용하는 선형 변조 시스템의 **기저대역 등가**(equivalent) 모델을 나타낸다. 후자의 데이터 전송 시스템의 기저대역 등가 모델은 3.8절에서 소개된 아이디어를 적용하여 만들어졌다.

6.2 심벌 간 간섭 문제

이미 언급했듯이, 당분간 추가적인 채널 잡음은 고려하지 않기로 한다. 그 이유는 채널을 통한 데이터 전송에서 채널의 주파수 응답의 불완전함(예를 들어 채널에 의한 펄스 모양의 퍼짐)이 미치는 영향에 집중하기 위해서이다.

식 (6.2)~(6.4)를 사용하여 **수신 필터의 출력**을 수정된 PAM 신호로 식 (6.5)와 같이 표현할 수 있다.

$$y(t) = \sum_{k=-\infty}^{\infty} a_k p(t - kT_b) \tag{6.5}$$

그림 6.1의 데이터 전송에서 선형성이 성립하면, 식 (6.5)에서의 **전체 펄스 성형** $p(t)$는 다중 컨벌루션 곱에 의해 다음과 같이 나타낼 수 있다.

$$p(t) = g(t) \star h(t) \star q(t) \tag{6.6}$$

당연히, 수신된 펄스 $p(t)$는 식 (6.2)의 송신 신호 $s(t)$와 다른 모양을 가진다. 펄스 $p(t)$의 푸리에 변환 결과를 스펙트럼 $P(f)$로 표기하자. 이제 식 (6.6)을 주파수 영역에서 등가적으로 식 (6.7)과 같이 쓸 수 있다.

$$P(f) = G(f)H(f)Q(f) \tag{6.7}$$

이전에 언급했듯이, 식 (6.5)의 수신 필터 출력 $y(t)$는 송신기와 동기화되어 샘플링되며, 시간 $t=iT_b$일 때, 다음과 같이 표현된다.[1]

$$y(iT_b) = \sum_{k=-\infty}^{\infty} a_k p[(i-k)T_b], \qquad i = 0, \pm 1, \pm 2, \ldots$$

위 식의 표현을 간단히 하기 위해, 이산 신호를 다음과 같이 간단히 표기한다.

$$y_i = y(iT_b)$$
$$p_i = p(iT_b)$$

[1] 사실상 수신 필터 출력 $y(t)$를 $t=iT_b$보다는 $t=iT_b+t_0$에서 샘플링하는 것이 실제에 더 가깝다. 그 이유는 전체 펄스 응답 $p(t)$에 피할 수 없는 지연과 왜곡이 존재하기 때문이다. 표현의 편의상 이 점은 무시하기로 한다.

따라서 시간 $t=iT_b$에서 $y(t)$의 샘플을 **이산 컨벌루션 합**으로 간결하게 다시 쓸 수 있다.

$$y_i = \sum_{k=-\infty}^{\infty} a_k p_{i-k}, \qquad i = 0, \pm 1, \pm 2, \ldots \tag{6.8}$$

그림 6.1(a)를 보면, $y_i=y(iT_b)$가 판정 디바이스로 들어가는 입력임을 알 수 있다. E가 **비트(심벌)당 전송되는 신호의 에너지**라 할 때

$$p_0 = p(0) = \sqrt{E} \tag{6.9}$$

로 정의하자. 인덱스 i는 수신 필터의 출력이 수신기에서 샘플링될 때의 순간을 가리킨다. 반면에 인덱스 k는 전송 입력단에서 정보원에 의해 생성되는 데이터 열에 있는 임의의 심벌을 가리킨다. 그러므로 식 (6.8)에서 $k=i$에 해당하는 항을 분리하면, 등가적으로 식 (6.10)과 같이 나타낼 수 있다.

$$y_i = \sqrt{E}a_i + \sum_{\substack{k=-\infty \\ k \neq i}}^{\infty} a_k p_{i-k}, \qquad i = 0, \pm 1, \pm 2, \ldots \tag{6.10}$$

식 (6.10)의 우변 첫 번째 항에서, a_i는 $\sqrt{E}$로 스케일링된 것을 제외하면, 이진 전송 심벌을 나타낸다. 두 번째 항은 a_i 전과 후에 전송되는 다른 모든 이진 심벌들로 인한 영향이 합쳐진 것이며, **심벌 간 간섭**이라 불리는 잔여 현상을 나타낸다. 심벌 간 간섭이 없으면 (또한 채널 잡음도 없다는 가정하에), 완벽한 디코딩이 가능하여 식 (6.10)은 다음과 같이 이상적인 결과 식으로 바뀐다.

$$y_i = \sqrt{E}a_i, \qquad \text{for all } i$$

이제 그림 6.1(a)의 PAM 시스템 설계 시 **펄스 성형 문제**는 다음과 같이 정리할 수 있다.

채널 전달 함수 $H(f)$가 주어졌을 때, 다음의 두 가지 기본 요건을 만족시키기도록 송신 펄스 스펙트럼 $G(f)$와 수신 필터 전달 함수 $Q(f)$를 결정해야 한다.

(i) 심벌 간 간섭은 0이 되게 한다.

(ii) 전송 대역폭은 유지시킨다.

이와 같은 두 가지 요구 조건을 만족시키기 위해서는, 시간 영역에서 전체적인 펄스 모양 $p(t)$, 또는 등가적으로 주파수 영역에서 전체 펄스 스펙트럼 $P(f)$에 대한 제어가 가능해야 한다. 제어하는 방안에 대해서는 다음 절에서 다룬다.

6.3 나이퀴스트 채널

식 (6.5)와 (6.7)에 비추어 보면, 그림 6.1(a)의 PAM 시스템은 그림 6.1(b)와 같이 간단

한 PAM 형태로 바꿀 수 있다. 그림 6.1(b)의 특징은 전체 펄스 스펙트럼 $P(f)$에 초점을 맞춘 것이다.

펄스 성형 문제에 대한 **최적의 답**을 얻기 위해서는 가능한 **최소** 전송 대역폭에서 심벌 간 간섭을 0으로 만들어야 한다. 심벌 간 간섭이 0인 조건에서 $y_i = a_i$가 되며, 펄스 스펙트럼 $P(f)$의 역 푸리에 변환인 전체 펄스 성형 $p(t)$가 식 (6.11)의 조건을 만족시켜야 한다.

$$p_i = p(iT_b) = \begin{cases} \sqrt{E}, & \text{for } i = 0 \\ 0, & \text{for all } i \neq 0 \end{cases} \tag{6.11}$$

식 (6.11)은 $p(t)$를 **비트율**(bit rate) $1/T_b$로 균일하게 샘플링한 결과이다. $p(t)$가 $-B_0 < f < B_0$의 주파수 구간에서 대역제한되었다고 가정하자. 그러면 **샘플링 이론**에 내재된 식 (5.7)의 **보간 공식**(interpolation formula)을 사용하여, 펄스 성형 $p(t)$를 샘플 값들로써 식 (6.12)와 같이 표현할 수 있다.

$$p(t) = \sum_{i=-\infty}^{\infty} p\left(\frac{i}{2B_0}\right) \operatorname{sinc}(2B_0 t - i) \tag{6.12}$$

대역폭 B_0와 비트율 $1/T_b$의 관계가 식 (6.13)과 같다면

$$B_0 = \frac{1}{2T_b} \tag{6.13}$$

식 (6.11)을 식 (6.12)에 대입하여 **최적의 펄스 성형**인 **싱크 함수**를 얻을 수 있다.

$$\begin{aligned} p_{\text{opt}}(t) &= \sqrt{E} \operatorname{sinc}(2B_0 t) \\ &= \frac{\sqrt{E} \sin(2\pi B_0 t)}{2\pi B_0 t} \end{aligned} \tag{6.14}$$

▶ **연습문제 6.1** 기저대역 이진 PAM 시스템의 펄스 성형 $p(t)$는 T_b가 입력 이진 데이터의 비트 주기일 때 다음과 같이 정의할 수 있다.

$$p(t) = \operatorname{sinc}\left(\frac{t}{T_b}\right)$$

입력에서의 이진 심벌 값(1 또는 0)에 따라, 펄스 생성기 출력에서 진폭 레벨은 각기 +1 또는 −1이 된다. 입력 데이터 시퀀스 001101001에 대한 응답으로 수신 필터의 출력에서의 파형을 설명하라. ◀

전체 펄스 스펙트럼은 식 (6.15)와 같이 **최적의 brick-wall 함수**로 정의된다.

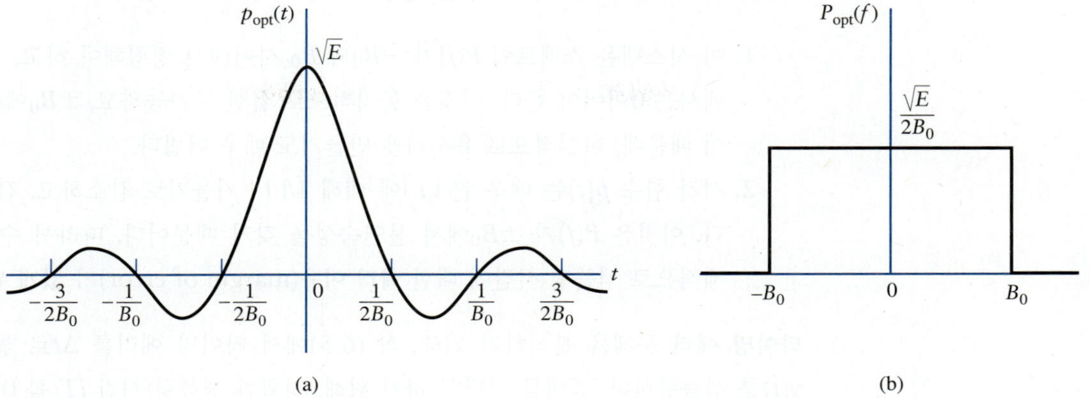

그림 6.2 (a) 최적 펄스 성형을 위한 싱크 함수. (b) 최적 펄스 스펙트럼.

$$P_{opt}(f) = \begin{cases} \dfrac{\sqrt{E}}{2B_0}, & \text{for } -B_0 < f < B_0 \\ 0, & \text{otherwise} \end{cases} \tag{6.15}$$

그림 6.2의 (a)와 (b)는 각각 최적의 스펙트럼 $P_{opt}(f)$와 이것의 역변환인 $p_{opt}(t)$를 도시한 것이다.

그림 6.2로부터 다음과 같은 두 가지 중요한 점을 언급하고자 한다.

1. brick-wall 스펙트럼 $P_{opt}(f)$는 B_0를 **심벌 간 간섭이 0일 때의 최소 전송 대역폭**으로 정의한다. 즉 펄스 성형 문제에 대한 최적의 해결책은 비트율의 절반을 넘는 주파수를 포함하지 않는 것이다. 식 (6.13)에 정의된 파라미터 B_0는 **나이퀴스트 대역폭**이라 부른다. 이에 상응하여, 식 (6.15)에 의해 정의된 최적의 펄스 스펙트럼 $P_{opt}(f)$를 갖는 그림 6.1(b)의 PAM 시스템을 **나이퀴스트 채널**이라고 부른다.
2. 최적의 펄스 성형 $p_{opt}(t)$는 통과대역에서의 진폭 응답과 대역폭이 각각 $P_{opt}(f)$와 B_0인이상적인 저역통과 채널의 임펄스 응답이다. $p_{opt}(t)$는 싱크 함수로 정의되며, 원점에서 피크 값을 갖고 비트 주기 T_b의 정수 배가 되는 지점에서 0을 통과한다. 이러한 이유로 $k=0, \pm1, \pm2, \ldots$에서 식 (6.5)의 $p_{opt}(t-kT_b)$에 의해 정의된 펄스들은 서로 간섭을 일으키지 않는다.

요약하면, 식 (6.15)의 전체 펄스 스펙트럼에 의해 정의된 나이퀴스트 채널은 잡음이 없는 환경에서 **가능한 최소한의 전송 대역폭을 가지고 심벌 간 간섭을 0으로 만드는 데 최적의 해결책이다.**

비록 나이퀴스트 채널이 펄스 성형 문제에 있어서 최적의 해결책이라 할지라도, 다음의 두 가지 요인이 PAM 시스템을 실용화하는 데 걸림돌이 된다.

1. 이 시스템은 스펙트럼 $P(f)$가 $-B_0$와 B_0 사이에서 평평해야 하고, 그 밖의 주파수에서는 0이어야 한다. 이것은 물리적으로 실현 불가능하고, $\pm B_0$에서의 급격한 천이 때문에, 현실적으로 유사하게 만들기도 매우 어렵다.
2. 시간 함수 $p(t)$는 매우 큰 $|t|$에 대해 $1/|t|$ 기울기로 감소하고, 감소율이 느려진다. 이것은 $P(f)$가 $\pm B_0$에서 불연속성을 갖기 때문이다. 따라서 수신기에서는 실제적으로 샘플링 시간에 대한 **에러 여유**(margin of error)**가 없게 된다.**

타이밍 에러 문제를 분석하기 위해, 식 (6.5)에서 타이밍 에러를 Δt로 놓고, $t=\Delta t$에서 $y(t)$를 샘플링한다. 풀이를 간단히 하기 위해, 정확한 샘플링 시간 iT_b를 0으로 간주하자. 그러면 채널 잡음이 없다는 가정하에 다음 식을 얻게 된다.

$$y(\Delta t) = \sqrt{E} \sum_{k=-\infty}^{\infty} a_k p(\Delta t - kT_b), \quad \text{for} \quad iT_b = 0$$

$p(t)$를 식 (6.14)의 첫 번째 줄에 정의된 최적 값과 같다고 놓으면 다음 식이 된다.

$$y(\Delta t) = \sum_{k=-\infty}^{\infty} a_k \operatorname{sinc}[2B_0(\Delta t - kT_b)]$$

식 (6.13)에 따라 $2B_0T_b=1$일 때, $y(\Delta t)$에 대한 표현을 간단히 할 수 있다.

$$\begin{aligned} y(\Delta t) &= \sqrt{E} \sum_{k=-\infty}^{\infty} a_k \operatorname{sinc}(2B_0\,\Delta t - k) \\ &= \sqrt{E}a_0 \operatorname{sinc}(2B_0\,\Delta t) + \sqrt{E} \sum_{\substack{k=-\infty \\ k\neq 0}}^{\infty} a_k \frac{\sin(2\pi B_0 \Delta t - \pi k)}{2\pi B_0 \Delta t - \pi k} \end{aligned}$$

위 식의 두 번째 줄에서, $k=0$에 해당하는 항을 분리하고, 싱크 함수 공식을 적용하였다. 이어서 삼각법 항등식을 사용하고

$$\sin(2\pi B_0 \Delta t - \pi k) = \sin(2\pi B_0 \Delta t)\cos(\pi k) - \cos(2\pi B_0 \Delta t)\sin(\pi k)$$

이때 모든 k에 대해 $\cos(\pi k)=(-1)^k$, $\sin(\pi k)=0$이 되므로, 식 (6.16)을 얻게 된다.

$$y(\Delta t) = \sqrt{E}a_0 \operatorname{sinc}(2B_0\Delta t) + \sqrt{E}\left(\frac{\sin(2\pi B_0 \Delta t)}{\pi}\right) \sum_{\substack{k=-\infty \\ k\neq 0}}^{\infty} \frac{(-1)^k a_k}{2B_0\Delta t - k} \qquad (6.16)$$

식 (6.16)의 오른쪽 첫째 항은 원하는 이진 심벌인 반면, 나머지 급수는 신호 $y(t)$를 샘플링할 때 **타이밍 에러 Δt에 의해 야기되는 심벌 간 간섭**을 나타낸다. 이렇게 발생된 심벌 간 간섭은 $1/\Delta t$의 속도로 감소한다. 더구나 Δt 값에 따라 이 급수가 발산할 수 있고, 이로

인해 수신기에서 잘못된 결정을 내릴 수 있다.

나이퀴스트 채널의 물리적 실현 가능성과 타이밍 에러로 야기되는 문제를 완화하기 위해 다른 펄스 성형을 모색해야 한다. 다음 절에서는 나이퀴스트 채널에 내재되어 있는 최소 대역폭 제한 요건을 완화하는 해결책을 제시한다.

6.4 상승 코사인 펄스 스펙트럼

전체 펄스 스펙트럼 $P(f)$의 물리적 구현이 가능하기 위해서는 나이퀴스트 채널과 다음 관점에서 차이가 나는 해결책이 요구된다: 그에 따라 **수정된 $P(f)$는 급격하지 않게 점차적으로 0을 향해 감소하며,** 좀더 구체적으로 수정된 $P(f)$에 대하여 설명하면 다음과 같다.

1. 임의의 파라미터 f_1에 대해, $0 \le |f| \le f_1$의 주파수 대역은 **평탄**하다.
2. $f_1 < |f| < 2B_0 - f_1$의 주파수 대역은 **롤오프**(roll-off) **특성**을 갖는다.

앞서 파라미터 f_1은 설계자에 의해 조절이 가능하며, 평탄한 부분은 이상적인 brick-wall 해결책의 일부분에 해당한다. 롤오프 부분에서는 $P(f)$가 점차적으로 감소하여 0으로 가는데, 중요한 것은 롤오프 특성을 공식화하는 문제이다. 답을 얻기 위해 **주파수 영역에서 정의되고, 진폭값만큼 상승된 코사인 함수의 한 주기**를 살펴보자. 다음으로 원점을 중심으로 위의 1번 항에 따라 $2f_1$의 넓이를 갖는 평평한 부분으로 이 함수를 동등하게 나눈다. 그리고 마지막으로 위 2번 항의 롤오프 부분 특성을 만족시키도록 앞서 동등하게 나눈 부분을 사용한다. 이렇게 형성된 그림은 수정된 펄스 스펙트럼 $P(f)$에 대해 원하는 모양을 나타낸다. 명백하게 이러한 방법으로 만들어진 $P(f)$를 **상승 코사인 펄스 스펙트럼**(raised-cosine pulse spectrum)이라 부른다.

상승 코사인 펄스 스펙트럼은 식 (6.17)과 같이 수학적인 식으로 나타낼 수 있다.

$$P(f) = \begin{cases} \dfrac{\sqrt{E}}{2B_0}, & 0 \le |f| < f_1 \\ \dfrac{\sqrt{E}}{4B_0}\left\{1 + \cos\left[\dfrac{\pi(|f| - f_1)}{2(B_0 - f_1)}\right]\right\}, & f_1 \le |f| < 2B_0 - f_1 \\ 0, & 2B_0 - f_1 \le |f| \end{cases} \qquad (6.17)$$

주파수 f_1과 나이퀴스트 대역폭 B_0는 식 (6.18)과 같이 **롤오프 인자**라 불리는 새로운 파라미터에 의해 관계된다.

$$\alpha = 1 - \frac{f_1}{B_0} \qquad (6.18)$$

$\alpha=0$이면, $f_1=B_0$가 되어 6.3절에서 기술한 나이퀴스트 채널로 귀결된다.

그림 6.3(a)는 세 가지 α 값(0, 0.5, 1)에 대해서, $2B_0/\sqrt{E}$를 곱해서 정규화한 스펙트

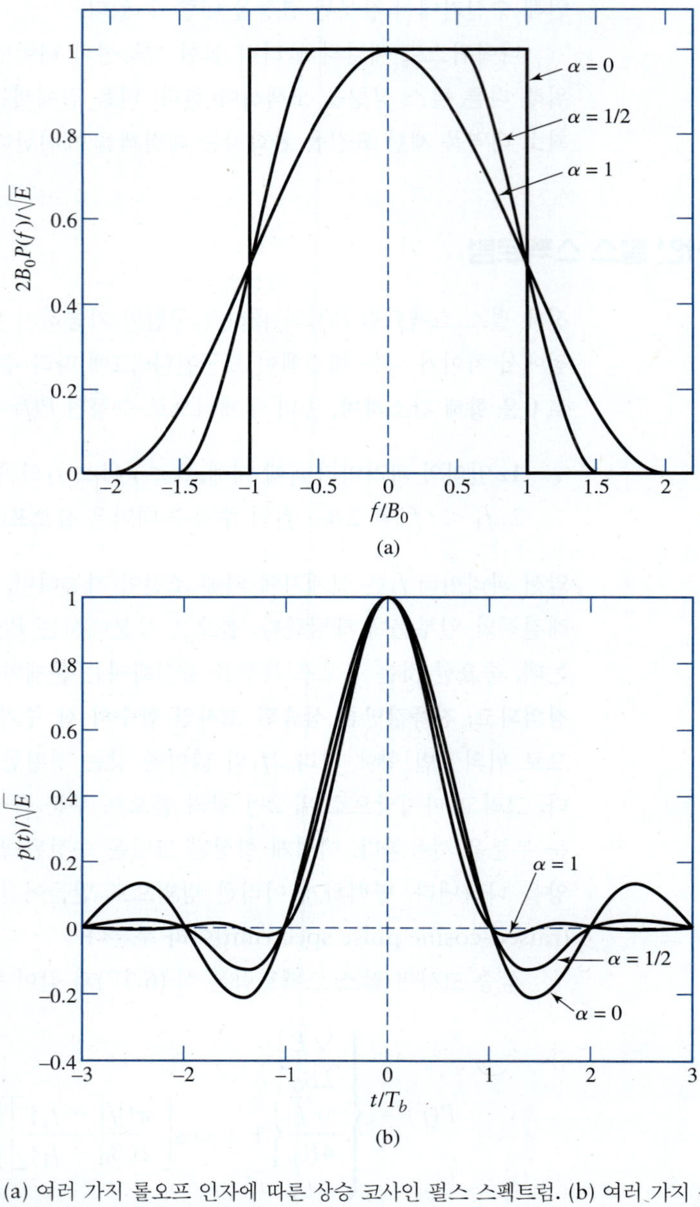

그림 6.3 (a) 여러 가지 롤오프 인자에 따른 상승 코사인 펄스 스펙트럼. (b) 여러 가지 롤오프 인자에 따른 펄스 응답 $p(t)$[즉 $P(f)$의 역 푸리에 변환].

럼 $P(f)$를 정규화된 주파수 f/B_0에 대하여 그린 것이다. $\alpha=0.5$ 또는 1에 대해서, 이상적인($\alpha=0$에 해당하는) brick-wall 해결책과 비교해 볼 때 함수 $P(f)$가 점차적으로 사라지는 것을 알 수 있다.

수정된 펄스 성형 $p(t)$, 즉 상승 코사인 펄스 스펙트럼 $P(f)$의 역 푸리에 변환은 식 (6.19)로 정의된다.

$$p(t) = \sqrt{E}\,\mathrm{sinc}(2B_0t)\left(\frac{\cos(2\pi\alpha B_0 t)}{1 - 16\alpha^2B_0^2t^2}\right) \tag{6.19}$$

식 (6.19)의 시간 함수는 두 인자의 곱으로 구성된다: 첫 번째 인자 $\sqrt{E}\,\mathrm{sinc}(2B_0t)$는 나이퀴스트 채널을 나타내고, 두 번째 인자는 $|t|$가 커질수록 함수를 $1/|t|^2$로 감소시킨다. 첫 번째 인자로 인해 샘플링 순간의 정수 배마다, 즉 $t=iT_b$에서 $p(t)$가 영점 교차(zero crossing)를 한다. 두 번째 인자는 나이퀴스트 채널 아래에서 펄스의 꼬리를 상당히 감소시켜 주며, 이러한 펄스를 사용하는 이진 파형 전송이 샘플링 시간 에러에 상대적으로 덜 민감하게 해 준다. 사실상 **타이밍 에러 Δt로 인해 생기는 심벌 간 간섭의 양은 롤오프 인자 α가 0에서 1로 증가함에 따라 감소한다.**

그림 6.3(b)는 수정된 펄스 성형 $p(t)$를 $\alpha=0$, 0.5, 그리고 1에 대해 나타낸 것이다. $\alpha=1$인 특별한 경우에는, 함수 $p(t)$가 식 (6.20)으로 간단해진다.

$$p(t) = \sqrt{E}\left(\frac{\mathrm{sinc}(4B_0t)}{1 - 16B_0^2t^2}\right) \tag{6.20}$$

식 (6.20)의 함수 $p(t)$에서 두 가지 흥미로운 특성을 언급한다.

1. $t=\pm T_b/2=\pm 1/(4B_0)$에서, $p(t)=0.5\sqrt{E}$가 된다. 즉 절반의 진폭에서 측정된 펄스 폭은 정확하게 비트 주기 T_b와 같게 된다.
2. 샘플링 시간인 $t=\pm T_b$, $\pm 2T_b$, ...에서 영점 교차가 있을 뿐만 아니라, 추가적으로 $t=\pm 3T_b/2$, $\pm 5T_b/2$, ...에서도 영점 교차가 존재한다.

이 두 가지 성질은 특히 수신 필터 출력 $y(t)$로부터, 수신기가 송신기에 동기를 맞추기 위해 타이밍 신호를 추출해 내기 위한 기본 작업에 유용하다.

▶ **연습문제 6.2** 양의 주파수에 대해, f/B_0에 대한 $P(f)/(\sqrt{E}/2B_0)$의 정규화된 상승 코사인 곡선 아래의 영역이 $0 \le \alpha \le 1$의 범위에 있는 모든 롤오프 인자 값에 대해 1과 같은지 입증하라. 음의 주파수에 대해서도 유사한 결과가 성립한다. ◀

▶ **연습문제 6.3** 펄스 같은 함수 $p(t)$의 푸리에 변환인 $P(f)$가 주어졌을 때, 다음의 정리[2]를 말할 수 있다.

다음의 두 조건이 성립한다고 가정하면, 펄스 $p(t)$는 시간 $1/t^{k+1}$에 따라 점근적으로 감소한다.

[2] 이 정리에 대한 자세한 설명은 Gitlin, Hayes and Weinstein(1992)의 p. 258을 참조하라.

1. 주파수 f에 관하여 $P(f)$의 처음 $k-1$번 미분은 모두 연속이다.
2. $P(f)$의 k번째 미분 계수는 불연속이다.

그림 6.3(a)에 나타난 세 개의 다른 α 값들에 대해 이 정리가 유효한지 증명하라. ◀

▶ **연습문제 6.4** 식 (6.17)은 상승 코사인 펄스 스펙트럼 $P(f)$를 실수값으로 정의한 것이며, 따라서 시간 지연이 없다. 실제로는 모든 전송 시스템에 어느 정도의 지연이 발생한다. 이 실제 상황에 대처하기 위해, 주파수 영역 $0 \le |f| \le 2B_0-f_1$에서 $P(f)$가 선형 위상 특성을 갖도록 한다.

(a) 이렇게 $P(f)$를 변형시키면, 이것의 역 푸리에 변환, 즉 펄스 성형 $p(t)$에 일정한 지연이 생김을 입증하라.

(b) 식 (6.19)에 따르면, $p(t)$는 비인과성의 시간 응답을 나타낸다. 변형된 $P(f)$를 통해 $p(t)$에 삽입된 지연은 또한 $p(t)$를 반드시 인과적으로 만드는 유익한 효과도 가져온다. 그러나 이렇게 되기 위해서는 지연 값이 롤오프 인자 α에 종속된 어떤 특정 값보다 작아서는 안 된다. $\alpha=0$, 1/2, 1일 때 각각 적절한 지연 값들을 제안하라. ◀

전송 대역폭 요구 조건

식 (6.17)로부터 상승 코사인 펄스 스펙트럼 $P(f)$의 영이 아닌 부분이 양의 주파수에서 $(0, 2B_0-f_1)$의 간격으로 제한됨을 알 수 있다. 이에 따라 상승 코사인 펄스 스펙트럼 적용 시 요구되는 전송 대역폭은 다음과 같다.

$$B_T = 2B_0 - f_1$$

식 (6.18)을 사용하면 B_T를 식 (6.21)과 같이 다시 표현할 수 있다.

$$B_T = B_0(1 + \alpha) \tag{6.21}$$

여기서 B_0는 나이퀴스트 대역폭이고, α는 롤오프 인자이다. 따라서 상승 코사인 스펙트럼의 전송 대역폭은 최적의 나이퀴스트 채널의 대역폭보다 **초과 대역폭**(excess bandwidth)이라 불리는 식 (6.22)의 f_ν만큼 넓다.

$$f_\nu = \alpha B_0 \tag{6.22}$$

이로부터, 롤오프 인자 α가 초과 대역폭 f_ν와 나이퀴스트 대역폭 B_0의 비임을 쉽게 알 수 있으며, 이것이 롤오프 인자가 이따금 **초과 대역폭 인자**로 불리는 이유이다. 초과 대역폭 f_ν를 수용함으로써 채널을 통해 $1/T_b$의 비트 율로 이진 데이터를 전송하고, 물리적으로 구현 가능한 방법으로 심벌 간 간섭의 제거가 가능해진다.

다음의 두 경우(하나는 이상적이고 다른 하나는 실제적인 경우)가 특별한 관심 대상이다.

1. **1.** 롤오프 인자 α가 0일 때, 초과 대역폭 f_ν는 0이 되고, 이에 따라 전송 대역폭 B_T는 가능한 최소값인 $B_0=1/(2T_b)$가 된다.
2. **2.** 롤오프 인자 α가 1일 때, 초과 대역폭은 B_0로 증가한다. 따라서 전송 대역폭 B_T는 이상적인($\alpha=0$) 경우와 비교할 때 두 배가 된다. 앞에서 지적했듯이, $\alpha=1$의 선택은 송신기에 수신기의 동기를 맞출 때 기본이 된다.

예제 6.1 T1 시스템의 대역폭 요구 조건

5장에서 **T1 반송파 시스템**이 8비트 PCM 워드에 기반한 24개의 독립된 음성 입력들을 다중전송하기 위하여 사용된다는 것을 배웠다. 시분할 다중전송 신호(프레임 비트 포함)의 비트 주기는

$$T_b = 0.647\ \mu\text{s}$$

이고, T1 시스템의 비트율은 다음과 같다.

$$R_b = \frac{1}{T_b} = 1.544\ \text{Mb/s}$$

$\alpha=0$에 대하여, T1 시스템의 나이퀴스트 대역폭은

$$B_0 = \frac{1}{2T_b} = 772\ \text{kHz}$$

이며, 이것은 심벌 간 간섭을 0으로 만들기 위한 T1 시스템의 최소 전송 대역폭에 해당한다. 그러나 좀더 실현 가능한 전송 대역폭은 롤오프 인자 $\alpha=1$인 상승 코사인 펄스 스펙트럼을 사용하여 얻을 수 있다. 이 경우 식 (6.21)을 적용하면

$$B_T = 0.772(1 + 1) = 1.544\ \text{MHz}$$

이고, 이것은 나이퀴스트 대역폭 B_0의 2배이다.

상승 코사인 펄스 스펙트럼의 부가적인 두 가지 특성

식 (6.17)에 주어진 상승 코사인 펄스 스펙트럼의 정의로부터, 두 가지 흥미로운 성질들을 발견할 수 있다.

특성 1. 스펙트럼 $P(f)$의 롤오프 부분은 중간 지점 $f=\pm B_0$에 대해 기함수 대칭성을 갖는다.

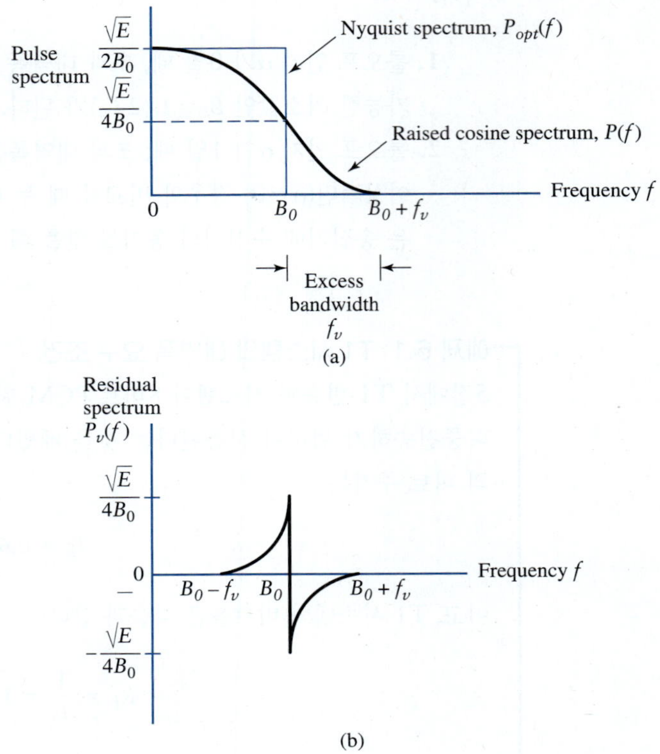

그림 6.4 (a) 양의 주파수에 대한 나이퀴스트 및 상승 코사인 펄스 스펙트럼. (b) 나머지 스펙트럼 $P_\nu(f)$.

이 성질을 증명하기 위해, 상승 코사인 펄스 스펙트럼의 롤오프 부분을 특징짓는 식 (6.23)의 주파수 함수를 정의한다.

$$P_\nu(f) = P_{\text{opt}}(f) - P(f) \tag{6.23}$$

이 정의에 식 (6.15)와 식 (6.17)을 적용하면, 식 (6.24)를 얻게 된다.

$$P_\nu(f) = \begin{cases} 0, & \text{for } 0 \le |f| \le f_1 \\ \dfrac{\sqrt{E}}{4B_0}\left\{1 - \cos\left[\dfrac{\pi(|f| - f_1)}{2(B_0 - f_1)}\right]\right\}, & \text{for } f_1 \le |f| \le B_0 \\ -\dfrac{\sqrt{E}}{4B_0}\left\{1 + \cos\left[\dfrac{\pi(|f| - f_1)}{2(B_0 - f_1)}\right]\right\}, & \text{for } B_0 \le |f| \le 2B_0 - f_1 \\ 0, & \text{for } 2B_0 - f_1 < |f| \le 2B_0 \end{cases} \tag{6.24}$$

그림 6.4(a)는 $P_{\text{opt}}(f)$와 $\alpha=1/2$에 대한 $P(f)$의 그래프를 양의 주파수 대역에서 나타낸 것이다. 상응하는 **나머지**(residual) **함수** $P_\nu(f)$는 그림 6.4(b)에 나타나 있다. 이 그림에서

식 (6.25)가 성립함을 쉽게 알 수 있다.

$$P_\nu(-f') = -P_\nu(f') \tag{6.25}$$

여기서

$$f' = f - B_0 \tag{6.26}$$

식 (6.25)는 양의 주파수에서 중간 지점 $f=B_0$에 대하여 롤오프 인자의 기함수 대칭성을 확인해 준다. 유사하게 이 성질은 음의 주파수에서 다른 중간 지점인 $f=-B_0$에서도 성립한다.

▶ **연습문제 6.5** 식 (6.24)의 공식으로 시작해서 식 (6.26)의 정의를 사용하여 식 (6.25)의 성질을 입증하라. ◀

그림 6.4(a)에 나타난 스펙트럼 특성은 3장에 설명된 잔류 측파대(vestigial sideband) 변조와 유사한 상황을 연상시킨다. 구체적으로 그림 3.24(a)와 6.4(a)를 비교해 보면, 비록 이 두 스펙트럼 특성이 전적으로 서로 다른 응용에 속할지라도, 다음의 두 가지 작은 차이점을 제외하고는 기본적으로 수식이 동일함을 쉽게 알 수 있다.

1. 그림 6.4(a)의 기저대역 상승 코사인 펄스 스펙트럼 $P(f)$는 $f=0$인 원점을 중심으로 하는 반면에 그림 3.24(a)의 잔류 측파대 스펙트럼은 정현 반송파 주파수 f_c를 중심으로 한다.
2. 그림 6.4(a)에서의 파라미터 f_ν는 심벌 간 간섭이 0이 되기 위한 이상적인 brick-wall 해결책에 관하여 측정한 초과 대역폭이다. 반면에 그림 3.24(a)에 있는 파라미터 f_ν는 단일 측파대 변조로 이룰 수 있는 최적의 대역폭에 관하여 측정된 초과 대역폭이다.

위에서 첫 번째 차이점은 기술적 성질에 관한 것이고, 두 번째 차이점은 단지 용어에 관련된 것이다. 양쪽 응용에서 정말로 중요한 것은 이 방법을 실제로 실현 가능하도록 하는 것이다. 여기서 상승 코사인 펄스 스펙트럼은 기저대역 디지털 데이터 전송을 위한 것이고, 잔류 측파대 스펙트럼은 보통 아날로그 변조를 위한 것이다.[3](7장에 나타날 디지털 TV에 대한 예제에서는 잔류 측파대 변조를 사용한다.)

---

[3] 나이퀴스트(Harry Nyquist)가 잔류 측파대 변조와 상승 코사인 펄스 스펙트럼의 창안자라는 사실이 더욱 흥미롭다.

잔류 측파대 변조에 대한 스펙트럼 성형은 다음 논문에 발표되었다. H. Nyquist and K. W. Pfleger, "Effect of the quadrature component in single-sideband transmission," *The Bell System Technical Journal*, vol. 19, pp. 63-73, January 1940.

상승 코사인 펄스 스펙트럼은 더 일찍 다음 논문에 기술되었다. H. Nyquist, "Certain topics in telegraph transmission theory," *Transactions of the American Institute of Electrical Engineers*, vol. 47, pp. 617-644, April 1928.

특성 2. $2B_0$ Hz의 간격을 갖는 상승 코사인 펄스 스펙트럼의 복제에 대한 무한 합은 식 (6.27)에 나와 있는 것처럼 상수 값을 갖는다.

$$\sum_{m=-\infty}^{\infty} P(f - 2mB_0) = \frac{\sqrt{E}}{2B_0} \tag{6.27}$$

이 성질을 증명하기 위해, 2장의 식 (2.88)에 기술된 것처럼 **시간 영역에서 푸리에 변환이 가능한 함수의 샘플링은 주파수 영역에서 주기 함수로 변환된다**는 점을 상기하자. 이 식을 지금 상황에 부합하도록 식 (6.28)과 같이 쓸 수 있다.

$$\sum_{n=-\infty}^{\infty} p\left(\frac{n}{2B_0}\right)\delta\left(t - \frac{n}{2B_0}\right) \rightleftharpoons 2B_0 \sum_{m=-\infty}^{\infty} P(f - 2mB_0) \tag{6.28}$$

상승 코사인 펄스 스펙트럼 $P(f)$와 이것의 역인 $p(t)$는 각각 식 (6.17)과 (6.19)에 정의하였다. 특별히, 수정된 펄스 응답 $p(t)$를 $1/2B_0$의 율로 샘플링한다면, $n=0, \pm 1, \pm 2, \ldots$에서 다음 식이 성립한다.

$$p\left(\frac{n}{2B_0}\right) = \sqrt{E}\,\mathrm{sinc}(n)\left(\frac{\cos(\pi n \alpha)}{1 - 4n^2\alpha^2}\right)$$

다음 두 가지 성질을 사용하면

1. $\mathrm{sinc}(n) = \dfrac{\sin(n\pi)}{n\pi} = \begin{cases} 1, & \text{for } n = 0 \\ 0, & \text{for } n = \pm 1, \pm 2, \ldots \end{cases}$

2. $\cos(\pi n \alpha) = 1,\ n = 0$

식이 간단해진다.

$$p\left(\frac{n}{2B_0}\right) = \begin{cases} \sqrt{E}, & \text{for } n = 0 \\ 0, & \text{for } n = \pm 1, \pm 2, \ldots \end{cases}$$

따라서 식 (6.28)은 다음 식으로

$$\sqrt{E}\delta(t) \rightleftharpoons 2B_0 \sum_{m=-\infty}^{\infty} P(f - 2mB_0)$$

또는 등가적으로 식 (6.29)로 간단히 표현된다.

$$\frac{\sqrt{E}}{2B_0}\delta(t) \rightleftharpoons \sum_{m=-\infty}^{\infty} P(f - 2mB_0) \tag{6.29}$$

결국 델타 함수 $\delta(t)$의 푸리에 변환이 1이라는 점에 주목하면, 식 (6.29)는 단지 식 (6.27)에 나와 있는 원하는 수식을 나타내는 또 다른 방법일 뿐이다.

성질 2의 유효함을 증명하였는데, 이제 방향을 전환해 보자. 구체적으로 **심벌 간 간섭을 0으로 하기 위한 펄스 성형 기준**은 다음의 일반적인 문구에 내재되어 있다.

> $1/T$의 데이터율로 이산 펄스 진폭 변조를 사용하여, 데이터를 불완전한 채널을 통해 전송하기 위해 수정된 펄스 성형 $p(t)$가 주어졌을 때, 식 (6.30)은 펄스 성형 $p(t)$가 심벌 간 간섭을 제거하기 위한 필요 충분 조건이다.
>
> $$\sum_{m=-\infty}^{\infty} P\left(f - \frac{m}{T}\right) = \text{constant}, \quad |f| \le \frac{1}{2T} \tag{6.30}$$

위 수식은 이진 PAM을 특별한 경우로 포함하며, 여기서 데이터율 $1/T_b$이 식 (6.13)에 따라서 $2B_0$와 동일하다. 더구나 상승 코사인 펄스 스펙트럼은 식 (6.30)을 만족시키는 중요한 한 예이다.

제곱근 상승 코사인 펄스 스펙트럼

기저대역 디지털 데이터 전송을 위한 좀더 정교한 펄스 성형의 형태로 식 (6.17)의 통상의 펄스 성형 스펙트럼보다 식 (6.31)의 **제곱근 상승 코사인 펄스 스펙트럼**을 사용한다.

$$G(f)H(f) = P^{1/2}(f) \tag{6.31}$$

여기서 $G(f)$와 $H(f)$는 이전처럼 각각 송신 필터와 채널의 주파수 응답을 나타낸다. 이에 상응하여, 수신 필터의 주파수 응답은 식 (6.32)로 정의된다.

$$Q(f) = P^{1/2}(f) \tag{6.32}$$

식 (6.31)에 식 (6.32)를 곱하면 식 (6.7)과 동일한 다음 식이 된다.

$$G(f)H(f)Q(f) = P(f)$$

이를 기초로 하여, 펄스 성형은 두 부분으로 동일하게 나뉜다.

- 송신 필터와 채널이 결합하여 한 부분을 담당한다. 알고 있는 $H(f)$와 규정된 롤오프 인자 α에 대해 식 (6.17)로 정의된 $P(f)$를 가지고, 송신 필터의 주파수 응답을 결정하기 위해 식 (6.31)을 사용한다.
- 수신 필터가 다른 한 부분을 담당한다. 따라서 같은 롤오프 인자에 대해 수신 필터의 주파수 응답을 결정하기 위해 식 (6.17)과 식 (6.32)를 사용한다.

만약 채널이 부가적인 잡음에 영향을 받고, 펄스 성형이 여기에 기술된 방법으로 송신기와 수신기에 똑같이 분담된다면, 수신기는 샘플링 순간에 출력의 신호 대 잡음비가 최대가 될 것이다. 이 주제에 관한 더 상세한 논의는 디지털 통신 수신기에서의 잡음을 다루는 10장으로 미룬다.

6.5 *M*진 데이터의 기저대역 전송

그림 6.1(a)의 기저대역 이진 PAM 시스템에서, 정보원에서 나오는 시퀀스 $\{b_k\}$는 심벌 0과 1에 각각 대응하는 -1과 $+1$ 값의 두 가지 진폭 레벨로 표현되는 이진 심벌로 구성된다. 반면에 **기저대역 *M*진**(*M*-ary) 시스템에서는 라인 인코더의 출력이 $M(M > 2)$개의 가능한 진폭 레벨 중 하나를 가진다. *M*진 시스템에서, 정보원은 *M*개의 심벌로 구성되어 있는 알파벳으로부터 심벌의 시퀀스를 내보낸다. 라인 인코더 출력에서 개개의 진폭 레벨은 특정 심벌에 대응하며, 이에 따른 *M*개의 서로 다른 진폭 레벨 중 하나가 전송되는 것이다.

*M*개의 심벌을 포함하는 신호 알파벳을 갖는 *M*진 PAM 시스템을 고려하자. 여기서 **심벌 주기**는 *T*초이다. $1/T$은 시스템의 **시그널링률**(signaling rate) 또는 **심벌률**로 불리며, 이것은 **초당 심벌수** 또는 간단히 **보드율**(baud rate)로 표현된다. 이 시스템의 보드율과 이와 동등한 이진 PAM 시스템의 율을 관련시키는 것이 이해에 도움이 된다. 이진 시스템의 경우, *M*값이 2이고 비트 주기가 T_b초이다. 이진 PAM 시스템은 **초당 $1/T_b$비트**의 속도로 데이터를 전송한다. 예를 들어 **4진**(quaternary) PAM 시스템의 경우, 4개의 가능한 심벌이 **디비트**(dibit) 00, 10, 11, 01로 식별되며, 디비트는 2비트로 구성된 워드를 말한다. 따라서 각 심벌은 2비트 데이터를 나타내고, 1 baud는 초당 2비트가 된다. 이 결과를 *M*진 PAM 시스템으로 확장하면, 1 baud는 초당 $\log_2 M$비트가 되고, *M*진 PAM 시스템의 심벌 주기 *T*는 이진 PAM 시스템의 비트 주기 T_b와 관련되어 식 (6.33)과 같이 나타낼 수 있다.

$$T = T_b \log_2 M \tag{6.33}$$

그러므로 주어진 채널 대역폭에서 *M*진 PAM 시스템을 사용하면 이진 PAM 시스템보다 $\log_2 M$배 더 빠른 속도로 데이터를 전송할 수 있음을 알 수 있다.

그러나 대역폭 사용의 측면에서 성능이 향상되는 만큼 대가를 치른다. 구체적으로 만약 채널 잡음이 존재하는 곳에서 동일한 성능을 구현하려면, 전송 전력이 이진 PAM 시스템에 비해서 $M^2/\log_2 M$만큼 증가하게 되며, 이 주제는 10장에서 더 자세히 논의될 것이다. 또한 *M*진 PAM 시스템의 복잡성도 증가하게 된다.

6.6 눈 패턴

지금까지는 심벌 간 간섭 문제 및 이것을 완화하는 방법에 대해 논하였다. 이 절에서는 심

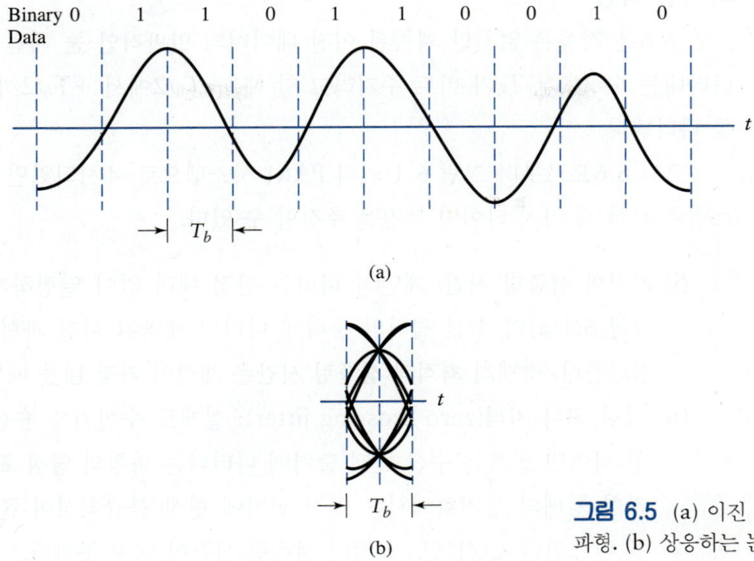

그림 6.5 (a) 이진 데이터 시퀀스와 이에 해당하는 파형. (b) 상응하는 눈 패턴.

벌 간 간섭 정도를 가늠하기 위한 도구로서 실험적 평가를 위해 눈(eye) 패턴에 대하여 설명한다.

눈 패턴은 임계값을 통한 최종 판정 전 수신 필터의 출력에서 나타나는 (가능한 한 많은) 연속된 심벌들의 왜곡된 파형의 동기화된 중첩에 의해 생성된다. 한 예로서 그림 6.5(a)에 나와 있는 잡음은 없지만 왜곡된 파형을 생각해 보자. 그림 6.5(b)는 해당 파형의 8개의 이진 심벌 간격의 동기화된 중첩을 보여 준다. 결과로 보이는 것이 사람 눈과 닮았다고 하여 '눈 패턴(eye pattern)'이라고 부른다. 같은 이유로 눈 패턴의 안쪽은 **개안**(eye opening)이라고 부른다.

부가적 채널 잡음이 크지 않는 한, 눈 패턴은 잘 나타나기 때문에 오실로스코프에서 실험적으로 심벌 간 간섭 정도를 알아볼 수 있다. 대상 파형은 동기화 상태로 작동하고 있는 시간 기반 회로를 내장한 오실로스코프의 편향 판(deflection plate)으로 인가된다. 실험적 관점에서, 눈 패턴은 다음의 두 가지 장점을 제공한다.

- 생성이 간단하다.
- 데이터 전송 시스템의 특성에 대해 통찰력 있는 많은 정보를 제공한다. 그러므로 데이터 전송 시스템이 물리적인 채널을 통해 데이터 시퀀스 전송을 얼마나 성공적으로 또는 형편없게 수행하는지에 대한 시각적인 지표[4]로서 널리 사용된다.

[4] 시스템 성능의 또 다른 시각적 지표는 이른바 **스캐터**(scatter) **다이어그램**이며, 이것은 수신 필터의 출력에 나타나는 복소 신호의 실수부와 허수부를 도시하여 얻을 수 있다. 더 자세한 사항은 Jeruchim, Balaban, and Shanmugan(2000), pp. 666~667을 참조하라.

타이밍 특성

그림 6.6은 잡음은 없지만 왜곡된 이진 데이터의 **일반적인** 눈 패턴을 보여 준다. 시간을 나타내는 수평축은 T_b가 비트 주기라고 할 때, $-T_b/2$에서 $+T_b/2$까지의 심벌 간격 범위를 나타낸다.

그림 6.6으로부터 그림 6.1(a)의 PAM 시스템으로 예시되었던 이진 데이터 전송 시스템에 관한 세 가지 타이밍 특징을 추정할 수 있다.

(i) **최적의 샘플링 시간:** 개안의 너비는 판정 에러 없이 일정하게 샘플링 될 수 있는 그림 6.1(a)의 수신 필터의 출력에 나타난 왜곡된 이진 파형에 대한 시간 간격을 정의한다. 명백히 **최적의 샘플링 시간**은 개안이 가장 넓을 때의 시간이다.

(ii) **영점 교차 지터**(zero-crossing jitter): 실제로 수신기를 송신기에 동기화하기 위한 타이밍 신호는 수신 필터 출력에 나타나는 파형의 **영점 교차**에서 추출한다. 이러한 형태의 동기화에서는 영점 교차에 항상 불규칙성이 존재하고, 차례로 **지터**를 일으킨다. 그러므로 최적의 샘플링 시간이 되지 못한다.

(iii) **타이밍 민감도:** 타이밍에 관련된 다른 특성은 **타이밍 에러**에 대한 시스템의 민감도이다. 이 민감도는 샘플링 타임이 변함에 따라 눈 패턴이 닫히는 비율에 의해 결정된다.

그림 6.6은 시스템의 이 세 가지 타이밍 특성들이 눈 패턴으로부터 어떻게 측정되는지 보여준다.

심벌 간 간섭에 대한 피크 왜곡

지금부터, 이상적인 신호의 진폭이 -1에서$+1$까지의 범위를 차지하도록 조정했다고 가정한다. 그러면 채널 잡음이 없는 상황에서, 개안은 두 개의 극단 값을 갖는다는 것을 알

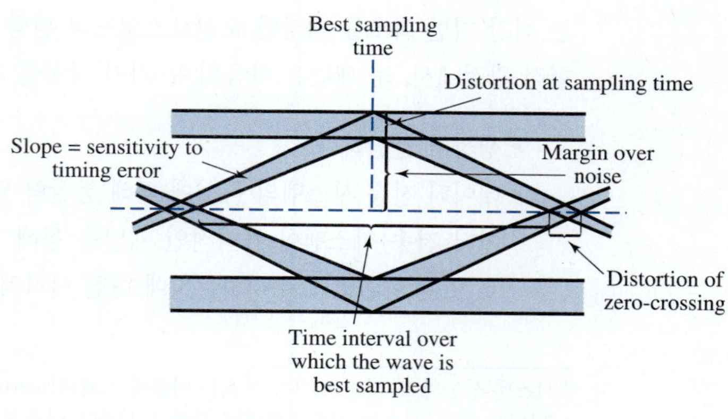

그림 6.6 기저대역 이진 데이터 전송 시스템에 대한 눈 패턴 분석.

게 된다.

(i) **단위**(unity) **개안**[5]: 심벌 간 간섭이 0이다.

(ii) **제로 개안**: 완전히 닫힌 눈 패턴에 해당하며, 이 극단의 경우는 심벌 간 간섭의 효과가 눈 패턴에서 위쪽의 궤적이 아래 궤적과 만날 정도로 충분히 심할 때 발생한다.

(ii)의 경우, 채널에 잡음이 없을지라도 수신기가 에러로 판정할 가능성이 충분히 있다. 전형적으로, **신뢰할 만한 데이터 전송을 위해서는 식 (6.34)의 개안이 0.5보다 커야 한다.**

잡음 환경에서는, 최적의 샘플링 시간에서의 개안의 크기가 가산 채널 잡음에 대해 사용할 수 있는 여유(operating margin)의 정도를 나타낸다. 그림 6.6에 나타난 이 정도(measure)를 **잡음 여유**(noise margin)라고 부른다.

위 논의에서, 개안이 시스템 성능을 평가하는 데 있어 중요한 역할을 한다는 것이 명백하다. 개안의 공식적인 정의가 필요하므로, 이를 위해 식 (6.34)와 같은 개안에 대한 정의를 도입한다.

$$(\text{Eye opening}) = 1 - D_{\text{peak}} \tag{6.34}$$

여기서 D_{peak}는 **피크 왜곡**(peak distortion)이라 불리는 새로운 평가 기준을 나타낸다. 여기에서 주목할 점은 피크 왜곡이 데이터 전송 시스템의 성능(즉 에러율) 측면에서 심벌 간 간섭의 영향을 평가하는 데 있어 **최악의 경우**에 대한 평가 기준이라는 것이다. 개안과 피크 왜곡 사이의 관계는 그림 6.7에 설명되어 있다. 개안 값에는 단위가 없기 때문에, 피크 왜곡 역시 단위가 없다. 이를 강조하기 위해, 앞에서 정의한 두 개의 극단적인 개안 값을 다음과 같이 다시 표현한다.

(i) **제로 피크 왜곡**은 개안 값이 1일 때 일어난다.

(ii) **단위 피크 왜곡**은 개안이 완전히 닫혔을 때 일어난다.

이러한 이유로, **피크 왜곡**은 공식적으로 **모든 전송 가능한 시퀀스에 대한 심벌 간 간섭으로 생긴 최고값**으로 정의된다. 사실상 **이 값을 정규화된 값으로 나누어 사용하며, 정규화 값은 제로 심벌 간 간섭에서의 이상적인 신호 레벨에 상응하는 값의 절대값과 같다.** 식 (6.10)을 참조하여, 이 정의에 내재된 두 성분을 다음과 같이 정의한다.

(i) 수신 필터 출력 $y_i = y(iT_b)$의 이상적인 신호 성분은 식 (6.10)의 첫 번째 항, 즉 a_i

---

[5] 엄밀한 의미에서, 완전히 열린 눈 패턴은 −1에서 +1까지의 범위를 차지한다. 이로 인해, 심벌 간 간섭이 0이면 이상적 개안의 크기는 2가 된다. 그러나 표현의 편의성과 문헌에서의 일관성이라는 두 가지 이유 때문에 심벌 간 간섭이 0인 이상적 개안에 해당하는 크기를 1로 선택한다.

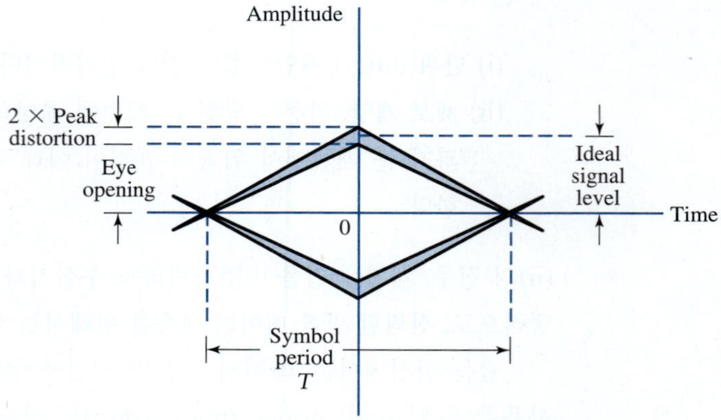

그림 6.7 피크 왜곡과 개안 사이의 관계 설명: 이상적인 신호 레벨은 −1과 +1 사이로 스케일링한다.

로 정의된다. 여기서 a_i는 i번째 인코딩된 심벌이고, 전송된 신호의 비트당 단위 에너지이다.

(ii) 심벌 간 간섭은 식 (6.10)의 두 번째 항으로 정의된다. 즉

$$\sum_{\substack{k=-\infty \\ k \neq i}}^{\infty} a_k p_{i-k}$$

이 덧셈의 최대값은 각기 인코딩된 신호 a_k가 p_{i-k}와 같은 산술 부호를 가질 때 발생하며, 다음과 같이 표현된다.

$$(\text{Maximum ISI}) = \sum_{\substack{k=-\infty \\ k \neq i}}^{\infty} |p_{i-k}|$$

그러므로 피크 왜곡의 정의를 인용하여 원하는 식을 얻을 수 있다.

$$\begin{aligned} D_{\text{peak}} &= \sum_{k=-\infty}^{\infty} |p_{i-k}| \\ &= \sum_{\substack{k=-\infty \\ k \neq i}}^{\infty} |p[(i-k)T_b]| \end{aligned} \tag{6.35}$$

여기서 모든 $i=k$에 대하여, $p_0=p(0)=1$이다. 신호의 진폭이 −1에서 +1까지라는 가정하에, 심벌에 대한 전송된 신호의 에너지를 $E=1$로 조정하였다.

이러한 성질에 의해, 피크 왜곡은 **잡음 채널에서의 데이터 전송에 대해 가장 안 좋은**

경우의 기준이 된다. 개안 값은 가장 작은 가능한 잡음 여유를 구체적으로 알려 준다.[6]

M진 전송에서의 눈 패턴

이미 6.5절에서 지적했듯이, M진 데이터 전송 시스템은 송신기에서 M개의 인코딩된 심벌을 사용하고, 수신기에서는 $M-1$개의 임계값을 사용한다. 이에 상응하여, M진 데이터 전송 시스템에 대한 눈 패턴은 하나 위에 다른 것이 수직으로 쌓여 있는 $M-1$개의 개안으로 구성된다. 임계값은 하나의 개안에서 인접한 개안으로 이동할 때, 진폭 천이 레벨에 의해 정의된다. 인코딩된 심벌들의 발생 가능성이 동일할 때, 임계값은 서로로부터 같은 거리에 있게 된다.

실제 전송되는 랜덤 데이터 시퀀스를 갖는 엄격한 선형 데이터 전송 시스템에서, $M-1$개의 모든 개안은 동일할 것이다. 그러나 실제로 M진 데이터 전송 시스템의 눈 패턴에서는 통신 채널이나 시스템의 다른 부분의 비선형성으로 인해 생기는 비대칭성을 종종 발견할 수 있다.

6.7 컴퓨터 실험: 이진 및 4진 시스템에 대한 눈 다이어그램

그림 6.8(a)와 6.8(b)는 각각 $M=2$와 $M=4$를 사용한 기저대역 PAM 전송 시스템에 대한 눈 다이어그램을 보여 준다. 채널은 대역폭 제한이 없고, 사용되는 원래 심벌들은 컴퓨터에서 랜덤하게 생성된다. 상승 코사인 펄스는 두 경우에 모두 사용된다. 눈 다이어그램의 생성에 사용된 파라미터는 다음과 같다: 비트율=1 Hz, 롤오프 인자 $\alpha=0.5$. 그림 6.8(a)에 표시된 $M=2$의 이진 경우에, 심벌 주기 T와 비트 주기 $T_b(=1\ s)$는 동일하다. 그림 6.8(b)에 표시된 $M=4$인 경우에, $T=T_b \log_2 M=2T_b$이다. 두 경우 모두 눈이 열려 있음을 볼 수 있는데, 이는 심벌 간 간섭이 0이기에 심벌 동작의 신뢰성이 매우 높다는 것을 가리킨다.

그림 6.9(a)와 6.9(b)는 앞에서와 동일한 시스템 파라미터가 사용되었지만, 대역폭 제한 조건하에서의 두 기저대역 펄스 전송 시스템에 대한 눈 다이어그램을 보여 준다. 특별히 이번에는 채널이 저역통과 **버터워스**(Butterworth) **필터**로 모델링되었으며, 주파수 응답은 다음 식으로 정의된다.

$$|H(f)| = \frac{1}{1+(f/f_0)^{2N}}$$

[6] 가장 작은 가능한 잡음 여유는 피할 수 없는 가산 채널 잡음에 기인한 심벌 에러 확률의 **상위 한계**(upper bound)를 결정짓는다. '심벌 에러 확률'에 대한 정의 설명은 10장에서 다룬다.

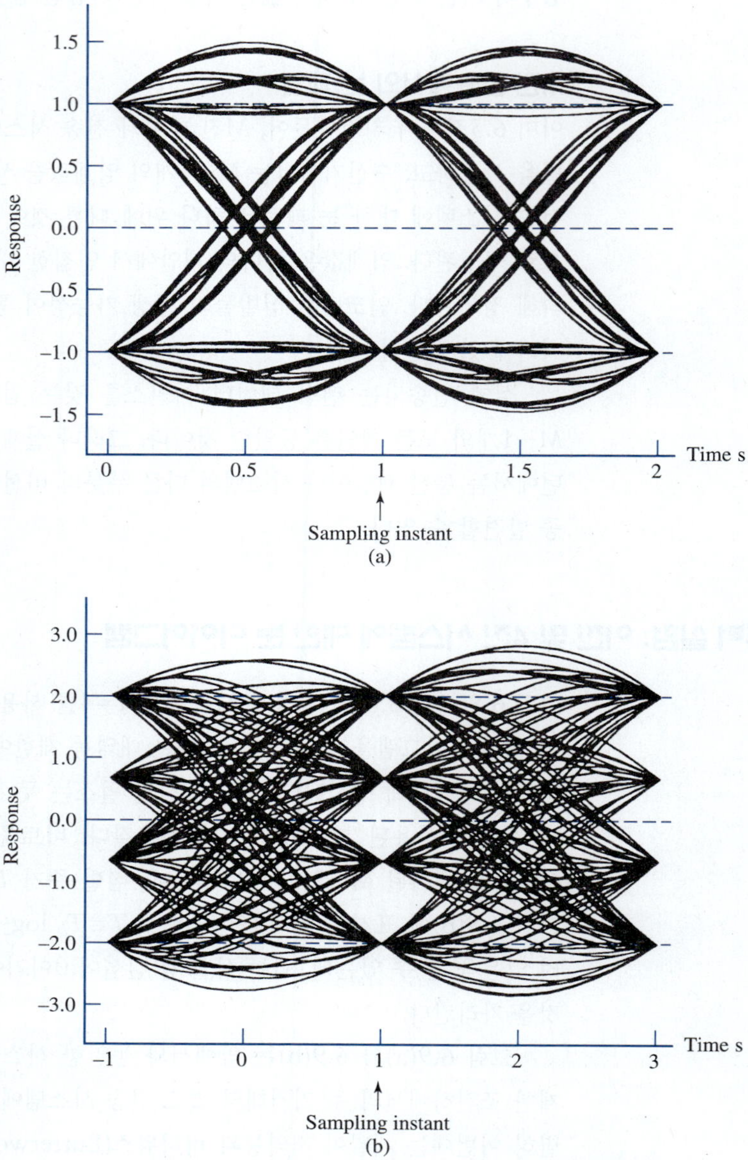

그림 6.8 대역폭 제한이 없는 수신 신호의 눈 다이어그램. (a) $M=2$. (b) $M=4$.

여기서 N은 필터의 차수이고, f_0는 필터의 3 dB 차단 주파수이다. 그림 6.9는 다음의 필터 파라미터 값을 사용한 결과이다.

1. 이진 PAM의 경우: $N=3$, $f_0=0.6$ Hz
2. 4진 PAM의 경우: $N=3$, $f_0=0.3$ Hz

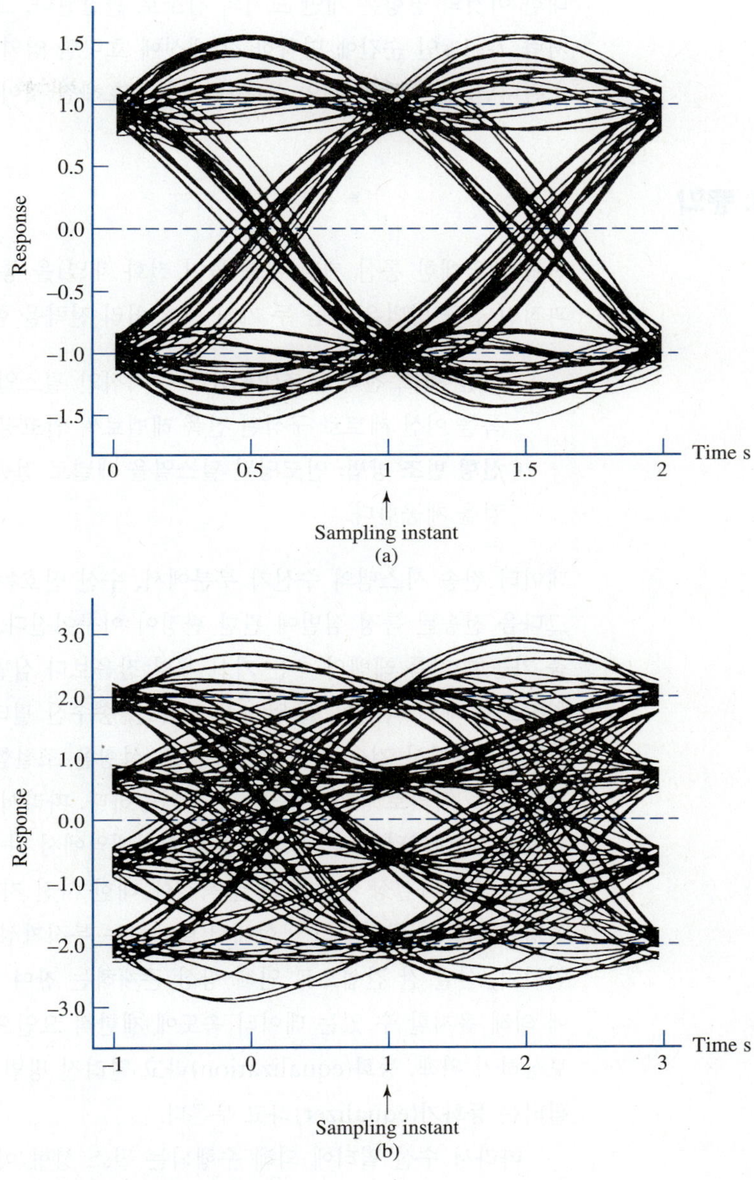

그림 6.9 대역폭이 제한된 채널을 통과한 수신 신호의 눈 다이어그램. (a) $M=2$. (b) $M=4$.

이진 PAM의 경우, 롤오프 인자와 나이퀴스트 대역폭이 각각 $\alpha=0.5$와 $B_0=0.5$ Hz일 때, PAM 전송 시스템의 전송 대역폭은 다음과 같다.

$$B_T = 0.5(1 + 0.5) = 0.75 \text{ Hz}$$

채널 대역폭 차단 주파수가 절대적으로 필요한 것보다 큼에도 불구하고, 통과대역에 대한 이것의 영향은 개안 크기의 감소로 관찰된다. 그림 6.8(a)와 6.8(b)에 나와 있는 것처럼, $t=1\ s$인 순간에 명확한 값 대신에 흐릿한 영역이 존재한다. 채널 대역폭이 더욱 축소된다면, 눈이 감겨 개안 상태가 더욱 모호해질 것이다.

6.8 예제: 등화

선형 대역제한 통신 채널(예를 들어 전화 채널)을 통해 디지털 데이터의 **고속 전송**에 효과적인 접근 방법은 다음 두 가지 신호 처리 전략을 함께 사용하는 것이다.

- **이산 펄스 진폭 변조**(PAM): 주기적인 펄스열로 계속되는(successive) 펄스의 진폭을 이산 세트로 구성된 진폭 레벨로써 인코딩한다.
- **선형 변조 방법**: 인코딩된 펄스열을 채널로 전송하기 위해 대역폭을 유지해 주는 장점을 제공한다.

데이터 전송 시스템의 수신기 부분에서, 수신 신호는 복조되고 동기에 맞춰 샘플링된다. 그다음 전송된 특정 심벌에 관한 판정이 이루어진다. 송신 신호 대 잡음비가 높을 때, 검출 가능한 진폭 레벨의 수는 가산 채널 잡음보다 심벌 간 간섭에 의해 제한을 받는다. 원칙적으로 채널 특성이 잘 알려져 있다면, 송수신 필터의 적절한 쌍(pair)을 사용하여, 이 장의 앞 절에서 기술한 방법으로 펄스 성형을 조절함으로써 사실상 샘플링 순간에 심벌 간 간섭을 임의로 작게 만드는 것이 가능하다. 따라서 심벌 간 간섭 문제와 관련해서는 채널을 통한 데이터 전송 분석 작업을 기저대역에서 다룰 것이다.

그러나 사실상 정확한 채널 특성에 대한 사전 지식을 거의 갖지 못한다. 게다가 펄스 성형 필터들의 물리적인 구현에서 발생하는 부정확성 문제도 있다. 이러한 현실적 문제로 인하여, 심벌 간 간섭으로 인해 항상 존재하는 **잔여 왜곡**(residual distortion)이 시스템에 의해 유지할 수 있는 데이터 속도에 제한적 요인으로 작용한다. 실제적인 잔여 왜곡을 보상하기 위해, **등화**(equalization)라고 알려진 방법이 적용될 것이다. 이 과정에 쓰이는 필터는 **등화기**(equalizer)라고 부른다.

따라서 수신 필터에 의해 수행되는 펄스 성형 이외에, 잔여 왜곡을 등화시키는 새로운 기능을 수행한다. 이 두 가지 기능 모두 선형성을 갖기 때문에, 이들을 결합하여 하나의 구조로 제안한다. 게다가 등화 과정에서 계수 **조정이 가능한** 구조가 필요하므로 **트랜스버설**(transversal) **필터**로 알려진 구조를 제안한다. 그림 6.10에 묘사된 이 필터는 다음의 성분으로 구성된다.

- **지연 라인**(delay line): 탭이 T초 간격으로 일정하게 떨어져 있으며, T는 심벌 주기이다.
- **조정 가능한 가중치**(adjustable weight): 지연 라인 탭에 연결되어 있다.

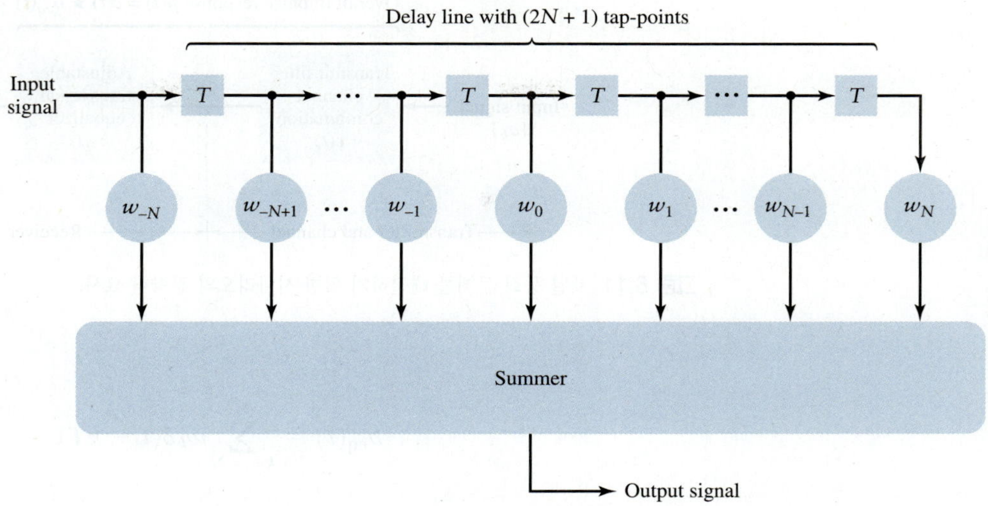

그림 6.10 트랜스버설 필터.

- **합산기**(summer): 연속적으로 지연되어 입력되는 값 각각에 해당 가중치를 부여하여 더한다.

심벌 간 간섭을 제거하기 위한 수신단 필터와 계수 조정이 가능한 트랜스버설 필터를 통합하여, 이 새로운 구조를 **조정 가능한 트랜스버설 등화기** 또는 간단히 **트랜스버설 등화기**라 한다.

zero-forcing 등화

등화 문제에 대한 해결책을 설명하기 위해, 그림 6.11에 묘사된 혼합 구조의 시스템을 고려한다.

- 임펄스 응답 $c(t)$에 의해 특징지어지는 첫 번째 서브시스템은 송신 필터와 통신 채널의 결합된 기능을 나타낸다.
- 임펄스 응답 $h_{eq}(t)$에 의해 특징지어지는 두 번째 서브시스템은 수신기에서 잔여 왜곡 등화와 결합된 펄스 성형을 설명한다.

조정 가능한 트랜스버설 등화기의 중간점에 대한 **구조적인 대칭성**을 고려하여 전체 탭수는 $(2N+1)$로 선택된다. 이에 상응하여 등화기의 가중치(계수)를 $w_{-N}, \ldots, w_{-1}, w_0, w_1, \ldots, w_N$으로 표기한다. 이것을 기초로 등화기의 임펄스 응답을 식 (6.36)과 같이 표현한다.

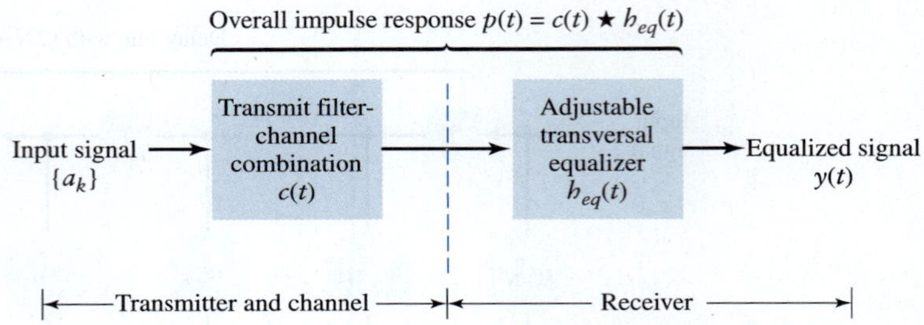

그림 6.11 채널 등화 문제를 해결하기 위한 시나리오의 간략한 묘사.

$$h_{\text{eq}}(t) = \sum_{k=-N}^{N} w_k \delta(t - kT) \tag{6.36}$$

여기서 $\delta(t)$는 디랙 델타 함수이고 w_k는 등화기에서 지연 라인의 k번째 탭에 연결된 가중치이다. 그림 6.11에 따라, 임펄스 응답이 $h_{\text{eq}}(t)$인 트랜스버설 등화기는 임펄스 응답이 $c(t)$인 전송 필터-채널 결합기와 직렬로 연결된다. 이 직렬 연결의 전체 임펄스 응답을 $p(t)$로 표기하고, 식 (6.37)과 같이 $p(t)$를 $c(t)$와 $h_{\text{eq}}(t)$의 컨벌루션으로 표현할 수 있다.

$$\begin{aligned} p(t) &= c(t) \star h_{\text{eq}}(t) \\ &= c(t) \star \sum_{k=-N}^{N} w_k \delta(t - kT) \end{aligned} \tag{6.37}$$

여기서 기호 ★는 컨벌루션을 나타낸다. 그림 6.11의 두 서브시스템이 모두 선형이기 때문에 식 (6.37)에서 합계와 컨벌루션의 순서를 서로 바꿔 식 (6.38)과 같이 다시 쓸 수 있다.

$$\begin{aligned} p(t) &= \sum_{k=-N}^{N} w_k c(t) \star \delta(t - kT) \\ &= \sum_{k=-N}^{N} w_k c(t - kT) \end{aligned} \tag{6.38}$$

여기서 델타 함수의 시프팅(sifting) 성질이 이용되었다. 샘플링 시간 $t=iT$에서 식 (6.38)을 나타내면, 식 (6.39)의 **이산 컨벌루션 합**을 얻게 된다.

$$p(iT) = \sum_{k=-N}^{N} w_k c((i - k)T) \tag{6.39}$$

이 표현을 간단히 하기 위해, p_i와 c_i를 각각 $p(iT)$와 $c(iT)$로 표기하자. 그러면 식 (6.39)를 간결하게 식 (6.40)으로 나타낼 수 있다.

$$p_i = \sum_{k=-N}^{N} w_k c_{i-k} \tag{6.40}$$

심벌 간 간섭을 제거하기 위해서는 식 (6.11)로 표현된 왜곡 없는 전송에 대해 다음 조건하에 나이퀴스트 기준을 만족시켜야 한다.

$$p_i = \begin{cases} \sqrt{E}, \text{ for} & i = 0 \\ 0, \text{ for all} & i \neq 0 \end{cases}$$

여기서 E는 전송되는 신호의 심벌당 에너지이다. 식 (6.40)으로부터 오직 $(2N+1)$개의 조정가능한 가중치만 있음에 유의하라. 따라서 왜곡 없는 전송에 대한 나이퀴스트 기준은 단지 N에 따라 다음과 같이 근사적으로 표현된다.

$$p_i = \begin{cases} \sqrt{E}, & i = 0 \\ 0, & i = \pm 1, \pm 2, \ldots, \pm N \end{cases} \tag{6.41}$$

식 (6.40)의 이산 컨벌루션 합에 식 (6.41)의 조건을 부과하여, 다음과 같은 $(2N+1)$개의 연립 방정식을 얻게 된다.

$$\sum_{k=-N}^{N} w_k c_{i-k} = \begin{cases} \sqrt{E}, & i = 0 \\ 0, & i = \pm 1, \pm 2, \ldots, \pm N \end{cases} \tag{6.42}$$

등가적으로 식 (6.42)를 행렬식으로 다시 나타낼 수 있다.

$$\begin{bmatrix} c_0 & \cdots & c_{-N+1} & c_{-N} & c_{-N-1} & \cdots & c_{-2N} \\ \vdots & \vdots & \vdots & \vdots & \vdots & \vdots & \vdots \\ c_{N-1} & \cdots & c_0 & c_{-1} & c_{-2} & \cdots & c_{-N-1} \\ c_N & \cdots & c_1 & c_0 & c_{-1} & \cdots & c_{-N} \\ c_{N+1} & \cdots & c_2 & c_1 & c_0 & \cdots & c_{-N+1} \\ \vdots & \vdots & \vdots & \vdots & \vdots & \vdots & \vdots \\ c_{2N} & \cdots & c_{N+1} & c_N & c_{N-1} & \cdots & c_0 \end{bmatrix} \begin{bmatrix} w_{-N} \\ \vdots \\ w_{-1} \\ w_0 \\ w_1 \\ \vdots \\ w_N \end{bmatrix} = \begin{bmatrix} 0 \\ \vdots \\ 0 \\ \sqrt{E} \\ 0 \\ \vdots \\ 0 \end{bmatrix} \tag{6.43}$$

식 (6.42)에 의해 표현되는 트랜스버설 등화기, 또는 등가적으로 식 (6.43)은 소위 **zero-forcing 등화기**라고 불린다. 왜냐하면 등화기가 $(2N+1)$개의 샘플링 순간에 수신된 신호의 심벌 간 간섭을 강제로 0으로 만들기 때문이다. zero-forcing 등화기는 잡음이 없는 상태에서 식 (6.34)에 정의된 **피크 왜곡**(peak distortion)을 최소로 한다는 점에서 최적이다. zero-forcing 등화기의 또 다른 좋은 특징은 상대적으로 구현하기 쉽다는 것이다. 게다가 이론적으로 등화기의 탭수가 많으면 많을수록(즉 N이 무한대로 접근한다고 가정했을 때), 등화 시스템은 점점 왜곡 없는 전송을 위한 나이퀴스트 기준에 의해 지정된 이상적인 조건으로 근접해 간다. 그러나 zero-forcing 등화기에서는 가산 채널 잡음의 영향이 무시되었기 때문에, zero-forcing 등화 시스템이 항상 심벌 간 간섭 문제[7]에 대해 최고의 해결책을 제공하는 것은 아니다.

▶ **연습문제 6.6** 다음의 조건을 완벽히 만족시킨다고 가정하자.

- 데이터 전송 시스템에서 잔여 왜곡은 영(zero)이다.
- 펄스 성형은 송신 필터-채널의 결합과 수신기 사이에 동등하게 분할된다.
- 트랜스버설 등화기의 탭수는 무한하다.

(a) 주어진 전체 펄스 스펙트럼 $P(f)$에 상응하는 등화기의 전달 함수를 구하라.

(b) 롤오프 인자가 $\alpha=1$이라 할 때, 무한한 길이의 트랜스버설 등화기가 문제 (a)에서 구한 완벽한 조건을 본질적으로 만족시키는지 설명하라. ◀

수신기는 $\{c_k\}$를 어떻게 결정하는가?

계수 $c_{-N}, \ldots, c_{-1}, c_0, c_1, \ldots, c_N$이 주어졌을 때, 송신 필터-채널의 결합에 대한 샘플링된 임펄스 응답을 정의하고자 한다면 트랜스버설 등화기의 상응하는 $(2N+1)$개의 가중치를 구하기 위해 식 (6.43)의 연립 방정식을 사용할 수 있다.[8] 그러나 이 연산은 수신기가 이미 계수 $\{c_k\}_{k=-N}^{N}$을 알고 있다고 가정한 것이다. 그렇다면 수신기가 이 계수 값을 어떻게 획득할 수 있을까?

이 기본적 질문에 대한 통상적인 해결 방안은 **파일럿을 이용한 학습**(pilot-assisted training)이며, 그 과정은 다음과 같다.

1. 송신 입력에 가해진 이진 데이터 시퀀스 $\{b_k\}$에 대하여, 특성상 잡음 같은 1과 0의 결정적 시퀀스를 사용하며, 이 시퀀스에 대한 기준은 ***PN* 시퀀스**(pseudo-noise sequence)이다. *PN* 시퀀스를 **파일럿**으로 사용하는 이유는 고유한 측정도를 제공하기 때문이다.
2. *PN* 시퀀스에 대한 정보는 수신기도 알고 있다. 따라서 송신기와 동기를 맞춘 상

[7] zero-forcing 등화기보다 더 강인한 등화기로는 **평균 제곱 에러 판별**이라는 또 다른 최적 판별법을 사용하는 등화기를 들 수 있는데, 이것은 채널 잡음과 잔여 왜곡 영향을 고려한 것이다. 평균 제곱 에러(즉 평균 에러 전력)는 등화기의 '원하는' 응답과 '실제' 응답 간의 제곱 에러(차이)의 기대값으로 정의된다. 기대값은 통계적 연산자로서 8장에서 자세히 설명된다.

최소 평균 제곱 에러 등화기와 이것의 적응적 구현 내용에 대한 구체적인 설명은 Haykin(2001)을 참조하라. 고정된 트랜스버설 등화기에서는 탭 가중치가 일단 계산되면 그 값으로 고정된다. 이와 달리 **적응 등화기**는 디지털 통신에서 실제로 일어나는 전화기와 무선 채널의 시변 성질을 보상하고자 탭 가중치를 끊임없이 조정한다.

[8] $(2N+1)$개의 가중치를 갖는 트랜스버설 등화기를 나타내는 식 (6.43)의 해는 식 왼쪽의 알고 있는 계수들로 구성된 $(2N+1)\times(2N+1)$ 행렬의 역에 식 오른쪽의 열 벡터를 곱해서 구할 수 있다. 매우 큰 N에 대해서는 역행렬 연산이 매우 성가신 작업이며, 이를 극복하기 위한 다른 접근 방법에 대한 자세한 설명은 Haykin(2001)을 참조하라.

태에서 수신기는 학습의 시작을 알 수 있다.

3. 끝으로 송신 *PN* 시퀀스를 알고 상응하는 채널 출력을 측정하면, 수신기가 송신 필터와 채널 결합의 샘플링 된 임펄스 응답을 나타내는 시퀀스 $\{c_k\}$를 예측하기 쉽다.

6.9 요약과 토의

통신 채널을 통한 디지털 데이터 전송은 대상 채널 형태에 따라 크게 다음의 두 가지 응용으로 나뉠 수 있다.

(i) **기저대역 데이터 전송**: 채널은 저역통과 특성을 갖는다.

(ii) **대역통과 데이터 전송**: 채널은 대역통과 특성을 갖는다.

이 장에서는 기저대역 데이터 전송을 공부하였으며, 대역통과 데이터 전송은 7장에서 다룰 것이다.

특별히 이 장에서는 선형성을 가정하여 채널의 주파수 응답에서의 불완전성으로 인해 발생하는 심벌간 간섭에 초점을 맞추었다. 채널 출력에서의 신호 펄스에 직접 관심을 갖고, 심벌 간 간섭에 대하여 알아보았다. 심벌 간 간섭은 채널 입력에 가해진 데이터 열의 다른 신호 펄스들로부터 발생하는 **혼선**(cross-talk) 또는 **스필오버**(spillover)가 현재 펄스에 미치는 영향이다.

실제적으로 많이 사용되는 조정 방법은 메시지 신호원부터 시작하여 수신기까지 기저대역 시스템의 전체 펄스 스펙트럼을 **성형**하는 것이다. 펄스 스펙트럼에 대한 최적의 해결책은 나이퀴스트 채널에 의해 제공되며, 채널 대역폭의 두 배의 비트율로 심벌 간 간섭을 0으로 만든다. 그러, 이 최적의 해결책은 brick-wall 특성 때문에 실현이 불가능하다. 실현 불가능성을 우회적으로 타개하고자 상승 코사인 펄스 스펙트럼을 사용하였으며, 0과 1 사이의 **롤오프 인자** 값을 채택함으로써 설계의 융통성을 제공하였다. 그런데 0이 아닌 롤오프 인자를 사용하는 것은 심벌 간 간섭을 0으로 하기 위한 해결책의 실현 가능성 조건의 필요 조건은 되지만 충분 조건은 만족시키지 못한다. 그 외에, 상승 코사인 펄스 스펙트럼은 선형 위상 특성과 연관지어 생각해야 하며, 이때 선형 위상의 기울기는 문제 6.4에서 논의된 바와 같이 롤오프 인자에 좌우된다. 심벌 간 간섭 문제 해결을 위한 좀 더 정교한 방법은 펄스 성형에 대한 전체 작업을 제곱근 상승 코사인 펄스 스펙트럼을 사용하여 송신단과 수신단에 공평히 분배하는 것이다.

이 장에서는 또한 심벌 간 간섭 정도를 실험적으로 평가하는 방법과 같은 실제적 논점도 다루었다. 눈 패턴은 이 논점을 통찰력 있게 해결해 주는 도구이다. 실제로 눈 패턴 그림은 타이밍 지터, 시스템 불완전에 기인한 심벌 간 간섭, 채널 잡음 등의 랜덤 특성으로 열화 효과를 잘 묘사해 준다. 심벌 간 간섭과 잡음은 근본적으로 차이가 있다. 심벌 간 간섭은 전적으로 **전송 신호에 의존하는 현상**이므로 신호가 끊기면 사라진다. 반면에 잡음은 데이터 전송 여부와 관계없이 항상 존재한다.

끝으로 심벌 간 간섭을 타개하기 위해 고려해야 할 것이 펄스 성형 이외에 등화이다. 등화를 위해서는 조정 가능한 계수가 적용된 트랜스버설 필터를 사용한다. 이 필터는 수신단에 배치되어 채널의 임펄스 응답에서의 불완전성으로 인한 잔여 왜곡을 보상해 준다.

Additional Problems

6.7 Starting with Eq. (6.17) for the raised-cosine pulse spectrum $P(f)$, use the inverse Fourier transform to derive the corresponding time response $p(t)$ defined in Eq. (6.19).

6.8 The raised-cosine pulse spectrum for a roll-off factor of unity is given by

$$P(f) = \begin{cases} \dfrac{\sqrt{E}}{2B_0}\cos^2\left(\dfrac{\pi f}{4B_0}\right), & 0 \le |f| < 2B_0 \\ 0, & 2B_0 \le |f| \end{cases}$$

which is a special case of Eq. (6.17) for $\alpha = 1$. Show that the time response $p(t)$, the inverse Fourier transform of $P(f)$, is

$$p(t) = \sqrt{E}\frac{\text{sinc}(4B_0 t)}{1 - 16B_0^2 t^2}$$

6.9 A computer puts out binary data at the rate of 56 kilobits per second. The computer output is transmitted using a baseband binary PAM system that is designed to have a raised-cosine pulse spectrum. Determine the transmission bandwidth required for each of the following roll-off factors:

(a) $\alpha = 0.25$
(b) $\alpha = 0.5$
(c) $\alpha = 0.75$
(d) $\alpha = 1.0$

6.10 A binary PAM wave is to be transmitted over a low-pass channel with bandwidth of 75 kHz. The bit duration is 10 μs. Find a raised-cosine pulse spectrum that satisfies these requirements.

6.11 Consider a channel with bandwidth 3.0 kHz, which is available for data transmission using binary PAM. Plot the permissible bit (signaling) rate $1/T_b$ versus the excess bandwidth f_ν, assuming that the roll-off factor α varies from zero to unity, and that the criterion for zero intersymbol interference is satisfied.

6.12 You are given a channel of bandwidth 3.0 kHz. The requirement is to transmit data over the channel at the rate of 4.5 kilobits/s using binary PAM.

(a) What is the maximum roll-off factor in the raised-cosine pulse spectrum that can accommodate this data transmission?
(b) What is the corresponding excess bandwidth?

6.13 This problem follows up on the pulse-shaping criterion for zero intersymbol interference, which is embodied in Eq. (6.30). This criterion can be satisfied by an infinite number of overall pulse spectra denoted by $P(f)$. The brick-wall spectrum of Fig. 6.2(*a*) and the raised-cosine pulse spectrum of Fig. 6.4(*a*) are two such examples. The pulse spectra shown in parts (*a*) and (*b*) of Fig. 6.12 are two other examples that can also satisfy the pulse-shaping criterion of Eq. (6.30).

(a) Derive the condition that the bandwidth B_0 in Fig. 6.12(*a*) must satisfy for the requirement of zero intersymbol interference to be satisfied for binary PAM.
(b) Repeat the problem for the pulse spectrum of Fig. 6.12(*b*).
(c) Given the four pulse spectra, the two of Figs. 6.2(*b*) and 6.3(*a*) and those of Fig. 6.12, why then is it that the raised-cosine pulse spectrum of Fig. 6.3(*a*) is the preferred choice in practice? Justify your answer.

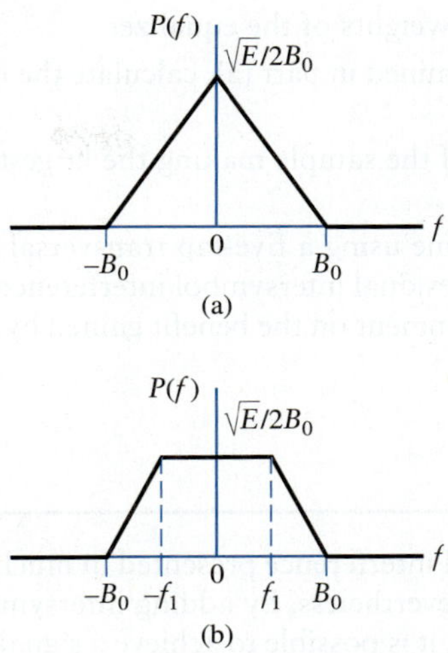

FIGURE 6.12 Problem 6.13

6.14 Repeat Problem 6.12, given that each set of three successive binary digits in the computer output is coded into one of eight possible amplitude levels, and the resulting signal is transmitted by using an 8-level PAM system designed to have a raised-cosine pulse spectrum.

6.15 An analog signal is sampled, quantized, and encoded into a binary PCM wave. The number of representation levels used is 128. A synchronizing pulse is added at the end of each code word. The resulting PCM signal is transmitted over a channel of bandwidth 13 kHz using a *quaternary* PAM system with a raised-cosine pulse spectrum. The roll-off factor is unity.

(a) Find the rate (in bits per second) at which information is transmitted through the channel.

(b) Find the rate at which the analog signal is sampled. What is the maximum possible value for the highest frequency component of the analog signal?

6.16 A binary wave using non-return-to-zero signaling is generated by representing symbol 1 by a pulse of amplitude +1 and symbol 0 by a pulse of amplitude −1; in both cases, the pulse duration equals the bit duration. This signal is applied to a low-pass RC filter with transfer function:

$$H(f) = \frac{1}{1 + jf/f_0}$$

Construct the eye pattern for the filter output for the following sequences:

(a) Alternating 1s and 0s.

(b) A long sequence of 1s followed by a long sequence of 0s.

(c) A long sequence of 1s followed by a single 0 and then a long sequence of 1s.

Assume a bit rate of $2B_0$ bits per second.

6.17 The binary sequence 011010 is transmitted through a channel having a raised-cosine pulse spectrum with a roll-off factor of unity. Assume the use of non-return-to-zero signaling, with symbols 1 and 0 represented by +1 and −1, respectively.

(a) Construct the received wave to scale, and indicate the best sampling times for regeneration.

(b) Construct the eye pattern for this received wave and show that it is completely open.

(c) Determine the zero crossings of the received wave.

6.18 The sampled impulse response of a data-transmission system (encompassing the transmit filter and channel) is defined by

$$c_n = \{0.0, 0.15, 0.68, -0.22, 0.08\}$$

For zero-forcing equalization of the system, it is proposed to use a three-tap transversal filter.

(a) Calculate the adjustable weights of the equalizer.

(b) Using the equalizer determined in part (a), calculate the residual intersymbol interference at the equalizer output.

(c) Identify the magnitude of the sample making the largest contribution to the residual intersymbol interference.

6.19 Repeat Problem 6.18, this time using a five-tap transversal filter for zero-forcing equalization of the system. Compare the residual intersymbol interference at the output of the equalizer with that in Problem 6.18, and comment on the benefit gained by using a longer transversal filter for the equalization process.

ADVANCED PROBLEMS

The treatment of intersymbol interference presented in much of this chapter has viewed it as an undesirable phenomenon. Nevertheless, by adding intersymbol interference to the transmitted signal in a controlled manner, it is possible to achieve a signaling rate of $2B_0$ symbols per second in a channel of bandwidth B_0 hertz. Such an approach is called *correlative coding* or *partial-response signaling*. The next four problems address issues related to correlative coding, as summarized here:

- Problems 6.20 and 6.21 pertain to duobinary signaling. In particular, Problem 6.20 addresses the duobinary conversion filter, the use of which can lead to a propagation of errors. To mitigate this problem, we use a precoder addressed in Problem 6.21.
- Problem 6.22 pertains to a modification of the schemes described in Problems 6.20 and 6.21.
- Finally, Problem 6.23 probes the use of modified duobinary signaling for single sideband modulation applied to data transmission.

6.20 Figure 6.13 depicts the duobinary signaling scheme in its simplest form. The incoming binary sequence $\{b_k\}$ consists of uncorrelated binary symbols 1 and 0, each having duration T_b. This sequence is first applied to a pulse-amplitude modulator to produce the two-level sequence $\{a_k\}$ consisting of pulses (short enough to be viewed as unit impulses). Specifically,

$$a_k = \begin{cases} +1, & \text{if symbol } b_k \text{ is 1} \\ -1, & \text{if symbol } b_k \text{ is 0} \end{cases}$$

The two-level sequence $\{a_k\}$ is next applied to the duobinary conversion filter enclosed inside the dashed rectangle in Fig. 6.13, where the Nyquist channel $H_{\text{opt}}(f)$ is defined by (see Eq. (6.15))

$$H_{\text{opt}}(f) = \begin{cases} \dfrac{\sqrt{E}}{2B_0}, & \text{for } -B_0 < f < B_0 \\ 0, & \text{otherwise} \end{cases}$$

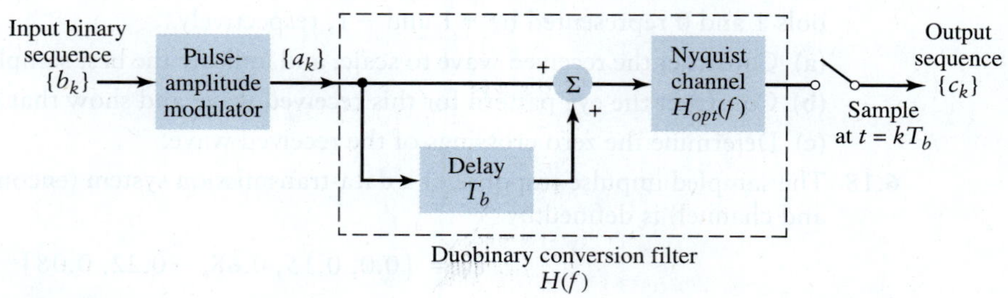

FIGURE 6.13 Problem 6.20

At the receiver, the channel output is sampled every T_b seconds in synchronism with the transmitter; the sample so produced is denoted by c_k. An estimate $\hat{a}_k$ of the original symbol a_k is produced by using the rule

$$\hat{a}_k = c_k - \hat{a}_{k-1}$$

where $\hat{a}_{k-1}$ is the previous estimate.

(a) Determine the overall frequency response $H(f)$ of the duobinary conversion filter.

(b) Determine the impulse response $h(t)$ of this filter.

(c) The above-described rule used in the receiver is an example of *decision feedback*, which may be viewed as an inverse of the delay-line filter at the transmitter. A major drawback of this decision rule is that once errors are made, they tend to *propagate* through the output. Why? Justify your answer.

6.21 To mitigate the *error propagation phenomenon* discussed in part (c) of Problem 6.20, we may use a *precoder*, as depicted in Fig. 6.14. The precoding is applied to the input binary sequence $\{b_k\}$, producing a new binary sequence $\{d_k\}$ defined by

$$d_k = b_k \oplus d_{k-1}$$

where the symbol $\oplus$ denotes *modulo-two addition*. This addition is equivalent to the EXCLUSIVE-OR operation, which operates as follows. The output d_k is a symbol 1 if inputs, b_k or d_{k-1}, differ from each other; otherwise, the output d_k is symbol 0.

As shown in Figure 6.14, the precoded binary sequence $\{d_k\}$ is applied to a pulse-amplitude modulator, followed by the duobinary conversion filter; both of these two components follow exactly the same descriptions presented in Problem 6.20. This time, however, the decision rule used by the receiver for detecting the original binary sequence $\{b_k\}$ from the three-level sequence $\{c_k\}$ is defined by

$$\text{If } |c_k| < 1, \text{ say binary symbol } b_k \text{ is } 1$$
$$\text{If } |c_k| > 1, \text{ say binary symbol } b_k \text{ is } 0$$

According to this decision, the detector consists of a rectifier followed by a threshold device. Most important, if any c_k is received in error, the error is confined to that instant.

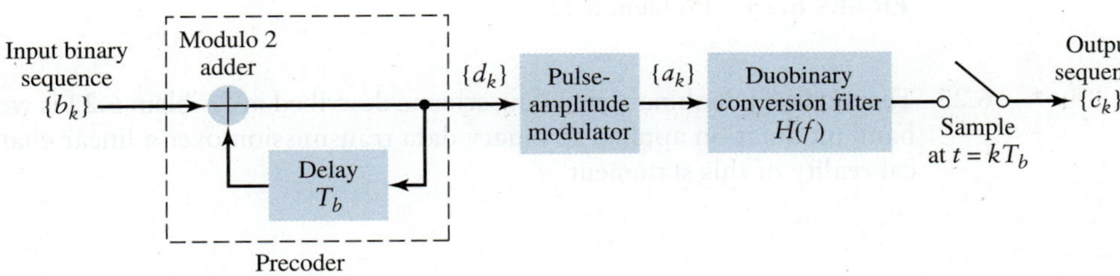

FIGURE 6.14 Problem 6.21

To illustrate the operation of the duobinary signaling scheme with precoding, consider the input data sequence

$$\{b_k\} = 0010110$$

To proceed with the precoding of this sequence, add an extra bit to the precoder output; this extra bit is chosen arbitrarily to be 1. Hence, do the following:

(a) Determine the precoded sequence $\{d_k\}$, and then the two-level sequence $\{a_k\}$ produced by the pulse-amplitude modulator.

(b) Determine the duobinary code output $\{c_k\}$.

(c) Applying $\{c_k\}$ to the rectifier-based detector described above, determine the resulting binary sequence. Thereby, demonstrate the correct reconstruction of the original sequence.

6.22 In this problem, we consider another correlative scheme known as *modified duobinary signaling*, which is depicted in Fig. 6.15. The correlative encoding strategy is now defined by

$$c_k = a_k - a_{k-2}$$

which involves a correlation span of two binary symbols.

(a) Determine the frequency response $H(f)$ of the modified duobinary conversion filter enclosed inside the second dashed rectangle in Fig. 6.15.

(b) Determine the impulse response $h(t)$ of this filter, and show that it has three distinguishable levels at the sampling instants.

(c) For decoding in the receiver, demonstrate the successful use of the decision rule:

$$\hat{b}_k = \begin{cases} \text{symbol } 1, & \text{if } |c_k| > 1 \\ \text{symbol } 0, & \text{if } |c_k| < 1 \end{cases}$$

For the demonstration, again use the input sequence 0010110.

(d) In light of your findings in parts (a) through (c), discuss the advantages of the modified duobinary encoder over the duobinary encoder discussed in Problem 6.21.

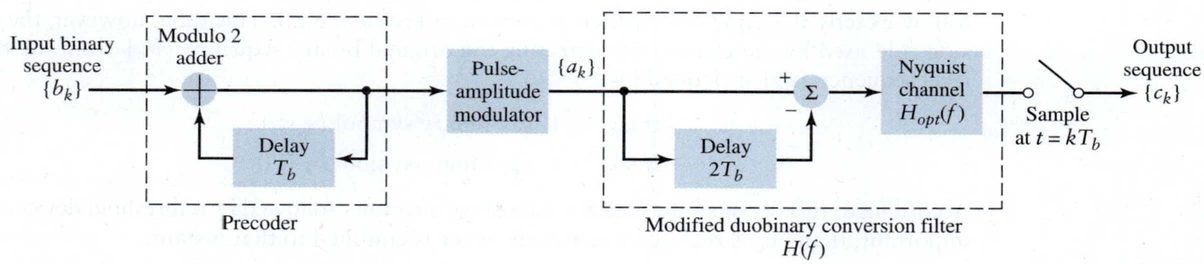

FIGURE 6.15 Problem 6.22

6.23 The modified duobinary signaling scheme described in Problem 6.22 is well-suited for single sideband modulation applied to binary data transmission over a linear channel. Justify the practical reality of this statement.

7장

디지털 대역통과 변조 기술

6장에 기술된 기저대역 데이터 전송에서는 들어오는 연속 데이터 스트림이 저역통과 채널(예를 들어 동축 케이블)로 전송될 수 있는 이산 펄스 진폭 변조 파형의 형태로 표현되었다. 만약 데이터 스트림을 대역통과 채널로 전송해야 한다면, 예를 들어 무선이나 위성 채널로 전송해야 한다면 어떤 점을 고려해야 할까? 이런 종류의 응용을 위해, 일반적으로 데이터 스트림이 담고 있는 정보에 따라 **정현 반송파**(sinusoidal carrier)에 진폭, 위상, 또는 주파수를 변화시키는 **변조**(modulation) **방법**을 사용한다. 따라서 이 장에서는 대역통과 데이터 전송에서의 디지털 변조 기술을 배운다.

이 장의 첫 번째 목표는 실제로 사용되는 몇 가지 중요한 디지털 대역통과 변조 기술을 설명하는 것이다. 특히 세 가지 기본 변조 기술, 즉 진폭 천이 키잉(ASK), 위상 천이 키잉(PSK), 그리고 주파수 천이 키잉(FSK)에 대해 다루고, 이것의 변형 몇 가지도 언급한다. 주목해야 할 또 다른 관심사는 동기(coherent) 및 비동기(noncoherent) 검파에 관한 것이다. 디지털 통신 시스템에서, 만약 수신기가 반송파 위상에 대해 송신기와 동기가 맞춰졌다면 '**동기**' 라고 말하고, 그렇지 않으면 '**비동기**' 라고 정의한다. 당연히 비동기 시스템은 복잡성이 줄어드는 실제적인 장점이 있지만, 가격에 비해 성능이 낮은 단점을 가진다. 잡음 성능 평가에 대한 고찰은 10장에서 다룰 것이다.

이 장에서는 다음과 같은 세 가지 내용을 중점적으로 다룰 것이다.

- ▶ **레슨 1: 각각의 디지털 대역통과 변조 방법은 독특한 페이저 표현을 갖는 전송 신호에 의해 정의된다.**
- ▶ **레슨 2: 수신단에서 디지털 복조 방법은 수신기가 동기 검파인지 비동기 검파인지에 따라 다른 형태를 취한다.**
- ▶ **레슨 3: 디지털 변조 방법은 (a) 사용된 변조의 유형과 (b) 전송된 데이터 스트림이 이진인지 *M*진 형태인지에 따라 분류된다.**

7.1 사전 지식

심벌 0과 1을 내보내는 이진 소스가 주어졌을 때, **변조 과정은 0과 1에 따른 가능한 값들의 쌍**(pair) **사이에서 정현 반송파 파형의 진폭, 위상, 또는 주파수를 스위칭하거나 키잉하는 것을 포함한다.** 좀더 구체적으로, 식 (7.1)과 같은 정현 반송파를 고려하자.

$$c(t) = A_c \cos(2\pi f_c t + \phi_c) \tag{7.1}$$

여기서 A_c는 반송파 진폭, f_c는 반송파 주파수, ϕ_c는 반송파 위상을 나타낸다. 이 세 가지 파라미터가 주어졌을 때, **이진 변조**의 세 가지 다른 형태를 정의할 수 있다.

1. **이진 진폭 천이 키잉**(BASK: binary amplitude-shift keying): 반송파 진폭이 심벌 0과 1을 구분지어 표현하는 데 사용되며, 이때 반송파 주파수와 위상은 일정하게 유지된다.
2. **이진 위상 천이 키잉**(BPSK: binary phase-shift keying): 반송파 위상이 심벌 0과 1을 구분지어 표현하는 데 사용되며(예를 들어 심벌 0과 1은 각각 위상 0°와 180°), 이때 반송파 진폭과 주파수는 일정하게 유지된다.
3. **이진 주파수 천이 키잉**(BFSK: binary frequency-shift keying): 반송파 주파수로써 심벌 0과 1을 구분지어 표현하며, 이때 반송파의 진폭과 위상은 일정하게 유지된다.

이러한 정의에 비추어, BASK, BPSK, 그리고 BFSK가 각각 진폭 변조, 위상 변조, 그리고 주파수 변조의 특별한 경우인 것을 알 수 있다. 사실상 3장과 4장의 아날로그 진폭 및 각 변조와 연계해 보면, 아날로그와 디지털 변조 기술 사이에 매우 밀접한 관계가 있음을 직감할 수 있다. 아날로그와 디지털 변조 방법 사이의 유사한 관계성으로부터 이끌어 낼 수 있는 중요한 결론은 그것들의 기본적인 차이에도 불구하고, BASK, BPSK, 그리고 BFSK는 공통적인 특징이 있는데, 세 가지 모두 **대역통과 처리**에 적용된다는 점이다.

아날로그 통신 문헌에서 정현 반송파 $c(t)$는 일반적으로 식 (7.1)로 정의된다. 반면에 디지털 통신 문헌에서는 일반적으로 반송파 $c(t)$가 **한 심벌(비트) 주기 동안에 단위 에너지**를 가지고 있다고 가정한다. 구체적으로 문제 3.28에서 T_b가 **비트 주기**를 나타낼 때, 반송파 진폭이 식 (7.2)와 같이 표현되었다.

$$A_c = \sqrt{\frac{2}{T_b}} \tag{7.2}$$

식 (7.2)를 사용하여, 반송파 $c(t)$를 식 (7.3)과 같이 다시 나타낼 수 있다.

$$c(t) = \sqrt{\frac{2}{T_b}}\cos(2\pi f_c t + \phi_c) \tag{7.3}$$

앞서 2장의 신호 및 시스템의 푸리에 표현에 관한 내용으로부터, 구형파의 주기가 감소하면 펄스에 포함된 유효한 주파수들의 대역이 넓어지는 효과가 있음을 배웠다. 같은 개념으로, 비트 주기 T_b가 감소하면 이진 변조 파형이 필요로 하는 전송 대역폭이 증가하는 효과가 있다.

이전 3장과 4장에서 배운 또 다른 것은 각변조 파형이 필요로 하는 전송 대역폭이 이에 상응하는 진폭 변조 파형의 것보다 더 넓다는 사실이다. 이 사실에 비추어, 주어진 이진 소스에 대해 BFSK가 필요로 하는 전송 대역폭이 BASK의 그것보다 더 넓다고 말할 수 있다. 그러나 이번 장에서 살펴볼 것인데, BPSK에는 똑같은 사실이 적용되지 않는다. 이것은 디지털 변조가 아날로그 변조와 다른 여러 가지 차이점 중의 하나이다.

대역통과 가정

BASK, BPSK, 그리고 BFSK에 의해 예시된 디지털 변조 파형의 스펙트럼은 반송파 주파수 f_c를 중심으로 한다. 게다가 아날로그 변조에서처럼, 일반적으로 반송파 주파수 f_c는 변조 신호로 동작하는 들어오는 이진 데이터 스트림의 '대역폭'과 비교할 때 매우 크다고 가정한다. 나중에 언급하겠지만, 이러한 대역통과 가정은 다소 중요한 의미를 함축하고 있다.

구체적으로, 변조된 파형이 식 (7.4)로 정의된 선형 변조 방법을 고려하자.

$$s(t) = b(t)c(t) \tag{7.4}$$

여기서 $b(t)$는 들어오는 이진 파형을 나타낸다. 편의상 반송파 위상을 $\phi_c=0$이라고 하면, 변조된 파형 $s(t)$는 식 (7.3)을 대입하여 식 (7.5)와 같이 표현할 수 있다.

$$s(t) = \sqrt{\frac{2}{T_b}}\,b(t)\cos(2\pi f_c t) \tag{7.5}$$

W가 이진 파형 $b(t)$의 대역폭이라고 할 때, $f_c \gg W$ 라고 가정하면, $s(t)$를 생성하는 데 스펙트럼이 겹치는 부분은 없을 것이다(즉 양의 주파수에 대한 변조 파형의 스펙트럼은 필수적으로 음의 주파수에 대한 스펙트럼과 구분된다).

대역통과 가정의 또 다른 의미는 **비트당 전송되는 신호 에너지**를 식 (7.6)과 같이 표현할 수 있다는 것이다.

$$\begin{aligned} E_b &= \int_0^{T_b} |s(t)|^2\,dt \\ &= \frac{2}{T_b}\int_0^{T_b} |b(t)|^2 \cos^2(2\pi f_c t)\,dt \end{aligned} \tag{7.6}$$

다음과 같은 삼각 항등식을 이용하면

$$\cos^2(2\pi f_c t) = \frac{1}{2}[1 + \cos(4\pi f_c t)]$$

식 (7.6)을 식 (7.7)과 같이 다시 쓸 수 있다.

$$E_b = \frac{1}{T_b}\int_0^{T_b} |b(t)|^2\, dt + \frac{1}{T_b}\int_0^{T_b} |b(t)|^2 \cos(4\pi f_c t)\, dt \tag{7.7}$$

대역통과 가정은 $|b(t)|^2$이 정현파 파형 $\cos(4\pi f_c t)$의 한 주기 동안 반드시 일정함을 의미하고, 이는 다시 다음 식이 성립함을 의미한다.

$$\int_0^{T_b} |b(t)|^2 \cos(4\pi f_c t)\, dt \approx 0$$

이에 따라 식 (7.7)을 다음과 같이 근사화할 수 있다.

$$E_b \approx \frac{1}{T_b}\int_0^{T_b} |b(t)|^2\, dt \tag{7.8}$$

말하자면, 식 (7.5)에 의해 결정되는 선형 디지털 변조 기술에서, 전송 신호 에너지(기본적으로 한 비트당)는 들어오는 이진 파형에서 정현 반송파를 변조하는 데 필요한 에너지를 스케일링한 것이다.

► **연습문제 7.1** 대역통과 가정을 이용하여, $f_c \gg 1/T_b$를 만족시키기만 하면, 비트 주기가 어떻게 정확히 f_c와 관계되는지에 상관없이 다음 식이 성립됨을 입증하라.

$$\int_0^{T_b} \sin(2\pi f_c t)\cos(2\pi f_c t)\, dt \approx 0$$ ◄

► **연습문제 7.2** 식 (7.8)이 반송파 위상 ϕ_c에 따라 변하지 않음을 보이라(즉 모든 ϕ_c에 대해 성립한다). ◄

7.2 BASK

BASK는 20세기 초 무선 전신에서 사용되었던 디지털 변조의 초기 형태 중 하나이다. BASK를 좀더 정식으로 설명하기 위해, **온-오프 신호 방식**의 이진 데이터 스트림을 고려해 보자. 그러면 $b(t)$는 식 (7.9)로 정의된다.

$$b(t) = \begin{cases} \sqrt{E_b}, & \text{for binary symbol 1} \\ 0, & \text{for binary symbol 0} \end{cases} \tag{7.9}$$

편의상 $b(t)$에 위상 ϕ_c를 0으로 한 식 (7.3)의 정현 반송파 파형을 곱하면, 식 (7.10)의 BASK 파형을 얻게 된다.

$$s(t) = \begin{cases} \sqrt{\dfrac{2E_b}{T_b}} \cos(2\pi f_c t), & \text{for symbol 1} \\ 0, & \text{for symbol 0} \end{cases} \tag{7.10}$$

반송파 주파수 f_c는 대역통과 가정을 만족시키는 한, 전자기 무선 스펙트럼 어디에서나 변조된 신호를 전송하는데 있어서 일관된 임의의 값을 가진다.

심벌 1이 한 비트 주기를 차지할 때 전송 신호 에너지는 E_b이고, 심벌 0이 한 비트 주기를 차지할 때 전송되는 신호 에너지는 0이다. 이것을 기초로 할 때, **전송되는 신호 에너지의 평균**은 식 (7.11)과 같다.

$$E_{\text{av}} = \frac{E_b}{2} \tag{7.11}$$

그러나 식 (7.11)이 성립하기 위해서는 두 이진 심벌의 **발생 가능성이 같아야 한다.** 다시 말해, 이진 데이터의 **긴** 스트림이 주어졌을 때, 그 데이터 스트림에서 심벌 1과 0이 본질적으로 동일하게 발생해야 한다. 그러나 이러한 균등성이 성립되려면, 비트 스트림 생성 시 심벌 1 또는 심벌 0이 한쪽으로 치우치는 **편향성이 없어야 한다.**

ASK 신호의 생성과 검파

식 (7.9)와 (7.10)으로부터, 두 입력의 곱셈 변조기를 사용하면 BASK 신호가 쉽게 만들어지는 것을 알 수 있다. 하나의 입력은 변조 신호로서 식 (7.9)의 온-오프 신호가 되고, 다른 입력 신호는 다음의 정현 반송파 신호이다.

$$c(t) = \sqrt{\frac{2}{T_b}} \cos(2\pi f_c t)$$

그림 7.1(a)의 입력 이진 데이터 스트림에 대응하는 BASK 파형을 그린 그림 7.1(b)를 보면, 변조된 파형의 **포락선이 일정하지 않음**을 쉽게 알 수 있다. 따라서 BASK 파형을 검파할 때 가장 간단한 방법은 BASK 신호의 일정하지 않은 포락선 성질을 이용하는 포락선 검파이다.

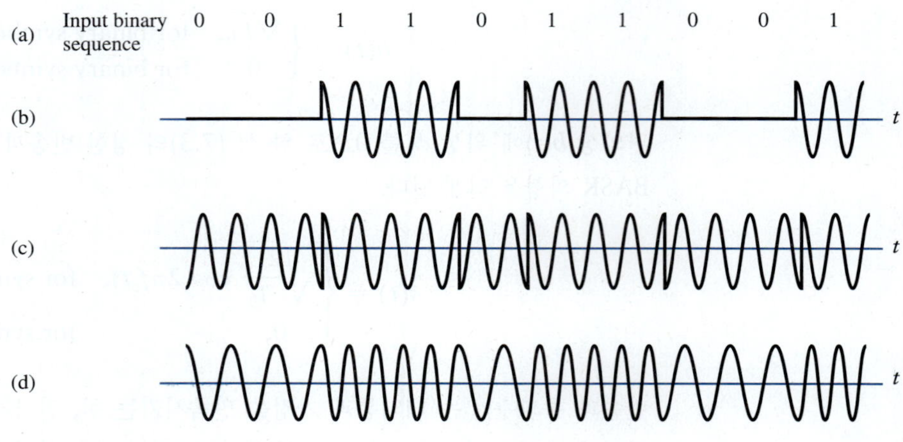

그림 7.1 이진 정보에 대한 세 가지 기본 변조 형태. (a) 이진 데이터 스트림. (b) 진폭 천이 키잉. (c) 위상 천이 키잉. (d) 주파수 천이 키잉.

컴퓨터 실험 I: BASK의 스펙트럼 분석

진폭이 T_b초마다 일정한 $\sqrt{E_b}$와 0으로 번갈아 바뀌는 **구형파**로 이루어진 이진 데이터 스트림을 고려하자. 구형파는 편의상 중심이 원점에 위치해 있다고 하자. 실험 목적은 다음 두 가지이다.

(i) BASK 신호 $s(t)$의 전력 스펙트럼에 대한 반송파 주파수 f_c의 변화에 따른 영향을 조사하며, 이때 구형파는 고정되어 있다고 가정한다. 신호의 전력 스펙트럼(단위는 데시벨)은 신호의 크기(진폭)를 제곱한 것에 로그(밑수가 10)를 취한 값의 10배로 정의된다는 것을 명심하자.

(ii) 구형파 주파수 변화에 따른 BASK 신호의 스펙트럼 효과를 조사하며, 이때 정현 반송파는 고정되었다고 가정한다.

컴퓨터로 계산하기 위해 반송파 주파수는 $f_c = n/T_b$로 설정하고, 여기서 n은 정수이다. 반송파 주파수 f_c를 이렇게 선택하면 $f_c \gg 1/T_b$를 만족시키지 않아도 컴퓨터를 사용하여 대역통과 시스템의 시뮬레이션을 수행할 수 있다. 반송파 주파수 선택시 유일한 제약은 스펙트럼이 겹치는 것을 피하는 것이다.(앞으로 다른 디지털 변조 방법에서 컴퓨터 실험을 실행했을 때 이러한 일이 발생하는 것을 보게 될 것이다.)

이 실험과 앞으로의 다른 실험들에서, 디지털 변조 신호의 전력 스펙트럼(단위는 데시벨)을 그래프로 나타내기 위해 2.10절에서 언급했던 FFT 알고리즘을 사용한다. 이번과 다음의 컴퓨터 실험에 사용되는 시뮬레이션 파라미터는 다음과 같다.

데이터 비트(1과 0)의 개수 $=100$

샘플링 주파수, f_s	$=100$ Hz
데이터 포인트(샘플) 수	$=100\times f_s=10{,}000$ 데이터 포인트
FFT의 블록 사이즈, N	$=4096$

계산 결과는 그림 7.2와 7.3에 도시하였다.

그림 7.2의 두 부분은 실험 목적 (i)에 해당한다. 구체적으로 그림 7.2에서 보여 주는 두 그래프는 다음 파라미터들에 상응한다.

비트 주기, $T_b=1s$

반송파 주파수, $f_c = \begin{cases} 4 \text{ Hz for Fig. } 7.2(a) \\ 8 \text{ Hz for Fig. } 7.2(b) \end{cases}$

그림 7.3의 결과는 실험 목적 (ii)에 해당하고, 다음의 파라미터들을 사용한다.

반송파 주파수, $f_c=8$ Hz

비트 주기, $T_b = \begin{cases} 1 \text{ s for Fig. } 7.3(a) \\ \frac{1}{2} \text{s for Fig.} 7.3(b) \end{cases}$

그림 7.2와 7.3의 각 부분에서 두 개의 전력 스펙트럼 그래프를 볼 수 있다: 하나는 음영이 진 것으로, 수치적 계산에 의한 것이다. 다른 하나는 윤곽이 뚜렷한 곡선으로, 이론적으로 구해진 것이다.(이어지는 컴퓨터 실험에서도 유사한 상황이 전개될 것이다.) 여기서 실험에 사용된 이진 데이터 스트림은 길이가 유한하며, 이로 인해 그림에 톱니 모양이 나타난다. 반면에 이론에 의한 계산값은 '포락선'을 잘 따라가는 확실한 곡선을 만든다.

그림 7.2와 7.3에 그려진 결과에 비추어 보아, 양의 주파수에 대해 다음과 같은 사항을 관찰할 수 있다.

1. BASK 신호의 스펙트럼은 $f=f_c$에서 선 성분을 포함한다.
2. 구형파가 고정되고 반송파 주파수가 두 배가 되면, BASK 신호의 중간대역 주파수는 거의 두 배가 된다.
3. 반송파가 고정되고 비트 주기가 반이 되면, BASK 스펙트럼의 포락선을 정의하는 싱크 함수의 메인로브(main lobe) 넓이가 두 배가 되고, 이것은 BASK 신호의 전송 주파수가 두 배가 된다는 것을 의미한다.
4. 스펙트럼의 메인로브 넓이로 측정된 BASK의 전송 대역폭은 T_b가 비트 주기라고 할 때, $2/T_b$와 같다.

이 관찰로부터 다음과 같이 주장할 수 있다: BASK 신호는 이것을 구성하는 성분으로 반송파를 포함하는 진폭 변조의 한 예이다.

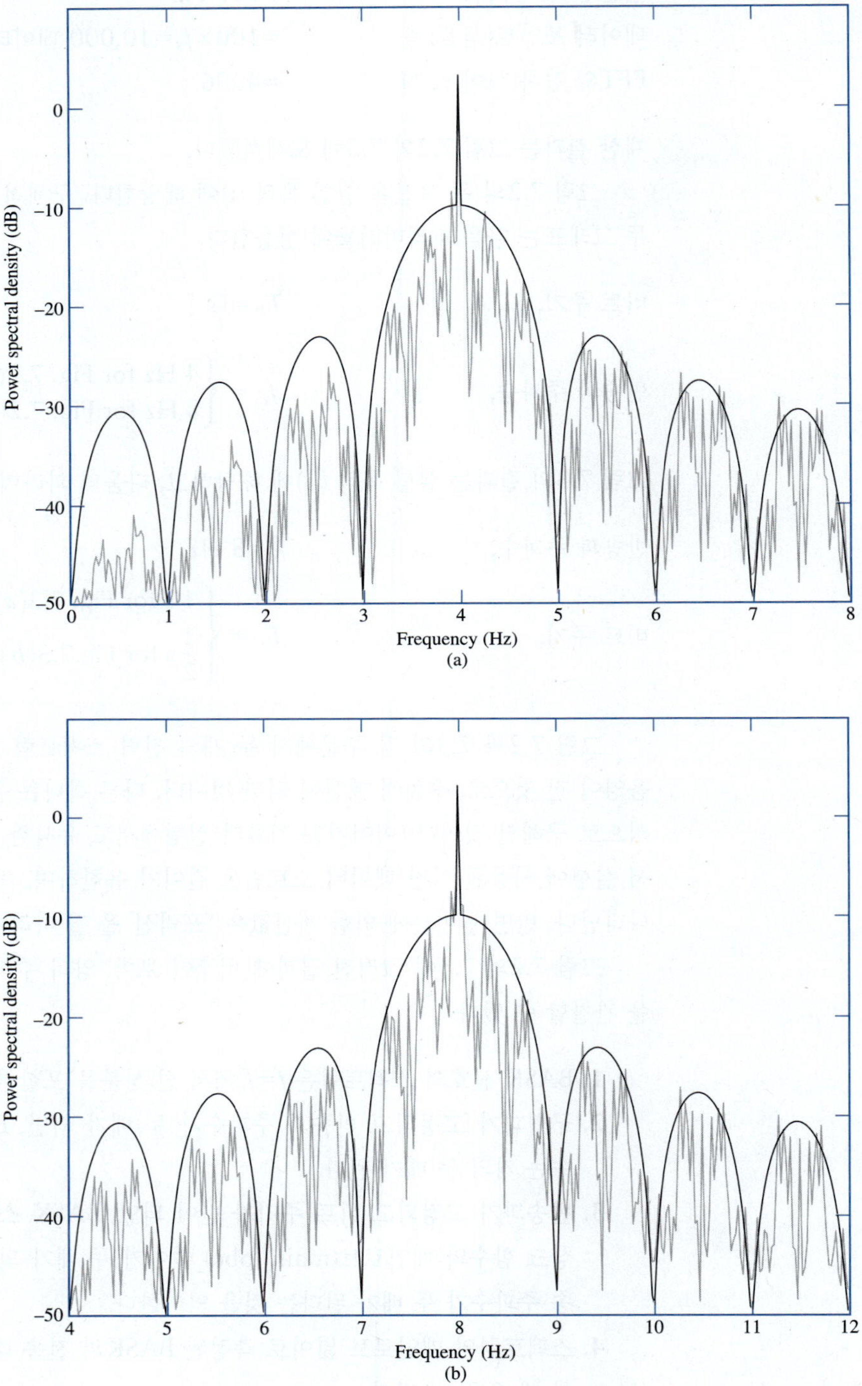

그림 7.2 변조 신호가 구형파일 때 반송파 주파수 변화에 따른 BASK 신호의 전력 스펙트럼: (a) f_c=4 Hz, T_b=1 s; (b) f_c=8 Hz, T_b=1 s.

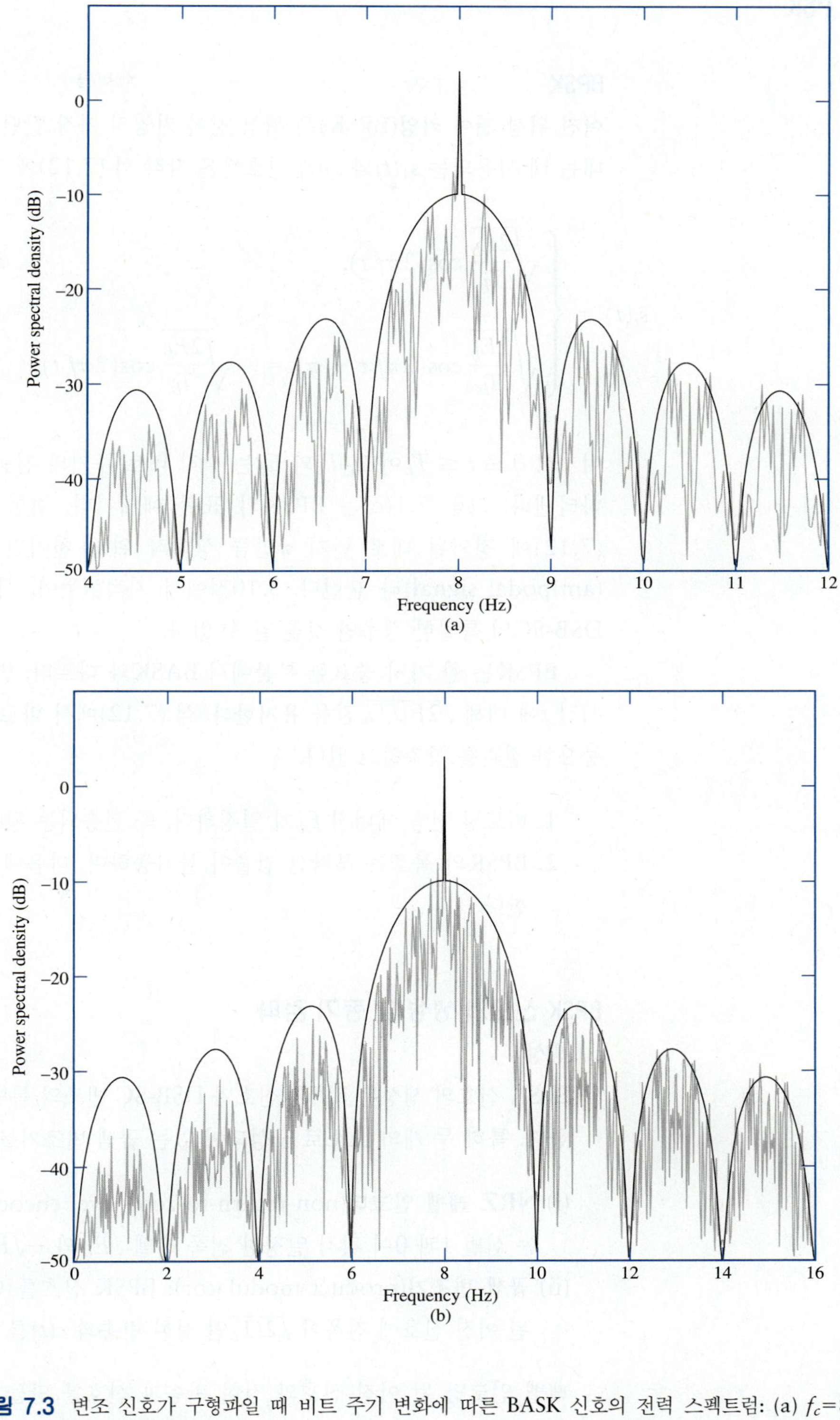

그림 7.3 변조 신호가 구형파일 때 비트 주기 변화에 따른 BASK 신호의 전력 스펙트럼: (a) f_c=8 Hz, T_b=1 s; (b) f_c=8 Hz, T_b=1/2 s.

7.3 PSK

BPSK

이진 위상 천이 키잉(BPSK)은 위상 천이 키잉의 가장 간단한 형태로, 심벌 1과 0을 나타내는 데 사용되는 $s_1(t)$와 $s_2(t)$ 신호쌍은 각각 식 (7.12)에 정의되어 있다.

$$s_i(t) = \begin{cases} \sqrt{\frac{2E_b}{T_b}}\cos(2\pi f_c t), & i=1\text{에 해당하는 심벌 } 1 \\ \sqrt{\frac{2E_b}{T_b}}\cos(2\pi f_c t + \pi) = -\sqrt{\frac{2E_b}{T_b}}\cos(2\pi f_c t), & i=2\text{에 해당하는 심벌 } 0 \end{cases} \tag{7.12}$$

여기서 $0 \le t \le T_b$이고, T_b와 E_b는 각각 비트 주기와 전송되는 신호의 비트당 에너지를 나타낸다. 그림 7.1(c)는 BPSK의 표현 예제이다. 정현파 신호쌍 $s_1(t)$와 $s_2(t)$는 식 (7.12)에 정의된 대로 단지 π만큼 상대적 위상 천이만 다른 이유로, **정반대의 신호**(antipodal signal)라 불린다. 3.10절에서 지적했듯이, 식 (7.12)에서 BPSK는 실제로 DSB-SC의 특별한 경우인 것을 알 수 있다.

BPSK는 한 가지 중요한 부분에서 BASK와 다르다: 변조 신호 $s(t)$의 포락선이 모든 시간 t에 대해 $\sqrt{2E_b/T_b}$ 값을 **유지한다**. 식 (7.12)에서 바로 알 수 있는 이 성질은 두 가지 중요한 결과를 함축하고 있다.

1. 비트당 전송 에너지 E_b가 일정하다. 즉 전송되는 평균 전력이 일정하다.
2. BPSK의 복조는 포락선 검출이 불가능하며, 다음에 설명할 동기 검파를 적용해야 한다.

BPSK 신호의 생성 및 동기 검파

(i) 생성

BPSK 신호의 생성은 BPSK 신호가 DSB-SC 변조의 특별한 경우라는 사실을 기반으로 한다. 특히 두 개의 요소로 구성되어 있는 곱셈 변조기를 사용한다[그림 7.4(a) 참조].

(i) NRZ 레벨 인코더(non-return-to-zero level encoder): 입력 이진 데이터 시퀀스는 심벌 1과 0이 각각 일정한 진폭 레벨 $\sqrt{E_b}$와 $-\sqrt{E_b}$로 양극 형태로 인코딩된다.

(ii) 곱셈 변조기(product modulator): BPSK 신호를 만들어 내기 위해 레벨 인코딩된 이진 신호에 진폭이 $\sqrt{2/T_b}$인 정현 반송파 $c(t)$를 곱한다.

레벨 인코딩 된 이진 신호와 정현 반송파 신호를 만들기 위해 사용한 타이밍 펄스는 항상 그렇지는 않더라도 일반적으로 공통 마스터 클록에서 뽑아 내어 사용한다.

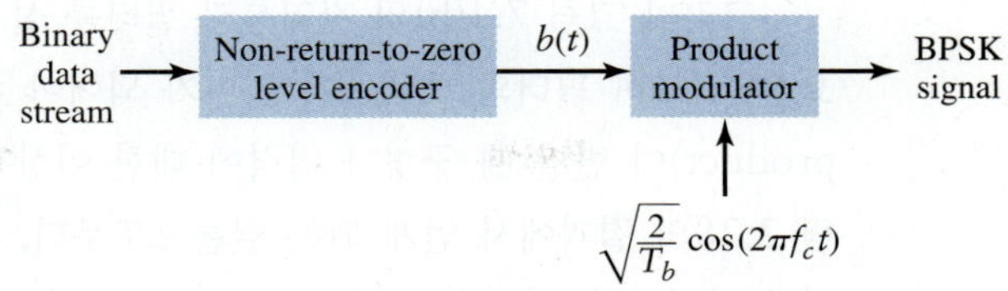

(a)

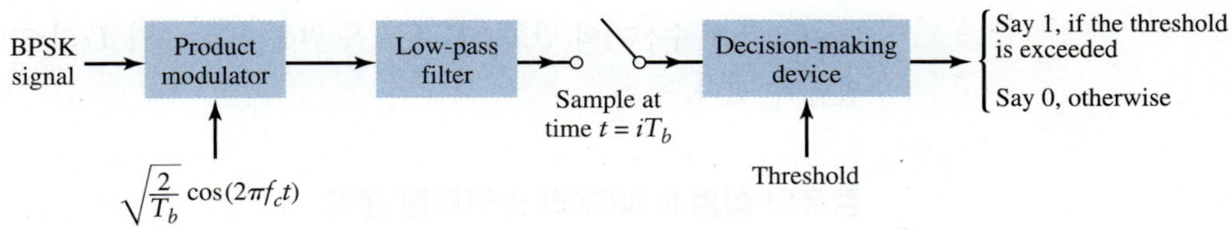

(b)

그림 7.4 (a) BPSK 변조기. (b) BPSK에 대한 동기식 검파기; 샘플러의 경우 $i=0, \pm1, \pm2, \ldots$.

(ii) 검파

1과 0의 본래의 이진 시퀀스를 검출하기 위해, 채널 출력에서 BPSK 신호 $x(t)$는 그림 7.4(b)에 도시된 네 부분으로 구성된 수신기로 인가된다.

(i) **곱셈 변조기**: 반송파 $c(t)$와 똑같은 신호가 국부적으로 만들어져 인가된다.

(ii) **저역통과 필터**: 곱셈 변조기 출력의 두 배 주파수 성분을 제거하고, 기저대역 성분을 통과시킨다.

(iii) **샘플러**: $i=0, \pm1, \pm2, \ldots$일 때, $t=iT_b$마다 저역통과 필터의 출력이 샘플링된다. 샘플러의 동작을 결정하는 국부 클록은 송신기의 비트 타이밍 클록과 **동기가 맞춰져 있다**.

(iv) **판정 디바이스**: T_b초마다, 저역통과 필터의 출력을 샘플링한 값을 외부적으로 인가된 **임계값**(threshold)과 비교한다. 만약 임계값을 넘으면 디바이스는 심벌을 1로 판단하고, 그렇지 않으면 0으로 판단한다.

그림 7.4에 설명된 BPSK 수신기는 복조기에서 곱셈 변조기에 인가된 정현파 기준 신호가 변조기에서 사용된 반송파와 위상 및 주파수에 대한 **동기가 맞춰져 있기 때문에 동기식**이라고 말한다. 이 조건은 4.8절에서 설명한 것처럼 PLL(phase-locked loop)을 사용하여 만족시킬 수 있다. 반송파 위상에 관한 동기 외에, 수신기는 또한 각각의 이진 심벌이 차지하는 정확한 간격도 알아야 한다.

그림 7.4(b)의 동기식 BPSK 수신기의 동작은 샘플러와 판정 디바이스 외에는 3.3절에 설명된 DSB-SC 신호의 복조 과정과 유사하다. 이렇게 비슷한 근본적인 이유는 이미 언급한 바와 같이 BPSK가 단순히 DSB-SC 변조의 또 다른 형태이기 때문이다.

그러나 그림 7.4(b)의 저역통과 필터를 설계하는 방법에 대해서는 세심한 주의가 필요하다. 특히 필터의 대역폭은 얼마가 되어야 하는가? 시간-대역폭 곱(time-bandwidth product)이 변할 때 구형파 입력에 대한 이상적인 저역통과 필터의 응답을 나타내는 그림 2.28의 결과에서 얻게 되는 결론으로부터, 시간-대역폭 곱은 1과 같거나 1보다 커야 함을 상기하자. 이것이 출력 결과로부터 필터 입력의 파형을 알아볼 수 있기 위한 필요 요건이다. 현재 다룬 문제에 대해, 그림 7.4(b)의 동기식 BPSK 수신기에서의 저역통과 필터 대역폭은 수신기의 만족스런 동작을 위해 비트 주기 T_b의 역수와 같거나 커야 한다고 말할 수 있다.

컴퓨터 실험 II: BPSK의 스펙트럼 분석

BASK에 관한 실험에서처럼, T_b초마다 $+\sqrt{E_b}$ 와 $-\sqrt{E_b}$ 사이를 오가는 진폭을 가진 구형파로 구성된 이진 데이터 스트림을 생각해 보자. 구형파는 원점에 중심을 두고 위치한다. 이 두 번째 실험의 목적은 BASK에 관한 컴퓨터 실험 I과 비슷하다.

(i) BPSK 신호의 전력 스펙트럼에 대해 반송파 주파수 f_c의 변화가 끼치는 영향을 알아보며, 이때 변조된 구형파는 고정시킨다.

(ii) BPSK 신호의 전력 스펙트럼에 대해 변조 주파수의 변화가 미치는 영향을 알아보며, 이때 반송파 주파수는 고정시킨다.

BASK에 대한 실험 I에서와 일관되게, 실험 I에서 사용한 것과 같은 주파수를 설정하여 목적 (i)과 (ii)를 조사한다. BPSK에 대한 실험 결과는 그림 7.5와 7.6에 나타내었다. 이전과 같이 이론값과 수치적 계산값을 함께 도시하였다. 이 두 개의 그림을 BASK에 대한 그림 7.2 및 7.3과 각각 비교해 보면, 두 가지 중요한 사실을 발견할 수 있다.

1. BASK와 BPSK 신호는 싱크 모양의 전력 스펙트럼에서 메인로브의 폭으로 정의되는 동일한 전송 대역폭, 즉 $2/T_b$를 차지한다.
2. BASK 스펙트럼은 반송파 성분을 포함하는 반면에, BPSK 스펙트럼에는 이 성분이 없다. 이것은 단지 BASK가 진폭 변조의 한 예인 반면, BPSK는 DSB-SC 변조의 한 예라는 사실을 다시 한 번 상기시킨다.

두 번째 관찰은 그것 자체로 함축적 의미를 담고 있다.

- BASK 스펙트럼에서 반송파가 존재한다는 것은 이진 데이터 스트림이 BASK 신호의 포락선 검파에 의해 복원될 수 있다는 것을 의미한다.
- 다른 한편으로, BPSK에서 반송파가 없는 것은 앞에서 얘기했듯이, BPSK 신호로부터 이진 데이터 스트림을 복구하기 위해서는 동기식 검파를 사용해야 한다는 것이다.

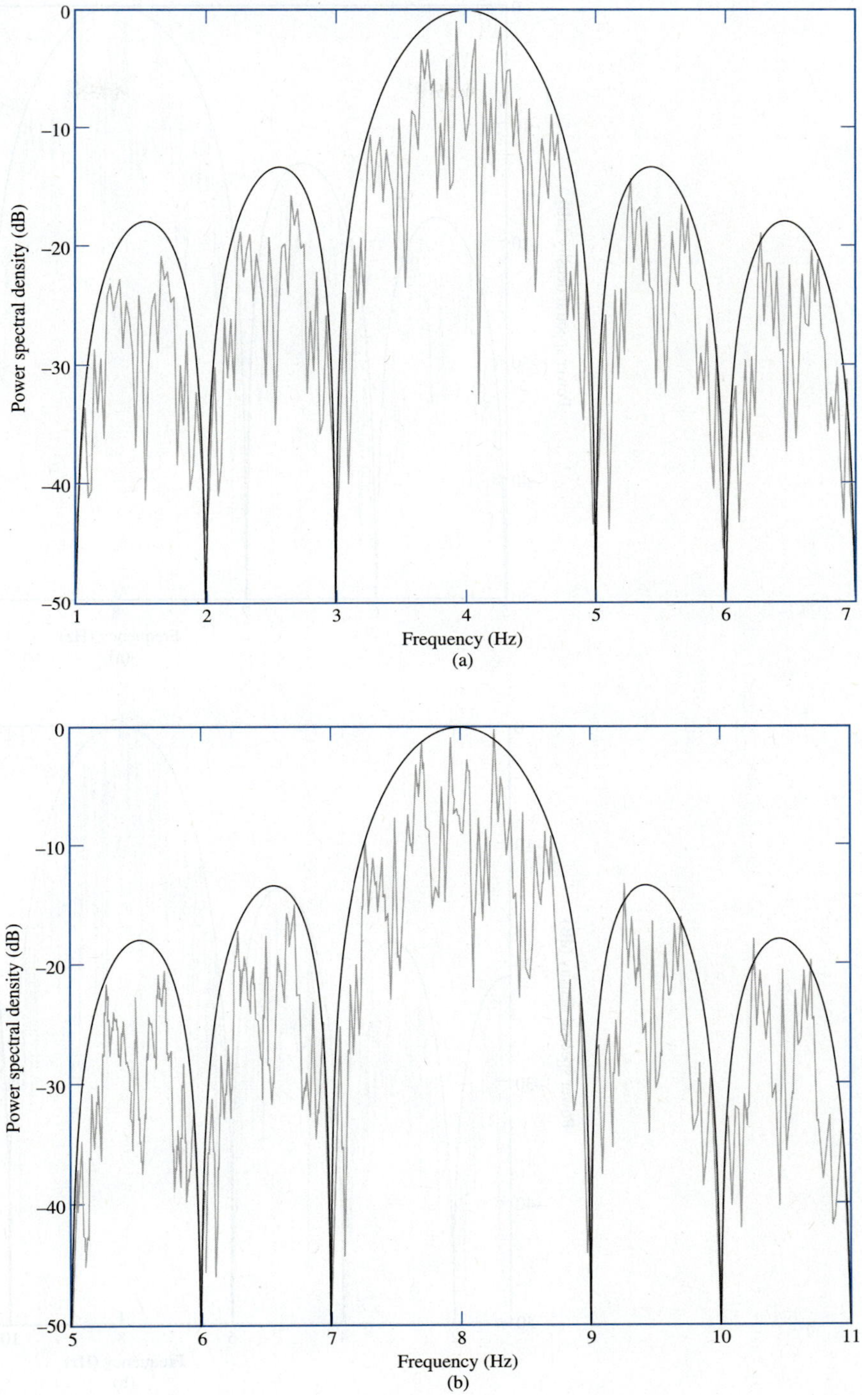

그림 7.5 변조 신호가 구형파일 때 반송파 주파수 변화에 따른 BPSK 신호의 전력 스펙트럼: (a) f_c=4 Hz, T_b=1 s; (b) f_c =8 Hz, T_b=1 s.

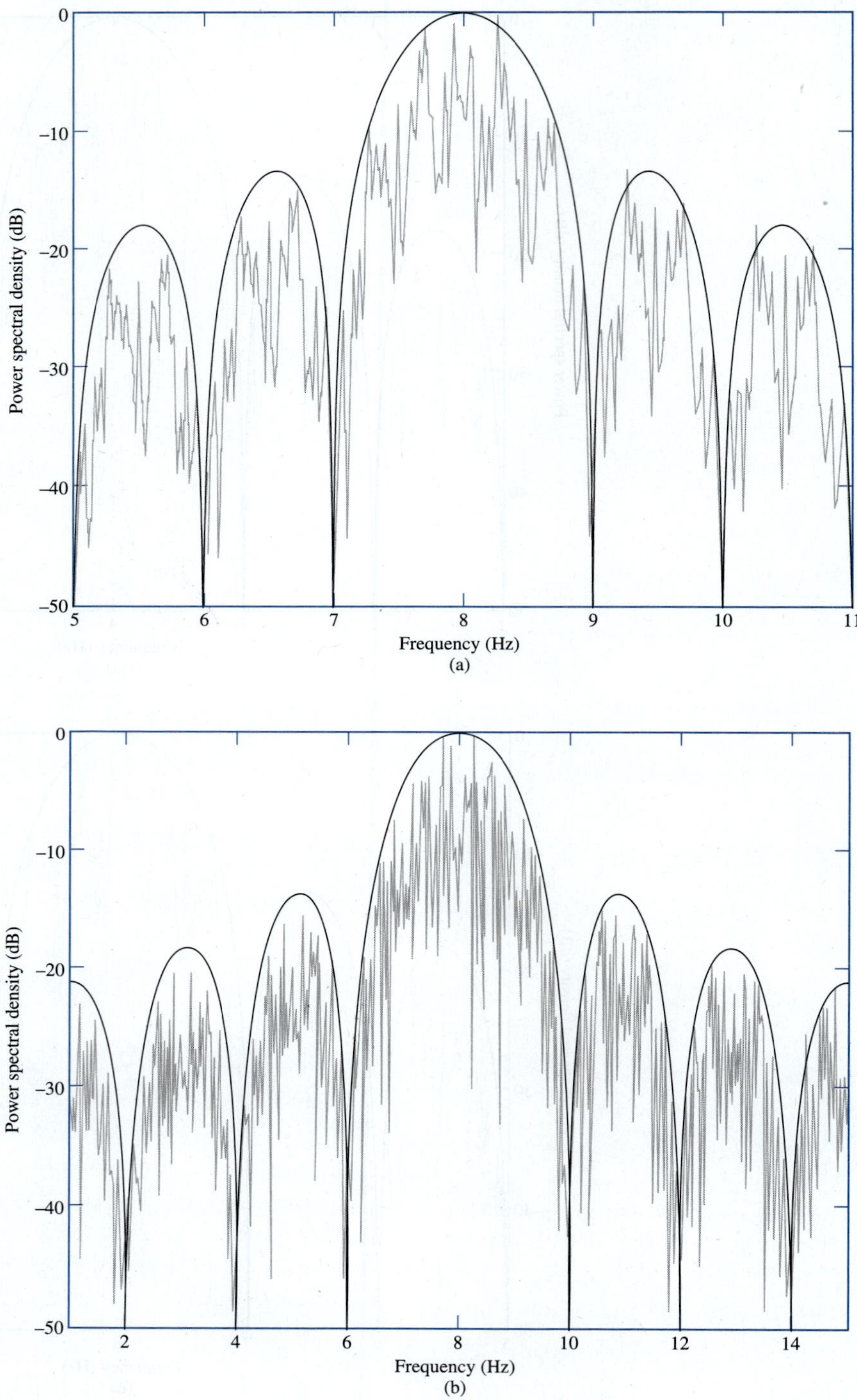

그림 7.6 변조 신호가 구형파일 때 비트 주기 변화에 따른 BPSK 신호의 전력 스펙트럼: (a) $f_c=8$ Hz, $T_b=1$ s; (b) $f_c=8$ Hz, $T_b=1/2$ s.

QPSK

디지털 통신의 중요한 목표는 **채널 대역폭의 효율적 사용**이다. 이 목표는 3.5절에서 논의되었던 직교 위상 반송파 다중화와 같은 아이디어를 기초로 하는 QPSK로 알려진 대역폭 보존의 변조 방법에 의해 달성될 수 있다.

QPSK(quadriphase-shift keying)에서는 BPSK와 마찬가지로 전송 신호에 의해 운반되는 정보가 정현 반송파의 위상에 포함되어 있다. 특히 정현 반송파의 위상은 $\pi/4$, $3\pi/4$, $5\pi/4$, $7\pi/4$의 네 개 중 하나를 취한다. 이러한 값들을 사용하여 전송 신호는 식 (7.13)과 같이 나타낼 수 있다.

$$s_i(t) = \begin{cases} \sqrt{\dfrac{2E}{T}} \cos\left[2\pi f_c t + (2i-1)\dfrac{\pi}{4}\right], & 0 \le t \le T \\ 0, & \text{elsewhere} \end{cases} \tag{7.13}$$

여기서 $i=1, 2, 3, 4$이고, E는 **전송되는 신호의 심벌당 에너지**를, T는 **심벌 주기**를 나타낸다. 네 개의 동일하게 구분된 위상 값 각각은 **디비트**(dibit)라 불리는 유일한 비트쌍에 상응한다. 예를 들어 **그레이 인코딩** 된 디비트 집합(10, 00, 01, 11)을 나타내기 위해 앞서 본 위상 값들의 집합을 선택할 수 있다. 이러한 인코딩 형태에서는 하나의 디비트에서 다음의 것으로 넘어갈 때 오직 하나의 비트만 바뀐다. **심벌 주기**(즉 각 디비트의 주기)는 식 (7.14)와 같이 비트 주기의 두 배가 됨을 주시하자.

$$T = 2T_b \tag{7.14}$$

잘 알려진 삼각 함수 항등원을 사용하여, 구간 $0 \le t \le T$에서 전송되는 신호를 다시 쓸 수 있다.

$$s_i(t) = \sqrt{\frac{2E}{T}} \cos\left[(2i-1)\frac{\pi}{4}\right] \cos(2\pi f_c t) - \sqrt{\frac{2E}{T}} \sin\left[(2i-1)\frac{\pi}{4}\right] \sin(2\pi f_c t) \tag{7.15}$$

여기서 $i=1, 2, 3, 4$이다. 확장된 형태의 식 (7.15)에 근거하여 볼 때, 중요한 몇 가지 사실을 언급할 수 있다.

1. 실제로 QPSK 신호는 두 개의 BPSK 신호의 합으로 구성된다.
2. 다음은 식 (7.15)의 첫 번째 부분이며

$$\sqrt{2E/T} \cos[(2i-1)\pi/4] \cos[(2\pi f_c t)]$$

이진 파형의 변조 신호에 심벌 주기 T당 단위 에너지를 갖는 정현 반송파 $\sqrt{2/T}$ $\cos(2\pi f_c t)$를 곱한 형태이다. 또한

$$\sqrt{E}\cos\left[(2i-1)\frac{\pi}{4}\right]=\begin{cases}\sqrt{E/2} & \text{for } i=1,4\\ -\sqrt{E/2} & \text{for } i=2,3\end{cases} \tag{7.16}$$

임을 알 수 있다. 따라서 이진 신호는 $\pm\sqrt{E/2}$의 진폭을 갖게 된다.

3. 다음은 두 번째 부분이고

$$-\sqrt{2E/T}\sin\left[(2i-1)\frac{\pi}{4}\right]\sin(2\pi f_c t)$$

이진 파형의 또 다른 변조 신호에, 역시 심벌당 단위 에너지를 갖는 정현 반송파 $\sqrt{2/T}\sin(2\pi f_c t)$를 곱한 형태이다. 이번에는

$$-\sqrt{E}\sin\left[(2i-1)\frac{\pi}{4}\right]=\begin{cases}-\sqrt{E/2} & \text{for } i=1,2\\ \sqrt{E/2} & \text{for } i=3,4\end{cases} \tag{7.17}$$

임을 알 수 있다. 그러므로 비록 인덱스 i는 다르지만, 두 번째 이진 신호 역시 $\pm\sqrt{E/2}$의 진폭을 가진다.

4. 식 (7.16)과 (7.17)에서 정의된 두 이진 신호는 공통의 심벌 주기 T를 갖는다.
5. 2번과 3번에서 정의된 두 정현 반송파 신호는 위상 측면에서 서로 직각이다. 게다가 두 개 다 심벌당 단위 에너지를 갖는다. 따라서 이 두 반송파는 **기본 함수**(basis function)**의 직교쌍**을 이룬다고 말할 수 있다.
6. 인덱스 i의 가능한 값에 대해, 디비트에 상응하는 식 (7.16)과 (7.17)의 항등원을 표 7.1에 정리하였다. 이 표는 QPSK 신호의 위상과 2번과 3번에 나와 있는 두 개의 이진 신호의 진폭에 관한 정보도 포함하고 있다.

표 7.1 인덱스 i와 상응하는 디비트 및 다른 관련 항목들과의 관계

		Amplitudes of constituent binary waves		
Index i	*Phase of QPSK signal (radians)*	*Binary wave 1* $a_1(t)$	*Binary wave 2* $a_2(t)$	*Input dibit* $0 \le t \le T$
1	$\pi/4$	$+\sqrt{E/2}$	$-\sqrt{E/2}$	10
2	$3\pi/4$	$-\sqrt{E/2}$	$-\sqrt{E/2}$	00
3	$5\pi/4$	$-\sqrt{E/2}$	$+\sqrt{E/2}$	01
4	$7\pi/4$	$+\sqrt{E/2}$	$+\sqrt{E/2}$	11

QPSK 신호의 생성 및 동기 검파

이 절에서 이미 설명한 BPSK에 관한 정보뿐만 아니라 위에 요약한 여섯 가지 사실에 비

추어 보아, QPSK 신호의 생성 및 동기 검파를 위해 그림 7.7과 같은 블록 다이어그램을 만들 수 있다.

(i) 생성

QPSK 신호를 만들기 위해서는, 먼저 **NRZ 레벨 인코더**로 입력되는 이진 데이터 스트림을 극 형태로 바꿔야 한다. 인코더 출력은 $b(t)$로 표기한다. $E_b = E/2$일 때, 심벌 1과 0은 각각 $\sqrt{E_b}$와 $-\sqrt{E_b}$로 표현된다. 결과적인 이진 신호는 직렬-병렬 변환을 위한 **역다중화기**(demultiplexer)를 이용하여 $b(t)$를 홀수(odd)와 짝수(even)로 나눈 두 개의 이진 신호로 구분한다. 이 두 개의 이진 신호는 각각 $a_1(t)$와 $a_2(t)$로 표기된다. 어느 신호 구간에서나, $a_1(t)$와 $a_2(t)$의 진폭은 전송된 특정 디비트에 따라 표 7.1의 세 번째 열과 네 번째 열에 의해 결정된다. 역다중화된(demultiplexed) 이진 신호 $a_1(t)$와 $a_2(t)$는 직교 위상 반송파 쌍—즉 $\sqrt{2/T}\cos(2\pi f_c t)$와 $\sqrt{2/T}\sin(2\pi f_c t)$—을 변조하는 데 사용된다. 최종적으로 그림 7.7(a)에 나와 있는 것처럼, 원하는 QPSK 신호를 생성하기 위하여 두 개의 BPSK 신호를 빼 준다.

(ii) 검파

QPSK 수신기는 그림 7.7(b)에 나와 있는 것처럼, 공통의 입력에 대해 **동위상(I)-채널**과 **직교위상(Q)-채널**로 구성되어 있다. 각각의 채널은 곱셈 변조기, 저역통과 필터, 샘플러, 그리고 판정 디바이스로 구성되어 있다. 이상적인 조건에서, 수신기의 ***I*-채널**과 ***Q*-채널**은 각각 송신기에서 반송파를 직교쌍으로 변조했기 때문에 역다중화 성분인 $a_1(t)$와 $a_2(t)$를 복원한다. 이어서 이 두 채널의 출력을 병렬-직렬 변환기로 구성된 **다중화기**에 인가하여, 수신기가 원래의 이진 시퀀스를 복구한다.(QPSK의 동기 검파는 10장에서 다룰 것이다.)

QPSK 수신기 설계는 동기식 BPSK 수신기에서 설명한 방법에 근거한다. 특히 그림 7.7(b)의 동기식 QPSK 수신기에서 두 개의 저역통과 필터 각각은 수신기의 만족스러운 동작을 위해 심벌 주기 T의 역수와 같거나 크도록 대역폭이 할당되어야 한다.

그림 7.7에 나와 있는 QPSK 송신기와 수신기를 그림 3.17의 직교 위상 다중화 시스템의 송신기 및 수신기와 비교해 보는 것도 유익하다. 비록 이 두 그림이 서로 다른 응용, 즉 하나는 아날로그이고 다른 하나는 디지털을 다루고 있지만 둘 다 **대역폭 보존**이라는 근원적 원리는 같다. 따라서 제각기 상응하는 송신기와 수신기가 비슷한 구조를 갖는 것은 놀랄 일이 아니다.

OQPSK

QPSK에서 반송파 진폭은 일정하다. 그러나 반송파 위상은 매 두 비트(디비트) 간격으로 ±90° 또는 ±180° 바뀐다. QPSK 신호가 통신 채널을 통해 전송되며 필터링될 때, 이

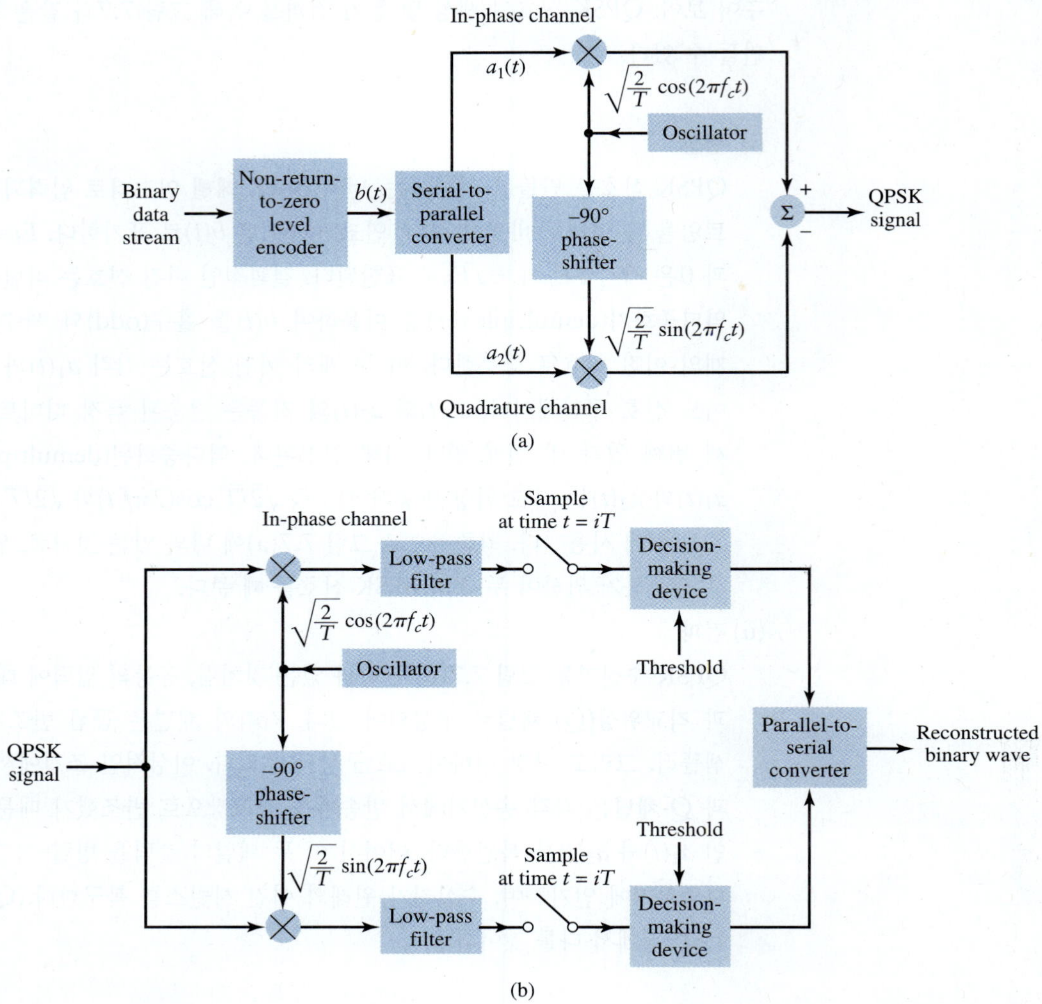

그림 7.7 (a) QPSK 송신기 블록 다이어그램. (b) QPSK 동기식 수신기; 두 개의 샘플러에서 $i=0, \pm1, \pm2, \ldots$.

두 번째 성질에 관심을 가질 필요가 있다. 불행히도 이러한 필터링은 반송파의 진폭, 더 나아가 QPSK 신호의 포락선을 출렁거리게 하는 요인이 된다. 데이터 송신 시스템이 비선형적인 요소를 포함했을 때, 이러한 종류의 흔들림은 수신 신호를 왜곡시키는 경향이 있기 때문에 원하지 않는 요소이다. 최종적으로, 6.6절에서 논의되었던 눈 다이어그램의 개안(eye-opening)을 감소시키는 결과를 낳는다.

QPSK 신호에 의해 나타나는 진폭의 흔들림(fluctuation) 정도는 **OQPSK**(offset quadriphase-shift keying)로 알려진 QPSK의 변형을 사용하면 줄일 수 있다.[1] OQPSK

[1] OQPSK는 **SQPSK**(staggered QPSK)라고도 부른다.

의 경우, 그림 7.7(a)에서 $a_2(t)$라고 표기된 역다중화된 이진 신호는 같은 그림에서 $a_1(t)$로 표기된 다른 역다중화된 이진 신호에 비해 한 비트 길이만큼 지연(즉 오프셋)된다. 이 수정은 최대 위상 천이를 ±90°로 한정하는 효과가 있다. 그러나 OQPSK에서의 ±90° 위상 천이는 QPSK와 비교해서 두 배나 자주 일어나지만 진폭의 흔들림 정도는 더 작다. 한편 QPSK에서는 ±90° 위상 천이 말고도, ±180° 위상 천이가 발생한다. 따라서 필터링으로 인해 생기는 OQPSK에서의 진폭 흔들림은 QPSK보다 더 작음을 알 수 있다. 지금까지의 위상 천이에 대한 고찰은 다음 예제를 통해 설명한다.

예제 7.1 위상 천이

그림 7.8(a)와 (b)는 각기 QPSK와 OQPSK의 파형을 보여 주며, 둘 다 구간 $0 \le t \le 10T_b$에서 다음 성질을 갖는 이진 데이터 스트림 0011011001에 의하여 생성된 것이다.

- 이진 디비트는 구간 $0 \le t \le 2T_b$에서 다음 구간 $2T_b \le t \le 4T_b$로 넘어갈 때 변한다.
- 디비트는 또다시 구간 $2T_b \le t \le 4T_b$에서 다음 구간 $4T_b \le t \le 6T_b$로 넘어갈 때 변한다.
- 디비트는 이제 다시 구간 $4T_b \le t \le 6T_b$에서 다음 구간 $6T_b \le t \le 8T_b$로 넘어갈 때 변한다.
- 마지막으로 디비트는 구간 $6T_b \le t \le 8T_b$에서 구간 $8T_b \le t \le 10T_b$로 넘어갈 때 변한다.

그림 7.8의 두 파형을 관찰해 보면 다음을 알 수 있다.

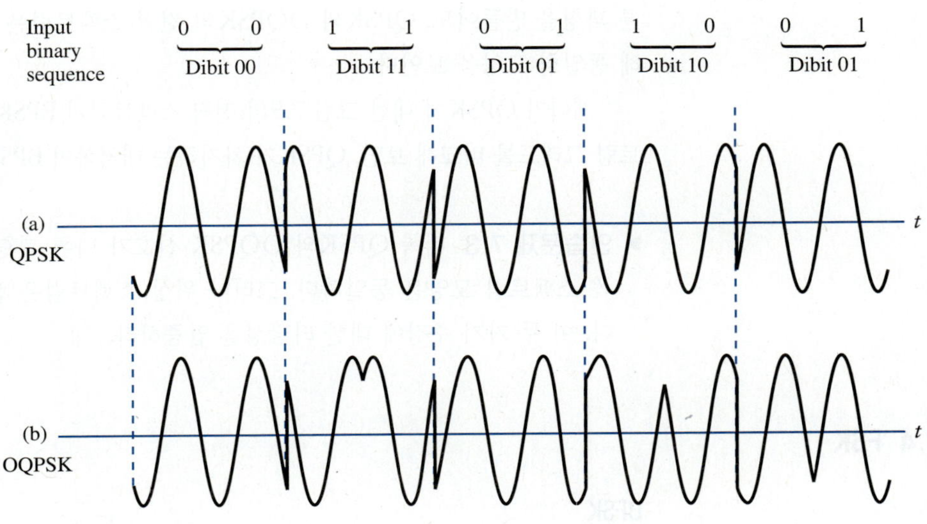

그림 7.8 QPSK와 OQPSK의 위상 천이 비교.

(i) QPSK에서 반송파 위상은 $2T_b$초마다 0°, ±90°, ±180° 바뀐다.
(ii) OQPSK에서 반송파 위상은 T_b초마다 0° 또는 ±90° 바뀐다.

컴퓨터 실험 III: QPSK와 OQPSK 스펙트럼

다음 실험에서는 입력되는 데이터 스트림을 구형파라 가정하고, QPSK와 OQPSK 신호의 전력 스펙트럼을 구한다. 여기서도 FFT 알고리즘이 사용된다. 특히 계산 시 반송파 주파수와 두 개의 다른 비트 주기를 고정시켰다.

(i) **QPSK 스펙트럼:** 그림 7.9의 (a)와 (b)는 다음 파라미터에 대한 QPSK의 전력 스펙트럼(단위는 데시벨)을 보여 준다.

반송파 주파수, $f_c = 8$ Hz

비트 주기,
$$T_b = \begin{cases} 1 \text{ s for part } (a) \text{ of the figure} \\ \dfrac{1}{2} \text{ s for part } (b) \text{ of the figure} \end{cases}$$

(ii) **OQPSK 스펙트럼:** 그림 7.10의 (a)와 (b)는 QPSK에서와 동일한 파라미터를 사용하여 OQPSK의 전력 스펙트럼을 그린 것이다.

이전과 같이, 그림 7.9와 7.10의 각 부분은 두 개의 스펙트럼 그래프(하나는 수치적 계산값이고 다른 하나는 이론값)를 포함하고 있는데, 이론값과 계산값이 잘 부합함을 알 수 있다.

QPSK에 관한 그림 7.9의 두 부분과 OQPSK에 관한 그림 7.10의 두 부분을 비교해서 얻어진 중요한 결론은 다음과 같이 요약된다: 비록 이 두 디지털 변조 방법이 본래 다른 파형을 만들어도, QPSK와 OQPSK의 전력 스펙트럼은 같은 시스템 파라미터들에 대해 동일한 모양을 보인다.

게다가 QPSK에 대한 그림 7.9의 전력 스펙트럼과 BPSK에 대한 그림 7.6의 전력 스펙트럼 그래프를 비교해 보면, QPSK가 차지하는 대역폭이 BPSK의 1/2과 같음을 알 수 있다.

▶ **연습문제 7.3** 비록 QPSK와 OQPSK 신호가 다른 파형 모양을 보인다 할지라도, 진폭 스펙트럼 모양은 동일하다. 그러나 위상 스펙트럼은 선형 위상 요소에 따라 달라진다. 이 두 가지 주장에 대한 타당성을 입증하라. ◀

7.4 FSK

BFSK

이진 주파수 천이 키잉(BFSK)은 가장 간단한 형태의 FSK 방식이며, 심벌 0과 1을 각각

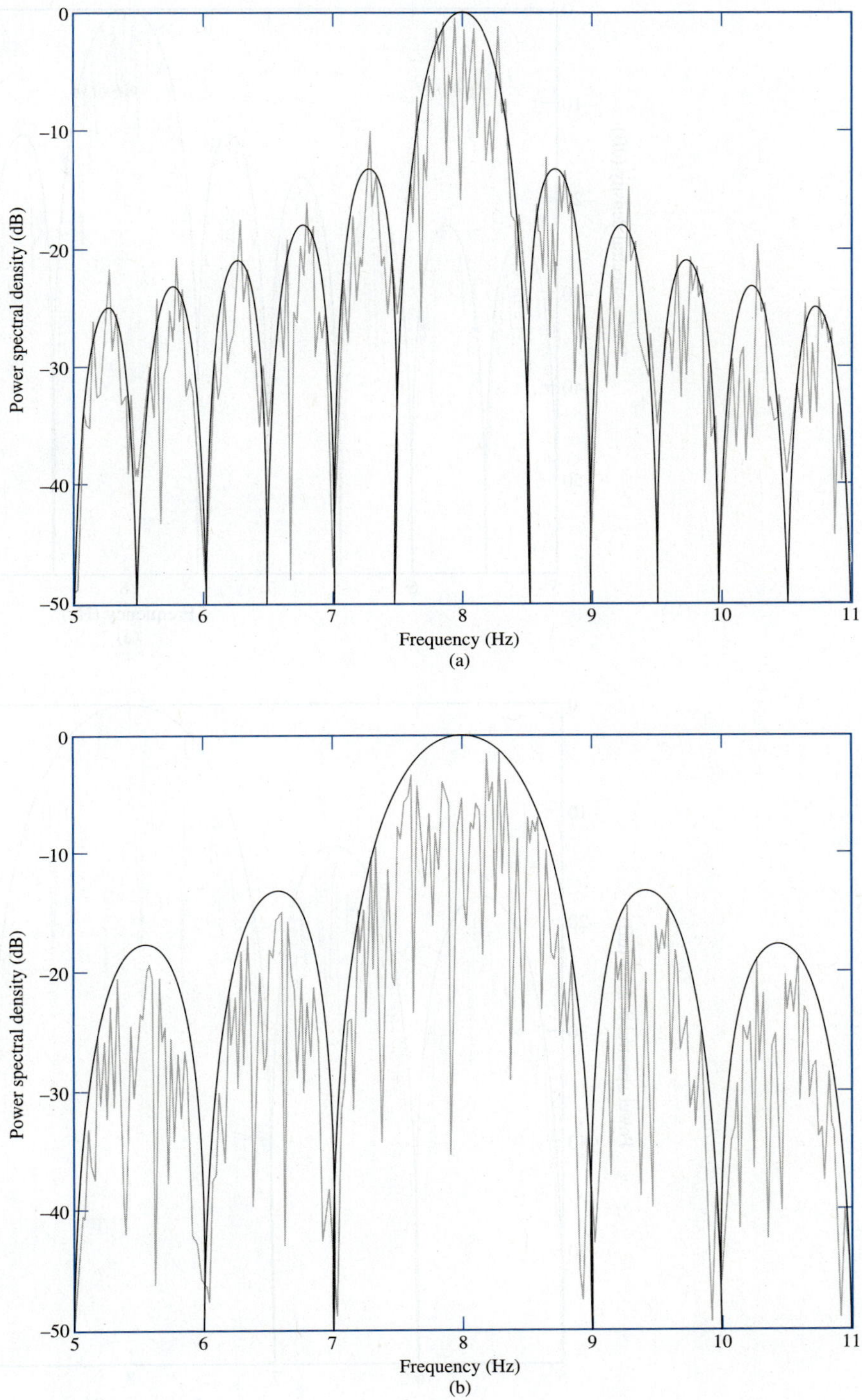

그림 7.9 반송파 주파수가 고정되고 변조 신호가 구형파일 때 비트 주기 변화에 따른 QPSK의 전력 스펙트럼: (a) $f_c = 8$ Hz, $T_b = 1$ s; (b) $f_c = 8$ Hz, $T_b = 1/2$ s.

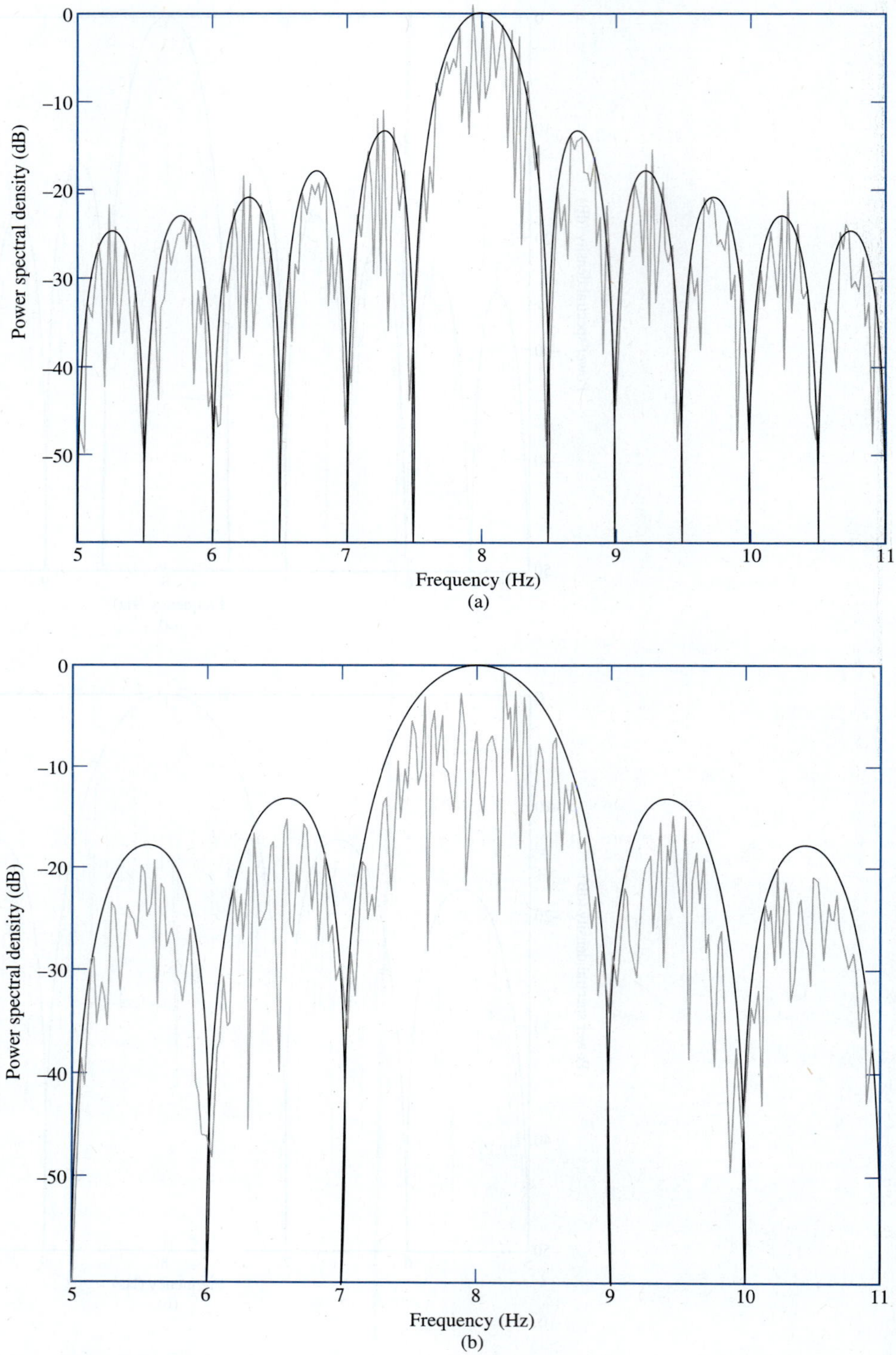

그림 7.10 반송파 주파수가 고정되고 변조 신호가 구형파일 때 비트 주기 변화에 따른 OQPSK의 전력 스펙트럼: (a) f_c=8 Hz, T_b=1 s; (b) f_c=8 Hz, T_b=1/2 s.

고정된 주파수 값만큼 차이가 나는 두 개의 정현파로 구분한다. 대표적인 한 쌍의 정현파를 식 (7.18)에 나타내었다.

$$s_i(t) = \begin{cases} \sqrt{\dfrac{2E_b}{T_b}}\cos(2\pi f_1 t), & \text{for symbol 1 corresponding to } i = 1 \\ \sqrt{\dfrac{2E_b}{T_b}}\cos(2\pi f_2 t), & \text{for symbol 0 corresponding to } i = 2 \end{cases} \tag{7.18}$$

여기서 E_b는 비트당 전송 신호 에너지를 나타낸다. 주파수 f_1과 f_2의 간격이 비트 간격의 역수만큼 떨어져 있을 때, BFSK는 처음 제안자의 이름을 따서 **Sunde BFSK**라 부른다. 이 변조된 신호는 비트 스위칭 구간에서조차도 위상 연속성이 항상 유지되므로 **연속 위상 신호**가 된다.

컴퓨터 실험 IV: Sunde BFSK

(i) **파형**

그림 7.11은 비트 주기 T_b=1s 동안 입력 이진 시퀀스 0011011001에 의해 생성된 Sunde BFSK의 파형을 보여 준다. 그림 (a)는 입력 시퀀스의 파형을, 그림 (b)는 상응하는 BFSK 신호의 파형을 나타낸 것이다. 그림 (b)에서 위상의 연속성을 확연히 볼 수 있다.

(ii) **스펙트럼**

그림 7.12는 양의 주파수 영역에서 사각 파형 입력에 대한 Sunde BFSK의 두 가

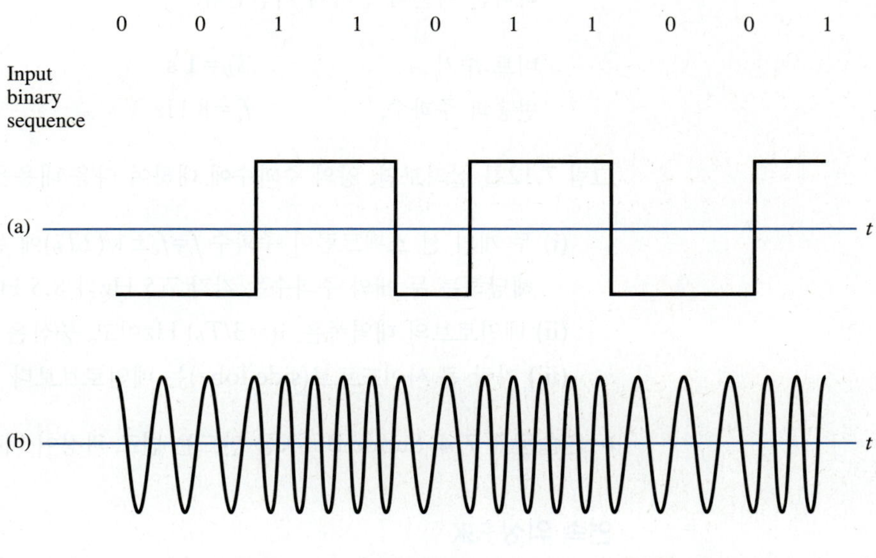

그림 7.11 (a) 이진 시퀀스 및 해당 NRZ 레벨 인코딩 된 파형. (b) Sunde의 BFSK 신호.

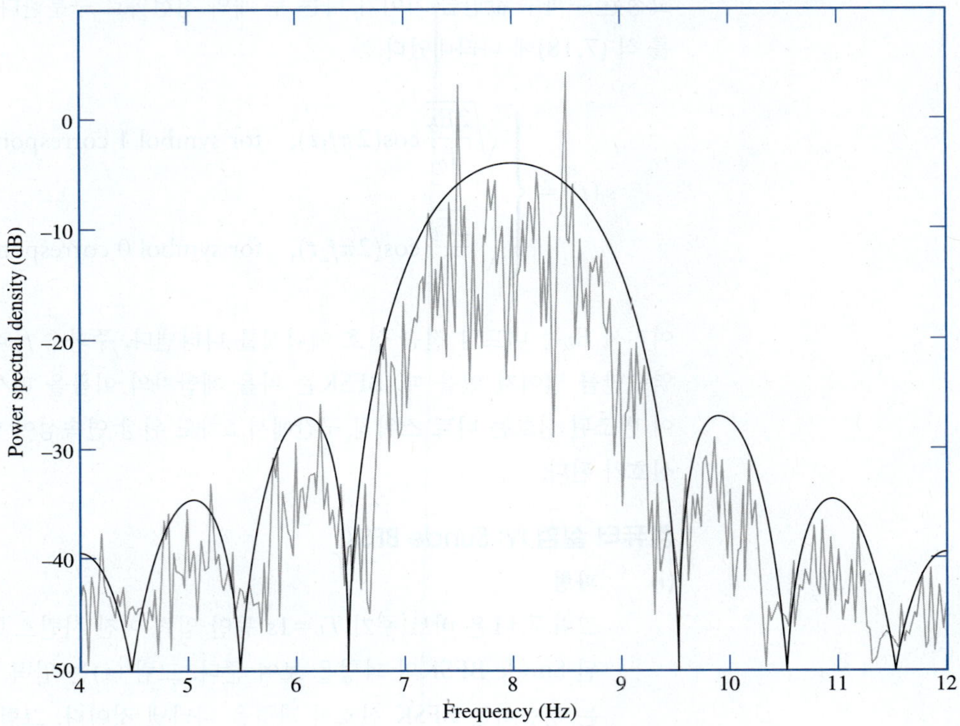

그림 7.12 변조 신호가 구형파이고 f_c=8 Hz, T_b=1 s일 때 Sunde BFSK의 전력 스펙트럼.

지 중첩된 스펙트럼을 보여 준다. 전처럼, 하나는 수치적 계산에 의한 것이고, 다른 하나는 이론적 결과에 기인한다.

비트 주기, T_b=1 s

반송파 주파수, f_c=8 Hz

그림 7.12를 살펴보면, 양의 주파수에 대하여 다음 내용을 관찰할 수 있다.

(i) 두 개의 선 스펙트럼이 주파수 $f=f_c\pm1/(2T_b)$에 존재하며, f_c=8 Hz와 T_b=1 s에 해당하는 두 개의 주파수는 각각 7.5 Hz와 8.5 Hz이다.

(ii) 메인로브의 대역폭은 3(=$3/T_b$) Hz이고, 중심은 반송파 주파수 f_c=8 Hz이다.

(iii) 가장 큰 사이드로브(side lobe)는 메인로브보다 약 21 dB 작다.

► **연습문제 7.4** Sunde BFSK를 만드는 변조 과정이 비선형임을 입증하라. ◄

연속 위상 FSK

Sunde BFSK는 **연속 위상 FSK**(CPFSK: continuous-phase frequency-shift keying)로

알려진 디지털 변조된 신호들 중의 하나이며, 다음과 같은 특징을 갖고 있다.

> 변조된 파형은 입력 이진 데이터 스트림이 1과 0을 스위칭하는 모든 전이점에서 위상 연속성을 유지한다.

다시 말해, CPFSK 신호는 변조 신호 자체가 불연속일지라도, 아날로그 시스템에서 배웠던 다른 각 변조 파형과 같은 변조된 연속 파형이다.

Sunde BFSK에서는 심벌 0과 1에 해당하는 전송 주파수 사이의 편위(excursion) δf가 입력 데이터 스트림의 비트율과 같다. 또 다른 형태의 CPFSK로서 **MSK**(minimum shift keying)가 있으며, 이 경우 이진 변조 과정은 주파수 편위 δf 값이 다르며, 이 변조된 파형은 Sunde BFSK의 스펙트럼 성질보다 우수하다.

MSK

MSK에서 **심벌 0과 1에 해당하는 전송 주파수 사이의 편위** δf는 식 (7.19)로 정의된다.

$$\begin{aligned}\delta f &= f_1 - f_2 \\ &= \frac{1}{2T_b}\end{aligned} \tag{7.19}$$

변조되지 않은(unmodulated) 반송파 주파수는 식 (7.20)과 같이 두 송신 주파수 f_1과 f_2의 산술적 평균이다.

$$f_c = \frac{1}{2}(f_1 + f_2) \tag{7.20}$$

주파수 f_1과 f_2를 반송파 주파수 f_c와 주파수 편위 δf로 나타내면 각각 식 (7.21)과 (7.22)와 같다.

$$f_1 = f_c + \frac{\delta f}{2}, \quad \text{for symbol 1} \tag{7.21}$$

$$f_2 = f_c - \frac{\delta f}{2}, \quad \text{for symbol 0} \tag{7.22}$$

따라서 MSK 신호를 정식으로 식 (7.23)과 같은 각변조된 파형으로 정의할 수 있다.

$$s(t) = \sqrt{\frac{2E_b}{T_b}}\cos[2\pi f_c t + \theta(t)] \tag{7.23}$$

여기서 $\theta(t)$는 MSK 신호의 위상을 나타낸다. 특히 심벌 1에 상응하는 주파수 f_1이 전송되었을 때, 식 (7.21)과 (7.23)으로부터 위상 값 $\theta(t)$는 식 (7.24)의 값으로 간주된다.

$$\theta(t) = 2\pi\left(\frac{\delta f}{2}\right)t$$
$$= \frac{\pi t}{2T_b}, \quad \text{for symbol 1} \tag{7.24}$$

쉽게 말해서, 이것은 $t=T_b$에서 심벌 1의 전송이 MSK 신호 s(t)를 $\pi/2$라디안만큼 증가시킴을 의미한다. 같은 이유로, 심벌 0에 상응하는 주파수 f_2가 전송되었을 때, 식 (7.22)와 (7.23)으로부터 위상 $\theta(t)$가 식 (7.25)로 표현됨을 알 수 있다.

$$\theta(t) = 2\pi\left(-\frac{\delta f}{2}\right)t$$
$$= -\frac{\pi t}{2T_b}, \quad \text{for symbol 0} \tag{7.25}$$

이는 $t=T_b$에서 심벌 0의 전송이 $s(t)$의 위상을 $\pi/2$라디안만큼 감소시킴을 의미한다.

MSK에 대해 식 (7.24)와 (7.25)에 기술된 위상 변화는 Sunde BFSK의 상응하는 것과 매우 다르다. 특히 Sunde BFSK의 위상은 심벌 0의 구간을 마칠 때 $-\pi$라디안만큼 변하고, 심벌 1의 구간을 마칠 때 $+\pi$라디안만큼 변한다. 그러나 $-\pi$와 $+\pi$의 변화는 **모듈로 2π 입장에서 똑같다.** 사실상 이 관찰은 Sunde BFSK에 메모리가 없음을 의미한다. 다시 말해, 이전 비트 구간에서 발생한 특별한 변화를 아는 것이 현재 비트 구간에 전혀 도움이 안 된다는 것이다. 이와 대조적으로, MSK의 경우에는 아주 다른 상황이 되며, 심벌 1과 0의 전송에 따라 식 (7.24)와 (7.25)에 나와 있는 것처럼 위상 $\theta(t)$ 값이 다르게 된다. 또한 MSK에서의 주파수 편위 δf는 두 반송파 주파수가 직교성을 유지하면서 **최소 주파수 간격**이 되므로 'minimum-shift keying'이라는 용어가 붙은 것이다.

예제 7.2 OQPSK와 MSK 파형과의 관계

이 예제의 목적은 OQPSK와 MSK 파형 간의 관계를 설명하는 것이며, 그림 7.13과 그림 7.14는 이 기본 관계를 잘 보여 준다.

- 그림 7.13의 다섯 파형은 입력 이진 데이터 스트림 0011011001에 대한 OQPSK의 구성 요소를 도시한 것이다.
- 이에 상응하는 그림 7.14의 다섯 파형은 동일한 입력 이진 데이터 스트림 0011011001에 대한 MSK 신호의 구성 요소를 도시한 것이다.

그림 7.13과 7.14에 도시된 결과를 비교하여, 다음과 같은 의견을 말할 수 있다. OQPSK와 MSK가 서로 다른 변조 원칙에서 유도되었음에도 불구하고, 즉 FSK로부터 MSK 그리고 PSK로부터 OQPSK, 두 가지 디지털 변조된 파형은 매우 긴밀히 연관되어

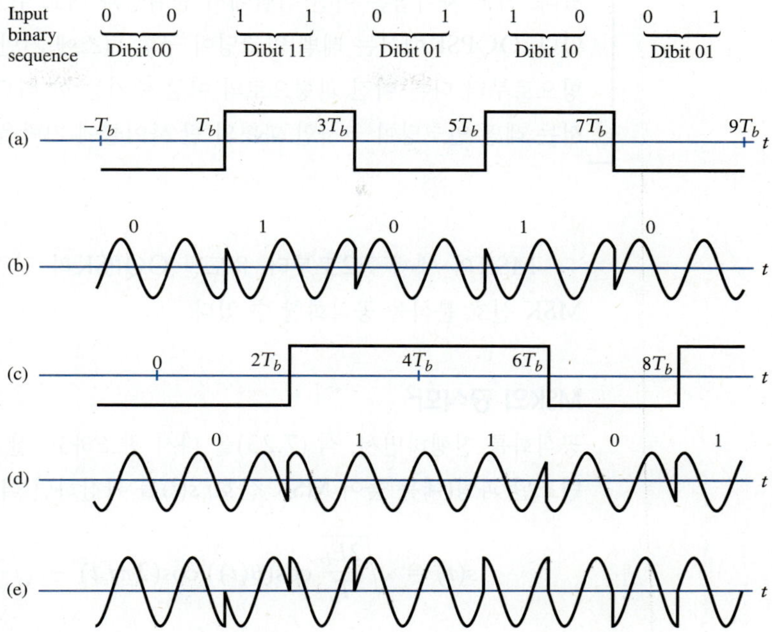

그림 7.13 OQPSK 신호 성분: (a) 동위상 성분에 대한 변조 신호. (b) 동위상 성분의 변조된 파형. (c) 직교 성분에 대한 변조 신호. (d) 직교 성분의 변조된 파형. (e) (b)에서 (d)를 빼서 얻은 OQPSK 신호의 파형.

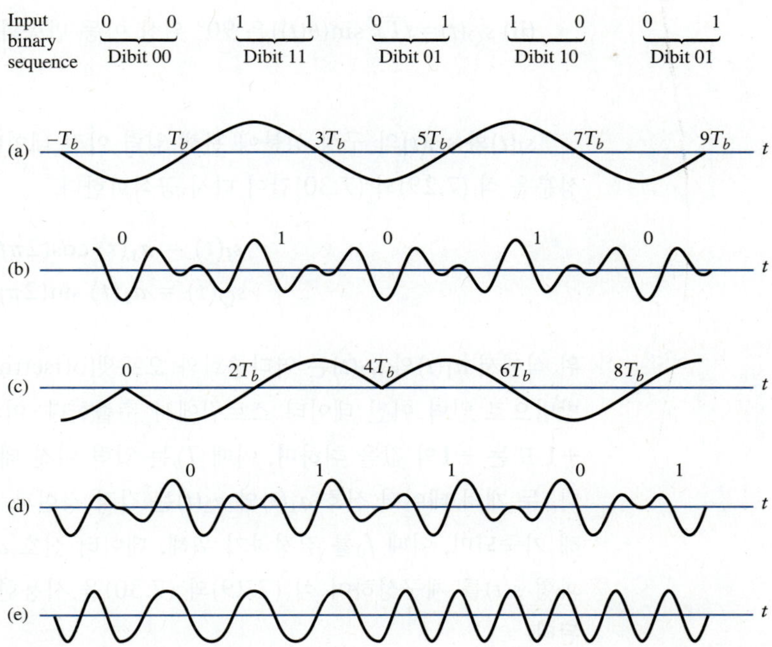

그림 7.14 MSK 신호 성분: (a) 동위상 성분에 대한 변조 신호. (b) 동위상 성분의 변조된 파형. (c) 직교 성분에 대한 변조 신호. (d) 직교 성분의 변조된 파형. (e) (b)에서 (d)를 빼서 얻은 MSK 신호의 파형.

있다. 기본 차이점은 이진 심벌에서 동위상과 직교 위상 성분이 레벨 인코딩 되는 방식에 있다. OQPSK에서는 레벨 인코딩이 구형 펄스에 기반을 두고 있으며, 여기서 한 이진 파형으로부터 다른 이진 파형으로의 이동 주기는 한 비트 주기에 해당된다. 반면에 MSK에서는 레벨 인코딩이 코사인 파형의 반 사이클에 기반을 둔다.

MSK와 예제 7.2로부터 유도된 OQPSK의 긴밀한 관계에 따라 다음에 기술되는 MSK 신호 분석을 공식화할 수 있다.

MSK의 공식화[2]

공식화를 진행하면서, 식 (7.23)을 다시 참조하고, 잘 알려진 삼각 항등식을 사용하여 각 변조된 파형(예를 들어 MSK 신호) $s(t)$를 확장하면 식 (7.26)과 같다.

$$s(t) = \sqrt{\frac{2E_b}{T_b}}\cos(\theta(t))\cos(2\pi f_c t) - \sqrt{\frac{2E_b}{T_b}}\sin(\theta(t))\sin(2\pi f_c t) \quad (7.26)$$

이 식에 비추어 다음 두 가지 사실을 확인할 수 있다.

(i) $s_I(t)=\sqrt{E_b}\cos(\theta(t))$은 반송파 $\sqrt{2/T_b}\cos(2\pi f_c t)$와 연계된 동위상($I$) 성분이다. (7.27)

(ii) $s_Q(t)=\sqrt{E_b}\sin(\theta(t))$은 90° 위상 이동 반송파와 연계된 직교 위상(Q) 성분이다. (7.28)

$s_I(t)$와 $s_Q(t)$의 구성 성분에 관해 입력 이진 데이터 스트림의 의미를 강조하고자, 각 성분을 식 (7.29)와 (7.30)같이 다시 공식화한다.

$$s_I(t) = a_1(t)\cos(2\pi f_0 t) \quad (7.29)$$

$$s_Q(t) = a_2(t)\sin(2\pi f_0 t) \quad (7.30)$$

위 식에서 $a_1(t)$와 $a_2(t)$는 역다중화와 오프셋(offsetting)을 통해, OQPSK에서와 비슷한 방법으로 입력 이진 데이터 스트림에서 추출한다. 이와 같이 $T=2T_b$ 구간 동안 심벌에 $+1$ 또는 -1의 값을 취하며, 이때 T_b는 입력 이진 데이터 스트림의 비트 주기를 나타낸다. 두 개의 데이터 신호 $a_1(t)$와 $a_2(t)$는 각각 정현파 함수 $\cos(2\pi f_0 t)$와 $\sin(2\pi f_0 t)$에 의해 가중되며, 이때 f_0를 결정하기 위해, 데이터 신호 $a_1(t)$와 $a_2(t)$에 의한 원래 각변조된 파형 $s(t)$를 재구성하여 식 (7.29)와 (7.30)을 사용한다. 이렇게 하여 식 (7.31)을 얻게 된다.

---
[2] 여기에 제시된 MSK의 공식화는 Ziemer and Tranter(2002)를 따른 것이다.

$$\theta(t) = -\tan^{-1}\left[\frac{s_Q(t)}{s_I(t)}\right]$$
$$= -\tan^{-1}\left[\frac{a_2(t)}{a_1(t)}\tan(2\pi f_0 t)\right] \quad (7.31)$$

이를 기반으로 다음과 같은 두 가지 가능한 시나리오를 인지할 수 있다.

1. $a_2(t)=a_1(t)$: 이 시나리오는 들어오는 데이터 스트림에서 (디비트를 구성하는) 두 개의 연속적인 이진 심벌이 같을 때(즉 둘 다 0이거나 1) 발생한다. 따라서 식 (7.31)은 식 (7.32)로 간단해진다.

$$\theta(t) = -\tan^{-1}[\tan(2\pi f_0 t)]$$
$$= -2\pi f_0 t \quad (7.32)$$

2. $a_2(t)=-a_1(t)$: 두 번째 시나리오는 들어오는 데이터 스트림에서 두 개의 연속적인 이진 심벌(즉 디비트)이 다를 때 발생한다. 이 경우 식 (7.31)은 식 (7.33)으로 간단해진다.

$$\theta(t) = -\tan^{-1}[-\tan(2\pi f_0 t)]$$
$$= 2\pi f_0 t \quad (7.33)$$

식 (7.32), (7.33)은 각각 식 (7.25), (7.24)와 비슷한 수학적 형태를 갖는다. 이에 따라 이제 정식으로 다음 파라미터를 정의한다.

$$f_0 = \frac{1}{4T_b} \quad (7.34)$$

요약하면, 지정된 비트 주기가 T_b이며 NRZ 레벨 인코딩 된 이진 신호 $b(t)$와 주파수 f_c를 갖는 정현 반송파가 주어지면, 다음의 과정에 따라 MSK 신호를 공식화할 수 있다.

1. 이진 역다중화 오프셋 파형 $a_1(t)$와 $a_2(t)$를 구성하기 위해 주어진 이진 신호 $b(t)$를 사용한다.
2. 주파수 f_0를 결정하기 위해 식 (7.34)를 사용한다.
3. 동위상 성분 $s_I(t)$와 직교 위상 성분 $s_Q(t)$를 결정하기 위해 식 (7.29)와 (7.30)을 사용하며, 이어서 MSK 신호 $s(t)$가 뒤따른다.

사실 이것은 관련된 성분들로부터 MSK 신호를 만들기 위해서 예제 7.3에서 사용되었던 과정이다.

▶ **연습문제 7.5** 문제를 요약하면, MSK는 OQPSK에서 동위상과 직교 위상 성분의 심벌에(디비트 단위로) 다음의 기본 펄스 함수가 가중된 파형이라 말할 수 있다.

$$p(t) = \sin\left(\frac{\pi t}{2T_b}\right) \text{rect}\left(\frac{t}{2T_b} - \frac{1}{2}\right)$$

여기서 T_b는 비트 주기이고, rect(t)는 단위 주기와 단위 진폭을 갖는 구형파 함수이다. 이 요약 내용을 증명하라. ◀

▶ **연습문제 7.6** 시퀀스 11011100이 MSK 변조기에 인가된다. 시간 $t=0$에서 MSK 신호의 각 $\theta(t)$를 0이라 가정하면, 입력 시퀀스의 8자리 이진 심벌에 걸쳐 $\theta(t)$의 변화를 보여주는 트렐리스(trellis) 다이어그램을 그리라. ◀

▶ **연습문제 7.7** MSK 신호의 생성과 관련된 각변조 과정이 선형적이라는 주장을 증명하라. ◀

▶ **연습문제 7.8** MSK 신호를 복조하는 간단한 방법은 4장의 각변조에서 논의했던 주파수 변별기(discriminator)를 사용하는 것이다. 이 사용을 입증하고 변별기의 선형적인 입출력 특성을 구체적으로 기술하라 ◀

컴퓨터 실험 V: MSK 스펙트럼

이 컴퓨터 실험에서는 구형파 입력에 의해 생성된 MSK 신호의 전력 스펙트럼을 계산하며, 실험에 사용된 파라미터는 다음과 같다.

비트 주기, $T_b=1$ s

반송파 주파수, $f_c=8$ Hz

그림 7.15는 MSK 신호의 두 개의 전력 스펙트럼 그래프(하나는 수치적 계산에 의한 것이고 다른 하나는 이론값)를 보여 준다. 이 그림을 그림 7.9(a)의 QPSK 전력 스펙트럼 및 그림 7.12의 Sunde BFSK 스펙트럼과 비교해 보면, 양의 주파수에 대한 다음의 사실을 관찰할 수 있다.

(i) **QPSK 대비 MSK**: MSK의 메인로브는 폭이 $1.5/T_b=1.5$ Hz인 주파수 대역을 차지하고, 그 중심에 반송파 주파수가 $f_c=8$ Hz에 위치한다. 이를 근거로, MSK의 전송 대역폭은 QPSK보다 50% 더 넓다. 그러나 MSK의 사이드로브 폭은 QPSK보다 상당히 작다.

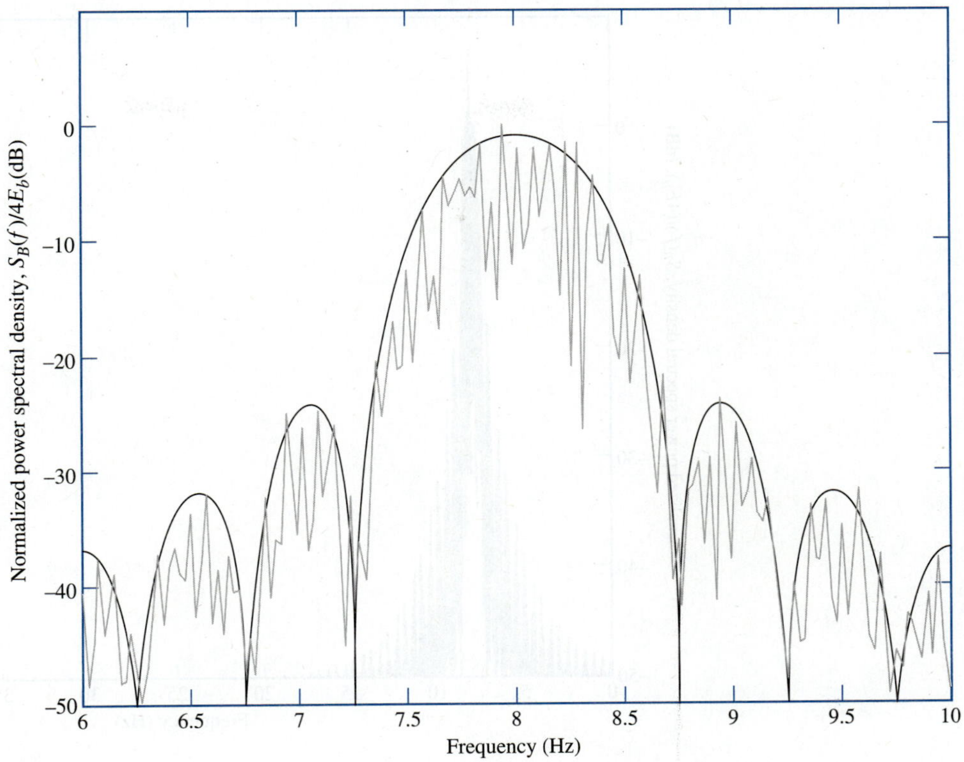

그림 7.15 f_c=8 Hz, T_b=1 s일 때 변조 신호로서 구형파에 의해 생성된 MSK의 전력 스펙트럼.

(ii) **Sunde BFSK 대비 MSK:** MSK의 전송 대역폭은 Sunde BFSK 대역폭의 반이다. 게다가 MSK의 스펙트럼이 모든 주파수 대역에 대해 연속성을 보이는 반면, Sunde BFSK의 경우 $f=f_c\pm 1/(2T_b)$에서 두 개의 선 성분이 나타난다.

그림 7.16은 그림 7.15에서 사용된 것과 똑같은 파라미터들을 사용하여 MSK의 전력 스펙트럼을 도시한 것이다. 그림 7.16에서 주파수는 0과 50 Hz 사이에 걸쳐 있는 반면에, 그림 7.15에서는 주파수가 6 Hz와 10 Hz 사이에 걸쳐 있다. 그림 7.16을 제시한 이유는 단지, 비록 반송파 주파수 f_c가 스펙트럼이 중복되는 것을 완전히 제거할 만큼 충분히 높지 않다고 할지라도, 다음의 사실에 의해 입증되는 것처럼 중복되는 부분이 상대적으로 작다는 것을 설명하기 위해서이다.

- 주파수가 0일 때 스펙트럼의 값이 작다.
- 반송파 주파수 f_c=8 Hz에서 비대칭 정도가 작다.

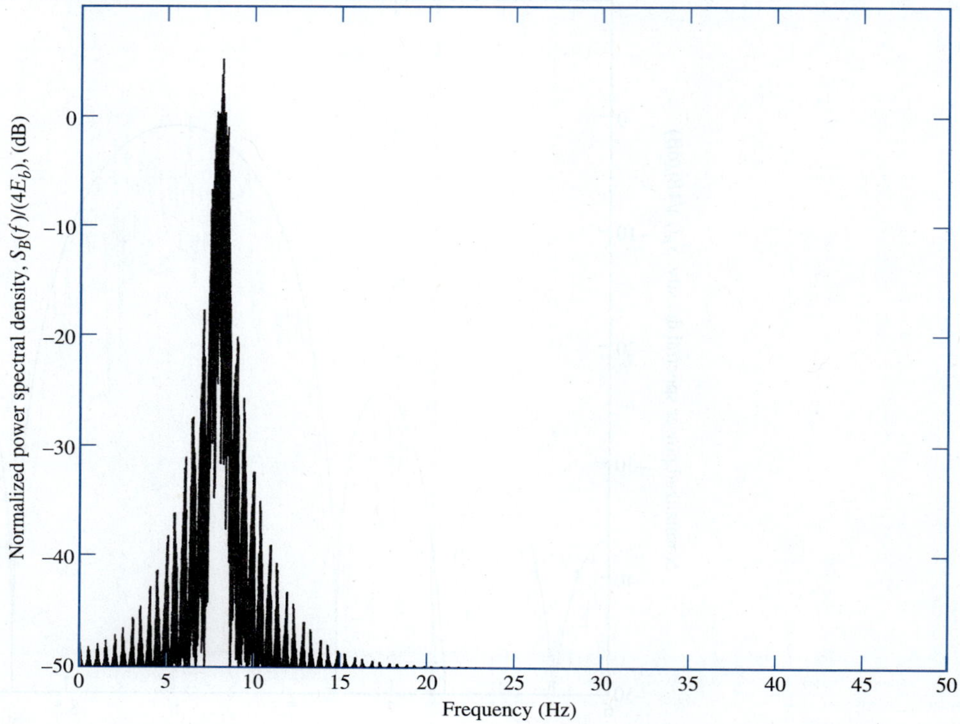

그림 7.16 구형 변조 파형에 의해 생성된 MSK의 정규화된 전력 스펙트럼 밀도, 여기서 비트 주기 $T_b=1$ s에 대하여 반송파 주파수 $f_c=8$ Hz는 스펙트럼 중첩을 무시할 정도로 충분히 높다.

7.5 세 가지 이진 신호 변조 방법의 요약

그림 7.1(b), 7.1(c), 7.1(d)는 7.1(a)에 나와 있는 이진 시퀀스 0011011001을 각각 세 가지 기본 신호 형태의 파형으로 나타낸 것이다. 이 그림으로부터 다음 사항들을 확실하게 인지할 수 있다.

(i) BASK, BPSK, BFSK는 각각 AM과 PM과 FM의 디지털 형태이다. 이 점은 앞에서 살펴본 내용을 통해 더욱 확실히 알 수 있다.

(ii) BASK와 BPSK는 둘 다 **불연속적**이다. 대조적으로 입력 이진 데이터 스트림 전체에서 **위상 연속성**이 유지되도록 BFSK를 구성할 수 있다. 사실상 그림 7.1(d)에 나타난 BFSK 파형은 이러한 성질을 갖는 MSK의 예이다.

추가로 표 7.2는 세 가지 이진 변조 설계(BASK, BPSK, BFSK)를 요약한 것이다. 표의 두 번째와 세 번째 열은 이 세 가지 변조 방법에서 0과 1을 판별할 수 있는 수식들을 나타낸다. 표의 마지막 열은 세 변조 방법에서 시각적으로 0과 1을 판별할 수 있는 **페이**

표 7.2 세 가지 기본 이진 변조 방식의 요약

Type of modulation scheme	*Variable parameter*	*Definition of modulated wave $s_1(t)$ or $s_2(t)$, for $0 \le t \le T_b$*	*Phasor representation of modulated wave*
1. Binary amplitude-shift keying (BASK)	$\begin{pmatrix}\text{Carrier amplitude}\\ A_c\end{pmatrix} = \begin{cases}\sqrt{\dfrac{2}{T_b}} & \text{for symbol 1}\\ 0 & \text{for symbol 0}\end{cases}$	$s_1(t) = \sqrt{\dfrac{2E_b}{T_b}}\cos(2\pi f_c t)$ for symbol 1 $s_2(t) = 0$ for symbol 0	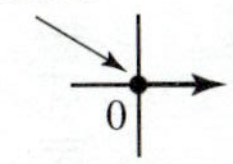
2. Binary phase-shift keying (BPSK)	$\begin{pmatrix}\text{Carrier phase}\\ \phi_c\end{pmatrix} = \begin{cases}0 & \text{for symbol 1}\\ \pi & \text{for symbol 0}\end{cases}$	$s_1(t) = \sqrt{\dfrac{2E_b}{T_b}}\cos(2\pi f_c t)$ for symbol 1 $s_2(t) = \sqrt{\dfrac{2E_b}{T_b}}\cos(2\pi f_c t + \pi)$ for symbol 0	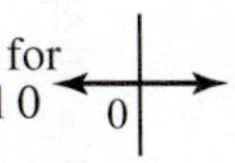
3. Binary frequency-shift keying (BFSK)	$\begin{pmatrix}\text{Carrier frequency}\\ f_c\end{pmatrix} = \begin{cases}f_1 & \text{for symbol 1}\\ f_2 & \text{for symbol 0}\end{cases}$	$s_1(t) = \sqrt{\dfrac{2E_b}{T_b}}\cos(2\pi f_1 t)$ for symbol 1 $s_2(t) = \sqrt{\dfrac{2E_b}{T_b}}\cos(2\pi f_2 t)$ for symbol 0	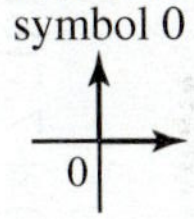

Notations

T_b = bit duration

E_b = transmitted signal energy per bit

Carrier: $c(t) = A_c \cos(2\pi f_c t + \phi_c)$

The carrier phase ϕ_c is set equal to zero for both BASK and BFSK.

저(phasor)를 도시한 것이다.

7.6 비동기식 디지털 변조 방법

그림 7.4(b)와 7.7(b)에 나와 있는 방식에 의해 예시된 동기식 수신기는 송신기와 동기를 맞추기 위하여 반송파의 위상에 대한 정보가 필요하다. 그런데 일부 통신 환경에서는 수신기의 위상을 송신기의 위상에 맞추는 것이 너무 비용이 많이 들거나 비실용적일 수 있다. 이러한 상황에서는 위상 동기를 맞추는 방법을 포기하고 **비동기 검파** 방법을 택하는데, 이 경우 10장에서 자세히 다룰 채널 잡음이 존재할 때 수신기의 성능이 저하된다.

이진 신호 변조 방식을 논할 때, 지금까지 BASK, BPSK, BFSK 순으로 설명하였다. 이 순서는 다음과 같은 고려 사항에 의해 정해졌다. BASK와 BPSK는 선형 변조의 예이고 BASK에서 BPSK로 갈수록 복잡성이 증가된다. 반면에 BFSK는 비선형 변조의 일반적인 예이므로 대개 마지막에 다룬다. 그러나 비동기 검파를 다루는 이 절에서는 편의상 순서를 바꾼다. 특히, 먼저 BASK의 비동기 검파를 다루고 이어서 BFSK의 비동기 검파를 설명한다. 이렇게 순서가 변경된 이유는 대역통과 필터링을 할 때에 BASK와 BFSK의 비동기 검파가 유사하다는 사실에 기인한다. 그러나 BASK에서 BFSK로 갈수록 복잡성이 증가한다. 이 절의 내용은 BPSK의 비동기 검파를 다루는 것으로 끝나는데, BPSK의 비동기 검파는 더욱 주의해야 한다.

BASK 신호의 비동기 검파

식 (7.10)을 보면, BASK 신호를 생성할 때 심벌 1에 대해서는 주파수가 f_c인 정현 반송파를 사용하고, 심벌 0에 대해서는 아무것도 보내지 않는다. 지금, 시스템 설계자는 두 가지 시스템 변수를 알아야 한다.

- 반송파 주파수 f_c
- 비트 주기 T_b로 결정된 전송 대역폭

그러므로 BASK 비동기 검파기를 설계할 경우 위와 같은 두 가지 알려진 변수들을 사용하여 설계하는 것이 바람직하다. 특히 그림 7.17에 묘사된 것처럼 수신기는 대역통과 필터 뒤에 포락선 검파기, 샘플러, 그리고 판정 디바이스로 구성되어 있다.

대역통과 필터(band-pass filter)는 BASK 신호의 전송 대역폭과 같은 대역폭을 가지며 중심 주파수는 반송파 주파수 f_c와 같도록 설계된다. 게다가 필터에서 생기는 심벌간 간섭이 거의 무시할 수 있다고 가정한다. 이렇게 되려면 구형파에 대한 필터 응답의 상승 및 감쇠 시간이 비트 주기 T_b와 비교하여 작아야 한다. 이러한 상황에서 입력 BASK 신호(잡음이 없다고 가정할 때)에 응답하여, 대역통과 필터는 심벌이 1인 경우에 진동하는 정현파 함수를 생성해 내고 심벌이 0일 경우 이상적으로 아무런 출력도 내보내지 않는

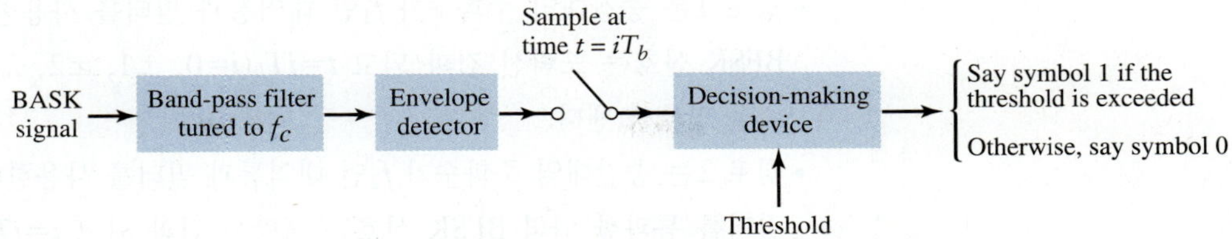

그림 7.17 비동기식 BASK 수신기; 샘플러의 경우 i=0, ±1, ±2, ...

다. 다음으로 **포락선 검파기**(envelope detector)는 필터링된 BASK 신호의 포락선을 추적한다. 끝으로 **판정 디바이스**(decision-making device)는 **샘플러**(sampler)와 함께 동작하며, T_b초마다 미리 결정된 **임계값**과 샘플링된 포락선 검파기의 출력을 비교하여 원래의 이진 데이터 스트림을 재생시킨다. 이 동작에서는 수신기에서의 비트 타이밍이 유효하다고 가정한다. 만약 $t=iT_b(i=0, \pm1, \pm2, \ldots)$에서 임계값을 넘어서면, 수신기는 심벌 1을 선택할 것이고, 반대의 경우 수신기는 심벌 0을 선택하여 결정할 것이다. 채널 잡음과 채널 왜곡이 없을 때, 대역통과 필터에 관해 앞서 언급한 가정을 수용한다면, 수신기의 출력은 송신기에서 입력으로 넣은 원래의 이진 데이터 스트림과 정확히 같아질 것이다.

BFSK 신호의 비동기 검파

BFSK의 경우, 7.4절에 이미 배운 다음 사실을 상기하자: BFSK는 심벌 1과 0을 전송할 때 각각 서로 적절한 간격을 두고 있는 주파수 f_1과 f_2의 반송파 파형을 사용한다. 이러한 특성을 고려하면, BASK의 비동기 검파를 기초로 하여 그림 7.18과 같은 비동기 BFSK 수신기를 구성할 수 있다. 수신기에는 두 개의 경로가 있는데, 하나는 주파수 f_1(심벌 1을 나타내는)을 처리하고 다른 하나는 주파수 f_2(심벌 0을 나타내는)를 처리한다.

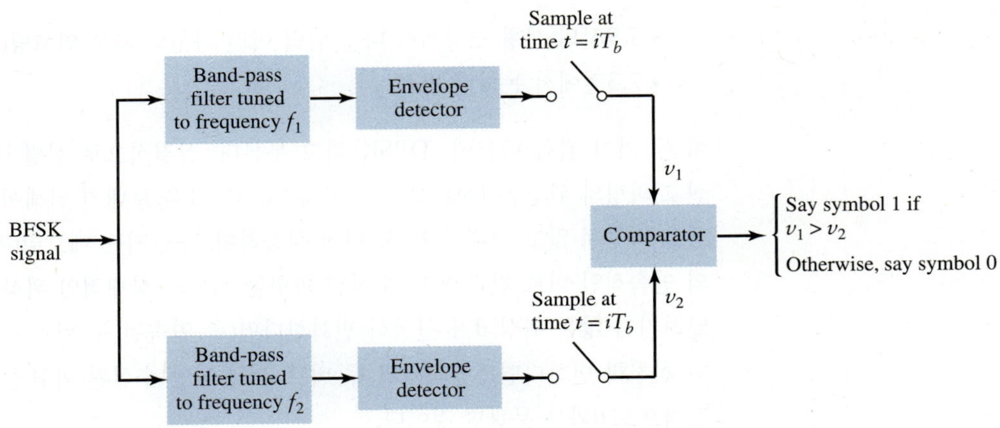

그림 7.18 비동기식 BFSK 수신기; 두 개의 샘플러는 동시에 동작하며, i=0, ±1, ±2, ...

- 경로 1은 중간대역 주파수가 f_1인 대역통과 필터를 사용한다. 필터를 통과한 입력 BFSK 신호는 포락선 검파 되고 $t=iT_b(i=0, \pm1, \pm2, \ldots)$에서 샘플링되어, 출력 v_1을 만들어 낸다.
- 경로 2는 중간대역 주파수가 f_2인 대역통과 필터를 사용한다. 경로 1에서와 동일한 필터를 통과한 입력 BFSK 신호는 포락선 검파 되고 $t=iT_b(i=0, \pm1, \pm2, \ldots)$에서 샘플링되어, 다른 출력 v_2를 생성한다.

두 대역통과 필터들은 BFSK 신호의 전송 대역폭과 동일한 대역폭을 가진다. 또한 BASK에서 다룬 것과 같이 필터에서 발생하는 심벌 간 간섭은 무시해도 좋다고 가정한다.

두 경로의 출력 v_1과 v_2는 T_b마다 반복해서 BFSK 신호를 결정하는 **비교기**(comparator)로 입력된다. 여기서 또한 수신기의 비트 타이밍을 맞추었다고 가정한다. 위 경로와 아래 경로가 각각 심벌 1과 심벌 0에 상응한다는 사실을 인지하고, 비교기는 지정된 비트 타이밍 순간에 v_1이 v_2보다 크면 심벌 1을 선택하여 결정하고, 이와 반대의 경우에는 심벌 0으로 선택하여 결정한다. 잡음이 없고 채널 왜곡이 없을 경우, 수신기의 출력은 원래 송신단 입력에서의 이진 데이터 스트림과 같아질 것이다.

DPSK

앞서 언급했듯이, ASK와 FSK는 수신기와 송신기의 반송파 위상 동기를 현실적으로 유지하기가 어려운 상황에서는 비동기 검파를 사용하는 것이 타당하다. 그러나 PSK의 경우에는 근원적으로 비동기 검파의 적용이 불가능하다. 왜냐하면 '비동기 검파' 라는 말의 뜻이 반송파 위상의 정보 없이 한다는 것이기 때문이다. 이러한 어려움을 우회적으로 극복하고자, PSK의 비동기 검파를 위해 **DPSK**로 알려진 'pseudo PSK' 를 사용한다.

DPSK는 송신기에서의 두 가지 기본 동작을 결합시켜, 수신기에서 동기 기준 신호의 필요성을 없앤다.

- 5.9절의 선형 코딩에서 다룬 입력 이진 파형의 **차분 인코딩**(differential encoding)
- 7.3절에서 논의한 **PSK**

이 두 가지 결합 때문에 'DPSK' 라고 부른다. 실질적으로 심벌 0을 보내기 위하여 현재 신호 파형의 위상을 180° 바꾸어야 하고, 심벌 1을 보내기 위해서는 현재 신호 파형의 위상을 바꾸지 않고 그대로 둔다. 이에 상응하여, 수신기는 메모리(저장) 기능을 갖춰 두 개의 연속적인 비트 간격 동안 수신된 파형들 사이의 **상대적인 위상 차이**를 측정한다. 만약 알려지지 않은 위상 θ가 천천히 변화한다면(즉 연속된 두 비트 간격 동안 일정하게 충분히 천천히 변한다면), 연속적인 두 비트 간격 동안 수신된 파형들 사이의 위상 차이는 본질적으로 θ와는 무관할 것이다.

DPSK 신호의 생성과 검파

(i) **생성**

송신기 입력에서 차분 인코딩 과정은 **단지 기준을 삼기 위해 제공되는 임의의 첫 비트**에서 시작한다. 이 기준 비트를 포함하여 차분 인코딩 된 시퀀스를 $\{d_k\}$로 표시하도록 하자. 이 시퀀스를 생성하기 위하여 송신기는 다음의 두 가지 과정을 수행한다.

- 만약 들어온 이진 심벌 b_k가 1이라면, 그때 심벌 d_k는 이전 심벌 d_{k-1}에서 바뀌지 않는다.
- 만약 들어온 이진 심벌 b_k가 0이라면, 그때 심벌 d_k는 이전 심벌 d_{k-1}에서 바뀐다.

이런 방법으로 차분 인코딩 된 시퀀스 $\{d_k\}$는 반송파 파형의 위상을 심벌 0과 1에 각각 상응하는 위상각 0과 π라디안으로 위상 천이 시키는 데 사용된다.

DPSK 송신기의 블록 다이어그램이 그림 7.19(a)에 나타나 있다. 그것은 가공하지 않은 이진 시퀀스 $\{b_k\}$를 차분 인코딩 된 시퀀스 $\{d_k\}$로 바꾸기 위하여 연결된 **논리 회로망**(logic network)과 메모리로 동작하는 **1비트 지연 소자**(one-bit delay element)로 구성되어 있다. 이 시퀀스는 진폭 레벨 인코딩 되고 주파수 f_c의 반송파를 변조하는 데 사용되며, 원하는 DPSK 신호를 생성한다.

(ii) **검파**

DPSK 신호를 검파할 때, 부호 반전을 제외하고는 두 개의 연속적 비트들에 관한 위상 변조 된 펄스가 동일하다는 사실을 이용한다. 따라서 입력 펄스는 이전 펄스에 곱해지는데, 사실상 이전 펄스는 **국부적으로 생성된 기준 신호용**으로 사용되는 것이다. 이를 기반으로 DPSK 신호의 검파를 위하여 그림 7.19(b)와 같은 수신기 구조를 형

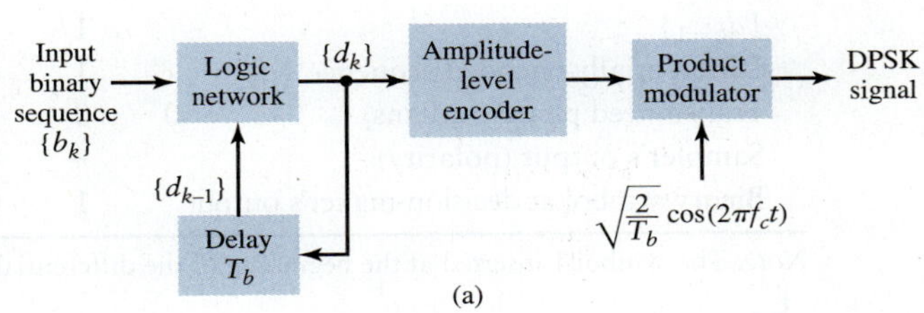

(a)

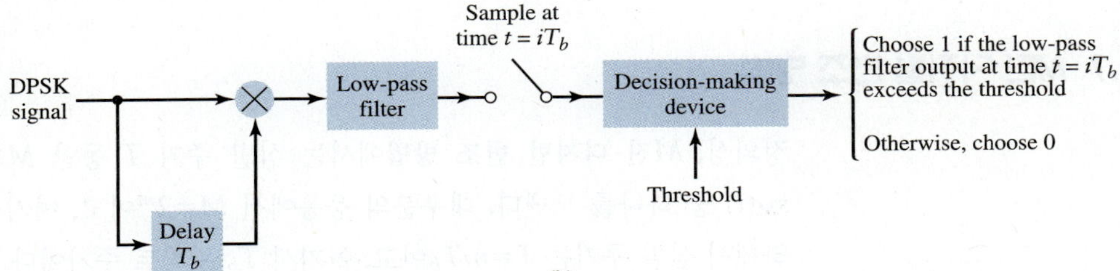

(b)

그림 7.19 (a) DPSK 송신기의 블록 다이어그램. (b) DPSK 수신기의 블록 다이어그램; 샘플러의 경우 $i=0, \pm1, \pm2, \ldots$

성할 수 있다. 그림 7.4(b)의 동기 BPSK 검파기와 그림 7.19(b)의 DPSK 수신기를 비교해 보면, 국부적으로 생성되는 기준 신호를 제외하고는 두 개의 수신기 구조가 비슷하다. 그림 7.19(b)로부터, 앞서 언급한 것과 같이 입력 이진 데이터 스트림의 맨 처음 **기준 비트**(reference bit)의 정보를 알게 되면 DPSK 신호 검파가 가능하다. 특히 저역통과 필터의 샘플링 된 출력이 정해진 **임계값**을 갖는 판정 디바이스에 가해지면, DPSK 신호의 검출이 이루어진다. 만약 **임계값**을 초과한다면 수신기는 심벌 1로 선택하고, 반대의 경우에는 심벌 0으로 결정된다. 여기서 다시, 수신기는 샘플러가 적절히 동작하기 위하여 비트 타이밍 정보를 제공받는다고 가정한다.

예제 7.3 이진 데이터 스트림에서 DPSK 신호의 생성과 역과정

표 7.3의 첫 번째 줄에 주어진 이진 데이터 스트림 $\{b_k\}$로 시작하고 첫 번째 기준 비트로서 심벌 1을 사용해서, 표의 세 번째 줄에 있는 차분 인코딩 스트림 $\{d_k\}$를 만들 수 있다. 두 번째 줄은 $\{d_k\}$가 한 비트만큼 지연된 형태이다. 인덱스 k마다, 심벌 d_k는 b_k와 d_{k-1}의 모듈로-2 덧셈의 보수라는 것에 유의하자. 표 7.3의 네 번째 줄은 송신된 DPSK 신호의 위상을 정의한 것이다.

표 7.3의 마지막 두 줄은 DPSK 수신기와 관련된다. 표의 다섯 번째 줄은 그림 7.19(b)의 수신기에서 저역통과 필터 출력의 극성(+또는 −)을 나타낸다. 표의 마지막 줄은 수신기 출력에서 발생한 이진 데이터 스트림을 정의한 것이며, 잡음이 없다고 할 때 표의 맨 첫 줄에 나온 입력 이진 데이터 스트림과 동일하다.

표 7.3 DPSK 신호의 생성 및 검파 설명

$\{b_k\}$		1	0	0	1	0	0	1	1
$\{d_{k-1}\}$		1	1	0	1	1	0	1	1
Differentially encoded sequence $\{d_k\}$	1	1	0	1	1	0	1	1	1
Transmitted phase (radians)	0	0	π	0	0	π	0	0	0
Sampler's output (polarity)		+	−	−	+	−	−	+	+
Binary symbol at decision-maker's output		1	0	0	1	0	0	1	1

Note: The symbol 1 inserted at the beginning of the differentially encoded sequence d_k is the reference bit.

7.7 M진 디지털 변조 방법

정의상, **M진 디지털 변조 방법**에서는 심벌 주기 T 동안 M개의 신호 $s_1(t)$, $s_2(t)$, ..., $s_M(t)$ 중 하나를 보낸다. 대부분의 응용에서 $M=2^m$이고, 여기서 m은 정수이다. 이 조건하에서 심벌 주기는 $T=mT_b$이고, 여기서 T_b는 비트 주기이다.

M진 변조 방법은 대역통과 채널을 통해 디지털 데이터를 전송할 때, **전력 증가와 시스템 복잡성 측면에서 손해를 보더라도 대역폭 보존이 요구된다면,** 이진 변조 방법보다

선호된다. 실제적으로 이진 변조 방법을 사용해서는 정보원의 출력을 전송하는 데 요구되는 정확한 대역폭을 갖는 통신 채널을 찾기가 쉽지 않다. 따라서 채널 대역폭이 요구되는 값보다 작을 때, 최대 대역폭 보존을 위한 M진 변조 방법에 의존한다.

M진 PSK

대역폭 보존을 위한 M진 변조 방법의 능력을 설명하기 위해, 비트 주기가 T_b인 이진 시퀀스의 전송을 먼저 고려하자. 이 정보를 이진 PSK로 전송한다면, 예를 들어 비트 주기 T_b에 반비례하는 채널 대역폭이 필요하다. 그러나 m개의 비트로 구성된 심벌을 사용하는 **M진 PSK 방법**을 채택한다면, 요구되는 대역폭은 $1/mT_b$에 비례한다. 이때 $M=2^m$이고, 심벌 주기는 $T=mT_b$이다. 달리 표현하면, M진 PSK를 사용하면 이진 PSK에 비하여 전송 대역폭을 $m(=\log_2 M)$배만큼 줄일 수 있다.

M진 PSK에서는 이용 가능한 2π라디안을 이산적으로 균등하게 구분하여 M개의 전송 신호를 위상 변조 된 신호로 식 (7.35)와 같이 표현한다.

$$s_i(t) = \sqrt{\frac{2E}{T}}\cos\left(2\pi f_c t + \frac{2\pi}{M}i\right), \qquad \begin{array}{l} i = 0, 1, \ldots, M-1 \\ 0 \le t \le T \end{array} \tag{7.35}$$

여기서 E는 심벌당 에너지를, f_c는 반송파 주파수를 나타낸다. 삼각 항등식의 성질을 이용하면, 식 (7.35)를 다음과 같이 확장할 수 있다.

$$\begin{aligned} s_i(t) = &\left[\sqrt{E}\cos\left(\frac{2\pi}{M}i\right)\right]\left[\sqrt{\frac{2}{T}}\cos(2\pi f_c t)\right] \\ &- \left[\sqrt{E}\sin\left(\frac{2\pi}{M}i\right)\right]\left[\sqrt{\frac{2}{T}}\sin(2\pi f_c t)\right], \qquad \begin{array}{l} i = 0, 1, \ldots, M-1 \\ 0 \le t \le T \end{array} \end{aligned} \tag{7.36}$$

이산적 계수 $\sqrt{E}\cos\left(\frac{2\pi}{M}i\right)$와 $-\sqrt{E}\sin\left(\frac{2\pi}{M}i\right)$는 각각 M진 PSK 신호 $s_i(t)$의 **동위상**과 **직교 위상 성분**에 해당하며, 두 성분은 식 (7.37)과 같은 관계를 갖고 있다.

$$\left\{\left[\sqrt{E}\cos\left(\frac{2\pi}{M}i\right)\right]^2 + \left[\sqrt{E}\sin\left(\frac{2\pi}{M}i\right)\right]^2\right\}^{1/2} = \sqrt{E}, \qquad \text{for all } i \tag{7.37}$$

따라서 M진 PSK는 다음과 같은 고유한 성질을 갖고 있다: 변조된 신호 $s_i(t)$의 동위상과 직교 위상 성분은 신호의 불연속 포락선이 모든 M에 대하여 $\sqrt{E}$의 상수 값을 유지하도록 해 준다. 7.3절에서 논의된 QPSK의 변조 방법은 M진 PSK에서 위상 레벨 수가 $M=4$인 경우이다.

신호 공간 다이어그램

M진 PSK의 동위상과 직교 위상 성분이 별개라는 사실과 함께 식 (7.37)에 기술된 결과

는 M진 PSK를 알기 쉽게 묘사해 준다. 이를 설명하고자, 가로축과 세로축이 각각 식 (7.38)과 (7.39)의 **직교 함수** 쌍으로 정의된 2차원 다이어그램을 그린다.

$$\phi_1(t) = \sqrt{\frac{2}{T}}\cos(2\pi f_c t), \qquad 0 \le t \le T \tag{7.38}$$

$$\phi_2(t) = \sqrt{\frac{2}{T}}\sin(2\pi f_c t), \qquad 0 \le t \le T \tag{7.39}$$

여기서 대역통과로 가정한 것은 직교 성질을 내포하고 있다: $\sqrt{2/T}$의 스케일링 요소는 $\phi_1(t)$와 $\phi_2(t)$ 둘 다 구간 T 동안 단위 에너지로 만들어 준다. 이를 기초로, 그림 7.20에 M=8인 경우가 도시된 것처럼, i=0, 1, ..., $M-1$에 대하여 동위상 성분 $\sqrt{E}\cos\left(\frac{2\pi}{M}i\right)$와 직교 성분 $-\sqrt{E}\sin\left(\frac{2\pi}{M}i\right)$를, 2차원 다이어그램에 점들로 나타낸다. 이러한 다이어그램을 **신호 공간 다이어그램**(signal-space diagram)이라 부르며, 그림 7.20으로부터 세 가지 중요한 성질을 찾아 낼 수 있다.

1. M진 PSK는 **반지름 $\sqrt{E}$의 원주 상에 균등하게 배치된 M개의 신호 점 성상**(constellation)에 의해 기하하적으로 표현된다.
2. 그림에서 각 신호 점은 특정 인덱스 i에 대한 식 (7.35)의 신호 $s_i(t)$에 상응한다.
3. 원점에서 각 신호 점까지의 길이 제곱은 신호 에너지 E와 동일하다.

위 성질들로부터, 그림 7.20의 신호 공간 다이어그램이 M진 PSK를 기하학적으로 알기 쉽게 요약하여 설명할 수 있음을 정식으로 주장할 수 있다. 8개의 신호 점에 상응하는 3

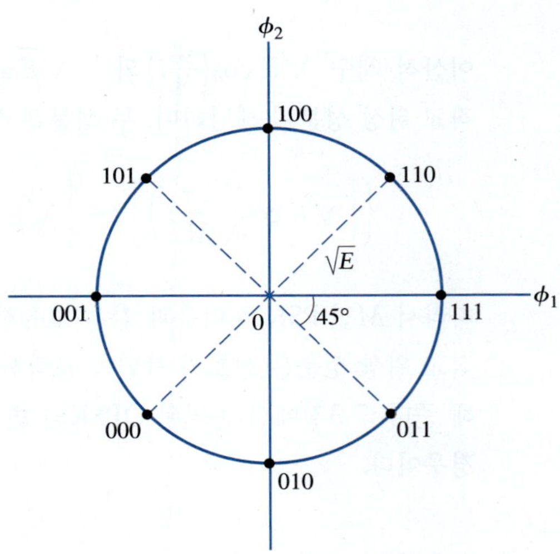

그림 7.20 8-PSK에 대한 신호 공간 다이어그램.

비트 시퀀스를 **그레이 인코딩**을 하려면, 그림 7.20에서 한 신호 점에서 인접한 점으로 이동할 때 단지 한 비트만 변경시키면 된다.

M진 QAM

M진 PSK 변조를 특징짓는 식 (7.37)의 제약 조건이 제거되었다고 가정하자. 이로 인해 M진 변조 신호의 동위상 및 직교 위상 성분이 서로 **독립적**이 된다. 명확히 말하면, 새로운 변조 신호는 식 (7.40)의 형태로 표현된다.

$$s_i(t) = \sqrt{\frac{2E_0}{T}} a_i \cos(2\pi f_c t) - \sqrt{\frac{2E_0}{T}} b_i \sin(2\pi f_c t), \qquad \begin{array}{l} i = 0, 1, \ldots, M-1 \\ 0 \le t \le T \end{array} \tag{7.40}$$

여기서 동위상 성분의 레벨 파라미터 a_i와 직교 위상 성분의 레벨 파라미터 b_i가 **모든 i에 대하여 서로 독립적**이다. 이 새로운 변조 방식의 이름이 **M진 QAM**이다. 변조 신호의 진폭이 가장 작은 인덱스 i에서의 특정 값에 해당하는 에너지 값이 상수 E_0임에 주목하자.

M진 QAM은 ASK와 PSK의 결합이라는 점에서 **하이브리드**(hybrid) 형태의 M진 변조이며, 다음과 같은 두 가지 특별한 경우를 포함한다.

(i) 모든 i에 대하여 $b_i=0$이면, 식 (7.40)의 변조된 신호 $s_i(t)$는 다음 식으로 간단히 표현되며, M진 ASK로 정의된다.

$$s_i(t) = \sqrt{\frac{2E_0}{T}} a_i \cos(2\pi f_c t) \qquad i = 0, 1, \ldots, M-1$$

(ii) $E_0=E$이고, 다음 조건식을 만족시키면, 식 (7.40)의 변조된 신호 $s_i(t)$는 M진 PSK가 된다.

$$(Ea_i^2 + Eb_i^2)^{1/2} = \sqrt{E}, \qquad \text{for all } i$$

신호 공간 다이어그램

그림 7.21은 $M=16$에 대한 M진 QAM을 신호 공간에 표현한 것이며, 여기서 각 신호 점은 레벨 파라미터 a_i와 $b_i(i=1, 2, 3, 4)$의 쌍에 의해 결정된다. 이번에는 신호 점들이 직각 격자 위에 균등한 간격으로 배치되어 있음을 볼 수 있다. 신호 공간 다이어그램의 직각 성질은 M진 QAM의 동위상과 직교 위상 성분이 서로 독립적이라는 사실에 대한 증거가 된다. 더구나 그림 7.21로부터, M진 PSK와는 달리 M진 QAM의 다른 신호 점들은 다른 에너지 레벨에 의해 특징지어진다는 것을 알 수 있다. 또한 성상에서의 각 신호 점은 4비트로 구성된 특정 **쿼드비트**(quadbit)에 상응된다. 그레이 인코딩을 가정하면, 그림 7.21에서 볼 수 있듯이, 성상에서 수평 또는 수직으로 인접한 점으로 이동할 때 단지 1비트만 바뀐다.

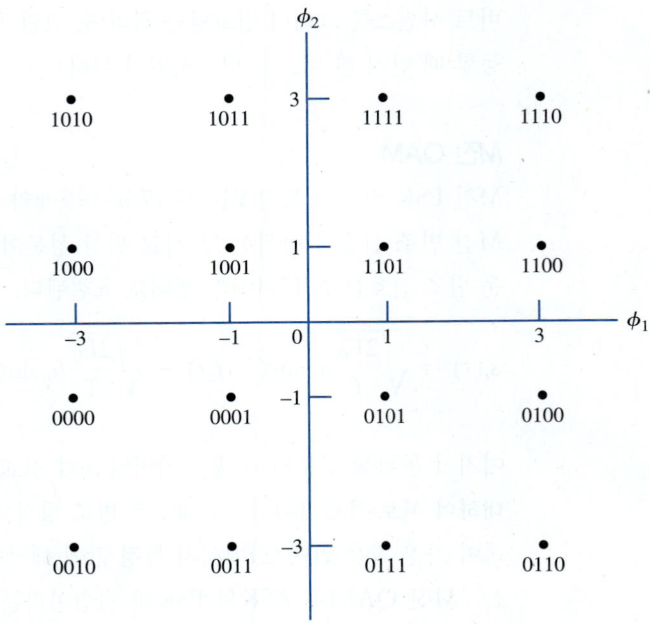

그림 7.21 M=16인 경우 그레이 인코딩 된 M진 QAM의 신호 공간 다이어그램.

M진 FSK

그러나 이진 FSK를 M진으로 확장하면, 성상 모양이 M진 PSK나 M진 QAM과 아주 다르다. 명확하게 M진 FSK의 한 형태에서 임의의 고정된 정수 n에 대하여 송신 신호는 식 (7.41)과 같이 정의된다.

$$s_i(t) = \sqrt{\frac{2E}{T}}\cos\left[\frac{\pi}{T}(n + i)t\right], \qquad \begin{array}{l} i = 0, 1, \ldots, M - 1 \\ 0 \le t \le T \end{array} \tag{7.41}$$

이때 M개의 신호는 모두 에너지가 동일하고, 시간 구간도 T로 모두 같다. 각 신호의 주파수는 $1/(2T)$ Hz만큼 서로 떨어져 있으며, 식 (7.41)의 신호들은 서로 독립적이므로 식 (7.42)의 조건을 만족시킨다.

$$\int_0^T s_i(t)s_j(t)\,dt = \begin{cases} E \text{ for } i = j \\ 0 \text{ for } i \neq j \end{cases} \tag{7.42}$$

M진 PSK와 마찬가지로, M진 FSK의 포락선은 식 (7.41)에서 알 수 있듯이, 모든 M에 대하여 일정하다. 따라서 이들 두 가지 M진 변조 방법은 비선형 채널에 사용될 수 있다. 반면에 M진 QAM은 불연속 포락선이 인덱스 i에 따라 변하기 때문에 선형 채널에서만 사용될 수 있다.

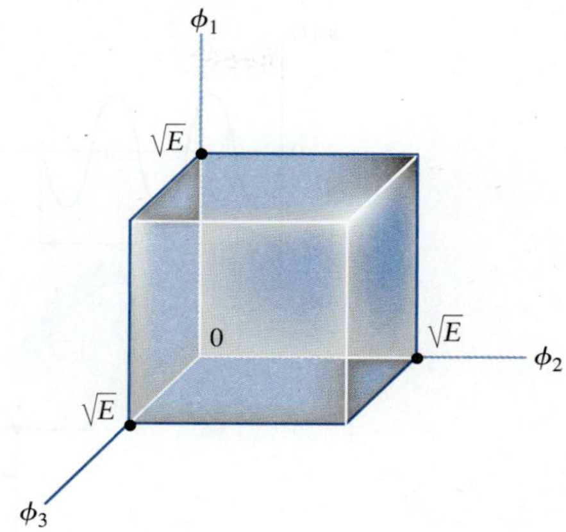

그림 7.22 M=3인 경우 M진 FSK의 신호 성상.

신호 공간 다이어그램

M진 FSK를 기하학적으로 표현하기 위하여 식 (7.41)로 시작하자. 신호 $s_i(t)$에 의하여, 식 (7.43)의 직교 함수 세트를 도입한다.

$$\phi_i(t) = \frac{1}{\sqrt{E}} s_i(t) \qquad \begin{array}{l} i = 0, 1, \ldots, M-1 \\ 0 \le t \le T \end{array} \tag{7.43}$$

M진 PSK와 M진 QAM과는 달리, M진 FSK는 **M차원 신호 공간 다이어그램**에 의해 표현되며, 이때 신호 점들의 수는 좌표의 개수와 같음을 알 수 있다. 이러한 다이어그램의 시각화는 M이 3보다 클 때 어려워진다. 그림 7.22는 M=3인 경우 M진 FSK를 기하학적으로 나타낸 것이다.

▶ 연습문제 7.9 식 (7.41)로 시작해서, M진 FSK를 특징짓는 식 (7.42)의 직교 성질을 입증하라. ◀

7.8 디지털 변조 된 파형을 신호 점들의 성상 위에 매핑

7.7절의 여러 군데서 언급했던 신호 공간 다이어그램의 아이디어는 통계학적 통신 이론에 매우 중요하다. 특히 **에너지 신호를 기하학적으로 표현**하는 수학의 기본을 제공하며, 디지털 변조된 파형을 예로 들 수 있다. 디지털 변조의 특정한 방법에 대한 기하학적 표현은 신호 공간 다이어그램에서 해당 방법에 고유하게끔 점들의 성상 형태로 그려진다.

이 절의 목적은 다음 두 가지 사항을 수행하는 것이다.

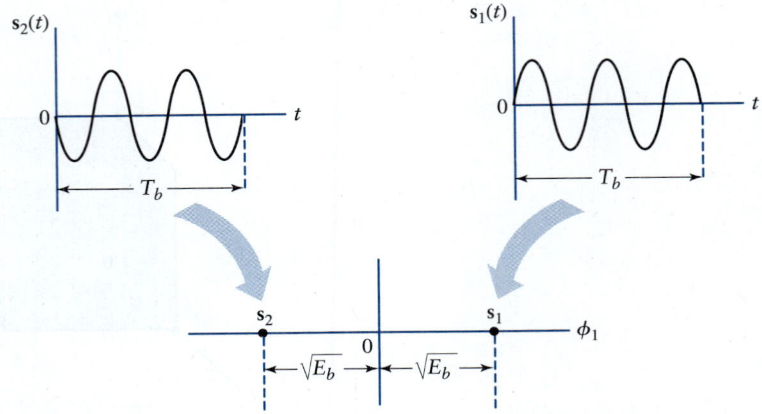

그림 7.23 BPSK 신호를 1차원 신호 공간 다이어그램에 매핑.

- 신호 공간 다이어그램의 개념을 그림으로 나타내어 명확히 한다.
- 이 개념이 이 교재의 후반부에서 다룰 디지털 통신 시스템에서의 잡음 분석에 유용함을 논한다.

그림 7.23은 BPSK 신호를 1차원 신호 공간 다이어그램으로 매핑한 것이며, 여기서 심벌 1과 0을 나타내는 파형 $s_1(t)$와 $s_2(t)$는 각각 **송신 신호 점** $\mathbf{s}_1$과 $\mathbf{s}_2$에 매핑된다. 관건은 매핑을 어떻게 완성시키는가에 있다. 그 답은 **상관기**(correlator)의 사용에 있다. 먼저 BPSK의 신호 공간을 식 (7.44)의 단일 기본 함수를 사용하여 간단하게 표현한다.

$$\phi_1(t) = \sqrt{\frac{2}{T_b}}\cos(2\pi f_c t) \tag{7.44}$$

좀더 명확하게, 두 개의 신호 $s_1(t)$와 $s_2(t)$는 각기 기본 함수 $\phi_1(t)$와 상관 관계에 있다. 상관 관계 사용은 BPSK의 동기 검파를 위한 수신기 설계의 또 다른 방법을 제공하며, 다음과 같이 두 단계로 진행된다.

1. 식 (7.45)의 신호를 기본 함수 $\phi_1(t)$와 시간 구간 $0 \le t \le T_b$에 걸쳐 상관 관계를 취하하면

$$s_1(t) = \sqrt{\frac{2E_b}{T_b}}\cos(2\pi f_c t) \quad \text{for symbol 1} \tag{7.45}$$

식 (7.46)의 신호 점을 얻게 된다.

$$\begin{aligned} \mathbf{s}_1 &= \int_0^{T_b} \phi_1(t) s_1(t)\, dt \\ &= \int_0^{T_b} \frac{2}{T_b} \sqrt{E_b} \cos^2(2\pi f_c t)\, dt \end{aligned} \tag{7.46}$$

대역통과 가정하에서, 식 (7.46)은 식 (7.47)로 간단해진다.

$$\mathbf{s}_1 = \sqrt{E_b} \tag{7.47}$$

2. 유사하게 식 (7.48)의 신호는

$$s_2(t) = -\sqrt{\frac{2E_b}{T_b}} \cos(2\pi f_c t) \qquad \text{for symbol 0} \tag{7.48}$$

식 (7.49)의 신호 점으로 표현된다.

$$\mathbf{s}_2 = -\sqrt{E_b} \tag{7.49}$$

이 두 가지 결과는 그림 7.23에서 확인할 수 있다.

▶ 연습문제 7.10 식 (7.47)과 (7.49)를 증명하라. ◀

이어서 그림 7.24에 나와 있는 BFSK의 매핑을 살펴보자. BPSK처럼, 신호 공간 다이어그램은 두 개의 **송신 신호 점**들로 구성되며, 이때 점 $\mathbf{s}_1$과 $\mathbf{s}_2$는 각각 이진 심벌 1과 0을 나타낸다. BPSK의 신호 공간 매핑 유도에서와 유사한 과정을 따라, BFSK에 대한 그림 7.24의 신호 공간 매핑을 구성할 수 있다. 이때 두 개의 신호 점들은 식 (7.50)과 (7.51)로 정의된다.

$$\mathbf{s}_1 = \begin{bmatrix} \sqrt{E_b} \\ 0 \end{bmatrix} \tag{7.50}$$

$$\mathbf{s}_2 = \begin{bmatrix} 0 \\ \sqrt{E_b} \end{bmatrix} \tag{7.51}$$

그림 7.23과 7.24의 두 신호 공간 다이어그램은 한 가지 중요한 점이 다르다. 이것은 **차원**으로, 기본 함수의 개수로 정의된다. 그림 7.23의 BPSK 신호 공간 다이어그램은 1차원이며, 식 (7.44)의 단일 기본 함수 $\phi_1(t)$를 수반한다. 반면에 그림 7.24의 BFSK 신호 공간 다이어그램은 2차원이며, 식 (7.52)와 식 (7.53)의 기본 함수 쌍을 수반한다.

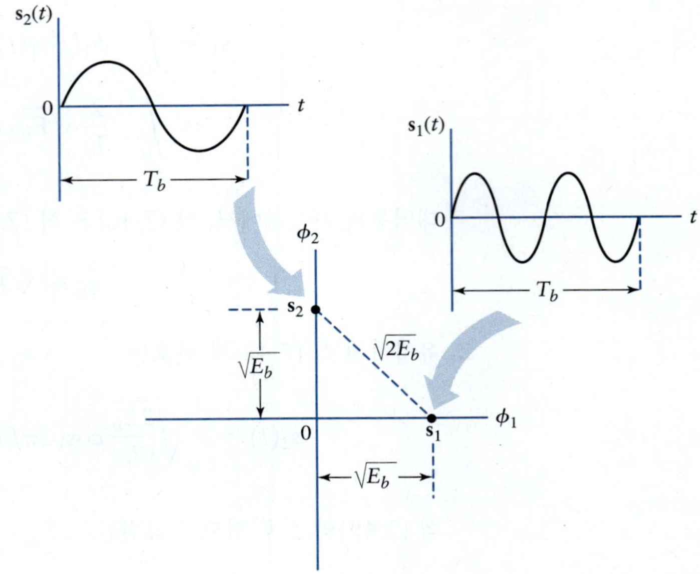

그림 7.24 BFSK 신호를 2차원 신호 공간 다이어그램에 매핑.

$$\phi_1(t) = \sqrt{\frac{2}{T_b}}\cos(2\pi f_1 t) \tag{7.52}$$

$$\phi_2(t) = \sqrt{\frac{2}{T_b}}\cos(2\pi f_2 t) \tag{7.53}$$

앞의 두 가지 신호 공간 다이어그램으로부터, BPSK와 BFSK에 가해지는 부가적 채널 잡음의 영향에는 어떤 차이가 있을까? 이 질문에 대한 답으로, 먼저 BPSK에 대한 신호 점 사이의 간격이 $2\sqrt{E_b}$인 반면에 BFSK의 경우는 $\sqrt{2E_b}$이다. 이때 두 방법 모두 비트당 에너지는 E_b이고, 비트 주기는 T_b로 가정하였다. 첫 번째 답변을 달리 표현하면 다음과 같다.

1. BPSK에 대한 송신 신호 점 사이의 간격은 BFSK 경우의 $\sqrt{2}$배이다.

부가적 채널 잡음의 존재를 고려한다면, **수신 신호 점이 송신 신호 점 주위를 랜덤하게 배회**하는 효과가 있다. 따라서 두 번째 답변은 다음과 같다.

2. 수신 신호 점은 송신 신호 점을 중심으로 '구름(cloud)' 안에 놓이게 된다.

답변 1과 2에 비추어, 부가적 채널 잡음이 존재한다면, 잡음이 BPSK보다 BFSK 방법에 더 악영향을 끼친다고 주장할 수 있다. 이 주장의 정당성은 10장에서 수학적으로 증명될 것이다.

7.9 예제

OFDM

2.11절에서 집을 전화국까지 연결해 주는 TP(twisted pair)의 주파수 응답에 대해 논하였으며, 짧은 길이에서의 음성 대역 주파수 응답은 평평하지만, 길이가 길어질수록 주파수 응답이 악화된다는 것을 알고 있다. 첫 번째 주제로서, TP를 사용하여 집까지 초고속 데이터를 전송하는 방법에 대해 고려하며, 이 서비스는 종종 DSL(digital subscriber line)이라 불린다.

그림 7.25(a)에 나와 있는 임의의 주파수 응답을 갖는 전송 매체를 고려하자. 이 매체는 그림 7.25(b)의 송신 스펙트럼을 변경시킬 것이며, 이 장에서 논의된 대부분의 디지털 변조 방법에 심각한 심벌 간 간섭을 야기할 것이다. 그림 7.25(b)와 유사한 특성을 갖는 변조 기술을 **단일 반송파** 시스템이라 부른다.

다음에 그림 7.25(c)에 나타낸 **다중 반송파 시스템**을 고려하자. 여기서 하나의 송신기가 다중 반송파를 수용하며, 각 반송파가 전체 데이터 전송률을 분담한다. 다중 반송파 전송에서 매체는 전체 스펙트럼에 동일한 영향을 미치지만, 각 반송파의 스펙트럼은 가능한 이득 변화와 위상 회전을 제외하고는, 그림 7.25(d)에 나와 있는 것처럼 비교적 왜곡이 없는 편이다.

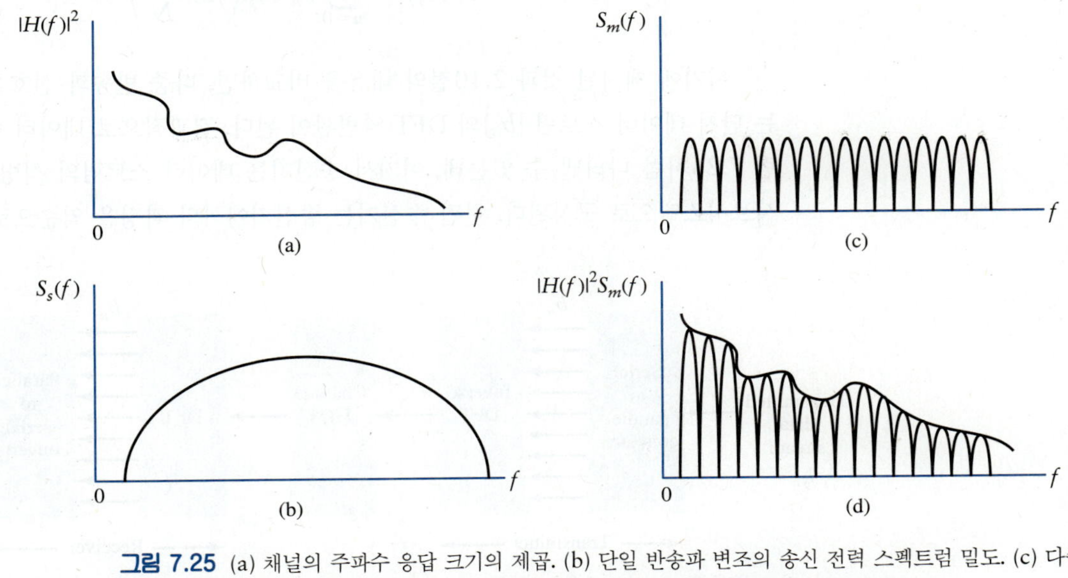

그림 7.25 (a) 채널의 주파수 응답 크기의 제곱. (b) 단일 반송파 변조의 송신 전력 스펙트럼 밀도. (c) 다중 반송파 변조의 송신 전력 스펙트럼 밀도. (d) 다중 반송파 변조의 수신 전력 스펙트럼 밀도.

이제 이러한 다중 반송파 시스템을 구현하는 방법에 대해 기술하고자 하며, 이때 각 반송파는 **부반송파**라 부른다. 모든 부반송파는 같은 소스에서 생성되며, 모두 동기가 맞았다고 가정한다. 먼저 하나의 심벌 주기를 고려하고, N개의 부반송파에 대하여 개개의 주파수와 정보 비트를 $\{f_n\}$과 $\{b_n\}$으로 표기한다. 그러면 n번째 부반송파 신호는 식 (7.54)와 같이 표현할 수 있다.

$$s_n(t) = b_n \exp(j2\pi f_n t), \qquad 0 \le t \le T \tag{7.54}$$

여기서 b_n이 ± 1이면, 식 (7.54)는 간단히 부반송파 주파수 f_n에서 복소 기저대역 표현이 된다. 따라서 한 심벌 주기에 대하여 다중 반송파는 식 (7.55)와 같이 모든 부반송파에 대하여 식 (7.54)의 합으로 나타낼 수 있다.

$$\begin{aligned} s(t) &= \sum_{n=0}^{N-1} s_n(t) \\ &= \sum_{n=0}^{N-1} b_n \exp(j2\pi f_n t) \qquad 0 \le t \le T \end{aligned} \tag{7.55}$$

이제 다음 두 가지 결정을 내릴 수 있다.

- 이러한 다중 반송파 신호를 $T_s(=T/N)$ 주기로 샘플링한다.
- 부반송파 주파수 간격을 $f_n(=n/T)$로 선택한다. 그리고 식 (7.55)를 $t=kT_s$에서 계산하면, 식 (7.56)이 된다.

$$s(kT_s) = \sum_{n=0}^{N-1} b_k \exp\left(j2\pi \frac{kn}{N}\right) \tag{7.56}$$

여기에 제시된 것과 2.10절의 내용을 비교하면, 다중 반송파 신호를 샘플링한 결과는 단지 데이터 스트림 $\{b_n\}$의 DFT 역변환이 된다. 결과적으로 데이터 송신 시스템을 그림 7.26처럼 나타낼 수 있는데, 여기서 송신기는 데이터 스트림의 직병렬 변환과 IDFT 서브시스템으로 구성된다. 한편 수신기는 송신기에서의 과정을 역순으로 수행한다. N을

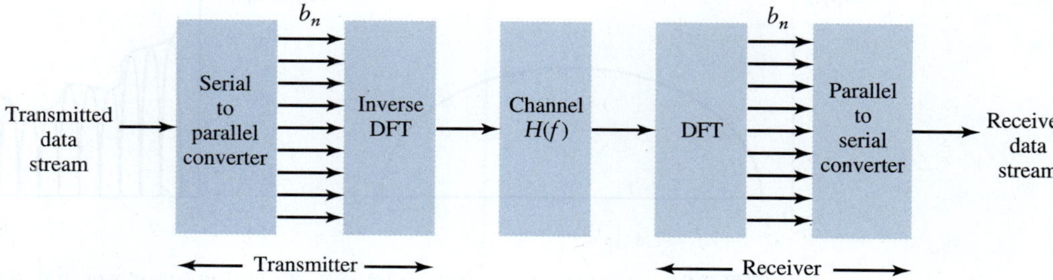

그림 7.26 OFDM 시스템의 블록 다이어그램.

2의 거듭제곱으로 가정하면, 이 시스템은 2.10절에서 논의된 FFT 알고리즘으로 효율적으로 수행될 수 있다.

샘플링과 주파수 구간에 관한 결정은 구현을 간단하게 해 줄 뿐만 아니라, 다음과 같은 실제적 이익을 제공한다.

- 인접한 채널은 $1/T_s$ 간격으로 떨어져 있다. 이 선택은 스펙트럼 중복을 허용하며, 변조 방법이 요구되는 대역폭을 최소화해 준다.
- 부반송파 주파수가 심벌 주기의 정수배라는 사실은 부반송파가 심벌 주기 동안 직교성[3]을 갖는다는 것을 의미한다. 결과적으로 서로 중첩될지라도 부반송파 사이에 간섭이 없게 된다.
- 부반송파 주파수는 한 심벌에서 다음 심벌까지 연속적이며, 이로 인해 연속 스트림의 데이터를 전송할 때 스펙트럼 왜곡이 발생하지 않는다.
- 심벌은 **cyclic prefix** 또는 **postfix**라고 불리는 간단한 반복에 의해 연속적으로 확장되며, 이 특성은 펄스 구간을 늘이기 위한 채널에 유익하게 사용될 수 있다.

주파수 영역에서의 다중 부반송파와 직교성의 결합으로 다중 반송파 변조 방법을 위한 **OFDM**(orthogonal frequency division multiplex) 이름이 붙여진 것이다.[4]

GSM 통신

4장에서 식 (7.57)의 정의를 기반으로 주파수 변조 개념을 논의하였다.

$$s(t) = A_c \cos\left(2\pi f_c t + 2\pi k_f \int_0^t m(\tau)\, d\tau\right) \tag{7.57}$$

여기서 메시지 신호 $m(t)$는 아날로그 신호이다. 이 두 번째 예제에서, 식 (7.58)에 정의된 디지털 메시지에 의해 생성된 아날로그 변조를 고려하자.

$$m(t) = \sum_{n=0}^{N} b_n p(t - nT) \tag{7.58}$$

여기서 T는 심벌 주기, b_n은 n번째 심벌 주기의 데이터 심벌, $p(t)$는 각 심벌 주기에 가해진 펄스 성형을 나타낸다. 아날로그 변조는 디지털 통신의 등장 이전에 수년 동안 무선 통

---

[3] 직교 성질은 $n \neq k$인 경우 다음 조건을 만족시킨다.

$$\int_0^T s_n(t) s_k^*(t)\, dt = 0$$

[4] OFDM에 대한 자세한 설명은 Bahai and Saltzberg(1999)를 참조하라.

신의 주된 주제이었다. 결과적으로 초기 디지털 통신에서는 종종 FM을 사용하는 것이 가장 편리하였으며, 이 이유로 **디지털 FM**이라 불리었다. 디지털 FM은 많은 장점을 가지며, 그 중에 하나가 일정한 포락선에 기인한 전력 효율성이다.

바람직한 전력 효율성은 디지털 FM을 조그만 배터리 팩을 내장한 포켓용 터미널을 사용한 무선 응용의 최고 경쟁자로 만들었다. 사실상 디지털 FM 형태는 1991년에 유럽 표준으로 채택되었고, 이후 **GSM**(Global System for Mobile Communications)이라는 이름으로 세계적으로 퍼지게 되었다.

실제 GSM에서 채택한 변조 방식은 **GMSK**(Gaussian minimum shift keying)이며, 이것은 식 (7.57)과 (7.58)을 특별하게 결합하여 생성된 것이다. 특히 다음의 세 가지 조건을 소개한다.

1. 펄스 성형은 식 (7.59)의 가우시안 모양을 갖도록 선택하며

$$p(t) = c \exp\{-\pi c^2 t^2\} \tag{7.59}$$

여기서 스케일 요소는 $c = B\sqrt{2\pi/\log(2)}$이고, 자연 로그가 사용되었다.

2. 요소 B는 신호 대역폭을 좌우하며, 미리 정해진 심벌 주기 T에 대하여, 시간-대역폭 곱의 식인 $BT = 0.3$을 만족시키도록 정해진다.

3. 변조기의 주파수 민감도 요소 k_f는 한 심벌 주기에 대한 위상 변화가 $\pi/2$라디안이 되도록 선택된다.

이 세 가지 조건하에, 결과적인 GMSK 신호는 조밀한 스펙트럼을 가지며, 잡음 존재하에 동기 검파 시 이상적 BPSK 성능에 비해 단지 0.46 dB만큼 성능이 저하된다.

GMSK를 포함한 GSM 통신은 아날로그 FM 시스템의 디지털 시스템으로의 실제적 진화 예로 보면 된다.[5]

디지털 TV

세 번째 예로서, **디지털 TV**를 고려한다. 전 세계적으로 고화질 A/V를 제공하기 위하여 아날로그 TV에서 디지털 TV로 바꿔어 가고 있다. 북미에서 아날로그 NTSC[6] TV 표준은 **디지털 ATV**(Advanced TV) **표준**으로 대체되고 있다. 아날로그와의 후방 호환성을 위해, 새로운 ATV 표준은 현재 NTSC 서비스에 사용중인 6 MHz에 적합하도록 설계되었다. ATV 시스템은 두 가지 레벨의 서비스를 제공한다.

(i) 지상파 방송에서, 6 MHz의 채널에 19 Mbps의 처리량

(ii) 케이블 네트워크에서, 6 MHz의 채널에 38 Mbps의 처리량

---

[5] GMSK에 대한 자세한 설명은 Steele and Hanzo(1999)를 참조하라.

[6] NTSC는 National Television System Committee의 약자이다.

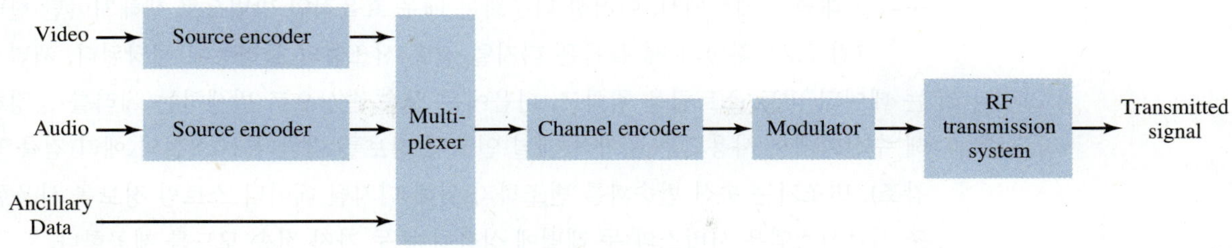

그림 7.27 디지털 TV 방송 모델.

아날로그 TV와 유사하게, 디지털 TV는 복잡한 시스템이며, 그림 7.27의 블록 다이어그램을 보면 시스템 복잡성을 짐작할 수 있을 것이다. 그림에서 다른 요소들을 고찰해 보자.

가장 중요한 요소 중의 하나가 **A/V 신호원**(audio and video source)이며, 이것 없이는 나머지 요소의 존재가 무의미하다. 요사이 이 아날로그 또는 디지털 신호원은 많은 형태 중의 하나를 취하며, 송신기는 다양한 인터페이스를 지원해야 한다. 부수적 데이터로 제어 데이터, 폐쇄 자막과 같은 프로그램 음성 및 영상 서비스에 관계된 데이터가 있다.

소스에 관련된 첫 번째 동작은 **소스 인코딩**(source encoding)이다. 이 동작은 **중복성**(redundancy)을 제거하고 전송에 필요한 비트 전송률을 최소화하기 위해 영상 및 음성 데이터 스트림에 가해지는 신호 처리에 해당하며, 통상 **데이터 압축**(data compression)이라 불린다. 가능한 압축량은 영상 또는 음성 신호의 근원적 역학과 허용 가능한 왜곡 정도에 좌우된다. 일반적으로 목적은 인간에게 감지할 수 없는 왜곡을 허용하는 것이다. 시스템은 초정밀도 영상을 내보내도록 설계되었기 때문에, 이용 가능한 대역폭을 사용하여 이 목적을 성취하기 위해서는 복잡한 영상 및 음성 압축 알고리즘이 필요하다.

ATV 시스템은 많은 소스 코딩과 압축 알고리즘을 채택한다. 영상의 경우, MPEG-2 표준에 정의된 알고리즘이 사용된다. 이 압축 알고리즘은 4~9 Mbps의 전송률로 SDTV를 코딩할 수 있으며, 15~25 Mbps의 전송률로 HDTV를 코딩할 수 있다.

오디오 소스 코딩의 경우, 돌비 AC-3 표준에서의 알고리즘이 사용된다. 이와 동일한 알고리즘이 레이저 디스크 및 DVD에 적용된다. 5.1 채널 시스템의 경우, 이 두 번째 알고리즘을 사용하면, 높은 품질의 오디오인 경우 1/10 정도까지 압축이 가능하다.

그림 7.27에서의 **다중화기**(multiplexer)는 다음 세 가지 특정 기능을 제공한다.

1. 디지털 데이터 스트림을 정보 '패킷'으로 나눈다.
2. 각 패킷 또는 패킷 형태에 대하여 고유한 식별자를 제공한다.
3. 비디오 패킷, 오디오 패킷, 부수적 데이터 패킷을 단일 데이터 스트림으로 다중화한다.

주어진 대역폭 제한에서, 이러한 다중화는 매우 효율적인 방법으로 행해져야만 한다.

그림 7.27 후반의 세 블록은 디지털 전송 시스템의 물리층에 해당된다. 채널 인코더는 데이터 비트 스트림을 취하고, 다음에는 전송 손상으로 발생하는 에러를 정정하기 위해 수신기에서 사용되는 추가적 채널 인코딩 정보를 더한다(10.8절의 에러 검출 및 정정 참조). 변조기는 송신 반송파를 변조하기 위해 디지털 데이터 스트림 정보를 사용한다. 변조 서브시스템은 서비스의 두 레벨에 상응하는 두 가지 전송 모드를 제공한다.

1. **지상 방송 모드:** 8-VSB가 속한 이 모드는 19 Mbps로 전송하기 위해 VSB 변조 방식의 8진 PAM 신호를 사용한다.
2. **고속 데이터 전송률 모드:** 16-VSB가 속한 이 모드는 케이블 전송을 목적으로 하며, 38 Mbps로 전송하기 위해 VSB 변조 방식의 16진 PAM 신호를 사용한다.

3장에서 아날로그 신호에 적용한 VSB 변조를 살펴보았다. 여기서 디지털 신호를 어떻게 전송하는지에 대한 의문이 들 것이다.

복소 기저대역에서, VSB 변조기의 측파대역 공유 필터의 주파수 응답이 그림 7.28(a)와 비슷함을 상기하자(문제 3.32 참조). 변조기는 최고 양의 주파수를 왜곡 없이 통과시키며, 신호의 최고 음의 주파수를 막는다. 제로 주파수 근처 부근에서, 주파수 응답은 1에서 0으로 점점 작아지며, 이때 신호의 음의 주파수 성분 흔적은 남게 된다. 디지털 VSB 변조기를 분석하기 위해, 주파수 응답이 그림 7.28(b)와 7.28(c)에 나와 있는 것처럼 $H_I(f)$와 $H_Q(f)$로 표기되는 두 개의 주파수 응답 합으로 나타낼 수 있음을 주지하자. 첫 번째 주파수 응답 $H_I(f)$는 왜곡 없이 신호를 통과시키는 전 통과(all-pass) 필터에 해

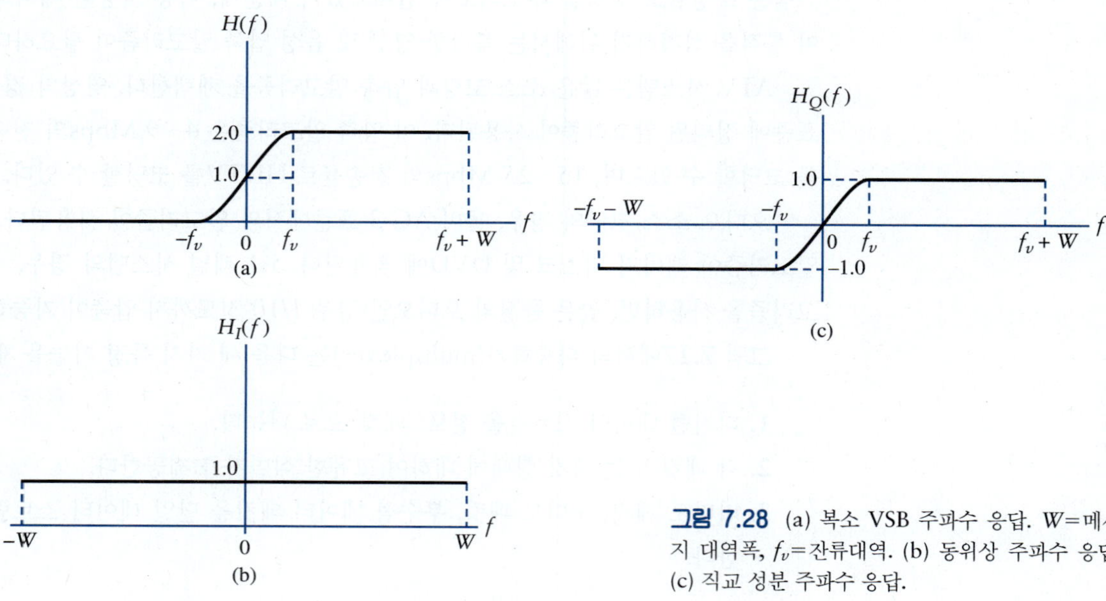

그림 7.28 (a) 복소 VSB 주파수 응답. W=메시지 대역폭, f_v=잔류대역. (b) 동위상 주파수 응답. (c) 직교 성분 주파수 응답.

당하며, 이는 $H_I(f)$가 주파수에 대한 우함수이고, 순 실수 임펄스 응답 $h_I(t)$를 갖기 때문이다. 두 번째 주파수 응답 $H_Q(f)$는 양의 주파수를 가장 왜곡 없이 통과시키는 반면, 음의 주파수 성분의 위상을 반대로 한다. 이것은 $H_Q(f)$가 주파수에 대한 기함수이고, 순 허수 임펄스 응답 $jh_Q(t)$를 갖기 때문이다.

VSB 변조기에 대한 입력을 식 (7.60)으로 정의된 실수의 디지털 신호라 하자.

$$m(t) = \sum_{n=0}^{N} a_n p(t - nT) \tag{7.60}$$

여기서 a_n은 8진 PAM 신호에 대하여 ± 1, ± 3, ± 5, ± 7 중의 하나이다. 펄스 성형 $p(t)$는 제곱근 상승 코사인 스펙트럼 모양에 해당하며, 이러한 펄스 성형은 6.4절에서 논의되었다. VSB 변조기 출력에서 복소 기저대역 표현은 식 (7.61)과 같다.

$$\tilde{s}(t) = (h_I(t) + jh_Q(t)) \star m(t) \tag{7.61}$$

여기서 ★는 컨벌루션을 나타낸다. $h_I(t)$는 전 통과 필터이기 때문에, $h_I(t) \star m(t) = m(t)$이고, $m_Q(t) = h_Q(t) \star m(t)$라 하자. 그러면 식 (7.61)을 다음과 같이 다시 쓸 수 있다.

$$\tilde{s}(t) = m(t) + jm_Q(t) \tag{7.62}$$

대역통과 전송 신호는 식 (7.63)으로 표현된다.

$$s(t) = \mathbf{Re}[\tilde{s}(t) \exp(j2\pi f_c t)] \tag{7.63}$$

여기서 f_c는 반송파 주파수이다. 수신기에서 식 (7.63)의 $s(t)$에 $\cos(2\pi f_c t)$를 곱하여 송신신호의 동기 검파 복원이 가능하다(채널 잡음이 없다는 가정하에).

$$\begin{aligned} x(t) &= s(t)\cos(2\pi f_c t) \\ &= \{m(t)\cos(2\pi f_c t) - m_Q(t)\sin(2\pi f_c t)\}\cos(2\pi f_c t) \end{aligned} \tag{7.64}$$

삼각 함수 항등식을 이용하면, 식 (7.64)는 식 (7.65)로 간단해진다.

$$x(t) = \frac{1}{2}m(t)[1 + \cos(4\pi f_c t)] - \frac{1}{2}m_Q(t)\sin(4\pi f_c t) \tag{7.65}$$

위 식은 기저대역 항과 $2f_c$에 중심을 둔 두 개의 고주파 항으로 구성된다. 식 (7.65)의 $x(t)$를 저역통과 필터링하면, $\frac{1}{2}m(t)$만 남게 되고, 이것은 원래 메시지 신호와 스케일 요소 $\frac{1}{2}$만 제외하고는 동일하다.[7]

[7] 수신단에서 $x(t)$를 저역통과 필터링 할 때 송신단에서의 펄스 성형에 정합시킨 제곱근 상승 코사인 펄스 성형을 취하면 심벌 간 간섭 제거가 가능하다.

지금까지 기술한 접근 방법은 어떠한 신호에도 적용 가능하며, 디지털 변조의 레벨에 좌우되지 않는다. 따라서 이 방법은 8진 및 16진 방법에 동등하게 적용할 수 있다. 더구나 단지 실제 채널이 처리되도록 수신기를 간소화한다.

8-VSB와 16-VSB 두 경우 모두 ATV 심벌률($1/T$)은 10.76 Msps이다. 8-VSB의 경우, 심벌당 3비트이고, 원래의 채널 비트율이 심벌률의 3배이다. FEC(forward error correction)를 위한 오버헤드 및 부가적 비트는 사용자 정보량을 약 19 Mbps로 줄인다. 16-VSB의 경우 비트 전송률이 두 배가 된다. VSB 변조를 사용하면, 채널 대역폭은 심벌률의 약 반에 해당하는 5.38 MHz 정도가 된다. 따라서 VSB 변조 된 신호는 6 MHz 대역의 채널에 필터 꼬리 부분이나 주파수 에러 측면에서 약간 여유 있게 채택될 수 있다. ATV 시스템은 또한 파일럿 톤(복소 기저대역에서는 직류 레벨)을 포함하며, 이 파일럿 톤은 신호 레벨보다 11.3 dB 낮게 설정된다. 이 파일럿은 수신기에서 원래 정보 신호를 동기 검파 하기 위해 사용된다.

7.10 요약과 토의

이 장에서는 디지털 대역통과 변조에 대해 기술하였으며, 요약하면 다음과 같다.

(i) **ASK:** 이진 신호 방식에 중점을 둔다.

(ii) **PSK:** 이진 및 4진 신호 방식에 중점을 둔다. 이진 신호는 1비트로 동작하는 반면, 4진 신호는 2비트로 동작한다. 4진 신호 방식에서, QPSK와 이것의 변형인 OQPSK를 논하였다. OQPSK는 QPSK에 비하여 비선형성에 덜 민감하다는 장점이 있다.

(iii) **FSK:** 이진 신호 방식에 중점을 둔다. 또한 이진 FSK의 변형인 MSK에 대해 기술하였는데, MSK는 CPFSK의 한 예에 해당한다. MSK의 중요한 성질은 주파수 간격을 최소화하며, 심벌 0과 1을 각각 나타내는 두 개의 FSK 신호가 서로 직교하기 때문에 수신기에서 일어나는 동기 검파 과정에서 서로 간섭이 발생하지 않는다. MSK 신호의 생성 과정은 입력 이진 데이터 스트림을 역다중화하는 것과 관련해서는 OQPSK 경우와 유사하다. 이 두 가지 방식의 명확한 차이는 두 개의 이진 파형이 OQPSK와 MSK의 경우 각각 디비트마다 직사각형 함수와 양의 코사인 함수에 의해서 가중된다는 점이다.

(iv) **동기 검파:** 변조 방식에 상관없이, 수신기는 반송파 위상과 비트 타이밍 동기를 송신기와 맞춘다.

(v) **비동기 검파:** 수신기는 송신기의 위상에 무관하므로, ASK와 FSK의 경우 구현이 상대적으로 용이하다. 하지만 PSK의 비동기 검파는 좀더 신경을 써야 한다. 특히 모조(pseudo) 형태의 비동기 검파는 차등 인코딩과 PSK를 결합해야만 가능하며, 이것이 DPSK 방식에 해당된다. 그러나 어떠한 비동기 검파에서도 비트 타이밍 정보

가 필수적이라는 사실은 주지해야 한다.

(vi) **스펙트럼 분석**: 서로 다른 변조 방식의 **대역통과** 신호에 행해지는 실험으로 설명된다. 이 실험은 비트율이 반송파 주파수에 비해 매우 작다는 사실에 의해 설명이 되는 실례이다. 그러나 실제로는 비트율이 반송파 주파수에 비해 단위가 훨씬 작고, 이 경우에는 스펙트럼 분석을 **기저대역**에서 하도록 권한다. 이때 반송파 파형의 존재는 변조된 신호를 동위상 및 직교 위상 성분으로 나타냄으로써 제거할 수 있다. 여기서는 기저대역에서 접근하여 스펙트럼 분석을 시도하였으며, 구체적인 내용은 문제 7.30에서 다룬다.

(vii) ***M*진 신호 방식**: 이 방식은 채널 대역폭을 보존한 상태에서 대역통과 채널로 디지털 데이터를 전송할 때 이진 변조 방식에 비해 선호된다. *M*진 PSK와 *M*진 FSK 신호 방식에서, 송신 신호의 포락선은 일정하며 비선형 채널에서도 사용이 허용된다. 반대로 *M*진 QAM의 경우 송신 신호의 포락선은 변화하며 선형 대역통과 채널에서만 사용이 제한된다.

예제들에서 널리 사용되고 있는 세 가지 디지털 시스템들을 각각의 방법으로 고려하였다.

- **OFDM**: 집에서 전화 교환국까지 연결시켜 주는 TP를 사용하여 고속 데이터 전송의 기본을 제공한다.
- **GSM**: MSK를 수정한 GMSK로 구현한 것이다.
- **디지털 TV**: 아날로그 TV와 유사한 채널 파라미터를 사용하여 충실도가 높은 음성 및 영상을 제공하는 것이 목적이다.

끝으로 언급할 사항은, 동기식 수신기든 비동기식 수신기든, 이 장에서는 피할 수 없는 부가 잡음과 같은 실제 상황을 고려하지 못했다는 점이다. 불가피하게 송신 신호는 이 상황에 의해 교란되고, 이로 인해 수신 출력에서 추정된 이진 데이터 스트림에 에러가 발생하게 된다. 채널 잡음의 영향은 10장에서 기술할 것이지만, 먼저 다음 장에서 랜덤 신호 및 잡음 특성에 대하여 논의할 것이다.

ADDITIONAL PROBLEMS

7.11 The binary sequence 11100101 is applied to an ASK modulator. The bit duration is 1 μs, and the sinusoidal carrier wave used to represent symbol 1 has a frequency equal to 7 MHz.

(a) Find the transmission bandwidth of the transmitted signal.

(b) Plot the waveform of the transmitted ASK signal.

Assume that the line encoder and the carrier-wave oscillator are controlled by a common clock.

7.12 Repeat Problem 7.11, assuming that the line encoder and the carrier-wave generator operate independently of each other. Comment on your results.

7.13 (a) Repeat Problem 7.11 for the case when the binary sequence 11100101 is applied to a PSK modulator, assuming that the line encoder and sinusoidal carrier-wave oscillator are operated from a common clock.

(b) Repeat your calculations, assuming that the line encoder and carrier-wave oscillator operate independently.

7.14 The binary sequence 11100101 is applied to a QPSK modulator. The bit duration is 1 μs. The carrier frequency is 6 MHz.

(a) Calculate the transmission bandwidth of the QPSK signal.

(b) Plot the waveform of the QPSK signal.

7.15 Repeat Problem 7.14 for the signaling case of OQPSK.

7.16 The binary sequence 11100101 is applied to Sunde's BFSK modulator. The bit duration is 1 μs. The carrier frequencies used to represent symbols 0 and 1 are 2.5 MHz and 3.5 MHz, respectively.

(a) Calculate the transmission bandwidth of the BFSK signal.

(b) Plot the waveform of the BFSK signal.

7.17 As remarked previously, the waveform plotted in Fig. 7.1(*d*) is an example of MSK. Determine

(a) The frequency excursion δf of the MSK.

(b) The frequency parameter f_0.

7.18 The binary sequence 11100101 is applied to a MSK modulator. The bit duration is 1 μs. The carrier frequencies used to represent symbols 0 and 1 are 2.5 MHz and 3 MHz, respectively. Plot the waveform of the MSK signal.

7.19 Consider an MSK modulator that uses a sinusoidal carrier with frequency $f_c = 50$ MHz. The bit rate of the incoming binary stream is 20×10^3 bits/s.

(a) Calculate the instantaneous frequency of the MSK modulator for a data sequence in which symbols 0 and 1 alternate.

(b) Repeat the calculation in part (a) for a data sequence that consists of all 0s. What if the sequence consists of all 1s?

7.20 Suppose you are given an MSK signal $s(t)$. How would you extract the bit-timing signal from $s(t)$? Explain.

7.21 Consider the noncoherent receiver of Fig. 7.17 for BASK and that of Fig. 7.18 for BFSK. Roughly speaking, the noncoherent BFSK receiver is twice as complex as the noncoherent BASK receiver. What would be the advantage of the BFSK system over the BASK system, given that they operate on the same binary data stream and the same communication channel? Justify your answer. *Hint:* Refer to the pertinent phasor representations in Table 7.2.

7.22 Figure 7.29 depicts a receiver for the noncoherent detection of BFSK signals. The receiver consists of two paths; the band-pass filter in the top path is tuned to the carrier frequency f_1 representing symbol 1, and the band-pass filter in the lower path is tuned to the alternative carrier frequency f_2 representing symbol 0. These two filters are followed by a pair of *energy-level detectors*, whose outputs are applied to the comparator to recover the original binary data stream. Identify the conditions that the receiver of Fig. 7.29 must satisfy for it to be an alternative to the noncoherent BFSK receiver of Fig. 7.18.

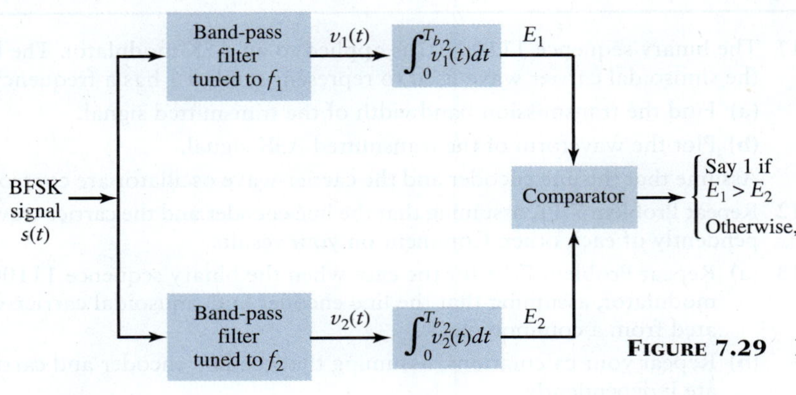

FIGURE 7.29 Problem 7.22

7.23 The binary sequence 11100101 is applied to a DPSK system. The bit duration is 1 μs. The carrier frequency is 6 MHz.

(a) Calculate the transmission bandwidth of the system.

(b) Plot the waveform of the transmitted signal.

(c) Using the transmitted sequence of part (b), plot the waveform produced by the receiver, and compare it against the original binary sequence.

ADVANCED PROBLEMS

7.24 Consider a phase-locked loop consisting of a multiplier, loop filter, and voltage-controlled oscillator (VCO); you may refer to Section 4.8 for a description of the phase-locked loop for the demodulation of analog frequency modulation. Let the signal applied to the multiplier input be a PSK signal defined by

$$s(t) = A_c \cos[2\pi f_c t + k_p b(t)]$$

where k_p is the phase sensitivity, and the data signal $b(t)$ takes on the value $+1$ for binary symbol 1 and -1 for binary symbol 0. The VCO output is

$$r(t) = A_c \sin[2\pi f_c t + \theta(t)]$$

(a) Evaluate the loop filter output, assuming that this filter removes only modulated components with twice the carrier frequency f_c.

(b) Show that this output is proportional to the data signal $b(t)$ when the loop is phase locked; that is, $\theta(t) = 0$.

7.25 (a) In a coherent FSK system, the signals $s_1(t)$ and $s_2(t)$ representing symbols 1 and 0, respectively, are defined by

$$s_1(t) = A_c \cos\left[2\pi\left(f_c + \frac{\Delta f}{2}\right)t\right], \qquad 0 \le t \le T_b \tag{1}$$

and

$$s_2(t) = A_c \cos\left[2\pi\left(f_c - \frac{\Delta f}{2}\right)t\right], \qquad 0 \le t \le T_b \tag{2}$$

Assuming that $f_c > \Delta f$, show that the correlation coefficient of the signals $s_1(t)$ and $s_2(t)$, defined by

$$\rho = \frac{\int_0^{T_b} s_1(t)s_2(t)\,dt}{\int_0^{T_b} s_1^2(t)\,dt}$$

is approximately given by

$$\rho \approx \operatorname{sinc}(2\,\Delta f T_b)$$

(b) What is the minimum value of frequency shift Δf for which the signals $s_1(t)$ and $s_2(t)$ are orthogonal?

7.26 A BFSK signal with discontinuous phase is generated by using the incoming binary data stream to switch between two independent sinusoidal oscillators:

$$\text{Symbol 1:} \quad \sqrt{\frac{2E_b}{T_b}}\cos(2\pi f_1 t + \theta_1)$$

$$\text{Symbol 0:} \quad \sqrt{\frac{2E_b}{T_b}}\cos(2\pi f_2 t + \theta_2)$$

(a) Show that this BFSK signal may be expressed as the sum of two independent BASK signals.

(b) For $\theta_1 = 30°$ and $\theta_2 = 45°$, plot the BFSK waveform for the binary data stream 01101001, and compare your result to that of Fig. 7.1(*d*) for continuous-phase BFSK.

7.27 Table 7.4 shows the phase transitions experienced by an MSK signal. Verify the entries listed in this table.

TABLE 7.4 *Phase Transitions in MSK*

	Phase state (radians)	
Transmitted bit $0 \le t \le T_b$	$\theta(0)$	$\theta(T_b)$
0	0	$-\pi/2$
1	π	$-\pi/2$
0	π	$+\pi 2$
1	0	$+\pi/2$

7.28 The generation and detection of QPSK can be viewed as an example of the "divide and conquer" strategy. In particular, the implementation of QPSK is achieved by

- Knowing how to generate and detect BPSK.
- Using the idea of quadrature multiplexing.

Extend what we have learned from this example, and thereby develop the transmitter for generating 8-PSK and the receiver for detecting it.

■ COMPUTER EXPERIMENTS

7.29 In this problem, we continue Computer Experiment III on the spectral comparison of QPSK and OQPSK. Specifically, using the parameters

Carrier frequency, $f_c = 8$ Hz
Bit duration, $T_b = 1$s

compute the phase spectra of these two digital modulation methods. Hence, justify the assertion made in Drill Problem 7.3 that these two methods differ by a linear phase component, and determine the slope of that component.

7.30 The purpose of this experiment is to demonstrate that the simulation of a digitally modulated signal on a computer can be simplified by using the idea of complex envelope that was introduced in Chapter 3. In particular, the experiment compares band-pass and baseband forms of data transmission, supported by the matlab scripts provided in Appendix 7. The scripts provided therein also cater to the generation of binary random sequences needed to perform the experiment and thereby add practical realism to the experiments.

(a) To proceed then, generate two random binary sequences $b_I(t)$ and $b_Q(t)$ and use them to form the multiplexed band-pass signal

$$s(t) = b_I(t)\cos(2\pi f_c t) - b_Q(t)\sin(2\pi f_c t)$$

Hence, compute the magnitude spectrum of $s(t)$, using the following parameters:

Carrier frequency, $f_c = 10$ Hz
Symbol (bit) duration, $T_b = 1$s

Assume that the two binary sequences are synchronized and they both use amplitude levels ± 1 to represent symbols 0 and 1.

(b) Using complex notations, define the complex envelope

$$\tilde{b}(t) = b_I(t) + jb_Q(t)$$

on the basis of which we may reconstruct the original band-pass signal

$$s(t) = \mathbf{Re}\{\tilde{b}(t)\exp(j2\pi f_c t\}$$

Specifically, compute the magnitude spectrum of the complex envelope $b(t)$, and compare it to the magnitude spectrum of $s(t)$ computed in part (a). Comment on the computational significance of this comparison.

7.31 Repeat Problem 7.30, this time using a raised-cosine pulse shape of roll-off factor $\alpha = 1$ to construct the binary sequences $b_I(t)$ and $b_Q(t)$; Appendix 7 provides the matlab scripts for generating the raised-cosine pulse. Compute the magnitude spectrum of the complex envelope $\tilde{b}(t)$, and compare it to the magnitude spectrum of the band-pass signal $s(t)$. Comment on your results.

8장
랜덤 신호와 잡음

'랜덤(random)' 이라는 단어는 변화무쌍하고 명확하게 예측할 수 없는 어떤 신호의 변화 정도를 표현하기 위해 사용된다. 랜덤 신호는 여러 가지 형태로서 모든 실제적 통신 시스템에서 발견될 수 있다. 예를 들어 송출되기 전에 마이크를 사용하여 음성 신호를 전기적 신호로 변화시키는 음성 통신을 고려해 보자. 만약 이 변환된 전기적 신호가 오실로스코프에 표시되면 단번에 신호가 아주 랜덤하게 보인다고 말할 수 있을 것이다. 바꿔 말하면, 랜덤 신호는 예측하거나 복제하기가 어렵다는 것을 의미한다. 이와 유사하게 인터넷을 통해서 0과 1의 스트림(stream)이 전송되는 디지털 통신에서도 신호들이 아주 랜덤하게 나타난다. 스트림은 항상 0이나 1로 되어 있지만, 0이나 1의 순서나 위치는 예측할 수 없기 때문이다. 이러한 신호의 임의성이나 예측 불가능성은 정보(information)의 기본적인 특성이 된다.[1] 만약 어떤 정보가 예측 가능하다면, 상대편에서 정보를 수신하기 전에 정보를 예측할 수 있기 때문에 통신을 할 필요가 없게 된다.

다른 한편으로, 잡음(noise)은 대부분의 통신 시스템에 있어서 독과 같은 존재로 여겨진다. 잡음은 채널을 통해 정보를 담아 전송하는 신호의 거리나 질을 제한하기 때문이다. **잡음**은 통신하는 신호에 방해를 주거나 신호를 왜곡시키는 등의 필요하지 않은 신호로 정의될 수 있다. 이러한 잡음은 랜덤 신호의 또 다른 한 예로 볼 수 있다. 만약 우리가 잡음을 예측할 수 있다면, 우리는 수신기에서 잡음을 제거하고 잡음의 영향을 없앨 수 있을 것이다. 이러한 잡음은 몇 가지 특성 중에서 특별히 임의적특성이라는 점에서 정보와 유사하다. 통신 엔지니어는 가능한 한 최대한으로 정보에서 잡음을 걸러 내거나 잡음에서 정보를 걸러 내는 것을 그들의 목적으로 한다.

비록 정보와 잡음이 랜덤 신호이지만, 어느 부분에서는 측정되거나 분석될 수 있는 특성을 가지고 있다. 이 장의

[1] 통신에 있어 랜덤성(randomness)의 개념은 Wozencraft and Jacobs(1965)에 잘 나와 있다. 랜덤성은 정보 이론의 기본 개념 가운데 하나이다. Cover and Thomas(1991)도 참조하라.

목표는 정보나 잡음을 분석하는 데 필수적인 방법을 소개하는 것이다. 이러한 방법들은 이 장 이후에 설명될 신호 검파 기술을 이해하는 데 필수적인 내용이다.

이 장을 통해서 다음과 같은 내용들을 공부할 수 있다.

- ▶ **레슨 1: 임의적인 사건과 신호들이 랜덤 실험의 결과로서 모델링될 수 있다.**
- ▶ **레슨 2: 랜덤 변수**(random variable)**는 랜덤 실험의 결과를 분석하고, 비교하고, 처리하는 일반적인 표현 방법을 제공한다. 랜덤 사건의 통계적 특성은 이러한 랜덤 변수의 다양한 함수로서 주어진다. 기대값은 수행 장치**(operator)**로 보아야 할 것이다.**
- ▶ **레슨 3: 가우시안**(Gaussian) **랜덤 변수는 중심 극한 정리**(central limit theorem)**와 수학적인 용이성으로 통신 및 기타 시스템의 분석에 있어 중요한 역할을 한다.**
- ▶ **레슨 4: 랜덤 과정**(random process)**은 시간 파라미터로 표시된 랜덤 변수의 한 집합으로 볼 수 있다. 따라서 랜덤 변수의 분석 기술을 시간 파라미터로 표현된 랜덤 과정을 연구하는 것으로 확장하여 사용할 수 있다.**
- ▶ **레슨 5: 백색 잡음**(white noise)**은 신호에 대한 실제적인 안목을 가지는 것에서부터 신호의 통계적인 특성을 수학적 다루기가 쉽기 때문에 통신 시스템을 공부하는 데 가장 중요한 랜덤 과정 중 하나이다.**
- ▶ **레슨 6: 협대역 잡음**(narrowband noise)**은 협대역 신호**(narrowband signal)**와 유사한 방법으로 동위상과 직교 위상단어로 분석될 수 있다.**

8.1 확률과 랜덤 변수

확률 이론은 결과에 변화가 많은 실험을 실행하는 상황에 기반하고 있다. 즉 만약 실험이 반복되었을 때, 기본적으로 랜덤한 현상 때문에 각 실험의 결과는 각각 다를 것이다. 그러한 실험을 **랜덤 실험**(random experiment)이라고 한다. 동전을 던진 결과를 관찰하는 실험의 경우를 예로 들어 보자. 이 실험에서 가능한 결과는 '앞면' 과 '뒷면' 이다.

랜덤 실험은 다음과 같은 특성을 가지는 것을 알 수 있다.

1. 어떤 실험에 대해서 결과는 예측할 수 없다.
2. 실험 횟수가 많으면, 실험 결과가 **통계적인 규칙성**을 가지는 것을 발견할 수 있다. 즉 실험을 많이 하면 일정한 평균적인 패턴을 관찰할 수 있다.

상대빈도 접근

통계적인 규칙성에 대해 상세하게 설명하기 위해 랜덤 실험의 가능한 결과를 사건 A라고 하자. 동전을 던지는 실험의 경우에 사건 A는 '앞면' 을 표현할 수 있다. 실험을 n번 했을 때, 사건 A는 n_A번 발생한다. 이 사건 A에 대해서 n_A/n의 비율을 할당할 수 있다. 이 비율을 사건 A에 대한 **상대 빈도**(relative frequency)라고 한다. 명확하게 상대 빈도는 음수가 아닌 실수이고 0 이상이거나 1 이하이다. 즉

$$0 \le \frac{n_A}{n} \le 1 \tag{8.1}$$

이다. 만약 여러 번 시도하여 사건 A가 한 번도 발생하지 않으면, $(n_A/n)=0$이다. 만약 모든 시도에 대해 사건 A가 모두 발생한다면, $(n_A/n)=1$이다.

랜덤 실험은 연속적인 n번의 시도에 대해 통계적인 규칙성을 가지고 있다고 언급했다. 만약 n이 아주 큰 수가 되면, 상대 빈도 n_A/n는 한계점에 수렴하게 된다. 우리는 이 한계점을 **사건 A의 확률**(probability of event A)이라 하고 아래와 같이 나타낸다.

$$\mathrm{P}[A] = \lim_{n\to\infty}\left(\frac{n_A}{n}\right) \tag{8.2}$$

따라서 동전을 던지는 실험에서 앞뒤가 있는 동전을 백만 번 던진다면, 전체 결과의 약 반 정도는 앞면일 것이다.

어떠한 사건의 확률은 어떤 사건을 시도했을 때 어떤 결과가 나타날지에 대한 가능성을 표현하기 위한 것이다. 많은 공학 응용과 운수 게임에서 어떤 사건이 만족할 만한지에 대한 확률을 정의하기 위해 식 (8.2)를 사용한다. 다른 한편으로, 주식시장을 고려해 보자. 주식시장에 대해 어떻게 계속하여 이익을 볼 수 있을까? 더욱 만족스러운 접근 방법은 가지려고 하는 확률의 어떤 수치의 특성을 **공리**(axiom)로 가정하여 선언한 후, 상대 빈도 분석법을 적용하는 것이다.

확률의 공리

랜덤 실험을 실행할 경우에 다양한 결과가 발생할 것이라고 생각하는 것이 당연하다. 이 절에서는 편리하게 하기 위해 어떤 실험과 그 가능한 결과를 공간(space)과 그 포인트(point)로 표현한다. 각각의 가능한 실험 결과에 대해 **샘플 포인트**(sample point) s_k라고 불리는 각 점을 관계시킨다. 그리고 모든 샘플 포인트의 총합을 **샘플 공간**(sample space) S라고 한다. 이는 모든 실험 결과의 총합과 같다. 한 **사건**(event)은 하나의 샘플 포인트에 상응하거나 샘플 포인트의 하나의 집합에 상응된다. 특별히 전체 샘플 공간 S는 **틀림없는 사건**(sure event)이라고 부르고 공집합 ϕ는 **널**(null)이나 **불가능한 사건**(impossible event)이라고 부른다. 그리고 하나의 샘플 포인트는 **기초 사건**(elementary event)이라고 부른다.

주사위를 던지는 경우를 하나의 예로 생각해 보자. 이 실험에서는 주사위 윗면에 보이는 숫자에 따라 1, 2, 3, 4, 5, 6개의 점을 보이는 6개의 가능한 결과가 있다. 이러한 가능한 결과에 각각 하나의 샘플 포인트를 할당하면 그림 8.1과 같이 6개의 샘플 포인트가 있는 하나의 샘플 공간을 만들 수 있다.

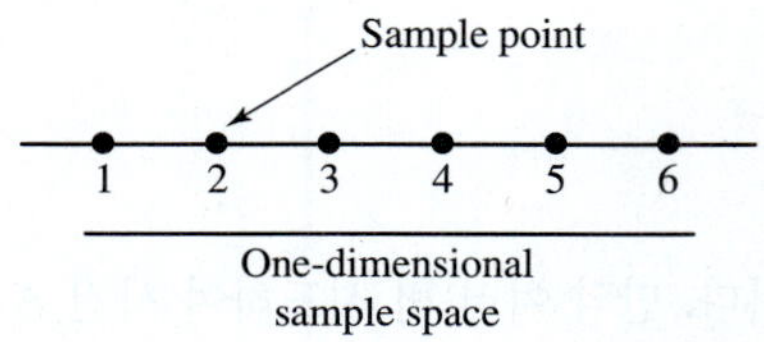

그림 8.1 주사위 던지기 실험의 샘플 공간.

'6 면' 이라고 불리는 기초 사건은 샘플 포인트 {6}과 상응된다. 다른 한편으로 '짝수의 면' 이라고 불리는 기초 사건은 샘플 공간의 부분집합인 {2, 4, 6}과 상응된다. '사건' 이라는 단어는 사건 자체를 표현하거나 부분집합을 표현할 수 있음을 참고하자.

이제 정식으로 확률의 정의를 내릴 준비가 되었다. 확률 시스템은 세 가지로 구성되어 있다.

1. 기초 사건(결과)의 샘플 공간 **S**
2. **S**의 부분집합인 사건의 클래스 ε
3. 클래스 ε에 있는 사건 A에 할당된 확률 값 $\mathbf{P}[A]$. $\mathbf{P}[A]$는 다음과 같은 특성을 가진다.
   (i) $\mathbf{P}[\mathbf{S}]=1$
   (ii) $0 \leq \mathbf{P}[A] \leq 1$
   (iii) 만약 $A \cup B$가 클래스 ε의 상호 배타적인 두 사건이면

$$\mathbf{P}[A \cup B] = \mathbf{P}[A] + \mathbf{P}[B] \tag{8.3}$$

특성 (i), (ii), (iii)은 확률의 공리로 알려져 있다. 공리 (i)은 틀림없는 사건의 확률은 1인 것에 대해 명시한다. 공리 (ii)는 사건의 확률은 0보다 크거나 같거나 1보다 작거나 같은 음수가 아닌 수임을 명시한다. 공리 (iii)은 두 상호 배타적인 사건의 합에 대한 확률은 각각의 사건의 확률의 합과 같다는 것을 명시한다.

비록 확률 이론에 대해 공리적인 접근을 하는 것이 추상적이지만, 세 가지 공리는 상대 빈도적 분석법을 가지고 있다. 공리 (ii)는 식 (8.1)과 상응한다. 공리 (i)은 식 (8.1)의 모든 시도에 대해 사건 A만 일어나는 제한적인 경우와 상응된다. 공리 (iii)을 해석하기 위해 만약 n번 시도에 사건 A가 n_A번 발생하고 사건 B가 n_B번 발생하면, 'A 또는 B' 의 사건의 합은 n_A+n_B이다. 왜냐하면 사건 A와 사건 B는 한 번 시도할 때 같이 발생할 수 없기 때문이다. 그러므로 $n_{A+B}=n_A+n_B$이고 아래와 같은 식을 얻을 수 있다.

$$\frac{n_{A\cup B}}{n} = \frac{n_A}{n} + \frac{n_B}{n} \tag{8.4}$$

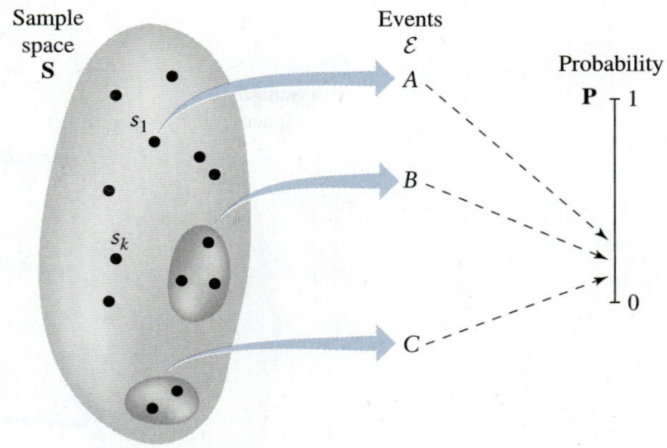

그림 8.2 샘플 공간, 사건, 그리고 확률의 관계에 대한 설명.

그리고 이것은 공리 (iii)과 수식적으로 유사한 형태를 지니고 있다.

이러한 확률 시스템의 추상적인 정의가 그림 8.2에 묘사되어 있다. 샘플 공간 **S**는 랜덤 실험을 통하여 각 사건으로 매핑되어 있다. 사건은 샘플 공간의 기초적인 결과이거나 샘플 공간의 부분집합일 수 있다. 확률 함수는 각각의 사건에 대해 0과 1 사이의 값을 할당하는 일을 담당한다. 확률 값은 각 사건마다 고유하지는 않지만, 상호 배타적인 사건은 같은 확률로 할당될 수 있다. 그리고 모든 사건의 합(즉 틀림없는 사건)에 대한 확률은 항상 1이다.

랜덤 변수

랜덤 실험 결과에 대한 의미는 명확한 반면에 그 결과를 수학적으로 분석하기 위해 편리하게 표현하는 것은 쉬운 일이 아니다. 예를 들어 앞면 또는 뒷면이라는 것은 수학적으로 편리한 표현이 아니다. 또 다른 예로서, 항아리에서 색깔이 있는 공을 꺼내는 실험을 고려할 때, 색이라는 것은 직접적으로 수학적인 분석에 사용할 수 있는 것이 아니다.

이러한 경우 랜덤 실험 결과에 대해 어떤 값이나 값의 범위를 할당하면 좀더 편리해질 수 있다. 예를 들어 앞면이 1에 대응하고 뒷면이 0에 대응하도록 할 수 있다. 랜덤 실험 결과에 대해 어떤 숫자를 할당하는 과정을 설명하기 위해 **랜덤 변수**(random variable)라는 표현을 사용한다.

일반적으로 어느 함수의 도메인이 샘플 공간이고 함수의 범위가 실수의 집합인 함수를 실험의 랜덤 변수라고 말한다. 즉 랜덤 변수는 클래스 ε의 각 사건에 대해 실수 선에 있는 실수를 할당한다. 그러므로 실험의 결과가 s이면, 이에 대한 랜덤 변수를 $X(s)$로 표현하거나 단순히 X로 표현한다. X가 역사적인 이유로 랜덤 변수라 할지라도 함수임을

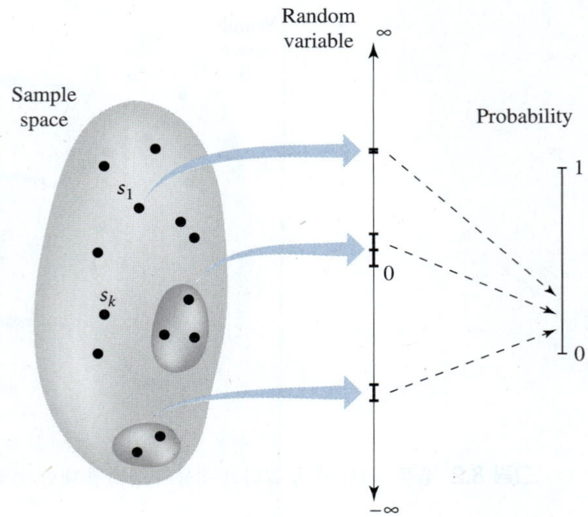

그림 8.3 샘플 공간, 랜덤 변수, 그리고 확률 간의 관계에 대한 설명.

주의하라. 또한 특정한 랜덤 실험의 결과를 x로 표현한다. 즉 $X(s_k)=x$이다. **같은 랜덤 실험과 관련된 랜덤 변수는 여러 개 있을 수 있다.**

랜덤 변수에 대한 개념이 그림 8.3에 그려져 있다. 그림에서는 사건은 감추고 샘플 공간의 부분집합이 실수 선의 실수에 직접 매핑되는 것을 보여 준다. 랜덤 변수는 확률 함수가 구성된 사건에 적용되는 것과 같은 방법으로 사용된다.

랜덤 변수를 사용할 때의 장점은 임의의 사건을 구성하는 사건들의 모양이나 형태에 상관없이 실수의 양이라는 말로 확률을 분석할 수 있는 것이다. 랜덤 변수는 **이산적**일 수 있고 동전 던지기 실험과 같이 한정된 숫자만 취할 수도 있다. 한편 랜덤 변수는 **연속적**일 수 있고, 실수 범위의 값을 취할 수 있다. 예를 들어 어느 특정한 시간에 잡음 전압의 크기를 표현하는 랜덤 변수는 연속적이다. 왜냐하면 이론적으로 양의 무한대나 음의 무한대 사이의 어느 값이라도 취할 수 있기 때문이다. 랜덤 변수의 값은 또한 복소수일 수도 있다. 그러나 복소수 값의 랜덤 변수는 항상 두 실수 값의 랜덤 변수의 한 벡터로 처리된다.

이산 값을 가지는 랜덤 변수에 대한 **확률 질량 함수**(probability mass function)는 랜덤 변수의 가능한 각 값을 표현한다. 동전 던지기 실험에서 만약 앞면과 뒷면이 있는 동전이면 랜덤 변수와 관련된 확률 질량 함수는 아래와 같이 쓸 수 있다.

$$\mathbf{P}[X=x]=\begin{cases}\frac{1}{2}, & x=0\\ \frac{1}{2}, & x=1\\ 0, & \text{otherwise}\end{cases} \tag{8.5}$$

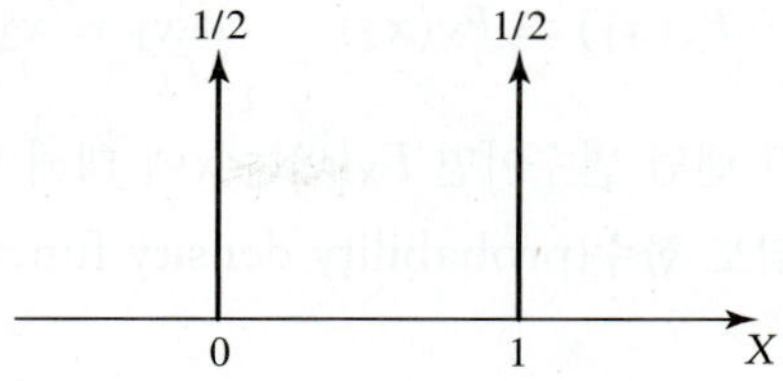

그림 8.4 동전 던지기 실험에 대한 확률 질량 함수의 설명.

이에 대한 확률 질량 함수는 그림 8.4에 그려져 있다. 두 개의 점 0과 1에서 확률 값을 표현하기 위해 $\frac{1}{2}$의 값을 가지는 델타 함수가 사용되었다.

예제 8.1 베르누이 랜덤 변수

앞면이 나오는 확률이 p인 동전 던지기 실험을 고려해 보자. 뒷면이 나오면 0의 값을 취하고 앞면이 나오면 1의 값을 취하는 랜덤 변수를 X라고 하자. X는 베르누이 랜덤 변수라고 한다. **베르누이 랜덤 변수**(Bernoulli random variable)의 확률 질량 함수 표현은 다음과 같다.

$$\mathbf{P}[X = x] = \begin{cases} 1 - p, & x = 0 \\ p, & x = 1 \\ 0, & \text{otherwise} \end{cases} \tag{8.6}$$

분포 함수

확률 질량 함수와 밀접한 관계가 있는 함수로 **확률 분포 함수**(probability distribution function)가 있다. 이것은 랜덤 변수 X가 x와 같거나 그 이하의 값을 취할 확률이다. 분포 함수는 $F_X(x)$로 표현하고, 아래와 같다.

$$F_X(x) = \mathbf{P}[X \le x] \tag{8.7}$$

함수 $F_X(x)$는 랜덤 변수 X의 함수가 아니라 x의 함수이다. 그러나 랜덤 변수 X가 할당하는 것에 의존한다. 그래서 X를 아래 첨자로 사용한다. 어떤 점 x에 대해 분포 함수는 X의 값이 x보다 작을 확률을 표현한다.

분포 함수는 두 가지 기본적인 특성을 가지고 있다. 그것은 식 (8.7)과 직접적으로 관련이 있다.

1. 분포 함수 $F_X(x)$는 0과 1 사이의 값이다.
2. 분포 함수 $F_X(x)$는 x에 대해 일정하게 감소하지 않는 함수이다. 즉

$$F_X(x_1) \le F_X(x_2) \qquad \text{if } x_1 \le x_2$$

만약 X가 실수 값을 가진 랜덤 변수이면 $F_X(x)$는 x에 대해 미분 가능하다. 세 번째로 주로 쓰이는 함수는 **확률 밀도 함수**(probability density function)이고 $f_X(x)$로 표현한다. 여기서

$$f_X(x) = \frac{\partial}{\partial x} F_X(x) \tag{8.8}$$

확률 밀도 함수는 세 가지 특성이 있다.

1. 분포 함수가 일정하게 감소하지 않으므로 x의 모든 값에 대해 밀도 함수는 음수가 아니다.

2. 분포 함수는 밀도 함수를 적분함으로써 복구될 수 있다.

$$F_X(x) = \int_{-\infty}^{x} f_X(s)\, ds \tag{8.9}$$

3. 2번 항목은 확률 밀도 함수 곡선 아래의 전체 영역은 1임을 뜻한다.

예제 8.2 베르누이 분포 함수

예제 8.1에 이어서, 베르누이 분포 함수는 다음과 같음을 알 수 있다.

$$F_X(x) = \begin{cases} 0, & x < 0 \\ 1 - p, & 0 \le x < 1 \\ 1, & x \ge 1 \end{cases}$$

예제 8.3 균일한 분포

랜덤 변수 X의 밀도 함수가 아래와 같은 경우를 고려해 보자.

$$f_X(x) = \begin{cases} \dfrac{1}{b-a}, & a \le x \le b \\ 0, & \text{otherwise} \end{cases} \tag{8.10}$$

그림 8.5(a)에 나와 있는 함수는 $f_X(x) \ge 0$이고, 곡선 아랫부분의 넓이가 1이므로 확률 밀도 함수의 조건을 만족시킨다. 식 (8.10)을 가지는 랜덤 변수는 **균일하게 분포되었다**(uniformly distributed)라고 말한다.

이에 상응하는 균일하게 분포된 랜덤 변수 X의 분포 함수는

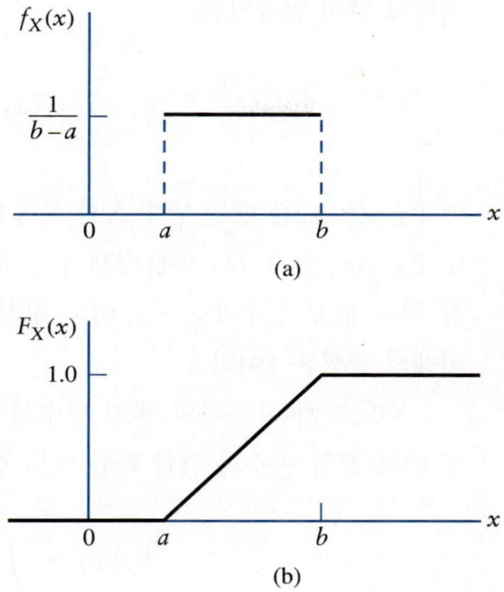

그림 8.5 균일 분포 함수. (a) 확률 밀도 함수. (b) 확률 분포 함수.

$$F_X(x) = \int_{-\infty}^{x} f_X(s)\, ds = \begin{cases} 0, & x < a \\ \dfrac{x - a}{b - a}, & a \le x \le b \\ 1, & x > b \end{cases}$$

확률 분포 함수는 그림 8.5(b)에 그려져 있다.

여러 가지 랜덤 변수

지금까지 하나의 랜덤 변수를 포함하는 상황들에 관심을 가지고 있었다. 그러나 종종 실험의 결과가 여러 가지 다른 랜덤 변수에 의해 설명되는 것을 볼 수 있다. 이러한 랜덤 변수들 간의 관계에 관심을 가져 보자. 이 절에서는 두 개의 랜덤 변수를 고려하지만, 랜덤 변수의 수가 몇 개든지 관계없이 적용된다.

두 개의 랜덤 변수 X와 Y를 생각해 보자. 만약 랜덤 변수 X가 특별한 x의 값보다 작거나 같고 랜덤 변수 Y가 어떤 특별한 y값보다 작거나 같을 때 **결합 분포 함수**(joint distribution function) $F_{X,Y}(x, y)$를 정의한다. 결합 분포 함수 $F_{X,Y}(x, y)$는 어떤 실험의 결과가 결합 샘플 공간의 사분면($-\infty < X \le x,\ -\infty < Y \le y$) 안에 놓여 있는 샘플 포인트에 있을 확률이다. 즉

$$F_{X,Y}(x, y) = \mathbf{P}[X \le x, Y \le y] \tag{8.11}$$

어떤 결합 분포 함수 $F_{X,Y}(x, y)$가 모든 구간에 대해 연속이라고 가정하면, 편미분이 존

재하고 역시 연속이다.

$$f_{X,Y}(x, y) = \frac{\partial^2 F_{X,Y}(x, y)}{\partial x\, \partial y} \tag{8.12}$$

이 $F_{X,Y}(x, y)$를 랜덤 변수 X와 Y에 대한 **결합 확률 밀도 함수**라고 부른다. 확률 분포 함수 $F_{X,Y}(x, y)$가 x와 y에 대해 일정하게 감소하지 않는다. 그러므로 식 (8.12)로부터 결합 확률 밀도 함수 $F_{X,Y}(x, y)$는 항상 음수가 아니다. 또한 결합 확률 밀도 함수의 곡선 아래의 총합은 1이다.

X라고 하는 하나의 랜덤 변수의 확률 밀도 함수는 다음의 방법과 같이 Y라고 하는 두 번째 랜덤 변수의 결합 확률 밀도 함수로부터 구할 수 있다. 먼저 아래의 식을 보자.

$$F_X(x) = \int_{-\infty}^{\infty} \int_{-\infty}^{x} f_{X,Y}(\xi, \eta)\, d\xi\, d\eta \tag{8.13}$$

식 (8.13)의 양변을 x에 대해 미분하면 다음과 같은 관계를 알 수 있다.

$$f_X(x) = \int_{-\infty}^{\infty} f_{X,Y}(x, \eta)\, d\eta \tag{8.14}$$

따라서 확률 밀도 함수 $f_X(x)$는 결합 확률 밀도 함수인 $F_{X,Y}(x, y)$를 단순히 Y의 모든 가능한 결과에 대해 단순히 적분을 함으로써 얻을 수 있다. 다른 랜덤 변수인 $f_Y(y)$도 동일하다. 확률 밀도 함수 $f_X(x)$와 $f_Y(y)$는 **주변 밀도**(marginal density)라고 부른다.

만약 랜덤 변수 X의 결과가 랜덤 변수 Y에 영향을 미치지 않을 때, 두 랜덤 변수 X와 Y는 **통계적으로 독립되었다**(statistically independent)고 한다. 수학적으로 독립적인 X와 Y에 대해 결합 확률 $\mathbf{P}[X \in A, Y \in B]$는 각각의 확률의 곱이다. 즉

$$\mathbf{P}[X \in A, Y \in B] = \mathbf{P}[X \in A]\mathbf{P}[Y \in B] \tag{8.15}$$

여기서 집합 A와 B는 각각 X와 Y의 범위 내에 있다. 식 (8.15)의 확률은 A와 B를 각각 $A=(-\infty, x]$와 $B=(-\infty, y]$라고 두면, 즉각 분포 함수로 확장할 수 있다. 즉

$$F_{X,Y}(x, y) = F_X(x)F_Y(y) \tag{8.16}$$

위와 같은 유사한 특성이 결합 밀도 함수에도 적용된다. 일반적으로 두 개나 그 이상의 랜덤 변수가 관련되어 있는 하나의 경우에 한 랜덤 변수가 다른 랜덤 변수에 가지는 관계에 상관없이 각각 분리되어 표현될 수 있다. 랜덤 변수의 확률에 대한 표현을 간략하게 하기 위해서 관련된 집합 부분은 생략할 것이다. 예를 들어 식 (8.15)는 단순히 $\mathbf{P}[X, Y]=\mathbf{P}[X]\,\mathbf{P}[Y]$로 쓸 수 있다.

예제 8.4 이항 랜덤 변수

동전을 계속 던지는 실험에서 앞면이 나올 확률을 p라고 하고 X_n은 n번째 던진 시도의 결과를 표현하는 베르누이 랜덤 변수라고 하자. 동전을 한 번 던지는 것이 계속적인 다음 번의 결과에 영향을 미치지 않기 때문에 이러한 시험은 **독립 베르누이 시도**(independent Bernoulli trial)라고 할 수 있다.

Y를 N번 동전을 던져서 앞면이 나온 수라고 하자. 이 새로운 랜덤 변수는 아래와 같이 표현된다.

$$Y = \sum_{n=1}^{N} X_n \tag{8.17}$$

이 Y의 확률 질량 함수는 어떠할까?

$N-y$번 뒷면이 나온 후에 y번의 앞면이 나오는 확률을 고려해 보자. 독립 시도를 이용하여, 식 (8.15)와 같은 경우를 반복하면 다음과 같다.

$$\begin{aligned}\mathbf{P}[y \text{ heads followed by } N - y \text{ tails}] &= ppp \ldots pp(1-p)(1-p)\ldots(1-p) \\ &= p^y(1-p)^{N-y}\end{aligned}$$

대칭에 의해 이것은 N번 시도했을 때 앞면이 y번 나오는 확률이다. N번 시도했을 때 앞면이 y번 나오는 확률을 결정하기 위해 확률의 상대 빈도 정의를 이용하여 단순히 앞면이 y번 나오는 수와 뒷면이 $N-y$번 나오는 수를 세어야 한다. 즉 $Y=y$일 확률은 다음과 같다.

$$\mathbf{P}[Y = y] = \binom{N}{y} p^y (1-p)^{N-y} \tag{8.18}$$

여기서

$$\binom{N}{y} = \frac{N!}{y!(N-y)!}$$

이다. 식 (8.18)은 Y의 확률 질량 함수를 정의하고, 랜덤 변수 Y를 **이항 분포**(binomial distribution)라고 한다. 이항 분포는 아래와 같은 이항 표현의 연장선에서 $\mathbf{P}[Y=y]$의 값이 계속적인 점에 착안하여 유도되었다.

$$[p + (1-p)]^N \tag{8.19}$$

여기서 $(y+1)$번째 확장 항은 $\mathbf{P}[Y=y]$에 상응한다. $N=20$이고 $p=\frac{1}{2}$인 이항 확률 질량 함수를 그림 8.6에 표시하였다.

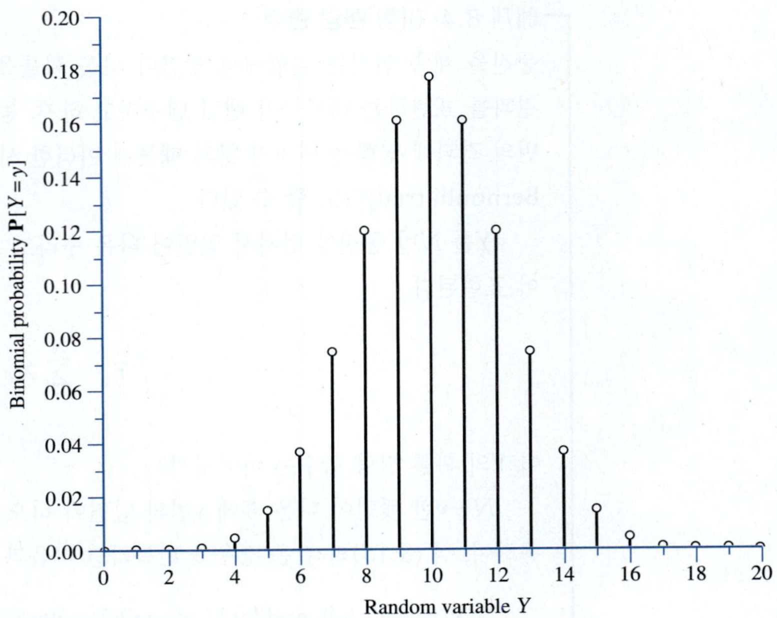

그림 8.6 이항 분포의 질량 함수($N=20,\ p=\frac{1}{2}$).

예제 8.5 이항 분포 함수

이 예제는 이항 랜덤 변수의 확률 분포 함수에 대하여 언급한다.

식 (8.7)을 이용한 정의로부터, 분포 함수는 $F_Y(y)=\mathbf{P}[Y \le y]$로 주어지므로 이항 랜덤 변수는 아래와 같다.

$$
\begin{aligned}
F_Y(y) &= \mathbf{P}[Y \le y] \\
&= \sum_{k=0}^{y} \mathbf{P}[Y = k] \\
&= \sum_{k=0}^{y} \binom{N}{k} p^k (1-p)^{N-k}
\end{aligned} \tag{8.20}
$$

$N=20$이고 $p=\frac{1}{2}$인 Y의 분포 함수가 그림 8.7에 표시되어 있다. 식 (8.19)를 관찰함으로써 다음의 식을 구할 수 있다.

$$
\begin{aligned}
F_Y(N) &= \sum_{k=0}^{N} \binom{N}{k} p^k (1-p)^{N-k} \\
&= [p + (1-p)]^N \\
&= 1
\end{aligned} \tag{8.21}
$$

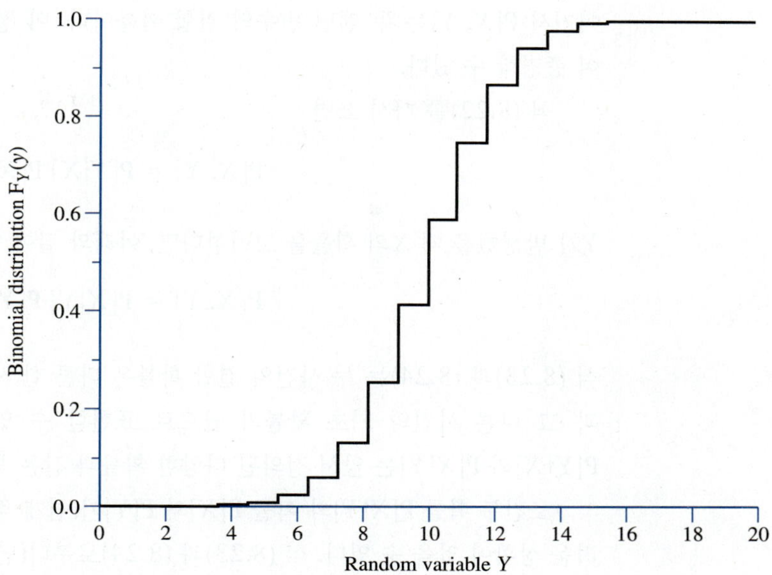

그림 8.7 $N=20$, $p=\frac{1}{2}$에 대한 이항 분포 함수.

▶ **연습문제 8.1** 한 정보 패킷에 200비트가 있다. 이 패킷이 에러가 발생할 확률이 10^{-3}인 채널을 통해서 전송되었다. 에러 없이 패킷을 수신할 확률은 얼마인가? ◀

▶ **연습문제 8.2** 문제 8.1의 패킷이 패킷 내에서 3개까지 에러를 수정할 수 있는 에러 정정 코드를 사용한다고 가정하자. 이 경우 에러를 가지고 있는 패킷을 수신할 확률은 무엇인가? ◀

조건부 확률

서로 독립적이지 않은 두 랜덤 변수 X와 Y의 랜덤 실험이나 신호를 고려해 보자. 한 랜덤 변수 X가 다른 랜덤 변수의 결과에 영향을 미칠 수 있다. 예를 들어 주사위 두 개를 던지는 경우를 고려하자. 랜덤 변수 X는 첫 번째 주사위를 던졌을 때 보이는 숫자를 표현하고, 랜덤 변수 Y는 두 주사위의 합을 표현한다고 가정하자. $X=3$이 Y의 값에 분명히 영향을 미친다.

X가 먼저 발생했을 때 Y의 확률 질량 함수를 $\mathbf{P}[Y|X]$라고 하자. $\mathbf{P}[Y|X]$는 ***X*가 발생했을 때 *Y*의 조건부 확률**(conditional probability)이라고 한다. X를 0이 아닌 확률을 가졌을 때, 조건부 확률은 아래와 같이 표현된다.

$$\mathbf{P}[Y|X] = \frac{\mathbf{P}[X, Y]}{\mathbf{P}[X]} \tag{8.22}$$

여기서 $\mathbf{P}[X, Y]$는 두 랜덤 변수의 결합 확률이다. 이 정의는 상대 빈도 분석법을 사용하여 증명할 수 있다.

식 (8.22)를 다시 쓰면

$$\mathbf{P}[X, Y] = \mathbf{P}[Y|X]\,\mathbf{P}[X] \tag{8.23}$$

Y가 발생했을 때 X의 확률을 고려한다면, 아래와 같이 쓸 수 있다.

$$\mathbf{P}[X, Y] = \mathbf{P}[X|Y]\,\mathbf{P}[Y] \tag{8.24}$$

식 (8.23)과 (8.24)는 두 사건의 결합 확률은 다른 한 사건이 일어났을 때의 조건부 확률과 그 다른 사건의 기초 확률의 곱으로 표현할 수 있는 것을 의미한다. 조건부 확률 $\mathbf{P}[Y|X]$와 $\mathbf{P}[X|Y]$는 앞서 정의된 다양한 확률과 같은 특성을 가지고 있다.

조건부 확률 $\mathbf{P}[X|Y]$와 확률 $\mathbf{P}[X]$와 $\mathbf{P}[Y]$가 쉽게 직접적으로 정의되나 $\mathbf{P}[Y|X]$는 어려운 상황이 있을 수 있다. 식 (8.23)과 (8.24)로부터(단 $\mathbf{P}[X] \neq 0$임) $\mathbf{P}[Y|X]$는 상관 관계를 이용하여 정의할 수 있다.

$$\mathbf{P}[Y|X] = \frac{\mathbf{P}[X|Y]\,\mathbf{P}[Y]}{\mathbf{P}[X]} \tag{8.25}$$

이것은 **베이스 규칙**(Baye's rule)의 특별한 형태이다.

조건부 확률 $\mathbf{P}[Y|X]$가 Y가 발생할 확률과 같다고 가정하자.

$$\mathbf{P}[Y|X] = \mathbf{P}[Y] \tag{8.26}$$

이러한 조건에서 X와 Y의 결합 확률은 각각의 확률의 곱과 같다.

$$\mathbf{P}[X, Y] = \mathbf{P}[X]\,\mathbf{P}[Y] \tag{8.27}$$

식 (8.24)에 따라서 $\mathbf{P}[X|Y]=\mathbf{P}[X]$이다. 이 경우, 한 랜덤 변수의 결과를 안다고 하더라도 다른 랜덤 변수의 결과에 대해 결과값 이상으로 알 수가 없다. 이러한 조건을 만족시키는 랜덤 변수 X와 Y를 **통계적으로 독립적**이라고 한다.

예제 8.6 이진 대칭 채널

이진 데이터를 전송하는 **이산 무기억 채널**(discrete memoryless channel)을 고려해 보자. 이산 신호를 처리하기 위해 채널을 **이산**으로 설계하였다. 채널 출력 값이 그 시간에 입력된 데이터에만 영향을 받기 때문에 **무기억** 채널이다. 채널 상에 존재하는 피할 수 없는 **잡음**으로 인해 수신 이진 데이터 스트림에 에러가 발생했다. 특히 1이 전송되었을 때, **가끔** 0이 수신되고 에러가 발생하였으며, 또한 그 반대도 동일하다. 채널이 대칭형임을 가정한다(0을 전송했을 때 1을 수신하거나 1을 전송했을 때 0을 수신하는 경우).

이 채널의 확률적 특성을 완전히 설명하기 위해, 2개의 확률이 필요하다.

1. 0과 1의 이진 데이터를 전송하기 전의 사전 확률은 아래와 같이 주어진다.

$$\mathbf{P}[X = x] = \begin{cases} p_0 & x = 0 \\ p_1 & x = 1 \end{cases}$$

여기서 X는 전송 신호의 랜덤 변수를 의미한다. $p_0+p_1=1$이고 랜덤 변수 X는 베르누이 랜덤 변수이다.

2. 에러가 발생할 조건부 확률은 아래와 같이 주어진다.

$$\mathbf{P}[Y = 1|X = 0] = \mathbf{P}[Y = 0|X = 1] = p$$

여기서 Y는 수신 신호의 랜덤 변수를 의미한다. 조건부 확률 $\mathbf{P}[Y=0|X=1]$은 1이 전송 되었을 때 0을 수신할 확률을 의미한다.

먼저 사후 확률(a posteriori probability) $\mathbf{P}[Y=0|X=1]$과 $\mathbf{P}[Y=1|X=1]$을 정해야 한다. 조건부 확률 $\mathbf{P}[Y=0|X=0]$은 0이 전송되었을 때 0을 수신할 확률이고 $\mathbf{P}[Y=1|X=1]$도 동일하게 적용된다. 두 조건부 확률 모두 어떤 '사실 이후'에 관찰된 결과를 참고하기 때문에 '사후' 확률이라고 이름이 붙여진다.

사건 $Y=0$과 $Y=1$은 상호 배타적이기 때문에 0을 수신하거나 1을 수신할 확률은 1이다. 확률의 공리 (iii)으로부터 다음을 볼 수 있다.

$$\mathbf{P}[Y = 0|X = 0] + \mathbf{P}[Y = 1|X = 0] = 1$$

즉

$$\mathbf{P}[Y = 0|X = 0] = 1 - p$$

유사하게

$$\mathbf{P}[Y = 1|X = 1] = 1 - p$$

이다. 따라서 이 예에서 언급한 이진 통신 채널을 표현하기 위해 그려진 그림 8.8과 같이 전송 확률에 대한 그림을 사용할 수 있다. '전송 확률'이라는 단어는 에러의 조건부 확률을 의미한다. 그림 8.8은 명확하게 채널의 대칭성을 보여 주기 때문에 '이진 대칭 채널'이라고 부른다.

그림 8.8로부터 다음의 결과를 유도할 수 있다.

1. 심벌 0을 수신할 확률은 아래와 같다.

$$\begin{aligned}\mathbf{P}[Y = 0] &= \mathbf{P}[Y = 0|X = 0]\mathbf{P}[X = 0] + \mathbf{P}[Y = 0|X = 1]\mathbf{P}[X = 1] \\ &= (1 - p)p_0 + pp_1\end{aligned} \tag{8.28}$$

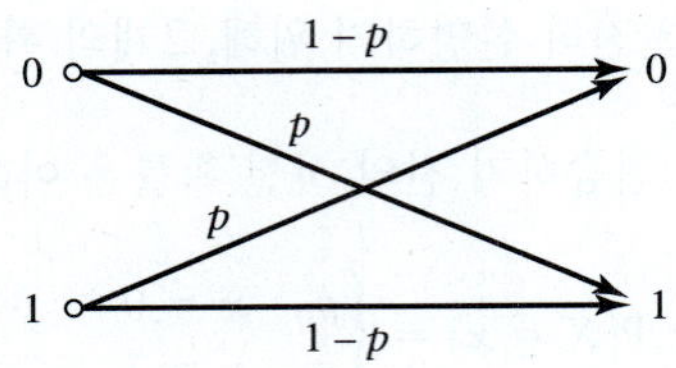

그림 8.8 이진 대칭 채널의 천이 함수 다이어그램.

2. 심벌 1을 수신할 확률은 아래와 같다.

$$\begin{aligned}\mathbf{P}[Y=1] &= \mathbf{P}[Y=1|X=0]\mathbf{P}[X=0]+\mathbf{P}[Y=1|X=1]\mathbf{P}[X=1]\\ &= pp_0+(1-p)p_1\end{aligned} \tag{8.29}$$

그러므로 베이스의 법칙을 적용하면 다음을 얻을 수 있다.

$$\begin{aligned}\mathbf{P}[X=0|Y=0] &= \frac{\mathbf{P}[Y=0|X=0]\mathbf{P}[X=0]}{\mathbf{P}[Y=0]}\\ &= \frac{(1-p)p_0}{(1-p)p_0+pp_1}\end{aligned} \tag{8.30}$$

그리고

$$\begin{aligned}\mathbf{P}[X=1|Y=1] &= \frac{\mathbf{P}[Y=1|X=1]\mathbf{P}[X=1]}{\mathbf{P}[Y=1]}\\ &= \frac{(1-p)p_1}{pp_0+(1-p)p_1}\end{aligned} \tag{8.31}$$

이것은 유도한 결과이다.

▶ **연습문제 8.3** 예제 8.6에 이어서, 다음의 조건부 확률을 구하라.
$\mathbf{P}[X=0|Y=1]$과 $\mathbf{P}[X=1|Y=0]$ ◀

▶ **연습문제 8.4** 에러의 확률이 $p=10^{-4}$인 이진 대칭 채널에서 0과 1이 같은 확률로 발생하는 경우를 고려하자. 다음의 확률을 구하라.

(a) 0을 수신할 확률

(b) 1을 수신할 확률

(c) 0을 전송하고 0을 수신할 확률

(d) 1을 전송하고 0을 수신할 확률 ◀

8.2 기대값

비록 확률 분포 함수를 이용하여 랜덤 변수에 대해 완전히 설명을 할 수는 있지만, 어떤 경우에는 더 상세하게 설명할 필요가 있다. 따라서 평균, 분산 등과 같은 단순한 통계적 평균값들을 사용하여 랜덤 변수를 설명한다.

평균

통계적 평균이나 **기대값**(expectation)으로 불리는 것은 랜덤 변수 X의 함수 $g(\ .\ )$의 경우 $\mathbf{E}[g(X)]$로 표현된다. 랜덤 변수 X의 경우 간편하게 μ_X를 사용하여 평균을 나타낸다. 이산 랜덤 변수 X의 경우 **평균**(mean) X는 가능한 결과의 가중치의 합이다.

$$\begin{aligned}\mu_X &= \mathbf{E}[X] \\ &= \sum_X x\,\mathbf{P}[X = x]\end{aligned} \tag{8.32}$$

여기서 합은 랜덤 변수 X의 모든 가능한 결과에 대한 합이다. 밀도 함수가 $f_X(x)$인 연속 이산 신호의 경우 기대값에 대한 아날로그적인 정의는 다음과 같다.

$$\mathbf{E}[X] = \int_{-\infty}^{\infty} x f_X(x)\,dx \tag{8.33}$$

랜덤 변수의 평균값은 종종 **추정값**(estimator)을 사용하여 랜덤 변수 $\{x_1, x_2, \ldots, x_N\}$의 N번의 관찰로부터 추정될 수 있다.

$$\hat{\mu}_X = \frac{1}{N}\sum_{n=1}^{N} x_n \tag{8.34}$$

즉 랜덤 변수의 많은 관찰에 대해 평균함으로써 분포 값의 평균을 추정할 수 있다. 추정값은 확률의 상대 빈도의 정의에 기반한다. 예를 들어 랜덤 변수 Z의 가능한 결과값을 1, 2, 3, ..., M이라고 하면, 추정값은 아래와 같다.

$$\hat{\mu}_Z = \frac{1\cdot n_1 + 2\cdot n_2 + \cdots + M\cdot n_M}{N}$$

여기서 n_i는 결과 $Z=i$가 발생하는 횟수이다. 이 식은 다음과 같이 다시 쓸 수 있다.

$$\begin{aligned}\hat{\mu}_Z &= \sum_{i=1}^{M} i\frac{n_i}{N} \\ &\approx \sum_{i=1}^{M} i\mathbf{P}[Z = i]\end{aligned}$$

즉 많은 관찰이 이루어지면, 좀더 확률이 높은 결과를 기대할 수 있다.

일반적인 경우로 돌아가서, 만약 임의의 신호의 전압을 나타내는 랜덤 변수를 X라고 하면 랜덤 변수 X의 평균값은 신호의 평균 전압이나 **직류 오프셋**(dc offset)을 의미한다.

분산

랜덤 변수의 분산(variance)은 평균에 대한 확률 분포 분산의 추정값을 의미한다. 이산 랜덤 변수의 경우, 분산 σ_X^2은 분포의 평균값으로부터 각각의 제곱된 결과 값의 기대값으로 주어진다.

$$\begin{aligned}\sigma_X^2 &= \mathrm{Var}(X)\\ &= \mathbf{E}[(X-\mu_X)^2]\\ &= \sum_X (x-\mu_X)^2 \mathbf{P}[X=x]\end{aligned} \tag{8.35}$$

밀도 함수가 $f_X(x)$인 연속 랜덤 변수의 경우 분산의 아날로그적인 정의는 다음과 같다.

$$\sigma_X^2 = \int_{-\infty}^{\infty} (x-\mu_X)^2 f_X(x)\, dx \tag{8.36}$$

평균의 경우, 아래의 수식을 이용하여 N번의 독립적인 관찰로부터 랜덤 변수의 분산을 추정한다.

$$\hat{\sigma}_X^2 = \frac{1}{N-1}\sum_{n=1}^{N}(x_n - \hat{\mu}_X)^2 \tag{8.37}$$

확률의 상대 빈도 분석법을 이용하여 이 추정값을 증명할 수 있다. 예를 들어 이전에 정의되었던 랜덤 변수 Z를 사용하면, 아래와 같은 식을 얻을 수 있다.

$$\begin{aligned}\hat{\sigma}_Z^2 &= \frac{(1-\hat{\mu}_Z)^2\cdot n_1 + (2-\hat{\mu}_Z)^2\cdot n_2 + \cdots + (M-\hat{\mu}_Z)^2\cdot n_M}{N-1}\\ &= \frac{N}{N-1}\sum_{n_i=1}^{M}(i-\hat{\mu}_Z)^2\frac{n_i}{N}\\ &\approx \frac{N}{N-1}\sum_{i=1}^{M}(i-\hat{\mu}_Z)^2\,\mathbf{P}[Z=i]\end{aligned} \tag{8.38}$$

식 (8.38)의 우변에 나타나는 $N/(N-1)$은 평균 $\hat{\mu}$를 추정하기 위해 사용된 N번의 관찰과 동일하기 때문이다. 이 값을 가지고, 우변의 기대값은 σ_Z^2이고 결과적으로 식 (8.37)은 분산의 **바이어스 되지 않은 추정값**(unbiased estimator)이다. 만약 $\mathbf{E}[\hat{g}]=\mathbf{E}[g]$이면, $\hat{g}$는 g에 대해 바이어스 되지 않은 추정값이라고 말한다.

임의 신호의 전압을 표현하는 한 랜덤 변수를 X라고 하면, 분산값은 신호의 **교류 전력**을 의미한다. X의 2차 모멘트 $\mathbf{E}[X^2]$은 임의 신호의 **평균 제곱 값**(mean-square value)이라 하고, 물리적으로는 **신호의 전체 전력**을 나타낸다.

예제 8.7 베르누이 랜덤 변수의 평균과 분산

만약 X가 p 값을 가진 베르누이 랜덤 변수이면, X의 기대값은 다음과 같다.

$$\begin{aligned}\mathbf{E}[X] &= \sum_{k=0}^{1} k\mathbf{P}[X = k] \\ &= 0\cdot(1-p) + 1\cdot p \\ &= p\end{aligned}$$

$\mu_X = \mathbf{E}[X]$를 이용하면, X의 분산은 다음과 같다.

$$\begin{aligned}\sigma_X^2 &= \sum_{k=0}^{1} (k-\mu_X)^2\mathbf{P}[X = k] \\ &= (0-p)^2(1-p) + (1-p)^2 p \\ &= (p^2 - p^3) + (p - 2p^2 + p^3) \\ &= p(1-p)\end{aligned}$$

공분산

통신 시스템 분석 시에 중요한 것은 두 랜덤 변수 사이의 통계적인 평균값이다. 두 랜덤 변수 X와 Y의 **공분산**(covariance)은 두 랜덤 변수의 곱에 대한 기대값으로 나타낸다.

$$\mathrm{Cov}(X, Y) = \mathbf{E}[(X-\mu_X)(Y-\mu_Y)] \tag{8.39}$$

아래의 식을 구하기 위해 위의 식을 확장하면[2](문제 8.23 참조)

$$\mathrm{Cov}(X, Y) = \mathbf{E}[XY] - \mu_X\mu_Y \tag{8.40}$$

만약 두 랜덤 변수가 결합 밀도 $f_{X,Y}(x, y)$를 가지고 연속이면, 식 (8.40)에 따라 아래와 같이 표현된다.

$$\mathbf{E}[XY] = \int_{-\infty}^{\infty}\int_{-\infty}^{\infty} xyf_{X,Y}(x, y)\,dx\,dy \tag{8.41}$$

[2] 만일 랜덤 변수들이 복소값을 가진다면, 이 표현은 $\mathrm{Cov}(X, Y) = \mathbf{E}[XY^*] - \mu_X\mu_Y^*$로 수정되어야 한다. 여기서 * 표시는 복소쌍을 의미한다. 이 경우 $\mathrm{Cov}(X, Y)$와 $\mathrm{Cov}(Y, X)$는 같지 않다.

만약 두 랜덤 변수가 독립적으로 일어난다면, 직관적으로 추측할 수 있듯이 아래의 식과 같이 표현된다.

$$\begin{aligned}\mathbf{E}[XY] &= \int_{-\infty}^{\infty}\int_{-\infty}^{\infty} xyf_X(x)f_Y(y)\,dx\,dy \\ &= \int_{-\infty}^{\infty} xf_X(x)\,dx \int_{-\infty}^{\infty} yf_X(y)\,dy \\ &= \mathbf{E}[X]\mathbf{E}[Y] \end{aligned} \tag{8.42}$$

이 결과를 식 (8.40)과 치환하면, 독립적인 랜덤 변수 간의 공분산은 0임을 알 수 있다. 그러나 그 반대가 항상 진실인 것은 아니다. 0 값의 공분산은 일반적으로 독립적임을 의미하지 않는다.

▶ **연습문제 8.5** a와 b 구간에 균일하게 분포된 랜덤 변수의 평균과 분산을 구하라. ◀

8.3 랜덤 변수의 변환

통신 시스템에서 임의의 신호는 최종 결과로 나오기 전에 선형이거나 비선형인 여러 가지 기기들에 의해 처리된다. 만약 처리되기 전에 랜덤 변수와 분포 함수를 알 수 있다면, "신호가 처리되고 난 후의 분포 함수는 어떠할 것인가"에 대해 궁금해할 것이다. 이 절에서는 변환이 **1:1**일 때, 이 질문에 대한 답을 제공한다.[3] 예를 들어 분포가 $f_X(x)$인 랜덤 변수 X가 $Y=aX+b$에 의해 변형 되었다고 가정하자. Y의 분포 함수는 무엇일까?

위의 질문에 대해서 확률의 기본 원리로 돌아가서 답을 할 수 있다. 실수의 부분집합인 집합 A에 속한 확률 X를 가정하자. $X \in A$이면, $B=aA+b$인 B에 대해 $Y \in B$를 따른다. 그러므로 다음을 얻을 수 있다.

$$\mathbf{P}[X \in A] = \mathbf{P}[Y \in B] \tag{8.43}$$

집합 B가 $-\infty$에서 y까지(또는 $(-\infty, y]$와 같이 표현함) 실수임을 가정하자. 집합 A는 $A=(B-b)/a=(-\infty, (y-b)/a]$로 주어진다. 그러면 다음과 같이 쓸 수 있다.

$$\begin{aligned}F_Y(y) &= \mathbf{P}[Y \in (-\infty, y]] \\ &= \mathbf{P}[X \in (-\infty, (y-b)/a]] \\ &= F_X\left(\frac{y-b}{a}\right)\end{aligned} \tag{8.44}$$

[3] 랜덤 변수의 함수에 관한 추가 예제는 Leon-Garcia(1994), p. 119~126 혹은 Bertsekas and Tsitsiklis(2002), p. 179~190을 참조하라.

위의 식은 원래의 랜덤 변수 X의 분포 함수와 변형된 랜덤 변수 Y 분포 함수 간의 관계를 보여 준다. 일반적으로 만약 $Y=g(X)$가 랜덤 변수 X에서 랜덤 변수 Y로의 1대 1 전환이면, Y의 분포 함수는 다음과 같이 주어진다.

$$F_Y(y) = F_X(g^{-1}(y)) \tag{8.45}$$

여기서 $g^{-1}(y)$라는 기호는 $g(y)$의 **역함수**를 의미한다. 만약 랜덤 변수 X가 밀도 $f(x)$를 가지고 있으면, 전환한 것이 미분 가능하다는 조건에 Y의 밀도는 $f_X(g^{-1}(y))\left|\frac{dg^{-1}(y)}{dy}\right|$이다.

예제 8.8 코사인 변환

X가 $(0, 2\pi)$에서 균일한 분포를 가지는 랜덤 변수라고 하자. Y는 $Y=\cos(X)$에 의해 변환된 랜덤 변수라고 하자. Y의 분포 함수를 구하려고 한다.

먼저 $Y=\cos(X)$가 1 대 1 변환이 아님을 알고 있으므로 위의 이론을 직접 사용하지 않는다. 그러나 X의 범위를 두 구간 $[0, \pi)$와 $[\pi, 2\pi)$로 나눌 수 있다. 각각의 구간에서는 1 대 1 변환이 된다. 결과적으로 Y가 B에 속하면 X는 $A_1=\cos^{-1}(B) \cap [0, \pi)$ 혹은 $A_2=\cos^{-1}(B) \cap [\pi, 2\pi)$에 속한다. 두 집합 A_1과 A_2가 공통 부분이 없으므로 확률의 공리를 사용하여 다음과 같이 쓸 수 있다.

$$\mathbf{P}[Y \in B] = \mathbf{P}[X \in A_1] + \mathbf{P}[X \in A_2] \tag{8.46}$$

$B=(-\infty, y]$일 때, 그림 8.9를 얻을 수 있다.

$$A_1 = \begin{cases} \phi, & y < -1 \\ [\cos^{-1}(y), \pi], & |y| \le 1 \\ [0, \pi], & y > 1 \end{cases} \quad \text{and} \quad A_2 = \begin{cases} \phi, & y < -1 \\ [\pi, 2\pi - \cos^{-1}(y)], & |y| \le 1 \\ [\pi, 2\pi], & y > 1 \end{cases}$$

여기서 $\cos^{-1}(y)$는 기본 값을 의미한다. 즉 $\cos^{-1}(y)$는 항상 $[0, \pi]$이다. 식 (8.46)을 분석하면 다음을 얻을 수 있다.

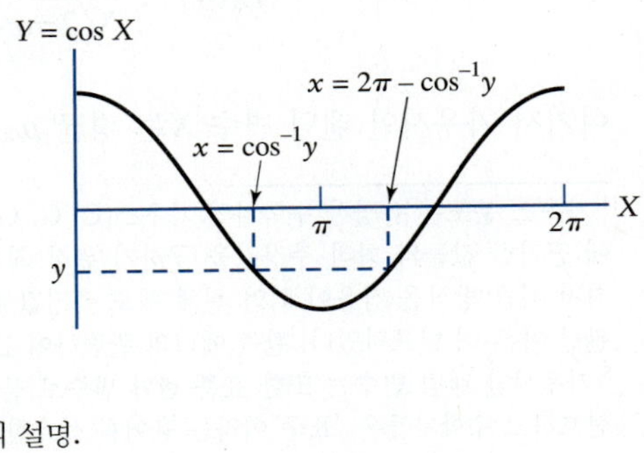

그림 8.9 코사인 변환의 설명.

$$F_Y(y) = \begin{cases} \mathbf{P}[\phi] + \mathbf{P}[\phi], & y < -1 \\ \mathbf{P}[A], & |y| \leq 1 \\ \mathbf{P}[0, \pi] + \mathbf{P}[\pi, 2\pi], & y > 1 \end{cases}$$

$$= \begin{cases} 0, & y < -1 \\ \mathbf{P}[A], & |y| \leq 1 \\ 1, & y > 1 \end{cases} \tag{8.47}$$

여기서 $A=[\cos^{-1}(y), 2\pi-\cos^{-1}(y)]$이다. X가 밀도 $1/2\pi$로 균일하게 분포되었기 때문에, 이 확률은 구간 A의 길이에 비례한다. 즉

$$\mathbf{P}[X \in A] = \frac{2\pi - 2\cos^{-1}(y)}{2\pi}$$

이 결과를 식 (8.47)에 바꾸어 쓰면, Y의 분포에 대한 정의를 내릴 수 있다.

▶ **연습문제 8.6** X를 랜덤 변수라고 하고 $Y=(X-\mu_X)/\sigma_X$라 하자. 랜덤 변수 Y의 평균과 분산은 무엇인가? ◀

▶ **연습문제 8.7** 예제 8.8의 랜덤 변수 Y의 확률 밀도 함수는 무엇인가? 밀도 함수를 스케치하라. ◀

8.4 가우시안 랜덤 변수[4]

가우시안 랜덤 변수(Gaussian random variable)[5]는 많은 응용 분야에서 중요한 역할을 하고 지금까지 통신 시스템의 통계적인 분석에서 가장 많이 사용되는 랜덤 변수이다. 가우시안 랜덤 변수는 연속적인 랜덤 변수이고 밀도 함수는 다음과 같이 주어진다.

$$f_X(x) = \frac{1}{\sqrt{2\pi}\sigma_X} \exp\left\{-\frac{(x-\mu_X)^2}{2\sigma_X^2}\right\} \tag{8.48}$$

여기서 가우시안 랜덤 변수 X는 평균 μ_X와 분산 σ_X^2을 가지고 있다. 이 밀도 함수는 $-\infty$

[4] 가우스 분포는 유명한 수학자인 가우스(C. G. Gauss)의 이름을 딴 것이다. 가우스는 18세에 일련의 측정에 근거한 값들의 최적 추정값을 구하기 위한 최저 제곱(least square) 방식을 발명하였다. 가우스는 이후 최저 제곱 방식을 잡음이 섞인 천체 궤도 측정값에 적용하였으며 그 결과를 1809년, 그의 책 「천체 운동에 관한 이론」에 발표하였다. 관측 에러와 관련하여 그는 가우스 분포를 개발하였다.

[5] 가우시안 랜덤 변수는 또한 **표준 랜덤 변수**로 불린다. 엔지니어나 물리학자들은 '가우시안' 이라는 용어를 선호하고 수학자들은 '표준' 이라는 용어를 선호한다.

에서 ∞까지 펼쳐져 있고, 평균 μ_X에 대해 대칭을 이룬다. 가우시안 랜덤 변수는 여러 가지 특성을 가지고 있다.[6]

1. 가우시안 랜덤 변수는 평균과 분산에 의해 완전하게 특징지어진다.
2. 가우시안 랜덤 변수에 상수를 더하면 상수만큼 수정된 평균을 가진 또 다른 가우시안 랜덤 변수가 된다.
3. 가우시안 랜덤 변수에 상수를 곱하면 상수만큼 영향을 받은 평균과 분산 값을 가진 또 다른 가우시안 랜덤 변수가 된다.
4. 두 개의 독립적인 가우시안 랜덤 변수의 합 역시 하나의 가우시안 랜덤 변수이다.
5. N개의 독립적인 가우시안 랜덤 변수의 가중 합은 하나의 가우시안 랜덤 변수이다.
6. 만약 두 랜덤 변수가 0 공분산을 가지고 있으면, 둘은 서로 독립적이다.

일반적으로 특성 2와 3을 제외한 나머지 특성들은 다른 타입의 랜덤 변수에 적용되지 않는다.

평균이 $0(\mu_X=0)$이고 분산이 $1(\sigma_X^2=1)$인 특별한 형태의 가우시안 랜덤 변수에 대해 밀도 함수는 다음과 같이 주어진다.

$$f_X(x) = \frac{1}{\sqrt{2\pi}} \exp(-x^2/2), \qquad -\infty < x < \infty \tag{8.49}$$

이는 그림 8.10(a)에 그려진 것과 같이 종 모양의 곡선을 나타낸다.

표준 가우시안 랜덤 변수(normalized Gaussian random variable)의 분포 함수는 이 함수의 적분으로 다음과 같이 주어진다.

$$\begin{aligned} F_X(x) &= \int_{-\infty}^{x} f_X(s)\, ds \\ &= \frac{1}{\sqrt{2\pi}} \int_{-\infty}^{x} \exp(-s^2/2)\, ds \end{aligned} \tag{8.50}$$

위의 식은 그림 8.10(b)에 그려져 있다. 이 적분에 대해 닫혀진 해는 없지만 위와 같은 형태의 적분이 많이 때문에 관련된 수식의 함수들이 정의되어 있고, 표로 정리되어 있다. 관련된 함수로서 통신 교재에서 자주 쓰이는 **Q 함수**는 다음과 같이 정의된다.[7]

$$\begin{aligned} Q(x) &= \frac{1}{\sqrt{2\pi}} \int_{x}^{\infty} \exp(-s^2/2)\, ds \\ &= 1 - F_X(x) \end{aligned} \tag{8.51}$$

[6] 이 특성의 증명을 위해서는 Leon-Garcia(1994)의 4장 혹은 Bertsekas and Tsitsiklis(2002)의 3장을 보라.

[7] 부록 4에 Q 함수 $Q(x)$ 값들이 나와 있다.

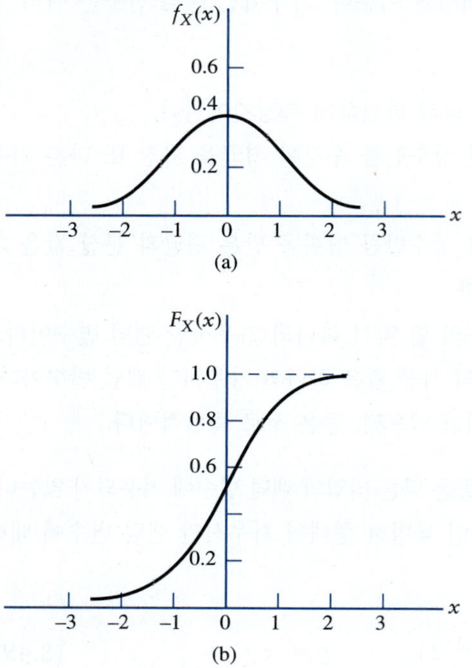

그림 8.10 정규화된 가우시안 분포. (a) 확률 밀도 함수. (b) 확률 분포 함수.

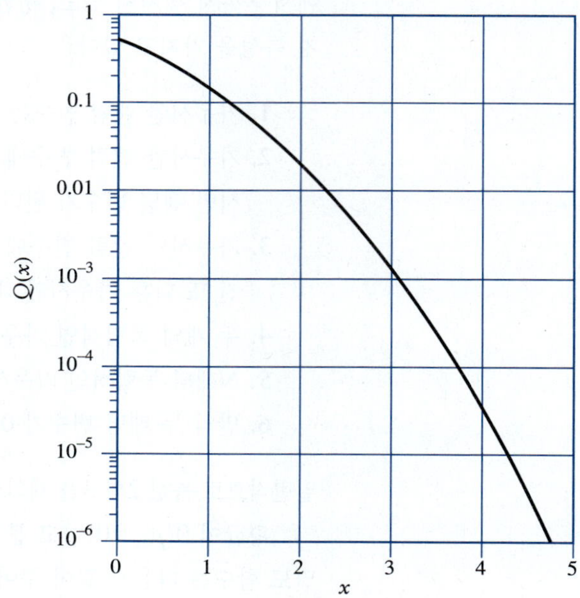

그림 8.11 Q 함수.

식 (8.51)의 마지막 줄은 **Q 함수가 표준 가우시안 분포 함수의 보수임을 말한다.** Q 함수는 그림 8.11에 그려져 있다.

가우시안 랜덤 변수에서 평균과 분산은 분포 함수의 특징을 완전하게 나타내기 때문에 아주 중요하다.

예제 8.9 PAM에서 비트 에러의 확률

펄스 진폭 변조(PAM) 전송 방식에서, 이진 데이터는 전압 레벨이 $+A$일 때 1, $-A$일 때 0으로 표현된다. 평균이 0이고 분산이 σ^2인 가우시안 잡음이 있을 때 1이 전송되고 수신되었다고 가정하자. 여기에서 신호가 부정확하게 검파되는 확률을 찾고자 한다.

수신 신호는 랜덤 변수 Y로 표현되고 아래와 같이 정의된다.

$$Y = A + N \tag{8.52}$$

여기서 N은 평균이 0이고 분산이 σ^2인 가우시안 잡음이다. 가우시안 랜덤 변수의 특성에 따라 랜덤 변수 Y 또한 평균이 A이고 분산이 σ^2인 가우시안 랜덤 변수이다. 이에 대해서는 그림 8.12에 표현되어 있다.

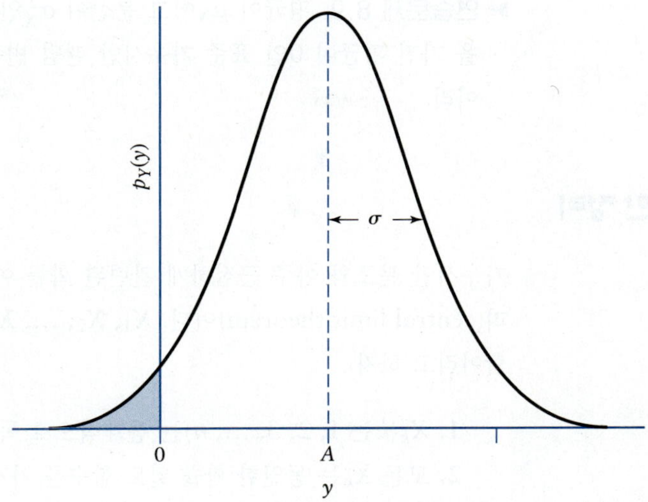

그림 8.12 잡음성 PAM 신호의 밀도 함수.

에러가 발생할 확률은 Y가 0 이하의 값을 가질 확률이다. 이 확률은 그림 8.12의 곡선 아래의 음영으로 표시된 부분과 일치한다. 수학적으로 이 확률은 아래와 같이 주어진다.

$$\mathbf{P}[Y < 0] = \int_{-\infty}^{0} \frac{1}{\sqrt{2\pi}\sigma} \exp\{-(y - A)^2/2\sigma^2\}\, dy \tag{8.53}$$

아래와 같이 변수를 치환하면

$$s = -\frac{y - A}{\sigma} \tag{8.54}$$

식 (8.53)은 다음과 같이 된다.

$$\begin{aligned}\mathbf{P}[Y < 0] &= \frac{1}{\sqrt{2\pi}} \int_{A/\sigma}^{\infty} \exp\{-s^2/2\}\, ds \\ &= Q\left(\frac{A}{\sigma}\right)\end{aligned} \tag{8.55}$$

여기서는 식 (8.51)에 정의된 Q-함수를 사용하였다. 이 예제에 대해서 10장에서 다시 언급할 것이다.

▶ **연습문제 8.8** 식 (8.48)에 주어진 밀도 함수를 가진 가우시안 랜덤 변수 X의 평균이 μ_X이고 분산이 σ_X^2임을 보이라. ◀

▶ **연습문제 8.9** 평균이 μ_X이고 분산이 σ_X^2인 가우시안 랜덤 변수 X에 대해 X를 분산을 가진 평균이 0인 표준 가우시안 랜덤 변수로 바꾸는 식이 $Y=(X-\mu_X)/\sigma_X$임을 보이라. ◀

8.5 중심 극한 정리

가우시안 분포와 아주 근접하게 관련된 확률 이론에 있어서 중요한 결과는 **중심 극한 정리**(central limit theorem)이다. $X_1, X_2, \ldots, X_n$을 다음의 특성을 가지는 랜덤 변수의 집합이라고 하자.

1. X_k(k는 1, 2, 3, …, n)는 통계적으로 독립적이다.
2. 모든 X_k는 동일한 확률 밀도 함수를 가지고 있다.
3. 각 X_k에 대해 평균과 분산이 존재한다.

X_k의 밀도 함수가 가우시안이라고 가정하지 않는다. Y를 다음과 같이 정의되는 새로운 랜덤 변수라고 하자.

$$Y = \sum_{k=1}^{n} X_k \tag{8.56}$$

중심 극한 정리에 따라 일반화된 랜덤 변수는 다음과 같다.

$$Z = \frac{Y - \mathbf{E}[Y]}{\sigma_Y} \tag{8.57}$$

랜덤 변수 $X_1, X_2, \ldots, X_n$의 수가 한계가 없이 무한히 증가하면 평균이 0이고 분산이 1인 가우시안 랜덤 변수에 가깝게 된다. 즉 n이 아주 큰 수가 되면서 Z의 분포는 평균이 0이고 분산이 1인 가우시안 랜덤 변수의 분포와 가깝게 된다.

$$F_Z(z) \to \int_{-\infty}^{z} \frac{1}{\sqrt{2\pi}} \exp\left\{-\frac{s^2}{2}\right\} ds \tag{8.58}$$

이것은 중심 극한 정리를 수학적으로 표현한 것이다. 즉 **독립적이고, 동일하게 분포된 랜덤 변수 합의 일반화된 분포는 각 분포에 상관없이 랜덤 변수의 수가 증가하면 할수록 가우시안 분포를 따라가게 된다.** 그러므로 가우시안 랜덤 변수는 다른 많은 형태의 랜덤 변수들의 점근적인 속성을 특징짓기 때문에 많이 사용된다.

n이 무한대가 되면, 식 (8.58)의 가우시안 근사값은 밀도 함수의 중앙 부분과 가장 정확하게 일치하게 되고 밀도 함수의 '꼬리' 부분과는 덜 정확하게 된다.

컴퓨터 실험: 랜덤 변수의 합

이 장의 문제 8.55는 중심 극한 정리를 실험하기 위한 컴퓨터 실험에 대해 설명하고있다. 실험에서 다음과 같은 랜덤 변수를 고려한다.

$$Z = \sum_{i=1}^{N} X_i$$

여기서 X_i는 -1과 1 사이에 균일하게 분포된 랜덤 변수이다. 컴퓨터 실험에서 $N=5$에 대해 20,000개의 샘플을 계산하였고, 결과의 그래프를 그리면서 상응되는 밀도 함수를 추정하였다. 그림 8.13에서 이 그래프와 같은 평균과 분산을 가지는 가우시안 밀도 함수를 비교하였다. 그래프에서 보여 주듯이, 전반적인 가우시안 분포에 접근하기 위해 많은 랜덤 변수가 필요하지는 않다.

이 실험의 결과는 중심 극한 정리가 얼마나 강력한지 그리고 왜 가우시안 모델이 통신뿐만 아니라 다른 곳에서도 랜덤 신호 분석을 위해서 많이 사용되는지를 보여 준다. 추가적으로 가우시안 랜덤 변수의 수학적인 용이성과 분포 타입이 선형 프로세서 이후에 변하지 않는다는 것을 보여 준다. 물론 가우시안 랜덤 변수의 평균이나 분산 값은 변화할 수 있다.

▶ **연습문제 8.10** -1과 1 사이 구간에 균일하게 분포된 다섯 개의 랜덤 변수의 합의 평균과 분산을 구하라. ◀

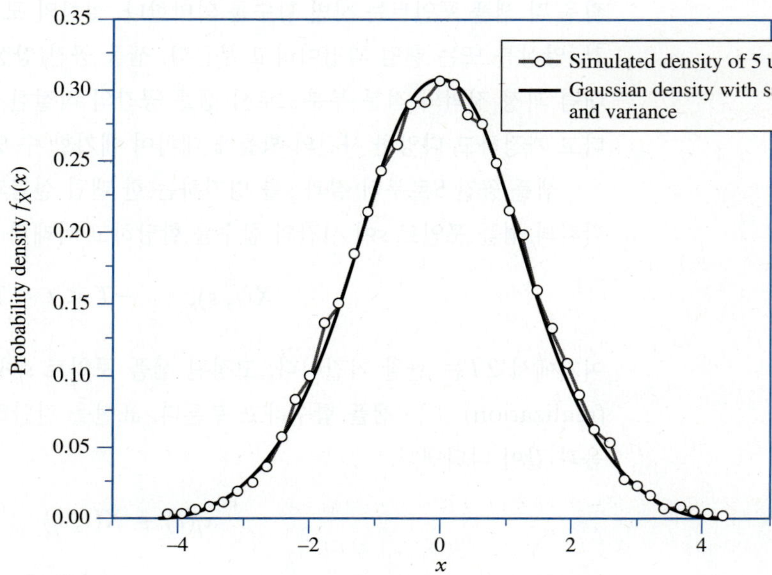

그림 8.13 5개의 균일 분포 변수의 합에 대한 실험적 밀도 함수와 동일한 평균과 분산을 가지는 가우시안 함수와의 비교.

8.6 랜덤 과정

무선 통신 시스템에서 보통 수신된 신호는 정보를 담고 있는 신호 부분, 임의적인 방해 요소, 채널 잡음으로 구성되어 있다. 정보를 담고 있는 신호(예를 들어 음성 신호)는 주로 임의적인 기간의 신호의 에너지로 구성되어 있다. 방해 요소는 무선 수신기의 근접 거리에 있는 다른 통신 시스템에 의해 생겨난 불필요한 전자장을 의미할 수 있다. 채널 잡음의 주된 원인은 열잡음인데, 열잡음은 수신기의 처음부터 끝까지에 있는 부품이나 반도체의 전자의 임의적인 운동에 의한 것이다. 그러므로 수신한 시변 신호가 당연히 임의적임을 알 수 있다. 이 절에서는 시간 변이와 랜덤 변수의 개념을 합하여 **랜덤 과정**(random process)에 대해서 소개를 한다. 비록 랜덤 신호를 정확하게 예측하고 미리 처리하기는 불가능하지만, 이 절에서 소개될 평균 전력이나 스펙트럼 밀도 등과 같은 통계적인 파라미터들을 이용하여 신호를 표현할 수 있다.

랜덤 과정은 이러한 랜덤 신호를 정형화된 수식으로 표현한 것이다. 위의 토론으로부터 랜덤 과정은 다음과 같은 특징을 가지고 있다.

1. 랜덤 과정은 시간의 함수이다.
2. 랜덤 과정은 미래에 정확하게 어떤 파형이 관측될지 예측할 수 없다는 점에서 임의적이다.

랜덤 변수와 유사하게 랜덤 과정과 관련된 어떤 실험에 대해서 얘기할 때 샘플 공간의 용어로 생각하는 것이 편리하다. 특히 실험의 각 결과가 샘플 포인트와 연결된다. 그러나 이 경우 각 샘플 포인트는 시변 함수를 의미한다. 실험의 모든 가능한 결과의 총합은 샘플 공간, 앙상블 또는 랜덤 과정이라고 부른다. 샘플 공간(**앙상블**)의 각 점은 시간의 함수이다. 랜덤 과정 정의의 적분 부분으로서 샘플 공간의 적절한 집합에 대해 확률 분포가 존재한다고 가정하고 다양한 사건의 확률에 대하여 얘기할 수 있다.

샘플 공간 **S**로부터 결과 s를 명기하는 한 랜덤 실험과 이 사건의 확률을 고려해 보자. 각각의 샘플 포인트 s에 시간의 함수를 할당하고 아래와 같이 표현한다.

$$X(t, s), \qquad -T < t < T \tag{8.59}$$

여기에서 $2T$는 관찰 기간이다. 고정된 샘플 포인트 s_j에 대하여, $X(t, s_j)$의 함수는 **실현**(realization) 또는 **샘플 함수**라고 부른다. 표현을 간단하게 하기 위해서 샘플 함수를 다음과 같이 나타낸다.

$$x_j(t) = X(t, s_j) \tag{8.60}$$

그림 8.14는 샘플 함수 $\{x_j(t): j=1, 2, \ldots\}$의 집합을 보여 준다. 이 그림으로부터 관찰 창 안에서 고정된 t_k시간에 집합

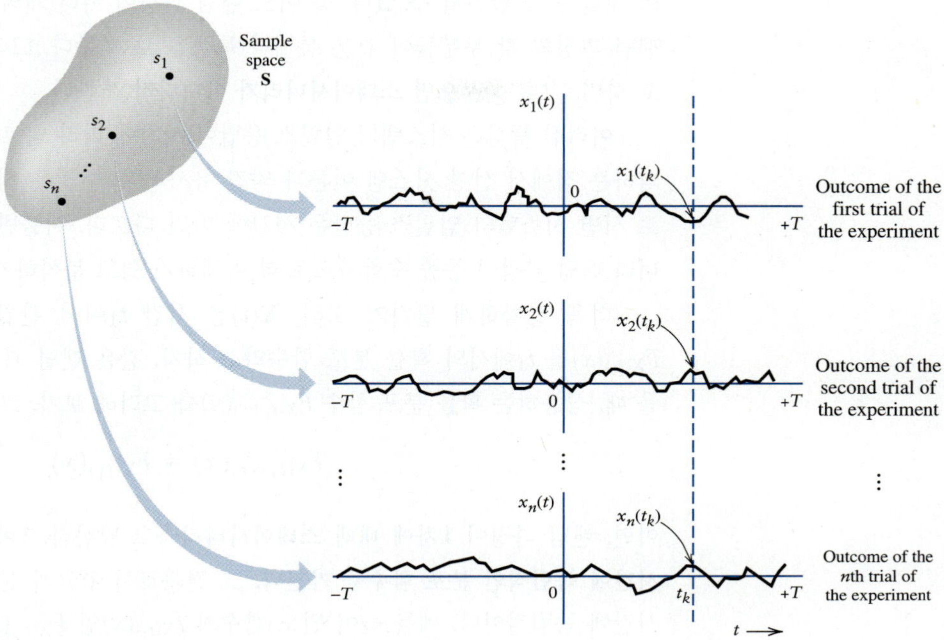

그림 8.14 샘플 공간과 샘플 함수의 앙상블 간의 비교 설명.

$$\{x_1(t_k), x_2(t_k), \ldots, x_n(t_k)\} = \{X(t_k, s_1), X(t_k, s_2), \ldots, X(t_k, s_n)\}$$

은 랜덤 변수이다. 그러므로 랜덤 변수 $\{X(t, s)\}$로 표시된 앙상블을 가질 수 있다. 그리고 이것을 랜덤 과정이라고 한다. 표현을 간략하게 하기 위해서, s를 생략하고 랜덤 과정을 표현하기 위해 $X(t)$로 하는 것이 편리하다.

비교해 보면

- 랜덤 변수에서는 랜덤 실험의 결과가 실수에 매핑된다.
- 랜덤 과정에서는 랜덤 실험의 결과가 시간의 함수인 파형에 매핑된다.

관찰 창 t_k의 어떤 지점에서도 랜덤 과정의 가능한 결과 값은 랜덤 변수의 형태로 표현된다. **시간 변수 t로 표시된 그러한 랜덤 변수의 합이 랜덤 과정을 구성한다.**

가능한 랜덤 과정의 범위는 아주 넓다. 이 범위를 (i) 실제 상황의 전형적인 것과 (ii) 수학적으로 용이한 랜덤 과정으로 한정하기 위해 **스테이셔너리**(stationary)와 **에르고디시티**(ergodicity)의 두 가지 기술적인 조건이 필요하다.

스테이셔너리 랜덤 과정

실제 세계의 랜덤 변수에 대해서, 랜덤 과정의 통계적 특성이 관찰되었을 시간에 독립적인 것을 종종 발견할 수 있다. 즉 어느 랜덤 과정이 여러 개의 시간 간격으로 나누어지면, 랜덤 과정의 각 부분들이 같은 통계적 특성을 보여 준다. 그러한 과정을 **스테이셔너리**라고 하며, 그렇지 않으면 **스테이셔너리가 아니다**라고 한다.

이러한 특성은 시스템의 임펄스 응답이 시간에 따라 다르지 않은 시불변 시스템을 정의하는 점에서 선형 시스템 이론과 약간 유사하다. 이것은 시변 시스템과 상반되는 것으로 시변 시스템의 임펄스 응답은 시간에 따라 다르다. 시불변 시스템의 경우에 스테이셔너리 랜덤 과정이 종종 수학적으로 더 이해하기 쉽고 분석하기가 더욱 단순하다.

더욱 정확하게 말하기 위해, $X(t)$를 시간 t_1에서 관찰된 랜덤 과정이라고 하자. $F_{X(t_1)}(x)$를 t_1에서의 확률 분포 함수라고 하자. 같은 랜덤 과정이 $t_1+\tau$ 시간에 관측되었을 때, 상응하는 확률 분포 함수 $F_{X(t_1+\tau)}(x)$를 고려해 보자. 그러면 모든 t_1과 τ에 대해

$$F_{X(t_1+\tau)}(x) = F_{X(t_1)}(x) \tag{8.61}$$

이면, 랜덤 과정이 **1차에 대해 스테이셔너리**라고 말한다. **1차 스테이셔너리 랜덤 과정은 시간에 독립적인 분포 함수를 가진다.** 그 결과로서 평균과 분산 같은 통계적 파라미터도 시간에 독립적이다. 예를 들어 밀도 함수가 $f_{X(t_1)}(x)$인 $F_{X(t_1)}(x)$를 고려해 보자. 평균값은 다음과 같다.

$$\mu_X = \int_{-\infty}^{\infty} s f_{X(t_1)}(s)\,ds = \int_{-\infty}^{\infty} s f_{X(t_1+\tau)}(s)\,ds \tag{8.62}$$

분포 함수가 시불변인 분포 함수이므로 시간에 따라 변하지 않는다.

다음으로 두 점 t_1과 t_2의 두 점에서 랜덤 과정 $X(t)$를 예로 들어 보자. $t_1+\tau$와 $t_2+\tau$의 시간에 관찰이 이루어지면, 결합 분포는 $F_{X(t_1+\tau),\,X(t_2+\tau)}(x_1, x_2)$와 같이 나타난다. 모든 t_1, t_2, τ에 대해 아래의 식이 정의되고, 이 경우 **2차에 대해 스테이셔너리**라고 말한다.

$$F_{X(t_1+\tau),\,X(t_2+\tau)}(x_1, x_2) = F_{X(t_1),\,X(t_2)}(x_1, x_2) \tag{8.63}$$

2차에 스테이셔너리라는 의미는 공분산이나 상관 관계와 같은 통계적인 수치들이 절대 시간에 의존하지 않아도 된다는 것을 의미한다.

k번째 랜덤 변수는 비슷한 방법을 따른다. 만약 모든 시간 이동 τ와 모든 k, 모든 관찰 횟수 t_1, t_2, …, t_k에 대해 분포 함수들 간의 등가성을 유지하면, 이러한 랜덤 과정을 **절대 스테이셔너리**(strictly stationary)라고 한다. 즉 랜덤 과정 $X(t)$를 관찰하여 획득한 랜덤 변수의 어떤 집합의 결합이 원점 $t=0$의 위치에 대해 불변이면, $X(t)$는 절대 스테이셔너리라고 말한다.

▶ **연습문제 8.11**

$$X(t, \theta) = A\cos(2\pi ft + \theta)$$

로 정의된 랜덤 과정에서 A와 f가 상수이고, θ가 0과 2π 사이에서 균일하게 분포되었을 때, X는 1차에 스테이셔너리인가? ◀

▶ **연습문제 8.12** 2차에 절대 스테이셔너리인 랜덤 과정이 또한 1차에 절대 스테이셔너리임을 보이라. ◀

8.7 랜덤 과정의 상관 관계

정의에 의해서 랜덤 과정은 예측할 수가 없는 반면에 종종 다른 시간에서 랜덤 과정의 샘플들이 서로 상관됨을 관찰할 수 있다. 예를 들어 $X(t_1)$이 크면, τ가 작을 때, $X(t_1+\tau)$도 크다. 이러한 관계를 양으로 표시하기 위해 각 t_1과 t_2시간에 랜덤 과정 $X(t)$의 샘플이 된 두 랜덤 변수의 공분산을 고려해 보자. 즉 두 랜덤 변수 $X(t_1)$과 $X(t_2)$의 공분산은 다음과 같다.

$$\mathrm{Cov}(X(t_1), X(t_2)) = \mathbf{E}[X(t_1)X(t_2)] - \mu_{X(t_1)}\mu_{X(t_2)} \tag{8.64}$$

식 (8.64)의 우변의 첫 번째 항을 랜덤 과정의 **자기상관**(autocorrelation)이라 부르고, 이것의 전형적인 표현은 다음과 같다.

$$R_X(t, s) = \mathbf{E}[X(t)X^*(s)] \tag{8.65}$$

여기에서 * 표시는 $X(t)$가 복소수일 경우 공액을 의미한다. 만약 $X(t)$가 2차나 그 이상에 대해 스테이셔너리이면 식 (8.64)는 다음과 같이 다시 쓸 수 있다.

$$\begin{aligned} R_X(t, s) &= \mathbf{E}[X(t)X^*(s)] \\ &= R_X(t - s) \end{aligned} \tag{8.66}$$

2차에서 스테이셔너리인 것은 또한 랜덤 과정의 평균이 상수임을 의미한다. 만약 이 평균이 0이면, 랜덤 과정의 자기상관과 공분산 함수는 동일하다. 다음은 자기상관이 랜덤 과정의 표현 방법으로서 중요한 점을 보여 준다.

많은 응용 분야에서 랜덤 과정이 2차에서 스테이셔너리의 모든 특성을 가질 필요가 없다. 특히 다음과 같은 사항을 종종 요구한다.

1. 랜덤 과정의 평균은 시간에 독립적인 상수이다: 모든 시간 t에 대해 $\mathbf{E}[X(t)]=\mu_X$이다.
2. 랜덤 과정의 자기상관은 시간의 차이에만 의존한다: 모든 t와 τ에 대해 $\mathbf{E}[X(t)X^*(t-\tau)]=R_X(\tau)$이다.

만약 랜덤 과정이 이러한 두 가지 특성을 가지고 있으면 **와이드 센스 스테이셔너리**(wide-sense stationary) 또는 **소극적 스테이셔너리**(weakly stationary)라고 부른다. 와이드 센스 스테이셔너리이더라도 2차에 대한 스테이셔너리임을 의미하지는 않는다. 또한 2차에 대한 스테이셔너리인 것도 와이드 센스 스테이셔너리를 의미하지는 않는다. 이 책의 나머지 부분에서 관심을 두는 모든 랜덤 과정은 와이드 센스 스테이셔너리이다.

자기상관 함수의 특성

와이드 센스 스테이셔너리 랜덤 과정의 자기상관 함수는 다음과 같은 특성을 가진다.

특성 1. 와이드 센스 스테이셔너리 전력. **실수의 랜덤 과정의 2차 모멘트 또는 평균 제곱 값은 다음과 같이 주어진다.**

$$\begin{aligned} R_X(0) &= \mathbf{E}[X(t)X(t)] \\ &= \mathbf{E}[X^2(t)] \end{aligned} \tag{8.67}$$

그러므로 평균 제곱 값은 랜덤 과정의 평균 전력과 동일하다.

특성 2. 대칭성. **실수의 와이드 센스 스테이셔너리 랜덤 과정의 자기상관은 대칭적이다.** 이것을 증명하기 위해 다음을 고려하자.

$$\begin{aligned} R_X(-\tau) &= \mathbf{E}[X(t)X(t+\tau)] \\ &= \mathbf{E}[X(t+\tau)X(t)] \\ &= R_X(\tau) \end{aligned} \tag{8.68}$$

특성 3. 최대값. **랜덤 과정의 와이드 센스 스테이셔너리의 자기상관 함수는 원점에서 최대값을 가진다.**

실수 랜덤 과정의 특성을 보이기 위해 음수가 아닌 양을 만든다.

$$\begin{aligned} 0 &\le \mathbf{E}[(X(t) \pm X(t-\tau))^2] \\ &\le \mathbf{E}[X^2(t)] + \mathbf{E}[X^2(t-\tau)] \pm 2\mathbf{E}[X(t)X(t-\tau)] \\ &\le 2R_X(0) \pm 2R_X(\tau) \end{aligned} \tag{8.69}$$

마지막의 관계를 다시 정리하면, $R_X(0) \ge |R_X(\tau)|$이다.

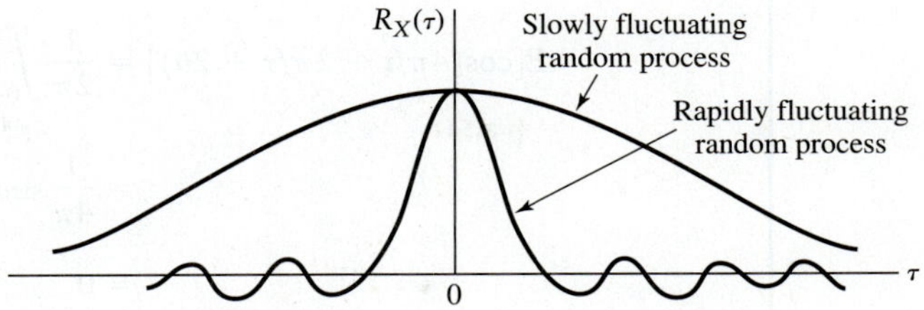

그림 8.15 천천히 혹은 빠르게 변화하는 랜덤 과정의 자기상관 함수 비교.

자기상관 함수 $R_X(\tau)$의 물리적인 중요성은 자기상관 함수는 τ초의 시간 간격을 두고 관찰된 두 랜덤 변수의 독립성을 설명하는 방법을 제공하는 것이다. 그러므로 랜덤 과정 $X(t)$가 시간 t에 따라 급격히 변할수록 자기상관 함수 $R_X(\tau)$도 τ가 변함에 따라 그림 8.15와 같이 최대값 $R_X(0)$로부터 줄어들게 된다. 이러한 줄어듦은 decorrelation time τ_0로 특징지어진다. 특히 $\tau > \tau_0$일 경우 상관함수 $R_X(\tau)$는 미리 설정된 어떤 값 이하가 된다. 따라서 자기상관 함수 $R_X(\tau)$의 크기가 최대값인 $R_X(0)$의 1% 이하로 떨어지는 시간을 평균이 0인 스테이셔너리 과정 $X(t)$의 decorrelation time τ_0로 정의한다.

예제 8.10 랜덤 코사인 과정의 자기상관

$X(t)$를 아래와 같이 정의된 랜덤 과정이라고 하자.

$$X(t) = A\cos(2\pi ft + \theta)$$

여기에서 신호의 크기는 A, 주파수는 f라고 알려져 있다. 그러나 θ는 0과 2π 사이에서 균일하게 분포되어 있다. 이것은 하나의 파라미터 θ가 모든 시간에 대한 샘플 함수를 정의한다는 점에서 특수한 형태의 랜덤 과정이다. 여기에서 요구 사항은 $X(t)$의 자기상관을 찾는 것이다.

자기상관은 다음과 같이 주어진다.

$$\begin{aligned} R_X(t, t-\tau) &= \mathbf{E}[X(t)X(t-\tau)] \\ &= A^2\mathbf{E}[\cos(2\pi ft + \theta)\cos(2\pi f(t-\tau) + \theta)] \end{aligned}$$

삼각 함수의 특성인 $2\cos A\cos B = \cos(A-B) + \cos(A+B)$를 적용하면

$$R_X(t, t-\tau) = \frac{A^2}{2}\cos(2\pi f\tau) + \frac{A^2}{2}\mathbf{E}[\cos(4\pi ft - 2\pi f\tau + 2\theta)]$$

θ가 0과 2π 사이에서 균일하게 분포되어 있기 때문에

$$\begin{aligned} \mathrm{E}[\cos(4\pi ft - 2\pi f\tau + 2\theta)] &= \frac{1}{2\pi}\int_0^{2\pi} \cos(4\pi ft - 2\pi f\tau + 2\theta)\, d\theta \\ &= \frac{1}{4\pi}\sin(4\pi ft - 2\pi f\tau + 2\theta)\Big|_0^{2\pi} \\ &= 0 \end{aligned}$$

결과적으로 자기상관 함수의 표현은 다음과 같다.

$$R_X(t, t - \tau) = \frac{A^2}{2}\cos(2\pi f\tau)$$

이 예제에서 자기상관 함수는 시간차 τ에만 의존하며, 이 과정은 와이드 센스 스테이셔너리라고 볼 수 있다.

► **연습문제 8.13** $X(t)$를 아래와 같이 정의된 랜덤 과정이라고 하자.

$$X(t) = A\cos(2\pi ft)$$

여기에서 A는 0과 1 사이에 균일하게 분포되었고, f는 상수이다. X의 자기상관 함수를 구하라. X는 와이드 센스 스테이셔너리인가? ◄

에르고디시티

랜덤 과정의 통계적인 특성을 구하기 위해 기대값을 계산한다. 시간에 있어서 어떤 특별한 점에서의 랜덤 과정의 기대값은 랜덤 과정의 구별된 독립적인 실현을 필요로 한다. 예를 들어 N개의 실현을 가진 하나의 랜덤 과정 $X(t)$에 대해 $t=t_k$에서 랜덤 과정의 기대치와 2차 모멘트는 각각 **앙상블 평균**(ensemble average)에 의해 주어진다.

$$\mathrm{E}[X(t_k)] = \frac{1}{N}\sum_{j=1}^{N} x_j(t_k) \tag{8.70}$$

그리고

$$\mathrm{E}[X^2(t_k)] = \frac{1}{N}\sum_{j=1}^{N} x_j^2(t_k) \tag{8.71}$$

만약 랜덤 과정이 와이드 센스 스테이셔너리라면, 위의 두 식에 의해 계산되는 평균값과 2차 모멘트 값은 시간 t_k에 의존하지 않는다.

랜덤 과정을 포함하는 특별한 문제에서 일반적으로 사용자들에게 유용한 것은 랜덤 과정이 아니라 그 샘플 함수의 $X(t)$이다. 그러한 경우에 가장 쉽게 파라미터를 구하는 방법은 시간 평균을 이용하는 것이다. 예를 들어 연속적인 샘플 함수의 **시간 평균**(time average)이 아래와 같이 주어진 실수 랜덤 과정으로부터 구해질 수 있다.

$$\mathcal{E}[x] = \lim_{T\to\infty} \frac{1}{2T}\int_{-T}^{T} x(t)\, dt \tag{8.72}$$

이고, **샘플 함수의 시간 자기상관**은 다음과 같이 주어진다.

$$\mathcal{R}_x(\tau) = \lim_{T\to\infty} \frac{1}{2T}\int_{-T}^{T} x(t)x(t-\tau)\, dt \tag{8.73}$$

따라서 다시 문제는 **"언제 샘플 함수의 시간 평균이 상응하는 랜덤 과정의 앙상블 평균과 같게 될 것인가?"**라는 것이다. 직관적으로 랜덤 과정 $X(t)$의 통계가 시간에 따라 변하지 않으면, 시간 평균과 앙상블 평균이 동일하다고 생각할 수 있다.

랜덤 과정의 스테이셔너리 특성에 따라 샘플 함수의 많은 시간 평균이 상응하는 앙상블 평균이나 기대값으로 사용될 수 있다. 이러한 동일성을 유지하는 랜덤 과정은 **에르고딕**(ergodic)이라고 한다. 대부분의 물리적인 응용 분야에 있어서, **와이드 센스 스테이셔너리는 에르고딕이라고 가정하고 시간 평균과 기대값을 서로 교환하여 쓸 수 있도록 가정한다.**

관심 있는 독자는 스테이셔너리 특성만으로도 다양한 정도의 에르고디시티가 있을 수 있음을 알 수 있다. 한편으로 식 (8.70)과 식 (8.72)의 동일성과 그에 상응하는 식 (8.66)과 식 (8.73)은 1차와 2차 에르고디시티의 형태로 유사하다.

더욱이 실수의 랜덤 과정이 에르고딕이라고 하면, 자기상관 함수를 다음과 같이 쓸 수 있다.

$$\begin{aligned} R_X(\tau) &= \mathbf{E}[X(t)X(t-\tau)] \\ &= \lim_{T\to\infty} \frac{1}{2T}\int_{-T}^{T} x(t)x(t-\tau)\, dt \end{aligned} \tag{8.74}$$

여기서 $x(t)$는 랜덤 과정 $X(t)$의 샘플 함수이다. 자기상관에 대한 이 정의는 2장에 설명된 전력 신호의 상관 관계의 정의식과 동일하다. 결과적으로 에르고딕 랜덤 과정은 스테이셔너리인 신호의 자기상관과 같은 특성을 많이 가지고 있다.

에르고디시티의 개념은 또한 자연적으로 자기상관 함수의 추정값에 대한 생각을 하게 한다. 특별히 와이드 센스 스테이셔너리 에르고딕 랜덤 과정 $X(t)$의 한 샘플 함수 $x(t)$가 있으면, $\tau=\tau_0$에 대해 실수 과정의 **자기상관의 추정값**은 다음과 같다.

$$\hat{R}_X(\tau_0) = \frac{1}{N}\sum_{n=1}^{N} x(t_n)x(t_n - \tau_0) \tag{8.75}$$

여기에서 $\{t_n\}$은 샘플링 시간의 편리한 집합이다. 랜덤 변수의 평균과 분산의 추정값과 비슷하게 자기상관의 이 추정은 확률의 상대 빈도 정의에서 야기되었다.

예제 8.11 이산 시간 자기상관

디지털 통신에서는 $t_n = nT_s$와 같은 이산 시간에 연속 신호를 샘플링한다(여기서 T_s는 샘플링 주기). 이러한 샘플링된 신호 $\{X(t_1), X(t_2), \ldots\}$는 이산 시간 자기상관 함수를 구할 수 있는 이산 시간 랜덤 과정이다.

$$R_X(kT_s) = \mathrm{E}[X(nT_s)X((n-k)T_s)] \tag{8.76}$$

여기에서 기대값은 앙상블 평균이다. 이 절에서 제안되었듯이 특별한 샘플 함수에 대해 시간 평균을 구함으로써 이 자기상관에 대한 평균을 구할 수 있다. 샘플 함수 $x(t)$의 N 샘플에 대한 시간 평균은 다음과 같이 정의된다.

$$\mathcal{R}_x(kT_s) = \frac{1}{N}\sum_{n=1}^{N} x(nT_s)x((n-k)T_s) \tag{8.77}$$

그림 8.16(a)에서 시간의 함수로서 랜덤 신호를 그렸다. 이 신호에서 랜덤 신호의 시간

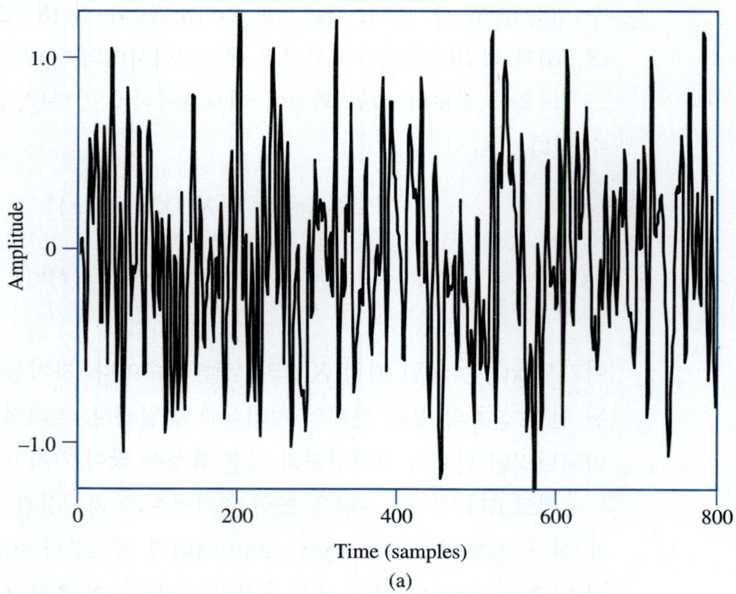

그림 8.16 랜덤 신호(a) 및 해당 자기상관 함수(b).

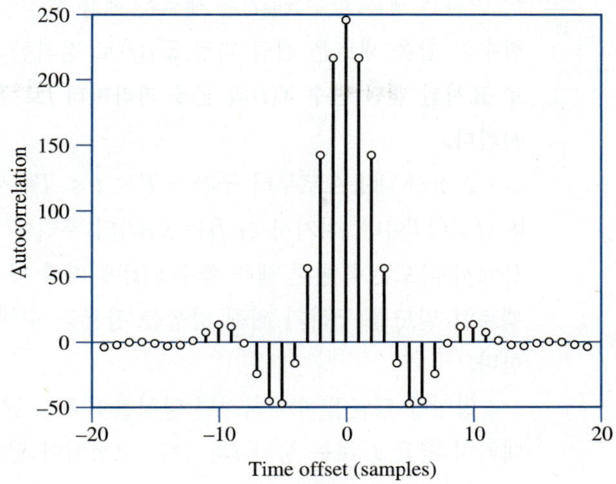

(b)

그림 8.16 계속.

평균 자기상관이 그림 8.16(b)에 그려져 있다. 가로축은 시간 지연 τ를 의미한다. 비록 신호가 시간축에서 아주 임의적이지만 그림 8.16(b)에서 보여 주는 것처럼 부드러운 자기상관 함수를 가지고 있다.

▶ **연습문제 8.14** 이산 시간 랜덤 과정 $\{Y_n: n=\ldots, -1, 0, 1, 2, \ldots\}$가 아래와 같이 정의된다.

$$Y_n = \alpha_0 Z_n + \alpha_1 Z_{n-1}$$

여기서 $\{Z_n\}$은 자기상관 함수 $R_Z(n)=\sigma^2\delta(n)$이다. 자기상관 함수 $R_Y(n, m)=\mathbf{E}[Y_n Y_m]$는 무엇인가? 과정 $\{Y_n\}$은 와이드 센스 스테이셔너리인가? ◀

8.8 랜덤 신호의 스펙트럼

앞서 언급한 대로, 랜덤 신호는 앙상블 신호에 속하는 것으로 보이거나 확률적인 메커니즘으로 생성될 수 있다. 그러므로 어떤 시간에서 동일한 변화를 보이는 두 개의 신호는 없다. $x(t)$를 랜덤 과정 $X(t)$의 샘플 함수라고 하자. 그림 8.17은 $-T < t < T$ 구간에서 $x_T(t)$의 파형을 보여 준다. 샘플 함수 $x_T(t)$를 푸리에 변환을 취하여 정의를 하면 다음과 같다.

$$\xi_T(f) = \int_{-\infty}^{\infty} x_T(t) \exp(-j2\pi ft)\, dt \tag{8.78}$$

이 변환은 샘플 함수 $x_T(t)$를 새로운 샘플 함수인 $\xi_T(f)$로 바꾸어 준다.[8] 모든 새로운 샘플 함수의 합을 새로운 랜덤 과정 $\Xi_T(f)$로 정의한다. **효과적으로 푸리에 변환은 파라미터 t로 표시된 랜덤 변수 $X(t)$의 군을 파라미터 f로 표시된 새로운 랜덤 변수 군 $\Xi_T(f)$로 변환시킨다.**

2 장의 내용으로부터 구간 $-T < t < T$에서 샘플 함수 $x(t)$의 전력 스펙트럼밀도는 $|\xi_T(f)|^2/2T$이다. 여기서 $\xi_T(f)$는 $x_T(t)$의 푸리에 변환이다. 이 전력 스펙트럼 밀도는 앙상블에서 나오는 특별한 샘플 함수 $x(t)$에 따라 달라질 것이다. 따라서 랜덤 과정의 전력 스펙트럼 밀도를 구하기 위해 앙상블 평균을 수행하고 T가 무한에 이르는 극한을 취해야 한다.

앙상블 평균을 수행하려면 앙상블의 확률 분포 함수를 이용할 필요가 있다. 앙상블에 대하여 평균을 하는 동안 f의 값은 고정되어 있다. 앙상블 평균을 수행하기 위해서 기대값 연산자 E를 사용하면 된다. 그러므로 새로운 랜덤 과정인 $|\Xi_T(f)|^2$의 앙상블 평균을 $\mathrm{E}[|\Xi_T(f)|^2]$과 상응되는 $X(t)$의 전력 스펙트럼 밀도로 적는다. $X(t)$의 전력 스펙트럼 밀도는 다음과 같다.

$$S_X(f) = \lim_{T\to\infty} \frac{1}{2T}\mathrm{E}[|\Xi_T(f)|^2] \tag{8.79}$$

식 (8.79)에서 극한을 취하기 전에 앙상블 평균이 수행되어야 한다. 또한 위의 정의에서 중요한 것은 과정이 와이드 센스 스테이셔너리이어야 한다는 점이다.

앙상블 평균을 이용한 전력 스펙트럼을 결정하는 이러한 접근 방법은 에르고딕 스테이셔너리 과정의 주어진 샘플 함수의 전력 스펙트럼 밀도를 추정하는 데 사용될 수 있다. 2.10절에서 이산 푸리에 변환(DFT)이 수식적으로 푸리에 변환을 근사화하는 데 사용되는 것을 보여주었다. 특히 $t=nT_s$에서 함수 $x(t)$가 균일하게 나누어진 샘플이 $\{x_n: n=0, 1, \ldots, N-1\}$이면, 이산 푸리에 변환은 다음과 같이 정의된다.

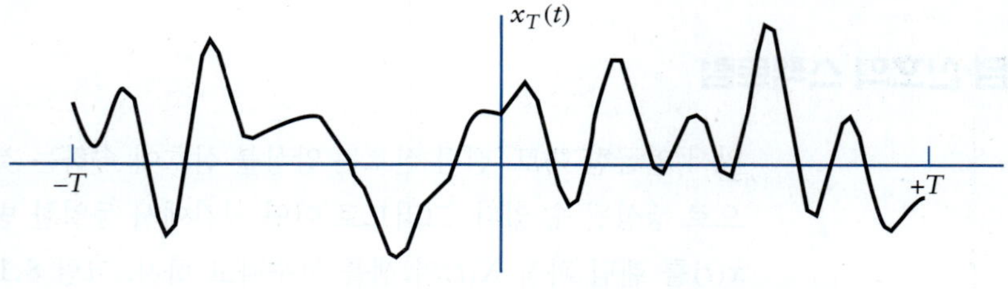

그림 8.17 랜덤 과정의 샘플 함수.

[8] 지금까지는 푸리에 변환쌍을 $x(t) \rightleftharpoons X(f)$로 표현하였다. 그러나 $X(t)$를 랜덤 과정으로 표현하면 애매하게 된다. 따라서 이 절에서는 $x(t) \rightleftharpoons \xi(f)$를 샘플 함수에 대한 푸리에 변환쌍으로, 그리고 $X(t) \rightleftharpoons \Xi(f)$를 랜덤 과정에 대한 푸리에 변환쌍으로 표현한다.

$$\xi_k = \sum_{n=0}^{N-1} x_n W^{kn} \tag{8.80}$$

여기에서 $W = \exp(-j2\pi/N)$와 $\{\xi_k\}$는 $f = k/NT_s$에서 주파수 도메인 응답의 샘플이다. 결과적으로 다음의 세 가지 절차에 따라 랜덤 과정의 스펙트럼을 구할 수 있다.

1. 샘플 함수 $x(t)$를 NT_s 길이로 M 섹션으로 나누고 T_s마다 샘플링을 한다.
2. NT_s 길이의 각 섹션에 이산 푸리에 변환을 취한다. $\{\xi_{k+mN}\}$은 $m = 0, \ldots, M-1$에 대해 M개의 이산 푸리에 변환 결과를 의미한다.
3. 각 이산 푸리에 변환의 제곱의 크기의 평균을 구한다. 그러면 스펙트럼의 추정값은 다음과 같이 주어진다.

$$\begin{aligned}\hat{S}_X\left(\frac{k}{NT_S}\right) &= \frac{1}{M}\sum_{m=0}^{M-1} |\xi_{k+mN}|^2 \\ &= \frac{1}{M}\sum_{m=0}^{M-1}\left|\sum_{n=0}^{N-1} x_{n+mN} W^{kn}\right|^2, \quad k = 0, \ldots, M-1\end{aligned} \tag{8.81}$$

이 결과는 명백히 과정이 에르고딕임을 의미한다.

전력 스펙트럼 밀도의 특성

전력 스펙트럼 밀도 $S_X(f)$와 와이드 센스 스테이셔너리 랜덤 과정의 자기상관 함수 $R_X(\tau)$는 변수 f와 τ에 대해서 푸리에 변환의 짝을 이룬다. 특별히 결정적인 과정에 적용되는 위너-킷친(Wiener-Khitchine) 관계식도 랜덤 과정의 전력 스펙트럼 밀도와 자기상관 함수에 관련되어 있다.

$$S_X(f) = \int_{-\infty}^{\infty} R_X(\tau) \exp(-j2\pi f\tau)\, d\tau \tag{8.82}$$

와

$$R_X(\tau) = \int_{-\infty}^{\infty} S_X(f) \exp(j2\pi f\tau)\, df \tag{8.83}$$

식 (8.82)와 식 (8.83)은 랜덤 과정의 스펙트럼 분석 이론의 기본이 되는 관계식이다. 위너-킷친 관계식도 만약 랜덤 과정의 자기상관 함수나 전력 스펙트럼 밀도를 알면 다른 것을 정확하게 찾을 수 있다는 것을 보여 준다.

이 관계의 쌍을 이용하여 와이드 센스 스테이셔너리 과정의 전력 스펙트럼 밀도의 일반적인 특성을 유도할 수 있다.

특성 1. 평균 제곱 값. 스테이셔너리 과정의 평균 제곱 값은 전력 스펙트럼 밀도 그래프의 아래쪽의 전체 넓이와 같다.

$$\mathbf{E}[|X(t)|^2] = \int_{-\infty}^{\infty} S_X(f)\, df \tag{8.84}$$

이 특성은 식 (8.83)에 $\tau=0$을 넣으면 직접 구할 수 있다.

$$R_X(0) = \mathbf{E}[|X(t)|^2]$$

특성 2. 음수가 아님. 스테이셔너리 과정의 전력 스펙트럼 밀도는 항상 음수가 아니다. 즉

$$S_X(f) \geq 0, \qquad \text{for all } f \tag{8.85}$$

이것은 식 (8.79)에 주어진 전력 스펙트럼 밀도의 정의에 따른다.

특성 3. 대칭성. 실수의 랜덤 과정의 전력 스펙트럼 밀도는 주파수에 대해 기함수이다.

$$S_X(-f) = S_X(f) \tag{8.86}$$

이 특성은 식 (8.82)에 f 대신에 $-f$를 대입하면 쉽게 구할 수 있다.

$$S_X(-f) = \int_{-\infty}^{\infty} R_X(\tau) \exp(j2\pi f\tau)\, d\tau$$

다음으로 실수 과정에 대해 $R_X(-\tau)=R_X(\tau)$이므로 τ 대신에 $-\tau$로 대체한다.

$$S_X(-f) = \int_{-\infty}^{\infty} R_X(\tau) \exp(-j2\pi f\tau)\, d\tau = S_X(f)$$

특성 4. 걸러진 랜덤 과정. 스펙트럼이 $S_X(f)$인 스테이셔너리 과정 $X(t)$가 주파수 응답이 $H(f)$인 선형 필터를 통과하면 스테이셔너리 출력 랜덤 과정 $Y(t)$는 다음과 같다.

$$S_Y(f) = |H(f)|^2 S_X(f) \tag{8.87}$$

이 결과는 결정적인 신호에서 구한 결과와 유사하다.[9]

예제 8.12 랜덤 정현파의 필터링

랜덤 신호 $X(t)$가 자기상관 함수를 다음과 같이 가진다.

[9] 이 결과의 결정적 신호에 대한 증명은 2.2절의 컨벌루션 정리에서 유도된다. 랜덤 과정에 대한 증명은 Haykin(2001)의 1장에서 발견할 수 있다.

$$R_X(\tau) = \frac{A^2}{2}\cos(2\pi f_c \tau)$$

이 랜덤 과정이 새로운 랜덤 과정을 만들기 위해 임펄스 응답이 $h(t)$이고 음수의 시간에 대해서는 0인 인과(causal) 필터를 통과한다.

$$Y(t) = \int_0^t h(t-s)X(s)\,ds$$

만약 필터가 주파수 응답과 동일한 임펄스 응답을 가지고 있으면

$$H(f) = \frac{1}{1 + j2\pi RCf} \tag{8.88}$$

$Y(t)$의 자기상관 함수는 무엇인가?

랜덤 과정의 스펙트럼의 특성 4로부터 $Y(t)$의 스펙트럼은 다음과 같다.

$$S_Y(f) = |H(f)|^2 S_X(f)$$

스펙트럼 $S_X(f)$를 구하기 위해 푸리에 변환의 쌍을 사용하면 다음과 같다.

$$\cos(2\pi f_c \tau) \rightleftharpoons \frac{1}{2}[\delta(f - f_c) + \delta(f + f_c)] \tag{8.89}$$

그러므로

$$\begin{aligned} S_Y(f) &= \frac{1}{2}|H(f)|^2[\delta(f - f_c) + \delta(f + f_c)] \\ &= \frac{1}{2}|H(f_c)|^2[\delta(f - f_c) + \delta(f + f_c)] \end{aligned}$$

여기에서 마지막 줄은 디랙 델타 함수의 이동 특성이다. $S_Y(f)$의 푸리에 역변환과 $f = f_c$일 때, 식 (8.88)의 $H(f)$를 이용하면 다음을 얻을 수 있다.

$$R_Y(\tau) = \frac{1}{1 + (2\pi RCf_c)^2}\cos(2\pi f_c \tau)$$

결정적인 정현파와 유사하게 선형 필터는 랜덤 정현파의 주파수에 영향을 미치지 않는다.

▶ **연습문제 8.15** 문제 8.14의 이산 시간 과정에 대하여 스펙트럼을 근사화하기 위해 이산 푸리에 변환을 이용하라. 즉 계산하고 그림을 그리라.

$$S_Y(k) = \sum_{n=0}^{N-1} R_Y(n) W^{kn}$$

시간 도메인에서 샘플링을 $n/T_s(n=0, 1, 2, \ldots, N-1)$마다 하게 되면 상수 k는 어떤 주파수와 상응하게 되는가? ◀

8.9 가우시안 과정

지금까지 일반적인 관점에서 랜덤 과정의 이론을 살펴보았다. 이 장의 남은 부분에서는 통신 시스템에서 자주 쓰이는 몇 가지 중요한 랜덤 과정에 관해 고려하도록 한다.

가우시안 랜덤 변수가 통신 시스템에서 얼마나 중요한 역할을 하는지 살펴보았다. 왜냐하면 (i) 통신 시스템에서 발생하는 잡음의 많은 실제적인 경우는 가우시안 분포로 근사화될 수 있으며, (ii) 가우시안 랜덤 변수는 수학적으로 용이하므로 처리하기가 쉽기 때문이다.

비슷하게 가우시안 과정은 두 가지 이유로 랜덤 과정을 연구하는 데 중요한 역할을 한다. 먼저 가우시안 과정은 분석 가능한 결과들을 만들 수 있는 특성을 지니고 있다. 두 번째로 물리 현상에 의해 생성된 과정은 종종 가우시안 모델을 이용하면 적절하다.

가우시안 과정을 정의하기 전에, 다중 가우시안 랜덤 변수의 결합 분포와 관련된 몇 가지 기본 지식에 대해 알아야 한다. N개의 가우시안 랜덤 변수의 결합 분포는 다음과 같이 쓸 수 있다.[10]

$$f_{\mathbf{X}}(\mathbf{x}) = \frac{1}{(2\pi)^{N/2}|\mathbf{\Lambda}|^{1/2}} \exp\{-(\mathbf{x} - \boldsymbol{\mu})\Lambda^{-1}(\mathbf{x} - \boldsymbol{\mu})^T/2\} \qquad (8.90)$$

그리고 이것은 **다중 변수 가우시안 분포**(multi-variate Gaussian distribution)라고 불린다. 식 (8.90)에서 각각의 코드는 다음과 같다.

$\mathbf{X}=(X_1, X_2, \ldots, X_N)$은 가우시안 랜덤 변수의 N차원 벡터를 의미한다.
$\mathbf{x}=(x_1, x_2, \ldots, x_N)$는 부정 벡터를 의미한다.
$\boldsymbol{\mu}=(\mathrm{E}[X_1], \mathrm{E}[X_2], \ldots, \mathrm{E}[X_N])$은 평균의 N차원 벡터를 의미한다.
Λ는 $N\times N$ 공분산 행렬을 의미한다. 각 행렬의 원소는 $\Lambda_{ij}=\mathrm{Cov}(X_i, X_j)$로 주어진다.

$|\Lambda|$라는 기호는 행렬 Λ의 행렬식을 의미한다. 다중 변수 가우시안 분포에 대한 이러한 정의를 가짐으로써 가우시안 랜덤 과정을 정의하는 기반이 마련되었다.

랜덤 과정 $X(t)$가 집합 T 내의 t 값을 취할 때, T의 부분집합 $\{t_1, t_2, \ldots, t_k\}$와 어떤

[10] Leon-Garcia(1994)의 4장을 보라.

정수 k에 대하여 k개의 랜덤 변수 $\{X(t_1), X(t_2), \dots, X(t_k)\}$는 결합 가우시안 분포를 가진다고 말한다. 즉 어떤 k에 대하여 $f_{X(t_1),\dots,X(t_k)}(x_1, \dots, x_k)$는 식 (8.90)과 동일한 밀도를 가진다.

가우시안 과정은 다음과 같은 특징을 가지고 있다.

1. 만약 가우시안 과정이 와이드 센스 스테이셔너리이면 절대 센스에서 또한 스테이셔너리이다.
2. 만약 가우시안 과정이 스테이셔너리가 아닌 선형 필터에 적용된다면, 랜덤 과정 $Y(t)$에서 생성되는 결과도 역시 가우시안이다.
3. 평균 제곱 값에서 정의된 적분이 있으면, 적분을 수행하는 것을 가우시안 랜덤 과정의 기대값으로 바꿀 수 있다.[11]

첫 번째 특성은 만약 가우시안 과정이 와이드 센스 스테이셔너리이면 (i) 시간에 따라 변하지 않고, (ii) 공분산 행렬의 원소 Λ_{ij}는 시간차 $t_1 - t_j$에 의존하고 t의 절대값에는 의존하지 않는다는 관찰을 통해 알 수 있다. 가우시안 과정의 샘플의 N차원 결합 분포는 식 (8.90)을 통해 평균과 공분산에만 의존하기 때문에 와이드 센스 스테이셔너리 가우시안 과정도 또한 절대 스테이셔너리이다.

두 번째 특성은 필터링 작업을 관찰하면서 찾을 수 있고, 다음과 같이 쓸 수 있다.

$$Y(t) = \int_0^t h(t - s)X(s)\, ds \tag{8.91}$$

다음 세 가지 사실을 사용한다면

1. 식 (8.91)을 적분하는 것은 합의 평균 제곱 한계로 정의된다.

$$Y(t) = \lim_{\Delta s \to 0} \sum_i h(t - i\,\Delta s)x(i\,\Delta s)\,\Delta s$$

따라서 우변이 가우시안 랜덤 변수 $X(i\Delta s)$의 가중 합임을 알 수 있다.

2. 가우시안 랜덤 변수의 가중 합은 다른 가우시안 랜덤 변수라는 특성을 상기하자.
3. 만약 가우시안 랜덤 변수가 평균 제곱으로 수렴하면, 결과도 가우시안 랜덤 변수이다.

이 세 가지 사실들[12]은 $Y(t)$가 또한 랜덤 변수임을 증명하는 데 사용될 수 있다.

---

[11] Leon-Garcia(1994)의 6장을 보라. $\{Y_n\}$의 Y로의 평균 제곱 수렴은 다음을 의미한다.

$$\lim_{n \to \infty} \mathrm{E}[(Y - Y_n)^2] = 0$$

[12] 필터링 후 가우시안 분포 유형의 불변성은 Thomas(1971)의 11장에 나와 있다.

가우시안 랜덤 변수의 세 번째 특성은 만약 $Y(t)$가 식 (8.91)에 의해 주어졌다면, 결과의 평균은 다음과 같이 주어진다는 것이다.

$$\begin{aligned} \mathrm{E}[Y(t)] &= \mathrm{E}\left[\int_0^t h(t-s)X(s)\,ds\right] \\ &= \int_0^t h(t-s)\mathrm{E}[X(s)]\,ds \\ &= \mu_Y(t) \end{aligned}$$

이러한 결과들은 통신 시스템에 있어서 아주 중요하고 랜덤 과정의 선형 필터링은 아주 자주 발생한다.

▶ **연습문제 8.16** 만약 W_n이 가우시안 과정이면, $Y_0=0$으로 정의된 이산 과정 $\{Y_n: n=0, 1, 2, \ldots\}$와 아래의 식은 가우시안 과정인가? $|\alpha| < 1$이라고 가정한다.

$$Y_{n+1} = \alpha Y_n + W_n$$ ◀

8.10 백색 잡음

통신 시스템에서는 종종 백색 잡음(white noise)이라는 이상화된 잡음 과정에 기반하여 잡음을 분석한다. **백색 잡음의 전력 스펙트럼 밀도는 주파수에 독립적이다.** 백색 잡음은 모든 주파수 성분이 같은 양으로 존재한다는 의미에서 '햇빛'이라는 단어와 유사하다. 백색 잡음 과정 $W(t)$의 스펙트럼을 다음과 같이 표현한다.

$$S_W(f) = \frac{N_0}{2} \tag{8.92}$$

여기에서 인수 1/2은 그림 8.18(a)와 같이 양의 주파수와 관련된 전력의 반과 음의 주파수에 관련된 반을 포함한다. N_0의 차원은 W/Hz이다. 파라미터 N_0는 보통 통신 수신단의 입력 부분에서 측정된다. 그림 8.18(a)의 스펙트럼에서 원점에 델타 함수가 없기 때문에 백색 잡음은 직류 전력이 없다. 즉 평균값은 0이다.

자기상관 함수가 전력 스펙트럼 밀도의 푸리에 역변환이므로 식 (8.92)로부터 백색 잡음의 자기 상관을 따른다. 백색 잡음의 자기상관은 다음과 같다.

$$R_W(\tau) = \frac{N_0}{2}\delta(\tau) \tag{8.93}$$

백색 잡음의 자기상관 함수는 그림 8.18(b)와 같이 $\tau=0$에서 $N_0/2$가 곱해진 델타 함수

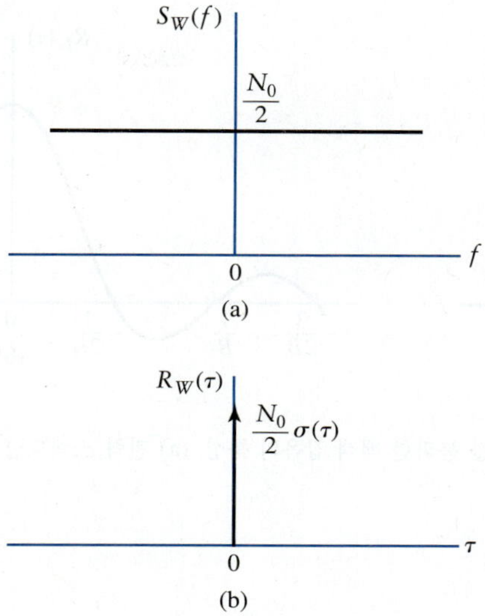

그림 8.18 백색 잡음의 특성. (a) 전력 스펙트럼 밀도. (b) 자기상관 함수.

로 구성되어 있다. $\tau \neq 0$에서는 $R_W(\tau)$가 0임을 주의하자. 결과적으로 어떤 백색 잡음의 두 개의 다른 샘플은 시간에 있어서 얼마나 가까이 취해졌는가에 상관없이 서로 관련이 없다.

엄격하게 말하면, 백색 잡음은 무한한 평균 전력을 가지고 있어서 물리적으로 구현할 수 없다. 그럼에도 불구하고 백색 잡음은 수학적으로 편리한 특성들을 지니고 있어서 많은 시스템에서 사용된다. 백색 잡음 과정의 유용성은 선형 시스템을 분석하기 위한 임펄스 함수나 델타 함수의 유용성과 같다. 임펄스의 효과는 유한한 대역폭을 가진 시스템을 통과한 후에 관찰될 수 있다. 그러므로 시스템의 입력에서 잡음 과정의 대역폭이 시스템 자체의 것보다 더 클 경우 잡음 과정을 백색 잡음으로 모델링할 수 있다. 이것은 실제의 통신 시스템에서 사용하는 경우이다.

예제 8.13 이상적인 저역통과 필터를 통과한 백색 잡음

평균이 0이고 전력 스펙트럼 밀도가 $N_0/2$인 백색 잡음 과정 $W(t)$가 대역폭이 B이고 단위 이득 통과대역 크기 이득을 가지는 이상적인 저역통과 필터에 인가되었을 경우를 고려해 보자. 잡음 과정 $N(t)$의 전력 스펙트럼 밀도는 출력에서 나타난다[그림 8.19(a) 참조].

$$S_N(f) = \begin{cases} \dfrac{N_0}{2}, & |f| < B \\ 0, & |f| > B \end{cases} \tag{8.94}$$

$N(t)$의 자기상관 함수는 그림 8.19(a)에 나와 있는 전력 스펙트럼 밀도의 푸리에 역변환이므로 다음과 같다.

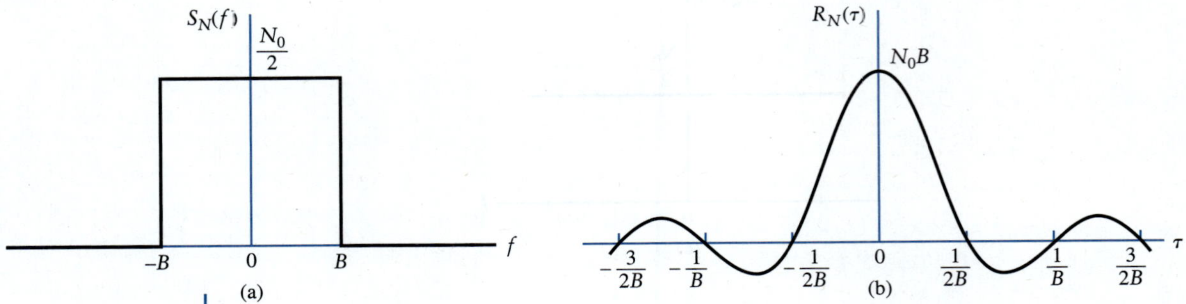

그림 8.19 저역통과 필터를 통과한 백색 잡음의 특성. (a) 전력 스펙트럼 밀도. (b) 자기상관 함수.

$$
\begin{aligned}
R_N(\tau) &= \int_{-B}^{B} \frac{N_0}{2} \exp(j2\pi f_c \tau)\, df \\
&= N_0 B \operatorname{sinc}(2B\tau)
\end{aligned}
\tag{8.95}
$$

자기상관 함수는 그림 8.19(b)에 그려져 있다. $R_N(\tau)$는 원점에서 최대값인 N_0B를 가지고 τ에서는 대칭이다. 그리고 $n=1, 2, 3, \ldots$일 때, $\tau=\pm n/2B$에서 0을 통과한다.

예제 8.14 RC 저역통과 필터를 통과한 백색 잡음

그림 8.20(a)와 같이 평균이 0이고 전력 스펙트럼 밀도가 $N_0/2$인 백색 잡음 과정 $W(t)$가 저역 RC 필터에 인가되었을 경우를 고려해 보자. 이 필터의 전달 함수는 다음과 같다.

$$
H(f) = \frac{1}{1 + j2\pi fRC} \tag{8.96}
$$

식 (8.87)로부터 저역통과 RC 필터의 출력에서 나타나는 잡음 $N(t)$의 스펙트럼을 찾을 수 있다[그림 8.20(b) 참조].

$$
S_N(f) = \frac{N_0/2}{1 + (2\pi fRC)^2}
$$

2장의 식 (2.16)으로부터 푸리에 변화의 쌍을 찾을 수 있다.

$$
\exp(-a|\tau|) \rightleftharpoons \frac{2a}{a^2 + (2\pi f)^2}
$$

그러므로 푸리에 변환의 확장 특성을 사용하여(2.2절 참조) 필터링된 잡음 과정 $N(t)$의

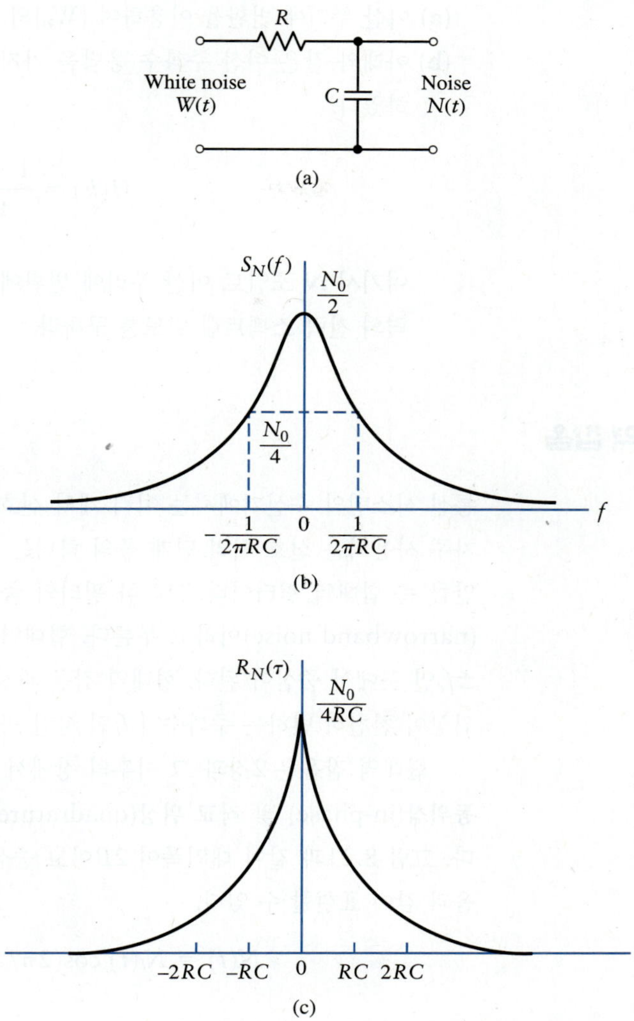

그림 8.20 RC 필터를 통과한 백색 잡음의 특성. (a) 저역통과 RC 필터. (b) 출력 $N(t)$의 전력 스펙트럼 밀도. (c) $N(t)$의 자기상관.

자기상관을 알 수 있다.

$$R_N(\tau) = \frac{N_0}{4RC} \exp\left(-\frac{|\tau|}{RC}\right)$$

그리고 이것은 그림 8.20(c)에 그려져 있다.

▶ **연습문제 8.17** 이산 시간 백색 잡음 과정인 $\{W_n\}$의 자기상관 함수가 $R_W(n)=N_0\delta(n)$으로 주어져 있다.

(a) 이산 푸리에 변환을 이용하여 $\{W_n\}$의 전력 과정을 구하라.

(b) 아래와 같은 이산 주파수 응답을 가지는 이산 시간 필터에 백색 잡음 과정이 통과하였다.

$$H(k) = \frac{1 - (\alpha W^k)^N}{1 - \alpha W^k}$$

여기서 N 포인트 이산 푸리에 변환에 대해서 $W = \exp\{-j2\pi/N\}$이다. 이 필터 출력의 전력 스펙트럼 밀도를 구하라. ◀

8.11 협대역 잡음

통신 시스템의 수신기에서는 여러 개의 신호처리 단계를 포함한다. 대역통과 시스템에서 자주 사용되는 신호 처리 단계 중의 하나는 대역폭이 수신 신호의 변조 신호를 통과시킬 만큼 큰 협대역 필터이다. 그러한 필터의 출력단에서 나타나는 잡음 과정은 **협대역 잡음**(narrowband noise)이라고 부른다. 협대역 잡음은 그림 8.21(a)와 같이 중간 주파수가 $\pm f_c$인 곳에서 중심이 된다. 협대역 잡음 과정의 샘플 함수는 그림 8.21(b)와 같이 높이와 위상이 천천히 변하는 주파수가 f_c인 사인 곡선과 비슷함을 알 수 있다.

협대역 잡음은 2장과 그 이후의 장에서 협대역 신호를 표현하기 위해 사용한 것처럼 **동위상**(in-phase) 및 **직교 위상**(quadrature) 성분을 이용하여 수학적으로 나타낼 수 있다. 그림 8.21과 같이 대역폭이 $2B$이고 중심 주파수가 f_c인 협대역 잡음 $N(t)$에 대해 다음과 같이 표현할 수 있다.

$$N(t) = N_I(t)\cos(2\pi f_c t) - N_Q(t)\sin(2\pi f_c t) \tag{8.97}$$

여기에서 $N_I(t)$는 $N(t)$의 **동위상 성분**이라 부르고 $N_Q(t)$는 $N(t)$의 **직교 위상 성분**이라고

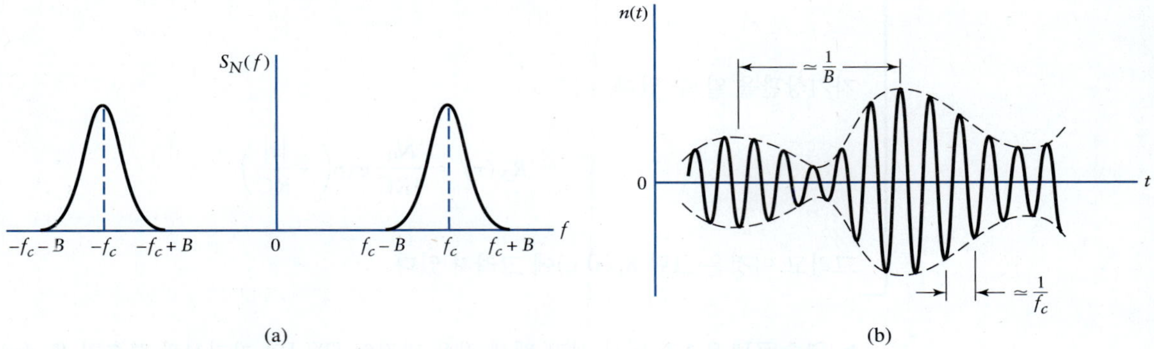

그림 8.21 (a) 협대역 잡음의 전력 스펙트럼 밀도. (b) 협대역 잡음의 샘플 함수.

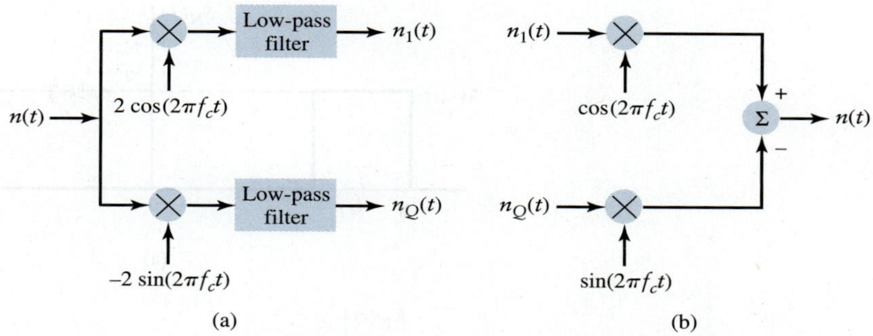

그림 8.22 (a) 협대역 잡음의 동위상 성분과 직교 위상 성분 추출. (b) 동위상 성분과 직교 위상 성분으로부터 협대역 잡음을 만들어 내기.

부른다. $N_I(t)$와 $N_Q(t)$ 둘 다 저역통과 랜덤 과정이다. 즉 대역폭은 $0 < |f| < B$,이다. 동위상 성분과 직교 위상 성분과 중심 주파수 f_c를 알고 있다면, 협대역 잡음의 특성을 완전하게 나타낼 수 있다.

협대역 샘플 함수 $n(t)$의 동위상 성분과 직교 위상 성분은 그림 8.22(a)에서 뽑아올 수 있다. 두 개의 저역통과 필터는 대역폭 B를 가진 이상적인 것으로 가정한다. 이 방법은 식 (8.97)의 협대역 잡음 표현을 직접 사용한다. 다른 방법으로 동위상 및 직교 위상 성분을 각각 알 수 있으면, 그림 8.22(b)를 사용하여 협대역 잡음 $n(t)$를 생성할 수 있다.

협대역 잡음의 동위상 및 직교 위상 성분은 다음과 같은 중요한 특성들을 가지고 있다.[13]

1. 협대역 잡음 $N(t)$의 동위상 성분인 $N_I(t)$와 직교위상 성분인 $N_Q(t)$는 평균이 0이다.
2. 만약 협대역 잡음 $N(t)$가 가우시안이면, 동위상 성분과 직교 위상 성분도 가우시안이다.
3. 만약 협대역 잡음 $N(t)$가 스테이셔너리이면, 동위상 성분과 직교 위상 성분도 스테이셔너리이다.
4. 동위상 성분인 $N_I(t)$와 직교 위상 성분인 $N_Q(t)$는 동일한 스펙트럼을 가지고 있다. 이러한 스펙트럼은 아래와 같이 협대역 스펙트럼 $S_N(f)$와 관련성이 있다.

$$S_{N_I}(f) = S_{N_Q}(f) = \begin{cases} S_N(f - f_c) + S_N(f + f_c), & -B \le f \le B \\ 0, & \text{otherwise} \end{cases} \tag{8.98}$$

5. 동위상 성분인 $N_I(t)$와 직교 위상 성분인 $N_Q(t)$는 협대역 잡음 $N(t)$와 동일한 분산을 가지고 있다.

[13] 이 특성의 증명은 Haykin(2001)의 1장을 보라.

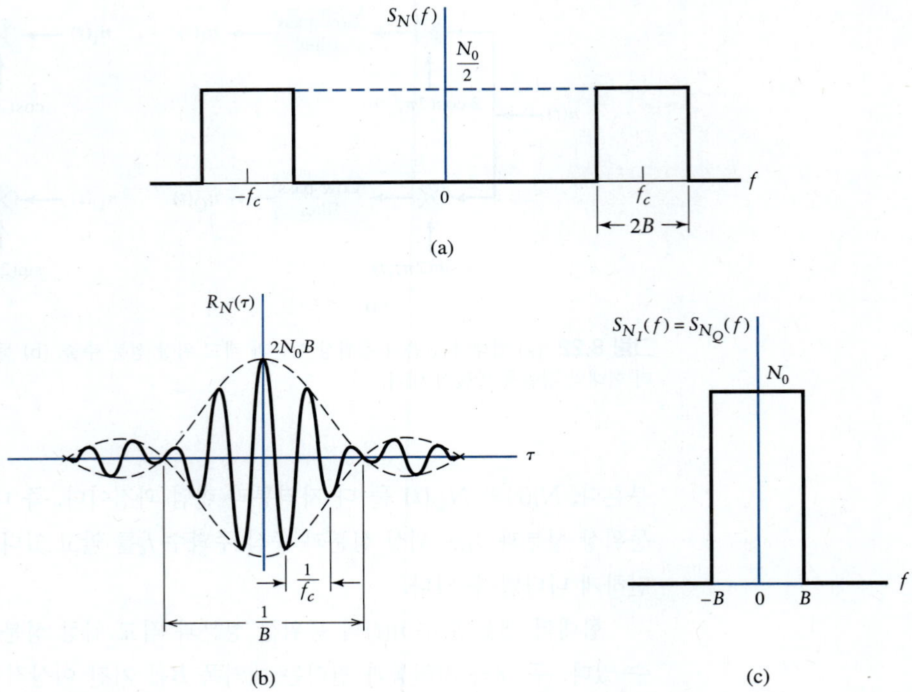

그림 8.23 이상적인 대역통과 필터를 통과한 백색 잡음의 특성. (a) 전력 스펙트럼 밀도. (b) 자기상관 함수. (c) 동위상과 직교 위상의 전력 스펙트럼 밀도.

위의 특성들을 표현하기 위해 그림 8.23(a)에 협대역 잡음의 스펙트럼을 표시하였다. 위의 특성 4에 따르면, 협대역 잡음의 동위상 성분과 직교 위상 성분은 다음과 같이 주어진다.

$$S_{N_I}(f) = \begin{cases} N_0, & -B \le f \le B \\ 0, & \text{otherwise} \end{cases}$$

그리고 직교 위상 성분도 비슷한 스펙트럼을 가지고 있다. 그러므로 동위상 성분의 스펙트럼은 협대역 잡음의 스펙트럼의 두 배이다. 그러나 $\pm f_c$를 중심으로 $2B$의 대역폭 안에서 협대역 잡음은 0이 아닌 스펙트럼이므로 다음을 얻을 수 있다.

$$\int_{-\infty}^{\infty} S_N(f)\, df = \int_{-\infty}^{\infty} S_{N_I}(f)\, df = 2N_0B$$

그리고 이것은 특성 5에서 동위상 성분과 직교 위상 성분이 동일한 분산을 가지고 있다는 것을 보여 준다.

예제 8.15 이상적인 대역통과 필터를 통과한 협대역 잡음

평균이 0이고 스펙트럼이 $N_0/2$인 가우시안 백색 잡음을 고려하자. 이 잡음이 중심 주파수가 f_c이고 대역폭이 $2B$, 대역통과 이득이 1인 이상적인 대역통과 필터를 통과한다고 하자. 필터링된 백색 잡음은 그림 8.23(a)에 표시된 것과 같이 아래의 식으로 표현된다.

$$S_N(f) = \begin{cases} N_0/2, & |f - f_c| < B \\ N_0/2, & |f + f_c| < B \\ 0, & \text{otherwise} \end{cases} \tag{8.99}$$

문제는 $N(t)$의 자기상관 함수를 구하고, 동위상 성분과 직교 위상 성분을 구하는 것이다.

$n(t)$의 자기상관 함수는 식 (8.99)의 스펙트럼 특성의 푸리에 역변환으로, 다음과 같이 주어진다.

$$\begin{aligned} R_N(\tau) &= \int_{-f_c-B}^{-f_c+B} \frac{N_0}{2} \exp(j2\pi f_c\tau)\, df + \int_{f_c-B}^{f_c+B} \frac{N_0}{2} \exp(j2\pi f_c\tau)\, df \\ &= N_0B \operatorname{sinc}(2B\tau)[\exp(-j2\pi f_c\tau) + \exp(2\pi f_c\tau)] \\ &= 2N_0B \operatorname{sinc}(2B\tau) \cos(2\pi f_c\tau) \end{aligned} \tag{8.100}$$

위의 이상적인 협대역 잡음의 자기상관 함수는 그림 8.23(b)에 그려져 있다.

협대역 잡음의 특성 4로부터, 동위상 및 직교 위상 성분은 그림 8.23(c)에 나와 있는 것처럼 이상적인 스펙트럼을 가지고 있다. 그러므로 $N_I(t)$와 $N_Q(t)$는 다음과 같다(예제 8.13 참조).

$$R_{N_I}(\tau) = R_{N_Q}(\tau) = 2N_0B \operatorname{sinc}(2B\tau) \tag{8.101}$$

잡음 동일 대역폭

예제 8.13에서 평균이 0이고 스펙트럼이 $N_0/2$인 백색 잡음이 대역폭이 B, 대역통과 이득이 1, 평균 출력 전력이 N_0B인 이상적인 저역통과 필터에 연결된 것을 볼 수 있었다. 예제 8.14에서는 비슷한 잡음이 출력 전력이 $N_0/2RC$인 저역통과 RC 필터에 연결된 것을 볼 수 있었다. 이 필터에서 3 dB 대역폭은 $1/(2\pi RC)$와 같다. 따라서 우리는 중요한 두 가지 사항을 관찰할 수 있다. 첫 번째로, 필터링된 백색 잡음은 한정된 평균 전력을 가진다. 두 번째로, 평균 전력은 대역폭에 비례한다. 모든 종류의 저역통과 필터를 포함하기 위해 아래와 같이 **잡음 동일 대역폭**(noise-equivalent bandwidth)으로 정의함으로써 이러한 관찰을 일반화할 수 있다.

스펙트럼이 $S_W(f)=N_0/2$인 백색 잡음이 전달 함수가 $H(f)$인 임의의 필터에 연결되었다. 스펙트럼 특성 1과 4에서 잡음의 평균 출력은 다음과 같다.

$$P_N = \int_{-\infty}^{\infty} |H(f)|^2 S_W(f)\, df$$
$$= \int_{-\infty}^{\infty} |H(f)|^2 \frac{N_0}{2}\, df$$
$$= N_0 \int_0^{\infty} |H(f)|^2\, df \tag{8.102}$$

마지막 줄에서 크기 응답(amplitude response) $H(f)$는 주파수에 대해 기함수임을 확인할 수 있다. 이제 같은 잡음이 그림 8.24와 같이 영 주파수 응답 $H(0)$와 대역폭 B_N을 가지는 이상적인 저역통과 필터에 연결되었다고 생각하자. 이 경우 잡음의 평균 출력은 다음과 같다.

$$P_N = N_0 B_N |H(0)|^2 \tag{8.103}$$

식 (8.102)와 (8.103)을 같다고 놓고 임의의 필터로서 같은 잡음 전력을 생산하는 이상적인 필터의 대역폭 B_N을 결정한다.

$$B_N = \frac{\int_0^{\infty} |H(f)|^2\, df}{|H(0)|^2} \tag{8.104}$$

대역폭 B_N은 저역통과 필터의 **잡음 동일 대역폭**이라고 한다. 그러므로 잡음 동일 대역폭을 계산하는 과정은 그림 8.24와 같이 전달함수가 $H(f)$인 임의의 저역통과 필터를 대역폭이 B_N인 영주파수 응답 $H(0)$를 가지는 동일한 이상적인 저역통과 필터로 치환하는 과정을 포함한다.

비슷한 방법으로 그림 8.25와 같이 **대역통과 필터에 대한 잡음 동일 대역폭**을 정할

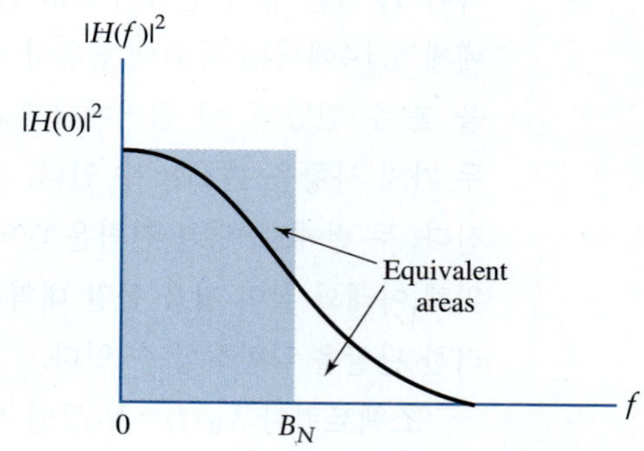

그림 8.24 임의의 저역통과 필터 $H(f)$와 이상적인 저역통과 필터(대역폭$=B_N$).

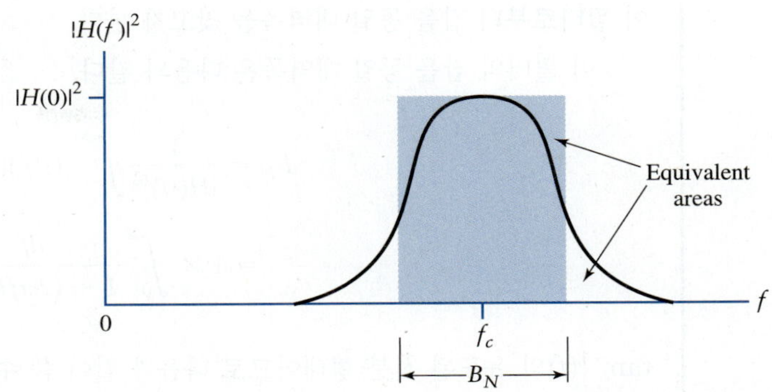

그림 8.25 임의의 대역통과 필터 $H(f)$와 이상적인 대역통과 필터(대역폭$=B_N$).

수 있다. 이 그림에서는 양의 주파수에만 필터의 사각형 모양의 크기 응답을 그렸다. 그러므로 대역통과 필터의 잡음 동일 대역폭은 다음과 같이 정의된다.

$$B_N = \frac{\int_0^\infty |H(f)|^2 \, df}{|H(f_c)|^2} \tag{8.105}$$

여기서 $|H(f_c)|^2$은 필터의 중심 주파수 크기 응답이다. 사실 식 (8.105)에서 $f_c=0$으로 설정을 하면 저역통과 필터를 표현하는 데 사용할 수 있다. 그러면 다음과 같은 일반적인 결과를 얻을 수 있다.

$$P_N = N_0|H(f_c)|^2 B_N \tag{8.106}$$

필터를 통해서 백색 잡음을 통과시킬 때 얻게 되는 효과는 두 부분으로 나눌 수 있다.

- 중심 주파수 전력 이득 $|H(f_c)|^2$
- 필터의 **주파수 선택도**(frequency selectivity)를 나타내는 잡음 동일 대역폭 B_N

이러한 분리 방법은 필터가 저역통과인지 대역통과인지에 따라 적용된다. 그러므로 일반적인 규칙으로서 시스템 내에서 잡음의 효과는 시스템의 대역폭을 좁게 함으로써 줄어든다고 말할 수 있다.

예제 8.16 RC 필터의 잡음 동일 대역폭

예제 8.14의 하나의 폴을 가지는 저역통과 필터를 고려해 보자. 이 필터의 전달 함수는 다음과 같다.

$$H(f) = \frac{1}{1 + j2\pi fRC}$$

이 필터로부터 잡음 동일 대역폭을 찾고자 한다.

이 필터의 잡음 동일 대역폭은 다음과 같다.

$$B_N = \frac{1}{|H(0)|^2}\int_0^\infty |H(f)|^2\, df$$
$$= 1 \times \int_0^\infty \frac{df}{1 + (2\pi fRC)^2}$$

$\tan^{-1}(f)$의 유도된 적분 형태이므로 다음과 같이 쓸 수 있다.

$$B_N = \frac{1}{2\pi RC}\tan^{-1}(2\pi fRC)\Big|_0^\infty$$
$$= \frac{1}{2\pi RC}\left(\frac{\pi}{2} - 0\right)$$
$$= \frac{1}{4RC}$$

단일 폴 필터의 롤오프(roll-off)로 인해 잡음 대역폭은 3 dB 대역폭[$B_{3dB}=1/(2\pi RC)$]보다 약간 크다.

8.12 요약과 토의

우리는 이 장에서 정보와 잡음이 둘 다 랜덤 신호라는 점을 언급하며 시작하였다. 실제로 이러한 랜덤성과 예측 불가능성은 통신 시스템에서 중요한 특성이다. 그러나 랜덤 신호도 측정될 수 있는 어떤 통계적인 특징들이 있다. 그 뒤를 이어 랜덤 신호를 특징짓는 몇 가지 중요한 방법들을 소개되었다.

예측할 수 없는 현상들에 대한 모델로서 랜덤 실험을 소개하였다. 확률의 상대 빈도는 랜덤 실험의 결과에 가능성을 할당하는 방법으로서 정의를 내렸다. 이것은 확률 이론의 세 가지 기본 공리를 이끌어 내었다.

랜덤 변수는 도메인이 랜덤 실험의 샘플 공간이고 그 범위가 실수인 하나의 함수로서 소개되었다. 랜덤 변수는 다양한 종류의 확률 실험을 처리하는 방법의 통일성을 제공하였다. 확률 분포와 밀도 함수는 랜덤 변수를 특징짓는 기본적으로 중요한 방법으로 소개되었다.

랜덤 변수의 함수에 대한 연구를 함으로 자연적으로 기대값, 통계적 모멘트, 랜덤 변수의 공분산 등에 관한 개념을 이끌어 내었다.

가우시안 랜덤 변수는 통신 시스템을 공부하는 데 특별히 중요한 랜덤 변수로서 소개되었다.

랜덤 신호에서 시간을 하나의 변수로 생각하면서 랜덤 과정을 알아볼 수 있었다. 랜덤 과정은 파라미터로서 시간에 의해 분류되는 랜덤 변수의 집합으로 정의되었다. 스테이셔너리, 에르고딕, 와이드 센스 스테이셔너리 랜덤 과정은 랜덤 현상을 보이는 대부분의 물리적 과정을 모델링함으로써 소개되었다. 와이드 센스 스테이셔너리 랜덤 과정은 결정적인 전력 신호의 여러 가지 특성을 가지고 있고, 위너-킷친 공식은 랜덤 과정의 스펙트럼과 자기상관 함수의 관계를 보여 주었다.

가우시안 과정과 백색 잡음은 통신 시스템을 분석하는 중요한 랜덤 과정으로서 소개가 되었다.

마지막으로 결정적인 신호와 유사하게 잡음의 대역통과와 협대역에 관하여 고려하였다. 이 협대역 잡음은 동위성 성분과 직교 위상 성분으로 구성되어 있다.

이 장에서는 통신 시스템에서 발견할 수 있는 랜덤 신호와 잡음에 관해 완전하지는 않지만 간략하게 살펴보았다. 그러나 여기에 소개된 방법들은 통계적인 통신 이론을 배우는 사람들에게 소개를 위한 자료로서 적절하다고 생각된다. 이어지는 두 장에서는 수신기를 설계하는 내용이나 통신 시스템의 성능을 평가하는 법 등과 같이 이 장에서 소개된 내용의 중요성에 대해 설명할 것이다.

Additional Problems

8.18 Consider a deck of 52 cards, divided into four different suits, with 13 cards in each suit ranging from the two up through the ace. Assume that all the cards are equally likely to be drawn.

(a) Suppose that a single card is drawn from a full deck. What is the probability that this card is the ace of diamonds? What is the probability that the single card drawn is an ace of any one of the four suits?

(b) Suppose that two cards are drawn from the full deck. What is the probability that the cards drawn are an ace and a king, not necessarily the same suit? What if they are of the same suit?

8.19 Suppose a player has one red die and one white die. How many outcomes are possible in the random experiment of tossing the two dice? Suppose the dice are indistinguishable, how many outcomes are possible?

8.20 Refer to Problem 8.19.

(a) What is the probability of throwing a red 5 and a white 2?

(b) If the dice are indistinguishable, what is the probability of throwing a sum of 7? If they are distinguishable, what is this probability?

8.21 Consider a random variable X that is uniformly distributed between the values of 0 and 1 with probability $\frac{1}{4}$, takes on the value 1 with probability $\frac{1}{4}$, and is uniformly distributed between values 1 and 2 with probability $\frac{1}{2}$. Determine the distribution function of the random variable X.

8.22 Consider a random variable X defined by the double-exponential density

$$f_X(x) = a\exp(-b|x|), \qquad -\infty < x < \infty$$

where a and b are constants.

(a) Determine the relationship between a and b so that $f_X(x)$ is a probability density function.

(b) Determine the corresponding distribution function $F_X(x)$.

(c) Find the probability that the random variable X lies between 1 and 2.

8.23 Show that the expression for the variance of a random variable can be expressed in terms of the first and second moments as

$$\mathrm{Var}(X) = \mathbf{E}[X^2] - \mathbf{E}[X]^2$$

8.24 A random variable R is Rayleigh distributed with its probability density function given by

$$f_R(r) = \begin{cases} \dfrac{r}{b}\exp\left(-\dfrac{r^2}{2b}\right), & 0 < r < \infty \\ 0, & \text{otherwise} \end{cases}$$

(a) Determine the corresponding distribution function $F_R(r)$.

(b) Show that the mean of R is equal to $\sqrt{b\pi/2}$.

(c) What is the mean-square value of R?

(d) What is the variance of R?

8.25 Consider a uniformly distributed random variable Z, defined by

$$f_Z(z) = \begin{cases} \dfrac{1}{2\pi}, & 0 \le z \le 2\pi \\ 0, & \text{otherwise} \end{cases}$$

The two random variables X and Y are related to Z by $X = \sin(Z)$ and $Y = \cos(Z)$.

(a) Determine the probability density functions of X and Y.

(b) Show that X and Y are uncorrelated random variables.

(c) Are X and Y statistically independent? Why?

8.26 A Gaussian random variable has zero mean and a standard deviation of 10 V. A constant voltage of 5 V is added to this random variable.

(a) Determine the probability that a measurement of this composite signal yields a positive value.

(b) Determine the probability that the arithmetic mean of two independent measurements of this signal is positive.

8.27 Consider a random process $X(t)$ defined by

$$X(t) = \sin(2\pi Wt)$$

in which the frequency W is a random variable with the probability density function

$$f_W(w) = \begin{cases} \dfrac{1}{B}, & 0 \le w \le B \\ 0, & \text{otherwise} \end{cases}$$

Show that $X(t)$ is nonstationary.

8.28 Consider the sinusoidal process

$$X(t) = A\cos(2\pi f_c t)$$

where the frequency f_c is constant and the amplitude A is uniformly distributed:

$$f_A(a) = \begin{cases} 1, & 0 \le a \le 1 \\ 0, & \text{otherwise} \end{cases}$$

Determine whether or not this process is stationary in the strict sense.

8.29 A random process $X(t)$ is defined by

$$X(t) = A\cos(2\pi f_c t)$$

where A is a Gaussian random variable of zero mean and variance σ_A^2. This random process is applied to an ideal integrator, producing an output $Y(t)$ defined by

$$Y(t) = \int_0^t X(\tau)\, d\tau$$

(a) Determine the probability density function of the output $Y(t)$ at a particular time t_k.
(b) Determine whether or not $Y(t)$ is stationary.

8.30 Prove the following two properties of the autocorrelation function $R_X(\tau)$ of a random process $X(t)$:
(a) If $X(t)$ contains a dc component equal to A, then $R_X(\tau)$ contains a constant component equal to A^2.
(b) If $X(t)$ contains a sinusoidal component, then $R_X(\tau)$ also contains a sinusoidal component of the same frequency.

8.31 A discrete-time random process $\{Y_n\}$ is defined by

$$Y_n = \alpha Y_n + W_n, \qquad n = \ldots, -1, 0, +1, \ldots$$

where the zero-mean random process $\{W_n\}$ is stationary with autocorrelation function $R_W(k) = \sigma^2\delta(k)$. What is the autocorrelation function $R_y(k)$ of Y_n? Is Y_n a wide-sense stationary process? Justify your answer.

8.32 Find the power spectral density of the process that has the autocorrelation function

$$R_X(\tau) = \begin{cases} \sigma^2(1 - |\tau|), & \text{for } |\tau| \le 1 \\ 0, & \text{for } |\tau| > 1 \end{cases}$$

8.33 A random pulse has amplitude A and duration T but starts at an arbitrary time t_0. That is, the random process is defined as

$$X(t) = A\,\text{rect}(t + t_0)$$

where rect(t) is defined in Section 2.9. The random variable t_0 is assumed to be uniformly distributed over $[0, T]$ with density

$$f_{t_0}(s) = \begin{cases} \dfrac{1}{T}, & 0 \le s \le T \\ 0, & \text{otherwise} \end{cases}$$

(a) What is the autocorrelation function of the random process $X(t)$?
(b) What is the spectrum of the random process $X(t)$?

8.34 Given that a stationary random process $X(t)$ has an autocorrelation function $R_X(\tau)$ and a power spectral density $S_X(f)$, show that:
(a) The autocorrelation function of $dx(t)/dt$, the first derivative of $X(t)$, is equal to the negative of the second derivative of $R_X(\tau)$.
(b) The power spectral density of $dX(t)/dt$, is equal to $4\pi^2 f^2 S_X(f)$.
Hint: See the solution to problem 2.24

8.35 Consider a wide-sense stationary process $X(t)$ having the power spectral density $S_X(f)$ shown in Fig. 8.26. Find the autocorrelation function $R_X(\tau)$ of the process $X(t)$.

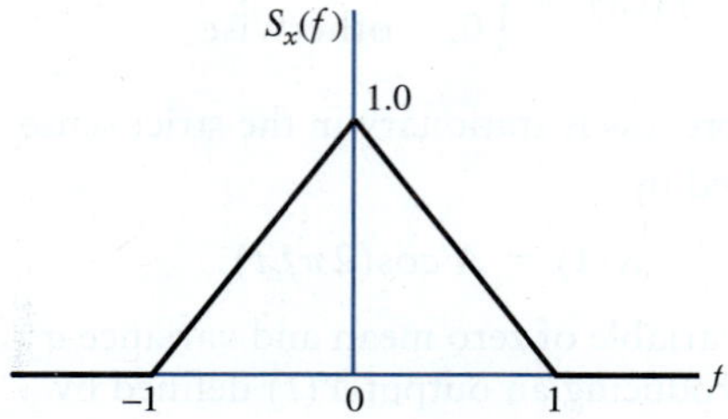

FIGURE 8.26 Problem 8.35.

8.36 The power spectral density of a random process $X(t)$ is shown in Fig. 8.27.
(a) Determine and sketch the autocorrelation function $R_X(\tau)$ of $X(t)$.
(b) What is the dc power contained in $X(t)$?
(c) What is the ac power contained in $X(t)$?
(d) What sampling rates will give uncorrelated samples of $X(t)$? Are the samples statistically independent?

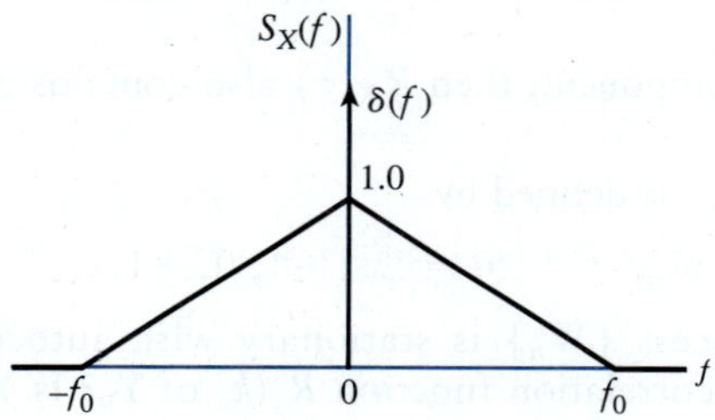

FIGURE 8.27 Problem 8.36.

8.37 Consider the two linear filters shown in cascade as in Fig. 8.28. Let $X(t)$ be a stationary process with autocorrelation function $R_X(\tau)$. The random process appearing at the first filter output is $V(t)$ and that at the second filter output is $Y(t)$.
(a) Find the autocorrelation function of $V(t)$.
(b) Find the autocorrelation function of $Y(t)$.

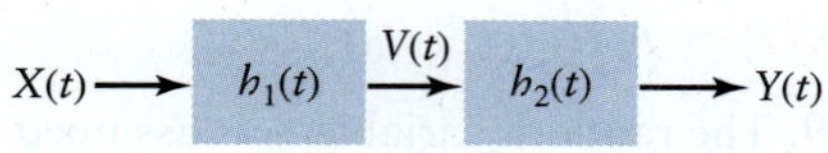

FIGURE 8.28 Problem 8.37.

8.38 The power spectral density of a narrowband random process $X(t)$ is as shown in Fig. 8.29. Find the power spectral densities of the in-phase and quadrature components of $X(t)$, assuming $f_c = 5$ Hz.

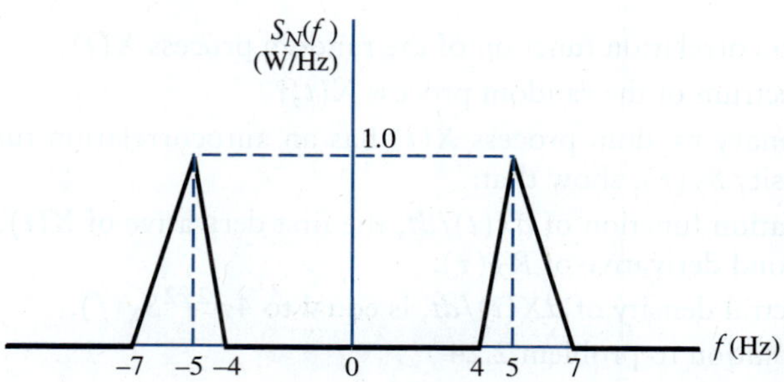

FIGURE 8.29 Problem 8.38.

8.39 Assume the narrowband process $X(t)$ described in Problem 8.38 is Gaussian with zero mean and variance σ_X^2.

(a) Calculate σ_X^2.

(b) Determine the joint probability density function of the random variables Y and Z obtained by observing the in-phase and quadrature components of $X(t)$ at some fixed time.

ADVANCED PROBLEMS

8.40 Find the probability that the last two digits of the cube of a natural number $(1, 2, 3, \ldots)$ will be 01.

8.41 Consider the random experiment of selecting a number uniformly distributed over the range $\{1, 2, 3, \ldots, 120\}$. Let A, B, and C be the events that the selected number is a multiple of 3, 4, and 6, respectively.

(a) What is the probability of event A—that is, $P[A]$?

(b) What is $\mathbf{P}[B]$??

(c) What is $\mathbf{P}[A \cap B]$?

(d) What is $\mathbf{P}[A \cup B]$?

(e) What is $\mathbf{P}[A \cap C]$?

8.42 A message consists of ten 0s and 1s.

(a) How many such messages are there?

(b) How many such messages are there that contain exactly four 1s?

(c) Suppose the 10th bit is not independent of the others but is chosen such that the modulo-2 sum of all the bits is zero. This is referred to as an even-parity sequence. How many such even-parity sequences are there?

(d) If this ten-bit even-parity sequence is transmitted over a channel that has a probability of error p for each bit. What is the probability that the received sequence contains an undetected error?

8.43 The probability that an event occurs at least once in four independent trials is equal to 0.59. What is the probability of occurrence of the event in one trial, if the probabilities are equal in all trials?

8.44 The arrival times of two signals at a receiver are uniformly distributed over the interval $[0, T]$. The receiver will be jammed if the time difference in the arrivals is less than τ. Find the probability that the receiver will be jammed.

8.45 A telegraph system (an early version of digital communications) transmits either a dot or dash signal. Assume the transmission properties are such that 2/5 of the dots and 1/3 of the dashes are received incorrectly. Suppose the ratio of transmitted dots to transmitted dashes is 5 to 3. What is the probability that a received signal is as transmitted if:

(a) The received signal is a dot?

(b) The received signal is a dash?

8.46 Four radio signals are emitted successively. The probability of reception for each of them is independent of the reception of the others and equal, respectively, 0.1, 0.2, 0.3, and 0.4. Find the probability that k signals will be received where $k = 1, 2, 3, 4$.

8.47 In a computer-communication network, the arrival time τ between messages is modeled with an exponential distribution function having the density

$$f_T(\tau) = \begin{cases} \dfrac{1}{\lambda} e^{-\lambda\tau}, & \tau \geq 0 \\ 0, & \text{otherwise} \end{cases}$$

(a) What is the mean time between messages with this distribution?
(b) What is the variance in this time between messages?

8.48 If X has a density $f_X(x)$, find the density of the random variable Y defined as follows:
(a) $Y = aX + b$ for constants a and b.
(b) $Y = X^2$.
(c) $Y = \sqrt{X}$, assuming X is a nonnegative random variable.

8.49 Let X and Y be two independent random variables with density functions $f_X(x)$ and $f_Y(x)$, respectively. Show that the random variable $Z = X + Y$ has a density function given by

$$f_Z(z) = \int_{-\infty}^{0} f_Y(z - s)\, f_X(s)ds$$

Hint: $\mathbf{P}[Z \leq z] = P[X \leq z, Y \leq z - X]$

8.50 Find the spectral density $S_Z(f)$ if

$$Z(t) = X(t) + Y(t)$$

where $X(t)$ and $Y(t)$ are independent zero-mean random processes with

$$R_X(\tau) = a_1 e^{-\alpha_1|\tau|}, \qquad \text{and} \qquad R_Y(\tau) = a_2 e^{-\alpha_2|\tau|}.$$

8.51 Consider a random process $X(t)$ defined by

$$X(t) = \sin(2\pi f_c t)$$

where the frequency f_c is a random variable uniformly distributed over the interval $[0, W]$. Show that $X(t)$ is nonstationary. *Hint:* Examine specific sample functions of the random process $X(t)$ for, say, the frequencies $W/4$, $W/2$, and W.

8.52 The oscillators used in communication systems are not ideal but often suffer from a distortion known as *phase noise.* Such an oscillator may be modeled by the random process

$$Y(t) = A\cos(2\pi f_c t + \phi(t))$$

where $\phi(t)$ is a slowly varying random process. Describe and justify the conditions on the random process $\phi(t)$ such that $Y(t)$ is wide-sense stationary.

8.53 A baseband signal is disturbed by an additive noise process $N(t)$ as shown by

$$X(t) = A\sin(0.3\pi t) + N(t)$$

where $N(t)$ is a stationary Gaussian process of zero mean and variance σ^2.
(a) Determine the density functions of the random variables X_1 and X_2 where

$$X_1 = X(t)|_{t=1}$$

$$X_2 = X(t)|_{t=2}$$

(b) The noise process $N(t)$ has an autocorrelation function given by

$$R_N(\tau) = \sigma^2 \exp(-|\tau|)$$

Determine the joint density function of X_1 and X_2, that is, $f_{X_1, X_2}(x_1, x_2)$.

Computer Experiments

8.54 For this die-tossing experiment, a MATLAB script is included in Appendix 7. The MATLAB script simulates the tossing of a biased die 1000 times. The steps to the script are:

- Roll the die N times and save the results in X.
- Compute a histogram on X to obtain the probabilities of the different faces.

Repeat the experiment for $N = 10, 100, 1000$, and 10,000. Comment on the relative frequency definition of probability as a function of N, the number of throws.

8.55 To demonstrate the central limit theorem, we compute 20,000 samples of Z for $N = 5$, and estimate the corresponding probability density function by forming a histogram of the results. A MATLAB script for performing this is included in Appendix 7. Compare this histogram (scaled for unit area) to the Gaussian density function having the same mean and variance.

8.56 Revise the script for Problem 8.55 to find the distribution of a sum of Bernoulli random variables. Compare it to the Gaussian distribution as N becomes large.

8.57 Revise the script for Problem 8.55 so the mean values are not identical but have a random distribution as well, but with the same overall mean. Compute the distribution of the sum.

8.58 In this computer experiment, we will simulate a Gaussian random process digitally. A MATLAB script in Appendix 7 generates a discrete-time white Gaussian process and filters it with a discrete-time root-raised cosine filter (as discussed in Chapter 6). In the script, we perform the following steps:

- Generate a discrete-time white Gaussian process.
- Filter this Gaussian process with a root-raised cosine filter having 25 percent excess bandwidth.
- Compute the spectrum of the resulting discrete-time process.
- Compute the autocorrelation of the resulting discrete-time process.

(a) Determine the autocorrelation of the filtered sequence.

(b) Determine the spectrum of the filtered sequence.

Comment on the results.

9장

아날로그 통신에서의 잡음

이 장에서는 8장에서 다루었던 잡음과 관련하여 3장과 4장의 아날로그 변조 방식을 다시 다룬다. 실제로 변조된 신호는 그 종류와 관계없이 잡음이나 전송 채널의 불완전한 특성 때문에 교란된다. 잡음이란 넓은 의미로 정의하자면 원하는 신호를 복원하는 데 영향을 미치는 미지의 신호라고 할 수 있다. 통신 시스템에서의 잡음원은 여러 가지가 있으나 주로 통신 장치 자체에 기인하거나 전송 과정에서 발생하는 간섭이라 할 수 있다. 잡음이 원하는 신호에 영향을 미치는 방법은 여러 가지가 있으나 그 중에서도 가장 흔한 방법은 가산적인 왜곡이다. 즉 수신된 신호를

$$r(t) = s(t) + w(t) \tag{9.1}$$

와 같이 모델링할 수 있는데,[1] 여기서 $s(t)$는 송신 신호이고 $w(t)$는 가산 잡음이다. 우리가 잡음을 명확히 알 수 있다면 잡음을 $r(t)$에서 빼 줌으로써 송신된 신호를 정확히 복원할 수 있을 것이다. 불행하게도 이런 경우는 극히 드물다. 대부분의 통신 시스템은 수신 신호 $r(t)$에서 가산 잡음의 영향이 최소화되도록 설계된다.

이 장에서는 가산 잡음이 존재하는 아날로그 신호를 검파해 내는 데 초점을 맞춘다. 이 장에서 배울 내용은 다음과 같다.

- **레슨 1: 잡음의 영향을 최소화하는 것이 아날로그 통신의 주요 관심 사항이며 따라서 신호 전력 대 잡음 전력비가 아날로그 통신 사용 품질의 중요한 척도가 된다.**
- **레슨 2: 진폭 변조는 동기가 맞는 발진기의 사용이 요구되는 동기 검파나 단순한 포락선 검파에 의한 비동기 검파 중 어느 방법으로도 검파될 수 있다. 그러나 비동기 검파를 수행하는 데 따르는 성능상의 제한이 있다.**

[1] 이 장과 이후의 장에서 랜덤 신호에 대하여 사용하는 소문자는 고려중인 랜덤 과정에 대한 샘플 함수를 뜻한다..

▶ **레슨 3: 주파수 변조는 비선형이라서 입력 잡음 스펙트럼이 평탄하더라도 출력 잡음 스펙트럼이 포물선 형태이다. 주파수 변조는 우리가 주파수 대역폭을 조절하여 성능을 개선할 수 있다는 장점이 있다.**

▶ **레슨 4: 프리엠퍼시스와 디엠퍼시스 필터링은 FM 복조에서 왜곡 없이 출력 잡음을 감소시킬 수 있는 방법이다. 이 기법은 주파수 변조 시스템의 성능을 상당히 개선하는 데 사용될 수 있다.**

9.1 통신 시스템에서의 잡음

잡음의 영향을 최소화하는 기술을 검토하기 전에 잡음의 특성을 살펴보자. 8장에서 잡음을 랜덤 과정으로 규정하였으나 잡음 과정이 예측 불가이긴 하여도 그 동작을 규정할 방법은 있다. 특히 다음과 같은 통계적 파라미터를 사용할 수가 있다.

- **랜덤 과정의 평균.** 잡음에 대해서는 평균값이 **직류 전압 성분**에 해당한다. 대부분의 통신 시스템에서 직류값은 전력을 필요로 하고 정보를 포함하고 있지 않기 때문에 설계 과정에서 제거된다. 결과적으로 잡음과 신호는 모두 영평균으로 가정한다.
- **랜덤 과정의 자기상관.** 11장에서는 수신기 잡음의 물리적 모델과 이를 규정할 수단에 대하여 설명한다. 8장에서 설명한 바와 같이 **백색 잡음**(white noise)이 수신기 잡음에 대한 수학적 모델로 적합하기 때문에 9장과 10장에서는 주로 이 모델을 사용한다. 백색 잡음에서는 어느 순간의 잡음은 다른 순간의 잡음과는 시간 간격에 상관없이 상관성을 가지지 않는다. 즉 백색 잡음의 자기상관은

$$R_w(\tau) = \frac{N_0}{2}\delta(\tau) \tag{9.2}$$

  로 표시되며 $\delta(\tau)$는 디랙 델타 함수이고 $N_0/2$는 양측 전력 밀도이다.
- **랜덤 과정의 스펙트럼.** 가산 백색 가우스 잡음의 스펙트럼은 평탄하고 다음과 같이 정의된다.

$$S_w(f) = \frac{N_0}{2} \tag{9.3}$$

위너-킷친(Wiener-Khitchine) 관계식은 식 (9.3)의 스펙트럼이 식 (9.2)의 자기상관 함수에 대한 푸리에 변환이라고 설명한다.

잡음 특성이 주어지면 잡음이 어떻게 수신된 신호에 영향을 주는가를 결정해야 한다. 잡음 전력을 계산하려면 규정된 대역폭 내의 잡음을 측정하여야 한다. 등가 잡음 대역폭 B_T를 가지는 필터 출력에서의 잡음 전력이

$$N = N_0 B_T \tag{9.4}$$

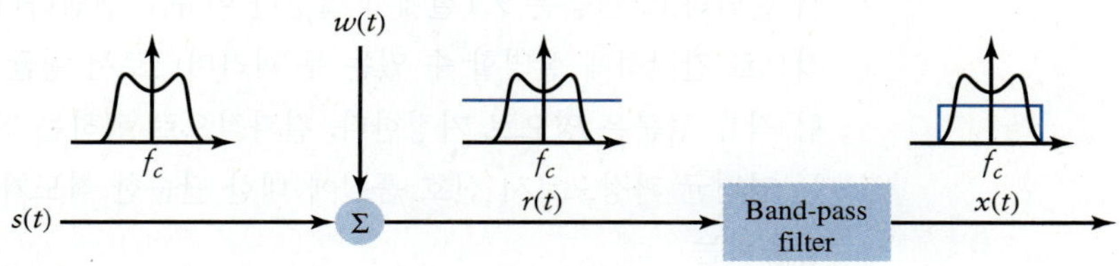

그림 9.1 필터링하기 전과 후의 잡음 섞인 신호와 각 점에서의 스펙트럼을 나타내는 블록 다이어그램.

이고, 표현을 편하게 하기 위하여 $|H(f_c)|=1$이라 가정하였다. 분명히 대역폭 B_T가 좁을 수록, 잡음 전력 N이 줄어들 것이다. 이러한 관계를 식 (9.1)의 수신 신호 $r(t)=s(t)+w(t)$를 검파하는 데 적용하면 잡음을 가능한 한 최소화하기 위하여 B_T를 가능하면 작게 만들어야 한다고 직관적으로 생각할 수 있으나, 원하는 신호를 왜곡시키지 않으려면 $s(t)$의 대역폭보다 작아서는 안 된다.

이러한 상황이 그림 9.1에 설명되어 있는데 송신 신호가 가산 백색 잡음에 의하여 왜곡된 후 대역폭 B_T를 가지는 필터를 통과한다. 필터 대역폭이 신호 대역폭보다 더 넓으면 원하는 신호의 전체 에너지를 얻을 수 있다. 그러나 신호가 왜곡 없이 통과하기에 필요한 대역폭보다 필터의 대역폭이 그다지 크지 않다면 통과 잡음의 양을 최소화할 것이다. 결과적으로 대역폭 B_T를 신호의 전송 대역폭이라 부른다. 수신기의 필터를 송신신호의 대역폭에 맞추는 것은 대부분의 최적 검파 기법의 기초가 된다.

이후로는 최초로 필터링한 후의 신호를 $x(t)=s(t)+n(t)$로 표시하며 백색 잡음을 뜻하는 $w(t)$에 대하여 $n(t)$는 협대역 잡음을 나타낸다.

9.2 신호 대 잡음비

통신이 랜덤 신호를 다룬다고 할 때—이때의 랜덤한 성질은 전송되고 있는 정보나 전송을 방해하는 잡음 모두에 대한 품질의 랜덤성—어떤 특정 통신 시스템의 성능을 어떻게 정량화할 수 있는가? 이 장에서는 아날로그 시스템에 대한 품질의 척도로서 **신호 대 잡음비**(SNR: signal-to-noise ratio)에 대하여 집중적으로 다룬다. 이 통계적인 파라미터는 10장에서 보게 되겠지만, 디지털 시스템에서도 마찬가지로 중요하다.

앞에서 이미 설명하였듯이, 대다수의 통신 시스템에서의 수신 신호는 다음 식과 같이 원하는 신호 $s(t)$와 협대역 잡음 신호 $n(t)$와의 합으로 모델링된다.

$$x(t) = s(t) + n(t) \tag{9.5}$$

식 (9.5)의 오른쪽 변의 두 항은 모두 랜덤하다. 신호는 정보의 내용을 예측할 수가 없어서 랜덤하고, 잡음은 9.1절에서 설명한 이유로 랜덤하다. 8장에서 다룬 랜덤 변수를 부분적으로 간단하게 설명할 수 있는 두 파라미터로서 평균과 분산이 있다. 전에 설명한 것처럼 직류 성분은 영으로 가정한다. 결과적으로 원하는 신호와 원하지 않는 신호의 분산비는 영평균 과정으로서 신호 품질에 대한 단순한 척도가 된다. 이를 기초로 하여, 신호 대 잡음비는

$$\mathrm{SNR} = \frac{\mathbf{E}[s^2(t)]}{\mathbf{E}[n^2(t)]} \tag{9.6}$$

의 형태로 정의되며, 여기서 **E**는 기대값 연산자이다. 통신 신호에 있어서 신호 제곱의 레벨은 보통 전력에 비례한다. 따라서 신호 대 잡음비는 평균 신호 전력 대 평균 잡음 전력의 비로 간주한다. 마찬가지로 이것은 단위 시간당 평균 신호 에너지 대 단위 시간당 평균 잡음 에너지로도 생각할 수 있으며, 이러한 해석이 디지털 통신 시스템에서는 더 보편적이다. 신호와 잡음을 복소수 표현으로 나타낸다면 식 (9.6)은 제곱값 대신에 진폭의 제곱값이 사용된다.

예제 9.1 정현파 신호 대 잡음비

식 (9.5)에서 송신 신호가

$$s(t) = A_c \cos(2\pi f_c t + \theta)$$

인 경우를 생각해 보자. 여기서의 위상 θ에 대해서 수신기는 알지 못한다. 그림 9.2와 같이 신호는 가산 잡음이 존재하는 중에 수신된다. 잡음은 백색이고 $N_0/2$의 전력 스펙트럼 밀도를 가지는 가우스 잡음이다.

이 경우 신호가 랜덤하기도 하지만, 주기적이다. 따라서 한 주기에 걸쳐 적분하여 그 평균 전력을 계산할 수 있다(즉 앙상블 평균과 시간 평균을 같게 둔다).

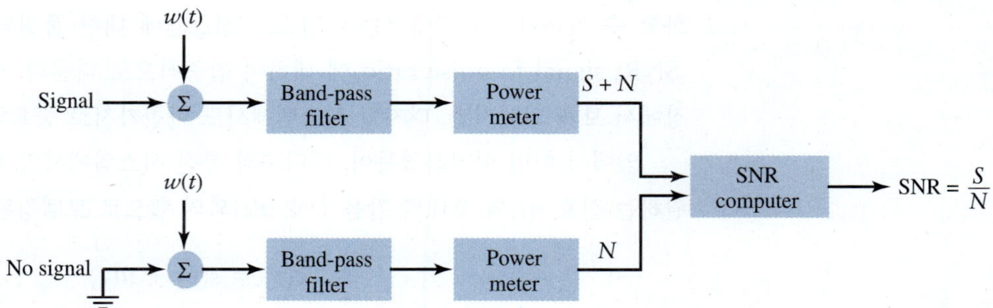

그림 9.2 예제 9.1의 SNR 측정도.

$$\begin{aligned} \mathbf{E}[s^2(t)] &= \frac{1}{T}\int_0^T (A_c \cos(2\pi f_c t + \theta))^2\, dt \\ &= \frac{A_c^2}{2T}\int_0^T (1 + \cos(4\pi f_c t + 2\theta))\, dt \\ &= \frac{A_c^2}{2T}\left[t + \frac{\sin(4\pi f_c t + 2\theta)}{4\pi f_c}\right]_0^T \\ &= \frac{A_c^2}{2} \end{aligned} \tag{9.7}$$

이론적으로 백색 잡음은 무한대 주파수까지 펼쳐져 있다. 협대역 잡음 과정 $n(t)$는 백색 잡음 과정이 잡음과 같은 대역폭 B_T를 가지는 대역통과 필터를 통과한 결과이다. 이러한 가정하에 잡음 전력을 계산하면

$$\begin{aligned} \mathbf{E}[n^2(t)] &= N \\ &= N_0 B_T \end{aligned} \tag{9.8}$$

이 된다. 식 (9.7)과 (9.8)을 식 (9.6)에 대입하면 신호 대 잡음비는

$$\mathrm{SNR} = \frac{A_c^2}{2N_0 B_T} \tag{9.9}$$

가 된다. 이 예제에서는 신호 대역폭이 임의로 좁다고 잡았으므로, 대역폭 B_T에 대한 선정도 임의적이다. 따라서 실제로 관련된 **반송파 대 잡음 밀도비**(carrier-to-noise density ratio)는

$$\frac{C}{N_0} = \frac{A_c^2}{2N_0} \tag{9.10}$$

이고, SNR처럼 무차원이지만, 대역폭 선정과는 독립적이다. N_0가 Hz당 W 단위이고, 반송파 전력 $C = A_c^2/2$가 W 단위이기 때문에 C/N_0 비는 Hz 단위가 된다.

수신기에서 신호 대 잡음비는 명확히 측정될 수 있으나, 여러 곳에서 측정을 수행할 수 있다. 사실, 수신기의 어떤 특정한 지점에서의 측정은 각각 자신만의 특수한 중요성과 가치를 가지게 된다. 예를 들면

- 신호 대 잡음비가 수신기의 프런트엔드에서 측정되면, 이것은 일반적으로 전송 링크와 수신기 프런트엔드의 품질을 측정하게 되는 것이다.
- 신호 대 잡음비가 수신기 출력단에서 측정되면, 이것은 신호가 오디오나 비디오, 또

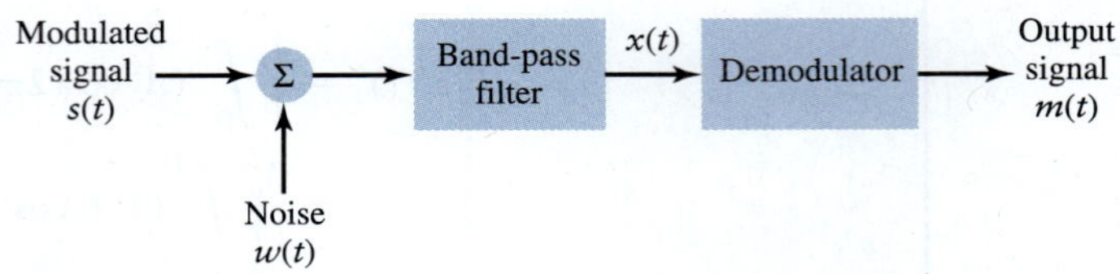

그림 9.3 통신 수신기의 블록 다이어그램.

는 다른 신호가 되든지 간에 정보를 보유하고 있는 복원 신호의 품질에 대한 측정이 된다.

이 두 곳을 설명하기 위하여 그림 9.3의 전형적인 아날로그 통신 수신기의 블록 다이어그램을 고려한다. 신호와 백색 가우스 잡음이 함께 대역통과 필터를 통과하여 대역통과 신호 $x(t)$를 만들어 낸다. 신호 $x(t)$는 복조 과정을 거쳐서 원래의 메시지 신호 $m(t)$를 복구해 낸다. 복조기로 들어가는 입력에서 측정된 SNR을 **검파 전 신호 대 잡음비**(pre-detection signal-to-noise ratio)라 부른다.

복조기 출력에서의 복구된 신호 대 전력비도 그 이상으로 중요하다. 이 척도에 의해 최종 사용자에게 전달된 신호의 품질이 정의된다. 이 출력 SNR을 **검파 후 신호 대 잡음비**(post-detection signal-to-noise ratio)라 부른다. 신호와 잡음 특성은 검파 전과 검파 후의 계산 사이에 크게 다를 수 있다.

검파 후 신호 대 잡음비 계산에는 이상적인 수신기 모델이 사용되고, 이 모델의 구체적인 특성은 자연히 채널 잡음과 수신기에 사용된 복조기 형태에 의존하게 된다. 이에 관해서는 이 장의 뒷부분에서 다시 다룬다. 여러 아날로그 변복조 방식을 비교하기 위하여 그림 9.4에 설명된 **기준 전송 모델**(reference transmission model)에 대한 개념을 도입한다. 이 기준 모델은 기저대역에서의 메시지 전송과 같다. 이 모델에서는 다음의 두 가지 가정이 사용되었다.

1. 메시지 전력은 고려중인 변조 방식의 변조 신호 전력과 같다.

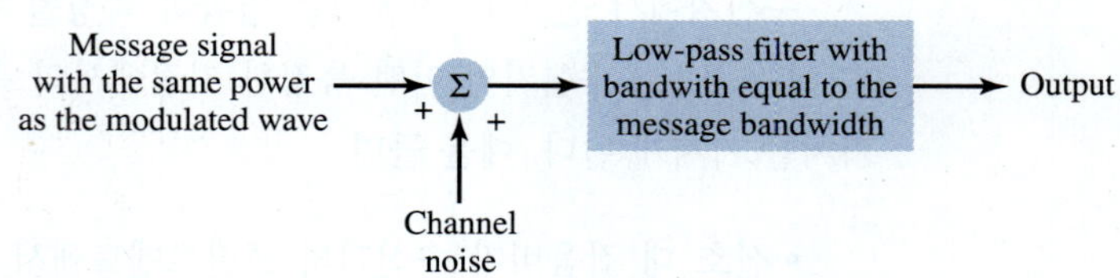

그림 9.4 아날로그 통신의 기준 전송 모델.

2. 기저대역 저역통과 필터가 메시지 신호는 통과시키고 대역 밖의 잡음은 제거한다. 따라서 **기준 신호 대 잡음비**(reference signal-to-noise ratio) SNR_{ref}를

$$\text{SNR}_{\text{ref}} = \frac{\text{average power of the modulated message signal}}{\text{average power of noise measured in the message bandwidth}} \tag{9.11}$$

로 정의할 수 있다. 식 (9.11)의 기준 전송 모델을 검파 후 신호 대 잡음비를 정규화하는 데 사용함으로써 여러 다른 변복조 방식을 비교할 수 있다. 다시 말해서, 어떤 특정한 변복조 방식을 다음과 같은 **성능 지수**(figure of merit)로 정의할 수 있다.

$$\text{성능 지수} = \frac{\text{검파 후 SNR}}{\text{기준 SNR}}$$

분명히 성능 지수의 수치가 크면 클수록 수신기의 잡음 성능이 개선된다.

신호 대 잡음비에 대한 사항을 요약하면

- 검파 전 SNR은 신호가 복조되기 전에 측정된다.
- 검파 후 SNR은 신호가 복조된 후에 측정된다.
- 기준 SNR은 기저대역 전송 모델에 기반하여 정의된다.
- 성능 지수는 여러 가지 아날로그 변복조 방식을 비교할 수 있는 무차원의 척도이고 검파 후의 SNR과 기준 SNR의 비로 정의된다.

► **연습문제 9.1** 현실적으로는 흔히 신호 그 자체만을 측정할 수는 없고 신호와 잡음을 함께 측정할 수밖에 없다. 이러한 경우에 어떻게 SNR을 계산할 수 있는지 설명하라. ◄

9.3 대역통과 수신기 구조

대역통과 통신 시스템에서는 정보가 정해진 반송파 주파수로 전송되는 데 그림 9.5의 좌측과 유사한 구조를 사용한다. 송신기는 중간 주파수(IF: intermediate frequency)를 출력하는 변조기를 포함하고 있고 국부 혼합기가 이 신호를 '채널' 또는 무선 주파수(RF: radio frequency)로 천이한다(상향 변환).

그림 9.5의 우측은 3.9절에서 설명한 **슈퍼헤테로다인 수신기**(superheterodyne receiver)의 예를 나타낸 것이다. 수신기에서 주파수를 가변할 수 있는 국부 발진기가 이 채널 주파수를 중간 주파수(IF)로 주파수 천이를 하여 복조하게 된다(하향 변환). 이와 같은 예로 AM 무선 전송이 있으며, RF 채널 주파수는 510에서 1600 kHz까지의 범위를 사용하고, 공통적으로 사용되는 IF는 455 kHz이다. 다른 예로 FM 라디오가 있는데 RF 채널은 88에서 108 MHz 범위의 주파수를 사용하고 중간 주파수는 대부분 10.7 MHz

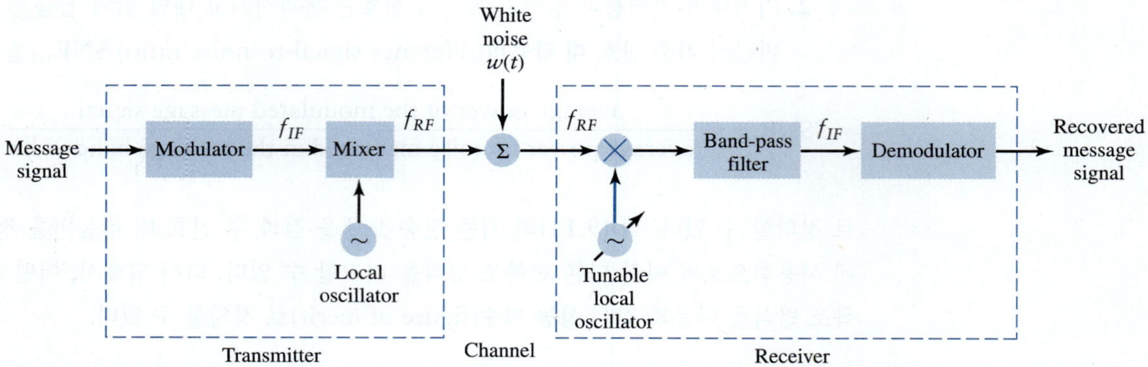

그림 9.5 슈퍼헤테로다인 수신기를 설명하는 대역통과 전송 블록 다이어그램.

이다.

3장에서 대역통과 신호를 동위상과 직교 위상을 사용하여

$$s(t) = s_I(t)\cos(2\pi f_c t) - s_Q(t)\sin(2\pi f_c t) \tag{9.12}$$

와 같이 표현하는 방법을 알았다. 여기서 $s_I(t)$는 동위상 성분이고 $s_Q(t)$는 직교 위상 성분이다. 대부분의 수신기는 그림 9.5와 같이 대역통과 필터로 수신 신호를 처리함으로써 백색 잡음 전력을 즉시 제한시킨다. 보편적으로 국부 발진기 앞과 뒤에 대역통과 필터가 있다. 국부 발진기 앞에 있는 필터의 중심은 높은 RF 주파수에 위치하고 통상적으로는 수신기가 다루고자 하는 모든 RF 채널을 포함할 수 있을 정도로 넓은 대역을 갖는다. 예를 들면 FM 수신기에서 국부 발진기 앞에 놓인 대역통과 필터는 88에서 108 MHz까지의 주파수들을 통과시킨다. 발진기 뒤의 대역통과 필터는 RF 채널 하나의 신호를 비교적 왜곡 없이 통과시키지만 잡음에 대해서는 필터의 통과대역 내의 주파수 성분으로 제한시킨다. 동일한 FM 수신기에서 국부 발진기 뒤에 놓인 대역통과 필터는 약 200 kHz의 대역을 갖는다. 우리가 관심을 갖는 것은 이러한 협대역 필터의 효과이다.

9.4 동기 검파를 사용하는 선형 수신기에서의 잡음

3장에서 진폭 변조 신호의 생성과 검파를 다루었다. 다양한 종류의 진폭 변조 신호가 다루어졌고, 각각의 신호에 대한 복조는 송신기에서의 반송파의 유무에 따라 달라짐을 보았다. 반송파 억압 양측대파(DSB-SC) 변조의 경우에는 변조 신호가

$$s(t) = A_c m(t)\cos(2\pi f_c t + \theta) \tag{9.13}$$

으로 표현되고, f_c는 반송파 주파수, $m(t)$는 메시지 신호를 나타낸다. 반송파의 위상 θ는

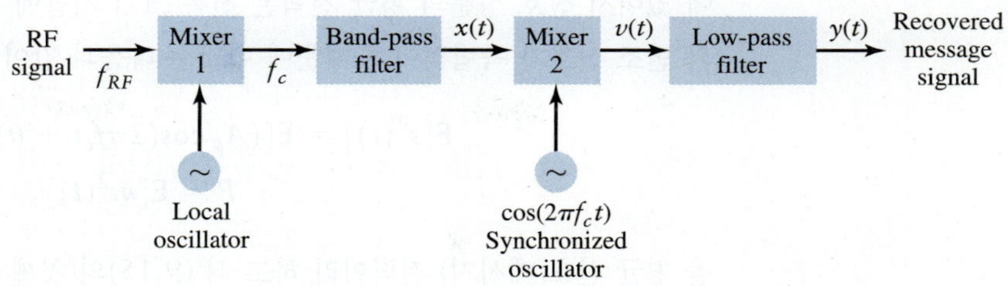

그림 9.6 동기 검파를 사용한 선형 DSB-SC 수신기.

랜덤 변수이지만 전송중에는 변하지 않는다. 억압 반송파 신호에 대해서는 선형 동기 검파가 적합한 복조 방법이 된다. 특히 이 신호에 대한 선형 수신기는 그림 9.6과 같이 구현할 수 있다.

그림 9.6에서 수신 RF 신호는 변조된 신호와 백색 가우스 잡음 $w(t)$의 합이다. 수신 신호는 f_c-f_{RF}의 주파수를 갖는 정현파와 곱해져서 IF로 하향 변환이 된다. 이 하향 변환은 그림 9.6의 혼합기 1로 표시된 곱셈 변조에 의해 수행된다. 대역통과 필터링 후의 결과로 얻어진 신호는

$$x(t) = s(t) + n(t) \tag{9.14}$$

이다. 여기서 $s(t)$는 무왜곡 변조 신호를, $n(t)$는 필터 출력에서의 대역통과 잡음을 나타낸다. 가상적인 대역통과 잡음의 전력 스펙트럼 밀도를 그림 9.7에 나타내었다. 식 (9.14)는 대역통과 필터가 충분히 넓고 평탄한 통과대역을 가져서 변조 신호에 심각한 왜곡을 발생시키지 않는다고 가정한다. 이 식에서도 필터의 이득이 1이라 가정한다. 사실상 흔히 필터의 이득은 1이 아니지만 신호와 잡음에 동등하게 영향을 미치기 때문에 이득이 1이라는 가정이 일반성을 잃지는 않는다.

검파 전 SNR

아날로그 신호에서의 품질에 대한 척도는 신호 대 잡음비가 된다. 식 (9.13)의 신호 $s(t)$

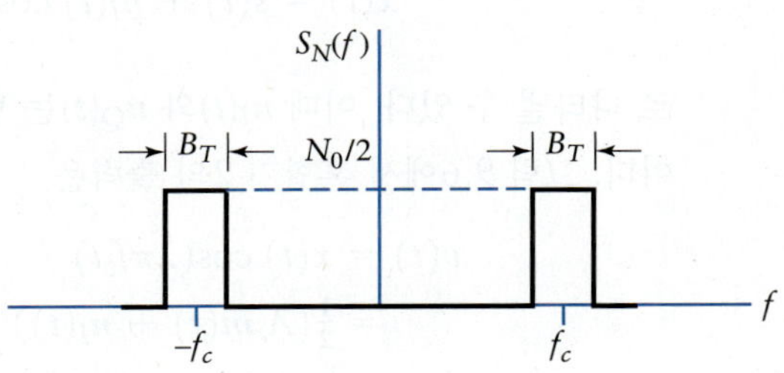

그림 9.7 대역통과 잡음의 전력 스펙트럼 밀도.

에 있어서 신호 성분의 평균 전력은 진폭 크기 제곱에 대한 기대값으로 주어진다. 반송파와 변조 신호가 독립적이기 때문에 이것은 다음과 같이 두 성분으로 나누어진다.

$$\mathbf{E}[s^2(t)] = \mathbf{E}[(A_c \cos(2\pi f_c t + \theta))^2]\mathbf{E}[m^2(t)] \tag{9.15}$$

$$P = \mathbf{E}[m^2(t)] \tag{9.16}$$

을 평균 신호(메시지) 전력이라 하고 식 (9.15)의 첫째 항에 대해 예제 9.1의 결과를 이용하면

$$\mathbf{E}[s^2(t)] = \frac{A_c^2 P}{2} \tag{9.17}$$

을 얻는다. 즉 변조된 성분에 의한 평균 수신 신호 전력은 $A_c^2P/2$이다. 신호 $s(t)$는 $A_c \cos(2\pi f_c t+\theta)$와 $m(t)$를 입력으로 한 곱셈 변조기의 출력이다. 이때 이 두 입력 신호의 단위는 볼트이다. 내부의 스케일링으로 인해서 이 곱셈 변조기의 출력은 볼트 제곱 단위가 아닌 볼트 단위를 갖게 된다. 따라서 $\mathbf{E}[s^2(t)]$의 표현은 전력 제곱의 단위가 아니라 전력의 단위를 갖게 된다.

대역통과 필터가 B_T의 잡음 대역을 갖는다면, 이 필터를 통과한 잡음 전력은 N_0B_T로 정의된다. 따라서 신호에 대한 신호 대 잡음비는

$$\mathrm{SNR}_{\mathrm{pre}}^{\mathrm{DSB}} = \frac{A_c^2 P}{2N_0 B_T} \tag{9.18}$$

이 된다. 이것은 시스템에서 메시지 신호 $m(t)$가 복조되기 전의 위치에서 측정이 되기 때문에 DSB-SC 시스템의 **검파 전 신호 대 잡음비**라 한다.

검파 후 SNR

DSB-SC 시스템의 검파 후 또는 출력 SNR을 구하려 한다. 검파 후 신호 대 잡음비는 복조/검파 후의 메시지 신호 전력 대 잡음 전력의 비이다. 검파 후 SNR은 변조나 복조 기법 모두에 의존한다.

대역통과 잡음의 협대역 표현을 사용하여 그림 9.6의 동기 검파기 입력에서의 신호는

$$x(t) = s(t) + n_I(t)\cos(2\pi f_c t) - n_Q(t)\sin(2\pi f_c t) \tag{9.19}$$

로 나타낼 수 있다. 이때 $n_I(t)$와 $n_Q(t)$는 반송파에 대한 $n(t)$의 동위상 및 직교 위상 성분이다. 그림 9.6에서 혼합기 2의 출력은

$$\begin{aligned} v(t) &= x(t)\cos(2\pi f_c t) \\ &= \tfrac{1}{2}(A_c m(t) + n_I(t)) \\ &\quad + \tfrac{1}{2}(A_c m(t) + n_I(t))\cos(4\pi f_c t) - \tfrac{1}{2} n_Q(t)\sin(4\pi f_c t) \end{aligned} \tag{9.20}$$

이고 2배각 공식

$$\cos A \cos A = \frac{1 + \cos 2A}{2} \qquad \text{and} \qquad \sin A \cos A = \frac{\sin 2A}{2}$$

을 사용하였다. 식 (9.20)의 두 번째 식은 두 부분으로 되어 있다: 첫째 부분은 기저대역 신호와 잡음의 동위상 성분을 나타내고 두 번째 부분은 더 높은 주파수인 $2f_c$에 중심을 둔 잡음의 직교 성분을 나타낸다. 이 높은 주파수 성분은 그림 9.6의 저역통과 필터로 제거되어

$$y(t) = \tfrac{1}{2}(A_c m(t) + n_I(t)) \tag{9.21}$$

이 된다. 식 (9.20)과 식 (9.21)에서는 두 번째 혼합기와 저역통과 필터의 이득을 일반성을 잃지 않도록 하기 위하여 1이라 가정하였다. 다음의 두 가지 사항을 관찰할 수 있다.

- 메시지 신호 $m(t)$와 필터링된 잡음 $n_I(t)$의 동위상 성분이 출력에서는 가산적으로 합해져서 나타난다.
- 잡음의 직교 성분은 복조기에서 완전히 제거된다.

식 (9.21)에서 다음 사항을 고려하여 출력 또는 검파 후 신호 대 잡음비를 계산할 수 있다.

- 메시지 성분이 $\frac{1}{2}A_c m(t)$이므로 검파 전 신호 전력과 마찬가지로 검파 후 신호 전력을 $\frac{1}{4}A_c^2 P$라 구할 수 있다. 이때 P는 식 (9.16)에 정의된 바와 같이 평균 메시지 신호 전력이다.
- 잡음 성분은 저역통과 필터링 후에 $\frac{1}{2}n_I(t)$가 된다. 8.11절에서 설명한 바와 같이 동위상 성분은 $-B_T/2$에서 $B_T/2$까지의 대역폭에서 N_0의 잡음 스펙트럼 밀도를 갖는다. 저역통과 필터의 잡음 대역이 메시지 신호 대역폭에 해당하는 W라면, $B_T/2$보다 작거나 같게 되고, 출력 잡음 전력은

$$\begin{aligned} \mathbf{E}[n_I^2(t)] &= \int_{-W}^{W} N_0 \, df \\ &= 2N_0 W \end{aligned} \tag{9.22}$$

이 된다. 따라서 $n_I(t)$의 전력은 $2N_0W$이다. 이 관측들을 결합하면

$$\begin{aligned} \mathrm{SNR}_{\mathrm{post}}^{\mathrm{DSB}} &= \frac{\frac{1}{4}(A_c^2)P}{\frac{1}{4}(2N_0 W)} \\ &= \frac{A_c^2 P}{2N_0 W} \end{aligned} \tag{9.23}$$

과 같은 검파 후 SNR이 얻어진다. 결과적으로 $W \approx B_T/2$이라면 검파 후 SNR은 검파 전 SNR의 두 배가 된다. 이러한 사실은 잡음의 직교 성분이 동기 복조기에 의해서 제거되기 때문이다.

성능 지수

9.2절에서 정의한 기준 전송 모델에서 대역폭 W를 가진 메시지에 대한 평균 잡음 전력은 N_0W가 된다. DSB-SC 변조에서는 평균 변조 메시지 전력이 식 (9.17)로 주어지므로 이 전송 방식에서의 기준 SNR은 $\mathrm{SNR_{ref}} = A_c^2P/(2N_0W)$이 된다. 이 수신기에 해당하는 성능 지수(figure of merit)는

$$\text{Figure of merit} = \frac{\mathrm{SNR_{post}^{DSB}}}{\mathrm{SNR_{ref}}} = 1$$

이다. 이것은 대역통과 변조 방식이 주파수 대역을 두 배 차지하지만 기저대역 변조 방식과 비교하여 성능상의 손해는 없다는 것을 설명한다. 따라서 DSB-SC 변조는 다른 진폭 변조 방식을 비교하는 기초가 된다.

▶ **연습문제 9.2** 잡음 스펙트럼 밀도 $N_0/2$가 2×10^{-17} W/Hz인 잡음 채널을 통하여 DSB-SC로 변조된 신호가 전송된다. 메시지 대역폭은 4 kHz이고 반송파 주파수는 200 kHz이다. 신호의 평균 수신 전력을 -80 dBm으로 가정한다. 이 수신기의 검파 후 신호 대 잡음비를 구하라. ◀

9.5 포락선 검파 AM 수신기의 잡음

3.1절에서 비억압 반송파 변조의 포락선 검파를 다루었다. 복조를 하기 위한 동기 반송파를 발생시키는 회로가 필요하지 않기 때문에 포락선 검파의 수신기는 간단하게 된다. 3.1절에서 포락선 변조 신호는

$$s(t) = A_c(1 + k_a m(t))\cos(2\pi f_c t) \tag{9.24}$$

와 같은데, $A_c\cos(2\pi f_c t)$는 반송파의 파형이고, $m(t)$는 변조 신호, k_a는 변조기의 진폭 감도를 나타낸다. 그림 9.8은 포락선 검파 수신기이다. 이 수신기의 프런트엔드는 동기 수신기와 같다. 즉 가산 잡음을 포함하고 있는 수신 신호가 대역통과 필터를 통과한다.

검파 전 SNR

회로를 논의하기 전에 이 대역통과 신호의 (검파 전) SNR을 검토하자. 식 (9.24)에서 반송파 성분의 평균 전력은 반송파가 정현파이기 때문에 $A_c^2/2$이 된다. 신호에서 변조된 부

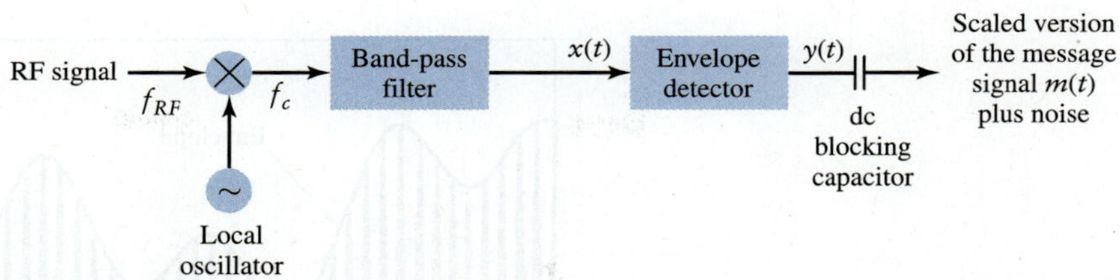

그림 9.8 포락선 검파 AM 수신기 모델.

분의 전력은

$$
\begin{aligned}
\mathbf{E}[(1 + k_a m(t))^2] &= \mathbf{E}[1 + 2k_a m(t) + k_a^2 m^2(t)] \\
&= 1 + 2k_a \mathbf{E}[m(t)] + k_a^2 \mathbf{E}[m^2(t)] \\
&= 1 + k_a^2 P
\end{aligned}
\tag{9.25}
$$

이고, 여기서 메시지 신호는 영평균으로 가정하여 $\mathbf{E}[m(t)]=0$이 되고, 메시지 전력 P는 식 (9.16)에서 정의된 바와 같다. 따라서 수신 신호 전력은 $A_c^2(1+k_a^2P)/2$이다. 선형 수신기에서처럼 일반성을 유지하도록 대역통과 필터 이득을 1이라 하면 검파 전 신호 대 잡음비는

$$
\mathrm{SNR}_{\mathrm{pre}}^{\mathrm{AM}} = \frac{A_c^2(1 + k_a^2 P)}{2N_0 B_T}
\tag{9.26}
$$

이 되고 B_T는 대역통과 필터의 잡음 대역이다.

검파 후 SNR

검파 후 신호 대 잡음비를 계산하기 위하여, 그림 9.8의 나머지 회로에 대한 영향을 분석해야 한다. 특히 그림 9.9와 같이 모델링되고 3.1절과 같이 동작하는 포락선 검파기에 대하여 분석해야 한다. 9.4절의 선형 수신기에서처럼 잡음을 동위상과 직교 위상 성분으로 나누어서

$$
\begin{aligned}
x(t) &= s(t) + n(t) \\
&= [A_c + A_c k_a m(t) + n_I(t)]\cos(2\pi f_c t) - n_Q(t)\sin(2\pi f_c t)
\end{aligned}
\tag{9.27}
$$

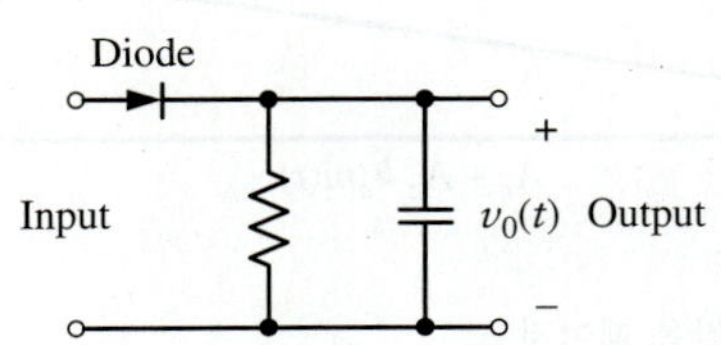

그림 9.9 포락선 검파의 회로도.

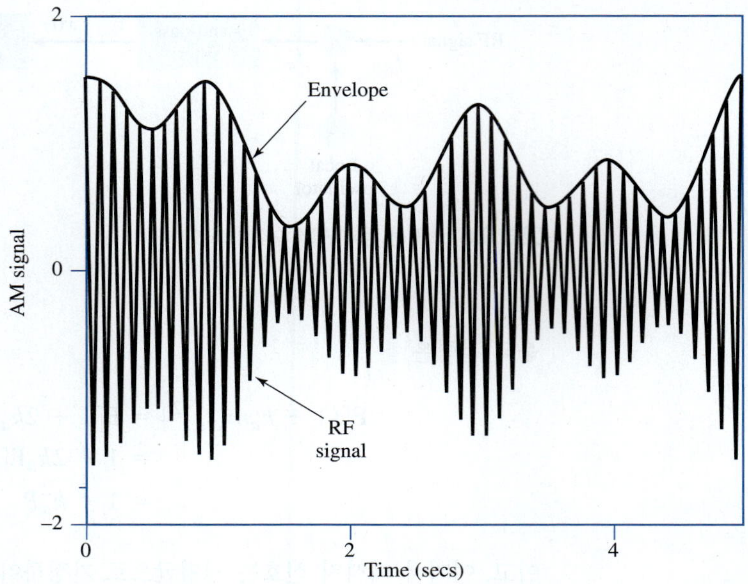

그림 9.10 고주파 반송파의 포락선의 예.

와 같이 포락선 검파기 입력을 모델링해야 한다. 포락선 검파기의 목적은 그림 9.10에서의 고주파 신호에 대한 저주파 진폭 변화를 복구하는 것이다. 이것은 개념적으로 그림 9.11과 같은 페이저도로 표현할 수 있다. 여기서 페이저의 신호 성분은 $A_c(1+k_a m(t))$이고, 잡음은 두 개의 직교 성분인 $n_I(t)$와 $n_Q(t)$가 된다. 그림 9.11에서 포락선 검파기의 출력은 $x(t)$를 나타내는 페이저의 진폭으로

$$\begin{aligned} y(t) &= \text{envelope of } x(t) \\ &= \{[A_c(1 + k_a m(t)) + n_I(t)]^2 + n_Q^2(t)\}^{1/2} \end{aligned} \tag{9.28}$$

로 주어진다. 위의 식은 이상적인 포락선 검파기의 출력이다. $x(t)$의 위상은 이 식에 나타나지 않는다는 것에 주의하자. 이는 별 관심거리가 안 되기 때문에 생략되었다. $y(t)$에 대한 수식 표현은 약간 복잡할 수 있으나 통찰력을 가질 수 있도록 단순화할 수 있다. 신호

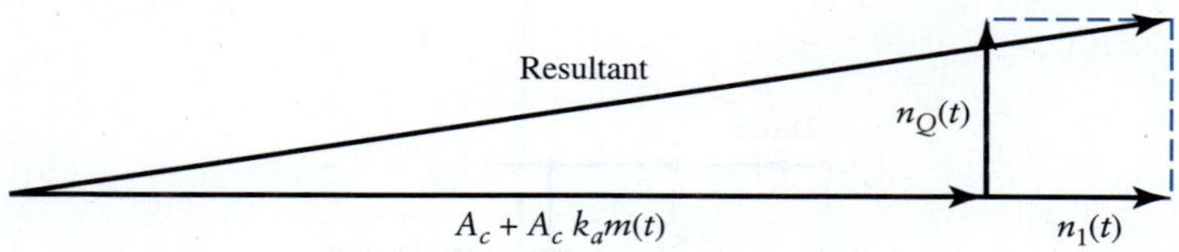

그림 9.11 AM파와 협대역 잡음 페이저도.

가 잡음에 비해 크다고 한다면 SNR이 높다는 조건과 $A \gg B$와 $\sqrt{A^2+B^2} \approx A$를 이용한 개략식으로

$$y(t) \approx A_c + A_c k_a m(t) + n_I(t) \tag{9.29}$$

로 쓸 수 있다. 이 복조 신호에 관한 새로운 표현식은 3개의 성분으로 되어 있는데, 직류 성분, 신호 성분, 그리고 잡음 성분이다. 직류 항은 그림 9.8에서와 같이 커패시터를 통하여 제거될 수 있어서 신호와 잡음 성분만 남게 된다. 그래서 선형 수신기에서와 유사한 결과를 얻게 된다.

따라서 AM의 포락선 검파를 위한 검파 후 SNR은 메시지 대역폭 W를 사용하여

$$\mathrm{SNR}_{\mathrm{post}}^{\mathrm{AM}} = \frac{A_c^2 k_a^2 P}{2N_0 W} \tag{9.30}$$

과 같이 얻어지고 분자는 메시지 평균 전력 $A_c k_a m(t)$를, 분모는 식 (9.22)에서의 $n_I(t)$의 평균 전력을 나타낸다.

출력 SNR에 대한 이 식은 다음과 같은 두 가지 조건하에서 유효하다.

- SNR이 높다.
- k_a가 100% 변조 이하가 되도록 조절되어 신호 포락선에 아무 왜곡도 없어야 한다.

억압 반송파 진폭 변조처럼 메시지 대역폭 W는 전송 대역폭 B_T의 약 반 정도가 된다.

성능 지수

AM 변조에서 평균 송신 전력은 식 (9.25)와 반송파 전력 $A_c^2/2$의 곱으로 주어진다. 따라서 기준 SNR은 $A_c^2(1+k_a^2 P)/(2N_0 W)$이 된다. 이 결과와 식 (9.30)을 결합하여 이 AM 변조 방식의 성능 지수는

$$\text{Figure of merit} = \frac{\mathrm{SNR}_{\mathrm{post}}^{\mathrm{AM}}}{\mathrm{SNR}_{\mathrm{ref}}} = \frac{k_a^2 P}{1 + k_a^2 P} \tag{9.31}$$

이 된다. 곱의 성분 $k_a^2 P$는 항상 1보다 작고(그렇지 않으면 신호가 과변조되므로) 이 시스템에서의 성능 지수는 항상 0.5보다 작게 된다. 그러므로 포락선 검파 수신기의 잡음 성능은 언제나 DSB-SC에 비해 열등한데, 그 이유는 반송파를 변조(송신) 신호의 성분으로 전송하는 데 적어도 전력의 반 정도가 소모되기 때문이다.

이로써 포락선 검파의 잡음 해석을 마치게 되는데, 신호 대 전력비가 낮을 때에도 수학적 분석이 가능하다.[2] 식 (9.30)으로부터 검파 후 SNR은 잡음 스펙트럼 밀도에 선형

[2] Haykin(2001)의 2장을 참조.

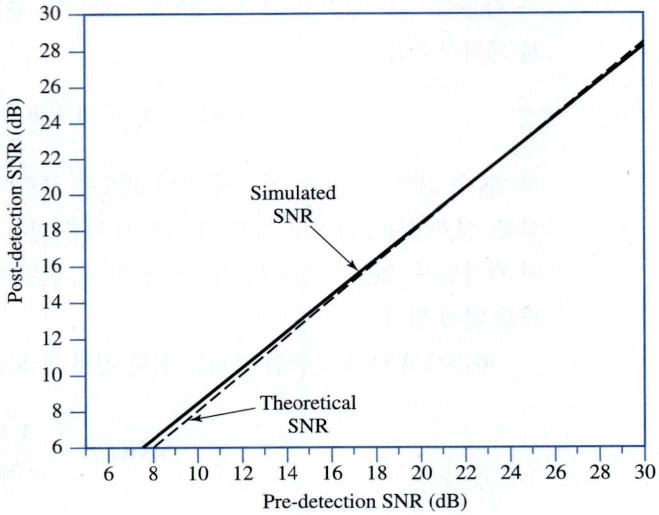

그림 9.12 AM의 포락선 검파 시뮬레이션과 함께 비교한 검파 전 및 검파 후 SNR.

적으로 반비례하게 된다. 낮은 신호 대 잡음비의 조건에서는 비선형의 효과가 나타난다. 동기 검파는 이 비선형 동작이 나타나지는 않지만 음성의 품질이 낮은 검파 후 SNR에서는 역시 품질이 나쁘게 된다.

컴퓨터 실험: 포락선 검파

문제 9.26에서는 위에서 설명한 페이저 표시를 이용하여 포락선 검파의 시뮬레이션을 수행하는 컴퓨터 실험을 설명한다. 실험에서 메시지는 정현파 $m(t)=A\ \sin(2\pi f_m t)$인데 이를 위하여 시변 페이저를 만들어 내고 해당 잡음 페이저를 더한다. 이 실험에서 신호의 샘플에 대한 검파 전 SNR과 검파 후 SNR을 계산한다. 이 두 가지 척도가 그림 9.12에 $k_a=0.3$에 대하여 그려져 있다. 이 그림에는 식 (9.26)과 식 (9.30)에 의해 구해진 이 두 가지 척도에 대한 이론적인 성능도 같이 그려져 있다.

검파 후 SNR은 다음에 따라 계산한다.

- 출력 신호 전력에 대해서는 무잡음 신호를 포락선 검파기에 통과시켜서 출력 전력을 측정한다.
- 잡음을 더한 신호를 포락선 검파기에 통과시켜서 얻어진 신호에서 깨끗한 신호를 뺌으로써 출력 잡음 전력이 계산된다. 이러한 방법에 의하여 잡음과 신호 성분이 곱해져서 발생하는 왜곡이 잡음에 기여하는 성분에 포함될 수 있다.

두 가지 성분 크기에 대한 비율이 출력 SNR 계산에 사용된다.

그림 9.12에서 볼 수 있듯이 높은 SNR 값에 대해서는 예상했던 대로 이론과 실험이

일치한다. 미약하게 일치하지 않는 부분이 있으나 이는 이산 시간에 대한 시뮬레이션에서의 제약으로 발생한 것이다. 낮은 SNR에 대해서는 기대하였던 대로 이론치와 약간의 차이를 보였다.

▶ **연습문제 9.3** 동일한 수신 신호 전력에 대하여 k_a=0.2와 0.4일 때의 동기 검파와 포락선 검파에 대한 DSB-SC의 검파 후 SNR을 비교하라. 평균 메시지 전력은 P=1이라 한다. ◀

▶ **연습문제 9.4** 실제로는 식 (9.24)에 임의의 위상 θ가 있게 된다. 이것은 9.5절의 결과에 어떤 영향을 미치는가? ◀

9.6 SSB 수신기의 잡음

입력되는 SSB 파형에 대한 동기 수신기의 경우를 살펴보자. 3.6절의 정의를 사용하여 하측파대만 전송되었다면 변조 파형은

$$s(t) = \frac{A_c}{2}m(t)\cos(2\pi f_c t) + \frac{A_c}{2}\hat{m}(t)\sin(2\pi f_c t) \tag{9.32}$$

으로 표현할 수 있으며, $\hat{m}(t)$는 메시지 신호 $m(t)$의 힐베르트 변환이다. 식 (9.32)에서 $s(t)$의 동위상과 직교 위상 성분에 대하여 다음과 같은 관찰을 할 수 있다.

1. $m(t)$와 $\hat{m}(t)$의 두 성분은 서로 상관성이 없다. 그러므로 이들 전력 스펙트럼 밀도는 더해진다.
2. 힐베르트 변환 $\hat{m}(t)$는 $-j\ \mathrm{sgn}(f)$의 전달 함수를 갖는 선형 필터에 $m(t)$를 통과시켜서 얻는다. 이 전달 함수의 크기의 제곱은 모든 f에 대하여 1이다. 따라서 $m(t)$와 $\hat{m}(t)$는 같은 평균 전력 P를 가진다.

따라서 DSB-SC 수신기에서와 같은 방법으로 SSB 변조파 $s(t)$에 대한 동위상과 직교 위상성분은 각각 $A_c^2P/8$의 평균 전력을 만들어 낸다. 그러므로 $s(t)$의 평균 전력은 $A_c^2P/4$이 된다. 이 결과는 DSB-SC의 경우의 반에 해당되는데 이는 직관적으로도 합당하다.

검파 전 SNR

SSB 신호에서 전송 대역폭 B_T는 메시지 대역폭 W와 대강 같다. 따라서 앞절에서의 신호 전력 계산 방법을 사용하면 SSB 변조 동기 수신기의 검파 전 신호 대 잡음비는

$$\mathrm{SNR}_{\mathrm{pre}}^{\mathrm{SSB}} = \frac{A_c^2P}{4N_0W} \tag{9.33}$$

이 된다.

검파 후 SNR

그림 9.6과 같은 슈퍼헤테로다인 수신기를 사용하여 동기 발진기 출력 $\cos(2\pi f_c t)$와 곱한 후의 대역통과 신호는

$$\begin{aligned} v(t) &= x(t)\cos(2\pi f_c t) \\ &= \tfrac{1}{2}\left(\frac{A_c}{2}m(t) + n_I(t)\right) \\ &\quad + \tfrac{1}{2}\left(\frac{A_c}{2}m(t) + n_I(t)\right)\cos(4\pi f_c t) - \tfrac{1}{2}\left(\frac{A_c}{2}\hat{m}(t) + n_Q(t)\right)\sin(4\pi f_c t) \end{aligned} \tag{9.34}$$

이 된다. $v(t)$를 저역통과 필터링 하면

$$y(t) = \tfrac{1}{2}\left(\frac{A_c}{2}m(t) + n_I(t)\right) \tag{9.35}$$

만 남는다. 기대했던 대로 메시지 신호의 직교 성분 $\hat{m}(t)$는 검파기 출력에서 제외되었다. SSB 신호용으로 만들어진 대역통과 필터 때문에 대역통과 잡음 $n(t)$도 역시 단측대파의 성질을 갖게 된다. 그러나 식 (8.98)에서와 같이 잡음의 동위상 성분 $n_I(t)$의 스펙트럼은

$$S_{N_I}(f) = \begin{cases} S_N(f - f_c) + S_N(f + f_c), & -B \le f \le B \\ 0, & \text{otherwise} \end{cases} \tag{9.36}$$

이 된다. 단측대파의 경우 $S_N(f)$는 $f_c < f < f_c + W$와 $-f_c - W < f < -f_c$에서 $N_0/2$가 된다. 따라서

$$S_{N_I}(f) = \begin{cases} \dfrac{N_0}{2}, & -W \le f \le W \\ 0, & \text{otherwise} \end{cases} \tag{9.37}$$

이다. 다시 말해서 $n_I(t)$의 스펙트럼 밀도는 DSB-SC와 마찬가지로 양측 스펙트럼이 되지만 전력은 반이 된다. 실제에 적용될 때는 SSB 필터가 신호와 잡음이 섞인 신호의 낮은 주파수 성분을 감쇠시킨다. 그래서 $n_I(t)$의 스펙트럼은 흔히 직류에서 노치(notch)를 갖게 된다.

식 (9.35)로부터 수신기 출력에서의 메시지 성분은 $A_c m(t)/4$이므로 복구된 메시지의 평균 전력은 $A_c^2 P/16$이 된다. 식 (9.35)와 (9.37)로부터 구한 해당 잡음 전력은 $\frac{1}{4}N_0 W$가 된다. 따라서 송신기에서 SSB 변조를 사용하고 수신기에서 동기 검파를 사용하는 시스템의 검파 후 신호 대 잡음비는 이 두 전력의 비율이 되므로

$$\mathrm{SNR}_{\mathrm{post}}^{\mathrm{SSB}} = \frac{A_c^2 P}{4N_o W} \tag{9.38}$$

이 된다.

성능 지수

SSB 시스템에 대한 평균 신호 전력은 위에서 설명한 대로 $A_c^2P/4$이다. 그러므로 기준 SNR은 $A_c^2P/(4N_0W)$이다. SSB 시스템의 성능 지수는 식 (9.38)과 후자 $A_c^2P/(4N_0W)$와의 비가 되어

$$\text{Figure of merit} = \frac{\mathrm{SNR}_{\mathrm{post}}^{\mathrm{SSB}}}{\mathrm{SNR}_{\mathrm{ref}}} = 1 \tag{9.39}$$

이다. 그러므로 SSB 전송은 DSB-SC와 같은 성능 지수를 갖게 된다. 동기 검파를 하고 있는 잔류측대파의 성능도 SSB의 성능과 유사하다.

서로 다른 진폭 변조 방식에 대한 결과를 비교해 보면 몇 가지 설계상의 타협을 할 수 있다는 것을 알 수 있다. 양측대파 억압 반송파 변조는 기저대역 기준 모델과 같은 SNR 성능을 가지지만 동기 검파를 하기 위한 동기 회로를 필요로 한다. 비억압 반송파 AM은 포락선 검파를 하기 때문에 수신기 설계를 간단히 할 수 있다. 그러나 비억압 반송파 AM은 기저대역 기준 모델과 동일한 SNR의 성능을 얻기 위해서는 송신 전력이 훨씬 더 많이 필요하게 된다. 단측대파 변조는 기저대역 기준 모델과 같은 SNR 성능을 얻지만 DSB-SC 시스템의 전송 대역의 반만 필요하게 된다. 반면에 SSB는 송신기의 과정이 더 많이 필요하게 된다. **이러한 관찰은 통신 시스템 설계에서 전력, 대역폭, 처리 과정의 복잡성과의 사이에 타협이 필요하다는 첫 번째 지적이 된다.**

▶ **연습문제 9.5** 4 kHz의 대역폭 W와 2×10^{-17} W/Hz의 잡음 스펙트럼 밀도 $N_0/2$를 가지는 동일한 잡음 채널을 통하여 문제 9.2의 메시지 신호가 단측대파 변조로 전송된다. 신호의 평균 수신 전력이 -80 dBm이라면 수신기의 검파 후 신호 대 잡음비는 얼마인가? SSB 수신기의 전송 대역폭과 DSB-SC 수신기의 전송 대역폭을 비교하라. ◀

9.7 주파수 변조(FM) 검파

잡음이 있는 주파수 변조 반송파 검파를 살펴보자. 4.1절에서 주파수 변조 신호는

$$s(t) = A_c \cos\left[2\pi f_c t + 2\pi k_f \int_0^t m(\tau)\, d\tau\right] \tag{9.40}$$

으로 주어지며 A_c는 반송파 진폭, f_c는 반송파 주파수, k_f는 변조기의 주파수 감도 계수, $m(t)$는 메시지 신호이다. 수신된 FM 신호 $s(t)$는 반송파 주파수 f_c와 전송 대역폭 B_T를 가지므로 양의 주파수에 대하여 주파수 대역 $f_c \pm B_T/2$ 외부에 존재하는 전력량은 무시할 정도이다. 음의 주파수 성분에 대해서도 마찬가지이다.

검파 전 SNR

FM 검파를 위하여 그림 9.13과 같은 수신기 모델을 가정한다. 전과 마찬가지로 잡음 $w(t)$는 전력 스펙트럼 밀도 $N_0/2$를 가지는 백색 영평균 가우스 과정을 가진다고 가정한다. FM 검파기는 대역통과 필터, 리미터, 변별기, 저역통과 필터로 이루어진다. 대역통과 필터는 중심 주파수 f_c와 대역폭 B_T를 가지고 FM 신호를 왜곡 없이 전송한다. 보통 B_T는 중심 주파수 f_c에 비해 작은 값이므로 채널 잡음 $w(t)$의 필터링된 협대역 표현인 $n(t)$를 사용할 수 있다. 이 경우의 검파 전 SNR은 단지 반송파 전력 $A_c^2/2$을 대역통과 필터를 통과한 잡음 N_0B_T로 나누어

$$\text{SNR}_{\text{pre}}^{\text{FM}} = \frac{A_c^2}{2N_0B_T}$$

이 된다. FM 시스템에서 메시지 신호는 반송파의 순시 주파수의 변화 속에 숨어 있게 된다. 반송파의 진폭은 일정하다. 그러므로 수신기 입력에서의 반송파 진폭 변화는 잡음이나 간섭을 발생할 수밖에 없다. 그림 9.13의 수신기 모델에서 대역통과 필터 뒤의 진폭 **리미터**(limiter)는 변조된 파형을 잘라 내서 진폭 변동을 제거하는 데 사용된다. 이 결과로 생겨난 파형은 거의 사각파가 된다. 이 파형은 리미터의 일부인 대역통과 필터에 의해서 모서리가 없어져서 클리핑에 의해 생겨난 반송파 주파수의 고조파들을 억제하게 된다.

그림 9.13의 모델에 사용된 변별기는 두 가지 성분으로 되어 있다(4장 참조).

1. 주파수에 선형적으로 변화하는 순수한 허수 주파수 응답을 가지는 **기울기 회로**(slope network) 또는 **미분기**(differentiator). 진폭과 주파수가 모두 메시지 신호에 따라 변하는 복합 변조파를 생성한다.
2. 진폭의 변화를 복구하여 메시지 신호를 재생하는 **포락선 검파기**(envelope detector).

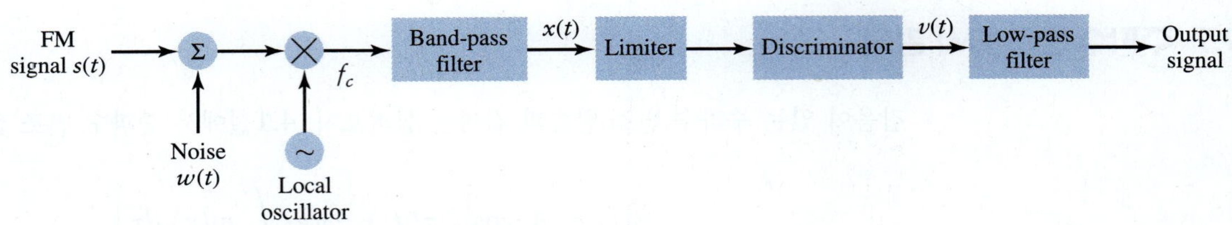

그림 9.13 FM 수신기 모델.

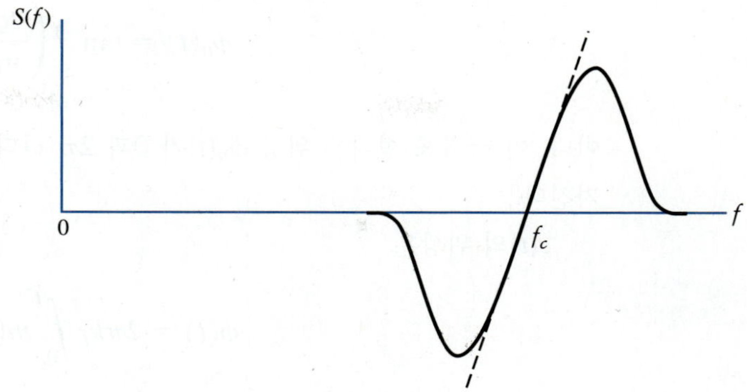

그림 9.14 FM 변별기에 사용되는 기울기 회로의 진폭 응답.

기울기 회로와 포락선 검파기가 하나의 복합 회로 단위로 구성된다. 종합 기울기 회로의 진폭 응답의 예로 그림 9.14가 있다. 포락선 검파기에 대해서는 앞절에서 설명하였다. 3장도 참조하기 바란다. FM 복조기에서 기울기 회로와 포락선 검파기를 결합하여 사용하는 방법이 4.8절에 설명되어 있다.

그림 9.13에서 '저역통과 필터' 라고 표시된 검파 후 필터는 메시지 신호를 통과시키기에 충분히 큰 대역폭을 가지고 있다. 이 필터는 변별기 출력에서의 잡음의 대역 외 성분을 제거하여 출력 잡음을 최소로 유지한다.

검파 후 SNR

대역통과 필터링 후의 잡음 섞인 FM 신호는

$$x(t) = s(t) + n(t) \tag{9.41}$$

이다. 여기서 $s(t)$는 식 (9.40)으로 주어진다. 앞의 설명에서 그림 9.13의 대역통과 필터 출력에서의 필터링된 잡음을 동위상과 직교 위상 성분

$$n(t) = n_I(t)\cos(2\pi f_c t) - n_Q(t)\sin(2\pi f_c t) \tag{9.42}$$

으로 나타냈다. 마찬가지로 $n(t)$를 진폭과 위상으로

$$n(t) = r(t)\cos[2\pi f_c t + \phi_n(t)] \tag{9.43}$$

와 같이 나타낼 수 있다(문제 4.3 참조). 이때 포락선은

$$r(t) = [n_I^2(t) + n_Q^2(t)]^{1/2} \tag{9.44}$$

이고 위상은

$$\phi_n(t) = \tan^{-1}\left(\frac{n_Q(t)}{n_I(t)}\right) \tag{9.45}$$

이다. 이 극좌표 형식은 위상 $\phi_n(t)$가 0과 2π 라디안 사이에 균일하게 분포하는 성질을 가진다.

$s(t)$의 위상은

$$\phi(t) = 2\pi k_f \int_0^t m(\tau)\, d\tau \tag{9.46}$$

이다. 위 식과 식 (9.40), (9.43)을 결합하면 대역통과 필터의 출력에서의 잡음 섞인 신호는

$$\begin{aligned} x(t) &= s(t) + n(t) \\ &= A_c \cos[2\pi f_c t + \phi(t)] + r(t)\cos[2\pi f_c t + \phi_n(t)] \end{aligned} \tag{9.47}$$

로 표현할 수 있다. $x(t)$를 그림 9.15와 같은 페이저도로 표현할 수 있는데, 이때 $s(t)$ 신호를 기준으로 사용하였다. 그림 9.15에서 잡음의 진폭은 $r(t)$이고 위상차 $\psi_n(t)=\phi_n(t)-\phi(t)$는 잡음 페이저와 신호 페이저 사이의 각도이다. 결과로 나타나는 위상 $\theta(t)$는

$$\theta(t) = \phi(t) + \tan^{-1}\left\{\frac{r(t)\sin(\psi_n(t))}{A_c + r(t)\cos(\psi_n(t))}\right\} \tag{9.48}$$

와 같이 주어진다. 대역통과 필터 출력에서의 포락선의 변화는 리미터에 의해 제거되기 때문에, 우리는 $x(t)$의 포락선에 관심이 없다.

유용한 결과를 얻기 위하여 $\theta(t)$에 관한 개략식을 구한다. 첫째, 변별기 입력에서 측정된 반송파 대 잡음비는 크다고 가정한다. 잡음 포락선의 샘플 함수 $r(t)$에 대한 관측량을 R이라 하면 대부분의 시간에서 랜덤 변수 R은 반송파 진폭 A_c에 비해서 작게 된다. 이러한 조건과 $\xi \ll 1$이기 때문에 $\tan^{-1}\xi \approx \xi$임을 고려하면 위상은 단순히

$$\theta(t) = \phi(t) + \frac{r(t)}{A_c}\sin[\psi_n(t)] \tag{9.49}$$

가 된다. 식 (9.49)의 둘째 항의 변조 성분을 무시하고 $\psi_n(t)=\phi_n(t)-\phi(t)$을 $\phi_n(t)$로 대치함으로써 식을 더 간략화할 수 있다. 이는 위상 $\phi_n(t)$가 0과 2π 사이에 균일하게 분포하고 $\phi(t)$가 $\phi_n(t)$와 독립적이기 때문에 위상차 $\phi_n(t)-\phi(t)$가 2π 라디안까지 균일하게 분포한다고 생각할 수 있기 때문에 타당하다. 이론적으로 검토하여 보면 이 가정은 반송파 대 잡음비가 높은 경우에 정당화될 수 있다.[3]

[3] Downing(1964)의 5장 참조.

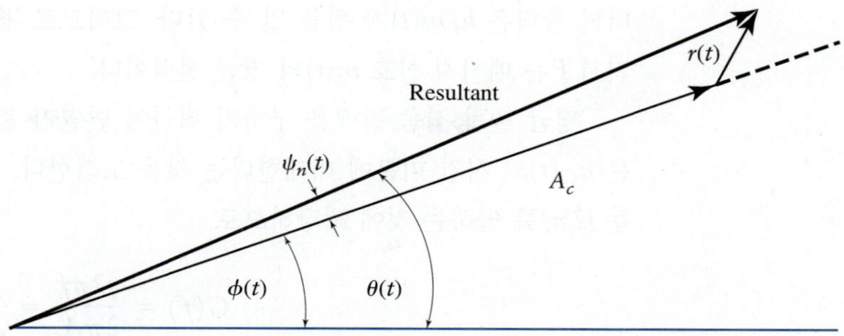

그림 9.15 높은 반송파 대 잡음비를 가정하였을 때의 FM 신호와 협대역 잡음 합의 페이저도.

잡음의 직교 성분이 $n_Q(t)=r(t)\ \sin[\phi_n(t)]$이라면 식 (9.49)는

$$\theta(t) = \phi(t) + \frac{n_Q(t)}{A_c} \tag{9.50}$$

이 된다. 식 (9.46)에 주어진 $\phi(t)$에 대한 식을 사용하면 식 (9.50)은

$$\theta(t) \approx 2\pi k_f \int_0^t m(\tau)\ d\tau + \frac{n_Q(t)}{A_c} \tag{9.51}$$

이 된다. 우리의 목적은 필터링된 잡음 $n(t)$가 존재하는 경우의 반송파 순시 주파수에서의 오차를 결정하는 것이다. 이상적인 변별기에서 출력은 미분 $d\theta(t)/dt$에 비례한다. 식 (9.51)의 $\theta(t)$에 대한 식을 사용하면, 이상적인 변별기의 출력은 2π로 나누어

$$\begin{aligned} v(t) &= \frac{1}{2\pi}\frac{d\theta(t)}{dt} \\ &= k_f m(t) + n_d(t) \end{aligned} \tag{9.52}$$

와 같다. 여기서 잡음 항 $n_d(t)$는

$$n_d(t) = \frac{1}{2\pi A_c}\frac{dn_Q(t)}{dt} \tag{9.53}$$

으로 정의된다. 반송파 대 잡음비가 높다고 가정하면, 변별기 출력 $v(t)$는 원래의 메시지 신호 $m(t)$가 상수 k_f와 곱해지고 가산 잡음 성분 $n_d(t)$와 더해진다. **변별기 출력에서의 가산 잡음은 주로 협대역 잡음 $n(t)$의 직교 성분 $n_Q(t)$에 의해 결정된다.**

따라서 FM 수신기의 출력 품질을 평가하는 데 앞에서 정의되었던 **검파 후 신호 대 잡음비**를 사용할 수 있다. 검파 후 신호 대 잡음비는 평균 출력 신호 전력 대 평균 출력 잡음 전력의 비로 정의된다. 식 (9.52)로부터 변별기 출력의 메시지 성분과 저역통과 필

터의 출력은 $k_f m(t)$가 됨을 알 수 있다. 그러므로 평균 출력 신호 전력은 $k_f^2 P$와 같고 여기서 P는 메시지 신호 $m(t)$의 평균 전력이다.

평균 출력 잡음 전력을 구하기 위하여 변별기 출력에서의 잡음 $n_d(t)$가 직교 잡음 성분 $n_Q(t)$의 시간 미분에 비례한다는 것을 고려한다. 함수의 시간 미분은 푸리에 변환에서는 $j2\pi f$를 곱하는 것에 해당하므로

$$G(f) = \frac{j2\pi f}{2\pi A_c} = \frac{jf}{A_c} \tag{9.54}$$

와 같은 주파수 응답을 가지는 선형 필터로 $n_Q(t)$를 통과시켜서 잡음 과정 $n_d(t)$를 구하게 된다. 이것은 잡음 $n_d(t)$의 전력 스펙트럼 밀도 $S_{N_d}(f)$가 직교 잡음 성분 $n_Q(t)$의 전력 스펙트럼 밀도 $S_{N_Q}(f)$와

$$\begin{aligned} S_{N_d}(f) &= |G(f)|^2 S_{N_Q}(f) \\ &= \frac{f^2}{A_c^2} S_{N_Q}(f) \end{aligned} \tag{9.55}$$

와 같은 관계가 있다는 것을 뜻한다. 대역폭 B_T와 중간대역 주파수 f_c의 특징을 나타내는 이상적인 주파수 응답을 가지는 그림 9.13의 수신기 모델의 대역통과 필터에 대해서는 협대역 잡음 $n(t)$도 유사한 모양의 전력 스펙트럼 밀도 특성을 가지게 된다. 입력 잡음이 백색이라면 8.11절에서 설명한 협대역 잡음의 동위상과 직교 위상 성분의 성질로부터, $n_Q(t)$의 전력 스펙트럼 밀도는 대역통과 필터의 양의 주파수 응답과 음의 주파수 응답을 합한 것에 대한 저역통과 등가 합이 될 것이다. 이것은 협대역 잡음의 직교 성분 $n_Q(t)$가 그림 9.16(a)에 나와 있는 이상적인 저역통과 필터의 특성을 가지게 된다는 의미이다. 이에 해당하는 잡음 $n_d(t)$의 전력 스펙트럼 밀도가 그림 9.16(b)에 그려져 있다. 즉

$$S_{N_d}(f) = \begin{cases} \dfrac{N_0 f^2}{A_c^2}, & |f| < \dfrac{B_T}{2} \\ 0, & \text{otherwise} \end{cases} \tag{9.56}$$

이다. 그림 9.13의 수신기 모델에서 변별기 출력 다음에 메시지 대역폭 W와 같은 대역을 가지는 저역통과 필터가 있다. 일반적으로 광대역 FM에서의 W는 $B_T/2$보다 좁다. 여기서 B_T는 FM 신호의 전송 대역폭이다. 이것은 잡음 $n_d(t)$의 대역 밖의 성분이 제거된다는 것을 의미한다. 그러므로 수신기 출력에 나타나는 잡음 $n_o(t)$의 전력 스펙트럼 밀도 $S_{N_o}(f)$가 그림 9.16(c)에서와 같이

$$S_{N_o}(f) = \begin{cases} \dfrac{N_0 f^2}{A_c^2}, & |f| < W \\ 0, & \text{otherwise} \end{cases} \tag{9.57}$$

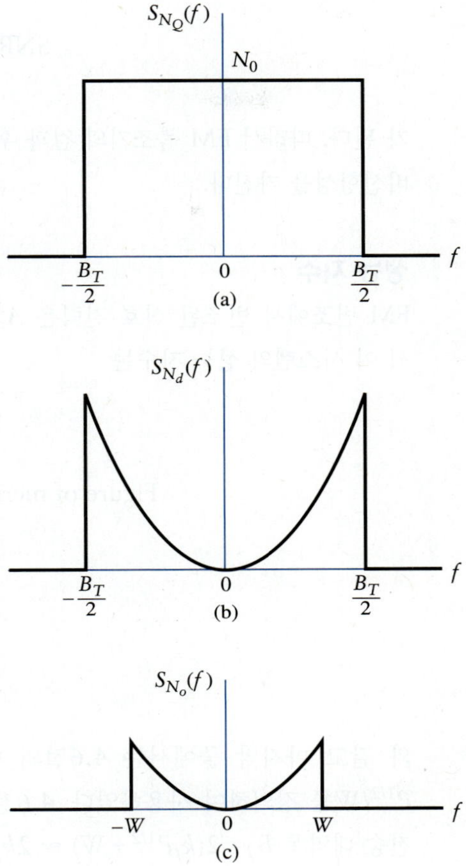

그림 9.16 FM 수신기의 잡음 해석. (a) 협대역 잡음 $n(t)$의 직교 성분 $n_Q(t)$의 전력 스펙트럼밀도. (b) 변별기 출력에서 $n_d(t)$의 전력 스펙트럼 밀도. (c) 수신기 출력에서의 잡음 $n_0(t)$의 전력 스펙트럼 밀도.

로 정의된다. 평균 출력 잡음 전력(average post-detection noise power)은 전력 스펙트럼 밀도 $S_{N_o}(f)$를 $-W$에서 W까지 적분함으로써 구할 수 있다. 따라서

$$\begin{aligned}\text{Average post-detection noise power} &= \frac{N_0}{A_c^2}\int_{-W}^{W} f^2\, df \\ &= \frac{2N_0 W^3}{3A_c^2} \qquad (9.58)\end{aligned}$$

의 결과를 얻을 수 있다. 식 (9.52)와 (9.16)에서 평균 신호 전력은 $k_f^2 P$이다. 앞에서 설명한 바와 같이 반송파 대 잡음비가 높다면 검파 후 신호 대 잡음비는 $k_f^2 P$와 식 (9.58)의 우변과의 비와 같게 되어

$$\mathrm{SNR}_{\mathrm{post}}^{\mathrm{FM}} = \frac{3A_c^2 k_f^2 P}{2N_0 W^3} \tag{9.59}$$

가 된다. 따라서 FM 복조기의 검파 후 SNR은 주파수 감도나 메시지 대역폭에서나 모두 비선형성을 가진다.

성능 지수

FM 변조에서 변조된 신호 전력은 $A_c^2/2$이므로, 기준 SNR은 $A_c^2/(2N_0W)$가 된다. 따라서 이 시스템의 성능 지수는

$$\begin{aligned}\text{Figure of merit} &= \frac{\mathrm{SNR}_{\mathrm{post}}^{\mathrm{FM}}}{\mathrm{SNR}_{\mathrm{ref}}} = \frac{\dfrac{3A_c^2 k_f^2 P}{2N_0 W^3}}{\dfrac{A_c^2}{2N_0 W}} \\ &= 3\left(\frac{k_f^2 P}{W^2}\right) \\ &= 3D^2 \end{aligned} \tag{9.60}$$

와 같고 마지막 줄에서는 4.6절의 내용을 참조하여 FM 시스템의 편이율로 $D=k_f P^{1/2}/W$를 정의하여 사용하였다. 4.6절의 FM 신호에서 일반화된 카슨 법칙을 적용하면 전송 대역폭 $B_T=2(k_fP^{1/2}+W) \approx 2k_fP^{1/2}$을 얻을 수 있음을 알 수 있다. 따라서 D의 정의식에 $k_fP^{1/2}$ 대신 $B_T/2$를 대입하면 FM 시스템에서의 성능 지수는 대강

$$\text{Figure of merit} \approx \frac{3}{4}\left(\frac{B_T}{W}\right)^2 \tag{9.61}$$

로 주어진다. 결과적으로 전송 대역폭 B_T를 증가시키면 FM 시스템에서의 출력 신호 대 잡음비가 기준 시스템에 비해서 제곱에 해당하는 증가를 나타낸다. 그러므로 반송파 대 잡음 레벨이 높으면, 진폭 변조 시스템과는 달리, FM 시스템에서는 **대역폭을 희생**하는 대신 제곱 법칙에 해당하는 **성능의 개선**을 얻을 수 있다.

예제 9.2 FM 다중화 채널에서의 잡음

4.9절에서 설명한 FM 스테레오 다중화 기법에서 전송 대역폭이 200 kHz, 기저대역이 19 kHz, 그리고 검파 전 SNR이 12 dB라고 가정하고 스테레오 차신호 $m_l(t)-m_r(t)$에 대한 검파 후 SNR을 구하려 한다.

이 절의 앞에서의 내용을 참조하면 검파 전 SNR은

$$\text{SNR}_{\text{pre}} = \frac{A_c^2}{2N_0B_T}$$

이다. 파일럿 성분을 무시하면 FM 다중화의 상측 채널에서의 평균 검파 후 잡음 전력은

$$\begin{aligned} N &= \frac{N_0}{A_c^2} \times 2\int_W^{3W} f^2\,df \\ &= \frac{52W^3N_0}{3A_c^2} \end{aligned}$$

이다. 상측 채널의 검파 후 SNR은

$$\begin{aligned} \text{SNR}_{\text{post}} &= \frac{3A_c^2k_f^2(P/2)}{52N_0W^3} \\ &= \frac{A_c^2}{2N_0B_T}\frac{3}{52}\frac{k_f^2PB_T}{W^3} \\ &\approx \frac{A_c^2}{2N_0B_T}\frac{3/4}{52}\left(\frac{B_T}{W}\right)^3 \\ &= 266.6 \\ &\approx 24.3\text{ dB} \end{aligned}$$

이고, 여기서 $B_T \approx 2k_fP^{1/2}$라는 카슨 법칙과 상측 채널의 전력은 절반이라는 가정을 사용하였다.

문턱 효과

FM에서의 검파 후 SNR 비를 정의하는 식 (9.59)는 변별기 입력에서 측정한 검파 전 SNR이 1보다 커야만 유효하다. 검파 전 SNR이 낮다면 FM 수신기는 갑작스럽게 다운된다. 우선 수신기 출력에 클릭음이 발생하고 검파 전 SNR이 더욱 낮아지면 이 클릭음이 지지직 하는 잡음으로 나타난다. 이런 갑작스런 성능 저하점 이하에서는 식 (9.59)가 검파 후 SNR을 정확히 나타낼 수 없다. 이러한 현상을 **문턱 효과**(threshold effect)라 한다. 이 경우의 분석은 이 책의 범위를 벗어난다.

컴퓨터 실험: FM에서의 문턱 효과

문제 9.27에서 잡음 속의 FM 신호 검파에 대한 컴퓨터 실험을 설명하고 있다. 신호와 잡음을 모두 복소 페이저 기호를 사용하여 만들어 내고 이들은 바로 IF로 상향 변환이 되어 변별기 검파에 적용할 수 있게 대역통과 신호로 만들어진다.

FM 신호에 대한 복소 페이저는

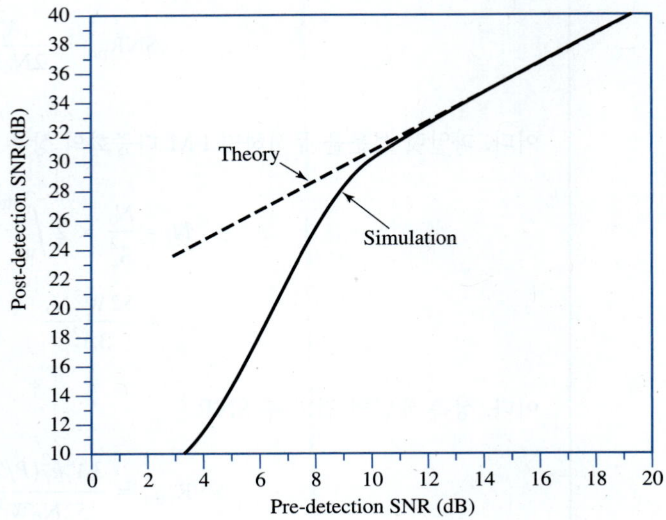

그림 9.17 시뮬레이션을 수행한 FM 수신기의 검파 전과 검파 후의 SNR 비교(f_m=1 Hz, k_f=20 Hz, B_T=62.5 Hz, W=5.5 Hz, A_c=1).

$$s(t) = A_c \exp\left\{-j2\pi k_f \int_0^t m(\tau)\, d\tau\right\}$$

로 주어지며 여기서(이후의 결과에서도) $m(t)=\sin(2\pi t)$와 단위 진폭당 k_f=20 Hz를 사용한다. 이 신호는 B_T=62.5 Hz의 대역통과 전송 대역폭과 W=5.5 Hz의 기저대역 검파 대역폭을 가지고 전송된다.

AM 컴퓨터 실험에서와 마찬가지로 신호의 검파 전과 검파 후의 SNR을 측정하여 그 결과를 이 절에서 전개한 이론과 비교한다. 이 결과들을 위에서 언급한 파라미터들을 사용하여 그림 9.17에 나타내었다. 결과를 살펴보면 높은 SNR에서는 측정된 성능과 이론이 명확히 일치됨을 알 수 있다. 낮은 SNR에 대해서는 검파 후 SNR이 10 dB 값에서부터 감소함에 따라 검파 후 SNR도 급격히 감소되는 문턱 효과를 나타낸다.

▶ **연습문제 9.6** 신호 $m(t)=\cos(2000\pi t)$가 주파수 변조로 전송된다. 주파수 감도 k_f가 볼트당 2 kHz이면 FM 신호의 카슨 법칙에 의한 대역폭은 얼마인가? 검파 전 SNR이 17 dB라 할 때 검파 후 SNR을 계산하라. FM 복조기에는 대역폭 3.1 kHz인 저역통과 필터가 포함되어 있다고 가정하라. ◀

▶ **연습문제 9.7** 예제 9.2의 하측 채널에서의 검파 후 SNR을 계산하고 상측 채널과 비교하라. ◀

9.8 FM 프리엠퍼시스 및 디엠퍼시스

FM 수신기의 출력 잡음 스펙트럼의 제곱 특성으로부터 잡음은 $|f|$의 높은 값에서 가장 심해진다. 이것은 하측 채널 $(m_l(t)+m_r(t))$보다 더 심각한 잡음의 영향을 받는 상측 채널 $(m_l(t)-m_r(t))$을 가지는 FM 스테레오 전송 시 중요한 이슈가 된다.

$|f|<W$에서 평탄하지 않고 오히려 $|f|$가 W에 접근함에 따라 점점 더 감쇠하는 그리고 W에서는 예리하게 차단하는 저역통과 필터가 복조기에 포함되어 있다고 가정한다. 이와 같은 전달 특성 $H_{de}(f)$를 가지는 필터가 그림 9.18(b)에 나와 있다. 이 필터는 그림에 설명되어 있는 대로 고역 주파수에 있는 잡음의 효과에 대해 **디엠퍼시스**(de-emphasis)를 한다.

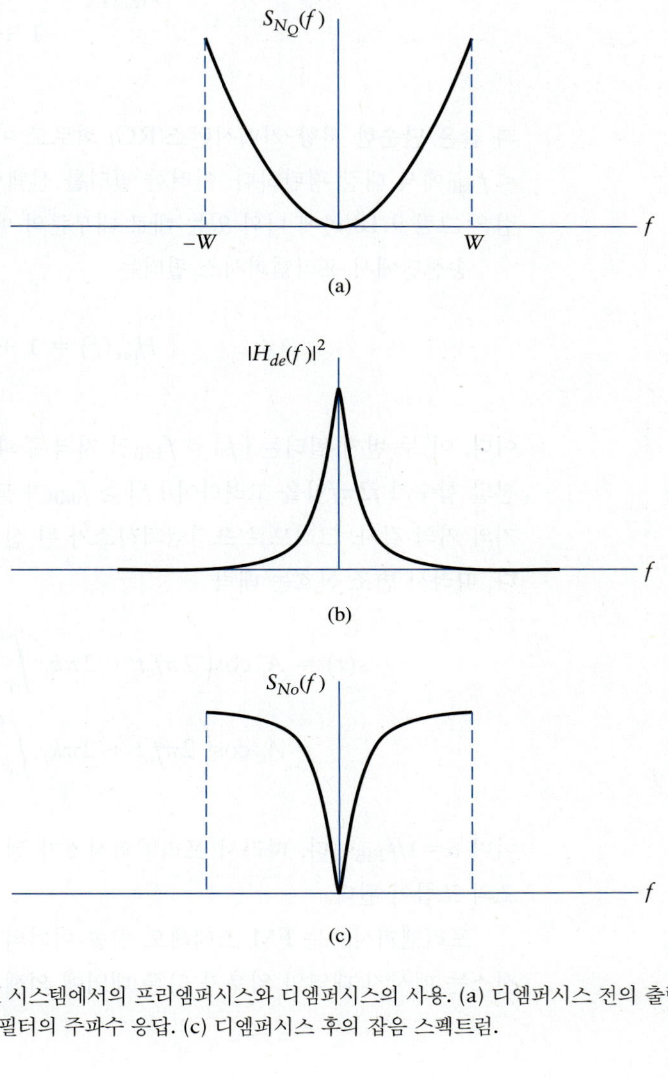

그림 9.18 FM 시스템에서의 프리엠퍼시스와 디엠퍼시스의 사용. (a) 디엠퍼시스 전의 출력 잡음 스펙트럼. (b) 디엠퍼시스 필터의 주파수 응답. (c) 디엠퍼시스 후의 잡음 스펙트럼.

디엠퍼시스는 잡음을 감소시킬 뿐 아니라 수신된 신호도 왜곡시키게 된다. 이 왜곡을 보상하기 위하여 송신기에서의 대역 신호를 FM 변조 하기 전에

$$H_{\mathrm{pre}}(f) = \frac{1}{H_{\mathrm{de}}(f)} \qquad |f| < W \tag{9.62}$$

와 같은 주파수 응답을 가지는 필터로 미리 사전 왜곡 또는 **프리엠퍼시스**(pre-emphasis)가 되도록 적당히 처리한다. 식 (9.61)과 (9.62)로 표현되는 프리엠퍼시스와 디엠퍼시스의 매칭된 조합으로 신호는 왜곡 없이, 그리고 더 중요하게는 잡음의 레벨을 줄이면서 신호가 복구된다.

디엠퍼시스 필터는 흔히

$$H_{\mathrm{de}}(f) = \frac{1}{1 + j\dfrac{f}{f_{3\mathrm{dB}}}} \tag{9.63}$$

과 같은 단순한 저항–커패시턴스(RC) 회로로 이루어진다. 이 필터는 3 dB 대역폭인 $|f| < f_{3\mathrm{dB}}$에서 대강 평탄하다. 이러한 필터를 선택함으로써 $|f| > f_{3\mathrm{dB}}$에 대한 잡음 스펙트럼은 그림 9.18(c)에 나와 있는 대로 대부분의 메시지 대역을 통하여 평탄하게 된다.

송신단에서 프리엠퍼시스 필터는

$$H_{\mathrm{pre}}(f) = 1 + j\frac{f}{f_{3\mathrm{dB}}} \tag{9.64}$$

이다. 이 두 번째 필터는 $|f| < f_{3\mathrm{dB}}$인 저역 주파수에서는 별 영향이 없게 된다. 미분기의 전달 함수가 $j2\pi f$임을 고려하여 $|f| > f_{3\mathrm{dB}}$가 되는 주파수에서 식 (9.64)의 필터는 미분기와 거의 같다. 그러므로 프리엠퍼시스가 된 신호는 원 신호와 그 미분된 신호의 합이 된다. 따라서 변조 신호는 대략

$$\begin{aligned} s(t) &= A_c \cos\left(2\pi f_c t + 2\pi k_f \int_0^t \left(m(s) + \alpha\frac{dm(s)}{ds}\right) ds\right) \\ &= A_c \cos\left(2\pi f_c t + 2\pi k_f \int_0^t m(s)\, ds + 2\pi k_f \alpha m(t)\right) \end{aligned}$$

이며 $\alpha = 1/f_{3\mathrm{dB}}$이다. 따라서 프리엠퍼시스가 된 FM은 실제로는 주파수 변조와 위상 변조의 조합이 된다.

프리엠퍼시스는 FM 스테레오 방송 이외의 많은 응용 분야에도 사용된다. 프리엠퍼시스는 메시지 대역의 일부가 다른 대역에 의해서 훼손될 경우 유리하게 만드는 데 사용

될 수 있다. 즉 잡음에 가장 민감한 메시지 대역 부분이 전송되기 전에 증폭(강조)된다. 수신기에서는 신호가 디엠퍼시스 되어 송신기에서 발생된 왜곡을 반전시킨다. 동시에 디엠퍼시스는 가장 민감한 메시지 신호 대역에 있는 잡음을 감소시킨다. 예를 들면 테이프 녹음에 사용되는 돌비(Dolby) 시스템은 녹음하는 고역 주파수를 프리엠퍼시스 하여 재생할 때 높은 주파수를 갖는 테이프 표면의 잡음을 디엠퍼시스 할 수 있다.

예제 9.3 프리엠퍼시스 개선

이 예제에서는 식 (9.64)와 (9.63)의 프리엠퍼시스와 디엠퍼시스 회로를 사용하는 FM 수신기의 검파 후 신호 대 잡음비를 개선하는 방법을 설명한다.

식 (9.58)에서 디엠퍼시스 없는 잡음 전력이

$$N = \frac{2}{3}\frac{N_0 W^3}{A_c^2}$$

로 주어진다. 디엠퍼시스 있는 해당 잡음 전력은

$$\begin{aligned} N_{\mathrm{de}} &= \int_{-W}^{W} \frac{N_0 f^2/A_c^2}{1 + (f/f_{3\mathrm{dB}})^2}\, df \\ &= 2\frac{N_0}{A_c^2}[(W/f_{3\mathrm{dB}}) - \tan^{-1}(W/f_{3\mathrm{dB}})](f_{3\mathrm{dB}})^3 \end{aligned}$$

이다. 디엠퍼시스에 의한 개선은 이 두 식의 비

$$I = \frac{N}{N_{\mathrm{de}}} = \frac{(W/f_{3\mathrm{dB}})^3}{3[(W/f_{3\mathrm{dB}}) - \tan^{-1}(W/f_{3\mathrm{dB}})]}$$

로 결정된다. 상업 FM 방송에서는 보통 $f_{3\mathrm{dB}}$=2.1 kHz과 W=15 kHz로 잡아도 타당하다. 이 값들에서 I=22가 얻어지고 이는 수신기의 검파 후 신호 대 잡음비가 13 dB 개선되는 것에 해당된다. 이 예제는 FM 시스템에서의 잡음 성능이 단순한 RC 회로로 이루어진 프리엠퍼시스와 디엠퍼시스 필터에 의하여 상당한 개선을 얻게 된다는 사실을 설명하고 있다.

▶ **연습문제 9.8** 15 dB의 검파 전 SNR을 가지는 FM 시스템이 있다. 전송 대역폭이 30 MHz이고 메시지 대역폭이 6 MHz라면 검파 후 SNR은 얼마인가? 이 시스템은 식 (9.63)과 (9.64)에서 설명한 프리엠퍼시스와 디엠퍼시스 필터를 포함하고 있다고 가정한다. 디엠퍼시스 필터의 $f_{3\mathrm{dB}}$가 800 kHz라면 검파 후 SNR은 얼마인가? ◀

9.9 요약과 토의

이 장에서는 가산 잡음이 있는 여러 가지 아날로그 변조 시스템에서의 검파를 분석하였다. 통신 시스템에서 가장 흔한 손상을 주는 가우스 잡음을 검토하는 것으로부터 시작하였다. 다음으로는 검파 전과 검파 후의 신호 대 잡음비(SNR)를 다루었고 검파 후 SNR과 기저대역 기준 모델의 비를 아날로그 통신 시스템을 비교하는 성능 지수로 설정하였다.

그 다음으로 여러 가지 진폭 변조 방식의 잡음 성능을 분석하여 다음과 같은 결과를 얻었다.

(i) 선형 동기 수신기를 가지는 DSB-SC의 검사는 기저대역 기준 모델과 같은 SNR 성능을 가지지만, 복조할 때 동기 반송파를 복구하기 위한 동기 회로가 필요하다.

(ii) 비억압 반송파 AM 시스템은 포락선 검파를 사용함으로써 단순한 수신기 설계를 가능하게 하지만, 동기 시스템과 비교하여 상당한 송신 전력의 소모를 가져온다.

(iii) 아날로그 SSB 변조는 절반의 전송 대역폭을 필요로 하지만 DSB-SC와 같은 SNR 성능을 제공한다.

FM 신호의 잡음 성능 해석을 해 보면 AM 검파에서 관찰할 수 있는 바와는 달리 포물선 형태의 출력 잡음 스펙트럼을 나타낸다. 이러한 동작은 FM이 신호 대역폭을 희생함으로써 제곱 법칙에 해당하는 개선된 잡음 성능을 얻을 수 있게 한다. 프리엠퍼시스와 디엠퍼시스 스펙트럼 가중치를 사용하여 FM 시스템의 검파 후 신호 대 잡음비를 상당히 개선할 수 있다. FM의 변별기 검파는 검파 전의 SNR 값 이하로 성능을 급격하게 떨어뜨리는 문턱 현상을 보이는 것을 알 수 있었다.

이 장에서 신호 대 잡음비에 근거한 잡음 해석이 아날로그 통신 시스템의 성능 평가에 중요하다는 것도 보여 주었다. 이러한 형태의 잡음 해석은 통신 시스템이 아날로그이든 디지털이든 시스템을 이해하거나 설계하는 기본이 된다.

ADDITIONAL PROBLEMS

9.9 A sample function

$$x(t) = A_c \cos(2\pi f_c t) + w(t)$$

is applied to a low-pass RC filter. The amplitude A_c and frequency f_c of the sinusoidal component are constants, and $w(t)$ is white noise of zero mean and power spectral density $N_0/2$. Find an expression for the output signal-to-noise ratio with the sinusoidal component of $x(t)$ regarded as the signal of interest.

9.10 A DSC-SC modulated signal is transmitted over a noisy channel, with the power spectral density of the noise as shown in Fig. 9.19. The message bandwidth is 4 kHz and the carrier frequency is 200 kHz. Assume that the average received power of the signal is −80 dBm, and determine the output signal-to-noise ratio of the receiver.

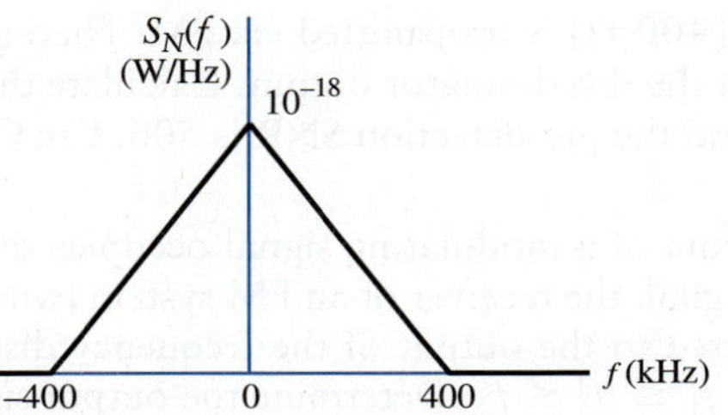

FIGURE 9.19 Problem 9.10.

9.11 Derive an expression for the post-detection signal-to-noise ratio of the coherent receiver of Fig. 9.6, assuming that the modulated signal $s(t)$ is produced by sinusoidal modulating wave

$$m(t) = A_m \cos(2\pi f_m t)$$

Perform your calculation for the following two receiver types:

(a) Coherent DSB-SC receiver

(b) Coherent SSB receiver

Assume the message bandwidth is f_m. Evaluate these expressions for a received signal strength of 100 picowatts, noise spectral density of 10^{-15} watts per hertz, and f_m of 3 kHz.

9.12 Evaluate the autocorrelation function of the in-phase and quadrature components of narrowband noise at the coherent detector input for the DSB-SC system. Assume the band-pass noise spectral density is $S_N(f) = N_0/2$ for $|f - f_c| < B_T$.

9.13 Assume a message signal $m(t)$ has the power spectral density

$$S_M(f) = \begin{cases} a\dfrac{|f|}{W}, & |f| \le W \\ 0, & \text{otherwise} \end{cases}$$

where a and W are constants. Find the expression for post-detection SNR of the receiver when

(a) The signal is transmitted by DSB-SC.

(b) The signal is transmitted by amplitude modulation with amplitude sensitivity $k_a = 0.3$.

(c) The signal is transmitted using frequency modulation with frequency sensitivity $k_f = 500$ hertz per volt.

Assume that white Gaussian noise of zero mean and power spectral density $N_0/2$ is added to the signal at the receiver input.

9.14 A 10 kilowatt transmitter amplitude modulates a carrier with a tone $m(t) = \sin(2000\pi t)$, using 50 percent modulation. Propagation losses between the transmitter and the receiver attenuate the signal by 90 dB. The receiver has a front-end noise with spectral density $N_0 = -113$ watts/Hz and includes a bandpass filter with bandwidth $B_T = 2W = 10$ kHz. What is the post-detection signal-to-noise ratio, assuming that the receiver uses an envelope detector?

9.15 The average noise power per unit bandwidth measured at the front end of an AM receiver is 10^{-6} watts per Hz. The modulating signal is sinusoidal, with a carrier power of 80 watts and a sideband power of 10 watts per sideband. The message bandwidth is 4 kHz. Assuming the use of an envelope detector in the receiver, determine the output signal-to-noise ratio of the system. By how many decibels is this system inferior to a DSB-SC modulation system?

9.16 An AM receiver, operating with a sinusoidal modulating wave and 80 percent modulation, has a post-detection signal-to-noise ratio of 30 dB. What is the corresponding pre-detection signal-to-noise ratio?

9.17 The signal $m(t) = \cos(400\pi t)$ is transmitted via FM. There is an ideal band-pass filter passing $100 \le |f| \le 300$ at the discriminator output. Calculate the post-detection SNR given that $k_f = 1$ kHz per volt, and the pre-detection SNR is 500. Use Carson's rule to estimate the pre-detection bandwidth.

9.18 Suppose that the spectrum of a modulating signal occupies the frequency band $f_1 \le |f| \le f_2$. To accommodate this signal, the receiver of an FM system (without pre-emphasis) uses an ideal band-pass filter connected to the output of the frequency discriminator; the filter passes frequencies in the interval $f_1 \le |f| \le f_2$. Determine the output signal-to-noise ratio and figure of merit of the system in the presence of additive white noise at the receiver input.

9.19 An FM system, operating at a pre-detection SNR of 14 dB, requires a post-detection SNR of 30 dB, and has a message power of 1 watt and bandwidth of 50 kHz. Using Carson's rule, estimate what the transmission bandwidth of the system must be. Suppose this system includes pre-emphasis and de-emphasis network with $f_{3\text{dB}}$ of 10 kHz. What transmission bandwidth is required in this case?

ADVANCED PROBLEMS

9.20 Assume that the narrowband noise $n(t)$ is Gaussian and its power spectral density $S_N(f)$ is symmetric about the midband frequency f_c. Show that the in-phase and quadrature components of $n(t)$ are statistically independent.

9.21 Suppose that the receiver bandpass-filter magnitude response $|H_{BP}(f)|$ has symmetry about $\pm f_c$ and noise bandwidth B_T. From the properties of narrowband noise described in Section 8.11, what is the spectral density $S_N(f)$ of the in-phase and quadrature components of the narrowband noise $n(t)$ at the output of the filter? Show that the autocorrelation of $n(t)$ is

$$R_N(\tau) = \rho(\tau)\cos(2\pi f_c \tau)$$

where $\rho(\tau) = \mathrm{F}^{-1}[S_N(f)]$; justify the approximation $\rho(\tau) \approx 1$ for $|\tau| \ll 1/B_T$.

9.22 Assume that, in the DSB-SC demodulator of Fig. 9.6, there is a phase error ϕ in the synchronized oscillator such that its output is $\cos(2\pi f_c t + \phi)$. Find an expression for the coherent detector output and show that the post-detection SNR is reduced by the factor $\cos^2\phi$.

9.23 In a receiver using coherent detection, the sinusoidal wave generated by the local oscillator suffers from a phase error $\theta(t)$ with respect to the carrier wave $\cos(2\pi f_c t)$. Assuming that $\theta(t)$ is a zero-mean Gaussian process of variance σ_θ^2 and that most of the time the maximum value of $\theta(t)$ is small compared to unity, find the mean-square error of the receiver output for DSB-SC modulation. The mean-square error is defined as the expected value of the squared difference between the receiver output and message signal component of a synchronous receiver output.

9.24 Equation (9.59) is the FM post-detection noise for an ideal low-pass filter. Find the post-detection noise for an FM signal when the post-detection filter is a second-order low-pass filter with magnitude resonance

$$|H(f)| = \frac{1}{(1 + (f/W)^4)^{1/2}}$$

Assume $|H_{BP}(f + f_c)|^2 \approx 1$ for $|f| < B_T/2$ and $B_T \gg 2W$.

9.25 Consider a communication system with a transmission loss of 100 dB and a noise spectral density of 10^{-14} W/Hz at the receiver input. If the average message power is $P = 1$ watt and the bandwidth is 10 kHz, find the average transmitter power (in kilowatts) required for a post-detection SNR of 40 dB or better when the modulation is:

(a) AM with $k_a = 1$; repeat the calculation for $k_a = 0.1$.

(b) FM with $k_f = 10$, 50, and 100 kHz per volt.

In the FM case, check for threshold limitations by confirming that the pre-detection SNR is greater than 12 dB.

■ Computer Experiments

9.26 In this experiment, we investigate the performance of amplitude modulation in noise. The MATLAB script for AM experiment is provided in Appendix 7, it simulates envelope modulation by a sine wave with a modulation index of 0.3, adds noise, and then envelope-detects the message. Using this script:

(a) Plot the envelope modulated signal.

(b) Using the supporting function "spectra," plot its spectrum.

(c) Plot the envelope-detected signal before low-pass filtering.

(d) Compare the post-detection SNR to theory.

9.27 In this second computer experiment, we investigate the performance of a FM in noise. Using the MATLAB script for the FM experiment provided in Appendix 7:

(a) Plot the spectrum of the baseband FM signal.

(b) Plot the spectrum of the band-pass FM plus noise.

(c) Plot the spectrum of the detected signal prior to low-pass filtering.

(d) Plot the spectrum of the detected signal after low-pass filtering.

(e) Compare pre-detection and post-detection SNRs for the FM receiver.

10장
디지털 통신에서의 잡음

지난 20년 동안 디지털 통신은 거의 모든 경우에서 기존의 아날로그 통신을 대치하여 왔다. 새로운 통신 서비스는 일반적으로 디지털 통신만을 고려하게 되었다. 통신 방식에서 이러한 변혁이 일어난 몇 가지 이유가 있다. 이 중 두 가지의 기술적 이유는 디지털 통신이 제공하는 더 큰 잡음 허용도와 수신기에서의 디지털 시퀀스를 거의 정확하게 재생하게 한다는 점이다. 디지털 통신이 차지하는 비중이 증가하게 된 두 가지의 강력한 외적인 이유는 인터넷과 같은 기계 대 기계 통신의 급격한 성장과 디지털 전자공학의 광대한 발전에 있다. 이에 부가하여, 에러 정정 코드의 사용을 통한 디지털 통신의 강인함을 더욱 개선할 수 있는 능력이 아날로그에 비하여 중요한 장점이기 때문이다. 디지털 통신은 아날로그 통신에 비하여 더 큰 잡음 허용도를 가지기 때문에 아날로그 통신이 적용될 수 없는 상황에서 디지털 통신이 사용된다. 이렇게 디지털 통신이 요구되는 상황에서도 잡음은 역시 중요한 영향을 미치며 따라서 이 장에서 이에 대하여 자세히 살펴본다.

일반적으로 검파의 목적은 잡음 속에 정보를 지닌 신호가 있는지 없는지를 설정하는 것이다. 이 장에서는 이러한 이유로 단일 펄스의 전송을 고려하면서 디지털 통신에 대한 잡음의 영향을 분석하기 시작한다. 디지털 시스템에서의 잡음 특성은 아날로그에서와 유사하다. 특히 수신 신호는

$$r(t) = s(t) + w(t) \tag{10.1}$$

와 같이 모델링되는데, $s(t)$는 송신 신호, $w(t)$는 가산 잡음이다. 앞의 장에서 살펴본 바와 같이 아날로그와 디지털 변조 기법 사이에는 수많은 유사성이 있다. 아날로그와 디지털 수신기의 구조 간에도 유사성이 있다는 것을 알게 될 것이다.

이 장에서 배울 내용은 다음과 같다.

▶ **레슨 1: 비트 에러율은 디지털 통신 시스템의 성능 품질에 대한 주요 척도이며, 보통 신호 대 잡음비의 비선형 함수 관계를 나타낸다.**

▶ **레슨 2: 단일 펄스 검파에 대한 해석은 정합 필터의 원리를 간단하게 유도할 수 있게 해 준다. 정합 필터는 대부분의 선형 디지털 변조 방식에 적용될 수 있다.**

▶ **레슨 3: 이진 펄스 진폭 변조(PAM)에 대한 에러율 성능은 가산 백색 잡음 환경하에서 신호 대 잡음비를 지수적으로 개선해 준다.**

▶ **레슨 4: 이진과 사진 대역통과 선형 변조 방식의 수신기는 정합 필터 원리로부터 바로 유도되고 이들 성능은 이진 PAM과 같다.**

▶ **레슨 5: 디지털 신호의 비동기 검파는 단순한 수신기 구조를 가지지만 비트 에러율에 대한 성능을 희생하게 된다.**

▶ **레슨 6: 순방향 에러 정정을 위하여 송신 신호에서 패리티 체크 비트를 추가하여 리던던시를 부가하는 방법을 사용할 수도 있다. 순방향 에러 정정은 디지털 변조 방식의 성능을 개선할 수 있는 강력한 방법을 제공한다.**

10.1 비트 에러율

디지털 시스템에서 가장 중요한 관심사는 정보의 출력 품질이다. 정보가 디지털이고, 보통 이진 표현이기 때문에, 이 품질은 평균 **비트 에러율**(BER: bit error rate)로 측정된다. 전송된 비트와 해당 비트의 수신된 비트가 일치하지 않으면 비트 에러가 발생한다. 이것은 랜덤한 사건이 된다. 길이 N을 가지는 비트 시퀀스에서 관측된 에러 비트의 수를 n으로 나타낸다면, BER의 상대 도수에 대한 정의는

$$\text{BER} = \lim_{N\to\infty}\left(\frac{n}{N}\right) \tag{10.2}$$

이다. 어떤 디지털 시스템에서는 비트 에러율과 밀접한 관계가 있는 다른 품질 측정 방식을 사용할 수도 있다. 예를 들면 많은 경우의 디지털 시스템이 **패킷**(packet) 형태로 정보를 전송하며, 패킷 내에 한 개의 비트 에러가 있거나 백 개의 에러가 있거나 패킷 전체가 폐기되어야 한다. 이러한 시스템에서의 품질은 흔히 **패킷 에러율**(PER: packet error rate)로 측정된다. 이것은 비트 에러가 통계적으로 독립적이라 하면 BER과 직접적인 관계를 가지게 된다.

당연히, 요구되는 디지털 시스템의 비트 에러율은 응용에 따라 달라지게 된다. 예를 들면

- 보코딩된 음성[1]에서는 10^{-2}과 10^{-3} 사이의 BER을 고려하면 충분하다.

[1] 음성 보코더는 음성의 짧은 구간을 분석하여 음성의 실제 샘플값을 전송하는 것이 아니라, 이 구간의 특징을 나타내는 파라미터들을 전송한다. 음성 구간의 길이는 보통 20 msec이다. PCM으로 보코딩된 음성을 전송하는 기법에 대한 장점은 5장에 설명되어 있고, 정확한 표현을 하는 데 필요한 비트율을 상당히 감소시킬 수 있다. 음성 보코딩 기법은 매우 다양하며, 자세한 내용은 Gold and Morgan(1999)에서 참조할 수 있다.

- 무선 채널을 통한 데이터 전송에는 10^{-5}과 10^{-6} 사이의 비트 에러율이 주로 대상이 된다.
- 비디오 전송에서는 희망하는 품질과 인코딩 방식에 따라 주로 10^{-7}에서 10^{-12}까지의 BER이 대상이 된다.
- 금융 분야의 데이터는 10^{-11} 이상의 BER을 요구하는 일이 흔하다.

서로 다른 디지털 변조–복조 방식에 대한 사용 가능성이 주어지면 각각의 성능에 대한 비교가 필요하게 된다. 개념적으로 아날로그 변조–복조 시스템에서 사용된 성능 지수를 각 디지털 전송 방식에 부여하고자 한다. 불행히도 디지털 시스템에서는 수식들이 신호 대 잡음비의 선형 함수가 아니기 때문에 이러한 일들이 쉬운 것은 아니다.

그러나 디지털 시스템을 위한 등가의 기준 SNR을 정의할 수는 있다. 특히 디지털 시스템에서 기준 SNR은 **정보 비트당 변조된 에너지** 대 **단측 잡음 스펙트럼 밀도**의 비로, 즉

$$\mathrm{SNR}_{\mathrm{ref}}^{\mathrm{digital}} = \frac{\text{Modulated energy per bit}}{\text{Noise spectral density}}$$

$$= \frac{E_b}{N_0}$$

로 표시할 수 있다.

이 정의는 세 가지 점에서 기준 SNR의 아날로그적인 정의와 다르다.

1. 아날로그 정의는 전력의 비였다. 디지털 정의는 잡음 스펙트럼 밀도 단위가 W/Hz로 에너지와 등가이기 때문에 에너지의 비로 표현된다. 결과적으로 디지털 정의는 아날로그 정의와 마찬가지로 무차원이다.
2. 정의에서는 단측 잡음 스펙트럼 밀도를 사용하는데, 즉 모든 잡음은 양의 주파수로 발생한다고 가정한다. 이렇게 가정한 것은 단지 편의성을 위한 것이다.
3. 기준 SNR은 전송률에 독립적이다. 이것은 에너지의 비이기 때문에 반드시 비트율로 정규화된다.

디지털 변조–복조 방식을 비교하는 목적은 E_b/N_0로 표시되는 기준 SNR의 함수로 비트 에러 성능을 결정하는 것이다. 이 **디지털 기준 모델**은 여러 방식을 공정하게 비교하는 기준 틀을 제공한다.

예제 10.1 패킷 에러율 계산하기

10^{-5} 또는 그 이하의 BER로 데이터를 전송하도록 설계된 전송 시스템이 있다. 이 시스템이 1000비트의 패킷을 전송한다면, 예상되는 패킷 에러율은 얼마인가? 비트 에러들끼리는 서로 독립적이라고 가정한다.

비트 에러들이 독립적이라는 가정하에 패킷의 비트들은 베르누이 수열과 등가이다. 결과적으로 비트 에러의 개수는 예제 8.5에서와 같이 이항 분포를 가진다. 패킷 에러 확률은 단지 패킷이 에러가 없을 확률에서 1을 뺀 것이다. 즉 서로 상보적인 사건이다. 따라서 n을 비트 에러의 개수라 할 때, 패킷 에러율은

$$\begin{aligned} \text{PER} &= 1 - \mathbf{P}_{\text{binomial}}(n = 0) \\ &= 1 - \binom{1000}{0}(1 - 10^{-5})^{1000}(10^{-5})^{0} \\ &= 9.95 \times 10^{-3} \end{aligned}$$

이 된다.

▶ **연습문제 10.1** H_0를 0이 송신되었을 때의 사건이라 하고, R_0를 0이 수신되었을 때의 사건이라 한다. 마찬가지로 1에 대해서는 H_1과 R_1이다. 다음의 경우에 대하여 이 사건들의 확률을 사용하여 BER을 표현하라.

(a) 1이 에러가 될 확률은 0이 에러가 될 확률과 같다.

(b) 1이 전송될 확률은 0이 전송될 확률과 같지 않다. ◀

10.2 잡음 속의 단일 펄스 검출

아날로그 방식에서 잡음을 최소화하기 위하여 필터의 대역을 작게 만드는 것이 바람직하다는 것을 알았다. 그러나 원하는 신호를 왜곡시킬 만큼 작아서는 안 된다. 일반적으로 필터는 주파수 영역의 신호에 정합되어야 한다. 디지털 방식에서는 다음에 설명하는 바와 같이 정합 필터를 더욱 정밀하게 정의해야 한다.

기저대역으로 전송된 단일 펄스를 검출해 내는 그림 10.1의 상황으로부터 출발한다. 수신된 신호는 먼저 선형 검파기로 처리되고 검파기 출력은 샘플링된 다음에 문턱값과 비교된다. 이 문턱값의 비교는 다음의 두 가지 상황 중 어떤 것이 발생하였는지를 결정하는 데 사용된다.

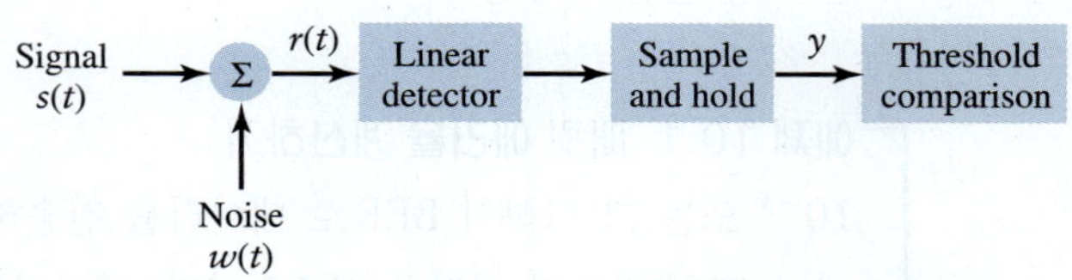

그림 10.1 단일 펄스의 처리 과정.

1. 수신된 신호 $r(t)$는 백색 가우스 잡음 $w(t)$로만 이루어져 있다.

2. 수신된 신호 $r(t)$는 $w(t)$와 알고 있는 형태의 신호 $s(t)$와의 합으로 이루어져 있다.

잡음은 영평균이며 $N_0/2$의 스펙트럼 밀도를 가진다고 가정한다. 신호 $s(t)$가 있다면 임의의 시간 $t=T$에서의 수신기의 출력이 $s(t)$가 없을 때보다는 상당히 크다는 방식으로 신호 $r(t)$를 처리하여 두 상황 중 어느 상황에 해당하는지 수신기에서 결정하고자 한다.

이 상황에 대하여 실질적인 예로 온-오프 신호를 사용하는 이진 펄스 진폭 변조(PAM)를 들 수 있다. 펄스 $s(t)$는 심벌 1을 나타내는 반면에 펄스가 없으면 심벌 0을 나타낸다고 할 수 있다. 목표는 펄스가 있을 때에는 수신기 출력이 최대가 되고 잡음만 있을 경우에는 최소가 되도록 하는 데 있다.

방금 설명한 단일 펄스 전송 방식에서 현재의 목적은 수신기 출력에서 **신호 대 잡음비를 최대화**하는 것이다. 수신된 신호에 대하여 수학적으로

$$r(t) = \begin{cases} s(t) + w(t), & \text{pulse present} \\ w(t), & \text{pulse absent} \end{cases} \tag{10.3}$$

의 두 가지 형태가 있을 수 있다. 이를 전개하기 위하여, $s(t)$는 기저대역 펄스이고 $0 \le t \le T$의 구간에서만 0이 아니라고 가정한다. 검출 전략은 수신된 신호를 필터링하고 시간 T에서의 필터 출력을 샘플링하는 것이다. 임펄스 응답 $g(t)$로 표시되는 필터는 선형 시불변이라 가정한다. 그러므로 펄스가 있는지를 결정하는 랜덤 변수는

$$Y = \int_0^T g(T-t)r(t)\,dt \tag{10.4}$$

와 같은 컨벌루션 적분의 형태로 정의된다. 출력Y의 신호 대 잡음비가 최대가 되는 필터 $g(t)$를 정하는 것이 목표이다. 식 (10.4)를 분석하기 위하여 식 (10.3)의 첫째 줄을

$$Y = \int_0^T g(T-t)s(t)\,dt + \int_0^T g(T-t)w(t)\,dt \tag{10.5}$$

와 같이 전개한다. 식 (10.5)의 오른쪽 변의 첫 번째 적분은 신호 항인데, 펄스가 없으면 0이 되고, 두 번째 적분은 항상 존재하는 잡음 항이다. 잡음 항을 분석함으로써 시작한다. 잡음을

$$N = \int_0^T g(T-t)w(t)\,dt \tag{10.6}$$

과 같이 표현하자. 이 필터 출력을 샘플링하면 랜덤 과정 $w(t)$가 랜덤 변수 N으로 변환된다. 잡음 과정 $w(t)$가 볼트 단위를 가지면, 식 (10.6)은 시간 상에서 잡음을 가중치 합으

로 볼 수 있으며 이 경우 N은 V-sec 단위를 가진다. N에 대한 기대값은

$$\begin{aligned}\mathbf{E}[N] &= \int_0^T g(T-t)\mathbf{E}[w(t)]\,dt \\ &= 0 \end{aligned} \tag{10.7}$$

로 정의되고, 따라서 0이 된다. 8.9절에서 설명한 대로 기대값과 적분의 순서를 바꾸고 가산 백색 가우스 잡음 $w(t)$가 영평균을 가진다고 가정함으로써 이 결과를 얻을 수 있다. 출력 잡음의 분산은

$$\begin{aligned}\mathrm{Var}(N) &= \mathbf{E}[N^2] \\ &= \mathbf{E}\left[\int_0^T g(T-t)w(t)\,dt \int_0^T g(T-\tau)w(\tau)\,d\tau\right] \\ &= \int_0^T\int_0^T g(T-t)g(T-\tau)\mathbf{E}[w(t)w(\tau)]\,dt\,d\tau \end{aligned} \tag{10.8}$$

로 주어지며, 여기서 또다시 기대값과 적분의 순서를 바꾸었다. 이는 이 두 연산자가 선형이기 때문에 가능하다. 잡음 과정이 백색이라 가정하여 $\delta(t)$를 디랙 델타 함수라 하면 $\mathbf{E}[w(t)w(\tau)]=N_0/2\delta(t-\tau)$이 된다. 그러면 식 (10.8)을

$$\begin{aligned}\mathbf{E}[N^2] &= \int_0^T\int_0^T g(T-t)g(T-\tau)\frac{N_0}{2}\delta(t-\tau)\,dt\,d\tau \\ &= \frac{N_0}{2}\int_0^T |g(T-\tau)|^2\,d\tau \\ &= \frac{N_0T}{2} \end{aligned} \tag{10.9}$$

로 고쳐 쓸 수 있다. 식 (10.9)의 둘째 줄은 델타 함수의 천이 성질에 기인한다. 셋째 줄은 수신 필터 $g(t)$가 정규화되어

$$\int_0^T |g(t)|^2\,dt = T \tag{10.10}$$

이 된다는 가정에서 나온다. 전력 스펙트럼 밀도의 단위는 W/Hz 또는 W-sec이다. 따라서 식 (10.9)의 N_0T의 단위는 W-sec^{2}이다. 측정이 1옴 저항에서 이루어졌다면 이것은 (V-sec)^{2}과 같다. 이러한 관측은 $\mathbf{E}[N^2]$의 단위가 N의 단위와 일치한다는 것을 보여 준다. 요약하면, 선형 수신기의 출력에 대한 잡음 샘플은

- 평균이 0이고

- 분산이 $N_0T/2$
- 필터링된 가우스 과정도 역시 가우스 형태를 가지기 때문에(8.9절 참조) 가우스 형태를 취한다.

식 (10.10)의 정규화 구속 조건 외에 잡음 성분을 해석할 때 필터 임펄스 응답 $g(t)$를 선택하는 데는 더 이상의 구속 조건을 사용하지 않았음에 유의해야 한다.

다음에는

$$S = \int_0^T g(T - \tau)s(\tau)\, d\tau \tag{10.11}$$

로 주어진 신호 성분을 고려하자. 신호 대 잡음비를 최대로 하기 위하여, 식 (10.10)의 구속 조건을 만족시키면서 식 (10.11)을 최대로 하는 $g(t)$를 선택한다. 이 최대화의 문제를 구하기 위하여 적분에 대한 슈바르츠의 부등식(부록 5 참조)을 사용한다. 적분에 대한 **슈바르츠의 부등식**(Schwarz inequality)은

$$\left| \int_{-\infty}^{\infty} g(T - t)s(t)\, dt \right|^2 \le \int_{-\infty}^{\infty} |g(T - t)|^2\, dt \int_{-\infty}^{\infty} |s(t)|^2\, dt \tag{10.12}$$

이며 스칼라 양 c에 대하여

$$g(T - t) = cs(t) \tag{10.13}$$

일 때 등호가 성립한다. 그러므로 식 (10.11)의 신호와 신호 대 잡음비는 식 (10.13)이 충족될 때 최대가 되며, c는 식 (10.10)의 구속 조건이 충족되도록 선택한다.

식 (10.13)은 수신 필터가 송신 펄스 모양에 정합된다는 의미이다. 이것은 앞의 절에서 유도된 **정합 필터 검파의 원리**이다. 즉 단일 펄스 전송에서 **송신된 신호에 정합된 필터로 수신 신호를 처리하면 신호 대 잡음비가 최대가 된다.**

식 (10.13)을 식 (10.4)의 검출기에 대입하면

$$Y = c \int_0^T s(t)r(t)\, dt$$

를 얻는다.

일반적인 경우 수신 펄스의 타이밍을 정확히 알 수 없는데, 서로 다른 시간 오프셋 τ에서 출력된 몇 개의 신호를 이용하여

$$Y(\tau) = c \int_{-\infty}^{\infty} s(t)r(t - \tau)\, dt$$

와 같이 계산할 수 있다. 8장에서 이 식은 두 개의 에르고딕 신호인 $s(t)$와 $r(t)$의 상호 상관과 같음을 보았다. 따라서 $g(T-t)=cs(t)$인 식 (10.4)의 수신기 구조를 **상관 수신기**(correlation receiver)라고도 부른다. $r(t)$를 식 (10.1)로 정의하면, 이 상관 관계에서 신호 성분은 $\tau=0$에서 최대가 된다. 이것은 최적 검파를 수행할 때 동기의 중요성을 강조하는 것이다.

▶ 연습문제 10.2 식 (10.4)에서 $r(t)$가 실수 성분의 신호가 아니라 복소수의 기저대역 신호라고 가정하자. 이 경우 $g(t)$에 대한 이상적인 선택은 무엇인가? 답에 대한 근거를 밝히라. ◀

10.3 잡음 속의 이진 PAM의 최적 검파

단일 펄스 전송은 분석하기에는 편리하지만, 제한된 통신 능력을 가진다. 앞절의 결과를 연속적인 구간에서 펄스가 송신되는 경우로 확장하자. 특히 그림 10.2에 나와 있는 바와 같이 온-오프 신호로 이진 PAM 전송을 하는 경우를 생각하자. 이 형태의 신호는

$$s(t) = A\sum_{k=0}^{\infty} b_k h(t-kT) \tag{10.14}$$

로 표시할 수 있다. 이때 k번째 비트가 0이면 b_k는 0이며, k번째 비트가 1이면 b_k는 1이다. 그리고 $h(t)$는 길이가 T이고 $t=T/2$에 중심을 둔 사각 펄스이다. $h(t)=\text{rect}[(t-T/2)/T]$와 같은 형태를 가지는 전송 펄스에 대하여, 이 펄스 형태에 정합되는 필터는 $g(T-t)=h(t)$이다(문제 10.3 참조).

사각 펄스의 장점은 k번째 펄스가 구간 $(k-1)\,T < t < kT$ 안에 포함되어 있어서 인접 구간에 있는 펄스와 간섭을 일으키지 않는다는 것이다. 따라서 구간 $(k-1)\,T < t < kT$에 있는 펄스에 대한 정합 필터는 이 구간으로 이동된 단일 펄스에만 적용된다는 것이다. 즉 k번째 심벌 구간에서 정합 필터는 $g_k(T-t)=h(t-kT)$이 된다. k번째 심벌 구간 끝에서의 정합 필터 수신기 출력은

$$Y_k = \int_{-\infty}^{kT} g_k(T-t)r(t)\,dt$$

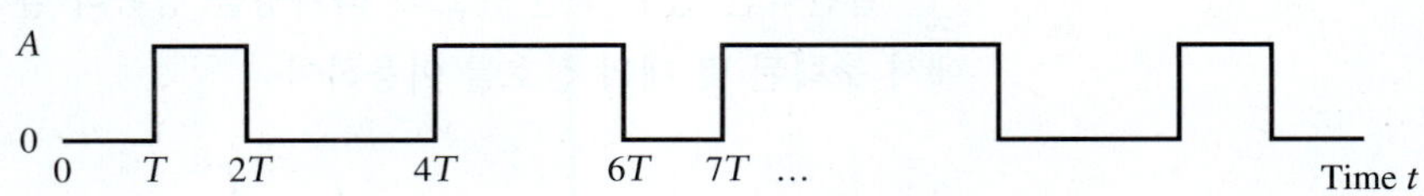

그림 10.2 온-오프 신호 체계를 가지는 이진 PAM 전송의 예. T는 심벌 간격을 나타냄.

$$= \int_{(k-1)T}^{kT} h(t - kT) r(t)\, dt \tag{10.15}$$

이고, $s(t)$는 식 (10.14)에서 주어지고, $r(t)=s(t)+w(t)$이다. 식 (10.15)의 두 번째 줄은 $h(t-kT)$가 구간 $(k-1)\,T < t < kT$에서만 0이 아니라는 사실에 근거한다.

0이 아닌 구간의 정합 필터는 $h(t)=1$이므로

$$Y_k = \int_{(k-1)T}^{kT} \text{rect}\left(\frac{t - \left(k + \frac{1}{2}\right)T}{T}\right) r(t)\, dt$$
$$= \int_{(k-1)T}^{kT} r(t)\, dt \tag{10.16}$$

이 된다. 식 (10.16)은 **적분 및 덤프 검출기**(integrate-and-dump detector)로 알려진 장치의 수학적 표현이다. 이 장치는 수신된 신호를 심벌 구간에 대하여 적분하고 출력을 샘플링한 후, 그림 10.3에 나와 있는 것처럼 다음 구간에서는 다시 시작한다. 이 단순한 검파기는 식 (10.16)에서와 같이 사각 펄스 신호 체계에 대하여 최적이다.

▶ **연습문제 10.3** $g(t) = c\ \text{rect}\left[\dfrac{\alpha\,(t - T/2)}{T}\right]$ 이라 할 때, $\alpha > 1$에 대하여 식 (10.10)을 만족시키는 $g(t)$의 c를 구하라. ◀

BER 성능

정합 필터가 신호 대 잡음비를 최대화한다는 면에서 최적이라 할 때, 이러한 방식의 성능을 추정하려 한다. 10.2절에서 설명하였듯이, 디지털 시스템에서의 성능 지수는 주로 비트 에러율(BER), 즉 수신된 비트들 중 잘못 검출된 평균 비트수로 나타낸다.

위에 설명된 온-오프 전송 방식에서, 수신기는 k번째 심벌 구간 중에 수신된 신호 Y_k를 기반으로 하여 다음의 두 가지 가정 중에서 하나를 선택해야 한다.

$$\begin{aligned} H_0&: \quad b_k = 0 \text{ was transmitted} \\ H_1&: \quad b_k = 1 \text{ was transmitted} \end{aligned} \tag{10.17}$$

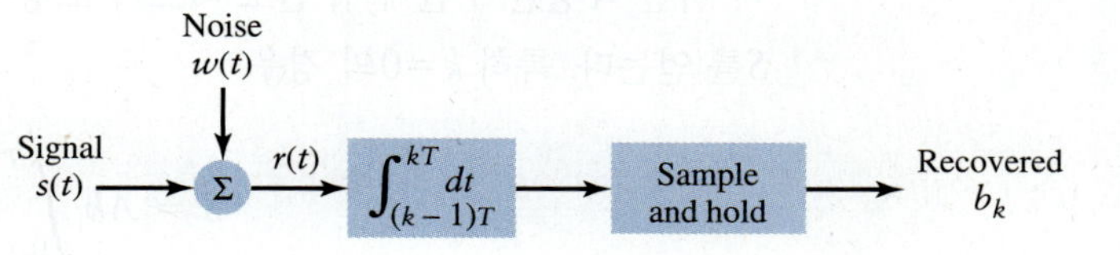

그림 10.3 적분 및 덤프 검출기.

사각 펄스 모양에 대하여 심벌 구간마다 검출이 독립적이라는 것을 밝혔으므로 이후로 첨자 k를 생략해도 무방하다.

이 두 가지 가정을 선택하는 합당한 판단 기준은 **관측을 바탕으로 한 최우가정**(the most likely hypothesis) 방법이다. 즉 다음의 두 조건부 확률(y는 랜덤 변수 Y의 값이다)을 비교하는 것이다.

- $P(H_0|y)$는 y가 수신될 때 0이 송신되었을 확률이다.
- $P(H_1|y)$는 y가 수신될 때 1이 송신되었을 확률이다.

이 두 확률 중 큰 쪽이 관측 비트라 결정해 준다. 이러한 상황은 잡음에 의한 수신 신호의 왜곡을 최소로 하기를 원하는 아날로그 통신과는 많이 다르다. 디지털 통신에서는 믿을 만한 판단을 할 수 있으면 전송된 메시지는 왜곡 없이 복구된다.

실제로 우리는 H_0와 H_1의 두 가지 가정 중에서 선택하는 간단한 결정 법칙을 원한다. 이러한 결정 법칙에 대한 예로 y의 값이 정해진 문턱값보다 작으면 0으로 선택, 즉 H_0로 선택하고, 그렇지 않으면 1로 선택하는 방법이 있다. b_k가 0이나 1일 경우, 직관적으로 문턱값 γ를 $\frac{1}{2}$로 두고 y의 값을 이 문턱값과 비교한다. y가 γ보다 크면 판단은 H_1이고, 그렇지 않으면 H_0라고 판단한다. 이 직관적인 결정 법칙은 대부분의 경우에 있어서 최적인데, 그 이유는 다음과 같다.

조건부 확률에 근거한 이 결정 방법이 에러일 확률을 생각해 보자. 1이 송신되었는데 에러가 될 확률은

$$\mathbf{P}[0 \text{ decided } |H_1] = \mathbf{P}[Y < \gamma|H_1] \tag{10.18}$$

이고, 이때 Y는 관측한 값 y에 해당하는 랜덤 변수이다. 이 에러를 **I형 에러**(type I error)라 하자. 이 확률을 계산하기 위하여 10.2절에서 설명한 바와 같이, 우리가 판단의 근거로 삼는 정합 필터의 출력에서의 랜덤 변수, 즉

$$Y = S + N \tag{10.19}$$

는 두 가지 성분을 가진다. 식 (10.7)과 식 (10.9)로부터, N은 분산 $\sigma^2 = N_0T/2$을 가지는 영평균 가우스 랜덤 변수이다. 식 (10.14)로부터 Y의 신호 성분은 결정적(deterministic) 수식 부분이고, 펄스 형태를 지닌다. 랜덤 성분은 변조 비트 b_k이다. 그러나 어떤 특정한 구간에서, 변조 비트가 고정이 되고 식 (10.14)를 식 (10.11)에 대입하여 S를 얻는다. 특히 $k=0$의 경우

$$\begin{aligned} S &= Ab\int_0^T h(t)h(t)\,dt \\ &= ATb \end{aligned} \tag{10.20}$$

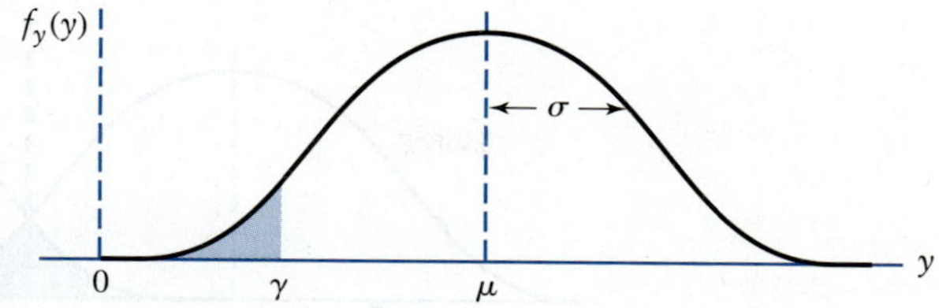

그림 10.4 1을 검출하는 온-오프 신호 체계에서의 가우스 밀도 함수.

이고, 여기서 두 번째 줄은 정합 필터의 정규화 성질[식 (10.10) 참조]을 따른 것이고 0이나 1을 송신함에 따라 $b=0$이거나 1이다. S는 V-sec의 단위를 가지는데 이는 앞의 내용과 일치한다.

식 (10.20)으로부터 $b=1$이 송신되었을 경우, S는 평균 $\mu=AT$를 가진다. 따라서 Y는 $\mu=AT$와 같은 평균을 가지고

$$f_Y(y) = \frac{1}{\sqrt{2\pi}\sigma} \exp\{-(y - \mu)/2\sigma^2\} \tag{10.21}$$

의 밀도 함수를 가지는 그림 10.4와 같은 가우스 분포가 된다.

식 (10.18)로 설명되는 I형 에러에 대한 확률은 출력 Y가 그림 10.4에서 γ 이하의 푸른색 칠을 한 영역에 들어 있을 확률이다. 수학적으로 이 확률은

$$\begin{aligned} \mathbf{P}[Y < \gamma | H_1] &= \frac{1}{\sqrt{2\pi}\sigma} \int_{-\infty}^{\gamma} \exp(-(y - \mu)^2/2\sigma^2)\, dy \\ &= Q\left(\frac{\mu - \gamma}{\sigma}\right) \end{aligned} \tag{10.22}$$

와 같은 가우스 밀도 함수에서 푸른색으로 칠을 한 부분에 대한 적분값이다. 여기서의 Q 함수는 8.4절과 같다.

식 (10.22)는 비트 에러에 대한 유일한 요인은 아니다. 0을 송신하였는데 1로 검출되어도 에러가 된다. 이러한 에러를 **II형 에러**(type II error)라 하자. II형 에러 확률은

$$\mathbf{P}[Y > \gamma | H_0] = Q\left(\frac{\gamma}{\sigma}\right) \tag{10.23}$$

으로 둘 수 있다(문제 10.4 참조). I형과 II형 에러와 관련된 확률적인 영역이 그림 10.5에 그려져 있다. 결합된 에러 확률은 베이스의 법칙

$$P_e = \mathbf{P}[Y < \gamma | H_1] \cdot \mathbf{P}[H_1] + \mathbf{P}[Y > \gamma | H_0] \cdot \mathbf{P}[H_0] \tag{10.24}$$

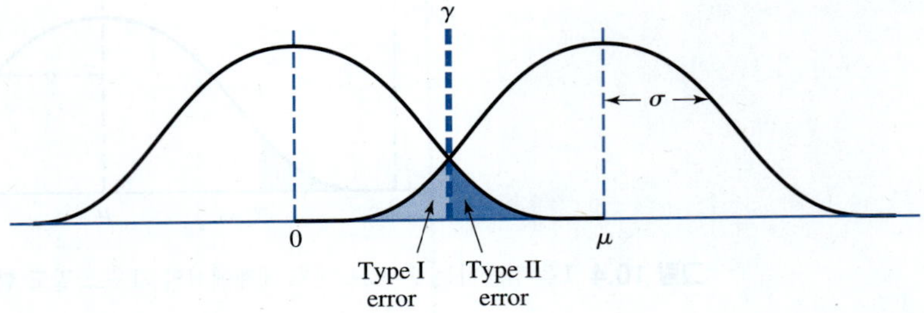

그림 10.5 온-오프 신호 체계에서 0과 1에 대한 결정 에러를 설명해 주는 예.

로 주어지며(8.1절 참조), $\mathbf{P}[H_i]$는 0과 1이 송신되었을 경우의 **사전**(a priori) 확률이다. 일반적으로 송신된 비트는

$$\mathbf{P}[H_1] = \mathbf{P}[H_0] = \tfrac{1}{2} \tag{10.25}$$

와 같이 동일한 발생 확률을 가진다. 따라서 평균 에러 확률은

$$P_e = \frac{1}{2}Q\left(\frac{\mu - \gamma}{\sigma}\right) + \frac{1}{2}Q\left(\frac{\gamma}{\sigma}\right) \tag{10.26}$$

과 같이 주어진다.

흔히 두 가지 에러 형태에 대한 확률 **P**[I형 에러]와 **P**[II형 에러]가 같은 경우의 확률을 구하고자 할 때가 있다. 따라서 $\gamma=\mu/2$로 선택한다. γ를 이렇게 선택하면 식 (10.26)에서처럼 에러 확률을 최소화할 수 있다는 것을 밝힐 수 있다(문제 10.22 참조). 결과적으로 평균 에러 확률은

$$P_e = Q\left(\frac{\mu}{2\sigma}\right) \tag{10.27}$$

과 같이 쓸 수 있다. 즉 비트 에러 확률은 1이 송신되었을 경우의 신호 평균 μ 대 잡음 표준 편차 σ를 비선형 함수 Q에 대입하여 구할 수 있다.

다음 단계는 이 비트 에러 확률을 디지털 기준 모델에 의해 표현하는 것이다. 이 계산은 두 가지 성분으로 나눌 수 있다.

- 분산을 잡음 스펙트럼 밀도에 의하여 표현할 수 있다. 식 (10.9)로부터 $\sigma^2=N_0T/2$이 된다.
- 0과 1이 동일하게 송신되었다고 가정하고, 신호 진폭 A를 비트당 에너지 E_b로 표현할 수 있다. 그러면 수신기 입력에서의 비트당 평균 에너지는

$$\begin{aligned}E_b &= \mathbf{E}\left[\int_0^T |s(t)|^2\, dt\right] \\ &= A^2\mathbf{E}[b^2]\int_0^T |h(t)|^2\, dt \\ &= A^2\left\{\frac{1}{2}\cdot 0 + \frac{1}{2}\cdot 1\right\}T \\ &= \frac{A^2T}{2}\end{aligned} \tag{10.28}$$

이며, 이때 두 번째 줄에서는 신호에 대한 결정적(deterministic) 부분과 랜덤 부분을 분리하여 표현하였고, 세 번째 줄은 $h(t)=\text{rect}[(t-T/2)/T]$라는 사실에 근거한다. 결국 온-오프 PAM 신호 체계에서는 $A=\sqrt{2E_b/T}$를 얻는다.

σ에 대한 값과 $\mu=AT$를 식 (10.27)에 대입하면

$$P_e^{\text{on-off}} = Q\left(\sqrt{\frac{E_b}{N_0}}\right) \tag{10.29}$$

와 같은 결과를 얻는다.

레벨이 0과 A인 온-오프 키잉 대신에 $-A/2$와 $+A/2$를 사용하는 쌍극 레벨을 사용하여도 이 분석에서 문턱값을 $\gamma=0$로 두는 것 이외에는 바뀌지 않는다는 것이 흥미롭다. 그러나 쌍극 시스템에서 비트당 에너지는 $E_b=A^2T/4$이 되고 디지털 기준 모델을 고려한 비트 에러율은

$$P_e^{\text{bipolar}} = Q\left(\sqrt{\frac{2E_b}{N_0}}\right) \tag{10.30}$$

이다. Q 함수는 독립 변수에 대한 단조 감소 함수이므로 식 (10.30)은 더 작은 E_b/N_0 비율에 대해서 식 (10.29)에 의한 온-오프 방식과 동일한 에러율을 산출한다는 것을 의미한다. 따라서 쌍극 신호 체계가 동일한 비트 에러율을 이루면서도 온-오프 신호 체계보다 전력 효율이 더 높은 방법이라는 것을 알 수 있다.

▶ **연습문제 10.4** 온-오프 신호 체계를 가진 식 (10.23)에서의 II형 에러 확률은

$$\mathbf{P}[Y > \gamma | H_0] = Q\left(\frac{\gamma}{\sigma}\right)$$

로 주어진다는 것을 밝히라. ◀

사각이 아닌 펄스 모양

6장에서 스펙트럼 상의 제한과 채널의 영향으로 수신된 신호가 사각 펄스의 형태를 가지지 못할 경우가 있음을 보았다. 이러한 관측에 잡음이 결합되면 수신된 신호는

$$r(t) = A\sum_{k=0}^{\infty} b_k p(t-kT) + w(t) \tag{10.31}$$

으로 표현되며, 이때 $p(t)$는 펄스의 모양을 나타낸다. 이 펄스의 모양은 시간 간격 T 안에 국한되지 않을 수도 있기 때문에 연속 전송 방식에서는 심벌 간 간섭이 중요한 이슈가 될 수도 있다.

특히 $p(t)$가 6.4절에서 다룬 **정규화된 루트 상승 코사인 펄스 형태**가 될 수도 있다. 루트 상승 코사인 스펙트럼 모양을 가진 한 개의 단일 펄스에 대하여 10.2절의 정합 필터 이론이 마찬가지로 적용된다. 추가로 이 펄스 형태는 $E=1$일 때

$$\int_{-\infty}^{\infty} p(kT-t)p(t-lT)\,dt = \delta(k-l) \tag{10.32}$$

와 같은 직교성을 가진다(문제 10.5와 10.12 참조). 여기서 $\delta(t)$는 디랙 델타 함수이다. $r(t)$의 k번째 심벌에 대한 정합 필터를 식 (10.31)에 적용하면

$$\begin{aligned} Y_k &= \int_{-\infty}^{\infty} p(kT-t)r(t)\,dt \\ &= Ab_k\int_{-\infty}^{\infty} p(kT-t)p(t-kT)\,dt + N_k + \sum_{l\neq k} Ab_l\int_{-\infty}^{\infty} p(kT-t)p(t-lT)\,dt \end{aligned} \tag{10.33}$$

을 얻는데 여기서 k번째 잡음 항은

$$N_k = \int_{-\infty}^{\infty} p(kT-t)w(t)\,dt \tag{10.34}$$

가 된다.

식 (10.33)의 처음 두 항은 단일 펄스 검출에 관련된 신호 더하기 잡음으로 표현된 일반 항이다. 세 번째 항은 이웃 심벌에 의한 간섭을 나타내는 항이다. 그러나 식 (10.32)를 식 (10.33)에 대입하면, 검출기 출력은 단일 펄스 검출의 경우와 같게 된다. 즉 펄스 모양을 적당히 선택하면 심벌 간 간섭이 없게 된다. 이 경우에 $Y_k=Ab_k+N_k$와 BER 성능은 사각 펄스모양일 때와 같아지는데 이는 기억할 만한 사실이다. 이러한 방식에 대한 구현을 그림 10.6에 그려 놓았는데, 여기에는 루트 상승 코사인 펄스 정형을 사용하고 있다.

▶ **연습문제 10.5** 루트 상승 코사인 펄스 정형 모양인 $p(t)$가 식 (10.32)와 같다는 것을

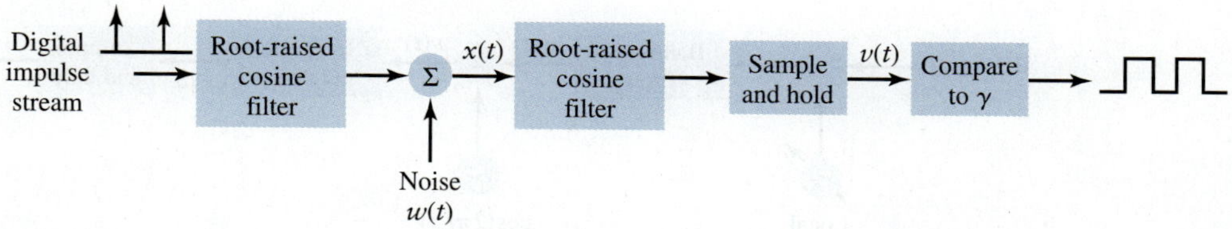

그림 10.6 루트 상승 코사인 필터를 사용하고 있는 PAM 구현.(루트 상승 코사인 펄스 정형에 대해서는 6.4절 참조.)

다음 단계별 사항을 사용하여 증명하라.

(a) $R(f)$가 $p(t)$의 푸리에 변환 표현이라면 $p(t\text{-}lT)$의 푸리에 변환 표현은 무엇인가?

(b) $q(\tau) = \int_{-\infty}^{\infty} p(\tau - t)p(t - lT)\, dt$ 의 푸리에 변환은 무엇인가? 이것은 어떤 스펙트럼 형태를 가지는가?

(c) $q(\tau)$는 무엇인가? $q(kT)$는 무엇인가?

이 결과를 이용하여 식 (10.32)가 유효하다는 것을 밝히라. ◀

10.4 BPSK의 최적 검출

7장에서 설명한 바와 같이 디지털 대역통과 통신 중 가장 간단한 형태는 이진 위상 천이 키잉이다. BPSK에서 송신 신호는

$$s(t) = \begin{cases} A_c \cos(2\pi f_c t), & 0 \le t \le T \quad \text{if a 1 is sent} \\ A_c \cos(2\pi f_c t + \pi), & 0 \le t \le T \quad \text{if a 0 is sent} \end{cases}$$

이다. 즉 동일 반송파의 서로 다른 위상을 이진 심벌 표현으로 전송한다. BPSK의 검출은 $\cos(2\pi f_c t+\pi)=-\cos(2\pi f_c t)$와 송신 신호가 마찬가지로

$$s(t) = \begin{cases} A_c \cos(2\pi f_c t), & 0 \le t \le T \quad \text{if a 1 is sent} \\ -A_c \cos(2\pi f_c t), & 0 \le t \le T \quad \text{if a 0 is sent} \end{cases} \tag{10.35}$$

와 같이 표현된다는 것을 감안하면 간단해진다. 일반적으로

$$s(t) = A_c m(t) \cos(2\pi f_c t) \tag{10.36}$$

와 같이 쓸 수 있고, 여기서 단일 펄스 전송일 때, $0 \le t \le T$ 구간에서 1에 대해서는 $m(t)=+1$을, 0에 대해서는 $m(t)=-1$을 사용한다. 더욱 일반적인 경우에 다수의 비트를 전송할 때

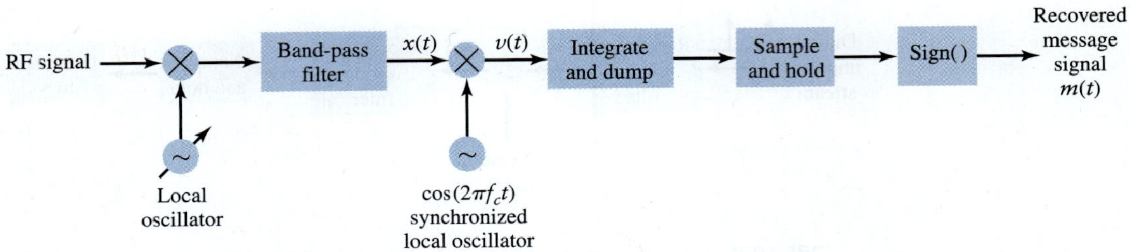

그림 10.7 전형적인 BPSK 수신기 구조.

$$m(t) = \sum_{k=0}^{N} b_k h(t - kT) \tag{10.37}$$

을 사용하는데, $h(t)$는 사각 펄스 $\mathrm{rect}\left(\frac{t - T/2}{T}\right)$을 의미한다. 따라서 BPSK는 3장에서 다룬 아날로그 통신에 사용되는 양측파대 억압 반송파(DSB-SC) 변조의 형태와 대단히 유사하다. 그래서 메시지를 복구하는 데 DSB-SC에 사용된 동기 수신기의 구조와 유사한 수신기의 구조를 사용할 수 있다. BPSK의 전형적인 수신기의 구조가 그림 10.7에 그려져 있다. RF 신호 더하기 백색 가우스 잡음 $s(t)+w(t)$가 주파수 천이 되어 IF에 인가되어 대역통과 필터링이 된다. 대역통과 신호 $x(t)$가 동기 BPSK 검파기에 입력된다.

잡음 속에서의 BPSK 검출

9.4절의 DSB-SC 복조 전개에 따라 그림 10.7의 동기 BPSK 검파기에 입력되는 신호 더하기 대역통과 잡음은

$$x(t) = s(t) + n_I(t)\cos(2\pi f_c t) - n_Q(t)\sin(2\pi f_c t) \tag{10.38}$$

과 같이 표현되며, $n_I(t)$와 $n_Q(t)$는 각각 대역통과 잡음 $n(t)$의 동위상 및 직교 성분이다. 그림 10.7의 곱셈 변조기 출력은

$$\begin{aligned} v(t) &= x(t)\cos(2\pi f_c t) \\ &= \tfrac{1}{2}\left[A_c m(t) + n_I(t)\right] + \left[\tfrac{1}{2}(A_c m(t) + n_I(t))\cos(4\pi f_c t) - \tfrac{1}{2}n_Q(t)\sin(4\pi f_c t)\right] \end{aligned} \tag{10.39}$$

으로 주어지며, 2배각 공식 $\cos A \cos B = \frac{1}{2}\{\cos(A-B) + \cos(A+B)\}$와 $\sin A \cos B = \frac{1}{2}\{\sin(A-B) + \sin(A+B)\}$를 사용하였다. 식 (10.39)의 두 번째 줄의 두 부분을 생각해 보자. 첫 번째 부분은 기저대역 신호 더하기 잡음의 기저대역 성분을 나타내며, 두 번째 부분은 더 높은 주파수인 $2f_c$에 중심을 둔 신호와 잡음을 나타낸다.

아날로그 DSB-SC 신호에서 저역통과 필터를 사용하여 고역 주파수 잡음 성분을 제거하고 원하는 신호를 복구해 낸다. 디지털 신호에 대해서는 데이터를 복구해 내는 데 정합 필터

가 최적이라는 것을 알고 있다. 저역통과 필터가 원하는 신호를 왜곡시키지 않는 한, 원하는 결과를 얻기 위해 정합 필터와 저역통과 필터를 조합하여 사용할 수 있다. 그러나 정합필터

$$g(T-t) = h(t) = \mathrm{rect}\left(\frac{t-T/2}{T}\right)$$

가 이미 저역통과 필터라는 사실을 인식한다면, 두 번째 필터를 사용할 필요가 없게 된다.

정합 필터를 유도하는 데 잡음이 백색이라는 사실을 독자들은 잘 알고 있을 것이다. 동위상 성분 $n_I(t)$는 협대역 잡음이므로 백색이 아니다. 그러나 대역통과 필터가 신호 대역폭보다 더 넓고 신호 대역 전반에 걸쳐서 잡음의 스펙트럼 밀도가 거의 평탄하다는 조건이 있는 한 정합 필터의 원리를 아직도 적용할 수 있다는 것을 알 수 있다.

$m(t)$가 사각 펄스로 이루어져 있는 경우, 하향 변환 후의 최적 검파기는 펄스 진폭 변조(PAM)에서 보인 바대로 적분 및 덤프 검출기가 된다. 이 경우의 적분 및 덤프 검출기 출력은

$$\begin{aligned} Y_k &\approx \frac{1}{2}\int_{(k-1)T}^{kT} [A_c m(t) + n_I(t)]\,dt \\ &= \frac{A_c T}{2} b_k + N_k \end{aligned} \tag{10.40}$$

이다. 식 (10.40)은 고주파 항이 검파기 출력에 무시할 정도의 영향을 미친다는 가정을 사용하고 있다. 식 (10.40)에서의 잡음 항은

$$N_k \approx \frac{1}{2}\int_{(k-1)T}^{kT} n_I(t)\,dt \tag{10.41}$$

과 같다. 8.11절에서 각각의 해당 주파수 대역에서 협대역 잡음 $n(t)$의 전력 스펙트럼 밀도가 $N_0/2$이므로 잡음의 동위상 성분 $n_I(t)$의 전력 스펙트럼 밀도는 N_0이다. 따라서

$$\begin{aligned} \mathbf{E}[N_k^2] &= \frac{1}{4}\mathbf{E}\left[\int_{(k-1)T}^{kT}\int_{(k-1)T}^{kT} n_I(t)n_I(s)\,dt\,ds\right] \\ &= \frac{1}{4}\left[\int_{(k-1)T}^{kT}\int_{(k-1)T}^{kT} N_0\delta(t-s)\,dt\,ds\right] \\ &= \frac{1}{4}\int_{(k-1)T}^{kT} N_0\,ds \\ &= \frac{N_0 T}{4} \end{aligned}$$

와 같이 쓸 수 있다. 그러므로 식 (10.41)의 N_k에 대한 분산 σ^2은 $\frac{1}{4}N_0T$이다.

그림 7.4(b)에서 BPSK 복조기가 그림 10.7과 아주 유사하다는 것을 볼 수 있다. 두 복조기 사이의 주요 차이점은 BPSK의 저역통과 필터가 그림 10.7에서는 적분기로 대치되었다는 것이다. 7장의 잡음이 없는 경우에 대해서는, 저역통과 필터의 목적이 원하는 기저대역 신호를 보존하면서, 고역 주파수 성분을 제거하는 데에 있다. 그림 10.7에서의 적분기도 마찬가지로 높은 주파수 성분을 제거하는 저역통과 필터로 사용된다. 그러나 정합 특성으로 인하여 신호로부터 될 수 있는 대로 많은 잡음을 추가로 제거하게 되므로 복조기 출력에서 신호 대 잡음비를 최대화한다. **디지털 통신에서의 목적은 0과 1의 정보를 될 수 있는 대로 신뢰성을 가질 수 있도록 복구하는 데 있다. 아날로그 통신과 다르게, 송신된 파형을 최소의 왜곡된 형태로 복구할 필요성이 없다는 사실을 상기하자.**

성능 분석

BPSK에서의 비트 에러율 분석은 10.3절의 쌍극 신호 체계 분석과 유사하다. 정합 필터 출력에서의 0과 1을 결정하는 문턱값을 0으로 놓는다. 문턱값을 0으로 두는 것은 전송로가 미지의 이득을 가지고 있을 경우라도 보정할 필요가 없게 된다는 실질적인 장점이 있다.

식 (10.40)으로부터 평균 신호의 값은 각각 b_k가 $+1$이냐 -1이냐에 따라서 $A_cT/2$이거나 $-A_cT/2$가 된다. 1이 송신되었다고 가정하면 $\mu = A_cT/2$로 둘 수 있고, 에러 확률은

$$P_e = P[Y < 0] = \frac{1}{\sqrt{2\pi}\sigma}\int_{-\infty}^{0} \exp\left\{\frac{-(y-\mu)^2}{2\sigma^2}\right\} dy \tag{10.42}$$

가 된다. 결과적으로 식 (10.22)에서 $\gamma=0$인 경우와 유사하게 비트 에러율은

$$P_e = Q\left(\frac{\mu}{\sigma}\right) \tag{10.43}$$

과 같이 주어진다. 대칭성에 의하여, $+1$이나 -1의 어느 쪽이 송신되어도 이 결과가 유효하다. 디지털 기준 모델의 측면에서도, $m(t)$의 펄스 에너지가 정규화 되었다고 했을 때, BPSK의 비트당 에너지가 간단히 $E_b = A_c^2T/2$이 된다. 이 결과를 $b_k = +1$에 대하여 μ를 정의하는 데 사용하면

$$\mu = \frac{A_cT}{2} = \sqrt{\frac{2E_b}{T}}\,\frac{T}{2} = \sqrt{\frac{E_bT}{2}}$$

을 얻는다. 이렇게 얻어진 μ와 $\sigma = \frac{1}{2}\sqrt{N_0T}$를 식 (10.43)에 대입하면

$$P_e^{\mathrm{BPSK}} = Q\left(\sqrt{\frac{2E_b}{N_0}}\right) \tag{10.44}$$

가 된다. 이 BER 성능은 식 (10.30)에 주어진 기저대역 쌍극 방식의 성능과 같아진다. 즉 저역통과 쌍극 PAM 신호 체계와 대역통과 BPSK 변조와의 사이에 BER 성능의 차이가 없다. 그러므로 아날로그의 경우나 마찬가지로 기저대역 시스템에서 등가의 동기 대역통과 시스템으로 전환하여도 성능 지수의 변화는 없게 된다.

BPSK의 분석을 기저대역에서와 유사한 방법으로 사각 펄스 형태가 아닌 경우로 확장할 수 있다. 사각 펄스가 아닌 형태로서 송신 신호를

$$s(t) = A_c \sum_{k=-\infty}^{\infty} b_k p(t - kT) \cos(2\pi f_c t) \tag{10.45}$$

로 표현할 수 있는데, $p(t)$는 펄스의 모양, $b_k = \pm 1$는 데이터를 나타낸다. 이러한 펄스 모양과 BPSK 변조의 조합은 이진 정보를 전송하거나 전송에 필요한 대역폭을 조절하는 중요한 방법이 된다. 특히 BPSK 변조는 동일한 전송 매체에서 반송파 주파수 f_c를 달리함으로써 여러 사용자가 사용할 수 있도록 허용한다. 펄스 정형은 송신된 신호의 대역폭을 제한하고, 따라서 다른 f_c를 사용하는 통신 링크 사이에서 상호 간섭을 줄일 수 있게 하거나 제거하게 된다.

▶ **연습문제 10.6** 이진 PAM과 BPSK 변조에서 둘 다 데이터율이 9600 bps이고 롤오프 인자가 0.5인 루트 상승 코사인 펄스 스펙트럼을 사용한다고 할 때, 필요한 전송 대역폭을 비교하라. ◀

▶ **연습문제 10.7** 송신기와 루트 상승 코사인 펄스 정형을 가진 BPSK 수신기를 포함하는 전송 시스템의 블록 다이어그램을 그리라. ◀

10.5 잡음 속의 QPSK와 QAM의 검출

잡음 속에서의 기저대역(PAM)과 통과대역(BPSK)에 대한 이진 데이터 검출을 이해하였다면, 이 결과를 QPSK나 QAM 같은 더욱 복잡한 변조 방식으로 확장해 보자.

잡음 속에서의 QPSK 검출

7.3절에서 QPSK 신호 $s(t)$는 $0 \le t \le T$ 구간에서

$$s(t) = A_c \cos(2\pi f_c t + \phi(t)) \tag{10.46}$$

과 같은 형태로 표현할 수 있었다. 반송파는 두 비트쌍(즉 dibit)으로 표현되는 위상을 가진 네 개의 위상 중

$$\phi(t) = \begin{cases} \frac{3\pi}{4}, & \text{dibit 00} \\ \frac{\pi}{4}, & \text{dibit 10} \\ -\frac{\pi}{4}, & \text{dibit 11} \\ -\frac{3\pi}{4}, & \text{dibit 01} \end{cases} \tag{10.47}$$

와 같은 어느 하나의 위상으로 송신된다. 식 (10.46)은 코사인 항을 전개하여

$$\begin{aligned} s(t) &= A_c \cos[\phi(t)] \cos(2\pi f_c t) - A_c \sin[\phi(t)] \sin(2\pi f_c t) \\ &= A_c m_I(t) \cos(2\pi f_c t) - A_c m_Q(t) \sin(2\pi f_c t) \end{aligned} \tag{10.48}$$

과 같은 직교 형태로 표현할 수 있다. 식 (10.48)에서 cos $[\phi(t)]$를 메시지 신호의 동위상 성분 $m_I(t)$로, sin $[\phi(t)]$를 이에 대한 직교 성분 $m_Q(t)$로 표시하였다. 아날로그 신호에 대하여 3.5절에서 논의한 직교 반송파 다중화와 식 (10.48)의 유사성으로부터 그림 10.8에 있는 직교수신기를 얻을 수 있다. 대역통과 잡음에 대한 동위상과 직교 위상 표현식을 사용하여 그림 10.8에 있는 동기 검파기의 QPSK 입력을

$$\begin{aligned} x(t) &= s(t) + n(t) \\ &= (A_c m_I(t) + n_I(t)) \cos(2\pi f_c t) - (A_c m_Q(t) + n_Q(t)) \sin(2\pi f_c t) \end{aligned} \tag{10.49}$$

와 같이 쓸 수 있다. BPSK 검파에서 얻은 결과와 유사하게, 그림 10.8의 윗부분에서의 중간 출력은

$$\begin{aligned} v_I(t) &= \tfrac{1}{2}(A_c m_I(t) + n_I(t)) \\ &\quad + \tfrac{1}{2}(A_c m_I(t) + n_I(t)) \cos(4\pi f_c t) - \tfrac{1}{2}(A_c m_Q(t) + n_Q(t)) \sin(4\pi f_c t) \end{aligned} \tag{10.50}$$

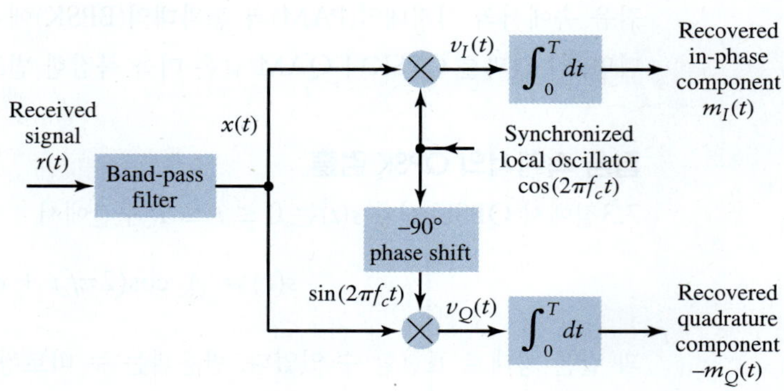

그림 10.8 QPSK를 위한 직교 수신기.

이 되고, 첫째 줄의 오른편 항은 저역통과 신호이고, 둘째 줄의 항들은 고역 주파수 신호들을 표시한다. 사각 펄스 모양의 BPSK에서와 같이 펄스 구간에서 $m_I(t)$가 일정하므로, 사각 형태를 가진 정합 필터(적분 및 덤프)가 출력의 신호 대 잡음비를 최대화하여 $m_I(t)$를 복구하는 데 사용된다. 이미 언급하였듯이 그러한 필터는 고역 주파수 항들도 제거할 것이다.

10.4절에서 다룬 내용들은 그림 7.7(b)와 비교할 때 그림 10.8에도 적용된다. 그림 7.7(b)에서 저역통과 필터는 고역 주파수 성분들을 제거한다. 그림 10.8에서 적분기는 이 목적뿐만 아니라 신호 대 잡음비를 최대화하는 목적으로도 사용된다.

마찬가지로 직교 검파기의 아랫부분의 출력은

$$\begin{aligned} v_Q(t) &= -\tfrac{1}{2}(A_c m_Q(t) + n_Q(t)) \\ &\quad + \tfrac{1}{2}(A_c m_Q(t) + n_Q(t))\cos(4\pi f_c t) + \tfrac{1}{2}(A_c m_I(t) + n_I(t))\sin(4\pi f_c t) \end{aligned} \tag{10.51}$$

이다. 기저대역 신호 $m_Q(t)$는 $m_I(t)$와 유사한 방법으로 복구된다.

동위상 성분에 대해서는 디비트(dibit)의 첫째 비트가 0이면, 평균 출력은

$$\mu = \frac{A_c T}{2}\cos\left(\frac{\pm 3\pi}{4}\right) = -\frac{A_c T}{2\sqrt{2}}$$

이다. 반면에 디비트의 첫째 비트가 1이면

$$\mu = \frac{A_c T}{2}\cos\left(\frac{\pm \pi}{4}\right) = \frac{A_c T}{2\sqrt{2}}$$

이 된다. 저역통과 필터링 후에 식 (10.50)의 형태는 식 (10.40)에서의 BPSK와 같다. 따라서 QPSK 신호의 동위상 가지(branch)에서의 에러 확률은

$$P_e = Q\left(\frac{|\mu|}{\sigma}\right) \tag{10.52}$$

이고, 여기서 σ는 잡음 분산의 제곱근(즉 표준 편차)이다. $|\mu|$는 0비트와 1비트와의 대칭을 나타낸다. 직교 성분에 대해서도 같은 결과를 나타낸다. 이 결과를 디지털 기준 모델로 표현하자면 QPSK 변조에서 길이 T의 한 개의 심벌 구간에서 두 비트가 전송된다. 따라서 비트당 평균 에너지는

$$\begin{aligned} 2E_b &= \mathbf{E}\left[\int_0^T s^2(t)\,dt\right] \\ &= A_c^2 \int_0^T \cos^2(2\pi f_c t + \phi(t))\,dt \\ &= A_c^2 \int_0^T \frac{1 + \cos(4\pi f_c t + 2\phi(t))}{2}\,dt \end{aligned}$$

$$\approx \frac{A_c^2 T}{2} \tag{10.53}$$

이고, 대역통과를 한다는 가정하에서, 고주파 항에 대한 적분은 대략 0이 된다. 각 출력 가지에서 잡음의 분산은 $\sigma^2 = \frac{1}{4}N_0T$을 가지는 BPSK와 변함이 없다는 것도 주목하게 된다. 이러한 점에 대해서 정합 필터링 후의 $v_I(t)$에 대한 비트 에러율은

$$\begin{aligned} P_e^{\text{QPSK}} &= Q\left(\frac{|\mu|}{\sigma}\right) \\ &= Q\left(\frac{A_cT/2\sqrt{2}}{\sqrt{^1/_4 N_0 T}}\right) \\ &= Q\left(\sqrt{\frac{2E_b}{N_0}}\right) \end{aligned} \tag{10.54}$$

로 주어진다. 여기서 식 (10.53)에 $A_c = \sqrt{4E_b/T}$을 대입하였다. 대칭성에 의해 $v_Q(t)$에 대해서도 비슷한 결과가 이루어진다.

결과적으로 비트당 에너지 측면에서, QPSK의 성능은 **같은 채널을 통하여 두 배의 비트를 전송**한다 하더라도 BPSK와 같게 된다. 이 중요한 결과는 동위상과 직교 위상 성분 사이의 직교성에 기인한 것이다. 아날로그 통신에서 양측대와 단측대 통신을 비교할 때와 유사하게 전송 대역폭을 반으로 줄이면서도 같은 품질의 성능을 얻을 수 있다는 것을 알 수 있다. QPSK 변조에서 BPSK와 동일한 전송 대역폭을 사용하더라도 같은 신뢰도를 유지하면서 두 배의 비트를 전송할 수 있다.

7.3절에서 언급하였듯이 오프셋-QPSK 또는 OQPSK는 직교 성분이 동위상 성분에 대하여 반 심벌 구간 지연되는데, QPSK의 변형이라 볼 수 있다. 대역통과를 한다고 가정하면, 직교 성분을 지연시킨다고 해서 동위상 성분과의 직교성을 변화시키는 것은 아니다. 그러므로 OQPSK를 복구하는 직교 검파기는 QPSK에서 사용된 것과 같은 것을 사용할 수 있다. 단지 차이점은 직교 성분의 적분 및 덤프 검출기의 샘플링이 동위상 성분의 샘플링에 비해 반 심벌 늦게 발생한다는 것이다.

OQPSK와 QPSK 사이의 유사성의 결과로, 두 방식에서의 비트 에러율에 대한 성능은 전송로가 신호를 왜곡시키지 않는 한 동일하게 된다. 7장에서 설명하였듯이, OQPSK의 한 가지 장점은 위상의 변화를 줄여서 전송로에 포화 또는 거의 포화에 가깝게 증폭기가 동작하여 비선형 성분이 있더라도 왜곡이 덜 발생할 수 있다는 점이다. 이러한 비선형 조건하에서도, OQPSK는 QPSK보다 더 좋은 성능을 가진다.

► **연습문제 10.8** 식 (10.53)에서의 고주파 항에 대한 적분값이 거의 0에 해당한다는 것을 밝히라. ◄

잡음 속에서의 QAM 검출

7.7절에서 설명한 직교 진폭 변조(QAM)는 반송파의 동위상과 직교 성분을 사용하기 때문에 대역통과 변조 방식이 된다. QAM은 멀티레벨 PAM과 QPSK의 혼합으로 볼 수 있다. 특히 QAM은 QPSK와 마찬가지로 전송할 때 동위상과 직교 위상 성분을 사용한다. 그러나 QAM에서의 각 동위상 성분과 직교 성분에 대해서 변조기는 멀티레벨—즉 QPSK에 사용되는 $\pm\cos\phi$나 $\pm\sin\phi$를 두 개 이상의 레벨—로 사용한다.

우선 멀티레벨 PAM을 고려하자. 기저대역 변조 신호가

$$s(t) = A\sum_{k=0}^{\infty} c_k h(t - kT) \tag{10.55}$$

와 같다고 한다. 여기서 c_k는 서로 다른 변조 레벨을 나타낸다. 예를 들면 4레벨 PAM에 대하여 스칼라 c_k는 $\{-3, -1, +1, +3\}$의 조합 중에서 선택될 수 있다. 이러한 멀티레벨 신호에 대한 눈 다이어그램은 그림 10.9와 유사하게 보일 것이다.

정합 필터 검파기를 유도해 냈던 최적의 과정을 분석해 보면, 그 과정이 신호 진폭에 의존하지 않는다는 것을 알게 된다. 따라서 멀티레벨 PAM 수신기에 대한 검파기 설계는 온-오프 PAM과 동일하다는 것을 알게 된다. 이진 PAM과 멀티레벨 PAM과의 차이점은 단지 그림 10.9에 나와 있는 바와 같이 어떤 레벨이 전송되었는가를 결정하기 위한 문턱값을 비교하는 데 있다.

검파기 출력에서의 각 심벌의 값 y에 대한 에러 확률은 가장 가까운 변조 레벨, 예를

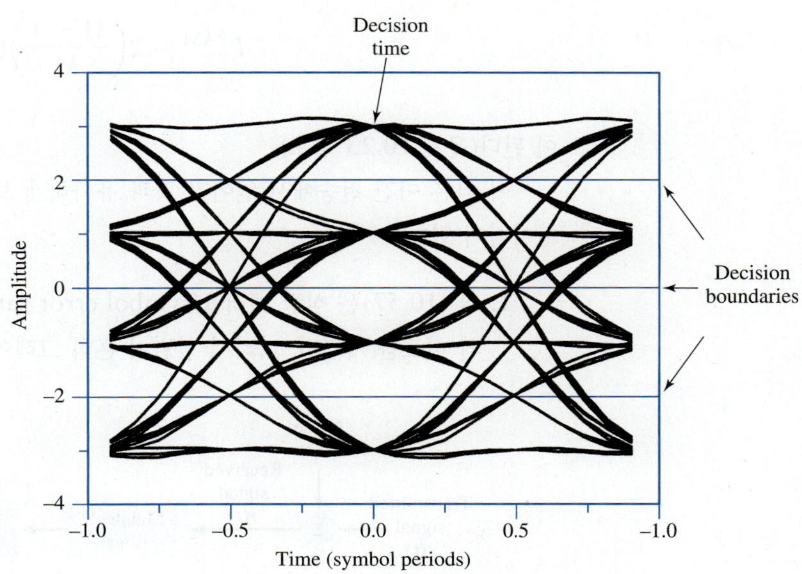

그림 10.9 4레벨 PAM에 대한 눈 다이어그램.

들면 {−3, −1, +1, +3}에서 선택함으로써 최소화될 수 있다는 것을 직관적으로 알 수 있다. 결정하기 전에 출력 y를 나열된 문턱값들과 비교함으로써 구할 수 있다. 그림 10.9에 그려진 4레벨 눈 다이어그램에서, 문턱값은 0, ±2이다. 이러한 문턱값에 대한 흐름도가 그림 10.11에 나타나 있다. 예를 들어 $0 < y < 2$이면, $c_k = +1$이라 추정하고, $-2 < y < 0$이면, $c_k = -1$이라 추정한다.

이러한 검파기의 성능에 대하여 논의하자. 그러나 단순화하기 위하여 심벌 주기 T는 1이라 가정한다. 대부분의 경우에 에러는 가장 가까운 이웃과의 사이에서 발생한다. 예를 들면 심벌 +1에 대하여 가장 가능성 있는 에러 판정은 가장 가까운 이웃 심벌인 +3이나 −1이다. 일반적으로 송신된 신호 레벨이 μ이고, 가장 가까운 이웃과의 거리가 $2A$라면, 두 개의 인접한 이웃 심벌에 대하여 에러 확률은

$$\begin{aligned} P_e &= \mathbf{P}[y < \mu - A \quad \text{or} \quad y > \mu + A] \\ &= \frac{1}{\sqrt{2\pi}\sigma}\int_{-\infty}^{\mu-A} \exp\left\{\frac{-(y-\mu)^2}{2\sigma^2}\right\} dy + \frac{1}{\sqrt{2\pi}\sigma}\int_{\mu+A}^{\infty} \exp\left\{\frac{-(y-\mu)^2}{2\sigma^2}\right\} dy \\ &= 2Q\left(\frac{A}{\sigma}\right) \end{aligned} \tag{10.56}$$

이다. 여기서 σ는 잡음의 표준 편차이다. 이러한 결과는 모든 이웃하는 두 심벌에 대하여 적용할 수 있다. 오직 한 개의 이웃을 가지는 가장 바깥의 심벌에 대하여 에러 확률은 식 (10.56)에 정의된 값의 반이 된다. 이 두 가지 경우를 결합하면, M진 PAM의 에러 확률은 변조 레벨이 $2A$ 거리로 분리되어 있다면

$$P_e^{\text{PAM}} = 2\left(\frac{M-1}{M}\right)Q\left(\frac{A}{\sigma}\right) \tag{10.57}$$

이 된다(문제 10.23 참조).

이 식은 이진 전송에서 얻어진 것과 유사하게 보이지만, 주의해야 할 두 가지 중요한 차이점이 있다.

1. 식 (10.57)은 **심벌 에러율**(symbol error rate)을 나타낸다. 각 심벌은 한 개 이상의 비트를 가진다. 따라서 심벌이 흔히 그레이 코드화 되어 한 비트 이상의 에러가

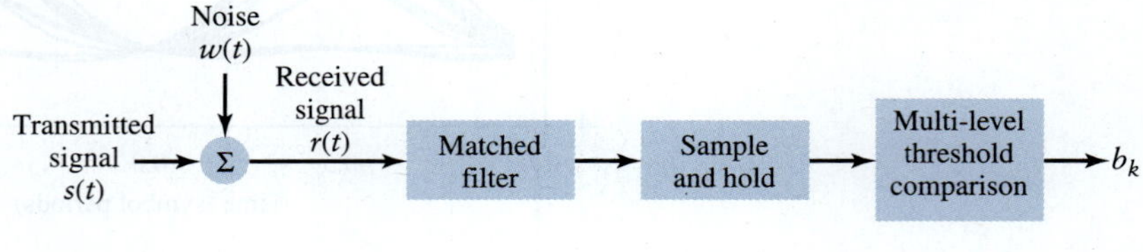

그림 10.10 멀티레벨 PAM 검출기.

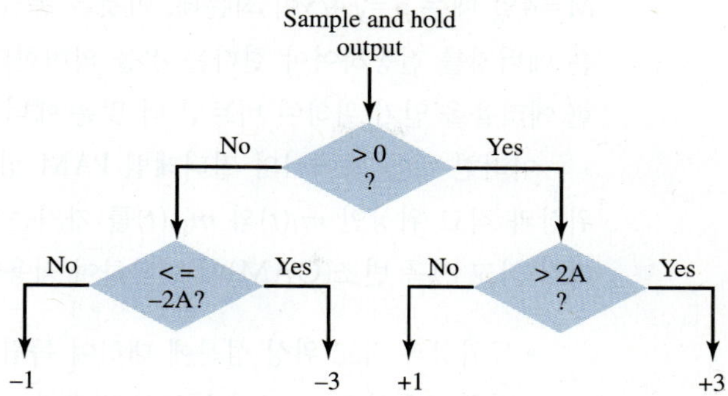

그림 10.11 4레벨 PAM에서의 결정 규칙의 예.

발생하지 않도록 배치되더라도, 각 심벌에서는 한 비트 이상의 에러에 해당한다.

2. $+A$와 $-A$의 레벨을 가지는 이진 전송에 있어서, 평균 송신 전력은 A^2이다. M진 PAM 방식에서, 모든 레벨이 동일한 확률로 $2A$ 간격을 가진다면, 평균 송신 전력은 $(M^2-1)A^2/3$이다(문제 10.23 참조). 따라서 멀티레벨 PAM에 의해서 제공되는 여분의 처리에 대하여 동일한 성능을 얻기 위해서는 상당히 많은 전력을 필요로 하게 된다.

기저대역 전송이라 가정하면, 멀티레벨 PAM의 성능과 디지털 기준 모델을 다음과 같이 관련시킬 수 있다.

- 레벨수 M이 2의 거듭제곱이라면, 즉 $M=2^\beta$이라면, 각 심벌은 β비트로 표현된다.
- 비트당 수신된 평균 에너지는 $E_b = \dfrac{(M^2-1)A^2T}{3\beta}$ 이 된다.
- 정합 필터 출력에서의 잡음 분산은 $T=1$이라는 가정하에 $\sigma^2=N_0T/2=N_0/2$가 된다. 이것은 식 (10.9)에서의 이진 PAM의 경우와 다르지 않다.

이러한 결과를 식 (10.57)에 대입하면, 디지털 기준 SNR의 측면에서 구한 심벌 에러 확률은

$$P_e^{\mathrm{PAM}} = 2\left(\frac{M-1}{M}\right)Q\left(\sqrt{\frac{6\beta}{M^2-1}}\sqrt{\frac{E_b}{N_0}}\right) \tag{10.58}$$

이 된다. M진 변조 방식의 이점은 각각의 변조 심벌에 의해 채널을 통하여 전송된 비트 수 $\beta=\log_2 M$가 증가하는 데 있다. 그러나 PAM의 단점은 변조 레벨의 수가 증가함에 따라 치러야 하는 성능상의 불이익에 있다. 식 (10.58)에서 $\rho=\sqrt{6\beta/(M^2-1)}$라 두면, $M=2$일 때 $\rho=\sqrt{2}$이 되며, 이는 이진 PAM, BPSK, QPSK에서의 표준적인 결과이다.

$M=4$일 때는 $\rho=\sqrt{4/5}$이 되는데, 이것은 동일한 에러율을 얻기 위하여 비트당 상당히 많은 에너지를 전송하여야 한다는 것을 의미한다. $M=8$일 때는 $\rho=\sqrt{2/7}$이고 이것은 동일한 에러율을 얻기 위하여 비트당 더 많은 에너지가 요구된다는 것을 의미한다.

이러한 잡음 속에서의 멀티레벨 PAM 성능을 간단하게 소개하는 정도의 이론을 동위상과 직교 위상인 $m_I(t)$와 $m_Q(t)$를 가지는 대역통과 멀티레벨 PAM 신호로 이루어진 여러 직교 진폭 변조(QAM)에 반복하여 적용함으로써 다음과 같은 관찰을 할 수 있다:

- 동위상과 직교 위상 성분에 대하여 독립적인 PAM 방식을 적용할 수 있다. 즉 하나의 PAM 신호 $m_I(t)$가 동위상 반송파 $\cos(2\pi f_c t)$를 변조하고 두 번째의 PAM 신호 $m_Q(t)$가 직교 반송파 $\sin(2\pi f_c t)$를 변조한다.
- 동위상 성분과 직교 위상 성분이 직교하기 때문에 양쪽 모두 같은 에러율을 가지고, 기저대역 PAM 시스템과도 같은 에러율을 가진다.

QAM 방식은 같은 전력 효율을 가지는 기저대역 PAM 방식과 동일한 대역폭으로 두 배의 데이터를 전송할 수 있다. 이러한 성질은 BPSK와 QPSK 변조와의 비교에서와 같다.

10.6 이진 FSK의 최적 검출

7장의 디지털 대역통과 변조의 또 다른 간단한 형태는 주파수 천이 키잉(FSK)이다. 이 장에서 고려하는 이 시스템의 변조 방식과 수신기 구조는 위상 천이 키잉과도 약간의 관계를 가지지만 주로 진폭 변조와 많은 점에서 유사하다. 그러나 주파수 천이 키잉은 주파수 변조와 밀접하게 연관되어 있다. FSK에서는 데이터 비트를 표시하기 위하여 여러 다른 주파수를 사용한다. 전송 구간 $0 \le t \le T$에서의 송신 신호는

$$s(t) = \begin{cases} A_c \cos(2\pi f_1 t), & 0 \le t \le T \quad \text{if a 1 is sent} \\ A_c \cos(2\pi f_2 t), & 0 \le t \le T \quad \text{if a 0 is sent} \end{cases} \tag{10.59}$$

가 된다. 앞절에서 파형이 진폭 변조 될 때 한 개의 정합 필터로 최적 검파가 된다는 것을 알았다. 식 (10.59)에 있는 FSK 전송 시스템에서는 서로 다른 주파수 f_1과 f_2를 가지는 두 개의 정현파가 존재한다. 그렇다면 각 파형마다 한 개씩의 정합 필터를 설계하여 그림 10.12에 나와 있는 대로 가장 큰 출력을 내는 신호를 선택하는 것이 논리적으로 합당하게 보인다. 이 경우의 두 개의 정합 필터는 1과 0에 따라 각각

$$\begin{aligned} g_1(t) &= \sqrt{2}\cos(2\pi f_1 t) \\ g_2(t) &= \sqrt{2}\cos(2\pi f_2 t) \end{aligned} \tag{10.60}$$

이 된다.

그림 10.12의 FSK 검출기 성능을 분석하기 위하여 주파수 f_1과 f_2를 선택하고 이에

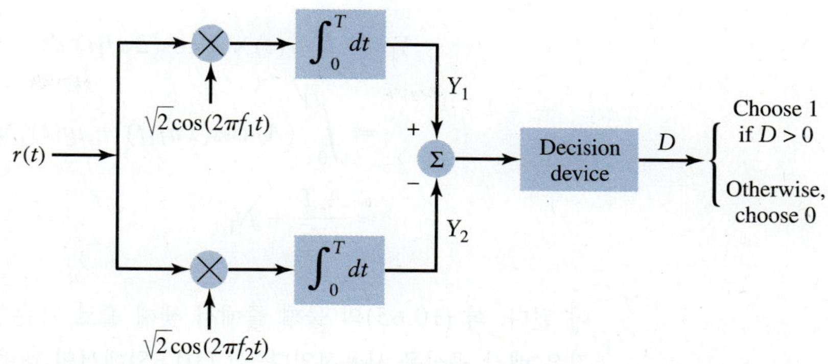

그림 10.12 이진 FSK의 동기 검출.

해당하는 신호가 서로 직교성을 가진다는 가정을 통하여 단순화하자. 즉

$$\int_0^T \cos(2\pi f_1 t)\cos(2\pi f_2 t)\, dt = 0 \tag{10.61}$$

이 된다. 이것은 대역통과가 된다는 가정하에 $(f_1 - f_2)T$가 정수가 된다는 것을 의미한다(문제 10.16 참조). 실제로는 이러한 가정이 필요하지 않지만 이러한 가정을 어기게 되면 저하된 성능을 보인다(문제 10.24 참조). 수신된 신호가

$$r(t) = s(t) + w(t) \tag{10.62}$$

이고 1이 전송되었다면 0에 해당되는 정합 필터 출력은

$$\begin{aligned} Y_2 &= \int_0^T r(t)\sqrt{2}\cos(2\pi f_2 t)\, dt \\ &= \int_0^T (A_c \cos(2\pi f_1 t) + w(t))\sqrt{2}\cos(2\pi f_2 t)\, dt \\ &= 0 + N_2 \end{aligned} \tag{10.63}$$

이 되고, 식 (10.61)에서 두 펄스 모양에 대한 직교성 때문에 첫 번째 적분값이 0이 된다. 0 신호에 대한 정합 필터 출력에서의 잡음 성분은

$$N_2 = \int_0^T w(t)\sqrt{2}\cos(2\pi f_2 t)\, dt \tag{10.64}$$

이다. 결과적으로 1이 전송되었을 경우 0에 정합된 필터의 출력은 영평균이 되고 이에 대한 분산값은 N_2이다. 한편 1에 정합되는 필터 출력은

$$\begin{aligned} Y_1 &= \int_0^T r(t)\sqrt{2}\cos(2\pi f_1 t)\,dt \\ &= \int_0^T (A_c\cos(2\pi f_1 t) + w(t))\sqrt{2}\cos(2\pi f_1 t)\,dt \\ &\approx \frac{A_c T}{\sqrt{2}} + N_1 \end{aligned} \tag{10.65}$$

이 된다. 식 (10.65)의 둘째 줄에서 셋째 줄로 가는 단계에서는 $2\cos^2 A = 1 + \cos 2A$와 같은 배각 공식을 사용하였다. 식 (10.65)에서의 개략화에는 고주파 성분에 대한 적분값이 0에서 T까지의 구간에서 대략 0이 된다는 대역통과에 대한 가정을 사용하였다. 식 (10.65)의 잡음 성분은

$$N_1 = \int_0^T w(t)\sqrt{2}\cos(2\pi f_1 t)\,dt \tag{10.66}$$

으로 정의하였다. 1이 전송되면 1에 정합되는 필터의 출력은 $\mu = A_c T/\sqrt{2}$의 평균을 가지고 N_1의 분산에 해당하는 분산값을 가진다. 0이 전송되었을 때에는 대칭적 결과를 얻게 된다.

어떤 비트가 전송되었는가를 결정하기 위하여, 두 개의 정합 필터 출력을 비교한다. 가장 간단한 비교 방법은 두 출력 간의 차 $D = Y_1 - Y_2$를 형성하는 방법이다. 1이 전송되면 D의 평균이 $\mu = A_c T/\sqrt{2}$가 된다. 0이 전송되면 D의 평균은 $\mu = -A_c T/\sqrt{2}$이 된다. 이 경우의 명백한 결정 규칙은 D가 0보다 크면 1이라 선택하고, 그렇지 않으면 0이라 선택하는 방법이다.

랜덤 변수 D는 N_1과 N_2와의 차를 포함하고 있다. 이 두 잡음항은 서로 독립적인 가우스 랜덤 변수라 정한다(문제 10.9 참조). D는 두 독립적인 가우스 랜덤 변수의 차이기 때문에 $\sigma^2 = \mathrm{Var}(N_1) + \mathrm{Var}(N_2) = 2\,\mathrm{Var}(N_1)$와 같은 분산을 가진다. 10.3절에서 설명한 쌍극 PAM을 연상하면, 이진 FSK의 에러율은

$$P_e = Q\left(\frac{|\mu|}{\sigma}\right) \tag{10.67}$$

이 된다. 이것을 디지털 기준 SNR의 측면에서 보면, 식 (10.59)로부터 FSK에 대한 비트당 에너지는 $E_b = A_c^2 T/2$가 된다. 두 항 N_1과 N_2의 결합된 잡음 분산은 $\sigma^2 = 2(N_0 T/2) = N_0 T$이다(문제 10.9 참조). 따라서 디지털 기준 모델의 측면에서 BER은

$$P_e^{\mathrm{FSK}} = Q\left(\sqrt{\frac{E_b}{N_0}}\right) \tag{10.68}$$

이다. 이 비트 에러율에 대한 성능은 10.3절에서 살펴본 온-오프 신호 체계와 유사하다. 온-오프 PAM과 FSK는 **직교 신호 체계**(orthogonal signaling)의 형태를 가지는 반면에 쌍극 PAM과 BPSK 같은 기법은 **안티포달 신호 체계**(antipodal signaling)라 부른다. 일반적으로 비트 에러율의 성능면에서 안티포달 신호 체계는 직교 신호 체계에 대하여 $10\log_{10} 2 = 3$ dB만큼 유리하게 된다.

▶ **연습문제 10.9** 식 (10.61), (10.64), (10.66)을 이용하여 N_1과 N_2가 서로 무상관이며 따라서 독립적인 가우스 랜덤 변수라는 것을 밝히라. $N_1 - N_2$의 분산을 구하라. ◀

10.7 잡음 속에서의 차분 검출

7장에서 복잡한 동기 검파를 대신하는 간단한 데이터 복구 방법으로 BPSK의 차분 검출을 소개하였다. 잡음 속에서의 BPSK 차분 검출 수신기의 전형적인 구조를 그림 10.13에 나타내었다. 수신된 RF 신호가 먼저 하향 변환 되어 IF 주파수 f_c로 변한 후 대역통과 필터링이 된다. 이 필터 출력에서의 대역통과 신호가

$$x(t) = A_c d_k \cos(2\pi f_c t + \theta) + n(t), \qquad (k-1)T < t \le kT \qquad (10.69)$$

으로 표현되며 여기서 T는 비트 구간이고 θ는 미지의 반송파 위상이다. 차분 인코딩 비트 d_k는 b_k를 k번째 정보 비트라 하면 $d_k = b_k d_{k-1}$로 정의된다.[2] 동기 검출에서는 동기 회로가 동기 기준 신호를 기저대역으로 하향 변환 하기 위하여 위상 θ를 추정하여야 한다. 차분 검출에서는 그림 10.14에 나와 있는 대로 **지연과 곱**(delay-and-multiply) 회로를 사용한다. 지연과 곱 회로의 출력은

$$\begin{aligned} v(t) &= x(t)x(t-T) \\ &= A_c^2 d_k d_{k-1} \cos(2\pi f_c t + \theta)\cos(2\pi f_c (t-T) + \theta) + \omega(t) \end{aligned} \qquad (10.70)$$

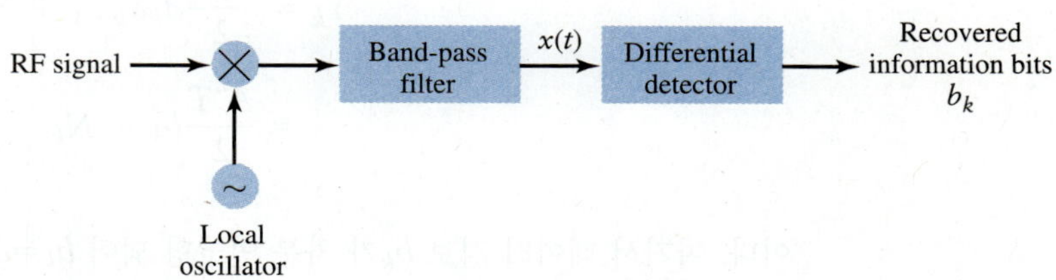

그림 10.13 차분 검출기의 대역통과 처리.

---

[2] 7.6절에서 논의한 차분 인코딩에서의 b_k는 0과 1의 논리값을 가진다고 가정하였다. 차분 인코딩 심벌은 $d_k = b_k \oplus d_{k-1}$로 주어지고 다시 변조된다. 이 절에서는 b_k가 실수값 +1과 −1을 가지고 $d_k = d_{k-1} b_k$가 직접 PAM 레벨을 제공한다고 가정한다. 이 두 가지 표현은 동일한 것이다.

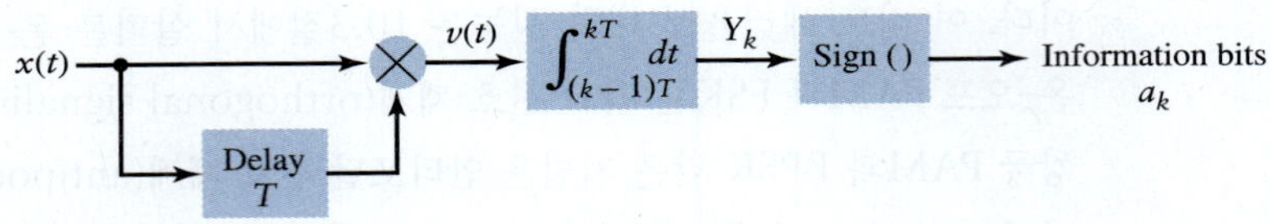

그림 10.14 차분 검출기.

이 되고 여기서

$$\omega(t) = A_c d_k \cos(2\pi f_c t + \theta) n(t - T) + A_c d_{k-1} \cos(2\pi f_c (t - T) + \theta) n(t) + n(t) n(t - T) \qquad (10.71)$$

은 신호 교차 잡음과 잡음 교차 신호 항의 합이다. 미지의 위상 θ가 두 비트 구간 동안에는 확실하게 상수로 유지된다는 가정을 하였다. $\cos A \cos B = \frac{1}{2}[\cos(A-B)+\cos(A+B)]$의 삼각 함수식을 사용하여 식 (10.70)을 전개하면

$$v(t) = \frac{A_c^2}{2} d_k d_{k-1} \{\cos(2\pi f_c T) + \cos(4\pi f_c t - 2\pi f_c T + 2\theta)\} + \omega(t) \qquad (10.72)$$

를 얻을 수 있다. 그림 10.14에 표시한 적분 및 덤프 검출기는 식 (10.72)에 포함된 고주파 성분을 제거하여

$$\begin{aligned} Y_k &= \int_{(k-1)T}^{kT} v(t)\, dt \\ &= \frac{A_c^2 T}{2} d_k d_{k-1} \cos(2\pi f_c T) + N_k \end{aligned} \qquad (10.73)$$

만 남게 한다. 이때 N_k는 식 (10.71)의 $\omega(t)$로 인한 가산 랜덤 변수이다. 대략적으로 $f_c T$가 정수가 될 수 있도록 주파수 f_c를 선택하였다면 $\cos(2\pi f_c T) \approx 1$이며

$$\begin{aligned} Y_k &= \frac{A_c^2 T}{2} d_k d_{k-1} + N_k \\ &= \frac{A_c^2 T}{2} b_k + N_k \end{aligned} \qquad (10.74)$$

이다. 여기서 데이터 정보 b_k가 차분 인코딩 되어 $b_k = d_k d_{k-1}$라는 사실을 이용하였다.

따라서 잡음 성능면에서 DPSK와 동기 이진 PSK와의 주요 차이점은 어떤 경우에서도 사용할 수 있는 차분 인코딩에 있는 것이 아니라 수신 신호에 대한 위상 검파를 하기 위하여 기준 신호가 이용된다는 데 있다. 특히 DPSK 수신기에서는 기준 신호가 정보 펄스 크기만큼 되는 가산 잡음으로 훼손된다. 즉 같은 신호 대 잡음비를 가지게 된다. 이것은 식 (10.71)의 $\omega(t)$에 대한 식에서 잡음 교차 신호와 잡음 교차 잡음 모두가 존재하기

때문에 분명해진다. 이 때문에 랜덤 변수 N_k의 통계적 특성과 DPSK에서의 전반적인 에러 확률을 결정하는 것이 아주 복잡하게 되어서 이 책의 범위를 넘어간다. 그러나 공식은

$$P_e^{\text{DPSK}} = 0.5 \exp\left(-\frac{E_b}{N_0}\right) \tag{10.75}$$

와 같다.[3]

DPSK 수신기에서의 판정 기준이 두 개의 연속적으로 수신된 비트 구간에서의 신호를 근거로 이루어지기 때문에 비트 에러가 쌍으로 일어나는 경향이 있다. 차분 수신기에서 f_cT가 대략적으로 정수가 되어야 한다는 주요 요구 사항은 IF가 거의 0, 즉 $f_c \approx 0$ Hz으로 선정되기만 하면 대부분의 경우 회피할 수도 있게 된다.

10.8 디지털 성능에 대한 요약

그레이 인코딩

이 절에서는 여러 가지 디지털 변조-복조 기법에 대한 성능을 요약한다. 그러나 이를 수행하기 전에 PAM에 관한 설명에 관심을 가져야 한다. 특히 M진 PAM에서 심벌 에러 확률을 계산하였다. $M > 2$에 대하여 심벌이 두 비트 이상으로 이루어져 있기 때문에 심벌 에러는 한 비트 이상의 에러를 의미할 수도 있다. 그러나 심벌에 비트 할당을 교묘하게 하여 에러가 발생할 가능성을 작게 만들어야 한다. 특히 인접 심벌과 심벌 사이에 한 비트의 차이를 가지게 하는 것을 심벌의 **그레이 인코딩**(Gray encoding)이라 말한다. 그림 10.15에서 8진 PAM이나 8진 PSK의 그레이 인코딩 전략을 보여 주고 있다. 이 두 성좌에 대한 가장 흔한 에러는 인접한 이웃을 선택하는 에러이다. 그러나 근접하는 모든 이웃과는 한 비트의 차이만 있다. 그러므로 이러한 인코딩에서는 심벌 에러율과 비트 에러율이 같게 된다. 이처럼 같아지는 데에 대한 예외로는 잡음이 대단히 많은 채널에서 인접한 심벌이 아닌데도 가장 가깝게 나타난 심벌로 선택하게 되는 가능성을 가지게 될 경우이다.

성능 비교

심벌 에러율이 비트 에러율과 같다는 가정하에, 표 10.1에 나와 있는 서로 다른 여러 가지 변조-복조 기법의 성능 비교를 공식화할 수 있다. 표에서 기저대역과 이에 해당하는 대역통과 시스템을 분리하였다. M진 PAM은 대역통과와 등가인 시스템을 가지고 있지만 별로 사용되지는 않는다. 흔히 그 대신에 QAM이 사용되고 있다. 표 10.1에서는 본문에 언급한 대로 기저대역 쌍극 신호 체계와 QPSK 변조 사이의 관계에서처럼, M진 PAM을 M진 QAM으로 확장하여 해석하고 있다.

[3] 이 공식에 대한 유도는 Haykin(2001)의 pp.407~417을 참조하라.

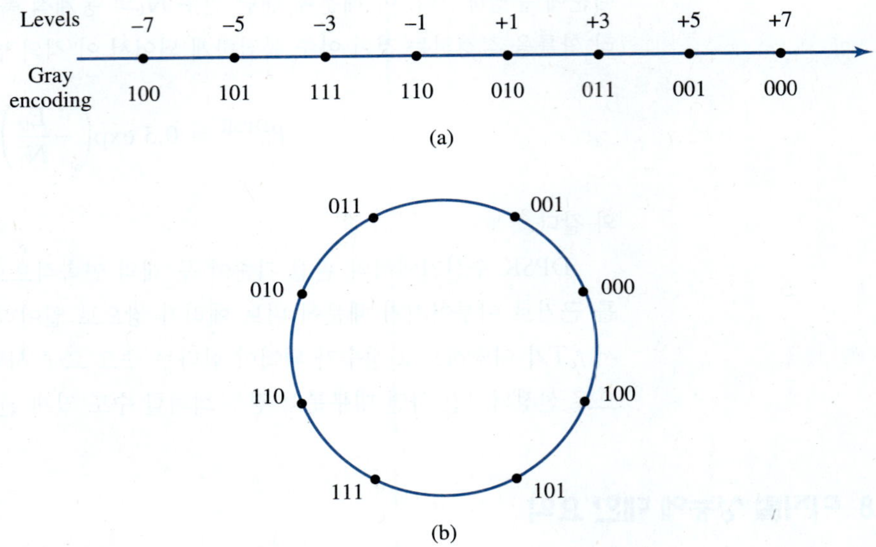

그림 10.15 (a) 8진 PAM과 (b) 8진 PSK에 대한 그레이 인코딩.

표 10.1 여러 가지 변조-복조 기법에 대한 BER 성능 비교. 검출은 달리 표기하지 않는 한 동기 검출임(파라미터 β는 동위상 또는 직교 차원에 대한 심벌당 비트수임)

Modulation–Demodulation		*Bit Error Rate*
Baseband	*Bandpass*	
On–off PAM	ASK	$Q\left(\sqrt{\frac{E_b}{N_0}}\right)$
Bipolar PAM	BPSK	$Q\left(\sqrt{\frac{2E_b}{N_0}}\right)$
M-ary PAM		$2\frac{M-1}{M}Q\left(\sqrt{\frac{6\beta}{M^2-1}}\sqrt{\frac{E_b}{N_0}}\right)$
	QPSK	$Q\left(\sqrt{\frac{2E_b}{N_0}}\right)$
	M-ary QAM	$2\frac{\sqrt{M}-1}{\sqrt{M}}Q\left(\sqrt{\frac{6\beta}{M-1}}\sqrt{\frac{E_b}{N_0}}\right)$
	Binary FSK	$Q\left(\sqrt{\frac{E_b}{N_0}}\right)$
	Differential BPSK	$\frac{1}{2}\exp\left(-\frac{E_b}{N_0}\right)$

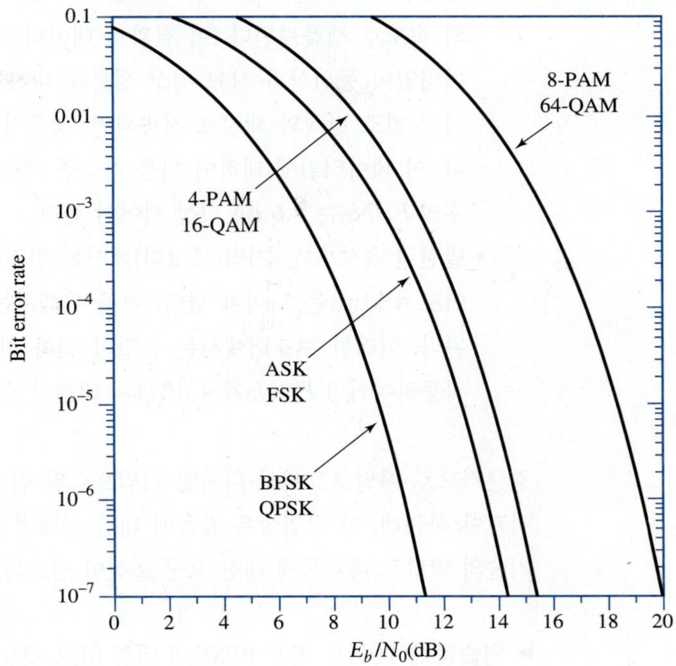

그림 10.16 여러 디지털 전송 기법에 대한 BER 대 E_b/N_0의 비교.

표 10.1의 M진 신호 체계에서는 다음과 같이 가정한다.

- $M > 2$일 때 그레이 인코딩의 심벌 에러율이 비트 에러율과 같게 되기에 충분한 신호 대 잡음비를 가진다.
- 변조 차수 M은 2의 거듭제곱이다. 즉 정수 β에 대하여 $M=2^{\beta}$이다. M진 QAM에서는 β가 짝수라는 가정을 한다.
- M진 QAM 기법은 동위상과 직교 위상의 각각의 성분에 M진 PAM 기법을 사용한다.

그림 10.16에서는 여러 가지 디지털 전송 기법에 대한 BER 성능을 그래프로 비교한다. 기준 신호 대 잡음비 E_b/N_0가 데시벨로 측정되었다는 것에 유의하자.

디지털 전송 시스템의 성능을 아날로그 전송 시스템의 성능과 비교해 보면, 다음과 같은 사항을 관찰 할 수 있다.

- 아날로그 시스템에서는 수용할 만한 음성 전송을 위하여 20~30 dB의 검파 후 신호 대 잡음비가 필요하게 된다. AM 변조에서는 채널 대역폭이 대부분 3~5 kHz이다. FM 변조에서는 채널 대역폭이 대부분 25~30 kHz가 된다.

- 음성을 PCM 인코딩 하면 신호는 대부분 8비트 분해능(256레벨)을 가지고 8 kHz의 속도로 샘플링된다. 이 결과로 데이터율은 초당 64킬로비트가 된다. 이러한 데이터열이 동위상과 직교 위상 성분에 대하여 각각 32 kbps를 가지는 QPSK 같은 직교 변조 방식의 채널로 전송되면, 명목상의 디지털 신호 대역폭은 32 kHz가 된다. 이 데이터열에 대하여 허용 가능한 에러율이 10^{-5}이라면 그림 10.16에서 검파 후의 E_b/N_0는 9.6 dB 이상 되어야 한다.
- 발전된 음성 코딩 기법(보코더)에서는 인간의 음성이 적당한 품질로 표현되려면 적어도 4 kbps는 되어야 한다. 이를 위해서는 약 2 kHz의 전송 대역폭이 필요하게 된다. 이러한 보코더에서는 품질의 저하 없이 적어도 10^{-2} 정도의 비트 에러율로 작동하여야만 E_b/N_0가 4 dB까지 내려갈 수 있다.

결론적으로 아날로그에서 디지털 기법으로의 진보를 위해서는 전송 시의 강인성을 증진시켜야 하는데, 이 강인성은 잡음에 대한 상대적인 불감성을 의미한다. 디지털 신호 처리 기술의 발달로 대역폭에 대한 요구 조건이 감소되고 있는 추세이다.

▶ **연습문제 10.10** 차분 BPSK에 대한 BER 성능을 도표로 그리고 그 결과를 그림 10.16과 비교하라. ◀

신호 공간 모델에서의 잡음

7장에서 여러 동기 변조 방식을 신호 공간 다이어그램에 표시하는 방법을 다루었다. 신호 공간 다이어그램 또는 성좌도에서 각 심벌은 적당한 기저 함수를 선택하여 신호점으로 표현하였다. 예를 들면 QPSK는

$$s(t) = \pm\sqrt{E_b}\phi_1(t) \pm \sqrt{E_b}\phi_2(t) \tag{10.76}$$

으로 표시되며 부호는 비트 극성으로 표시된다. 기저 함수는

$$\phi_1(t) = \sqrt{\frac{2}{T}}\cos(2\pi f_c t), \qquad 0 \le t \le T \tag{10.77}$$

과

$$\phi_2(t) = \sqrt{\frac{2}{T}}\sin(2\pi f_c t), \qquad 0 \le t \le T \tag{10.78}$$

이며, 대역통과를 가정하여 직교하며 단위 길이이다. 잡음이 있는 QPSK에 대한 신호 공간도가 그림 10.17에 있으며, 네 점으로 표시된 성좌의 점은 $(+\sqrt{E_b}, +\sqrt{E_b})$, $(+\sqrt{E_b}, -\sqrt{E_b})$, $(-\sqrt{E_b}, -\sqrt{E_b})$, $(-\sqrt{E_b}, +\sqrt{E_b})$이 된다. 채널 잡음이 존재하면 수신된 신호점

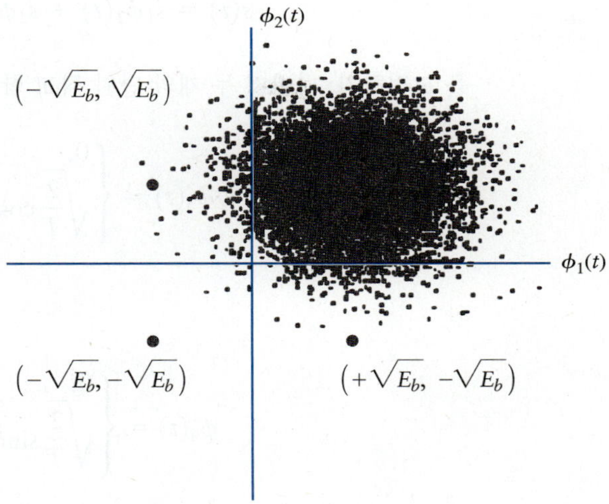

그림 10.17 잡음이 있는 성좌도의 신호 공간 표현.

은 송신된 신호점 주변에 랜덤하게 위치하게 된다. 그림 10.17에서 잡음이 있는 수신 신호점은 $(+\sqrt{E_b}, +\sqrt{E_b})$에 위치한 송신된 신호점 중심으로 형성된 '잡음 구름' 내부에 있게 된다.

채널 잡음이 가우스 잡음이라 하면, 그림 10.17의 구름은 평균을 $(+\sqrt{E_b}, +\sqrt{E_b})$에 둔 2차원 가우스 분포를 나타낸다. 이 분포의 분산 σ^2은 채널의 신호 대 잡음비에 의존한다. 이 신호점을 검출할 때의 에러 확률을 생각해 보자. 두 가지 형태의 에러가 발생하는데, 채널 잡음은 수신된 신호점이 $\phi_1(t)$축의 반대쪽에 위치하게 할 수도 있다. 그러면 두 번째 비트 에러가 쌍으로 나타나게 된다. 이와는 다르게 채널 잡음이 수신 신호점을 $\phi_2(t)$축의 왼쪽에 위치하게 하면 에러는 첫 번째 비트에 발생하게 된다. 흔하지는 않으나 $(+\sqrt{E_b}, +\sqrt{E_b})$을 송신하였는데, 수신된 신호점이 3사분면에 있게 되면, 에러는 양쪽 비트 모두에서 발생하게 된다. 분명히 어느 형태의 에러 확률이라도 $\sqrt{E_b}$와 잡음의 표준 편차 σ와의 비와 관계가 있다. 성좌도에서는 분명하지 않지만 어떤 형태의 에러도 서로 독립적이다.

이 성좌도에서 잡음이 발생하지 않은 신호점들과의 사이에 반지름 $\sqrt{E_b}$인 원이 존재한다. 즉 $\sqrt{E_b}$가 완벽한 검출을 보장하는 최대의 에러 거리이다. 이 신호 공간을 다차원 공간으로 확대시킬 수 있다. 예를 들어 신호점이 $(\pm\sqrt{E_b}, \pm\sqrt{E_b}, \pm\sqrt{E_b})$이라면, 각 신호점 주변으로 반지름 $\sqrt{E_b}$인 구를 가지며, 이 구 안으로는 잡음에 의한 에러가 발생하지 않는다는 것을 보장받을 수 있다.

실제 상황에서는 어떻게 고차원 신호를 발생할 수 있을 것인가? $\phi_1(t)$와 $\phi_2(t)$가 식 (10.77)과 (10.78)로 정의되고 구간 $T < t \leq 2T$에서는 0이라고 했을 때, 신호

$$s(t) = s_1\phi_1(t) + s_2\phi_2(t) + s_3\phi_3(t) + s_4\phi_4(t)$$

을 고려하자. 나머지 두 개의 단위 직교 함수는

$$\phi_3(t) = \begin{cases} 0, & 0 < t \le T \\ \sqrt{\dfrac{2}{T}}\cos(2\pi f_c t), & T < t \le 2T \end{cases} \tag{10.79}$$

와

$$\phi_4(t) = \begin{cases} 0, & 0 < t \le T \\ \sqrt{\dfrac{2}{T}}\sin(2\pi f_c t), & T < t \le 2T \end{cases} \tag{10.80}$$

이다. 대역통과를 가정하면 함수 $\phi_3(t)$와 $\phi_4(t)$는 분명히 서로 직교한다. 그러므로 $\phi_1(t)$와 $\phi_2(t)$가 0이 아니라면 $\phi_3(t)$와 $\phi_4(t)$는 0이 되므로, $\phi_1(t)$와 $\phi_2(t)$도 $\phi_3(t)$와 $\phi_4(t)$에 직교한다. 이 결과로 얻은 신호점은 4차원 벡터 (s_1, s_2, s_3, s_4)가 되고 이때의 s_i는 $\pm\sqrt{E_b}$가 된다. 이 4차원 공간을 약간 인위적으로 만든 감은 있으나 그 유용성은 다음 절에서 에러 정정 코드를 다루면서 점점 명확하게 될 것이다.

10.9 에러 검출과 정정

통신 시스템의 기본 특징은 수신기가 채널을 통하여 전송되는 정보에 대한 사전 지식을 전혀 갖고 있지 않다는 것이다. 따라서 디지털 통신 방식에서 채널이 검출된 비트에 에러를 생성하면, 통신의 품질을 떨어뜨리게 된다. 이 절에서는 전송중에 일어나는 에러를 검출하고 보정하는 기본적인 방법을 살펴본다.[4]

앞절에서 디지털 시스템에서의 비트 에러 성능은 검파 후 SNR에 의존한다는 것을 설명하였다. 채널을 손상시키는 요인이 단지 가산 가우스 잡음이라 하면, 흔히 BER은 Q 함수의 예에서와 같이 SNR의 지수 형태로 나타난다. 따라서 SNR이 개선되면 BER은 급격히 감소하여 아날로그 방식과 비교하여 아주 좋은 품질의 전송을 제공하는 것이 일반적이다. 이처럼 디지털 성능이 충분하지만 어떤 경우에는 더욱 개선하기를 원한다. 이러한 예는 다음과 같다.

[4] 에러 검출과 정정 분야는 1940년대 말 해밍(R. Hamming)과 섀넌(C. Shannon)의 고전적인 논문으로부터 탄생하였다. 그 이후로 이 분야에 대한 엄청난 양의 연구가 수행되어 왔다. 이 분야의 기초 서적으로는 Clark and Cain(1981), Lin and Costello(2004), Blahut(1983) 등이 있다. 이 절의 자료들은 Arazi(1988)에서 발췌하였다.

- 무선 채널에서 페이딩의 영향으로 시간에 따라 수신 신호 강도가 변할 수 있다. 페이딩이 없는 채널에서는 평균 신호 강도가 양호한 성능을 나타내더라도, 페이딩이 발생하면 시스템은 저하된 성능을 가지게 된다.
- 위성을 사용할 경우에는 위성이 제한된 송신 전력을 가진다. 이 경우 더 적은 송신 에너지에 대해서도 동등한 BER 성능을 얻기를 원한다.
- 케이블 전송 시스템에서는 케이블이 서로 묶여서 다발이 되기 때문에 선과 선 사이에서 누화(crosstalk)가 발생할 수도 있다. 즉 어느 통신 링크가 다른 링크에 간섭을 일으킬 수가 있다. 이러한 경우에도 우연한 간섭으로 발생한 에러를 정정할 수 있도록 시스템에 리던던시를 가지게 하는 것은 아주 유익할 수가 있다.

송신된 신호열 속에 **리던던시**(redundancy)를 추가함으로써 비트 에러율에 대한 성능을 개선하는 목표를 달성할 수가 있다. 이 리던던시의 목적은 전송중에 개입된 에러를 수신기가 검출 또는 정정하도록 하는 데 있다. 이러한 종류의 동작을 **전향 에러 정정**(FEC: forward-error correction)이라 하며 디지털 전송 시스템에서의 위치는 그림 10.18에 나와 있는 바와 같다.

- 입력되는 디지털 메시지[**정보 비트**(information bit)]가 **인코딩**(encoding)되어 **채널 비트**(channel bit)를 생성해 낸다. 이 채널 비트에는 변형된 형태의 정보 비트와 에러 정정을 위하여 사용될 부가 비트가 포함된다.
- 채널 비트는 **변조**(modulation)되고 채널로 전송된다.
- 잡음이 더해진 수신 신호는 **복조**(demodulation)되어 추정된 채널 비트를 생성해 낸다.
- 추정된 채널 비트는 원래의 디지털 메시지를 추정할 수 있도록 **디코딩**(decoding)된다.

에러 검출이란 데이터 전송중에 발생한 한 개 이상의 에러를 검출해 내는 수신기의 능력을 의미한다. 이는 수신기가 검출해 낸 에러를 정정할 수 있음을 뜻하는 것은 아니다. 또한 이것은 에러가 발생하는 모든 경우를 수신기가 검출할 수 있다는 뜻도 아니다.

k개의 정보 비트를 가지고 있는 데이터 블록을 전송한다고 생각해 보자. 앞에서 설명하였듯이 수신기는 k개의 정보 비트에 대하여 아무것도 알지 못하기 때문에 에러가 발생하였을 경우 수신기가 검출할 수 있도록 블록이 어떤 특징을 가져야 한다. 각 블록이 $n > k$을 내포하고 있다고 가정하자. 여분으로 들어간 $(n-k)$개의 비트는 **리던던트**(redundant)하다. 즉 이들은 새로운 정보를 가지고 있지는 않다. 그러나 수신기가 이 비트들을 사용하여 에러가 발생하였는가를 결정하게 된다.

어떻게 이것이 가능한지를 보이기 위하여 다음과 같은 개념을 도입한다.

- 비트들은 0과 1의 값을 나타낸다.

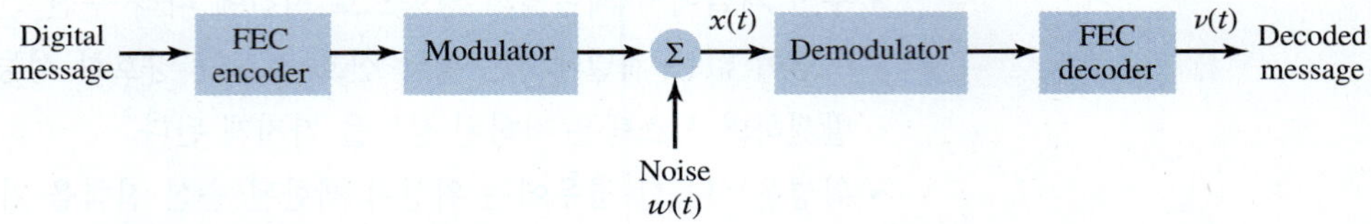

그림 10.18 코딩과 디코딩을 포함하고 있는 시스템 블록 다이어그램.

- ⊕는 2진 가산(modulo-2 addition)을 표시한다. 이 연산이 비트 쌍에 적용되면 0 ⊕ 0=1 ⊕ 1=0와 0 ⊕ 1=1 ⊕ 0=1같은 결과가 된다.
- 비트 블록에도 적용될 수 있어서, ⊕ 연산자는 블록에서의 각 요소들의 이진합을 의미한다. 예를 들면 [1001] ⊕ [0101]=[1100]이 된다.

k개의 정보 비트 $[x_1x_2\cdots x_k]$를 가지는 블록에서, **패리티 체크 비트**(parity-check bit) p가 더해져서

$$x_1 \oplus x_2 \oplus \cdots \oplus x_k \oplus p = 0 \tag{10.81}$$

가 되고 $n=k+1$개의 비트 $[x_1x_2\cdots x_k, p]$를 전송한다고 한다. 이 확장된 블록은 식 (10.81)을 만족시키므로 이 비트 블록은 **짝수 패리티**(even parity)를 가진다고 한다.

수신기에서 n개의 수신된 비트로 이루어진 블록의 이진합을 구한다. 결과가 1(즉 홀수 패리티)을 가지면 전송에 에러가 있다라고 말한다. 이러한 설명에서 한 개의 패리티 비트로 1, 3, 5, ...와 같은 홀수 개의 에러가 전송중에 발생하였다고 분명하게 말할 수 있다. 만약 짝수 2, 4, 6, ...개의 에러라면 이진합(패리티 체크합)은 0일 것이고 에러는 검출되지 못할 것이다. 이것은 앞에서 말한 에러 검출 과정이 모든 에러를 검출해 낼 수는 없다는 것을 강조하는 것이다. 그래서 에러 검출 방식은 두 개의 성분으로 이루어진다. 정보 비트들을 처리하는 **인코더**(encoder)는 정보를 기반으로 한 패리티 비트를 계산하고 전송을 위한 정보와 패리티의 조합으로 형태를 만든다. **디코더**(decoder)는 수신된 비트들의 패리티 **체크합**(checksum)을 계산하여 에러의 검출 여부를 말해 준다. 이러한 배경을 가지고, **코드의 에러 정정 능력을 수신기가 전송된 코드어에서 검출해 낼 수 있는 최대 에러의 개수라고 정의한다.**

블록 코드에 의한 에러 검출

블록 코드(block code)란 **코드어**(code word)라고 부르는 길이가 모두 같은 이진 블록의 집단이다. 예를 들면 표 10.2에서 짝수 패리티를 가진 길이 4의 모든 이진 블록을 보여 주고 있다. 길이 n을 가지는 코드어는 $(n-k)$개의 패리티 비트를 포함하고 있는데 이 패리티 비트들은 정보 비트에서 계산된다. 따라서 (n, k) 블록 코드에서 코드어의 개수는 2^k이 된다.

표 10.2 짝수 패리티를 가지는 길이 4의 모든 코드어

Code words	
0000	1001
0011	1010
0101	1100
0110	1111

A와 **B**를 길이 n을 가지는 블록 코드에 속하는 임의의 두 개의 코드어라 하자. 두 코드어의 합 $\mathbf{A} \oplus \mathbf{B} = \mathbf{C}$도 역시 코드어가 되면 이 블록 코드는 **선형**(linear)이라 부른다. 선형 코드는 $\mathbf{A} \oplus \mathbf{A} = \mathbf{0}$이기 때문에 항상 모두 0인 코드어를 포함하게 된다.

블록 코드의 에러 검출과 에러 정정 능력을 분석하기 위하여 몇 가지 정의가 필요하다. 이진 블록의 **해밍 가중치**(Hamming weight)를 블록에 있는 1의 개수로 정의한다. 이진 블록 **A**에서 **A**의 해밍 가중치를 $w_H(\mathbf{A})$로 표시한다. 예를 들어 [1 0 0 1]의 해밍 가중치는 2이다.

임의의 두 이진 블록 사이의 해밍 거리(Hamming distance)는 서로 다른 비트의 개수이다. $\mathbf{A} \oplus \mathbf{B}$는 **A**와 **B**에서 모든 위치에서 서로 다르면 1, 그렇지 않으면 0을 나타내므로 해밍 거리 $d_H(\mathbf{A}, \mathbf{B})$는

$$d_H(\mathbf{A}, \mathbf{B}) = w_H(\mathbf{A} \oplus \mathbf{B}) \tag{10.82}$$

로 표현할 수 있다. **코드의 최소 해밍 거리**는 코드어들의 가능한 조합쌍 사이의 거리들을 측정하여 얻어진 값 중에서 가장 작은 값이다. 수학적으로 최소 해밍 거리 $d_{\min}$은

$$d_{\min} = \min_{A,\,B} d_H(\mathbf{A}, \mathbf{B}) \tag{10.83}$$

으로 주어진다. 이 식에서는 **A**와 **B**가 같지 않다고 가정한다. 선형 코드에는 모두가 0인 코드어가 항상 포함되어 있으므로, 식 (10.83)에서 $\mathbf{B} = \mathbf{0}$으로 두면 0이 아닌 코드어에서 1의 최소 개수가 $d_{\min}$이 된다.

A가 송신된 코드어이고 **C**가 수신된 이진 블록이라 하자. 이진 블록 **C**는 또 다른 어떤 코드어가 아니면 항상 에러로 검출될 것이다. 이것을 보이기 위하여, **E**를 에러 벡터—즉 1이 에러의 위치를 나타내는 이진 블록—라 하자. 그러면

$$\mathbf{C} = \mathbf{A} \oplus \mathbf{E} \tag{10.84}$$

로 쓸 수 있고, 이진 가산으로 어느 비트에 1을 더하면 항상 그 비트를 바꿀 수 있다. **A**를 양변에 더하면 식 (10.84)는

$$\mathbf{A} \oplus \mathbf{C} = \mathbf{E} \tag{10.85}$$

로도 쓸 수 있다. **선형 코드에서 C가 코드어가 되면 E도 코드어가 된다.** 이것은 선형 블록 코드에서 중요한 성질이다. 따라서 에러를 검출할 수 있다고 보장하면, 에러 비트의 개수는 $d_{\min}$보다 작게 될 것이 틀림없다.

$$\max w_H(\mathbf{E}) < d_{\min} \tag{10.86}$$

즉 항상 검출될 수 있는 최대 가중치를 가진 에러는 $d_{\min}-1$이 된다. 아무 패리티 비트도 가지고 있지 않은 (k, k) 블록 코드는 최소 해밍 거리가 1이다. 따라서 수신기는 수신된 이진 블록에서 어떤 에러도 검출해 내지 못한다. 한 개의 패리티 체크를 가진 $(k+1, k)$ 코드는 최소 해밍 거리가 2이다. 따라서 한 개의 패리티 체크를 가진 코드는 항상 수신된 이진 블록에서 한 개의 비트 에러를 검출한다.

예제 10.2 선형 블록 코드의 성질

표 10.2의 길이 4의 코드에서 다음과 같은 예를 들 수 있다.

(a) 두 개의 코드어의 합은 또 다른 코드어가 된다.

$$[0011] \oplus [1100] = [1111]$$

(b) 임의의 코드어와 자신과의 합은 0 코드어가 된다.

$$[1010] \oplus [1010] = [0000]$$

(c) 임의의 코드어와 한 개의 에러에 해당하는 에러 벡터와의 합은 코드어가 아니다.

$$[1001] \oplus [0001] = [1000]$$

(d) 적어도 가중치가 2인 어떤 에러 벡터는 검출이 될 수 없다.

$$[1010] \oplus [0011] = [1001]$$

에러 정정

에러를 정정하기 위해서는 에러를 검출하고 또 에러의 위치를 정할 수 있어야 한다. 코드의 **에러 정정 능력**(error correction capability)은 수신기가 수신된 이진 블록 내에서 **항상** 정정할 수 있는 최대의 에러 개수로 정의된다.

A와 **B**를 $d_{\min}$만큼 떨어져 있는 두 코드어라 하자. 코드어 **A**가 송신되고 이진 블록 **C**가 수신되었다고 가정한다. 수신된 이진 블록 **C**는 코드어 **A**와 **B** 어느 것으로부터도 같은 거리라 하면

$$d_H(\mathbf{A}, \mathbf{C}) = d_H(\mathbf{B}, \mathbf{C}) = d_{\min}/2 \tag{10.87}$$

과 같은 성질을 가진다. 그러므로 **C**는 **A**와 **B**의 중간에 있다. 이 경우 **A**가 송신되었다 할지라도 수신된 블록과의 거리가 같기 때문에 수신기가 **A**와 **B** 중 어느 것을 옳은 코드어라고 선택할 근거가 없다. **E**를 에러 벡터라 하고, **C**=**A** ⊕ **E**라 하면 **C**는 정정 가능, 즉 **C**로부터 **A**를 복구할 수 있게 된다. 식 (10.87)과 관련된 설명에서

$$\max w_H(\mathbf{E}) < d_{\min}/2 \qquad (10.88)$$

을 의미하게 된다. 그러므로 에러의 수가 코드의 최소 해밍 거리의 반 이하가 되면 에러 정정이 가능하다고 말할 수 있다.

전향 에러 정정 코드를 설계할 때, 최소 해밍 거리를 증가시키기 위하여 패리티 비트를 추가하는 목적이 뚜렷하게 된다. 왜냐하면 이렇게 되면 코드의 에러 검출이나 에러 정정 능력을 개선할 수 있기 때문이다.

예제 10.3 3개의 패리티 비트

이 예제에서는 (7, 4) 코드를 만들어 본다. 즉 코드어의 길이가 7비트이고, 각 코드어는 4개의 정보 비트를 포함하고 있다. $\mathbf{X}=[x_1, x_2, x_3, x_4]$를 4개의 정보 비트라 하고 3개의 패리티 비트를 다음과 같이 만든다.

$$\begin{aligned} p_1 &= x_1 \oplus x_2 \oplus x_3 \oplus x_4 \\ p_2 &= x_1 \oplus x_2 \\ p_3 &= x_3 \oplus x_4 \end{aligned}$$

이 코드의 코드어는 표 10.3과 같다.

이 코드는 해밍 가중치 2인 코드어 [1100000]를 포함하고 있다. 따라서 이 코드어의 최소거리는 2이다. 그러므로 3개의 패리티 비트를 추가하는 것이 $d_{\min}=3$을 얻기 위하여 항상 충분한 것은 아니라는 결론을 내릴 수 있다. 다음 절에서 더 좋은 (7, 4) 코드를 고려할 것이다.

표 10.3 예제 10.3의 16개의 코드어

$[x_1, x_2, x_3, x_4, p_1, p_2, p_3]$	
0000000	1000101
0001110	1001011
0010110	1010011
0011010	1011101
0100101	1100000
0101011	1101110
0110011	1110110
0111101	1111000

해밍 코드

이 절에서는 구상할 수 있는 첫 에러 정정 코드 중 하나로 해밍 코드라고 알려진 단순하지만 효율적인 코드를 고려한다. 해밍 코드는 $m=3, 4, 5, \ldots$에 대하여 $n=2^m-1$의 블록 길이를 가지는 코드 부류의 하나이다. 특정 블록 길이 n에 대하여, m개의 패리티 비트와 2^m-1-m개의 정보 비트를 가진다. 해밍 코드의 예에는 (7, 4), (15, 11), (31, 26) 등의 코드가 있다. 이 코드들의 최소 해밍 거리는 $d_{\min}=3$이므로 한 개의 에러를 정정할 수 있다.

전에 설명하였듯이 코딩 과정에는 두 가지 단계가 있다. 첫 번째 단계는 송신기에서 이루어지는 **인코딩**이다. 여기에는 정보 비트를 기반으로 하는 패리티 비트 계산이 필요하다. 두 번째 단계는 수신기에서 발생하는 **디코딩**이다. 여기에는 패리티 방정식이 위반되었는지 그리고 어디에서 위반되어 있는지를 결정하기 위하여 패리티 체크합을 계산할 필요가 있다.

우선 (7, 4) 해밍 코드를 생각해 보자. 4비트의 정보 비트는 $X=[x_1, x_2, x_3, x_4]$로 표시된다. 이 비트들을 인코딩하기 위하여 (7, 4) 해밍 코드의 **$k \times n$ 생성 행렬**(generator matrix)을

$$\mathbf{G} = \left[\begin{array}{cccc:ccc} 1 & 0 & 0 & 0 & 1 & 0 & 1 \\ 0 & 1 & 0 & 0 & 1 & 1 & 1 \\ 0 & 0 & 1 & 0 & 1 & 1 & 0 \\ 0 & 0 & 0 & 1 & 0 & 1 & 1 \end{array}\right] \tag{10.89}$$

로 정의한다. 이 생성 행렬을 이용하여 송신할 7개의 요소를 가진 코드어 $\mathbf{C}=[c_1, c_2, c_3, c_4, c_5, c_6, c_7]$이

$$\mathbf{C} = \mathbf{X} \cdot \mathbf{G} \tag{10.90}$$

으로 주어진다. 이때 점 $\cdot$는 2진 수학을 사용하는 벡터-행렬의 곱을 나타낸다. 즉 $\mathbf{C}$의 요소 c_k는

$$c_k = \bigoplus_{j=1}^{4} x_j G_{jk}$$

로 주어진다. 식 (10.90)을 전개하면 코드어의 요소는

$$\begin{aligned} c_1 &= x_1 \\ c_2 &= x_2 \\ c_3 &= x_3 \\ c_4 &= x_4 \\ c_5 &= x_1 \oplus x_2 \oplus x_3 \\ c_6 &= x_2 \oplus x_3 \oplus x_4 \\ c_7 &= x_1 \oplus x_2 \oplus x_4 \end{aligned} \tag{10.91}$$

라는 것을 알 수 있다.

식 (10.89)와 (10.91)을 비교하면 **G**의 처음 네 개 열은 단위 행렬이고 정보 비트를 자기 자신에게로 매핑하고 있다는 것을 알 수 있다. **G**의 마지막 세 개 열은 코드의 패리티 방정식을 형성한다. 각 블록 코드마다 자신의 유일한 생성 행렬을 가지고 있다. 비록 생성 행렬이 다르더라도 같은 성질을 가지는 코드를 만들어 낼 수 있다. 예를 들면 **G**의 두 개의 열을 서로 바꾸면 다른 블록 코드를 얻게 되지만 이 코드는 위의 코드와 같은 에러 정정 성질을 가지게 된다.

$\mathbf{R}=[r_1, r_2, r_3, r_4, r_5, r_6, r_7]$이 잘못된 비트를 포함할 수도 있는 (7, 4) 해밍 코드의 수신된 7비트를 나타낸다고 하자. 이 비트를 어떻게 디코딩할 것인가? 디코딩 전략 중의 하나로 **리스트 디코더**(list decoder)가 있다. 이 전략을 가지고 전부 2^7개의 수신 블록에 대한 리스트를 만들 수 있다. 그리고 미리 해밍 거리가 가장 가까운 코드어를 계산할 수 있다. 그러고 나서 수신된 블록을 이 리스트에서 찾아 가장 근접한 코드어를 결정한다. 이 리스트 디코더는 개념적으로 어느 코드에도 적용할 수 있다. 그러나 n이 커질수록 리스트의 길이가 길어져서 실제로 사용하기가 어려워진다.

그러므로 **계산적인 디코딩 전략**(computational decoding strategy)이 리스트 디코더를 대신하여 선호된다. 이를 위하여 (7, 4) 해밍 코드에 대한 $(n-k)\times n$ **패리티 체크 행렬**(parity check matrix) **H**를

$$\mathbf{H} = \begin{bmatrix} 1 & 0 & 1 \\ 1 & 1 & 1 \\ 1 & 1 & 0 \\ 0 & 1 & 1 \\ \hdashline 1 & 0 & 0 \\ 0 & 1 & 0 \\ 0 & 0 & 1 \end{bmatrix} \tag{10.92}$$

라 정의한다. **H**의 아래쪽 3×3 부분은 단위 행렬이고 이 단위 행렬 윗부분은 식 (10.89)의 단위 행렬 오른쪽에 있는 생성 행렬 부분이다. 그러므로 패리티 행렬 **H**의 열은 코드어가 해밍 코드를 만족시키는 패리티 방정식의 계수를 형성한다. (n, k) 선형 코드에서 행렬 **H**의 열은 $(n-k)$개의 패리티 비트가 계산될 $(n-k)$개의 독립적인 방정식을 나타낸다.

송신된 코드어가 **C**이고 에러 벡터가 **E**라면, 수신된 이진 블록은 $\mathbf{R}=\mathbf{C}\oplus\mathbf{E}$이다. 수신된 벡터와 패리티 체크 행렬을 곱하면

$$\begin{aligned} \mathbf{S} &= \mathbf{R}\cdot\mathbf{H} \\ &= (\mathbf{C}+\mathbf{E})\cdot\mathbf{H} \\ &= \mathbf{C}\cdot\mathbf{H}+\mathbf{E}\cdot\mathbf{H} \end{aligned} \tag{10.93}$$

이 된다. **C**가 코드어이기 때문에, 패리티 체크 식을 만족시키며 $\mathbf{C}\cdot\mathbf{H}=0$이 된다. 그러

므로

$$\mathbf{S} = \mathbf{E} \cdot \mathbf{H} \tag{10.94}$$

이 된다. $(n-k)$차원의 벡터 **S**를 **에러 신드롬**(error syndrome)이라 부른다. **E**를 코드어의 m번째 비트에 있는 단일 비트 에러에 해당한다고 하자. 그러면 신드롬 **S**는 패리티 체크 행렬 **H**의 m번째 행에 해당한다. **H**의 열은 유일성을 가진다는 것에 유의하자. 따라서 한 비트의 에러 위치를 결정하기 위하여 신드롬을 사용할 수 있다. 이 매핑을 표 10.4에 나타내었다. 신드롬 [0, 0, 0]는 아무 에러도 발생하지 않았다는 의미이다.

표 10.4 해밍 (7, 4) 코드에 대한 신드롬 디코딩

Error (**E**)	*Syndrome* (**S**)	*Decimal Rep.*
0000000	000	0
1000000	101	5
0100000	111	7
0010000	110	6
0001000	011	3
0000100	100	4
0000010	010	2
0000001	001	1

따라서 해밍 (7, 4) 코드는 한 개의 비트 에러를 정정할 수 있음을 알았다. 한 개 이상의 에러도 정정할 수 있을까? 만약 **E**가 두 개의 에러를 포함하고 있다면 신드롬은 **H**의 두 행에 대한 이진합으로 이루어져 있게 된다. 이 합은 **H**의 셋째 행을 만들어 내어 같은 행을 만들어 내는 단일 에러와 구별을 할 수 없게 된다. 따라서 해밍 (7, 4) 코드는 모두 단일 에러만을 정정할 수 있을 뿐 두 개의 에러를 정정할 수는 없다. 다시 말해서 코드의 $d_{\min}$이 3이 되어야 가능하다.

에러 검출의 면에서는, 두 비트 에러가 **H**의 셋째 행을 만들어 내고, 이 세 번째 행이 0이 아니므로 해밍 (7, 4) 코드는 두개의 에러를 검출해 내지만 정정을 할 수 없다는 의미이다. 그러나 **E**=[1011000]와 같은 3개 비트의 에러가 발생하면 신드롬은 **S**=**0**이다. 그러므로 코드는 3개 비트의 에러를 모두 검출할 수가 없다. 이것은 이 코드가 $d_{\min}$이 3이 된다는 것을 확신시켜 주는 것이다.

예제 10.4 해밍 코드의 에러 정정

4비트의 정보 비트가 식 (10.89)의 생성 행렬로 주어진 해밍 (7, 4)코드로 인코딩된다. 수신된 비트열이 **R**=[1101110]과 같다. 전송중에 단 한 개의 에러가 발생하였다면 어떤 데이터열이 송신되었는가?

R과 패리티 체크 행렬을 곱하면 신드롬

$$\begin{aligned}\mathbf{S} &= \mathbf{R}\cdot\mathbf{H}\\ &= [111]\end{aligned}$$

이 구해진다. 에러 신드롬이 0이 아니기 때문에, 한 개 이상의 에러가 발생하였음을 알 수 있다. 표 10.4에서 왼쪽에서 두 번째 비트에서의 단 하나의 에러가 이 데이터열을 만들 수 있을 테니까 송신된 열은 [1001110]이고 정보 비트는 [1001]가 된다.

예제 10.5 블록 에러 확률

BPSK 전송 방식이 (7, 4) 해밍 블록 코드로 인코딩된다고 가정한다. 디코딩을 하는 경우와 안 하는 경우의 블록 에러율을 비교하라.

10.4절에서 BPSK의 비트 에러 확률은 $P_e=Q(\sqrt{2E_b/N_0})$이다. 에러가 없다면 코딩 안 된 7비트 블록이 옳게 수신될 것이다. 한 개의 블록 에러—즉 한 개 이상의 비트 에러—는 이에 대한 보수가 될 것이다. 즉

$$P_b^{\text{uncoded}} = 1 - (1 - P_e)^7 \tag{10.95}$$

이 된다. (7, 4) 해밍 코드에서 한 개의 블록 에러 확률은 7비트 블록에 대하여 두 개 이상의 확률이다. 이 확률은

$$P_b^{\text{coded}} = 1 - (1 - P_e')^7 - \binom{7}{1}(1 - P_e')^6 P_e' \tag{10.96}$$

으로 주어지며 여기서 P_e'은 해밍 코드에서 한 개의 비트 에러 확률이다. $P_e'=P_e$라면 블록 에러 확률이 해밍 코드에서 감소되었음이 분명하다. 이것이 식 (10.96)에서 P_e를 사용하지 않고 P_e'을 사용한 이유이다. 특히 디지털 기준 모델에서는 E_b가 **정보 비트당 에너지**(energy per information bit)를 의미한다. (7, 4) 해밍 코드에서 4개의 정보 비트와 3개의 패리티 비트를 전송하므로 블록당 전체 7개의 **채널 비트**(channel bit)가 된다. E_c가 채널 비트당 에너지를 표시한다면 4개의 정보 비트 에너지에 해당하는 7개의 채널 비트 에너지는

$$E_c = \frac{4}{7}E_b \tag{10.97}$$

임을 알 수 있다. 또한 식 (10.96)의 P_e' 에러 확률은 채널 비트 에러 확률을 의미하므로 BPSK의 에러 확률과 식 (10.97)을 사용하여

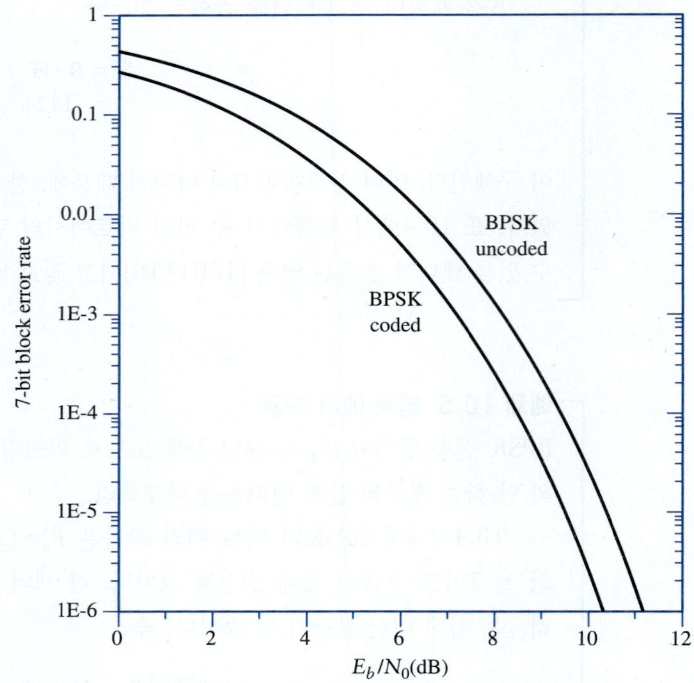

그림 10.19 코딩되지 않은 BPSK와 (7, 4) 해밍 코딩 된 BPSK의 7비트 블록 코드 에러율에 대한 비교.

$$P'_e = Q\left(\sqrt{\frac{2E_c}{N_0}}\right)$$
$$= Q\left(\sqrt{\frac{8E_b}{7N_0}}\right) \tag{10.98}$$

을 구할 수 있다. 이러한 방식으로, 코딩되지 않은 전송 방식과 코딩된 전송 방식을 공정하게 비교할 수 있을 것이다. 이 두 방식에 대한 블록 에러율이 그림 10.19에 나타나 있다. 코딩에 의하여 블록 에러율에 대한 성능이 대략 1 dB 개선됨을 알 수 있다.

더욱 강력한 코드들

해밍 코드가 설명하기에 간단하면서 효율이 높은 코드이지만, 이 코드만이 전향 에러 정정코드인 것은 아니다. 다른 FEC 코드로는 다음과 같은 것들이 있다.

- **리드-솔로몬(Reed-Solomon)과 BCH(Bose-Chaudhuri-Hocquenghem) 코드.** 해밍 코드나 마찬가지로 k개의 정보 비트와 $n-k$개의 패리티 체크 비트를 가진 총

n 비트의 (n, k) 코드의 일종이다.[5] n과 k를 선택하는 데 있어서 해밍 코드처럼 제한적이지 않고 더 많은 유연성을 가진다.

- **컨벌루션 코드**(convolutional code). 이름에서 알 수 있듯이 이 코드는 한 개 이상의 패리티 체크 방정식과 정보 비트와의 컨벌루션으로 나타난다. 예를 들어 정보 비트가 $x_1, x_2, x_3, \ldots$이면

$$p_k = x_k \oplus x_{k-2} \oplus x_{k-3} \oplus x_{k-5} \tag{10.99}$$

의 관계식으로 패리티 비트열을 생성해 낸다. 따라서 입력 비트 x_k마다 x_k와 p_k의 두 비트가 채널로 전송되는 결과가 된다. 한 비트의 정보 비트마다 x_k와 p_k의 두 비트를 전송하는 것은 $\frac{1}{2}$의 비트율을 나타내는 예가 된다. 다시 말해서 한 개의 정보 비트에 대하여 두 개의 채널 비트가 된다. 이것은 정보 비트 x_k가 명백하게 전송되는 **시스템적인 컨벌루션 코드**의 한 예이다. **비시스템적인 컨벌루션 코드**에서는 식 (10.99)와 같이 두 개의 패리티 비트가 있게 되고 각 정보 비트 x_k에 대하여 두 개의 패리티 비트가 전송되고 정보 비트 x_k는 전송되지 않는다. 컨벌루션 코드의 에러 정정 능력은 보통 코드의 **메모리**(memory)라고 부르는 패리티 체크 방정식에서 비트가 펼쳐진 폭에 의해 결정된다. 불행히도, 디코딩의 복잡성이 코드의 메모리에 대해 지수함수적으로 증가하므로 실용적인 코드에서는 10비트 미만의 메모리에 국한된다.

- **터보 코드**(turbo code). 터보 코드는 블록 코드이지만 컨벌루션 코드에서처럼 연속 인코딩 기법을 사용하고 있다. 예를 들면 코드율 $\frac{1}{3}$인 터보 코드에서 각 정보 비트 x_k에 대하여 전송된 3개의 비트는

$$\begin{aligned} &x_k \\ &p_k = p_{k-1} \oplus x_k \oplus x_{k-2} \oplus x_{k-4} \\ &q_k = q_{k-1} \oplus x_k^i \oplus x_{k-2}^i \oplus x_{k-4}^i \end{aligned} \tag{10.100}$$

이 된다. 터보 코드에서는 패리티가 순환식에 의하여 결정된다. 즉 k번째 패리티 비트는 입력되는 비트뿐 아니라 $(k-1)$번째 패리티 비트에도 의존한다. 식 (10.100)에서 패리티 비트 p와 패리티 비트 q에 대한 공식은 같다는 것을 알 수 있다. 차이점은 q에 대한 공식이 x_k^i를 사용하는 데 있다. 이는 동일한 정보비트이지만 짜깁기 순으로 나타난다. 짜깁기는 의사랜덤 형태로 비트의 순서를 뒤섞는 것을 말한다.

블록 코드나 컨벌루션 코드 양쪽 다 일반적인 원리는 최소 거리 $d_{\min}$을 최대화하도록

[5] 리드-솔로몬 코드에서는 흔히 (n, k)에서의 n과 k가 코드어의 전체 심벌과 정보 심벌을 나타내며 심벌은 m개의 비트에 해당된다.

패리티 비트를 추가하는 것이다. 그러나 최소 거리를 최대화하는 데는 다음과 같은 제약 조건이 따른다.

1. **코드율**(code rate), 즉 코드어에서의 정보 비트수와 전체 비트수와의 비율이 적당해야 한다. 그래야만 통신 시스템에서 중요한 정보 출력 능력을 가지도록 보장하게 된다.
2. 코드는 실용성 있는 디코딩 기법을 가질 수 있어야 한다. 최소 거리를 크게 하는 코드를 만들기는 비교적 쉽다. 그러나 이에 해당하는 디코딩 기법이 너무 복잡하게 되어 실용적이지 못하게 되는 경우가 허다하다.

디코딩 기법이 실용적이고 최소 거리가 크다고 할지라도 얼마나 신뢰할 수 있는 데이터가 전송되는가라는 제한 조건이 따르게 된다. 이는 섀넌의 채널 용량 이론의 범주에 해당하는 이론적인 한계 내로 국한된다. 섀넌 이론[6]은 **전송률이 채널 용량 이하가 되면 전송 에러가 전혀 없도록 하는 전향 에러 정정 코드가 존재한다는 것이다.** 터보 코드를 발견함에 따라 최근에 이 이론적인 한계에 접근하는 무궁한 발전이 있었다. 터보 코드는 컨벌루션 코드와 블록 코드 양쪽의 특징을 모두 사용하고 있다. 터보 코드를 설계하는 데 $d_{\min}$이 중요하지만 다른 특징들로 인하여 이 코드의 낮은 신호 대 잡음비에서의 성능을 개선할 수 있다.

전향 에러 정정 코드에 대한 신호 공간 해석

10.8절에서

$$\begin{aligned}\mathbf{s} &= \left[\pm\sqrt{E_b}, \pm\sqrt{E_b}, \pm\sqrt{E_b}, \pm\sqrt{E_b}\right] \\ &= \sqrt{E_b}[\pm1, \pm1, \pm1, \pm1]\end{aligned} \tag{10.101}$$

로 표현되는 신호에 대하여 4차원 벡터를 만드는 방법을 검토하였다. 여기에는 성좌에서 $\mathbf{s}$로 정의되는 16개의 점이 존재한다. 에러 정정 코드에 관계된 N차원의 신호 벡터를 구성하는 방법을 생각해 보자.

선형 코드에서 길이 N인 코드어 $\mathbf{c}$가 정보 비트와 패리티 비트로 이루어졌다고 정의한다. 일반적으로 길이 N을 가지는 이진 벡터는 항상 2^N개의 가능한 값이 존재한다. 그러나 코드어에서 정보 비트와 패리티 비트와의 특별한 관계로 인하여 k가 정보 비트의 수이고, $N-k$가 패리티 비트의 수라 할 때, $\mathbf{c}$에 대한 가능한 값의 개수는 2^k밖에 안 된다.

전송하기 위해서는 각 코드어마다 실수의 값을 부여하여야만 한다. 데이터 심벌이 0인지 1인지에 따라서 s_i가 $+\sqrt{E_b}$ 나 $-\sqrt{E_b}$ 의 값을 가지며, $\mathbf{s}=[s_1, s_2, s_3, \ldots, s_N]$이 **실수의 값을 가지는 코드어**라고 가정하자. $\mathbf{s}$를 신호 공간 벡터로 볼 수 있다. 코드어 $\mathbf{c}$와 마찬

[6] 섀넌 이론과 그 의미에 대해서는 Cover and Thomas(1991)를 참조.

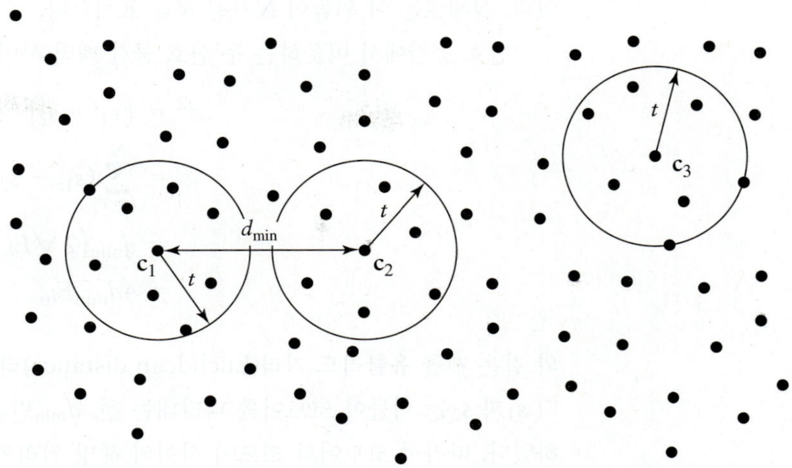

(a)

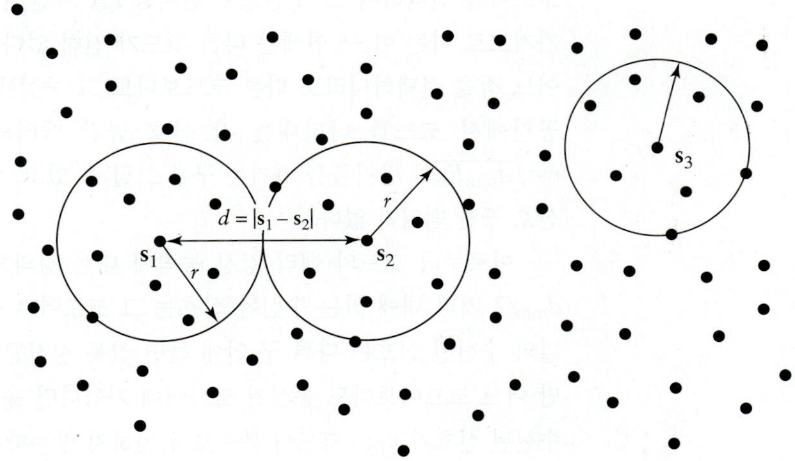

(b)

그림 10.20 (a) $t=\lfloor(d_{min}-1)/2\rfloor$를 가지는 코드어 공간, (b)$d=2\sqrt{d_{min}E_b}$와 $r=\sqrt{d_{min}E_b}$를 가지는 신호 공간에 대한 최소 거리의 예.

가지로, N차원 공간의 신호 공간 벡터에 대하여 단지 2^k개의 가능한 값을 가진다.

이렇게 새로운 신호 공간을 정의함으로써, 그림 10.20에 나와 있는 코딩 이론을 기하학적인 개념으로 설명할 수 있게 된다. 특히 선형 코드에서는 서로 다른 이진 코드어의 개수를 최소 해밍 거리라 정의한다. 기하학적인 면에서 보면, c_1과 c_2가 최소 해밍 거리 d_{min}을 가지는 두 코드어라 할 때, 이것을 그림 10.20(a)에 그린 것처럼 2차원으로 설명할 수 있다. $d_{min}/2$ 이하의 최소 정수를 표시하는 $t=\lfloor(d_{min}-1)/2\rfloor$를 반경으로 하는 원들이 각각의 중심에 위치한 코드어로 정확하게 디코딩될 수 있는 이진 벡터들을 둘러싸고 있다. 실제로는 이 원들이 N차원 구를 표시한다.

신호 공간에서 이웃하는 두 신호 공간 벡터 사이의 기하학적 유클리드 거리의 제곱은

$$\begin{aligned} d^2 &= \|\mathbf{s}_1 - \mathbf{s}_2\|^2 \\ &= \sum_{i=1}^{N} (s_{1i} - s_{2i})^2 \\ &= d_{\min}\left(2\sqrt{E_b}\right)^2 \\ &= 4d_{\min}E_b \end{aligned} \tag{10.102}$$

와 같은 제곱 **유클리드 거리**(Euclidean distance)라 정의된다. 여기서 이웃 신호 공간 벡터 $\mathbf{s}_1$과 $\mathbf{s}_2$는 이들이 코드어를 나타내는 한, $d_{\min}$만큼 떨어져 있어야 한다는 사실을 이용하였다. 따라서 코드어와 코드어 사이의 해밍 거리와 각각에 해당하는 신호 공간 벡터 사이의 기하학적인 거리는 직접적인 연관이 있다. 코드 공간에서 최소 거리를 나타내는 두 코드어를 선택하여 그 주변으로 반지름 t를 가진 구를 그린다. 코드는 최소 거리 $d_{\min}$을 가지므로 이는 이 구 안에는 다른 코드가 전혀 없다는 것을 의미한다. 이 구 내부에 있는 어느 점을 선택하더라도 다른 코드보다도 그 중심에 가장 가깝게 된다. 마찬가지로 신호 공간에서 코드를 나타내는 각 신호 공간 벡터의 주변에 그림 10.20(b)에서처럼 $r=\sqrt{d_{\min}E_b}$의 반지름을 가지는 구를 그릴 수 있고, 이 구 안에는 코드어를 나타내는 다른 신호 공간 벡터가 없다.

이로부터 코드의 에러 정정 능력에 대한 정의를 추론해 낼 수 있다. 송신된 코드의 $d_{\min}/2$ 거리 내에 있는 수신된 신호는 그 코드어로 유일하게 정정될 수 있다. 이 거리 바깥의 수신된 신호는 다른 구 안에 들면 잘못 정정될 수 있고, 구 사이의 간격에 위치하지만 어느 코드어보다도 송신된 코드어에 가깝다면 옳게 정정될 수 있다. 에러 검출 능력은 수신된 신호가 다른 코드어 쪽으로 위치하지 않는다는 것을 의미한다.

(7, 4) 해밍 코드는 7차원의 신호 공간 내에서 2^4개의 코드어(점)를 가지며 임의의 두 코드어 사이의 최소 거리가 3이 되는 코드의 예이다. 마찬가지로 (15, 11) 해밍 코드는 15차원의 공간 내에서 2^{11}개의 코드어(점)를 가지며 최소 거리가 3이 되는 코드의 예이다.

10.10 요약과 토의

이 장에서는 잡음 속에 있는 디지털 변조 신호의 검출을 검토하였다. 비트 에러율(BER)을 디지털 통신 시스템을 비교하는 성능 지수로 정립하는 것으로 시작하였으며, BER이 신호 대 잡음비의 선형 함수가 아니라는 것을 관찰하였다. 그리고 잡음 속에서의 여러 가지 디지털 변조 방식에서의 검출을 다루었고, 다음과 같은 관찰을 할 수가 있었다.

(i) 잡음 속의 단일 펄스 검출에 대하여 분석해 보면, 정합 필터가 최적임을 알 수 있다. 정합 필터의 원리는 뒤따르는 디지털 검출 기법의 주제가 된다. 정합 필터를 사용한 비트 에러율에 대한 성능은 8장에 정의된 Q 함수와 밀접한 관계가 있다.

(ii) 정합 필터의 원리를 펄스 진폭 변조의 검출로 확대시켜 비트 에러율에 대한 성능을 단일 펄스 검출과 유사한 방법으로 결정할 수 있다는 것을 설명하였다.

(iii) BPSK, QPSK, QAM과 같은 대역통과 변조 기법의 동기 검파를 위한 수신기의 구조가 아날로그 신호에서의 동기 검파와 유사함을 밝혔다. 기저대역으로 하향 변환을 한 후 이 변조 기법들에 정합 필터의 원리가 적용되고 해당하는 각 기저대역 시스템과 동일한 BER 성능이 얻어진다.

(iv) QPSK나 QAM과 같은 직교 변조 기법이 변조 신호의 동위상과 직교 성분과의 직교성 때문에 어떻게 이들의 1차원 시스템인 BPSK나 PAM과 같은 성능을 제공하는가를 보았다. 특히 QPSK가 동일한 E_b/N_0에서 BPSK와 동일한 BER을 나타내지만 두 배의 산출 능력을 가진다는 것을 보았다.

(v) BPSK와 같은 안티포달 기법이 온-오프 신호 체계나 FSK와 같은 직교 전송 기법보다 전력 효율이 높다는 것도 설명하였다.

(vi) 전송 비트들을 차분 인코딩 하는 새로운 접근 방법을 사용하여 BPSK를 검출할 수 있는 비동기식 검출 개념도 소개하였다. 약간의 BER 성능을 희생하면서 이러한 간단한 검출 기법을 얻을 수 있다.

7장에서 다루었던 신호 공간 개념은 잡음이 있는 여러 가지 동기 디지털 통신 변조 방식에 대한 상대적인 성능을 기하학적으로 해석할 수 있게 해 준다. 결과적으로 위에서 다룬 디지털 변조 기법과 조합되어 동일한 비트 에러율에 대한 성능을 나타내면서도 전력을 감소시킬 수 있는 전향 에러 정정 코딩 방법을 간단하게 소개하면서 이 장을 마쳤다. 그러나 디지털 통신 시스템을 설계하는 데 사용되는 전향 에러 정정 코딩 기법은 전력과 대역폭 사이에서 상호 조정이 필요하게 된다.

ADDITIONAL PROBLEMS

10.11 A communications system that transmits single isolated pulses is subject to multipath such that, if the transmitted pulse is $p(t)$ of lenght T, the received signal is

$$s(t) = p(t) + \alpha p(t - \tau)$$

Assuming that α and τ are known, determine the optimum receiver filter for signal in the presence of white Gaussian noise of power spectral density $N_0/2$. What is the post-detection SNR at the output of this filter?

10.12 The impulse response corresponding to a root-raised cosine spectrum, normalized to satisfy Eq. (10.10), is given by

$$g(t) = \left(\frac{4\alpha}{\pi}\right) \frac{\cos\left[\dfrac{(1+\alpha)\pi t}{T}\right] + \dfrac{T}{4\alpha t}\sin\left[\dfrac{(1-\alpha)\pi t}{T}\right]}{1 - \left(\dfrac{4\alpha t}{T}\right)^2}$$

where $T = 1/(2B_0)$ is the symbol period and α is the roll-off factor. Obtain a discrete-time representation of this impulse response by sampling it at $t = 0.1nT$ for integer n such that $-3T < t < 3T$. Numerically approximate matched filtering (e.g. with MatLab) by performing the discrete-time convolution

$$q_k = 0.1 \sum_{n=-60}^{60} g_n g_{k-n}$$

where $g_n = g(0.1nT)$. What is the value of $q_k = q(0.1kT)$ for $k = \pm 20, \pm 10$, and 0?

10.13 Determine the discrete-time autocorrelation function of the noise sequence $\{N_k\}$ defined by Eq. (10.34)

$$N_k = \int_{-\infty}^{\infty} p(kT - t)w(t)dt$$

where $w(t)$ is a white Gaussian noise process and the pulse $p(t)$ corresponds to a root-raised cosine spectrum. How are the noise samples corresponding to adjacent bit intervals related?

10.14 Draw the Gray-encoded constellation (signal-space diagram) for 16-QAM and for 64-QAM. Can you suggest a constellation for 32-QAM?

10.15 Write the defining equation for a QAM-modulated signal. Based on the discussion of QPSK and multi-level PAM, draw the block diagram for a coherent QAM receiver.

10.16 Show that the if T is a multiple of the period of f_c, then the terms $\sin(2\pi f_c t)$ and $\cos(2\pi f_c t)$ are orthogonal over the interval $[t_0, T + t_0]$.

10.17 For a rectangular pulse shape, by how much does the null-to-null transmission bandwidth increase, if the transmission rate is increased by a factor of three?

10.18 Under the bandpass assumptions, determine the conditions under which the two signals $\cos(2\pi f_0 t)$ and $\cos(2\pi f_1 t)$ are orthogonal over the interval from 0 to T.

10.19 Encode the sequence 1101 with a Hamming (7, 4) block code.

10.20 The Hamming (7, 4) encoded sequence 1001000 was received. If the number of transmission errors is less than two, what was the transmitted sequence?

10.21 A Hamming (15, 11) block code is applied to a BPSK transmission scheme. Compare the block error rate performance of the uncoded and coded systems. Explain how this would differ if the modulation strategy was QPSK.

ADVANCED PROBLEMS

10.22 Show that the choice $\gamma = \mu/2$ minimizes the probability of error given by Eq. (10.26). *Hint:* The Q-function is continuously differentiable.

10.23 For M-ary PAM,

(**a**) Show that the formula for probability of error, namely,

$$P_e = 2\left(\frac{M-1}{M}\right)Q\left(\frac{A}{\sigma}\right)$$

holds for $M = 2$, 3, and 4. By mathematical induction, show that it holds for all M.

(**b**) Show the formula for average power, namely,

$$P = \frac{(M^2 - 1)A^2}{3}$$

holds for $M = 2$, and 3. Show it holds for all M.

10.24 Consider binary FSK transmission where $(f_1 - f_2)T$ is not an integer.

(a) What is the mean output of the upper correlator of Fig. 10.12, if a 1 is transmitted? What is the mean output of the lower correlator?

(b) Are the random variables N_1 and N_2 independent under these conditions? What is the variance of $N_1 - N_2$?

(c) Describe the properties of the random variable D of Fig. 10.12 in this case.

10.25 Show that the noise variance of the in-phase component $n_I(t)$ of the band-pass noise is the same as the band-pass noise $n(t)$ variance; that is, for a band-pass noise of bandwidth B_N, we have

$$\mathbf{E}[n_I^2(t)] = N_0 B_N$$

10.26 In this problem, we investigate the effects when transmit and receive filters do not combine to form an ISI-free pulse shape. To be specific, data are transmitted at baseband using binary PAM with an exponential pulse shape $g(t) = \exp(t/T)u(t)$ where T is the symbol period (see Example 2.2). The receiver detects the data using an integrate-and-dump detector.

(a) With data symbols represented as ± 1, what is magnitude of the signal component at the output of the detector?

(b) What is the worst case magnitude of the intersymbol interference at the output of the detector. (Assume the data stream has infinite length.) Using the value obtained in part (a) as a reference, by what percentage is the eye opening reduced by this interference.

(c) What is the rms magnitude of the intersymbol interference at the output of the detector? If this interference is treated as equivalent to noise, what is the equivalent signal-to-noise ratio at the output of the detector? Comment on how this would affect bit error rate performance of this system when there is also receiver noise present.

10.27 A BPSK signal is applied to a matched-filter receiver that lacks perfect phase synchronization with the transmitter. Specifically, it is supplied with a local carrier whose phase differs from that of the carrier used in the transmitter by ϕ radians.

(a) Determine the effect of the phase error ϕ on the average probability of error of this receiver.

(b) As a check on the formula derived in part (a), show that when the phase error is zero the formula reduces to the same form as in Eq. (10.44).

10.28 A binary FSK system transmits data at the rate of 2.5 times megabits per second. During the course of transmission, white Gaussian noise of zero mean and power spectral density 10^{-20} watts per hertz is added to the signal. In the absence of noise, the amplitude of the received signal is 1 μV across 50 ohm impedance. Determine the average probability of error assuming coherent detection of the binary FSK signal.

10.29 One of the simplest forms of forward error correction code is the repetition code. With an N-repetition code, the same bit is sent N times, and the decoder decides in favor of the bit that is detected on the majority of trials (assuming N is odd). For a BPSK transmission scheme, determine the BER performance of a 3-repetition code.

Computer Experiments

10.30 In this experiment, we simulate the performance of bipolar signaling in additive white Gaussian noise. The MATLAB script included in Appendix 7 for this experiment does the following:

- It generates a random sequence with rectangular pulse shaping.
- It adds Gaussian noise.
- It detects the data with a simulated integrate-and-dump detector.

With this MATLAB script:

(a) Compute the spectrum of the transmitted signal and compare to the theoretical.
(b) Explain the computation of the noise variance given an E_b/N_0 ratio.
(c) Confirm the theoretically predicted bit error rate for E_b/N_0 from 0 to 10 dB.

10.31 In this experiment, we simulate the performance of bipolar signaling in additive white Gaussian noise but with root-raised-cosine pulse shaping. A MATLAB script is included in Appendix 7 for doing this simulation. Hence, do the following:
(a) Compute the spectrum of the transmitted signal and compare to the theoretical. Also compare to the transmit spectrum with rectangular pulse shaping.
(b) Plot the eye diagram of the received signal under no noise conditions. Explain the relationship of the eye opening to the bit error rate performance.
(c) Confirm the theoretically predicted bit error rate for E_b/N_0 from 0 to 10 dB.

10.32 In this experiment, we simulate the effect of various mismatches in the communication system and their effects on performance. In particular, modify the MATLAB scripts of the two preceding problems to do the following:
(a) Simulate the performance of a system using rectangular pulse-shaping at the transmitter and raised cosine pulse shaping at the receiver. Comment on the performance degradation.
(b) In the case of matched root-raised cosine filtering, include a complex phase rotation $\exp(j\theta)$ in the channel. Plot the resulting eye diagram for θ being the equivalent of 5°, 10°, 20°, and 45°. compare to the case of $\theta = 0°$. Do likewise for the BER performance. What modification to the theoretical BER formula would accurately model this behavior?

11장

시스템과 잡음 계산

어쩔 수 없이 존재할 수밖에 없는 잡음으로 인하여 통신 시스템을 통과하는 신호가 신뢰성 있게 전송되지 못하게 된다. 앞의 장에서는 잡음을 백색의 가우스 가산 잡음으로 모델링하였다. 이 모델은 수학적으로 추론할 수 있고, 잡음 속에 있는 아날로그나 디지털 통신 성능에 대한 수많은 분석적 결과를 얻을 수 있게 한다. 앞의 장에서 백색 가우스 모델은 현실적으로도 합리적인 모델이라는 주장을 하였다. 이제 여기서는 잡음원에 대하여 그리고 잡음이 왜 일어나는지에 대하여 심도 있게 다룬다. 잡음원은 시스템의 외부(즉 대기 잡음, 은하계의 잡음, 인공 잡음)나 시스템의 내부에 존재한다. 두 번째 범주는 전자 회로에서 전류나 전압의 임의적인 변동에 기인하는 중요한 형태의 잡음을 포함한다. 이런 종류의 잡음은 모든 통신 시스템에서 여러 가지 방법으로 존재하고 신호의 전송이나 검출에 기본적인 제약이 된다.

이 장에서는 전자 회로에서의 물리적인 잡음원을 간단히 서술하고 통신 시스템에서의 잡음 측정을 위한 정량적인 모델과 잡음을 예측하는 방법을 전개한다. 그리고 나서 수신 전력 레벨에 대한 파급 효과를 다룬다. 특히 무선파의 자유 공간으로의 전파(propagation)와 지상 모바일 환경에서의 무선파의 전파를 다룬다. 수신된 신호 레벨과 시스템 잡음 레벨이 결합되면 신호 대 잡음비를 구할 수 있게 되고, 이는 통신 채널로의 전송 품질에 대한 기본적인 성능 지수를 나타낸다.

이 장에서 배울 내용은 다음과 같다.

- **레슨 1: 통신 시스템에서의 잡음은 여러 가지의 잡음원을 가지나, 흔히 통신 장치 자체가 잡음원이 된다. 열잡음과 산탄 잡음이 전자 회로에서 발생하는 백색 잡음 과정에 대한 예이다.**
- **레슨 2: 자유 공간 환경에서는 수신 신호 강도가 전송 거리의 제곱에 비례하여 감쇠된다. 그러나 송신기와 수신기 양쪽에서 지향성 안테나를 사용함으로써 신호 강도를 개선할 수있다.**
- **레슨 3: 지상의 환경에서는 무선 통신이 여러 갈래의 통신로를 통하여 일어날 수 있다. 일반적으로 서로 다른 통신**

로에 의하여 간섭이 더 조장되거나 억제되는 소위 다경로 현상이 일어나므로 자유 공간 모델에서 예측할 수 있는 것보다 더 큰 전파 손실을 발생시킬 수 있다. 이에 부가하여, 송신이나 수신 단말기의 움직임으로 인하여 수신 신호의 강도가 더욱 크게 변한다.

11.1 전기적인 잡음

전자 회로에서 잡음은 다양한 물리적 현상으로부터 발생한다.[1] 도체 안에서의 전자들의 랜덤한 움직임에 의해 열잡음이 발생하며, 전자 장치에서의 랜덤하게 변화하는 전류에 의하여 산탄 잡음이 발생된다. 이 두 가지 잡음은 전자 회로에서 접하게 되는 임의로 변화하는 잡음의 가장 흔한 예이다.

열잡음과 산탄 잡음 외에, 트랜지스터는 **플리커 잡음**(flicker noise)이라 부르는 저주파 잡음 현상을 보인다. 플리커 잡음의 평균 제곱값은 주파수에 반비례한다. 그러므로 '$1/f$ 잡음이라 한다. 반도체 소자에서 접할 수 있는 또 다른 잡음으로 버스트 잡음(burst noise)이 있다. 이 잡음의 평균 제곱값은 $1/f^2$로 감쇠된다.

플리커 잡음과 버스트 잡음은 저주파에서 훼손 효과가 있기 때문에, 모두 백색이 아니다. 일반적으로 수 kHz 이상에서는 무시할 수 있다. 한편 열잡음과 산탄 잡음은 실질적인 목적에서는 모두 백색이다. 이들의 통신 시스템 운용상에서의 훼손 영향은 관심을 가지고 있는 전체 주파수 대역에 걸쳐서 나타난다. 열잡음이나 산탄 잡음에 대하여 차례로 간단하게 설명한다.

열잡음

열잡음은 도체 매질에서 열에 의해 유도된 전자의 운동에 의하여 여러 지점에서 수시로 발생하는 잡음원을 가진다. 도체에는 수많은 '자유' 전자가 있고, 같은 수의 이온들이 강한 분자력에 의해 묶여 있다. 이 이온들은 자신들의 정상적인 위치에서 랜덤하게 진동하고 있다. 자유 전자들은 진동하는 이 이온들과 연속적으로 충돌하기 때문에 랜덤한 방향을 따라 움직여 간다. 랜덤한 움직임에 대한 순수 효과는 역시 랜덤한 전류로 나타난다. 그러므로 전류에 대한 평균값은 0이다. 왜냐하면 평균적으로 어떤 방향으로 향하는 전자만큼 다른 방향으로도 향하기 때문이다.

열잡음에 대하여 철저한 분석을 하려면 이 범위를 뛰어넘는 열역학이나 양자역학을 다루어야 한다. 이 책에 소개된 논의를 위해서는

$$S_{TN}(f) = \frac{2h|f|}{\exp(h|f|/kT) - 1} \tag{11.1}$$

[1] 전기적 잡음에 대한 상세한 내용은 Bell(1985), Van Der Ziel(1970), Robinson(1974)을 참조.

로 주어진 저항에서의 열잡음에 의해 생성된 전력 스펙트럼 밀도만으로 충분하다.[2] 여기서 T는 켈빈(Kelvin)으로 나타내는 **절대 온도**(absolute temperature)이고, k는 **볼츠만 상수**(Boltzmann's constant), h는 플랑크 상수이다. 전력 스펙트럼 밀도 $S_{TN}(f)$는 헤르츠(Hz)당 와트(W)로 측정한다. '낮은' 주파수에 대해서는

$$f \ll \frac{kT}{h} \tag{11.2}$$

로 주어지고

$$\exp\left(\frac{h|f|}{kT}\right) \approx 1 + \frac{h|f|}{kT} \tag{11.3}$$

와 같은 개략식을 사용할 수 있다. 이 개략식을 식 (11.1)에 대입하면 열잡음의 전력 스펙트럼 밀도에 대한 다음과 같은 개략식을 얻을 수 있다.

$$S_{TN}(f) \approx 2kT \tag{11.4}$$

볼츠만 상수 $k=1.38\times10^{-23}$ W/Hz/°K와 플랑크 상수 $h=6.63\times10^{-34}$ W-(sec)^{2}을 대입하면 공칭 온도 $T=T_0=290$ K(17°C)를 얻게 되고

$$\frac{kT}{h} = 6 \times 10^{12} \text{ Hz} \tag{11.5}$$

가 된다. 이 상한 주파수는 일반적인 전자 통신 시스템에서 대면하게 되는 주파수를 훨씬 뛰어넘는 적외선 영역인 전자파 스펙트럼의 영역에 있게 된다. 그러므로 현실적인 목적으로서의 식 (11.4)가 정당화될 수 있다.

R옴의 저항이 주어졌을 때, 식 (11.4)로부터 저항 양단에서 측정한 열잡음 전압에 대한 평균 제곱값은

$$\begin{aligned} \mathbf{E}[V_{TN}^2] &= 2RB_N S_{TN}(f) \\ &= 4kTRB_N \text{ volts}^2 \end{aligned} \tag{11.6}$$

이 되고, B_N은 잡음 전압이 측정된 (Hz 단위의) 대역폭이다. 식 (11.6)의 첫째 줄에 있는 제곱은 스펙트럼 밀도가 양과 음의 값을 모두 가지기 때문에 필요하다. 따라서 잡음이 있는 저항을 그림 11.1(a)와 같이 무잡음 저항과 직렬로 연결된 $\mathbf{E}[V_{TN}^2]$의 평균 제곱값을 가지는 잡음 전압 발전기로 이루어진 **테브냉 등가 회로**(Thévenin equivalent circuit)로 모델링할 수 있다. 이와 달리, 그림 11.1(b)와 같이 무잡음 컨덕턴스 $G=1/R$와 병렬로

[2] 식 (11.1)의 유도와 관계된 물리적 내용과 역사적인 설명은 Bell(1985)을 참조.

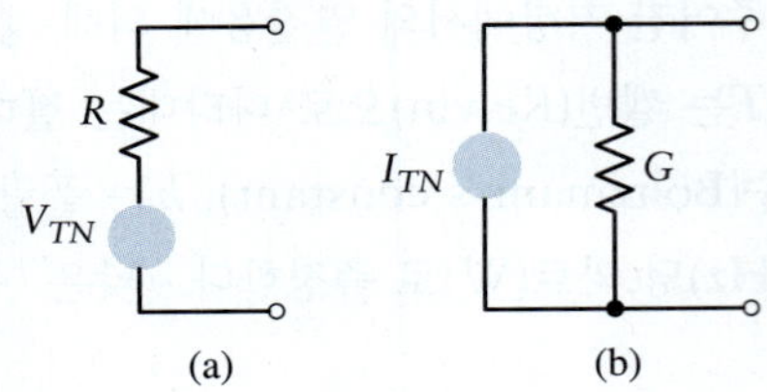

그림 11.1 잡음이 있는 저항 모델: (a) 테브냉 등가 회로, (b) 노턴 등가 회로.

이루어진 잡음 전류 발전기의 **노턴 등가 회로**(Norton equivalent circuit)를 사용할 수도 있다. 잡음 전류 발전기의 평균 제곱값은

$$\begin{aligned} \mathrm{E}[I_{TN}^2] &= \frac{1}{R^2}\mathrm{E}[V_{TN}^2] \\ &= 4kTGB_N \text{ amps}^2 \end{aligned} \tag{11.7}$$

이 된다. 저항 내의 전자의 수는 대단히 많고 저항 내의 전자의 랜덤한 움직임이 서로 통계적으로 독립이기 때문에 중심 극한 정리에 의해 열잡음은 가우스 분포를 이룬다. 따라서, 전자 통신 시스템에서 대면하게 되는 주파수 대역에서는 열잡음을 영평균의 **백색 가우스 잡음**이라 볼 수 있다.

예제 11.1 AM 라디오에서의 잡음 전압

라디오의 프런트엔드 필터는 535 kHz에서 1605 kHz까지의 AM 방송 대역을 통과시킨다. 라디오 입력은 300옴의 유효 저항을 가진다. 이 저항으로 인하여 관찰할 수 있는 실효 잡음 전압은 얼마인가?

식 (11.6)에서 실온에서의 평균 제곱 열잡음은

$$\begin{aligned} \mathrm{E}[V_{TN}^2] &= 4kTRB_N \\ &= 4 \times (1.38 \times 10^{-23}) \times 290 \times 300 \times (1070 \times 10^3) \\ &= 5.14 \times 10^{-12} \text{ volts}^2 \end{aligned}$$

이다. 그러므로 실효 열잡음 전압은 2.3 μV이다.

가용 잡음 전력

잡음의 계산 과정에는 잡음원으로부터 부하로 전달되는 전력을 계산하는 과정이 포함되므로 **최대 전력 전송 이론**(maximum-power transfer theorem)을 사용할 수가 있다. 이 이론에 따르면 내부 저항 R을 가지는 소스로부터 저항 R_l을 가지는 부하로의 최대 가용

전력의 전송은 $R_l = R$일 때 이루어진다. 이러한 정합 조건하에서 소스로부터 생성된 전력은 소스의 내부 저항과 부하 저항 사이에서 똑같이 나누어진다. 부하로 전달된 전력을 **가용 전력**(available power)이라고 부른다. 그림 11.1(a)의 테브냉 등가 회로나 그림 11.1(b)의 노턴 등가 회로에 최대 전력 전송 이론을 적용하면 잡음이 있는 저항은 kTB_N W의 **가용 전력**을 생성함을 쉽게 알 수 있다.

예제 11.2 잡음 전력

10킬로옴 저항이 0~10 MHz의 대역에서 생성해 내는 가용 잡음 전력은 얼마인가?

실온에서의 가용 잡음 전력은

$$\begin{aligned} P_N &= kTB_N \\ &= (1.38 \times 10^{-23}) \times 290 \times 10^7 \\ &= 4.0 \times 10^{-14} \text{ watts} \end{aligned}$$

이다. 이 전력에 대한 실효 전압은 10킬로옴의 정합된 부하에 대하여

$$\begin{aligned} V_{\text{rms}} &= \sqrt{P_N R} \\ &= 20.0 \text{ microvolts} \end{aligned}$$

를 생성한다.

▶ **연습문제 11.1** 실온에서 10메가옴 양단의 1 GHz 대역폭에서 측정한 실효 전압은 얼마인가? 가용 잡음 전력은 얼마인가? ◀

산탄 잡음

산탄 잡음은 소자에 흐르는 전류의 이산적인 성질에 기인하여 전자 소자에서 발생한다. 이 과정에서 진공관에서는 캐소드에서 플레이트 방향으로 흐르는 전자의 형태로, 반도체 소자에서는 정공과 전자의 흐름의 형태로, 포토다이오드에서는 방출된 광전자들의 형태로 나타나는 평균 전류가 있다고 가정한다. 비록 단위 시간당 소자를 가로질러 움직이는 입자의 평균 개수가 일정하다고 가정은 하지만, 소자를 흐르는 전류의 과정에서는 평균값을 중심으로 가변되는 것으로 나타난다. 이 변화는 소자와 소자 사이에서 서로 다른 양상으로 나타난다. 진공관 소자일 경우, 이 변동은 캐소드에서의 전자 방출이 랜덤하기 때문에 나타난다. 반도체 소자에서는 전자의 랜덤한 확산이나 전자와 정공의 랜덤한 재결합에 기인한다. 포토다이오드에서는 광전자들의 랜덤한 방출에 의한다. 이 모든 소자들에서, 소자들을 통하여 흐르는 전류를 통제하는 물리적인 메커니즘 때문에 평균값을 중심으로 발생하는 통계적인 변동이 있게 된다. 산탄 잡음은 이러한 변동에 의해 생성되므로 전류

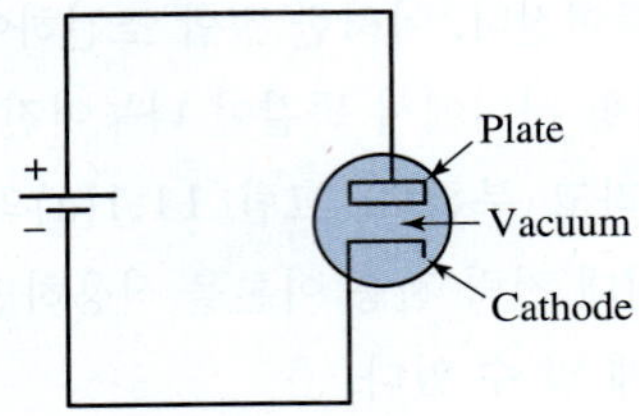

그림 11.2 온도가 제한된 진공관 다이오드.

의 평균값에 따라 달라진다.

예를 들어 그림 11.2에 있는 온도가 제한된 진공관 다이오드를 고려하자. 이 다이오드는 진공으로 둘러싸인 두 전극으로 이루어져 있다. 캐소드는 가열되어 전자를 방출하며, 양극, 즉 플레이트는 캐소드에 대해 양의 전위를 유지함으로써 전자들을 모은다. 캐소드와 플레이트 간의 전위차가 충분하여 가열된 캐소드로부터 열음극의 상태에서 방출된 전자들이 공간 전하 효과가 무시될 정도의 높은 속도로 플레이트로 이끌린다고 가정한다. 플레이트 전류는 캐소드로부터 방출된 전자와 같은 비율로 결정된다. 캐소드에서 플레이트로 향하는 한 개의 전자에 의해 펄스가 생성되어 연속적인 전류 펄스의 합으로 플레이트 전류를 이룬다면 전류에 의하여 랜덤하게 변동하는 성분의 평균 제곱값은

$$\mathbf{E}[I_{\text{shot}}^2] = 2qIB_N \text{ amps}^2 \tag{11.8}$$

로 주어지며, q는 1.60×10^{-19}쿨롱에 해당하는 전하이고 I는 암페어 단위의 전류, B_N은 Hz단위의 측정기의 대역폭이 된다. 식 (11.8)은 **쇼트키 공식**(Schottky formula)이라 부른다. 전자가 캐소드로부터 플레이트까지 이동하는 시간은 10^{-9}초 단위이다. 동작 주파수가 이동 시간의 역수와 비교하여 작아지기 때문에 이동 시간에 의한 영향을 무시할 수 있는 경우에 쇼트키 공식이 유효하다.

산탄 잡음의 또 다른 중요한 특징의 하나는 영평균을 가진 가우스 분포인 점이다. 이 특징은 산탄 잡음 전류에 기여하는 전자의 수가 무척 많고, 캐소드로부터의 랜덤한 방출이, 실용적인 목적에서, 서로 통계적으로 독립성을 가진다는 사실에 기인한다. 그러므로 중심 극한 정리에 의해 산탄 잡음이 가우스 분포를 가진다고 예측할 수 있다.

쇼트키 공식도 반도체 접합 다이오드에 대하여 유효하다. 이 경우 전류의 평균값은 **다이오드 방정식**(diode equation)

$$I = I_s \exp\left(\frac{qV}{kT}\right) - I_s \tag{11.9}$$

로 주어진다. 여기서 V는 다이오드 양단에 인가된 전압이고, I_s는 포화 전류, 다른 상수들은 앞에서 정의된 상수들이다. 전류 I에서의 두 성분은

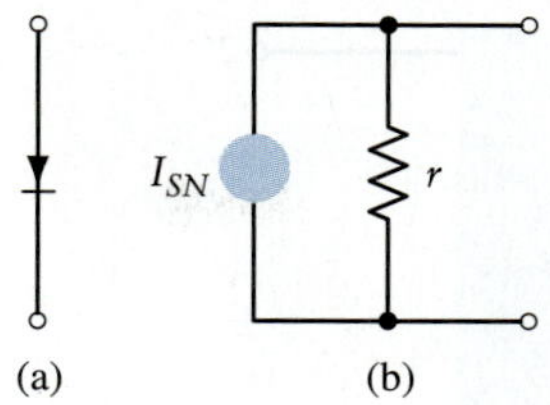

그림 11.3 (a) 접합 다이오드. (b) 산탄 잡음 모델.

$$
\begin{aligned}
\mathrm{E}[I_{\text{shot}}^2] &= 2qI_s \exp\left(\frac{qV}{kT}\right)B_N + 2qI_sB_N \\
&= 2q(I + 2I_s)B_N
\end{aligned}
\tag{11.10}
$$

과 같이 통계적으로 독립된 자체의 산탄 잡음에 기여하는 성분을 만들어 낸다. 그림 11.3은 접합 다이오드의 산탄 잡음 모델을 나타낸다.[3] 이 모델에는

$$r = \frac{\delta V}{\delta I} = \frac{kT}{q(I + I_s)}$$

으로 정의되는 다이오드의 동적 저항이 포함되어 있다. 그러나 일반적인 다이오드와는 다르게, 동적 저항 r은 전력 소모를 내포하고 있지 않으므로 잡음이 없다는 것에 주목하자.

바이폴라 접합 다이오드에서 산탄 잡음은 이미터와 컬렉터 양쪽 모두에서 발생한다. 반면에 접합 FET에서는 절연된 게이트 구조를 사용하고 있으므로 접합에서의 산탄 잡음을 회피할 수 있다. 그럼에도 불구하고 게이트 전류의 흐름에 의한 산탄 잡음이 발생한다. 물론 양쪽 소자 모두 내부 오믹 저항으로부터 열잡음이 발생한다. 바이폴라 트랜지스터에서는 **베이스 저항**에서, FET에서는 **채널 저항**에서 발생한다.

▶ **연습문제 11.2** 전압차 0.7 V, 평균 전류 0.1 mA인 접합 다이오드에서의 산탄 잡음에 기인한 1 MHz 대역에서의 가용 잡음 전력은 얼마인가? 그림 11.3(b)의 노턴 등가회로의 저항이 250옴을 가지는 전류원이라고 가정하라. ◀

11.2 잡음 지수

선형 2단자 소자의 잡음 성능을 측정하는 편한 방법으로 소위 **잡음 지수**(noise figure)라는 것이 있다. 그림 11.4와 같이 내부 임피던스 $Z(f)=R(f)+jX(f)$를 가지는 신호원에 연결된 선형 2단자 소자를 고려하자. 잡음 전압 $w(t)$는 전압원의 내부 저항 $R(f)$와 관련된

[3] 반도체 소자와 트랜지스터의 자세한 잡음 모델은 Robinson(1974), pp. 93~116을 참조.

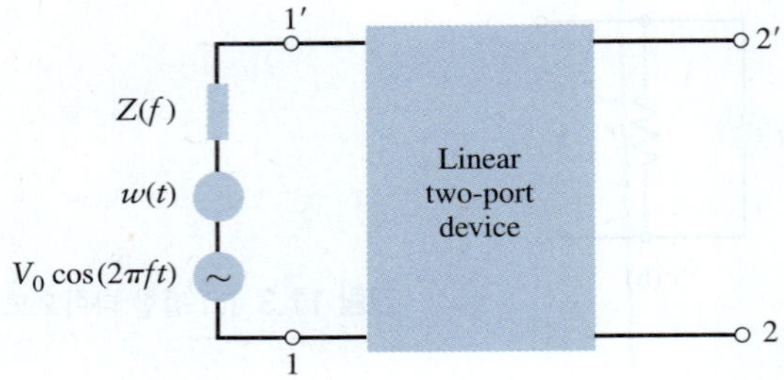

그림 11.4 선형 2단자 소자.

열잡음을 나타낸다. 2단자 소자에서의 출력 잡음은 신호원에 의한 것과 소자 자체에 의한 두 가지 기여 성분으로 이루어져 있다. f에 중심을 둔 대역폭 Δf 내의 가용 출력 잡음 전력은 소자 출력에서 얻어지는 이 대역 내의 최대 평균 잡음 전력으로 정의한다. 2단자 소자가 외부 부하로 전달할 수 있는 최대 잡음 전력은 부하 임피던스가 소자 출력 임피던스의 복소 공액을 이룰 때, 즉 저항이 정합을 이루고 리액턴스가 동일하게 될 때이다. **2단자 소자에서의 잡음 지수는 단위 대역폭당 전체 가용 출력 잡음 전력(소자와 전압원에 기인하는) 대 전압원에 기인하는 출력 전력의 비로 정의된다.**

소자 출력에서의 전체 가용 잡음 전력에 대한 스펙트럼 밀도를 $S_{NO}(f)$라 하고, 소자 입력에서의 전압원에 기인하는 가용 잡음 전력에 대한 스펙트럼 밀도를 $S_{NS}(f)$라 하자. 그리고 소자 출력에서의 가용 신호 전력 대 주파수 f를 가지는 정현파 신호원의 가용 신호 전력의 비를 2단자 소자의 가용 전력 이득으로 정의하는 $G(f)$로 나타낸다. 그러면 소자의 잡음 지수 F를

$$F(f) = \frac{S_{NO}(f)}{G(f)S_{NS}(f)} \tag{11.11}$$

로 표현할 수 있다.

소자가 잡음이 없다고 한다면 $S_{NO}(f)=G(f)S_{NS}(f)$이 되고, 잡음 지수가 1이 될 것이다. 그러나 물리적인 소자에서는 $S_{NO}(f)$가 $G(f)S_{NS}(f)$보다 커서 잡음 지수는 항상 1보다 커진다. 흔히 잡음 지수는 dB로, 즉 $10 \log_{10}(F)$로 표현된다.

식 (11.11)의 잡음 지수 F는 동작 주파수 f의 함수이다. 그러므로 이 잡음 지수를 **스폿 잡음 지수**(spot noise figure)라 부른다. 이에 대하여, 2단자 소자의 **평균 잡음 지수**(average noise figure) F_0는 소자 출력에서의 전체 잡음 전력 대 신호원 자체만으로 기인한 출력 잡음 전력과의 비로 정의할 수 있다. 즉

$$F_0 = \frac{\int_{-\infty}^{\infty} S_{NO}(f)\,df}{\int_{-\infty}^{\infty} G(f)S_{NS}(f)\,df} \tag{11.12}$$

이다. 입력 회로의 열잡음이 상수 저항 $R(f)$를 가지고, 고정된 대역에서는 소자가 상수 이득을, 그 외에서는 0의 이득을 가지는 경우에는 스폿 잡음 지수 F와 평균 잡음 지수 F_0가 같게 된다는 것이 명확해진다.

예제 11.3 잡음 지수 계산

이득이 10 dB이고, 8 dB의 상수 잡음 지수를 가지는 2단자망의 입력이 T_0를 공칭 온도라 할 때 $S_{NS}(f)=kT_0$와 같은 전력 스펙트럼 밀도를 만들어 내는 저항에 연결되어 있다. 2단자망 출력에서의 잡음 스펙트럼 밀도는 얼마인가?

임의의 주파수 f에 적용된 식 (11.11)에서 출력 잡음 스펙트럼 밀도는

$$S_{NO}(f) = F(f)G(f)S_{NS}(f)$$

이다. dB로 표현하면

$$\begin{aligned} S_{NO} &= F_{dB} + G_{dB} + (kT_0)_{dBm/Hz} \\ &= 10 + 8 + (-174) \\ &= -156 \text{ dBm/Hz} \end{aligned}$$

이고, $kT_0=1.38\times10^{-23}\times290$ W/Hz ≈ -174 dBm/Hz를 사용하였다.

11.3 등가 잡음 온도

잡음 지수 F를 저잡음 소자와 비교하는 데 사용할 경우, 값이 모두 1에 가까워지므로 비교가 어려워진다는 것이 단점이다. 이러한 경우에는 **등가 잡음 온도**(equivalent noise temperature)를 사용하는 것이 더 바람직하다. 그림 11.5와 같이 입력 저항이 잡음원의 내부 저항에 정합된 선형 2단자 소자를 고려하자. 이 그림에는 잡음원의 내부 저항 R_s와 관련된 잡음 전압 발전기도 포함되어 있다. 식 (11.6)에서 이 잡음 전압의 평균 제곱값은 $4kTR_sB_N$이며 여기서 k는 볼츠만 상수이다. 그러므로 소자 입력에서의 가용 잡음 전력은

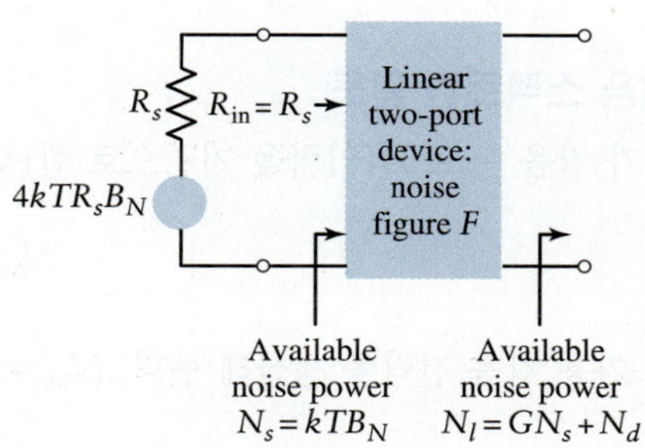

그림 11.5 입력에 연결된 잡음원의 내부 저항에 정합된 선형 2단자 소자.

$$N_s = kTB_N \tag{11.13}$$

이다. N_d가 2단자 소자에 의해 전체 가용 출력 잡음 전력 N_l에 기여하는 잡음 전력을 나타낸다고 한다. N_d를

$$N_d = GkT_eB_N \tag{11.14}$$

르 정의한다. G는 소자의 가용 전력 이득이고 T_e는 소자의 등가 잡음 온도를 나타낸다. 그러면 전체 출력 잡음 전력은

$$\begin{aligned} N_l &= GN_s + N_d \\ &= Gk(T + T_e)B_N \end{aligned} \tag{11.15}$$

가 된다. 그러므로 소자의 잡음 지수는

$$F = \frac{N_l}{GN_s} = \frac{T + T_e}{T} \tag{11.16}$$

이다. 식 (11.16)을 등가 잡음 온도에 대하여 풀면

$$T_e = T(F - 1) \tag{11.17}$$

을 얻을 수 있다. 여기서 잡음 지수는 정합된 입력 조건에서 측정하였고, 잡음원은 온도 T로 두었다. 식 (11.17)은 2단자망의 잡음 지수와 등가 잡음 온도와의 관계를 제공한다.

▶ **연습문제 11.3** 전자 소자의 잡음 지수가 10 dB이다. 등가 잡음 온도는 얼마인가? ◀

▶ **연습문제 11.4** 문제 11.3의 소자가 17 dB의 이득을 가지고 스펙트럼 분석기에 연결이 되어 있다. 이 소자의 입력이 등가 온도 290 K를 가지고 스펙트럼 분석기는 잡음이 없다고 가정할 때, 측정된 전력 스펙트럼 밀도를 dBm/Hz로 표현하라. 만약 스펙트럼 분석기가 25 dB의 잡음 지수를 가지면, 이 경우 측정된 전력 스펙트럼 밀도는 얼마인가? ◀

잡음 스펙트럼 밀도

등가 잡음 온도 T_e(입력을 기준으로 한)를 가지는 2단자망이

$$N_{av} = kT_eB_N \tag{11.18}$$

의 가용 잡음 전력을 생산해 낸다. $N_{av}=N_0B_N$임을 감안하면, 잡음은 영평균이며

$$N_0 = kT_e \tag{11.19}$$

일 때, $N_0/2$의 전력 스펙트럼 밀도를 가지는 가산 백색 가우스 잡음으로 모델링된다. 이렇게 모델링된 잡음의 전력 스펙트럼 밀도는 단지 볼츠만 상수와 등가 잡음 온도 T_e에만 의존한다. 종합 회로망의 등가 잡음 온도를 유용한 개념이 되게 만드는 것은 이 모델이 가지는 단순함이다.

11.4 2단자망의 종속 접속

각 단의 잡음 지수가 알려져 있을 때 2단자망을 종속으로 접속할 경우의 잡음 지수를 계산할 필요가 흔히 있다. 그림 11.6의 잡음 지수가 각각 F_1과 F_2이고 전력 이득이 G_1과 G_2인 한 쌍의 2단자망이 종속으로 접속된 회로를 고려하자. 소자들끼리는 정합이 되어 있고 입력 잡음 전력을 N_1, 두 번째 회로망의 잡음 지수를 F_2로 정의한다고 가정한다.

첫 번째 회로망의 입력에서 잡음원에 의한 잡음 전력이 N_1이고 회로망 자체에 의해 발생된 등가 잡음 전력 $(F_1-1)N_1$이 여기에 더해진다. 그러므로 첫 번째 회로망으로부터 출력되는 잡음 전력은 $F_1N_1G_1$이 된다. 두 번째 회로의 입력에서 이 잡음 전력과 더해져서 두 번째 회로망 자체의 등가의 추가 잡음 $(F_2-1)N_1$을 가지게 된다. 그러므로 이 두 번째 회로망의 출력 잡음 전력은 $F_1G_1N_1G_2+(F_2-1)N_1G_2$가 된다. 잡음 지수 F를 실제의 출력 잡음 전력 대 회로망에 잡음이 없을 경우의 출력 잡음 전력의 비로 볼 수 있다. 그러므로 그림 11.6에 있는 종속으로 접속된 회로의 전체 잡음 지수는

$$F = \frac{F_1G_1N_1G_2 + (F_2 - 1)N_1G_2}{N_1G_1G_2}$$

$$= F_1 + \frac{F_2 - 1}{G_1} \tag{11.20}$$

과 같이 쓸 수 있다. 이 결과는 임의의 수의 2단자 회로망을 종속으로 접속한 경우로 손쉽게 확장하여

$$F = F_1 + \frac{F_2 - 1}{G_1} + \frac{F_3 - 1}{G_1G_2} + \frac{F_4 - 1}{G_1G_2G_3} + \cdots \tag{11.21}$$

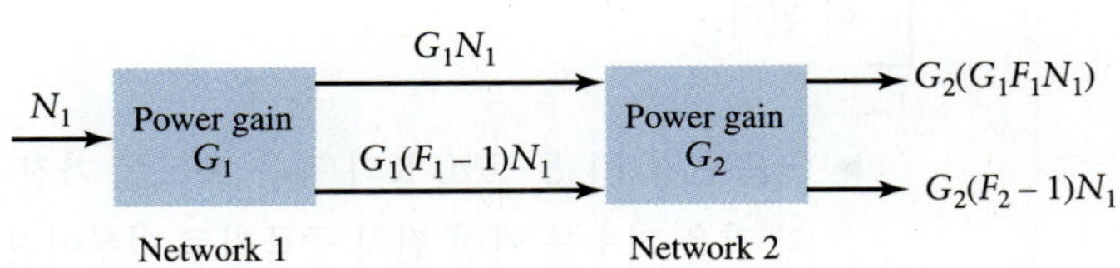

그림 11.6 잡음이 있는 두 회로망의 종속 접속.

과 같이 쓸 수 있으며, 여기서 $F_1, F_2, F_3, \ldots$는 각각의 잡음 지수이고, $G_1, G_2, G_3, \ldots$는 각각의 가용 전력 이득이다. 식 (11.21)은 그림 11.6의 종속 접속의 맨 앞단의 이득이 높다면, 전체의 잡음 지수 F는 첫째 단의 잡음 지수가 주도한다는 것을 말해 준다.

따라서 임의의 수의 잡음이 있는 2단자 회로망을 종속으로 접속했을 때의 전체 등가 잡음 온도는

$$T_e = T_1 + \frac{T_2}{G_1} + \frac{T_3}{G_1 G_2} + \frac{T_4}{G_1 G_2 G_3} + \cdots \tag{11.22}$$

로 쓸 수 있다. 여기서 $T_1, T_2, T_3, \ldots$는 각 회로망의 등가 잡음 온도이다. 식 (11.22)에서 잡음이 있는 2단자 회로망의 종속 접속에서의 첫째 단의 전력 이득이 크다면 전체의 등가 잡음 온도 T_e는 실제의 경우 첫째 단의 등가 잡음 온도와 같게 된다는 것을 설명하고 있다. 이러한 이유로, 저잡음 수신기에 있어서, 전치 증폭기나 수신기의 가장 앞에 놓인 저잡음 프런트엔드의 설계에서는 특별한 주의가 필요하다.

예제 11.4 위성 수신기의 시스템 잡음 온도

위성 수신기가 50 K의 잡음 온도를 가진 안테나로 구성되어 있다. 이 뒤에 30 dB의 이득을 가지며 70 K의 잡음 온도를 가지는 저잡음 증폭기가 위치한다. 그 뒤로는 이득이 40 dB이고 잡음 온도가 1500 K인 두 번째 증폭단이 있다. 시스템 잡음 온도는 얼마인가?

이 3단 시스템에 대하여, 식 (11.22)는 시스템 잡음 온도가

$$T_e = T_1 + \frac{T_2}{G_1} + \frac{T_3}{G_1 G_2}$$

임을 보여 준다. 여기서 T_1, T_2, T_3는 각각 안테나, 저잡음 증폭기, 두 번째 증폭단의 잡음 온도이다. 안테나는 수신된 신호에 대하여 아무 전기적인 이득을 공급하지 않으므로 $G_1=1$이 된다. 결과적으로 유효한 잡음 온도는

$$\begin{aligned} T_e &= 50 + \frac{70}{1} + \frac{1500}{1 \times 1000} \\ &= 121.5 \text{ K} \end{aligned}$$

이 된다.

▶ **연습문제 11.5** 290 K의 잡음 온도를 가진 안테나와 20 dB의 가용 전력 이득, 9 dB의 잡음 지수를 가진 전치 증폭기로 이루어진 방송용 텔레비전 수신기가 있다. 이 수신기의 두 번째 증폭단은 20 dB의 이득과 20 dB의 잡음 지수를 가진다. 전체 시스템에서의 잡음 지수는 얼마인가? ◀

11.5 자유 공간 링크 계산

이 절에서는 공간을 통하여 가시 직선로(LOS: line-of-sight) 전파에 의존하는 무선 링크에 대한 신호와 잡음의 전력을 계산하는 문제로 관심을 돌린다. 이러한 계산은 예를 들어 위성 통신[4]에서 만날 수 있다. 위성 시스템에서는 메시지 신호가 지구국으로부터 상향 링크를 통하여 정지 위성으로 전송되어 그곳에 있는 트랜스폰더에서 증폭된 후 위성으로부터 다른 지구국으로 하향 링크를 통하여 재전송된다. 위성은 (지구 주변의) 고정 궤도에 위치하여, 위성 안테나가 커버하는 지구 표면에 있는 영역 내의 다른 지구국을 항상 볼 수 있다. 위성은 실제로는 하늘에 있는 중계기로 동작한다. 가시 직선로 전파 특징을 가지는 또 다른 응용 분야는 우주선과 지구국 사이의 깊은 우주 공간에서의 정보 통신이다.[5] 이 두 번째 응용 예에서는 우주선이 지구국에 있는 다수의 무선국 중의 어느 한 곳에 항상 보이도록 하는 추적 능력을 포함하는 시스템을 가진다. 여기에 소개된 분석을 위하여 우주에서의 응용 예로서 위성 링크를 고려한다.

수신 신호 전력의 계산

그림 11.7은 위성체와 지구국 사이의 하향 링크를 설명하고 있다. 위성체 안테나를 통해서 출력을 방출하는 (위성체의) 송신 소스가 링크에 포함되어 있다. 지구국에서는 수신 안테나를 사용하여 입력되는 전자파로부터의 신호 전력을 수집하고 웨이브가이드를 통하여 저잡음 수신기로 입력시킨다.

송신 소스는 전체 전력 P_T를 방출한다. 이 전력이 **등방성을 가지고**(isotropically, 즉 모든 방향으로 고루) 방출되면 소스로부터 거리 r만큼 떨어진 곳에서의 전력 플럭스 밀도는 $P_T/(4\pi r^2)$이고, 여기서 $4\pi r^2$은 반경 r을 가지는 구의 표면적이다. 실제로는 고지향성 안테나를 사용하므로 송신 전력은 주로 관심을 가지고 있는 방향을 따라서 방출된다. 안테나는 주어진 방향으로의 단위 입체각당 방출된 전력 대 입체각당 방출된 평균 전력과의 비로 정의되는 이득을 가진다. G_T는 최대 전력이 방출되는 방향에서의 송신 안테나 이득을 의미한다. 이 방향을 안테나의 **조준 방향**[보어사이트(boresight)]이라 부른다. 이득 G_T는 등방성을 가지는 소스로부터 안테나에 의해 방출된 전력의 증가분에 대한 척도가 된다. 따라서 이득 G_T를 가진 무손실 안테나를 구동하는 송신기의 전체 전력 P_T에 대하여 안테나 조준 방향에 있는 거리 r에서의 전력 플럭스 밀도는

$$\Phi = \frac{P_T G_T}{4\pi r^2} \tag{11.23}$$

[4] 위성 통신에서의 자세한 링크 계산은 Pratt and Bostian(1986)의 4장 참조.

[5] 깊은 우주 통신의 자세한 링크 계산은 Yuen(1983)의 3장 참조.

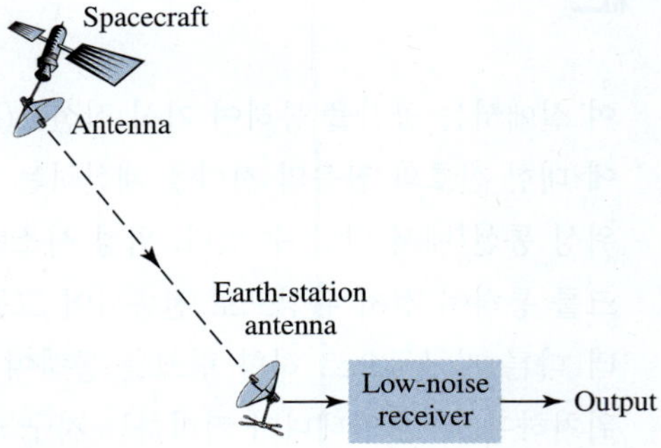

그림 11.7 우주 통신 하향 링크.

으로 주어진다.

A_{eff}를 수신 안테나의 **유효 개구 면적**(effective aperture area)이라 한다. 이 면적은

$$A_{\text{eff}} = \eta A \tag{11.24}$$

으로 주어지는 안테나의 물리적인 개구 면적 A와 관계가 있다. 여기서 η는 **개구 효율**(aperture efficiency)을 나타낸다. 일반적으로 η는 사용된 안테나의 종류에 따라서 40~90%의 범위 안에 있다. 수신 안테나의 이득 G_R은 유효 개구 A_{eff}를 이용하여

$$G_R = \frac{4\pi A_{\text{eff}}}{\lambda^2} \tag{11.25}$$

으로 정의되고, 여기서 λ는 송신 전자파의 파장이고 c를 (빛의 속도와 같은) 전파 속도, f를 송신 주파수라 할 때 c/f와 같다. 마찬가지로

$$A_{\text{eff}} = \frac{G_R \lambda^2}{4\pi} \tag{11.26}$$

가 된다. 그러므로 A_{eff}의 유효 개구 면적을 가지는 수신 안테나에서 전력 플럭스 밀도 Φ가 주어지면 수신 전력은

$$P_R = A_{\text{eff}} \Phi \tag{11.27}$$

이 된다. 따라서 식 (11.23)과 (11.26)을 (11.27)에 대입하면

$$P_R = P_T G_T G_R \left(\frac{\lambda}{4\pi r} \right)^2 \tag{11.28}$$

의 결과를 얻는다. 식 (11.28)은 **프리스 전송 공식**(Friis transmission formula)이라 하

며, 이 식은 수신된 전력을 송신된 전력과 관련시킨다. 이 식에서의 곱 $P_T G_T$를 **유효 등방성 방사 전력**(EIRP: effective isotropic radiated power)이라 한다. 이것은 모든 방향에서 균등하게 방사되는 전력 $P_T G_T$를 가진 유효 등방성 소스의 입장에서 본 송신 소스와 안테나와의 조합을 설명한다. $(4\pi r/\lambda)^2$ 항은 **전송로 손실**(path loss) 또는 **자유 공간 손실**(free-space loss)이라 부른다. 이것은 거리 r만큼 떨어진 두 안테나 사이에서 송신된 전력과 수신된 전력과의 비로 볼 수 있다.

식 (11.28)에서 파장 λ와 거리 r이 주어지면 수신 전력은 다음의 세 가지 방법에 의하여 증가될 수 있다.

1. **위성체의 송신 전력 P_T의 증가.** 송신 전력 P_T는 20W 이하일 것이다. 이 송신 전력이 작다고 느껴질지도 모르지만 이를 만들기 위해 필요한 전력은 위성체에서 사용할 수 있는 전체 전력의 상당한 부분을 차지한다. 그러므로 송신 전력 P_T에 부여할 수 있는 값에 대하여 물리적인 한계가 존재한다.
2. **송신 안테나의 이득 G_T의 증가.** 이것은 송신된 전력이 수신 안테나 방향으로 강하게 집중되도록 도와 준다. 그러나 G_T가 큰 값을 가지려면 커다란 안테나를 사용하여야 한다. 그러므로 G_T를 선택하는 데에는 위성체의 크기나 무게의 제약 조건이 따른다.
3. **수신 안테나의 이득 G_R의 증가.** 이것은 수신 안테나가 가능한 한 더 많은 방사 신호 전력을 모을 수 있게 해 준다. 여기서도 역시 크기와 무게가 지구국 안테나 크기에 대한 물리적인 제한이 된다. 그러나 이는 위성체 안테나의 제약에 비해서는 훨씬 약한 조건이다. 일반적으로[6] $G_R \gg G_T$이 되게 한다.

수신 안테나의 이득과 공간 손실을 dB로 표현하자. 마찬가지로 유효 방사 전력과 수신 전력을 **1 W를 기준으로 한 dB**(dBW)로 표현하자. 그러면 프리스 전송 공식을

$$P_R = \text{EIRP} + G_R - L_p \tag{11.29}$$

로 다시 쓸 수 있고, 여기서

$$\text{EIRP} = 10 \log_{10}(P_T G_T) \tag{11.30}$$

$$G_R = 10 \log_{10}\left(\frac{4\pi A_{\text{eff}}}{\lambda^2}\right) \tag{11.31}$$

$$L_p = 20 \log_{10}\left(\frac{4\pi r}{\lambda}\right) \tag{11.32}$$

[6] 이 규칙에는 예외가 있다. 가장 주목할 만한 것은 위성 대 이동 단말 통신과 위성 대 가정의 텔레비전 직접 방송의 경우이다.

이다.

식 (11.25)에서 G_R을 전력 비율로 나타내었지만 식 (11.31)에서는 dB로 표현하였다. 식 (11.29)는 링크에서의 전체 손실을 나타내지 않는다는 점에서 이상적인 식은 아니다. 이런 점을 보정하기 위하여, 강수 감쇠에 기인한 대기중 손실, 송수신 안테나 손실, 안테나 방향이 일치하지 않아서 발생하는 이득 손실 등의 결합된 손실 효과를 나타내는 항을 포함시키는 것이 관례이다. L_0가 dB로 표시된 이러한 손실에 대한 전체 값을 나타낸다고 하자. 흔히 이 항을 **시스템 마진**(system margin)이라고 부른다. 그러면 수신 신호 전력을

$$P_R = \text{EIRP} + G_R - L_p - L_0 \tag{11.33}$$

으로 쓸 수 있다. 식 (11.33)은 원격 통신 링크 시스템 설계자가 EIRP나 수신 안테나 이득 G_R과 같은 가변 파라미터를 조절하게 하거나 수신 전력을 빠르게 계산하게 해 준다는 의미에서 **링크(전력) 버짓**(budget)을 의미한다.

수신 전력 P_R은 일반적으로 **반송파 전력**(carrier power)으로 부른다. 이러한 명칭은 위상 변조나 주파수 변조를 사용하는 초기 위성 시스템에서 유래했다. 이 변조 기법들이 정현파 반송파의 포락선을 일정하게 유지하기 때문에, 반송파 전력은 일반적으로 수신 전력과 동일하다.

예제 11.5 위성 링크 버짓

정지 위성이 지구국의 40,000 km 상공에 위치하고 있다. 위성의 송신원은 20 dB 이득을 가진 안테나를 통하여 4 GHz 주파수로 10와트의 전력을 방사하고 있다. 수신 안테나의 유효 개구 면적이 10 m²라 한다. 링크의 비이상적인 손실을 무시하고 수신 신호 전력을 계산하라.

P_T=10 W와 G_T=20 dB로 방사된 유효 전력은

$$\begin{aligned}\text{EIRP} &= 10\log_{10}(P_T G_T)\\ &= 10\log_{10}P_T + 10\log_{10}G_T\\ &= 10\log_{10}10 + 20\\ &= 30\ \text{dBW}\end{aligned}$$

이 된다. 전파 속도가 빛의 속도 $c=3\times10^8$ m/s와 같다고 한다. 송신된 4 GHz 전자파의 파장은

$$\begin{aligned}\lambda &= \frac{c}{f}\\ &= \frac{3\times10^8}{4\times10^9}\\ &= 0.075\ \text{m}\end{aligned}$$

이다. 그러므로 경로 손실은

$$L_p = 20\log_{10}\left(\frac{4\pi r}{\lambda}\right)$$
$$= 20\log_{10}\left(\frac{4\pi \times 4 \times 10^7}{0.075}\right)$$
$$= 196.5 \text{ dB}$$

이 된다. $A_{\text{eff}}=10\text{ m}^2$을 가지는 수신 안테나의 이득은

$$G_R = 10\log_{10}\left(\frac{4\pi A_{\text{eff}}}{\lambda^2}\right)$$
$$= 10\log_{10}\left(\frac{4\pi \times 10}{0.075^2}\right)$$
$$= 43.5 \text{ dB}$$

이다. 그러므로 식 (11.29)를 사용하고 시스템 마진 L_0를 무시하면 수신 신호의 전력은

$$P_R = 30 + 43.5 - 196.5$$
$$= -123 \text{ dBW}$$

와 같다. 따라서 수신 전력은 $P_R=5\times10^{-13}$ W로 쓸 수 있다. 낮은 P_R 값은 지구국에서 수신된 신호가 극도로 약하다는 것을 뜻한다. 지구국에서 발생하는 링크에서의 시스템 마진으로 설명되는 다른 손실에 의해 수신 신호는 더욱 약하게 될 것이다.

▶ **연습문제 11.6** 위성 안테나가 4.6미터의 직경을 가지고 12 GHz로 작동하고 있다. 개구 효율이 60%라면 안테나의 이득은 얼마인가? 이 안테나가 4 GHz로 사용되었다면 해당 이득은 얼마가 될 것인가? ◀

▶ **연습문제 11.7** 40,000 km의 거리에 있는 위성이 12 GHz의 신호를 EIRP 10와트로 개구 효율 60%를 가진 4.6미터의 안테나를 향하여 송신하고 있다. 안테나 출력에서의 수신 신호 레벨은 얼마인가? ◀

반송파 대 잡음비

반송파 대 잡음비(CNR: carrier-to-noise ratio)는 수신기 입력에서 측정된 반송파 전력 대 가용 잡음 전력의 비로 정의된다. 앞에서 언급하였듯이, 반송파 전력은 수신된 신호 전력 P_R과 같다. P_R에 대한 식은 프리스 전송 공식 (11.28)로 주어진다. 수신기 입력에서의 가용 잡음 전력을 계산하기 위해서 kT_sB_N을 사용한다. 여기서 k는 볼츠만 상수, T_s는 시스템 잡음 온도, B_N은 잡음의 대역폭이다. 그러므로

$$\text{CNR} = \frac{P_R}{kT_sB_N} \tag{11.34}$$

가 얻어진다. 이 식을 단순화하기 위하여 시스템이 잡음을 얼마나 가지고 있는가를 측정하는데 잡음 온도를 사용하였다. **흔히 반송파 대 잡음비는 9장에서 설명한 검파 전 SNR과 같다.**

예제 11.6 CNR의 계산

초저온으로 냉각된 증폭기를 가지는 지구국 수신기를 고려하자. 수신기의 등가 잡음 온도는 20 K이다. 지구국은 앙각 15도, 주파수 4 GHz로 작동되는 커다란 안테나를 사용하고 있다. 안테나의 잡음 온도는 50 K라 추정된다. 안테나 피드선과 웨이브가이드에서의 손실은 없다고 가정하고 시스템 잡음 온도를 계산하라. 그리고 (예제 11.5에서와 같이) 반송파 전력이 −123 dBW이고, 잡음 대역폭이 36 MHz라 가정할 때, 반송파 대 잡음비를 계산하라.

식 (11.22)에서 $G_1=1$일 때 시스템 잡음 온도는

$$\begin{aligned} T_s &= T_a + T_e \\ &= 50 + 20 \\ &= 70\ \text{K} \end{aligned}$$

가 된다. 그러므로 36 MHz 대역폭에서의 가용 잡음 전력은

$$\begin{aligned} kT_sB_N &= 1.38 \times 10^{-23} \times 70 \times (36 \times 10^6) \\ &= 3.48 \times 10^{-14}\ \text{W} \\ &= -134.6\ \text{dBW} \end{aligned}$$

이다. 따라서 식 (11.34)를 사용하면 dB로 표현된 다음과 같은 값을 가지는 반송파 대 잡음비를 구할 수 있다.

$$\begin{aligned} 10\log_{10}(\text{CNR}) &= -123 + 134.6 \\ &= 11.6\ \text{dB} \end{aligned}$$

9장의 아날로그 수신기에 대한 설명에서 이 CNR은 문턱값에서의 FM 수신기를 겨우 작동시키는 데 충분한 값이었다. 이에 반해, 이 CNR 값은 대부분의 디지털 시스템에서 만족할 만한 비트 에러율을 제공한다.

▶ **연습문제 11.8** 문제 11.7의 안테나는 70 K의 잡음 온도를 가지고 50 K의 등가 잡음

온도와 60 dB의 이득을 가지는 수신기에 직접 연결된다. 시스템 잡음 온도는 얼마인가? 송신된 신호가 100 kHz의 대역폭을 가진다면, 반송파 대 잡음비는 얼마인가? 디지털 신호가 150 kbps의 비트율을 가진다면 E_b/N_0는 얼마인가? ◀

11.6 지상의 이동 무선

자유 공간 전파는 송신기와 수신기 사이에 명백한 가시 직선로(LOS)가 있는 위성 통신에서의 좋은 모델이 된다. 전파 손실에 대하여 단순한 이론으로 설명이 가능하다는 생각도 할 수 있다.

반면에 지상 통신의 경우는 양쪽의 안테나가 지면에 상대적으로 가깝다. 따라서 건물, 지형, 삼림지 등 LOS 경로에 많은 지장을 준다. 흔히 지상 무선 통신은 다양한 표면으로부터의 전자파의 **반사**(reflection)나 다양한 물체 주변에서의 전자파 **회절**(diffraction)에 영향을 받는다. 이러한 추가적인 전파 모드로 인하여, 송신기와 수신기 사이에서의 다양한 전파 경로에 의하여 수신기는 자주 한 가지 이상의 경로를 통하여 중요한 신호를 수신하게 된다. 이러한 현상을 **다경로**(multipath) 전파라 부른다. 동일한 장소에 여러 전파가 도착하게 되어 전파 특성이 자유 공간 전파와는 상당히 다르게 된다.

지상 전파에 적용될 수 있는 근본적인 세 가지의 전파 모드는 자유 공간과 반사, 그리고 회절이다.[7]

1. **자유 공간 전파**는 송신기와 수신기 그리고 그 경로 주변의 공간 사이에서의 LOS에 의존한다. 이 때 필요한 공간은 그림 11.8과 같이 두 장소의 간격과 전송 파장에 관계된다. 대강의 규칙은 **제1 프레넬 영역**(first Fresnel zone)으로 알려져 있는 이 체적 내부에서의 자유 공간 전파라고 개략적으로 판단할 수 있도록 물체가 없어야 한다. 프레넬 영역은 타원체의 회전으로 정의된다. 제1 프레넬 영역 내부의 물체는 전송에 영향을 미치며 자유 공간 전파 모델로부터의 편차를 발생시킨다. 제1 프레넬 영역의 반지름은 송신과 수신 안테나 사이의 위치에 따라 다르며

$$h = \sqrt{\frac{\lambda d_1 d_2}{d_1 + d_2}} \tag{11.35}$$

   와 같이 주어진다. 여기서 λ는 전송 파장이고, 경로 상에 있는 임의의 점에서 송신기까지의 거리는 d_1으로, 수신기까지의 거리는 d_2로 표시한다.

2. **반사**라 함은 건물, 산, 통과하는 차량들과 같은 주변 물체로부터 전파가 되돌아오는 것을 말한다. 지상의 무선 통신에서는 송신기와 수신기 사이에 직접적인 LOS

[7] 자세한 내용은 Haykin and Moher(2004)의 2장 참조.

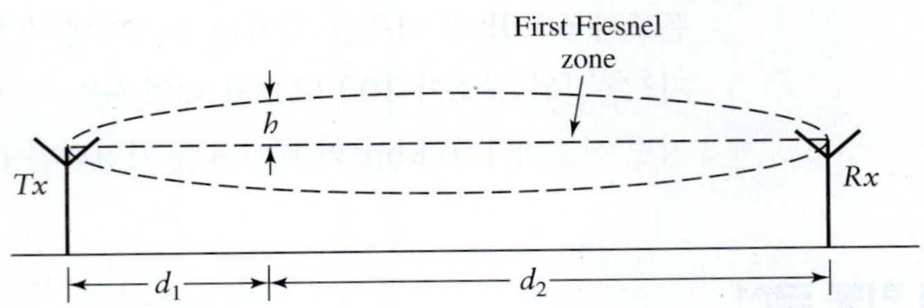

그림 11.8 자유 공간 전파를 위한 제1 프레넬 영역.

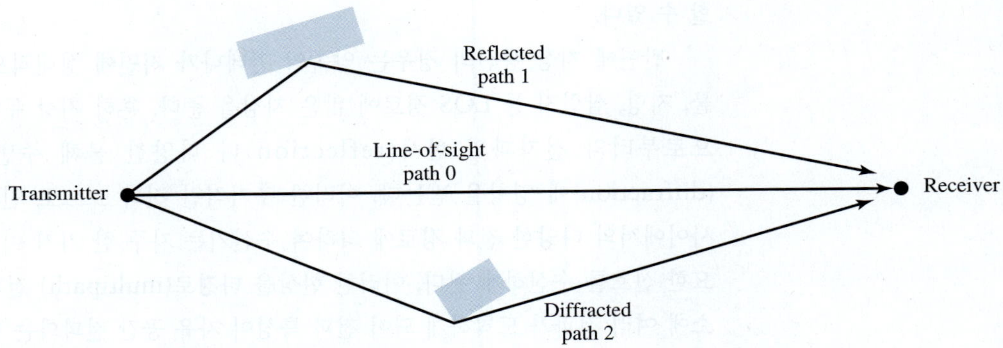

그림 11.9 송신기와 수신기 사이의 다중 전송로의 예.

가 없는 경우가 많아서 통신은 반사에 의존하게 되고 회절 모드를 따르게 된다. 흔히 반사 때문에 신호가 더욱 감쇠하고 위상에도 영향을 미치게 된다.

3. **회절**이라 함은 빌딩이나 언덕과 같은 지형 주변이나 나무나 경작지의 식물들을 통과하여 전자파가 꺾이는 것을 말한다.

지상의 전파에 있어서 수신된 신호는 흔히 이들 대부분의 조합된 모드가 된다. 즉 송신된 신호가 그림 11.9에서처럼 많은 경로를 통하여 도착할 수가 있다. 이렇게 서로 다른 경로를 통하여 도착한 신호는 서로 합쳐지거나 서로 상쇄시킬 수 있다. 따라서 다경로 전송은 자유 공간 전파와는 아주 다른 성질을 가지게 된다. 측정 결과 지상의 전파는 몇 개의 성분으로 나누어질 수 있음을 알 수 있다. 이제부터 이 두 성분인 중앙 경로 손실과 고속 페이딩에 대하여 설명한다.

예제 11.7 고스트 현상

케이블이나 직접 위성 전송이 발달하기 전에는 텔레비전 신호를 주로 지상 링크를 통하여 **공중으로** 수신하였다. 먼 거리에 있는 약한 텔레비전 방송국에 의하여 **고스트**(ghosting)라 부르는 현상이 관찰되는 경우가 있었다. 고스트 현상은 어떤 영상이 그 영상의 복사 영상과 약간의 시간차로 관측이 되는 현상이다. 이 고스트는 다경로의 시각적인 예이다. 이는 수신된 원래 신호에 대하여 약간 지연된 시간에서 생기는 복사판이다.

▶ **연습문제 11.9** 4 GHz 신호를 송신하는 안테나와 수신하는 안테나가 2 km 떨어져 있는 20 m 높이의 탑 위에 위치한다. 자유 공간 전파를 위한 이 두 탑 사이의 중간에 놓인 물체의 최대 허용 높이는 얼마인가? ◀

중앙 경로 손실[8]

자유 공간 경로 전파에서 전파 손실을 예측하는 가장 간단한 이론적인 모델은 거리의 함수이다. 다른 전파 모드—반사와 회절—에서의 계산은 그렇게 쉬운 것은 아니다. 다수의 반사나 회절이 있는 경우에는 특히 그렇다. 단순한 시나리오를 이용하여 반사와 회절 때문에 발생하는 전파 손실에 대한 쉬운 수학적 모델을 전개할 수 있다. 좀더 실용적인 시나리오를 가지고서는 지형, 건물, 경작지를 포함하는 환경에 대하여 물리적인 모델을 구축할 수도 있고 컴퓨터 분석을 이용하여 어느 특정 경로에 대한 전파 손실을 추정할 수도 있다.

또 다른 방법으로 도시 지역, 도시 인근 지역, 전원 지역 등과 같은 주위 환경의 일반 형태에 따라 측정된 값을 기반으로 경험적으로 추정된 전파 특성을 이용한 **통계적 접근 방식**(statistical approach)을 사용할 수도 있다. 이 통계적 접근 방식은 **중앙 경로 손실**(median path loss) 추정과 지역의 지형에 대한 물리적 특징에 의존하는 랜덤 성분의 두 가지 성분으로 나누어질 수 있다.

송신기와 수신기와의 거리 r의 함수로 표현되는 다양한 환경에서의 전계 강도를 측정함으로써

$$\frac{P_R}{P_T} = \frac{\beta}{r^n} \tag{11.36}$$

과 같은 형태의 중앙 경로 손실에 대한 간단한 모델을 세울 수 있다. 여기서 **경로 손실 지수**(path-loss exponent) n은 전파 환경에 따라 2에서 5까지의 범위에 있는 것이 보통이다. 파라미터 β는 주파수와 안테나 이득과 관련된 이득을 나타내며, 안테나의 높이와 다른 요인과도 관련이 있다. 식 (11.36)의 오른편 항은

[8] 이 절에서는 중앙 경로 손실에 대한 비교적 간단한 모델을 다루고 있다. 이 단순화된 모델은 경로 손실에 영향을 미치는 인자들을 이해하는 데 적당하다. 실제로 응용을 할 경우에는, 응용 분야에 따라 더 복잡한 모델이 개발되고 있다. 그러한 예로 150 MHz에서 1 GHz까지의 주파수에 대한 지상 이동 무선 전파를 모델링한 Okumura-Hata 모델이 있다. 더 자세한 내용은 Haykin and Moher(2004)의 2장을 참조하라.

표 11.1 경로 손실의 지수에 대한 예

Environment	***n***
Free space	2
Flat rural	3
Rolling rural	3.5
Suburban, low rise	4
Dense urban, skyscrapers	4.5

$$\frac{P_R}{P_T} = \frac{\beta_o}{(r/r_o)^n} \tag{11.37}$$

의 등가 형태로 표시될 수도 있다. 이 표현식에서 **β_o는 기준 거리 r_o에서 측정된 경로 이득을 나타낸다. 다른 정보가 없다면, β_o는 1미터 거리에서의 자유 공간 경로 이득으로 간주할 수 있다. 기준 경로 손실은 β_o의 역수가 된다.**

전파에 대한 수많은 연구가 수행되어 여러 가지 환경의 영향을 거의 밝히게 되었다. 이 연구 성과들로부터 이들 대부분의 영향은 지역에 많이 의존하여 불가능한 것은 아니지만 일반적인 특성을 규정하기가 어렵다는 결론을 얻었다. 식 (11.36) 모델에서의 지수 n의 값에 대한 예를 표 11.1에 예시하고 있다.

이 표가 일반적인 경향을 보이고 있긴 하지만, 여기에도 예외가 있다. 예를 들면 고층 건물이 양쪽에 늘어선 직선 도로를 따라 형성된 전파 경로에서는 도파관과 같은 유도 효과가 나타나서 전파 손실은 자유 공간에서와 같거나 그 이하가 될 수도 있다.

중앙 경로 손실에 대한 이 모델은 아주 유연하여 문제를 분석하려 할 때 여러 가지 시스템 관련 인자들의 성능을 파라미터화할 수 있게 해 준다. 지상 현상에 대한 상업적인 응용 분야에서는 전자장에 대한 측정 업무나 환경에 대한 자세한 모델링을 더 선호한다.

예제 11.8 지상 링크 버짓

도시 지역에서의 전파 측정 업무를 수행하면 중앙 경로 손실이

$$L_p = 41 + 31\log_{10}(r)$$

로 모델링될 수 있다. 이때 경로 손실은 dB, r은 미터 단위이다. 중앙 경로 손실 이외에 이 시스템에서는 신호 강도에 대한 변동을 보정해 주기 위하여 12 dB의 마진을 포함시켜야 한다. 송신기의 EIRP가 5와트일 때, 5 km 거리에서 예상되는 최소 신호 강도를 구하라.

프리스 전송 공식을 dB 형식으로 표시함으로써 이 문제를 풀 수 있다. 즉

$$P_R = \text{EIRP} - L_p - L_0 + G_R$$

이 된다. 식 오른쪽 항들의 값은 G_R만 제외하고 문제에서 밝히고 있다. 수신기가 이동형이고 안테나 이득은 거의 1에 해당한다고 가정한다. 즉 $G_R=0$ dB이므로 거리 5 km의 범위에서는

$$\begin{aligned} P_R &= 10 \log_{10} 5 - 41 - 31 \log_{10} 5000 - 12 + 0 \\ &= -160.7 \text{ dBW} \\ &= -130.7 \text{ dBm} \end{aligned}$$

이 된다.

▶ **연습문제 11.10** 측정 사업에 의하여 도시 지역에서 900 MHz에 대한 중앙 경로 손실이 2.9의 경로 손실 지수로 모델링된다. 이 모델을 사용할 경우, 3 km 떨어진 거리에서의 중앙 경로 손실은 얼마인가? 같은 거리에서의 자유 공간 손실과 비교하면 이 손실은 어떠한가? ◀

랜덤 경로 손실

중앙 경로 손실은 단순히 다음과 같다. 중앙 경로 감쇠는 거리의 함수이며, 50%의 위치에서는 많은 손실이 있고 나머지 50%에서는 손실이 덜하다. 실제의 손실은 경로에서의 정확한 지형, 건물, 경작지에 의존한다. 중앙 경로 값에 대한 여러 가지 변동 요인 중의 하나는 송신 단말과 수신 단말의 이동이다. 예를 들면 송신기로부터 상대적으로 일정한 간격을 유지하면서 이동하는 단말기에서의 수신된 전력 레벨은 그림 11.10에 나와 있는 바와 같다. 이 그림에서 중앙 경로 수신 신호 강도는 −95 dBm이지만 변동량은 7 dB가 더 많거나 35 dB가 적게 관측된다.

짧은 거리에서도 반송파의 위상을 급격히 변화시키는 지역적인 물체로부터의 반사는 이러한 신호 강도에 대한 급속한 변동을 일으킨다. 반사되는 위상을 변화시키면 어떤 때는 서로 더해져서 커지고 어떤 때는 서로 빼져서 감소하게 된다. 이러한 빠른 페이딩을 흔히 **레일리 페이딩**(Rayleigh fading)이라 부르며, 이는 진폭의 변동을 모델링하는 데 사용되는 확률 분포 함수의 이름에서 유래하였다. R을 신호의 진폭, 실효 레벨을 R_{rms}라 하면, 진폭이 주어진 레벨 r 이하가 될 확률은

$$\mathbf{P}[R < r] = 1 - \exp\left(-\frac{r^2}{R_{\text{rms}}^2}\right) \tag{11.38}$$

과 같은 **레일리 분포 함수**(Rayleigh distribution function)로 주어진다. 레일리 분포는 그림 11.11에 그려져 있다. 이 분포의 중앙값은 대강 R_{rms}와 같다. 이것은 50%의 위치에서는 더해지는 간섭($R > R_{\text{rms}}$)을 가지고 나머지 50%의 위치에서는 저감되는 간섭($R <$

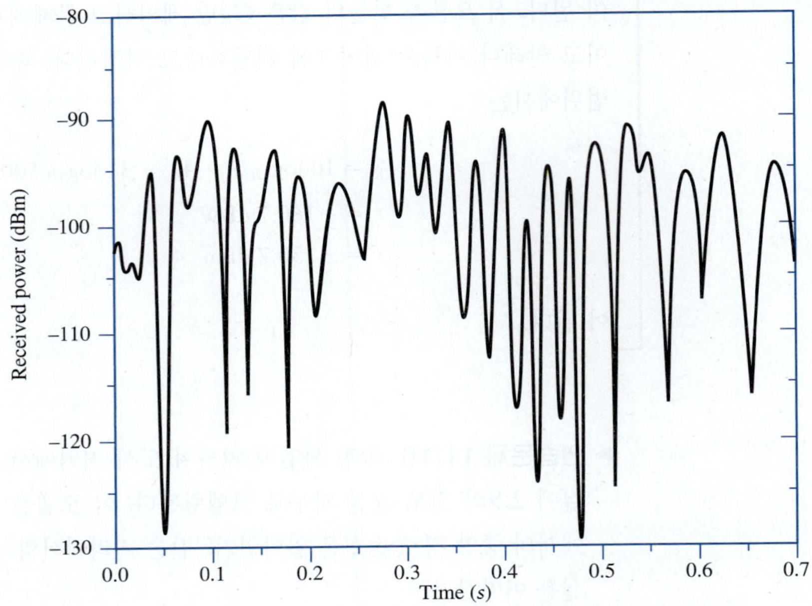

그림 11.10 레일리 페이딩에서 수신된 신호 전력 변동에 대한 예.

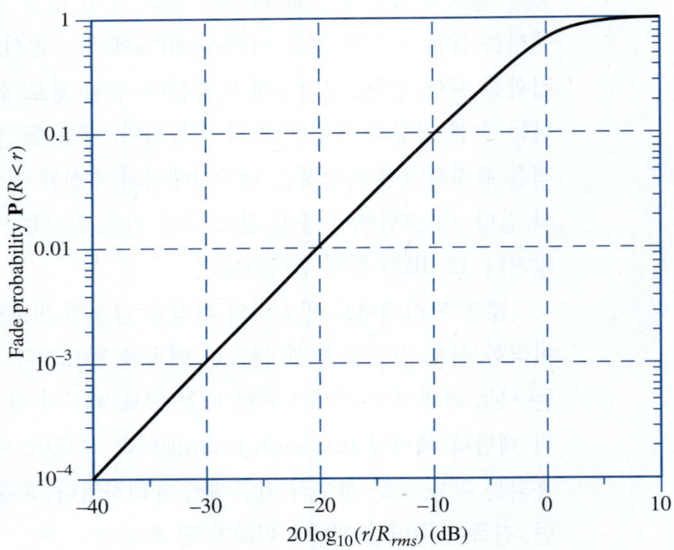

그림 11.11 정규화된 레일리 진폭 분포(r/R_{rms}).

R_{rms})을 가진다는 것을 의미한다. 20 dB($R < 0.1R_{\mathrm{rms}}$) 또는 그 이상의 깊은 페이딩은 아주 드물다(1%의 확률). 그러나 그림 11.11에서는 지역적 반사에 의한 수신 신호 강도의 광범위한 변동이 있을 수 있다는 것을 보여 준다.

예제 11.9 레일리 페이딩에 대한 마진

이동 무선이 −90 dBm의 수신기 감도를 가진다고 한다. 즉 −90 dBm은 수신기가 신뢰성 있게 복조할 수 있는 최소 신호 레벨이다. 시스템이 900 MHz에서 작동하고 사용하려는 범위는 2 km이다. 전파 환경이 n=2.9의 경로 손실 지수를 가지고 수신기가 90%의 페이딩을 견뎌 낼 수 있다면 이 수신기에 사용될 수 있는 송신 전력은 얼마인가?

수신기가 90%의 페이딩을 견뎌 낼 수 있다면 그림 11.11의 레일리 분포 함수는 시스템이 10 dB의 마진을 포함하여야 한다는 것을 알려 준다. 결과적으로 통신 가능 영역의 가장자리에서의 수신기 감도보다 10 dB 더 큰 중앙 경로 신호 레벨, 즉 −80 dBm의 레벨이 되어야 한다. 식 (11.37)을 사용하면

$$P_T = \frac{P_R}{\dfrac{\beta_0}{(r/r_o)^{2.9}}}$$

이 얻어진다. β_o를 1 m에서의 자유 공간 경로 이득이라 하면, 900 MHz에서

$$\begin{aligned}\beta_o\,(dB) &= -L_p\,(1\text{m}) = -20\log_{10}\left(\frac{4\pi}{\lambda}\right)\\ &= -31.5\text{ dB}\end{aligned}$$

이 된다. 위의 P_T에 대한 식을 dB의 형태로 고쳐 쓰면

$$\begin{aligned}P_T &= P_R - \beta_0 + 29\log_{10}\left(\frac{2000}{1}\right)\\ &= -80 + 31.5 + 95.7\\ &= +47\text{ dBm}\end{aligned}$$

을 얻게 된다. 이것은 대략 50와트 송신기에 해당하는 값이다.

▶ **연습문제 11.11** 레일리 분포에서의 중앙값을 R_{rms} 값으로 표현하면 얼마인가? 대략 $R_{\text{median}} \approx R_{\text{rms}}$가 된다고 할 때 dB 오차는 얼마인가? ◀

11.7 요약과 토의

이 장에서는 실제의 통신 시스템에서 발생하는 잡음원이나 신호 감쇠 특성을 분석하였다. 이 사항들은 앞장에서 다루었던 수신기 성능을 분석하는 데 사용된 신호 대 잡음비를 계산하기 위한 입력이 된다. 특히

(i) 여러 가지 열잡음원을 다루었고, 이들에 대한 전력 스펙트럼 밀도를 $N_0=kT$의 단순한 관계식을 통하여 분석하였다. 여기서 k는 볼츠만 상수, T는 켈빈 절대 온도이다.

(ii) 잡음 지수와 등가 잡음 온도 사이의 관련된 개념이 정의되었고, 여러 가지 전자 소자들이나 잡음원들이 어떻게 전체 잡음을 만들어 내는가를 분석하였다. 이 전체 잡음이 2단자 시스템에서는 어떻게 계산되는가를 설명하였다.

(iii) 송신된 신호 강도와 수신된 신호 강도 간의 관계가 송신과 수신 안테나의 이득과 경로 손실의 함수로서 표현된 프리스 공식이 전개되었다.

(iv) 전형적인 위성 채널인 자유 공간 조건으로부터 전형적인 지상 이동 응용 분야까지의 범위에서 발생하는 전파 손실을 설명하였다. 중앙 경로 손실에서의 변동폭이 지상에서의 전파를 고려하는 데 중요한 조건임을 확인하였다.

이 장에서는 위성과 지상의 두 통신 채널을 소개하였고 전파와 잡음의 통신 성능에 대한 영향도 설명하였다. 채널의 전파 손실은 수신기에서의 신호 전력을 결정하는 중요한 성분이 된다. 물리적인 잡음원은 수신기의 잡음 전력을 만들어 내는 데 기여한다. 이 두 성분에 대한 조합, 즉 신호 전력과 잡음 전력의 비가 통신 링크의 품질을 평가하는 주요 방법이 된다.

Additional Problems

11.12 Compute the noise spectral density in watts per hertz of:

(**a**) An ideal resistor at nominal temperature of 290 K.

(**b**) An amplifier with an equivalent noise temperature of 22,000 K.

11.13 For the two cases of Problem 11.12, compute the pre-detection SNR when the received signal power is:

(**a**) −60 dBm and the receive bandwidth is 1 MHz.

(**b**) −90 dBm and the receive bandwidth is 30 kHz.

Express the answers in both absolute terms and decibels.

11.14 A wireless local area network transmits a signal that has a noise bandwidth of approximately 6 MHz. If the signal strength at the receiver input terminals is −90 dBm and the receiver noise figure is 8 dB, what is the pre-detection signal-to-noise ratio?

11.15 A communications receiver includes a whip antenna whose noise temperature is approximately that of the Earth—that is, 290 K. The receiver pre-amplifier has a noise figure of 4 dB and a gain of 25 dB. Calculate (**a**) the equivalent noise temperature of the antenna and the pre-amplifier, and (**b**) the combined noise figure.

11.16 A parabolic antenna with a diameter of 0.75 meters is used to receive a 12 GHz satellite signal. Calculate the gain in decibels of this antenna. Assume that the antenna efficiency is 60 percent.

11.17 If the system noise temperature of a satellite receiver is 300 K, what is the required received signal strength to produce a C/N_0 of 80 dB?

11.18 If a satellite is 40,000 km from the antenna of Problem 11.16, what satellite EIRP will produce a signal strength of −110 dBm at the antenna terminals? Assume that the transmission frequency is 12 GHz.

11.19 Antennas are placed on two 35-meter office towers that are separated by 10 kilometers. Find the minimum height of a building between the two towers that would disturb the assumption of free-space propagation.

11.20 If a receiver has a sensitivity of −90 dBm and a 12-dB noise figure, what is minimum predetection signal-to-noise ratio of an 8-kHz signal?

ADVANCED PROBLEMS

11.21 A satellite antenna is installed on the tail of an aircraft and has a noise temperature of 100 K. The antenna is connected by a coaxial cable to a low-noise amplifier in the equipment bay at the front of the aircraft. The cable causes 2-dB attenuation of the signal. The low-noise amplifier has a gain of 60 dB and a noise temperature of 120 K. What is the system noise temperature? Where would a better place for the low-noise amplifier be?

11.22 A wireless local area network transmitter radiates 200 milliwatts. Experimentation indicates that the path loss is accurately described by

$$L_p = 31 + 33 \log_{10}(r)$$

where the path loss is in decibels and r is the range in meters. If the minimum receiver sensitivity is −85 dBm, what is the range of the transmitter?

11.23 A mobile radio transmits 30 watts and the median path loss may be approximated by

$$L_p = 69 + 31 \log_{10}(r)$$

where the path loss is in decibels and r is the range in kilometers. The receiver sensitivity is −110 dBm and 12 dB of margin must be included to compensate for variations about the median path loss. Determine the range of the transmitter.

11.24 A cellular telephone transmits 600 milliwatts of power.

(a) The receiver sensitivity is −90 dBm, what would the range of the telephone be under free-space propagation? Assume that the transmitting and receiving antennas have unity gain and the transmission is at 900 MHz.

(b) If propagation conditions actually show a path-loss exponent of 3.1 with a fixed gain $\beta = -36$ dB, what would the range in this case be?

11.25 A line-of-sight 10-kilometer radio link is required to transmit data at a rate of 1 megabit per second at a center frequency of 4 GHz. The transmitter uses an antenna with 10 dB gain and QPSK modulation with a root-raised cosine pulse spectrum having a roll-off factor of 0.5. The receiver also has an antenna with 10 dB gain and has a system noise temperature of 900 K. What is the minimum transmit power required to achieve a bit error rate of 10^{-5}?

11.26 A land-mobile radio transmits 128 kbps at a frequency of 700 MHz. The transmitter uses an omni-directional antenna and 16-QAM modulation with a root-raised cosine pulse spectrum having a roll-off of 0.5. The receiver also uses an omni-directional antenna and has noise figure of 6 dB. If the path loss between the transmitter and receiver is given by

$$L_p(r) = 30 + 28 \log_{10}(r) \text{ dB}$$

where r is in meters, calculate the maximum range at which a bit error rate of 10^{-4} may be achieved.

부록 1
전력비와 데시벨

전력비를 필요로 하는 시스템의 계산과 측정에는 관습적으로 **데시벨**(decibel)을 단위로 사용한다. 데시벨은 일반적으로 dB로 표현하며, **벨**(bel)[1]보다 10배 작은 단위이다. 실제로 대부분의 적용에 있어서 벨은 너무나 큰 단위이다. 따라서 전력비를 표현하는 데 dB 단위를 사용한다. 소리에 대한 청각적인 반응이 대체로 대수적 방식으로 나타나기 때문에, dB는 특히 소리의 측정에 적합하다. 따라서 같은 크기의 dB 증가는 같은 정도의 소리의 증가로 귀에서 지각된다.

시스템에서 전력을 측정하고자 하는 특정 지점의 전력을 P라 하고, 전력 P가 비교될 수 있는 **기준** 전력을 P_0라 하자. 전력비 P/P_0에 대한 데시벨 수치는 $10 \log_{10}(P/P_0)$로 정의된다. 예를 들면 전력비 2는 대략 3 dB와 같으며, 전력비 10은 정확히 10 dB이다.

신호 전력 P는 1와트(W) 또는 1밀리와트(mW)로 나누어져 dB 단위로 표현되기도 한다. 첫 번째의 경우에, 신호 전력 P는 dBW로 표현되며, 수치적으로는 $10 \log_{10}(P/1\ \mathrm{W})$이다. 두 번째의 경우에, 신호 전력 P는 dBm으로 표현되며, 수치적으로는 $10 \log_{10}(P/1\ \mathrm{mW})$이다.

[1] 단위 벨(bel)은 벨(Alexander Graham Bell)의 이름을 따서 만들어진 단위이다. 벨은 전화기를 발명했을 뿐만 아니라, 소리의 연구에 있어 처음으로 대수적 전력 측정 방법을 이용하였다.

부록 2
푸리에 급수

이 부록에서는 푸리에 급수를 정리하고 푸리에 급수의 일반화로서 푸리에 변환을 전개한다.

$g_{T_0}(t)$를 주기 T_0를 가진 **주기 신호**라 한다. 이 신호의 **푸리에 급수 확장**을 이용하여 사인과 코사인 항의 무한한 합으로 그것을 전개할 수 있다. 확장된 식은 삼각법의 형태로 나타낼 수 있다.

$$g_{T_0}(t) = a_0 + 2\sum_{n=1}^{\infty}[a_n \cos(2\pi n f_0 t) + b_n \sin(2\pi n f_0 t)] \qquad \text{(A2.1)}$$

여기서 f_0는 **기본 주파수**이다.

$$f_0 = \frac{1}{T_0} \qquad \text{(A2.2)}$$

계수 a_n과 b_n은 각각 코사인과 사인 항의 크기를 나타낸다. nf_0는 기본 주파수 f_0의 n번째 고조파를 나타낸다. $\cos(2\pi n f_0 t)$와 $\sin(2\pi n f_0 t)$ 항 각각은 **기저 함수**라 부른다. 이 기저 함수는 다음 식과 같은 관계를 만족시키는 구간 T_0 동안 상호 **직교** 형태를 이룬다.

$$\int_{-T_0/2}^{T_0/2} \cos(2\pi m f_0 t)\cos(2\pi n f_0 t)\,dt = \begin{cases} T_0/2, & m = n \\ 0, & m \neq n \end{cases} \qquad \text{(A2.3)}$$

$$\int_{-T_0/2}^{T_0/2} \cos(2\pi m f_0 t)\sin(2\pi n f_0 t)\,dt = 0, \qquad \text{for all } m \text{ and } n \qquad \text{(A2.4)}$$

$$\int_{-T_0/2}^{T_0/2} \sin(2\pi m f_0 t) \sin(2\pi n f_0 t)\, dt = \begin{cases} T_0/2, & m = n \\ 0, & m \neq n \end{cases} \qquad \text{(A2.5)}$$

계수 a_0를 결정하기 위해 식 (A2.1)의 양변을 완전한 주기 동안 적분한다. 그래서 a_0는 아래 **시간 평균**에 의해 나타나는 것처럼 한 주기 동안 주기 신호 $g_{T_0}(t)$의 **평균값**이다.

$$a_0 = \frac{1}{T_0}\int_{-T_0/2}^{T_0/2} g_{T_0}(t)\, dt \qquad \text{(A2.6)}$$

계수 a_n을 결정하기 위해 식 (A2.1)의 양변에 $\cos(2\pi n f_0 t)$를 곱하고, $-T_0/2$에서 $T_0/2$ 구간 동안 적분한다. 그러면 식 (A2.3)과 (A2.4)를 사용하여 다음과 같이 a_n을 찾아 낼 수 있다.

$$a_n = \frac{1}{T_0}\int_{-T_0/2}^{T_0/2} g_{T_0}(t) \cos(2\pi n f_0 t)\, dt, \qquad n = 1, 2, \ldots \qquad \text{(A2.7)}$$

유사한 방법으로 b_n을 찾아 낼 수 있다.

$$b_n = \frac{1}{T_0}\int_{-T_0/2}^{T_0/2} g_{T_0}(t) \sin(2\pi n f_0 t)\, dt, \qquad n = 1, 2, \ldots \qquad \text{(A2.8)}$$

이때 생기는 기본적인 문제는 다음과 같다. 주기 T_0의 주기 신호 $g_{T_0}(t)$가 주어졌을 때, 어떻게 이러한 식 (A2.1)의 확장된 푸리에 급수 항들의 무한한 합이 정확히 $g_{T_0}(t)$와 같게 **수렴**되는지 알 수가 있을까? 이러한 논의를 해결하기 위해 식 (A2.6)부터 식 (A2.8)에서 계산된 계수 a_0, a_n과 b_n에서 이 급수가 $g_{T_0}(t)$에 수렴한다는 것을 보여 줄 필요가 있다. 일반적으로 임의의 파형 주기 신호 $g_{T_0}(t)$에서 식 (A2.1)의 급수가 $g_{T_0}(t)$에 수렴하거나 계수 a_0, a_n과 b_n이 존재할 것이라는 보장은 없다. 푸리에 급수 수렴의 정확한 증명은 이 책의 범위를 넘는다. 여기서 주기 신호 $g_{T_0}(t)$는 신호 $g_{T_0}(t)$가 **디리클레 조건**을 만족시킬 경우에 푸리에 급수로 확장될 수 있다는 것을 간단히 보여 주기로 한다.

1. 함수 $g_{T_0}(t)$는 구간 T_0에서 단일 값을 갖는다.
2. 함수 $g_{T_0}(t)$는 구간 T_0에서 유한한 개수의 불연속적인 값을 갖는다.
3. 함수 $g_{T_0}(t)$는 구간 T_0에서 유한한 개수의 최대값과 최소값을 갖는다.
4. 함수 $g_{T_0}(t)$는 절대적으로 적분 가능하다. 즉

$$\int_{-T_0/2}^{T_0/2} |g_{T_0}(t)|\, dt < \infty$$

디리클레 조건은 통신 시스템에서 만나게 되는 대부분의 주기 신호에서 충족된다. 불연속

인 점에서 푸리에 급수는 점의 왼쪽의 값과 점의 오른쪽 값의 평균에 수렴한다.

복소 지수 푸리에 급수

식 (A2.1)의 푸리에 급수는 복소 지수를 사용하여 더 간단하고 더 세련되게 표현할 수 있다. 식 (A2.1)을 이러한 변화를 통해 코사인과 사인의 지수 형태로 나타낼 수 있다.

$$\cos(2\pi n f_0 t) = \frac{1}{2}[\exp(j2\pi n f_0 t) + \exp(-j2\pi n f_0 t)]$$

$$\sin(2\pi n f_0 t) = \frac{1}{2j}[\exp(j2\pi n f_0 t) - \exp(-j2\pi n f_0 t)]$$

그래서 다음과 같이 유도된다.

$$g_{T_0}(t) = a_0 + \sum_{n=1}^{\infty}[(a_n - jb_n)\exp(j2\pi n f_0 t) + (a_n + jb_n)\exp(-j2\pi n f_0 t)] \tag{A2.9}$$

c_n을 a_n과 b_n에 관계된 복소 계수라 하면

$$c_n = \begin{cases} a_n - jb_n, & n > 0 \\ a_0, & n = 0 \\ a_n + jb_n, & n < 0 \end{cases} \tag{A2.10}$$

그러면 다음과 같이 식 (A2.9)를 간단히 할 수 있다.

$$g_{T_0}(t) = \sum_{n=-\infty}^{\infty} c_n \exp(j2\pi n f_0 t) \tag{A2.11}$$

여기서

$$c_n = \frac{1}{T_0}\int_{-T_0/2}^{T_0/2} g_{T_0}(t)\exp(-j2\pi n f_0 t)\,dt, \qquad n = 0, \pm1, \pm2, \ldots \tag{A2.12}$$

식 (A2.11)의 급수 확장은 **복소 지수 푸리에 급수**라고 부르며, c_n은 **복소 푸리에 계수**라고 부른다. 식 (A2.12)는 주어진 주기 신호가 $g_{T_0}(t)$일 때 완전한 복소 푸리에 계수의 형태로 결정되는 것을 증명한다. 반면, 식 (A2.11)은 계수가 주어졌을 경우 원래 주기 신호 $g_{T_0}(t)$를 정확히 복원할 수 있다는 것을 증명한다. 실수와 복소수의 수학적인 해석으로부터 식 (A2.12)는 식 (A2.11)을 사용하여 표현된 모든 자승 적분이 가능한 주기 함수의 선형 조합에 의한 **기저 함수** $\exp(j2\pi n f_0 t)$를 갖는 신호의 **내적**이다.

이 표현에 따르면 주기 함수는 기저 주파수의 고조파로 구성된 모든 주파수 성분(양

과 음 둘 다)을 포함한다. 음의 주파수의 존재는 식 (A2.11)에 표현된 신호의 수학적 모델이 음의 주파수의 사용을 요구한다는 사실에 의한 간단한 결과이다. 게다가 이 표현은 또한 물리적으로는 아무런 의미가 없는 복소 값 기저 함수—주로 $\exp(j2\pi nf_0t)$—의 사용을 요구한다. 복소값 기저 함수와 음의 주파수 성분을 사용하는 이유는 단지 이론과 실제에서 잘 맞는 주기 신호의 적절한 수학적 모델을 제공하기 위함이다.

이산 스펙트럼

푸리에 급수에 의한 주기 신호의 표현은 그것의 다양한 조합 성분으로 이루어진 신호의 값과 동일하다. 따라서 복소 지수 푸리에 급수를 사용함으로써 주기 T_0를 가지는 주기 신호 $g_{T_0}(t)$가 0, $\pm f_0$, $\pm 2f_0$, $\pm 3f_0$, ... 주파수에서 성분을 갖는다는 것을 알 수 있다. 여기서 $f_0=1/T_0$는 기본 주파수를 나타낸다. 즉 신호 $g_{T_0}(t)$가 시간 상에서 존재하는 동안 주파수 상에서는 0, $\pm f_0$, $\pm 2f_0$, ... 주파수 성분으로 구성되어 있다고 말할 수 있다. 이것을 **스펙트럼**이라고 부른다. 만약 주기 신호 $g_{T_0}(t)$가 명시된다면, 그것의 스펙트럼을 결정할 수 있다. 반대로 만약 스펙트럼을 명시한다면, 상응하는 신호를 결정할 수 있다. 이것은 주기 신호 $g_{T_0}(t)$는 두 가지 등가적인 동일한 방법으로 표현할 수 있다는 것을 의미한다.

1. **시간 상에서** $g_{T_0}(t)$는 시간의 함수로 정의된다.
2. **주파수 상에서** 신호는 그것의 스펙트럼의 항으로 정의된다.

비록 이러한 두 가지 표현이 주어진 현상의 서로 다른 관점이지만 그것은 서로 독립적인 것이 아니며 푸리에 이론이 보여 주는 것처럼 서로 관계되어 있다.

일반적으로 푸리에 계수 c_n은 복소수이며, 그래서 그것을 다음과 같이 표현할 수 있다.

$$c_n = |c_n| \exp[j \arg(c_n)] \tag{A2.13}$$

$|c_n|$은 주기 함수 $g_{T_0}(t)$의 n번째 조합된 고조파 성분의 크기를 나타내며, 그래서 주파수 대 $|c_n|$의 그림은 신호의 **이산 진폭 스펙트럼**으로 산출된다. 주파수 대 $\arg(c_n)$의 그림은 신호의 **이산 위상 스펙트럼**을 산출한다. c_n의 크기와 위상이 오직 기본 주파수의 정수 배(양수와 음수 둘 다)인 이산 주파수에서 영이 아닌 값을 가지기 때문에 **이산 스펙트럼**이라고 부른다.

실수 값을 가지는 주기 함수 $g_{T_0}(t)$에서 식 (A2.12)에 의해 주어진 푸리에 계수 c_n의 정의로부터 다음 식을 얻는다.

$$c_{-n} = c_n^* \tag{A2.14}$$

여기서 c_n^*는 c_n의 켤레 복소 값이다. 그러므로

$$|c_{-n}| = |c_n| \tag{A2.15}$$

이고

$$\arg(c_{-n}) = -\arg(c_n) \tag{A2.16}$$

즉 실수 값을 가지는 주기 함수의 크기 스펙트럼은 원점을 지나는 수직 축에 대하여 대칭(n의 우함수)이고, 위상 스펙트럼은 원점 비대칭(n의 기함수)이다.

예제 주기적인 펄스열

그림 A2.1과 같이, 지속 시간이 T이고 주기가 T_0인 주기적인 구형파 열을 생각해 보자. 분석의 편의를 위해, 기준점은 펄스의 중간 지점으로 한다. 이 신호의 한 주기에 대해, 다음과 같이 수학적으로 표현된다.

$$g_{T_0}(t) = \begin{cases} A, & -\dfrac{T}{2} \le t \le \dfrac{T}{2} \\ 0, & \text{for the remainder of the period} \end{cases} \tag{A2.17}$$

식 (A2.12)를 이용하여 복소 푸리에 계수 c_n을 구해 보면 다음과 같다.

$$\begin{aligned} c_n &= \frac{1}{T_0}\int_{-T/2}^{T/2} A\exp(-j2\pi n f_0 t)\, dt \\ &= \frac{A}{n\pi}\sin\left(\frac{n\pi T}{T_0}\right), \qquad n = 0, \pm 1, \pm 2, \ldots \end{aligned} \tag{A2.18}$$

T/T_0는 **충격 계수**(duty cycle)라 한다.

싱크 함수를 이용하여 위의 수식을 단순화한다.

$$\operatorname{sinc}(\lambda) = \frac{\sin(\pi\lambda)}{\pi\lambda} \tag{A2.19}$$

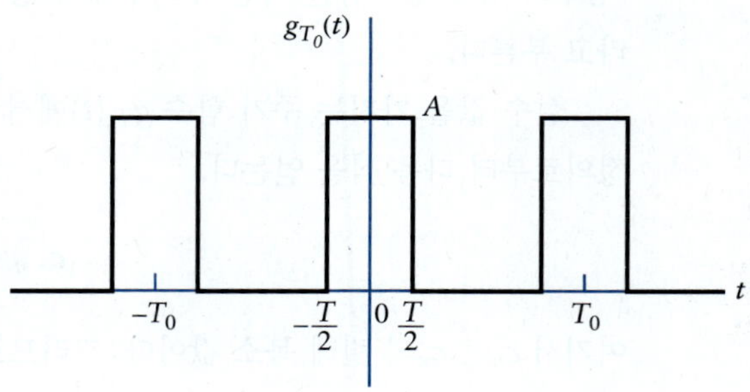

그림 A2.1 진폭 A, 지속 시간 T, 주기 T_0인 주기적인 구형파 열.

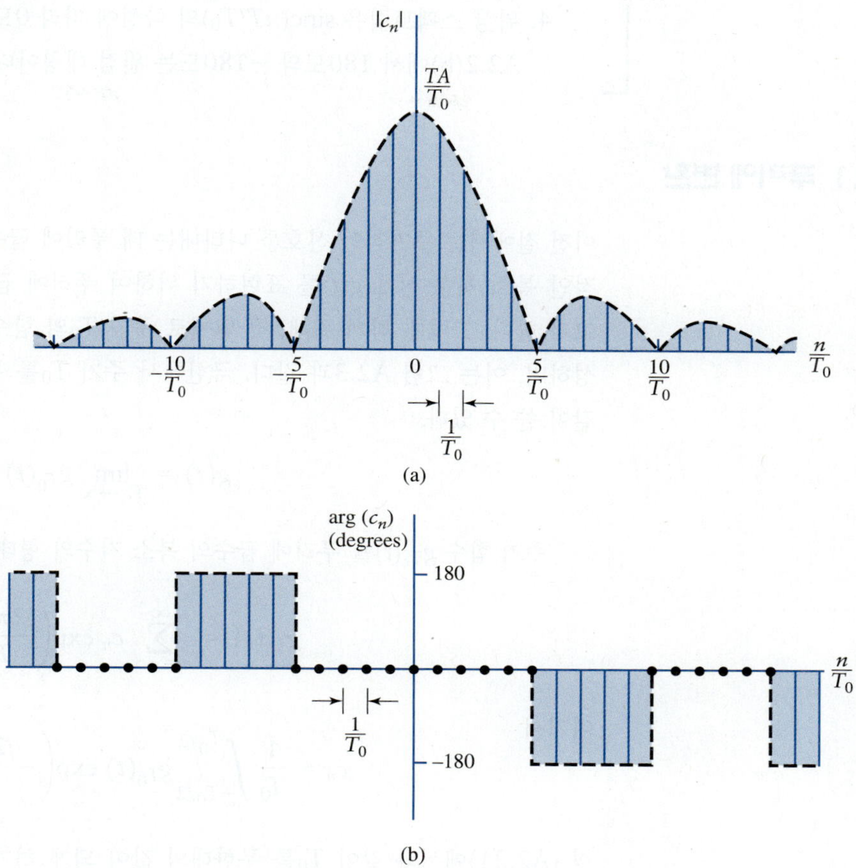

그림 A2.2 충격 계수 $T/T_0=0.2$인 주기적인 구형파 펄스열의 이산 스펙트럼. (a) 진폭 스펙트럼. (b) 위상 스펙트럼.

따라서 식 (A2.18)을 다시 써 보면 다음과 같다.

$$c_n = \frac{TA}{T_0}\text{sinc}\left(\frac{nT}{T_0}\right) = \frac{TA}{T_0}\text{sinc}(f_n T) \tag{A2.20}$$

그림 A2.2에, 충격 계수 T/T_0가 0.2인 경우의 이산 주파수($f_n=n/T_0$)에 대하여 $|c_n|$의 진폭 스펙트럼과 위상 스펙트럼을 나타냈다. 이 그림에 대하여 다음의 사항을 주목해야 한다.

1. 그림 A2.2(a)의 진폭 스펙트럼의 선 간격은 주기 T_0에 의해 결정된다.
2. 진폭 스펙트럼의 포락선은 펄스 진폭 A, 펄스 지속 시간 T, 충격 계수 T/T_0에 의해 결정된다.
3. 진폭 스펙트럼 포락선의 영점 교차점은 $1/T$의 정수 배 주파수에서 발생한다.

4. 위상 스펙트럼은 $\text{sinc}(nT/T_0)$의 극성에 따라 0도나 ±180도의 값을 갖는다. 그림 A2.2(b)에서 180도와 −180도는 원점 대칭이다.

A2.1 푸리에 변환

이전 절에서는 주기적인 신호를 나타내는 데 푸리에 급수를 이용하였다. 여기서는 비주기적인 복소 지수 신호 $g(t)$를 표현하기 위하여 푸리에 급수와 유사한 표현 방식을 전개하고자 한다. 그렇게 하기 위해, 첫 번째로 주기 T_0의 함수 $g_{T_0}(t)$를 한 주기 함수 $g(t)$로 구성하며, 이는 그림 A2.3과 같다. 극한에서 주기 T_0를 무한히 크게 하면, 이는 다음 식과 같이 쓸 수 있다.

$$g(t) = \lim_{T_0 \to \infty} g_{T_0}(t) \tag{A2.21}$$

주기 함수 $g_{T_0}(t)$를 푸리에 급수의 복소 지수의 형태로 나타내면 다음과 같다.

$$g_{T_0}(t) = \sum_{n=-\infty}^{\infty} c_n \exp\left(\frac{j2\pi nt}{T_0}\right) \tag{A2.22}$$

여기서

$$c_n = \frac{1}{T_0}\int_{-T_0/2}^{T_0/2} g_{T_0}(t)\exp\left(-\frac{j2\pi nt}{T_0}\right)dt \tag{A2.23}$$

식 (A2.21)에서와 같이 T_0를 무한대의 값이 되게 하기 위해 식 (A2.22)와 식 (A2.23)

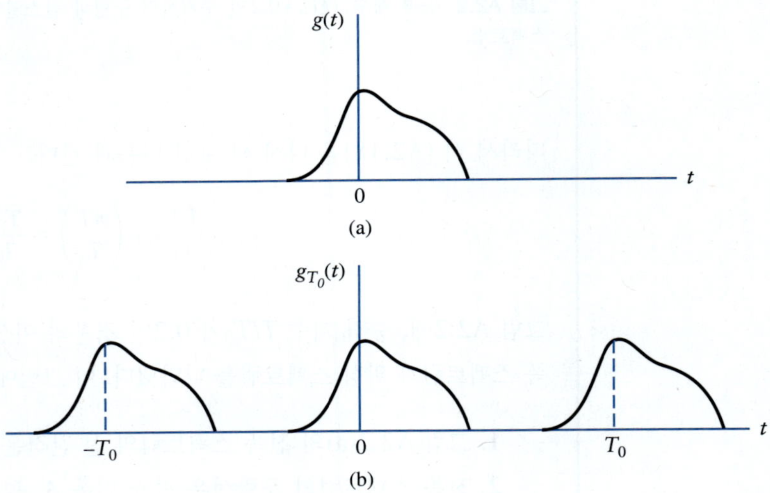

그림 A2.3 주기적인 파형을 구성하기 위해 임의로 정의된 시간 영역 함수의 이용에 대한 설명. (a) 임의로 정의된 시간 영역 함수 $g(t)$. (b) $g(t)$로 구성된 주기적인 파형 $g_{T_0}(t)$.

같은 지수의 형태로 표현하였다.

$$\Delta f = \frac{1}{T_0} \tag{A2.24}$$

$$f_n = \frac{n}{T_0} \tag{A2.25}$$

그리고

$$G(f_n) = c_n T_0 \tag{A2.26}$$

식 (A2.22)와 식 (A2.23)의 $g_{T_0}(t)$의 푸리에 급수 표기를 변경하면, $-T_0/2 \leq t \leq T_0/2$의 구간에 대하여 다음과 같은 식을 얻게 된다.

$$g_{T_0}(t) = \sum_{n=-\infty}^{\infty} G(f_n) \exp(j2\pi f_n t)\,\Delta f \tag{A2.27}$$

$$G(f_n) = \int_{-T_0/2}^{T_0/2} g_{T_0}(t) \exp(-j2\pi f_n t)\,dt \tag{A2.28}$$

이제 주기 T_0를 무한대가 되도록 하자. 이는 T_0의 역수인 Δf를 0이 되게 하는 것과 같다. 그렇게 되면, 이산 주파수 f_n은 연속 주파수 변수 f와 같게 되고, 식 (A2.27)의 이산 합은 f로 정의된 연속 함수 $G(f)\exp(j2\pi ft)$의 적분으로 대체된다. 또한 T_0가 무한대로 접근함에 따라 함수 $g_{T_0}(t)$는 $g(t)$로 접근하게 된다. 따라서 무한 접근 후 식 (A2.27)과 식 (A2.28)은 각각 다음과 같이 된다.

$$g(t) = \int_{-\infty}^{\infty} G(f) \exp(j2\pi ft)\,df \tag{A2.29}$$

$$G(f) = \int_{-\infty}^{\infty} g(t) \exp(-j2\pi ft)\,dt \tag{A2.30}$$

이로써, 임의로 정의된 신호 $g(t)$를 $-\infty < t < \infty$ 구간에서의 지수 함수의 형태로 표현할 수 있게 되었다. 식 (A2.30)은 $g(t)$에 대한 푸리에 변환 $G(f)$를 나타낸다. 역으로 식 (A2.29)는 $G(f)$의 역 푸리에 변환을 나타낸다.

부록 3
베셀 함수

A3.1 베셀 방정식의 급수 해

***n*차 베셀 방정식**의 일반적인 형태는 다음과 같으며, 가변 계수 차동 방정식의 가장 중요한 것 중 하나이다.

$$x^2\frac{d^2y}{dx^2} + x\frac{dy}{dx} + (x^2 - n^2)y = 0 \tag{A3.1}$$

각 차수 n에 대하여 방정식의 해는 다음과 같이 멱급수의 형태로 정의된다.

$$J_n(x) = \sum_{m=0}^{\infty}\frac{(-1)^m\left(\frac{1}{2}x\right)^{n+2m}}{m!(n+m)!} \tag{A3.2}$$

함수 $J_n(x)$는 ***n*차 1종 베셀 함수**라 부른다. 식 (A3.1)은 $1/x$과 $(1-n^2/x^2)$의 두 가지 계수를 갖는다. 그리고 원점을 제외하고는 특이점을 갖지 않는다. 그러므로 식 (A3.2)의 급수 전개는 $x > 0$ 구간에서 수렴한다. 식 (A3.2)는 $J_n(x)(n=0, 1, 2, \ldots)$를 수치 계산 하는 데 사용한다. 표 A3.1에는 다른 차수 n과 변하는 x에 대해 $J_n(x)$의 값이 나타나 있다. $J_0(x)$와 $J_1(x)$가 각각 $\cos x$와 $\sin x$의 그래프와 유사하다는 것은 흥미로운 사실이다(4장 그림 4.6의 그래프 참조).

표 A3.1 베셀 함수 표[a]

	$J_n(x)$								
$n \backslash x$	0.5	1	2	3	4	6	8	10	12
0	0.9385	0.7652	0.2239	−0.2601	−0.3971	0.1506	0.1717	−0.2459	0.0477
1	0.2423	0.4401	0.5767	0.3391	−0.0660	−0.2767	0.2346	0.0435	−0.2234
2	0.0306	0.1149	0.3528	0.4861	0.3641	−0.2429	−0.1130	0.2546	−0.0849
3	0.0026	0.0196	0.1289	0.3091	0.4302	0.1148	−0.2911	0.0584	0.1951
4	0.0002	0.0025	0.0340	0.1320	0.2811	0.3576	−0.1054	−0.2196	0.1825
5	—	0.0002	0.0070	0.0430	0.1321	0.3621	0.1858	−0.2341	−0.0735
6		—	0.0012	0.0114	0.0491	0.2458	0.3376	−0.0145	−0.2437
7			0.0002	0.0025	0.0152	0.1296	0.3206	0.2167	−0.1703
8			—	0.0005	0.0040	0.0565	0.2235	0.3179	0.0451
9				0.0001	0.0009	0.0212	0.1263	0.2919	0.2304
10				—	0.0002	0.0070	0.0608	0.2075	0.3005
11					—	0.0020	0.0256	0.1231	0.2704
12						0.0005	0.0096	0.0634	0.1953
13						0.0001	0.0033	0.0290	0.1201
14						—	0.0010	0.0120	0.0650

[a] For more extensive tables of Bessel functions, see Abramowitz and Stegun (1965, pp. 358–406).

함수 $J_n(x)$는 또한 다음과 같은 적분의 형태로도 표현이 가능하다.

$$J_n(x) = \frac{1}{\pi}\int_0^{\pi} \cos(x \sin\theta - n\theta)\, d\theta \tag{A3.3}$$

혹은 동일한 복소수 표현법을 사용하여

$$J_n(x) = \frac{1}{2\pi}\int_{-\pi}^{\pi} \exp(jx \sin\theta - jn\theta)\, d\theta \tag{A3.4}$$

A3.2 베셀 함수의 특성

베셀 함수 $J_n(x)$는 다음과 같은 특성을 갖는다.

특성 1

$$J_n(x) = (-1)^n J_{-n}(x) \tag{A3.5}$$

이 관계를 증명하기 위하여, 식 (A3.3)에서 θ를 $(\pi-\theta)$로 치환시킨다. 그 다음 $\sin(\pi-\theta)=\sin\theta$를 이용하면, 다음 식을 얻는다.

$$J_n(x) = \frac{1}{\pi}\int_0^{\pi} \cos(x \sin\theta + n\theta - n\pi)\, d\theta$$

$$= \frac{1}{\pi}\int_0^{\pi} [\cos(n\pi)\cos(x\sin\theta + n\theta) + \sin(n\pi)\sin(x\sin\theta + n\theta)]\, d\theta$$

n의 정수 값에 대하여

$$\cos(n\pi) = (-1)^n$$
$$\sin(n\pi) = 0$$

따라서

$$J_n(x) = \frac{(-1)^n}{\pi}\int_0^{\pi} \cos(x\sin\theta + n\theta)\, d\theta \tag{A3.6}$$

가 된다. 식 (A3.3)으로부터, n과 $-n$을 바꿈으로써 다음 관계를 발견할 수 있다.

$$J_{-n}(x) = \frac{1}{\pi}\int_0^{\pi} \cos(x\sin\theta + n\theta)\, d\theta \tag{A3.7}$$

원하는 결과는 식 (A3.6)과 (A3.7)로부터 즉시 나온다.

특성 2

$$J_n(x) = (-1)^n J_n(-x) \tag{A3.8}$$

이 관계는 식 (A3.3)의 x와 $-x$를 치환함으로써 얻을 수 있다. 그 다음 식 (A3.6)을 사용한다.

특성 3 작은 x 값에 대해서

$$J_n(x) \simeq \frac{x^n}{2^n n!} \tag{A3.9}$$

이다. 이 관계는 식 (A3.2)의 멱급수 첫째 항을 취하고, 고차 항을 무시함으로써 얻을 수 있다. 그러므로 x가 작다면

$$\begin{aligned} J_0(x) &\simeq 1 \\ J_1(x) &\simeq \frac{x}{2} \\ J_n(x) &\simeq 0 \qquad \text{for } n > 1 \end{aligned} \tag{A3.10}$$

을 얻을 수 있다.

특성 4

$$\sum_{n=-\infty}^{\infty} J_n^2(x) = 1 \qquad \text{for all } x \tag{A3.11}$$

이 특성을 증명하기 위해, 아래와 같이 진행한다. $J_n(x)$가 실수라는 것을 알 수 있으므로 식 (A3.4)에 공액 복소수를 곱한 다음, n의 모든 가능한 값에 대하여 더하면 다음을 얻을 수 있다.

$$\sum_{n=-\infty}^{\infty} J_n^2(x) = \frac{1}{(2\pi)^2} \sum_{n=-\infty}^{\infty} \int_{-\pi}^{\pi} \int_{-\pi}^{\pi} \exp(jx \sin\theta - jn\theta - jx\sin\phi + jn\phi)\, d\theta\, d\phi$$

이중 적분과 합의 순서를 서로 바꾸면

$$\sum_{n=-\infty}^{\infty} J_n^2(x) = \frac{1}{(2\pi)^2} \int_{-\pi}^{\pi} \int_{-\pi}^{\pi} d\theta\, d\phi \exp[jx(\sin\theta - \sin\phi)] \sum_{n=-\infty}^{\infty} \exp[jn(\phi - \theta)] \tag{A3.12}$$

가 된다. 다음의 델타 함수에 대한 푸리에 변환 이론과의 관계(2장 참조)를 이용하면

$$\delta(\phi) = \frac{1}{2\pi} \sum_{n=-\infty}^{\infty} \exp(jn\phi) \tag{A3.13}$$

식 (A3.12)에서 델타 함수의 전이 특성을 적용하면 다음과 같이 원하는 결과를 얻을 수 있다.

$$\sum_{n=-\infty}^{\infty} J_n^2(x) = \frac{1}{2\pi} \int_{-\pi}^{\pi} d\theta = 1$$

베셀 함수 $J_n(x)$는 또 다른 특성을 갖는다. 하지만 이 책에 안에서는 위에 기술된 1부터 4까지의 특성만으로 충분하다.

부록 4

Q 함수와 에러 함수와의 관계

A4.1 Q 함수

평균이 0이고, 분산이 1인 **정규화된** 가우시안 확률 변수 u에 대해서 **Q 함수**는 x보다 큰 u의 확률로 정의하며 다음과 같이 나타낸다.

$$Q(x) = \frac{1}{\sqrt{2\pi}} \int_x^{\infty} \exp\left(-\frac{u^2}{2}\right) du, \qquad x \geq 0 \tag{A4.1}$$

즉 **평균이 0이고, 분산이 1인 가우시안 밀도 함수의 양의 꼬리 부분 면적과 동일하다.**

식 (A4.1)의 정의로부터 Q 함수의 특성은 다음과 같다.

특성 1 $x=0$에 대하여

$$Q(0) = \frac{1}{2} \tag{A4.2}$$

의 값을 갖는다.

특성 2 $x<0$에 대하여 대응하는 Q 함수의 값은 다음과 같은 관계가 있다.

$$Q(x) = 1 - Q(|x|) \tag{A4.3}$$

표 A4.1 Q 함수 값의 표[a]

x	$Q(x)$	x	$Q(x)$
0.0	0.50000	2.2	0.01390
0.1	0.46017	2.3	0.01072
0.2	0.42074	2.4	0.00820
0.3	0.38209	2.5	0.00621
0.4	0.34458	2.6	0.00466
0.5	0.30854	2.7	0.00347
0.6	0.27425	2.8	0.00256
0.7	0.24196	2.9	0.00187
0.8	0.21186	3.0	0.00135
0.9	0.18406	3.1	0.00097
1.0	0.15866	3.2	0.00069
1.1	0.13567	3.3	0.00048
1.2	0.11507	3.4	0.00034
1.3	0.09680	3.5	0.00023
1.4	0.08076	3.6	0.00016
1.5	0.06681	3.7	0.00011
1.6	0.05480	3.8	7.24×10^{-5}
1.7	0.04457	3.9	4.81×10^{-5}
1.8	0.03593	4.0	3.17×10^{-5}
1.9	0.02872	4.30	0.85×10^{-5}
2.0	0.02275	4.65	0.17×10^{-5}
2.1	0.01786	5.00	0.03×10^{-5}

[a] Table A4.1 is adapted from Abramowitz and Stegun (1964), pp. 966–972. This handbook tabulates the Gaussian (normal) probability density function

특성 3 Q 함수의 유효 경계값은 다음과 같다.

$$Q(x) \le \frac{1}{2}\exp\left(-\frac{1}{2}x^2\right), \quad x \ge 0 \tag{A4.4}$$

표 A4.1은 $0 \le x \le 5$에 대한 $Q(x)$의 값을 표로 나타낸 것이다. 식 (A4.2)에서 (A4.4)까지 기술된 특성들은 표 A4.1의 값을 참고하여 증명할 수 있다.

표 A4.1의 Q 함수의 값은 $0 \le x \le 3.7$에 대하여 소수 5번째 자리까지, $3.8 \le x \le 5$에 대하여 소수 7번째 자리까지 나타내었다.

A4.2 *Q* 함수와 상보적 에러 함수와의 관계

8장에 소개된 Q 함수는 10장에 기술된 디지털 통신의 잡음의 영향을 측정하는 데 이용된다. 다른 논문에서는 이러한 영향을 상보적 에러 함수라는 다른 함수를 이용하여 나타내는 경우를 발견할 수 있다.

먼저 **에러 함수**를 다음과 같이 정의한다.

$$\mathrm{erf}(x) = \frac{2}{\sqrt{\pi}} \int_0^x \exp(-u^2)\, du \tag{A4.5}$$

에러 함수는 다음과 같이 두 가지 유용한 특성이 있다.

특성 1 대칭 관계

$$\mathrm{erf}(-x) = -\mathrm{erf}(x) \tag{A4.6}$$

특성 2

$$\frac{2}{\sqrt{\pi}} \int_0^\infty \exp(-u^2)\, du = 1 \tag{A4.7}$$

에러 함수와 연관된 **상보적 에러 함수**(complementary error function)는 다음과 같이 정의한다.

$$\begin{aligned}\mathrm{erfc}(x) &= \frac{2}{\sqrt{\pi}} \int_x^\infty \exp(-u^2)\, du \\ &= 1 - \mathrm{erf}(x)\end{aligned} \tag{A4.8}$$

식 (A4.1)과 식 (A4.8)의 관계에 의해서 Q 함수와 상보적 에러 함수는 다음과 같은 관계가 있음을 알 수 있다.

$$Q(x) = \frac{1}{2}\,\mathrm{erfc}\left(\frac{x}{\sqrt{2}}\right) \tag{A4.9}$$

역함수로는 다음과 같이 나타낼 수 있다.

$$\mathrm{erfc}(x) = 2Q\left(\sqrt{2}x\right) \tag{A4.10}$$

그러므로 Q 함수를 알면 x에 대하여 대응하는 상보적 에러 함수의 값을 계산하기 위하여 식 (A4.10)을 이용할 수 있다. 반대로 상보적 에러 함수를 알면 이에 대응하는 Q 함수의 값을 계산하기 위하여 식 (A4.9)를 이용할 수 있다.

부록 5
슈바르츠 부등식

구간 $a \le t \le b$의 실수 t에 대한 함수 $g_1(t)$, $g_2(t)$가 다음과 같은 가정을 만족시킨다고 하자.

$$\int_a^b |g_1(t)|^2\, dt < \infty \tag{A5.1}$$

$$\int_a^b |g_2(t)|^2\, dt < \infty \tag{A5.2}$$

슈바르츠 부등식에 따라서 다음과 같이 나타낼 수 있다.

$$\left| \int_a^b g_1(t) g_2(t)\, dt \right|^2 \le \int_a^b |g_1(t)|^2\, dt \int_a^b |g_2(t)|^2\, dt \tag{A5.3}$$

이 부등식을 증명하기 위하여, 실수 λ에 대한 다음과 같은 적분 형태를 고려한다.

$$\int_a^b [\lambda g_1^*(t) + g_2^*(t)][\lambda g_1(t) + g_2(t)]\, dt = \lambda^2 A + \lambda(B + B^*) + C \tag{A5.4}$$

여기서 별표는 켤레 복소수를 의미한다. 또한

$$A = \int_a^b |g_1(t)|^2\, dt \ge 0 \tag{A5.5}$$

$$B = \int_a^b g_1^*(t) g_2(t)\, dt \tag{A5.6}$$

$$C = \int_a^b |g_2(t)|^2\, dt \geq 0 \tag{A5.7}$$

식 (A5.4)의 적분 형태는 실수 값이 존재하며 실수 λ에 대한 함수 $f(\lambda)$가 음이 아닌 값을 가진다. 이 함수는 $f(\lambda) \geq 0$ 이므로 이중근을 제외하고는 실근을 가질 수 없다. 이차 방정식에서 다음과 같이 주어지므로

$$(B + B^*)^2 \leq 4AC \tag{A5.8}$$

$(B+B^*)/2$는 B의 실수 부분이다. 식 (A5.5)에서 식 (A5.7)까지를 식 (A5.8)에 대입하면 다음과 같은 결과를 얻는다.

$$\left\{ \int_a^b [g_1^*(t) g_2(t) + g_1(t) g_2^*(t)]\, dt \right\}^2 \leq 4 \int_a^b |g_1(t)|^2\, dt \int_a^b |g_2(t)|^2\, dt \tag{A5.9}$$

이러한 부등식은 복소수 함수 $g_1(t)$, $g_2(t)$에 대하여 적합한 슈바르츠 부등식의 일반적인 형태이다. $g_1(t)$, $g_2(t)$가 실수인 경우에 식 (A5.3)에 의하여

$$g_1^*(t) g_2(t) + g_1(t) g_2^*(t) = 2 g_1(t) g_2(t) \tag{A5.10}$$

이며 식 (A5.3)이 바로 얻어진다.

여기서 등식은 $g_1(t)$, $g_2(t)$가 모두 영일 때를 제외하고 식 (A5.4)에서 이중근이 존재할 때 성립한다.

$$\lambda g_1(t) + g_2(t) = \lambda g_1^*(t) + g_2^*(t) = 0 \tag{A5.11}$$

λ가 실수이므로 $g_1(t)$, $g_2(t)$는 상호 선형 관계가 있다. 다른 관점에서 바라보면, 식 (A5.4)가 0이 되는 실수 λ가 존재한다. 즉 λ에 대한 1차 미분 계수가 영이 되는 λ가 존재한다. 즉

$$2\lambda A + (B + B^*) = 0 \tag{A5.12}$$

혹은

$$\lambda = -\frac{B + B^*}{2A} = -\frac{\int_a^b [g_1^*(t) g_2(t) + g_1(t) g_2^*(t)]\, dt}{2 \int_a^b |g_1(t)|^2\, dt} \tag{A5.13}$$

이러한 관계는

$$g_2(t) = -\lambda g_1(t) \tag{A5.14}$$

일 때만 성립한다. 즉 이 관계는 식 (A5.11)과 등가이다.

부록 6

수표

이 부록에서는 (1) 푸리에 변환 이론, (2) 푸리에 변환쌍들, (3) 힐베르트 변환쌍들, (4) 삼각 함수 항등식, (5) 급수 전개, (6) 적분 항등식과 적분 공식, (7) 합, (8) 유용한 상수들, 그리고 (9) 권장되는 단위 접두어들을 수록한다.

표 A6.1 푸리에 변환 이론

Property	*Mathematical Description*
1. Linearity	$ag_1(t) + bg_2(t) \rightleftharpoons aG_1(f) + bG_2(f)$ where a and b are constants
2. Dilation (time scaling)	$g(at) \rightleftharpoons \frac{1}{\lvert a\rvert}G\left(\frac{f}{a}\right)$ where a is a constant
3. Duality	If $g(t) \rightleftharpoons G(f)$, then $G(t) \rightleftharpoons g(-f)$
4. Time shifting	$g(t - t_0) \rightleftharpoons G(f)\exp(-j2\pi f t_0)$
5. Frequency shifting	$\exp(j2\pi f_c t)g(t) \rightleftharpoons G(f - f_c)$
6. Area under $g(t)$	$\int_{-\infty}^{\infty} g(t)\,dt = G(0)$
7. Area under $G(f)$	$g(0) = \int_{-\infty}^{\infty} G(f)\,df$
8. Differentiation in the time domain	$\frac{d}{dt}g(t) \rightleftharpoons j2\pi f G(f)$
9. Integration in the time domain	$\int_{-\infty}^{t} g(\tau)\,d\tau \rightleftharpoons \frac{1}{j2\pi f}G(f) + \frac{G(0)}{2}\delta(f)$
10. Conjugate functions	If $g(t) \rightleftharpoons G(f)$, then $g^*(t) \rightleftharpoons G^*(-f)$,
11. Multiplication in the time domain	$g_1(t)g_2(t) \rightleftharpoons \int_{-\infty}^{\infty} G_1(\lambda)G_2(f-\lambda)\,d\lambda$
12. Convolution in the time domain	$\int_{-\infty}^{\infty} g_1(\tau)g_2(t-\tau)\,d\tau \rightleftharpoons G_1(f)G_2(f)$
13. Correlation theorem	$\int_{-\infty}^{\infty} g_1(t)g_2^*(t-\tau)\,dt \rightleftharpoons G_1(f)G_2^*(f)$
14. Rayleigh's energy theorem	$\int_{-\infty}^{\infty} \lvert g(t)\rvert^2\,dt = \int_{-\infty}^{\infty} \lvert G(f)\rvert^2\,df$

표 A6.2 푸리에 변환쌍들

Time Function	*Fourier Transform*
$\text{rect}\left(\frac{t}{T}\right)$	$T\,\text{sinc}\,(fT)$
$\text{sinc}\,(2Wt)$	$\frac{1}{2W}\text{rect}\left(\frac{f}{2W}\right)$
$\exp(-at)u(t), \quad a > 0$	$\frac{1}{a + j2\pi f}$
$\exp(-a\|t\|), \quad a > 0$	$\frac{2a}{a^2 + (2\pi f)^2}$
$\exp(-\pi t^2)$	$\exp(-\pi f^2)$
$\begin{cases} 1 - \frac{\|t\|}{T}, & \|t\| < T \\ 0, & \|t\| \geq T \end{cases}$	$T\,\text{sinc}^2(fT)$
$\delta(t)$	1
1	$\delta(f)$
$\delta(t - t_0)$	$\exp(-j2\pi f t_0)$
$\exp(j2\pi f_c t)$	$\delta(f - f_c)$
$\cos(2\pi f_c t)$	$\frac{1}{2}[\delta(f - f_c) + \delta(f + f_c)]$
$\sin(2\pi f_c t)$	$\frac{1}{2j}[\delta(f - f_c) - \delta(f + f_c)]$
$\text{sgn}(t)$	$\frac{1}{j\pi f}$
$\frac{1}{\pi t}$	$-j\,\text{sgn}(f)$
$u(t)$	$\frac{1}{2}\delta(f) + \frac{1}{j2\pi f}$
$\sum_{i=-\infty}^{\infty} \delta(t - iT_0)$	$\frac{1}{T_0}\sum_{n=-\infty}^{\infty} \delta\left(f - \frac{n}{T_0}\right)$

Notes: $u(t)$ = unit step function
$\delta(t)$ = Dirac delta function
$\text{rect}(t)$ = rectangular function
$\text{sgn}(t)$ = signum function
$\text{sinc}(t)$ = sinc function

표 A6.3 힐베르트 변환쌍들[a]

Time Function	*Hilbert Transform*
$m(t)\cos(2\pi f_c t)$	$m(t)\sin(2\pi f_c t)$
$m(t)\sin(2\pi f_c t)$	$-m(t)\cos(2\pi f_c t)$
$\cos(2\pi f_c t)$	$\sin(2\pi f_c t)$
$\sin(2\pi f_c t)$	$-\cos(2\pi f_c t)$
$\delta(t)$	$\frac{1}{\pi t}$
$\frac{1}{t}$	$-\pi\delta(t)$

[a]In the first two pairs, it is assumed that $m(t)$ is band limited to the interval $-W \leq f \leq W$, where $W < f_c$.

표 A6.4 삼각 함수 항등식

$$\exp(\pm j\theta) = \cos\theta \pm j\sin\theta$$
$$\cos\theta = \tfrac{1}{2}[\exp(j\theta) + \exp(-j\theta)]$$
$$\sin\theta = \frac{1}{2j}[\exp(j\theta) - \exp(-j\theta)]$$
$$\sin^2\theta + \cos^2\theta = 1$$
$$\cos^2\theta - \sin^2\theta = \cos(2\theta)$$
$$\cos^2\theta = \tfrac{1}{2}[1 + \cos(2\theta)]$$
$$\sin^2\theta = \tfrac{1}{2}[1 - \cos(2\theta)]$$
$$2\sin\theta\cos\theta = \sin(2\theta)$$
$$\sin(\alpha \pm \beta) = \sin\alpha\cos\beta \pm \cos\alpha\sin\beta$$
$$\cos(\alpha \pm \beta) = \cos\alpha\cos\beta \mp \sin\alpha\sin\beta$$
$$\tan(\alpha \pm \beta) = \frac{\tan\alpha \pm \tan\beta}{1 \mp \tan\alpha\tan\beta}$$
$$\sin\alpha\sin\beta = \tfrac{1}{2}[\cos(\alpha - \beta) - \cos(\alpha + \beta)]$$
$$\cos\alpha\cos\beta = \tfrac{1}{2}[\cos(\alpha - \beta) + \cos(\alpha + \beta)]$$
$$\sin\alpha\cos\beta = \tfrac{1}{2}[\sin(\alpha - \beta) + \sin(\alpha + \beta)]$$

표 A6.5 급수 전개

Taylor series
$$f(x) = f(a) + \frac{f'(a)}{1!}(x-a) + \frac{f''(a)}{2!}(x-a)^2 + \cdots + \frac{f^{(n)}(a)}{n!}(x-a)^n + \cdots$$

where
$$f^{(n)}(a) = \frac{d^n f(x)}{dx^n}\Big|_{x=a}$$

MacLaurin series
$$f(x) = f(0) + \frac{f'(0)}{1!}x + \frac{f''(0)}{2!}x^2 + \cdots + \frac{f^{(n)}(0)}{n!}x^n + \cdots$$

where
$$f^{(n)}(0) = \frac{d^n f(x)}{dx^n}\Big|_{x=0}$$

Binomial series
$$(1+x)^n = 1 + nx + \frac{n(n-1)}{2!}x^2 + \cdots, \qquad |nx| < 1$$

Exponential series
$$\exp x = 1 + x + \frac{1}{2!}x^2 + \cdots$$

Logarithmic series
$$\ln(1+x) = x - \tfrac{1}{2}x^2 + \tfrac{1}{3}x^3 - \cdots$$

Trigonometric series
$$\sin x = x - \frac{1}{3!}x^3 + \frac{1}{5!}x^5 - \cdots$$
$$\cos x = 1 - \frac{1}{2!}x^2 + \frac{1}{4!}x^4 - \cdots$$
$$\tan x = x + \frac{1}{3}x^3 + \frac{2}{15}x^5 + \cdots$$
$$\sin^{-1}x = x + \frac{1}{6}x^3 + \frac{3}{40}x^5 + \cdots$$
$$\tan^{-1}x = x - \frac{1}{3}x^3 + \frac{1}{5}x^5 - \cdots, \qquad |x| < 1$$
$$\operatorname{sinc} x = 1 - \frac{1}{3!}(\pi x)^2 + \frac{1}{5!}(\pi x)^4 - \cdots$$

표 A6.6 적분 항등식과 적분 공식

Indefinite integrals

$$\int x \sin(ax)\, dx = \frac{1}{a^2}[\sin(ax) - ax\cos(ax)]$$

$$\int x \cos(ax)\, dx = \frac{1}{a^2}[\cos(ax) + ax\sin(ax)]$$

$$\int x \exp(ax)\, dx = \frac{1}{a^2}\exp(ax)(ax - 1)$$

$$\int x \exp(ax^2)\, dx = \frac{1}{2a}\exp(ax^2)$$

$$\int \exp(ax)\sin(bx)\, dx = \frac{1}{a^2 + b^2}\exp(ax)[a\sin(bx) - b\cos(bx)]$$

$$\int \exp(ax)\cos(bx)\, dx = \frac{1}{a^2 + b^2}\exp(ax)[a\cos(bx) + b\sin(bx)]$$

$$\int \frac{dx}{a^2 + b^2x^2} = \frac{1}{ab}\tan^{-1}\left(\frac{bx}{a}\right)$$

$$\int \frac{x^2\, dx}{a^2 + b^2x^2} = \frac{x}{b^2} - \frac{a}{b^3}\tan^{-1}\left(\frac{bx}{a}\right)$$

Definite integrals

$$\int_0^\infty \frac{x\sin(ax)}{b^2 + x^2}dx = \frac{\pi}{2}\exp(-ab), \qquad a > 0, b > 0$$

$$\int_0^\infty \frac{\cos(ax)}{b^2 + x^2}dx = \frac{\pi}{2b}\exp(-ab), \qquad a > 0, b > 0$$

$$\int_0^\infty \frac{\cos(ax)}{(b^2 - x^2)^2}dx = \frac{\pi}{4b^3}[\sin(ab) - ab\cos(ab)], \qquad a > 0, b > 0$$

$$\int_0^\infty \operatorname{sinc} x\, dx = \int_0^\infty \operatorname{sinc}^2 x\, dx = \frac{1}{2}$$

$$\int_0^\infty \exp(-ax^2)\, dx = \frac{1}{2}\sqrt{\frac{\pi}{a}}, \qquad a > 0$$

$$\int_0^\infty x^2\exp(-ax^2)\, dx = \frac{1}{4a}\sqrt{\frac{\pi}{a}}, \qquad a > 0$$

표 A6.7 합

$$\sum_{k=1}^{K} k = \frac{K(K+1)}{2}$$

$$\sum_{k=1}^{K} k^2 = \frac{K(K+1)(2K+1)}{6}$$

$$\sum_{k=1}^{K} k^3 = \frac{K^2(K+1)^2}{4}$$

$$\sum_{k=0}^{K-1} x^k = \frac{(x^K - 1)}{x - 1}$$

표 A6.8 유용한 상수들

Physical Constants	
Boltzmann's constant	$k = 1.38 \times 10^{-23}$ joule/Kelvin
Planck's constant	$h = 6.626 \times 10^{-34}$ joule-second
Electron (fundamental) charge	$q = 1.602 \times 10^{-19}$ coulomb
Speed of light in vacuum	$c = 2.998 \times 10^{8}$ meters/second
Standard (absolute) temperature	$T_0 = 273$ Kelvin
Thermal voltage	$V_T = 0.026$ volt at room temperature
Thermal energy kT at standard temperature	$kT_0 = 3.77 \times 10^{-21}$ joule
One hertz (Hz) = 1 cycle/second; 1 cycle = 2π radians	
One watt (W) = 1 joule/second	

Mathematical Constants	
Base of natural logarithm	$e = 2.7182818$
Logarithm of e to base 2	$\log_2 e = 1.442695$
Logarithm of 2 to base e	$\ln 2 = \log_e 2 = 0.693147$
Logarithm of 2 to base 10	$\log_{10} 2 = 0.30103$
Pi	$\pi = 3.1415927$

표 A6.9 권장되는 단위 접두어들

Multiples and Submultiples	*Prefixes*	*Symbols*
10^{12}	tera	T
10^{9}	giga	G
10^{6}	mega	M
10^{3}	kilo	K (k)
10^{-3}	milli	m
10^{-6}	micro	μ
10^{-9}	nano	n
10^{-12}	pico	p

부록 7

7~10장 문제의 컴퓨터 실험에 대한 MATLAB 소스 코드

Problem 7.30

```
%-----------------------------------------------------------------
% Script for Problem 7.30(a).
% Modify this script for 7.30(b)
%-----------------------------------------------------------------
Fs          = 32:          % (Hz) Sample rate (samples per symbol)
fc          = 10:          % (Hz) Carrier frequency
Nbits       = 5000:        % Number of bits in sequence
PulseShape  = ones(1,Fs):  % rectangular pulse shape

%--- Generate two random sequences -----
bI      = sign(rand(1,Nbits)-0.5);
bQ      = sign(rand(1,Nbits)-0.5);

%--- Create impulse train ------------
bI_t    = [1 zeros(1,Fs-1)]' * bI;
bI_t    = bI_t(:);
bQ_t    = [1 zeros(1,Fs-1)]' * bQ;
bQ_t    = bQ_t(:);

%--- Pulse shape and create bandpass signal -----
bIp     = filter(PulseShape, 1, bI_t);
bQp     = filter(PulseShape, 1, bI_t);

t = [1:length(bIp)]' / Fs; % time scale for bandpass signal
s = bIp .* cos(2*pi*fc*t) - bQp .* sin(2*pi*fc*t);

%---- Display results ----------------------------
subplot(2,1,1), plot(t,s);        % time display
ylabel('Amplitude'). xlabel('Time (s)'). axis([0, 50, -2, 2])

nFFT = 2*256;             %frequency display
[spcc,freq] = spectrum(s,nFFT,nFFT/4.nFFT/2.Fs);
subplot(2,1,2). plot(freq, 10*log10(spec(:,l)/sqrt(nFFT)) )
ylabel('Spectrum (dB)'), xlabel('Frequency (Hz)'), axis([0, 16, -40, 10])
```

Problem 7.31

```
%--------------------------------------------------------------------------
% Modifiy the script for Problem 7.30 to use the following
% raised cosine pulse shape
% Uses offset time scale to avoid divide by zero
%--------------------------------------------------------------------------
B0          = 0.5;                               % (Hz)
t           = [-2.001: 1/Fs : + 2.001]           % offset time scale for pulse shape
rcos        = sinc(4*B0*t) ./ (1-16*B0^2*t.^2):  %from Eq.(6.20)
PulseShape  = rcos:
```

Problem 8.54

```
%--------------------------------------------------------------------------
% Probability distribution with loaded die
%--------------------------------------------------------------------------
function a=Problem8_54;
N = 1000

for i=1:N
  X(i) = LoadedDie;
end
[F,X] = hist(X,[1:6]);    % plot histogram of results
stem(X,F);

function b = LoadedDie
% generate non-uniform distribution over 1..6
b = floor(6*rand(1,1)^3) + 1;
```

Problem 8.55

```
%--------------------------------------------------------------------------
% Probability distribution of five uniform variates
%--------------------------------------------------------------------------

N        = 5;              % number of uniform r.v.s to sum
nSmps    = 20000;          % number of samples to generate

%----- Generate samples of uniform random variable ------
Y        = 2*rand(N,nSmps)- 1;     % uniform r.v. over [-1,+1]
cSmps    = sum(Y);

%----- Compute histogram and plot ------
[N1,X]   = hist(cSmps,40); % histogram with 40 bins
Delta    = X(2)- X(1);
plot(X, N1/nSmps/Delta);  % normalize plot

%----- compare to theory -------
hold on
x      = [-5:0.01:5]
sigma2   = N*(1/3);        % variance of one uniform is 1/3
Gauss    = exp(-x.^2/2/sigma2) / sqrt(2*pi*sigma2);
plot(x,Gauss,'r');
hold off
```

Problem 8.58

```
N = 100000;        %---- number of samples
x = randn(1,N);  %---- generate Gaussian sequence

%---- approximation to pulse shape of root raised cosine filter pulse
%      with 50% rolloff (cutoff at 1/8 of sampling rate)
rrc    = [  0.0015  -0.0082  -0.0075   0.0077   0.0212   0.0077 ...
          -0.0375  -0.0784  -0.0531   0.0784   0.2894   0.4873 ...
           0.5684   0.4873   0.2894   0.0784  -0.0531  -0.0784 ...
          -0.0375   0.0077   0.0212   0.0077  -0.0075  -0.0082...
           0.0015];
z  = filter(rrc,1,x);              %---- filter random process
[P,F] = spectrum(z,256,0,Hanning(256),Fs); % compute spectrum and plot
plot(F,P(:,1));
figure(2);
Az = xcorr(z,25);                  %---- compute the autocorrelation for 25 lags
plot(Az/max(abs(Az)));             %---- plot the normalized autocorrelation
grid
```

Problem 9.26

```
Fs  = 1000 ;  % sampling rate
fc  = 100;   % carrier frequency
%--------------------------------------------------
% Bandpass filter - 6th order Chebychev 1
% Passband from 50 to 150 Hz
%--------------------------------------------------
Bt  = 100;   % Bandpass bandwidth
b = [ 1    0   -3    0    3    0   -1];
a = [ 1.0000  -4.3705   8.6828  -10.0000   7.0486  -2.8825   0.5398];
G = 0.0115;
%--------------------------------------------------
SNRdBr = 30;
ka     = 0.3;
t      = [0:1/Fs:2];
A      = sqrt(2);   % for unity power carrier.
sigma2 = (1+ka^2*0.5) * 10^(-SNRdBr/10) * (Fs/2)/Bt;
sigma  = sqrt(sigma2);
m      = sin(2*pi*2*t);

%---- Modulator -----------
c  = cos(2*pi*fc*t);
AM = A*(1+ka*m).*c;

%---- Add noise ------------
AMn = AM + sigma * randn(size(AM));

%---- Bandpass filter ---------------------------------
RxAMn = G*filter(b,a,AMn);
RxAM  = G*filter(b,a,AM);    % noise free

%---- Pre-detection SNR ----------------------------
C_N = 10*log10(sum(RxAM.^2)/sum((RxAMn-RxAM).^2))

%---- Envelope detector -----------------------------
BB_sig  = EnvelopeDetector(RxAM);  % clean baseband signal
BB_sign = EnvelopeDetector(RxAMn); % noisy baseband signal

%---- Compute post-detection SNR ---------
error = sum((BB_sig - BB_sign).^2);
C     = sum(BB_sig.^2);
SNRdBpost = 10*log10(C/error)

%---- plot output ----------------------
figure(1);
plot(t, BB_sig); xlabel('Time (s)'), ylabel('Amplitude')
hold on, plot(t, BB_sign,'g'), hold off

% see Miscellaneous for description of Envelope Detector
```

Problem 9.27

```
CNdB   = [3:1:22];               % pre-detection SNR
Fs     = 500;                    % sampling rate (Hz)
t      = [0: (1/Fs) : 500-1/Fs];  % sample times for signal

%---- FM Modulator -------------------
A      = 1;
kf     = 20.0;                          % FM sensitivity
fm     = 1;                             % frequency of modulating tone (Hz)
m      = sin(2*pi*fm*t);                % message signal
Int_m  = cos(2*pi*fm*t) /2/pi;          % integrated message
FM     = A*exp(j*2*pi*kf*Int_m);  % phasor representation

for i=1:length(CNdB)
   %---- Generate bandlimited baseband noise ----
   Noise = LowPassNoise(CNdB(i), length(FM));

   %---- Generate carrier ----------------------------
   fc       = Fs/10;   % carrier frequency for demodulation
   Carrier   = exp(j*2*pi*fc * [1:length(FM)]/Fs );

   %---- Upconvert and demodulate -----------------------------
   Noisy_message = FMdiscriminator( (FM+Noise) .* Carrier, Fs);
   Clean_message = FMdiscriminator( (FM) .* Carrier, Fs);

   PreSNR(i) = 20*log10(std(FM)/std(Noise));
   %---- Compute Post-detection SNR --------------------------
   Noise_power  = sum((Noisy_message - Clean_message).^2);
   Signal_power = sum(Clean_message.^2);
   SNRdB(i) = 10*log10(Signal_power/Noise_power);

   W  = 5.5;   % noise bandwidth of lowpass filter used in discriminator
   Bt = Fs/8;   % transmission bandwidth
   Theory(i) = 10*log10 ( 3*A^2*kf^2*0.5 / (2*(std(Noise)^2/Bt)*W^3));

   [CNdB(i) SNRdB(i) Theory(i)]
end

%---- plot results -------------------------------------------------------------
plot(PreSNR, SNRdB)
hold on, plot(PreSNR, Theory,'g'), hold off
grid on, xlabel ('C/N (dB)'), ylabel ('Post-detection SNR (dB)')

% see Miscellaneous for description of FMdiscriminator
```

Problem 10.30

```
Eb_N0 = 2;
Nbits = 10000;    % number of bits, increase for higher Eb/N0
Fs    = 4;        % number of samples per bit
b     = sign(randn(1,Nbits));  % random data
pulse = ones(1,Fs);
Eb    = sum(pulse.^2);
N0    = Eb / Eb_N0;
%---- perform rectangular pulse shaping ----
S     = pulse' * b;
S     = S(:);
plot(S(1:100));
[P,F] = spectrum(S,256,0,Hanning(256),Fs);
plot(F,P(:,1));
%---- add Gaussian noise -----
Noise = sqrt(N0/2)*randn(size(S));
R  = S + Noise;

%---- integrate and dump -----
D = sum(reshape(R,Fs,Nbits));
D = sign(D);  % make bit decision
%---- count errors -------------
Nerrs = (Nbits - sum(D.*b))/2;
BER   = Nerrs/Nbits
```

Problem 10.31

```
Eb_N0   = 2;
Nbits   = 10000;                  % number of bits to simulate
Fs      = 4;                      % number of samples per bit
b       = sign(randn(1,Nbits));   % random data

%---- root raised cosine pulse shape: 100% rolloff -----
pulse = [ 0.0064   0.0000  -0.0101   0.0000   0.0182  -0.0000  -0.0424 ...
          0.0000   0.2122   0.5000   0.6367   0.5000   0.2122  -0.0000 ...
         -0.0424   0.0000   0.0182  -0.0000  -0.0101   0.0000  0.0064 ];
Delay  = length(pulse);
Eb     = sum(pulse.^2);
N0     = Eb / Eb_N0;

%---- perform root raised cosine pulse shaping ----
b_delta = [1 zeros(1,Fs-1)]' * b;  % make b into a stream of delta functions
b_delta = b_delta(:)';
S       = filter(pulse,1,[b_delta zeros(1,Delay)]);  % add zeros for delay of filter

%---- add Gaussian noise -----
Noise = sqrt(N0/2)*randn(size(S));
R  = S + Noise;
```

```
%---- match filter detection --------
De = filter(pulse,1,R);
D  = sign(De(Delay:Fs:end));  % sample output at proper instant
D  = D(1:Nbits)';
%---- count errors -------------
Nerrs = (Nbits - sum(D.*b))/2;
BER   = Nerrs/Nbits

%---- plot eye diagram -------------
ploteye(De(Delay:end), Fs)
```

Miscellaneous

```
function BB_sig = EnvelopeDetector(AM_sig);
%-----------------------------------------------------------------------------------------------------
% Lowpass filter - 4th over Butterworth cutoff freq. = 50 Hz  with 1 kHz sampling rate
%-----------------------------------------------------------------------------------------------------
bLP = [1    4    6    4    1];
aLP = [ 1.0000   -3.1806    3.8612   -2.1122    0.4383];
GLP =  4.1660e-004;

%---- Envelope detector model -----
AM_env(1)  = AM_sig(1);
decay      = 0.01;    % signal decay over one sample period

for i= 2:length(AM_sig);
  AM_env(i)  = max(AM_sig(i), AM_env(i-1) - decay);
end
AM_rec   = AM_env  - mean(AM_env);

%---- low pass filter ---------------------------
BB_sig  = GLP * filter(bLP, aLP, AM_rec);

function Message = FMdiscriminator(FM,Fsample);

%---- Lowpass Filter:  Finite Impulse Response
%----  (36 taps Fsample = 125 Hz, Fpass=5Hz Fstop= 10Hz, 40dB )
FIR_LP = [  -0.0009   -0.0109   -0.0102   -0.0140   -0.0167   -0.0180   -0.0171 ...
         -0.0133   -0.0064    0.0038    0.0172    0.0329    0.0502    0.0676 ...
          0.0839    0.0975    0.1074    0.1126    0.1126    0.1074    0.0975 ...
          0.0839    0.0676    0.0502    0.0329    0.0172    0.0038   -0.0064 ...
         -0.0133   -0.0171   -0.0180   -0.0167   -0.0140   -0.0102   -0.0109 ...
         -0.0009];

%figure(2),spectrum(FM,512,0,Hanning(512),Fsample);
```

```
%---- FM discriminator detection ------------------------------
FMc     = FM ./ abs(FM);                              % limiter
FMdis   = (FMc(2:end)- FMc(1:end-1)) * Fsample;  % differentiator
FMenv   = abs(FMdis);                                % envelope detector
FMlp    = FMenv - mean(FMenv);                       % remove d.c. offset
BBdec   = decimate(FMlp,2);                          % reduce sampling rate
BBdec   = decimate(BBdec,2);
Message = filter(FIR_LP, 1, BBdec);             % low pass filter

%plot(Message);

function Noise = LowPassNoise (SNRdB, Nsmps)
%--------------------------------------------------------------
% Generates lowpass noise by interpolating white
% noise with three interpolate-by-2 stages
%--------------------------------------------------------------
   sigma2 = 10^(-SNRdB/10);
   sigma  = sqrt(sigma2/2);

   %---- Generate bandlimited baseband noise ----
   Noise  = sigma * (randn(1,Nsmps/8)+ j*randn(1,Nsmps/8)); % white noise
   Noise  = interp(Noise,2);              % upsample by two
   Noise  = interp(Noise,2);
   Noise  = interp(Noise,2);

function [T,EyeSig] = ploteye(s,ups,offset);
%--------------------------------------------------------------
%  Function to plot eye diagram of s
%
%  Inputs
%     s - real signal
%     ups - oversample rate
%--------------------------------------------------------------
if (nargin [less] 3), offset = 0; end
s   = interp(s,4);
ups = ups*4;
f   = mod(length(s),ups);
s   = real(s(f+1+offset:end-(ups-offset)));

%--------------------------------------------------------------
EyeSigRef = reshape(real(s),ups,length(s)/ups);
EyeSigm1  = EyeSigRef(ups/2+2:ups,1:end-2);
EyeSig0   = EyeSigRef(:,2:end-1);
EyeSigp1  = EyeSigRef(1:ups/2,3:end);
EyeSig    = [EyeSigm1; EyeSig0; EyeSigp1];

T = [-1+1/(ups) : 1/(ups) : +1-1/(ups)];
plot(T,EyeSig)
xlabel('Symbol periods')
ylabel('Amplitude')
```

부록 8
연습문제에 대한 해답

Notes:

1. Chapter 1 has no Drill Problems and therefore no answers.
2. Many of the Drill Problems in Chapters 2 through 11 have the answers embodied in the problem statements; hence, these problems are not addressed here.

Chapter 2

2.1 $G(f) = \dfrac{2\pi f_c}{1 + 4\pi^2(f - f_c)^2}$

2.2 $g(t) = \dfrac{1}{\pi t}(e^{-j2\pi Wt} - 1)$

2.3 The imaginary part of $G(0)$ must be zero.

2.4 The imaginary part of $G(f)$ must be an odd function of f.

2.11 $1 + T\sum_{m=1}^{\infty}\cos(2\pi m f_0 t) = T_0\sum_{n=-\infty}^{\infty}\delta(f - nf_0), \qquad f_0 = 1/T_0$

2.12 (a) It is possible for a system to be causal but unstable.

(b) By the same token, it is possible for the system to be stable but noncausal.

2.13 $H(f) = \sqrt{2\pi}\tau\exp(-2\pi^2\tau^2 f^2)$

2.14 (a) $|H(f)| = w_{\frac{N-1}{2}} + 2\sum_{n=0}^{\frac{1}{2}(N-1)-1} w_n\cos(2\pi nf\,\Delta\tau)$

(b) $\arg(H(f)) = \exp\left(-j2\pi\left(\dfrac{N-1}{2}\right)f\Delta\tau\right)$

The implication of this result is a constant delay in signal transmission across the filter, hence no phase distortion.

(c) The time delay is equal to $(N-1)\Delta\tau/2$.

2.15 $R^*_{yx}(-\tau) = R_{xy}(\tau)$

2.16 $E_g(f) = \dfrac{1}{a^2 + 4\pi^2 f^2}, \qquad -\infty < f < \infty$

2.17 $E_g(f) = \dfrac{4a^2}{(a^2 + 4\pi^2 f^2)^2}, \qquad -\infty < f < \infty$

Chapter 3

3.1 The envelope of the AM signal can assume zero value, if $k_a m(t) = -1$ for some t, where k_a is the amplitude sensitivity factor and $m(t)$ is the message signal.

3.2 (a) 98%

(b) 1%

3.3 $f_c > W$, where f_c is the carrier frequency and W is the message bandwidth.

3.4 (a) The spectral context of the output $v_2(t)$ consists of two parts:

AM part:

$$F[(a_1 + 2a_2 m(t))\cos(2\pi f_c t)] = \frac{1}{2}a_1(\delta(f - f_c) + \delta(f + f_c)) + a_2(M(f - f_c) + M(f + f_c))$$

Undesirable part:

$$F[a_1 m(t) + a_2 A_c^2 \cos^2(2\pi f_c t) + a_2 m^2(t)]$$

(b) The required band-pass filter must have bandwidth $2W$ centered on f_c; that is, the cutoff frequencies of the filter are $f_c - W$ and $f_c + W$.

(c) To extract the AM wave, we require $f_c > 3W$.

3.5 The average power in the lower or upper side-frequency, expressed as a percentage of the average power in the DSB-SC modulated wave, is 50%.

3.6 (a)
$$v(t) = \frac{1}{4}A_c A_m[\cos(2\pi(2f_c + f_m)t) + \cos(2\pi f_m t)] + \frac{1}{4}A_c A_m[\cos(2\pi(2f_c - f_m)t) + \cos(2\pi f_m t)]$$

(b) The two sinusoidal terms inside the first set of square brackets are produced by the upper side-frequency at $f_c + f_m$. The other two sinusoidal terms inside the second set of square brackets are produced by the side-frequency at $f_c - f_m$.

3.7 Spectral overlap occurs when $f_c < W$. When this happens, part of the lower sideband moves into the negative frequency region, and the corresponding part of the image of that sideband moves into the positive frequency region, causing spectral overlap. The coherent detection then breaks down because the detector is unable to resolve part of the spectrum where overlap occurs.

3.12 For the coherent detector to recover the original message signal (except for scaling), we require that $f_c > W$.

Chapter 4

4.2 The phase sensitivity factor k_p is measured in radians/volt. The frequency sensitivity factor k_f is measured in hertz/volt. Therefore, the dimensionality of product term $2\pi k_f T$ is

$$\begin{aligned}(\text{hertz/volt}) \times (\text{second}) &= \left(\frac{\text{cycles}}{\text{second}}\frac{1}{\text{volt}}\right) \times (\text{second}) \\ &= \text{radians/volt}\end{aligned}$$

which is the same as the dimensionality of k_p.

4.4 (a) The envelope is

$$\begin{aligned} a(t) &= A_c\sqrt{1 + \beta^2 \sin^2(2\pi f_m t)} \\ &\approx A_c\left(1 + \frac{1}{2}\beta^2 \sin^2(2\pi f_m t)\right) \qquad \text{for small } \beta. \\ &= A_c\left(1 + \frac{1}{4}\beta^2 - \frac{\beta^2}{4}\sin(4\pi f_m t)\right) \end{aligned}$$

Maximum envelope occurs when $\sin(2\pi f_m t) = \pm 1$, thereby attaining the value $A_c\left(1 + \frac{1}{2}\beta^2\right)$.

Minimum envelope occurs when $\sin(2\pi f_m t) = 0$, thereby attaining the value A_c. Therefore,

$$\frac{(\text{Envelope})_{\max}}{(\text{Envelope})_{\min}} = 1 + \frac{1}{2}\beta^2$$

(b) $$\frac{\text{Average power of narrow-band FM}}{\text{Average power of unmodulated carrier}} = \left(1 + \frac{1}{2}\beta^2\right)$$

(c) The harmonic distortion is produced by the term $\frac{\beta^3}{3}\sin^3(2\pi f_m t)$. For $\beta = 0.3$ radian, the distortion is $9 \times 10^{-3} \approx 1\%$, which is small enough to be ignored.

Chapter 5

5.5 (a) Nyquist rate = 200 Hz; Nyquist interval = 5 ms.

(b) Nyquist rate = 400 Hz; Nyquist interval = 2.5 ms.

(c) Nyquist rate and Nyquist interval are the same as in part (b).

5.6 (a) For $T_s = 0.25$s,

$$g_\delta(t) = \sum_{n=-\infty}^{\infty} \cos\left(\frac{n\pi}{4}\right)\delta(t - 0.25n).$$

(b) For $T_s = 1$s,

$$g_\delta(t) = \sum_{n=-\infty}^{\infty} (-1)^n \delta(t - n).$$

(c) For $T_s = 1.5$s,

$$g_\delta(t) = \sum_{n=-\infty}^{\infty} \cos(1.5n\pi)\delta(t - 1.5n).$$

5.7 The Nyquist rate must exceed 1 Hz; correspondingly, the Nyquist interval must be less than 1s.

Chapter 6

6.1 For the input 001101001, the waveform at the receiver output consists of $\text{sinc}(t/T_b)$ whenever symbol 1 is transmitted and $-\text{sinc}(t/T_b)$ whenever symbol 0 is transmitted. There will be no intersymbol interference because the sinc pulse goes through zero whenever another symbol is transmitted.

6.4 (b) The value assigned to the delay τ should decrease with increasing α:

(i) $\tau \approx 5\text{s}$ for $\alpha = 0$

(ii) $\tau \approx 3\text{s}$ for $\alpha = 1/2$

(iii) $\tau \approx 2.5\text{s}$ for $\alpha = 1$

Chapter 7

7.6 Starting at zero, the trellis increases linearly reaching π radians on the transmission of 11, then decreases linearly to $\pi/2$ on the transmission of 0, increases to π on the transmission of 1; the level π is equal to $-\pi$ modulo 2π. It then increases linearly from $-\pi$ to $\pi/2$ on the transmission of 111. Finally, it decreases linearly to $-\pi/2$ on the transmission of 00.

7.8 The linear input-output characteristic of the frequency discriminator has the following specifications:

- It occupies the frequency range $f_c - \frac{1}{4}T_b < f < f_c + \frac{1}{4}T_b$.
- It goes through zero at $f = f_c$.

Chapter 8

8.1 0.82

8.2 5.5×10^{-5}

8.3 $\dfrac{pp_0}{pp_0 + (1-p)p_1}$ and $\dfrac{pp_1}{pp_1 + (1-p)p_0}$

8.4 (a) 0.5

(b) 0.5

(c) 0.9999

(d) 0.0001

8.5 $(b + a)/2$ and $(b - a)^2/12$

8.6 0 and 1

8.7 $f_Y(y) = \begin{cases} 0, & y < -1 \\ \dfrac{1}{\pi\sqrt{1-y^2}}, & |y| < 1 \\ 0, & y > 1 \end{cases}$

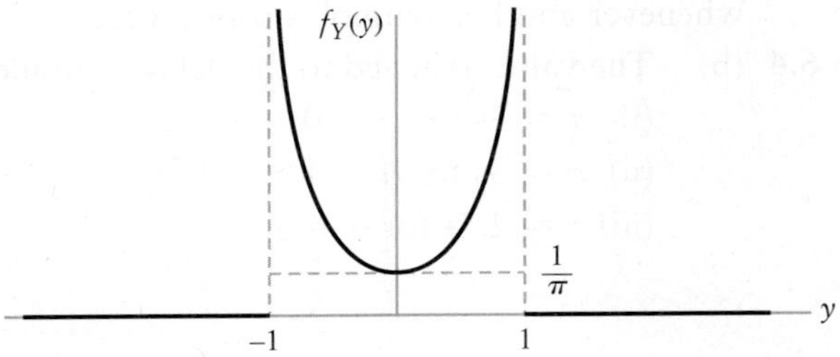

8.10 0 and 5/3.

8.11 Yes

8.13 $R_X(t_1, t_2) = \frac{1}{6}\left[\cos(2\pi f(t_1 - t_2)) + \cos(2\pi f(t_1 + t_2))\right]$; No.

8.14 $R_Y(n) = (\alpha_0^2 + \alpha_1^2)\sigma^2\delta(n) + \alpha_0\alpha_1\sigma^2(\delta(n-1) + \delta(n+1))$; Yes

8.15 $S_Y(k) = \beta_0 + 2\beta_1 \cos\left(\dfrac{2\pi k}{N}\right)$ and $S_Y(k)$ corresponds to frequency $\dfrac{kf_s}{N}$ where f_s is the sampling rate, where $\beta_0 = (\alpha_0^2 + \alpha_1^2)\sigma^2$ and $\beta_1 = \alpha_0\alpha_1\sigma^2$.

8.16 Yes

8.17 (a) N_0

(b) $S_Y(k) = N_0\left|\dfrac{1-(\alpha W^k)^N}{1-\alpha W^k}\right|^2$

Chapter 9

9.1 $\text{SNR} = \dfrac{(S+N)-(N)}{(N)}$ where ( ) indicates independent power measurements.

9.2 18 dB

9.3 $\text{SNR}_{\text{POST}}^{\text{AM}}/\text{SNR}_{\text{POST}}^{\text{DSB}}$ is 0.04 and 0.14.

9.4 Envelope detection is insensitive to a phase offset.

9.5 18 dB and the SSB transmission bandwidth is half that of DSB-SC.

9.6 8 kHz and 20.1 dB

9.7 Upper channel is worse by 17.1 dBs

9.8 34.7 dB and 48.3 dB

Chapter 10

10.1 (a) $\mathbf{P}(R_1|H_0)$
(b) $\mathbf{P}[R_0|H_1]\mathbf{P}[H_1] + \mathbf{P}[R_1|H_0]\mathbf{P}[H_0]$

10.2 $cs^*(t)$

10.3 $\sqrt{\alpha/2}$

10.5 (a) $R(f)\exp(-j2\pi flT)$
(b) $R^2(f)\exp(-j2\pi flT)$
(c) $q(\tau) = m(\tau - lT)$ where $m(\tau)$ is the raised cosine pulse shape, $q(kT) = m((k-l)T) = \delta(k-l)$.

10.6 PAM bandwidth is 7.2 kHz. BPSK bandwidth is 14.4 kHz

10.7

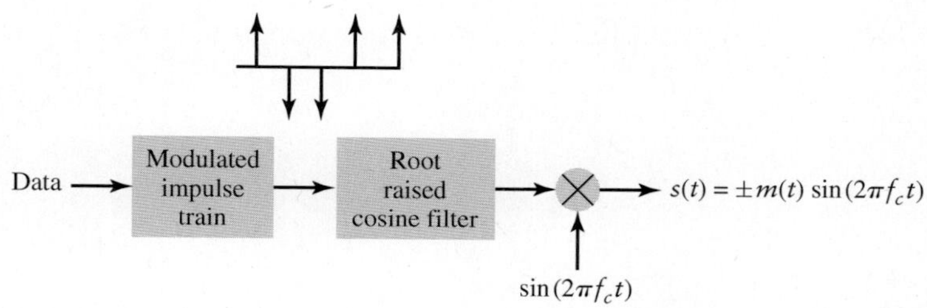

(a)

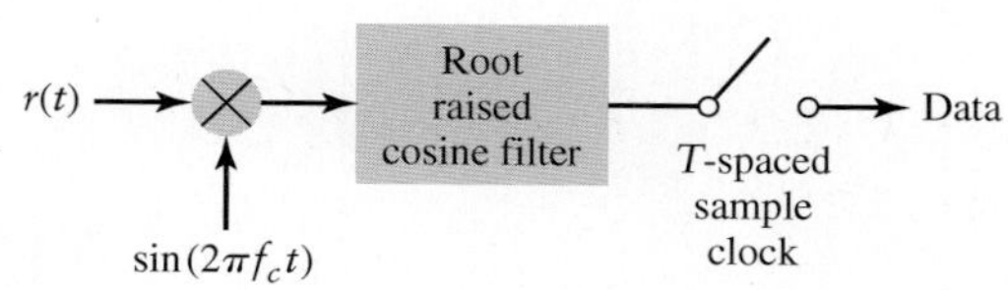

(b)

10.9 (a) $\mathbf{E}[N_1N_2] = 0$
(b) $\mathrm{Var}(N_1 - N_2) = N_0T$

Chapter 11

11.1 4×10^{-12} watts and 6.3 millivolts
11.2 8×10^{-15} watts
11.3 2610°K
11.4 −147 dBm/Hz and −122 dBm/Hz
11.5 9.97 dB
11.6 53.0 dB and 43.5 dB
11.7 −143 dBW
11.8 120°K, 14.7 dB, and 13 dB
11.9 13.9 m
11.10 132 dB and 101 dB
11.11 $R_{median} = 0.83R_{rms}$

기호 해설

Functions	
1. Rectangular functions	$\mathrm{rect}(t) = \begin{cases} 1, & -\frac{1}{2} < t < \frac{1}{2} \\ 0, & \lvert t \rvert > \frac{1}{2} \end{cases}$
2. Unit step function	$u(t) = \begin{cases} 1, & t > 0 \\ 0, & t < 0 \end{cases}$
3. Signum function	$\mathrm{sgn}(t) = \begin{cases} 1, & t > 0 \\ 0, & t = 0 \\ -1, & t < 0 \end{cases}$
4. (Dirac) delta function	$\delta(t) = 0, \quad t \neq 0$
	$\int_{-\infty}^{\infty} \delta(t)\, dt = 1$
or, equivalently,	$\int_{-\infty}^{\infty} g(t)\delta(t - t_0)\, dt = g(t_0)$
5. Sinc function	$\mathrm{sinc}(x) = \frac{\sin(\pi x)}{\pi x}$
6. Sine integral	$\mathrm{Si}(x) = \int_0^x \frac{\sin u}{u}\, du$
7. Q-function	$Q(x) = \frac{1}{\sqrt{2\pi}} \int_x^{\infty} \exp\left(-\frac{u^2}{2}\right) du$
8. Binomial coefficient	$\binom{n}{k} = \frac{n!}{(n-k)!k!}$
9. Bessel function of the first kind of order n	$J_n(x) = \frac{1}{2\pi} \int_{-\pi}^{\pi} \exp(jx \sin\theta - jn\theta)\, d\theta$

Abbreviations

A	ampere
ac	alternating current
ADC	analog-to-digital converter
AM	amplitude modulation
ASK	amplitude-shift keying
b/s	bits/second
BER	bit error rate
BFSK	binary frequency-shift keying
BPF	band-pass filter
BPSK	binary phase-shift keying

BSC	binary symmetric channel
codec	coder/decoder
CW	continuous wave
DAC	digital-to-analog converter
dB	decibel
dBW	decibel referenced to 1 watt
dBmW	decibel reference to 1 milliwatt
dc	direct current
DFT	discrete Fourier transform
DM	delta modulation
DPCM	differential pulse-code modulation
DPSK	differential phase-shift keying
DSB-SC	double sideband-suppressed carrier
exp	exponential
FDM	frequency-division multiplexing
FFT	fast Fourier transform
FSK	frequency-shift keying
FM	frequency modulation
GMSK	Gaussian filtered MSK
GSM	global system for mobile communications
HDTV	high-definition television
Hz	hertz
IDFT	inverse discrete Fourier transform
IF	intermediate frequency
IP	internet protocol
ISI	intersymbol interference
ISO	International Organization for Standardization
LDM	linear delta modulation
log	logarithm
LPF	low-pass filter
modem	modulator–demodulator
ms	millisecond
μs	microsecond
MSK	minimum shift keying
NRZ	nonreturn-to-zero
NTSC	National Television Systems Committee
OFDM	orthogonal frequency-division multiplexing
OOK	on–off keying
OQPSK	offset quadriphase-shift keying
OSI	open systems interconnection
PAM	pulse-amplitude modulation
PCM	pulse-code modulation
PDM	pulse-duration modulation

PLL	phase-locked loop
PM	phase modulation
PPM	pulse-position modulation
PSK	phase-shift keying
PWM	pulse-width modulation
QAM	quadrature amplitude modulation
QPSK	quadriphase-shift keying
RF	radio frequency
RZ	return-to-zero
s	second
SNR	signal-to-noise ratio
TDM	time-division multiplexing
TV	television
UWB	ultra wideband
V	volt
VLSI	very-large-scale integration
W	watt

참고문헌

Abbate, J., *Inventing the Internet*, Cambridge, MA: The MIT Press, 1999.

Anderson, J. B., *Digital Transmission Engineering*, IEEE Press, 1999.

Abramowitz, M., and I. A. Stegun, *Handbook of Mathematical Functions with Formulas, Graphs, and Mathematical Tables*, New York: Dover, 1965.

Arazi, B., *A Commonsense Approach to the Theory of Error Correcting Codes*, Cambridge, MA; The MIT Press, 1988.

Bahai, A. R. S., and B. R. Saltzberg, *Multi-carrier Digital Communications: Theory and Applications of OFDM*, Kluwer, 1999.

Baran, P., "Packet switching," in J. C. McDonald, editor, *Fundamentals of Digital Switching*, 2nd ed., pp. 193–235, New York: Plenum, 1990.

Bell, D. A., *Noise and Solid State*, Plymouth, Eng.: Pentech Press, 1985.

Bennett, W. R., *Introduction to Signal Transmission*, New York: McGraw-Hill, 1970.

Bertsekas, D. M., and J. N. Tsitsiklis, *Introduction to Probability*, Athena Scientific, 2002.

Blackman, N. M., *Noise and Its Effect on Communication*, New York: McGraw-Hill, 1966.

Black, H. S., *Modulation Theory*, Princeton, NJ: Van Nostrand, 1953.

Blahut, R. E., *Theory and Practice of Error Control Codes*, Reading, MA: Addison-Wesley, 1983.

Bracewell, R. N., *The Fourier Transform and Its Applications*, 2nd ed., New York: McGraw-Hill, 1986.

Carlson, A. B., *Communications Systems*, 2nd ed., New York: McGraw-Hill, 1975.

Cassioli, D., M. Z. Win, and A. F. Molisch, "The ultra-wide bandwidth indoor channel: from statistical model to simulations," *IEEE Journal Selected Areas in Communications*, vol. 20, pp. 1247–1257, 2002.

Chung, K. L., *Elementary Probability Theory with Stochastic Processes*, New York: Springer-Verlag, 1979.

Clark, G. C. Jr., and J. B.Cain, *Error Correction Coding for Digital Communications*, New York: Plenum, 1981.

Cooley, J. W., "How the FFT gained acceptance," *IEEE Signal Processing Magazine*, vol. 9, no. 1, pp. 10–13, January 1992.

Catternole, K. W., Principles of Pulse-code Modulation (New York: American Elsevier, 1969).

Cover, T., and J. Thomas, *Elements of Information Theory*, New York: Wiley, 1991.

Downing, J. J., *Modulation Systems and Noise*, Englewood Cliffs, NJ: Prentice Hall, 1964.

Erickson, G., "A fundamental introduction to the compact disc player," http://www.tc.umn.edu/~erick205/Papers/paper.html#strengths.

Gitlin, R. A., J. F. Hayes, and S. B. Weinstein, *Data Communication Principles*, New York: Plennum, 1992.

Gold, B. and N. Morgan, *Speech and Audio Signal Processing*, New York: Wiley, 1999.

Guttman, I., S. S. Wilks, and J. S. Hunter, *Introductory Engineering Statistics*, 2nd ed., New York: Wiley, 1971.

Haykin, S., *Adaptive Filter Theory*, 4th ed., Upper Saddle River, NJ: Prentice-Hall, 2002.

Haykin, S., *Communications Systems*, 4th ed., New York: Wiley, 2001.

Haykin, S., *Communication Systems*, 3rd ed., New York: Wiley, 1994.

Haykin, S., and M. Moher, *Modern Wireless Communications*, New Jersey: Prentice Hall, 2005.

James, J. H., B. Chen, and L. Garrison, "Implementing VoIP: a voice transmission performance progress report," *IEEE Communications Magazine*, vol. 42, no. 7, pp. 36–41, July 2004.

Jayant, N. S., and P. Noll, *Digital Coding of Waveforms: Principles and Applications in Speech and Video*, Englewood Cliffs, NJ: Prentice-Hall, 1984.

Jeruchim, M. C., P. Balaban, and K. S. Shanmugan, *Simulation of Communication Systems*, 2nd ed., New York: Plenum, 2000.

Kammler, D. W., *A First Course in Fourier Analysis*, Upper Saddle River, NJ: Prentice-Hall, 2000.

Kaneko, H. "A unified formulation of segment companding laws and synthesis of codes and digital componders", *Bell System Tech. J.*, vol. 49, pp. 1555–1588, 1970.

Karlin, S. and H. M. Taylor, *A First Course in Stochastic Processes*, 2nd ed., New York: Academic Press, 1975.

Lathi, B. P., *Modern Digital and Analog Communication Systems*, 3rd ed., Oxford: Oxford University Press, 1998.

Leon-Garcia, A., *Probability and Random Processes for Electrical Engineering*, 2nd ed., Reading, MA: Addison-Wesley, 1994.

Lin, S., and D. J. Costello, *Error Control Coding*, 2nd ed., Upper Saddle River, NJ: Prentice-Hall, 2004.

Lucky, R. W., J. Salz, and E. J. Weldon, *Principles of Data Communication*, New York: McGraw-Hill, 1968.

Madisetti, V. K., and D. B. Williams, editors, *The Digital Signal Processing Handbook*, CRC Press, 1998.

McDonald, J. C. ed. *Fundamentals of Digital Switching*, 2nd edition New York: Plennum, 1990.

McEliece, R. J., *The Theory of Information and Coding*, Reading, MA: Addison-Wesley, 1977.

Middleton, D., *An Introduction to Statistical Communication Theory*, New York: McGraw-Hill, 1960.

Papoulis, A., *Probability, Random Variables, and Stochastic Processes*, 2nd ed., New York: McGraw-Hill, 1984.

Pratt, T., and C. W.Bostian, *Satellite Communications*, New York: Wiley, 1986.

Proakis, J. G., *Digital Communications*, 3rd ed., New York: McGraw-Hill, 1999.

Robinson, F. N., *Noise and Fluctuations in Electronic Devices and Circuits*, Oxford: Clarendon Press, 1974.

Shannon, C. E., "A mathematical theory of communication," *Bell System Technical Journal*, vol. 27, pp. 379–423, 623–256, July, October, 1948.

Smith, B. "Instantaneous companding of quantized signals", *Bell System Tech. J.*, vol. 36, pp. 653–709, 1957.

Special Issue, "The Internet: past, present, and future," *IEEE Communications Magazine*, vol. 40, no. 7, pp. 42–76, July 2002.

Steele, R. E., and L. Hanzo, *Mobile Radio Communications*, 2nd ed., New York: Wiley, 1999.

Sveshnikov, A. A. (ed.), *Problems in Probability Theory, Mathematical Statistics and Theory of Random Functions*, New York: Dover Publications, 1968.

Takahashi, A., and H. Yoshino, "Perceptual QoS assessment of technologies for VoIP," *IEEE Communications Magazine*, vol. 42, no. 7, pp. 28–34, July 2004.

Tannenbaum, A. S., *Computer Networks*, 3rd ed., Englewood Cliffs, NJ: Prentice-Hall, 1996.

Thomas, J. B., *An Introduction to Applied Probability and Random Processes*, New York: Wiley, 1971.

Van Der Ziel, A., *Noise: Sources, Characterization, Measurement*, Englewood Cliffs, NJ: Prentice Hall, 1970.

Willner, A. E., "Mining the optical bandwidth for a terabit per second," *IEEE Spectrum*, vol. 34, pp. 32–41, April 1997.

Win, M. Z., and R. A. Scholtz, "Impulse radio: how it works," *IEEE Comm. Letters*, vol. 2, pp. 36–38, 1998.

Wozencraft, J. M. and I. M. Jacobs, *Principles of Communication Engineering*, New York: Wiley, 1965. Reprinted by Waveland Press, Prospect Heights: Illinois, 1990.

Wylie, C. R. and L. C. Barrett, Advanced Engineering Mathematics, 5th edition (New York: McGraw-Hill, 1982).

Yuen, J. H. (ed.), *Deep Space Telecommunications Systems Engineering*, New York: Plenum, 1983.

Zeimer, R. E., and W. H. Tranter, *Principles of Communications: Systems, Modulation and Noise*, 5th ed., New York: Wiley, 2002.

찾아보기

기호

ㄱ

ㄹ

ㅁ

ㅂ

ㅅ

ㅇ

ㅈ

ㅊ

ㅋ

ㅌ